Tausch/v. Wachtendonk

Chemie SII

Stoff – Formel – Umwelt

C.C.BUCHNER

Stoff – Formel – Umwelt

Organische Chemie – Chemische Gleichgewichte – Elektrochemie – Angewandte Chemie

Herausgegeben von Prof. Dr. Michael Tausch
Bearbeitet von Horst Deissenberger, Dr. Hans-Rainer Porth, Prof. Dr. Michael Tausch, Dr. Magdalene von Wachtendonk und Dr. Rudolf Georg Weissenhorn
Berater: Dr. Heinz Wambach und Walter Fischer

Zeichnungen: Ernst Ebner, Bad Brückenau, Stürtz GmbH, Würzburg

Umschlaggestaltung: Stürtz GmbH, Würzburg

2. Auflage 2 7 6 5 2007 06 05
Die letzte Zahl bedeutet das Jahr dieses Druckes. Alle Drucke dieser Auflage sind, weil untereinander unverändert, nebeneinander benutzbar.

Dieses Werk folgt der reformierten Rechtschreibung und Zeichensetzung. Ausnahmen bilden Texte, bei denen künstlerische, philologische oder lizenzrechtliche Gründe einer Änderung entgegenstehen.

www.ccbuchner.de

Gesamtherstellung: Stürtz GmbH, Würzburg

ISBN 3 7661 **6453** 8

Vorwort

Das Lehrbuch **STOFF-FORMEL-UMWELT (SFU)**
umfaßt sämtliche Inhalte für **Grund- und Leistungskurse** in der Sekundarstufe II.
Die Grundsätze der didaktisch-methodischen Konzeption lauten:

- Der methodische Weg führt „vom Phänomen zur Theorie" oder „vom **Stoff** zur **Formel**".
- Häufig beginnen neue Lernabschnitte mit einem experimentellen **Praktikum**, das auch Auswertungsfragen enthält; sie ebnen den Weg von den Beobachtungen zu den neuen Erkenntnissen.
- Neue Begriffe, Modelle etc. werden erst dann eingeführt, wenn das gesammelte Faktenmaterial dies erfordert.
- Besondere Berücksichtigung finden Bezüge zum Alltag, zur Technik und zur **Umwelt**; in den ersten Teilen des Buches sind sie in die entsprechenden Themen integriert, im letzten Teil werden sie auch in eigenen Kapiteln behandelt.
- In graphisch abgegrenzten **EVA**-Teilen (**E**rweiterung-**V**ertiefung-**A**nwendung) werden zusätzliche experimentelle Methoden, vertiefende theoretische Betrachtungen und technisch, biologisch und ökologisch relevante Aspekte behandelt. Diese Teile können je nach Intention und verfügbarer Zeit unterrichtet werden. Wird auf einen EVA-Teil verzichtet, so wird das Verständnis der folgenden Grundinhalte dadurch nicht beeinträchtigt.
- Gefahrstoffverordnung und Sicherheitsbestimmungen für den Chemieunterricht werden in vollem Umfang berücksichtigt.

SFU ist ein Arbeitsbuch, in dem Schülerversuche einen hohen Stellenwert haben. Es eignet sich gleichermaßen auch für die selbständige Erarbeitung des Lernstoffes.
Die ersten Teile „Organische Chemie I, Chemische Gleichgewichte", „Elektrochemie" und „Organische Chemie II" gehören zu den Pflichtinhalten im Unterricht und sind aufeinander aufgebaut. Bei den nachfolgenden Kapiteln über „Angewandte Chemie" handelt es sich um ein erweitertes Auswahl-Angebot; die einzelnen Themen können unabhängig voneinander eingesetzt werden.
Biologisch wichtige Stoffklassen werden nach der chemischen Fachsystematik in die jeweiligen Stoff- und Reaktionsklassen integriert; dadurch soll ihr Verständnis erleichtert werden.
Die Behandlung der „Organischen Chemie" wird mitbestimmt vom eingeführten Atom- und Bindungsmodell. Der Grundlehrgang in diesem Buch baut nicht auf dem Orbital-Modell auf. Dieses wird nur bei vertiefenden Erklärungen in einigen EVA-Teilen eingesetzt. Die Grundlagen dazu werden im Anhang erläutert. Damit bleibt freigestellt, ob und zu welchem Zeitpunkt das Orbital-Modell im Unterricht behandelt wird.

Bamberg, im Frühjahr 1993

Herausgeber, Berater,
Autoren und Verlag

Sicherheit im Chemie-Unterricht

Experimente bilden die Grundlage der Erkenntnisgewinnung in der Chemie.

Experimente können aber auch gefährlich sein.

Die **Gefahrstoffverordnung GefStV** und die **T**echnischen **R**egeln für **G**efahrstoffe in der **S**chule **TRGS 450** bzw. die Richtlinien zur Umsetzung der Gefahrstoffverordnung in der Schule legen fest, mit welchen Stoffen und unter welchen Bedingungen in der Schule experimentiert werden darf. Diese Verordnung und diese Regeln sind in den vorliegenden Lehrgang eingearbeitet. Zur eigenen Sicherheit sowie zum Schutz der Mitmenschen und der Umwelt müssen die nachfolgenden Hinweise beachtet werden:

1. Informieren

Erst muss die Versuchsvorschrift aufmerksam gelesen werden. Folgende Versuchs-Symbole sind zu beachten:

LV kennzeichnet einen Lehrerversuch und darf nur von der Lehrerin oder dem Lehrer ausgeführt werden. Manche LV enthalten auch Teile, die für eine Gruppenarbeit geeignet sind.

PV kennzeichnen Praktikumsversuche.

V stellen zusätzliche Versuche dar und können auch von Schülerinnen und Schülern durchgeführt werden.

* Über die mit Stern gekennzeichneten Stoffe muss man sich **vor dem Experimentieren** in der **Chemikalienliste S. 422f.** informieren. Ein Beispiel zeigt, welche Art von Angaben dort zu finden sind:

Hexan C_6H_{14}, F, Xn, R: 11–20/21–40, S 9–16–23, Ents. 1

F

F = *flamable* = *brennbar*

Xn

Xn = *nocuous* = *gesundheitsschädlich*

R-Sätze	**(Risiken)**
R 11	Leicht entzündlich
R 20/21	Gesundheitsschädlich beim Einatmen und beim Berühren mit der Haut
R 40	Irreversible Schäden möglich
S-Sätze	**(Sicherheitsvorkehrungen)**
S 9	Behälter an einem gut belüfteten Ort aufbewahren
S 16	Von Zündquellen fern halten – Nicht rauchen.
S 23	Gas/Rauch/Dampf/Aerosol nicht einatmen.

Entsorgung

1: Organische halogenfreie Lösungsmittel werden in einem Sammelgefäß A gesammelt.

2. Experimentieren

Hierbei müssen die Angaben aus der Versuchsbeschreibung und die Aussagen der R- und S-Sätze **S. 424f.** beachtet werden.

3. Entsorgen

Dies geschieht jeweils nach den Empfehlungen von **S. 427**. Manche Chemikalien können durch Reaktion vor Ort unschädlich gemacht werden, andere kommen in Sammelbehälter.

Inhaltsverzeichnis

Organische Chemie I

Elektrochemie

Organische Chemie II

Angewandte Chemie

Bildquellenverzeichnis

Die Vorlagen für die Fotografien stellten zur Verfügung:

Anthony-Verlag, Starnberg; Aqua-Merck, Darmstadt; Arbeitsgemeinschaft deutsche Kunststoff-Industrie, Frankfurt; Archiv der Hydro-Ruhr AG, Bochum; Associated Press; Frankfurt; Bavaria-Verlag, Gauting; BASF, Ludwigshafen; BAYER, Leverkusen; Bildagentur Mauritius, Mittenwald; Biometra, Göttingen; Bodenseewerk Perkin Elmer, Überlingen; Bundesforschungsanstalt für Landeskunde und Raumordnung, Bonn; Color-Labor Rudolf Riffel; Deutsches Museum, München; DPA, Frankfurt; Drägerwerk, Lübeck; DVA, Stuttgart; M.C. Escher Heirs/Cordon Art, Baarn, Holland; ESSO, Hamburg; Fonds der chemischen Industrie, Frankfurt; F. Füller, Passau; Gesellschaft für Biotechnische Forschung, Braunschweig; P. Ginter, Lohmar; O. Glock, Offenbach; Henkel, Düsseldorf; Hoechst, Frankfurt; HOECHST High Chem Magazin, Frankfurt; IBM, Stuttgart; W. Jansen, Flensburg; H. Jürgens, Bremen; M. Kage, Schloß Weißenstein; KEYSTONE, Hamburg; W. Losgar, Bamberg; Merck, Darmstadt; Naturbild; Hannover; D. Paterkiewicz, Syke; K. Paysan, Stuttgart; W. Riedel, Flensburg; A. Riedl, Memmelsdorf; Röhm, Darmstadt; Ruhrbildarchiv; Essen; M. Schallies, Schönau; Schott, Mainz; Wilfried Schubert, Rosenheim; F. Schüß, Bischberg; Siemens, München; H. Siemer, Weyhe; Süddeutscher Verlag, München; M. Tausch, Syke; E. Theophel, Gießen; Ullstein-Bilderdienst, Berlin; Umweltbundesamt, Berlin; Varian, Darmstadt; VCH Verlagsgesellschaft, Weilheim; Verlagsarchiv; M. von Wachtendonk, Erkelenz; Wacker-Chemie, München; R.G. Weißenhorn, Münster; H. Wolter, Völklingen.

Grundbegriffe aus der Bindungslehre

Ionenbindung: Als Ionenbindung bezeichnet man die Anziehungskraft zwischen den Kationen und Anionen aus dem Ionengitter eines Salzes. Die Summe der Ionen-Ladungen im Gitter ist gleich Null.

Elektronenpaarbindung (Atombindung, kovalente Bindung): Die Elektronenpaarbindung ist gleichbedeutend mit der Ausbildung von einem gemeinsamen Elektronenpaar zwischen den verbundenen Atomen. An Elektronenpaarbindungen sind Elektronen aus der Valenzschale des Atoms beteiligt. Die Anzahl der Elektronenpaarbindungen, die ein Atom in einem Molekül ausbildet, ist seine **Bindigkeit**. Valenzelektronen eines gebundenen Atoms, die nicht an Elektronenpaarbindungen beteiligt sind, bilden die **freien Elektronenpaare**. Die Elektronenpaare aus der Valenzschale eines Atoms stoßen sich ab. Bei Atomen mit vier Valenzelektronenpaaren kommt es dadurch zu einer tetraedrischen räumlichen Anordnung (B XI.1.).

Die **Elektronegativität EN** ist nach L. PAULING[1] die Eigenschaft von Atomen, Bindungselektronen zu sich heranzuziehen. Die EN-Werte sind im Periodensystem der Elemente angegeben. Wegen der verschiedenen Elektronegativitäten bilden Atome verschiedener Elemente **polare Elektronenpaarbindungen** aus.

Ein Molekül, bei dem die Elektronen unsymmetrisch verteilt sind, ist ein elektrischer **Dipol** (B XI.2.). Im Dipol-Molekül treten getrennte elektrische Partialladungen auf. Als Ganzes ist ein Dipol-Molekül elektrisch neutral.

Zwischenmolekulare Wechselwirkungen: Die Anziehungskräfte zwischen Edelgas-Atomen oder Molekülen einer Stoffportion werden als **VAN-DER-WAALS-Kräfte** bezeichnet. Im Vergleich zur Anziehung zwischen Ionen und zur Elektronenpaarbindung sind sie sehr schwach. Unter den van-der-Waals-Kräften gibt es folgende Abstufung nach abnehmender Stärke der Wechselwirkung:

- Dipol-Dipol Wechselwirkungen;
- Wechselwirkungen zwischen einem Dipol und einem unpolaren Molekül, bei dem für kurze Zeit durch Annäherung eines Dipols eine Umverteilung der Elektronen verursacht wird (induzierter, temporärer Dipol);
- Wechselwirkungen zwischen unpolaren Molekülen, in denen gegenseitig temporäre Dipole induziert werden.

Die **Wasserstoffbrückenbindung** ist eine Bindung zwischen Molekülen über Wasserstoff-Atome, die an stark elektronegative Atome von Elementen der 2. Periode gebunden sind. Hierbei tritt jeweils ein gebundenes Wasserstoff-Atom mit dem freien Elektronenpaar eines Sauerstoff-, Stickstoff- oder Fluor-Atoms eines anderen Moleküls in Wechselwirkung (B XI.3.).

[1] LINUS PAULING (1901 bis 1994), amerikanischer Chemie Professor, hat die Entwicklung der Chemie im 20. Jahrhundert entscheidend mitgeprägt. Er erhielt den Nobelpreis zweimal: 1954 für Chemie (Strukturaufklärung der α-Helix von Proteinen) und 1963 Friedensnobelpreis (Einsatz für den Stopp von Atomwaffentests).

B XI.1. *Tetraedrische Anordnung im Raum*

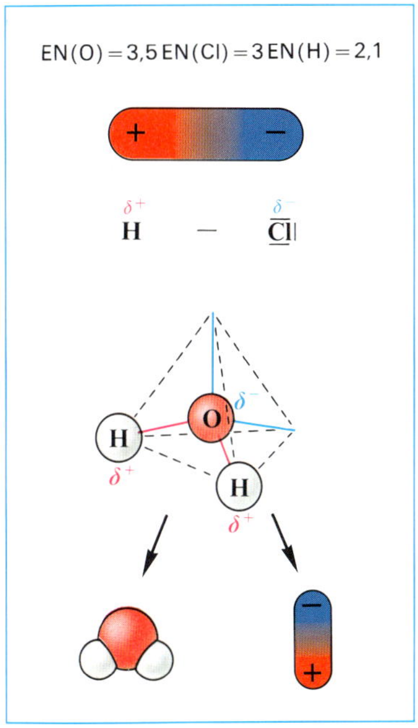

B XI.2. *Dipole: Beim Hydrogenchlorid-Molekül ergibt sich die Dipol-Eigenschaft aus der Elektronegativitätsdifferenz; beim Wasser-Molekül aus der Elektronegativitätsdifferenz und der gewinkelten Struktur*

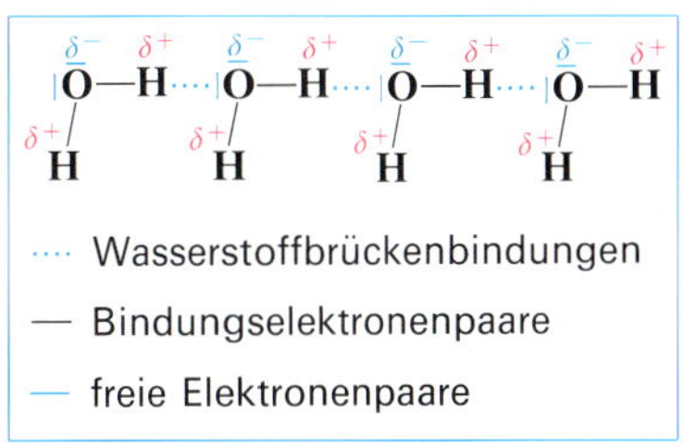

B XI.3. *Wasserstoffbrückenbindungen*

Organische Chemie I

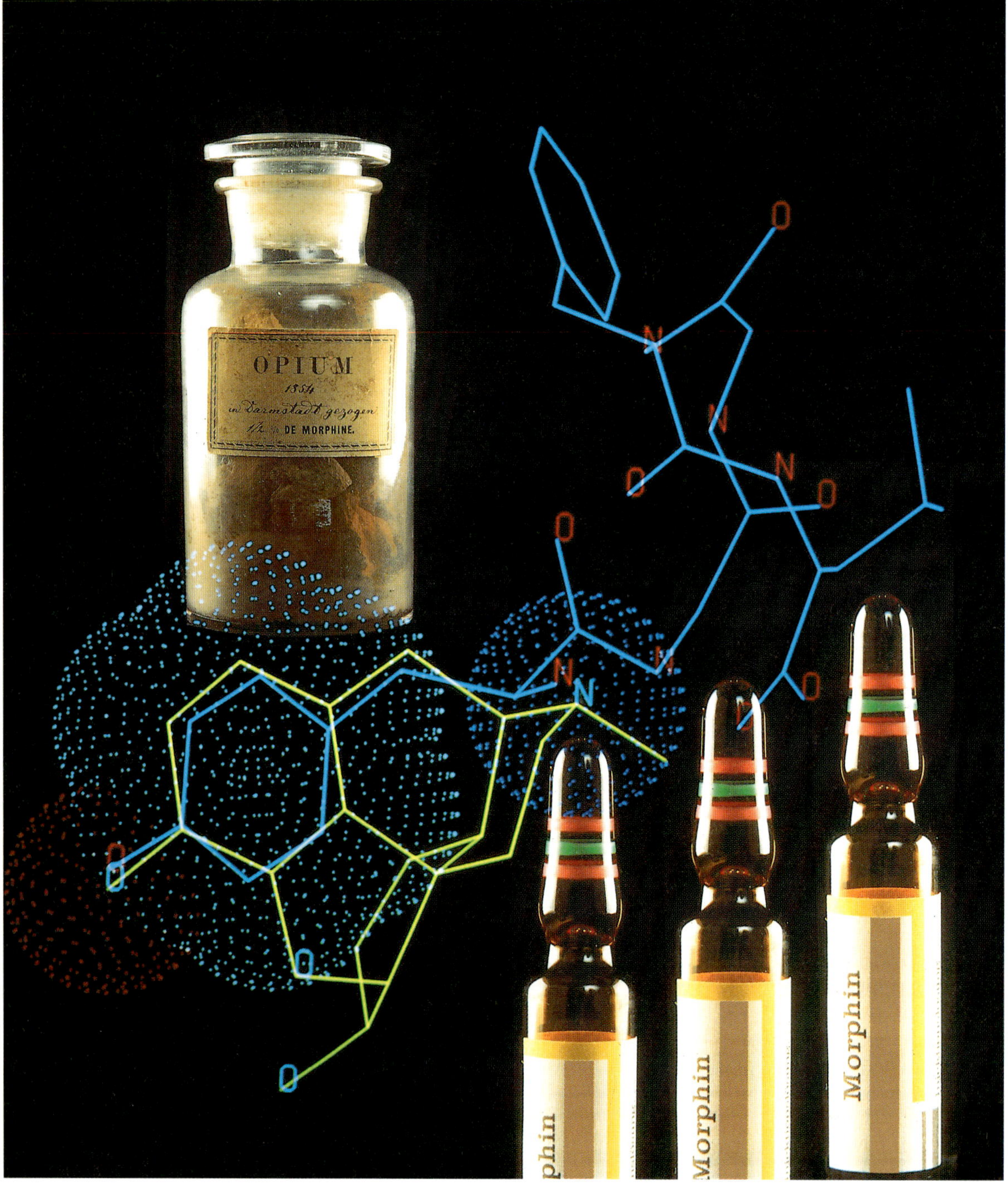

1. Der Weg zur Formel einer organischen Verbindung

Traditionsgemäß teilen Chemiker die Verbindungen in organische und anorganische ein. Dass diese Einteilung rein willkürlich ist, hat schon FRIEDRICH WÖHLER zu Beginn des 19. Jahrhunderts erkannt, als es ihm im Jahre 1828 gelang, Harnstoff aus einer anorganischen Verbindung, aus Ammoniumcyanat, zu synthetisieren. Bis dahin bezeichnete man nur Stoffe aus der belebten Natur als organisch. Heute versteht man unter organischer Chemie die **Chemie der Kohlenstoff-Verbindungen** mit Ausnahme der Carbonate und der Kohlenstoffoxide. Da die Zahl der Kohlenstoff-Verbindungen die Zahl der Verbindungen der übrigen Elemente bei weitem übersteigt, hat es sich als zweckmäßig erwiesen, die traditionelle Trennung organische/anorganische Chemie beizuhalten, um so die Chemie in überschaubare Bereiche einzuteilen, auch wenn es einen prinzipiellen Unterschied zwischen organischen und anorganischen Verbindungen nicht gibt.

Bis heute (Jahr 2000) sind etwa 300000 anorganische Verbindungen und mehr als 16 Millionen organische Kohlenstoff-Verbindungen bekannt[1]. Da könnte man annehmen, Kohlenstoff sei ein besonders häufiges Element auf der Erde. In der Liste der häufigsten Elemente steht Kohlenstoff jedoch erst an 13. Stelle. Und nur ein Bruchteil (1 Millionstel) des auf der Erde vorkommenden Kohlenstoffs ist organisch, hauptsächlich liegt er in Carbonaten (Kalkstein) gebunden in der Erdkruste vor.

Ursache für die Vielfalt der Kohlenstoff-Verbindungen ist die Eigenschaft der Kohlenstoff-Atome, sich in unterschiedlicher Anzahl zu Ketten und Ringen zusammenlagern zu können. Dies liegt zum einen an der Vierbindigkeit der Kohlenstoff-Atome und zum anderen an der besonderen Stabilität der Kohlenstoff-Kohlenstoff-Bindung (vgl. Bindungsenergien auf S. 417).

B 1.2. *Kalkstein – anorganisch gebundener Kohlenstoff*

B 1.3. *Laubwald – organisch gebundener Kohlenstoff*

Element	Massenanteil in %
Sauerstoff	49,50
Silicium	25,87
Aluminium	7,57
Eisen	4,70
Calcium	3,38
Natrium	2,43
Kalium	2,41
Magnesium	1,95
Wasserstoff	1,95
Titan	0,41
Chlor	0,19
Phosphor	0,09
Kohlenstoff	0,09
Mangan	0,08
Schwefel	0,05
Barium	0,04
Stickstoff	0,03
übrige Elemente	0,42

Tab. 1.1. *Die häufigsten Elemente, die am Aufbau der Erdrinde beteiligt sind.*

[1] Jährlich werden ca. 500000 neue Verbindungen registriert (vgl. auch S. 28).

B 1.1. *Gedenkmarke zum 100. Todestag* FRIEDRICH WÖHLERS. *Über seine Harnstoffsynthese schrieb er an* BERZELIUS: *„...und ich muss Ihnen sagen, dass ich Harnstoff machen kann, ohne dazu Nieren oder überhaupt ein Thier, sey es Mensch oder Hund, nöthig zu haben..."*

1.1. Qualitative Elementaranalyse

Praktikum

Nachweis der Elemente

Versuche

PV 2.1. *Kohlenstoff-Nachweise:* Erhitzen Sie in einem Rggl. kleine Portionen von Zucker, Ethanol*, Mehl, Holz. Beobachtung?

PV 2.2. Halten Sie über eine brennende Kerze eine Porzellanschale. Beobachtung?

PV 2.3. Zünden Sie etwa 1 ml Ethanol* in einer Porzellanschale an. Halten Sie einen Weithals-Erlenmeyerkolben mit der Öffnung nach unten über die Flamme. Decken Sie diesen anschließend mit einer Glasplatte ab, geben Sie einige ml Kalkwasser* hinzu und schütteln Sie um. Beobachtung?

PV 2.4. Vermischen Sie in einem Rggl. eine Spatelspitze Puderzucker (einige Tropfen Ethanol*) mit etwa dem zehnfachen Volumen Kupfer(II)-oxiddraht*. Verschließen Sie das Rggl. mit einem Stopfen und einem Gasableitungsrohr, das in ein Rggl. mit Kalkwasser* taucht. Erhitzen Sie das Reaktionsgemisch kräftig. Geben Sie nach dem Erhitzen zu dem Kondensat in den kälteren Teilen des Rggl. einige Körnchen weißes Kupfersulfat*.

PV 2.5. *Chlor-Brom-Nachweis Beilstein-Probe:* **Abzug!** Glühen Sie einen Streifen Kupferblech aus, bis keine Flammenfärbung mehr zu sehen ist. Geben Sie einige Tropfen Tipp-Ex* (einige Körnchen PVC-Pulver*) auf den Kupferstreifen und halten Sie diesen wiederum in die Flamme. Beobachtung?

PV 2.6. *Stickstoff-Nachweis:* **Vorsicht! Schutzbrille tragen!** Erhitzen Sie in einem Rggl. eine Spatelspitze Harnstoff mit 2 ml bis 3 ml Natronlauge* ($w \approx 30\%$). Halten Sie in den oberen Teil des Rggl. einen Streifen feuchtes *p*H-Papier. Beobachtung?

PV 2.7. *Schwefel-Nachweis:* **Vorsicht! Schutzbrille tragen!** Erhitzen Sie in einem Rggl. etwas getrocknetes Hühnereiweiß mit 2 ml bis 3 ml Natronlage* ($w \approx 30\%$) **kurz** zum Sieden. Halten Sie in den oberen Teil des Rggl. einen Streifen feuchtes Bleiacetat*-Papier oder einen Streifen Filterpapier, der mit Bleiacetat*-Lösung getränkt wurde. Beobachtung?

PV 2.8. *Sauerstoff-Nachweis:* (B 2.1.). Füllen Sie in ein Rggl. etwa 2 cm hoch Sand und durchfeuchten Sie diesen mit Ethanol*. Befestigen Sie das Rggl. waagerecht am Stativ, geben Sie in den oberen Teil Magnesiumspäne* und verschließen Sie es mit einem Stopfen und einem zur Spitze ausgezogenen Winkelrohr. Erwärmen Sie **vorsichtig** den Sand, damit etwas Ethanol verdampft* und die Luft aus dem Rggl. verdrängt. Entzünden Sie die Dämpfe an der Spitze des Glasrohres und erhitzen Sie dann das Magnesium* stark, bis dieses zu glühen anfängt. Untersuchen Sie nach der Reaktion den Bereich des Magnesiums mit einem feuchten Streifen *p*H-Papier. Beobachtung?

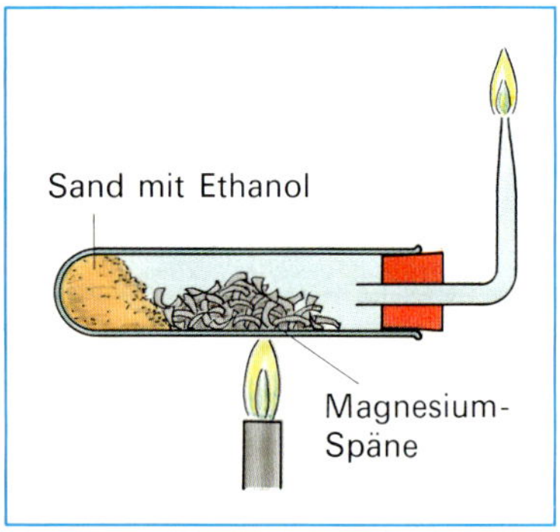

B 2.1. *Zu PV 2.8.*

Auswertung

a) Vergleichen Sie die Kohlenstoff-Nachweise PV 2.1. bis PV 2.4. Geben Sie begründet an, welche der vier Nachweismöglichkeiten für jede Verbindung anwendbar ist. Formulieren Sie die Reaktionsgleichung für den Kohlenstoffdioxid-Nachweis mit Kalkwasser.

b) Erläutern Sie die Beobachtungen von PV 2.4. Welches Element wird bei diesem Versuch und bei PV 2.3. neben Kohlenstoff noch nachgewiesen und wodurch? Anmerkung: $\mathbf{CuSO_4(weiß) + 5\,H_2O \rightarrow CuSO_4 \cdot 5\,H_2O\ (blau)}$

c) Formulieren Sie die Reaktionsgleichungen für die Reaktionen von Ethanol in PV 2.3. und PV 2.4. Verwenden Sie als Formel für Ethanol: $\mathbf{C_2H_6O_1}$.

d) Durch welche Stickstoff-Verbindung wird bei PV 2.6. Stickstoff nachgewiesen? Formulieren Sie die Nachweisreaktion.

e) Begründen Sie, warum man beim Sauerstoff-Nachweis von PV 2.8. wasserfreie Substanzen einsetzen muss. An welchen Beobachtungen ist zu erkennen, dass Magnesiumoxid entstanden ist?

f) Prüft man das Kondensat, das sich bei PV 2.1. bildet, mit weißem Kupfersulfat auf Wasser, dann fällt die Reaktion positiv aus. Warum wird hier durch die Bildung von Wasser neben Wasserstoff auch Sauerstoff nachgewiesen, nicht aber bei PV 2.3. und PV 2.4.?

Nachweis von Kohlenstoff und Wasserstoff:
Bei vielen organischen Stoffen kann man leicht erkennen, dass es sich um Kohlenstoff-Verbindungen handelt: Einige rußen beim Verbrennen, andere zersetzen sich beim Erhitzen unter Verkohlung. Dabei entweichen flüchtige Komponenten, die teilweise wieder kondensieren und zurück bleibt Kohle, ein Verbindungsgemisch mit einem hohen Kohlenstoffgehalt.
Aus Holz entsteht so *Holzkohle*, die auch heute noch in einigen Gebieten auf herkömmliche Art in *Kohlemeilern* hergestellt wird.
Die Kohle, die durch Zersetzung von organischem Material entsteht, ist sehr porös und besitzt eine große Oberfläche. An dieser können viele Stoffe wie z. B. Farbstoffe *adsorbiert* werden (V 3.1.). Diese als **Aktivkohle** bezeichnete Kohle findet als *Adsorbens* eine vielfältige Verwendung: Aktivkohlefilter in Gasmasken lassen zwar Sauerstoff und Stickstoff durch, aber adsorbieren viele giftige Stoffe, die dann im Filter haften bleiben. Kohletabletten werden bei Vergiftungen verabreicht. Sie adsorbieren Giftstoffe im Magen-Darm-Trakt und machen diese unschädlich. Weiterhin verwendet man Aktivkohle z. B. auch, um aus braunem Zucker weißen zu gewinnen.

Der **Kohlenstoff-Nachweis** durch Rußen oder Verkohlen ist, wie wir bei PV 2.1. erkennen, jedoch kein allgemeines Nachweisverfahren, denn manche Verbindungen wie z. B. Ethanol verdampfen beim Erhitzen oder verbrennen, ohne zu rußen. Eine allgemeine Methode ist das Verbrennen eines Stoffes mit Luftsauerstoff oder – bei schlecht brennbaren Stoffen – die Oxidation mit Kupfer(II)-oxid. Dabei entsteht aus Kohlenstoff-Verbindungen Kohlenstoffdioxid, das beim Einleiten in Kalkwasser durch die Trübung nachgewiesen werden kann (PV 2.3. und PV 2.4.). Gleichzeitig wird bei dieser Oxidation ein weiteres Element nachgewiesen, das in nahezu allen organischen Verbindungen enthalten ist, nämlich **Wasserstoff**. Wasserstoff wird zu Wasser oxidiert, das durch die Blaufärbung von wasserfreiem Kupfer(II)-sulfat nachgewiesen wird (PV 2.4).

Chlor- und Brom-Nachweis:
Erhitzt man eine halogenhaltige Verbindung mit Kupfer(II)-oxid in der heißen Flamme, so entsteht ein Kupferhalogenid, das leicht flüchtig ist und eine leuchtend grüne Flammenfärbung zeigt (PV 2.5. und B 3.2.). Dieser als BEILSTEIN[1]-*Probe* bezeichnete Nachweis gelingt schon mit geringen Substanzportionen und dient häufig als erster einfacher Test auf Chlor- und Brom-Verbindungen bei der Untersuchung von Altstoffen wie z. B. von Altölen. Um die passende Entsorgungsmaßnahme zu treffen, ist es nämlich wichtig zu wissen, ob ein Altstoff mit Halogen-Verbindungen verunreinigt ist.

Stickstoff-Nachweis:
Beim Erhitzen mit konzentrierter Natronlauge zersetzen sich viele organische Stickstoff-Verbindungen unter Bildung von Ammoniak

[1] Nach FRIEDRICH BEILSTEIN (1838 bis 1906), Prof. der Chemie in St. Petersburg, Begründer des umfangreichsten organisch-chemischen Nachschlagewerks (BEILSTEINS Handbuch der organischen Chemie), das bis heute ca. 100 Bände umfasst und in dem alle organischen Verbindungen mit ihren Eigenschaften zusammengestellt sind.

Versuche

V 3.1. Zu Wasser, dem einige Tropfen Tinte zugesetzt werden, gibt man einen Löffel Aktivkohlepulver, schüttelt kräftig und filtriert dann ab. Beobachtung?

V 3.2. Abzug! In einen Standzylinder füllt man etwas Bromdampf*, gibt einen Löffel Aktivkohle (gekörnt) hinzu und schüttelt durch. Beobachtung?

B 3.1. *Braunkohletagebau. Die riesigen Kohlelagerstätten auf der Erde sind durch Zersetzungsprozesse in geologischen Zeiträumen entstanden.*

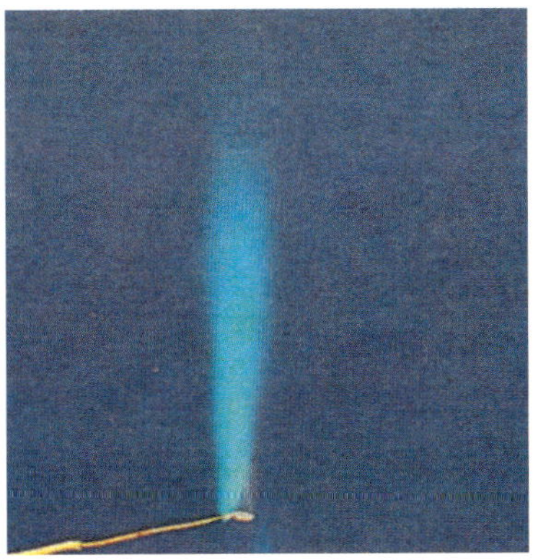

B 3.2. BEILSTEIN-*Probe*

(PV 2.6.), das durch die Blaufärbung des Indikator-Papiers nachgewiesen wird.

Schwefel-Nachweis:
Ebenso wie Stickstoff kann Schwefel in organischen Verbindungen nachgewiesen werden, wenn man die Verbindung mit Natronlauge erhitzt. Unter Zersetzung bilden sich Sulfid-Ionen S^{2-}, die mit Blei(II)-Ionen einen schwarzen Niederschlag von Bleisulfid **PbS** ergeben (PV 2.7.).

Sauerstoff-Nachweis:
Zersetzen sich Stoffe beim Erhitzen unter Luftabschluss (PV 2.1.) unter Bildung von Wasser, so ist neben Kohlenstoff und Wasserstoff auch Sauerstoff direkt nachgewiesen. Auch die Bildung von Magnesiumoxid wie bei der Reaktion von Ethanol mit Magnesium (PV 2.8.) lässt sich bei manchen Verbindungen als Hinweis auf Sauerstoff heranziehen. In den meisten Fällen ist der Sauerstoff-Nachweis jedoch schwierig und aufwendig.

Isolierung eines Reinstoffes:
Die qualitative Analyse zeigt an, welche Elemente in einem Stoff enthalten sind. Dabei spielt es zunächst keine Rolle, ob es sich um einen Reinstoff oder ein Gemisch handelt. Ein Chemiker, der im Labor eine neue Verbindung synthetisiert hat, möchte jedoch die genaue Zusammensetzung, die durch die Summenformel symbolisiert ist, wissen. Seine Verbindung aber erhält er im Allgemeinen in einem Lösungsmittel gelöst und mit Nebenprodukten vermischt. Um nun eine quantitative Analyse durchführen zu können, benötigt er die reine Substanz.

Wie isoliert man eine reine Verbindung aus einem Gemisch und wie stellt man fest, ob sie als Reinstoff vorliegt?

Zur Isolierung einer Substanz aus einem Gemisch und zu seiner Reinigung sind verschiedene Trennverfahren entwickelt worden. Die wichtigsten sind in Tab. 4.2. zusammengestellt.

Kohlenstoff-Nachweis
C (aus organischen Verbindungen)
↓
CO_2
↓ $+ Ca(OH)_2$
$CaCO_3 + H_2O$
(weißer Niederschlag)

Wasserstoff-Nachweis
H (aus organischen Verbindungen)
↓
H_2O
↓ $+ CuSO_4$ (weiß)
$CuSO_4 \cdot 5H_2O$ (blau)

Halogen-Nachweis
Hal (aus organischen Verbindungen)
↓ + CuO
Kupferhalogenid (grüne Flamme)

Stickstoff-Nachweis
N (aus organischen Verbindungen)
↓ + NaOH
NH_3
↓ $+ H_2O$
$NH_4^+ + OH^-$
(Blaufärbung von *p*H-Papier)

Schwefel-Nachweis
S (aus organischen Verbindungen)
↓ + NaOH
S^{2-}
↓ $+ Pb^{2+}$
PbS
(schwarzer Niederschlag)

Sauerstoff-Nachweis
O (aus organischen Verbindungen)
↓ + Mg
MgO
↓ $+ H_2O$
$Mg(OH)_2$ (alkalische Reaktion)

Tab. 4.1 *Nachweisreaktionen*

Chromatographische Verfahren
- Dünnschichtchromatographie (S. 228, S. 290)
- Papierchromatographie (B 4.1)
- Säulenchromatographie
- Gaschromatographie (S. 22f.)

Extraktion (S. 61)
Filtration
Destillation
- fraktionierte Destillation (S. 42)

Kristallisation (S. 290)

Tab. 4.2. *Trennverfahren zur Isolierung von reinen Stoffen aus Gemischen*

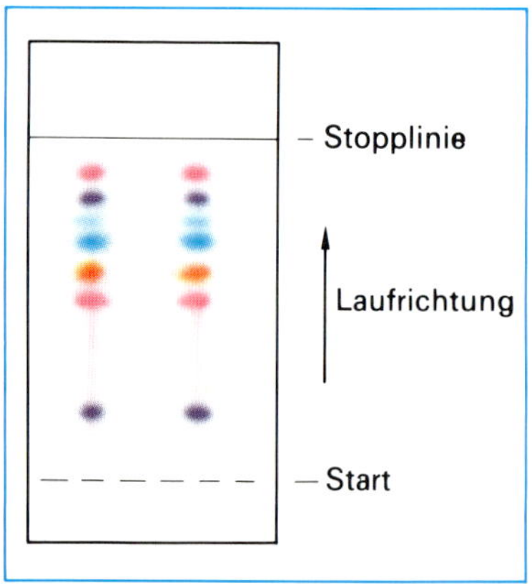

B 4.1. *Papierchromatographische Trennung von Farbstoffen*

Durch Bestimmung der Schmelztemperatur bei festen Stoffen sowie der Siedetemperatur bei flüssigen Stoffen lässt sich feststellen, ob es sich um einen Reinstoff handelt. Dieser schmilzt bzw. siedet nämlich bei einer bestimmten Temperatur innerhalb eines kleinen Intervalls von etwa einem Grad, während dies bei einem verunreinigten Stoff innerhalb eines größeren Temperaturbereichs und bei einer niedrigeren Temperatur erfolgt (B 5.1., vgl. S. 16f).

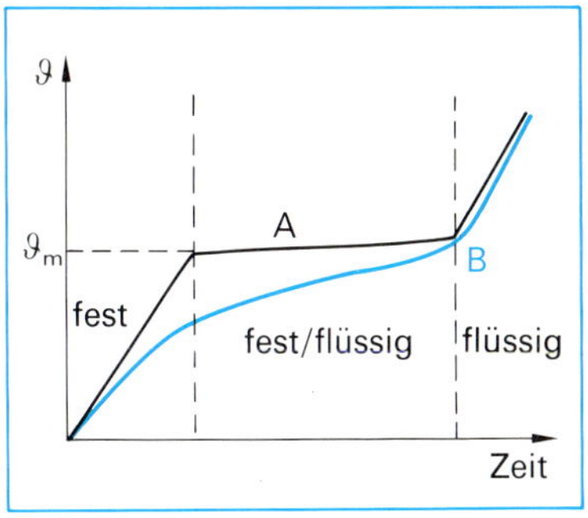

B 5.1. *Schmelzkurven eines Reinstoffes (A) und eines Gemisches (B)*

Aufgaben

A 5.1. Der Kunststoff PE (Polyeth(yl)en $(CH_2)_n$), der u.a. als Verpackungsmaterial verwendet wird, gilt als umweltunschädlich, da er in Verbrennungsanlagen zu Kohlenstoffdioxid und Wasser verbrennt. Der Kunststoff PVC (Polyvinylchlorid $(C_2H_3Cl)_n$) gilt als umweltgefährdend, da bei seiner Verbrennung neben Kohlenstoffdioxid und Wasser auch Hydrogenchlorid entsteht.
a) Formulieren Sie für die Verbrennung dieser Kunststoffe die jeweilige Reaktionsgleichung.
b) Erläutern Sie, wie man herausfinden kann, ob eine Plastikflasche aus PE oder aus PVC besteht.

A 5.2. Nennen Sie Beispiele für die Verwendung von Aktivkohle als Adsorptionsmittel.

A 5.3. Die Trennung von Stoffen nach den in Tab. 4.2. genannten Verfahren beruht auf den unterschiedlichen Eigenschaften dieser Stoffe. Geben Sie für die Ihnen bereits bekannten Trennmethoden an, in welchen Eigenschaften sich die zu trennenden Verbindungen unterscheiden müssen.

Zusammenfassung

Bei der qualitativen Analyse einer organischen Substanz lassen sich die Elemente Kohlenstoff und Wasserstoff über ihre Oxidationsprodukte Kohlenstoffdioxid bzw. Wasser nachweisen. Für jedes Element gibt es spezifische Nachweisreaktionen. Reinstoffe sind durch bestimmte charakteristische Stoffkonstanten z.B. Schmelz- und Siedetemperaturen gekennzeichnet.

Neue Fachbegriffe

qualitative Elementaranalyse, Beilstein-Probe, Adsorption, Aktivkohle, chromatografische Trennverfahren

Erweiterung, Vertiefung, Anwendung

Versuche

V 5.1. Man glüht je ein Magnesiastäbchen an einem Ende aus und bringt damit Salze der Alkalimetalle (z.B. Carbonate) in die nichtleuchtende Bunsenbrenner-Flamme. Man beobachtet die Flammenfärbung.

V 5.2. Auf einer Magnesiarinne verbrennt man eine getrocknete Erbse in der nicht leuchtenden Bunsenbrennerflamme bis zur Veraschung und beobachtet dann die Flammenfärbung.

V 5.3. Man hält ein Alkalimetallsalz in die Flamme und beobachtet die Flammenfärbung mit einem Spektroskop.

Nachweis von Spurenelementen – von der Flammenfärbung zur Atomabsorptions-Spektroskopie

Die grüne Flammenfärbung, die Kupferhalogenide zeigen, diente uns in der Beilstein-Probe als Nachweis für Halogen-Verbindungen (PV 2.5.). Auch die *Alkalimetalle* sowie die *Erdalkalimetalle* zeigen intensive **Flammenfärbungen**, die zum Nachweis dieser Elemente herangezogen werden können (V 5.1. und B 6.1.). So zeigt die violette Flamme, die beim starken Erhitzen von getrockneten Erbsen in der Bunsenbrennerflamme auftritt, das Element Kalium an. Nun ist der Kaliumgehalt in Erbsen recht hoch, sodass wir dieses Element mit bloßem Auge an der Flammenfärbung erkennen können. Sind aber nur Spuren davon enthalten oder mehrere Elemente nebeneinander, so reicht das Auge als Analysator nicht mehr aus.
Eine genauere Analyse gelingt z.B. mit einem **Spektroskop**. Betrachtet man die Flammenfärbung mit einem Spektroskop, so be-

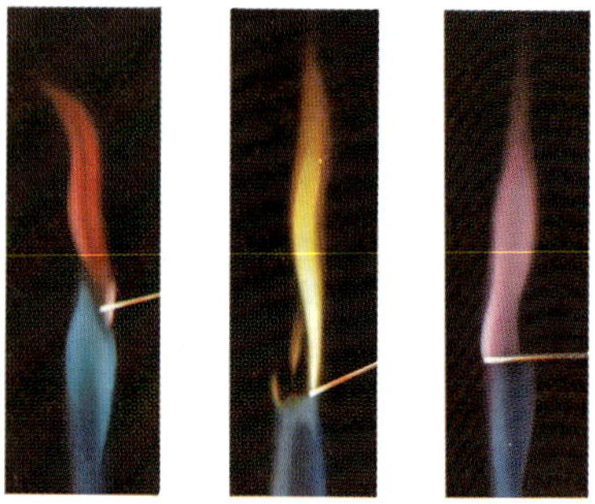

B 6.1. *Flammenfärbung durch Alkaliverbindungen (links: Lithiumverbindung, Mitte: Natriumverbindung, rechts: Kaliumverbindung)*

obachtet man, dass nur Licht bestimmter Wellenlängen *emittiert* (*abgestrahlt*) wird. So weist das Spektrum von Natrium eine charakteristische *Emissionslinie* im gelben Spektralbereich auf, das Spektrum von Kalium zeigt drei verschiedene Emissionslinien (B 6.2.).

Durch die Energie der Flamme werden die Verbindungen, die spektroskopisch untersucht werden sollen, in Atome zerlegt. Die Atome werden angeregt, d. h. die Elektronen werden in ein höheres Energieniveau angehoben. Springt nun ein Elektron von dem höheren Energieniveau wieder zurück, so wird die aufgenommene Energie in Form von Licht wieder abgegeben. Dabei sind nur ganz bestimmte, für jedes Atom charakteristische Energiesprünge möglich. Der Energiedifferenz zwischen Energieniveaus, die ein Elektron einnehmen kann, entspricht Licht einer ganz bestimmten Wellenlänge λ (B 6.4.), hierfür gilt: $E = h \cdot \nu = h \cdot c / \lambda$.

Anzahl und Wellenlängen der Linien in Emissionsspektren sind so charakteristisch, dass sie zur Identifizierung von Elementen herangezogen werden können.

Dies erkannten erstmals R. BUNSEN[1] und G. KIRCHHOFF[2] und entwickelten daraus im Jahre 1859 die **Spektralanalyse**. Mit dieser Analysenmethode entdeckten sie die Elemente Caesium und Rubidium.

Bestrahlt man Metalldämpfe mit weißem Licht, so beobachtet man, dass die Atome eines bestimmten Elementes Licht genau *der* Wellenlängen *absorbieren*, das sie auch *emittieren*. Diese Absorption nutzt man in der **Atomabsorptions-Spektroskopie (AAS)**. Die AAS hat

[1] ROBERT WILHELM BUNSEN (1811 bis 1899), deutscher Chemiker

[2] GUSTAV ROBERT KIRCHHOFF (1824 bis 1899), deutscher Chemiker

B 6.2. *Kontinuierliches Spektrum, Emissionsspektren und Absorptionsspektren von Natrium und Kalium*

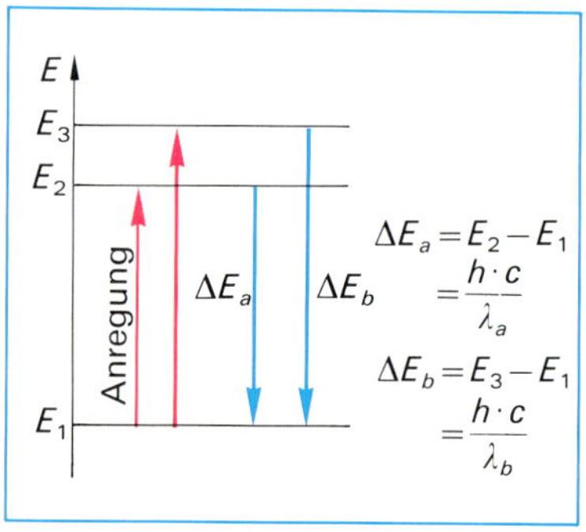

B 6.4. *Elektronensprünge bei Anregung und Emission. E_1, E_2, E_3: mögliche Energiestufen eines Elektrons. Anregung erfolgt entweder thermisch oder durch Lichtabsorption. (vgl. zur Bedeutung der Abkürzungen auch B 24.2.)*

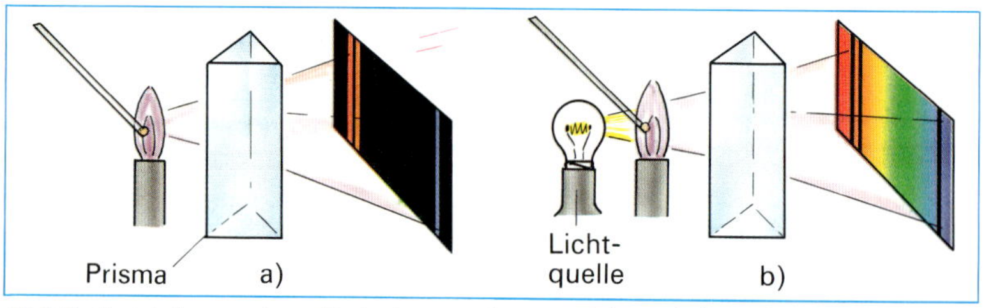

B 6.3. *Entstehung eines Emissionsspektrums (a) und eines Absorptionsspektrums (b)*

gegenüber der *Flammenemissions-Spektroskopie* Vorteile: Bei der Emissions-Spektroskopie ist es nötig, die Atome so stark anzuregen, dass sie Licht aussenden. Bei den meisten Elementen reicht dazu – anders als bei den Alkali- und Erdalkalimetallen – die Temperatur der Flamme nicht aus. Zur Anregung der Atome sind höhere Energien nötig, die z. B. der elektrische Lichtbogen oder Funken liefern kann[1].
Bei der *Absorptions-Spektroskopie* braucht dagegen nur der Atom-Dampf erzeugt zu werden, wozu die Flammentemperatur von etwa 3000 °C ausreicht.
Zur Analyse wird die zu untersuchende Substanz zunächst in Lösung gebracht. Die Lösung wird in die Flamme gesprüht, wodurch die Elemente in Atome überführt werden. Wenn man z. B. Natrium in der Substanz bestimmen will, bestrahlt man die Flamme mit einer *Natriumdampflampe*, die das gelbe Licht angeregter Natrium-Atome aussendet. Je höher die Konzentration der Natrium-Teilchen in der Lösung ist, umso stärker wird das Licht der Natriumdampflampe in der Flamme absorbiert. Am Detektor des *Atomabsorptions-Spektrometers* wird die Lichtintensität vor und nach dem Durchgang durch die Flamme gemessen und verglichen (B 7.3.).
Durch Atomabsorptions-Spektroskopie kann man nicht nur qualitativ, sondern auch quantitativ Elemente, vorwiegend Metalle, in geringsten Spuren, bis zu einem Gehalt von 1 ppm[2] und weniger bestimmen.
Die AAS spielt eine große Rolle bei der Spurenanalyse in fast allen Bereichen der Chemie, u. a. in der Umwelt- und Lebensmittel-Analytik. Hier bestimmt man durch AAS sowohl den Gehalt an wichtigen Mineralstoffen, wie Kalium oder Calcium, als auch den Gehalt an giftigen Schwermetallen wie Blei, Cadmium oder Quecksilber.

[1] Bei der so genannten *Plasma-Spektroskopie* werden Atome bei ca. 8000 °C angeregt. Durch ihre *Emissionsspektren* werden sie qualitativ und quantitativ bis weit unter 1 ppm nachgewiesen.
[2] ppm = parts per million (vgl. S. 386.)

B 7.1. *Flamme eines Atomabsorptions-Spektrometers*

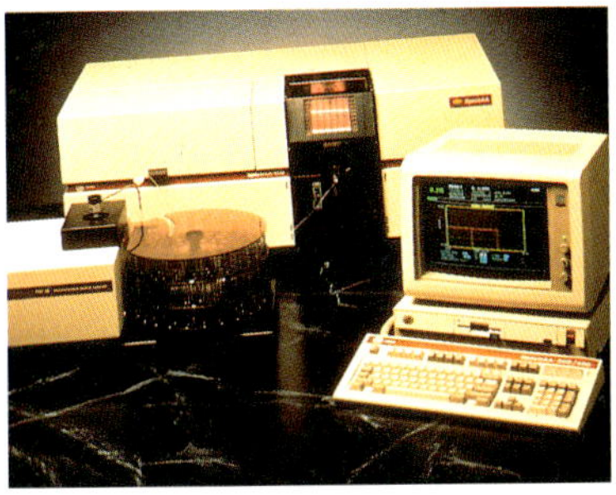

B 7.2. *Atomabsorptions-Spektrometer*

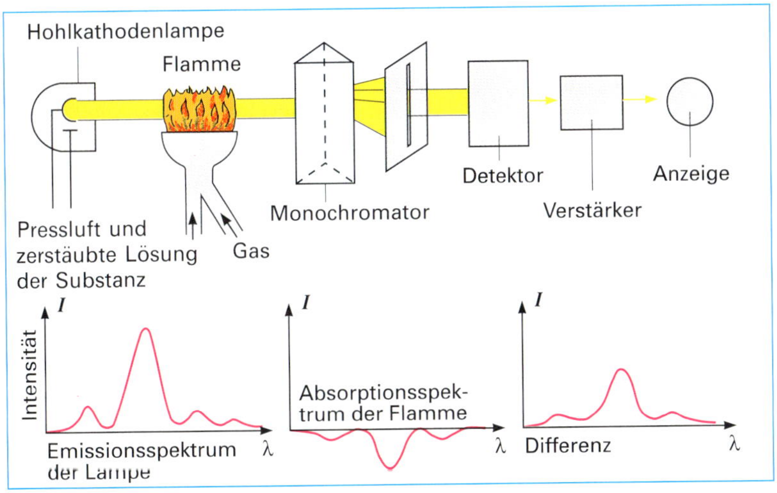

B 7.3. *Schema eines Atomabsorptions-Spektrometers. In der Hohlkathodenlampe wird das Spektrum eines bestimmten Elementes erzeugt. Diese Lampen sind austauschbar, denn für jedes Element gibt es eine spezifische Lampe, die den Dampf des zu untersuchenden Elementes enthält.*

1.2. Quantitative Elementaranalyse und die Ermittlung der Atomzahlverhältnisformel[1]

Praktikum

Bestimmung des Kohlenstoff-Gehalts von Ethanol

Versuch

PV 8.1. Bauen Sie die Versuchsapparatur von B 8.1. auf. Das Trockenrohr mit wasserfreiem Calciumchlorid* ist nur nötig, wenn zusätzlich zum Kohlenstoff-Anteil auch der Wasserstoff-Anteil bestimmt werden soll. Wiegen Sie dazu das Trockenrohr mit Calcium-chlorid-Füllung genau aus. Geben Sie mit einer Pipette 0,1 ml (0,0785 g) Ethanol* auf den Boden des schwer schmelzbaren Rggl. Füllen Sie dann das Rggl. zu etwa 2/3 mit Kupfer(II)-oxid-Draht* und schließen Sie es an den Kolbenprober an. Erhitzen Sie zuerst das Kupferoxid im oberen Teil des Rggl. sehr stark, erwärmen Sie erst dann allmählich den unteren Teil des Rggl. Es ist wichtig, dass der Alkohol nicht verdampft, bevor das Kupferoxid glühend heiß ist. Wenn keine Volumenänderung mehr am Kolbenprober festzustellen ist, wird der Versuch beendet. Lassen Sie abkühlen und lesen Sie das Volumen ab. Wiegen Sie erneut das Trockenrohr mit Calciumchlorid-Füllung. Nach den Versuchen wird der Kupferoxid-Draht in einer Porzellanschale gesammelt und mit der oxidierenden Flamme des Bunsenbrenners ausgeglüht. Man kann den Kupferoxid-Draht dann für weitere Versuche wieder verwenden.

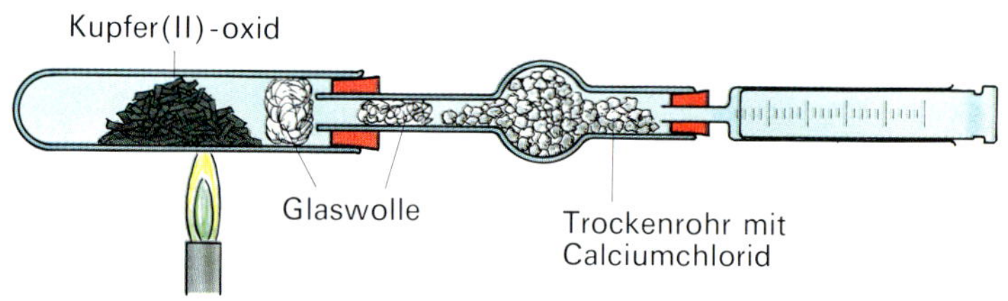

B 8.1. *Versuchsaufbau zu PV 8.1*

Auswertung

a) Bestimmen Sie aus dem am Kolbenprober abzulesenden Kohlenstoffdioxid-Volumen die Masse des entstandenen Kohlenstoffdioxids ($\varrho(CO_2) = 1{,}84$ g/l bei Raumtemperatur und Normdruck).

b) Berechnen Sie aus $m(CO_2)$ den Massenanteil an gebundenem Kohlenstoff in Ethanol (vgl. S. 9f.).

c) Calciumchlorid absorbiert das bei der Oxidation entstehende Wasser. Bestimmen Sie die Masse des gebildeten Wassers aus der Massenzunahme des Trockenrohres.

d) Nennen Sie Gründe, weshalb in der einfachen Versuchsanordnung häufig zu niedrige Werte gemessen werden.

1.2.1. Elementaranalyse von Ethanol

Die quantitative Elementaranalyse zur Bestimmung der Massenanteile und des Atomzahlverhältnisses von Kohlenstoff und Wasserstoff in einer organischen Verbindung wird auch heute noch, wenn auch inzwischen verbessert und genauer, nach dem Verfahren durchgeführt, das JUSTUS VON LIEBIG (B 9.2.) entwickelt und angewandt hat.

[1] Verhältnisformel und empirische Formel sind ebenfalls gängige Bezeichnungen für die Atomzahlverhältnisformel.

Dazu wird eine genau abgewogene Probe der zu analysierenden Substanz an glühendem Kupfer(II)-oxid im Sauerstoffstrom vollständig zu Kohlenstoffdioxid und Wasser oxidiert. Wasserdampf wird an Calciumchlorid, Kohlenstoffdioxid an Natronkalk[1] absorbiert. Durch Wägung der Absorptionsgefäße vor und nach der Oxidation stellt man die Massen von Wasser bzw. Kohlenstoffdioxid fest.
Das Prinzip der Elementaranalyse lernen wir in einer vereinfachten Form bei PV 8.1. (B 8.1.) zur Untersuchung von Ethanol kennen. Das entstehende Kohlenstoffdioxid messen wir volumetrisch. Aus dem entstandenen Kohlenstoffdioxid-Volumen können wir den Kohlenstoff-Anteil in Ethanol berechnen. Den Wasserstoff-Anteil bestimmt man aus der Masse des entstandenen Wassers, die gleich der Massenzunahme des Calciumchlorid-Trockenrohres ist.

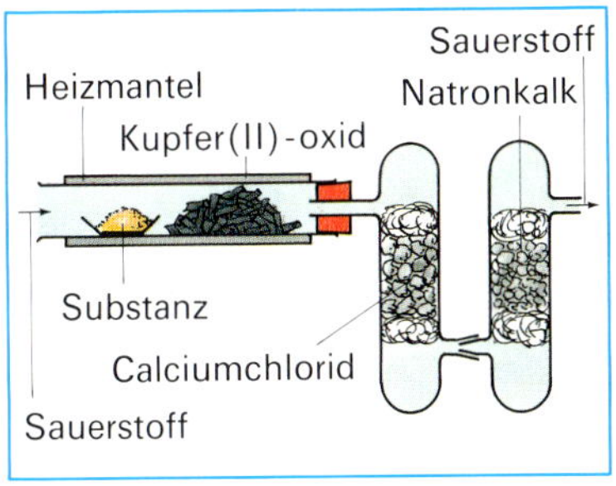

***B 9.1.** Schema der Elementaranalyse nach* LIEBIG

Beispiel

Bei einem Versuch nach PV 8.1. erhält man aus 0,0785 g (0,1 ml) Ethanol 0,081 l Kohlenstoffdioxid bei Raumtemperatur und Normdruck. Bei einer Dichte von $\varrho(CO_2) = 1{,}84$ g/l erhält man für die Masse Kohlenstoffdioxid:
$m(CO_2) = V(CO_2) \cdot \varrho(CO_2)$

$$m(CO_2) = 0{,}081 \text{ l} \cdot 1{,}84 \text{ g/l}$$

$$m(CO_2) = 0{,}149 \text{ g}$$

Die Masse des Calciumchlorid-Trockenrohres nimmt um 0,093 g zu. Demnach ist:

$$m(H_2O) = 0{,}093 \text{ g}$$

Berechnung der Masse an gebundenem Kohlenstoff $m(C)$: Nach

$$C_xH_yO_z \xrightarrow{CuO} x\ CO_2$$

entstehen aus x gebundenen Kohlenstoff-Atomen eines Ethanol-Moleküls x Kohlenstoffdioxid-Moleküle mit je einem Kohlenstoff-Atom. Das Stoffmengenverhältnis ist demnach:

$$\frac{n(C)}{n(CO_2)} = \frac{1}{1} \Leftrightarrow n(C) = n(CO_2)$$

Absorption von Wasser

$$CaCl_2(s) + 2H_2O \rightarrow CaCl_2 \cdot 2H_2O(s)$$

Absorption von Kohlenstoffdioxid

$$2NaOH + CO_2 \rightarrow Na_2CO_3 + H_2O$$

$$Ca(OH)_2 + CO_2 \rightarrow CaCO_3 + H_2O$$

[1] Gemisch aus Natriumhydroxid und Calciumhydroxid

B 9.2. JUSTUS VON LIEBIG *(1803 bis 1873), Prof. der Chemie in Gießen und München*

B 9.3. *LIEBIGS Laboratorium in Gießen um 1840*

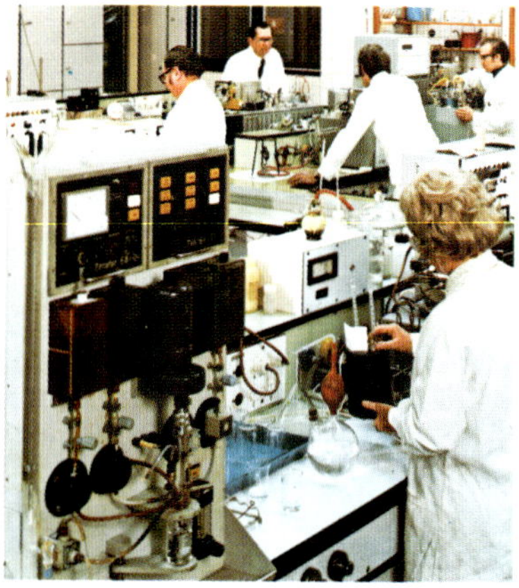

B 10.1. *Blick in ein modernes Forschungslaboratorium (links ein Analysenautomat zur Bestimmung der Elemente Kohlenstoff, Wasserstoff und Stickstoff)*

Größe	Symbol	Einheit
Masse	m	g
Stoffmenge	n	mol
Volumen	V	l
Dichte	ϱ	g/l
Molare Masse	M	g/mol
$\varrho = \frac{m}{V}$		
$M = \frac{m}{n} \Leftrightarrow n = \frac{m}{M}$		

B 10.2. *Wichtige Größen und Größengleichungen*

$$m(\mathrm{C}) = m(\mathrm{CO_2}) \cdot \frac{M(\mathrm{C})}{M(\mathrm{CO_2})}$$

$$m(\mathrm{H}) = m(\mathrm{H_2O}) \cdot \frac{2\,M(\mathrm{H})}{M(\mathrm{H_2O})}$$

B 10.3. *Wichtige Größengleichungen zur Massenberechnung bei der Elementaranalyse*

Mit der Beziehung für die molare Masse

$$M = \frac{m}{n} \Leftrightarrow n = \frac{m}{M}$$

ergibt sich:

$$\frac{m(\mathrm{C})}{M(\mathrm{C})} = \frac{m(\mathrm{CO_2})}{M(\mathrm{CO_2})} \Leftrightarrow m(\mathrm{C}) = m(\mathrm{CO_2}) \cdot \frac{M(\mathrm{C})}{M(\mathrm{CO_2})}$$

Durch Einsetzen der Werte für $M(\mathrm{C}) = 12$ g/mol und $M(\mathrm{CO_2}) = 44$ g/mol sowie $m(\mathrm{CO_2}) = 0{,}149$ g erhält man:

$$m(\mathrm{C}) = 0{,}149\ \mathrm{g} \cdot \frac{12\ \mathrm{g/mol}}{44\ \mathrm{g/mol}}$$

$$m(\mathrm{C}) = 0{,}0406\ \mathrm{g}$$

Berechnung der Masse an gebundenem Wasserstoff $m(\mathrm{H})$: Nach

$$\mathrm{C_xH_yO_z} \xrightarrow{\mathrm{CuO}} \frac{\mathrm{y}}{2}\,\mathrm{H_2O}$$

entstehen aus y gebundenen Wasserstoff-Atomen eines Ethanol-Moleküls y/2 Wasser-Moleküle. Für das Stoffmengenverhältnis gilt also:

$$\frac{n(\mathrm{H})}{n(\mathrm{H_2O})} = \frac{2}{1} \Leftrightarrow n(\mathrm{H}) = 2\,n(\mathrm{H_2O})$$

Mit $n = \frac{m}{M}$ erhält man:

$$\frac{m(\mathrm{H})}{M(\mathrm{H})} = \frac{2m(\mathrm{H_2O})}{M(\mathrm{H_2O})} \Leftrightarrow m(\mathrm{H}) = m(\mathrm{H_2O}) \cdot \frac{2\,M(\mathrm{H})}{M(\mathrm{H_2O})}$$

Durch Einsetzen der Werte für $M(\mathrm{H}) = 1$ g/mol, $M(\mathrm{H_2O}) = 18$ g/mol und $m(\mathrm{H_2O}) = 0{,}093$ g erhalten wir:

$$m(\mathrm{H}) = 0{,}093\ \mathrm{g} \cdot \frac{2\ \mathrm{g/mol}}{18\ \mathrm{g/mol}}$$

$$m(\mathrm{H}) = 0{,}0103\ \mathrm{g}$$

Berechnung der Masse an gebundenem Sauerstoff $m(\mathrm{O})$:
Die Masse an Sauerstoff berechnet man aus der Differenz:

$$m(\mathrm{O}) = m(\text{Ethanol}) - m(\mathrm{C}) - m(\mathrm{H})$$
$$m(\mathrm{O}) = 0{,}0785\ \mathrm{g} - 0{,}0406\ \mathrm{g} - 0{,}0103\ \mathrm{g}$$
$$m(\mathrm{O}) = 0{,}0276\ \mathrm{g}$$

Bestimmung der Indices x, y und z in $\mathrm{C_xH_yO_z}$:
Aus den gefundenen Massen können wir nun das Stoffmengenverhältnis bilden:

$$n(\mathrm{C}) : n(\mathrm{H}) : n(\mathrm{O}) = \frac{m(\mathrm{C})}{M(\mathrm{C})} : \frac{m(\mathrm{H})}{M(\mathrm{H})} : \frac{m(\mathrm{O})}{M(\mathrm{O})}$$

$$n(\mathrm{C}) : n(\mathrm{H}) : n(\mathrm{O}) = \frac{0{,}0406\ \mathrm{g}}{12\ \mathrm{g/mol}} : \frac{0{,}0103\ \mathrm{g}}{1\ \mathrm{g/mol}} : \frac{0.0276\ \mathrm{g}}{16\ \mathrm{g/mol}}$$

Da die Stoffmenge n proportional zur Teilchenzahl N ist ($n \sim N$), ergibt sich:

$$N(\mathrm{C}):N(\mathrm{H}):N(\mathrm{O}) = 3{,}38 \cdot 10^{-3} : 10{,}3 \cdot 10^{-3} : 1{,}72 \cdot 10^{-3}$$

Nun dividiert man durch die kleinste Zahl und erhält:

$$N(\mathrm{C}):N(\mathrm{H}):N(\mathrm{O}) = 1{,}96 : 5{,}98 : 1 \approx 2 : 6 : 1$$

Diese Zahlen setzen wir für die Indices x, y und z ein und erhalten als **Atomzahlverhältnisformel** für Ethanol:

$C_2H_6O_1$ oder vereinfacht C_2H_6O

Diese gibt nur an, in welchem Zahlenverhältnis die Atome in einem Molekül gebunden sind, nicht aber, wie viele Atome in jedem Molekül enthalten sind. So ist das Atomzahlenverhältnis $N(\mathrm{C}):N(\mathrm{H}):N(\mathrm{O}) = 2:6:1$ im Ethanol-Molekül beispielsweise auch bei Formeln $C_4H_{12}O_2$ oder $C_6H_{18}O_3$ usw. gegeben. Die Anzahl der Atome im Molekül wird durch die **Summenformel** angegeben. Um diese zu ermitteln, müssen wir noch die Molekülmasse bzw. die molare Masse der Verbindung bestimmen.

Atomzahlverhältnisformel:
$C_1H_2O_1$

Summenformeln:

CH_2O
Methanal (Formaldehyd)

$C_2H_4O_2$
z.B. Ethansäure (Essigsäure)

$C_6H_{12}O_6$
z.B. Glucose (Traubenzucker)

B 11.1 *Moleküle mit gleicher Atomzahlverhältnisformel und unterschiedlichen Summenformeln*

Praktikum

Bestimmung der Anzahl der Kohlenstoff-Atome in Butan-Molekülen

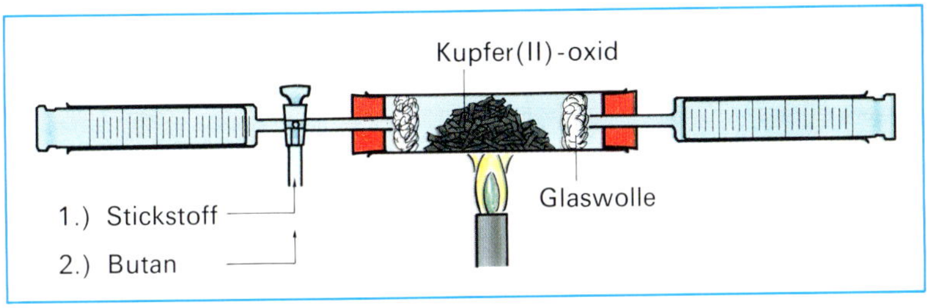

B 11.2. *Versuchsaufbau zu PV 11.1.*

Versuche

PV 11.1. Bauen Sie die Versuchsapparatur nach B 11.2. auf. Spülen Sie über den Dreiwegehahn die Apparatur mehrmals mit Stickstoff durch. Füllen Sie einen Kolbenprober mit 20 ml Butan* oder Feuerzuggas*. Erhitzen Sie den Kupferoxid-Draht* sehr stark bis zum Glühen. Leiten Sie dann das Butan* (Feuerzeuggas) mehrmals über das Kupferoxid*, bis keine Volumenänderung mehr auftritt. Lesen Sie nach dem Abkühlen das Volumen ab.

PV 11.2. *Zusatzversuch:*
Wiegen Sie die Butan-Druckdose (Feuerzeuggas-Nachfüllflasche) auf 1 mg genau aus. Füllen Sie dann über einen kurzen Schlauch exakt 100 ml Butan-Gas in einen Kolbenprober ab. Wiegen Sie die Butan-Dose (Feuerzeuggas-Flasche) erneut.

Auswertung

a) Erläutern Sie anhand der Hypothese von AVOGADRO, weshalb man bei dieser Elementaranalyse aus dem entstandenen Kohlenstoffdioxid-Volumen direkt auf die Anzahl der Kohlenstoff-Atome in einem Butan-Molekül schließen kann.
b) Begründen Sie, weshalb man die Versuchsapparatur mit Stickstoff spülen muss. Überlegen Sie dazu, wie evtl. vorhandener Luftsauerstoff reagieren würde und wie sich dies auf das Volumen nach der Reaktion auswirken würde.
c) Bestimmen Sie aus PV 11.2. die Dichte von Butan (Feuerzeuggas).

Gleiche Volumina verschiedener Gase enthalten bei gleichem Druck und gleicher Temperatur gleich viele Teilchen.

B 12.1. *Hypothese von* AVOGADRO

1.2.2. Elementaranalyse eines gasförmigen Kohlenwasserstoffs

Bei PV 11.1. erhält man bei der Oxidation von 20 ml Butan (Feuerzeuggas), einem Kohlenwasserstoff[1], 80 ml Kohlenstoffdioxid. Nach der Hypothese von AVOGADRO sind in 80 ml eines beliebigen Gases viermal so viele Teilchen enthalten wie in 20 ml eines anderen Gases. Aus einem Butan-Molekül müssen demnach 4 Kohlenstoffdioxid-Moleküle entstanden sein. Daraus können wir schließen, dass in einem Butan-Molekül vier Kohlenstoff-Atome gebunden sind.

$$C_4H_y \xrightarrow{CuO} 4\,CO_2 + \frac{y}{2}\,H_2O$$

Wenn wir zusätzlich auch die Dichte von Butan bestimmen, können wir die molare Masse und damit auch die Anzahl der Wasserstoff-Atome in einem Butan-Molekül ermitteln:
Zwischen der Stoffmenge n und dem Volumen V eines Gases besteht der Zusammenhang:

$$V_m = \frac{V}{n} \Leftrightarrow n = \frac{V}{V_m} \qquad (V_m \text{ molares Volumen})$$

Für die molare Masse eines Gases ergibt sich daraus:

$$M = \frac{m}{n} = \frac{m}{V} \cdot V_m$$

Mit der Dichte von Butan $\varrho = \frac{m}{V} = 2{,}43$ g/l (bei 20 °C und Normdruck) und dem molaren Volumen $V_m = 24{,}05$ l/mol (bei 20 °C und Normdruck) erhalten wir für die molare Masse von Butan:

$$M(\text{Butan}) = \varrho(\text{Butan}) \cdot V_m$$
$$M(\text{Butan}) = 2{,}43\ \text{g/l} \cdot 24{,}05\ \text{l/mol}$$
$$M(\text{Butan}) = 58{,}44\ \text{g/mol}$$

Die Molekülmasse eines Butan-Moleküls beträgt also 58 u. Da vier Kohlenstoff-Atome mit der Atommasse 12 u in einem Molekül gebunden sind, folgt daraus, dass pro Molekül noch 10 Wasserstoff-Atome enthalten sind.
Die Summenformel von Butan lautet daher:

$$\boxed{C_4H_{10}}$$

B 12.2. AMEDEO AVOGADRO *(1776 bis 1856), zunächst Jurist, dann Prof. für Physik in Turin. Die Hypothese aus B 12.1 formulierte er bereits im Jahr 1811, doch anerkannt wurde sie erst nach seinem Tod. Aus dieser Hypothese folgt nämlich, dass die Teilchen elementarer Gase, z.B. Sauerstoff, aus mindestens zwei Atomen bestehen müssen, wenn man berücksichtigt, in welchen Volumenverhältnissen elementare Gase miteinander reagieren. Das aber hielt man damals für unmöglich, denn es widersprach der Hypothese von* DALTON, *nach der alle Elemente aus kleinsten, unteilbaren Teilchen, den Atomen, bestehen.*

[1] Kohlenwasserstoffe sind Verbindungen, deren Moleküle nur aus Kohlenstoff- und Wasserstoff-Atomen bestehen.

Ein Vergleich der Versuche zur Elementaranalyse von Butan und Ethanol zeigt, dass sich Elementaranalysen von Gasen viel einfacher auswerten lassen als von flüssigen oder festen Stoffen. Man erhält dabei auch die molare Masse und die Summenformel des Gases.

Aufgaben

A 13.1. Zeigen Sie anhand der Zustandsgleichung für ideale Gase (B 13.1.) rechnerisch, dass bei Normdruck und 20 °C das molare Volumen $V_m = 24{,}05$ l/mol beträgt.

A 13.2. Berechnen Sie die Masse an Wasser, das bei der Elementaranalyse von 20 ml Butan (PV 11.1.) entsteht.

A 13.3. Bei der Elementaranalyse von 0,132 g einer Verbindung $C_xH_yO_z$ erhält man 0,264 g Kohlenstoffdioxid und 0,108 g Wasser. Berechnen Sie die Atomzahlverhältnisformel der Verbindung.

A 13.4. Bei der Elementaranalyse von 4,37 mg einer Verbindung erhält man 15,02 mg Kohlenstoffdioxid und 2,48 mg Wasser. Ermitteln Sie die Atomzahlverhältnisformel.

A 13.5. Bei der qualitativen Analyse von Coffein werden Kohlenstoff, Wasserstoff, Stickstoff und Sauerstoff nachgewiesen. Die quantitative Analyse ergibt folgende Massenanteile: $w(\mathrm{C}) = 49{,}5\%$; $w(\mathrm{H}) = 5{,}2\%$; $w(\mathrm{N}) = 28{,}9\%$; $w(\mathrm{O}) = 16{,}5\%$. Bestimmen Sie die Atomzahlverhältnisformel von Coffein.

A 13.6. Ein gasförmiger Kohlenwasserstoff wird in einer geschlossenen Apparatur an Kupferoxid oxidiert. Aus 45,0 ml des Kohlenwasserstoffes entstehen dabei 89,0 ml Kohlenstoffdioxid und 72,8 mg Wasser. (Die angegebenen Gasvolumina sind auf Normbedingungen umgerechnet.) Bestimmen Sie die Summenformel des Kohlenwasserstoffs und ermitteln Sie die Dichte des Kohlenwasserstoffs bei Normbedingungen.

A 13.7. Ein gasförmiger Kohlenwasserstoff C_xH_y wird in einer geschlossenen Apparatur thermisch zersetzt. Es entstehen Ruß und Wasserstoff. Das Reaktionsvolumen steigt dabei auf den vierfachen Wert an. Oxidiert man diesen Kohlenwasserstoff mit Kupferoxid, so ist das entstehende Kohlenstoffdioxid-Volumen dreimal so groß wie das eingesetzte Kohlenwasserstoff-Volumen.
Ermitteln Sie die Summenformel des Kohlenwasserstoffs und formulieren Sie a) für die thermische Zersetzung und b) für die Oxidation die entsprechende Reaktionsgleichung.

A 13.8. Bestimmen Sie die Massenanteile $w(\mathrm{C})$, $w(\mathrm{H})$, $w(\mathrm{O})$ in Glucose. (Summenformel von Glucose: $C_6H_{12}O_6$.)

Neue Fachbegriffe

quantitative Elementaranalyse nach LIEBIG, Atomzahlverhältnisformel, Summenformel, Hypothese von AVOGADRO, molares Normvolumen, Zustandsgleichung idealer Gase

Zusammenfassung

Die quantitative Elementaranalyse zur Bestimmung des Kohlenstoff- und Wasserstoff-Anteils in einer Verbindung geht auf ein Verfahren zurück, das von J. VON LIEBIG entwickelt worden ist. Die zu analysierende Verbindung wird oxidiert und das entstehende Kohlenstoffdioxid und Wasser werden quantitativ bestimmt. Daraus erhält man durch Umrechnung den Kohlenstoff- und Wasserstoff-Anteil. Den Sauerstoff-Anteil bestimmt man durch Differenzbildung. Durch die Auswertung der quantitativen Analyse erhält man die Atomzahlverhältnisformel, die das Atomzahlverhältnis, nicht aber die Anzahl der Atome im Molekül angibt.

Im Normzustand, d.h. bei Normdruck $p_n = 1013$ hPa und Normtemperatur $T_n = 273$ K ($\vartheta = 0$ °C), beträgt das molare Normvolumen eines Gases:

$$V_{mn} = 22{,}414\ \mathrm{l \cdot mol^{-1}}$$

Über die Zustandsgleichung idealer Gase lässt sich jedes bei einer beliebigen Temperatur und einem beliebigen Druck gemessene Gasvolumen umrechnen:

$$\frac{p \cdot V}{T} = \frac{p_n \cdot V_n}{T_n}$$

Mit $V_{mn} = \frac{V_n}{n} \Leftrightarrow V_n = n \cdot V_{mn}$ ergibt sich:

$$\frac{p \cdot V}{T} = n \cdot \frac{p_n \cdot V_{mn}}{T_n}$$

Der Term $\frac{p_n \cdot V_{mn}}{T_n}$ ist eine Konstante, die als Gaskonstante R[1] bezeichnet wird.
R hat den Wert:

$$R = 8{,}3143\ \frac{\mathrm{N \cdot m}}{\mathrm{K \cdot mol}} = 8{,}3143\ \frac{\mathrm{J}}{\mathrm{K \cdot mol}}$$

Damit lässt sich die Gasgleichung in der Form schreiben[2]:

$$p \cdot V = n \cdot R \cdot T$$

B 13.1. *Molares Normvolumen und Zustandsgleichung idealer Gase*

[1] benannt nach HENRI VICTOR REGNAULT (1810 bis 1878), franz. Physiker und Chemiker, Prof. an der École Polytechnique

[2] Für die Druckeinheiten gilt: $1\ \mathrm{hPa} = 100\ \mathrm{Pa} = 100\ \frac{\mathrm{N}}{\mathrm{m^2}}$

1.3. Von der Atomzahlverhältnisformel zur Summenformel – die Bestimmung der molaren Massen

Praktikum

Bestimmung molarer Massen durch Dampfdichtemessungen nach MALEWSKI

Versuche

PV 14.1. Bauen Sie die Versuchsapparatur nach B 14.1. auf. Geben Sie mit einer 0,2-ml-Pipette 0,1 ml (0,0785 g) Ethanol* in den 2-l-Erlenmeyerkolben, dessen Boden mit Glasperlen bedeckt ist. Verschließen Sie den Kolben möglichst schnell mit dem Stopfen, der über Glasrohr und Gummischlauch an den Kolbenprober angeschlossen ist. Lesen Sie bei Stellung 2 des Dreiwegehahns das Volumen V_1 am Kolbenprober ab. Bewegen Sie den Erlenmeyerkolben bei Stellung 1 des Dreiwegehahns so lange, bis sich das Volumen im Kolbenprober nicht mehr ändert. Lesen Sie das Volumen V_2 nach Druckausgleich bei Stellung 2 des Dreiwegehahns ab.

PV 14.2. Führen Sie PV 14.1. mit
a) 0,2 ml (0,18 g) Essigsäureethylester*,
b) 0,2 ml (0,157 g) Aceton*,
c) 0,2 ml (0,124 g) Pentan*
durch.

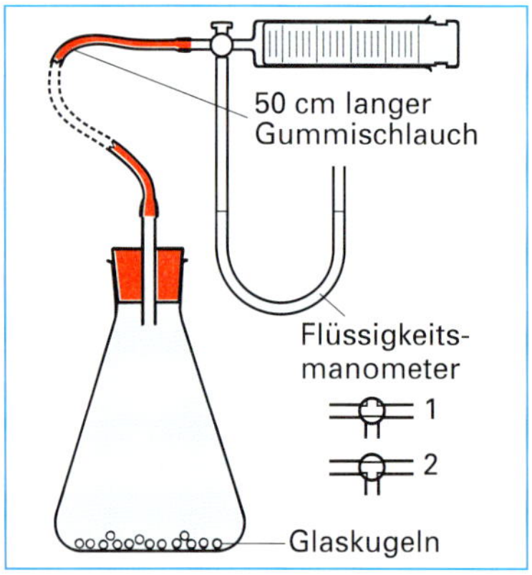

B 14.1. *Zu PV 14.1.*

Auswertung

a) Beim Bewegen des Kolbens verdunstet die Flüssigkeit und verdrängt die Luft. Bestimmen Sie aus dem verdrängten Luftvolumen $V = V_2 - V_1$ die eingesetzte Stoffmenge n und die molare Masse M von Ethanol (vgl. S. 15). Rechnen Sie dazu das entstandene Dampfvolumen V(Ethanol(g)) auf Normbedingungen V_n(Ethanol(g)) um. Nehmen Sie vereinfachend an, dass bei Ihrem Versuch Normdruck geherrscht hat. Dann ergibt sich:

$$V_n(\text{Ethanol(g)}) = V(\text{Ethanol(g)}) \cdot \frac{T_n}{T}$$

mit T: Raumtemperatur in K und $T_n = 273$ K.

b) Bestimmen Sie entsprechend auch die molaren Massen von Essigsäureethylester, Aceton und Pentan.

c) Die Atomzahlverhältnisformeln sind:

Essigsäureethylester	$C_2H_4O_1$
Aceton	$C_3H_6O_1$
Pentan	C_5H_{12}

Errechnen Sie die Summenformeln dieser Verbindungen.

d) Diskutieren Sie Fehlerquellen bei dieser vereinfachten Methode zur Bestimmung molarer Massen.

Aus

$M = \frac{m}{n}$ und $V_m = \frac{V}{n}$

folgt

$M = \frac{m}{V} \cdot V_m$

(allgemein)

$M = \frac{m}{V_n} \cdot V_{mn}$

(im Normzustand)

B 14.2. *Größengleichungen zur Bestimmung der molaren Masse von Gasen*

1.3.1. Bestimmung der molaren Masse unzersetzt verdampfbarer Flüssigkeiten

Wie wir am Beispiel von Butan (S. 12) bereits gesehen haben, lässt sich die molare Masse eines Gases leicht bestimmen, indem man seine Dichte, d.h. die Masse einer bestimmten Volumenportion, misst. Da nämlich nach AVOGADRO gleiche Gasvolumina unter gleichen Bedingungen gleich viele Teilchen enthalten, besitzt ein Gas, dessen Moleküle eine größere Masse haben, auch eine größere Dichte als ein Gas, dessen Moleküle eine kleinere Masse haben.

Auch bei Flüssigkeiten, die unzersetzt verdampft werden können, macht man sich den in B 14.2. angegebenen Zusammenhang zwischen der molaren Masse und der Masse einer bestimmten Volumenportion im Gaszustand zunutze. Man verdampft dazu eine ausgewogene Probe der Substanz und misst das entstehende Dampfvolumen.

Bei flüchtigen Stoffen, die bei Raumtemperatur verdunsten wie beispielsweise Ethanol, können wir die molare Masse mit einer einfachen Apparatur bestimmen (PV 14.1.). Beim Schütteln verdunstet die eingesetzte Flüssigkeit und das dabei entstandene Gasvolumen kann man am Kolbenprober ablesen.

Beispiel

Bei einem Versuch nach PV 14.1. wird eine Ethanol-Probe von $m = 0{,}0785$ g verdampft. Am Kolbenprober liest man bei $\vartheta = 22$ °C ($T = 295$ K) und Normdruck ein Volumen von $V = 40{,}0$ ml ab.
Auf Normtemperatur berechnet, erhält man:

$$V_n(\text{Ethanol(g)}) = \frac{V(\text{Ethanol(g)})}{T} \cdot T_n$$

$$V_n(\text{Ethanol(g)}) = \frac{40{,}0 \text{ ml} \cdot 273 \text{ K}}{295 \text{ K}} = 37{,}0 \text{ ml}$$

Für die molare Masse von Ethanol gilt:

$$M(\text{Ethanol}) = \frac{m(\text{Ethanol}) \cdot V_{mn}}{V_n(\text{Ethanol(g)})}$$

$$M(\text{Ethanol}) = \frac{0{,}0785 \text{ g} \cdot 22{,}41 \text{ l} \cdot \text{mol}^{-1}}{37{,}0 \text{ ml}}$$

$$M(\text{Ethanol}) = 47{,}5 \text{ g} \cdot \text{mol}^{-1}$$

Mit der molaren Masse können wir nun auch die Summenformel für Ethanol angeben. Die Verhältnisformel für Ethanol lautet: C_2H_6O (vgl. S 11). Für die Masse m_a einer Formeleinheit C_2H_6O gilt:

$$m_a(C_2H_6O) = 2 \cdot 12 \text{ u} + 6 \cdot 1 \text{ u} + 16 \text{ u} = 46 \text{ u}$$

Der Zahlenwert dieser Größe ist gleich dem Zahlenwert der molaren Masse. Das bedeutet, dass die Summenformel für Ethanol mit der Verhältnisformel übereinstimmt: C_2H_6O.[1]

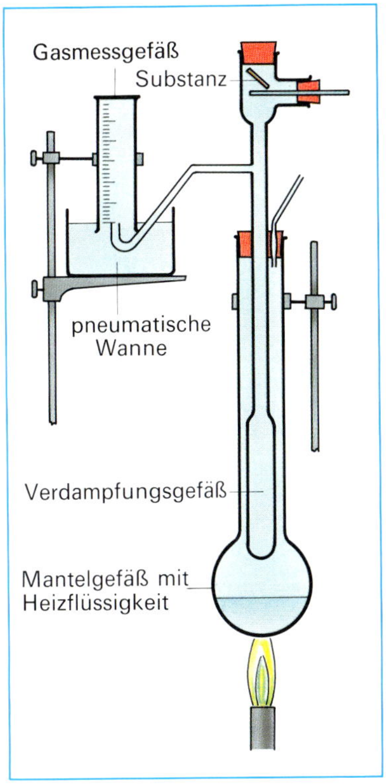

B 15.1. Apparatur nach VIKTOR MEYER (1848 bis 1897) zur Bestimmung der molaren Massen unzersetzt verdampfender Substanzen, auch solcher, die nicht bei Raumtemperatur verdunsten. Mit dieser Apparatur erzielt man genauere Ergebnisse als bei PV 14.1.

Aufgaben

A 15.1. Zeigen Sie mit Hilfe der in B 14.2. angegebenen Formeln, dass für die molare Masse eines Gases gilt:

$$M = m \cdot \frac{R \cdot T}{p \cdot V}$$

A 15.2. Eine Probe von 0,20 g einer Verbindung der Atomzahlverhältnisformel CH_2 wird verdampft. Das Normvolumen des entstehenden Dampfes beträgt $V_n = 54{,}0$ ml. Berechnen Sie die molare Masse dieser Verbindung und geben Sie die Summenformel an.

A 15.3. Eine Probe von 0,091 g der Verbindung $C_xH_yO_z$ aus A 13.3. wird verdampft. Bei Normdruck und 25 °C erhält man ein Dampfvolumen von 25,2 ml. Berechnen Sie die molare Masse und die Summenformel der Verbindung.

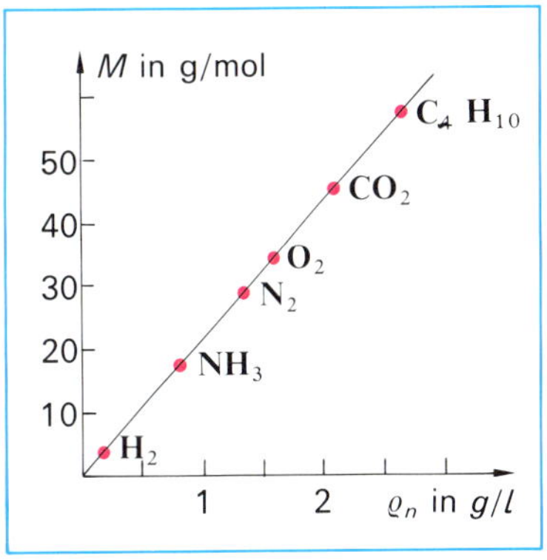

B 15.2. Dichte und molare Masse einiger Gase

[1] Bei $M = 47{,}5$ g/mol kommt die Summenformel $C_4H_{12}O_2$ nicht in Frage, weil $m_a(C_4H_{12}O_2) = 92$ u.

Gefriertemperaturerniedrigung und Siedetemperaturerhöhung

Versuche

PV 16.1. Stellen Sie in einem Becherglas eine Kältemischung aus 2 Teilen zerstoßenem Eis, 1 Teil Kochsalz und 1 Teil Wasser her. Geben Sie in ein Rggl. 2 ml Harnstoff-Lösung (8 g/100 g Wasser) und bestimmen Sie die Gefriertemperatur der Lösung mit einem Thermometer (0,1-Grad-Einteilung). Bewegen Sie mit dem Thermometer die Lösung und lesen Sie alle 20 s die Temperatur ab. Notieren Sie die Temperatur, bei der sich die ersten Kristalle bilden. Wenn die Temperatur auf −6 °C gefallen ist, erwärmen Sie die Harnstoff-Lösung an der Luft auf +5 °C. Lesen Sie dabei alle 20 s die Temperatur ab. Wiederholen Sie das Abkühlen und Aufwärmen, falls beim ersten Versuch eine starke Unterkühlung der Lösung aufgetreten sein sollte.

PV 16.2. Stellen Sie Harnstoff-Lösungen der Konzentrationen 4 g/100 g Wasser und 12 g/100 g Wasser her und bestimmen Sie die Gefriertemperaturen dieser Lösungen.

PV 16.3. a) *Zusatzversuch:* Bestimmen Sie zur Kontrolle des Thermometers die Gefriertemperatur von dest. Wasser. Wenn der Wert von 0 °C abweicht, müssen Sie die bei PV 16.1. und PV 16.2. gemessenen Werte entsprechend korrigieren.

PV 16.4. Erhitzen Sie in einem Becherglas 100 g Wasser zum Sieden und messen Sie die Siedetemperatur. Bestimmen Sie nach Zugabe von 6 g (0,1 mol) bzw. 12 g (0,2 mol) Harnstoff wiederum die Siedetemperatur.

PV 16.5. Messen Sie die Siedetemperaturen folgender Lösungen: a) 18 g (0,1 mol) Glucose in 100 g Wasser, b) 5,78 g (0,1 mol) Natriumchlorid in 100 g Wasser.

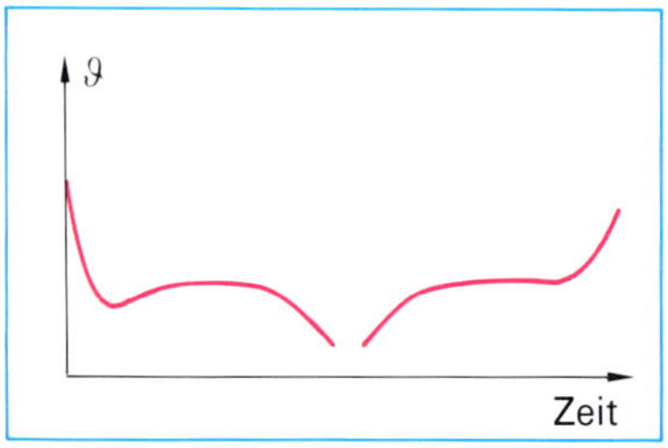

B 16.1. *Erstarrungs- und Schmelzkurve*

Auswertung

a) Notieren Sie jeweils die Temperaturen, bei denen die Harnstoff-Lösungen gefrieren bzw. schmelzen. Zeichnen Sie eine Erstarrungs- sowie Schmelzkurve für die Harnstoff-Lösung aus PV 16.1. (vgl. B 16.1.). Wie kann man anhand dieser Kurven die Gefriertemperatur ermitteln?

b) Welcher Zusammenhang lässt sich bei PV 16.2. zwischen der Harnstoff-Konzentration und der Gefriertemperaturerniedrigung erkennen?

c) (Erst nach Erarbeitung der Gefriertemperaturerniedrigung) Bestimmen Sie aus den bei PV 16.4. gemessenen Siedetemperaturen die molale Siedetemperaturerhöhung k_S von Wasser.

d) Versuchen Sie zu erklären, warum eine Natriumchlorid-Lösung eine doppelt so hohe Siedetemperaturerhöhung zeigt wie eine gleich konzentrierte Harnstoff- oder Glucose-Lösung (PV 16.5.).

1.3.2. Bestimmung der molaren Masse durch Messung der Gefriertemperaturerniedrigung von Lösungen

Unbekannte Stoffe sind oft weder gasförmig noch leicht verdampfbar, viele lassen sich nicht unzersetzt verdampfen. Um ihre molare Masse zu bestimmen, muss man daher andere Methoden anwenden. Eine Möglichkeit ist die Messung der *Gefriertemperaturerniedrigung* oder der *Siedetemperaturerhöhung* der Lösung des zu untersuchenden Stoffes in einem geeigneten Lösungsmittel.

Bei PV 16.1. und PV 16.2. stellen wir fest, dass die Gefriertemperatur (Schmelztemperatur) einer Harnstoff-Lösung niedriger ist als die des Wassers und weiter, dass die Gefriertemperaturerniedrigung von der Harnstoff-Konzentration abhängig ist.

Ganz allgemein gilt, dass die Gefriertemperatur einer Lösung immer niedriger ist als die des reinen Lösungsmittels. Dies ist verständlich, denn in einer Lösung stören die Moleküle des gelösten Stoffes die Anlagerung der Lösungsmittel-Moleküle an ein Molekülgitter, die Kristallisation ist also erschwert.

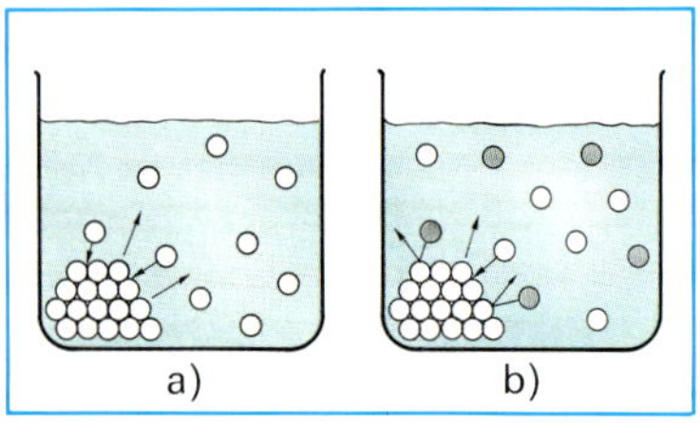

B 16.2. *Schematische Darstellung von Gefrieren und Schmelzen a) des reinen Lösungsmittels, b) der Lösung*

Ebenso behindern die Moleküle des gelösten Stoffes das Verdampfen der Lösungsmittel-Moleküle; die Siedetemperatur einer Lösung ist demnach immer höher als die Siedetemperatur des reinen Lösungsmittels.
Bei PV 16.4. und PV 16.5. beobachten wir weiterhin, dass die Siedetemperaturen einer Glucose- und einer Harnstoff-Lösung gleicher Stoffmengenkonzentration gleich sind. Die gleich konzentrierte Natriumchlorid-Lösung, in der Natrium- und Chlorid-Ionen, also die doppelte Anzahl von Teilchen vorliegen, zeigt dagegen eine doppelt so große Siedetemperaturerhöhung. Diese Siedetemperaturerhöhung ΔT_S ist nämlich ebenso wie auch die Gefriertemperaturerniedrigung ΔT_G [1] nicht abhängig von der Art, sondern nur von der Teilchenzahl des gelösten Stoffes. ΔT_G und ΔT_S sind proportional zur *Molalität* b des gelösten Stoffes:

$$\Delta T_G = k_G \cdot b \qquad (17.1.)$$

bzw.

$$\Delta T_S = k_S \cdot b \qquad (17.2.)$$

Die Molalität b ist der Quotient aus der Stoffmenge des gelösten Stoffes $n(\mathrm{X})$ und der Masse des Lösungsmittels $m(\mathrm{Lm})$

$$b = \frac{n(\mathrm{X})}{m(\mathrm{Lm})} \qquad (17.3.)$$

Es ist zweckmäßig in Gleichung (17.1.) bzw. (17.2.) die Molalität einzusetzen. Die Molalität hat gegenüber den Konzentrationsangaben, d.h. den volumenbezogenen Gehaltsgrößen, den Vorteil, dass der Wert temperaturunabhängig ist.
Die Konstanten k_G und k_S sind unabhängig von der Art des gelösten Stoffes. Sie besitzen einen charakteristischen Wert für jedes Lösungsmittel (Tab. 17.1. und Tab. 17.2.). Die Konstante k_G wird als *kryoskopische Konstante* oder *molale Gefriertemperaturerniedrigung* des Lösungsmittels bezeichnet. Sie gibt an, um wie viel Grad die Gefriertemperatur sinkt, wenn N_A Teilchen in 1 kg Lösungsmittel gelöst sind. k_S wird entsprechend als *ebullioskopische Konstante* oder *molale Siedetemperaturerhöhung* bezeichnet.
Mit Gleichung (17.3.) lassen sich die Gleichungen (17.1.) und (17.2.) umformen:

$$\Delta T_G = k_G \cdot \frac{n(\mathrm{X})}{m(\mathrm{Lm})} \quad \text{bzw.} \quad \Delta T_S = k_S \cdot \frac{n(\mathrm{X})}{m(\mathrm{Lm})}$$

Mit $M = \frac{m}{n} \Leftrightarrow n = \frac{m}{M}$ erhält man:

$$\Delta T_G = k_G \cdot \frac{m(\mathrm{X})}{m(\mathrm{Lm}) \cdot M(\mathrm{X})} \quad \text{bzw.} \quad \Delta T_S = k_S \cdot \frac{m(\mathrm{X})}{m(\mathrm{Lm}) \cdot M(\mathrm{X})}$$

Für die molare Masse des gelösten Stoffes ergibt sich daraus:

$$M(\mathrm{X}) = k_G \cdot \frac{m(\mathrm{X})}{\Delta T_G \cdot m(\mathrm{Lm})} \quad \text{bzw.} \quad M(\mathrm{X}) = k_S \cdot \frac{m(\mathrm{X})}{\Delta T_S \cdot m(\mathrm{Lm})}$$

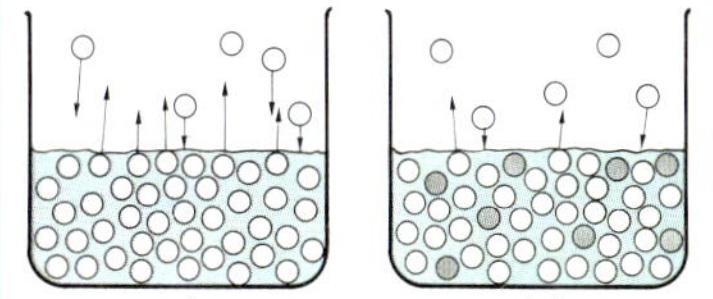

B 17.1. *Schematische Darstellung des Verdampfens*
a) des reinen Lösungsmittels
b) der Lösung

Lösungsmittel	ϑ_m in °C	k_G in $\frac{\mathrm{K \cdot kg}}{\mathrm{mol}}$
Wasser	0	1,86
Benzol	5,5	5,12
Cyclohexan	6,2	20,2
Campfer	179,5	40,4

Tab. 17.1. *Kryoskopische Konstanten von einigen Lösungsmitteln*

Lösungsmittel	ϑ_b in °C	k_S in $\frac{\mathrm{K \cdot kg}}{\mathrm{mol}}$
Wasser	100	0,51
Benzol	80,1	2,53
Cyclohexan	81,5	2,75
Ethanol	78,4	1,22

Tab. 17.2. *Ebullioskopische Konstanten einiger Lösungsmittel*

[1] $\Delta T_G = \Delta \vartheta_G$
$\Delta \vartheta_G = \vartheta_m(\mathrm{Lm}) - \vartheta_m(\mathrm{Ls})$
ΔT_G: Gefriertemperaturerniedrigung in K
$\Delta \vartheta_G$: Gefriertemperaturerniedrigung in °C
$\vartheta_m(\mathrm{Lm})$: Gefriertemperatur des Lösungsmittels
$\vartheta_m(\mathrm{Ls})$: Gefriertemperatur der Lösung

Zur Bestimmung der molaren Masse von Harnstoff werden in einem Versuch eingesetzt:

m(Harnstoff) = 8 g
m(Wasser) = 100 g

gemessene Gefriertemperatur:

ϑ_m (Ls) = −2,5 °C

Gefriertemperaturerniedrigung:

$\Delta T_G = 2{,}5$ K

Mit $k_G(H_2O) = 1{,}86$ K · kg/mol ergibt sich:

$$M(\text{Harnstoff}) = k_G(H_2O) \frac{m(\text{Harnstoff})}{\Delta T_G \cdot m(H_2O)}$$

$$M(\text{Harnstoff}) = \frac{1{,}86\ \text{K} \cdot \text{kg} \cdot 8\ \text{g}}{2{,}5\ \text{K} \cdot \text{mol} \cdot 0{,}1\ \text{kg}}$$

$$M(\text{Harnstoff}) = 59{,}5\ \text{g} \cdot \text{mol}^{-1}$$

B 18.1. *Berechnung der molaren Masse von Harnstoff aus Versuchsergebnissen*

b (Harnstoff) in mol/kg	ϑ_b in °C
0	56,00
0,5	56,86
0,8	57,38
1,2	58,06
1,6	58,74

Tab. 18.1. *Siedetemperaturen von Harnstoff-Lösungen in Aceton*

In der Praxis zieht man zur Bestimmung der molaren Masse die Messung der Gefriertemperatur vor, da sich diese wegen des größeren Wertes von k_G bei gleicher Konzentration des gelösten Stoffes stärker ändert als die Siedetemperatur. Je größer die auftretenden Temperaturunterschiede sind, desto genauer und empfindlicher ist die Bestimmungsmethode. Daher verwendet man wegen seines großen k_G-Wertes auch häufig geschmolzenen Campfer als Lösungsmittel. Zur Bestimmung der molaren Masse von Verbindungen mit großen Molekülen ist die Messung der Gefriertemperaturerniedrigung nur begrenzt geeignet, da die Temperaturunterschiede zu klein sind. Hier werden besondere Methoden wie z. B. Viskositätsmessungen (vgl. S. 340) angewandt.
Neben der Bestimmung der molaren Masse kann man auch sonst noch praktischen Nutzen aus der Gefriertemperaturerniedrigung ziehen: Damit das Kühlwasser in Automobilen im Winter nicht gefriert, setzt man ein *Frostschutzmittel* zu, meist Glykol (Ethandiol). Auch die Siedetemperatur des Kühlwassers wird dadurch heraufgesetzt, was für den Sommerbetrieb recht vorteilhaft ist. Durch Streuen von Salz auf vereiste Straßen und Wege schmilzt das Eis, da die entstehende Natrium- und Chlorid-Ionen enthaltende Salz-Lösung bei einer niedrigeren Temperatur gefriert als reines Wasser.

Aufgaben

A 18.1. Bei der Bestimmung der Siedetemperaturen von Harnstoff-Lösungen in Aceton als Lösungsmittel misst man die in Tab. 18.1. angegebenen Werte.
a) Bestimmen Sie für jeden Wert die Siedetemperaturerhöhung ΔT_S, stellen Sie diese als Funktion von b (Harnstoff) graphisch dar und ermitteln Sie die molale Siedetemperaturerhöhung von Aceton.
b) Bestimmen Sie die molare Masse und die Summenformel von Sorbit (Atomzahlverhältnisformel: $C_3H_7O_3$), wenn eine Lösung von 2,4 g Sorbit in 10 g Aceton eine Siedetemperatur von 58,27 °C besitzt.

A 18.2. Die molare Masse von Coffein (vgl. A 13.5.) wird zu 194 g/mol bestimmt. Geben Sie die Summenformel an.

A 18.3. Als Frostschutzmittel werden sowohl Glykol $C_2H_6O_2$ als auch Glycerin $C_3H_8O_3$ dem Kühlwasser von Automobilen zugesetzt. Überlegen Sie, ob Sie Glykol oder Glycerin als Zusatz vorziehen würden.

A 18.4. a) Berechnen Sie, wie viel g Glykol pro kg Wasser notwendig sind, um die Gefriertemperatur des Kühlwassers auf −15 °C zu senken.
b) Welche Siedetemperatur besitzt dieses Kühlwasser?

A 18.5. Die molale Gefriertemperaturerniedrigung von Wasser beträgt 1,86 K · kg/mol. Eine Natriumchlorid-Lösung, $b(NaCl) = 1$ mol/kg, gefriert bei −3,72 °C, eine Calciumchlorid-Lösung, $b(CaCl_2) = 1$ mol/kg, gefriert bei −5,58 °C. Erklären Sie dies.

Zusammenfassung

Nach der Durchführung der quantitativen Elementaranalyse, durch die die Atomzahlverhältnisformel einer Verbindung ermittelt wird, lässt sich durch Bestimmung der molaren Masse die Summenformel errechnen. Bei Gasen und unzersetzt verdampfbaren Substanzen bestimmt man die molare Masse über die Dampfdichte, d. h., man misst das Dampfvolumen einer abgewogenen Substanzprobe. Bei anderen Verbindungen bewährt sich die Messung der Gefriertemperaturerniedrigung oder Siedetemperaturerhöhung einer Lösung des zu analysierenden Stoffes.

Neue Fachbegriffe

Gefriertemperaturerniedrigung und Siedetemperaturerhöhung einer Lösung, Molalität, kryoskopische und ebullioskopische Konstanten, Frostschutzmittel

Massenspektrometrie

Methoden zur Bestimmung der molaren Masse, wie sie in Kap. 1.3. behandelt wurden, sind mit einem mehr oder weniger großen Fehler behaftet. Zur Ermittlung der Summenformel bei bekannter Atomzahlverhältnisformel reicht die Genauigkeit jedoch aus. Wenn z.B. bei einer Verbindung mit der Atomzahlverhältnisformel C_2H_6O für die molare Masse 47 g/mol bestimmt wird, so kann als Summenformel nur C_2H_6O, nicht aber $C_4H_{12}O_2$ oder $C_6H_{18}O_3$ in Frage kommen.

Eine besonders genaue, wenn auch sehr aufwendige Methode zur Bestimmung der molaren Masse ist die **Massenspektrometrie**. Ursprünglich wurde sie zu Beginn dieses Jahrhunderts zum Nachweis der Isotope von Elementen entwickelt. Heute dient die Massenspektrometrie vor allem in der organischen Chemie zur Ermittlung der Molekülmasse und insbesondere auch zur Strukturaufklärung.
In einem Massenspektrometer B 19.1. wird die Substanzprobe im Hochvakuum der Ionisationskammer verdampft und durch einen Elektronenstrom geschickt. Beim Auftreffen von Elektronen auf die Moleküle der Substanz wird ein Teil dieser Moleküle ionisiert:

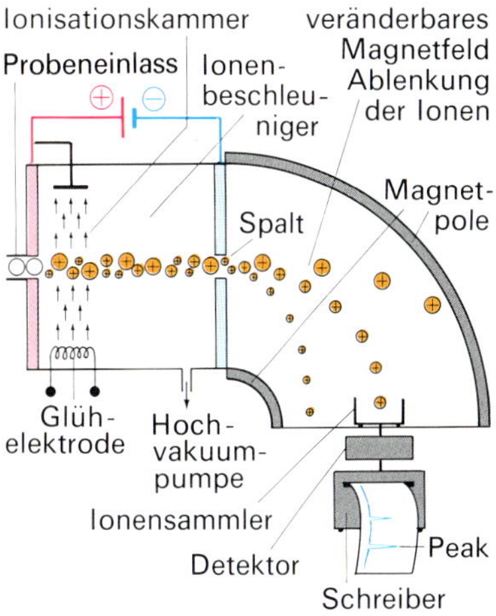

B 19.1. Massenspektrometer (schematisch)

$$M + e^- \rightarrow M^+ + 2e^-$$

Die elektrisch positiv geladenen Molekül-Ionen M^+ werden im elektrischen Feld beschleunigt und durch ein Magnetfeld geschickt, in dem sie in eine Kreisbahn abgelenkt werden. Je kleiner die Masse und je größer die Ladung des Molekül-Ions ist, desto stärker wird es abgelenkt. Da die Molekül-Ionen fast alle einfach positiv geladen sind, ist die Ablenkung nur von der Masse des Ions abhängig. Die Stärke des Magnetfeldes lässt sich nun so regeln, dass nur Ionen einer bestimmten Masse durch den Kollektorspalt in das Auffanggefäß gelangen können, in dem sie dann ein elektrisches Signal abgeben, dessen Intensität von der Anzahl der Ionen abhängt. Die Energie, die durch den Elektronenstoß auf das Molekül übertragen wird, ist so groß, dass das zuerst entstehende Molekül-Ion M^+ in weitere Bruchstücke zerfallen kann.
So erkennen wir im Massenspektrum von Ethanol (B 19.2.) mehrere Peaks, die jeweils einem Bruchstück zugeordnet werden können. Der Peak mit der größten Masse, bei Ethanol mit der Masse 46 u, entspricht dem Molekül-Ion M^+ und gibt die Molekülmasse der Verbindung an. Die kleineren Bruchstücke sind für das betreffende Molekül charakteristisch und geben Hinweise auf die Atomgruppierungen im Molekül. Daher dient die Massenspektrometrie insbesondere auch zur Strukturaufklärung von Molekülen. Der Peak bei 15 u ist z.B. charakteristisch für eine Methyl-Gruppe $(-CH_3)$, der Peak bei 31 u für eine Hydroxy-Gruppe $(-OH)$ im Molekül (B 19.2.). Im Massenspektrum von Ethanol erkennt man außerdem noch einen kleinen Peak bei 47 u. Dieser ist darauf zurückzuführen, dass Kohlenstoff als Isotopengemisch der Isotope $[^{12}C]$-Kohlenstoff und $[^{13}C]$-Kohlenstoff vorkommt.

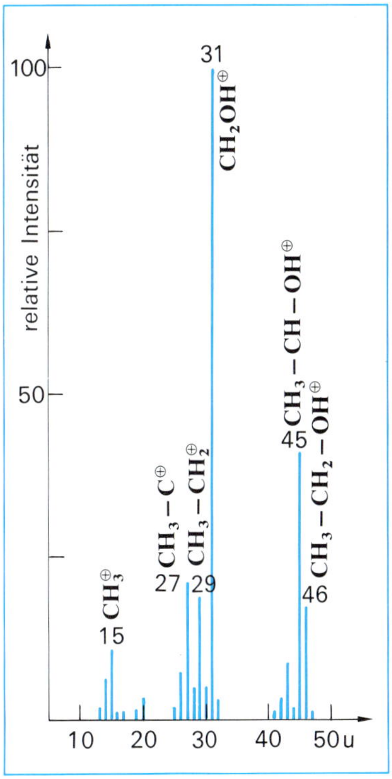

B 19.2. Massenspektrum von Ethanol

1.4. Isomerie und Strukturformel

Praktikum

Reaktionen mit Ethanol

Versuche

LV 20.1. In ein großes Rggl. mit seitlichem Ansatzrohr gibt man zu ca. 10 mL Ethanol* ein erbsengroßes, vorher entrindetes Stück Natrium*. **Vorsicht! Natrium nur mit einer Pinzette anfassen!** Man fängt das entstehende Gas auf und führt damit die Knallgasprobe durch. Nach Beendigung der Reaktion wird die Lösung auf die Gruppen verteilt.

PV 20.2. Prüfen Sie die elektrische Leitfähigkeit der bei LV 20.1. erhaltenen Lösung. Gießen Sie die Lösung in eine Kristallisierschale und lassen Sie das überschüssige Ethanol* verdunsten.

PV 20.3. In einem schwer schmelzbaren Rggl. wird Sand mit Ethanol* getränkt. Füllen Sie das Rggl. mit einem Gemisch aus Aluminiumoxid und gekörntem Bimsstein (Katalysator) auf, so dass der ganze Querschnitt des Rggl. ausgefüllt ist. Erhitzen Sie den Katalysator stark. Dabei verdampft das Ethanol* und streicht über den heißen Katalysator. Fangen Sie das entstehende Gas in mehreren Rggl. auf. Geben Sie in eines der Rggl. einige Tropfen Bromwasser* und schütteln Sie um. Zünden Sie das Gas im zuletzt gefüllten Rggl. an.

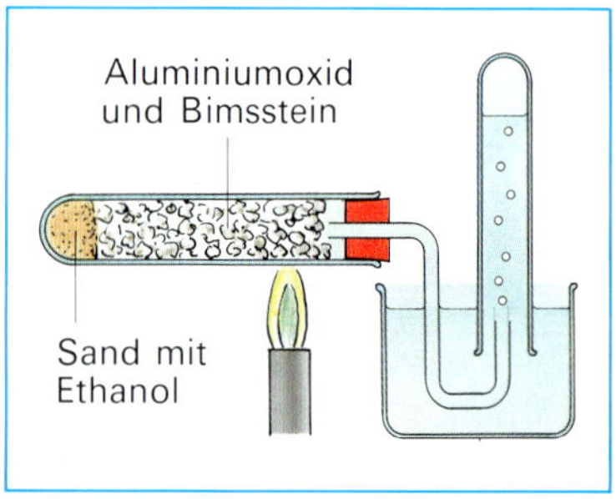

B 20.1. *Versuchsaufbau zu PV 20.3.*

Auswertung

a) Vergleichen Sie die Reaktion zwischen Ethanol und Natrium mit der zwischen Wasser und Natrium.

b) Erläutern Sie, weshalb die Reaktion mit Natrium eher für die Valenzstrichformel **A** des Ethanol-Moleküls als für **B** spricht (B 20.2.). Bedenken Sie dabei, dass Natrium unter Petroleum, einem Gemisch aus Kohlenwasserstoffen, aufbewahrt wird. Formulieren Sie die Reaktionsgleichung für die Reaktion von Ethanol mit Natrium.

c) Die molare Masse des bei PV 20.3. entstehenden Gases beträgt 28 g/mol. Wieso deuten dies und die Reaktion des Gases mit Bromwasser auf die Valenzstrichformel **A** hin? (Anmerkung: Die Entfärbung von Bromwasser ist eine Nachweisreaktion für Kohlenstoff-Kohlenstoff-Doppelbindungen.) Formulieren Sie die bei PV 20.3. ablaufende Reaktion.

Die Summenformel einer Verbindung gibt nicht an, wie die Atome im Molekül aneinander gebunden sind. So können wir für eine Verbindung mit der Summenformel $C_2H_6O_1$ zwei **Valenzstrichformeln** (Strukturformeln) (B 20.2.) aufstellen. Dabei berücksichtigen wir, dass Kohlenstoff-Atome vierbindig, Sauerstoff-Atome zweibindig und Wasserstoff-Atome immer einbindig sind.

Welche dieser beiden Valenzstrichformeln trifft nun für das Ethanol-Molekül zu?

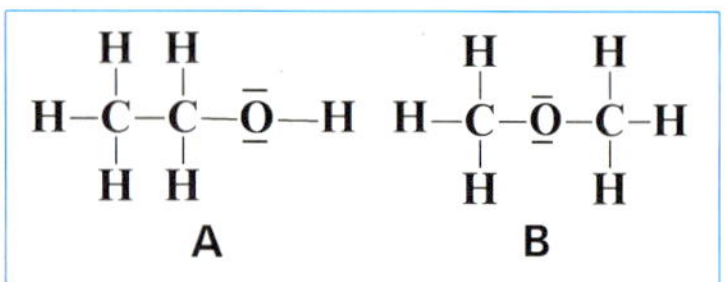

B 20.2. *Zwei mögliche Valenzstrichformeln (Strukturformeln) für eine Verbindung mit der Summenformel* $C_2H_6O_1$

Einen Hinweis geben uns LV 20.1. und PV 20.2. Bei der Reaktion von Ethanol mit Natrium entstehen Wasserstoff und ein salzartiger Feststoff, der nach dem Verdunsten des überschüssigen Ethanols zurückbleibt. Diese Reaktion erinnert an die Reaktion zwischen Natrium und Wasser.

$$2\,H{-}\overline{\underline{O}}{-}H + 2\,Na \rightarrow 2\,H{-}\overline{\underline{O}}|^{-}\,Na^{+} + H_2$$

Wie beim Wasser-Molekül ist beim Molekül **A** eine polare Sauerstoff-Wasserstoff-Bindung enthalten. Analog können wir für die Reaktion mit Natrium formulieren:

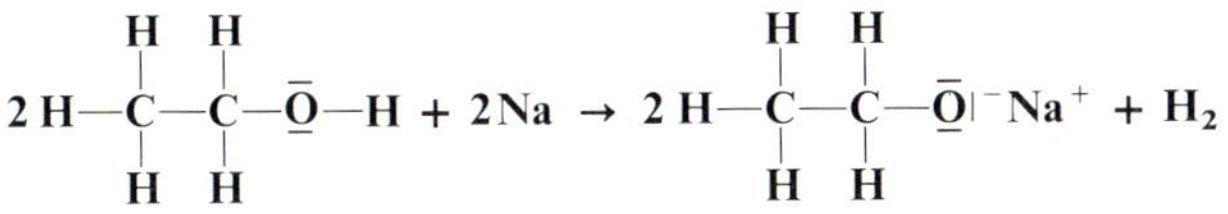

(21.1.)

Mit der Bildung von Natrium- und Ethanolat-Ionen können wir auch die elektrische Leitfähigkeit bei PV 20.2. erklären. Wir können annehmen, dass nur Verbindung **A** mit Natrium unter Wasserstoff-Abspaltung reagiert. In Molekül **B** sind alle Wasserstoff-Atome an Kohlenstoff-Atome gebunden, wie dies auch in Alkan-Molekülen der Fall ist. Alkane reagieren aber nicht mit Natrium, sonst könnten sie nicht als Schutzflüssigkeit verwendet werden.
Auch die Reaktion von PV 20.3. deutet auf die Valenzstrichformel **A** für das Ethanol-Molekül hin. Nur aus dem Molekül **A** kann nach

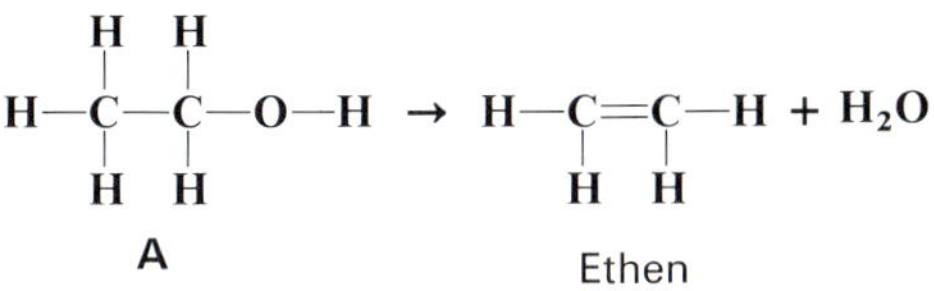

(21.2.)

unter Abspaltung eines Wasser-Moleküls ein Ethen-Molekül der Masse 28 u mit einer Doppelbindung entstehen.
Beide Reaktionen (21.1. und 21.2.) sind charakteristisch für Verbindungen mit einer Hydroxy-Gruppe und können als Nachweis für diese **funktionelle Gruppe** dienen.
Für Ethanol trifft also die Valenzstrichformel **A** zu. Eine Verbindung mit der Valenzstrichformel **B** gibt es auch: Es ist der Dimethylether.

Die Erscheinung, dass Verbindungen mit gleicher Summenformel verschiedene Molekülstrukturen besitzen können, nennt man Isomerie. Die entsprechenden Verbindungen nennt man Isomere[1].

Isomere unterscheiden sich außer in ihren chemischen Reaktionen auch in ihren physikalischen Eigenschaften. So ist z. B. Ethanol bei Raumtemperatur flüssig und Dimethylether gasförmig. Zwei Verbindungen wie Ethanol und Dimethylether mit gleicher Summen- aber verschiedener Valenzstrichformel haben verschiedene **Konstitutionen**[2]. Man nennt solche Verbindungen **Konstitutionsisomere**.
Valenzstrichformeln geben eindeutig die für eine Verbindung charakteristische Verknüpfung der Atome im Molekül und die Bindungen an. Sie sagen aber nichts über die **Konfiguration**, d.h. über die dreidimensionale Struktur des Moleküls, aus (vgl. dazu die Kalottenmodelle aus B 21.1.). Dennoch wird die Valenzstrichformel in der organischen Chemie viel benutzt.

Ethanol	Dimethylether
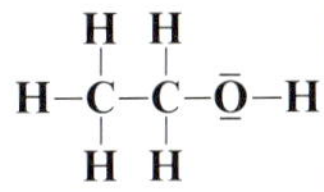	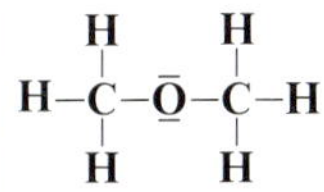
Siedetemperatur	
$\vartheta_b = 78\,°C$	$\vartheta_b = -25\,°C$
Löslichkeit in Wasser	
in jedem Verhältnis mit Wasser mischbar	8 g in 100 g Wasser
Reaktion mit Natrium	
reagiert unter Wasserstoffbildung ähnlich wie Wasser	reagiert nicht
	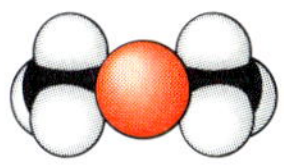
Kalottenmodelle	

__B 21.1.__ Zwei Isomere — Ethanol und Dimethylether

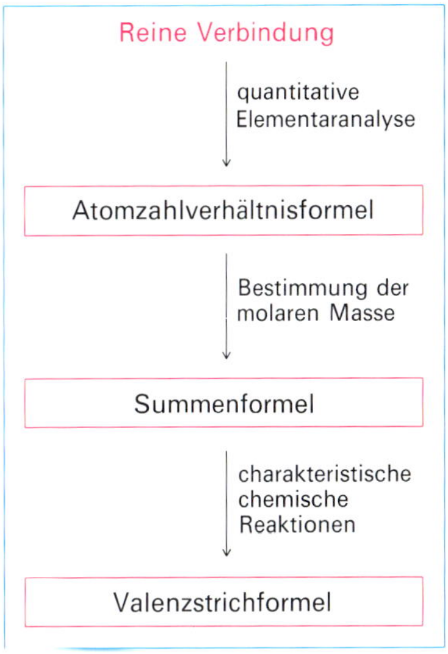

__B 21.2.__ Der Weg zur Valenzstrichformel einer Verbindung

[1] von *isos* (griech.) = gleich und von *meros* (griech.) = Teilchen
[2] von *constituere* (lat.) = zusammensetzen

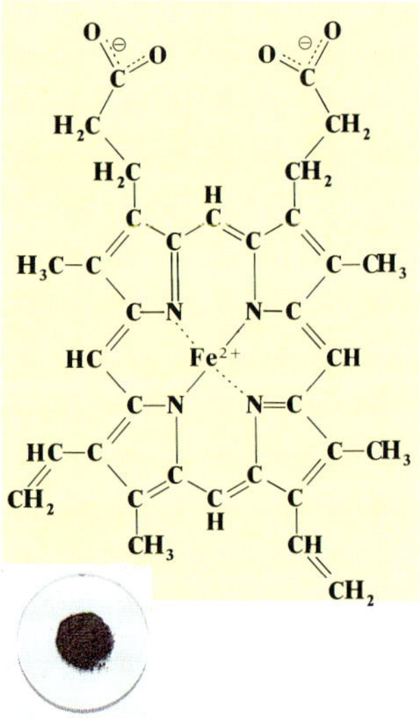

B 22.1. *Valenzstrichformel von Häm, der Wirkgruppe des roten Blutfarbstoffs*

Am Beispiel des Ethanols haben wir nachvollzogen, wie man die Konstitution einer Verbindung durch chemische Reaktionen aufklären kann. Diese klassische Methode spielte früher eine große Rolle bei der Konstitutionsaufklärung vieler Naturstoffe. Bei komplizierten Molekülen war dazu oft eine jahrelange Arbeit erforderlich. So dauerte z. B. die Aufklärung der Konstitution von Häm (B 22.1.), der Wirkgruppe des roten Blutfarbstoffs, fast vierzig Jahre. Heute spielen mehr und mehr instrumentelle Analyseverfahren wie *Infrarot-*, *Elektronen-* und *Kernmagnetische Resonanz-Spektroskopie*, *Massenspektroskopie*, *Röntgenstrukturanalyse* u.a. eine Rolle. Durch diese Methoden kann nicht nur die Konstitution, sondern auch die Konfiguration der Moleküle ermittelt werden.

Aufgaben

A 22.1. Geben Sie die Valenzstrichformeln der Isomeren mit der Summenformel C_3H_8O an. Wie könnte man diese unterscheiden?

A 22.2. Bei der Umsetzung von Ethanol mit Hydrogenbromid-Säure erhält man Wasser und ein Produkt, das nach Elementaranalyse und Molekülmassenbestimmung die Summenformel C_2H_5Br besitzt. Weshalb kann auch diese Reaktion als Bestätigung für die Valenzstrichformel des Ethanol-Moleküls dienen?

Zusammenfassung

Zur Strukturaufklärung einer Verbindung sind mehrere Schritte nötig. Bei bekannter Summenformel kann man durch charakteristische chemische Reaktionen funktionelle Gruppen nachweisen und Isomere unterscheiden. Man gelangt so zur Valenzstrichformel der Verbindung. Neben chemischen Methoden werden heute vorwiegend instrumentelle Analyseverfahren zur Strukturermittlung herangezogen.

Neue Fachbegriffe

Isomerie, funktionelle Gruppe, Konstitution, Konstitutionsisomerie, Konfiguration, Valenzstrichformel, instrumentelle Analyseverfahren

Erweiterung, Vertiefung, Anwendung

Gaschromatographie und Isomere des Butans

Für Butan mit der Summenformel C_4H_{10} können wir zwei Valenzstrichformeln aufstellen (B 23.1.). Tatsächlich findet man bei der gaschromatographischen Analyse von Feuerzeuggas auch zwei Peaks[1], wodurch zwei Verbindungen angezeigt werden.

Gaschromatographie: Allen chromatographischen Verfahren gemeinsam ist das Prinzip: Sie trennen Stoffe aufgrund ihrer unterschiedlichen Verteilung in zwei verschiedenen Phasen, einer **stationären** und einer **mobilen** Phase. Bei der Gaschromatographie ist die stationäre Phase eine hochsiedende Flüssigkeit z. B. Paraffin- oder Siliconöl. Ein Festkörpergranulat wird mit der Flüssigkeit getränkt und in eine spiralig gewundene Trennsäule gefüllt. Die stationäre Phase kann aber auch als Flüssigkeitsfilm auf der Innenseite einer Kapillartrennsäule von 0,2 mm bis 1 mm Durchmesser und bis zu 70 m Länge aufgetragen werden. Als mobile Phase verwendet man ein Trägergas, meist Stickstoff oder Helium.

Versuche

V 22.1. Zur gaschromatographischen Untersuchung von Feuerzeuggas* führt man die Nadel einer Injektionsspritze in das Ventil eines Feuerzeugs und lässt vorsichtig Gas in die Spritze strömen. Die gaschromatographische Analyse der Probe führt man nach der Betriebsanleitung des zur Verfügung stehenden Gaschromatographen durch.

V 22.2. Unter den gleichen Versuchsbedingungen wie bei V 22.1. untersucht man die reinen Gase Butan* und Isobutan* gaschromatographisch.

[1] Feuerzeuggas enthält i.d.R. auch Propan, das durch einen weiteren Peak angezeigt wird.

Getrennt werden können alle gasförmigen oder verdampfbaren Stoffe, also ein großer Teil der organischen Verbindungen. Das zu trennende Substanzgemisch wird mit dem *Trägergas* in den Gaschromatographen eingespritzt und durchströmt die *Trennsäule* (B 23.3.). Die einzelnen Komponenten lösen sich dabei unterschiedlich gut in der stationären Phase. Von weiterem Trägergas werden sie wieder herausgelöst und weitertransportiert. Je besser sich eine Verbindung in der stationären Phase löst, umso länger verbleibt sie in der Trennsäule. Am *Detektor* werden durch die Änderung der Wärmeleitfähigkeit die nach und nach die Säule verlassenden Verbindungen aufgespürt und am *Schreiber* als Peaks registriert. Die *Retentionszeit*[1], d. h. die Zeit zwischen Trennbeginn und Auftreten des Peaks, ist eine charakteristische Größe der Substanz und kann zu ihrer Identifizierung herangezogen werden. Dazu chromatographiert man eine Eichsubstanz oder Eichmischung unter gleichen Bedingungen und vergleicht die Chromatogramme.

Aus einem Chromatogramm lässt sich auch die quantitative Zusammensetzung eines Gemisches bestimmen, denn die Peakfläche A ist proportional zum Massenanteil w der bereffenden Komponente am Gemisch (B 23.2.).
Der Wert der Gaschromatographie liegt in ihrer großen Trennleistung. Selbst in kleinsten Mengen können Substanzen, die sich in ihren Eigenschaften sehr ähnlich sind wie z. B. die isomeren Butane noch getrennt werden (vgl. auch B 23.4.).

Aufgabe

A 23.1. Bestimmen Sie nach B 23.2. den Anteil von Butan und Isobutan in dem von Ihnen untersuchten Feuerzeuggas.

Neue Fachbegriffe

Gaschromatographie, stationäre und mobile Phase, Trägergas, Retentionszeit

[1] von *retentio* (lat.) = das Zurückhalten

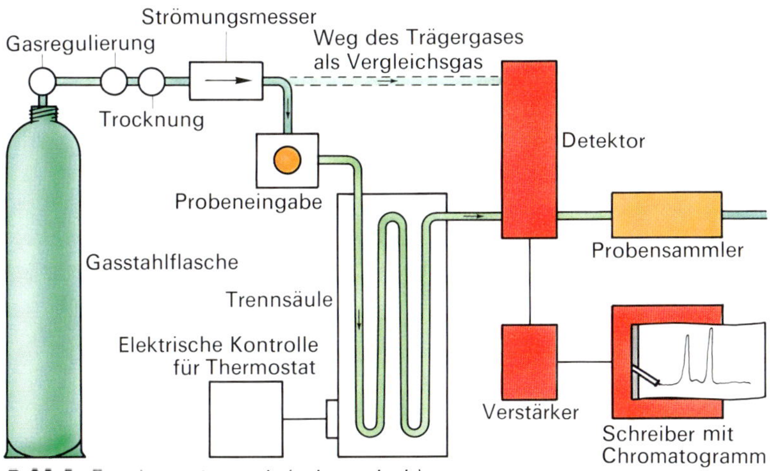

B 23.3. *Gaschromatograph (schematisch)*

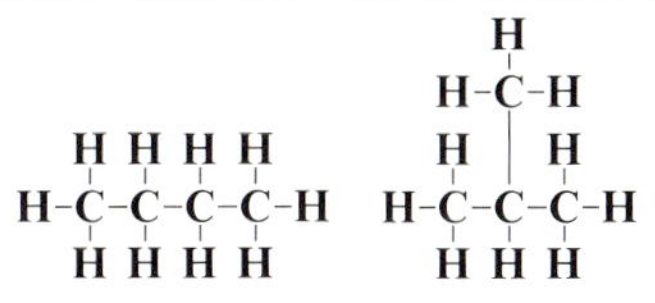

B 23.1. *Valenzstrichformeln der isomeren Butane*

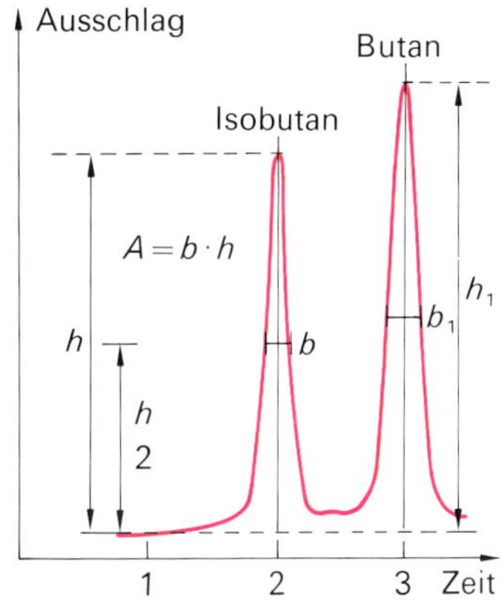

B 23.2. *Gaschromatogramm; A: Peakfläche, h: Höhe der Peaks, b: Breite bei halber Peakhöhe*

$$w(\text{Butan}) = \frac{A(\text{Butan})}{A(\text{Butan}) + A(\text{Isobutan})}$$

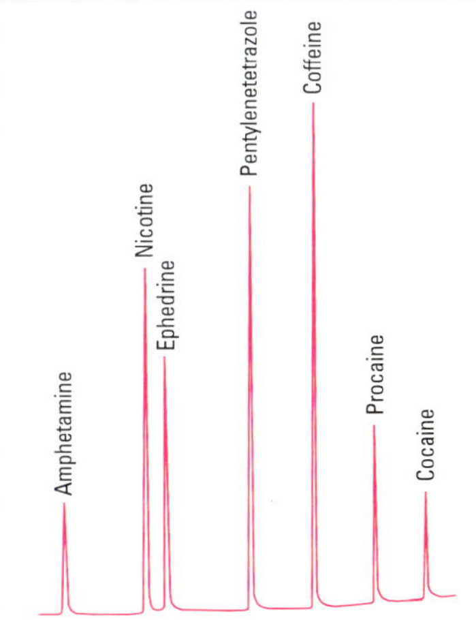

B 23.4. *Gaschromatogramm von Dopingmitteln*

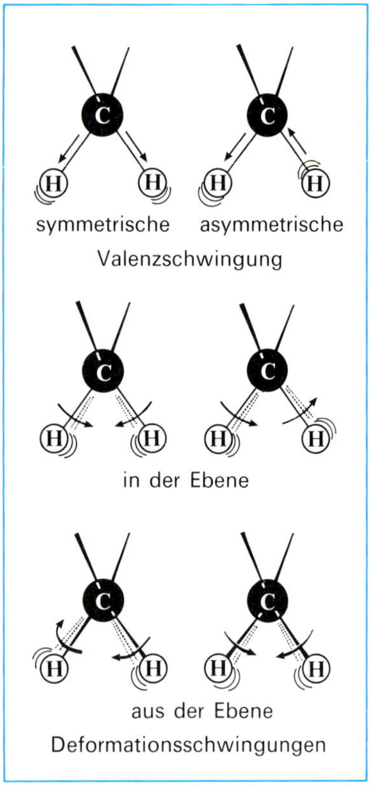

***B 24.1.** Valenz- und Deformationsschwingungen einer CH_2-Gruppe*

IR-Spektroskopie (Infrarot-Spektroskopie)

Alle spektroskopischen Methoden zur Strukturaufklärung beruhen auf der Wechselwirkung zwischen Licht und Materie. So wie in Atomen (vgl. S. 6) können auch in Molekülen Elektronen durch Absorption von sichtbarem oder ultraviolettem Licht in höhere Energieniveaus angehoben werden. Durch energieärmeres **infrarotes** Licht (B 24.2.) werden Moleküle zu Schwingungen angeregt.

Mehratomige Moleküle können zu **Valenzschwingungen**, bei denen die Bindungslänge verkürzt bzw. verlängert wird, und zu **Deformationschwingungen**, bei denen der Bindungswinkel verändert wird, angeregt werden (B 24.1.). Wir können die Molekülschwingungen mit einer schwingenden Feder zwischen zwei Kugeln vergleichen. Je kürzer und stärker die Bindung (Feder) ist und je kleiner die Massen der Atome (Kugeln) sind, umso größer ist die Schwingungsfrequenz und umso größer sind Frequenz und Energie des Lichtes, durch das die Moleküle zur Schwingung angeregt werden. So ist zur Anregung einer Kohlenstoff-Kohlenstoff-Doppelbindung eine größere Energie nötig als zur Anregung einer Kohlenstoff-Kohlenstoff-Einfachbindung und zur Anregung einer Kohlenstoff-Wasserstoff-Bindung eine größere Energie als zur Anregung einer Kohlenstoff-Sauerstoff-Bindung. Daher liegen in einem IR-Spektrum die Absorptionsbanden für bestimmte funktionelle Gruppen in einem für sie charakteristischen Frequenz- bzw. Wellenzahlbereich (Tab. 25.1.). Im IR-Spektrum von Ethanol (B 25.1. a) erkennen wir eine Absorptionsbande bei einer Wellenzahl von 3500 cm^{-1}, die auf eine Sauerstoff-Wasserstoff-Valenzschwingung zurückzuführen ist. Im IR-Spektrum von Dimethylether (B 25.2. b) fehlt dagegen diese Bande. Bei 2800 cm^{-1} treten in beiden Spektren Absorptionsbanden auf, die von Kohlenstoff-Wasserstoff-Valenzschwingungen herrühren. Durch Auswertung und Vergleich von IR-Spektren zahlreicher

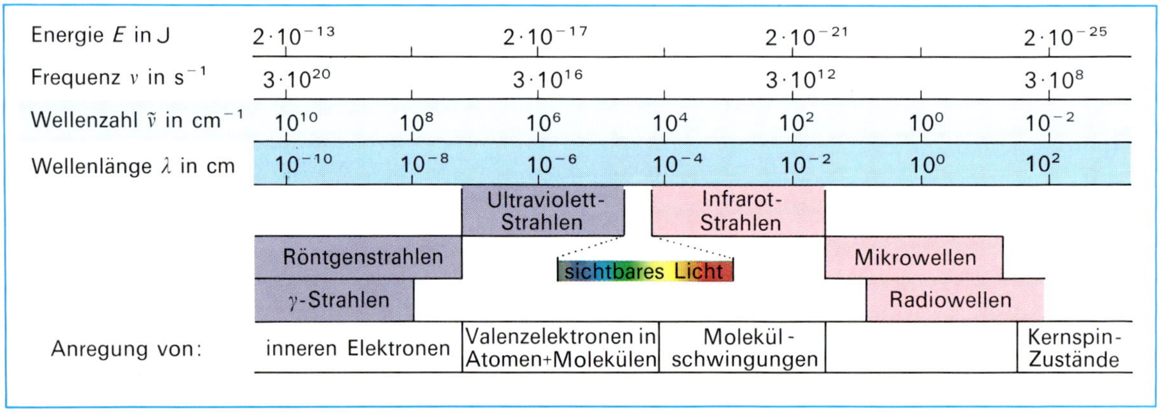

***B 24.2.** Das Spektrum der elektromagnetischen Strahlung. Wellenlänge λ, Wellenzahl $\tilde{\nu}$, Frequenz ν und Energie E sind über die folgenden Beziehungen miteinander verknüpft:* $E = h \cdot \nu$; $\nu = \frac{c}{\lambda}$ $\tilde{\nu} = \frac{1}{\lambda}$

Hierin bedeuten: $c = 3 \cdot 10^{10}\ cm \cdot s^{-1}$ (*Lichtgeschwindigkeit*) $h = 6{,}6262 \cdot 10^{-34} \cdot J \cdot s$ (*plancksche Konstante*)

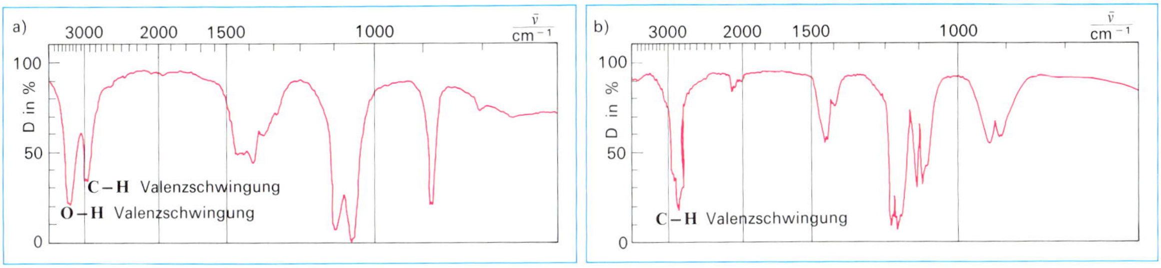

B 25.1. *IR-Spektren von Ethanol (a) und Dimethylether (b)*

Verbindungen hat man herausgefunden, welcher Wellenzahlbereich welcher Bindung zuzuordnen ist.
Aus der Lage der Absorptionsbanden kann man Rückschlüsse auf bestimmte funktionelle Gruppen ziehen, das gesamte Spektrum lässt sich auswerten, um die Identität zweier Verbindungen nachzuweisen. Denn jede Verbindung besitzt, ähnlich einem „Fingerabdruck", ein charakteristisches, unverwechselbares Spektrum. Die IR-Spektroskopie ist daher zu einer der wichtigsten Methoden zur Konstitutionsaufklärung und zur Identifizierung organischer Verbindungen geworden.
In einem **IR-Spektrometer** zur Aufnahme der IR-Spektren wird das IR-Licht von einem auf ca. 2000 °C aufgeheizten, glühenden Keramikstift z. B. aus Zirconiumoxid ausgesandt. Der Lichtstrahl wird in einen Messstrahl und einen Vergleichsstrahl geteilt. Der Messstrahl durchläuft die Probe, wobei Licht bestimmter Wellenlängen absorbiert wird. Im Monochromator werden Mess- und Vergleichsstrahl nach Wellenlängen zerlegt und im Detektor wird für jede Wellenlänge geprüft, ob die Intensität des Messstrahls I gegenüber der Intensität I_0 des Vergleichsstrahls abgenommen hat. Am Schreiber wird die Transmission $D = I/I_0$ gegen die Wellenzahl aufgetragen.

Aufgabe

A 25.1. Welche Absorptionsbanden in den IR-Spektren von B 25.1. sind der Kohlenstoff-Sauerstoff-Valenzschwingung zuzuordnen?

Bindung	$\bar{\nu}$ in cm^{-1}
—O—H (Alkohole)	3200 bis 3650
—C(=O)—O—H (Carbonsäuren)	2500 bis 3300
—C=C—H (Alkene)	3050 bis 3150
⩾C—H (Alkane)	2840 bis 3000
>C=O (Aldehyde, Ketone, Carbonsäuren, Ester)	1690 bis 1760
>C=C< (Alkene)	1620 bis 1680
⩾C—O— (Alkohole, Ether)	1000 bis 1260
⩾C—C⩽ (Alkane)	1350 bis 1370

Tab. 25.1. *Wellenzahlbereich von Valenzschwingungen einiger Bindungen*

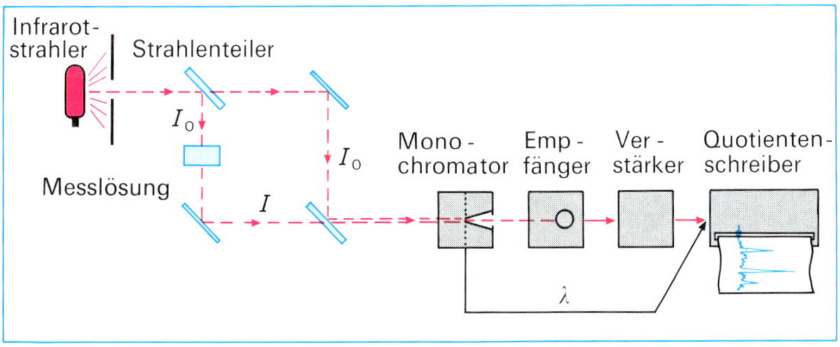

B 25.2. *Strahlengang in einem IR-Spektrometer (schematisch)*

Neue Fachbegriffe

elektromagnetische Strahlung, IR-Spektroskopie, Absorptionsbanden, Valenz- und Deformationsschwingungen von Molekülen

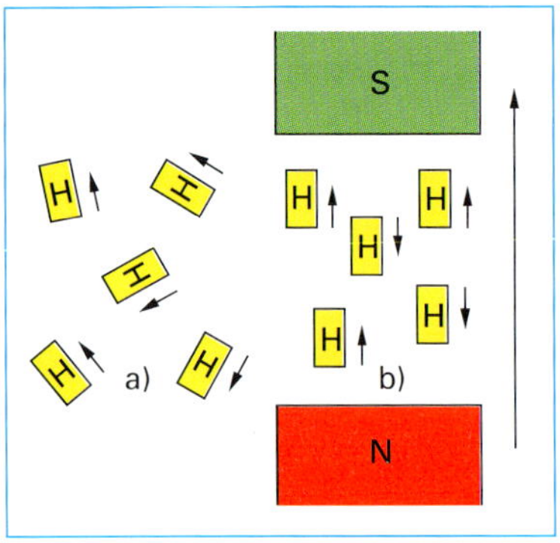

B 26.1. In Molekülen gebundene Protonen als Stabmagneten a) ohne und b) mit Magnetfeld.

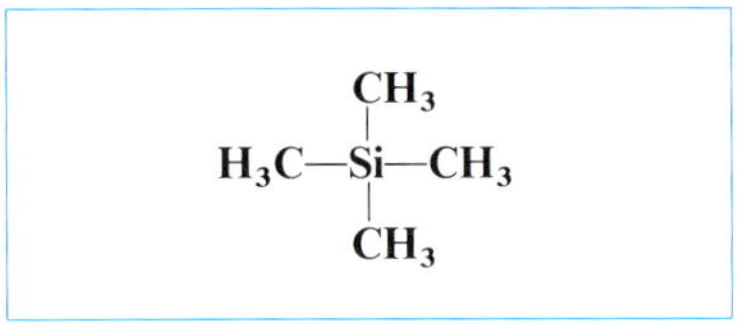

B 26.2. Im Tetramethylsilan-Molekül TMS sind die Protonen besonders stark abgeschirmt. Ihnen wird die chemische Verschiebung $\delta = 0$ zugeordnet.

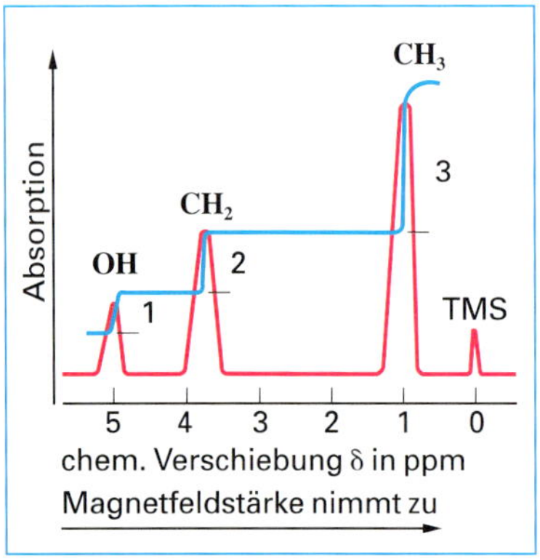

B 26.3. NMR-Spektrum von Ethanol bei niedriger Auflösung. Bei vielen Geräten wird auch die Integralkurve eingezeichnet (blaue Kurve). Aus der Stufenhöhe kann man direkt das Zahlenverhältnis äquivalenter Protonen ablesen.

Kernmagnetische Resonanz- oder NMR-Spektroskopie (nuclear[1] magnetic resonance)

Manche Atomkerne, so auch die Kerne der Wasserstoff-Atome, die Protonen, besitzen einen **Spin**, d.h., sie verhalten sich so, als ob sie sich um die eigene Achse drehten. Dieses Rotieren elektrischer Ladung erzeugt ein *Magnetfeld*. Wir können uns daher Protonen als winzige Stabmagneten vorstellen, die sich in einem von außen angelegten Magnetfeld *parallel* oder *antiparallel* anordnen (B 26.1.). Im 1. Fall besitzt ein Proton etwas weniger Energie. Durch Absorption von elektromagnetischer Strahlung bestimmter Frequenz aus dem Bereich der Radiowellen kann ein Proton angeregt werden und unter Spinumkehr in den höheren Energiezustand übergehen. Je stärker das Magnetfeld ist, umso größer ist die dazu notwendige Energie bzw. Frequenz der Strahlung.

Dieses Phänomen macht man sich in der **NMR-Spektroskopie** bei Strukturuntersuchungen von Molekülen zunutze. Dazu wird in einem **NMR-Spektrometer** (B 26.4.) eine Probe der Substanz in ein Magnetfeld, dessen Stärke variiert werden kann, gebracht und mit Radiowellen einer bestimmten konstanten Frequenz bestrahlt. Die Kerne unterschiedlich gebundener Wasserstoff-Atome absorbieren dabei die Strahlung bei verschiedener Magnetfeldstärke.

Die Elektronen, die sich um die Protonen bewegen, erzeugen nämlich ein *lokales Magnetfeld*, das dem von außen angelegten entgegenwirkt. Je größer die Elektronendichte ist, umso größer ist das lokale Magnetfeld, und umso kleiner ist das *effektive Magnetfeld*, d.h., umso stärker ist das Proton *abgeschirmt*. Zur Spinumkehr wird das Proton jetzt durch Strahlung kleinerer Frequenz angeregt. Wird die Frequenz wie im NMR-Spektrometer konstant gehalten, muss entsprechend die Stärke des äußeren Magnetfeldes erhöht werden, damit zwischen Proton und Strahlung eine Wechselwirkung, *Resonanz*, eintreten kann.

[1] von *nucleus* (lat.) = Kern

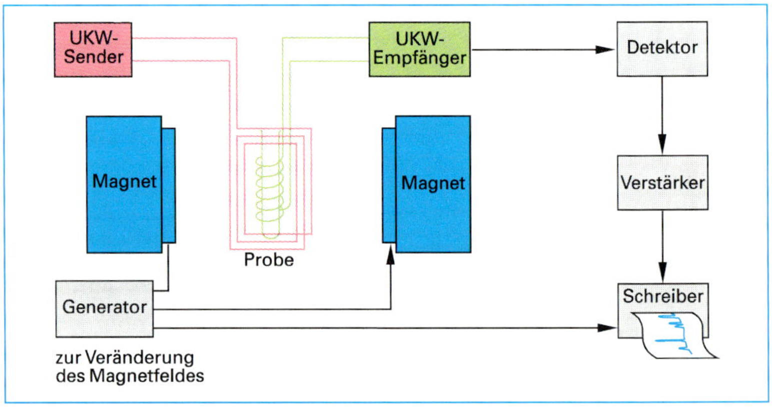

B 26.4. Schematischer Aufbau eines NMR-Spektrometers

So wird z. B. in einer stark polaren Hydroxy-Gruppe mit einer geringen Elektronendichte am Proton dieses weniger stark abgeschirmt als in einer Methyl-Gruppe. Das Proton der Hydroxy-Gruppe absorbiert die Strahlung also bei einer kleineren Magnetfeldstärke als die Protonen einer Methyl-Gruppe.
Die auf der Abschirmung der Protonen durch die Elektronenhülle beruhende Verschiebung des NMR-Peaks bezeichnet man als **chemische Verschiebung**. Die chemischen Verschiebungen im NMR-Spektrum sind charakteristisch für bestimmte Atomgruppierungen, ähnlich der Frequenz der Absorptionsbandem in einem IR-Spektrum. Zur Bestimmung der chemischen Verschiebungen wird der Verbindung, deren NMR-Spektrum aufgenommen werden soll, eine kleine Menge einer Bezugssubstanz, meist *Tetramethylsilan* (TMS) (B 26.2.), zugesetzt.
Im NMR-Spektrum von Ethanol treten drei Peaks (B 26.3.) auf, die den drei „Protonenarten" im Molekül entsprechen. Der Peak bei der kleinsten Magnetfeldstärke ist dem Proton der Hydroxy-Gruppe zuzuordnen. Die Peakfläche ist proportional der Zahl der *äquivalenten*, d.h. gleichartigen Wasserstoff-Atome. Das NMR-Spektrum von Dimethylether würde dagegen nur einen Peak aufweisen, da im Dimethylether-Molekül alle sechs Wasserstoff-Atome äquivalent sind.
Aus der Zahl, Lage und Intensität der NMR-Signale können Rückschlüsse auf Strukturmerkmale der untersuchten Verbindung gezogen werden. Daher spielt die NMR-Spektroskopie eine wichtige Rolle bei der Strukturaufklärung.
Auf der Anregung von Protonen im Magnetfeld beruht auch die in der medizinischen Diagnostik angewandte **Kernspintomographie**[1], bei der Schichtaufnahmen einzelner Organe oder des ganzen Körpers angefertigt werden (B 27.2). Die NMR-Signale der in Wasser-Molekülen gebundenen Protonen – der Mensch besteht immerhin zu 75 Prozent aus Wasser – werden mit Hilfe von Computern ausgewertet und in Bilder umgesetzt. Unterschiedliche Wasserkonzentrationen im Gewebe können so festgestellt und daraus Rückschlüsse auf krankhafte Veränderungen gezogen werden.
Außer Protonen besitzen auch andere Atomkerne mit ungerader Nukleonenzahl wie [^{13}C]-Kohlenstoff und [^{31}P]-Phosphor einen Kernspin. ^{13}C-NMR-Spektroskopie spielt bei der Strukturuntersuchung komplizierter Moleküle eine Rolle. Kernspinaufnahmen, die auf der Anregung von [^{31}P]-Phosphor-Kernen in Molekülen wie ATP (B 60.2) beruhen, können z. B. zur Untersuchung von Stoffwechselvorgängen in Organen genutzt werden.

Aufgaben

A 27.1. Wie viele Peaks sind in welchem Intensitätsverhältnis in den NMR-Spektren von a) Essigsäure, b) Butan, c) Isobutan (s. S. 23) zu erwarten?

A 27.2. Vergleichen Sie die NMR-Spektren von Bromethan (B 27.1.) und 1,1-Dibromethan in Hinblick auf Lage und Intensität der Peaks.

Neue Fachbegriffe

Spin, NMR-Spetroskopie, chemische Verschiebung, Kernspintomographie

NMR-Spektrum gibt	Hinweise auf
Zahl der Peakgruppen	Zahl der unterschiedlichen Protonen
Lage der Peaks (chem. Verschiebung)	Bindungspartner Art der Bindung
Verhältnis der Peakflächen	Zahlenverhältnis äquivalenter Protonen

Tab. 27.1. *Strukturaufklärung durch NMR-Spektroskopie*

[1] von *tome* (griech.) = Schnitt

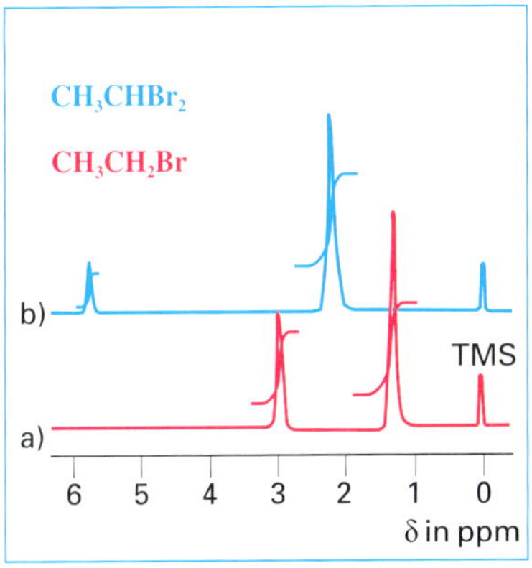

B 27.1. *NMR-Spektren von Bromethan a) und 1,1-Dibromethan b)*

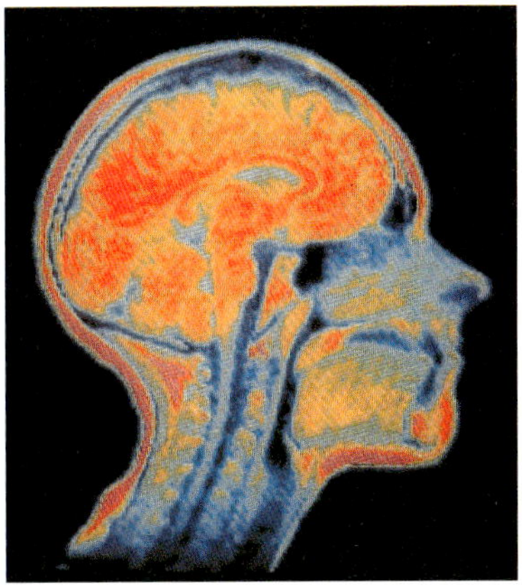

B 27.2. *Kernspintomographie*

2. Homologe Reihen organischer Verbindungen

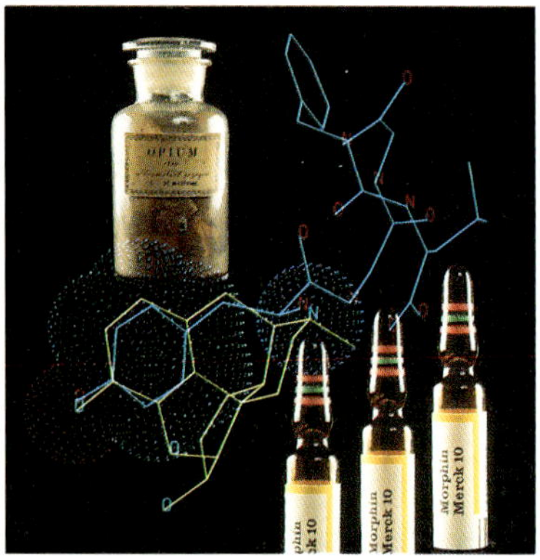

B 28.1. *Morphin wird aus natürlichem Opium isoliert und ist ein sehr wirkungsvolles Schmerzstillmittel. Die Computergraphik seines Moleküls (gelb) wird hier mit der des körpereigenen Methionin-Enkephalins (blau) überlagert, das die Morphinstruktur im linken Teil gewissermaßen nachahmt. Diese beiden Verbindungen gehören verschiedenen Stoffklassen an, haben aber im Organismus sehr ähnliche Wirkungen. Für ähnliches chemisches und biochemisches Verhalten reicht es aus, wenn Teilstrukturen von Molekülen ähnlich sind. Bei der Voraussage von Eigenschaften aufgrund von Modellen handelt es sich aber immer nur um mögliche, nicht um sichere Treffer. Die Eigenschaften müssen im Experiment überprüft werden.*

Die Einteilung der chemischen Stoffe in Stoffklassen ist in der organischen Chemie von ganz besonderer Bedeutung, weil die Zahl der organischen Verbindungen sehr hoch ist. Aber nach welchen Kriterien bringt man Ordnung in die fast unüberschaubare Vielfalt der über 16 000 000 Verbindungen[1]?

In *BEILSTEINS Handbuch der organischen Chemie*, einem im Jahr 1883 gegründeten Werk, das seither ständig fortgeschrieben und ergänzt wird, sind die Daten über alle bekannten organischen Verbindungen gesammelt. Wer im „BEILSTEIN" eine Verbindung sucht, findet sie in dem Band und an der Stelle, wo sich auch andere Verbindungen mit ähnlichem **Molekülgerüst** und gleichen **funktionellen Gruppen** befinden. Die **strukturellen Merkmale der Moleküle** sind also das Ordnungsprinzip in dieser umfangreichsten Datenkartei organischer Verbindungen und sie stellen auch die Grundlage dar, auf der man organische Chemie schnell begreifen und wirksam betreiben kann.

Eine wertvolle und nicht mehr wegzudenkende Hilfe für die geordnete Speicherung von Daten über Stoffe und zum Wiederauffinden in Sekundenbruchteilen ist die *elektronische Datenverarbeitung*[2]. In der EDV erhält das Strukturprinzip einen noch höheren Stellenwert. Durch *Computergraphiken* können Molekülgerüste auf dem Bildschirm erzeugt, gedreht und verschoben, miteinander verglichen und aus Bruchstücken zusammengesetzt werden. Die Eigenschaften der Substanzen, die diese Gerüste darstellen, können besser erklärt werden, Ersatzsubstanzen mit ähnlicher Struktur können schneller gefunden und Wege für ihre Synthese geplant werden.

In diesem Kapitel steht die Einteilung der **Stoffe** aufgrund von strukturellen Merkmalen im Vordergrund. Am Anfang der Teilkapitel werden jeweils die Eigenschaften einiger Vertreter der betreffenden Klasse experimentell erarbeitet. Im Anschluss werden diese Eigenschaften auf charakteristische gemeinsame Strukturmerkmale der Moleküle der untersuchten Stoffe zurückgeführt. Die Stoffklasse und die Namensgebung bei ihren Vertretern sowie die genauere Beschreibung einiger für die Praxis besonders wichtiger Vertreter der Klasse runden das jeweilige Teilkapitel ab.

Im dritten Kapitel werden die **Reaktionen** organischer Verbindungen untersucht und geordnet. Gewisse Reaktionstypen sind zwar i.d.R. an bestimmte Stoffklassen gebunden, aber nicht ausschließlich. Es wird sich zeigen, dass man sowohl die Stoffklassen als auch die Reaktionstypen leichter überblicken kann, wenn sie stets in Verbindung mit strukturellen Merkmalen der Moleküle gebracht werden.

---

[1] Im Jahr 1830 kannte man erst 3000 organische Verbindungen, im Jahr 1930 waren es 300 000 und im Jahr 1950 1 200 000.

[2] Die größte chemische Datenbank, BEILSTEIN ONLINE, umfasst ab 1993 alle bekannten Verbindungen.

2.1. Alkane

Praktikum

Eigenschaften von Alkanen

Versuche

PV 29.1. Prüfen Sie im Rggl. die Mischbarkeit von Pentan* mit Heptan*, von Heptan mit Octan*, von Heptan mit Benzin* und von Heptan mit Paraffinöl*.

PV 29.2. Prüfen Sie im Rggl. die Mischbarkeit der in PV 29.1. genannten Stoffe mit Wasser.

PV 29.3. Prüfen Sie bei den in PV 29.1. und PV 29.2. hergestellten Gemischen die elektrische Leitfähigkeit (gegebenenfalls in beiden Schichten).

PV 29.4. Füllen Sie in eine trockene Bürette Pentan* bis zur Hälfte. Drehen Sie den Hahn auf und halten Sie dicht an den Flüssigkeitsstrahl einen Hartgummistab, der vorher durch Reibung mit einem Wolllappen elektrisch aufgeladen wurde. Beobachtung? Wiederholen Sie den Versuch mit Wasser. Beobachtung?

PV 29.5. Füllen Sie eine 20-ml-Pipette mit Pentan* und messen Sie die Zeit, in der das Pentan aus der Pipette ausläuft. Wiederholen Sie den Versuch mit Octan*.

PV 29.6. Geben Sie jeweils 1 ml Pentan*, Hexan*, Octan* und Paraffinöl* in flache Porzellanschalen. Versuchen Sie, die Flüssigkeiten mit einem brennenden Holzspan zu entzünden. Beobachtung? Gelingt es nicht, so muss die betreffende Flüssigkeit auf einer elektrischen Heizplatte vorgewärmt werden. Vergleichen Sie die Flammen der brennenden Flüssigkeiten. Ziehen Sie zum Flammenvergleich auch brennendes Methan* (Erdgas-Brennerflamme) und brennendes Butan* (Feuerzeug oder Kartuschenbrenner) heran, wobei jeweils auf eine mäßige bis gute Luftzufuhr zu achten ist.

PV 29.7. Im Abzug wird vom Lehrer in den Gasraum eines 100-ml-Erlenmeyerkolbens, in dem sich ca. 20 ml Heptan* befinden, Bromdampf* mit Hilfe eines Kolbenprobers geben. Der Kolben wird verschlossen und geschüttelt. Beobachtung? Nun verteilt man jeweils 2 ml bis 3 ml auf Rggl. Jede Gruppe erhält zwei Rggl. Verschließen Sie Ihre beiden Rggl. und stellen Sie eines ins Dunkle, das andere ins Licht (wenn möglich Sonnenlicht). Beobachtung nach einigen Minuten?[1]

Auswertung

a) Protokollieren Sie sämtliche Versuchsergebnisse; ordnen Sie sie, soweit möglich, in Tabellen.
b) Wasser-Moleküle sind polar, Brom-Moleküle unpolar. Was lässt sich über die Polarität der Moleküle der untersuchten Verbindungen sagen? Bei welchen Versuchsbeobachtungen wird dies deutlich?
c) Die Ergebnisse aus PV 29.5. erlauben Aussagen über die relative Größe der Moleküle von Pentan und Octan. Welche sind größer? Erläutern Sie.
d) Worauf lassen die unterschiedlichen Flammen bei PV 29.6. schließen? Erläutern Sie. Formulieren Sie die Reaktionsgleichungen der Verbrennung von Methan CH_4 und von Octan C_8H_{18}.
e) Hält man ein feuchtes Lackmuspapier in das Rggl. mit der entfärbten Lösung aus PV 29.7., so färbt sich dieses rot. Die Flüssigkeit im Rggl. gibt eine positive Beilstein-Probe. Schlagen Sie eine Reaktionsgleichung für die Reaktion zwischen Brom und Heptan vor.

[1] Bitte beachten Sie die Hinweise für die Entsorgung des Reaktionsprodukts Bromheptan*.

Die in PV 29.1. bis PV 29.7. untersuchten neuen Verbindungen sind wasserunlöslich, mischen sich aber gut untereinander und leiten den Strom nicht. Ein Pentan-Strahl wird auch nicht wie ein Wasser-Strahl im elektrischen Feld abgelenkt. Alle diese Stoffe brennen, jedoch mit unterschiedlich hellen Flammen. Die Gase unter ihnen bilden mit Luft explosive Gemische; die Dämpfe der Flüssigkeiten entzünden sich bei unterschiedlichen Temperaturen. Mit Brom, das sich in den Flüssigkeiten, z.B. in Heptan gut löst, reagieren sie bei Licht (vgl. Reaktionsgleichung auf S. 32). Die Elementaranalyse dieser Verbindungen würde ergeben, dass sie nur aus Kohlenstoff und Wasserstoff zusammengesetzt sind, also **Kohlenwasserstoffe** darstellen.

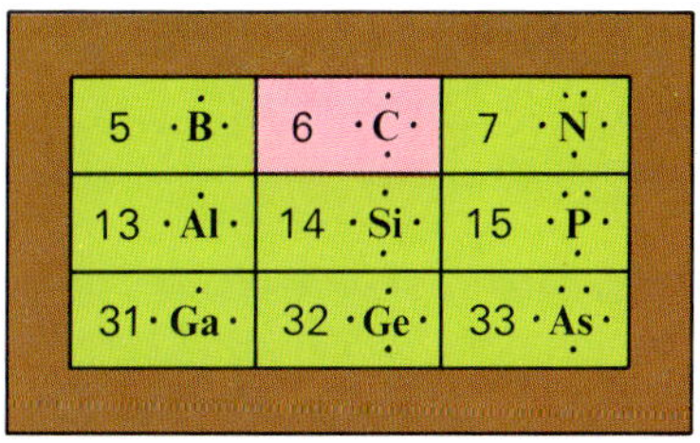

B 29.1. *Die Stellung des Kohlenstoff-Atoms im PSE*

Versuch

Vorsicht! Explosion! Schutzscheibe!

LV 30.1. Eine mit zwei Löchern versehene Teedose wird hinter einer Schutzscheibe auf einen feuerfesten Stein gestellt und durch das untere Loch mit Methan* aus einer Laborgas-Druckdose gefüllt (B 32.1.). Hierzu lässt man 10 s bis 15 s lang Methan einströmen und hält das obere Loch mit dem Finger zu. Das Ventil der Druckdose wird verschlossen und von einer zweiten Person in den Abzug gestellt. Dann bereitet die Hilfsperson einen langen brennenden Holzspan vor und reicht ihn der experimentierenden Person. Diese nimmt erst jetzt den Finger von der Öffnung und hält aus sicherem Abstand den brennenden Holzspan davor. Dann entfernt auch sie sich einige Schritte. Beobachtung?

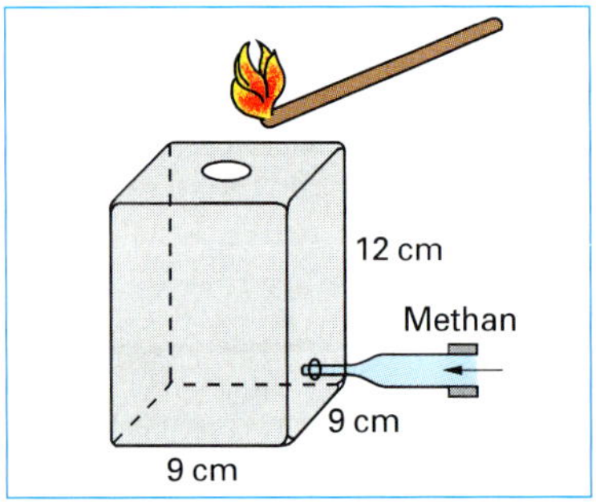

B 30.1. *Skizze zu LV 30.1. Der Durchmesser des oberen Lochs beträgt 1 cm, der des unteren 0,5 cm.*

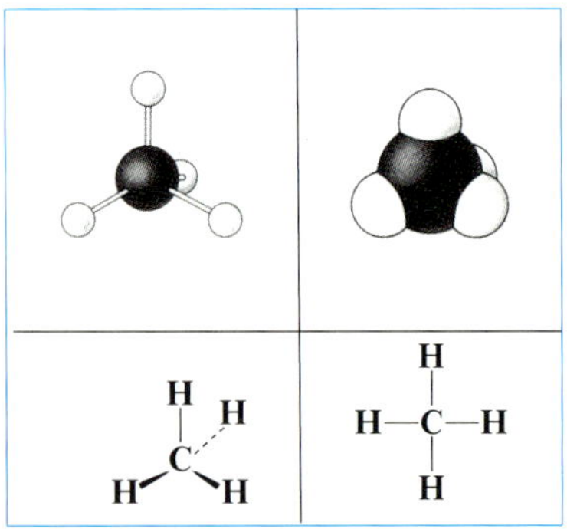

B 30.2. *Modelle und Formeln für das Methan-Molekül* CH_4

Bei der Bestimmung der Molekülmassen würde sich zeigen, dass sie sich jeweils um ein Vielfaches von 14 u voneinander unterscheiden. Diese Masse von 14 u entspricht der Masse einer CH_2-Einheit.

Wir versuchen die **Molekülstruktur** dieser Verbindungen zu ermitteln, um anschließend Erklärungen für die experimentellen Befunde zu finden.

Jedes Kohlenstoff-Atom besitzt vier Valenzelektronen (B 29.1.); es ist vierbindig. Beim Molekül des einfachsten Kohlenwasserstoffs, dem Methan-Molekül, bildet jedes dieser Valenzelektronen mit dem Valenzelektron eines Wasserstoff-Atoms ein gemeinsames Elektronenpaar. Es kommt zu vier **Elektronenpaarbindungen** (**kovalente Bindungen**). Nach dem *Valenzelektronenpaar-Abstoßungs-Modell* stoßen sich die vier Elektronenpaare aus der Valenzschale des Kohlenstoff-Atoms im Methan-Molekül so ab, dass sie sich räumlich möglichst weit voneinander entfernt anordnen (B 30.2.). Das Methan-Molekül besitzt daher eine *tetraedrische Struktur*, die im Kugelstäbchen-Modell, im Kalotten-Modell oder in der Keilstrich-Formel (räumliche Strukturformel) dargestellt werden kann (B 30.2.).

Die Masse eines Pentan-Moleküls ist um 4 · 14 u, also entsprechend vier CH_2-Einheiten, größer als die eines Methan-Moleküls. Die fünf Kohlenstoff-Atome sind kettenförmig durch vier Elektronenpaarbindungen untereinander verbunden; jedes Kohlenstoff-Atom bindet noch so viele Wasserstoff-Atome wie es Valenzelektronen übrig hat. Die vier Bindungspartner eines jeden Kohlenstoff-Atoms sind wieder tetraedrisch um dieses herum angeordnet (B 31.1.).

Die „Lücke" zwischen *Methan* und *Pentan* schließen die Verbindungen *Ethan*, *Propan* und *Butan*. Ihre Strukturen und die der Nachfolger des Pentans werden in gleicher Weise wie oben „konstruiert". So erhält man Modelle und Formeln, deren Stoffe sich in einer Klasse anordnen lassen. Die Moleküle zweier aufeinander folgender Glieder

Name	Summenformel	ϑ_m in °C	ϑ_b in °C	beobachtbare Eigenschaften
Methan	CH_4	−183	−162	farb- und geruchlose **Gase**
Ethan	C_2H_6	−172	− 89	
Propan	C_3H_8	−190	− 42	
Butan	C_4H_{10}	−135	− 0,5	
Pentan	C_5H_{12}	−130	36	leicht bewegliche, farblose **Flüssigkeiten** von benzinartigem Geruch
Hexan	C_6H_{14}	− 94	69	
Heptan	C_7H_{16}	− 90	98	
			126	farblose, dickflüssige, **geruchlose Flüssigkeiten** (Paraffinöl)
Octan	C_8H_{18}	− 57	151	
Nonan	C_9H_{20}	− 54	174	
Decan	$C_{10}H_{22}$	− 30	280	
Hexadecan	$C_{16}H_{34}$	18		
Heptadecan	$C_{17}H_{36}$	22	292	weiße, feste, wachsartige **Feststoffe** von geringer Härte (Paraffin)
Eicosan	$C_{20}H_{42}$	36	Zersetzung	
Hexacontan	$C_{60}H_{122}$	99	Zersetzung	
Heptacontan	$C_{70}H_{142}$	105	Zersetzung	

Tab. 30.1. *Die homologe Reihe der Alkane*

dieser Klasse oder Reihe unterscheiden sich um eine CH_2-*Gruppe* (*Methylen-Gruppe*). Man spricht von einer **homologen Reihe, hier von der homologen Reihe der Alkane** (Tab. 30.1.).
Die Benennung der Alkane[1] erfolgt mit Ausnahme der ersten vier Glieder nach griechischen Zahlwörtern entsprechend der Anzahl der Kohlenstoff-Atome im Molekül, an deren Stammsilbe die Endung -**an** angehängt wird (Tab. 30.1.). Aus den Summenformeln in Tab. 30.1. leitet man die **allgemeine Summenformel** für ein Alkan mit **z** Kohlenstoff-Atomen im Molekül her: C_zH_{2z+2}.
Zwischen Kohlenstoff (EN = 2,5) und Wasserstoff (EN = 2,1) besteht nur eine geringe Elektronegativitätsdifferenz (vgl. Fußnote 2 auf S. 253). Daher ist jede Kohlenstoff-Wasserstoff-Bindung in einem Alkan-Molekül nur schwach polar. Wegen der symmetrischen Anordnung der Atome im Molekül heben sich die Partialladungen gegenseitig auf. Das Alkan-Molekül erscheint nach außen **unpolar** (B 31.2.). Zwischen unpolaren Molekülen kommt es zu vergleichsweise[2] schwachen Wechselwirkungen, den so genannten **van-der-Waals-Kräften**. Ihre Stärke nimmt mit der Oberfläche und damit auch mit der Molekülgröße zu.
So ist es zu erklären, dass die ersten Glieder der homologen Reihe der Alkane (ein bis vier Kohlenstoff-Atome pro Molekül) bei Raumtemperatur und atmosphärischem Druck als *Gase* vorliegen, dass die folgenden Glieder *flüssig* und die weiteren *fest* sind (vgl. Tab. 30.1.).
Beim Schmelzen und beim Sieden eines Stoffes müssen die *zwischenmolekularen Kräfte* durch Energiezufuhr überwunden werden. Die Zunahme der Schmelz- und Siedetemperaturen innerhalb der homologen Reihe der Alkane ist auf die Zunahme der van-der-Waals-Kräfte bei steigender Molekülgröße zurückzuführen. Diese Kräfte sind ab *Eicosan* $C_{20}H_{42}$ so stark, dass es sich beim Erhitzen bereits vor dem Verdampfen zersetzt (vgl. S. 43).
Im Gegensatz zu einem Wasser-Strahl wird ein Pentan-Strahl im inhomogenen elektrischen Feld eines Hartgummistabes nicht abgelenkt (PV 29.4.). Dies kann als Hinweis auf den unpolaren Charakter der Pentan-Moleküle gedeutet werden, da allgemein Stoffe aus polaren Molekülen abgelenkt werden, solche aus unpolaren nicht.
Bei wachsender Kettenlänge der Moleküle werden die Alkane zähflüssiger, ihre **Viskosität** nimmt zu (PV 29.5.), weil die zwischenmolekularen van-der-Waals-Kräfte stärker wirksam werden. Schmieröle enthalten hochviskose Alkane. Da die Viskosität bei steigender Temperatur abnimmt, muss die Zusammensetzung eines Schmieröls auf die Betriebstemperatur der zu schmierenden Maschinenteile abgestimmt sein. Alkane sind nicht in Wasser löslich. Bei einer Vereinigung scheiden sich zwei Phasen ab, wobei das Alkan wegen der geringeren Dichte oben schwimmt (PV 29.3.). Zwei flüssige Alkane dagegen bilden ein homogenes Gemisch (molekulare Lösung, PV 29.1.).

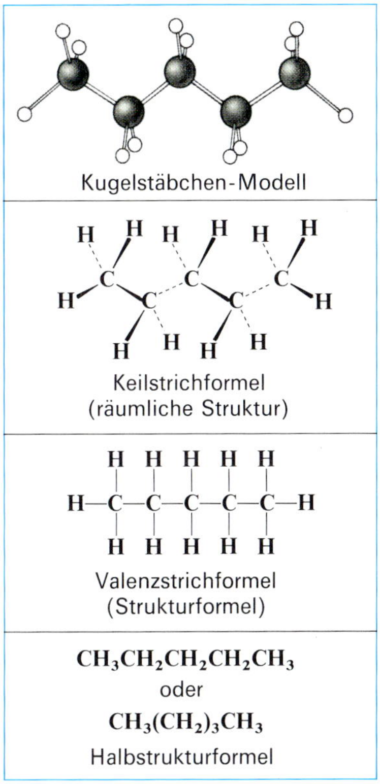

B 31.1. *Modell und Formeln für das Pentan-Molekül* C_5H_{12}

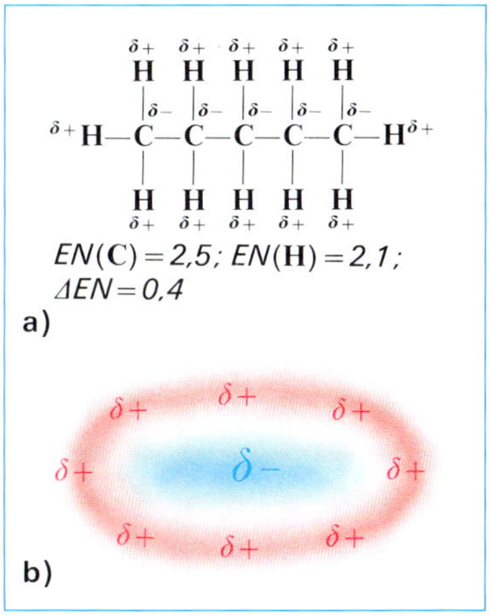

B 31.2. *Strukturformel des Pentan-Moleküls mit Partialladungen (a) und Modell zur Verteilung der Partialladungen (b)*

[1] Alkane sind *gesättigte Kohlenwasserstoffe*, weil an die Molekülgerüste aus Kohlenstoff-Atomen die höchstmögliche Anzahl von Wasserstoff-Atomen gebunden ist. In älteren Büchern werden Alkane auch Paraffine genannt, von *parum affinis* (lat.) = wenig verwandt. Damit wurde der Tatsache Rechnung getragen, dass Alkane mit den meisten Stoffen, z.B. Säuren, Basen, Alkali-Metallen u.a., nicht reagieren.

[2] stärkere zwischenmolekulare Wechselwirkungen: Wasserstoffbrückenbindungen, Dipol-Dipol-Anziehungskräfte

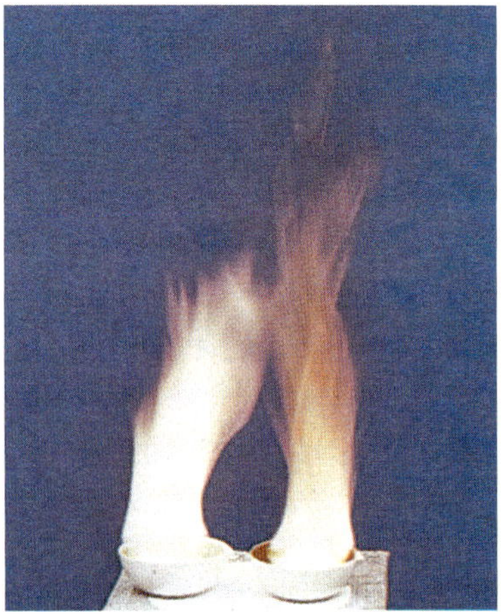

B 32.1. *Verbrennen von Alkanen: links Benzin, rechts Paraffinöl*

Da auch Fette sich in Alkanen gut lösen, spricht man von der *Lipophilie*[1] (*lipophil = fettfreundlich*) und der *Hydrophobie*[2] (*hydrophob = wasserabstoßend*) der Alkane. Die Erklärung dieser Eigenschaften liegt in der unterschiedlichen Stärke der Wechselwirkungskräfte, die zwischen Alkan-Molekülen einerseits und Wasser-Molekülen andererseits herrschen. Dipol-Dipol-Anziehungskräfte und Wasserstoffbrückenbindungen zwischen Wasser-Molekülen sind wesentlich stärker als die van-der Waals-Kräfte zwischen den Alkan-Molekülen. In der Alkan-Schicht bilden die unpolaren Alkan-Moleküle relativ schwache van-der-Waals-Kräfte aus und in der wässrigen Schicht werden die polaren Wasser-Moleküle durch Wasserstoffbrückenbindungen und Dipol-Dipol-Anziehungskräfte zusammengehalten.

Einmal entzündet, verbrennen Alkane zu Kohlenstoffdioxid und Wasser. Bei zunehmender Kettenlänge der Moleküle wird die Flamme leuchtender oder gar rußend (PV 29.6. und B 32.1.). Für die *Verbrennung von Hexan* lautet die Reaktionsgleichung:

$$C_6H_{14} + \frac{19}{2}\,O_2 \longrightarrow 6\,CO_2 + 7\,H_2O$$

Da der Kohlenstoff-Anteil in den Alkanen innerhalb der Reihe zunimmt, verbrennen sie bei gleich bleibendem Sauerstoffangebot zunehmend unvollständig; der im Alkan gebundene Kohlenstoff wird nur bis zu elementarem Kohlenstoff oxidiert. Durch das Aufglühen der Kohlenstoff-Partikel wird die Flamme leuchtend, gelangen sie dagegen in die kalten Randzonen der Flamme, so rußt diese.

Neben der Verbrennung ist die Reaktion mit Halogenen die wichtigste chemische Eigenschaft der Alkane. Bei der Reaktion zwischen Brom und Heptan, die nur bei Licht verläuft, bildet sich Hydrogenbromid und Bromheptan, ein Halogenalkan (PV 29.7.)

$$\underset{\text{Heptan}}{CH_3(CH_2)_5CH_3} + Br_2 \xrightarrow{\text{Licht}} \underset{\text{1-Bromheptan}}{BrCH_2(CH_2)_5CH_3} + HBr$$

Über diesen Reaktionstyp erfahren wir mehr in Kap. 3.

Im Feuerzeug-Gas sind *zwei* Kohlenwasserstoffe mit der Summenformel $\mathbf{C_4H_{10}}$ enthalten (vgl. S. 22f.). Es handelt sich um die beiden **Isomeren**[3], das *Butan* und das *Isobutan* oder *2-Methylpropan*, deren Formeln in B 23.1. angegeben sind.

Das Phänomen der Isomerie tritt bei allen Alkanen mit mehr als drei Kohlenstoff-Atomen im Molekül auf, weil dann Verzweigungen der Kohlenstoff-Kette möglich sind (**Ketten- oder Gerüstisomerie**). Die Anzahl dieser Möglichkeiten und somit die Anzahl der Isomeren nimmt bei höheren Alkanen sehr rasch zu (Tab. 32.1.).

Die Isomeren eines Alkans unterscheiden sich vor allem in ihren physikalischen Eigenschaften wie Siedetemperatur, Viskosität u.a. Je größer die Zahl der Verzweigungen im Molekül eines Isoalkans ist, desto niedriger ist die Siedetemperatur dieses Isoalkans (B 33.1.). Die Molekül-Oberflächen, zwischen denen die van-der-Waals-Kräfte wirken, sind bei verzweigten Molekülen kleiner (B 33.1.).

Im chemischen Verhalten sind Alkane und Isoalkane sehr ähnlich. Es gibt aber Abstufungen in der Reaktivität, wie in Kap. 3. gezeigt wird.

[1] von *lipos* (griech.) = Fett und *philos* (griech.) = Freund
[2] von *hydor* (griech.) = Wasser und *phobos* (griech.) = Scheu
[3] siehe Definition auf S. 21

Kohlenwasserstoff	Isomerenzahl
CH_4, C_2H_6, C_3H_8	1
C_4H_{10}	2
C_5H_{12}	3
C_6H_{14}	5
C_7H_{16}	9
C_8H_{18}	18
C_9H_{20}	35
$C_{10}H_{22}$	75
⋮	
$C_{20}H_{42}$	366319
⋮	
$C_{40}H_{82}$	62.491.178.805.831

Tab. 32.1. *Zahl der Isomeren einiger Alkane*

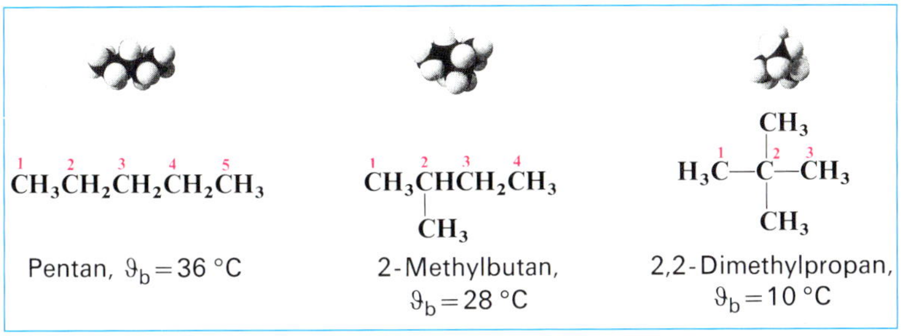

B 33.1. *Isomere des Pentans* C_5H_{12}

Die **Benennung (Nomenklatur) der Isomeren** erfolgt nach den international gültigen Regeln der IUPAC[1]. Unverzweigte Alkane werden einfach als *Alkane* bezeichnet, verzweigte als *Isoalkane*. Um unter den Isoalkanen eindeutig zu unterscheiden, verfährt man wie folgt (vgl. auch B 33.2.):

1. Man sucht die *längste* durchlaufende Kohlenstoffkette (*Hauptkette*) im Molekül. Die Anzahl ihrer Kohlenstoff-Atome ergibt den *Stammnamen* der Verbindung.
2. Die Kohlenstoff-Atome dieser Kette werden nummeriert. Man beginnt mit dem Kohlenstoffende, das einer Verzweigung am nächsten steht.
3. Die *Seitenketten* werden als *Alkyl-Reste* (Tab. 33.1.) benannt. Ihre Namen werden vor den Stammnamen gesetzt (z.B. Methylbutan, B 33.1.).
4. Die *Lage der Seitenkette* wird durch die *Nummer des Kohlenstoff-Atoms*, an dem die Verzweigung erfolgt, bezeichnet. Die Zahl wird dem Namen der Seitenkette vorangestellt (z.B. 2-Methylpentan, 3-Methylpentan).
5. Enthält das Molekül mehrere gleiche Seitenketten, so wird dies durch die Vorsilben *„Di", „Tri", „Tetra"* usw. ausgedrückt (z.B. 2,2-Dimethylpropan, B 33.1.).
6. Treten in einem Molekül mehrere Seitenketten auf, so werden sie *alphabetisch* geordnet (z.B. 3-Ethyl-2-methylheptan).

Methan, der erste Vertreter aus der homologen Reihe der Alkane, ist zugleich auch der wichtigste. In der Natur entsteht Methan überall dort, wo tierische und pflanzliche Produkte unter Luftabschluss von Bakterien zersetzt werden. Im Schlamm sumpfiger Teiche bildet sich Methan als *Sumpfgas*[2], im Schlamm von Kläranlagen als *Klär-* und *Faulgas*, in den Faulbehältern kommunaler Kläranlagen als *Biogas*[3]. *Erdgas* besteht je nach Herkunft bis zu 99,9% aus Methan. In Steinkohlegruben sammelt es sich als *Grubengas* in Klüften und kann zu Explosionen, zu sog. „schlagenden Wettern", führen. Aufgrund seines hohen Heizwertes (Tab. 33.2.) wird Methan als *Heizgas* (*Stadtgas*) verwendet. Im Vergleich zu Öl und Kohle ist sein Schwefelgehalt sehr niedrig, seine Verbrennung also relativ umweltfreundlich. Für großtechnische Synthesen stellt Methan einen wertvollen Rohstoff dar. Daraus wird Wasserstoff für die Ammoniak-Synthese, Synthesegas für die Methanol-Synthese (S. 48) und Ethin für Kunststoffsynthesen (S. 44) gewonnen (B 34.1.).

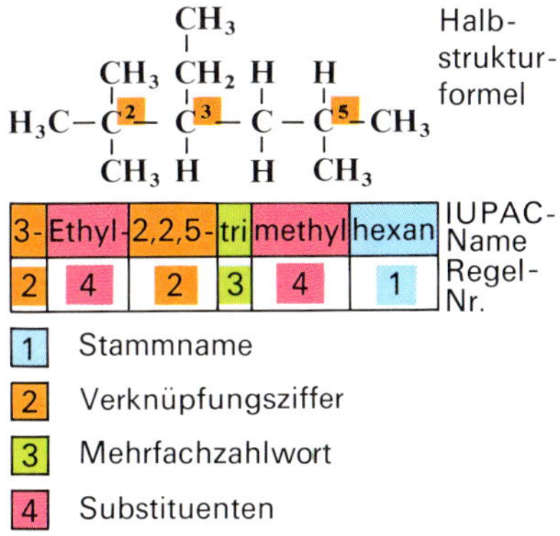

B 33.2. *Schema zur Nomenklatur*

CH_3-	Methyl-
C_2H_5-	Ethyl-
C_3H_7-	Propyl-
C_4H_9-	Butyl-
C_5H_{11}-	Pentyl-
C_nH_{2n+1}- oder **R**-	Alkyl-

Tab. 33.1. *Bezeichnung der Alkyl-Reste*

Brennstoff	Heizwert in $kJ \cdot kg^{-1}$
Holz	15000
Steinkohle	39000
Erdöl	35000
Benzin	48000
Propan	50407
Methan	55594
Wasserstoff	143000

Tab. 33.2. *Heizwerte einiger Brennstoffe*

[1] *International Union of Pure and Applied Chemistry*, Sektretariat in Oxford.

[2] In stürmischen Nächten entzündetes Sumpfgas führt in moorigen Gegenden zu sogenannten „Irrlichtern", die früher Angst und Schrecken verbreiteten.

[3] Da Biogas bis zu 70% Methan enthält (der Rest ist vorwiegend Kohlenstoffdioxid), kann es als Brennstoff verwendet werden.

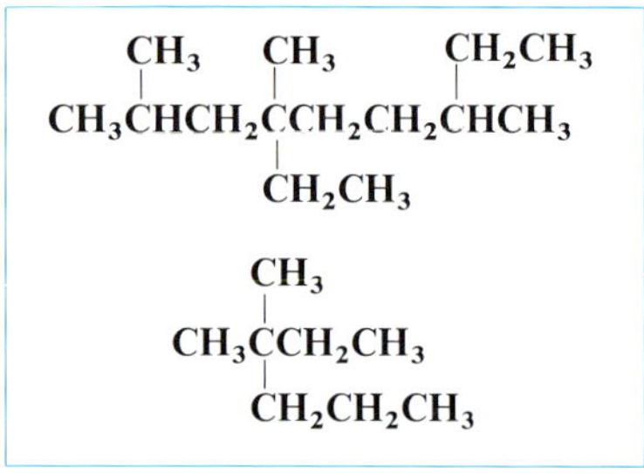

B 34.2. *Zu A 34.6.*

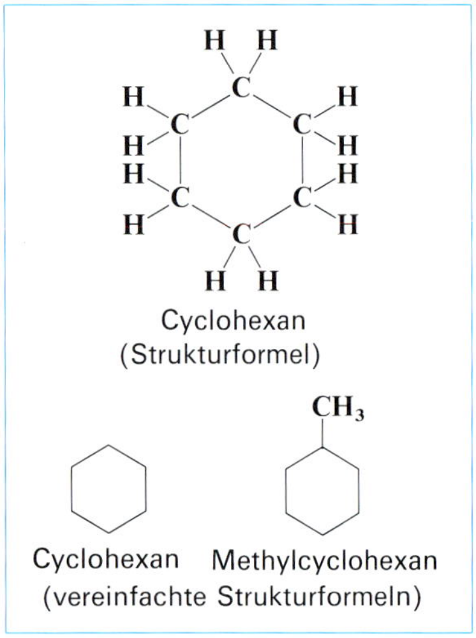

B 34.3. *Formeln von Cycloalkanen (vgl. A 34.7.)*

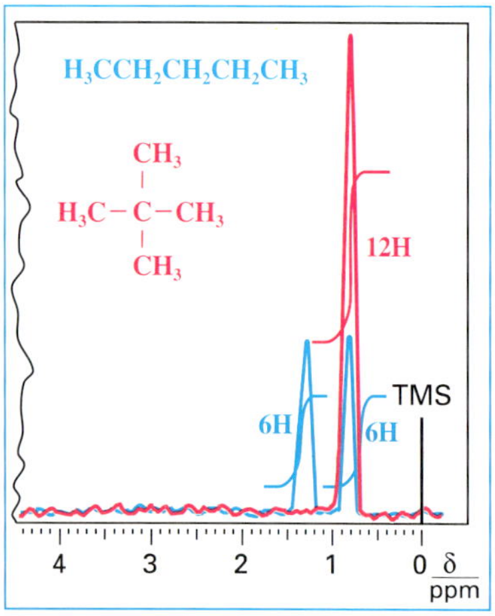

B 34.4. *NMR-Spektren von Pentan und von 2,2-Dimethylpropan (vgl. auch A 34.8.).*

$$\underset{\text{Methan}}{CH_4(g)} \xrightarrow[(\text{Ni, Temp.})]{+H_2O(g)} \underset{\text{Synthesegas}}{CO(g) + 3H_2(g)}$$

$$\underset{\text{Methan}}{2CH_4(g)} \xrightarrow[(\text{Temp.})]{} \underset{\text{Ethin}}{C_2H_2(g) + 3H_2(g)}$$

B 34.1. *Methan als Rohstoff*

Aufgaben

A 34.1. Erklären Sie, wie es bei LV 30.1. zur Explosion kommt.

A 34.2. Wie lässt sich erklären, dass sich Natriumchlorid in Wasser löst, in Hexan jedoch nicht?

A 34.3. Warum kann man die Alkalimetalle Natrium und Kalium unter Petroleum (Alkangemisch) aufbewahren?

A 34.4. In Polyeth(yl)enflaschen kann man zwar starke Säure-Lösungen und Laugen aufbewahren, nicht jedoch Benzin. Begründung? (Hinweis: Der Kunststoff Polyeth(yl)en besteht aus sehr langen, kettenförmigen Alkan-Molekülen mit 5000 bis 50000 Kohlenstoff-Atomen.)

A 34.5. Geben Sie die Strukturformeln der folgenden Alkane an: a) 3-Methylpentan, b) 2,3-Dimethylpentan, c) 2,2,4-Trimethylpentan, d) 3-Ethyl-4,4-dimethylpentan.

A 34.6. Benennen Sie die Alkane aus B 34.2.

A 34.7. In Cycloalkan-Molekülen sind Kohlenstoff-Atome ringförmig (cyclisch) miteinander verknüpft (B 34.3.).

a) Geben Sie die vereinfachten Strukturformeln von Cycloheptan und von Methylcyclopentan an.
b) Nennen Sie je ein Isomer des Cycloheptans und des Methylcyclopentans.
c) Sind Cycloalkane den gesättigten Kohlenwasserstoffen zuzuordnen? Begründung? (Hinweis: siehe Fußnote 1 auf S. 31.)
d) Wie lautet die allgemeine Summenformel der Cycloalkane?
e) Cyclopropan ist instabil, weil es im Molekül zu einer starken „Ringspannung" kommt. Wie lässt sich dies mit dem Tetraeder-Modell des Kohlenstoff-Atoms (B 30.2.) erklären?

A 34.8. Die NMR-Spektren aus B 34.4. entsprechen den Isomeren Pentan und 2,2-Dimethylpropan.

a) Warum ist die Zuordnung der Spektren so einfach, wenn nur die beiden angegebenen Formeln zur Auswahl stehen?
b) Ist das NMR-Spektrum von 2,2-Dimethylbutan auch so einfach wie das Spektrum von 2,2-Dimethylpropan? Begründung.

Neue Fachbegriffe

Kohlenwasserstoff, Alkan, Isoalkan, Methylen-Gruppe CH_2, homologe Reihe, Valenzelektronenpaar-Abstoßungs-Modell, tetraedrische Anordnung, hydrophob, lipophil, Viskosität, Nomenklatur, IUPAC, Alkyl-Rest, intermolekular, intramolekular, Sumpfgas, Klär- und Faulgas, Biogas, Erdgas, Grubengas, Heizgas (Bezeichnungen für Methan nach Vorkommen und Verwendung), Cycloalkan.

Zusammenfassung

Alkane und Isoalkane haben die allgemeine Summenformel C_zH_{2z+2}. In ihren Molekülen kommen nur Einfachbindungen vor. Alkane und Isoalkane sind hydrophob und lipophil. Sie verbrennen zu Kohlenstoffdioxid und Wasser und reagieren bei Licht mit Halogenen, sind aber ansonsten chemisch träge. Alkane bilden eine homologe Reihe. Methan ist Hauptbestandteil des Erdgases. Es dient als Heizstoff und als Rohstoff in der chemischen Industrie.

Alkane aus Kohle

Kohle gehört neben Erdöl und Erdgas (S. 41 ff.) zu den *fossilen*[1] *Brenn-* und *Rohstoffen*. Im Vergleich zu Erdöl und Erdgas sind die Weltreserven an Kohle sehr hoch. Man schätzt, dass im Jahr 2000 erst 2% dieser Vorräte verbraucht sein werden, während das Erdöl in den ersten Jahrzehnten des nächsten Jahrhunderts zur Neige gehen wird. Auch in Deutschland lagert weitaus mehr Kohle als Erdöl und Erdgas (vgl. B 37.3.).

Die *Steinkohle* ist 270 Mio. bis 350 Mio. Jahre alt und hat sich aus pflanzlichem Material gebildet. Zunächst entstand aus den abgestorbenen Pflanzen unter Einwirkung *anaerober*[2] Bakterien *Torf*. Durch Absenkung des Untergrunds und Überlagerung mit Sand- und Tonschichten kam es allmählich zu Druck- und Temperaturerhöhungen. Unter diesen Bedingungen setzte sich der *Inkohlungsprozess* fort und es entstanden *Braunkohle* und schließlich *Steinkohle*.[3]

Beim Erhitzen von *Steinkohle* unter Luftabschluss erhält man in V 35.1. ein brennbares Gas und eine braunschwarze Flüssigkeit. Im Rggl. bleibt ein schwarzer Rückstand, *Koks*, zurück. Die Flüssigkeit aus dem Rundkolben wird als *Steinkohlenteer* bezeichnet, das brennbare Gas als *Heizgas*. Koks ist fast reiner Kohlenstoff, Teer und Heizgas setzen sich aus vielen Stoffen zusammen (B 35.2.).

1000 kg Steinkohle

↓	↓	↓
675 kg Koks (fast reiner Kohlenstoff)	50 kg Teer (ca. 10000 Stoffe, darunter Benzol, Toluol, Phenol)[4]	150 kg Heizgas (CH_4, CO, H_2, H_2S u.a.)

B 35.2. *Aus Steinkohle erhält man beim Erhitzen unter Luftabschluss Kohlenwasserstoffe und andere Stoffe.*

Der in V 35.1. ablaufende Vorgang wird **Trockendestillation** von Kohle (oder **Verkokung** bzw. **Entgasung**) genannt. Die zahlreichen Produkte, die man aus dem Teer und dem Heizgas isolieren konnte, deuten darauf hin, dass Kohle keineswegs reiner Kohlenstoff ist. Dies bestätigt auch die Analyse verschiedener Kohlesorten (Tab. 35.1.)

Kohlearten	C	H	O	N	S
Braunkohle	68	5,3	25,2	1,0	0,5
Steinkohle (Fettkohle)	88	4,9	9,4	1,6	1,0
Steinkohle (Anthrazit)	92	3,8	1,3	2,0	0,9

Tab. 35.1. *Elementaranalyse verschiedener Kohlearten (Angaben: Massenanteile in %: kohlenwasserstoff- und aschefrei)*

Versuch

V 35.1. In einem Rggl. aus schwer schmelzbarem Glas werden einige *Steinkohlestückchen* erhitzt (B 35.1.). Man leitet die entstehenden Dämpfe durch einen eisgekühlten Kolben und versucht, sie beim Austritt aus der Apparatur zu entzünden. Beobachtung?

[1] von *fossa* (lat.) = Graben. Die fossilen Brennstoffe, die man also ausgraben kann, sind ebenso wie die Fossilien aus abgestorbenen Lebewesen entstanden.

[2] von *aer* (lat.) = Luft; *anaerobe Bakterien* können ohne molekularen Sauerstoff leben.

[3] Zum Vergleich des Heizwertes von Energieträgern und des Energieverbrauchs von Industriezweigen verwendet man die Steinkohleeinheit (SKE). 1 Steinkohleeinheit (1 SKE) entspricht dem Heizwert von 1 t Steinkohle ($30 \cdot 10^6$ kJ).

[4] Benzol, Toluol und Phenol sind sog. Aromaten und werden in Kap. 10., S. 274 ff., behandelt.

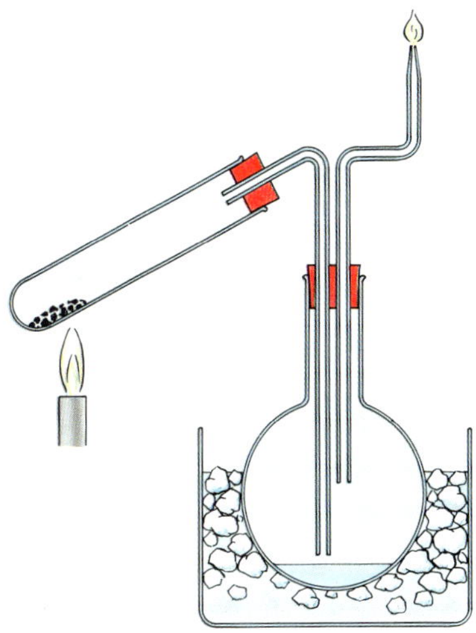

B 35.1. *Skizze zu V 35.1.*

B 36.1. *Untertagebau von Steinkohle. In diesem Abbaubetrieb (Streb) werden mit Hilfe einer Spezialmaschine (Walzenschrämlader) täglich* 1000 t *bis* 2000 t *Kohle abgebaut.*

Der **Abbau** von Kohle wird sowohl im *Tagebau* (B 3.1.) als auch im *Untertagebau* (B 36.1.) durchgeführt.
Ein Großteil der abgebauten Kohle wird in Kraftwerken zur Bereitstellung von *elektrischer Energie* und *Wärme* verfeuert.
Um die in der Steinkohle enthaltenen Kohlenwasserstoffe nicht bei der Verfeuerung zu vergeuden und um gleichzeitig den Wert der Kohle zu erhöhen, wird die Verkokung in industriellem Maßstab durchgeführt (V 35.1. und B 35.1.). Es handelt sich hierbei um ein **thermisches Veredelungsverfahren**. Der anfallende *Koks* ist einer der Hauptrohstoffe beim *Hochofenprozess* (S. 353 ff.). Aus dem *Teer* werden durch fraktionierte Destillation und andere Verfahren *aromatische Kohlenwasserstoffe* (Kap. 10.) isoliert, die als wichtige *chemische Rohstoffe* dienen. Mit *Heizgas* können Wohnungen und Industrieanlagen geheizt werden.
Durch **chemische Veredelungsverfahren** gelingt es, aus Kohle auch *Alkane* und andere *Kohlenwasserstoffe* zu synthetisieren.

1. Kohlehydrierung

Nach einem von F. Bergius[1] entwickelten Verfahren produzierten die chemischen Leuna-Werke[2] bereits im Jahr 1927 100000 Tonnen Benzin aus Kohle! Die Grundreaktion bei dieser Synthese ist die Anlagerung von Wasserstoff an den Kohlenstoff aus der Kohle. Dabei entstehen Kohlenwasserstoffe, vorwiegend Alkane. Man spricht deshalb von der **Kohlehydrierung**. Dieses Verfahren wird heute zügig weiterentwickelt. Seit dem Jahr 1982 ist in Bottrop eine Kohlehydrierungsanlage in Betrieb, in der die Hydrierung bei 450 °C und 30 MPa in Gegenwart eines Eisen(III)-oxid-Katalysators durchgeführt wird. Die Anlage arbeitet kontinuierlich. Zermahlene und getrocknete Kohle wird einem Öl-Wasserstoff-Gemisch, in dem sich auch der Katalysator befindet, beigemischt (B 36.2.). In der gebildeten Suspension findet unter den o.g. Bedingungen die Hydrierung statt. Die bei einem Reaktordurchgang entstehenden Kohlenwasserstoffe werden als Flüssigprodukt vom Gas und dem dickflüssigen Öl, die beide zurückgeführt werden, abgetrennt (B 36.2.). Das Flüssigprodukt wird anschließend durch Vakuum-Destillation in Fraktionen aufgetrennt. Auf diese Weise produziert die Bottroper Anlage täglich 200 Tonnen *„Kohleöl"*. Ähnliche Anlagen sind im Bau bzw. geplant.

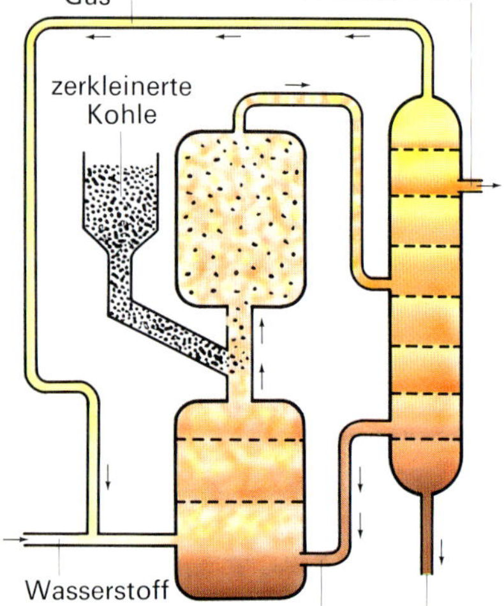

B 36.2. *Kohlehydrierung im kontinuierlichen Verfahren. Reaktionsbedingungen:* 450 °C, 30 MPa, Fe_2O_3-*Katalysator*

2. Kohlevergasung

Beim Überleiten von Wasserdampf über glühende Kohle bildet sich ein Gasgemisch aus Kohlenstoffmonooxid **CO** und Wasserstoff $\mathbf{H_2}$. Setzt man für Kohle vereinfacht **C(s)**, dann gilt:

$$C(s) + H_2O(g) \rightarrow CO(g) + H_2(g);\ \Delta H_R > O$$

[1] Friedrich Bergius (1884 bis 1949), deutscher Chemiker. Nobelpreis für Chemie 1931 (gemeinsam mit Carl Bosch).
[2] Die Leuna-Werke befinden sich bei Merseburg.

Fügt man dem Wasserdampf auch unterschiedliche Mengen Sauerstoff hinzu, so verändert sich die Zusammensetzung des Produktgemisches.

Da die Produkte Gase sind, spricht man von der **Kohlevergasung**. Aus dem Gasgemisch Kohlenstoffmonooxid-Wasserstoff können je nach dem Verhältnis $V(CO):V(H_2)$ und je nach Katalysator, Druck und Temperaturbedingungen verschiedene wichtige, organische Stoffe synthetisiert werden. Dieses Gasgemisch wird deshalb **Synthesegas** genannt. Nach dem Verfahren von F. FISCHER und H. TROPSCH kann daraus auch synthetisches Benzin erzeugt werden (B 37.2.). Eine mögliche, hier ablaufende Reaktion ist:

$$8\,CO + 17\,H_2 \xrightarrow[170\,°C]{Kat.} C_8H_{18} + 8\,H_2O$$

$V(CO):V(H_2) = 8:17$ — Octan und

$V(CO):V(H_2) \approx 1:2$ — Isooctane

Im Jahr 1962 wurde die letzte nach diesem Verfahren arbeitende Anlage stillgelegt, weil sie nicht mehr rentabel war. Zur Zeit wird aber wieder ganz intensiv an der Weiterentwicklung und Erweiterung des *FISCHER-TROPSCH-Verfahrens* und der so genannten *Synthesegas-Chemie* geforscht. Da aus Synthesegas auch andere wichtige Chemikalien wie Methanol, Essigsäure u.a. zugänglich sind, wird auch die Kohlevergasung schnell vorangetrieben. Es werden ganz unterschiedliche Reaktortypen und Verfahren getestet (B 37.1.).

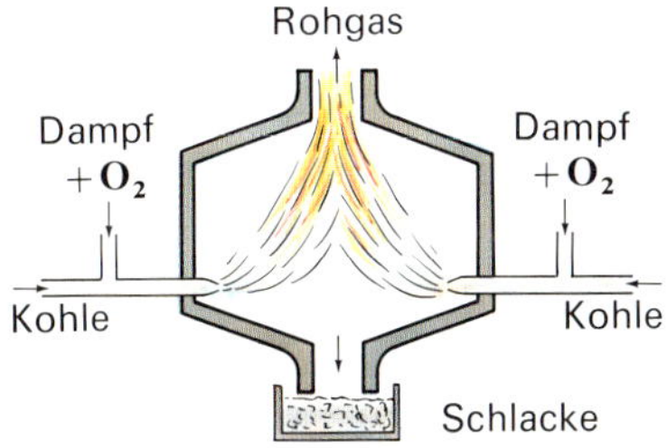

B 37.1. *Prinzip der Kohlevergasung in der Flugstaubwolke. Pulverkohle, Sauerstoff und Wasserdampf werden seitlich in den Reaktionsraum eingeblasen: Das Rohgas enthält die Produkte* CO *und* H_2 *(Synthesegas). Reaktionsbedingungen:* 1800 °C *bis* 2000 °C, 3 MPa.

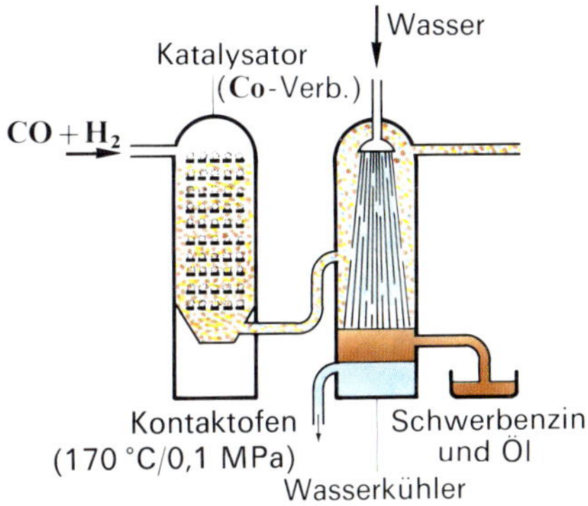

B 37.2. *Beim Fischer-Tropsch-Verfahren wird das Produkt-Gemisch nach dem Kontaktofen mit Wasser gewaschen.*

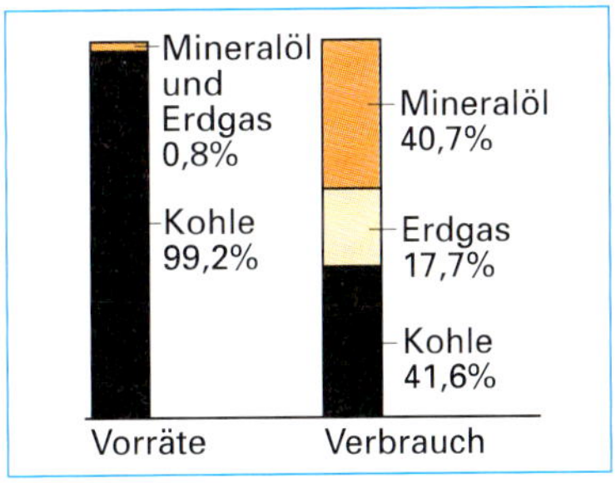

B 37.3. *Verhältnisse bei den Vorräten und beim Verbrauch fossiler Brenn- und Rohstoffe in Deutschland (Verbrauchszahlen für Gesamtdeutschland, 1991)*

Aufgaben

A 37.1. Bei der technischen Kohlevergasung im Flugstaubreaktor (B 37.1.) wird den Edukten auch Sauerstoff beigemischt. Warum wohl? Welches unerwünschte Nebenprodukt entsteht bei zu hohem Sauerstoff-Gehalt im Eduktgemisch?

A 37.2. Warum muss das Produkt-Gemisch bei der Fischer-Tropsch-Synthese von Benzinen nach dem Kontaktofen mit kaltem Wasser gewaschen werden (B 37.2.)?

A 37.3. Erklären Sie anhand der Angaben aus B 37.3., warum die Forschung hinsichtlich einer rentablen und umweltfreundlichen Kohleverflüssigung und Kohlevergasung gerade bei uns rasch vorangetrieben werden muss. (Hinweis: Weltweit stellt sich das Bild ähnlich dar wie in B 37.3., wenngleich die Vorräte an Erdgas und Erdöl dort etwa 19% ausmachen.)

Neue Fachbegriffe

Trockendestillation (Verkokung, Entgasung) von Kohle, Kohleverflüssigung, Kohlevergasung, Synthesegas, Fischer-Tropsch-Verfahren

Zusammenfassung

Kohlen sind im Laufe von Jahrmillionen aus pflanzlichen organischen Stoffen entstanden. Große Mengen an Kohlen werden in Kohlekraftwerken verfeuert. Durch Trockendestillation gewinnt man aus Kohle Koks, Teer und Heizgas. Bei der Verknappung der Erdgas- und Erdöl-Vorräte werden Kohlenwasserstoffe zunehmend durch Kohleverflüssigung und Kohlevergasung hergestellt werden müssen.

2.2. Alkene

Eigenschaften der Alkene

Das farblose, leicht süßlich riechende Gas Ethen verbrennt mit leuchtender, leicht rußender Flamme, entfärbt Bromwasser sofort und verfärbt alkalische Kaliumpermanganat-Lösung von violett nach braunschwarz (LV 38.1.). Das flüssige Hexen zeigt ein ganz ähnliches Verhalten und unterscheidet sich damit deutlich von Hexan (LV 38.2.).

Ethen und Hexen sind Kohlenwasserstoffe, gehören jedoch nicht zu den Alkanen und Isoalkanen. Ihr **gemeinsames strukturelles** Merkmal ist jeweils eine **Kohlenstoff-Kohlenstoff-Doppelbindung** in ihren Molekülen. Hierbei bilden sich zwischen zwei Kohlenstoff-Atomen im Molekül zwei gemeinsame Elektronenpaare aus. Nach dem Valenzelektronenpaar-Abstoßungs-Modell (vgl. S. 30) ordnen sich dabei die Kohlenstoff-Atom-Tetraeder (B. 38.1.) *Kante-an-Kante* an. Beim Ethen-Molekül müssten demnach alle sechs Atome in einer Ebene liegen, bei jedem anderen Alken-Molekül die beiden Kohlenstoff-Atome, die durch die Doppelbindung verbunden sind, und die vier daran gebundenen Atome (B 38.1. und B 39.1.).

Experimentelle Fakten, z.B. die Erscheinung der **cis-trans-Isomerie** (B 39.1.), stimmen mit diesen Aussagen über die räumliche Anordnung der Atome an der Kohlenstoff-Kohlenstoff-Doppelbindung überein. Ethen und Hexen gehören einer Klasse an, die wir von den Alkanen ableiten können, indem wir beim entsprechenden Alkan-Molekül formal zwei Wasserstoff-Atome abziehen und eine Doppelbindung einbauen. **Wir erhalten so die homologe Reihe der Alkene mit der allgemeinen Summenformel C_zH_{2z}.**

Sie tragen die Endsilbe -**en**: Ethen, Propen, Buten, Penten etc. Die Schmelz- und Siedetemperaturen der Alkene sind denen der Alkane sehr ähnlich (B 38.2.). Das chemische Verhalten der Alkene ist aber grundlegend verschieden von dem der Alkane. Die beiden Nachweisreaktionen (LV 38.1. und LV 38.2.) beruhen auf der Reaktivität der Moleküle an der Kohlenstoff-Kohlenstoff-Doppelbindung:

$$\underset{\text{Ethen}}{H_2C{=}CH_2} + Br_2 \longrightarrow \underset{\text{1,2-Dibromethan}}{H_2C(Br){-}CH_2(Br)}$$

$$\underset{\text{Ethen}}{H_2C{=}CH_2} \xrightarrow{+\,MnO_4^-,\ +\,OH^-} \underset{\text{1,2-Ethandiol}}{H_2C(OH){-}CH_2(OH)} + Mn(VI)\text{- und } Mn(IV)\text{-Verbindungen}$$

In beiden Fällen werden Atome oder Atomgruppen an die beiden Kohlenstoff-Atome der Doppelbindung angelagert. Aus der Doppelbindung wird dabei eine Einfachbindung. Mit **Additionsreaktionen** dieser Art werden wir uns in Kap. 9.2., S. 229ff., näher befassen.

[1] Die ältere Bezeichnung für Ethen ist Ethylen (Äthylen).
[2] Bitte beachten Sie die Hinweise für den Umgang und die Entsorgung der Reaktionsprodukte 1,2-Dibromethan*, Bromhexan* und 1,2-Dibromhexan*

Versuche

LV 38.1. Man füllt drei große Rggl. mit Ethen[1]* aus einer Druckdose und führt damit folgende Proben durch:
a) Das Gas wird entzündet, die Art der Flamme wird beobachtet.
b) Man gießt 5 ml Bromwasser* in eines der Rggl., verschließt es und schüttelt kräftig. Man beobachtet die Farbe[2].
c) In das dritte Rggl. gießt man 3 ml stark verdünnte, mit Natriumcarbonat* alkalisch gemachte Kaliumpermanganat-Lösung*, verschließt und schüttelt. Man beobachtet die Farbe.

LV 38.2. Man führt im **Abzug** mit Hexan* und Hexen* vergleichsweise die Bromwasser*-Probe und die Kaliumpermanganat*-Probe (vgl. LV 38.1.) durch. Beobachtung? Anschließend verbrennt man unter dem **Abzug** jeweils einige Tropfen Hexan und Hexen und beobachtet die Flammen.

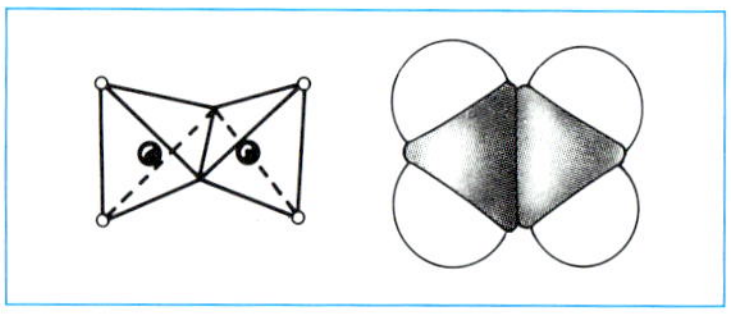

B 38.1. *Tetraeder-Modell und Kalotten-Modell des Ethen-Moleküls*

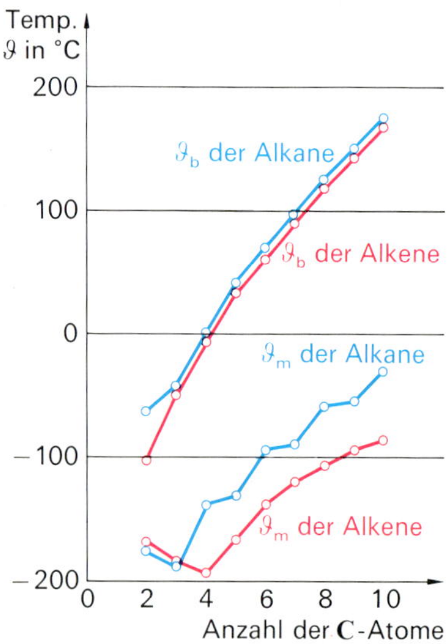

B 38.2. *Schmelz- und Siedetemperaturen unverzweigter Alkane und Alkene*

Wie bei den Alkanen gibt es auch bei den Alkenen sog. *Isoalkene*. Entsprechend dem Butan und dem Isobutan (B 23.1.) kennt man ein Buten und ein Isobuten (B 39.2., obere Reihe). Während es aber nur zwei Isomere mit der Formel C_4H_{10} gibt, sind vier Isomere mit der Formel C_4H_8 bekannt. Grund dafür sind zwei neue Arten von Isomerie (vgl. auch S. 419):

a) Da die Doppelbindung im Buten-Molekül entweder zwischen dem ersten und zweiten oder dem zweiten und dritten Kohlenstoff-Atom liegen kann, gibt es die beiden **Stellungsisomere** 1-Buten und 2-Buten (linke Spalte in B 39.2.).

b) Da eine Drehung der Molekülteile um die Achse der Kohlenstoff-Kohlenstoff-Doppelbindung nicht möglich ist, ohne dass die Doppelbindung aufgebrochen würde (vgl. EVA, S. 233ff.), kommt es beim 2-Buten zur **geometrischen Isomerie oder cis-trans[1]-Isomerie** (vgl. B 39.2. untere Reihe und B 39.1.).

Ethen und Propen, die für die Technik wichtigsten Vertreter der Alkene, werden beim *Cracken von Erdölfraktionen* gewonnen (vgl. S. 43). Daraus stellt man die Kunststoffe *Polyethen* bzw. *Polypropen* her (S. 184). Über Zwischenprodukte wie *Ethanol*, *Ethandiol* und *Vinylchlorid* (alle aus Ethen) bzw. *Aceton* und *Propenoxid* (aus Propen) ist aus diesen beiden Alkenen eine breite Palette von chemischen Enderzeugnissen zugänglich (vgl. Tab. 44.1.). Ethen kommt auch als Hormon[2] in Pflanzen vor und bewirkt u.a. die Reifung von Früchten. Es wird auf biochemischem Wege aus der Aminosäure *Methionin* (Tab. 266.1) gebildet. Grüne Bananen erfahren in geschlossenen Lagerräumen durch Ethen-Begasung eine Nachreifung.

Diene und Polyene. In Natur und Technik spielen auch Kohlenwasserstoffe mit zwei oder mehr Doppelbindungen (*Diene* bzw. *Polyene*) eine wichtige Rolle. *Butadien* und *Isopren* sind die beiden einfachsten stabilen Vertreter (B 39.3.).

Viele Naturstoffe, z.B. die *Terpene*, zu denen das *Pinen* aus der Pinienrinde und das *Limonen* aus der Zitronenschale gehören, sind Abkömmlinge des *Isoprens* (B 39.3.). Kohlenstoffgerüste aus Isoprenoiden haben auch das *Vitamin A*, das beim Sehvorgang eine entscheidende Rolle spielt, das *β-Carotin*, der gelbe Farbstoff aus den Karotten und der *natürliche Kautschuk* aus dem *Latex* (Milchsaft) einiger tropischer Bäume (*Ficus elastica, Hevea brasiliensis*).

Sind wie im Vitamin-A- und im β-Carotin-Molekül zwei Doppelbindungen jeweils durch eine Einfachbindung getrennt, spricht man von *konjugierten Doppelbindungen*. Alkene, Diene und Polyene werden als *ungesättigte Kohlenwasserstoffe* bezeichnet (vgl. Fußnote S. 31).

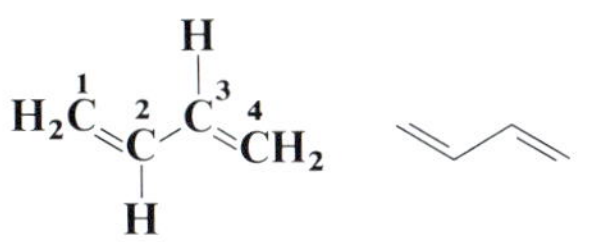

1,3 Butadien

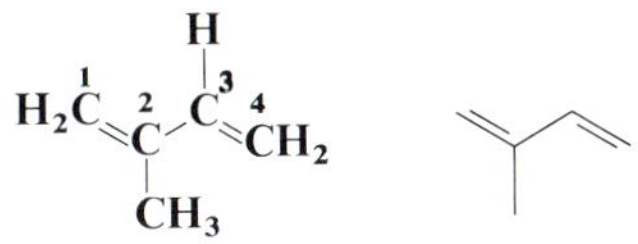

Isopren (2-Methyl-1,3-butadien)

B 39.3. *Halbstrukturformeln und vereinfachte Strukturformeln von 1,3 Butadien und von Isopren*

cis-trans-Isomerie

Im Gegensatz zum Ethan-Molekül sind die beiden Molekülhälften des Ethen-Moleküls aufgrund der Doppelbindung nicht frei drehbar.

Sind zwei Wasserstoff-Atome im Ethen-Molekül durch Substituenten ersetzt, so kommt es zur Erscheinung der *cis-trans-Isomerie*[3].

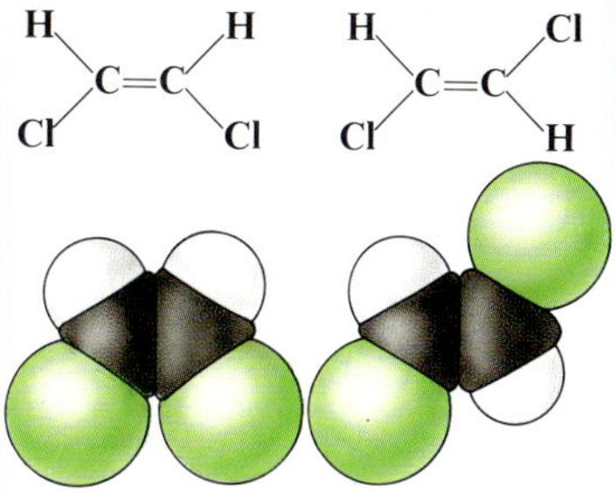

cis-1,2-Dichlorethen	trans-1,2-Dichlorethen
Die Substituenten befinden sich auf einer Seite des Moleküls	Die Substituenten befinden sich auf gegenüberliegenden Seiten des Moleküls
$\vartheta_m = -81$ °C $\vartheta_b = 60$ °C	$\vartheta_m = -56$ °C $\vartheta_b = 48$ °C

B 39.1. *Erläuterungen zur cis-trans-Isomerie*

[1] von *cis* (lat.) = diesseits; *trans* (lat.) = jenseits

[2] Hormone sind Wirk- und Botenstoffe, die in lebenden Organismen Vorgänge regeln und steuern und im Organismus synthetisiert werden.

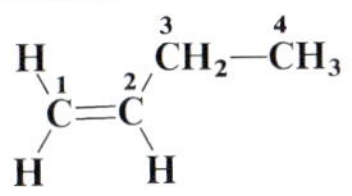

1-Buten
$\vartheta_m = -185$ °C
$\vartheta_b = -6$ °C

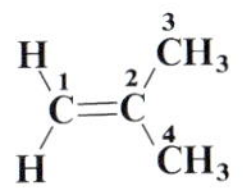

2-Methylpropen
$\vartheta_m = -140$ °C
$\vartheta_b = -7$ °C

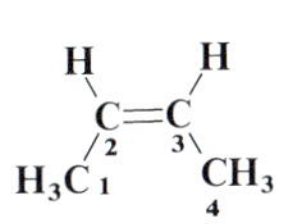

cis-2-Buten
$\vartheta_m = -139$ °C
$\vartheta_b = 4$ °C

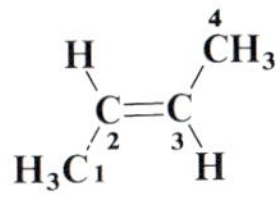

trans-2-Buten
$\vartheta_m = -106$ °C
$\vartheta_b = 1$ °C

B 39.2. *Isomere* C_4H_8

B 40.1. *Beim Acetylen-Schweißen wird Acetylen in Sauerstoff verbrannt.*

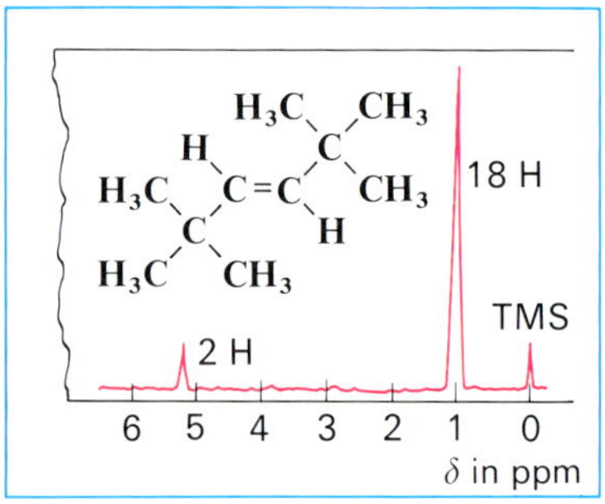

B 40.2. *NMR-Spektrum von trans-2,2,5,5-Tetramethyl-3-hexen.*

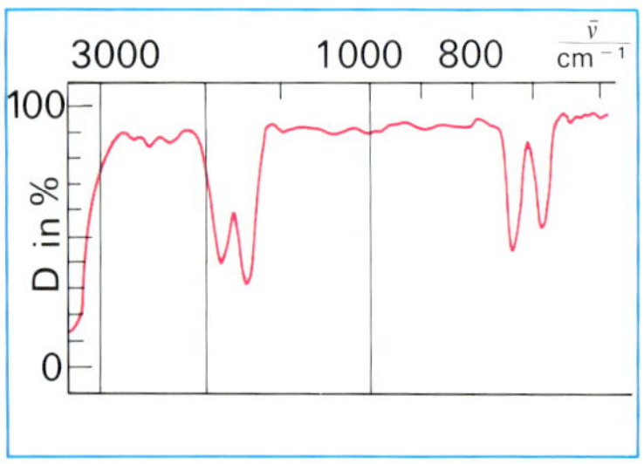

B 40.3. *IR-Spektrum zu A 40.9.*

Neue Fachbegriffe

Alkene, Isoalkene, Stellungsisomerie, cis-trans-Isomerie (geometrische Isomerie), Additionsreaktion, Terpene, Diene, Polyene, konjugierte Doppelbindungen

Aufgaben

A 40.1. Wodurch unterscheiden sich die Flammen bei der Verbrennung von Ethen und Hexen von den Flammen bei Methan (Erdgas) und bei Hexan (LV 38.2.)? Deuten und begründen Sie die Unterschiede.

A 40.2. Das Verhalten von Ethen und Hexen gegenüber Brom unterscheidet sich von dem Verhalten eines Alkans gegenüber Brom. Beschreiben Sie den Unterschied.

A 40.3. Mangan-Verbindungen haben verschiedene Farben, je nach der Oxidationszahl des Mangan-Atoms. Um welchen Reaktionstyp handelt es sich bei der Reaktion von Kaliumpermanganat mit Ethen bzw. Hexen?

A 40.4. Geben Sie die Halbstrukturformeln und die vereinfachten Strukturformeln aller Penten-Isomeren an und benennen Sie sie.

A 40.5. Worauf beruhen a) die Kettenisomerie (bei Alkanen und Alkenen), b) die Stellungsisomerie (bei Alkenen) und c) die cis-trans-Isomerie (bei Alkenen)?

A 40.6. Vergleichen Sie die Siedetemperatur-Unterschiede beim cis-2-Buten und trans-2-Buten (B 39.2.) und beim cis-1,2-Dichlorethen und trans-1,2-Dichlorethen (B 39.1.). Versuchen Sie, diese Unterschiede zu erklären. (Hinweis: Denken Sie an van-der-Waals-Kräfte und an Dipol-Dipol-Kräfte.)

A 40.7. Ethin (Acetylen) $\mathbf{C_2H_2}$ besteht aus Molekülen mit einer Dreifachbindung. Es wird industriell durch starkes Erhitzen von Methan unter Luftabschluss hergestellt (B 34.1.) und in der Kunststoffindustrie (Tab. 44.1.) und beim Schweißen (B 40.1.) verwendet.

a) Geben Sie die Strukturformel von Ethin an.
b) Mit welcher Flamme verbrennt Ethin (Vergleich zu Ethan und Ethen)?
c) Wie viel Brom-Moleküle können an ein Ethin-Molekül addiert werden? Formulieren Sie die Reaktionsgleichung.

A 40.8. Die ungesättigten Kohlenstoff-Atome in Alken-Molekülen ziehen die Elektronen aus den Kohlenstoff-Wasserstoff-Bindungen stärker an als die Kohlenstoff-Atome in Alkan-Molekülen. Die entsprechenden Protonen werden also weniger abgeschirmt (vgl. S. 26) und absorbieren bei kleinerer Magnetfeldstärke (B 40.2.). Die NMR-Signale solcher Protonen erscheinen im Spektrum also deutlich verschoben in Bezug auf die Signale von Protonen an gesättigten Kohlenstoff-Atomen (B 40.2.). Entwerfen Sie ein NMR-Spektrum für 2-Buten. Kann man bei Spektren mit geringer Auflösung zwischen cis- und trans-2-Buten unterscheiden?

A 40.9. Die „aus der Ebene"-Deformationsschwingungen der an die $\mathbf{-CH{=}CH-}$ -Einheit gebundenen Substituenten geben im IR-Spektrum folgende Absorptionsbanden: a) bei 966 cm^{-1} und bei 978 cm^{-1} für das trans-Isomere und b) bei 730 cm^{-1} und bei 680 cm^{-1} für das cis-Isomere. Ordnen Sie dem Spektrum aus B 40.3. cis-2-Buten bzw. trans-2-Buten zu und überprüfen Sie mit Hilfe der Tab. 25.1., ob auch die übrigen Absorptionsbanden aus dem Spektrum zum Buten passen. Erläutern Sie.

Zusammenfassung

Alkene und Isoalkene haben die allgemeine Summenformel $\mathbf{C_zH_{2z}}$. In ihren Molekülen kommt eine Kohlenstoff-Kohlenstoff-Doppelbindung vor. Moleküle mit zwei Doppelbindungen entsprechen Dienen, Moleküle mit weiteren Doppelbindungen Polyenen. Konjugierte Doppelbindungen liegen dann vor, wenn zwei Doppelbindungen durch eine Einfachbindung getrennt werden. Alkene sind reaktiver als Alkane. Der wichtigste Reaktionstyp ist die Additionsreaktion. Ethen und Propen sind wichtige Ausgangsstoffe in der chemischen Industrie. Wichtige natürliche Stoffe haben Moleküle mit konjugierten Doppelbindungen.

Alkene aus Erdöl

Weit über die Hälfte der heute genutzten Energie stammt aus Erdöl und Erdgas. Auch 95% der organischen Industriechemikalien werden aus Erdöl und Erdgas gewonnen. Wir leben im „Zeitalter der Petrochemie"[1]. Dennoch dienen nur 6% des verbrauchten Erdöls als chemischer Rohstoff, der Rest wird verfeuert. Da Erdöl und Erdgas zusammen weniger als 20% der Gesamtvorräte an fossilen Brennstoffen darstellen, ist ihre schrittweise Ersetzung durch Kohle und andere, schnell regenerierbare Energieträger nötig. Der Anteil des Erdöls, der einer chemischen Veredlung zugeführt wird, wird steigen.

Erdöl ist eine schwarze, dickflüssige, unangenehm riechende Flüssigkeit. Durch Destillation lässt sie sich in zahlreiche Bestandteile auftrennen (V 41.1.). Die in V 41.1. gewonnenen Stoffe unterscheiden sich nicht nur im *Temperatur-Bereich*, bei dem sie sieden, sondern auch im *Geruch*, in der *Farbe* und in der Temperatur, bei der sie entflammen. Diese Destillationsprodukte sind keine Reinstoffe, sondern Gemische, die jeweils alle Stoffe aus der untersuchten Erdöl-Probe enthalten, deren Siedetemperatur in dem betreffenden Temperatur-Intervall liegt. Man spricht von **Erdöl-Fraktionen**[2]. Die weitere Auftrennung der Fraktionen zeigt, dass sie überwiegend aus *Kohlenwasserstoffen* zusammengesetzt sind.

Das Erdöl hat sich aus Ablagerungen von Meeresplankton im Laufe von Jahrmillionen gebildet. Auch Erdgas, das größtenteils aus Methan, Ethan und Propan besteht, ist biologischen Ursprungs. Es ist zusammen mit Erdöl und Kohle zu finden. Die Erdöllager bilden keine großen unterirdischen Ölseen. Das flüssige Öl ist vielmehr in porösem Gestein verteilt. Über die geologische Beschaffenheit eines Erdöllagers geben B 41.1. und B 41.2. Auskunft.

Die geographische Verteilung und die Zusammensetzung der Erdölreserven der Erde zeigt B 41.3.

Geographisches Gebiet	Anteil an den gesamten Erdölvorräten	Anmerkungen zur Zusammensetzung
Naher Osten	54%	Irak: *kurzkettige* und *langkettige Alkane*
Nordamerika	12%	USA: *kurzkettige Alkane* (bis $C_{12}H_{26}$) überwiegen
		Mexiko: hoher Anteil an *Aromaten*, hoher Anteil an *Cycloalkanen*
Russland	10%	
Südamerika	6%	Venezuela: hoher Anteil an *langkettigen Alkanen*
Europa	4%	Nordsee: *kurzkettige* und *langkettige Alkane*
Indonesien	3%	

B 41.3. *Erdöl enthält Alkane, Cycloalkane, Aromaten (vgl. Kap. 10.) und geringe Mengen von sauerstoff-, stickstoff- und schwefelhaltigen Verbindungen. Alkene kommen im Erdöl nicht vor.*

Versuch

V 41.1. In einer Destillationsapparatur führt man die Destillation einer *Erdölprobe* durch. Die Destillate werden getrennt nach Temperatur-Intervallen (70 °C bis 110 °C, 110 °C bis 150 °C und 150 °C bis 200 °C) aufgefangen. Man vergleicht die Farbe, den Geruch und die Entflammbarkeit der 3 Destillate. Beobachtung?

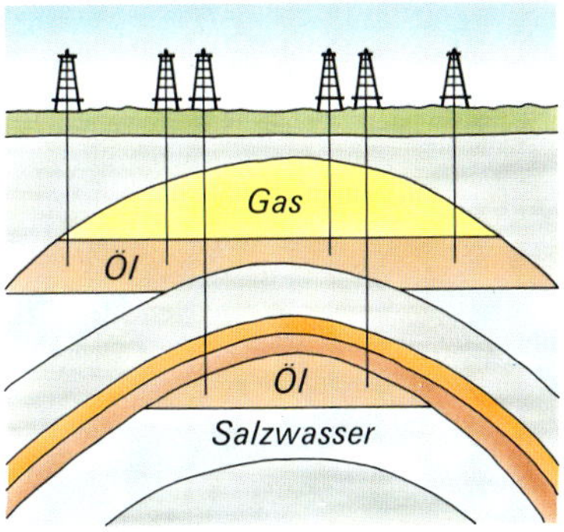

B 41.1. *Erdöllager findet man meist unter der Spitze einer sattelförmigen Aufwölbung. Unter der erdölhaltigen Schicht befindet sich Salzwasser, darüber Erdgas.*

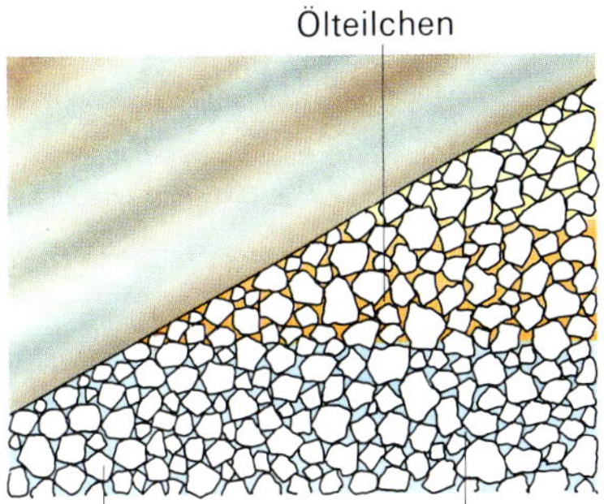

B 41.2. *Erdölhaltiges Speichergestein (schematisch)*

[1] von *petrotos* (griech.) = versteinert; internationalisierte Bezeichnung für „Erdölchemie".
[2] von *frangere* (lat.) = zerbrechen. Eine Fraktion ist ein Bruchstück.
[3] vgl. Aromaten in Kap. 10.

B 42.1. *Destillationstürme einer Erdölraffinerie*

Ein erster Schritt bei der Erdölverarbeitung in einer *Raffinerie* (B 42.1.) ist die **fraktionierte Destillation** des Rohöls. Hierbei wird das Erdöl zunächst auf ca. 400 °C erhitzt und dann in den unteren Teil eines *Fraktionierturms* eingeleitet (B 42.2.). Die bei dieser Temperatur gasförmigen Bestandteile steigen im Turm, in dem die Temperatur nach oben abnimmt, hoch. Dabei müssen sie etagenweise immer wieder durch kondensierte Bestandteile bestimmter Temperaturen hindurch (B 42.2. Ausschnitt). Jedesmal kondensieren die Stoffe, deren Kondensationstemperatur erreicht ist. Das Kondensat fließt durch Überlaufrohre nach unten, während der Dampf durch die Glockenböden nach oben steigt. Dadurch entstehen *Erdöl-Fraktionen* mit unterschiedlichen Siedetemperaturen. In verschiedenen Höhen des Turms werden die Fraktionen abgeführt und noch einmal fraktioniert.

In B 42.3. sind die wichtigsten Flüssig-Fraktionen zusammengefasst. Wir sehen, dass im Erdöl wichtige Kraftstoffe (Benzin, Dieselöl) schon erhalten sind; sie müssen lediglich durch Destillation abgetrennt werden[1]! Aus diesem Grund ist das Erdöl der zur Zeit wertvollste fossile Energieträger und Rohstoff[2].

Ein weiterer Schritt bei der Verarbeitung des Erdöls besteht im Erhitzen der langkettigen Alkane aus den höheren Fraktionen auf ca. 420 °C mit *Katalysatoren*. Hierbei bilden sich wie bei V 43.1. brennbare Gase und Benzine.

[1] Jede Fraktion kann, je nach Verwendungszweck, noch weiter aufgetrennt werden. Beispiele: *Fahrbenzin* und *Spezialbenzin*; *Dieselöl* und *Heizöl*.

[2] Bei Öltanker-Unfällen und in Kriegen (B 386.2.) wurde Erdöl zum Verursacher von verheerenden Umweltkatastrophen.

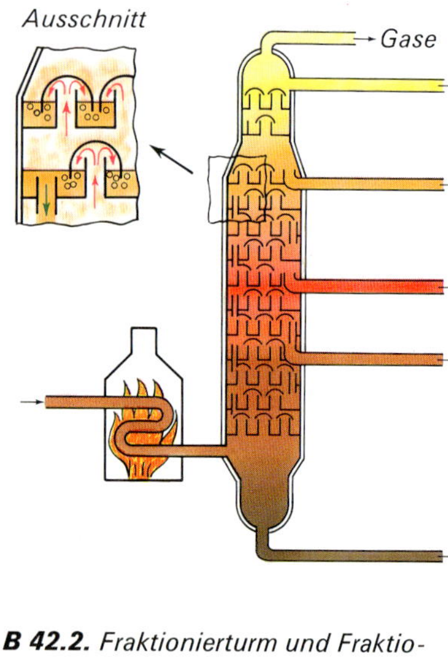

B 42.2. *Fraktionierturm und Fraktionen. Im Ausschnitt werden der Dampfstrom (rot) und der Fluss des Kondensats verdeutlicht.*

Fraktion	Siedebereich	Verwendung
Benzin[1]	30 °C bis 200 °C	Kraftstoff für Ottomotoren Lösungsmittel
Petroleum[1]	150 °C bis 240 °C	Flugturbinenkraftstoff, Lösungsmittel, Beleuchtung
Dieselöl[1]	200 °C bis 370 °C	Kraftstoff für Dieselmotoren, Heizung von Wohnungen und Industrieanlagen
Schmieröl[1]	ab 350 °C (Vakuumdestillation)	Schmiermittel Kraftstoffe (nach Weiterverarbeitung)
Bitumen	(Rückstand der Vakuumdestillation)	Straßenbau, Herstellen von Dachpappen und Kabelisolierungen

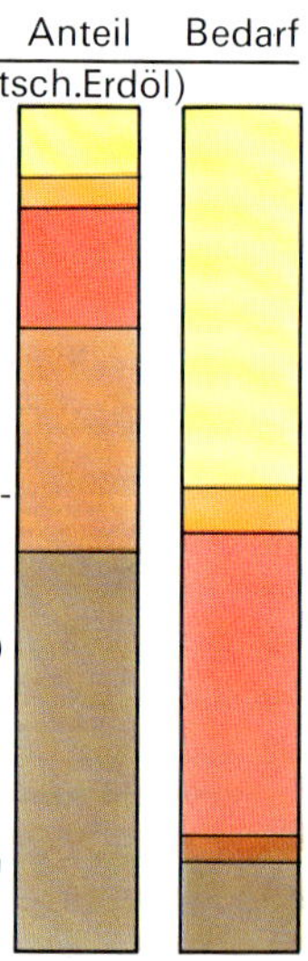

B 42.3. *Die Fraktionen, für die der größte Bedarf besteht, sind im deutschen Erdöl, aber auch in dem höherwertigen Erdöl aus der Nordsee und dem Nahen Osten in unzureichenden Anteilen enthalten.*

Unter den genannten Bedingungen findet eine Spaltung der langkettigen Kohlenwasserstoff-Moleküle in kleinere Bruchstücke statt. Man nennt diesen Vorgang **Cracken**[1].
Hexadecan $C_{16}H_{34}$ kann u.a. wie folgt gespalten werden:

$$CH_3(CH_2)_{14}CH_3 \longrightarrow \begin{cases} H_2C{=}CH_2 + C_7H_{16} + C_6H_{14} + C \\ H_2C{=}CHCH_3 + C_5H_{12} + C_7H_{16} + C \\ H_2C{=}CH_2 + H_2C{=}CHCH_3 + C_{11}H_{24} \end{cases}$$

Das obige Schema verdeutlicht, dass beim Cracken auch Alkene und Kohlenstoff entstehen. Insbesondere Ethen und Propen sind für die chemische Großsynthese von Bedeutung (Tab. 44.1.).
Ein wichtiger Schritt bei der Verarbeitung der Erdöl-Fraktionen ist die **Veredelung von Benzinen**. *Superkraftstoffe* zeichnen sich dadurch aus, dass die entsprechenden Benzindampf-Luft-Gemische in den Motoren stark komprimiert werden können, ohne dass eine Selbstzündung des Gemisches (zum „*Klopfen*" des Motors) eintritt (B 44.1.).
Besonders klopffest ist reines *2,2,4-Trimethylpentan*, ein *Isooctan*. Man hat deshalb als Maß für die Klopffestigkeit die *Octanzahl* eingeführt und dem 2,2,4-Trimethylpentan den Wert 100 gegeben. Das besonders klopfanfällige *Heptan* erhielt die Octanzahl 0. Ein Benzin mit der Octanzahl 95 ist ebenso klopffest wie ein Gemisch aus den Massenanteilen von 95% 2,2,4-Trimethylpentan und 5% Heptan. Allgemein sind Benzine mit hohen Anteilen an Isoalkanen und Aromaten klopffest, während Benzine mit hohem Anteil an unverzweigten Alkanen zum Klopfen neigen. Die Umwandlung von Alkanen in Isoalkane und Aromaten gelingt beim Überleiten von Benzindampf über Katalysatoren aus Platin und anderen Edelmetallen:

$$\text{Heptan} \xrightarrow{\text{Platin-Katalysator}} \text{2,3-Dimethylpentan; (Isomerisierung)}$$

$$\text{Hexan} \xrightarrow{\text{Platin-Katalysator}} \text{Benzol + Wasserstoff; (Dehydrocyclisierung)}$$

Diese Methode zur Erhöhung der Octanzahl bei Benzinen ist unter der Bezeichnung **Reforming-Verfahren** (oder **Platforming**, von Platinum-Reforming) bekannt[2].
Das bei der Verbrennung von schwefelhaltigen Verbindungen entstehende Schwefeldioxid ist ein *Umweltgift* (vgl. Kap. 16.). Da Erdöl und Erdgas auch wechselnde Anteile an Schwefel-Verbindungen enthalten, ist die **Entschwefelung** der Erdöl-Fraktionen und des Erdgases ein weiterer Verarbeitungsschritt. Im *Claus-Verfahren* wird das im Erdgas enthaltene Hydrogensulfid mit Luftsauerstoff in mehreren Schritten zu elementarem Schwefel umgesetzt (B 43.2.).

[1] von *to crack* (engl.) = (zer)sprengen, (auf)knacken
[2] Darüber hinaus wurde die Octanzahl früher noch durch Zusatz von Tetraethylblei $Pb(C_2H_5)_4$ erhöht. Dem bleifreien Benzin werden heute andere Stoffe z.B. Ether (vgl. B 241.2.) zugesetzt.

Versuch

V 43.1. In einem Rundkolben mit Seitenhals wird auf vorerhitzten *Perlkatalysator* etwas flüssiges Paraffin getropft und weitererhitzt (B 43.1.). Die entweichenden Dämpfe werden beim Austritt aus der Apparatur aus B 43.1. im Rggl. aufgefangen. Nach negativem Ausfall der Knallgasprobe versucht man, die Dämpfe zu entzünden. Beobachtung? Die Entflammbarkeit des im U-Rohr angesammelten Kondensats wird mit der des Paraffins verglichen. Beobachtung?

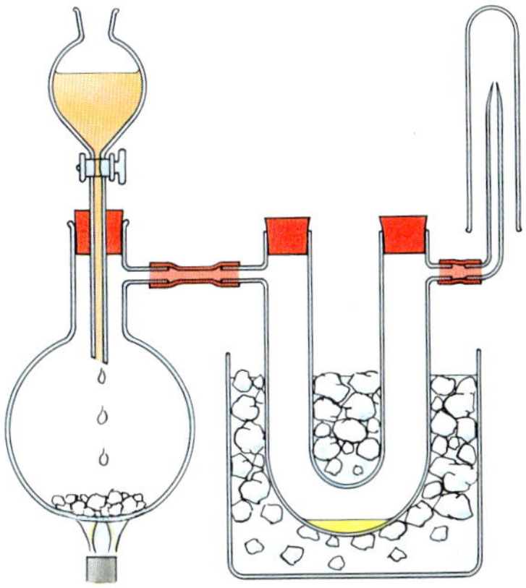

B 43.1. *Skizze zu V 43.1.*

B 43.2. *Schwefelhalde. Der Schwefel fällt in riesigen Mengen bei der Erdölverarbeitung an.*

Ausgangsstoffe	Zwischenprodukte	Chemische Enderzeugnisse
CH_4 (Methan)	Synthesegas, Ethin, Ruß, Chlormethane	Ammoniak-Folgeprodukte, Methanol-Folgeprodukte (S. 48), Ethin-Folgeprodukte, Autoreifen, Druckerschwärze, Lösungsmittel, Kühlmittel, Kunststoffe (Teflon)
$H_2C{=}CH_2$ (Ethen)	Ethanol, Ethandiol, Vinylchlorid, Diethylether	Kunststoffe (Polyethylen, PVC), Lösungsmittel Arzneimittel, Synthesefasern (Polyester)
$HC{\equiv}CH$ (Ethin)	Vinyl-Derivate, 2-Chlorbutadien	Kunststoffe (PVC, Polyacrylnitril), Kautschuk
C_3H_6 (Propen)	Aceton, Phenol	Kunststoffe (Polypropen)
C_4H_{10} (Butane) C_4H_8 (Butene)	Butadien	Kautschuk, Kunststoffe (Polyamide, Polyester)
$C_{12}H_{26}$ bis $C_{18}H_{38}$ (Alkane)	Chloralkane, Carbonsäuren	Waschmittel, Hilfsstoffe für die Industrie (z.B. Emulgiermittel)
C_6H_6 (Benzol)	Xylole, Phthalsäure, Terephthalsäure	Synthesefasern (Polyester), Weichmacher (für Kunststoffe)
	Phenol, Aceton, Styrol Cyclohexan	Kunststoffe (Bakelit, Polystyrol), Sprengstoffe (TNT), Farbstoffe, Arzneimittel, Lösungsmittel (Aceton), Synthesefasern (Polyamide)

Tab 44.1. *Die für die Herstellung der chemischen Enderzeugnisse wichtigen Ausgangsstoffe sind größtenteils schon im natürlichen Erdöl enthalten oder können daraus gewonnen werden (Auswahl).*

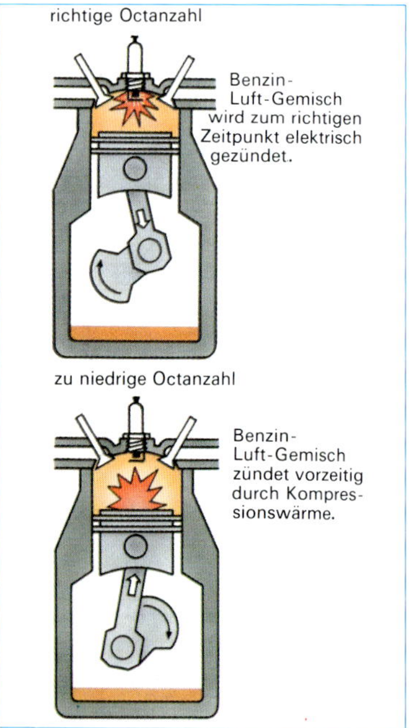

B 44.1. *Oben: Normale Explosion des Benzin-Luftgemisches im Zylinder. Unten: „Klopfen" des Motors*

Aus den Erdöl-Fraktionen können durch **weitere Trennverfahren** Reinstoffe (Kohlenwasserstoffe) isoliert werden, die zur Synthese vieler chemischer Enderzeugnisse dienen (Tab. 44.1.).

Aufgaben

A 44.1. Formulieren Sie die beiden „Wortschemata" von S. 43 als Reaktionsgleichung mit den Formeln der entsprechende Stoffe. (Hinweis: Die Summenformel von Benzol ist C_6H_6.)

A 44.2. Es ist sehr schwierig, aus dem Erdöl einen ganz bestimmten Stoff allein durch Destillation abzutrennen. Begründung?

A 44.3. In B 41.3. findet man Angaben zur Zusammensetzung von Erdöl verschiedener Herkunft. Hat das bei der fraktionierten Destillation von mexikanischem Erdöl gewonnene Benzin eine höhere oder eine niedrigere Octanzahl als das Benzin aus USA-Erdöl? Begründung?

Neue Fachbegriffe

Petrochemie, Erdöl-Fraktion, Raffinerie, fraktionierte Destillation, Fraktionierturm, Cracken, Reforming-Verfahren, Entschwefelung, Klopfen (des Motors), Octanzahl

Zusammenfassung

Erdöl und Erdgas sind wertvolle Rohstoffe für die chemische Industrie. Alkene sind in Erdöl nicht enthalten, können jedoch aus Erdöl-Fraktionen durch Cracken gewonnen werden. Die Verfeuerung von Erdöl und Kohle in relativ kurzer Zeit bedeutet eine Vergeudung von wertvollen Rohstoffen und eine Belastung der Umwelt.

2.3. Alkohole (Alkanole)

Praktikum

Eigenschaften von Alkoholen

Versuche

PV 45.1. Prüfen Sie in Porzellanschälchen jeweils einige Tropfen (bzw. eine Spatelspitze) der folgenden Alkohole auf Brennbarkeit: Methanol*, Ethanol*, 1-Propanol*, 2-Propanol*, 1-Butanol*, 1-Pentanol* und 1-Hexadecanol* (Cetylalkohol).

PV 45.2. Untersuchen Sie in Rggl. die Löslichkeit kleiner Portionen (1 ml) der Alkohole aus PV 45.1. a) in 1 ml Wasser und b) in 1 ml Heptan*.

PV 45.3. Erwärmen Sie in Rggl. jeweils 15 ml der folgenden Alkohole im Wasserbad auf 30 °C: Ethanol*, 1-Propanol*, 1-Butanol*, 1-Pentanol* und 2-Methyl-2-propanol* (tertiär-Butanol). Füllen Sie dann der Reihe nach eine 10-ml-Pipette mit dem jeweiligen Alkohol und messen Sie die Auslaufzeit.

Auswertung

a) Wie kann man die in PV 45.1. festgestellten Unterschiede (Entzündungstemperatur, Flamme) erklären?

b) Welche Art von zwischenmolekularen Wechselwirkungen sind a) zwischen Ethanol-Molekülen und Wasser-Molekülen und b) zwischen 1-Pentanol-Molekülen und Heptan-Molekülen vorwiegend zu erwarten? Ergibt sich daraus eine Erklärung für die bei PV 45.2. festgestellten Löslichkeitsunterschiede? Erläutern Sie.

c) Wie hängt die Viskosität (S. 31) der in PV 45.3. untersuchten Alkohole i) von der Kettenlänge und ii) von der Verzweigung der Moleküle ab?

Bei der Strukturauflösung von Ethanol (S. 20ff.) haben wir die **funktionelle Hydroxy-Gruppe (—OH-Gruppe)** kennen gelernt. Sie ist das strukturelle Merkmal aller Alkohol-Moleküle. Die **homologe Reihe der Alkanole** leitet sich formal nach dem Muster aus B 45.1. aus der homologen Reihe der Alkane ab. Der Name eines Alkanols wird aus dem Namen des entsprechenden Alkans und der Endung **-ol** gebildet. Wenn in Alkanol-Molekülen immer nur *eine* Hydroxy-Gruppe und *keine* Kohlenstoff-Kohlenstoff-Doppelbindung enthalten ist, spricht man auch von **einwertigen, gesättigten Alkoholen**.

Bei Alkanolen mit mehr als zwei Kohlenstoff-Atomen im Molekül, also ab dem Propanol, gibt es jeweils mehrere *Stellungsisomere* (vgl. S. 39). Man kennt demnach zwei isomere Propanole (B 45.2.). Beim Butanol gibt es wegen der Gerüstverzweigung sogar vier Isomere (B 46.1.).

Die in B 46.1. vorgenommene Einteilung in *primäre, sekundäre* und *tertiäre* Alkohole ist allgemein anwendbar. Die Art des Kohlenstoff-Atoms, an das die Hydroxy-Gruppe gebunden ist (primäres, sekundäres bzw. tertiäres Kohlenstoff-Atom), hat einen wichtigen Einfluss auf die chemischen Eigenschaften des Alkohols (vgl. Kap. 9.4. und Kap. 9.5.). Die Schmelz- und Siedetemperaturen der Alkanole sind viel höher als die der entsprechenden Alkane (Tab. 46.1. und Tab. 30.1.). Methanol, Ethanol und die Propanole sind sehr gut wasserlöslich; bei den höheren Alkanolen nimmt die Hydrophilie ab, bis sie sich schließlich in Hydrophobie umkehrt (vgl. C_{12} und C_{16} in Tab. 46.1.).

Alkan		Alkanol
CH_4 Methan	⇒	CH_3OH Methanol
C_2H_6 Ethan	⇒	CH_3CH_2OH Ethanol
C_3H_8 Propan usw.	⇒	$CH_3CH_2CH_2OH$ Propanol

B 45.1. *Zusammenhang: Alkane-Alkanole*

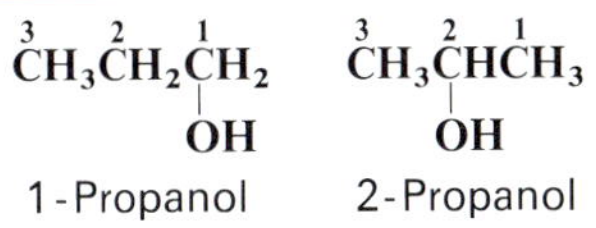

B 45.2. *Die beiden isomeren Propanole unterscheiden sich durch die Stellung der Hydroxy-Gruppe*

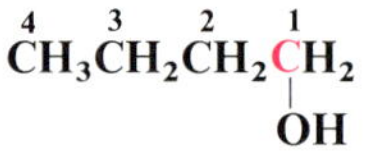

1-Butanol
(primärer Alkohol)

C ist ein **primäres** Kohlenstoff-Atom, d.h., es ist nur an **ein** weiteres Kohlenstoff-Atom gebunden.

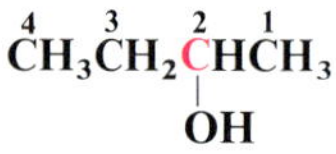

2-Butanol
(sekundärer Alkohol)

C ist ein **sekundäres** Kohlenstoff-Atom, d.h., es ist an **zwei** weitere Kohlenstoff-Atome gebunden.

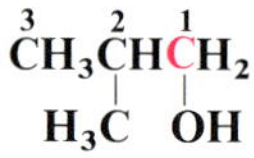

2-Methyl-1-propanol
(primärer Alkohol)

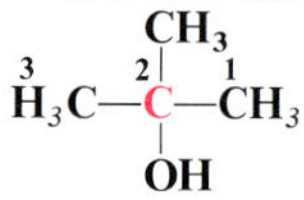

2-Methyl-2-propanol
(tertiärer Alkohol)

C ist ein **tertiäres** Kohlenstoff-Atom, d.h., es ist an **drei** weitere Kohlenstoff-Atome gebunden.

B 46.1. *Die vier isomeren Butanole*

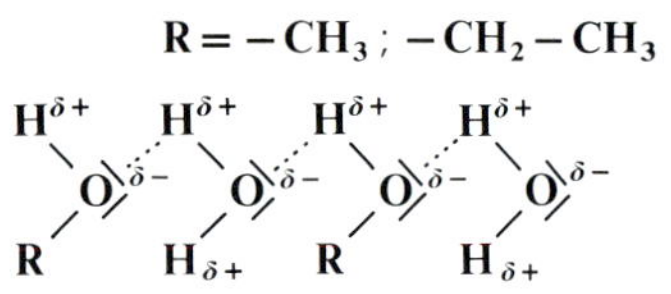

B 46.2. *Wasserstoffbrückenbindungen*

Die zwischenmolekularen Kräfte bei den Molekülen kurzkettiger Alkanole sind ganz anderer Art als bei Alkan-Molekülen. Das Wasserstoff-Atom der Hydroxy-Gruppe bildet mit dem freien Elektronenpaar des Sauerstoff-Atoms eines anderen Moleküls eine **Wasserstoffbrückenbindung** aus. Wasserstoffbrückenbindungen sind wesentlich stärker als *van-der-Waals-Kräfte* bei vergleichbar großen Molekülen. Daher haben Alkohole wesentlich höhere Siedetemperaturen als Alkane. Da sich auch zwischen Wasser- und Alkohol-Molekülen Wasserstoffbrückenbindungen bilden (B 46.2.), sind die ersten Glieder der Reihe sehr gut wasserlöslich. Die Abnahme der Hydrophilie bei den höheren Alkanolen ist auf den immer kleineren Anteil der Hydroxy-Gruppe an den Molekülen zurückzuführen (B 47.1.).

Zahl der Kohlenstoff-Atome	Genfer Nomenklatur (Trivialname) (Kurzname)	Formel	ϑ_m in °C	ϑ_b in °C	Löslichkeit in Wasser (Alkohol in g/100 cm³ Wasser)
C_1	Methanol (Holzgeist)	CH_3OH	– 97	65	∞
C_2	Ethanol (Weingeist)	CH_3CH_2OH	–114	78,4	∞
C_3	1-Propanol	$CH_3CH_2CH_2OH$	–126	97	∞
	2-Propanol (Isopropanol)	$CH_3CH(OH)CH_3$	– 90	82	∞
C_4	1-Butanol	$CH_3CH_2CH_2CH_2OH$	– 90	117	7,9
	2-Butanol	$CH_3CH_2CH(OH)CH_3$	–114	100	12,5
	2-Methyl-1-propanol	$(CH_3)_2CHCH_2OH$	–108	108	10,0
	2-Methyl-2-propanol (tert-Butanol)	$(CH_3)_3COH$	+ 25	83	∞
C_5	1-Pentanol (Amylalkohol)	$CH_3(CH_2)_3CH_2OH$	– 79	138	2,3
	3-Methyl-1-butanol	$(CH_3)_2CHCH_2CH_2OH$	–117	131	2,0
	2,2-Dimethyl-1-propanol	$(CH_3)_3CCH_2OH$	+ 50	113	12,5
C_{12}	1-Dodecanol (Laurylalkohol)	$CH_3(CH_2)_{10}CH_2OH$	+ 24	259	0
C_{16}	1-Hexadecanol (Cetylalkohol)	$CH_3(CH_2)_{14}CH_2OH$	+ 49	Zersetzung	0

Tab. 46.1. *Einwertige Alkohole (Alkanole)*

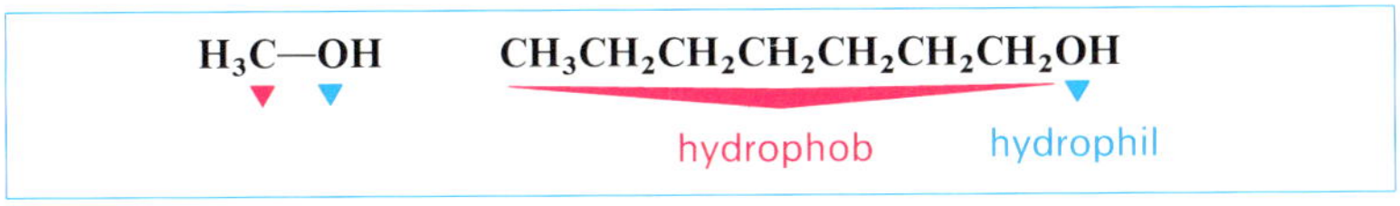

B 47.1. *Die hydrophile Hydroxy-Gruppe* **$-OH$** *hat im Methanol-Molekül einen größeren Anteil als im 1-Heptanol-Molekül*

Mit Zunahme des hydrophoben Alkyl-Rests überwiegen schließlich die *van-der-Waals-Kräfte*; die Hydrophilie nimmt ab, die Lipophilie nimmt zu.

Die Viskosität der Alkanole (PV 45.3.) nimmt mit der Länge und dem Verzweigungsgrad der Moleküle zu, weil das Aneinander-Vorbeigleiten der Moleküle zunehmend behindert wird.

Auf die Reaktionsweisen der Alkanole gehen wir in Kap. 9. ein.

Ethanol ist der wichtigste Vertreter der homologen Reihe. Es ist Bestandteil aller zum Genuss bestimmter Alkoholika und wird für diesen Zweck durch die *alkoholische Gärung* zuckerhaltiger Gemische gewonnen (B 47.2.).

$$C_6H_{12}O_6(aq) \xrightarrow{\text{Hefe}} 2\,C_2H_5OH(aq) + 2\,CO_2(g); \quad \Delta H_R < 0$$

z. B. Traubenzucker — Ethanol — Kohlenstoffdioxid

Nach dem Genuss eines alkoholischen Getränks gelangt Ethanol ins Blut und verursacht, je nach Konzentration, körperliche, geistige und seelische Veränderungen bzw. Schäden (Tab. 47.1.). Dauernder Alkoholkonsum (Alkoholismus) schädigt vor allem die Leber und beeinträchtigt den Kreislauf.

Von den ca. 110000 t Ethanol, die jährlich in der Bundesrepublik erzeugt werden, verwendet man ca. 90000 t in der Industrie als Lösungsmittel für die Synthese anderer Stoffe.

Für industrielle Zwecke wird Ethanol durch **Addition** von Wasser an *Ethen* gewonnen (vgl. S. 232).

0,6‰, verursacht durch:
1 l Bier oder 0,6 l Wein oder 0,12 l Whisky (≙3 Whisky)
Gleichgewichtsschwächen, verlangsamte Reflexe, jeder vierte Mensch in diesem Zustand beginnt zu torkeln.
1‰, verursacht durch:
1,5 l bis 1,75 l Bier oder 1 l Wein oder 0,25 l Whisky
Dauerreden, Selbstgespräche, unzusammenhängende Sätze, torkelnder Gang, plumpe Reaktionen, Fahruntüchtigkeit.
1,5‰, verursacht durch:
2,5 l Bier oder 1,5 l Wein oder 0,35 l (≙7 bis 8 Whisky)
Betrunkenheit. 2 von 3 Menschen in diesem Zustand erbrechen. Nur jeder 12. kann sich noch auf den Beinen halten.
4‰, verursacht durch:
7,5 l Bier oder 4 l Wein oder 1 l Whisky
Tod durch Alkoholvergiftung.

Tab. 47.1. *Zusammenhang: Promille – Trinkmenge – Wirkung beim Alkoholkonsum*

B 47.2. *Um Ethanol durch Gärung zu gewinnen, gibt man frisch gepressten Fruchtsaft und etwas Hefe in eine große Flasche (man kann auch etwas Traubenzucker hinzufügen). Die Flasche wird mit einem Gärröhrchen verschlossen, in dem sich als Sperrflüssigkeit Wasser befindet. Wenn man die Flasche an einen warmen Ort stellt, kann man im Gärröhrchen bereits nach einigen Stunden Gasblasen, die aus der Flasche entweichen, wahrnehmen. Nach ca. 2 Wochen, wenn der Gasaustritt abgeklungen ist, hat man in der Flasche Obstwein. Daraus kann durch Destillation eine höherprozentige Alkohol-Lösung gewonnen werden.*

Versuch

V 47.1. In zwei Prozellanschalen werden einige Milliliter Ethanol* (links im Bild) und Methanol* (rechts) mit je einer Spatelspitze Borsäure* H_3BO_3 versetzt. Man erhitzt die Gemische und entzündet die Dämpfe.

B 47.3. *Über der Schale mit Methanol ist eine grüne, über der Schale mit Ethanol eine gelbliche Flamme zu sehen.*

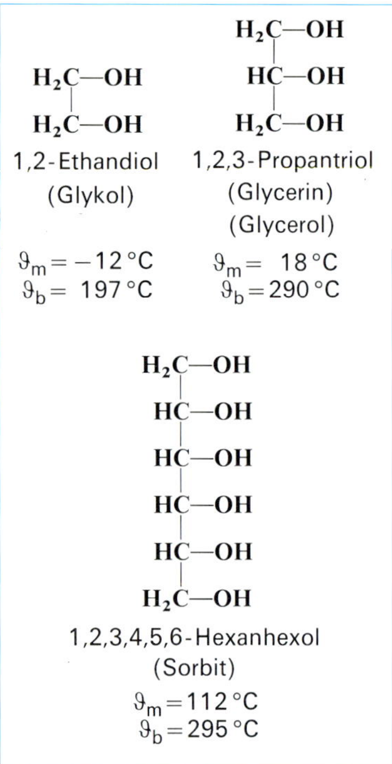

B 48.1. *Einige mehrwertige Alkohole*

Methanol, das erste Glied in der homologen Reihe der Alkanole, ist in seinen Eigenschaften dem Ethanol zum Verwechseln ähnlich, jedoch weitaus giftiger.

30 ml *Methanol* führen bei einem erwachsenen Menschen zur Erblindung, 50 ml zum Tod!

Ein Verfahren zur Unterscheidung von Methanol und Ethanol ist in V 47.1. beschrieben (B 47.2.).

Jährlich werden in der Bundesrepublik zwischen 700000 t und 1000000 t Methanol synthetisiert. Man arbeitet in ähnlichen Anlagen und unter ähnlichen Bedingungen wie bei der Ammoniaksynthese und bei der *FISCHER-TROPSCH-Synthese* (S. 37)

$$\underbrace{CO + 2\,H_2}_{\textit{Synthesegas}} \xrightarrow[CuO/ZnO/Al_2O_3]{400\,°C,\ 40\,MPa} H_3C{-}OH \qquad \Delta H_R = -92\,kJ$$

Methanol kann anstelle von Benzin als Treibstoff verwendet werden oder auch als Benzinzusatz. In der chemischen Industrie gewinnt man aus Methanol **Formaldehyd** *(Methanal)*, der u.a. zur Herstellung von Kunststoffen dient.

Aufgaben

A 48.1. Schreiben Sie die Halbstrukturformeln (vgl. B 46.1.) der isomeren Pentanole $C_5H_{11}OH$ auf und benennen Sie sie. Wie viel primäre, sekundäre und tertiäre Alkohole gibt es jeweils unter ihnen?

A 48.2. Vergleichen Sie die Siedetemperaturen der vier isomeren Butanole (Tab. 46.1.) und versuchen Sie die Unterschiede zu erklären.

A 48.3. In B 48.1. sind die Formeln einiger *mehrwertiger Alkohole* (mehrere **–OH**-Gruppen im Molekül) angegeben: Glycol dient als Forstschutzmittel für wassergekühlte Motoren, Glycerin zur Herstellung von Kosmetika und Dynamit[1], Sorbit als Zuckerersatz für Zuckerkranke.

a) Mehrwertige Alkohole haben höhere Siedetemperaturen als die entsprechenden einwertigen Alkohole (B 48.1. und Tab. 46.1.). Erklären Sie den Sachverhalt.
b) 1-Hexanol ist kaum wasserlöslich, Sorbit dagegen sehr gut. Erklärung?
c) Wie schätzen Sie die Viskosität von Glycerin ein? Ist Glycerin vermutlich zäh- oder dünnflüssig? Begründen Sie Ihre Vermutung und überprüfen Sie sie experimentell.

A 48.4. Auf S. 21 wurde Dimethylether, ein Isomer des Ethanols, beschrieben und formuliert. *Diethylether*, auch einfach als *Ether* bekannt, hat die Formel: $CH_3CH_2OCH_2CH_3$, siedet bei $\vartheta_b = 35\,°C$ und ist ganz schlecht wasserlöslich.

a) Nennen und formulieren Sie einen Alkohol, zu dem Diethylether isomer ist.
b) Die Isomerie zwischen Ethern und Alkoholen wird *Funktionsisomerie* genannt, weil die Moleküle unterschiedliche funktionelle Gruppen haben. Vergleichen Sie die Eigenschaftsunterschiede bei zwei Funktionsisomeren mit den Eigenschaftsunterschieden bei i) zwei Gerüstisomeren, ii) zwei Stellungsisomeren und iii) zwei cis-trans-Isomeren. Was fällt auf?

Zusammenfassung

Die funktionelle Hydroxy-Gruppe **–OH** ist das gemeinsame strukturelle Merkmal der Alkohole. Die aus der Alkan-Reihe abgeleiteten Alkanole bilden eine homologe Reihe. Ether sind Funktionsisomere der Alkohole. Ethanol und Methanol sind die beiden wichtigsten Alkohole.

Neue Fachbegriffe

Alkanole, einwertige, gesättigte Alkohole, mehrwertige Alkohole, primäre, sekundäre und tertiäre Alkohole, alkoholische Gärung, absoluter Alkohol, Brennspiritus, Vergällungsmittel, Ether, Funktionsisomerie

---

[1] von *dynamis* (griech.) = Kraft. Dynamit, ein Sprengstoff, wurde vom schwedischen Industriellen ALFRED NOBEL (1833 bis 1896) erfunden. Es handelt sich um einen porösen Stein (Kieselgur), der mit dem Salpetersäureester des Glycerins („Nitroglycerin") getränkt ist. Dynamit ist ein stoßfester, transportfähiger Sprengstoff, der erst mit Zündkapseln zur Detonation gebracht werden kann. Die von A. NOBEL gegründete Stiftung verleiht alljährlich den *Nobelpreis* für Chemie, Physik, Medizin, Literatur und Förderung des Friedens. Der Nobelpreis gilt als die höchste wissenschaftliche Auszeichnung.

2.4. Aldehyde und Ketone

Versuche

V 49.1. In ein dickwandiges Rggl., in dem sich ca. 5 ml Ethanol* befinden, wird eine oxidierte, rot glühende Kupferdrahtnetzrolle eingetaucht. Beobachtung? Man wiederholt den Vorgang zweimal. Geruch der Flüssigkeit im Rggl.?

V 49.2. Je 2 ml Ethanol*, 2 Tropfen Ethanal*, 2 Tropfen Formalin* und 2 ml Flüssigkeit aus V 49.1. werden mit 1 ml *SCHIFFS-Reagenz*[1] versetzt.

V 49.3. 5 ml Reagenzlösung *FEHLING I* (Kupfersulfat-Lösung)* und 5 ml *FEHLING II* (wässrige Lösung von Kalium-natrium-tartrat[2] und Natriumhydroxid*) werden vermischt. Dazu gibt man 1 ml *Formalin*[3]* und erwärmt bis zum Sieden. Beobachtung?

V 49.4. In einem neuen Rggl. versetzt man 5 ml einer Silbernitrat-Lösung*, $w = 5\%$, tropfenweise mit Natronlauge*, $w = 10\%$, bis ein schwarzbrauner Niederschlag entsteht. Dazu tropft man Ammoniak-Lösung*, $w = 3\%$, bis der Niederschlag gerade verschwindet. Zu dem so hergestellten *TOLLENS*[4]*-Reagenz* gibt man einige Tropfen *Ethanal**-(Acetaldehyd-)*Lösung und erwärmt **vorsichtig**, ohne zu schütteln, im Wasserbad. Beobachtung?

Aldehyde. Heißes, in Ethanol eingetauchtes Kupferoxid wird zu elementarem Kupfer reduziert (V 49.1.). Aus Ethanol bildet sich dabei eine stechend riechende Verbindung, die mit *SCHIFFS-Reagenz* eine rotviolette Färbung gibt (V 49.2.). Diese Reaktion ist ein Nachweis für die Stoffklasse der **Aldehyde**, deren funktionelle Gruppe in folgender Reaktionsgleichung rot eingerahmt ist:

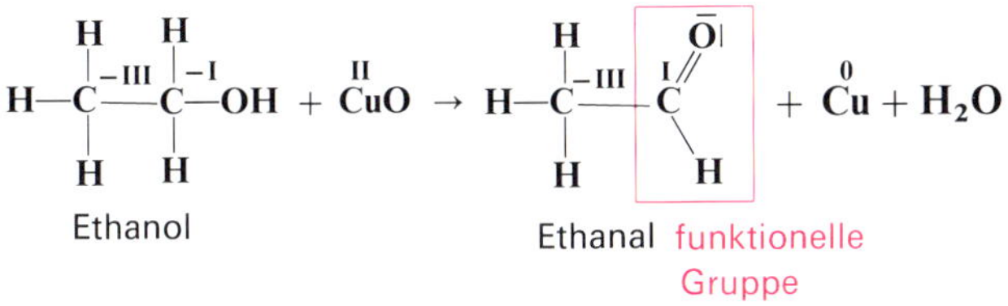

An den Oxidationszahlen (vgl. S. 152f.) ist zu erkennen, dass mit der Reduktion des Kupferoxids zu Kupfer gleichzeitig die Oxidation von Ethanol zu Ethanal erfolgt. Bei V 49.1. läuft also eine Redoxreaktion ab. Auch die Bildung des rotbraunen Niederschlags beim Erwärmen eines Aldehyds mit blauer *FEHLING-Lösung* (V 49.3.) und die Ausfällung eines *Silberspiegels* aus ammoniakalischer Silbernitrat-Lösung mit einem Aldehyd (V 49.4. und B 50.1.), zwei weitere Nachweisreaktionen für Aldehyde, beruhen auf Redoxvorgänge (vgl. zum Erstellen von Redoxgleichungen auch B 250.2. und S. 153).

FEHLING-Probe:

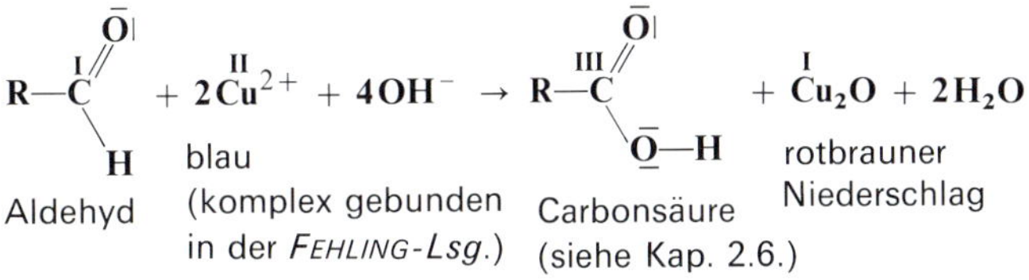

B 49.1. HERMANN VON FEHLING *(1812 bis 1885), Prof. an der TH Stuttgart*

B 49.2. HUGO SCHIFF *(1834 bis 1915), Prof. der Chemie in Florenz und Turin*

[1] *SCHIFFS-Reagenz* ist *fuchsinschweflige Säure.*
[2] Die Salze der *Weinsäure* werden *Tartrate* genannt.
[3] Formalin ist eine ca. 38%ige wässrige Methanal-Lösung (S. 51)
[4] BERNHARD TOLLENS (1841 bis 1918) Prof. der Chemie in Göttingen

B 50.1. *Silberspiegel-Probe (vgl. V 49.4.)*

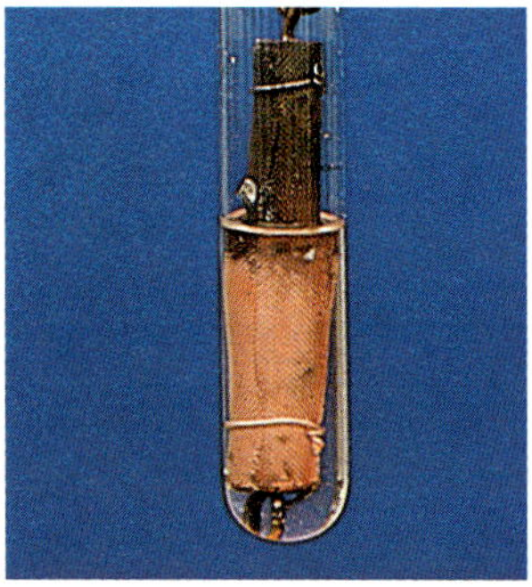

B 50.2. *Kupferoxid wird durch Ethanol zu Kupfer reduziert.*

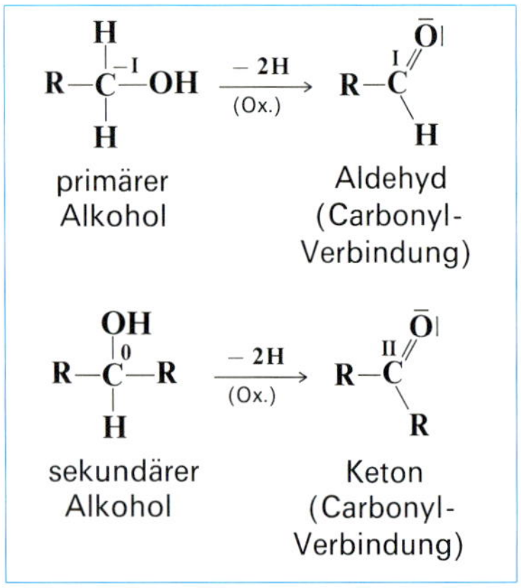

B 50.3. *Zusammenhang zwischen Alkoholen und Carbonyl-Verbindungen*

Rationeller Name (Genfer Nomenklatur)	Formel	Trivialname	ϑ_b in °C
Methanal	$HCHO$	Formaldehyd	–19
Ethanal	CH_3CHO	Acetaldehyd	21
Propanal	C_2H_5CHO	Propionaldehyd	48
Butanal	C_3H_7CHO	Butyraldehyd	76
Pentanal	C_4H_9CHO	Valeraldehyd	103
Hexanal	$C_5H_{11}CHO$	Capronaldehyd	131
Heptanal	$C_6H_{13}CHO$	Heptaldehyd	155

Tab. 50.1. *Einige Glieder aus der homologen Reihe der Alkanale*

Silberspiegel-Probe:

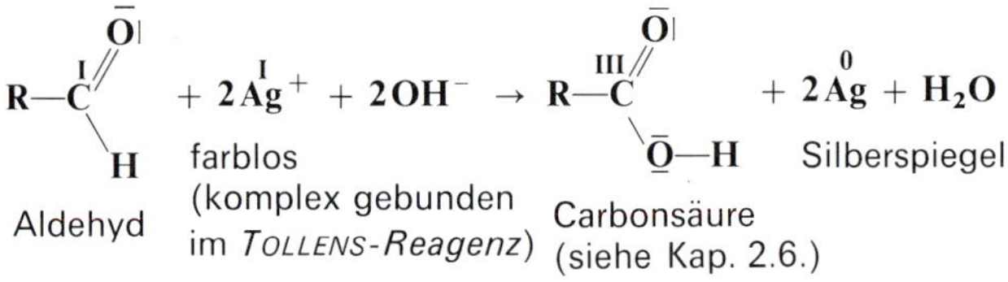

Aus einem primären Alkohol $R-CH_2OH$ erhält man den Aldehyd $R-CHO$. Dabei werden aus jedem Alkohol-Molekül zwei Wasserstoff-Atome abgetrennt. Die Bezeichnung **Aldehyd** ist zusammengesetzt aus **al**coholus und **dehyd**rogenatus (lat. = dehydrierter Alkohol). Da es eine homologe Reihe primärer Alkohole gibt, kommt es auf diese Weise zu einer **homologen Reihe der Aldehyde oder Alkanale**. Ihre Namen werden aus dem Namen des entsprechenden Alkans und der Endung -**al** gebildet.
Die Siedetemperaturen der Alkanale sind niedriger als die der entsprechenden Alkanole (Tab. 50.1. und Tab. 46.1.). Die Anfangsglieder haben einen stechenden, unangenehmen Geruch und sind wasserlöslich; die längerkettigen Alkanale sind schlecht löslich in Wasser und haben blüten- oder fruchtartigen Geruch.

Für die Siedetemperaturen und für die Wasserlöslichkeit sind die zwischenmolekularen Wechselwirkungen von Bedeutung. Zu Wasserstoffbrückenbindungen kommt es zwischen Alkanal-Molekülen nicht, dagegen aber zwischen kurzkettigen Alkanal-Molekülen und Wasser-Molekülen. Der Zusammenhang zwischen Geruch und Molekülstruktur ist bis heute noch nicht befriedigend erklärt. Es ist aber bekannt, dass Aromastoffe aus Blüten, Früchten, Weinen etc. sehr häufig Aldehyde enthalten (vgl. auch B 251.2.).

Ketone. Durch Dehydrierung (Oxidation) eines sekundären Alkohols erhält man ein **Keton**. Der Name des Ketons wird aus dem Namen des Alkans und der Endung -**on** gebildet. Aldehyde und Ketone haben als gemeinsames strukturelles Merkmal die **Carbonyl-Gruppe** $\rangle C=O$ (B 50.3.). Sie werden deshalb auch **Carbonyl-Verbindungen** genannt.
Ein Keton lässt sich von dem dazu isomeren Aldehyd durch die *FEHLING-Probe* und die *Silberspiegel-Probe* unterscheiden. Ketone reagieren bei diesen Proben nicht, weil sie unter diesen Bedingungen

nicht weiter oxidiert werden. Über einige gemeinsame Reaktionen der Aldehyde und Ketone erfahren wir etwas in Kap. 9.5.

Methanal (Formaldehyd) ist ein Gas (Tab. 50.1.) und kommt als wässrige Lösung (bis zu einem Massenanteil von 38%) unter dem Namen *Formalin* in den Handel. Formalin wird zur Härtung und Konservierung von inneren Organen und Körperteilen von Tieren und Menschen für wissenschaftliche Zwecke verwendet. Industriell wird Methanal in großen Mengen durch katalytische Oxidation von Methanol mit Luftsauerstoff hergestellt und größtenteils zu Kunststoffen (z.B. Bakelit) weiterverarbeitet. Wirkt Formaldehyd in einer Konzentration von mehr als 1,2 mg/m^3 Atemluft dauerhaft auf den Organismus ein, sind gesundheitliche Schäden die Folge. Industrieprodukte wie Spanplatten und Kosmetika, die früher Methanal enthielten, müssen aus Gesundheitsgründen ausgetauscht werden.

Ethanal (Acetaldehyd) spielt bei der Synthese organischer Stoffe, z.B. Essigsäure, eine wichtige Rolle als Zwischenprodukt.

Propanon (Aceton) ist ein hervorragendes Lösungsmittel und z.B. als Nagellackentferner bekannt. Es ist mit Wasser, Ethanol und Ether unbegrenzt mischbar. Aceton wird großtechnisch u.a. durch Dehydrierung von 2-Propanol erzeugt. Außer der Verwendung als Lösungsmittel wird es auch als Zwischenprodukt bei der Herstellung einiger Kunststoffe (z.B. Plexiglas und Polycarbonate), Arzneimittel und Riechstoffe eingesetzt.

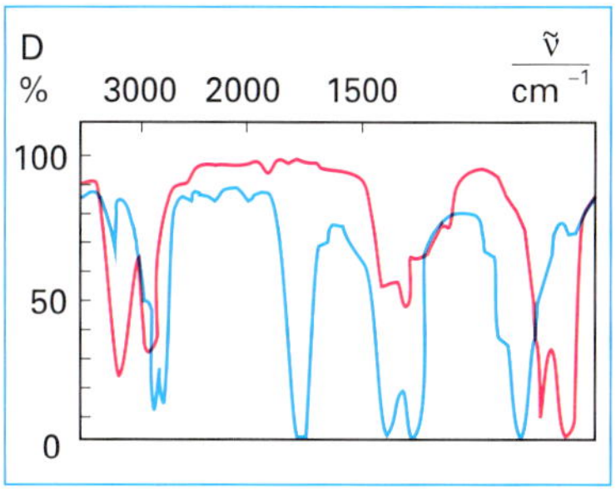

B 51.1. *IR-Spektren von Ethanol und Ethanal (vgl. A 51.6. und Tab. 25.1.)*

Aufgaben

A 51.1. Formulieren Sie die Reaktionsgleichung der Dehydrierung (Oxidation) von 2-Propanol mit Kupferoxid. Geben Sie auch die Oxidationszahlen an.

A 51.2. Warum kann man tertiäre Alkohole nicht zu einer Carbonyl-Verbindung oxidieren?

A 51.3. Beim Polizei-Alkoholtest wird Atemluft durch ein Röhrchen mit gelborangem Kaliumdichromat $K_2Cr_2O_7$ gepustet. Enthält die Atemluft Alkohol, so wird das „Chrom VI" aus dem Kaliumdichromat zu grünem „Chrom III" reduziert (B 51.2.). Was geschieht dabei Ihrer Meinung nach mit dem Alkohol?

A 51.4. Geben Sie eine Erklärung dafür, dass Ethanal-Moleküle unter sich keine Wasserstoffbrückenbildungen ausbilden. Warum kommt es zwischen Ethanal-Molekülen und Wasser-Molekülen zu Wasserstoffbrückenbindungen?

A 51.5. Von einer Carbonyl-Verbindung weiß man, dass sie die Summenformel C_4H_8O hat. a) Formulieren Sie die möglichen Isomere und benennen Sie sie. b) Beschreiben Sie einen Versuch, der es erlaubt, die richtige Strukturformel zuzuordnen.

A 51.6. Carbonyl-Verbindungen können anhand einer charakteristischen Bande der $\rangle C{=}O$ Gruppe in IR-Spektren sehr einfach identifiziert werden. In B 51.1. sind die IR-Spektren von Ethanal und Ethanol angegeben. a) Ordnen Sie mit Hilfe der Tab. 25.1. den Spektren die richtigen Formeln zu. b) Ordnen Sie den Absorptionsbanden oberhalb von 1000 cm^{-1} jeweils die entsprechenden Molekülschwingungen zu.

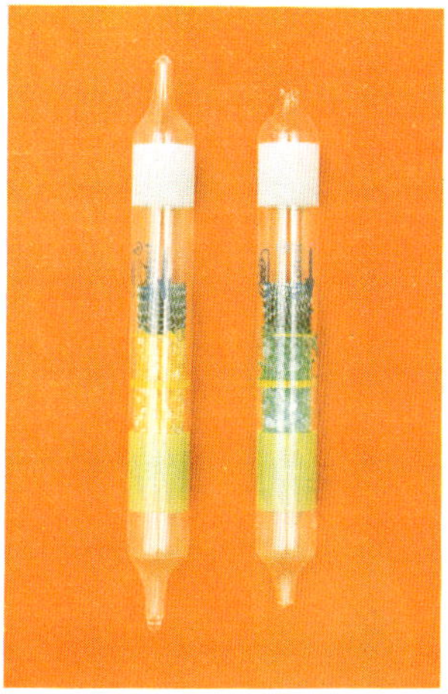

B 51.2. *Alcoteströhrchen*

Zusammenfassung

Aldehyde und Ketone haben als gemeinsames strukturelles Merkmal die Carbonyl-Gruppe $\rangle C{=}O$. Alkanale und Alkanone bilden jeweils eine homologe Reihe.

Neue Fachbegriffe

Aldehyd, Keton, Alkanale, Alkanone, FEHLING-Probe, Silberspiegel-Probe, SCHIFFS-Reagenz, Carbonyl-Gruppe

2.5. Kohlenhydrate

Praktikum

Eigenschaften von Kohlenhydraten

Versuche

PV 52.1. Erhitzen Sie jeweils 3 Spatelspitzen Traubenzucker (Glucose), Fruchtzucker (Fructose), Rohrzucker (Saccharose), Stärke und Cellulose im Rggl. Beobachten Sie die kalten Zonen in den Rggl.

PV 52.2. Prüfen Sie die Löslichkeit von Traubenzucker (Glucose), Fruchtzucker (Fructose) und Rohrzucker (Saccharose) in Wasser und in Heptan* (oder Benzin*).

PV 52.3. Lösen Sie ca. 2 g Glucose in 15 ml Wasser und führen Sie mit je 5 ml Lösung a) die *FEHLING-Probe*, b) die Silberspiegel-Probe und c) den Test mit *SCHIFFS Reagenz* durch. Wiederholen Sie die Versuche mit Fructose statt Glucose.

PV 52.4. Lösen Sie 1 g Stärke in 100 ml Wasser, kochen Sie die Lösung kurz auf und kühlen Sie sie ab. Verteilen Sie je 15 ml Lösung auf drei Rggl., fügen Sie jedem Rggl. mit dem Glasstab etwas Iod-Kaliumiodid-Lösung* hinzu und bringen Sie die Rggl. auf dem Wasserbad auf 37 °C. Versetzen Sie nun das erste Rggl. mit etwas Speichel, das zweite mit etwas Amylase (Diastase) und lassen Sie das dritte ohne Zusatz. Beobachten Sie die Farbänderungen. Fügen Sie etwas frische Stärke-Lösung in die ersten beiden Rggl. hinzu. Beobachtung?

LV 52.5. In einem hohen Becherglas durchfeuchtet man 5 Teelöffel Saccharose mit wenig Wasser und fügt dann etwa 5 ml konz. Schwefelsäure* hinzu. Beobachtung? Vorsicht! Abzug!

Auswertung

a) Bei PV 52.1. und bei LV 52.5. wird deutlich, dass die untersuchten Verbindungen unter den Versuchsbedingungen einen bestimmten Stoff abspalten. Um welchen Stoff handelt es sich? Erklären Sie die Beobachtungen.
b) Die Moleküle der untersuchten Verbindungen enthalten jeweils sechs oder mehr Kohlenstoff-Atome. Aus PV 52.2. kann man die Häufung mehrerer Hydroxy-Gruppen im Molekül schließen und aus PV 52.3. auf mindestens eine Aldehyd-Gruppe. Erläutern Sie diese Behauptung anhand der Versuchsergebnisse.
c) Stärke-Iod-Kaliumiodid-Lösung hat eine blaue Farbe. Wird in den ersten beiden Rggl. bei PV 52.4. Stärke oder Iod abgebaut? Begründung.

B 52.1. *Dehydratisierter Gebrauchszucker*

Die in PV 52.1. bis PV 52.4. als „Zucker" bezeichneten Verbindungen sind hydrophil und lipophob. Sie spalten beim Erhitzen Wasser ab. Rohrzucker wird beim Einwirken von konzentrierter, stark wasserziehender Schwefelsäure verkohlt (vgl. LV 52.5. und B 52.1.).
Bei der Elementaranalyse dieser Verbindungen erhält man das Atomzahlenverhältnis $N(\mathrm{H}):N(\mathrm{O}) = 2:1$. Elementaranalyse und Bestimmung der molaren Massen führen immer zu Summenformeln des Typs $C_mH_{2n}O_n$ oder $C_m(H_2O)_n$. Da Sauerstoff- und Wasserstoff-Atome im gleichen Verhältnis wie im Wasser-Molekül enthalten sind, spricht man von **Kohlenhydraten**[1].
Für **Glucose (Traubenzucker)** und **Fructose (Fruchtzucker)**, $M = 180$ g/mol, erhält man die gleiche Summenformel: $C_6H_{12}O_6$ oder $C_6(H_2O)_6$. Die gute Wasserlöslichkeit beider Verbindungen ist mit der Existenz mehrerer Hydroxy-Gruppen pro Molekül erklärbar. Die Reaktion von Glucose mit *FEHLING-Lösung* lässt auf mindestens eine reduzierende Aldehyd-Gruppe $-CHO$ schließen[2].
Die vollständige Strukturaufklärung über eine Fülle genial konzipierter und minutiös durchgeführter Versuche ist das Lebenswerk von

[1] Nicht alle Verbindungen dieser allgemeinen Summenformel sind Kohlenhydrate. Beispiel: Ethansäure $C_2H_4O_2$.
[2] Fructose isomerisiert bei längerem Kochen zu Glucose; diese reagiert dann mit Fehling-Lösung.

EMIL FISCHER[1]. In seinen Projektionsformeln (B 53.1.) werden die Moleküle so in die Ebene projiziert, dass durch die Rechts-Links-Anordnung der Hydroxy-Gruppe auch der räumlichen Struktur des Moleküls noch Rechnung getragen wird. Die Substituenten an den Kohlenstoff-Atomen C_2 bis C_6 des Glucose-Moleküls sind jeweils tetraedrisch angeordnet (vgl. S. 30).

Glucose ist eine *Aldose*, weil das Molekül eine Aldehyd-Gruppe enthält. *Fructose* ist im Unterschied dazu eine *Ketose*.

Die im Vergleich zu Ethanal etwas verzögerte Reaktion von Glucose mit *FEHLING-Lösung* ist auf ein Gleichgewicht zwischen dem kettenförmigen Isomer aus B 53.1. und B 53.2. links und einem ringförmigen Isomer (B 53.2. rechts) zurückzuführen. Zur Darstellung der Ringstruktur sind die *HAWORTH-Projektionsformeln* besonders gut geeignet (B 53.2.). Der Reaktionstyp, der dem Ketten-Ring-Struktur-Gleichgewicht zugrunde liegt, wird im EVA-Teil aus Kap. 9.6., S. 255f. näher untersucht.

Glucose-Moleküle bilden vorwiegend sechsgliedrige Ringe; bei der Fructose sind Fünfringe (Fructofuranose) häufiger (B 53.3.).

Traubenzucker (Glucose) und Fruchtzucker (Fructose) sind in Weintrauben und in anderen süßen Früchten enthalten. Das menschliche Blut enthält einen Massenanteil von 0,1% Glucose (vgl. auch V 54.1.). Im Körper wird Glucose oxidativ bis zu Kohlenstoffdioxid und Wasser abgebaut. Das geschieht jedoch in vielen aufeinander folgenden Stufen. Dabei wird Energie frei, die der Organismus zur Aufrechterhaltung aller Lebensvorgänge nutzt.

Unser Gebrauchszucker, die **Saccharose**, besteht aus Molekülen mit der Summenformel $C_{12}H_{22}O_{11}$ oder $C_{12}(H_2O)_{11}$. Durch Kochen in saurer Lösung wird Saccharose unter Wasseranlagerung in Glucose und Fructose gespalten:

$$\underset{\text{Saccharose}}{C_{12}H_{22}O_{11}} + H_2O \rightleftharpoons \underset{\text{Glucose}}{C_6H_{12}O_6} + \underset{\text{Fructose}}{C_6H_{12}O_6}$$

Aus Glucose und Fructose kann unter Wasserabspaltung Saccharose gebildet werden. Glucose und Fructose sind **Einfachzucker** oder **Monosaccharide**, bei Saccharose handelt es sich um einen **Zweifachzucker** oder **Disaccharid**. Ein Saccharose-Molekül setzt sich aus einem α-Glucose- und einem β-Fructose-Baustein zusammen. In B 53.4. ist die vereinfachte HAWORTH-Projektionsformel angegeben.

[1] EMIL FISCHER (1852 bis 1919), Professor für organische Chemie, Nobelpreis 1902

[2] Es gibt jeweils auch ein β-Isomer. Darin steht die „neue" **OH**-Gruppe (rot) nach oben.

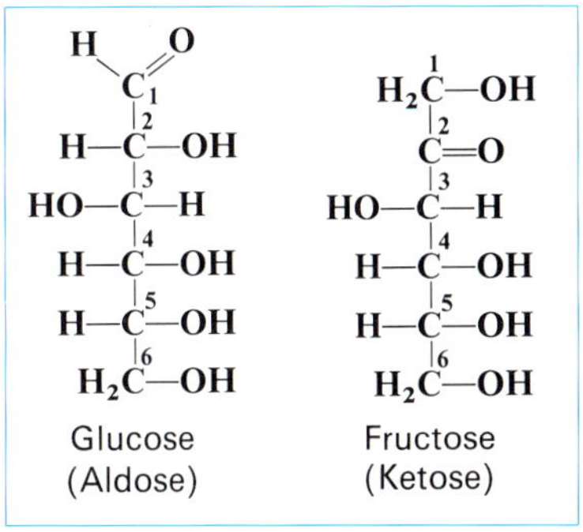

B 53.1. *FISCHER-Projektionsformeln*

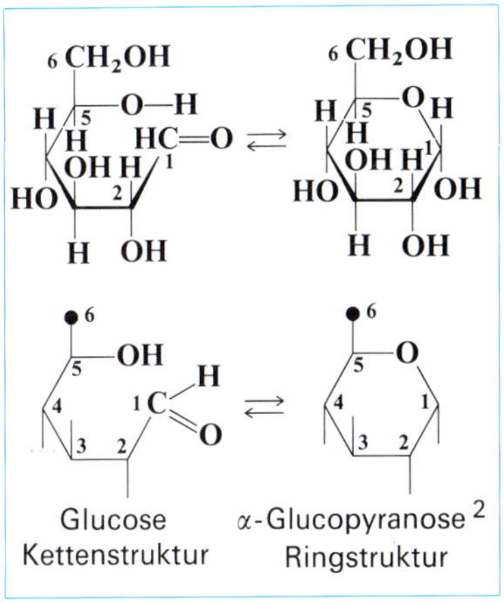

B 53.2. *Ketten-Ring-Struktur-Gleichgewicht, dargestellt mit HAWORTH-Projektionsformeln (oben) und mit vereinfachten Struktursymbolen (unten). Die Ringstruktur ist im Gleichgewicht mit 99,8% vertreten.*

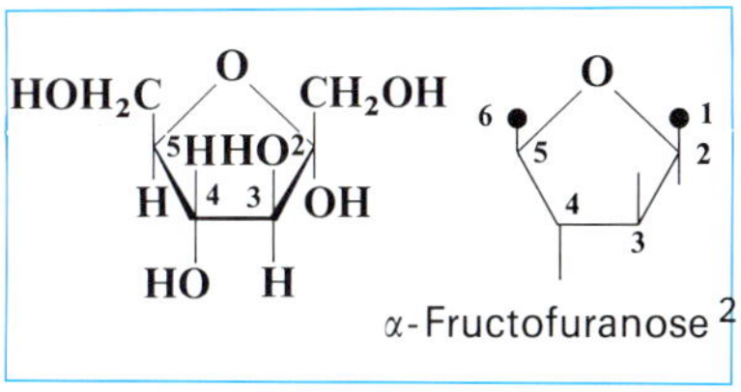

B 53.3. *HAWORTH-Projektionsformel und vereinfachtes Struktursymbol Fructofuranose*

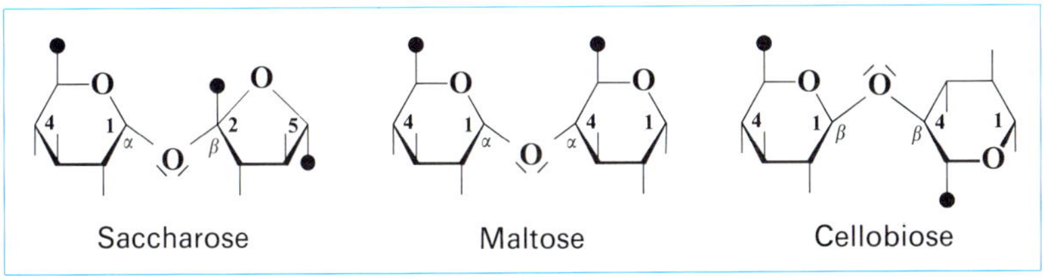

B 53.4. *Vereinfachte HAWORTH-Projektionsformeln einiger Disaccharide*

Versuch

V 54.1. *Zur Unterscheidung von Glucose und Fructose:*
Man taucht in eine Glucose- und Fructose-Lösung einen Glucoseteststreifen (Clinistix-Stäbchen sind in Apotheken erhältlich). Das Testpapier enthält Verbindungen, die nur Glucose-Lösung blauviolett färben. Dadurch ist der Nachweis von Glucose im Harn von Zuckerkranken („Zuckertest") möglich.
Bei Zuckerkranken ist der Blutzukkergehalt erhöht, weil der Glucoseabbau gestört ist. Ein Teil der Glucose wird mit dem Harn ausgeschieden.

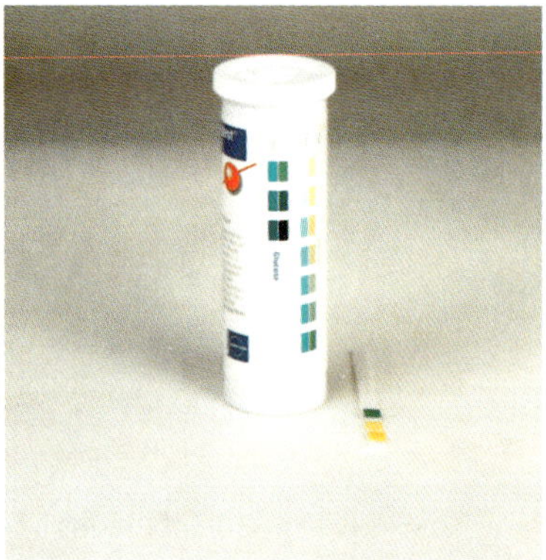

B 54.1. *Glucose-Nachweis mit Glucoteststreifen*

B 54.2. *In großen Behältern wird der aus Rübenschnitzeln ausgepresste Saft eingedickt. Durch Kristallisation erhält man aus dem Dicksaft Kristallzucker, der i.d.R. noch weiter gereinigt wird (Raffinade-Zucker).*

Die beiden anderen in B 53.4. formulierten Disaccharide, die **Maltose** und die **Cellobiose**, setzen sich aus zwei α-Glucose- bzw. aus zwei β-Glucose-Bausteinen pro Disaccharid-Molekül zusammen. Es handelt sich bei beiden um eine so genannte 1,4-Verknüpfung der beiden Monosaccharid-Bausteine.
Saccharose kommt in vielen Früchten vor. Sie wurde bis zum 19. Jahrhundert aus Zuckerrohr (Hauptanbaugebiete: Cuba, Java, Philippinen) gewonnen. Heute stammt unser Haushaltszucker aus Zuckerrüben, die auch bei uns gut gedeihen. Teile einer Zuckerfabrik sind in B 54.2. zu sehen.
Maltose tritt in keimenden Getreidekörnern auf. Aus keimenden Gerstenkörnern wird das so genannte Malz gewonnen. Malz ist ein wichtiger Ausgangsstoff beim Bierbrauen.
Aus Maltose-Einheiten ist das **Polysaccharid** *Stärke* aufgebaut und aus Cellobiose-Einheiten das **Polysaccharid** *Cellulose* (B 54.3.).

Stärke wird in Pflanzenzellen (vorwiegend in Samen und Knollen) als Reservestoff gespeichert. Reine Stärke ist ein weißes, geruch- und geschmackloses Pulver, das sich je nach Herkunft besser oder schlechter in Wasser löst (vgl. B 55.1.). Die Blaufärbung bei der Iod-Stärke-Nachweisreaktion (PV 52.4.) ist auf den Einschluss von Iod-Molekülen in die spiralförmigen Stärke-Moleküle zurückzuführen. Der Abbau von Stärke beginnt bereits im Mund, weil der Speichel Stärke spaltende Enzyme enthält (PV 52.4.).

Cellulose ist die häufigste organische Verbindung der Erde, weil sie bei allen grünen Pflanzen den Hauptbestandteil der Zellwände darstellt. Reine Cellulose ist ein weißer, wasserunlöslicher, faseriger Feststoff. Je nach Herkunft der Cellulose haben die Moleküle Massen zwischen 250000 u und einigen Millionen u.

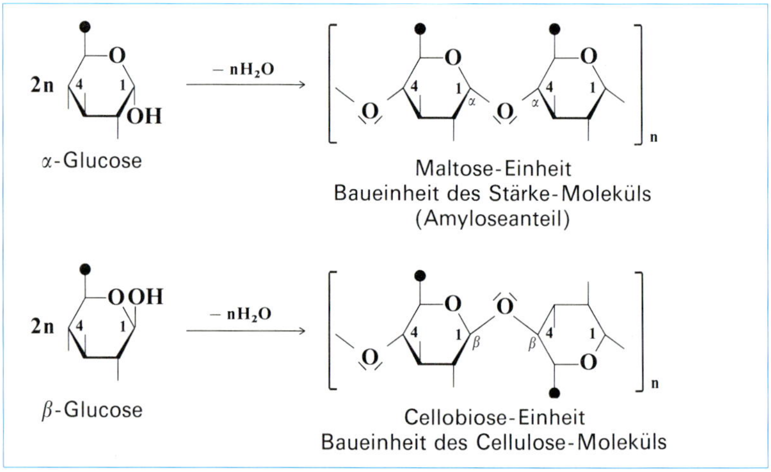

B 54.3. *Die Bausteine der Stärke und der Cellulose. An den Enden der sehr langen Moleküle (bis zu 100000 Baueinheiten pro Molekül) befinden sich Hydroxy-Gruppen.*

Die faserige Struktur der Cellulose ist darauf zurückzuführen, dass die Cellulose-Moleküle nicht spiralförmig gewunden wie die Stärke-Moleküle sind, sondern gestreckt vorliegen. Dazu kommt es, weil aufeinander folgende Glucose-Einheiten im Cellulose-Molekül um 180° gedreht sind (B 54.3.). Als Nachweisreaktion für Cellulose dient die Rotfärbung der Cellulose bei der Zugabe von *Zinkchlorid-Iod-Lösung*[1].

Für den Menschen stellt Cellulose ein unverdauliches, aber als Ballaststoff notwendiges Kohlenhydrat dar. Wiederkäuer und Termiten haben die Fähigkeit, Cellulose zu verdauen.

Als schnell *nachwachsende Rohstoffe* haben Stärke und Cellulose auch für die Industrie Bedeutung. Man wendet sich ihrer großtechnischen Verwertung in steigendem Maße zu, weil einige fossile Rohstoffe, z.B. Erdöl, in absehbarer Zeit zur Neige gehen werden.

Aufgaben

A 55.1. Glucose und Fructose sind Hexosen, weil ihre Moleküle sechs Kohlenstoff-Atome enthalten. Schreiben Sie die *FISCHER-Projektionsformeln* zweier Pentosen $C_5H_{10}O_5$ auf, von denen die erste eine Aldose und die zweite eine Ketose ist.

A 55.2. Zu welcher Art von zwischenmolekularen Wechselwirkungen kommt es zwischen den Molekülen eines Kohlenhydrats und Wasser-Molekülen? Warum sind Mono- und Disaccharide sehr gut wasserlöslich, Amylose nur mäßig und Cellulose praktisch gar nicht?

A 55.3. Formulieren Sie die Reaktionsgleichung der vollständigen Verbrennung von Glucose.

A 55.4. Wie verschiebt sich das Gleichgewicht aus B 53.2., wenn Glucose-Lösung mit *FEHLING-Lösung* reagiert? Begründung.

A 55.5. Ein Kohlenstoff-Atom, an das vier verschiedene Substituenten gebunden sind, ist ein *Chiralitätszentrum* (S. 244) im Molekül und wird auch als *asymmetrisches Kohlenstoff-Atom* bezeichnet. Übernehmen Sie die Formeln von Glucose und Fructose (jeweils die Kettenstruktur und die Ringstruktur) in Ihr Heft und markieren Sie alle asymmetrischen Kohlenstoff-Atome. Wie viele sind es jeweils? Warum kommt es bei der Ringform jeweils zu einem α- und einem β-Isomer?

Neue Fachbegriffe

Kohlenhydrat, Aldose, Ketose, Monosaccharid, Disaccharid, Polysaccharid, FISCHER-Projektionsformel, HAWORTH-Projektionsformel, Kettenstruktur, Ringstruktur

Zusammenfassung

Kohlenhydrate haben die allgemeine Summenformel $C_m(H_2O)_n$ und werden in Mono-, Di- und Polysaccharide eingeteilt. Aldosen enthalten die Aldehyd-Gruppe $-CHO$, Ketosen die Keto-Gruppe $\rangle C=O$. Sowohl die Aldosen als auch die Ketosen liegen aber sowohl im festen als auch im gelösten Zustand vorwiegend in Ringstrukturen vor, bei denen die Aldehyd- bzw. die Keto-Gruppe nicht mehr frei ist. Kohlenhydrate sind Verbindungen von erstrangiger biologischer Bedeutung.

---

[1] Iod in Kaliumiodid-Lösung und Zinkchlorid-Lösung gelöst, auch *Chlorzinkiod*-Lösung genannt.

[2] von *amylon* (griech.) = Stärke

Amylose und Amylopektin

Stärke ist kein einheitlicher Stoff. Mit heißem Wasser kann man sie in **Amylose**[2] (lösliche Stärke) und in **Amylopektin** (in Wasser unlösliche Stärke) trennen. *Amylose* ist ein *Polysaccharid*, dessen Molekül aus 250 bis 300 Glucose-Bausteinen aufgebaut ist. Das Amylose-Molekül ist unverzweigt:

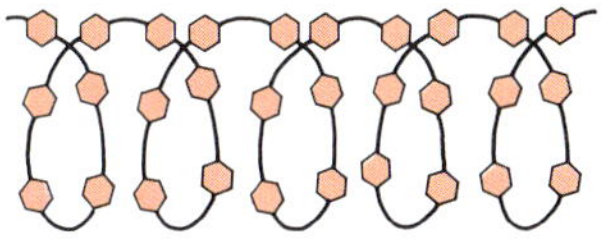

Amylopektin-Moleküle bestehen aus 1000 bis 6000 Glucose-Bausteinen. Sie sind verzweigt:

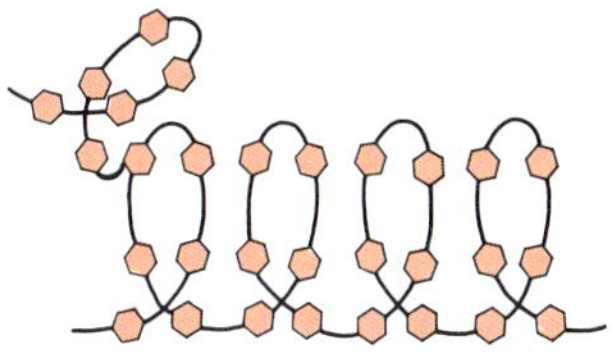

Glykogen

Glykogen ist tierische Stärke. Sie wird in den Muskeln und in der Leber gespeichert. Glykogen-Moleküle enthalten bis zu 100000 Glucose-Bausteine. Sie sind stark verzweigt.

B 55.1. *Verschiedene Stärke-Arten*

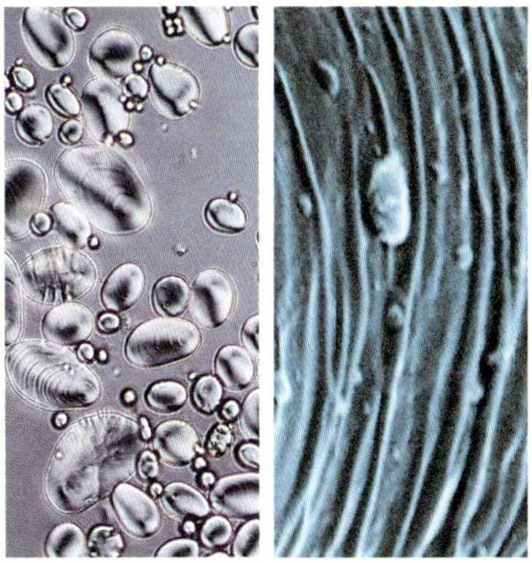

B 55.2. *Kartoffelstärke im Lichtmikroskop (links) und Cellulosefasern im Elektronenmikroskop (rechts)*

2.6. Carbonsäuren (Alkansäuren)

Praktikum

Eigenschaften von Carbonsäuren

Versuche

PV 56.1. Überprüfen Sie im Rggl. die Löslichkeit von Methansäure* (Ameisensäure), Ethansäure* (Essigsäure), Propansäure*, Hexadecansäure* (Palmitinsäure) und cis-9-Octadecensäure* (Ölsäure) a) in Wasser und b) in Benzin* (oder in Heptan*).

PV 56.2. Lösen Sie in je einem Rggl. eine Spatelspitze Palmitinsäure bzw. 1 ml Ölsäure in ca. 5 ml 1,1,1-Trichlorethan*, versetzen Sie jeweils mit ca. 5 ml Bromwasser* und schütteln Sie gut durch. Beobachtung?

Auswertung

a) Ethansäure hat die Halbstrukturformel $H_3C-COOH$. Geben Sie mit Hilfe der allgemeinen Strukturformel aus B 57.1. die Strukturformel der Ethansäure an und erklären Sie die Beobachtungen aus LV 56.3. und LV 56.4. Warum treten erst bei Wasserzugabe deutliche Veränderungen auf?

b) Wie lassen sich die Löslichkeitsunterschiede der Säuren aus PV 56.1. erklären? (Vgl. Summenformeln der Säuren in Tab. 57.1.).

c) Deuten und erklären Sie die Bromwasserproben bei PV 56.2.

Versuche

Vorsicht! Gummihandschuhe!

LV 56.3. In wasserfreie Ethansäure* (Eisessig), die sich in einer Kristallisierschale befindet, gibt man auf dem Tageslichtprojektor ein Stückchen Magnesiumband und ein Körnchen Lackmusfarbstoff. Beobachtung? Mit einer Pipette fügt man Wasser hinzu. Beobachtung?

LV 56.4. Reine, wasserfreie Ethansäure* (Eisessig) wird auf elektrische Leitfähigkeit überprüft (B 56.1.). Beobachtung? Nun verdünnt man mit Wasser und verfolgt die Veränderung der Leitfähigkeit. Beobachtung?

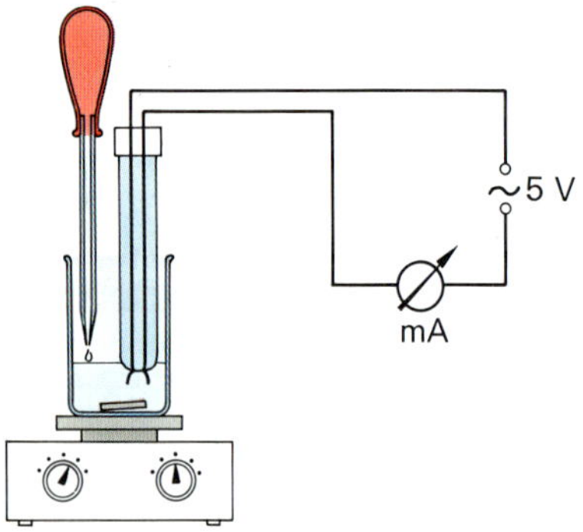

B 56.1. *Versuchsanordnung zu LV 56.4.*

Bei der *Fehling-Probe* (S. 49) und bei der *Silberspiegel-Probe* (S. 50) werden Aldehyde zu Carbonsäuren oxidiert. Mit starken Oxidationsmitteln, z.B. mit Kaliumdichromat $K_2Cr_2O_7$ oder Kaliumpermanganat $KMnO_4$ in schwefelsaurer Lösung, verläuft die Aldehyd-Oxidation zu Carbonsäuren schnell und mit großer Ausbeute.

Das gemeinsame strukturelle Merkmal aller Carbonsäuren ist die **Carboxy-Gruppe** (B 57.1.). Darin ist eine Hydroxy-Gruppe an eine Carbonyl-Gruppe gebunden. Aufgrund dieser Struktur und der Elektronegativitäten der Atome ist die Sauerstoff-Wasserstoff-Bindung stark polarisiert. Aus der Carboxy-Gruppe kann ein Proton an ein Teilchen übertragen werden, das als Protonenakzeptor wirksam ist.

In wässriger Lösung wirken die Wasser-Moleküle als Protonenakzeptoren gegenüber den Carbonsäure-Molekülen. Beim Verdünnen von Ethansäure in LV 56.3. und LV 56.4. werden nach der folgenden Protolysegleichung (vgl. S. 121) Ionen gebildet:

$$H_3C-C(=O)-O-H + H_2O \rightleftharpoons H_3C-C(=O)-O^{\ominus} + H_3O^+$$

Ethanoat-Ion Oxonium-Ion

Die Rotfärbung von Lackmus, die Reaktion mit Magnesium und die Leitfähigkeit (LV 56.3. und LV 56.4.) treten ein, sobald Ionen gebildet werden. Das aber ist erst möglich, wenn die reine Säure mit Wasser reagieren kann.

Wie bei den Alkoholen und den Aldehyden gibt es auch bei den Carbonsäuren eine **homologe Reihe der Alkansäuren**. Hierbei ist der Säurerest **R** ein Alkyl-Rest oder ein gesättigter Kohlenwasserstoff-Rest (Tab. 57.1.)

Formel	Name	Trivialname	ϑ_m in °C	ϑ_b in °C
$HCOOH$	Methansäure	Ameisensäure	8	100,5
CH_3COOH	Ethansäure	Essigsäure	16,6	118
C_2H_5COOH	Propansäure	Propionsäure	−22	141
C_3H_7COOH	Butansäure	Buttersäure	− 6	164
C_4H_9COOH	Pentansäure	Valeriansäure	−34,5	187
$C_5H_{11}COOH$	Hexansäure	Capronsäure	− 1,5	205
$C_6H_{13}COOH$	Heptansäure	Pimelinsäure	−10	222
$C_{15}H_{31}COOH$	Hexadecansäure	Palmitinsäure	63	215
$C_{17}H_{35}COOH$	Octadecansäure	Stearinsäure	70	232

Tab. 57.1. *Einige Alkansäuren mit unverzweigtem Kohlenwasserstoffrest*

Die ersten Glieder der Reihe der Alkansäuren sind wasserlöslich, die höheren sind hydrophob, lösen sich aber in Benzin (PV 56.1.). Die Wasserlöslichkeit beruht zum einen auf der Bildung von Ionen durch Protolyse und deren Hydratation mit Wasser-Molekülen, zum anderen aber auch auf Wasserstoffbrückenbindungen zwischen unprotolysierten Carbonsäure-Molekülen und Wasser-Molekülen. In ihrer Hydrophobie und Lipophilie sind die *langkettigen Alkansäuren (gesättigte Fettsäuren)* mit den langkettigen Alkoholen (vgl. S. 47) vergleichbar. Dazu kommt, dass die Neigung der langkettigen Alkansäure-Moleküle, Protonen abzugeben, extrem schwach ist. Sie sind also sehr schwache Säuren.
Besonders die Anfangsglieder der Reihe der Alkansäuren haben weitaus höhere Siedetemperaturen als die entsprechenden Alkane und auch als die entsprechenden Alkanole. Grund dafür ist die Bildung von Molekül-Paaren (B 57.2.). Die beiden Wasserstoffbrückenbindungen halten die Moleküle so fest zusammen, dass die Paare auch im gasförmigen Zustand weitgehend erhalten bleiben. cis-9-Octadecensäure (Ölsäure) ist im Gegensatz zu Octadecansäure (Stearinsäure) flüssig und entfärbt Bromwasser (PV 56.2.). Die Bromwasserentfärbung ist durch die Addition von Brom an die Kohlenstoff-Kohlenstoff-Doppelbindung in den Ölsäure-Molekülen zu erklären. Stearin- und Palmitinsäure-Moleküle enthalten keine Kohlenstoff-Kohlenstoff-Doppelbindungen und entfärben Bromwasser nicht. Aufgrund ihrer gestreckten Struktur können Moleküle gesättigter Fettsäuren besser in Molekülgittern eingelagert werden als Moleküle ungesättigter Fettsäuren (B 57.3.). Damit erklärt sich der feste Aggregatzustand gesättigter Fettsäuren bei Raumtemperatur bzw. der flüssige Aggregatzustand ungesättigter Fettsäuren.

Methansäure (Ameisensäure) wird von roten Waldameisen produziert (B 57.4.) und ist auch in den Brennesseln zu finden. Es ist die stärkste unter den Alkansäuren, wenngleich sie schwächer als die bekannten anorganischen Säuren (Hydrogenchlorid, Schwefelsäure) ist. Ihre Salze heißen *Formiate*[1] oder *Methanoate*.

Ethansäure (Essigsäure) wird bei der Luft-Gärung von Wein gebildet und ist zu ca. 5% im Speiseessig (Obstessig, Weinessig) enthalten. Bei der Speiseessiggewinnung lässt man Wein in gut belüfteten Behältern über Buchenholzspäne rieseln (B 58.1.). Dabei oxidieren *Essigsäurebakterien (Bacterium aceti)* Wein zu Essig.

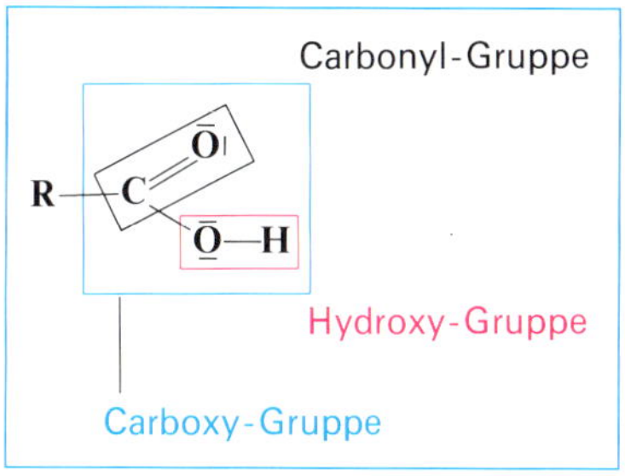

B 57.1. *Die Carboxy-Gruppe beinhaltet eine Carbonyl-Gruppe und eine Hydroxy-Gruppe.*

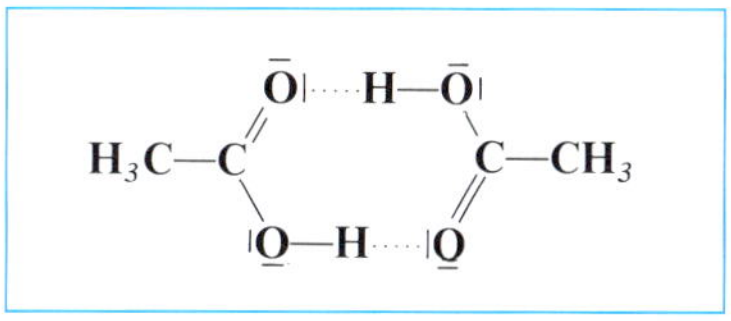

B 57.2. *Wasserstoffbrückenbindungen zwischen zwei Ethansäure-Molekülen*

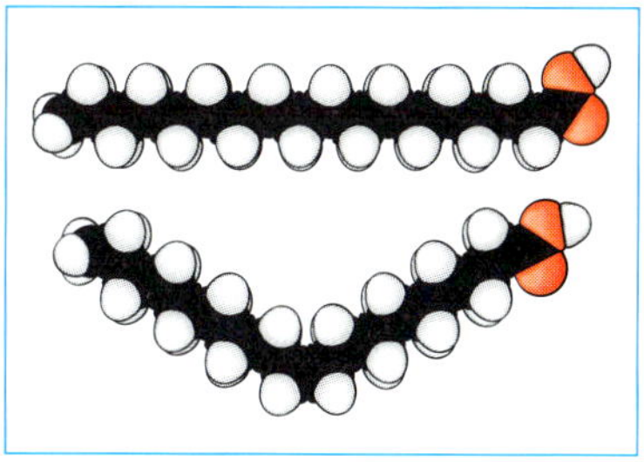

B 57.3. *Kalottenmodelle des Stearinsäure-Moleküls (oben) und des Ölsäure-Moleküls (unten)*

[1] von *formica* (lat.) = Ameise

B 57.4. *Ameisen produzieren Ameisensäure, eine mittelstarke Säure.*

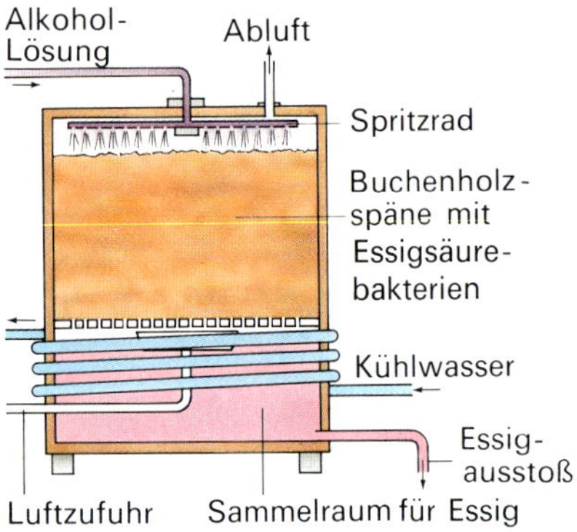

***B 58.1.** Speiseessigherstellung*

In modernen Anlagen verzichtet man auf die Buchenholzspäne. Die Reaktion findet in einem Alkohol-Luft-Schaum mit großer Reaktionsoberfläche statt. In der chemischen Industrie verwendet man Essigsäure zur Herstellung von Kunstseide, Kunststoffen, Arzneimitteln und Farbstoffen. Die Salze der Essigsäure heißen *Acetate*[1] *(Ethanoate)*. **Propansäure** kommt in natürlichen Milchprodukten vor und **Butansäure (Buttersäure)** in ranziger Butter.

Palmitinsäure[2], **Stearinsäure**[3] und **Ölsäure** sind in Fetten und Ölen gebunden (vgl. Tab. 57.1. S. 61 ff.).

Viele organische Säuren enthalten im Molekül zwei oder mehrere Carboxy-Gruppen oder eine Carboxy-Gruppe und weitere funktionelle Gruppen. Einige Beispiele sind in B 58.2. angeführt. **Ethandisäure (Oxalsäure)** ist eine *Dicarbonsäure*, weil ihre Moleküle zwei Carboxy-Gruppen enthalten. Sie protolysiert in zwei Stufen und gibt zwei Arten von Salzen: *Hydrogenoxalate* und *Oxalate*. Schwer lösliches Calciumoxalat setzt sich als Nierensteine bei Kranken ab.

Hydroxypropansäure (Milchsäure) wurde bereits im Jahr 1780 aus der Sauermilch isoliert. Sie reichert sich im menschlichen Körper bei starken Muskelanstrengungen an.

3-Carboxy-3-hydroxy-pentandisäure (Citronensäure), **Propanonsäure (Brenztraubensäure)** und die **Aminosäure Alanin** (vgl. Kap. 9.8.) spielen im Stoffwechsel des Körpers ebenfalls eine bedeutende Rolle.

[1] von *acidum aceticum* (lat.) = Essigsäure
[2] von *palma* (lat.) = Palme
[3] von *stear* (griech.) = Fett

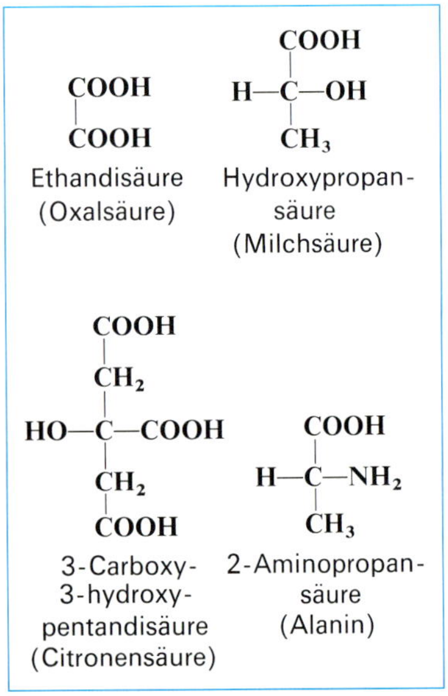

***B 58.2.** Biologisch wichtige Säuren*

Aufgaben

A 58.1. Formulieren Sie die Reaktionsgleichung der Reaktion zwischen Magnesium und Ethansäure. Formulieren und benennen Sie das Salz, das man beim Eindampfen der Lösung erhält.

A 58.2. Welche Art von zwischenmolekularen Kräften sind a) für die Löslichkeit von Ethansäure in Wasser und b) für die Löslichkeit von Stearinsäure in Benzin ausschlaggebend? Begründen Sie.

A 58.3. Von welcher Monoalkansäure der homologen Reihe an treten Isomere auf? Zeichnen Sie die Strukturformeln und benennen Sie die Isomeren.

A 58.4. Hexansäure (Tab. 57.1.) ist schlecht wasserlöslich, Citronensäure (B 58.2.), die auch sechs Kohlenstoff-Atome pro Molekül hat, löst sich dagegen gut in Wasser. Erklären Sie den Sachverhalt.

A 58.5. Formulieren Sie die Reaktionsgleichungen der beiden Protolysestufen von Oxalsäure (B 58.2.) in Wasser.

A 58.6. Formulieren Sie Neutralisationsreaktionen, bei denen folgende Salze entstehen: a) Natriumformiat, b) Kaliumacetat, c) Calciumoxalat.

A 58.7. Das schwer lösliche Salz der Weinsäure, das Kalium-hydrogentartrat, das sich in Weinfässern und in Weinflaschen als Weinstein absetzt, hat die Formel HOOC–CH(OH)–CH(OH)–COOK. Geben Sie die Strukturformel der Weinsäure an und entwickeln Sie ihre Nomenklatur.

A 58.8. Propansäure löst sich in Wasser gut, in einer konzentrierten Kochsalz-Lösung dagegen schlecht. Begründen Sie den Sachverhalt.

Zusammenfassung

Das gemeinsame strukturelle Merkmal der homologen Reihe der Carbonsäuren ist die Carboxy-Gruppe **–COOH**. Sie sind schwache Säuren. Von technischer und biologischer Bedeutung sind auch Carbonsäuren mit ungesättigtem Kohlenwasserstoff-Rest und Carbonsäuren mit mehreren funktionellen Gruppen im Molekül.

Neue Fachbegriffe

Carbonsäure, Carboxy-Gruppe, Alkansäuren, gesättigte Fettsäuren, Essigsäurebakterien, Dicarbonsäure, Aminosäure, Acetate, Formiate

2.7. Ester

Praktikum

Herstellung und Eigenschaften von Estern

Versuch

PV 59.1. Bauen Sie in jeder Arbeitsgruppe eine Apparatur bestehend aus Rundkolben, Rückflusskühler und elektrischer Heizung (Heizpilz oder -platte) auf und beschicken Sie Ihren Kolben nach den Angaben einer Nr. aus Tab. 59.1. **Schutzbrille,** bei Nr. 3 **Abzug**! Lassen Sie dazu vom Lehrer 10 Tropfen konz. Schwefelsäure hinzufügen. Geben Sie zwei Siedesteinchen ins Gemisch und erhitzen Sie in der angegebenen Zeit unter Rückfluss. Gießen Sie nach Abkühlung den Kolbeninhalt in einen 100-ml-Messzylinder, in dem sich 50 ml Wasser befinden. Pipettieren Sie von der oberen Schicht etwas ab und prüfen Sie den Geruch. Vergleichen Sie Ihr Produkt mit den Produkten der anderen Gruppen.

Auswertung

a) Schwefelsäure wirkt bei den vier Reaktionen aus PV 59.1. (Nr. 1 bis Nr. 4) als Katalysator. In welcher Phase befindet sie sich nach dem Gießen des Kolbeninhalts in den Zylinder mit Wasser?

b) Welche strukturellen Merkmale der Edukt-Moleküle sind vermutlich bei den Molekülen des auf dem Wasser schwimmenden Esters nicht mehr vorhanden? Begründung.

c) Erläutern Sie die Funktionsweise der Rückflussapparatur aus den Praktikumsversuchen. Welche Reaktionsbedingungen gewährleistet sie?

Nr.	Alkohol	Carbonsäure	Siedezeit
1	10 ml Ethanol*	10 ml Ethansäure*	10 min
2	10 ml Pentanol*	10 ml Ethansäure*	20 min
3	20 ml Ethanol*	5 ml Buttersäure*	10 min
4	10 ml Ethanol*	0,5 g Benzoesäure*	10 min

Tab. 59.1. *Angaben zu PV 59.1. (Versuch Nr. 3 unter dem Abzug durchführen!)*

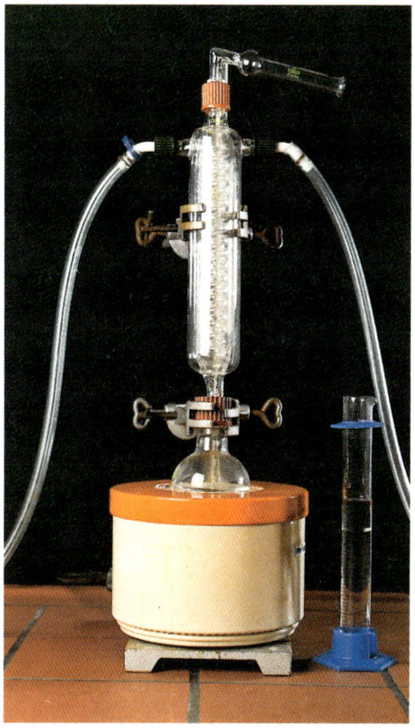

B 59.1. *Versuchsvorrichtung zur Esterherstellung (PV 59.1.).*

Durch Kochen von Carbonsäuren mit Alkoholen in Gegenwart von Schwefelsäure erhält man in PV 59.1. wasserunlösliche, wohlriechende Flüssigkeiten. Es handelt sich dabei um **Ester**. Ihre Bildung verläuft nach der folgenden allgemeinen Reaktionsgleichung:

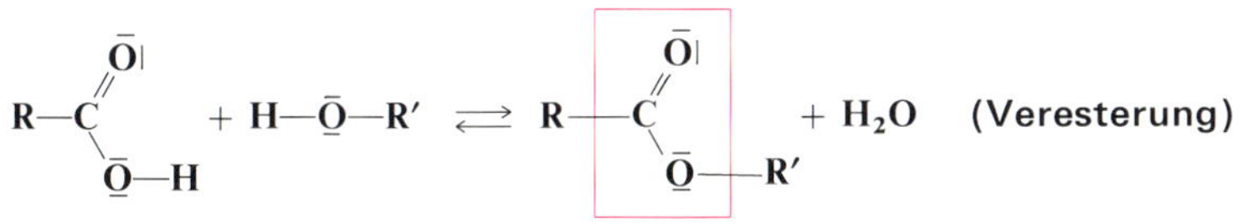

Carbonsäure Alkohol Ester Ester-Gruppe oder Ester-Brücke

Bei der Veresterung bildet sich neben dem Ester auch Wasser. Die Ester werden als *Kondensationsprodukte* bezeichnet, die bei der Reaktion zwischen Säuren und Alkoholen entstehen, die Veresterung als eine **Kondensation** (vgl. auch S. 247).

	Methanol 64,5	Ethanol 78,2
Methansäure 100,5	32	54
Ethansäure 118	57	77

Tab. 59.2. *Siedetemperaturen von Alkoholen, Säuren und ihren Estern im Vergleich (Angaben in °C).*

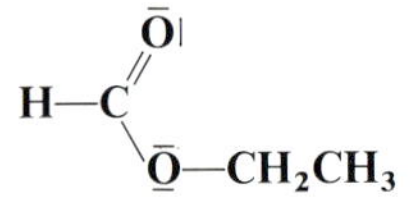

Methansäureethylester
(Arrakgeruch)

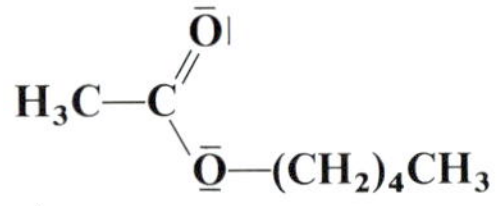

Ethansäurepentylester
(Birnengeruch)

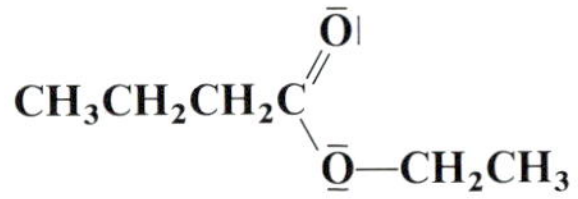

Butansäureethylester
(Ananasgeruch)

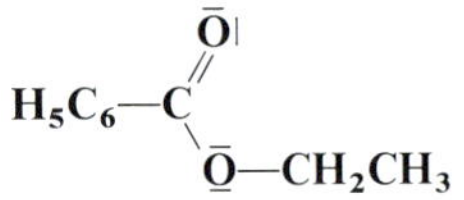

Benzoesäureethylester
(Pfefferminzgeruch)

B 60.1. *Carbonsäureester als „Fruchtaromen"*

[1] Nach den Regeln der IUPAC müsste es *„Ethylacetat"* oder *„Ethylethanoat"* heißen. Die deutsche Benennung *„Ethansäureethylester"* oder *„Essigsäureethylester"* ist auch zulässig.

[2] Insektenvernichtungsmittel

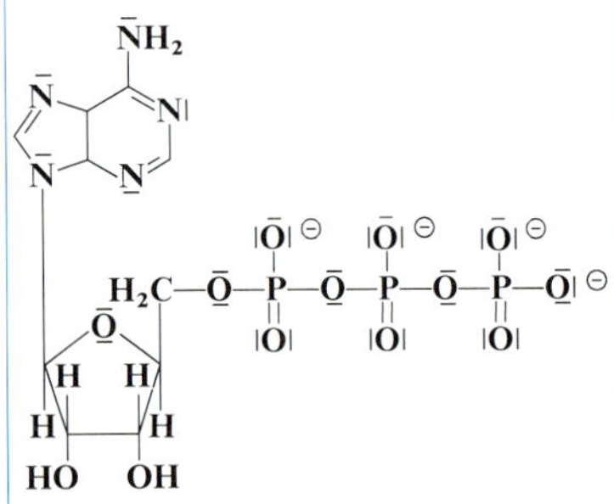

B 60.2. *Adenosintriphosphat* ATP

Neue Fachbegriffe

Ester, Ester-Gruppe (Ester-Brücke), Veresterung, Rückflussapparatur, Kondensationsreaktion, Fette, Öle, Wachs, Dynamit, ATP (Adenosintriphosphat), Insektizid

Im Gegensatz zu Ethanol und Ethansäure ist *Ethansäureethylester*[1] nicht wasserlöslich. Das Ester-Molekül enthält keine Wasserstoff-Atome, die zu Wasserstoffbrückenbindungen fähig sind. Aus diesem Grund und infolge der Häufung von unpolaren Kohlenwasserstoff-Resten im Molekül sind die Ester hydrophob und lipophil.
Viele Ester, darunter auch die in PV 59.1. hergestellten, sind Geruchsstoffe mit ausgeprägten Fruchtaromen (B 60.1.). Es handelt sich dabei aber um künstliche Aromastoffe, denn die natürlichen Aromen und Düfte sind i.d.R. das Ergebnis des Zusammenwirkens von vielen Stoffen. So setzt sich z.B. das Aroma der Erdbeere aus ca. 100 Substanzen, das des Kaffees aus ca. 400 Substanzen zusammen.
Die in B 60.1. angegebenen Ester werden in der Lebens- und Genussmittelindustrie zur Nachahmung von *Fruchtaromen* verwendet. Essigsäureethylester ist das Lösungsmittel in vielen Allesklebern und Nitrolacken und kann dort am Geruch erkannt werden.
Fette, *Öle* und *Wachse* sind Ester mit biologischer Bedeutung. *Bienenwachs* besteht hauptsächlich aus Palmitinsäuremyricylester (Myricylalkohol: $C_{30}H_{61}OH$). *Fette* sind Ester der gesättigten Fettsäuren, *Öle* sind Ester der ungesättigten Fettsäuren. Die Alkohol-Komponente bei Fetten und Ölen ist *Glycerin* (B 48.1.). Alkohole bilden auch mit anorganischen sauerstoffhaltigen Säuren Ester. Der Trisalpetersäureester des Glycerins („Nitroglycerin") dient zur Herstellung des Sprengstoffs *Dynamit* (S. 48). Adenosintriphosphat **ATP**, ein Phosphorsäureester (B 60.2.), ist der *Energieüberträger* im Zellstoffwechsel. Auch das *Insektizid*[2] *Parathion* (E 605) und die *Kampfstoffe Tabun* und *Sarin* sind Ester der Phosphorsäure bzw. ihrer Derivate.

Aufgaben

A 60.1. Methansäureethylester siedet bei $\vartheta_b = 54\,°C$. Vergleichen Sie diesen Wert mit den Siedetemperaturen des Ethanols und der Methansäure (Tab. 59.2.) und erklären Sie die Unterschiede.

A 60.2. Die Esterspaltung (Esterhydrolyse) ist die Umkehrung der Veresterung. Formulieren Sie die Reaktionsgleichung der Esterspaltung für den folgenden Ester und benennen Sie die Produkte: $CH_3CH_2C\begin{smallmatrix}{\nearrow}O \\ {\searrow}O-CH_2CH_3\end{smallmatrix}$.

A 60.3. Geben Sie die Halbstrukturformel des Palmitinsäuremyricylesters (Hauptbestandteil des Bienenwachses) an.

A 60.4. a) Markieren Sie in der Formel des Adenosintriphosphats (B 60.2.) die Stelle, an der ein Phosphorsäure-Rest mit einer Hydroxy-Gruppe des Zucker-Bausteins Ribose verestert wurde. b) **ATP** reagiert mit Wasser zu **ADP** (Adenosindiphosphat) und Dihydrogenphosphat-Ionen. Formulieren Sie die Reaktionsgleichung.

A 60.5. Geben Sie die Halbstrukturformel von Tributylphosphat an. (Tributylphosphat bildet mit Plutonium-Ionen Pu^{4+}-Komplexe, die eine Abtrennung von Plutonium aus einem Gemisch ermöglichen – Purex-Verfahren.)

Zusammenfassung

Ester sind Kondensationsprodukte, die bei der Reaktion von Carbonsäuren mit Alkoholen anfallen. Sie wirken hydrophob und lipophil. Ester als Reaktionsprodukte bei der Reaktion kurzkettiger Alkansäuren mit kurzkettigen Alkanolen riechen nach Fruchtaromen. Ester als Reaktionsprodukte bei der Reaktion langkettiger Alkanolen mit Fettsäuren sind Wachse.

2.8. Fette und Öle

Praktikum

Eigenschaften von Fetten und Ölen

Versuche

PV 61.1. Lösen Sie jeweils eine Spatelspitze bzw. 1 ml Kokosfett (oder Palmkernfett), Schweineschmalz und Olivenöl in 10 ml Heptan* und führen Sie mit kleinen Portionen der Lösungen folgende Proben durch:

a) *Fettfleckprobe:* Einige Tropfen Lösung werden auf ein Filterpapier gegeben, dieses wird durch Schwenken an der Luft getrocknet und mit einem Filterpapier verglichen, das in gleicher Weise mit reinem Lösungsmittel behandelt wurde.

b) *Bromwasserprobe:* 2 ml Bromwasser* mit 2 ml Lösung durchschütteln.

PV 61.2. Zerreiben Sie zerschnittene Nusskerne, Sonnenblumenkerne, Leinsamen oder Rapssamen möglichst fein in einer Reibschale. Fügen Sie dann einige Milliliter Heptan* hinzu, reiben Sie noch eine halbe Minute weiter und dekantieren Sie die Lösung. Führen Sie damit die Fettfleckprobe und die Bromwasserprobe durch.

LV 61.3. Eine erbsengroße Portion Fett wird 10 min in einer Rückflussapparatur (B 59.1.) mit 50 ml konz. methanolischer* Natronlauge* gekocht. Eine Portion der sich abscheidenden gelatineartigen Masse wird in einem Erlenmeyerkolben kräftig mit Wasser geschüttelt. Beobachtung?

LV 61.4. *Acrolein-Probe:* In ein Rggl. werden 2 cm hoch Kaliumhydrogensulfat* gefüllt. Man erhitzt, bis weiße Nebel entweichen und fügt **vorsichtig** mit der Pipette einige Tropfen Glycerin* hinzu. Man erhitzt weiter und prüft anschließend Geruch. Der Versuch wird mit Olivenöl anstelle von Glycerin wiederholt.

Auswertung

a) **Fette und Öle sind Ester des Glycerins (Triglyceride).** Die Säure-Reste stammen von gesättigten und ungesättigten Fettsäuren:
Beim Kochen mit Natronlauge bilden Fette und Öle folgende Produkte: Glycerin und Natriumsalze der Fettsäuren (Seifen, LV 61.3.). Formulieren Sie die Reaktionsgleichung der bei LV 61.3. abgelaufenen Reaktion, wenn es sich bei dem eingesetzten Fett um das Triglycerid aus B 62.1. handelt.

b) Die meisten Fette und Öle sind gemischte Ester (B 62.1.). Wie würde sich das Triglycerid aus B 62.1. bei der Bromwasserprobe verhalten? Begründung.

c) Erklären Sie das Zustandekommen des Fettflecks bei der Fettfleckprobe.

d) Bei der *Acrolein-Probe* wird Acrolein (Propenal $H_2C{=}CH-CHO$) gebildet, das am stechenden Geruch zu erkennen ist. Welcher Baustein wird durch die Acrolein-Probe in den Fett- und Öl-Molekülen nachgewiesen?

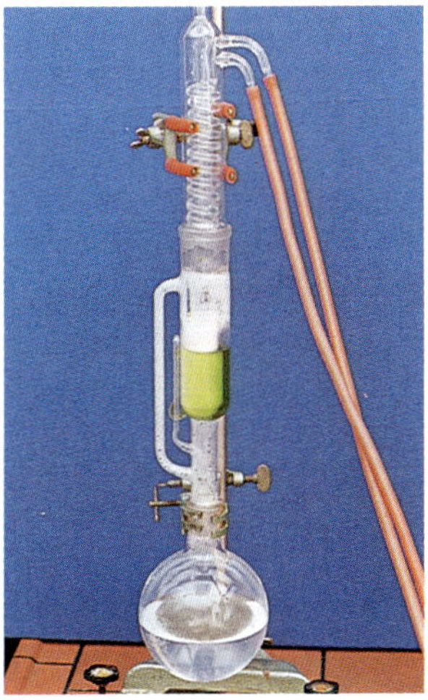

B 61.1. *Apparatur zur kontinuierlichen Extraktion von Pflanzenölen nach* SOXHLET

Fette und Öle sind Naturprodukte und dienen in Lebewesen sowohl zum Aufbau des Organismus als auch zur Energiespeicherung (Tab. 61.1.). Besonders beim Menschen gehören Fette zu den drei wichtigsten Klassen von **Nährstoffen**[1].
Die in B 62.1. dargestellte Struktur eines Fett-Moleküls wird durch PV 61.1. und PV 61.2. sowie LV 61.3. und LV 61.4. bestätigt: So deutet z.B. die *Acrolein-Probe* auf den Glycerin-Baustein hin (LV 61.4.). Die Bildung von Seifen, die Wasser zum Schäumen bringen (LV 61.3.; vgl. auch S. 332ff.), beruht auf entstehenden Fettsäure-Anionen. Dass Fette aber weder wasserlöslich wie Glycerin noch Schaum bildend wie Seifen sind, lässt sich dadurch erklären,

Nährstoff	Brennwert in kJ/g Nährstoff
Fett	39,9
Kohlenhydrat	17,2
Eiweiß	17,2

Tab. 61.1. *Die wichtigsten Nährstoffe*[1]

[1] Wasser, Salze und Vitamine sind ebenfalls unentbehrlich.

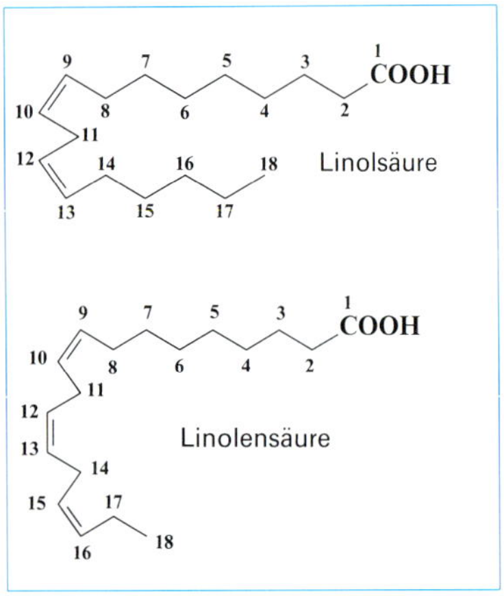

B 62.2. Diese beiden Säuren bilden das Vitamin F und können im Organismus nicht synthetisiert werden. Sie gehören zu den essentiellen Fettsäuren.

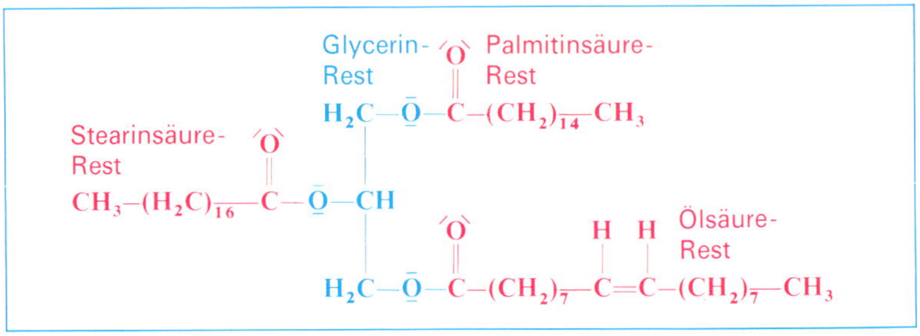

***B 62.1.** Halbstrukturformel eines Triglycerid-Moleküls (Fett-Moleküls) mit verschiedenen Fettsäure-Resten*

dass in den Fett-Molekülen die unpolaren Teile stark überwiegen und dass durch die Ausbildung der Ester-Gruppen keine Hydroxy-Gruppen mehr vorhanden sind, die etwa Wasserstoffbrückenbindungen mit Wasser-Molekülen ausbilden könnten. Schließlich zeigt die Bromwasserprobe, dass besonders in Öl-Molekülen auch Kohlenstoff-Kohlenstoff-Doppelbindungen enthalten sind.

Wie die meisten Naturprodukte haben auch Fette und Öle keine einheitliche Molekülstruktur. Es handelt sich i.d.R. um Gemische aus *Triglyceriden*, in denen verschiedene Fettsäure-Reste unterschiedlich häufig vertreten sind (Tab. 62.1.).

Harte Fette enthalten nur Alkansäure-Reste. Diese haben eine lineare Struktur (B 57.3.). Dadurch wird eine dichte Anordnung der Fett-Moleküle ermöglicht. Bei Ölen überwiegen die Fettsäure-Reste mit einer Kohlenstoff-Kohlenstoff-Doppelbindung (z.B. Ölsäure) oder mit mehreren. Die häufigsten mehrfach ungesättigten Fettsäure-Reste aus Pflanzenölen sind die der *Linolsäure* und der *Linolensäure* (B 62.2.). Man führt den flüssigen Aggregatzustand der Öle auf die sperrige Struktur der Alkensäure-Reste (B 62.2.) zurück.

Der tägliche Fettbedarf beträgt beim Menschen 1 g Fett/kg Körpergewicht. Zu viel Verzehr von Fett, das in vielen Lebensmitteln enthalten ist, kann zu *Herz-Kreislauf-Erkrankungen* führen. Pflanzenfette sind im Organismus leichter abbaubar als tierische Fette, weil ihre Moleküle nicht nur am Carboxy-Ende, sondern auch an den Kohlenstoff-Kohlenstoff-Doppelbindungen oxidativ gespalten werden.

Tierische Fette gewinnt man durch *Ausschmelzen* („Auslassen") z.B. aus Schweinespeck. Pflanzenöle fallen beim Auspressen der ölhalti-

***B 62.3.** Nachwachsender ölhaltiger Rohstoff (Raps)*

***B 62.4.** Nachwachsende Rohstoffe und Nährstoffe (Sonnenblumen)*

Beschaffenheit/ Schmelzbereich	Tierische Fette	Pflanzliche Fette
Harte Fette, $\vartheta_m > 40\,°C$	Rindertalg Hammeltalg	Palmenkernfett Kokosfett
Weiche Fette, $\vartheta_m < 40\,°C$	Butter Schweineschmalz	Kakaobutter Margarine
Flüssige Fette (fette Öle), $\vartheta_m \approx 5\,°C$	Lebertran	Olivenöl, Leinöl Rapsöl, Sonnenblumenöl

***Tab. 62.1.** Einige wichtige Fette*

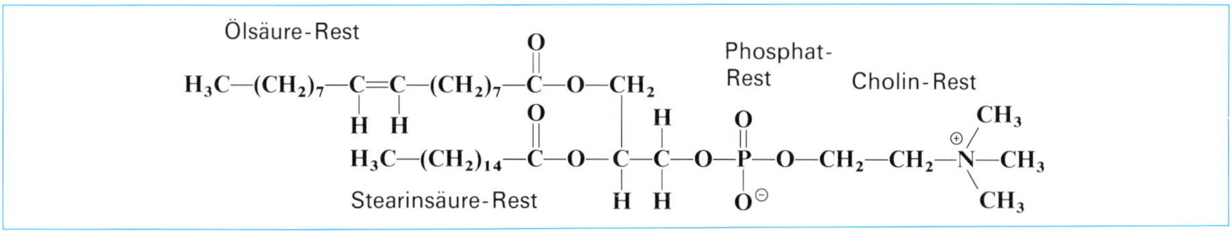

B 63.1. *Lecithin ist ein Phospholipid*[1]

gen Samen an oder bei deren Zerkleinerung und *Extraktion* mit Lösungsmitteln, in denen sich Öle gut lösen (vgl. B 61.1.). Durch partielle *Hydrierung* der Kohlenstoff-Kohlenstoff-Doppelbindungen im Öl (vgl. S. 232) wird streichfähige Margarine hergestellt. Mit Pflanzenölen können auch Diesel-Motoren betrieben werden. Deshalb wird daran gearbeitet, mit Hilfe moderner Pflanzengentechnik Hochleistungs-Ölpflanzen zu entwickeln z. B. spezielle Raps- und Sonnenblumen-Sorten (B 62.3. und B 62.4.). Auf diese Weise könnten die Butter- und Getreideüberschüsse in Europa abgebaut und stattdessen nachwachsende Rohstoffe für die Industrie angebaut werden.

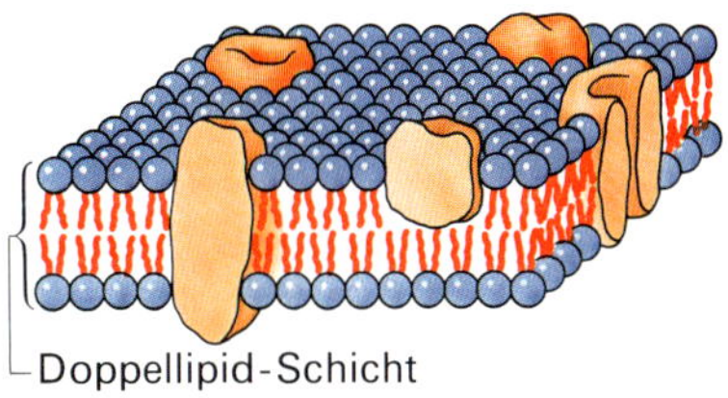

B 63.2. *Das Phospholipid Lecithin ist Hauptbestandteil aller Zellmembranen in Lebewesen.*

[1] von *lipos* (griech.) = Fett

Aufgaben

A 63.1. Bei der Hydrolyse (Spaltung unter Wasser-Anlagerung) eines Fetts entstehen Glycerin und Palmitinsäure. Geben Sie die Halbstrukturformel des entsprechenden Fett-Moleküls an.

A 63.2. Die *Iodzahl* eines Fetts gibt an, wie viel Gramm Iod I_2 von 100 g dieses Fetts addiert werden können. Zur experimentellen Bestimmung der Iodzahl geht man i. d. R. den in B 63.3. skizzierten Umweg.

a) Wie „funktioniert" dieser Umweg? Erläutern Sie.
b) Vor der Titration fügt man etwas Stärke-Lösung in die Probe hinzu. Welchen Zweck hat das?
c) Berechnen Sie die Iodzahl eines Fetts, das ausschließlich aus Molekülen mit der in B 62.1. angegebenen Formel besteht.

A 63.3. Diskutieren Sie die Vor- und Nachteile des Diesel-Kraftstoffs aus fossilen und aus nachwachsenden Rohstoffen. Beziehen Sie dabei chemische, technische, wirtschaftliche und umweltrelevante Gesichtspunkte ein.

A 63.4. Das *Lecithin-Molekül* ist einem Fett-Molekül sehr ähnlich, enthält aber statt eines Fettsäure-Rests einen Phosphorsäure-Rest, der noch an einen Rest des Aminoalkohols Cholin gebunden ist (B 63.1.). Das *Gerüst der Zellwände* (Biomembranen) besteht aus Lecithin, dessen Moleküle eine *Doppellipid-Schicht* bilden (B 63.2.). Darin sind Protein- und Kohlenhydrat-Moleküle eingelagert, die die Durchlässigkeit der Membran und ihre Empfindlichkeit für chemische Botenstoffe regeln.

a) Erklären Sie, warum jedes Lecithin-Molekül einen hydrophilen „Kopf" und zwei lipophile „Schwänze" hat.
b) Könnte Wasser eine Membran, die ausschließlich aus Lecithin besteht, passieren? Begründen Sie Ihre Antwort.
c) Wäre eine ausschließlich aus Lecithin aufgebaute Membran für Fette durchlässig? Begründung.

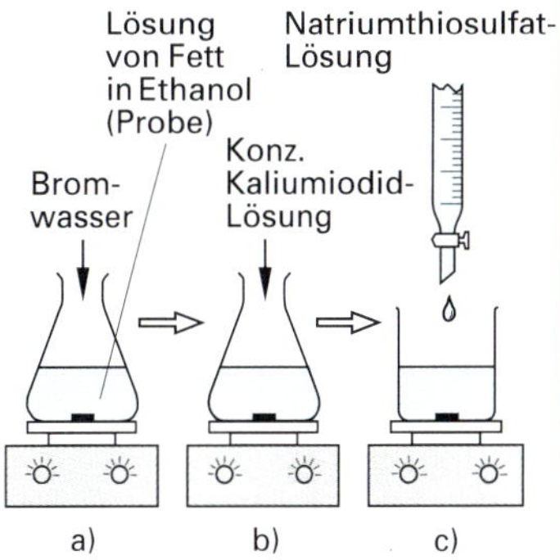

Parallel zur Probe wird in der gleichen Weise auch eine Blindprobe ohne Fett durchgeführt.

a) $Br_2 + \text{>C=C<} \rightarrow \text{–CBr–CBr–}$

b) $Br_2 + 2I^- \rightarrow 2Br^- + I_2$

c) $I_2 + 2S_2O_3^{2-} \rightarrow 2I^- + S_4O_6^{2-}$

B 63.3. *Bestimmung der Iodzahl eines Fetts (vgl. A* ***63.2.****)*

Zusammenfassung

Fette und Öle sind Triester. Sie entstehen bei der Reaktion von Glycerin mit Fettsäuren. Sie sind als Aufbaustoffe und Energielieferanten für Lebewesen von Bedeutung. Für die Technik stellen Öle nachwachsende Rohstoffe dar. Lecithin ist ein strukturell modifiziertes Fett – ein Phospholipid – und Bestandteil der Zellwände.

Neue Fachbegriffe

Triglycerid, Fettfleckprobe, Acrolein-Probe, Ausschmelzen, Extraktion, Vitamin F, nachwachsender Rohstoff, Iodzahl, Doppellipid-schicht

Chemische Gleichgewichte

3. Verlauf chemischer Reaktionen

3.1. Reaktionsgeschwindigkeit

Es vergehen Jahre, bis ein Eisennagel an feuchter Luft vollständig verrostet ist. Bei der Knallgasprobe dagegen verbrennt der Wasserstoff aus einem Reagenzglas in Bruchteilen einer Sekunde. Die Bildung von kolloidalem Schwefel aus Natriumthiosulfat-Lösung und Salzsäure[1] verläuft schneller als das Rosten des Eisennagels, aber langsamer als die Wasserstoffverbrennung: Es dauert bei V 65.1. ungefähr eine Minute, bis sich so viel Schwefel gebildet hat, dass man das Kreuz auf der Projektionswand nicht mehr sieht.
Wir bezeichnen die Zeit, die vom Start der Reaktion bis zu einem gewissen „Ende" vergeht (bei V 65.1. bis zum Verschwinden des Kreuzes auf der Projektionswand), als **Reaktionszeit**.
Durch Festlegen, wann einzelne Reaktionen beendet sind und Bestimmen der Reaktionszeiten kann man zwar feststellen, dass die eine Reaktion schneller oder langsamer abläuft als die andere. Für die genaue Angabe der Geschwindigkeit einer Reaktion reicht dies jedoch nicht aus.

Um zu einer sinnvollen Definition der Geschwindigkeit einer chemischen Reaktion zu gelangen, verwerten wir einige Kenntnisse aus der Physik und der Mathematik: Die Geschwindigkeit v eines sich bewegenden Körpers, z. B. eines Pkw, der in gleichen Zeitabständen Δt jeweils gleiche Streckenabschnitte Δs zurücklegt, berechnet sich wie folgt:

$$v = \frac{\Delta s}{\Delta t} \qquad [v] = 1\ \text{m/s} = 1\ \text{m} \cdot \text{s}^{-1}$$

Die graphische Darstellung der Weg-Zeit-Abhängigkeit ergibt in diesem Fall eine Ursprungsgerade mit der Steigung v; der Pkw hat zu jedem Zeitpunkt dieselbe Geschwindigkeit.
Anders stellt sich der Weg-Zeit-Zusammenhang beim Ausrollen eines Flugzeugs auf der Landebahn dar. Hier ist die Geschwindigkeit nicht mehr konstant (B 65.1.). Wählt man auch hier ein Zeitintervall $\Delta t = t_2 - t_1$ und bildet den Quotienten aus der zugeordneten Wegdifferenz Δs und diesem Zeitintervall, so erhält man die **mittlere Geschwindigkeit** $\bar{v}$ des Flugzeugs für das Zeitintervall Δt:

$$\bar{v} = \frac{\Delta s}{\Delta t}$$

[1] vgl. Reaktionsgleichung auf S. 74.

Versuche

V 65.1. Auf die Fläche des OH-Projektors legt man eine Folie, auf die ein schwarzes Kreuz gemalt ist. Auf das Kreuz stellt man eine Kristallisierschale, in der sich 5 ml Salzsäure* **HCl(aq)** ($c = 0{,}5$ mol/l) und 45 ml Wasser befinden; dazu gießt man 15 ml Natriumthiosulfat-Lösung $\mathbf{Na_2S_2O_3(aq)}$ ($c = 0{,}5$ mol/l) und rührt das Gemisch mit einem Glasstab gut um. Beobachtung?

V 65.2. In einem größeren Rggl. mit Seitenansatz lässt man einige Marmorstückchen (Calciumcarbonat $\mathbf{CaCO_3}$) mit Salzsäure* reagieren. Das entweichende Gas wird über einen Gummischlauch in Kalkwasser* $\mathbf{Ca(OH)_2(aq)}$ eingeleitet. Beobachtung?

V 65.3. Ca. 3 cm Magnesiumband* werden in einem Rggl. mit Salzsäure* versetzt. Das entweichende Gas wird über einen durchbohrten Stopfen mit Glasröhrchen in einem aufgestülpten Rggl. aufgefangen und durch die Knallgasprobe nachgewiesen.

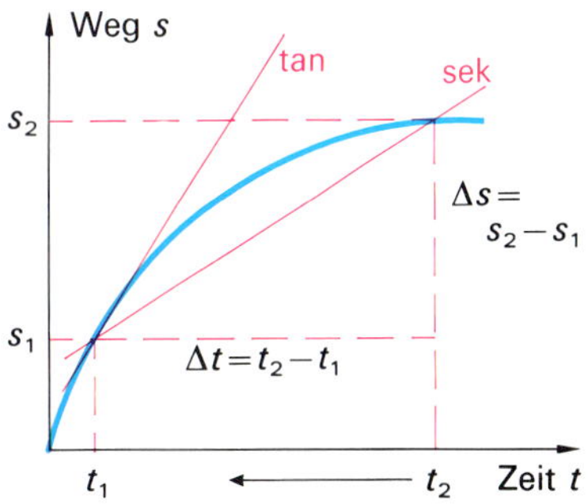

B 65.1. *Weg-Zeit-Diagramm für ein auf der Landebahn ausrollendes Flugzeug*

Mittlere Geschwindigkeit
im Intervall $\Delta t = t_2 - t_1$:

$$\bar{v} = \frac{\Delta s}{\Delta t}$$

(Steigung der Sekante, B 65.1.)

Momentangeschwindigkeit
zum Zeitpunkt t_1:

$$v(t_1) = \lim_{t_2 \to t_1} \frac{\Delta s}{\Delta t}$$

(Steigung der Tangente in t_1, B 65.1.)

B 66.1. *Definitionen der mittleren Geschwindigkeit und der Momentangeschwindigkeit*

Die **Momentangeschwindigkeit** v des Flugzeugs zu einem bestimmten Zeitpunkt erhält man, wenn man immer kleinere, im Grenzfall gegen Null gehende Zeitintervalle Δt wählt und sie in Beziehung zu den entsprechenden Wegstrecken setzt. Die Momentangeschwindigkeit bei t_1 ist mathematisch als ein Grenzwert definiert und entspricht zahlenmäßig dem Steigungsfaktor der Tangente an die Weg-Zeit-Kurve an der Stelle t_1 (B 65.1.).

Eine Geschwindigkeit ist die Veränderung einer Größe in einem bestimmten Zeitabschnitt; ist der Zeitabschnitt relativ groß, so spricht man von der mittleren Geschwindigkeit $\bar{v}$, ist er verschwindend klein, so nähert man sich der Momentangeschwindigkeit v.

Nun sollen uns einige Experimente zeigen, welche messbaren Größen sich in bestimmten Zeitspannen bei chemischen Reaktionen ändern. Danach werden wir Reaktionsgeschwindigkeiten definieren.

Versuche

V 66.1. Gekörnter Marmor ($m(CaCO_3) = 8$ g) wird auf dem Boden eines 300-ml-Becherglases flächig verteilt. Das Becherglas wird auf eine elektronische Oberschalen-Präzisionswaage (Ablesbarkeit: 1 mg, maximale Belastung: 200 g, Digitalanzeige, eventuell mit anschließbarer Großanzeige) gestellt. Der Marmor wird mit 50 ml Salzsäure* ($c = 1$ mol/l) übergossen. Beim Ablesen des ersten Massenwertes des Reaktionsgemisches wird die Stoppuhr in Gang gesetzt. Die Masse wird alle 30 s abgelesen und notiert.

Auswertung

a) Stellen Sie die Wertepaare (t, m) nach dem Muster aus B 66.2. graphisch dar.

b) Kann man hier von einer konstanten Massenänderung sprechen oder nicht? Begründung.

V 66.2. Ein Stück Magnesiumband* ($m(Mg) \approx 0{,}5$ g, das ist ein ca. 12 cm langes Band) wird in der Anordnung aus B 67.1. mit 50 ml Salzsäure* ($c = 0{,}2$ mol/l) zur Reaktion gebracht. Nachdem das zu einer Spirale geformte und in einer Plastilinkugel verankerte Magnesiumband in ein großes Rggl. mit seitlichem Ansatz gebracht ist, wird die Salzsäure zugegeben und sofort mit einem gut dichtenden Stopfen verschlossen. Hat sich der Kolbenproper bis zur Messmarke für 5 ml angehoben, setzt man die Stoppuhr in Gang. Es werden die Zeiten notiert, die jeweils während einer Volumenzunahme von 5 ml verstreichen. (Der Kolbenproper kann zur Vermeidung von Wasserstoffverlusten durch Diffusion mit Glycerin präpariert werden.) Die Messwerte werden in ein t-V-Diagramm übertragen (B 67.2.). (Das oben beschriebene Magnesiumband reicht für die Wiederholung der Messung.)

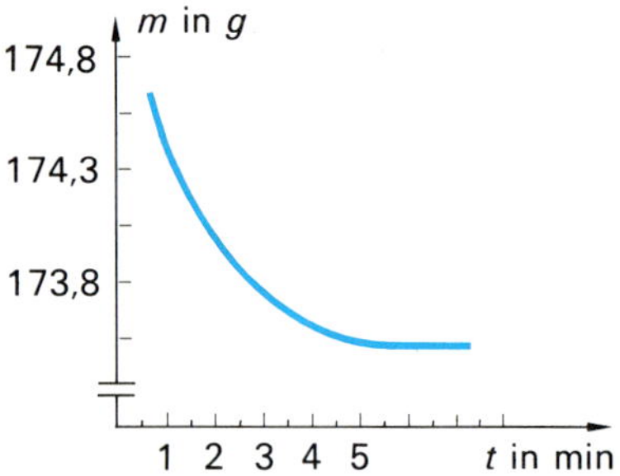

B 66.2. *Zeit-Masse-Diagramm zur Reaktion von Marmor mit Salzsäure (V 66.1.)*

Bei der Reaktion zwischen Calciumcarbonat (Marmor) und Salzsäure entsteht Kohlenstoffdioxid, das aus dem Gefäß entweicht (V 66.1.):

$$CaCO_3(s) + 2\,H_3O^+(aq) \rightarrow CO_2(g) + 3\,H_2O(l) + Ca^{2+}(aq)$$

In dem Maße wie die Reaktion fortschreitet, sich also Kohlenstoffdioxid bildet, nimmt die *Masse* des gesamten Reaktionsgemisches ab. Die zeitliche Massenänderung kann gemessen und graphisch dargestellt werden (V 66.1. und B 66.2.). Man kann also bei dieser Reaktion die Geschwindigkeit als Quotienten zwischen der Massenänderung Δm in einem bestimmten Zeitintervall Δt definieren.

Bei der Reaktion zwischen Magnesium und Salzsäure entsteht Wasserstoff (V 65.3. und V 66.2.):

$$Mg(s) + 2\,H_3O^+(aq) \rightarrow H_2(g) + Mg^{2+}(aq) + 2\,H_2O(l)$$

Da Wasserstoff eine sehr kleine Dichte hat, ist die Massenänderung des Reaktionsgemisches hier sehr gering. Es empfiehlt sich daher, das *Volumen* des entweichenden Gases zu messen (V 66.2.). Die Auftragung der Messwertpaare aus V 66.2. ergibt die Kurve aus B 67.2. Aus den messbaren Größen *Masse* und *Volumen* lassen sich bei der Auswertung der Ergebnisse von V 66.1. und V 66.2. die jeweils entsprechenden *Stoffmengen n* von Kohlenstoffdioxid bzw. Wasserstoff berechnen. Hierzu verwendet man die folgenden grundlegenden Gleichungen und Größen für chemische Berechnungen:

$$n = \frac{m}{M} \quad \text{und} \quad n = \frac{V}{V_{mn}}$$

m	Masse in g
n	Stoffmenge in mol
M	molare Masse in g/mol
V	Volumen in Liter
V_{mn}	= 22,4 l/mol (molares Volumen unter Normbedingungen)

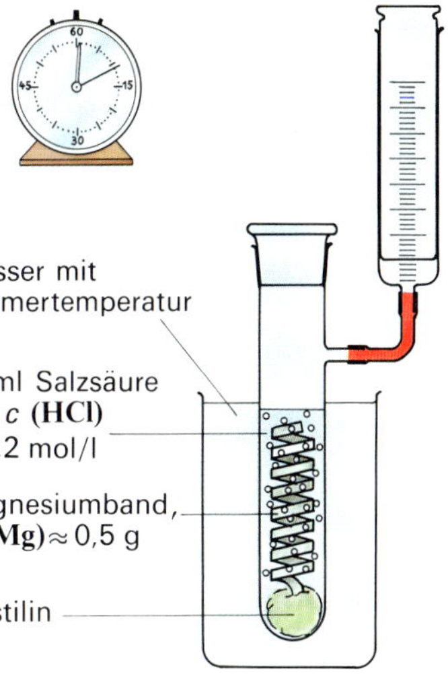

B 67.1. *Vorrichtung zur Messung des Gasvolumens bei der Reaktion von Magnesium mit Salzsäure (V 66.2.)*

Auch andere messbare Größen (z. B. solche, die etwas über elektrische, magnetische oder optische Eigenschaften der Stoffsysteme aussagen) können zur Berechnung von Stoffmengen dienen. Deshalb bietet es sich an, für die Definition der Reaktionsgeschwindigkeit $\bar{v}_r$ die **Änderung der Stoffmenge Δ*n*** eines Edukts oder eines Produkts in einem bestimmten Zeitintervall heranzuziehen:

$$\bar{v}_r = \frac{\Delta n}{\Delta t} \qquad [v_r] = 1 \text{ mol/s} = 1 \text{ mol} \cdot \text{s}^{-1}$$

Obwohl diese Definition sehr allgemein ist, ändert man sie für die in Lösung verlaufenden Reaktionen[1] etwas ab. In diesen Fällen bezieht man alle Stoffmengen auf das Volumen der Lösung.

[1] Ein Beispiel ist die Reaktion aus V 65.1.

Da der Quotient aus der Stoffmenge eines gelösten Stoffes und dem Volumen der Lösung die **Konzentration** der Lösung ist ($c = n/V$), hat man für die in Lösung ablaufenden Reaktionen definiert:

$$\bar{v}_r = \frac{\Delta c}{\Delta t} \qquad [v_r] = 1 \frac{\text{mol}}{\text{l} \cdot \text{s}} = 1 \text{ mol} \cdot \text{l}^{-1} \cdot \text{s}^{-1}$$

Stoffmengen und Konzentrationen lassen sich nicht unmittelbar messen; man misst eine andere, direkt messbare Größe in zeitlichen Abständen und rechnet anschließend die Messwerte in Konzentrationen um. Im Einzelfall muss man entscheiden, ob man die Daten von einem Edukt der Reaktion oder die von einem Produkt protokolliert. Entsprechend erhält man für die Reaktionsgeschwindigkeit verschiedene Vorzeichen:

$\bar{v}_r > 0$ falls $\Delta c > 0$, d. h., falls man die Konzentrationszunahme eines Produkts bestimmt,

$\bar{v}_r < 0$ falls $\Delta c < 0$, d. h., falls man die Konzentrationsabnahme eines Edukts bestimmt.

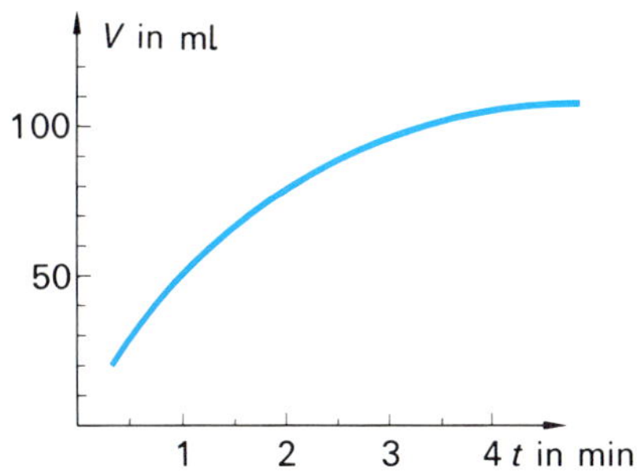

B 67.2. *Zeit-Volumen-Diagramm zur Reaktion von Magnesium mit Salzsäure* (*V* 66.2.)

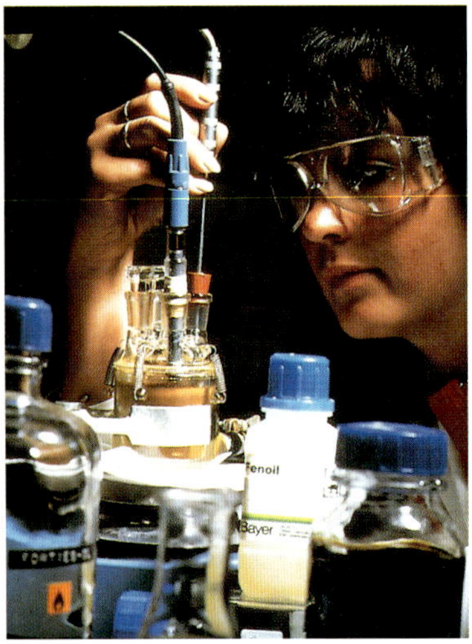

B 68.1. *Potentiometrische Messung (Messung der elektrischen Spannung)*

Unsere Erörterungen haben sich bisher nur auf mittlere Reaktionsgeschwindigkeiten $\bar{v}_r$ bezogen. Zur momentanen Reaktionsgeschwindigkeit v_r gelangt man nach dem auf S. 66 beschriebenen Verfahren, also dadurch, dass Δt verschwindend klein gemacht wird. Im weiteren Verlauf des Lehrgangs wird von mittleren Reaktionsgeschwindigkeiten oder von momentanen Reaktionsgeschwindigkeiten die Rede sein.

Kenntnisse über die Reaktionsgeschwindigkeiten sind für den Bau chemischer Industrieanlagen von größter Bedeutung. Deshalb wird der zeitliche Verlauf von Reaktionen in den Laboratorien intensiv erforscht (B 68.1. und B 68.2.). Dafür eignen sich neben der Gravimetrie (V 66.1.) und der Volumetrie (V 66.2.) auch die *Potentiometrie*[1], die *Colorimetrie*[2], die *Photometrie*[3] (vgl. S. 70) sowie die *Amperometrie*[4] (vgl. S. 69), Verfahren, die auch für analytische Untersuchungen eine bedeutende Rolle spielen.

Aufgaben

A 68.1. Erläutern Sie den Unterschied zwischen mittlerer Reaktionsgeschwindigkeit $\bar{v}_r$ und momentaner Reaktionsgeschwindigkeit v_r.

A 68.2. Warum ist es nicht ratsam, die Geschwindigkeit der Wasserstoffentwicklung bei einer Reaktion durch Messung der Gesamtmasse des Systems zu bestimmen?

A 68.3. Warum ist es zweckmäßig, bei der Bestimmung einer Reaktionsgeschwindigkeit im einen Fall messbare Größen eines Edukts, im anderen Fall eines Produkts zu notieren?

A 68.4. Berechnen Sie aus B 66.2. und B 67.2. die mittleren Geschwindigkeiten für das Zeitintervall $t_1 = 30$ s bis $t_2 = 180$ s in mol/s. (Hinweis: Die Umrechnung Volumen-Stoffmenge bzw. Masse-Stoffmenge erfolgt mit den Formeln von S. 67.)

A 68.5. Ermitteln Sie für die Reaktion aus B 67.2. den Zeitpunkt, bei dem die momentane Reaktionsgeschwindigkeit gleich ist mit der mittleren Reaktionsgeschwindigkeit für das Zeitintervall $t_1 = 30$ s, $t_2 = 240$ s.

Neue Fachbegriffe

Reaktionszeit, mittlere Reaktionsgeschwindigkeit $\bar{v}_r$, momentane Reaktionsgeschwindigkeit v_r, Gravimetrie, Volumetrie, Amperometrie, Colorimetrie, Potentiometrie

Zusammenfassung

Die mittlere Reaktionsgeschwindigkeit $\bar{v}_r$ gibt an, um welchen Betrag sich die Konzentration eines Edukts oder eines Produkts bei einer chemischen Reaktion im Zeitintervall Δt ändert:

$$\bar{v}_r = \frac{\Delta c\ (\text{Produkt})}{\Delta t} \quad \text{bzw.} \quad \bar{v}_r = -\frac{\Delta c\ (\text{Edukt})}{\Delta t}$$

Hat $\bar{v}_r$ einen positiven Wert, so wird die Produktzunahme bestimmt, bei negativem Wert die Eduktabnahme. Um die Geschwindigkeit einer bestimmten Reaktion experimentell zu ermitteln, wählt man dasjenige Edukt oder Produkt, dessen Konzentrationsänderung während der Reaktion sich am einfachsten und genauesten ermitteln lässt.

B 68.2. *Colorimetrische Messung (Farbvergleich)*

[1] von *potentia* (lat.) = die Macht, die Gewalt
[2] von *color* (lat.) = die Farbe
[3] von *phos* (griech.) = das Licht
[4] Ampere ist die Maßeinheit für die Stromstärke I, die Größe, die bei diesem Verfahren gemessen wird

Geschwindigkeitsbestimmung durch Amperometrie

Die Amperometrie ist ein Verfahren zur Geschwindigkeitsbestimmung bei chemischen Reaktionen, bei denen die Veränderung der elektrischen Leitfähigkeit einer Lösung mit dem Fortschreiten der Reaktion gemessen wird. Wir wählen als Beispiel eine Reaktion aus der organischen Chemie. Die Reaktionsgleichung für diese Reaktion lautet:

$$H_3C-C(CH_3)_2-Br\,(l) + 2\,H_2O\,(l) \longrightarrow H_3C-C(CH_3)_2-OH\,(aq) + H_3O^+\,(aq) + Br^-\,(aq)$$

2-Brom-2-methylpropan → 2-Methyl-2-propanol

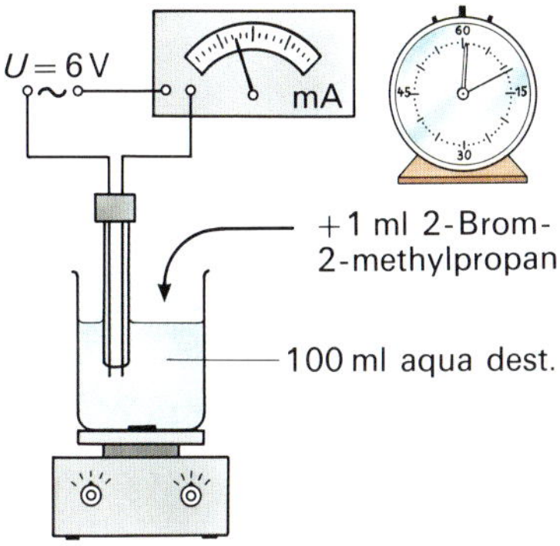

B 69.1. *Versuchsvorrichtung für den Hauptversuch (Amperometrie)*

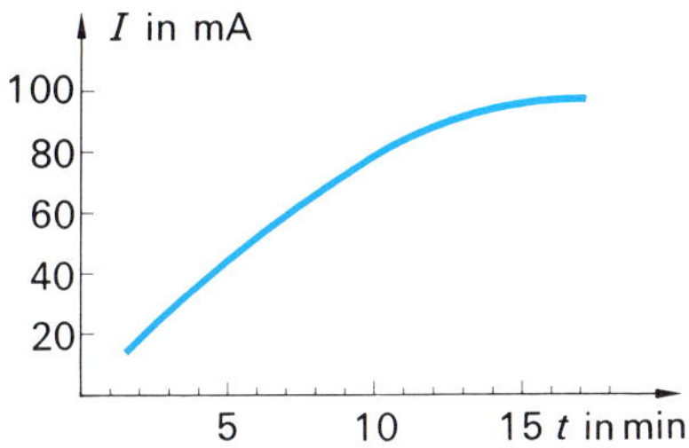

B 69.2. *Verlauf der Zeit-Stromstärke-Kurve*

Auswertung des Vorversuchs

Sind die drei Proben, die mit dem Reaktionsgemisch durchgeführt wurden (Lackmus-Probe, Silbernitrat-Probe und Leitfähigkeitsprüfung), mit der obigen Reaktionsgleichung in Übereinstimmung? Erläutern Sie im Einzelnen.

Auswertung des Hauptversuchs und des Kontrollversuchs

a) Stellen Sie die von Ihnen erhaltenen Messergebnisse in einem Zeit-Stromstärke-Diagramm graphisch dar. Vergleichen Sie Ihre Ausgleichskurve mit der Kurve aus B 69.2.

b) Stellen Sie Ihre Ergebnisse aus dem Kontrollversuch in einem Konzentration-Stromstärke-Diagramm (Muster in B 69.3.) auf Millimeterpapier graphisch dar. Für die Konzentration der Bromwasserstoffsäure gilt $c_0(\mathbf{HBr}) = 0{,}09$ mol/l. Entsprechend gilt $c_1(\mathbf{HBr}) = 0{,}045$ mol/l, $c_2(\mathbf{HBr}) = 0{,}0225$ mol/l und $c_3(\mathbf{HBr}) = 0{,}0112$ mol/l. Ziehen Sie die Ausgleichsgerade. Ermitteln Sie daraus graphisch die Konzentrationen, die den im Hauptversuch gemessenen Stromstärken entsprechen (vgl. B 69.3.).

c) Stellen Sie nun $c(\mathbf{HBr})$ aus dem Hauptversuch als Funktion von t graphisch dar (Zeit-Konzentration-Diagramm).

d) Berechnen Sie die mittlere Reaktionsgeschwindigkeit in mol · $l^{-1} \cdot s^{-1}$ für das Zeitintervall $t_1 = 50$ s bis $t_2 = 150$ s und für das Zeitintervall $t_3 = 100$ s bis $t_4 = 250$ s.

e) Wie schätzen Sie die Genauigkeit bei der *Amperometrie* im Vergleich zur Messgenauigkeit bei der *Gravimetrie* (Messung der Masse) und der *Volumetrie* (Messung des Volumens) ein? Begründung.

Versuche

PV 69.1. *Vorversuch:* Schütteln Sie ca. 1 min lang in einem Rggl. 5 ml destilliertes Wasser und einige Tropfen 2-Brom-2-methylpropan* (tertiär-Butylbromid). Überprüfen Sie die Lösung mit blauem Lackmuspapier. Versetzen sie 1 ml dieser Lösung mit 1 ml Silbernitrat-Lösung*. Prüfen Sie schließlich die Lösung auf elektrische Leitfähigkeit (Wechselspannung von ca. 6 V).

PV 69.2. *Hauptversuch:* Stellen Sie eine Apparatur wie in B 69.1. zusammen und notieren Sie die Anzeige des Amperemeters. Gießen Sie bei eingeschalteter kräftiger Rührung 1 ml tertiär-Butylbromid* in die 100 ml Wasser und notieren Sie ab diesem Moment alle 20 s die Stromstärke.

PV 69.3. *Kontrollversuch:* Lassen Sie, wenn bei V 69.2. keine merkliche Änderung der Stromstärke mehr erfolgt, den Rührer noch 2 min laufen und stoppen Sie dann die Reaktion. Notieren Sie die Stromstärke. Verdünnen Sie dann 20 ml dieser Lösung mit 20 ml destilliertem Wasser. Messen Sie die Stromstärke dieser verdünnten Lösung. Setzen Sie das Verdünnen und Messen der Stromstärke noch zweimal fort.

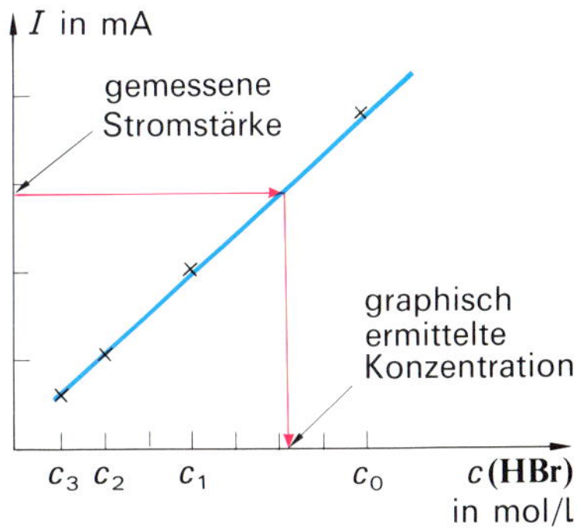

B 69.3. *Muster für die Darstellung der Konzentration-Stromstärke-Abhängigkeit und graphische Ermittlung der Konzentration aus den gemessenen Stromstärken*

Photometrie – ein modernes Verfahren zur Bestimmung der Reaktionsgeschwindigkeit

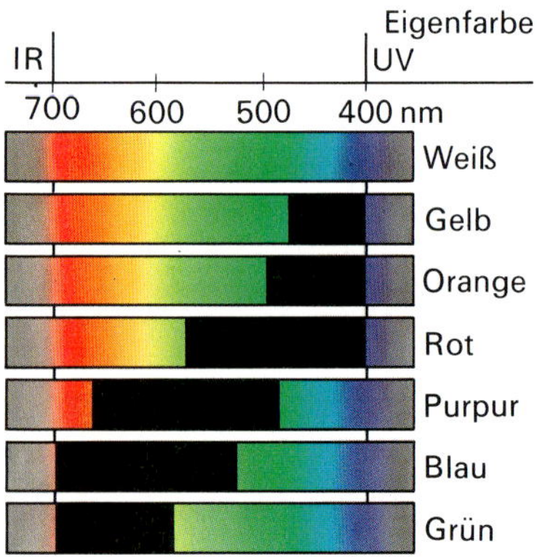

B 70.1. *Zusammenhang zwischen der Eigenfarbe und den absorbierten Spektralfarben*

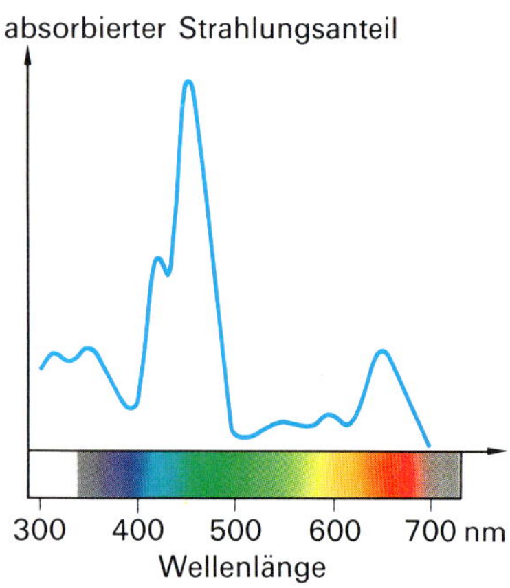

B 70.2. *Absorptionskurve (Absorptionsspektrum) von Chlorophyll b*

B 70.3. *Photometer*

Der Name dieses Verfahrens verrät, dass es sich dabei um eine „Lichtmessung" handelt. Das Licht ist eine elektromagnetische Strahlung, bestehend aus winzigen „Energiepaketen", den *Lichtquanten* oder *Photonen*. Beim sichtbaren Licht haben diese Lichtquanten Energien zwischen $1{,}9 \cdot 10^{-19}$ J und $5{,}13 \cdot 10^{-19}$ J pro Lichtquant und entsprechend Wellenlängen zwischen 400 nm und 700 nm (B 70.1.). Trifft ein Photon auf ein Molekül, so kann es, je nach Art des Moleküls, von diesem eingefangen werden. Die ganze Energie des Photons geht dabei auf das Molekül über, das sich nun in einem angeregten Zustand erhöhter Energie befindet. Die so angeregten Moleküle geben ihre von den Photonen aufgenommene Energie bei Stößen an andere Moleküle wieder ab, was einer Erwärmung der Stoffprobe gleichkommt. Diejenigen Stoffe, die einen Teil des sichtbaren Lichts absorbieren, erscheinen uns farbig. Absorbiert ein Stoff z. B. Licht der Wellenlängen von 400 nm bis 450 nm (violettblaues Licht), so erscheint er uns gelb, d. h. in der Farbe, die durch die Mischung der nicht-absorbierten Farben entsteht (B 70.1.).

In einem Photometer (B 70.3.) kann man messen, wie groß der Anteil der von einer Stoffprobe absorbierten Strahlung ist. Das dafür definierte Maß ist die *Extinktion* (B 70.4.). Im Monochromator des Photometers wird das Licht der Lampe spektral zerlegt, d. h. nach Wellenlängen aufgespalten. Die Probe kann der Reihe nach mit allen Wellenlängen des von der Lampe ausgestrahlten Lichts durchstrahlt werden und bei jeder Wellenlänge kann die Extinktion gemessen werden. Die graphische Auswertung des Zusammenhangs zwischen Extinktion und Wellenlänge liefert eine für den gemessenen Stoff charakteristische Absorptionskurve (B 70.2.). Solche *Absorptionskurven* spielen bei *qualitativen Analysen* und bei der *Strukturaufklärung* von Molekülen eine wichtige Rolle.

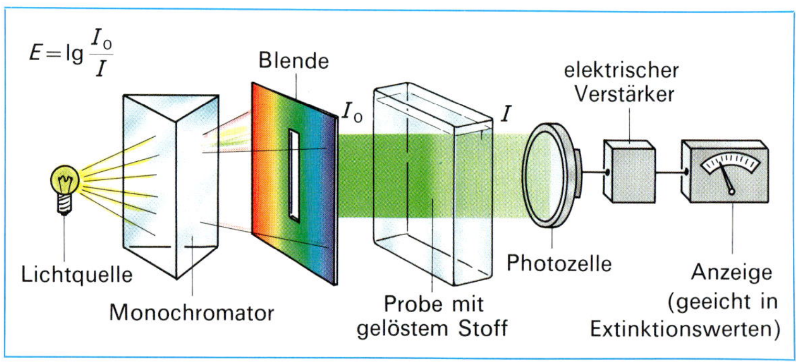

B 70.4. *Schematischer Aufbau eines Photometers (der Strahlengang des Lichts ist eingezeichnet) und Definition der Extinktion E (I_0 und I sind die Lichtintensitäten vor dem Eintritt in die Probe und nach dem Austritt aus der Probe)*

Versuche

V 71.1. *Vorversuch:* In einem 100-ml-Erlenmeyerkolben werden 40 ml Kristallviolett-Lösung* ($c=10^{-5}$ mol/l) und 40 ml Natronlauge* ($c=0{,}1$ mol/l) vereinigt und durchgeschüttelt. Beobachtung?

V 71.2. *Hauptversuch:* Am Photometer wird die Wellenlänge $\lambda=560$ nm eingestellt; bei der mit dest. Wasser gefüllten Küvette wird die Extinktion auf Null geregelt. Am Gerät wird ab jetzt nichts mehr verstellt. Zunächst wird die Extinktion einer Mischung aus 10 ml KV^+-Lösung*, $c=10^{-5}$ mol/l und 10 ml destilliertem Wasser gemessen und notiert. Die Messküvette wird geleert und gesäubert. Dann vereinigt man in einem kleinen Becherglas 10 ml KV^+-Lösung ($c=10^{-5}$ mol/l) und 10 ml Natronlauge* ($c=0{,}1$ mol/l), schüttelt schnell durch, füllt die Küvette mit dieser Lösung, stellt sie ins Photometer und notiert alle 30 s die Extinktionswerte. (Die Stoppuhr wird in Gang gesetzt, wenn die Lösungen vereinigt werden!)

Auswertung des Hauptversuchs

a) Stellen Sie die bei V 71.2. gemessenen Wertpaare graphisch dar (Ordinate: Extinktion, Abszisse: Zeit).

b) Führen Sie mit Hilfe einer Verdünnungsreihe gemäß B 71.1.b) die Eichgeradenbestimmung durch, erstellen Sie die Ausgleichsgerade und anschließend, mit den daraus graphisch ermittelten Konzentrationen, ein Konzentrations-Zeit-Diagramm für die Kristallviolettentfärbung.

c) Wählen Sie 5 aufeinander folgende, gleich lange Zeitintervalle Δt und lesen Sie die entsprechenden Konzentrationsdifferenzen Δc ab. Deutet sich bei den 5 aufeinander folgenden Δc-Werten eine Regelmäßigkeit an?

Bei der Lösung eines farbigen Stoffes in einem farblosen Lösungsmittel hängt die Farbintensität von der *Konzentration* des Stoffs ab. Nach dem LAMBERT-BEERSCHEN Gesetz ist die Extinktion bei einer gegebenen Wellenlänge und Schichtdicke proportional zur Konzentration:

$$E=\varepsilon \cdot d \cdot c=\varepsilon' \cdot c$$

ε: molarer Extinktionskoeffizient (Stoffkonstante für eine gegebene Wellenlänge und für ein gegebenes Lösungsmittel)
d: Schichtdicke der durchstrahlten Lösung
c: Konzentration der Lösung

Das Verschwinden oder das Auftreten eines farbigen Stoffes bei einer Reaktion kann über die Extinktion der Lösung bei konstanter Wellenlänge in der Küvette eines Photometers zeitlich verfolgt werden. Ein Beispiel hierzu ist die Entfärbung von Kristallviolett, einer organischen Verbindung, für die wir hier vereinfachte Symbole verwenden (V 71.1. und V 71.2.):

$$\underset{\text{violette Form}}{KV^+} + OH^- \rightarrow \underset{\text{farblose Form}}{KVOH}$$

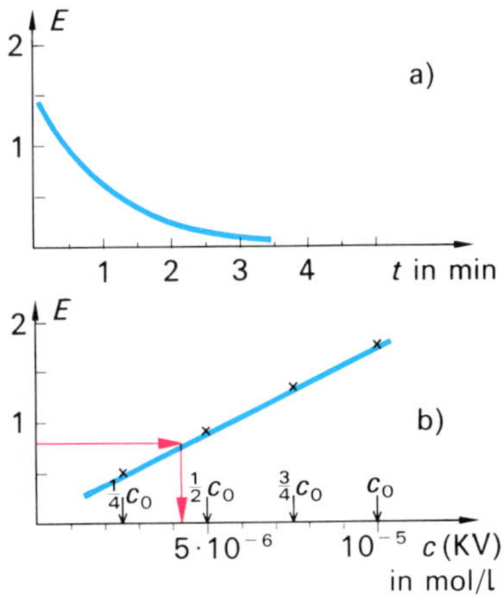

***B 71.1.** a) Prinzipieller Verlauf der Zeit-Extinktions-Kurve;*
b) Eichgeradenbestimmung ausgehend von einer Lösung mit $c(KV)=10^{-5}$ mol/l

Zusatzinformation

Die Photometrie ist nicht auf die farbigen Stoffe, also auf die Stoffe, die sichtbares Licht absorbieren, beschränkt. Die farblosen Stoffe absorbieren energiereicheres Licht aus dem ultravioletten Bereich (vgl. B 70.1.). Ultraviolettes Licht hat Wellenlängen zwischen 200 nm und 400 nm. UV-Photometer haben als Lampe eine UV-Lichtquelle. Damit kann man sowohl Absorptionskurven analog zu der Kurve aus B 70.2. als auch Zeit-Extinktions-Kurven analog der aus dem Kristallviolettentfärbungsversuch aufnehmen, auch dann, wenn es sich nicht um einen farbigen Stoff handelt.

Versuche

V 72.1. Der Versuch mit Magnesiumband* und Salzsäure* (V 66.2.) wird wiederholt. Man notiert die für die Bildung von 50 ml Wasserstoff nötige Reaktionszeit.

V 72.2. V 72.1. wird mit 0,5 g Magnesiumpulver* durchgeführt.

V 72.3. In eine Kupfersulfat-Lösung*, $CuSO_4(aq)$ ($c = 0{,}5$ mol/l) taucht man einen blanken Eisennagel ein. Beobachtung? Nach 1 Minute versetzt man eine kleine Portion dieser Lösung mit einer Lösung von Kaliumhexacyanoferrat(III) („rotes Blutlaugensalz") $K_3Fe(CN)_6(aq)$. Beobachtung?

V 72.4. Man wiederholt V 72.3. mit Eisenpulver.

V 72.5. **Vorsicht! Abzug!** In einem Porzellanschälchen werden 2 ml Diethylether* unter dem Abzug entzündet (alle brennbaren Flüssigkeiten vorher wegstellen). Beobachtung?

V 72.6. In der Vorrichtung aus B 72.1. wird ein Ether*-Luft-Gemisch hergestellt, indem man **(unter dem Abzug)** ein Stück Filterpapier mit Ether tränkt, in das Papprohr wirft und verschließt. Nach ca. 30 s wird in der angedeuteten Weise gezündet. Beobachtung?

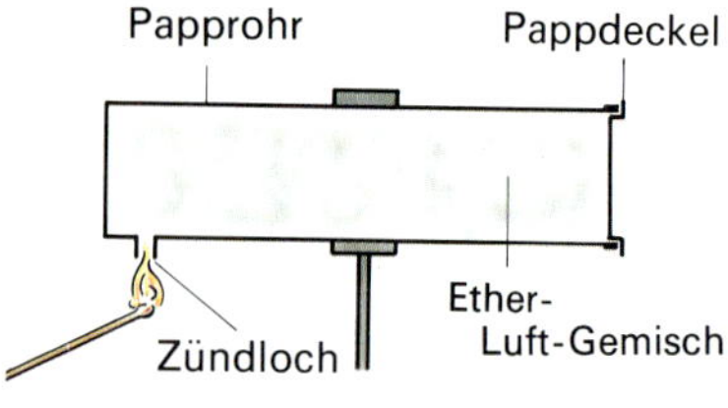

B 72.1. *Vorrichtung und Zündung eines Ether-Luft-Gemisches*

3.2. Beeinflussung der Reaktionsgeschwindigkeit

Oberfläche der Edukte

Salzsäure reagiert mit Magnesiumpulver schneller als mit Magnesiumband gleicher Masse (V 72.1. und V 72.2.).
Auch die Kupferabscheidung an Eisen verläuft schneller, wenn man statt eines Eisennagels wie in V 72.3. Eisenpulver wie in V 72.4. in eine Kupfersulfat-Lösung gibt. In beiden Fällen läuft folgende Redoxreaktion (Reaktion mit Elektronenübergängen) ab:

$$Cu^{2+}(aq) + Fe(s) \rightarrow Fe^{2+}(aq) + Cu(s)$$

Bei dem Versuch mit Eisenpulver werden in einer bestimmten Zeit mehr Edukte zu Produkten umgesetzt; als Folge davon ist die blaue Farbe der Kupfersulfat-Lösung fast verschwunden und in der Lösung lassen sich Eisen(II)-Ionen nachweisen (Blaufärbung der roten Blutlaugensalz-Lösung wegen der Reaktion der Eisen(II)-Ionen mit den Hexacyanoferrat-III-Ionen). Angezündeter Ether brennt in einer Schale zwar zügig, aber nicht explosionsartig wie ein Etherdampf-Luft-Gemisch (V 72.5. und V 72.6.). Ein Benzindampf-Luft-Gemisch verbrennt im Zylinder eines Ottomotors ähnlich wie das Gemisch aus dem Papprohr in B 72.1.

Gleiche Stoffe reagieren also unterschiedlich schnell miteinander, je nachdem, in welcher Form sie bei der Reaktion vorliegen.

Bei heterogenen Reaktionen[1] ist die Reaktionsgeschwindigkeit um so größer, je größer die Kontaktoberfläche der in verschiedenen Phasen vorliegenden Edukte ist.

Ist eines der Edukte ein Feststoff, so nimmt die Reaktionsgeschwindigkeit mit dem Zerteilungsgrad des Feststoffes zu.

Dieser experimentelle Befund kann auf der *Teilchen-Ebene* erklärt werden, wenn man von folgender Hypothese ausgeht:
Damit die Reaktion eintritt, ist es notwendig, dass Edukt-Teilchen zusammenstoßen **(Kollisionshypothese oder Stoßhypothese)**.
Aus dieser Hypothese folgt, dass nur diejenigen Teilchen einer Feststoff-Portion mit Teilchen des gelösten Reaktionspartners reagieren können, die sich an der Oberfläche der Feststoff-Portion befinden. Der Anteil dieser „Oberflächen-Teilchen" nimmt mit steigendem Zerteilungsgrad rasch zu (B 73.1.).
Viele technisch wichtige Reaktionen, von der Kohleverbrennung in Kraftwerken bis zur Benzinherstellung durch Kohlevergasung, laufen in heterogenen Systemen ab, bei denen ein Edukt fest ist. Um hohe Reaktionsgeschwindigkeiten zu erzielen, wurden Reaktoren entwickelt, bei denen der Feststoff als körnige Wirbelschicht in einem von

[1] Reaktionen, bei denen die Edukte in verschiedenen Phasen vorliegen

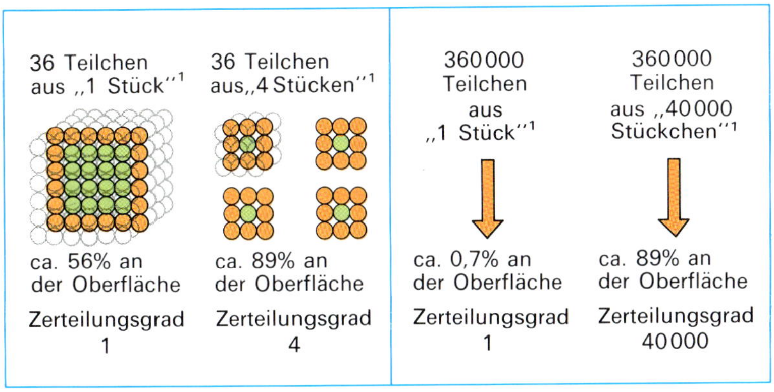

B 73.1. *Modell und Modellrechnung für den Anteil der „Oberflächen-Teilchen“ bei verschiedenen Zerteilungsgraden. Das zweite Zahlenbeispiel kommt der Wirklichkeit näher als das erste.*

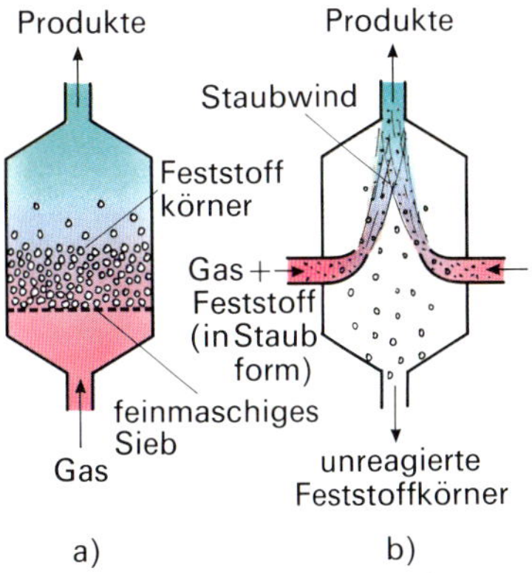

B 73.2. *Modell eines Wirbelschichtreaktors (a) und eines Staubwindreaktors (b)*

unten stetig eingeblasenen Gasstrom schwebt (Wirbelschichtreaktor, B 73.2.a) oder andere, bei denen der Feststoff als ganz feiner Staub zusammen mit dem Gas den Reaktor durchströmt (Staubwindreaktor, B 73.2.b).

[1] Gemeint ist jeweils eine Schicht aus der Mitte eines Stücks, das die Form eines Würfels hat.

Konzentrationen der Edukte

Bei der uns bereits bekannten Schwefelbildung aus Natriumthiosulfat-Lösung und Salzsäure kann der Einfluss der Eduktkonzentration auf die Reaktionsgeschwindigkeit durch die Versuchsreihe aus V 73.1. ermittelt werden. Man misst zwar die Reaktionszeit t_r, in der sich eine bestimmte Portion Schwefel bildet (deshalb spricht man auch von „Zeitreaktionen“), aber die gemessenen Zeiten geben in diesem Fall auch Auskunft über die mittleren Reaktionsgeschwindigkeiten $\bar{v}_r$ im Anfangsstadium der Reaktionen.
Die Ergebnisse der Messreihe zeigen, dass bei gleichbleibender Natriumthiosulfat-Konzentration die Reaktionszeiten mit steigenden Salzsäure-Konzentrationen abnehmen; hält man die Salzsäure-Konzentration konstant, so ergeben sich bei abnehmenden Natriumthiosulfat-Konzentrationen längere Reaktionszeiten. Zusammengefasst, bedeutet dies, dass die mittlere Reaktionsgeschwindigkeit $\bar{v}_r$ sowohl zur Konzentration des Natriumthiosulfats als auch zur Konzentration der Salzsäure in einer „je höher um so größer“-Relation steht.
Ähnliches stellt sich experimentell auch bei der Bildung von molekularem Iod aus Iodid-Ionen mit Hilfe von Ammoniumperoxodisulfat heraus. Die Proben aus V 74.1. sind so angesetzt, dass das gebildete Iod zunächst vom hinzugefügten Natriumthiosulfat „abgefangen“ wird, es also zu keiner Blaufärbung mit Stärke kommt. Erst wenn sich so viel Iod gebildet hat, dass es seinerseits die gesamte Vorlage an Natriumthiosulfat aus der Lösung aufgebraucht hat, bleibt es in der Lösung, deren Blaufärbung dann sofort eintritt. Auch in dieser Versuchsreihe misst man also letztlich die Reaktionszeit, in der sich eine bestimmte Portion eines Produkts im Anfangsstadium der Reaktion gebildet hat.

Versuch

V 73.1. Die Umsetzung von Natriumthiosulfat-Lösung mit Salzsäure* auf dem OH-Projektor (vgl. V 65.1.) wird mit den 5 Ansätzen aus Tab. 73.1. durchgeführt. Die Reaktionszeiten vom Start der Reaktion bis zum Verschwinden des Kreuzes werden notiert.
Die Auswertung erfolgt wie bei V 74.2.

Nr.	$Na_2S_2O_3(aq)$ ml	H_2O ml	$HCl(aq)$ ml
1	50	10	5
2	50	5	10
3	50	0	15
4	30	30	5
5	15	45	5

Tab 73.1. *Mischungsverhältnisse bei V 73.1.*

Versuche

V 74.1. *Vorversuch:* In einem Erlenmeyerkolben versetzt man 20 ml Kaliumiodid-Lösung **KI(aq)** ($c = 0{,}1$ mol/l) mit etwas Stärke-Lösung und mit 5 ml Ammoniumperoxodisulfat-Lösung* $(NH_4)_2S_2O_8(aq)$ ($c = 0{,}1$ mol/l). Beobachtung?

V 74.2. Sechs Erlenmeyerkolben werden nach den Angaben aus Tab. 74.1. mit Kaliumiodid-Lösung, etwas Stärke-Lösung, Wasser und Natriumthiosulfat-Lösung $Na_2S_2O_3(aq)$ ($c = 0{,}0025$ mol/l) beschickt. Dann wird der Reihe nach das in Tab. 74.1. angegebene Volumen Ammoniumperoxodisulfat-Lösung* ($c = 0{,}1$ mol/l) dazugegeben, geschüttelt und die Zeit bis zum Auftauchen der blauen Farbe notiert.

Auswertung

Übernehmen Sie die Tab. 74.1. in Ihr Heft und ergänzen Sie sie um drei Spalten mit $c(S_2O_8^{2-})$, $c(I^-)$ und $1/t_r$. Berechnen Sie alle Werte für diese Spalten und beschreiben Sie den Zusammenhang zwischen der Konzentration der Edukte und der Reaktionsgeschwindigkeit. (Für V 73.1. gilt das gleiche Auswertungsmuster.)

Nr.	KI(aq) ml	$Na_2S_2O_3$ ml	H_2O ml	$(NH_4)_2S_2O_8$ ml
1	20	5	10	15
2	20	5	15	10
3	20	5	20	5
4	20	5	5	20
5	10	5	15	20
6	5	5	20	20

Tab. 74.1. *Mischungsverhältnisse bei V 74.2.*

Die in V 73.1. und V 74.1. beschriebenen Reaktionen und ihre Reaktionsgleichungen können wie folgt formuliert werden:

Schwefelbildung aus Thiosulfat-Ionen in saurer Lösung:

$$S_2O_3^{2-}(aq) + 2H_3O^+(aq) \rightarrow S(s) + SO_2(g) + 3H_2O(l)$$

Iodbildung aus Iodid-Ionen und Ammoniumperoxodisulfat-Ionen:

$$2I^-(aq) + S_2O_8^{2-}(aq) \rightarrow I_2(aq) + 2SO_4^{2-}(aq)$$

„Abfangen" des Iods mit Thiosulfat-Ionen:

$$I_2(aq) + 2S_2O_3^{2-}(aq) \rightarrow 2I^-(aq) + S_4O_6^{2-}(aq)$$

Die Untersuchung einer Vielzahl von homogenen Reaktionen[1] (in Lösungen oder in Gasgemischen) hat ergeben:

Die Reaktionsgeschwindigkeit (sowohl die mittlere als auch die momentane) ist um so größer, je größer die Konzentrationen der Edukte sind.

Der Zusammenhang zwischen der Reaktionsgeschwindigkeit und den Konzentrationen der Edukte kann mit der **Kollisionshypothese** (S. 72) erklärt werden: Die Zahl der Stöße zwischen den Teilchen der beiden Edukte einer Reaktion pro Zeitintervall ist umso größer, je mehr Teilchen in einem bestimmten Volumen enthalten sind (B 74.1.).

Bei den Modellen aus B 74.1. wird davon ausgegangen, dass für die Bildung von Produkt-Teilchen jeweils ein Teilchen des Edukts **A** mit einem Teilchen des Edukts **B** zusammenstoßen muss. Man spricht von einer **bimolekularen Reaktion**. Wie in B 74.1. gezeigt wird, ist die Stoßzahl z proportional zum Produkt der Teilchenzahlen:

$$z \sim N(\mathbf{A}) \cdot N(\mathbf{B}).$$

[1] Reaktionen, bei denen die Edukte in einer Phase vorliegen.

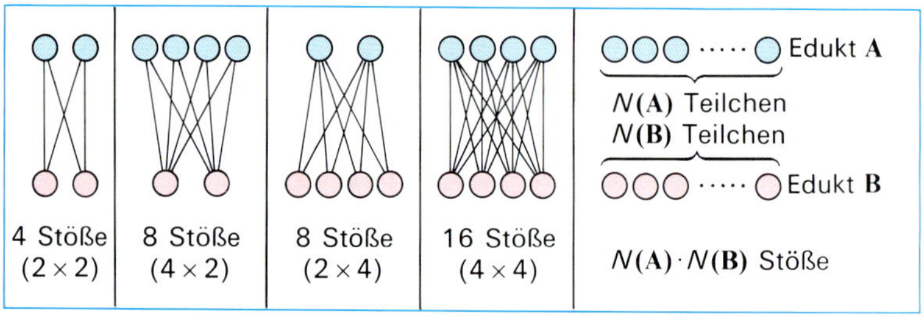

B 74.1. *Modelle und Modellrechnungen zur Abhängigkeit der Zahl der möglichen Stöße von der Anzahl der Edukt-Teilchen in einem bestimmten Volumen*

Die Teilchenzahl $N(\mathbf{X})$ eines Stoffes **X** ist das Produkt aus der Stoffmenge $n(\mathbf{X})$ und der *AVOGADRO-Konstanten* N_A ($N_A = 6{,}022 \cdot 10^{23}\,\text{mol}^{-1}$):

$$N(\mathbf{X}) = n(\mathbf{X}) \cdot N_A$$

Da für Lösungen die Stoffmenge des gelösten Stoffes $n(\mathbf{X})$ gleich dem Produkt aus der Konzentration $c(\mathbf{X})$ und dem Volumen der Lösung V_{Ls} ist, können wir für die Stoßzahl z bei der bimolekularen Reaktion schreiben:

$$z \sim c(\mathbf{A}) \cdot V_{Ls} \cdot N_A \cdot c(\mathbf{B}) \cdot V_{Ls} \cdot N_A$$

Bei konstantem Volumen der Lösung, in der die Reaktion abläuft (N_A ist ohnehin eine Konstante), ist also die Stoßzahl z proportional zum Produkt der Konzentration der beiden Edukte:

$$z \sim c(\mathbf{A}) \cdot c(\mathbf{B})$$

In der Annahme, dass die momentane Reaktionsgeschwindigkeit v_r proportional zur Stoßzahl z ist, gilt für die von uns betrachtete bimolekulare Reaktion:

$$v_r = k \cdot c(\mathbf{A}) \cdot c(\mathbf{B})$$

Der Proportionalitätsfaktor k wird als **Geschwindigkeitskonstante** bezeichnet. Sie hat für jede Reaktion unter konstanten Reaktionsbedingungen einen charakteristischen Wert. Auf S. 242 und S. 243 werden Geschwindigkeitsgesetze aus Experimentaldaten hergeleitet.

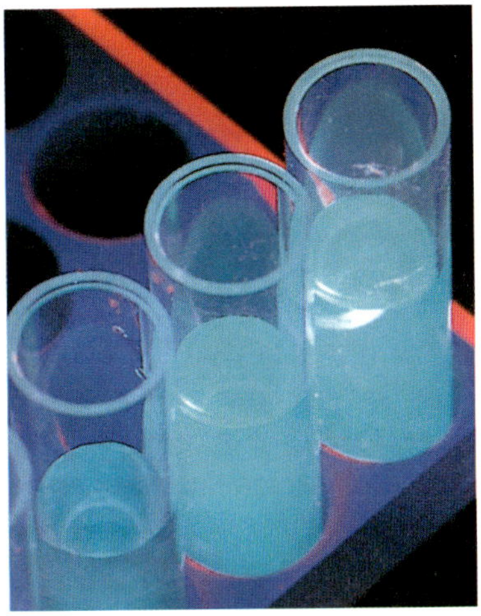

B 75.1. *AIDS-Test durch Fluoreszenzimmunoassay.*
Bei der Bestimmung der HIV-Antikörper im Blutserum macht man sich u.a. die Konzentrationsabhängigkeit der Reaktionsgeschwindigkeit zunutze. Hier kommt letztlich die Probe mit der größten HIV-Antikörper-Konzentration am stärksten zum Leuchten, weil hier die Reaktion mit dem zugefügten Fluoreszenzmittel am schnellsten verläuft.

Praktikum

Der Einfluss der Temperatur auf die Reaktionsgeschwindigkeit

Versuche

PV 75.1. Wiederholen Sie zunächst PV 69.2. aus dem Praktikum zur Amperometrie bei Zimmertemperatur. Führen Sie dann die Messungen bei zwei neuen Reaktionsansätzen durch, jedoch einmal bei einer Temperatur, die 10 °C über der Zimmertemperatur liegt und einmal bei 20 °C über Zimmertemperatur. Hierzu stellen Sie das Becherglas mit der Reaktionslösung in ein größeres Glasgefäß, in dem Sie durch Mischen von kaltem und heißem Wasser die gewünschte Temperatur erzeugen (bitte beachten: Das *Reaktionsgemisch* muss die genannten Temperaturen haben, das Wasser in der Glasschüssel muss also ca. 2 °C wärmer sein). Achten Sie darauf, dass der Rührer jeweils gleich stark rührt.

Auswertung der Versuche

a) Stellen Sie die Messwerte aus den Messreihen bei den drei Temperaturen in **einem** Zeit-Stromstärke-Diagramm (vgl. B 69.2.) graphisch dar.

b) Vergleichen Sie die drei Kurven hinsichtlich der Anfangssteigungen und hinsichtlich der Zeitintervalle, nach denen die Kurven „abflachen", d.h. (in etwa) parallel zur t-Achse werden. Wie sind diese Unterschiede zu erklären?

c) Lesen Sie bei jeder der drei Kurven die Stromstärke bei $t = 60$ s und bei $t = 120$ s ab. Errechnen Sie daraus, um welchen Faktor sich die mittlere Reaktionsgeschwindigkeit ändert, wenn die Temperatur um 10 °C erhöht wird. (Falls die Ergebnisse unzufriedenstellend sein sollten, können Sie auch weitere Messreihen bei anderen Temperaturen durchführen oder die durchgeführten Messreihen wiederholen)

B 76.1. JACOBUS HENRICUS VAN'T HOFF *(1852 bis 1911) erhielt im Jahr 1901 den ersten Nobelpreis für Chemie.*

B 76.2. SVANTE ARRHENIUS *(1859 bis 1927), schwedischer Physikochemiker, dessen Eltern aus Bayern stammten. Für seine Theorie der elektrolytischen Dissoziation erhielt er 1903 den Chemienobelpreis.*

Die Auswertung des Praktikum-Versuchs bestätigt eine Erfahrung, die wir schon bei vielen Reaktionen gewonnen haben: Erwärmt man die Stoffe, so läuft die Reaktion schneller ab. Es zeigt sich bei den durchgeführten Messreihen aber auch, dass die Erhöhung der Temperatur um 10 °C eine Erhöhung der Reaktionsgeschwindigkeit auf das Zwei- bis Vierfache zur Folge hat. Zu dieser Erkenntnis war bereits 1884 J.H. VAN'T HOFF gekommen; er hatte hierzu die Temperaturabhängigkeit der Reaktionsgeschwindigkeit bei einer Vielzahl von homogenen Reaktionen untersucht und alle bis dahin bekannten experimentellen Ergebnisse zusammengefasst. Die obige (zwar nicht sehr genaue, aber für die Praxis wichtige) Aussage ist als die **R**eaktionsgeschwindigkeit-**T**emperatur-**R**egel (**RGT**-Regel) bekannt.
Kann auch dieser experimentelle Befund mit Hilfe der Kollisionshypothese auf der Teilchen-Ebene erklärt werden?
Bei steigender Temperatur bewegen sich die Teilchen einer Stoffportion schneller, es kommt also im gleichen Zeitintervall häufiger zu Stößen; folglich muss auch die Geschwindigkeit einer Reaktion zunehmen. Damit scheint unsere Frage zunächst beantwortet.
Das Ausmaß, in dem die Reaktionsgeschwindigkeit bei der Temperaturerhöhung steigt (Verdoppelung bis Vervierfachung der Reaktionsgeschwindigkeit bei einem Temperaturanstieg von 10 °C), ist aber erheblich größer, als es aufgrund der zunehmenden Stoßhäufigkeit sein sollte. Zu diesem Ergebnis gelangte S. ARRHENIUS im Jahr 1889:
„Es ist nicht möglich weiterzukommen, ohne eine neue Hypothese einzuführen, die in gewissem Sinne eine erweiterte Umschreibung der beobachteten Fakten ist."
Diese neue Hypothese und die Fakten, die sie berücksichtigt, betreffen energetische Aspekte bei chemischen Reaktionen.

Aufgaben

A 76.1 Wodurch unterscheidet sich die Verbrennung von Etherdampf im Papprohr (V 72.6.) hinsichtlich des auf S. 72 behandelten Themas (Oberfläche der Edukte) von den übrigen Versuchen?

A 76.2. Reagieren der Feststoff **A** und das Gas **B** im Wirbelschichtreaktor oder im Staubwindreaktor (B 73.1.) schneller miteinander?

A 76.3. Führen Sie zu V 73.1. eine Auswertung nach dem auf S. 74 vorgegebenen Muster durch. (Falls der Versuch nicht durchgeführt wurde, nehmen Sie folgende Reaktionszeiten t_r: 19 s, 13 s, 11 s, 25 s und 47 s.)

A 76.4. Es liegt eine bimolekulare Reaktion zwischen **A** und **B** vor. Wie müsste sich die Reaktionsgeschwindigkeit v_r bei der Verdoppelung von $c(\mathbf{A})$ verändern?

A 76.5. Ein Auto, das in einer auf 20 °C aufgeheizten Garage parkt, rostet schneller als eines, das bei −10 °C im Freien steht. Welchen Faktor („wievielmal schneller") vermuten Sie?

Zusammenfassung

Die Reaktionsgeschwindigkeit wird bei heterogenen Reaktionen durch den Zerteilungsgrad der Edukte und bei homogenen Reaktionen durch die Konzentration der Edukte beeinflusst. Nach der RGT-Regel verdoppelt bis vervierfacht sich die Reaktionsgeschwindigkeit bei einem Temperaturanstieg um 10 °C. Mit der Kollisionshypothese lassen sich die beiden erstgenannten Einflüsse ausreichend erklären; für die Erklärung des Temperatureinflusses reicht die Kollisionshypothese nicht aus.

Neue Fachbegriffe

homogene Reaktionen, heterogene Reaktionen, Kontaktoberfläche, Zerteilungsgrad, Kollisionshypothese, Wirbelschichtreaktor, Staubwindreaktor, bimolekulare Reaktion, Stoßzahl z, Geschwindigkeitskonstante k, RGT-Regel

3.3. Reaktionsenergie

Die *Wärme* in unseren Wohnungen stammt aus der Verbrennung von Erdgas, Öl oder Kohle. Dass bei chemischen Reaktionen auch *mechanische Arbeit* verrichtet werden kann, sehen wir dann, wenn der Deckel des Papprohres in LV 77.1. wegfliegt und erleben es immer, wenn wir Auto fahren. Es gibt aber auch Stoffsysteme, die bei ihrer Umwandlung *elektrische Energie* freisetzen (V 77.2.). Schließlich wissen wir, dass in jeder Flamme, z. B. in der Kerzenflamme, neben Wärme auch *Licht* entsteht. In letzter Zeit wurden eine Fülle von chemischen Reaktionen untersucht, bei denen kaum Wärme, aber viel Licht frei wird (LV 77.3. und LV 77.4.). Dieses als *Chemilumineszenz* bekannte Phänomen findet sehr raschen Einzug in praktische Anwendungen z. B. beim analytischen Nachweis kleinster Spuren bestimmter Stoffe.

Bei einer chemischen Reaktion wird neben der Umsetzung von Stoffen immer auch Energie „umgesetzt", weil sich bei der chemischen Reaktion der Gesamtenergieinhalt des reagierenden Systems **(innere Energie U)** ändert:

$$\Delta U = U\ (\text{Produkte}) - U\ (\text{Edukte})$$

Ist die innere Energie der Produkte größer als die der Edukte, so muss den Edukten Energie zugeführt werden, damit sie in die Produkte übergehen. Aus der Reaktion wird dagegen Energie (in einer bestimmten Form) frei, wenn die innere Energie der Edukte größer ist als die der Produkte. Dabei kann die Energie in verschiedenen Formen (z. B. Wärme, Licht, elektrische Energie) auftreten.

Bei sehr vielen Reaktionen ist die Wärme diejenige Energieform, die innerhalb der verfügbaren Messgenauigkeit und hinsichtlich der praktischen Verwertbarkeit als einzige Bedeutung hat. Deshalb ist die Wärme als energetische Begleiterscheinung chemischer Reaktionen am besten untersucht worden.

Wärme, die bei einer unter konstantem Druck verlaufenden Reaktion zugeführt werden muss oder die abgegeben wird, bezeichnet man als Reaktionsenthalpie ΔH_R[4]:

$$\Delta H_R = H\ (\text{Produkte}) - H\ (\text{Edukte})$$

Reaktionsenthalpien können über Temperaturmessungen experimentell bestimmt werden. Besonders einfach gelingt dies, wenn Edukte und Produkte in Lösung vorliegen wie bei der Neutralisationsreaktion. Gibt man die Reaktionsenthalpie in der Reaktionsgleichung an, so bezieht sich der Zahlenwert immer auf die in der Reaktionsgleichung festgelegten Stoffmengen:

$$H_3O^+(aq) + OH^-(aq) \rightarrow 2\,H_2O(l); \quad \Delta H^0_R = -57\ \text{kJ}^{5}$$

(Lies: „Bei der Neutralisation von 1 mol Oxonium-Ionen mit 1 mol Hydroxid-Ionen beträgt die Reaktionsenthalpie bei Standardbedingungen $\Delta H^0_R = -57$ kJ, d. h., diese Wärmemenge wird frei.")[5]

Versuche

LV 77.1. Der Versuch mit der Verbrennung des Etherdampf*-Luft-Gemisches im Papprohr (V 72.6.) wird wiederholt.

V 77.2. In ein Becherglas, in dem sich Zinksulfat-Lösung* und ein Zinkstab befinden, stellt man einen Tonzylinder mit Kupfersulfat-Lösung* und einem Kupferblech. Man verbindet den Zinkstab und das Kupferblech mit den Polen eines 2-V-Elektromotors. Beobachtung?

LV 77.3. Ein Filterpapierstreifen (12 cm × 2 cm) wird längs gefaltet und in ein großes Rggl. eingeführt. Unter dem **Abzug** wird das Filterpapier mit Tetrakis (dimethylamino)-ethylen*[1] aus der Pipette getränkt. Das zugestopfte Rggl. wird im dunklen Raum herumgereicht. Beobachtung?

LV 77.4. Der Boden eines 500-ml-Erlenmeyerkolbens wird mit Kaliumhydroxid-Plätzchen* **KOH(s)** bedeckt. Dazu gießt man gerade soviel Dimethylsulfoxid*[2], dass das Kaliumhydroxid bedeckt ist (es ist gut, wenn einige Kanten der Plätzchen noch mit der Luft in Berührung stehen). Man fügt eine kleine Spatelspitze Luminol[3] dazu, verdunkelt den Raum und schüttelt gelegentlich. Beobachtung?

H (Produkte) < H (Edukte)
$\Delta H_R < 0$; exotherme Reaktion
H (Produkte) > H (Edukte)
$\Delta H_R > 0$; endotherme Reaktion

B 77.1. *Zusammenhang zwischen den Enthalpien der Edukte und Produkte*

---

[1] wasserunlösliche, organische Flüssigkeit
[2] polares, organisches Lösungsmittel
[3] 3-Aminophthalsäurehydrazid
[4] von *enthalpein* (griech.) = heizen, der Buchstabe H kommt von *heat* (engl.) = Wärme
[5] Die hochgestellte „0" bedeutet, dass die Reaktionsenthalpie für die Standardbedingungen 25 °C und 1013 hPa angegeben ist.

Bestimmung der Neutralisationswärme

Versuche

PV 78.1. Zur Bestimmung der Reaktionsenthalpie der Neutralisationsreaktion bringt man zunächst je 50 ml Salzsäure* ($c = 1$ mol/l) und Natronlauge* ($c = 1$ mol/l) in zwei Styroporbechern auf konstante Raumtemperatur. Hierzu wird in jedem Becher die Temperatur so lange beobachtet, bis sie über 1 min konstant bleibt. Nun vereinigt man die beiden Lösungen in einem der beiden Becher. Die Temperatur wird in 10-s-Abständen abgelesen, bis sie aufhört zu steigen bzw. anfängt zu fallen. Der höchste Wert wird notiert.

PV 78.2. PV 78.1. wird mit 50 ml Kalilauge* ($c = 1$ mol/l) und 50 ml Schwefelsäure-Lösung* ($c = 1$ mol/l) wiederholt.

Auswertung der Versuche

a) Die Reaktionswärme ist bei den durchgeführten Versuchen gleich der Wärme Q, die von dem Reaktionsgemisch übernommen wurde, um seine Temperatur um die experimentell ermittelte Temperaturdifferenz ΔT zu erhöhen. Diese Wärme Q berechnet sich wie folgt:

$$Q = m \cdot c \cdot \Delta T$$

m: Masse des (hauptsächlich aus Wasser bestehenden) Reaktionsgemisches in g

c: spezifische Wärmekapazität (hier des Wassers) $c = 4{,}18\ \mathrm{J \cdot g^{-1} \cdot K^{-1}}$

ΔT: Temperaturdifferenz in K

Nehmen Sie an, die von Ihnen benutzten Lösungen hätten alle die Dichte $\varrho = 1\ \mathrm{g/cm^3}$ (diese Ungenauigkeit hat auf das Endergebnis weniger Einfluss als die Ungenauigkeiten beim Experimentieren!) und berechnen Sie die Wärmen Q in den beiden Versuchen.

b) Rechnen Sie die erhaltenen Wärmen auf die Reaktion von 1 mol Oxonium-Ionen H_3O^+ mit 1 mol Hydroxid-Ionen OH^- um; Sie erhalten damit die **Neutralisationswärme ΔH_R**.

c) Schwefelsäure ist eine zweiprotonige Säure, Hydrogenchlorid eine einprotonige. Wie sind Ihre Versuchsergebnisse unter diesem Gesichtspunkt zu erklären?

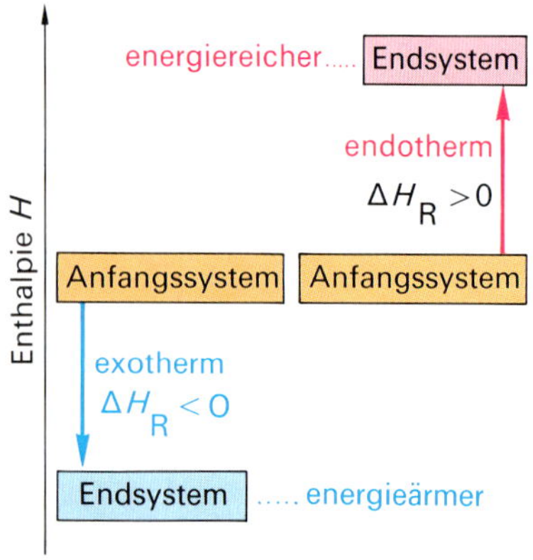

B 78.1. *Die Reaktionsenthalpie berechnet sich stets als Differenz zwischen der Enthalpie der Produkte und der Enthalpie der Edukte:* $\Delta H_R = H$ (Produkte) $- H$ (Edukte). *(Die Enthalpie H eines Systems entspricht seinem „Wärmeinhalt".)*

Graphisch kann man Wärmeumsätze bei chemischen Reaktionen mit Hilfe von Energieschemata veranschaulichen (B 78.1.). Für alle gut bekannten Reaktionen wurden auch die Reaktionsenthalpien experimentell bestimmt oder berechnet; sie können in chemischen Tabellenwerken nachgeschlagen werden. In Tab. 78.1. sind einige Beispiele angegeben, darunter auch spezielle Reaktionsenthalpien wie z. B. Bildungsenthalpien von Verbindungen oder Lösungsenthalpien von wasserlöslichen Stoffen.

Zur Berechnung von experimentell nur schwer bestimmbaren Reaktionsenthalpien dient der im Jahr 1840 von H.H. HESS[1] aufgestellte **Satz von den konstanten Wärmesummen.**

Stoff	molare Bildungsenthalpie ΔH^0_{Bm}	Stoff	molare Lösungsenthalpie ΔH^0_{Lm}
$HCl(g)$	− 92,3 kJ/mol	$HCl(g)$	− 75,1 kJ/mol
$HBr(g)$	− 36,2 kJ/mol	$HBr(g)$	− 84,7 kJ/mol
$ZnBr_2(s)$	−326,9 kJ/mol	$ZnBr_2(s)$	− 67,3 kJ/mol
$MgCl_2(s)$	−641,8 kJ/mol	$MgCl_2(s)$	−155,1 kJ/mol
$FeBr_2(s)$	−280,0 kJ/mol	$FeCl_2(s)$	− 82,0 kJ/mol
$NaCl(s)$	−410,9 kJ/mol	$FeBr_2(s)$	− 49,7 kJ/mol
$MgBr_2(s)$	−517,6 kJ/mol		

Reaktion	*Reaktionsenthalpie* ΔH^0_R
$2HCl(aq) + Fe(s) \rightarrow H_2(g) + FeCl_2(aq)$	− 95,1 kJ
$2HBr(aq) + Mg(s) \rightarrow H_2(g) + MgBr_2(aq)$	−461,9 kJ

Tab 78.1. *Reaktionsenthalpien bei Standardbedingungen (Temperatur von* 25 °C *und Druck von* 1013 hPa)[2]

[1] HERMANN HEINRICH HESS (1802 bis 1850), Chemieprofessor in Petrograd (St. Petersburg)

[2] Die Bildungsenthalpie von Elementen ist Null.

Die Reaktionsenthalpie ist nur von den Edukten und den Produkten einer Reaktion und nicht vom Reaktionsweg abhängig.

Die Summe der Reaktionsenthalpien beliebiger Teilreaktionen, die von den Edukten zu den Produkten führen, ist stets gleich groß. Dieser Satz wird graphisch in B 79.1. erläutert.

Als Anwendung wollen wir berechnen, wie groß die Reaktionsenthalpie bei der Bildung von Wasserstoffperoxid (Bildungsenthalpie) ist, indem wir dazu die bekannten Reaktionsenthalpien bei der Bildung von Wasser und bei der Zersetzung von Wasserstoffperoxid in Wasser und Sauerstoff ausnutzen:

$$2H_2(g) + O_2(g) \rightarrow 2H_2O(l); \quad \Delta H_R^0 = -572{,}4\ kJ \quad (1)$$

$$2H_2O_2(l) \rightarrow 2H_2O(l) + O_2(g) \quad \Delta H_R^0 = -196\ kJ \quad (2)$$

Wir können uns die Bildung von Wasserstoffperoxid als Folge von Reaktion (1) und *Rück*reaktion von (2) denken, d.h. als Bildung von Wasser aus Wasserstoff und Sauerstoff, gefolgt von der Reaktion zwischen Wasser und Sauerstoff zu Wasserstoffperoxid. Bei der Bildung der Summe der Reaktionsenthalien müssen wir beachten, dass sich das Vorzeichen von ΔH_R für die Rückreaktion (2) ändert:

$$2H_2(g) + 2O_2(g) \rightarrow 2H_2O_2(l); \ \Delta H_R^0 = -572{,}4\ kJ + 196\ kJ = -376{,}4\ kJ$$

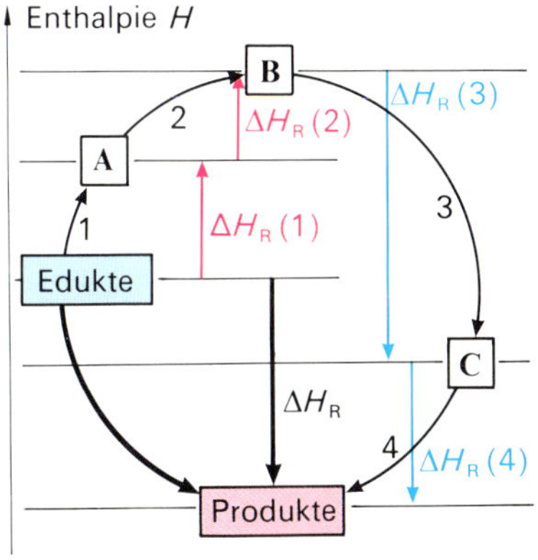

B 79.1. *Die Reaktionsenthalpie ΔH_R ist unabhängig davon, ob die Edukte direkt in die Produkte übergehen oder über die Zwischenstufen* **A**, **B** *und* **C**:

$$\Delta H_R = \Delta H_R(1) + \Delta H_R(2) + \Delta H_R(3) + \Delta H_R(4)$$

Aufgaben

A 79.1. In einem Kolben reagiert Salzsäure mit Magnesium. Auf dem Hals des Kolbens ist ein Luftballon aufgespannt, in dem der entweichende Wasserstoff gesammelt wird (B 79.2.). Warum entspricht die in diesem Fall gemessene Reaktionswärme im Kolben **nicht** der Reaktionsenthalpie ΔH_R?

A 79.2. Die Reaktionsenthalpie bei der Reaktion aus A 79.1. soll berechnet werden:

$$Mg(s) + 2HCl(aq) \rightarrow MgCl_2(aq) + H_2(g); \quad \Delta H_R^0 = ?$$

In Tab. 78.1. finden Sie die Bildungsenthalpien von Hydrogenchlorid $HCl(g)$ und von Magnesiumchlorid $MgCl_2(s)$ sowie die Lösungsenthalpien von Hydrogenchlorid und von Magnesiumchlorid. Verknüpfen Sie diese Teilvorgänge oder ihre Umkehrungen in geeigneter Weise und berechnen Sie die gesuchte Reaktionsenthalpie.

A 79.3. Gegeben sind die molaren Bildungsenthalpien von Methan CH_4 ($\Delta H_R^0 = -74{,}9\ kJ \cdot mol^{-1}$), von Propan C_3H_8 ($\Delta H_R^0 = -103{,}8\ kJ \cdot mol^{-1}$), von Wasserdampf ($\Delta H_R^0 = -242\ kJ \cdot mol^{-1}$) und von Kohlenstoffdioxid CO_2 ($\Delta H_R = -394\ kJ \cdot mol^{-1}$). Berechnen Sie aus diesen Angaben die Reaktionsenthalpien für die Verbrennung von 1 m^3 Methan bzw. von 1 m^3 Propan.

B 79.2. *Zu A 79.1.*

Zusammenfassung

Die „Reaktionsenergie" tritt in verschiedenen Formen in Erscheinung: als Wärme, als Licht, als elektrische Energie, als mechanische Energie. Als Reaktionsenthalpie ΔH_R wird die Wärme bezeichnet, die bei einer unter konstantem Druck verlaufenden Reaktion abgegeben wird oder zugeführt werden muss. Die Reaktionsenthalpie hängt nur vom Ausgangs- und Endzustand des Systems ab und nicht vom Reaktionsweg.

Neue Fachbegriffe

Chemilumineszenz, innere Energie U, Reaktonsenthalpie ΔH_R, Standardbedingungen, Neutralisationswärme, Satz von den konstanten Wärmesummen (Satz von HESS)

Versuche

V 80.1. Versuchen Sie der Reihe nach in der Brennerflamme ein Stück Magnesiumband*, ein kleines Knäuel Eisenwolle und einen langen Kupferspan anzuzünden. Beobachten Sie, ob und wie die Verbrennung außerhalb der Brennerflamme weiter verläuft.

Auswertung

Bei der Oxidation von jeweils 1 mol Magnesium, Eisen und Kupfer beträgt die Reaktionsenthalpie ΔH_R^0 jeweils -601 kJ, -414 kJ bzw. -165 kJ. Gibt es einen Zusammenhang zwischen diesen Reaktionsenthalpien und Ihren Beobachtungen? Erläutern Sie.

V 80.2. In einem 500-ml-Erlenmeyerkolben werden je zwei Teelöffel Bariumhydroxid* $Ba(OH)_2 \cdot 8\,H_2O(s)$ und Ammoniumthiocyanat* $NH_4SCN(s)$ zusammengebracht und durch Schütteln gut vermischt. Man beobachtet die Temperatur an der Wand des Kolbens durch Abtasten mit der Handfläche. Nach ca. 1 min prüft man den Geruch an der Kolbenöffnung und beobachtet den Zustand des Kolbeninhalts. Nach abermals 2 min kratzt man den Beschlag an der Außenwand des Kolbens ab und beobachtet ihn auf der Handfläche.

Auswertung

a) Stimmen die Beobachtungen mit Ihren bisherigen Erfahrungen insbesondere aus V 80.1. überein?
b) Das durch Geruch identifizierte Gas ist Ammoniak. Im Kolben bleibt gelöstes Bariumthiocyanat zurück. Formulieren Sie die Reaktionsgleichung.
c) Worin besteht die Triebkraft dieser Reaktion? (Zur Beantwortung dieser Frage lesen Sie zuerst den gesamten Text auf den Seiten 80 und 81.)

Über Triebkraft, Unordnung und Dämonen

Im Zusammenhang mit der Reaktionsenergie lehrt uns die Erfahrung, dass unter normalen Bedingungen stark exotherme Reaktionen nach dem Starten selbsttätig und schnell ablaufen. Man denke z.B. an die Verbrennung von Magnesium an der Luft. Von endothermen Reaktionen (Beispiel: Zersetzung von rotem Quecksilberoxid) wissen wir, dass sie nur „erzwungen", d.h. unter ständiger Energiezufuhr, verlaufen. Durch die Auswertung zahlreicher experimenteller Beobachtungen, bei denen sich die o.g. Erfahrungen immer wieder bestätigten, gelangten M. BERTHELOT[1] und W. THOMSON[2] um das Jahr 1850 zu folgender Überzeugung:

Die bei einer Reaktion frei werdende Wärmemenge ist ein Maß für die Triebkraft dieser Reaktion (BERTHELOTSCHES Prinzip).

Anders ausgedrückt heißt das: Ein System strebt den Zustand mit minimaler Enthalpie an **(Prinzip vom Enthalpieminimum)**. Danach sollte eine endotherme Reaktion (bei der die Enthalpie des Systems zunimmt) grundsätzlich nicht selbsttätig ablaufen.
Es dauerte tatsächlich ziemlich lange, bis Reaktionen gefunden wurden, die diesem Prinzip widersprechen. Wir können uns bei der Vermischung von Bariumhydroxid und Ammoniumthiocyanat sehr eindrucksvoll davon überzeugen, dass es stark endotherme und dennoch selbsttätig ablaufende Reaktionen gibt.

Was treibt solche Reaktionen an?

Wir verlassen einmal vorübergehend den Bereich der chemischen Umwandlungen von Systemen und „blicken über den Zaun" in die Physik und in die Biologie.
Bei der Dampfmaschine wird heißer Dampf dazu genutzt, Arbeit zu erzeugen. Wärme wird dabei in Arbeit umgewandelt. Bereits im Jahr 1865 stellte R. CLAUSIUS (B 82.1.) fest, dass die Wärme eines Systems aber nicht vollständig in Arbeit umgewandelt werden kann. Zur Begründung führte er eine neue Größe ein, von der er sagte: „*... sie sey der Verwandlungsinhalt des Körpers. Da ich es aber für besser halte, die Namen derartiger für die Wissenschaft wichtiger Größen aus alten Sprachen zu entnehmen, damit sie unverändert in allen neuen Sprachen angewandt werden können, so schlage ich vor, die Größe S nach dem griechischen Wort ‚tropae', die Verwandlung, die Entropie des Körpers zu nennen. Das Wort Entropie habe ich absichtlich dem Wort Energie möglichst ähnlich gebildet, denn die beiden Größen, welche durch diese Worte benannt werden sollen, sind ihren physikalischen Bedeutungen nach einander so nahe verwandt, dass eine gewisse Gleichartigkeit in der Benennung mir zweckmäßig zu seyn scheint.*"

[1] MARCELIN PIERRE EUGÈNE BERTHELOT (1827 bis 1907), französischer Chemiker
[2] SIR WILLIAM THOMSON (ab 1892 LORD KELVIN genannt) (1824 bis 1907), englischer Physiker und Mathematiker

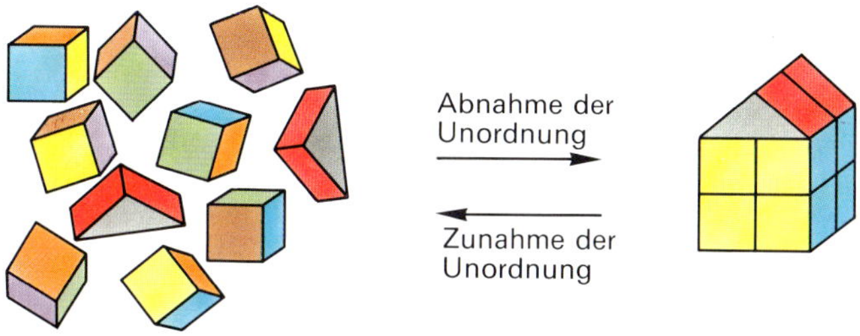

B 81.1. *Die Zahl der möglichen Anordnungen der Spielklötze ist dann, wenn sie zerstreut herumliegen, größer als dann, wenn sie ein Haus bilden. Das Zusammenbauen zu einem Haus entspricht also einer Entropieabnahme.*

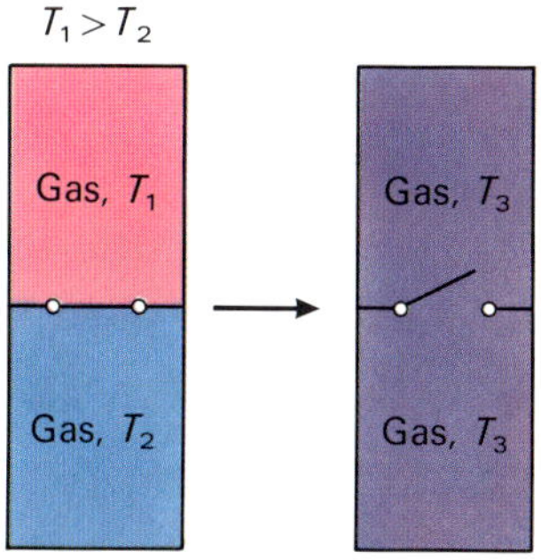

B 81.2. *Beim Öffnen der Trennklappe gleichen sich die schnellen Teilchen aus der oberen Kastenhälfte mit den langsameren aus der unteren Kastenhälfte aus. Sie erreichen so einen Zustand größerer Unordnung. Die Temperaturen haben sich dadurch ausgeglichen.*

Mit dieser neuen Größe, der Entropie S, stellte J.W. GIBBS (B 82.2.) im Jahr 1875 folgende Gleichung auf:

$$\Delta G = \Delta H - T \cdot \Delta S \qquad (1)$$

ΔG: Änderung der **freien Enthalpie** oder der **GIBBSSCHEN Energie** (Anteil der Wärme, der in mechanische Arbeit umgewandelt werden kann)

ΔH: Enthalpieänderung; T: Temperatur in K; ΔS: Entropieänderung

Obwohl man mit der Entropie rechnen und sie experimentell als Zustandsgröße eines Systems bestimmen konnte (nicht direkt, sondern nur über andere Größen aus der *GIBBSSCHEN Gleichung*!), blieb sie lange für viele geheimnisvoll und unverständlich, weil eine Veranschaulichung dafür fehlte. Dabei liegt der Schlüssel zu ihrem Verständnis in folgendem, von ihrem Urheber CLAUSIUS formulierten Satz: „*Wärme geht niemals von selbst von einem kühleren auf einen wärmeren Körper über.*" (Welche Selbstverständlichkeit! können wir da nur sagen.)

Die Tragweite dieses Satzes wurde aber erst klarer, als gegen Ende des 19. Jahrhunderts die Physiker J.C. MAXWELL[1] und L. BOLTZMANN (B 82.3.) zu einer Deutung der Entropie auf der Teilchen-Ebene gelangten. Danach ist die **Entropie eines Systems ein Maß für die Unordnung seiner Teilchen.** Je größer die Zahl der möglichen Anordnungen ist, in denen sich die Teilchen befinden können, also je größer ihre Unordnung ist, desto größer ist die Entropie S des Systems (B 81.1.).

Jedes System, das sich selbst überlassen wird, strebt einem Zustand maximaler Entropie zu, d.h. dem Zustand, in dem seine Teilchen die größte Unordnung aufweisen (B 81.2.).

Wie aber ist es dann möglich, dass der Kühlschrank doch Wärme an die wärmere Umgebung abgibt? Und wie kommt es, dass Pflanzen aus kleineren Molekülen, deren Unordnung größer ist, größere Moleküle synthetisieren, deren Unordung kleiner ist? Der Kühlschrank und die Pflanze sind eben nicht „sich selbst überlassen", sie erhalten vielmehr Energie in Form von elektrischer Energie bzw. als Licht.

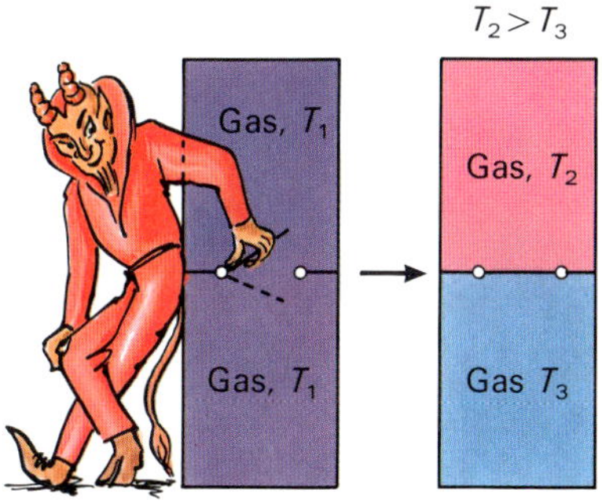

B 81.3. MAXWELLS *Dämon*[2] *schafft Ordnung unter den Teilchen. Er betätigt die Trennklappe so, dass alle schnellen Teilchen nur nach oben und alle langsamen nur nach unten durchfliegen. Zuletzt hat er alle schnellen Teilchen oben und alle langsamen unten. Die obere Kastenhälfte hat sich erwärmt, die untere abgekühlt.*

[1] JAMES CLARK MAXWELL (1831 bis 1879), schottischer Physiker. Er war Professor in Aberdeen, London und Cambridge und entwickelte die Elektrodynamik.

[2] Solche Dämonen mussten herhalten, um Gedankenspiele zu vollziehen, bei denen die Folgen bestimmter Annahmen verständlicher werden sollten (hier die Annahme, der Satz vom Entropiemaximum stimme nicht).

B 82.1. RUDOLF CLAUSIUS *(1822 bis 1888), deutscher Physiker. Er lehrte an den Universitäten in Zürich, Würzburg und Bonn.*

B 82.2. JOSIAH WILLARD GIBBS *(1839 bis 1903), amerikanischer Physikochemiker, einer der Begründer der chemischen Thermodynamik*

B 82.3. LUDWIG BOLTZMANN *(1844 bis 1906), österreichischer Physiker. Er lehrte in Graz, München, Leipzig und Wien und ist der Begründer der statistischen Deutung der Entropie.*

Wir kommen nun zu den chemischen Systemen zurück.

Eine Reaktion läuft selbsttätig ab, wenn die Änderung der freien Enthalpie ΔG ein negatives Vorzeichen hat.

In diesem Fall ist die Reaktion *exergonisch*. Exotherme Reaktionen ($\Delta H_R < 0$), bei denen die Entropie zunimmt ($\Delta S > 0$), sind demnach immer exergonisch. Bei exothermen Reaktionen mit Entropieabnahme ($\Delta S < 0$) ist der Beitrag des Terms $T \cdot \Delta S$ in der Gleichung (1) bei Raumtemperatur i. d. R. gering; bei steigenden Temperaturen fällt er zunehmend ins Gewicht. Betrachten wir beispielsweise die Synthese von Wasser aus den Elementen und ihre Umkehrung:

$$2H_2(g) + O_2(g) \underset{\text{endotherm}}{\overset{\text{exotherm}}{\rightleftharpoons}} 2H_2O(g);$$

$$\Delta H_R^0 = -483\,\text{kJ}; \quad \Delta S^0 = -0{,}0888\,\text{kJ} \cdot \text{K}^{-1}$$

Die angegebenen Werte gelten für die Hinreaktion, die Wassersynthese. In B 82.4. wird die Berechnung der freien Reaktionsenthalpie ΔG^0 veranschaulicht. Der negative Wert ($\Delta G^0 < 0$) bedeutet, dass die Wassersynthese bei Raumtemperatur eine Triebkraft besitzt und selbsttätig verläuft. Bei steigender Temperatur fällt der Entropieterm $-T \cdot \Delta S$ immer mehr ins Gewicht. Schließlich überwiegt er den Enthalpieterm ΔH und die Rückreaktion, die Wasserzersetzung, erhält eine Triebkraft ($\Delta G < 0$, B 82.5.).

Die Triebkraft einer Reaktion (und damit die Richtung, in die sie verläuft), ergibt sich durch das Zusammenwirken zweier entgegengesetzter Tendenzen:
1. die Tendenz nach minimaler Enthalpie des Systems und
2. die Tendenz nach maximaler Entropie des Systems.

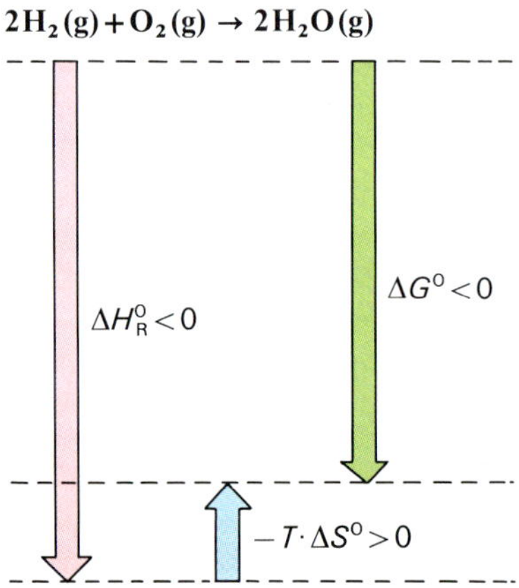

B 82.4. *Bei* 25 °C (298 K) *läuft die exotherme* **Bildung von Wasser** *ab. Die „Entropieschuld" ($-T \cdot \Delta S^0 > 0$) wird durch die Reaktionsenthalpie ($\Delta H_R^0 < 0$) überkompensiert.*

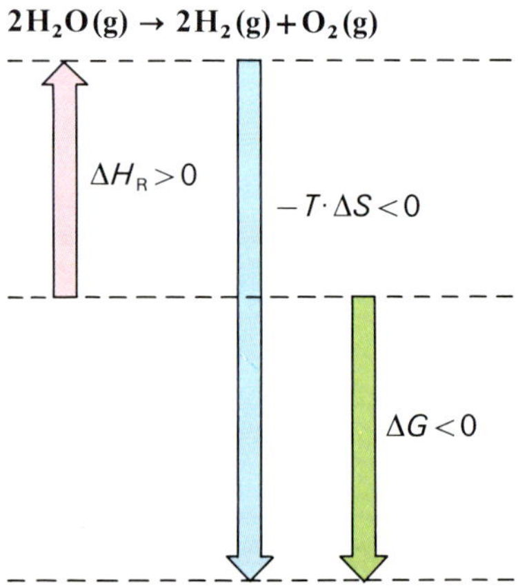

B 82.5. *Bei* 5000 °C (5273 K) *läuft die endotherme* **Wasserzersetzung** *ab. Die „Enthalpieschuld" ($\Delta H_R > 0$) wird durch den Entropieterm $-T \cdot \Delta S < 0$ überkompensiert.*

3.4. Aktivierungsenergie und Reaktionsgeschwindigkeit

Bei dem Versuch, Eisenwolle in Sauerstoff zu verbrennen (V 83.1.), machen wir erneut die Erfahrung, die wir schon von sehr vielen Reaktionsbeispielen her kennen: Auch eine Reaktion, die selbsttätig verlaufen kann, muss durch anfängliche Wärmezufuhr erst in Gang gesetzt werden, damit sie mit nennenswerter Geschwindigkeit verläuft. Bei V 83.1. führen wir die Wärme entweder durch direktes Erhitzen der Eisenwolle in der Brennerflamme oder indirekt durch Erhitzen der Eisenwolle beim Stromdurchfluss zu. Wir haben dem Edukt-System *Aktivierungsenergie* E_a zugeführt, um die Reaktion in Gang zu setzen.

Auf der *Ebene der Stoffe* gilt:

Die Aktivierungsenergie E_a ist die Wärmemenge, die man einem System anfänglich zuführen muss, um darin eine Reaktion auszulösen.

Versuche

V 83.1. Drei Zylinder, deren Böden mit Sand bedeckt sind, werden mit Sauerstoff* gefüllt und zugedeckt.
a) In den ersten hält man ein Knäuel Eisenwolle. Beobachtung?
b) In den zweiten hält man ein Knäuel Eisenwolle, das vorher in der Brennerflamme angeglüht wurde. Beobachtung?
c) In den dritten hängt man ein Knäuel Eisenwolle, das man über zwei Krokodilklemmen mit einer Stromquelle verbindet. **Nach** dem Einhängen wird die Spannung langsam hochgeregelt. Beobachtung?

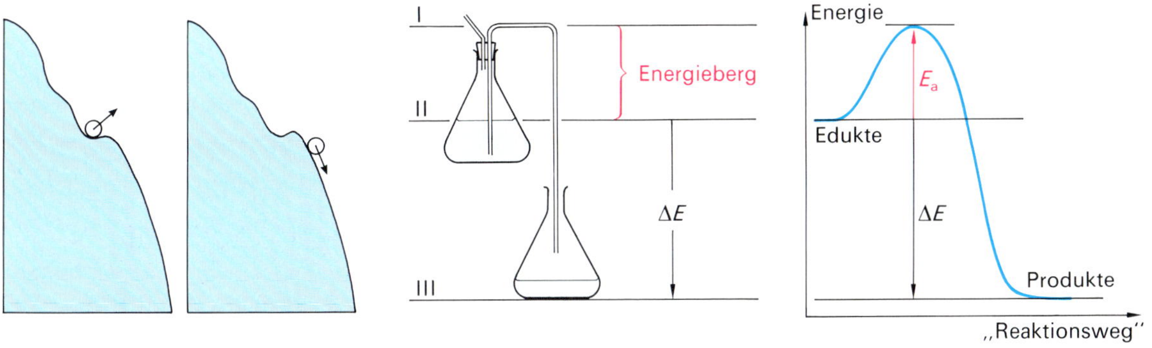

Die Kugel befindet sich zunächst in einer metastabilen Lage; wenn sie angestoßen wird, rollt sie von alleine den Berg hinunter.

Die Flüssigkeit im Kolben II hat eine metastabile Lage; wird sie durch Ausüben eines Drucks an I erstmals über den Berg gebracht, so fließt der gesamte Inhalt aus II in III über.

Die Edukte befinden sich aus energetischer Sicht in einer metastabilen Lage; ein „Energieberg" trennt sie von den Produkten. Dieser Energieberg entspricht der Aktivierungsenergie.

B 83.1. *Veranschaulichung der Aktivierungsenergie im „Kugel auf dem Berg"-Modell (a), im „Saugheber"-Modell (b) und im „Energieberg-Diagramm" (c)*

In dieser Deutung wird die Aktivierungsenergie oft in Energieberg-Diagrammen veranschaulicht (B 83.1.). Jede Reaktion ist durch eine bestimmte, aus Versuchsdaten ermittelbare Aktivierungsenergie E_a charakterisiert. Reaktionen, deren Geschwindigkeiten bei Zimmertemperatur messbar (also weder sehr klein noch sehr groß) sind, haben Aktivierungsenergien zwischen ca. $40\,kJ \cdot mol^{-1}$ und $120\,kJ \cdot mol^{-1}$.

Wie die Tab. 83.1. zeigt, ist die Aktivierungsenergie ein Maß für die Temperaturempfindlichkeit der Reaktionsgeschwindigkeit einer Reaktion: Beträgt die Aktivierungsenergie ca. $50\,kJ \cdot mol^{-1}$, so verdoppelt sich die Reaktionsgeschwindigkeit bei einem Temperaturanstieg um 10 °C, bei ca. $110\,kJ \cdot mol^{-1}$ kommt es zu einer Vervierfachung.

Aktivierungsenergie in kJ/mol	Faktor
40	1,5
60	2,2
80	2,8
100	3,6
120	4,7

Tab. 83.1. *Der Faktor, um den sich die Reaktionsgeschwindigkeit einer Reaktion bei einem Temperaturanstieg von 10 °C erhöht, hangt von der Aktivierungsenergie der Reaktion ab.*

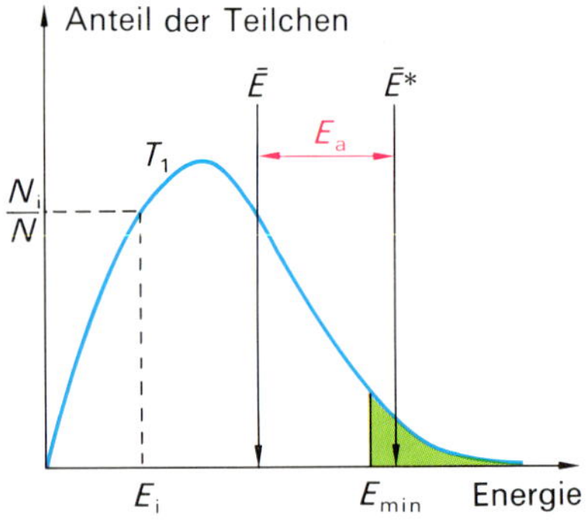

B 84.1. *Boltzmann-Verteilung der Energien der Teilchen in einer Stoffportion: N_i ist die Anzahl der Teilchen, deren Energie E_i ist, N ist die Anzahl der Teilchen aus der Stoffportion.*
Die grüne Fläche entspricht der Anzahl der aktiven Teilchen.

$\bar{E}$: mittlere Energie aller Teilchen
$\bar{E}^*$: mittlere Energie aller reagierenden Teilchen
E_{min}: Mindestenergie reagierender Teilchen
E_a: Aktivierungsenergie

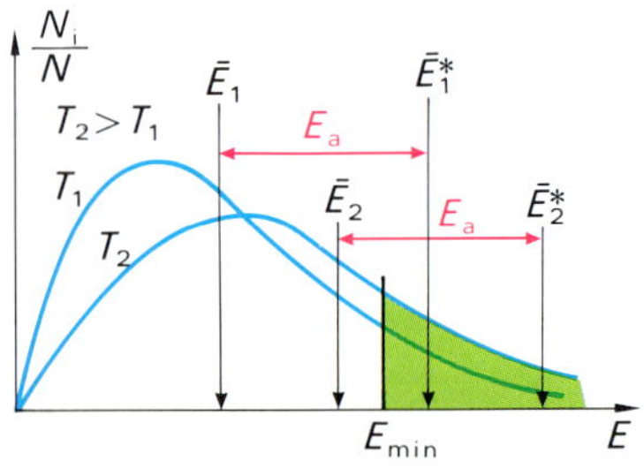

B 84.2. *Boltzmann-Verteilungen bei zwei verschiedenen Temperaturen; die Aktivierungsenergie verändert sich nicht.*

$\bar{E}_1$: mittlere Energie aller Teilchen bei der Temperatur T_1
$\bar{E}_1^*$: mittlere Energie aller reagierenden Teilchen bei der Temperatur T_1
$\bar{E}_2, \bar{E}_2^*$: gleiche Bedeutungen für die Temperatur T_2
E_{min}: Mindestenergie reagierender Teilchen
E_a: Aktivierungsenergie

Zu einem erweiterten Verständnis der Aktivierungsenergie gelangen wir, wenn wir nach den Vorgängen auf der *Ebene der Teilchen* fragen.
Die einzelnen Teilchen einer Stoffportion, z. B. die Moleküle in einem Gas, bewegen sich völlig ungeordnet; sowohl die Richtungen als auch die Geschwindigkeiten der einzelnen Teilchen sind ganz unterschiedlich. Die Geschwindigkeiten und damit auch die Energien der Teilchen entsprechen einer *Boltzmann-Verteilung* (B 84.1.). Die Temperatur der Stoffportion ist ein Maß für die mittlere Energie der Teilchen $\bar{E}$, gibt aber keinerlei Information über die Energien der **einzelnen** Teilchen (bei der Mittelwert-Bildung geht die Information über das Einzelteil immer verloren!). Nun sind aber bei einem Zusammenstoß nur solche Teilchen „aktiv" im Sinne einer Reaktion, d. h., sie reagieren beim Zusammenstoß, wenn ihre Energie einen Mindestbetrag E_{min} überschreitet[1]. (Ansonsten fliegen sie nach dem Stoß unverändert auseinander.) Diese Mindestenergie E_{min} darf nicht mit der Aktivierungsenergie verwechselt werden.

Dafür gilt vielmehr:

Die Aktivierungsenergie E_a ist die Differenz zwischen der mittleren Energie aller „aktiven" Teilchen (d. h. aller reagierenden Teilchen) $\bar{E}^*$ und der mittleren Energie aller Teilchen $\bar{E}$.
$E_a = \bar{E}^* - \bar{E}$.

Die Aktivierungsenergie hat für jede Reaktion einen konstanten, *temperaturunabhängigen* Wert.
Dies lässt sich folgendermaßen erklären:
Die Energieverteilung der Teilchen ändert sich bei steigender Temperatur: Das Maximum der Kurve verschiebt sich nach rechts, weil höhere Energien jetzt häufiger vertreten sind; die ganze Kurve flacht außerdem ab. Die für eine bestimmte Reaktion erforderliche Mindestenergie E_{min} ist aber die gleiche geblieben; allerdings gibt es jetzt mehr Teilchen, die diese Mindestenergie überschreiten (B 84.1.). Am wichtigsten aber ist: Durch die Neuverteilung der Energien bei der erhöhten Temperatur ist die Differenz zwischen der mittleren Energie aller „aktiven" Teilchen $\bar{E}_2^*$ und der mittleren Energie aller Teilchen $\bar{E}_2$ die gleiche wie bei der niedrigeren Temperatur (B 84.2.).

Die beschriebene Deutung der Aktivierungsenergie liefert auch über die experimentelle Erfahrung hinaus eine Erklärung für die Tatsache, dass bei jeder Temperatur eine mögliche Reaktion überhaupt verläuft, wenn auch nur mit einer sehr kleinen Geschwindigkeit. Dies liegt daran, dass es bei jeder Temperatur Teilchen gibt, deren Energie größer ist als die Mindestenergie E_{min}.
Das Energieberg-Diagramm aus B 83.1. gilt also nicht für jedes Teilchen der Stoffportion; die Energiebergkurve beschreibt in etwa „das energetische Schicksal eines Durchschnittsteilchens einer Stoffportion bei einer Reaktion".

[1] S. Arrhenius führte diese Hypothese zur Erklärung der Temperaturabhängigkeit der Reaktionsgeschwindigkeit ein als Erweiterung und Ergänzung der Kollisionshypothese (vgl. S. 74).

Aufgaben

A 85.1. Warum läuft eine exotherme Reaktion selbsttätig ab, wenn sie durch Zufuhr der Aktivierungsenergie einmal in Gang gesetzt wurde? Wie wird der Energieberg überwunden?

A 85.2. Beurteilen Sie die Exaktheit der Aussage „eine Reaktion in Gang setzen".

A 85.3. Wir haben die Aktivierungsenergie als Höhe des Energiebergs im Energieberg-Diagramm und als Differenz zwischen zwei mittleren Energien im Energieverteilungsdiagramm gedeutet. Überprüfen Sie jede der beiden Deutungen hinsichtlich der Übereinstimmung mit folgenden Aussagen:

a) E_a ist die Differenz zweier von Null verschiedener Energien.

b) Bei höherer Temperatur steigt die Reaktionsgeschwindigkeit, die Aktivierungsenergie E_a ist aber temperaturunabhängig.

c) Nicht jedem Teilchen muss E_a zugeführt werden, es gibt auch bei Zimmertemperatur „aktive" Teilchen.

A 85.4. Die Bedeutung der räumlichen Ausrichtung der Teilchen beim Stoß für die Reaktion ist im Modell aus B 85.1. angedeutet.

a) Wie viel $\mathbf{A_2}$- und $\mathbf{B_2}$-Teilchen werden pro Sekunde gebildet, wenn 10^8 Stöße zwischen aktiven **AB**-Teilchen pro Sekunde stattfinden? (Dabei sollen die Verhältnisse aus B 85.1. gelten.)

b) Die Bedingung der richtigen räumlichen Ausrichtung wirkt sich beim Zusammenstoß auf die Reaktionsgeschwindigkeit sowohl bei Reaktionen zwischen Molekülen aus wenigen, gleichartigen Atomen als auch zwischen Molekülen aus vielen, verschiedenartigen Atomen aus. Wo wirkt sie sich stärker aus? Begründen Sie Ihre Behauptung.

A 85.5. In B 85.2. ist der energetische Verlauf der Folgereaktion $\mathbf{A} \rightarrow \mathbf{B} \rightarrow \mathbf{C}$ dargestellt.

a) Übernehmen Sie das Diagramm in Ihr Heft und tragen Sie die Aktivierungsenergien und Reaktionsenthalpien der beiden Reaktionsschritte $\mathbf{A} \rightarrow \mathbf{B}$ und $\mathbf{B} \rightarrow \mathbf{C}$ ein.

b) Erwärmt man das Edukt **A** anfangs, so startet die Reaktion und verläuft selbsttätig mit großer Geschwindigkeit, bis **A** verbraucht ist. Als Produkt findet man aber nur **C**, kein **B**. Erklären Sie den Sachverhalt.

A 85.6. S. ARRHENIUS hat folgende, nach ihm benannte Gleichung zwischen der Aktivierungsenergie E_a, der Geschwindigkeitskonstanten k und der absoluten Temperatur T aufgestellt:

$$k = A \cdot e^{-E_a/RT}$$

(A: ARRHENIUS-Konstante; R: Gaskonstante, vgl. Anhang; e: Basis der natürlichen Logarithmen)

Die logarithmierte Form der ARRHENIUS-*Gleichung* lautet:

$$\ln k = \ln A - \frac{E_a}{R} \cdot \frac{1}{T}$$

a) Zeichnen Sie ein Diagramm („ARRHENIUS-Plot") mit den Daten aus Tab. 85.1. Tragen Sie in die Abszisse $1/T$ in K^{-1} auf und in die Ordinate $\ln k$.

b) Zeigen Sie, dass die aus dem Graphen von a) berechnete Aktivierungsenergie $E_a \approx 96\ kJ \cdot mol^{-1}$ beträgt.

Zusammenfassung

Die Aktivierungsenergie ist eine temperaturunabhängige Größe, die für eine Reaktion einen bestimmten Wert hat; je größer die Aktivierungsenergie ist, desto kleiner ist die Reaktionsgeschwindigkeit bei einer gegebenen Temperatur und umso mehr nimmt sie bei steigender Temperatur zu. Die Aktivierungsenergie kann als „Energieberg" oder als Differenz zwischen der mittleren Energie aller Teilchen und der mittleren Energie aller reagierenden Teilchen gedeutet werden.

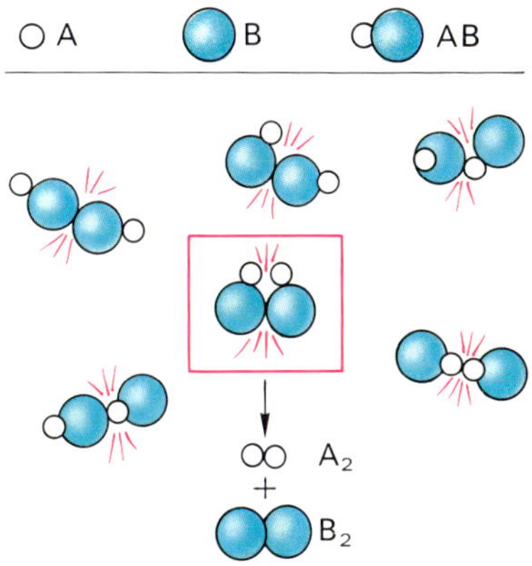

B 85.1. *Neben einer bestimmten Mindestenergie müssen die Teilchen beim Zusammenstoß auch eine günstige Ausrichtung haben, sonst kommt es nicht zur Reaktion. Hier findet die Reaktion* $\mathbf{2AB \rightarrow A_2 + B_2}$ *nur dann statt, wenn die* **AB**-*Teilchen wie im eingerahmten Kasten zusammenstoßen.*

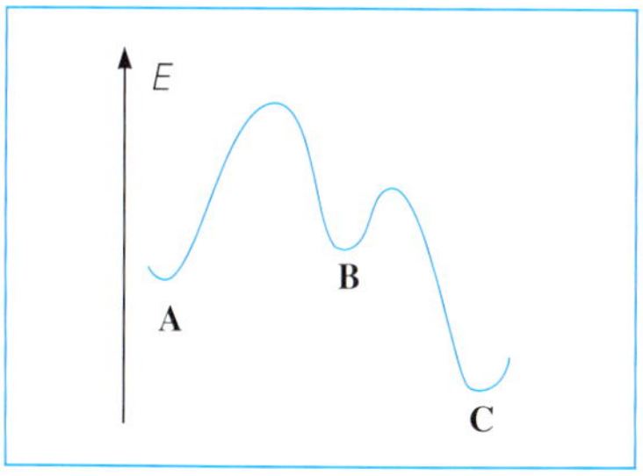

B 85.2. *Zu A 85.5.*

Temperatur in K	$k \cdot 10^3$ in h^{-1}	$\ln k$
281	3,12	−5,77
289	9,76	−4,63
298	32,9	−3,41
308	117	−2,15
318	374	−0,98

Tab. 85.1. *Zu A 85.6.*

Neue Fachbegriffe

Aktivierungsenergie E_a, Energieberg-Diagramm, Boltzmann-Verteilung, mittlere Energie aller Teilchen $\bar{E}$, mittlere Energie aller reagierenden Teilchen $\bar{E}^*$, Mindestenergie E_{min}

Versuche

V 86.1. Man beschickt zwei Zylinder (Höhe ca. 15 cm) mit je 40 ml Wasserstoffperoxid-Lösung* $\mathbf{H_2O_2(aq)}$ ($w = 15\%$) und führt im Gasraum die Glimmspanprobe durch.
a) In den ersten Zylinder fügt man eine Spatelspitze Mangandioxid* $\mathbf{MnO_2}$ hinzu. Beobachtung? Glimmspanprobe?
b) In den zweiten Zylinder fügt man 5 ml konzentrierte Kaliumiodid-Lösung $\mathbf{KI(aq)}$ hinzu. Beobachtung? Glimmspanprobe?

LV 86.2. In der Vorrichtung aus B 86.1. erzeugt man Wasserstoff* und hält in das austretende Gas mit der Pinzette ein kleines Knäuel Platinasbest (Raum vorher abdunkeln). Beobachtung? (Hinweis: Platinasbest sofort nach Gebrauch wieder ins Schraubfläschchen zurückgeben. Nach Möglichkeit Platinasbest durch Platin auf einen anderen Träger, z. B. Keramik, ersetzen.)

V 86.3. Ein Stück Würfelzucker wird mit der Tiegelzange in die Brennerflamme gehalten, um es anzuzünden. Beobachtung? Der Versuch wird mit einem Zuckerstück wiederholt, auf das vorher etwas frische Zigarettenasche gegeben wurde. Beobachtung?

[1] von *catalysis* (griech.) = Hindernis beseitigen

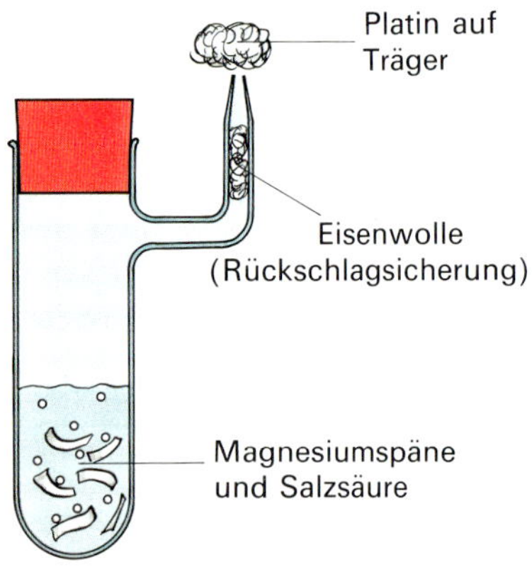

B 86.1. *Vorrichtung zu V 86.2. (Döbereiners-Feuerzeug)*

3.5. Katalyse und Reaktionsgeschwindigkeit

Wasserstoffperoxid zersetzt sich in wässriger Lösung nur langsam in Sauerstoff und Wasser. Dies ist an der Bläschenbildung bei V 86.1. zu erkennen. Die Glimmspanprobe fällt jedoch negativ aus, da der gebildete Sauerstoff etwa so schnell aus dem Zylinder herausdiffundiert, wie er sich in der Lösung bildet. Die Reaktion verläuft nach folgender Gleichung:

$$\mathbf{2H_2O_2(aq) \rightarrow 2H_2O(l) + O_2(g)}; \quad \Delta H_R^0 = -196{,}4\,\text{kJ}$$

In Gegenwart einer kleinen Menge Mangandioxid ist die Sauerstoff-Entwicklung sichtlich lebhaft, die Glimmspanprobe fällt schon nach kurzer Zeit positiv aus (V 86.1.a). Das Mangandioxid wird dabei nicht verbraucht. Ähnlich wie das feste Mangandioxid beschleunigt auch gelöstes Kaliumiodid die Zersetzung von Wasserstoffperoxid; nach Abklingen der Reaktion liegt eine farblose Kaliumiodid-Lösung mit unveränderter Stoffmenge $n(\mathbf{KI})$ vor.
Wasserstoff entzündet sich bei Zimmertemperatur nicht spontan, obwohl die Reaktion mit Sauerstoff sehr heftig verläuft, wenn sie „gezündet" wird (Knallgasprobe). Statt mit der heißen Brennerflamme lässt sich Wasserstoff aber auch mit einem Knäuel aus Platinasbest anzünden (LV 86.2.)! Der Platinasbest liegt nach der Zündung unverändert vor.
Zucker brennt in V 86.3. nur dann, wenn er vorher mit etwas Zigarettenasche präpariert wurde.

Ähnlich wie in diesen drei Beispielen laufen viele chemische Reaktionen in den Anlagen der Industrie und in lebenden Organismen nur in Gegenwart geringer Mengen bestimmter Stoffe ab, die dabei nicht verbraucht werden. Sie erhöhen aber die Reaktionsgeschwindigkeit und werden deshalb *Katalysatoren*[1] genannt. Den Vorgang, bei dem eine Reaktion unter Beteiligung eines Katalysators verläuft, bezeichnet man als *Katalyse*.
Unsere heutigen Kenntnisse über die Katalyse und über Katalysatoren bei wichtigen technischen und biochemischen Reaktionen sind das Ergebnis langer und aufwendiger Laborarbeiten, aber auch theoretischer Überlegungen und wissenschaftlichen Streits (vgl. S. 88).

Heute ist unumstritten, dass der Katalysator ins Reaktionsgeschehen eingreift, wenngleich er in der Reaktion nicht verbraucht wird. Die Art und Weise, wie das geschieht, ist aber sehr verschieden.
Für die **homogene Katalyse** (Katalysator und Reaktionsteilnehmer liegen in **einer** Phase vor) kann das folgende Reaktionsmodell zugrunde gelegt werden:

$$\mathbf{A} + \mathbf{K} \longrightarrow \mathbf{AK} \qquad (1)$$
1. Edukt   Katalysator   Zwischenprodukt

$$\mathbf{AK} + \mathbf{B} \longrightarrow \mathbf{AB} + \mathbf{K} \qquad (2)$$
2. Edukt   Produkt

$$\mathbf{A} + \mathbf{B} \xrightarrow{(\mathbf{K})} \mathbf{AB}$$

Die Reaktion wird in Teilschritte aufgespalten: Zunächst bildet sich unter Beteiligung eines Edukts und des Katalysators ein Zwischenprodukt, das dann gleich weiterreagiert und letztlich das Produkt und den erneut einsatzfähigen Katalysator liefert. Jeder dieser Teilschritte (es können auch mehr als zwei sein!) hat eine geringere Aktivierungsenergie E_{a_1} bzw. E_{a_2} als die unkatalysierte Reaktion (B 87.1.). Somit ist die Aktivierungsenergie E'_a der gesamten Reaktion bei der Katalyse kleiner als bei der unkatalysierten Reaktion (B 87.1.) und dementsprechend die Reaktionsgeschwindigkeit bei einer gegebenen Temperatur größer. Wir können das für die hier betrachtete Modellreaktion so deuten, dass die Mindestenergie der **A**-Teilchen für die Bildung der **AK**-Teilchen nicht so hoch sein muss wie zur Bildung der **AB**-Teilchen bei der unkatalysierten Reaktion (B 87.2.).

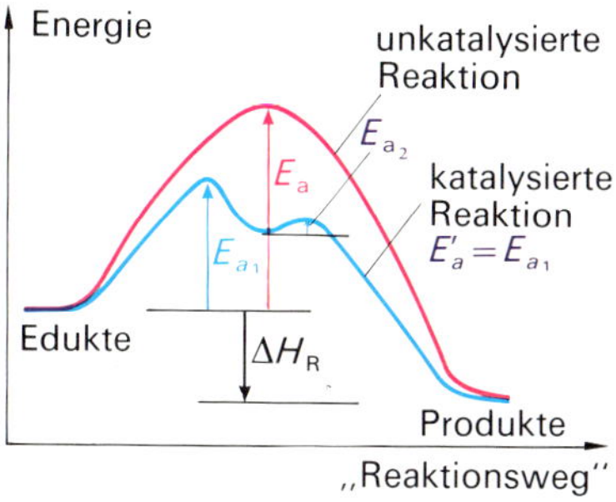

B 87.1. *Die Aktivierungsenergie E'_a der katalysierten Reaktion ist kleiner als die Aktivierungsenergie E_a der unkatalysierten Reaktion. Die Reaktionsenthalpie ΔH_R bleibt aber gleich.*

Auch bei der **heterogenen Katalyse** (Katalysator und Reaktionsteilnehmer liegen in **verschiedenen** Phasen vor) zerfällt die Reaktion in mehrere Teilprozesse (B 88.1.):

1. *Diffusion* der Edukt-Moleküle an die Katalysatoroberfläche (mechanische Bewegung der Teilchen, kein chemischer Vorgang);
2. *Adsorption* der Moleküle auf der Katalysatoroberfläche (die dabei auftretenden Wechselwirkungen sind schwachen chemischen Bindungen gleichzusetzen, also es handelt sich um einen physikochemischen Vorgang);
3. *Reaktion* auf der Oberfläche (Bindungen in Edukt-Teilchen werden gespalten, neue Bindungen werden geknüpft, also chemischer Vorgang);
4. *Desorption* der Produkt-Moleküle von der Katalysatoroberfläche (Umkehrung von 2., also auch ein physiko-chemischer Vorgang);
5. *Diffusion* der Produkt-Moleküle von der Katalysatoroberfläche in die angrenzende Phase.

Über die genaue Art der Bindungen bei der Adsorption und die Teilschritte, in die die Reaktion auf der Oberfläche wiederum zerfällt, wird heute bei vielen Reaktionen noch geforscht, weil die Kenntnis darüber die Suche nach neuen und besseren Katalysatoren unterstützt.

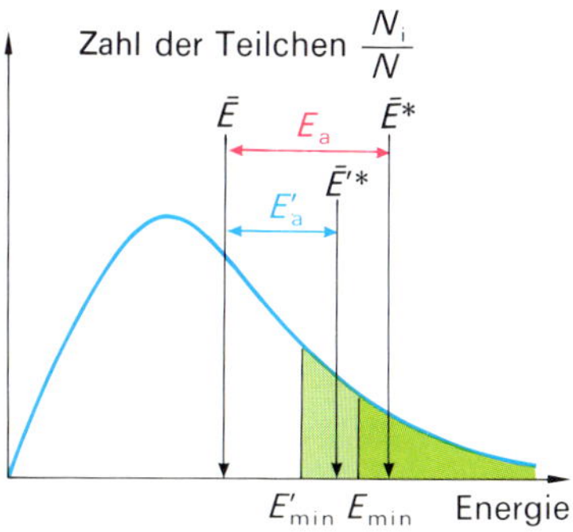

B 87.2. *Mindestenergien und Aktivierungsenergien bei einer unkatalysierten und einer katalysierten Reaktion*

$\bar{E}$: mittlere Energie aller Teilchen
$\bar{E}^*$: mittlere Energie aller reagierenden Teilchen **ohne** Katalysator
$\bar{E}'^*$: mittlere Energie aller reagierenden Teilchen **mit** Katalysator
E_a: Aktivierungsenergie **ohne** Katalysator
E'_a: Aktivierungsenergie **mit** Katalysator

Von großer Bedeutung bei Reaktionen in lebenden Organismen sind die **Biokatalysatoren** oder **Enzyme**. Es gibt Enzyme, die mehrere verschiedene Reaktionen katalysieren *(niedrige Selektivität)* und andere, die nur eine ganz bestimmte Reaktion katalysieren *(hohe Selektivität)*. Die Anzahl der Enzyme muss demnach groß sein. Heute kennt man für den menschlichen Körper etwa 2000 und entdeckt ständig neue Beispiele.
Enzyme, aber auch technische Katalysatoren, können durch verschiedene Stoffe „vergiftet" werden, d.h., sie verlieren dabei ihre katalytische Wirkung. Das tritt dann ein, wenn sich der Katalysator mit dem betreffenden Stoff zu einem stabilen Produkt verbindet. Ein Beispiel ist die Vergiftung des Autokatalysators durch Blei aus verbleitem Benzin.

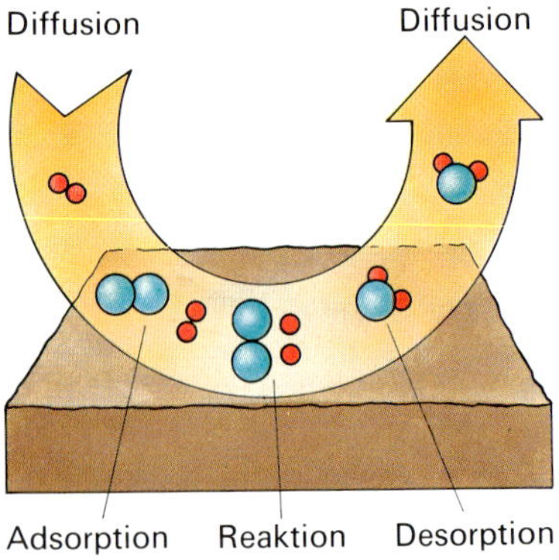

B 88.1. *Teilschritte bei der heterogenen Katalyse: Reaktionsmodell für die Reaktion von Wasserstoff mit Sauerstoff an Platinasbest*

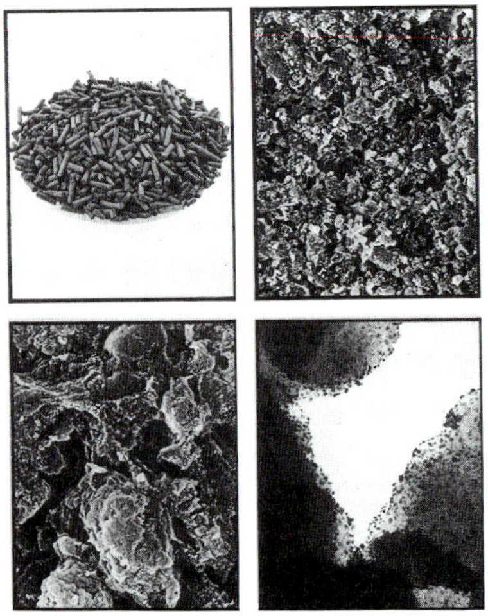

B 88.2. *Trägerkatalysator für die heterogene Katalyse in verschiedenen Vergrößerungsstufen. In der vierten elektronenmikroskopischen Aufnahme sind die feinen dunklen Edelmetall-Körner an der Oberfläche zu sehen.*

Reaktions-bedingungen	E_a in kJ/mol
1. kein Katalysator	75,24
2. Katalysator: kolloidales Platin	50,15
3. Katalysator: Katalase (ein Enzym)	22,83

Tab. 88.1. *Aktivierungsenergien für die Reaktion* $H_2O_2 \rightarrow H_2O + \frac{1}{2}O_2$ *unter verschiedenen Bedingungen*

Geschichtliches zur Katalyse

Das Wort *Katalysator* wurde von J.J. BERZELIUS im Jahr 1835 in die Chemie eingeführt. Nach seiner Auffassung besitzen die Katalysatoren eine „*verborgene Kraft*"; ihre „*bloße Gegenwart*" ruft „*chemische Tätigkeiten hervor, die ohne sie nicht stattfinden*". Dem widersprach W. OSTWALD am Anfang des 20. Jahrhunderts, indem er auf die Beteiligung des Katalysators an der Reaktion einging. Danach ist „*Katalyse die Beschleunigung eines langsam verlaufenden Vorgangs durch die Gegenwart eines fremden Stoffes (des Katalysators)*", der mit dem Edukt Zwischenverbindungen eingehen kann; der Katalysator erhöht die Geschwindigkeit einer Reaktion „*ohne im Endprodukt zu erscheinen*". OSTWALD entwickelte im Jahr 1902 einen Platin-Rhodium-Katalysator, an dem Ammoniak NH_3 mit Luftsauerstoff zu Stickstoffmonooxid NO oxidiert wird; heute noch ist dies der wichtigste Schritt bei der technischen Salpetersäureherstellung.

Die Entdeckung billiger Katalysatoren für die Ammoniaksynthese in den Jahren 1909 bis 1913 durch F. HABER und A. MITTASCH (vgl. S. 111) war ein Meilenstein in der Einbeziehung der Katalyse in die chemische Technik. Die Entwicklung in den letzten Jahrzehnten ist rasant. Heute werden sogar in technischen Anlagen kleinen Ausmaßes, z. B. bei Pkw, gewisse Reaktionen mit Hilfe von Katalysatoren beschleunigt.

Aufgaben

A 88.1. Erläutern Sie die unterschiedlichen Auffassungen von BERZELIUS und von OSTWALD zum Begriff Katalysator.

A 88.2. a) Zeichnen Sie in ein Energiediagramm drei Energieberg-Kurven entsprechend den Angaben aus Tab. 88.1.

b) Ist die Aktivierungsenergie der Wasserstoffperoxidzersetzung mit Platindraht größer oder kleiner als der Wert aus der 2. Zeile in Tab. 88.1.? Begründung.

c) Welche Beziehung besteht vermutlich zwischen der Wirksamkeit (Aktivität) eines Katalysators und seiner Oberfläche? Begründung.

d) Was kann man bezüglich der Wirksamkeit von Enzymen im Vergleich zur Wirksamkeit technischer Katalysatoren aus den Angaben in Tab. 88.1. vermuten?

A 88.3. Bei welchen Versuchen von S. 86 handelt es sich um homogene Katalyse und bei welchem um heterogene Katalyse? Ordnen Sie auch die folgenden Reaktionsbeispiele den beiden Katalysetypen zu und benennen Sie die Edukte, die Produkte und die Katalysatoren:

$$CO(g) + 2H_2(g) \xrightarrow{(ZnO(s),\ Cr_2O_3(s))} H_3C-OH(g) \qquad (1)$$

$$3O_2(g) \xrightarrow{(NO_2(g))} 2O_3(g) \qquad (2)$$

$$2H_3C-CH_2-OH(l) \xrightarrow{(H_2SO_4(l))} H_3C-CH_2-O-CH_2-CH_3(l) + H_2O(l) \qquad (3)$$

$$2SO_2(g) + O_2(g) \xrightarrow{(V_2O_5(s))} 2SO_3(g) \qquad (4)$$

Der Abgaskatalysator

Kohlenstoffmonooxid **CO** und die nitrosen Gase $\mathbf{NO_x}$, ein Gemisch aus **NO** und $\mathbf{NO_2}$, gehören zu den gefährlichsten Umweltgiften in der Luft. Der Kraftfahrzeugverkehr ist am Ausstoß dieser Gase maßgeblich beteiligt (B 89.1.). Ihre Entfernung aus den Abgasen vor dem Ausstoß in die Atmosphäre ist daher ein wichtiger Beitrag zur Verminderung der Umweltbelastung. Die „Entfernung“ dieser Gifte ist z. B. dann vollzogen, wenn der in $\mathbf{NO_x}$ gebundene Sauerstoff auf **CO** und auf noch nicht oxidierte Kohlenwasserstoffe $\mathbf{C_xH_y}$ übergeht. Als Produkte liegen dann die ungiftigen Gase $\mathbf{N_2}$, $\mathbf{CO_2}$ und $\mathbf{H_2O}$ vor. Diese Umsetzungen müssen schnell verlaufen, während das Abgasgemisch die Auspuffanlage durchfließt. Dazu eignet sich der in B 89.2. beschriebene Dreiwege-Katalysator.

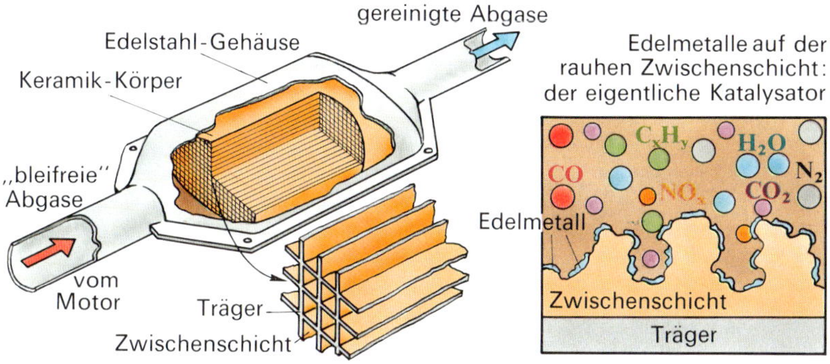

B 89.2. *Abgaskatalysator. Ein Regelsystem (zu dem auch die sog. λ-Sonde gehört) sorgt dafür, dass in die Verbrennungsräume des Motors genauso viel Sauerstoff gelangt, wie für die vollständige Verbrennung der eingesaugten Benzinmenge zu* CO_2 *und* H_2O *notwendig ist (λ-Wert = 1). Die Edelmetalle auf der Zwischenschicht sind Platin, Palladium und Rhodium.*

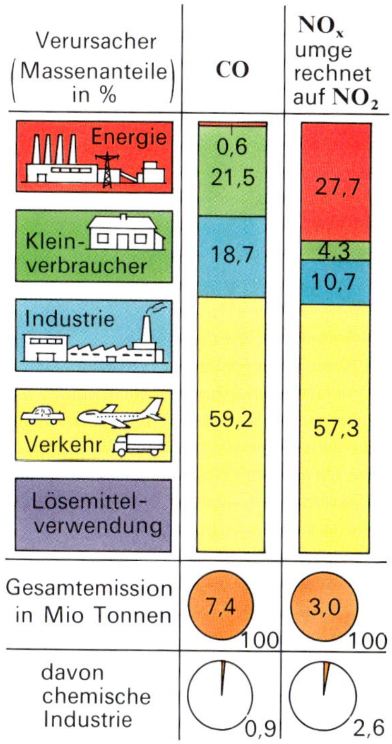

B 89.1. *Verursacher von* **CO-** *und* $\mathbf{NO_x}$*-Emissionen im Vergleich*

1. Bleifreies Benzin
2. Große Katalysatoroberfläche
3. Hitzebeständiges Trägermaterial
4. Korrosionsfestes Trägermaterial (wegen 3. und 4. Keramik, nicht Stahl)
5. Stöchiometrisches Benzin-Luft-Gemisch (λ = 1)
6. Schutz des Katalysators vor: a) starken Erschütterungen
   b) thermischen Überlastungen

Tab. 89.1. *Einige Forderungen für die wirksame Funktion der Abgasreinigungsanlage auf Dauer*

Aufgabe

A 89.1. In der Tab. 89.1. sind stichwortartig einige Forderungen an die Abgasreinigungsanlage zusammengestellt. Versuchen Sie, diese einzeln zu begründen.

Zusammenfassung

Ein Katalysator ist ein Stoff oder ein Stoffgemisch, der (das) die Aktivierungsenergie einer Reaktion herabsetzt und somit ihre Geschwindigkeit bei einer gegebenen Temperatur erhöht. Die Katalyse besteht darin, dass der Katalysator an der Reaktion teilnimmt, aber dabei nicht verbraucht wird.

Neue Fachbegriffe

Katalysator, Katalyse, homogene Katalyse, heterogene Katalyse, Enzym (Biokatalysator), Vergiftung eines Katalysators, Selektivität und Aktivität eines Katalysators

4. Gleichgewichtsreaktionen

4.1. Umkehrbare Reaktionen und chemisches Gleichgewicht

Praktikum

Hin- und Rückreaktion

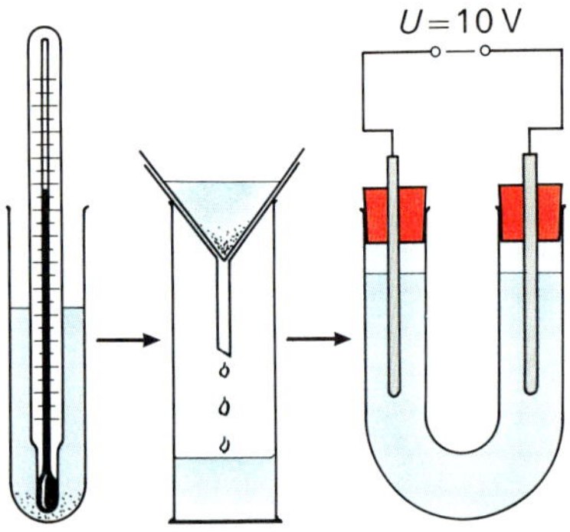

B 90.1. *Skizze zu PV 90.1. und PV 90.2.*

Versuche

PV 90.1. Füllen Sie (unter dem Abzug!) ca. 40 ml gesättigtes Bromwasser* $Br_2(aq)$ in ein großes Rggl. und messen Sie die Temperatur der Lösung. Fügen Sie dann 2 Spatelspitzen feinstes Zinkpulver* hinzu und schütteln Sie ca. 10 s gut durch. Messen Sie erneut die Temperatur und beobachten Sie die Farbe. (Gegebenenfalls muss das Schütteln wiederholt werden). Sobald keine sichtbare Veränderung mehr zu beobachten ist, werden ca. 2 ml der Lösung in einem Rggl. mit 1 ml Silbernitrat-Lösung* $AgNO_3(aq)$ versetzt. Beobachtung?

PV 90.2. Das Reaktionsgemisch aus PV 90.1. wird filtriert. Das Filtrat wird in ein U-Rohr gefüllt (eventuell mit destilliertem Wasser ergänzt) und bei $U = 10$ V (B 90.1.) elektrolysiert. Die beiden Graphitelektroden und die Lösung in ihrer Umgebung werden genau beobachtet.

Auswertung der Versuche

a) Deuten Sie die Farbänderung und das Ergebnis der Silbernitrat-Probe bei PV 90.1. und formulieren Sie die Reaktionsgleichung der Reaktion, die beim Schütteln von Bromwasser mit Zinkpulver abläuft.

b) Auf welche Stoffe lassen die Beobachtungen an den Elektroden bei PV 90.2. schließen? Formulieren Sie die Vorgänge, die an den Elektroden ablaufen.

c) Schließen Sie aus der Temperaturänderung bei PV 90.1. auf die „Wärmetönung" (exotherm/endotherm) der dort abgelaufenen Reaktion. In welcher Form ist die Energie bei PV 90.2. beteiligt?

Die beiden Praktikumsversuche zeigen, dass eine Zinkbromid-Lösung einerseits in einer exothermen Reaktion zwischen Brom und Zink in Wasser entsteht. Andererseits kann aus Zinkbromid-Lösung mit Hilfe von elektrischer Energie wieder Zink und Brom gewonnen werden. Eine solche Reaktion, die in beide Richtungen ablaufen kann, nennt man **umkehrbare oder reversible Reaktion**. Wir formulieren sie hier mit Hilfe des Doppelpfeils $\rightleftarrows$.

$$Zn(s) + Br_2(aq) \underset{\text{Rückreaktion}}{\overset{\text{Hinreaktion}}{\rightleftarrows}} Zn^{2+}(aq) + 2\,Br^-(aq)$$

Ob bei einer reversiblen Reaktion die Hin- oder die Rückreaktion abläuft, hängt von den Versuchsbedingungen (Temperatur, Zustand der Reaktionspartner u.a.) ab. Wir fragen nun, *wie weit die Hinreaktion bzw. die Rückreaktion abläuft*, wenn man die Edukte bzw. die Produkte einer umkehrbaren Reaktion im stöchiometrischen Stoffmengenverhältnis zusammenbringt und sie bestimmten Versuchsbedingungen aussetzt.

Die Entfärbung des Bromwassers bei PV 90.1. erweckt den Anschein, als sei die gesamte Brommenge in der Hinreaktion aufgebraucht worden. Diese Beobachtung lässt aber keine allgemeine Antwort auf die gestellte Frage zu, denn:

1. haben wir in PV 90.1. nicht mit genau abgewogenen Stoffportionen gearbeitet und
2. haben wir im Versuch noch reichlich Zink übrig behalten.

Da die Konzentration des Broms im Bromwasser nur mit größerem Aufwand bestimmbar ist, wählen wir zur Beantwortung der Frage eine Reaktion, bei der es einfach ist, die Edukte genau in dem Stoffmengenverhältnis zusammenzubringen, in dem sie nach dem Reaktionsschema der Hinreaktion vollständig aufgebraucht werden könnten. Es ist die Reaktion von Eisen (III)-Ionen Fe^{3+} mit Thiocyanat-Ionen SCN^- (V 91.1.).

Die bei V 91.1. vereinigten Lösungen der Edukte enthalten 2 mmol Eisen(III)-Ionen bzw. 6 mmol Thiocyanat-Ionen. Das entspricht dem Stoffmengenverhältnis $n(Fe^{3+}):n(SCN^-)=1:3$ aus der Reaktionsgleichung (B 91.1.). Die sehr rasche Einstellung der roten Farbe zeigt, dass die Reaktionsgeschwindigkeit der Eisenisothiocyanatbildung groß ist. Haben also in kürzester Zeit alle Eisen(III)- und alle Thiocyanat-Ionen miteinander reagiert?

Bei der Zugabe von festem Kaliumthiocyanat zu der Lösung verdunkelt sich die rote Farbe (V 91.2.a)! Es müssen in der Lösung also noch freie Eisen(III)-Ionen vorhanden gewesen sein. Das könnte daran liegen, dass durch Wägefehler und Ungenauigkeiten bei der Messung der Volumina der Lösung eben doch mehr Eisen(III)-Ionen ins Reaktionsgemisch gelangt sind, als dem o.g. Stoffmengenverhältnis entspricht. Ein weiteres Experiment widerlegt aber diese Vermutung: Auch die Zugabe von Eisen(III)-Ionen zur Lösung aus V 91.1. ruft eine Farbvertiefung hervor (V 91.2.b)! In der Lösung müssen auch noch nicht verbrauchte Thiocyanat-Ionen vorhanden gewesen sein. Könnte es sein, dass die Reaktionsgeschwindigkeit der Eisenisothiocyanatbildung doch nicht so groß ist, wie wir zunächst aufgrund der raschen Rotfärbung angenommen hatten? Kontrollversuche würden zeigen, dass auch nach längerer Zeit in der Lösung neben dem Produkt noch beide Edukte vorhanden sind.

Bei der Reaktion zwischen Eisen(III)-Ionen und Thiocyanat-Ionen läuft die Hinreaktion also nicht bis zum vollständigen Verbrauch der Edukte ab. Genaue Untersuchungen bei einer Vielzahl von Reaktionen haben zu dem folgenden Ergebnis geführt:

Bei Reaktionen in **geschlossenen Systemen** (B 98.1.) laufen weder die Hinreaktionen noch die Rückreaktionen vollständig ab. Ganz gleich, ob man von den Edukten oder von den Produkten ausgeht, immer erreicht das System nach einiger Zeit einen Zustand, in dem alle Reaktionsteilnehmer (Edukte und Produkte) in bestimmten **zeitlich konstanten Anteilen** vorliegen. Man bezeichnet diesen Zustand als **Gleichgewichtszustand einer reversiblen Reaktion** oder einfach als **chemisches Gleichgewicht**.

Auf der *Teilchen-Ebene* bedeutet dies nicht, dass die Reaktion zum Stillstand kommt. Wenn man die Zahl der Edukt-Teilchen, die pro Zeitintervall in Produkt-Teilchen umgesetzt werden, als *Reaktionsrate*

Versuche

V 91.1. Zunächst werden je 500 ml Eisen(III)-chlorid-Lösung* ($c=0{,}004$ mol/l) und Kaliumthiocyanat-Lösung* ($c=0{,}012$ mol/l) hergestellt. Hierzu löst man 2 mmol (0,54 g) $FeCl_3 \cdot 6H_2O$ bzw. 6 mmol (0,583 g) Kaliumthiocyanat $KSCN$ in jeweils so viel Wasser, dass das Volumen der Lösung 500 ml beträgt.
Die Lösungen werden in einem großen Zylinder vereinigt. Beobachtung? Mit der Lösung wird in den folgenden Versuchen weitergearbeitet.

V 91.2. Die rote Lösung aus V 91.1. wird auf 3 kleinere Zylinder verteilt (B 91.1.).
a) Zu der Lösung aus dem Zylinder Nr. 1 gibt man eine kleine Portion festes Kaliumthiocyanat* hinzu und schüttelt. Beobachtung? (Vergleich mit der Lösung aus Zylinder Nr. 2)
b) In den Zylinder Nr. 3 wird eine kleine Portion festes Eisen(III)-chlorid* hinzugefügt. Beobachtung? (Vergleich mit der Lösung aus Zylinder Nr. 2)

$$Fe^{3+}(aq) + 3SCN^-(aq) \rightleftharpoons Fe(NCS)_3(aq)$$

$Fe^{3+}(aq)$: farblos bis leicht bräunlich; $3SCN^-(aq)$: farblos; $Fe(NCS)_3(aq)$: blutrot (vgl. Fußnote 1 auf S. 103)

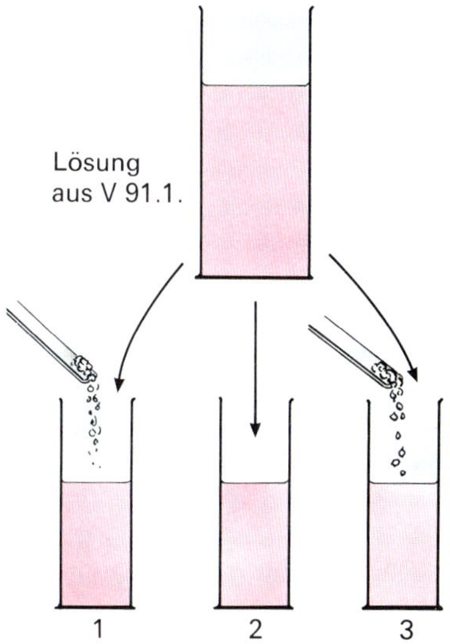

B 91.1. *Skizze zu V 91.2.*

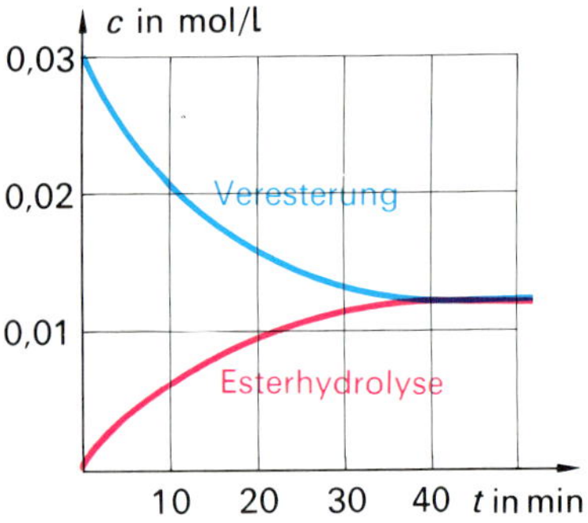

B 92.1. *Konzentrationsänderungen der Methansäure bei der Veresterung und bei der Esterhydrolyse (A 92.1.)*

der *Hinreaktion* $r_{\rightarrow}$ bezeichnet und entsprechend auch die *Reaktionsrate der Rückreaktion* $r_{\leftarrow}$ definiert, so kann man den Gleichgewichtszustand der Reaktion, so wie wir ihn auf der *Stoff-Ebene* beobachten, als den Zustand verstehen, bei dem auf der Teilchen-Ebene gilt: $r_{\rightarrow} = r_{\leftarrow}$. Das chemische Gleichgewicht ist also im Gegensatz zum Gleichgewicht bei einer Balkenwaage ein **dynamisches Gleichgewicht**. Das Wesen von dynamischen Gleichgewichten wird in B 92.2. und in B 93.1. in Modellen veranschaulicht.

Aufgabe

A 92.1. In zwei getrennten Rundkolben wurden folgende Reaktionen durchgeführt:

$$HCOOH + H_3COH \xrightarrow{\text{Veresterung}} HCOOCH_3 + H_2O$$

$$HCOOCH_3 + H_2O \xrightarrow{\text{Esterhydrolyse}} HCOOH + H_3COH$$

Die zeitlichen Konzentrationsänderungen der Methansäure wurden gemessen und graphisch aufgetragen (B 92.1.).

a) Kommentieren Sie die Graphen ausführlich (Stichworte: Anstieg, Abfall und Steilheit der Kurven in verschiedenen Zeitintervallen, Reaktionsgeschwindigkeit, chemisches Gleichgewicht).

b) Welche Konsequenz hat für die Reaktionsgeschwindigkeit v_r die Tatsache, dass beim Gleichgewicht die Reaktionsrate der Hinreaktion $r_{\rightarrow}$ und die Reaktionsrate der Rückreaktion $r_{\leftarrow}$ gleich sind? Nach welcher Zeit ist der Gleichgewichtszustand bei den o.g. Reaktionen (in etwa) erreicht? Begründung.

c) Zeichnen Sie in **ein** Diagramm die Konzentrationsänderungen des Esters bei der Veresterung und bei der Esterhydrolyse nach den obigen Reaktionsgleichungen.

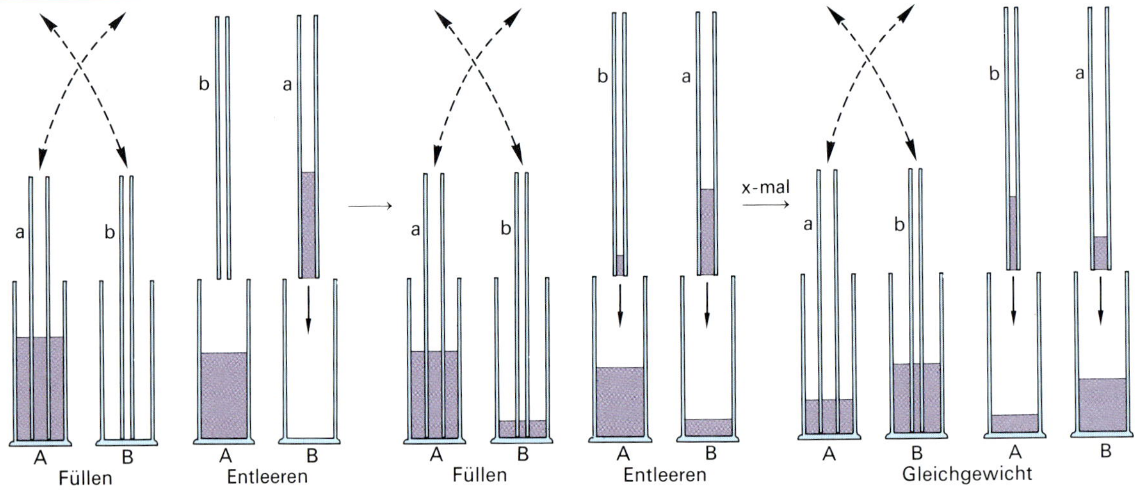

Flüssigkeit gelangt von A nach B, wenn die Rohre a und b gleichzeitig oben mit dem Finger verschlossen und dann über Kreuz entleert werden. Die „reversible Reaktion" setzt mit der **„Hinreaktion"** ein.

Nun gelangt auch Flüssigkeit von B zurück nach A. Es findet auch eine **„Rückreaktion"** statt. Die „Hinreaktion" wirkt sich aber noch stärker aus als die „Rückreaktion".

Nach einiger Zeit sind die in den Rohren im gleichen Takt beförderten Flüssigkeitsportionen gleich groß geworden. Die „Hinreaktion" und „Rückreaktion" heben sich gegenseitig auf: Modell des **Gleichgewichtszustandes.**

B 92.2. *Veranschaulichung der Einstellung eines dynamischen Gleichgewichts durch ein Modell*

Modellversuch und Modellrechnung zum dynamischen Gleichgewicht

Versuch

MV 93.1. Im Gefäß A befinden sich 100 Kugeln, das Gefäß B ist leer (B 93.1.). Es werden abwechselnd Kugeln aus A in B und aus B in A überführt. Dabei nimmt man bei jeder „hin"-Überführung 20% der in A gerade vorhandenen Kugeln (jeweils auf ganze Zahlen runden!) und bei jeder „zurück"-Überführung 10% der gerade in B vorhandenen Kugeln. Die Kugelzahlen nach den beiden ersten Überführungen (jede bestehend aus einer „hin"- und einer „zurück"-Überführung) sind in B 93.1. tabelliert.

Auswertung

a) Führen Sie diesen Gedankenversuch bis $z=13$ fort und tabellieren Sie z, $N_A(z)$ und $N_B(z)$ in Ihrem Heft.

b) Zeichnen Sie ein Diagramm mit z in der Abszisse und $N_A(z)$ und $N_B(z)$ in der Ordinate. Kommentieren Sie die Verläufe der Graphen.

c) Was würde sich an den Graphen ändern, wenn man statt $N_A(0)=100$ Kugeln von $N_A(0)=10000$ Kugeln ausgehen würde?

d) Übertragen Sie den Modellversuch auf eine chemische Reaktion, indem Sie den Größen $N_A(0)$, $N_B(0)$, $N_A(z)$, $N_B(z)$ die „20%" und die „10%" entsprechende Größen bei der chemischen Reaktion zuordnen.

e) Schreiben Sie ein Computerprogramm, das dieses Modellexperiment simuliert. Eingabe: $N_A(0)$, $N_B(0)$, Rate der „hin"-Überführung, Rate der „zurück"-Überführung; Ausgabe: Graphik mit der Veränderung von $N_A(z)$ und $N_B(z)$. Weisen Sie Ihre Mitschüler in die Benutzung Ihres Programms ein und lassen Sie sie anhand von „Computerexperimenten" die Zusammenhänge zwischen den Eingabeparametern und den sich einstellenden Gleichgewichten ermitteln.

f) Betrachten Sie folgende Modellreaktion:

$$\mathbf{A} \underset{k_r}{\overset{k_h}{\rightleftharpoons}} \mathbf{B} + \tfrac{1}{2}\mathbf{C}$$

Bei $\vartheta=40\,°C$ gilt: $k_h=10 \cdot k_r$; bei $\vartheta=400\,°C$ gilt: $k_h=0{,}1 \cdot k_r$. Zeichnen Sie i) für $\vartheta=40\,°C$ und ii) für $\vartheta=400\,°C$ je ein Zeit-Konzentrations-Diagramm mit den Konzentrationsverläufen $c(\mathbf{A})$, $c(\mathbf{B})$ und $c(\mathbf{C})$ und begründen Sie Ihre Vorschläge. (Hinweis: Nehmen Sie an, dass das Gleichgewicht bei $\vartheta=40\,°C$ nach 6 Stunden und bei $\vartheta=400\,°C$ nach 6 Minuten erreicht ist.)

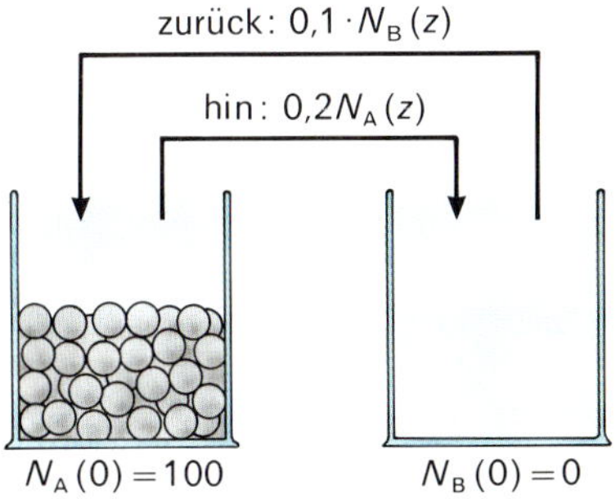

Nr. der Überführung z	$N_A(z)$	$N_B(z)$
0	100	0
1 (hin)	80	20
1 (zurück)	82	18
2 (hin)	66	34
2 (zurück)	69	31
⋮	⋮	⋮

B 93.1. *Modellversuch und Modellrechnungen zum dynamischen Gleichgewicht*

Für Computer-Freaks (nur Aufgabe e)

Neue Fachbegriffe

umkehrbare (reversible) Reaktion, Hinreaktion, Rückreaktion, chemisches Gleichgewicht, Gleichgewichtszustand einer Reaktion, Reaktionsrate r, dynamisches Gleichgewicht

Zusammenfassung

Chemische Reaktionen in geschlossenen Systemen laufen prinzipiell nicht vollständig, sondern nur bis zur Einstellung eines Gleichgewichtszustandes ab. Dabei ändern sich die Konzentrationen der Reaktionsteilnehmer nicht mehr, die Reaktionsgeschwindigkeit v_r ist also gleich Null. Auf der Teilchen-Ebene bedeutet dies jedoch nicht „Stillstand", sondern hier werden pro Zeitintervall ebenso viele Edukt-Teilchen zu Produkt-Teilchen umgesetzt wie Produkt-Teilchen in Edukt-Teilchen.

B 94.1. *CATO MAXIMILIAN GULDBERG (1836 bis 1902), norwegischer Mathematiker und PETER WAAGE (1833 bis 1900), norwegischer Chemiker. Sie führten über 300 quantitative Untersuchungen von Gleichgewichten durch und stellten das Massenwirkungsgesetz auf.*

4.2. Das Massenwirkungsgesetz MWG und die Gleichgewichtskonstante *K*

PV 95.1. und PV 95.2. zeigen, dass zur quantitativen Untersuchung von chemischen Gleichgewichten ein erheblicher experimenteller Aufwand nötig ist. Das Ergebnis unserer Versuche ist aber bemerkenswert. Beim chemischen Gleichgewicht ist die Konzentration der Ethansäure im Reaktionsgemisch des Veresterungsansatzes die gleiche wie die beim Esterhydrolyseansatz.
Sind auch die Konzentrationen der anderen Stoffe in den beiden Ansätzen gleich? Liegt das etwa nur an den von uns gewählten Ausgangskonzentrationen oder gilt das allgemein?
Das sind Fragen, denen C.M. GULDBERG und P. WAAGE (B 94.1.) in zahlreichen und langwierigen Versuchen nachgegangen sind[1]. Wir wählen einen anderen Weg, den theoretischen. Die gefundene Antwort werden wir aber an weiteren Versuchsergebnissen testen. Wir betrachten folgende Modellreaktion:

$$\mathbf{A} + \mathbf{B} \rightleftarrows \mathbf{C} + \mathbf{D}$$

Wir nehmen an, dass bei einem reaktionswirksamen Stoß zwischen einem **A**-Teilchen und einem **B**-Teilchen jeweils ein **C**-Teilchen und ein **D**-Teilchen entstehen. Die Gesamtzahl der Stöße zwischen **A**-Teilchen und **B**-Teilchen pro Zeitintervall, also auch die Zahl der reaktionswirksamen Stöße pro Zeitintervall, ist nach den Ausführungen von S. 75 proportional zu den Konzentrationen der beiden Edukte **A** und **B**. Für die Reaktionsrate der Hinreaktion $r_{\rightarrow}$ gilt demnach:

$$r_{\rightarrow} = k_{\rightarrow} \cdot c(\mathbf{A}) \cdot c(\mathbf{B})$$

Der Proportionalitätsfaktor $k_{\rightarrow}$ ist eine Konstante, die für eine bestimmte Reaktion bei einer bestimmten Temperatur einen charakteristischen Wert annimmt.
Die gleichen Überlegungen wie für die Hinreaktion können wir auch für die Rückreaktion anstellen und erhalten:

$$r_{\leftarrow} = k_{\leftarrow} \cdot c(\mathbf{C}) \cdot c(\mathbf{D})$$

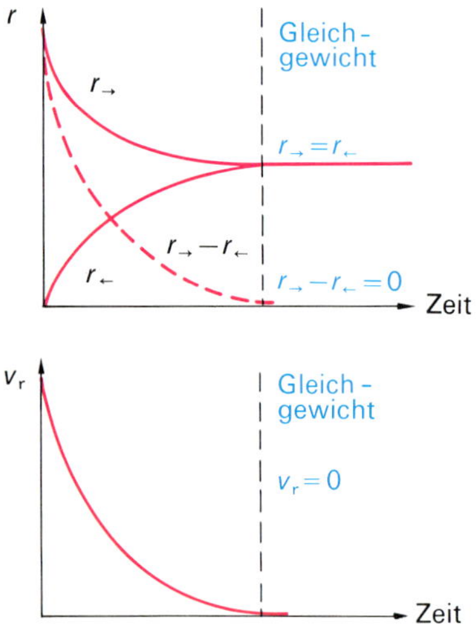

B 94.2. *Zusammenhang zwischen der Reaktionsgeschwindigkeit v_r auf der Stoff-Ebene und den Reaktionsraten $r_{\rightarrow}$ und $r_{\leftarrow}$ auf der Teilchen-Ebene*

Überlässt man ein Gemisch, das nur aus den Edukten **A** und **B** besteht, sich selbst, so setzt die Hinreaktion ein. Die Rate der Hinreaktion $r_{\rightarrow}$ ist groß, weil $c(\mathbf{A})$ und $c(\mathbf{B})$ groß sind. Sobald sich aber **C**- und **D**-Teilchen gebildet haben, setzt auch die Rückreaktion ein. Anfangs ist die Rate der Hinreaktion $r_{\rightarrow}$ immer noch größer als die der Rückreaktion $r_{\leftarrow}$, aber mit fortschreitender Zeit gleichen sich die beiden Raten an (B 94.2.). Ist der Zustand erreicht, bei dem die Rate der Hinreaktion und die der Rückreaktion sich ausgleichen, so hat die auf Stoff-Ebene messbare Reaktionsgeschwindigkeit v_r den Wert Null erreicht und das System befindet sich im chemischen Gleichgewicht (B 94.2.).

[1] Auch M. BERTHELOT (S. 80) und L. PEAN DE SAINT-GILLES haben chemische Gleichgewichte experimentell untersucht, vornehmlich das Veresterungsgleichgewicht.

Beim Gleichgewicht gilt also:

$$v_r = 0 \quad \text{und} \quad r_\rightarrow = r_\leftarrow \quad \text{oder} \quad k_\rightarrow \cdot c(\mathrm{A}) \cdot c(\mathrm{B}) = k_\leftarrow \cdot c(\mathrm{C}) \cdot c(\mathrm{D})$$

Die letzte Gleichung formen wir um:

$$\frac{k_\rightarrow}{k_\leftarrow} = \frac{c(\mathrm{C}) \cdot c(\mathrm{D})}{c(\mathrm{A}) \cdot c(\mathrm{B})}$$

oder, wenn wir $\frac{k_\rightarrow}{k_\leftarrow} = K$ setzen,

$$K = \frac{c(\mathrm{C}) \cdot c(\mathrm{D})}{c(\mathrm{A}) \cdot c(\mathrm{B})}$$

Praktikum

Chemisches Gleichgewicht bei der Veresterung und bei der Esterhydrolyse

Die Reaktionsgleichung des zu untersuchenden Gleichgewichts lautet:

$$\underset{\text{Ethansäure}}{H_3CCOOH} + \underset{\text{Ethanol}}{HOCH_2CH_3} \rightleftarrows \underset{\text{Ethansäureethylester}}{H_3CCOOC_2H_5} + H_2O$$

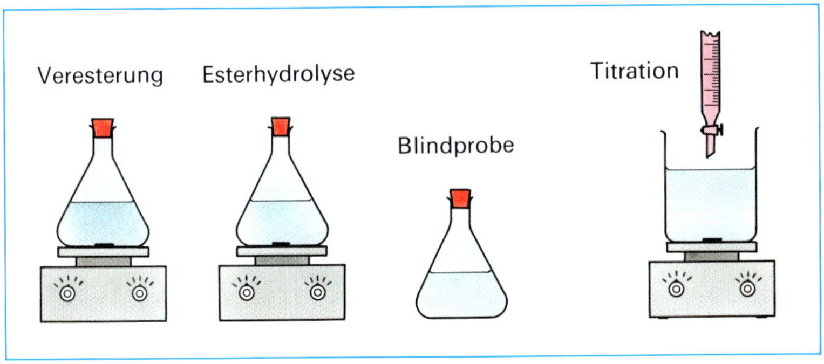

B 95.1. *Skizze zu den Praktikumsversuchen*

Auswertung der Versuche

a) Tragen Sie die Titrationsergebnisse aller Gruppen für jede der drei Proben („Veresterung", „Esterhydrolyse" und „Blindprobe") in eine Tabelle auf der Tafel ein und berechnen Sie die Mittelwerte der Volumina der verbrauchten Natronlauge.

b) Berechnen Sie anhand der Ergebnisse von a), wie viel ml Natronlauge bei den Proben aus den Ansätzen „Veresterung" und „Esterhydrolyse" jeweils auf die Neutralisation der darin enthaltenen Ethansäure entfallen. Vergleichen Sie diese beiden Volumina.

c) Die Stoffmenge *n*, die Konzentration *c* und das Volumen *V* stehen in folgender Beziehung: $n = c \cdot V$. Das Stoffmengenverhältnis bei der Neutralisation von Ethansäure mit Natronlauge ist $n(H_3CCOOH) : n(NaOH) = 1:1$. Berechnen Sie mit Hilfe dieser Angabe die Stoffmenge *n* von Ethansäure im Ansatz „Veresterung" und im Ansatz „Esterhydrolyse". (Vergessen Sie nicht, dass Sie nur jeweils 1 ml Lösung entnommen und titriert haben!)

d) (Erst lösbar, wenn die ganze Lektion verstanden ist!) Berechnen Sie aus Ihren Experimentaldaten die Gleichgewichtskonstante *K* der Veresterung von Ethansäure mit Ethanol bei Zimmertemperatur. (Der Literaturwert beträgt $K = 4$.)

Versuche

PV 95.1. *Gemeinsamer Versuch:*
Es werden eine Veresterung, eine Esterhydrolyse und eine Blindprobe wie folgt in je einem 100-ml-Erlenmeyerkolben angesetzt:

a) *Veresterung:* 0,5 mol (28,6 ml) Ethansäure*, 0,5 mol (29,2 ml) Ethanol*, 0,5 ml konzentrierte Schwefelsäure* (Katalysator) und Aceton* als Lösungsvermittler bis zu einem Gesamtvolumen von 100 ml.

b) *Esterhydrolyse:* 0,5 mol (49 ml) Ethansäureethylester*, 0,5 mol (9 ml) destilliertes Wasser, 0,5 ml konzentrierte Schwefelsäure* (Katalysator) und Aceton* als Lösungsvermittler bis auf ein Gesamtvolumen von 100 ml.

c) *Blindprobe:* Ca. 40 ml destilliertes Wasser, 0,5 ml konzentrierte Schwefelsäure*, bis auf ein Gesamtvolumen von 100 ml mit destilliertem Wasser auffüllen.

Die Ansätze a) und b) werden ca. 2 Tage lang (am besten von einer Chemiestunde bis zur nächsten) bei Zimmertemperatur magnetisch gerührt (B 95.1.).

PV 95.2. *Gruppenversuche:*
Jede Gruppe führt 3 Titrationen durch, wobei für jede Probe jeweils 1 ml aus den Ansätzen von PV 95.1. verwendet wird. Die Probe wird in einem Becherglas mit ca. 50 ml destilliertem Wasser verdünnt, mit einigen Tropfen Bromthymolblau-Lösung versetzt und mit Natronlauge* ($c = 0{,}1$ mol/l) bis zum Farbumschlag nach blau titriert. Für jede Probe wird das Volumen der verbrauchten Natronlauge notiert.

Versuch Nr.	Gleichgewichtskonzentration in 10^{-2} mol/l $c(HI)$	$c(H_2)$	$c(I_2)$	Massenwirkungsquotient $\frac{c^2(HI)}{c(H_2) \cdot c(I_2)}$
1	1,27	0,56	0,059	48,8
2	1,67	0,38	0,15	48,9
3	1,49	0,46	0,097	49,7
4	1,18	0,17	0,17	48,2
5	0,94	0,14	0,14	48,0
6	2,94	0,42	0,42	48,8

Tab. 96.1. *Gleichgewichtskonzentrationen und daraus berechnete Werte für den Massenwirkungsquotienten beim Hydrogeniodid-Gleichgewicht* $H_2 + I_2 \rightleftarrows 2HI$. *Alle Reaktionen wurden bei* 458 °C ($T = 731$ K) *durchgeführt.*
Bei den Versuchen Nr. 1, 2 und 3 wurde von Wasserstoff und Iod ausgegangen, bei den Versuchen Nr. 4, 5 und 6 von Hydrogeniodid. Beispiele für die Anfangskonzentrationen c_0:

Nr. 1: $c_0(H_2) = 1{,}2 \cdot 10^{-2}$ mol/l
$c_0(I_2) = 0{,}69 \cdot 10^{-2}$ mol/l
$c_0(HI) = 0$ mol/l
Nr. 4: $c_0(H_2) = 0$ mol/l
$c_0(I_2) = 0$ mol/l
$c_0(HI) = 1{,}52 \cdot 10^{-2}$ mol/l

Der Mittelwert der Massenwirkungsquotienten aus den 6 Versuchen ergibt einen recht genauen Wert der Gleichgewichtskonstanten $K = 48{,}75$.

$H_2 + I_2 \rightleftarrows 2HI$

$$K = \frac{c^2(HI)}{c(H_2) \cdot c(I_2)}$$

$H_2 + \frac{1}{2}O_2 \rightleftarrows H_2O$

$$K = \frac{c(H_2O)}{c(H_2) \cdot \sqrt{c(O_2)}}$$

B 96.1. *Das MWG und die darin enthaltene Gleichgewichtskonstante K ist stets einer bestimmten Reaktionsgleichung zugeordnet.*

Die rechte Seite dieser Gleichung enthält die Konzentrationen der Produkte und der Edukte beim Gleichgewicht der betrachteten Reaktion. Die linke Seite ist eine Konstante.
Zu dieser Gesetzmäßigkeit waren auch GULDBERG und WAAGE (B 94.1.) gelangt. Sie gebrauchten für den Begriff der *Konzentration* die Bezeichnung *„active Masse"*, d.h. *wirksame Masse*. In Anlehnung daran spricht man auch heute noch bei der obigen Gleichung vom **Massenwirkungsgesetz** (abgekürzt **MWG**). Die rechte Seite ist der so genannte **Massenwirkungsquotient** *Q*, die linke Seite die **Gleichgewichtskonstante** *K*.
Wir gehen nun von unserer Modellreaktion auf eine wirkliche, in der Praxis sehr ausführlich untersuchte Reaktion über: die Synthese von Hydrogeniodid und dessen Zerfall:

$$H_2(g) + I_2(g) \rightleftarrows 2HI(g) \quad \text{oder} \quad H_2(g) + I_2(g) \rightleftarrows HI(g) + HI(g)$$

Man weiß heute, dass bei einem einzigen Zusammenstoß zwischen einem Wasserstoff-Molekül und einem Iod-Molekül nicht gleich zwei Hydrogeniodid-Moleküle entstehen, sondern dass die Reaktion über Zwischenstufen verläuft. Dennoch verläuft die Reaktion nach der obigen Gesamtgleichung.
Ist das im Gedankenexperiment hergeleitete Massenwirkungsgesetz anwendbar, auch wenn die Voraussetzung „**ein** reaktionswirksamer Stoß" nicht zutrifft?
Die Tab. 96.1. zeigt, dass diese Frage bejaht werden kann. Das Massenwirkungsgesetz kann man für dieses Gleichgewicht wie folgt formulieren:

$$K = \frac{c(HI) \cdot c(HI)}{c(H_2) \cdot c(I_2)} \quad \text{oder} \quad K = \frac{c^2(HI)}{c(H_2) \cdot c(I_2)}$$

Die Schwankungen des aus den 6 Versuchen in Tab. 96.1. berechneten Massenwirkungsquotienten sind so gering, dass sie den experimentellen Ungenauigkeiten zugeschrieben werden können. Ähnliche Untersuchungen einer Vielzahl von chemischen Gleichgewichten haben ergeben:

Der Massenwirkungsquotient *Q* im Gleichgewichtszustand einer Reaktion ist stets gleich, unabhängig von den Ausgangskonzentrationen der Reaktionsteilnehmer. Dieser konstante Wert des Massenwirkungsquotienten ist gleichzeitig der Wert der Gleichgewichtskonstanten *K* der betrachteten Reaktion.

Am Beispiel des Hydrogeniodid-Gleichgewichts haben wir gesehen, dass der Koeffizient 2 des Hydrogeniodids in der Reaktionsgleichung als Exponent der Hydrogeniodid-Konzentration im Massenwirkungsquotienten eingeht. Für die allgemeine Reaktion:

$$aA + bB + \ldots \rightleftarrows mM + nN + \ldots$$

lautet das Massenwirkungsgesetz:

$$K = \frac{c^m(M) \cdot c^n(N) \cdot \ldots}{c^a(A) \cdot c^b(B) \cdot \ldots}$$

Das MWG bezieht sich immer auf ein ganz bestimmtes Reaktionsschema, d.h. auf die Art **und** die Mengen der darin enthaltenen Stoffe (B 97.1.). Da im Zähler des Massenwirkungsquotienten nur die Konzentrationen der Produkte und im Nenner nur die Konzentrationen der Edukte vorkommen, gibt ein Vergleich des Momentanwertes des Massenwirkungsquotienten Q mit der Gleichgewichtskonstanten K Auskunft darüber, ob die Hinreaktion oder die Rückreaktion überwiegt, oder ob der Zustand des chemischen Gleichgewichts erreicht ist (B 97.1.).
Der Zahlenwert der Gleichgewichtskonstanten K lässt darauf schließen, ob im Gleichgewichtszustand die Produkte oder die Edukte überwiegen (B 97.2.).

Berechnungen mit Hilfe des Massenwirkungsgesetzes

Für sehr viele chemische Reaktionen sind die Gleichgewichtskonstanten bekannt und in Tabellenwerken aufgelistet. Für die Praxis ergibt sich dadurch die Möglichkeit, bei einem bestimmten Reaktionsansatz mit bekannten Anfangskonzentrationen c_0 die Konzentrationen c aller Reaktionsteilnehmer im Gleichgewicht zu berechnen. Das ist wichtig, weil man damit weiß, welche Produktmenge man aus gegebenen Eduktmengen in einer Gleichgewichtsreaktion maximal erhalten kann.

Rechenbeispiele

1. In einem geschlossenen Behälter werden Wasserstoff und Iod bei $T=731$ K zur Reaktion gebracht. Die Anfangskonzentrationen betragen: $c_0(H_2)=1{,}35\cdot10^{-2}$ mol/l, $c_0(I_2)=2{,}55\cdot10^{-2}$ mol/l. Die Temperatur wird konstant gehalten. Berechnen Sie die Konzentrationen aller Reaktionsteilnehmer im Gleichgewicht.

Lösung

a) Reaktionsgleichung: $H_2+I_2 \rightleftarrows 2HI$

b) Aus der Reaktionsgleichung entnehmen wir: $n(H_2):n(I_2):n(HI)=1:1:2$

c) Bis zur Einstellung des Gleichgewichts hat sich die Konzentration des Wasserstoffs um x mol/l verringert. Damit gilt für die Zahlenwerte der Konzentrationen:

	$c(H_2)$ in mol/l	$c(I_2)$ in mol/l	$c(HI)$ in mol/l
zu Beginn:	$1{,}35\cdot10^{-2}$	$2{,}55\cdot10^{-2}$	0
im Gleichgewicht:	$1{,}35\cdot10^{-2}-x$	$2{,}55\cdot10^{-2}-x$	$2x$

(aus x mol H_2 und x mol I_2 entstehen $2x$ mol HI und das Volumen ist konstant).

d) Die Gleichgewichtskonstante des Hydrogeniodid-Gleichgewichts beträgt bei $T=731$ K $K=48{,}75$ (vgl. B 96.1.). Das MWG lautet in unserem Fall also:

$$48{,}75=\frac{(2x)^2}{(1{,}35\cdot10^{-2}-x)\cdot(2{,}55\cdot10^{-2}-x)}$$

oder, umgeformt: $x^2-4{,}25\cdot10^{-2}x+3{,}75\cdot10^{-4}=0$

Für die quadratische Gleichung findet man folgende Lösungen: $x_1=3\cdot10^{-2}$; $x_2=1{,}25\cdot10^{-2}$.
Die Lösung x_1 kommt nicht in Frage, weil nicht mehr Wasserstoff bzw. Iod verbraucht werden kann, als anfangs vorhanden war. Mit der Lösung x_2 erhalten wir:

$c(H_2)=0{,}1\cdot10^{-2}$ mol/l; $c((I_2)=1{,}3\cdot10^{-2}$ mol/l; $c(HI)=2{,}5\cdot10^{-2}$ mol/l.

$Q<K$:
kein Gleichgewicht,
die Hinreaktion überwiegt.

$Q>K$:
kein Gleichgewicht,
die Rückreaktion überwiegt.

$Q=K$:
Gleichgewichtszustand

B 97.1. *Der Zustand, in dem sich ein System gerade befindet, hängt davon ab, ob der Massenwirkungsquotient Q kleiner, größer oder gleich mit den Gleichgewichtskonstanten K ist.*

Alle Reaktionsteilnehmer werden mit der Konzentration $c=1$ mol/l eingesetzt:

$K>1$:
Das Gleichgewicht liegt auf der Produktseite

$K<1$:
Das Gleichgewicht liegt auf der Eduktseite

B 97.2. *Zusammenhang zwischen der Lage eines chemischen Gleichgewichts und dem Wert der Gleichgewichtskonstanten K*

$2H_2(g)+O_2(g) \rightleftarrows 2H_2O(g)$
$K=5{,}9\cdot10^{67}$ l·mol^{-1}

$H_2(g)+I_2(g) \rightleftarrows 2HI(g)$
$K=48{,}75$ bei 458 °C[1]

$2O_2(g)+N_2(g) \rightleftarrows 2NO_2(g)$
$K=4{,}9\cdot10^{-19}$ l·mol^{-1}

$Cl_2(g)+H_2(g) \rightleftarrows 2HCl(g)$
$K=2{,}6\cdot10^{33}$

$3H_2(g)+N_2(g) \rightleftarrows 2NH_3(g)$
$K=4{,}6\cdot10^{5}$ l^2·mol^{-2}

$2SO_2(g)+O_2(g) \rightleftarrows 2SO_3(g)$
$K=4{,}28\cdot10^{24}$ l·mol^{-1}

B 97.3. *Gleichgewichtskonstanten einiger Reaktionen bei der Standardtemperatur von 25 °C ($T=298$ K)*

[1] Iod ist bei 25 °C fest, deshalb die Angabe bei 458 °C.

Wichtig bei chemischen Rechnungen:
Immer erst die Reaktionsgleichung auf die sich die Rechnung bezieht, aufstellen. Aus den Koeffizienten ergeben sich die Stoffmengenverhältnisse, in denen die Stoffe beteiligt sind. Diese Werte müssen bei allen Rechnungen berücksichtigt werden.

Nr.	Anfangskonzentrationen $c_0(H_3CCOOH)$ in mol/l	$c_0(C_2H_5OH)$ in mol/l
1	1	0,05
2	1	0,5
3	1	1
4	1	2
5	1	6

Tab. 98.1. *Zu A 98.4.*

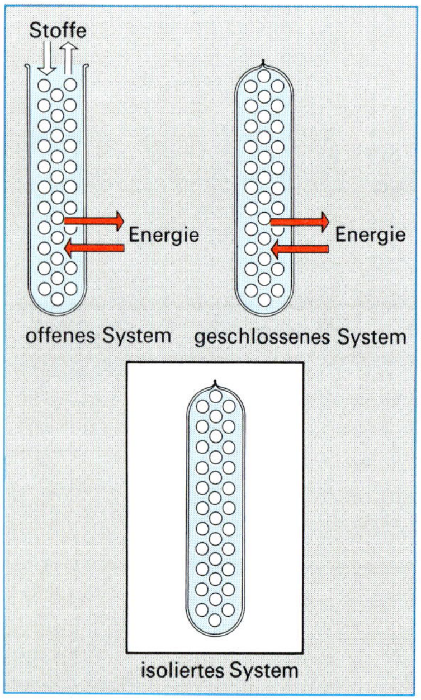

B 98.1. *Verschiedene Systeme für chemische Reaktionen*

2. In einem Behälter mit dem Volumen $V = 5\,l$ hat sich zwischen Stickstoff, Wasserstoff und Ammoniak ein chemisches Gleichgewicht eingestellt. Es liegen folgende Stoffmengen vor: $n(N_2) = 5{,}05$ mol, $n(H_2) = 8$ mol, $n(NH_3) = 0{,}5$ mol. Berechnen Sie die Gleichgewichtskonstante K für die Reaktion $3H_2 + N_2 \rightleftarrows 2NH_3$ bei der betreffenden Temperatur:

Lösung

a) Reaktionsgleichung (in diesem Fall gegeben): $3H_2 + N_2 \rightleftarrows 2NH_3$

b) Massenwirkungsgesetz:

$$K = \frac{c^2(NH_3)}{c^3(H_2) \cdot c(N_2)} \quad \text{mit} \quad c(NH_3) = \frac{0{,}5\ \text{mol}}{5\ l} = 0{,}1\ \text{mol/l}$$

$$c(H_2) = \frac{8\ \text{mol}}{5\ l} = 1{,}6\ \text{mol/l}$$

$$c(N_2) = \frac{5{,}05\ \text{mol}}{5\ l} = 1{,}01\ \text{mol/l}$$

$$K = \frac{(0{,}1\ \text{mol/l})^2}{(1{,}6\ \text{mol/l})^3 \cdot 1{,}01\ \text{mol/l}} = 2{,}41 \cdot 10^{-3}\ l^2 \cdot \text{mol}^{-2}$$

Kommentar zum Ergebnis

Während beim Hydrogeniodidgleichgewicht aus dem Rechenbeispiel 1 die Hinreaktion überwiegt ($K = 48{,}75$), überwiegt bei dem hier berechneten Ammoniakgleichgewicht die Rückreaktion ($K = 2{,}42 \cdot 10^{-3}$).

Aufgaben

A 98.1. Berechnen Sie nach dem Muster aus dem Rechenbeispiel 1 die Konzentration von Hydrogeniodid im Gleichgewicht bei der Temperatur $T = 721$ K ($K = 50{,}3$), wenn die Anfangskonzentrationen $c_0(H_2) = 1 \cdot 10^{-3}$ mol/l, $c_0(I_2) = 1 \cdot 10^{-3}$ mol/l und $c_0(HI) = 0$ mol/l betragen.

A 98.2. Bei einer bestimmten Temperatur betragen die Konzentrationen beim Ammoniakgleichgewicht $c(H_2) = 3{,}2$ mol/l, $c(N_2) = 2{,}02$ mol/l und $c(NH_3) = 0{,}4$ mol/l. Berechnen Sie nach dem Muster aus dem Rechenbeispiel 2 die Gleichgewichtskonstante bei dieser Temperatur.

A 98.3. a) Schreiben Sie für jedes der Gleichgewichte aus B 97.3. das MWG auf und begründen Sie die Einheiten, die für K angegeben sind. b) Was können Sie über die „Lage" jedes einzelnen Gleichgewichts sagen?

A 98.4. Die Gleichgewichtskonstante des Estergleichgewichts, das im Praktikum (S. 95) untersucht wurde, beträgt bei $T = 293$ K ($\vartheta = 20$ °C) $K = 4$. a) Übertragen Sie die Tab. 98.1. in Ihr Heft, ergänzen Sie sie um die Spalte „$c(H_3CCOOC_2H_5)$" und füllen Sie diese aus. b) Wie viel % Ethansäure und Ethanol haben beim Versuchsansatz Nr. 3 aus der Tab. 98.1. bis zur Einstellung des Gleichgewichts reagiert? c) In welchem Verhältnis müssen die Anfangskonzentrationen von Ethansäure und Ethanol bei der Veresterung stehen, damit die Gleichgewichtskonzentration der Ethansäure nur noch 10% von der Anfangskonzentration der Ethansäure beträgt?

A 98.5. Warum kann man Versuche zur Bestimmung von Gleichgewichtskonstanten weder in offenen noch in isolierten Systemen (B 98.1.) durchführen?

Neue Fachbegriffe

Massenwirkungsgesetz MWG,
Massenwirkungsquotient Q,
Gleichgewichtskonstante K,
offenes, geschlossenes, isoliertes System

Zusammenfassung

Beim Gleichgewicht einer chemischen Reaktion hat der aus den Konzentrationen der Produkte und Edukte gebildete Massenwirkungsquotient bei einer gegebenen Temperatur stets einen konstanten Wert (Aussage des MWG).

4.3. Temperaturabhängigkeit der Gleichgewichtskonstanten *K*

Bei den Gleichgewichten ist immer die Temperatur genannt worden, auf die sich die Gleichgewichtskonstante bezieht. Ohne den genauen Wert der Gleichgewichtskonstanten ermitteln zu wollen, gelingt es mit den beiden hier beschriebenen Versuchen, die Temperaturabhängigkeit der Gleichgewichtskonstanten *K* sichtbar zu machen.
Die rosarote Lösung aus Cobalt(II)-chlorid in V 99.1. färbt sich beim Erwärmen blau und wird beim Abkühlen wieder rosarot. Wir können die Lösung als Geheimtinte verwenden (V 99.2.). Dass der Luftsauerstoff an der Blaufärbung beteiligt ist, können wir ausschließen, weil die reversiblen Farbänderungen auch im geschlossenen Kolben ablaufen. Es kann sich also nur um die Verschiebung eines Gleichgewichts nach der einen oder anderen Seite handeln. Für die Farbänderungen ist das folgende Gleichgewicht verantwortlich (vgl. auch B 99.1.):

$$\underset{\text{rosarot}}{[Co(H_2O)_6]^{2+}(aq)} + \underset{\text{farblos}}{4\,Cl^-(aq)}$$

$$\underset{\text{bei Kälte}}{\overset{\text{bei Wärme}}{\rightleftharpoons}} \underset{\text{blau}}{[Co(H_2O)_2Cl_4]^{2-}(aq)} + \underset{\text{farblos}}{4\,H_2O(l)};\quad \Delta H_R > 0$$

Die Hinreaktion verläuft endotherm. Die Blaufärbung der Lösung beim Erwärmen zeigt, dass die Temperaturerhöhung die endotherme Reaktion begünstigt; die Gleichgewichtskonstante *K* nimmt dann einen größeren Wert an.
Stickstoffdioxid und Distickstofftetraoxid stehen in einem Gleichgewicht, das durch folgende Reaktionsgleichung beschrieben wird:

$$\underset{\text{braun}}{2\,NO_2(g)} \rightleftharpoons \underset{\text{farblos}}{N_2O_4(g)};\quad \Delta H_R < 0$$

Hier verläuft die Hinreaktion exotherm. Die Vertiefung der braunen Farbe beim Erwärmen des Gemisches und die Farbaufhellung beim Abkühlen (B 99.2.) deuten darauf hin, dass sich das Gleichgewicht

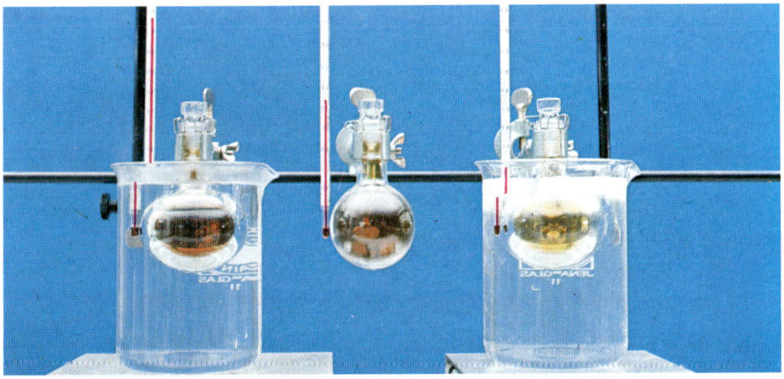

B 99.2. *Die Farbe des Gasgemisches aus Stickstoffdioxid und Distickstofftetraoxid ist temperaturabhängig.*

Versuche

V 99.1. In einem 200-ml-Erlenmeyerkolben werden 2,4 g Cobalt(II)-chlorid* $CoCl_2 \cdot 6\,H_2O$ in einem Gemisch aus 30 ml Wasser und 30 ml Aceton* gelöst. Man erwärmt die Lösung auf der Heizplatte auf 50 °C und tropft soviel konzentrierte Salzsäure* dazu, bis die Lösung blau wird. Dann kühlt man die Lösung unter dem fließenden Wasserstrahl ab. Beobachtung? Die Lösung wird erneut auf 50° erwärmt. Beobachtung?

V 99.2. Mit der auf Raumtemperatur abgekühlten Lösung aus V 99.1. wird auf ein Filterpapier geschrieben. Man trocknet das Papier durch Schwenken an der Luft. Kann man das Geschriebene lesen? Man erwärmt das Papier vorsichtig über der Platte oder über der Feuerzeugflamme. Beobachtung?

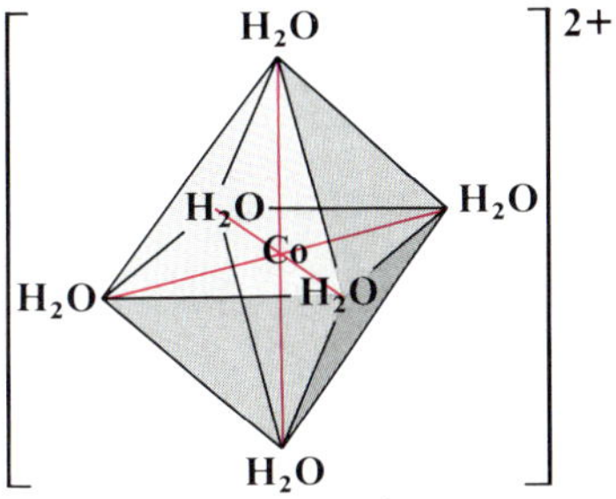

$[Co(H_2O)_6]^{2+}$
Hexaaquacobalt (II)-Ion

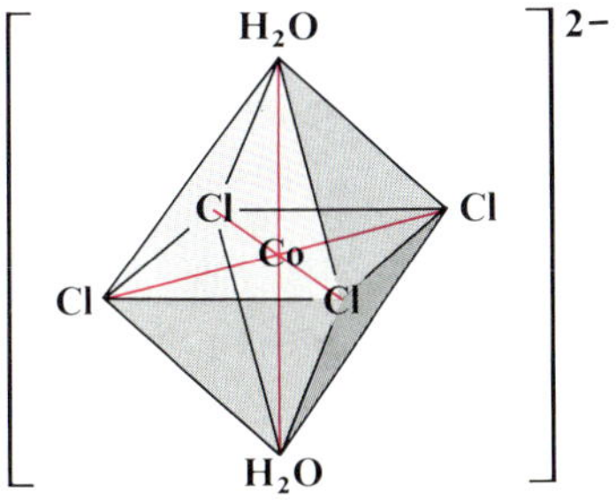

$[Co(H_2O)_2Cl_4]^{2-}$
Diaquatetrachlorocobalt (II)-Ion

B 99.1. *Bei Komplex-Ionen sind die Liganden (hier H_2O bzw. Cl^-) i.d.R. über freie Elektronenpaare an das Zentral-Atom (Zentral-Ion, hier Co^{2+}) gebunden. Die Farbänderungen der Geheimtinte aus V 99.2. sind auf eine Ligandenaustauschreaktion zurückzuführen.*

Temperaturerhöhung

1. Die Reaktionsgeschwindigkeiten der Hin- und Rückreaktion nehmen zu, d.h., das Gleichgewicht stellt sich *schneller* ein.
2. Bei *exothermer Hinreaktion* verschiebt sich das Gleichgewicht nach *links,* bei *endothermer Hinreaktion* nach *rechts*.

Temperaturerniedrigung

1. Die Reaktionsgeschwindigkeiten nehmen ab, d.h., das Gleichgewicht stellt sich *langsamer* ein.
2. Bei *exothermer Hinreaktion* verschiebt sich das Gleichgewicht nach *rechts,* bei *endothermer Hinreaktion* nach *links*.

B 100.1. *Temperatureinflüsse auf Gleichgewichte*

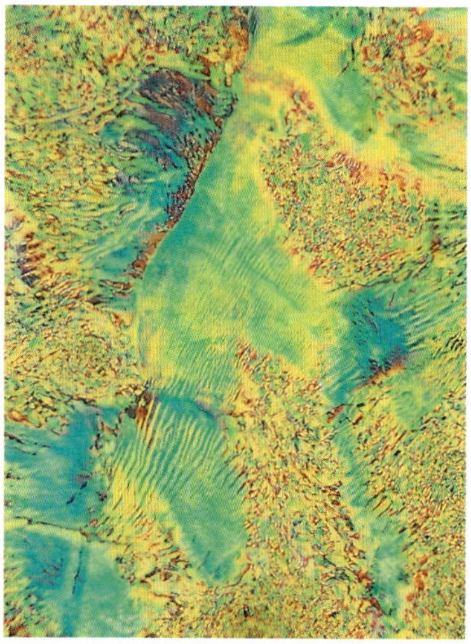

B 100.2. *Polarisationsmikroskop-Aufnahme eines thermotropen Flüssigkeitskristall-Polymers. Das Gleichgewicht zwischen dem kristallinen Zustand und dem amorphen Zustand in Bereichen dieses Kunststoffs ist temperaturabhängig. Geknüpft daran sind Änderungen der mechanischen Eigenschaften dieser Stoffe. Der moderne Thermo-Ski ist ein Beispiel für die Anwendung solcher Kunststoffe.*

beim Erwärmen in die Richtung der endothermen Rückreaktion und beim Abkühlen in die Richtung der exothermen Hinreaktion verschiebt.

Bei einem Gleichgewicht mit exothermer Hinreaktion nimmt die Gleichgewichtskonstante *K* bei steigenden Temperaturen kleinere Werte an, d.h., das Gleichgewicht verschiebt sich nach links.

Die Art, in der die Temperatur die Gleichgewichtskonstante K beeinflusst, wird in B 100.1. beschrieben. Das Maß, in dem K von der Temperatur abhängt, wird durch die Reaktionsenthalpie ΔH_R bestimmt: Je größer der Betrag der Reaktionsenthalpie ΔH_R ist, desto mehr verändert sich K bei einer bestimmten Temperaturänderung (vgl. EVA auf S. 101).
Eine Temperaturänderung bewirkt sowohl eine Änderung der Reaktionsgeschwindigkeit als auch eine Änderung des Gleichgewichts (B 100.1.).
Außerdem wissen wir, dass man die Reaktionsgeschwindigkeit auch durch Katalysatoren beeinflussen kann (Kap. 3.5).

Es ist prinzipiell unmöglich, dass ein Katalysator die Lage eines chemischen Gleichgewichts beeinflusst.

Aufgaben

A 100.1. Betrachten Sie die ersten drei Gleichungen von Gleichgewichten aus B 97.3. Die Reaktionsenthalpien betragen jeweils $\Delta H_R^0 = -483$ kJ, $\Delta H_R^0 = -26$ kJ und $\Delta H_R^0 = +60$ kJ. Wie muss man die Temperatur jeweils ändern, um das Gleichgewicht nach rechts zu verschieben? Ist das erste oder das zweite Gleichgewicht „temperaturempfindlicher"?

A 100.2. Hat die Aktivierungsenergie E_a einer Reaktion einen Einfluss auf die Lage des Gleichgewichts? Begründung (vgl. Kap. 3.4.).

A 100.3. Ein Wasserstoff-Sauerstoff-Gemisch reagiert bei Zimmertemperatur nur äußerst langsam. In Gegenwart von Platinasbest entzündet es sich aber. Haben wir es hier nicht etwa doch mit einem Einfluss des Katalysators auf die Gleichgewichtslage zu tun?

A 100.4. a) Die Bildung der nitrosen Gase NO_x (NO und NO_2) im Verbrennungsraum des Motors verläuft endotherm, ihre Umsetzung zu Stickstoff und anderen Produkten (CO_2 und H_2O) am Abgasreinigungskatalysator verläuft exotherm. Wie muss die Temperatur im Katalysatorraum im Vergleich zur Temperatur im Verbrennungsraum sein, damit möglichst viel von den nitrosen Gasen umgesetzt wird? b) Die Temperatur im Katalysatorraum muss dennoch einige hundert Grad betragen. Haben Sie hierfür eine Erklärung?

Zusammenfassung

Die Gleichgewichtskonstante K hängt von der Temperatur ab, bei der sich ein chemisches Gleichgewicht einstellt. Bei exothermen Hinreaktionen nimmt K bei steigender Temperatur ab, bei endothermen Reaktionen nimmt K bei steigender Temperatur zu. Katalysatoren haben keinen Einfluss auf die Gleichgewichtskonstante K, also auch nicht auf die Lage eines Gleichgewichtes.

Mathematischer Zusammenhang zwischen *K* und *T*

$H_2(g) + I_2(g) \rightleftarrows 2HI(g)$; $\Delta H_R < 0$

Temperatur *T* in K	Gleichgewichts-konstante *K*
629	66,7
666	58,8
716	50,0
731	48,8
781	40,0

Tab. 101.1. *Experimentell bestimmte Gleichgewichtskonstanten für das Hydrogeniodidgleichgewicht*

Die Gleichgewichtskonstanten *K* des Hydrogeniodid-Gleichgewichts wurden bei verschiedenen Temperaturen experimentell bestimmt. In Übereinstimmung mit unseren bisherigen Erkenntnissen nimmt *K* bei steigenden Temperaturen ab, weil die Hydrogeniodid-Synthese exotherm verläuft (Tab. 101.1.).
Um die Art der mathematischen Beziehung zwischen der Gleichgewichtskonstanten *K* und der Temperatur *T* zu ermitteln, tragen wir zunächst *K* gegen *T* auf und erhalten die Kurve aus B 101.1. Bei dieser Kurve können wir nicht auf Anhieb erkennen, welche Form die ihr zugrunde liegende Funktion *K*(*T*) hat. Zu einem erstaunlich einfachen Graphen gelangen wir aber, wenn wir den natürlichen Logarithmus von *K* gegen den reziproken Wert der Temperatur auftragen: Wir erhalten in diesem Fall eine Gerade der Form:

$$y = mx + b$$

wobei gilt: $y = \ln\{K\}$[1], $x = \frac{1}{T}$ und m und b Konstanten sind (B 102.1.).

J.H. VAN'T HOFF (B 12.1.) kam im Jahr 1886 unter Verwertung der bereits 1875 von GIBBS vorgeschlagenen freien Reaktionsenthalpie ΔG (vgl. EVA auf S. 81) zu folgender Beziehung zwischen *K* und *T*:

$$\ln\{K(T)\} = -\frac{\Delta G^0}{R} \cdot \frac{1}{T}$$

wobei *R* die Gaskonstante ist ($R = 8{,}31\ \mathrm{J \cdot K^{-1} \cdot mol^{-1}}$).

Durch Substitution von ΔG^0 gemäß der *GIBBSSCHEN Gleichung* $\Delta G^0 = \Delta H^0 - T \cdot \Delta S^0$ erhält man:

$$\ln\{K(T)\} = -\frac{\Delta H_R^0}{R} \cdot \frac{1}{T} + \frac{\Delta S^0}{R}$$

d.h. eine Gleichung der Form $y = mx + b$.

Aus der Steigung der Gerade in B 102.1. kann also die Reaktionsenthalpie ΔH_R^0 und aus dem Ordinatenschnitt die Reaktionsentropie ΔS^0 berechnet werden. Kennt man die Reaktionsenthalpie ΔH_R^0 einer Reaktion und die Gleichgewichtskonstante $K(T_1)$ bei der Temperatur T_1, so kann man aber auch ohne Graph die Gleichgewichtskonstante $K(T_2)$ bei der Temperatur T_2 berechnen. Hierzu wird aus der obigen Gleichung eine neue entwickelt, indem man sie zunächst für zwei Temperaturen T_1 und T_2 formuliert:

$$\ln\{K(T_1)\} = -\frac{\Delta H_R^0}{R} \cdot \frac{1}{T_1} + \frac{\Delta S^0}{R} \quad \text{bzw.} \quad \ln\{K(T_2)\} = -\frac{\Delta H_R^0}{R} \cdot \frac{1}{T_2} + \frac{\Delta S^0}{R}$$

[1] *Steht eine Größe in geschwungenen Klammern, { }, so ist der Zahlenwert der Größe gemeint.*

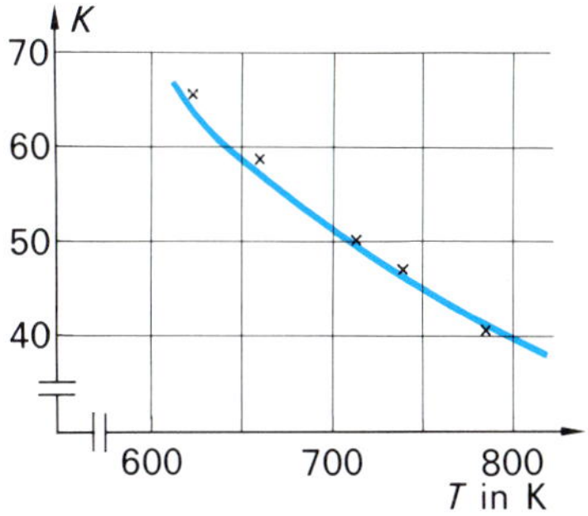

B 101.1. *Gleichgewichtskonstante K in Abhängigkeit von der Temperatur T*

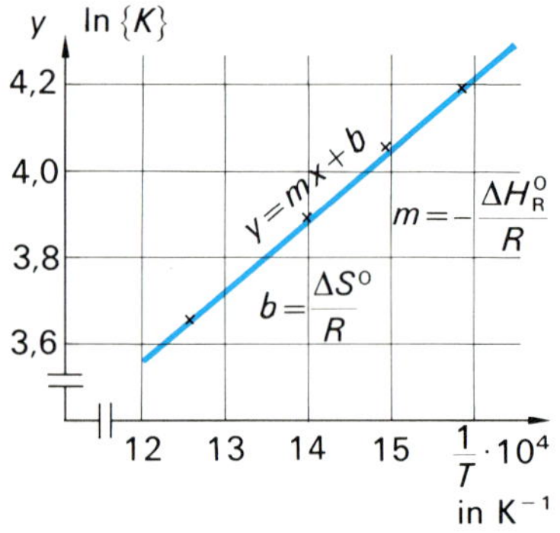

B 102.1. *Natürlicher Logarithmus der Gleichgewichtskonstanten* ln *K in Abhängigkeit von der reziproken Temperatur* $\frac{1}{T}$

Subtrahiert man die erste Gleichung von der zweiten, so erhält man schließlich:

$$\ln \frac{K(T_2)}{K(T_1)} = -\frac{\Delta H_R^0}{R}\left(\frac{1}{T_2} - \frac{1}{T_1}\right)$$

Diese als *van't Hoffsche Gleichung* bekannte Beziehung zwischen den Gleichgewichtskonstanten bei verschiedenen Temperaturen kann auch zur Berechnung der Reaktionsenthalpie herangezogen werden, wenn die Gleichgewichtskonstanten bei zwei Temperaturen bekannt sind. Die so berechneten Reaktionsenthalpien stehen mit den auf anderem Wege ermittelten in guter Übereinstimmung.

Aufgaben

A 102.1. Berechnen Sie aus den Angaben in Tab. 101.1. (erste und letzte Zeile) die *Bildungsenthalpie* von Hydrogeniodid. (Sie erhalten die Reaktionsenthalpie bei der Bildung von 1 mol Hydrogeniodid.)

A 102.2. Verwenden Sie den Wert der Gleichgewichtskonstanten K bei $T = 666$ K und den in A 102.1. erhaltenen Wert für ΔH_R^0 zur Berechnung der Gleichgewichtskonstanten bei $T = 716$ K. Vergleichen Sie Ihren Wert mit dem in Tab. 101.1.

4.4. Beeinflussung von chemischen Gleichgewichten

Praktikum

Einfluss der Edukt-Konzentration auf die Lage eines chemischen Gleichgewichts

Versuche

PV 102.1. 500 ml Eisen(III)-chlorid-Lösung* und 500 ml Kaliumthiocyanat-Lösung*, die gemäß der Vorschrift aus V 91.1. hergestellt wurden, vereinigt man in einem großen Becherglas. Diese rote Lösung wird auf die einzelnen Gruppen verteilt.

PV 102.2. Jede Gruppe teilt ihre Lösung auf 5 kleinere Zylinder (oder Rggl.) auf und verfährt damit wie folgt:

Nr. 1: Vergleichslösung
Nr. 2: Zugabe einiger Eisen(III)-chlorid-Kristalle*
Nr. 3: Zugabe einiger Kaliumthiocyanat-Kristalle*
Nr. 4: Zugabe einiger ml Silbernitrat-Lösung*
Nr. 5: Zugabe einiger ml Natronlauge*.

Die Farben der Lösungen in den Zylindern Nr. 2 bis Nr. 5 werden jeweils mit der Farbe der Lösung aus Zylinder Nr. 1 verglichen; die Ergebnisse werden notiert.

Auswertung der Versuche

a) Formulieren Sie die Reaktionsgleichung des Gleichgewichts, das sich bei PV 102.1. einstellt, und das MWG für dieses Gleichgewicht.

b) Die sich im Zylinder Nr. 4 und Nr. 5 bildenden Niederschläge bestehen aus schwer löslichem Silberthiocyanat bzw. aus schwer löslichem Eisen(III)-hydroxid. Formulieren Sie die Reaktionsgleichungen der Bildung dieser Niederschläge.

c) Teilen Sie die Proben aus Zylinder Nr. 2 bis Nr. 5 bezüglich der Farbvertiefung oder Farbaufhellung in zwei Gruppen ein. Haben Sie eine Erklärung dafür, dass sich die Farbe einmal aufhellt und einmal verdunkelt, obwohl doch in allen Fällen etwas in die Ausgangslösung dazugegeben wird?

d) Was müsste man in Ihre Lösung aus dem Zylinder Nr. 5 jetzt hinzugeben, um wieder in etwa die Farbe zu erreichen, die sie vor der Zugabe von Natronlauge hatte? Begründen Sie Ihre Antwort und testen Sie die Richtigkeit im Experiment.

Die Gleichgewichtsreaktion zwischen Eisen(III)-Ionen, Thiocyanat-Ionen und Eisen(III)-isothiocyanat-Teilchen kann bei Zimmertemperatur durch den Zusatz verschiedener Stoffe „gestört" werden. Wenn bei der Zugabe von Eisen(III)-chlorid oder von Kaliumthiocyanat eine Farbvertiefung eintritt, dann ist das für uns nicht neu (V 91.2. und Nr. 2 und Nr. 3 in PV 102.2.). In PV 102.2. erfahren wir aber auch, dass mit der Ausfällung von schwer löslichem Silberthiocyanat oder schwer löslichem Eisen(III)-hydroxid aus dem Gleichgewichtssystem eine Farbaufhellung der Lösung erfolgt. Alle diese Farbänderungen sind auf Veränderungen der Lage des Gleichgewichts zurückzuführen und lassen sich mit Hilfe des MWG erklären:

$$Fe^{3+}(aq) + 3SCN^-(aq) \rightleftarrows Fe(NCS)_3(aq)^1 \quad K = \frac{c(Fe(NCS)_3)}{c(Fe^{3+}) \cdot c^3(SCN^-)}$$

Wir wissen, dass jede reversible Reaktion so lange in die eine oder die andere Richtung verläuft, bis der Massenwirkungsquotient Q den Wert der Gleichgewichtskonstanten K annimmt. Daher hat jede **Konzentrationsänderung** eines Reaktionsteilnehmers bei einem sich bereits eingestellten Gleichgewicht zur Folge, dass sich auch die anderen Konzentrationen ändern. **Erhöht** man bei dem o.g. Gleichgewicht die Konzentration eines der Edukte, so wird der Nenner des Massenwirkungsquotienten größer. Der Zähler muss nun aber auch größer werden, damit der Wert von K wieder erreicht wird; das bedeutet, dass sich über die Hinreaktion zusätzliches Eisen(III)-isothiocyanat bildet, das zu einer Farbvertiefung führt (PV 102.2., Nr. 2 und Nr. 3). Durch die Ausfällungen bei PV 102.2., Nr. 4 und Nr. 5 wurde jeweils die Konzentration eines Edukts **erniedrigt**. Dadurch wird der Nenner des Massenwirkungsquotienten kleiner. Unter den Versuchsbedingungen besteht nur die Möglichkeit, dass auch der Zähler kleiner wird, um wieder den Wert von K zu erreichen. Über die Rückreaktion zerfällt also ein Teil des Eisen(III)-isothiocyanats und die Farbe der Lösung hellt sich auf. Diese Einflüsse der Konzentrationsänderungen bei den Edukten des Eisen(III)-isothiocyanat-Gleichgewichts sind in der Übersicht aus B 103.1. schematisch zusammengefasst.

Eine ganz ungewöhnliche Beobachtung machen wir beim Versetzen der Lösung aus V 103.1. mit Bromwasser. Die rote Farbe verschwindet zunächst, taucht aber nach einigen Sekunden wieder auf. Das „Löschen der roten Farbe" kann einige Male wiederholt werden. Erst nach einer größeren Anzahl von „Löschvorgängen" ändert sich die Farbe nicht mehr. Auch bei diesem Versuch handelt es sich um die Störung eines Gleichgewichts durch Konzentrationsänderung, nämlich des Gleichgewichtes zwischen zwei isomeren Formen des Acetessigsäureethylesters:

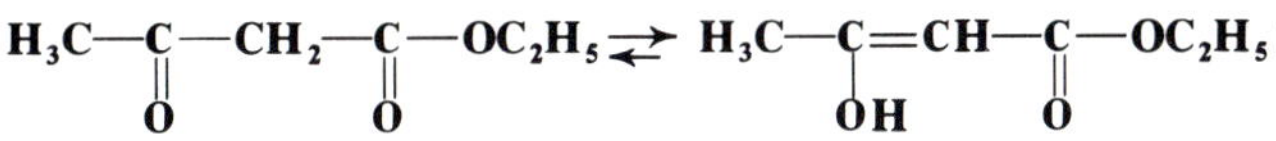

$K = 0{,}087$

Keto-Form gibt mit Fe^{3+}-Ionen keinerlei Färbung

Enol-Form gibt mit Fe^{3+}-Ionen Rotfärbung

Erhöhung der Konzentration eines Edukts verlagert das Gleichgewicht nach rechts.

$\downarrow + Fe^{3+} \quad \downarrow + SCN^-$

$$Fe^{3+}(aq) + 3SCN^-(aq) \rightleftarrows Fe(NCS)_3(aq)$$

$\downarrow - Fe^{3+} \quad \downarrow - SCN^-$

Verminderung der Konzentration eines Edukts verlagert das Gleichgewicht nach links.

B 103.1. *Einfluss der Edukt-Konzentration auf die Lage eines chemischen Gleichgewichts*

[1] Es bildet sich die Komplexverbindung $Fe[Fe(NCS)_6]$; ihre empirische Formel $Fe(NCS)_3$ ist für diese Betrachtungen ausreichend.
Auf die Umlagerung von Thiocyanat-Ionen SCN^- in Isothyocyanat-Ionen NCS^- kann an dieser Stelle nicht weiter eingegangen werden.

Versuch

V 103.1. In einem 750-ml-Zylinder wird eine Lösung aus 500 ml Wasser, 2 ml Acetessigsäureethylester* $H_3C-CO-CH_2-CO-OC_2H_5$ und einer Spatelspitze Eisen(III)-chlorid* hergestellt. Beobachtung? Dieser Lösung werden unter kräftiger magnetischer Rührung 50 ml gesättigtes Bromwasser* in einer Portion zugefügt. Beobachtung? Nach ca. 40 s fügt man erneut 50 ml Bromwasser hinzu. Beobachtung? Dieser Vorgang wird noch einige Male wiederholt.

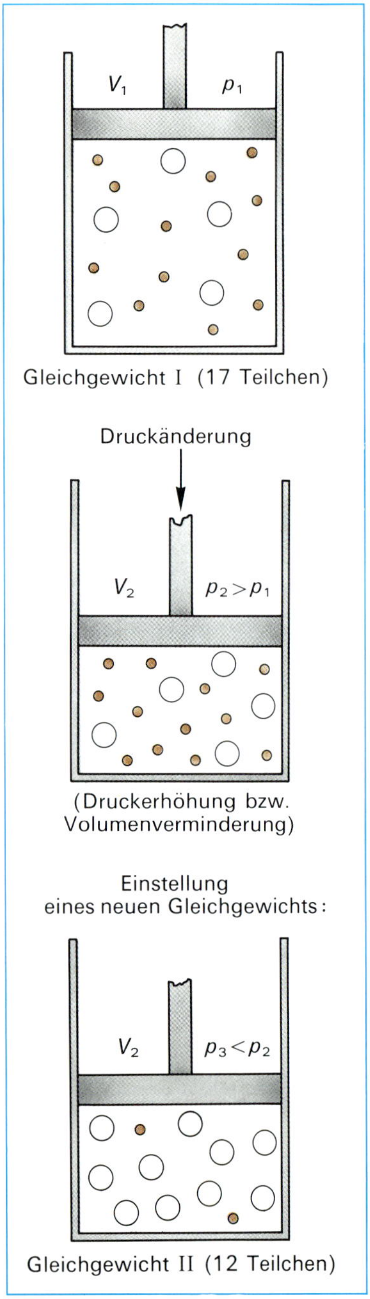

***B 104.1.** Veränderung des Gleichgewichts* $2NO_2 \rightleftarrows N_2O_4$ *bei Erhöhung des Drucks (isotherm). Nach* AVOGADRO *bedeutet eine Verminderung der Teilchenanzahl eine Verminderung des Gasdrucks, wobei die Änderung der Teilchengröße belanglos ist.*

Im Gleichgewicht liegt der Ester zu etwa 8% in der Enol-Form und zu 92% in der Keto-Form vor. Die Lösung ist rot. Bei der Zugabe von Bromwasser wird das Brom sehr schnell an die Doppelbindungen der in Enol-Form vorliegenden Moleküle addiert. Für kurze Zeit verschwindet die Enol-Form und damit auch die rote Farbe vollständig aus der Lösung. Aus dem oben formulierten Gleichgewicht wurde das Produkt entfernt und somit erhält der Zähler des Massenwirkungsquotienten den Wert Null. Über die Hinreaktion, die langsamer verläuft als die Bromaddition an die Enol-Form, bildet sich so lange die Enol-Form nach, bis das Gleichgewicht wieder hergestellt ist. Mit der Bildung der Enol-Form geht aber auch das Auftreten und Verstärken der roten Farbe der Lösung einher. Dieser Versuch zeigt, dass ein Gleichgewicht auch durch die Konzentrationsänderung eines Produkts gestört werden kann.

Verändert man die Konzentration eines Reaktionsteilnehmers in einem chemischen Gleichgewicht, so reagiert das System durch entsprechende Umsetzungen der Reaktionspartner bis der Wert der Gleichgewichtskonstanten *K* wieder erreicht ist.

Chemische Gleichgewichte, die sich zwischen Reaktionsteilnehmern in der Gasphase einstellen, sind durch den **Druck** beeinflussbar. Komprimiert man ein im Gleichgewicht befindliches System aus Stickstoffdioxid und Distickstofftetraoxid isotherm (Abführung der Komprimierungswärme), so tritt nur ganz kurz eine Farbvertiefung ein, da der braune Gasanteil verdichtet wurde. Dann hellt sich die Farbe auf (B 104.1.). Das System weicht einer **Druckerhöhung** aus, indem sich aus braunem Stickstoffdioxid farbloses Distickstofftetraoxid bildet. Wird das Volumen des Reaktionsraums vergrößert, also der **Druck vermindert**, so erhöht sich der Anteil des Stickstoffdioxids auf Kosten des Distickstofftetraoxids.
HENRY LOUIS DE CHÂTELIER (1850 bis 1936) hat ein allgemeines Prinzip zur Vorhersage der Veränderung von Gleichgewichtslagen formuliert:

Übt man auf ein chemisches System, das sich im Gleichgewicht befindet, einen äußeren Zwang aus, so weicht das System dem Zwang aus und es stellt sich eine neue Gleichgewichtslage ein. („Prinzip vom kleinsten Zwang".)

Aufgaben

A 104.1. Nehmen Sie an, die Bromaddition an die Enol-Form des Acetessigsäureethylesters verliefe langsamer als die Hinreaktion des Keto-Enol-Gleichgewichts aus V 103.1. Was wäre dann bei der Zugabe des Bromwassers zu der Lösung, in der das Gleichgewicht eingestellt ist, zu beobachten? Begründung.

A 104.2. Wie wirkt sich a) eine Temperatur und b) eine **Druckerhöhung** auf jedes der folgenden technisch wichtigen Gleichgewichte aus? Fassen Sie Ihre Antworten in einer Tabelle zusammen.

(1) Ammoniak-Synthese: $3H_2 + N_2 \rightleftarrows 2NH_3$; $\Delta H_R^0 = -93$ kJ

(2) Synthesegas-Erzeugung: $CH_4 + H_2O \rightleftarrows CO + 3H_2$; $\Delta H_R^0 = 206$ kJ

(3) Kalkbrennen: $CaCO_3 \rightleftarrows CaO + CO_2$; stark endotherm

(4) BOUDOUARD-Gleichgewicht: $C + CO_2 \rightleftarrows 2CO$; $\Delta H_R^0 = +345$ kJ

(5) Schwefeldioxid-Oxidation: $2SO_2 + O_2 \rightleftarrows 2SO_3$; $\Delta H_R^0 = -378$ kJ

A 105.1. Eine zugeschraubte Sprudelflasche stellt ein geschlossenes System dar, in dem sich mehrere Gleichgewichte eingestellt haben. Diese sind miteinander **gekoppelt**, weil jeweils ein oder mehrere Reaktionsteilnehmer in verschiedenen Gleichgewichten vorkommen:

$$CO_2(g) \rightleftarrows CO_2(aq)$$
$$CO_2(aq) + H_2O(l) \rightleftarrows H_2CO_3(aq)$$
$$H_2CO_3(aq) + H_2O(l) \rightleftarrows HCO_3^-(aq) + H_3O^+(aq)$$

a) Das Lösen von Kohlenstoffdioxid in Wasser ist ein exothermer, das Entweichen des Gases aus der Lösung ein endothermer Vorgang. Wie verändern sich die Gleichgewichte bei einem Temperaturwechsel in der Umgebung der Flasche?

b) Was geschieht nach dem Öffnen der Flasche? Begründung.

A 105.2. In B 105.1. ist das HENRY-DALTONSCHE Gesetz erläutert. Die Löslichkeit eines Gases ist proportional zum Partialdruck des Gases über der Lösung.

a) Warum ist der Partialdruck eines Gases proportional zur Konzentration dieses Gases im Gasgemisch zu sehen? (Bitte beachten: Verwenden Sie zur Begründung die allgemeine Zustandsgleichung der Gase, B 105.2.)

b) Lässt sich das HENRY-DALTONSCHE Gesetz mit dem Prinzip vom kleinsten Zwang begründen? Erläutern Sie.

c) Bei Gleichgewichten, deren Reaktionsteilnehmer alle Gase sind, kann das MWG mit Hilfe von Partialdrücken statt mit Konzentrationen formuliert werden. Die Gleichgewichtskonstante wird in diesem Fall mit K_p bezeichnet und hat einen anderen Wert und eine andere Einheit als K. Formulieren Sie das MWG mit Partialdrücken für die Ammoniaksynthese und geben Sie die Einheit von K_p für dieses Gleichgewicht an.

A 105.3. Beim Gleichgewicht (3) aus A 104.2. sind die Konzentrationen der beiden Feststoffe im Vergleich zur Konzentration des Gases annähernd konstant. Das MWG kann unter Verwendung des Partialdrucks folgendermaßen geschrieben werden:

$$K = K' \cdot p(CO_2) \quad \text{oder einfach} \quad K_p = p(CO_2).$$

Welchen Einfluss hat die Höhe der Sperrflüssigkeit in B 105.3. auf die Lage des Gleichgewichts? Wie könnte man das Gleichgewicht zur Produktseite hin verschieben?

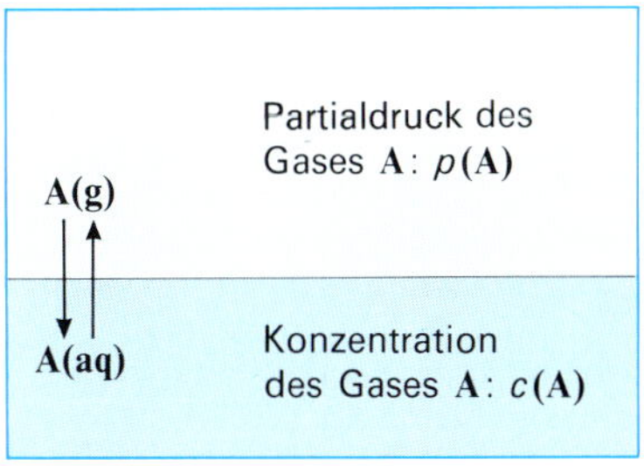

$c(A) \sim p(A)$

B 105.1. *HENRY-DALTONSCHES Gesetz: Die Konzentration des gelösten Gases ist proportional dem Partialdruck des Gases im Gasraum. (Der Partialdruck $p(A)$ ist der Druck, den das Gas A haben würde, wenn es allein das ganze zur Verfügung stehende Gasvolumen einnehmen würde.)*

$$p(A) \cdot V = n(A) \cdot R \cdot T$$

B 105.2. *Allgemeine Zustandsgleichung der Gase. $p(A)$ = Partialdruck des Gases A; $n(A)$ = Stoffmenge des Gases A; V = Volumen des Gasgemisches; T = Temperatur in K; R = Gaskonstante*

$CaCO_3(s) \rightleftarrows CaO(s) + CO_2(g)$

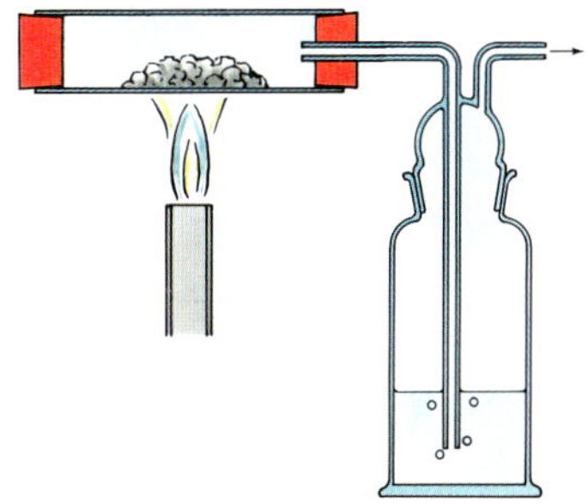

B 105.3. *Zu A 105.3.*

Zusammenfassung

Die Lage von chemischen Gleichgewichten wird durch die Temperatur, die Konzentrationen der Reaktionsteilnehmer und (bei Gleichgewichten mit mindestens einem gasförmigen Teilnehmer) durch den Druck beeinflusst. Nach dem Prinzip vom kleinsten Zwang (Prinzip von LE CHATELIER) weicht ein Gleichgewicht einem äußeren Zwang dadurch aus, dass sich seine Lage verschiebt und ein neues Gleichgewicht eingestellt wird.

Neue Fachbegriffe

Keto-Enol-Gleichgewicht, Prinzip vom kleinsten Zwang (Prinzip von LE CHÂTELIER), Partialdruck eines Gases, HENRY-DALTONSCHES Gesetz, allgemeine Zustandsgleichung der Gase

Reaktionen in Systemen weitab vom chemischen Gleichgewicht

Versuch

V 106.1. Aus einem 0,5 mm dicken und ca. 15 cm langen Platindraht[1] formt man durch Rollen um einen Bleistift eine Spirale, die man an einem Bügel aus dickerem Eisendraht aufhängt (B 106.1.). Ein weithalsiger 500-ml-Erlenmeyerkolben wird ca. 1 cm hoch mit Methanol* (oder Ethanol*) beschickt, auf ca. 50 °C erwärmt und zur Seite gestellt. Nun wird der Bügel mit der Platinspirale mit der Tiegelzange angefasst, der Platindraht kurz bis zum Glühen in der Brennerflamme erhitzt und sofort in den Erlenmeyerkolben gehängt. Man beobachtet das Reaktionsgeschehen im Kolben ca. 5 Minuten lang im abgedunkelten Raum. Beobachtung nach 20 min und nach 60 min?

Bevor wir die erarbeiteten theoretischen Grundlagen über chemische Gleichgewichte an einer Vielzahl von Beispielen anwenden werden, wollen wir uns hier klarmachen, dass es auch Systeme gibt, in denen über lange Zeitspannen Reaktionen ablaufen, die weit entfernt von einem chemischen Gleichgewicht sind.

Eine heiße Platinspirale glüht in Methanoldampf auf; der Methanoldampf entzündet sich, eine Flamme schlägt aus dem Kolben (V 106.1.). Kurz danach erlischt die Flamme und alles scheint vorbei. Nach einigen Sekunden glüht die Spirale aber erneut auf und der Vorgang wiederholt sich über 100mal: In regelmäßigen Zeitabständen sind das Aufglühen, das Entzünden und das Erlöschen zu beobachten. Wir haben es hier also mit einem periodischen[2] Vorgang zu tun. Man spricht auch von einer **chemischen Oszillation**[3].

$$(1): H_3COH + \tfrac{1}{2}O_2(g) \rightarrow CH_2O(g) + H_2O(g);\ \Delta H_R < 0$$
$$(2): 2H_3COH + 3O_2(g) \rightarrow 2CO_2(g) + 4H_2O(g);\ \Delta H_R < 0 \text{ Flamme}$$

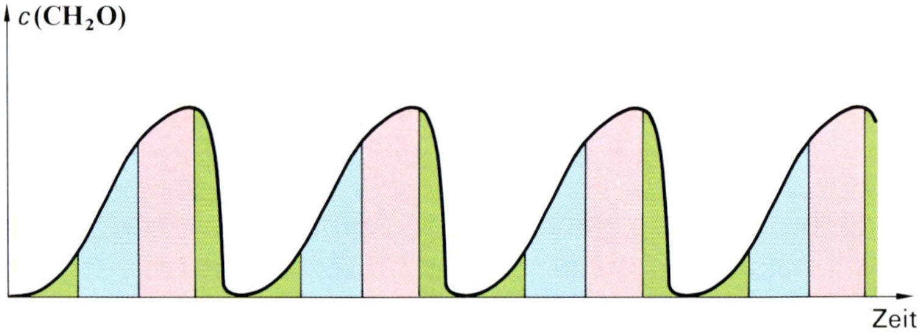

- keine Flamme; Spirale glüht nicht, Reaktion (1) „läuft an", Sauerstoff diffundiert von oben in den Kolben
- keine Flamme; Spirale glüht auf; Reaktion (1) wird beschleunigt, bei einer bestimmten Temperatur der Spirale wird Reaktion (2) „gezündet", da jetzt auch reichlich Sauerstoff vorhanden ist
- Flamme; Reaktion (2) läuft im ganzen Gasraum des Kolbens ab; Reaktion (1) kommt zum Erliegen, weil die Konzentration ihrer Edukte an der Platin-Oberfläche zu gering ist; die Flamme erlischt, wenn der Sauerstoff aus dem Kolben verbraucht ist.

B 106.2. *Reaktionsmodell für die Methanol-Oxidation bei V 106.1. Die Kurve zeigt vereinfacht die periodischen Schwankungen (Oszillationen) der Methanal-Konzentration.*

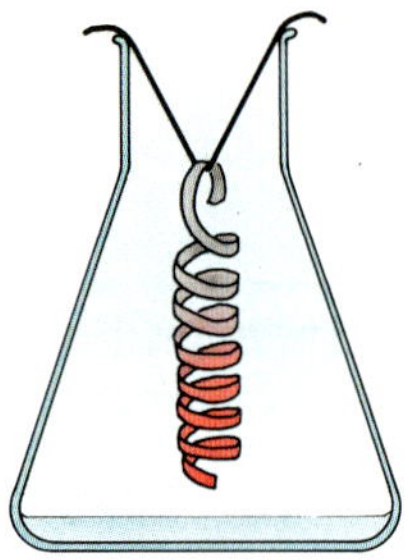

B 106.1. *Methanol-Oxidation am Platindraht im offenen System*

[1] Der Platindraht kann auch durch ein spiralenförmig gewundenes Kupferblech ersetzt werden.
[2] Periode kommt aus dem Griechischen und bedeutet Umlauf oder Zeitabschnitt, in dem sich eine Erscheinung regelmäßig wiederholt.
[3] von *oscilare* (lat.) = schwingen

Seit den 60er Jahren unseres Jahrhunderts werden oszillierende chemische Systeme eingehend untersucht. Bei manchen tritt eine bestimmte Farbe periodisch auf, bei anderen kommt es sogar zu räumlichen Mustern, die sich wie Wellen bewegen und in regelmäßigen Zeitabständen immer wieder die gleiche Gestalt annehmen (B 107.1.). Die genaue Untersuchung der Teilvorgänge an heterogenen Katalysatoren (vgl. S. 88 und S. 111) hat ergeben, dass man es auch hier mit chemischen Oszillationen zu tun hat.
Was haben alle chemischen Oszillationen gemeinsam?
Unter welchen Bedingungen kommt es zu chemischen Oszillationen?
Das Aufglühen der Platinspirale, die Wellen aus B 107.1. oder die Farbänderung bei anderen Systemen treten periodisch auf, weil die Konzentrationen bestimmter Stoffe bei diesen Vorgängen periodisch Höchst- und Tiefstwerte annehmen, sie „oszillieren". Die periodischen Konzentrationsänderungen des Methanals bei der Methanol-Oxidation an der Platinspirale (V 106.1.) kann man sich vereinfacht so vorstellen wie in B 106.2 beschrieben.
Läuft die Methanol-Oxidation unter Sauerstoffmangel ab, so bildet sich gemäß (1) Methanal (Formaldehyd). Verbrennt Methanol im ganzen Gasraum, so sind die Endprodukte Kohlenstoffdioxid und Wasser (2).
An dem Reaktionsmodell zur Methanol-Oxidation an der Platinspirale werden einige allgemeine Bedingungen, die auch für andere chemische Oszillationen notwendig sind, sichtbar:

1. Es muss ein offenes System vorliegen (B 98.1.), d.h. ein System, bei dem Stoff- und Energieaustausch mit der Umgebung stattfinden.
2. Im System müssen mehrere Reaktionen ablaufen können, die sich gegenseitig beeinflussen.
3. Keine der unter 2. genannten Reaktion darf ins chemische Gleichgewicht kommen; ehe das geschieht, muss sie durch eine andere Reaktion „überholt" werden.

Selbstverständlich oszilliert kein chemisches System ewig. Die Oszillationen kommen zum Erliegen, wenn z.B. bei der Methanol-Oxidation in V 106.1. das Methanol verbraucht ist oder wenn man den Kolben abdeckt. In diesem Fall kommt es zu einem Gleichgewichtszustand!
Ein ganz besonderes Gleichgewicht ist das sogenannte *stationäre Gleichgewicht* oder *Fließgleichgewicht*. Dabei bleibt die Konzentration eines Reaktionsteilnehmers in einem offenen System konstant, ohne dass aber der Zustand des chemischen Gleichgewichts erreicht ist. Das ist möglich, wenn gerade soviel von diesem Reaktionsteilnehmer das System verlässt, wie sich in der gleichen Zeitspanne im System bildet. Offene Systeme dieser Art gibt es in der Biologie und in der Technik. Das beste Beispiel ist die lebende Zelle. Darin finden unter den Bedingungen 1. bis 3., die bei den oszillierenden Systemen genannt wurden, eine von uns noch nicht übersehbare Vielzahl von Reaktionen statt. Dennoch haben viele Stoffe in der Zelle eine konstante Konzentration; es liegt also ein stationäres Gleichgewicht (Fließgleichgewicht) vor (B 108.2.).

B 107.1. *Räumliche Wellenmuster bei einer oszillierenden chemischen Reaktion* (BELOUSOV-SHABOTINSKY-*Reaktion*). *Die hellen Spiralen entsprechen der räumlichen Verteilung eines bestimmten Stoffes im System. Sie drehen sich periodisch.*

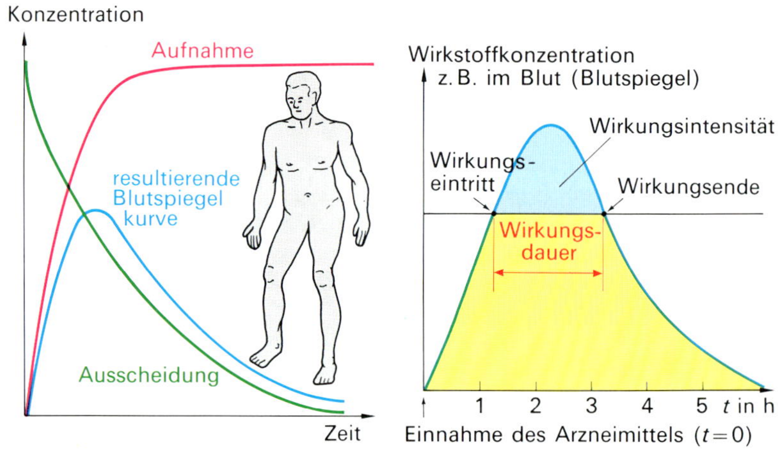

B 108.1. *Beispiel für einen pharmakokinetischen Vorgang*
Links: Die Aufnahme- bzw. die Ausscheidungs-Kurve zeigt, wie der jeweils genannte Vorgang verliefe, wenn er nicht mit dem anderen in Konkurrenz stünde. Durch Zusammenwirkung von Aufnahme und Ausscheidung ergibt sich die Blutspiegel-Kurve.
Rechts: Die Wirkung des Arzneimittels ist von der Konzentration des Wirkstoffs im Blut abhängig.

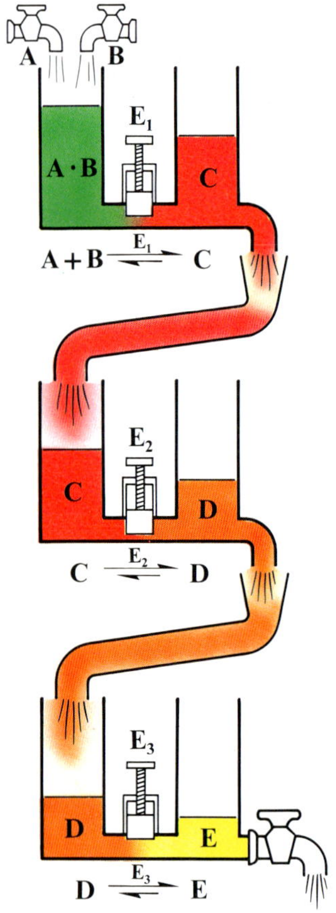

B 108.2. *Einstellung eines Fließgleichgewichts*

Aufgaben

A 108.1. a) Warum kann es in einem offenen System nicht zum chemischen Gleichgewicht kommen? b) Ist die Lösung mit dem Eisen(III)-thiocyanat-Gleichgewicht aus PV 102.1. streng genommen ein geschlossenes System? Warum sprechen wir dort dennoch von chemischem Gleichgewicht?

A 108.2. Wenn man die Methanol-Oxidation an der Platinspirale nicht wie in V 106.1. in einem weithalsigen Erlenmeyerkolben, sondern in einem Becherglas oder aber in einem sehr enghalsigen Kolben durchführt, kommt es nicht zu Oszillationen. Erklärung?

A 108.3. Die *Pharmakokinetik* untersucht die stofflichen und zeitlichen Veränderungen von Wirkstoffen aus Arzneimitteln im Organismus (B 108.1.). Bei jedem neuen Arzneimittel wird **vor** dessen Einführung auf den Markt u.a. die Blutspiegel-Kurve ermittelt. Die Wirkung des Medikaments ist nur dann gewährleistet, wenn die Konzentration des Wirkstoffs im Blut („Blutspiegel") einen bestimmten Wert überschreitet.
a) Welchen Einfluss hat die Verdoppelung der Dosis des eingegebenen Wirkstoffs auf die Wirkungsdauer und auf die Wirkungsintensität? (Zeichnen Sie, ausgehend von B 108.1., Kurven für die einfache und für die doppelte Dosis in Ihr Heft und versuchen Sie, die Frage auch „quantitativ" zu beantworten.) Überlegen Sie Vor- und Nachteile der Verdoppelung der Dosis.
b) In welchem Zeitrhythmus müsste das Arzneimittel aus B 108.1. eingenommen werden, um eine Dauerwirkung zu gewährleisten? Zeichnen Sie die „Blutspiegelkurve" des Wirkstoffs für diesen Fall.

A 108.4. Im Körper eines Erwachsenen werden täglich 75 kg Adenosintriphosphat **ATP**[1] umgesetzt. Ständig im Körper vorhanden sind aber nur ca. 35 g **ATP**! Wie ist das möglich? Erläutern Sie anhand einer Skizze (ohne Mengen anzugeben), wie die **ATP**-Bilanz einer Zelle aussehen könnte.

Neue Fachbegriffe

chemische Oszillationen, stationäres Gleichgewicht (Fließgleichgewicht), Pharmakokinetik

[1] **ATP** wird oft als „Energiewährung" lebender Zellen bezeichnet. Es bildet sich endergonisch aus Adenosindiphosphat **ADP** und einem „Phosphatspender" und wird exergonisch zu **ADP** abgebaut, wobei Phosphatgruppen an einen „Phosphatempfänger" übertragen werden.

5. Anwendungen des Massenwirkungsgesetzes

5.1. Anwendungen des MWG in der chemischen Großindustrie – die Ammoniaksynthese

Zu den wichtigsten Elementen, die in jeder lebenden Zelle gebunden sind, gehört *Stickstoff* (B 109.1.). Könnten die Pflanzen molekularen Stickstoff N_2 verwerten, so wäre die Atmosphäre, die zu 78 Vol.-% aus Stickstoff besteht, ein unerschöpfliches Nährstoffreservoir. Abgesehen von wenigen Ausnahmen können Lebewesen aber keinen elementaren Stickstoff in ihre Stoffwechselprozesse einbeziehen. So kommt es, dass lediglich 1% der Masse des gesamten, auf unserer Erde vorkommenden Stickstoffs am natürlichen Kreislauf dieses Elementes beteiligt ist; die restlichen 99% sind reaktionsträges Stickstoff-Gas in der Atmosphäre. Die Ernährung der heutigen Bevölkerung wäre gefährdet, wenn es nicht gelungen wäre, einen Teil des Luft-Stickstoffs in biologisch verwertbare Verbindungen zu überführen. Die Schlüsselsubstanz für fast alle künstlichen, von Lebewesen assimilierbaren Stickstoff-Verbindungen ist *Ammoniak* NH_3. Ammoniak ist darüber hinaus der Grundstoff für zahlreiche Industrieprodukte. Weltweit werden jährlich 100 Millionen Tonnen Stickstoff zu Ammoniak umgesetzt. Bei der Weiterverarbeitung gehen 4/5 des gesamten Ammoniaks in die Düngemittelherstellung.

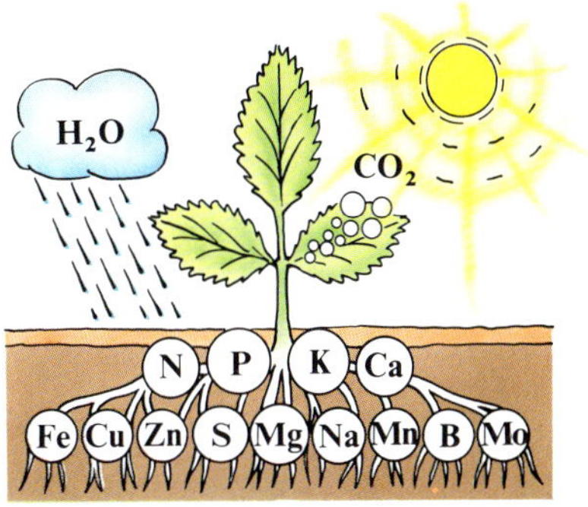

B 109.1. *Wachstumsvoraussetzungen für grüne Pflanzen. Die angegebenen Elemente werden in gebundener Form (Salze) dem Boden entzogen. Die industriell gewonnenen stickstoffhaltigen Salze werden über die Zwischenverbindung Ammoniak hergestellt.*

Geschichtliches

Schon im vorigen Jahrhundert waren Stickstoff-Verbindungen als Dünger bekannt. So düngte man in Europa den Boden mit dem aus Chile importierten „Chilesalpeter" (Natriumnitrat $NaNO_3$). Die Reserven dieses Salzes waren aber nicht unerschöpflich und mussten bald zur Neige gehen. Ersatz musste geschaffen werden. Man wusste auch womit: Der Luftstickstoff sollte dabei helfen. Im Jahr 1889 schrieb der englische Chemiker SIR WILLIAM CROOKS:

„Es ist klar, dass wir hier einem Riesenproblem gegenüberstehen, das den Scharfsinn der Klügsten herausfordert… . Die Bindung des atmosphärischen Stickstoffs ist eine der großen Entdeckungen, die auf die Genialität der Chemiker warten."

Die Herausforderung an die Chemiker war umso größer, da man schon mehrere Jahrzehnte vergeblich nach einem kostengünstigen Verfahren gesucht hatte, Stickstoff chemisch zu binden.
Eine der größten Errungenschaften der Chemie war vollbracht, als es am 2. Juli 1909 dem jungen Karlsruher Professor FRITZ HABER (B 109.2.) nach sechsjähriger zäher Arbeit gelang, in einer Apparatur (B 110.2.) aus Stickstoff und Wasserstoff Ammoniak zu erzeugen. Als er das erste flüssige Ammoniak erhielt, begab er sich voller Begeisterung zu seinem Lehrer und sagte: *„Herr Geheimrat, es tropft!"*.

B 109.2. FRITZ HABER *(1868 bis 1934), Nobelpreis für Chemie 1918*

B 110.1. CARL BOSCH *(1874 bis 1940), Nobelpreis für Chemie 1931*

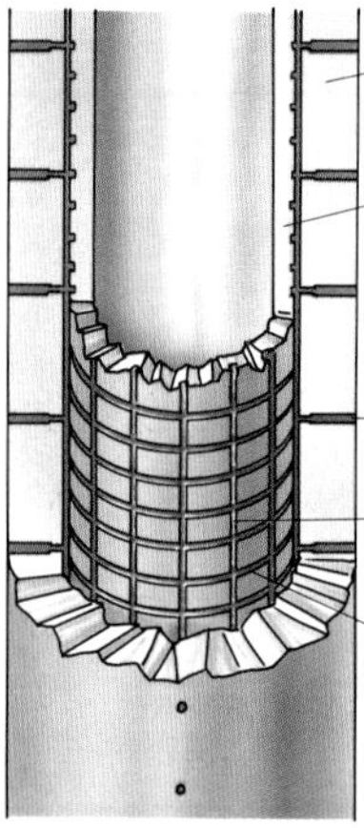

B 110.3. *Ammoniak-Hochdruckrohr im Schnitt. Bei hohem Druck diffundiert Wasserstoff in den Stahl und reagiert mit dem Kohlenstoff; der Stahl verändert seine Festigkeit. Die Röhren, mit denen* BOSCH *und seine Mitarbeiter experimentierten, platzten.*
BOSCHS *Lösung des Problems war das Auslegen der Stahlrohre mit einem dünnen Futter aus kohlenstofffreiem Weicheisen. Darin wurden Rillen gedreht und in den Stahlmantel kleine Löcher gebohrt. Nun konnten geringe Mengen Wasserstoff durch das Weicheisen diffundieren und über die Rillen und Löcher entweichen. Die Rohre hielten…*
Heute werden die Ammoniak-Druckreaktoren aus speziellen Stählen hergestellt, die das Eisenfutter und die BOSCH*-Löcher überflüssig machen.*

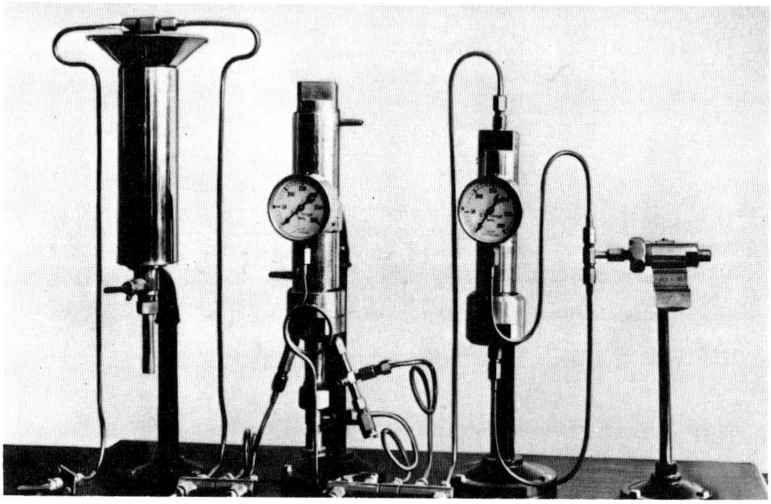

B 110.2. *In dieser Apparatur synthetisierte* F. HABER *bei* 550 °C *und* 175 bar *in Gegenwart eines Osmiumkatalysators* 80 g *Ammoniak pro Stunde. Die Apparatur steht heute im Deutschen Museum in München.*

Er stellte seine Entdeckung den Leitern der *Badischen Anilin- und Sodafabrik (BASF)* vor. Die BASF beauftragten den 35jährigen CARL BOSCH (B 110.1.), das von HABER entdeckte Verfahren im Industriemaßstab umzusetzen. Mit bewundernswerter Genialität löste BOSCH die Probleme, die beim Arbeiten mit Wasserstoff unter hohem Druck auftreten, innerhalb eines Jahres (B 110.3.).
PAUL ALWIN MITTASCH und seine Mitarbeiter suchten in der gleichen Zeit in über 20000 Versuchen unter ca. 3000 Stoffen nach einem geeigneten Katalysator. Dieser musste vor allem billiger sein als der von HABER benutzte Osmiumkatalysator. Auch ihre Arbeit war erfolgreich und so konnte im Jahr 1913 die erste Industrieanlage der Welt bei BASF die Ammoniakproduktion aufnehmen. Ihre Tagesleistung betrug 30 Tonnen Ammoniak.
Leider wurden während des bald darauf ausgebrochenen 1. Weltkrieges große Mengen Ammoniak auch zur Herstellung von Schießpulver verwendet. Unter der Leitung von HABER wurden sogar Reiz- und Kampfstoffe entwickelt, die auch zum Einsatz kamen.

Chemische Grundlagen der Ammoniaksynthese

Die Bildung von Ammoniak aus Wasserstoff und Stickstoff verläuft nach folgender Gleichgewichtsreaktion:

$$\underbrace{\underset{\text{3 Raumteile}}{3H_2} + \underset{\text{1 Raumteil}}{N_2}}_{\text{4 Raumteile}} \rightleftarrows \underbrace{\underset{\text{2 Raumteile}}{2NH_3}}_{\text{2 Raumteile}} \; ; \quad \Delta H^0_R = -93\,\text{kJ}, \Delta G^0 = -39\,\text{kJ}$$

Die Hinreaktion, d.h., die Ammoniaksynthese, verläuft ziemlich stark exotherm und mit einer Volumenverringerung. Sie hat eine außerordentliche hohe Aktivierungsenergie.

Welche Reaktionsbedingungen ergeben sich daraus für eine kostengünstige Ammoniaksynthese?

1. Nach dem *Prinzip vom kleinsten Zwang* (S. 104) verschiebt sich das Ammoniakgleichgewicht bei **hohem Druck** nach rechts. Daher sollte also bei hohem Druck gearbeitet werden. Allerdings stellen hohe Arbeitsdrücke auch besondere Anforderungen an die Materialien und an die Bauart einer technischen Anlage (vgl. B 110.3.).
2. Da die Ammoniaksynthese *exotherm* verläuft, liegt das Gleichgewicht umso mehr nach rechts verschoben, je **niedriger** die **Temperatur** ist. In B 111.1. ist der Ammoniakanteil im Gasgemisch beim Gleichgewicht unter verschiedenen Temperatur- und Druckbedingungen dargestellt. Die Wahl einer niedrigen Arbeitstemperatur kommt aber nicht in Frage, weil selbst bei 200 °C die Ammoniaksynthese wegen der hohen Aktivierungsenergie sehr langsam verläuft. Es muss eine Arbeitstemperatur gewählt werden, bei der sich das Gleichgewicht rasch einstellt und der Ammoniakanteil dennoch hoch genug ist.
3. Die *hohe Aktivierungsenergie* der Ammoniaksynthese kann mit Hilfe von **Katalysatoren** herabgesetzt werden. Technische Katalysatoren müssen neben hoher Wirksamkeit und Resistenz gegen „Vergiftungen" (vgl. S. 87) auch kostengünstig sein.

Diese grundlegenden Forderungen haben beim Haber-Bosch-Verfahren zu folgenden technischen Lösungen geführt:
Man führt die Ammoniaksynthese bei *Drücken von* 20 MPa *bis* 30 MPa und *Temperaturen von* 450 °C *bis* 500 °C in Gegenwart eines *Katalysatorsystems* durch, das im Wesentlichen aus *Eisen(II)-Eisen(III)-oxid* Fe_3O_4 besteht (*Zusätze:* ca. 2% Al_2O_3, ca. 0,5% K_2O, etwas CaO und SiO_2). Durchströmt das Eduktgemisch aus Wasserstoff und Stickstoff unter diesen Bedingungen das Katalysatorbett, so enthält das Gasgemisch beim Austritt aus dem Reaktor einen Volumenanteil von 15% bis 25% Ammoniak. Der Rest besteht aus nicht umgesetzten Edukten. Dieser Nachteil des Ammoniak-Hochdruckreaktors wird aber bei der Gesamtkonzeption der großtechnischen Anlage als kontinuierliches Verfahren aufgehoben (B 112.2.).
Das oben angegebene Katalysatorsystem wurde seit seiner Einführung im Jahr 1913 nur geringfügig verändert. Obwohl man damit schon so lange in so riesigen Mengen einen so wichtigen Stoff produziert, ist es erst in den letzten 10 Jahren gelungen, seine Wirkungsweise zufriedenstellend aufzuklären:
Entscheidend für die Reaktion ist die Zusammensetzung und die *Oberflächenstruktur* des Katalysators. Durch einen hohen *Zerteilungsgrad* erhält der Katalysator eine sehr große Oberfläche. Auf ihr bilden sich durch die Reaktion des Wasserstoffs aus dem Eduktgemisch mit dem Eisenoxid kleine „Eisen-Inseln", die eigentlichen katalytisch wirksamen Stellen. Die Zusätze aus dem Katalysatorsystem erfüllen 2 Aufgaben:
1. Sie sorgen dafür, dass das Katalysatorgerüst, das die Oberfläche mit den „Eisen-Inseln" trägt, bei der hohen Arbeitstemperatur nicht zusammenbricht und
2. sie aktivieren die „Eisen-Inseln" noch zusätzlich, d. h., sie erhöhen ihre katalytische Fähigkeit.

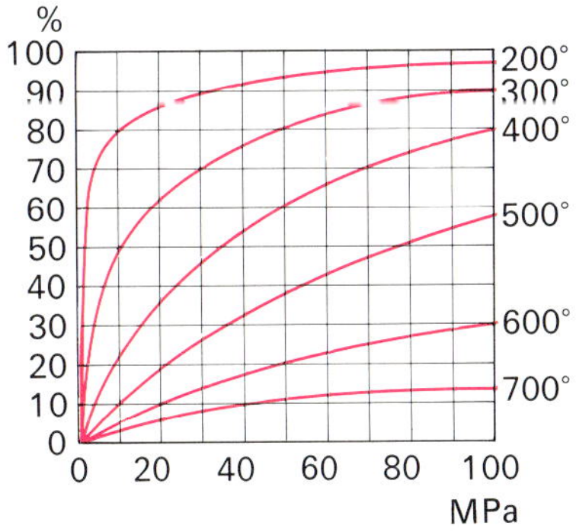

B 111.1. *Druck- und Temperaturabhängigkeit des Ammoniakanteils im Gasgemisch beim Gleichgewicht*

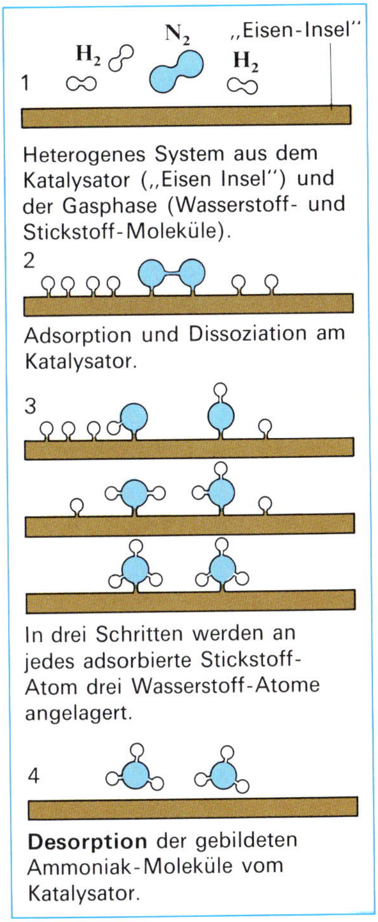

B 111.2. *Modell der heterogenen Katalyse bei der Ammoniaksynthese*

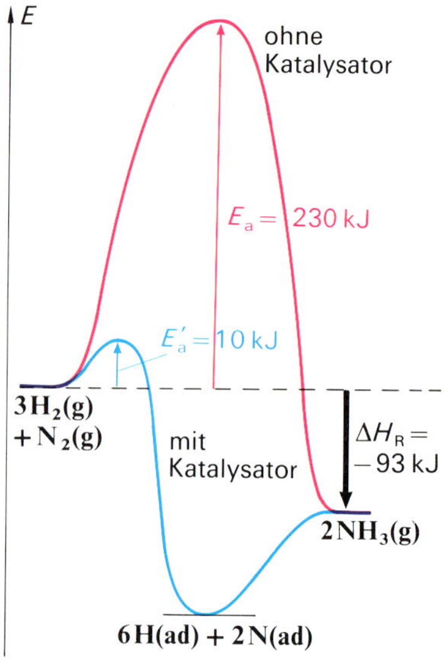

B 112.1. *Aktivierungsenergien bei der nicht-katalysierten und bei der katalysierten Ammoniaksynthese. Die Aktivierungsenergie $E'_a = 10$ kJ wird für den 2. Reaktionsschritt aus B 111.2. benötigt.*

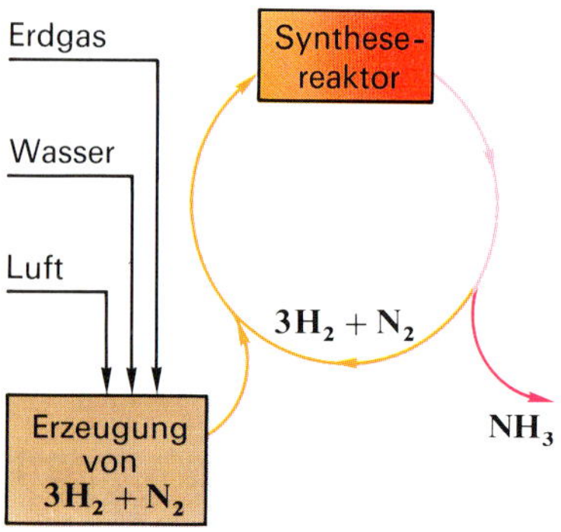

B 112.2. *Die Industrieanlagen für die Ammoniaksynthese arbeiten nach dem* ***kontinuierlichen Verfahren****: Die Rohstoffe werden ständig eingespeist und die Anlage liefert ständig Ammoniak. Da bei einem Durchgang des Synthesegasgemisches $3H_2 + N_2$ durch den Synthesereaktor nur 15% bis 25% zu Ammoniak reagieren, führt man das unreagierte Gasgemisch nach der Abtrennung des gebildeten Ammoniaks zurück.*

Was geschieht nun an diesen „Eisen-Inseln" auf der Katalysatoroberfläche?

Zunächst werden die Edukt-Teilchen adsorbiert. Wasserstoff-Moleküle werden bei der Adsorption unmittelbar in Atome getrennt, Stickstoff-Moleküle erst mit einer Verzögerung (B 111.2.). Die adsorbierten Atome sind auf der Oberfläche der „Eisen-Inseln" beweglich. Sie organisieren sich nach und nach zu Ammoniak-Molekülen um, die schließlich durch Desorption die „Eisen-Inseln" verlassen (B 111.2.). Die Aktivierungsenergie der Ammoniaksynthese wird durch das Katalysatorsystem von $E_a = 230$ kJ (ohne Katalysator) auf etwa $E'_a = 10$ kJ herabgesetzt[1] (B 112.1.).

Großtechnische Anlage für die Ammoniaksynthese

Eine großtechnische Anlage muss kostengünstig produzieren und darf die Umwelt nicht über ein bestimmtes Maß hinaus belasten. Unter den vielen Gesichtspunkten, die zur Erfüllung dieser Forderungen berücksichtigt werden müssen, sind zwei besonders wichtig:
1. Der „input"[2] an Stoffen und Energie muss billig sein.
2. Der „output"[2] an Stoffen und Energie muss möglichst vollständig verwertbar sein.

Die Rohstoffe zur industriellen Ammoniakherstellung sind *Wasser, Luft* und *Erdgas* (B 112.2.). Das Erdgas kann durch *Kohle, Benzin* oder *Öl* ersetzt werden. Im ersten Teil einer Industrieanlage wird aus den Rohstoffen das *Synthesegasgemisch* $3H_2 + N_2$ erzeugt. Dies geschieht in folgenden Schritten:

1. Wassergasprozess (Dampf-Reformierung)

Hier reagiert Methan (Erdgas) in beheizten Rohren mit Wasserdampf zu Kohlenstoffmonooxid und Wasserstoff:

$$CH_4 + H_2O \rightleftharpoons CO + 3H_2; \quad \Delta H^0_R = +206 \text{ kJ} \qquad (1)$$

2. Generatorprozess

Hier wird Methan in einem begrenzten Luftvolumen verbrannt. Es bilden sich Kohlenstoffmonooxid und Wasserstoff. Der Stickstoff der Luft reagiert nicht:

$$2CH_4 + \underbrace{O_2 + 4N_2}_{\text{Luft}} \rightleftharpoons 2CO + 4H_2 + 4N_2; \quad \Delta H^0_R = -71 \text{ kJ} \qquad (2)$$

3. Konvertierung von Kohlenstoffmonooxid

Das in den Prozessen (1) und (2) gebildete Kohlenstoffmonooxid wird mit Wasserdampf zu Kohlenstoffdioxid oxidiert. Dabei bildet sich ebenfalls Wasserstoff:

$$CO + H_2O \rightleftharpoons CO_2 + H_2; \quad \Delta H^0_R = -41 \text{ kJ} \qquad (3)$$

[1] Dieser Wert hängt stark von der Aktivität des Katalysators ab.
[2] Aus der Computer-Sprache ausgeliehene Begriffe. Sie bedeuten im Englischen „Eingabe" bzw. „Ausgabe".

4. Entfernung des Kohlenstoffdioxids durch Druckwäsche
Kohlenstoffdioxid löst sich im Gegensatz zu Kohlenstoffmonooxid bei höherem Druck gut in Wasser. Bei der Druckwäsche reagiert ein kleiner Teil des Kohlenstoffdioxids mit Wasser zu Kohlensäure; der größte Teil wird in Wasser gelöst.

Energetisch fallen diese beiden Vorgänge nicht ins Gewicht.

Über automatisch gesteuerte Regelkreise werden die Rohstoffe, mit denen die Anlage gespeist wird (linker Teil bei B 113.2.), so dosiert, dass vor dem Eintritt in den Synthesereaktor das Verhältnis $V(\mathbf{H_2}):V(\mathbf{N_2}) = 3:1$ erreicht wird.

In *Hochdruckreaktoren*, in B 113.2. Synthesereaktor genannt, findet die Ammoniaksynthese statt. Diese Reaktoren haben heute riesige Ausmaße (B 113.1.). Sie enthalten in ihrem Inneren eine Vielzahl von parallel ausgerichteten Rohren, in denen sich der Katalysator befindet. Während das Synthesegasgemisch durch die Rohre mit dem Katalysator strömt, werden die Rohre von außen mit Gasgemisch umspült, das die Reaktionswärme von der Synthese aufnimmt und die Übererhitzung des Reaktors verhindert.
Dem heißen Gasgemisch, das den Synthesereaktor verlässt, wird in mehreren Stufen die Wärme entzogen; dabei wird Wasserdampf und warmes Wasser erzeugt. Die Kühlung des aus dem Synthesereaktor kommenden Gasgemisches wird soweit fortgesetzt, bis sich das Ammoniak verflüssigt hat und abgetrennt werden kann.
Das Restgas (Wasserstoff und Stickstoff) wird komprimiert und zusammen mit frischem Synthesegasgemisch erneut in den Synthesereaktor eingeführt (B 112.2. und B 113.2.).

Die bei den exothermen Prozessen frei werdende Energie übersteigt die für die Energie benötigenden Prozesse aufzuwendende Energie. Theoretisch könnte also eine Ammoniakanlage ohne Energiezufuhr von außen arbeiten und auch noch Energie für andere Verbraucher liefern.

B 113.1. *Hochdruckreaktoren für die Ammoniaksynthese bei der BASF. Ein Reaktor wiegt fast* 400 t, *ist* 22 m *lang und hat einen Durchmesser von* 2 m. *Er ist aus über 8500 Teilen zusammengesetzt, von der* 10-mm-*Schraube bis zum* 60-t-*Rohr; in ihm können* 50 t *Ammoniak pro Stunde produziert werden.*

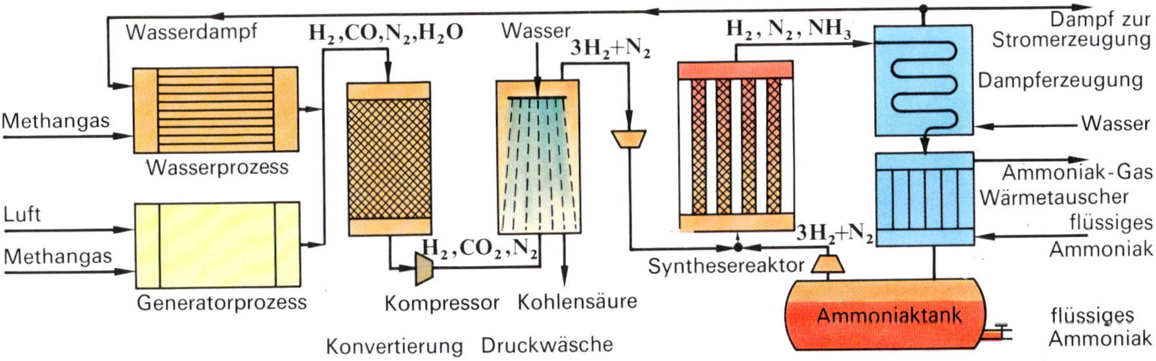

B 113.2. *Die wichtigsten Teile einer Industrieanlage für die Ammoniaksynthese (Erläuterungen im Text)*

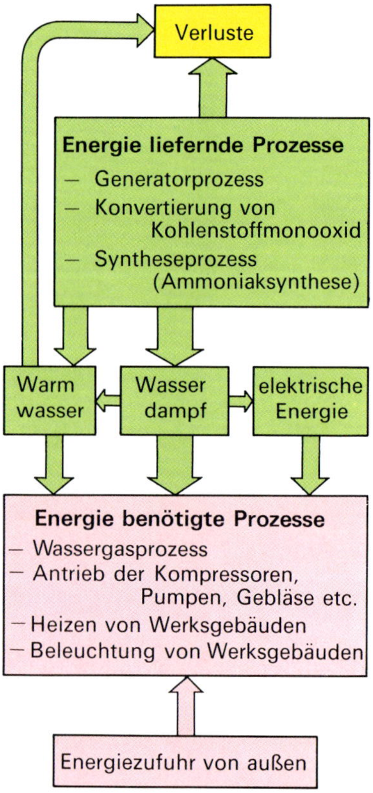

B 114.1. *Schema der Energieflüsse in einer Ammoniakanlage*

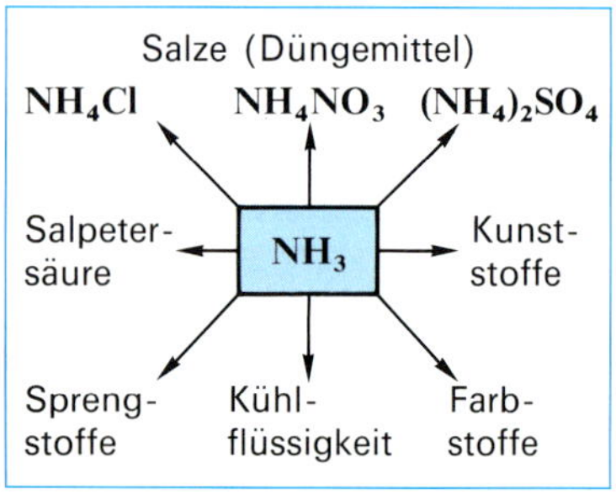

B 114.2. *Produkte aus Ammoniak*

In der Praxis gelingt dies aber aus zwei Gründen nicht:
1. Die Energieverluste sind relativ groß und
2. bei den exothermen Reaktionen wird die „minderwertige" Energieform Wärme erzeugt, während für den Antrieb der Kompressoren große Mengen „hochwertiger" elektrischer Energie benötigt werden[1]. So kommt es, dass insgesamt noch ein Energiebedarf von ca. 600 kWh/t Ammoniak verbleibt, der durch Zufuhr von außen gedeckt werden muss (B 114.1.).

Der teuerste unter den Rohstoffen bei der Ammoniaksynthese (vgl. B 112.2.) ist gleichzeitig ein *fossiler*[2] *Energieträger*. Der Preis des Ammoniaks (und damit der vieler chemischer Erzeugnisse) hängt deshalb in großem Maße vom Preis des eingesetzten fossilen Brennstoffs ab.

Aufgaben

A 114.1. Wie groß ist der Volumenanteil an Ammoniak im Gasgemisch des Ammoniakgleichgewichts a) bei 400 °C und 30 MPa und b) bei 500 °C und 25 MPa? (Hinweis: vgl. B 111.1.)

A 114.2. Warum muss mit dem Gasgemisch bei der Ammoniaksynthese vor der Druckwäsche die Konvertierung durchgeführt werden?

A 114.3. Womit belastet eine Ammoniakanlage die Umwelt (denken Sie an Stoffe und Energie)? Würden Sie eine Ammoniakanlage als stark oder nur schwach Umwelt belastend einstufen?

A 114.4. Stellen Sie mit Hilfe der Angaben aus dem Text eine Energiebilanz für die Synthese von 1 t Ammoniak ausgehend von Methan, Luft und Wasserdampf auf. Welche Wärmemenge „bleibt übrig"? Welche energiebenötigenden Prozesse in der Ammoniakanlage wurden bei dieser Bilanz nicht berücksichtigt?

A 114.5. Aus B 111.2. geht hervor, dass Wasserstoff-Moleküle bereits bei der Adsorption in Atome getrennt werden, Stickstoff-Moleküle jedoch erst im adsorbierten Zustand. Wie könnte man das erklären?

A 114.6. Wird ein „reales" Gas[3] entspannt (Übergang von einem höheren Druck zu einem niedrigeren), so kühlt es sich dabei ab. Erklärung? (Hinweis: Denken Sie an die Wechselwirkungen zwischen den Gas-Teilchen im komprimierten Zustand und im entspannten Zustand.)

Neue Fachbegriffe

HABER-BOSCH-Verfahren, Katalysatorsystem, Adsorption, „Eisen-Inseln", kontinuierliches Verfahren, Hochdruckreaktor, Wassergasprozess, Generatorprozess, Konvertierung, Druckwäsche, fossile Energieträger

Zusammenfassung

Ammoniak gehört zu den in unserer technischen Zivilisation unverzichtbaren Produkten. Bei der Entwicklung eines großtechnischen Verfahrens zur Ammoniaksynthese wurden theoretische Erkenntnisse über chemische Gleichgewichte und Reaktionsgeschwindigkeiten so verwertet, dass schließlich rentable großtechnische Verfahren entwickelt werden konnten. Heute müssen auch ökologische Belange berücksichtigt werden. Die großtechnische Ammoniaksynthese ist ein Lehrbeispiel dafür, dass bei der Lösung der großen Probleme Wissenschaftler, Ingenieure, Techniker, Wirtschaftsexperten und andere aufeinander angewiesen sind.

---

[1] Elektrische Energie kann mit sehr hohen Ausbeuten in andere Energieformen umgewandelt werden. Bei Wärme ist das nicht der Fall; hier sind die Ausbeuten relativ niedrig.

[2] von *fossilis* (lat.) = ausgraben. Fossile Brennstoffe sind aus abgestorbenen Lebewesen entstanden.

[3] Die Anziehungskräfte zwischen den Molekülen eines „realen" Gases sind umso größer, je geringer die Molekülabstände sind.

Schwefelsäureherstellung

Mit 5 Millionen Tonnen Jahresproduktion nimmt Schwefelsäure in Deutschland unter allen Chemikalien den Spitzenplatz ein. Schwefelsäure ist z. B. in den Autobatterien enthalten, sie wird aber in der chemischen Industrie bei der Herstellung der meisten Produkte benötigt (B 115.1.). Dabei fällt in großen Mengen verunreinigte Schwefelsäure, „Dünnsäure", an. Ihre Verklappung im Meer ist ökologisch nicht mehr vertretbar. Man geht deshalb zur Wiederaufbereitung und Verwertung der Dünnsäure über (B 115.2.).
Rohstoffe für die Schwefelsäureherstellung sind *Schwefel*, *Luft* und *Wasser*. Der Kernteil einer Schwefelsäurefabrik ist der **Kontaktofen**, in dem das bei der Schwefelverbrennung erhaltene Schwefeldioxid katalytisch zu Schwefeltrioxid oxidiert wird (B 115.3.):

$$2SO_2 + O_2 \rightleftarrows 2SO_3; \quad \Delta H_R = -198\,\text{kJ}$$

Man arbeitet mit einem Luftüberschuss (auf eine Druckerhöhung wird verzichtet) bei Temperaturen zwischen 400 °C und 600 °C in Gegenwart eines Vanadium(V)-oxid-Katalysators V_2O_5. Die Reaktionswärme muss abgeführt werden, weil sonst der SO_3-Anteil im Gasgemisch beim Gleichgewicht abnimmt (B 115.4.). Aus diesem Grund ist der Kontaktofen so konzipiert, dass das Gasgemisch mehrere Katalysatorschichten durchströmen muss und zwischendurch immer wieder abgekühlt werden kann (B 115.3.). Auf diese Weise wird beim Kontakt-Verfahren ein 98%iger Umsatz des Schwefeldioxids zu Schwefeltrioxid erreicht. Da Schwefeltrioxid mit konzentrierter Schwefelsäure viel besser reagiert als mit Wasser, wird das Gasgemisch aus dem Kontaktofen in einem Absorptionsturm im Gegenstrom in konzentrierte Schwefelsäure geleitet. Dabei bildet sich *Dischwefelsäure*, die beim Versetzen mit Wasser zu Schwefelsäure reagiert:

$$SO_3(g) + H_2SO_4(l) \rightarrow H_2S_2O_7(l)$$
$$H_2S_2O_7(l) + H_2O(l) \rightarrow 2H_2SO_4(l)$$

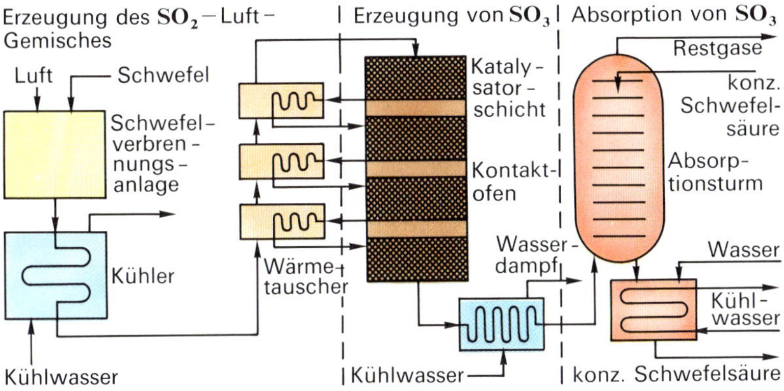

B 115.3. *Schwefelsäureherstellung nach dem Kontakt-Verfahren*

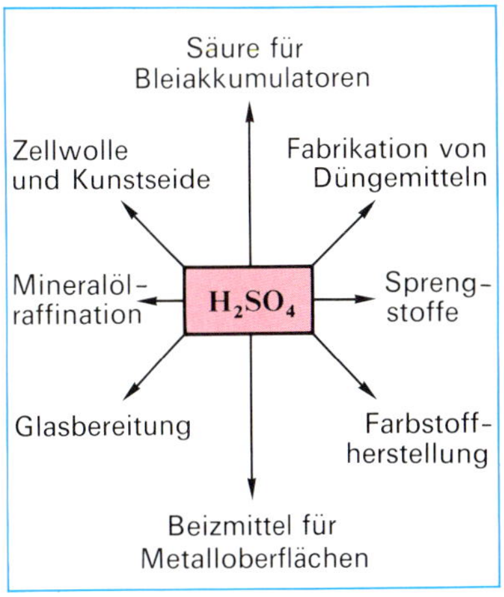

B 115.1. *Einige Beispiele für die Verwendung von Schwefelsäure*

B 115.2. *Aus Dünnsäure (braune Flüssigkeit) wird in Spezialanlagen reine Schwefelsäure wiedergewonnen.*

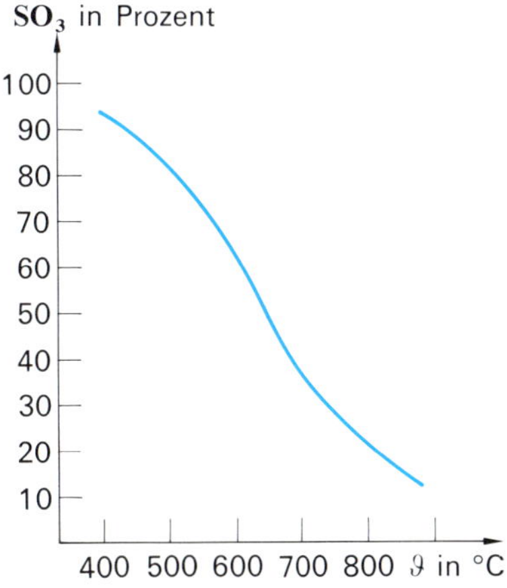

B 115.4. *Temperaturabhängigkeit des SO_3-Anteils im Gasgemisch beim Gleichgewicht der SO_2-Oxidation*

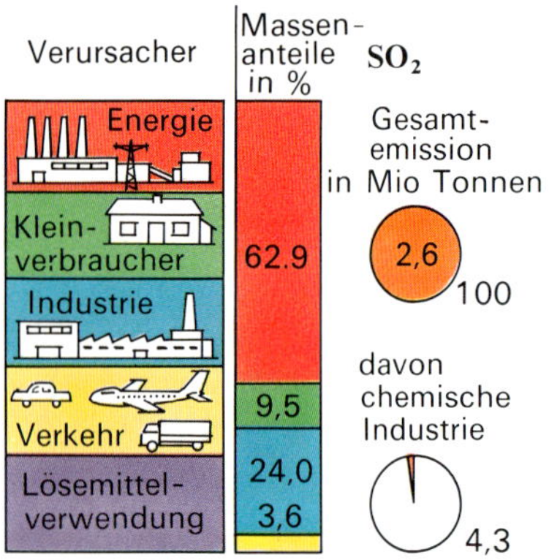

B 116.1. Anteile der Verursacher bei der Luftbelastung mit Schwefeldioxid. Schwefeldioxid ist an der Entstehung des sauren Regens beteiligt und wirkt schädlich auf Lebewesen.

Erweiterung, Vertiefung, Anwendung

Um die Schwefeldioxid-Emissionen herabzusetzen, ist man zum **Doppelkontakt-Verfahren** übergegangen. Hierbei wird das Gasgemisch aus dem Kontaktofen nach dem Durchgang durch die vorletzte Katalysatorschicht in einen Absorptionsturm geleitet und danach erst über die letzte Katalysatorschicht im Kontaktofen geführt. Der Gesamtumsatz des Schwefeldioxids kann so bis auf 99,8% gesteigert werden.

Aufgaben

A 116.1. Warum kann die Druckerhöhung auf die Gleichgewichtsverschiebung bei der SO_2-Oxidation nicht so wirksam sein wie bei den NH_3-Synthese?

A 116.2. Soll man die Temperatur in den Katalysatorschichten des Kontaktofens von oben nach unten erhöhen oder senken? Begründung. (Hinweis: vgl. B 115.4.)

A 116.3. Skizzieren Sie nach dem Muster aus B 115.3. und den Ausführungen aus dem Text eine Schwefelsäurefabrik, die nach dem Doppelkontakt-Verfahren arbeitet. Warum erreicht man darin einen höheren SO_2-Umsatz?

A 116.4. Überlegen Sie anhand der Angaben aus B 116.1., wie die Schwefeldioxid-Emissionen allgemein reduziert werden könnten.

Praktikum

Chemisches Gleichgewicht bei Fällungsreaktionen

Versuche

Vorsicht! Perchlorate sind giftig!

PV 116.1. Lösen Sie in einem 50-ml-Becherglas in *warmem Wasser* (ca. 60 °C) Kaliumperchlorat* $KClO_4$ bis zur Sättigung und lassen Sie die klare Lösung abkühlen. Beobachtung?

PV 116.2. Gießen Sie von der abgekühlten Lösung aus PV 116.1. jeweils 15 ml in 2 Rggl. und fügen Sie in das eine Rggl. 1 ml konzentrierte Kaliumchlorid-Lösung hinzu und in das andere 1 ml Perchlorsäure* $HClO_4$, $w = 60\%$. Beobachtung?

Herstellung von Lösungen für alle Gruppen:

a) Stellen Sie eine Lösung aus 0,77 g Kaliumiodid KI und 200 ml destilliertem Wasser her (Lösung I).
b) Lösen Sie 0,43 g Blei(II)-nitrat* $Pb(NO_3)_2$ in 200 ml destilliertem Wasser (Lösung II).

Die beiden Lösungen werden auf die Gruppen verteilt.

PV 116.3. Vereinigen Sie 20 ml der Lösung I mit 20 ml der Lösung II. Beobachtung?

PV 116.4. Filtrieren Sie nach ca. 5 min das Gemisch aus PV 116.3. und verteilen Sie das klare Filtrat auf 2 Rggl. Geben Sie in das erste Rggl. eine Spatelspitze festes Kaliumiodid und in das zweite eine Spatelspitze festes Bleinitrat* hinzu. Beobachtung?

Auswertung der Versuche

a) Deuten Sie die Beobachtungen für jeden der vier Versuche.
b) Schlagen Sie einen Kontrollversuch vor, mit dem man beweisen kann, dass der Niederschlag bei PV 116.3. Bleiiodid und nicht Kaliumnitrat ist.
c) Formulieren Sie die Reaktionsgleichung eines Gleichgewichts, mit dem man die Beobachtungen von PV 116.1. und PV 116.2. erklären kann, und die Reaktionsgleichung des Gleichgewichts, das den Beobachtungen von PV 116.3. und PV 116.4. zugrunde liegt. Erklären Sie die Beobachtungen mit Hilfe dieser Gleichgewichte.
d) Nennen Sie je 2 Stoffe, durch deren Hinzufügen man i) bei PV 116.2. und ii) bei PV 116.4. die gleichen Effekte erzielen könnte und begründen Sie.[1]
e) Was würde geschehen, wenn man bei PV 116.2. in das Rggl., in das Perchlorsäure hinzugefügt wurde, jetzt noch die gleiche Menge gelöstes Natriumhydroxid dazugäbe? Ginge etwas vom Niederschlag in Lösung?[1]

[1] Die Fragen d) und e) sind nicht leicht; Sie können die Auswertung vorerst zurückstellen und die Aufgaben auch erst dann bearbeiten, wenn Sie die Lektion gelesen haben.

5.2. Anwendung des Massenwirkungsgesetzes auf Fällungsreaktionen

Bei den vier Praktikumsversuchen PV 116.1. bis PV 116.4. lernen wir verschiedene Möglichkeiten kennen, Feststoffe aus Lösungen auszufällen: Kaliumperchlorat wird einerseits durch Abkühlen einer heiß gesättigten Kaliumperchlorat-Lösung erhalten (PV 116.1.), andererseits aus einer kalt gesättigten Kaliumperchlorat-Lösung ausgefällt, indem Stoffe zugesetzt wurden, die der Lösung entweder Kalium-Ionen oder Perchlorat-Ionen liefern (PV 116.2.). Bleiiodid kann durch das Vereinigen einer Kaliumiodid-Lösung und einer Bleinitrat-Lösung erhalten werden (PV 116.3.). Es fällt aber auch noch zusätzliches Bleiiodid aus, wenn man zum klaren Filtrat aus PV 116.4. Blei-Ionen haltige oder Iodid-Ionen haltige Stoffe hinzufügt.
Die Beobachtungen können mit Hilfe der folgenden Gleichgewichte erklärt werden:

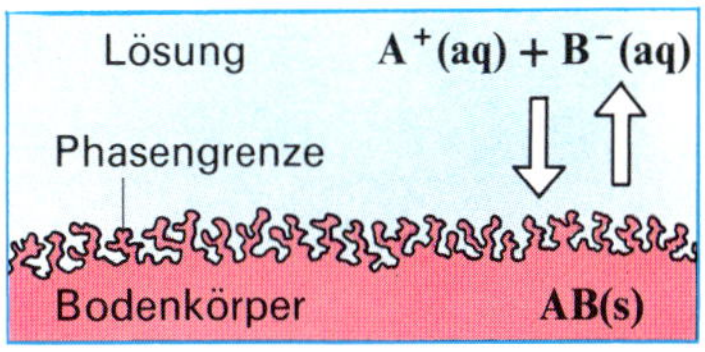

B 117.1. *Modell des dynamischen Gleichgewichts:*

$$AB(s) \underset{\text{kristallisieren}}{\overset{\text{lösen}}{\rightleftharpoons}} A^+(aq) + B^-(aq)$$

Die Phasengrenze bildet die sehr stark zerklüftete Oberfläche.

(1) $$KClO_4(s) \underset{\substack{\text{Fällungsvorgang} \\ \text{(Kristallisation)}}}{\overset{\text{Lösevorgang in Wasser}}{\rightleftharpoons}} K^+(aq) + ClO_4^-(aq);$$

(2) $$PbI_2(s) \underset{\text{Fällungsvorgang}}{\overset{\text{Lösevorgang in Wasser}}{\rightleftharpoons}} Pb^{2+}(aq) + 2\,I^-(aq)$$

Das Gleichgewicht (1) wird bei PV 116.1. durch die Temperatur beeinflusst: Beim Abkühlen der Lösung wurde das Gleichgewicht nach links verschoben, weil die Kristallisation exotherm verläuft. Das Gleichgewicht (2) wurde bei PV 116.3. durch das Zusammengießen der beiden Lösungen zunächst einmal hergestellt. Durch die Stoffzusätze bei PV 116.2. und bei PV 116.4. wird das Gleichgewicht (1) bzw. (2) durch Erhöhung der Konzentration eines Produkts jeweils nach links verschoben (vgl. Kap. 4.4.).
Bei den Gleichgewichten (1) und (2) handelt es sich um **heterogene Gleichgewichte**. An der Phasengrenze zwischen Lösung und Feststoff (B 117.1. und B 117.2.) stellt sich ein dynamisches Gleichgewicht ein zwischen der Hinreaktion, bei der die Teilchen den Feststoff in Richtung Lösung verlassen und der Rückreaktion, bei der die Teilchen aus der Lösung in den Feststoff eingebaut werden. Die Raten $r_{\rightarrow}$ und $r_{\leftarrow}$, mit denen diese beiden entgegengesetzten Vorgänge ablaufen, hängen von der Oberfläche A der Phasengrenze ab und zwar wie folgt:

$$r_{\rightarrow} = k_{\rightarrow} \cdot A$$
$$r_{\leftarrow} = k_{\leftarrow} \cdot c(A^+(aq)) \cdot c(B^-(aq)) \cdot A$$

Beim Gleichgewicht gilt $r_{\rightarrow} = r_{\leftarrow}$ (vgl. auch S. 95). Durch Gleichsetzen, Umformen und Kürzen durch A erhalten wir eine Konstante, die man mit K_L bezeichnet:

$$K_L = c(A^+(aq)) \cdot c(B^-(aq)).$$

B 117.2. *Mikroskop-Aufnahme der Phasengrenze bei der Kristallisation von elementarem Silber an einem Kupfer-Draht*

Stoff	K_L (25 °C)
Fluoride	
BaF_2	$2{,}4 \cdot 10^{-5}\ mol^3 \cdot l^{-3}$
CaF_2	$3{,}9 \cdot 10^{-11}\ mol^3 \cdot l^{-3}$
Chloride	
$PbCl_2$	$1{,}6 \cdot 10^{-5}\ mol^3 \cdot l^{-3}$
$AgCl$	$1{,}7 \cdot 10^{-10}\ mol^2 \cdot l^{-2}$
Bromide	
$PbBr_2$	$4{,}6 \cdot 10^{-6}\ mol^3 \cdot l^{-3}$
$AgBr$	$5{,}0 \cdot 10^{-13}\ mol^2 \cdot l^{-2}$
Iodide	
PbI_2	$8{,}3 \cdot 10^{-9}\ mol^3 \cdot l^{-3}$
AgI	$8{,}5 \cdot 10^{-17}\ mol^2 \cdot l^{-2}$
Sulfate	
$CaSO_4$	$2{,}4 \cdot 10^{-5}\ mol^2 \cdot l^{-2}$
Ag_2SO_4	$1{,}2 \cdot 10^{-5}\ mol^3 \cdot l^{-3}$
$SrSO_4$	$7{,}6 \cdot 10^{-7}\ mol^2 \cdot l^{-2}$
$BaSO_4$	$1{,}5 \cdot 10^{-9}\ mol^2 \cdot l^{-2}$
$PbSO_4$	$1{,}6 \cdot 10^{-8}\ mol^2 \cdot l^{-2}$
Chromate	
$BaCrO_4$	$8{,}5 \cdot 10^{-11}\ mol^2 \cdot l^{-2}$
Ag_2CrO_4	$1{,}9 \cdot 10^{-12}\ mol^3 \cdot l^{-3}$
$PbCrO_4$	$2 \cdot 10^{-16}\ mol^2 \cdot l^{-2}$
Carbonate	
$CaCO_3$	$4{,}7 \cdot 10^{-9}\ mol^2 \cdot l^{-2}$
$MgCO_3$	$1 \cdot 10^{-15}\ mol^2 \cdot l^{-2}$
Hydroxide	
$Ba(OH)_2$	$5{,}0 \cdot 10^{-3}\ mol^3 \cdot l^{-3}$
$Ca(OH)_2$	$1{,}3 \cdot 10^{-6}\ mol^3 \cdot l^{-3}$
$Mg(OH)_2$	$8{,}9 \cdot 10^{-12}\ mol^3 \cdot l^{-3}$
Sulfide	
MnS	$7{,}0 \cdot 10^{-16}\ mol^2 \cdot l^{-2}$
FeS	$4{,}0 \cdot 10^{-19}\ mol^2 \cdot l^{-2}$
NiS	$3{,}0 \cdot 10^{-21}\ mol^2 \cdot l^{-2}$
SnS	$1{,}0 \cdot 10^{-26}\ mol^2 \cdot l^{-2}$
CdS	$1{,}0 \cdot 10^{-28}\ mol^2 \cdot l^{-2}$
PbS	$7{,}0 \cdot 10^{-29}\ mol^2 \cdot l^{-2}$
CuS	$8{,}0 \cdot 10^{-37}\ mol^2 \cdot l^{-2}$
HgS	$5{,}0 \cdot 10^{-53}\ mol^2 \cdot l^{-2}$
Ag_2S	$5{,}5 \cdot 10^{-51}\ mol^3 \cdot l^{-3}$
Phosphate	
Ag_3PO_4	$1{,}8 \cdot 10^{-18}\ mol^4 \cdot l^{-4}$
$Ca_3(PO_4)_2$	$1{,}3 \cdot 10^{-32}\ mol^5 \cdot l^{-5}$

Tab. 118.1. *Löslichkeitsprodukte einiger schwerlöslicher Salze bei* 25 °C.

Für ein Salz der allgemeinen Formel A_mB_n, bei dessen Ausfällung das Gleichgewicht:

$$A_mB_n(s) \rightleftarrows mA^{a+}(aq) + nB^{b-}(aq)$$

vorliegt, erhalten wir:

$$K_L = c^m(A^{a+}(aq)) \cdot c^n(B^{b-}(aq))$$

Die Konstante K_L wird Löslichkeitsprodukt genannt; die rechte Seite der Gleichung bezeichnen wir als **Ionenprodukt** des Salzes A_mB_n.

Auf die beiden Gleichgewichte aus den Praktikumsversuchen angewandt erhalten wir:

für (1): $K_L = c(K^+(aq)) \cdot c(ClO_4^-(aq))\ mol^2 \cdot l^{-2}$
für (2): $K_L = c(Pb^{2+}(aq)) \cdot c^2(I^-(aq))\ mol^3 \cdot l^{-3}$

In einer gesättigten Lösung hat das Ionenprodukt den Wert von K_L erreicht. Dieser Wert kann beim Gleichgewicht nicht überschritten werden; deshalb bildet sich ein Bodenkörper; es fällt etwas aus, sobald das Ionenprodukt größer als K_L ist. Praktisch bedeutet dies, dass ein **gleichioniger Zusatz**[1] in die gesättigte Lösung eines schwer löslichen Salzes die Bildung von Bodenkörper zur Folge hat. Mit Hilfe dieser Kenntnisse und der Löslichkeitsprodukte schwer löslicher Salze können wir Aufgaben über die Nachweisempfindlichkeit bei Fällungsreaktionen lösen:

Aufgaben

A 118.1. Wie groß ist die Konzentration der Silber-Ionen und der Chlorid-Ionen in einer Silberchlorid-Lösung mit Bodenkörper?

A 118.2. Welche Konzentration von Chlorid-Ionen in einer Lösung lässt sich noch mit Silbernitrat-Lösung nachweisen, wenn nach deren Zusatz für die Silber-Ionen gilt $c(Ag^+) = 0{,}1$ mol/l?

Lösungen

Zu A 118.1. Das Lösungsgleichgewicht lautet:

$$AgCl(s) \rightleftarrows Ag^+(aq) + Cl^-(aq); \quad K_L = c(Ag^+) \cdot c(Cl^-)$$

Aus Tab. 118.1. entnehmen wir: $K_L(AgCl) = 1{,}7 \cdot 10^{-10}\ mol^2 \cdot l^{-2}$. (Dieser Wert für K_L gilt bei 25 °C.)
Für die Faktoren des Ionenprodukts gilt: $c(Ag^+) = c(Cl^-)$; daraus folgt: $K_L = c^2(Ag^+)$.
Freistellen von $c(Ag^+)$ und Einsetzen des Zahlenwerts:

$$c(Ag^+) = \sqrt{K_L(AgCl)} = \sqrt{1{,}7 \cdot 10^{-10}\ mol^2 \cdot l^{-2}} = 1{,}304 \cdot 10^{-5}\ mol \cdot l^{-1}$$

Zu A 118.2.
Aus $K_L = c(Ag^+) \cdot c(Cl^-)$ stellen wir $c(Cl^-)$ frei und setzen die Werte für K_L (Tab. 118.1.) und für $c(Ag^+)$ (Aufgabenstellung) ein:

$$c(Cl^-) = \frac{K_L(AgCl)}{c(Ag^+)} = \frac{1{,}7 \cdot 10^{-10} mol^2 \cdot l^{-2}}{10^{-1}\ mol \cdot l^{-1}} = 1{,}7 \cdot 10^{-9}\ mol \cdot l^{-1}$$

[1] Um gleichionige Zusätze handelt es sich z. B. bei PV 116.2. und PV 116.4.

Um in noch verdünnteren Lösungen Chlorid-Ionen durch Ausfällung als Silberchlorid nachzuweisen, müsste man als Nachweisreagenz eine Silbernitrat-Lösung mit größerer Konzentration, $c(AgNO_3) > 0{,}1$ mol/L wählen. Das Löslichkeitsprodukt setzt aber jedem Nachweis durch Ausfällung eine Grenze.

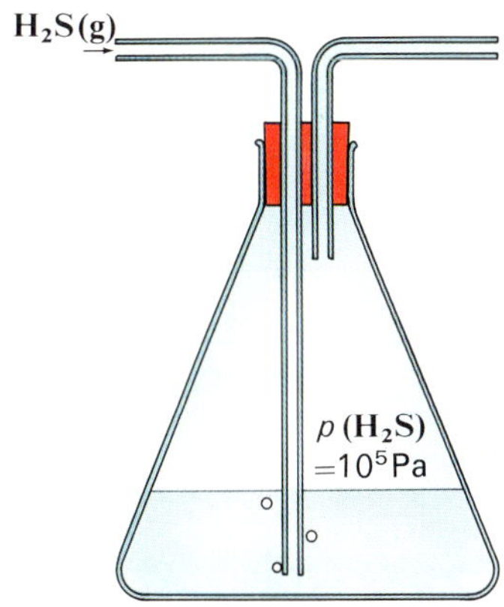

$$H_2S(g) \rightleftarrows H_2S(aq)$$
$$H_2S(aq) + H_2O \rightleftarrows HS^-(aq) + H_3O^+(aq)$$
$$HS^-(aq) + H_2O \rightleftarrows S^{2-}(aq) + H_3O^+(aq)$$

B 119.1. *Zu A 119.7.*

Aufgaben

A 119.1. Zu einer Lösung, die Chlorid-Ionen und Iodid-Ionen in gleichen Konzentrationen enthält, tropft man langsam Silbernitrat-Lösung. Was fällt zuerst aus? Begründung?

A 119.2. Beim Einleiten von Hydrogenchlorid in eine gesättigte Kochsalz-Lösung fällt festes Natriumchlorid aus. Begründung?

A 119.3. Zu einer gesättigten Calciumhydroxid-Lösung (Kalkwasser) tropft man konzentrierte Natronlauge. Was ist zu beobachten? Begründung?

A 119.4. Wie viel g Niederschlag bildet sich, wenn man 50 ml Silbernitrat-Lösung, $c = 0{,}1$ mol/L mit 50 ml Natriumchlorid-Lösung, $c = 0{,}1$ mol/L vereinigt?

A 119.5. In welcher Konzentration müssen Cadmium-Ionen in einer Lösung enthalten sein, um mit einer Natriumsulfid-Lösung nachgewiesen werden zu können, wenn nach Vereinigung der Lösungen für die Sulfid-Ionen gilt $c(S^{2-}) = 0{,}2$ mol/L?

A 119.6. Berechnen Sie die Konzentration der Calcium-Ionen in jeder der folgenden Lösungen: a) gesättigte Calciumsulfat-Lösung in destilliertem Wasser; b) gesättigte Calciumsulfat-Lösung in einer Schwefelsäure-Lösung, in der vor dem Lösen des Calciumsulfats gilt: $c(SO_4^{2-}) = 0{,}01$ mol/L.

A 119.7. Beim Einleiten von Hydrogensulfid H_2S in Wasser oder in eine wässrige Lösung stellen sich die drei Gleichgewichte von B 119.1. ein. Das 1. Gleichgewicht ist heterogen. Der Druck über der Lösung $p(H_2S)$ bleibt bei ständigem Einleiten des Gases konstant; nach einiger Zeit hat auch $c(H_2S(aq))$ einen konstanten Wert. Er beträgt bei 25 °C und Normdruck ca. 0,1 mol/L. Für die Gleichgewichte Nr. 2 und Nr. 3 ergibt sich durch Addition:

$$H_2S + 2H_2O \rightleftarrows S^{2-} + 2H_3O^+ \quad \text{und}$$

$$K \cdot c^2(H_2O) = \frac{c(S^{2-}) \cdot c^2(H_3O^+)}{c(H_2S)} = 10^{-20}\,\text{mol}^2 \cdot \text{L}^{-2}$$

a) Was geschieht beim Einleiten von Hydrogensulfid in eine Lösung, die Kupfer(II)-Ionen und Eisen(II)-Ionen, $c(Cu^{2+}) = c(Fe^{2+}) = 0{,}1\,\text{mol} \cdot \text{L}^{-1}$, $pH = 1$, enthält (B 119.2.)?

b) Wie kann man verfahren, um aus den Lösungen, mit denen im Chemieunterricht experimentiert wird, die Schwermetall-Ionen zu entfernen? (Schwermetall-Ionen wirken als Umweltgifte im Boden und in Gewässern.)

Neue Fachbegriffe

Bodenkörper, Löslichkeitsprodukt K_L, Ionenprodukt, gleichioniger Zusatz

Zusammenfassung

Befindet sich von einem Stoff eine größere Portion in einem Lösungsmittel als seiner Löslichkeit entspricht, so stellt sich ein heterogenes Gleichgewicht ein. Für ein schwer lösliches Salz A_mB_n kann das Ionenprodukt $c^m(A^{a+}(aq)) \cdot c^n(B^{b-}(aq))$ einen bestimmten Wert, den des Löslichkeitsprodukts K_L, nicht überschreiten. Das Löslichkeitsprodukt K_L ist temperaturabhängig, aber nicht abhängig von gleichionigem Zusatz. Die Kenntnis der K_L-Werte schwer löslicher Salze ermöglicht die rechnerische Beantwortung von Fragen, die sich auf die Ausfällung oder das Auflösen schwer löslicher Salze beziehen.

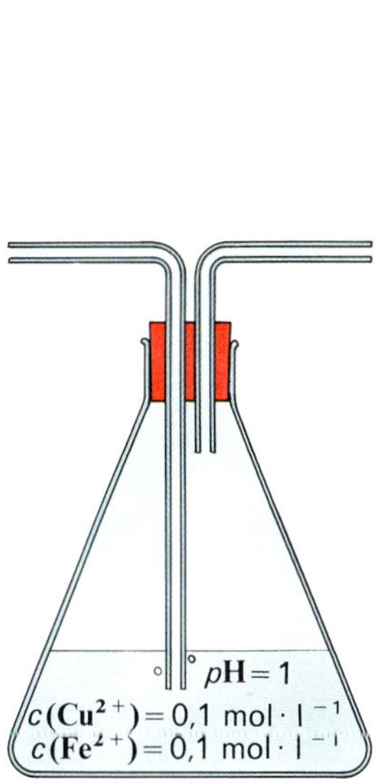

B 119.2. *Zu A 119.7.*

Versuche

Vorsicht! Konzentrierte Schwefelsäure ist eine sehr gefährliche, stark ätzende Flüssigkeit!

LV 120.1. Hydrogenchlorid* HCl, das aus Kochsalz und konzentrierter Schwefelsäure* hergestellt wird, wird je 15 s lang in Toluol*, in Methanol* und in Wasser eingeleitet. Die drei Lösungen werden in der Reihenfolge Toluol, Methanol, Wasser auf elektrische Leitfähigkeit überprüft (Wechselstrom $U = 10$ V). Beobachtung?

LV 120.2. In das Becherglas mit der Toluol-Lösung* wird ca. 2 cm hoch Wasser hinzugefügt und mit einem Glasstab gut durchgerührt. Nun wird die Leitfähigkeit erneut überprüft, indem man den Leitfähigkeitsprüfer langsam in die obere und in die untere Schicht einführt. Beobachtung?

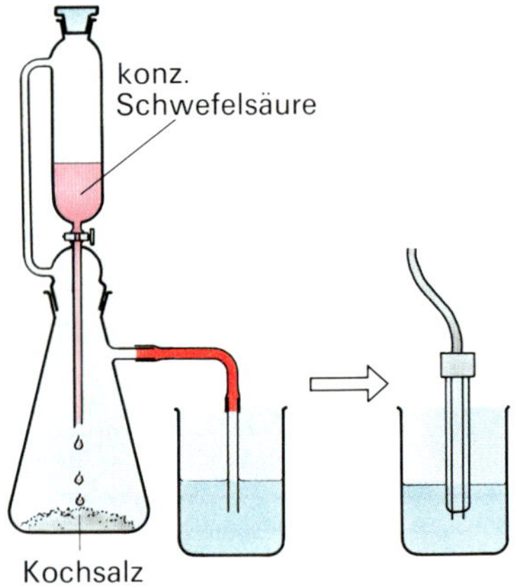

B 120.1. *Zu LV 120.1 und LV 120.2.*

5.3. Säure-Base-Gleichgewichte in wässriger Lösung

5.3.1. Konjugierte Säure-Base-Paare im chemischen Gleichgewicht

Geschichtliches zu den Begriffen Säure und Base

Schon im Altertum kannte man die *wässrige Lösung einer Säure*, nämlich den *Essig*. Die Lateiner nannten ihn *acetum*. Die im Essig enthaltene Säure erhielt den Namen *acidum aceticum*[1]; wir sprechen von *Essigsäure*. Im Mittelalter waren bereits die *Salzsäure*, die *Salpetersäure* und die *Schwefelsäure* bekannt.

ROBERT BOYLE (1626 bis 1691) stellte fest, dass **alle Säuren** den Pflanzenstoff **Lackmus rot färben** und **Kalkstein zersetzen**. Damit stellte er allgemeine Eigenschaften der Säuren heraus, die sie von anderen Stoffen unterscheiden.

ANTOINE LAVOISIER (1743 bis 1794) beobachtete, dass Nichtmetalloxide sich mit Wasser zu Säuren verbinden. Er kam zu der irrtümlichen Auffassung, dass in **allen Säuren Sauerstoff** gebunden ist.

HUMPHRY DAVY (1778 bis 1820) widerlegte LAVOISIER und zeigte, dass es auch Säuren gibt, in denen kein Sauerstoff gebunden ist.

JUSTUS VON LIEBIG (1803 bis 1873) definierte **Säuren als Wasserstoff-Verbindungen**, in denen Wasserstoff durch ein Metall ersetzt werden kann.

SVANTE ARRHENIUS (1859 bis 1927) schloss aus der Tatsache, dass wässrige Säure-Lösungen den elektrischen Strom leiten, dass diese Lösungen Wasserstoff-Ionen H^+ enthalten und definierte **Säuren als Stoffe, die in wässriger Lösung Wasserstoff-Ionen bilden**.

JOHANNES NIKOLAUS BRÖNSTED (1879 bis 1947) und THOMAS MARTIN LOWRY (1874 bis 1936) stellten im Jahr 1928 schließlich fest, dass *„die Entstehung der Wasserstoff-Ionen keine Bedingung für die Entfaltung der typischen Säure-Eigenschaften"*, z. B. Rotfärbung von Lackmus, Reaktion mit Kalkstein, elektrische Leitfähigkeit der wässrigen Lösung oder Neutralisation mit ihren Gegenspielern, den Basen ist.

Was ist aber dann die Bedingung für „die Entfaltung der Säure-Eigenschaften"?

Folgende Versuchsbeobachtungen lassen uns die Definition der Säuren und Basen nach BRÖNSTED und LOWRY einsichtig erscheinen:

1. Die Säure Hydrogenchlorid HCl entfaltet ihre Säureeigenschaften, z. B. die elektrische Leitfähigkeit, sehr gut, wenn sie in Wasser gelöst ist, schlechter, wenn sie in Methanol gelöst ist und so gut wie gar nicht, wenn sie in Toluol gelöst ist (LV 120.1.).
2. In Toluol gelöstes Hydrogenchlorid geht beim Schütteln mit Wasser in die wässrige Phase über und kommt dort als Säure zur Wirkung (LV 120.2.).

[1] von *acidus* (lat.) = sauer; von *acetus* (lat.) = Essig

Im Mittelpunkt der Säure-Definition von BRÖNSTED und LOWRY steht weder die Zusammensetzung der Säure wie bei LAVOISIER und LIEBIG noch die Art der Teilchen, die sich aus Säuren bilden wie bei ARRHENIUS, sondern die Funktion (die Eigenschaften) der Teilchen, aus denen die Säure besteht.
Nach BRÖNSTED und LOWRY ist eine Säure ein Stoff, dessen Teilchen Protonen (Wasserstoff-Ionen) „entbinden", d.h. verlieren können; eine Base ist ein Stoff, dessen Teilchen Protonen binden, d.h. aufnehmen können. Die heutige Kurzform dieser Definitionen lautet:

Säuren sind Protonen-Donatoren[1].
Basen sind Protonen-Akzeptoren[2].

Die Begriffe „Säure" und „Base" werden sowohl zur Bezeichnung von Stoffen, z.B. Hydrogenchlorid, als auch zur Bezeichnung ihrer Teilchen, z.B. Hydrogenchlorid-Molekül, verwendet. Wir müssen jeweils dem Zusammenhang entnehmen, ob vom Stoff oder von den Teilchen die Rede ist.

Reaktionen zwischen Säuren und Basen sind stets mit Protonenübergängen verbunden. Sie werden deshalb Protolysen[3] genannt.

[1] von *donare* (lat.) = geben, schenken
[2] von *accipere* (lat.) = annehmen
[3] von *lyein* (griech.) = lösen. Bei Protolysen werden zwar Protonen von Säure-Teilchen „gelöst", jedoch nur in dem Maße, wie sie gleichzeitig von Base-Teilchen gebunden werden.

H^+

$$HCl + H_2O \rightarrow H_3O^+ + Cl^-$$

Säure — Oxonium-Ion

H^+

$$NH_3 + H_2O \rightarrow OH^- + NH_4^+$$

Base — Hydroxid-Ion

B 121.1. *Säuren bilden in wässriger Lösung Oxonium-Ionen* H_3O^+, *Basen bilden Hydroxid-Ionen* OH^-. *Die entsprechenden Reaktionen zwischen der Säure und dem Wasser bzw. zwischen der Base und dem Wasser sind Protolysen.*

Praktikum

Konjugierte Säure-Base-Paare

Auswertung der Versuche

a) Der Indikator Bromthymolblau nimmt in saurer, neutraler und alkalischer Lösung folgende Farben an:

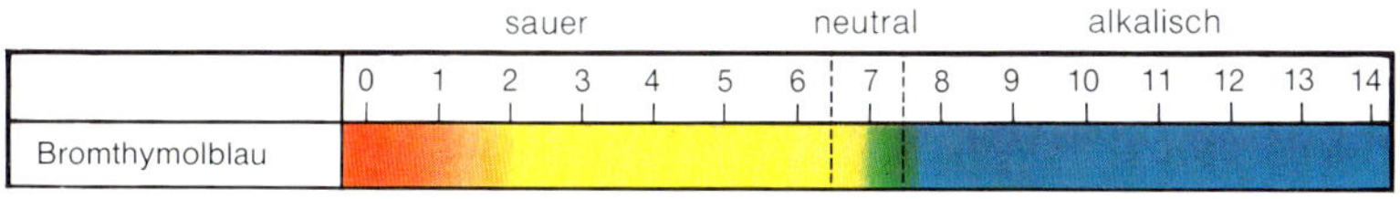

Teilen Sie die untersuchten Stoffe in Klassen ein, je nachdem ob ihre wässrige Lösung sauer, alkalisch oder neutral reagiert. Fällt dabei etwas Unerwartetes auf?

b) Bei der Protolyse von Essigsäure-Molekülen bilden sich neben Oxonium-Ionen auch Acetat-Ionen $H_3CCOO^-(aq)$. Formulieren Sie die Reaktionsgleichung der Protolyse.

c) Natriumacetat ist eine Ionen-Verbindung, die beim Lösen in Wasser in hydratisierte Natrium-Ionen $Na^+(aq)$ und hydratisierte Acetat-Ionen $H_3CCOO^-(aq)$ übergeht. Die im Versuch erhaltene Farbe dieser Lösung ist durch die Protolyse einer dieser beiden Ionenarten mit Wasser-Molekülen zu erklären. Formulieren Sie die Reaktionsgleichung dieser Protolyse.

d) Versuchen Sie, auch die in den übrigen Proben erhaltenen Farben durch Reaktionsgleichungen von Protolysen zu erklären.

Versuche

PV 121.1. Stellen Sie in 6 Rggl. folgende Lösungen her, indem Sie die angegebenen Stoffe jeweils in ca. 15 ml destilliertem Wasser lösen:

Nr. 1: einige Tropfen Essigsäure* $H_3CCOOH(l)$
Nr. 2: einige Tropfen konzentrierte Ammoniak-Lösung* $NH_3(aq)$
Nr. 3: eine Spatelspitze Natriumacetat $H_3CCOONa(s)$
Nr. 4: eine Spatelspitze Ammoniumchlorid* $NH_4Cl(s)$
Nr. 5: eine Spatelspitze Kaliumcarbonat* $K_2CO_3(s)$
Nr. 6: eine Spatelspitze Natriumhydrogensulfat $NaHSO_4(s)$

Fügen Sie in jedes Rggl. einige Tropfen Bromthymolblau-Lösung hinzu und notieren Sie die Farbe der Lösung.

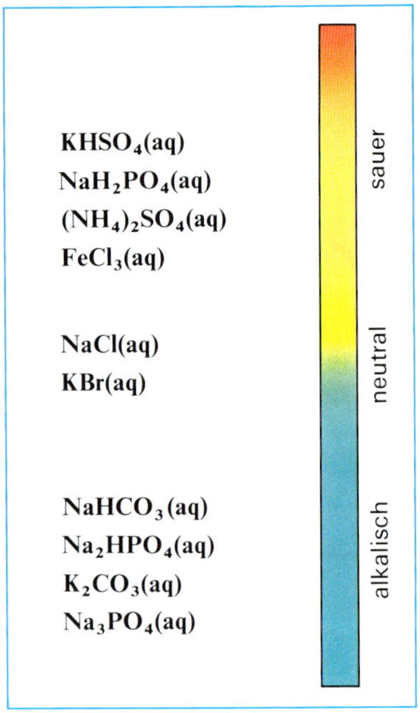

B 122.1. *Einige Salze und die Farbreaktion ihrer Lösung gegenüber dem Indikator Bromthymolblau.*
Bei allen angeführten Salzen (Ausnahmen: Ammoniumsulfat und Eisen(III)-chlorid) sind die ***Anionen*** *für die saure bzw. alkalische Reaktion verantwortlich.*
Eisen(III)-Ionen bilden in wässriger Lösung Hexaaquakomplexe, die wie folgt protolysieren:

$$[Fe(H_2O)_6]^{3+} + H_2O \rightleftarrows [Fe(H_2O)_5OH]^{2+} + H_3O^+$$

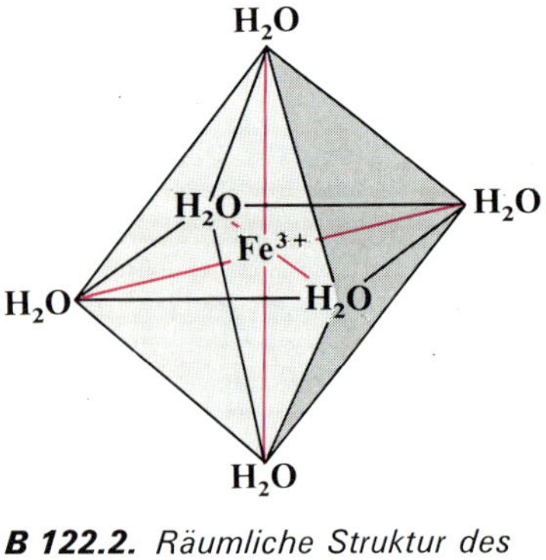

B 122.2. *Räumliche Struktur des Hexaaquaeisen(III)-Ions*

Eine Essigsäure-Lösung reagiert erwartungsgemäß sauer, eine Ammoniak-Lösung alkalisch (PV 122.1.). Dass aber die Lösungen der vier Salze im Praktikumsversuch nicht neutral reagieren, scheint zunächst verwunderlich: Die Ammoniumchlorid-Lösung und die Natriumhydrogensulfat-Lösung reagieren sauer (Gelbfärbung des Indikators Bromthymolblau), die Natriumacetat-Lösung und die Kaliumcarbonat-Lösung reagieren dagegen alkalisch (Blaufärbung des Indikators).

Diese Beobachtungen sind durch folgende Grundsätze zu erklären:

1. Protolysen sind stets reversible Reaktionen, bei denen sich die Gleichgewichte in kurzer Zeit einstellen.
2. Aus einer Säure bildet sich bei einer Protolyse ihre konjugierte[1] oder korrespondierende[2] Base und aus einer Base ihre konjugierte Säure.

HA	$+ H_2O$	$\rightleftarrows$	H_3O^+	$+$	A^-
Säure I	Base II		Säure II konjugierte Säure der Base II		Base I konjugierte Base der Säure I

Im Praktikum (vgl. oben) sind folgende konjugierte Säure-Base-Paare, d. h. Paare aus jeweils einer Säure und ihrer konjugierten Base, vertreten:
H_3CCOOH/H_3CCOO^-,
NH_4^+/NH_3,
HCO_3^-/CO_3^{2-} und HSO_4^-/SO_4^{2-}.
Bei jeder der sechs Proben stellt sich ein Gleichgewicht ein, an dem eines dieser Säure-Base-Paare beteiligt ist. Einige Beispiele:

Nr. 1: $H_3CCOOH(l) + H_2O(l) \rightleftarrows H_3O^+(aq) + H_3CCOO^-(aq)$
H_3CCOOH: Essigsäure-Molekül, Säure; H_3CCOO^-: Acetat-Ion, konjugierte Base

Nr. 3: $H_3CCOO^-(aq) + H_2O(l) \rightleftarrows H_3CCOOH(aq) + OH^-(aq)$
H_3CCOO^-: konjugierte Base; H_3CCOOH: Säure

Die Natrium-Ionen aus dem Natriumacetat bleiben unbeteiligt; wegen der überschüssigen Hydroxid-Ionen in der Lösung aus Nr. 3 reagiert diese alkalisch.

Nr. 4: $NH_4^+(aq) + H_2O(l) \rightleftarrows H_3O^+(aq) + NH_3(aq)$
NH_4^+: Säure; NH_3: konjugierte Base

Die Chlorid-Ionen aus dem Ammoniumchlorid bleiben praktisch unbeteiligt; wegen der gebildeten Oxonium-Ionen reagiert diese Lösung sauer.

[1] von *coniugere* (lat.) = verbinden
[2] von *correspondere* (lat.) = übereinstimmen, sich entsprechen

An der Formel eines Salzes allein können wir noch nicht erkennen, ob seine Lösung sauer, neutral oder alkalisch reagieren wird. In B 123.1. sind Beispiele aus allen drei Kategorien angeführt. Umfangreichere experimentelle Erfahrungen und ein tieferes Verständnis der Gleichgewichte, die sich zwischen konjugierten Säure-Base-Paaren in wässriger Lösung einstellen, werden uns gegen Ende dieses Kapitels befähigen, die Eigenschaften einer Salz-Lösung voraussagen zu können.

$HX + H_2O \rightleftarrows H_3O^+ + X^-$
Neutralsäure

$HX^- + H_2O \rightleftarrows H_3O^+ + X^{2-}$
Anion-Säure

$HX^+ + H_2O \rightleftarrows H_3O^+ + X$
Kation-Säure

$X^- + H_2O \rightleftarrows OH^- + HX$
Anion-Base

$HX + H_2O \rightleftarrows OH^- + H_2X^+$
Neutral-Base

$HX^+ + H_2O \rightleftarrows OH^- + H_2X^{2+}$
Kation-Base

B 123.1. *Sowohl neutrale Teilchen als auch positive oder negative Ionen können Säure- oder Base-Funktion haben.*

Aufgaben

A 123.1. Wodurch unterscheidet sich die Definition des Begriffs Säure nach BRÖNSTED und LOWRY von allen vorherigen Definitionen?

A 123.2 Was können Sie zur ARRHENIUS-Definition und zur BRÖNSTED-Definition bezüglich des Lösungsmittels, in dem sich Säuren als solche entfalten, sagen?

A 123.3. Fordern die Beobachtungen aus V 120.1. den Übergang von der ARRHENIUS-Definition zur BRÖNSTED-Definition zwingend? Erläutern Sie.

A 123.4. Formulieren Sie die Protolysegleichgewichte, durch die folgende Salze aus B 122.1. bei ihren Lösungen die saure bzw. alkalische Reaktion bewirken: Natriumdihydrogenphosphat, Ammoniumsulfat, Natriumhydrogencarbonat, Dinatriumhydrogenphosphat, Kaliumcarbonat, Trinatriumphosphat.

A 123.5. Nennen Sie je zwei Anion-Säuren, Anion-Basen und Kation-Säuren und ihre konjugierte Base (Säure) (vgl. B 123.1.).

Zusammenfassung

Die historischen und aktuellen Definitionen, Begriffe der Säure und Base, sind verschieden. Die Definitionen nach BRÖNSTED und LOWRY beziehen sich auf Teilcheneigenschaften. Ihnen liegt das Donator-Akzeptor-Prinzip zugrunde. Das konjugierte oder korrespondierende Säure-Base-Paar wird damit zur Grundlage der Untersuchung von Säure-Base-Gleichgewichten. Jedes Säure-Base-Gleichgewicht beinhaltet genau zwei Säure-Base Paare.

Neue (und alte!) Fachbegriffe

Protonendonator (Säure),
Protonenakzeptor (Base),
Protolyse (Säure-Base-Reaktion),
konjugiertes Säure-Base-Paar,
Oxonium-Ion H_3O^+,
Hydroxid-Ion OH^-,
saure Lösung, alkalische Lösung

5.3.2. Autoprotolyse des Wassers und *p*H-Wert

Wie rein sind unsere „Reinstoffe"?

Stillschweigend gehen wir bei den meisten Versuchen davon aus, dass unsere Chemikalien aus den Behältern in der Chemiesammlung absolute Reinstoffe sind. Der Reinheitsgrad der Chemikalien aus der Chemiesammlung erreicht nur für wenige Substanzen das Prädikat „zur Analyse", für die meisten gilt nur „zur Synthese" (vgl. B 123.2.). Das bedeutet, dass wir mit ca. 5 g an Fremdstoffen in 1 kg unseres „Reinstoffs" rechnen müssen! Welche Fremdstoffe das sind, wissen wir nie ganz genau.

Man kann heute einige Stoffe (z.B. das Sevesogift Dioxin) noch nachweisen, wenn sie in einer Konzentration von weniger als 10^{-15} Massenanteilen enthalten sind, d.h., wenn in einer Masse von 1 t nur 0,000001 mg dieses Stoffes enthalten ist. Die Zahl der Fremdstoffe, die sich in unserem Aceton „zur Analyse" nachweisen ließe, ist also enorm.

Bezeichnung der Reinheitsstufe	Gehalt an Aceton	Preis in DM/l
„zur Synthese"	99%	ca. 18,–
„zur Analyse"	99,5%	ca. 24,–
„UVASOL" (für Spektroskopie)	99,7%	ca. 60,–

B 123.2. *Reinheitsstufen und Handelspreise der Chemikalie Aceton (Aceton ist ein gutes Lösungsmittel und Vielen als „Nagellackentferner" bekannt.)*

B 124.1. *Der analytische Nachweis von* 1 ppt *verunreinigender Substanz entspricht dem Auffinden* ***eines*** *Weizenkorns in ca.* 100000 t *Weizen, d.h. in einem Güterzug von* 20 km *Länge.*

Auch das destillierte Wasser ist weit davon entfernt, ein absoluter Reinstoff zu sein. Aqua dest. ist also kein Stoff, der nur aus den aus seiner Formel ableitbaren Teilchen besteht. Es enthält noch gelöstes Kohlenstoffdioxid, Ionen, die aus der Glasapparatur beim Destillieren herausgelöst wurden u.v.a.m. Durch wiederholtes Destillieren in Quarzapparaturen unter Luftausschluss erhält man reineres Wasser. Aber selbst das reinste je hergestellte Wasser enthält noch ca. 1 ppt („**p**arts **p**er **t**rillion")[1] an Verunreinigungen. Dass dieses Wasser, dessen Reinheitsgrad wir in Prozent mit 99,9999999999 angeben müssten, schon „sehr rein" ist, zeigt der Vergleich aus B 124.1. Wir beziehen uns bei den folgenden Betrachtungen zunächst auf Wasser dieses Reinheitsgrades.

Genaue Messungen an sehr reinem Wasser haben ergeben, dass dieses immer noch eine geringe elektrische Leitfähigkeit besitzt, es muss also Ionen enthalten. Es handelt sich dabei um Oxonium-Ionen und Hydroxid-Ionen, die sich bei der **Autoprotolyse**[2] des Wassers bilden:

$$\underset{\text{Säure}}{H_2O(l)} + \underset{\text{Base}}{H_2O(l)} \rightleftarrows \underset{\text{konjugierte Säure}}{H_3O^+(aq)} + \underset{\text{konjugierte Base}}{OH^-(aq)}$$

ϑ in °C	K_W in $mol^2 \cdot l^{-2}$
10	$0{,}36 \cdot 10^{-14}$
18	$0{,}74 \cdot 10^{-14}$
20	$0{,}86 \cdot 10^{-14}$
22	$1{,}00 \cdot 10^{-14}$
30	$1{,}89 \cdot 10^{-14}$
50	$5{,}6 \cdot 10^{-14}$

Tab. 124.1. *Temperaturabhängigkeit des Ionenprodukts des Wassers* K_W

Bei diesem Gleichgewicht wird erneut (vgl. B 121.1.) die Fähigkeit der Wasser-Moleküle deutlich, sowohl als Protonen-Donatoren als auch als Protonen-Akzeptoren zu wirken. Das Wasser wird aus diesem Grund als **Ampholyt (amphoterer Stoff)** bezeichnet.

Das Autoprotolyse-Gleichgewicht des Wassers liegt sehr stark auf der linken Seite. Die Rückreaktion (Neutralisationsreaktion) ist gegenüber der Hinreaktion stark bevorzugt. Der Wert der Gleichgewichtskonstanten konnte aus Leitfähigkeitsmessungen bestimmt werden:

$$K = \frac{c(H_3O^+) \cdot c(OH^-)}{c^2(H_2O)} = 3{,}258 \cdot 10^{-18} \qquad (\vartheta = 22\,°C)$$

$c(H_3O^+)$	pH		pOH[3]	$c(OH^-)$
$10^0 = 1$	0		14	10^{-14}
10^{-1}	1		13	10^{-13}
10^{-2}	2		12	10^{-12}
10^{-3}	3	sauer	11	10^{-11}
10^{-4}	4		10	10^{-10}
10^{-5}	5		9	10^{-9}
10^{-6}	6	neu-	8	10^{-8}
10^{-7}	7	tral	7	10^{-7}
10^{-8}	8		6	10^{-6}
10^{-9}	9		5	10^{-5}
10^{-10}	10		4	10^{-4}
10^{-11}	11	alka-	3	10^{-3}
10^{-12}	12	lisch	2	10^{-2}
10^{-13}	13		1	10^{-1}
10^{-14}	14		0	$10^0 = 1$

Tab. 124.2. *Zusammenhang zwischen der Oxonium-Ionenkonzentration und der Hydroxid-Ionenkonzentration, dem* pH*-Wert. (Die Konzentration der Ionen sind in* $mol^1 \cdot l^{-1}$ *angegeben.)*

1 l Wasser hat bei 22 °C eine Masse $m = 998$ g. Die Stoffmenge Wasser $n(H_2O)$ in 1 l Wasser berechnet sich wie folgt:

$$n(H_2O) = \frac{998\,g}{18{,}015\,g/mol} = 55{,}398\,mol.$$

Die Konzentration von Wasser bei 22 °C ist also $c(H_2O) = 55{,}398\,mol/l$.

Die Verminderung der Stoffmenge $n(H_2O)$ durch die Hinreaktion des Autoprotolyse-Gleichgewichts ist so gering, dass sie sich bei der dritten Stelle hinter dem Komma gar nicht auswirkt. Man bezieht die Konzentration des Wassers in die Gleichgewichtskonstante K ein und erhält eine neue Konstante K_w:

$$K \cdot c^2(H_2O) = c(H_3O^+) \cdot c(OH^-) = K_w$$

[1] „ein Teil auf eine Trillion" (engl.) entspricht 1:1000000000000, also 10^{-12}
[2] von *auto* (griech.) = selbst
[3] pOH wird analog zu pH definiert: $pOH = -\lg\{c(OH^-)\}$

Durch Einsetzen der Zahlenwerte für K und $c(\mathrm{H_2O})$ folgt:

$$K_w = c(\mathrm{H_3O^+}) \cdot c(\mathrm{OH^-}) = 10^{-14}\,\mathrm{mol^2 \cdot l^{-2}} \qquad (\vartheta = 22\,°\mathrm{C})$$

Da die Konstante K_w das Produkt der Konzentrationen der im Wasser enthaltenen Ionen angibt, spricht man vom **Ionenprodukt des Wassers**. Dieser Wert gilt nicht nur für reines Wasser, sondern auch für verdünnte wässrige Lösungen bei 22 °C (vgl. Tab. 124.1.).
Dadurch ist jeder Oxonium-Ionenkonzentration eine Hydroxid-Ionenkonzentration zugeordnet und umgekehrt (vgl. Tab. 124.2.).
Um die Oxonium-Ionenkonzentration $c(\mathrm{H_3O^+})$ einer Lösung durch eine bequeme Zahl angeben zu können, hat man den $p\mathrm{H}$-Wert einer Lösung definiert:

$$p\mathrm{H} = -\lg \{c(\mathrm{H_3O^+})\}$$ [1]

Der $p\mathrm{H}$-Wert[2] ist der mit −1 multiplizierte Zehnerlogarithmus des Zahlenwertes der Konzentration der Oxonium-Ionen einer Lösung.

Für reines Wasser gilt: $c(\mathrm{H_3O^+}) = c(\mathrm{OH^-})$.
Daraus folgt: $c(\mathrm{H_3O^+}) \cdot c(\mathrm{H_3O^+}) = 10^{-14}\,\mathrm{mol^2 \cdot l^{-2}}$ und weiter $c(\mathrm{H_3O^+}) = 10^{-7}\,\mathrm{mol \cdot l^{-1}}$. Der $p\mathrm{H}$-Wert des reinen Wassers ist damit $p\mathrm{H} = -1 \cdot \lg 10^{-7} = 7$. Auch für *neutrale Lösungen*, d.h. Lösungen bei denen die Oxonium-Ionenkonzentration und die Hydroxid-Ionenkonzentration gleich sind, gilt: $p\mathrm{H} = 7$.
In *sauren Lösungen* überwiegen die Oxonium-Ionen; dementsprechend gilt $p\mathrm{H} < 7$. Bei *alkalischen Lösungen* gilt dagegen $p\mathrm{H} > 7$, weil die Hydroxid-Ionen überwiegen (vgl. Tab. 124.2.).
Zur Feststellung des $p\mathrm{H}$-Werts einer Lösung verwendet man Indikatorpapier, Indikator-Lösungen oder $p\mathrm{H}$-Meter (B 125.2.).

Definition des Zehnerlogarithmus:

$\lg a = b$ genau dann, wenn: $10^b = a$

z.B.: $\lg 3{,}7 = 0{,}5682$ weil $10^{0{,}5682} = 3{,}7$

Produktregel:

$\lg (a \cdot b) = \lg a + \lg b$

z.B.: $\lg (100 \cdot 1000) = \lg 10^5 = 5$
$\lg 100 + \lg 1000 = 2 + 3 = 5$

Quotientregel:

$\lg \frac{a}{b} = \lg a - \lg b$

z.B.: $\lg \frac{1000}{100} = \lg 10 = 1$
$\lg 1000 - \lg 100 = 3 - 2 = 1$

Exponentregel:

$\lg a^b = b \cdot \lg a$

z.B. $\lg 10^3 = \lg 1000 = 3$
$3 \cdot \lg 10 = 3 \cdot 1 = 3$

***B 125.1.** Umformungen beim Rechnen mit Zehnerlogarithmen*

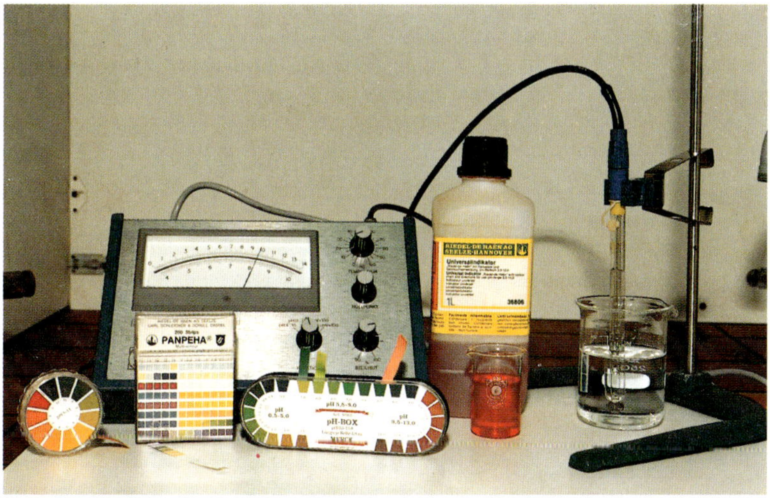

***B 125.2.** Indikatorpapier, Indikator-Lösung (b) und $p\mathrm{H}$-Meter*

[1] Die geschwungenen Klammern geben an, dass nur der **Zahlenwert** von $c(\mathrm{H_3O^+})$ logarithmiert wird
[2] $p\mathrm{H}$ kommt von *„puissance de hydrogène"* (franz.) oder *pondus hydrogenii* (lat.) = *Hochzahl* des Wasserstoffs.

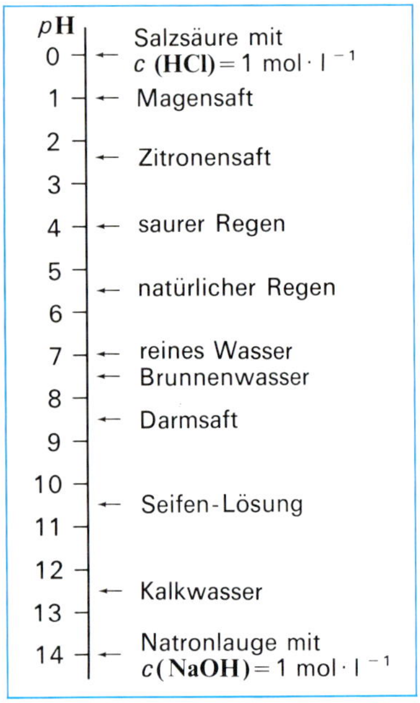

B 126.1. *pH-Werte einiger Flüssigkeiten*

B 126.2. *Taschen-pH-Meter mit Digitalanzeige*

Neue Fachbegriffe

Autoprotolyse des Wassers, Ampholyt (amphoterer Stoff), Ionenprodukt des Wassers, *p*H-Wert, *p*H-Meter, parts per trillion (ppt)

Musteraufgabe zum Rechnen mit pH-Werten

MA 126.1. Durch Einleiten von Hydrogenchlorid in Wasser wird die Oxonium-Ionenkonzentration auf $c(H_3O^+) = 2{,}5 \cdot 10^{-4}$ mol/l gebracht ($\vartheta = 22\,°C$).

a) Wie groß ist der *p*H-Wert der Lösung?
b) Wie groß ist die Hydroxid-Ionenkonzentration $c(OH^-)$?

Lösung

a) $pH = -\lg(2{,}5 \cdot 10^{-4}) = -\lg 2{,}5 - \lg 10^{-4} = -0{,}398 - (-4) = 3{,}602$
(einige wichtige Regeln des Rechnens mit Logarithmen sind in B 125.1. angegeben).

b) Zur Berechnung von $c(OH^-)$ verwenden wir das Ionenprodukt des Wassers:

$$c(H_3O^+) \cdot c(OH^-) = 10^{-14}\,\text{mol}^2 \cdot \text{l}^{-2}$$

$$c(OH^-) = \frac{10^{-14}\,\text{mol}^2 \cdot \text{l}^{-2}}{2{,}5 \cdot 10^{-4}\,\text{mol} \cdot \text{l}^{-1}} = \frac{10 \cdot 10^{-15}\,\text{mol}^2 \cdot \text{l}^{-2}}{2{,}5 \cdot 10^{-4}\,\text{mol} \cdot \text{l}^{-1}}$$

$$= 4 \cdot 10^{-11}\,\text{mol} \cdot \text{l}^{-1}$$

Aufgaben

A 126.1. Berechnen Sie den *p*H-Wert und die Hydroxid-Ionenkonzentration einer Lösung mit $c(H_3O^+) = 3{,}2 \cdot 10^{-10}\,\text{mol} \cdot \text{l}^{-1}$.

A 126.2. Berechnen Sie die Oxonium-Ionenkonzentration und die Hydoxid-Ionenkonzentration einer Lösung mit $pH = 2{,}5$ (vgl. B 125.1.).

A 126.3. Wie verändert sich die Oxonium-Ionenkonzentration einer Lösung, wenn sich der *p*H-Wert von $pH = 4$ a) auf $pH = 8$ verdoppelt und b) auf $pH = 2$ halbiert?

A 126.4. Berechnen Sie mit Hilfe der Angaben aus Tab. 124.1. den *p*H-Wert des Wassers a) bei 10 °C; b) bei 50 °C.

A 126.5. In B 126.1. sind *p*H-Werte einiger Flüssigkeiten angegeben. a) Um welchen Faktor ist die Oxonium-Ionenkonzentration beim Zitronensaft größer als bei der Seifen-Lösung? b) Beantworten Sie die analoge Frage für den sauren Regen und den natürlichen Regen.

A 126.6. a) Berechnen Sie die Anzahl der Oxonium-Ionen $N(H_3O^+)$ in 1 l reinem Wasser unter Verwendung der AVOGADRO-Konstanten $N_A = 6{,}022 \cdot 10^{23}\,\text{mol}^{-1}$ ($\vartheta = 22\,°C$). b) Berechnen Sie auch die Anzahl der Wasser-Moleküle in 1 l Wasser; auf wie viel Wasser-Moleküle kommt immer **ein** Oxonium-Ion? c) Nehmen Sie ein Blatt kariertes Papier und belegen Sie ein Karo mit dem „Oxonium-Ion" und die anderen mit „Wasser-Molekülen". Welche Fläche müsste Ihr Papier haben, damit alle „Wasser-Moleküle", die auf das eine „Oxonium-Ion" kommen, Platz haben?

A 126.7. Warum kann man auch für verdünnte wässrige Lösungen das gleiche Ionenprodukt des Wassers $c(H_3O^+) \cdot c(OH^-) = 10^{-14}\,\text{mol}^2 \cdot \text{l}^{-2}$ annehmen, das für reines Wasser gilt?

A 126.8. Beweisen Sie mit Hilfe des Ionenprodukts des Wassers, dass für verdünnte wässrige Lösungen gilt: $pH + pOH = 14$.

Zusammenfassung

In reinem Wasser herrscht ein Autoprotolyse-Gleichgewicht zwischen Wasser-Molekülen, Oxonium-Ionen und Hydroxid-Ionen. Dieses Gleichgewicht hat eine sehr kleine, temperaturabhängige Gleichgewichtskonstante. Das Produkt der Oxonium-Ionenkonzentration und der Hydroxid-Ionenkonzentration wird Ionenprodukt des Wassers genannt.
Bei 22 °C gilt: $c(H_3O^+) \cdot c(OH^-) = 10^{-14}\,\text{mol}^2 \cdot \text{l}^{-2}$. Dieser Wert wird auch für verdünnte wässrige Lösungen angenommen.

5.3.3. Stärke von Säuren und Basen

Praktikum

pH-Werte und Reaktivität wässriger Säure- und Base-Lösungen gleicher Konzentration

Versuche

Vorsicht! Alle zu lösenden Stoffe sind ätzend. Hautkontakt vermeiden! Konzentrierte Salzsäure und Ammoniak-Lösung unter dem Abzug umgießen!

PV 127.1. *Herstellung der Lösungen:* In 6 1-l-Polyethylenflaschen werden Lösungen gleicher Konzentration ($c = 0{,}2$ mol/l) hergestellt. (Jede Gruppe kann unter Aufsicht des Lehrers eine Lösung herstellen.) In 1 Liter Lösung der Konzentration $c = 0{,}2$ mol/l sind jeweils enthalten:

1. 16,8 ml konzentrierte Salzsäure*
2. 27,7 g Natriumhydrogensulfathydrat $NaHSO_4 \cdot H_2O$
3. 11,4 ml reine Essigsäure*
4. 8 g festes Natriumhydroxid*
5. 15 ml konzentrierte Ammoniak-Lösung*
6. 21,2 g wasserfreies festes Natriumcarbonat* Na_2CO_3

Die Stoffe werden zunächst in 1-l-Messkolben in etwa 500 ml Wasser gelöst; dann werden die Lösungen auf Zimmertemperatur gebracht und auf 1 l mit Wasser aufgefüllt. Die fertigen Lösungen werden in Polyethylenflaschen umgefüllt.

PV 127.2. *Bestimmung der pH-Werte:* Füllen Sie je ein Rggl. bis zur Hälfte mit jeder der o.g. Lösungen und bestimmen Sie die pH-Werte a) mit Universalindikator-Lösung und b) mit dem pH-Meter. Notieren Sie die Werte.

PV 127.3. *Reaktivität der Säure-Lösungen:* Messen Sie für jede der 3 Säure-Lösungen in einer Vorrichtung wie der aus B 127.1. die Zeit, in der sich bei der Reaktion mit Magnesium ein bestimmtes Volumen (größeres Rggl. oder kleinen Zylinder füllen) Wasserstoff bildet. Geben Sie hierzu jeweils 0,3 g Magnesiumpulver* in den Gasentwickler, gießen dann 20 ml Säure-Lösung darüber, stopfen sofort zu und starten Sie im gleichen Moment die Stoppuhr. Lassen Sie die Reaktion im Gasentwickler jeweils ausklingen und spülen Sie ihn vor der nächsten Messung aus.

PV 127.4. Verdünnen Sie jede der Lösungen Nr. 1 bis Nr. 6 auf $c = 0{,}02$ mol/l und bestimmen Sie erneut die pH-Werte.

Auswertung der Versuche

a) Fassen Sie die 12 mit dem pH-Meter gemessenen pH-Werte und die 3 gemessenen Reaktionszeiten in einer Tabelle zusammen.

b) Berechnen Sie aus den notierten pH-Werten die Konzentrationen der Oxonium-Ionen $c(H_3O^+)$ in den 12 Lösungen und fügen Sie diese in die Tabelle von a) als eine zusätzliche Spalte hinzu.

c) Die Reaktion einer Säure-Lösung mit Magnesium verläuft nach der Gleichung:

$$Mg(s) + 2\,H_3O^+(aq) \rightarrow H_2(g) + Mg^{2+}(aq) + 2\,H_2O(l)$$

Sind die von Ihnen gemessenen Reaktionszeiten mit den pH-Werten der Lösungen und den Konzentrationen der Oxonium-Ionen in Übereinstimmung? Erläutern Sie.

d) Welche der untersuchten Säuren würden Sie als stark und welche als schwach bezeichnen; welche Basen würden Sie als stark bezeichnen und welche als schwach?

e) Alle bekannten Säuren bzw. Basen sollen nach ihrer Stärke geordnet werden, die Stärke soll durch einen Zahlenwert charakterisiert werden. Machen Sie einen Vorschlag, was dieser Zahlenwert ausdrücken soll und wie er erhalten werden kann.

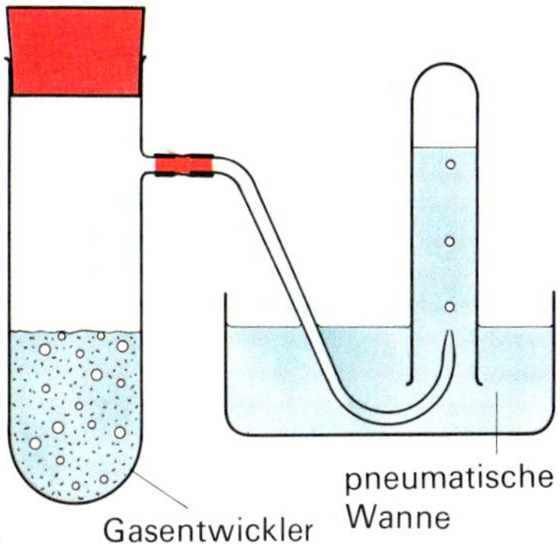

B 127.1. *Zu V 127.3.*

Gleich konzentrierte Lösungen verschiedener Säuren können ganz unterschiedliche pH-Werte haben; Gleiches gilt auch für Basen (PV 127.2.). Je niedriger der pH-Wert einer Säure-Lösung ist, desto schneller verläuft die Reaktion mit einem unedlen Metall z.B. mit Magnesium (PV 127.3.). Aufgrund der Praktikumsversuche wären wir

Säure	pK_s	Base	pK_b
$HClO_4$	≈ −9	ClO_4^-	≈23
HI	≈ −8	I^-	≈22
HBr	≈ −6	Br^-	≈20
HCl	≈ −3	Cl^-	≈17
H_2SO_4	≈ −3	HSO_4^-	≈17
H_3O^+	−1,74	H_2O	15,74
HNO_3	−1,32	NO_3^-	15,32
HIO_3	0	IO_3^-	14
$C_2H_2O_4$	1,46	$C_2HO_4^-$	12,54
HSO_4^-	1,92	SO_4^{2-}	12,08
H_2SO_3	1,96	HSO_3^-	12,04
H_3PO_4	1,96	$H_2PO_4^-$	12,04
HF	3,14	F^-	10,86
HCOOH	3,77	$HCOO^-$	10,23
H_3CCOOH	4,76	H_3CCOO^-	9,24
H_2CO_3	6,52	HCO_3^-	7,48
H_2S	6,9	HS^-	7,1
$H_2PO_4^-$	7,12	HPO_4^{2-}	6,88
NH_4^+	9,24	NH_3	4,76
HCN	9,4	CN^-	4,6
HCO_3^-	10,4	CO_3^{2-}	3,6
HPO_4^{2-}	12,32	PO_4^{3-}	1,68
H_2O	15,74	OH^-	−1,74
NH_3	23	NH_2^-	−9
OH^-	≈24	O^{2-}	≈ −10

Tab. 128.1. *pK_s- und pK_b-Werte einiger konjugierter Säure-Base-Paare. Die Stärke der Säuren nimmt von oben nach unten ab; die Stärke der Basen nimmt von oben nach unten zu.*

B 128.1. *Ameisen produzieren Ameisensäure* **HCOOH**, *eine mittelstarke Säure.*

geneigt, die Stärke einer Säure durch den pH-Wert ihrer Lösung mit einer gegebenen Anfangskonzentration c_0 (Säure) anzugeben; je kleiner dieser pH-Wert, desto stärker die Säure. Diese Angabe der Säurestärke hätte den Nachteil, dass man sich immer auf die gleiche Anfangskonzentration beziehen müsste (vgl. PV 127.2. und PV 127.4.).
Die Anwendung des MWG auf die Protolyse-Gleichgewichte führt uns zu einer allgemeingültigen Charakterisierung von Säure- und Basenstärken. Wir betrachten den allgemeinnen Fall, bei dem eine Säure **HA** protolysiert:

$$HA + H_2O \rightleftarrows H_3O^+ + A^-$$

$$K = \frac{c(H_3O^+) \cdot c(A^-)}{c(H_2O) \cdot c(HA)}$$

In verdünnten Lösungen ist $c(H_2O)$ viel größer als die anderen Konzentrationen im Massenwirkungsquotienten; $c(H_2O)$ verändert sich bei der Einstellung des Gleichgewichts nur so wenig, dass die Konzentration des Wassers als konstant angesehen werden kann. Man bezieht daher die Konzentration des Wassers in die Gleichgewichtskonstante K ein und erhält eine neue Konstante K_s:

$$c(H_2O) \cdot K = K_s, \quad \text{also} \quad K_s = \frac{c(H_3O^+) \cdot c(A^-)}{c(HA)}$$

Die Konstante K_s ist ein Maß für die Stärke einer Säure und wird Säurekonstante genannt.

Für das Protolyse-Gleichgewicht einer Base B erhält man in der gleichen Weise die **Basenkonstante K_b**:

$$B + H_2O \rightleftarrows OH^- + BH^+; \quad K_b = \frac{c(OH^-) \cdot c(BH^+)}{c(B)}$$

Alle in den Gleichungen von K_s und K_b vorkommenden Konzentrationen sind auf den Gleichgewichtszustand bezogen. $c(HA)$ und $c(B)$ dürfen nicht mit den Anfangskonzentrationen $c_0(HA)$ und $c_0(B)$ der gelösten Säure bzw. Base verwechselt werden. Die Einheit der Größen K_s und K_b ist mol·L^{-1}, d.h. die Einheit einer Konzentration.
In den Tabellen findet man i.d.R. statt der Werte für K_s bzw. K_b die pK_s-Werte (Säureexponenten) bzw. die pK_b-Werte (Baseexponenten). Sie wurden analog zum pH-Wert definiert:

$$pK_s = -\lg\{K_s\} \quad \text{und} \quad pK_b = -\lg\{K_b\}$$

Die pK_s-Werte einiger Säuren und die pK_b-Werte ihrer konjugierten Basen sind in Tab. 128.1. angegeben. Es fällt dabei auf, dass für jedes konjugierte Säure-Base-Paar gilt: $pK_s + pK_b = 14$. Wie kommt das?

Wir betrachten die Lösung einer Säure **HA**. In dieser Lösung stellt sich ein Gleichgewicht ein, das wir als Ergebnis der beiden folgenden Protolyse-Gleichgewichte betrachten:

$$HA + H_2O \rightleftarrows H_3O^+ + A^- \quad \text{und} \quad A^- + H_2O \rightleftarrows OH^- + HA$$

Protolyse-Gleichgewicht der Säure **HA** — Protolyse-Gleichgewicht der konjugierten Base A^-

$$K_s(HA) = \frac{c(H_3O^+) \cdot c(A^-)}{c(HA)} \quad \text{und} \quad K_b(A^-) = \frac{c(OH^-) \cdot c(HA)}{c(A^-)}$$

Für das Gleichgewicht in der Lösung gilt jede der beiden Gleichungen. Multipliziert man die beiden linken und rechten Terme der Gleichungen jeweils miteinander, so erhält man folgende Gleichung, die ebenfalls gelten muss:

$$K_s(HA) \cdot K_b(A^-) = \frac{c(H_3O^+) \cdot c(A^-)}{c(HA)} \cdot \frac{c(OH^-) \cdot c(HA)}{c(A^-)}$$

Die Konzentrationen $c(HA)$ und $c(A^-)$ in den beiden Quotienten sind jeweils gleich. Durch Kürzen erhält man:

$$K_s(HA) \cdot K_b(A^-) = c(H_3O^+) \cdot c(OH^-) = K_w$$

Auch das Produkt aus der Säurekonstante einer Säure **HA** und der Basenkonstante ihrer konjugierten Base A^- ist also gleich dem Ionenprodukt des Wassers K_w. Daher gilt bei $\vartheta = 22\,°C$:

$$K_s(HA) \cdot K_b(A^-) = 10^{-14}\,mol^2 \cdot l^{-2}$$

Durch Anwenden des negativen Zehnerlogarithmus auf die Zahlenwerte in dieser Gleichung und Berücksichtigung der Produktregel beim Logarithmieren sowie der Definitionen von pK_s und pK_b erhalten wir:

$$pK_s(HA) + pK_b(A^-) = 14$$

Eine Säure ist umso stärker, je größer ihre Säurekonstante K_s ist bzw. je kleiner ihr pK_s-Wert ist. Die Relation zwischen der Basenstärke, der Basenkonstante K_b und dem pK_b-Wert ist analog.
Für die rasche Lösung einiger praktischer Fragen ist es sinnvoll, die Säuren und Basen nach ihrer Stärke in drei Klassen einzuteilen (Tab. 129.1.).
In verdünnten Lösungen von **starken Säuren** mit $K_s > K_s(H_3O^+)$ liegen diese nahezu vollständig protolysiert vor. Praktisch jedes Säure-Teilchen hat sich in die konjugierte Base und ein Oxonium-Ion umgewandelt und es gilt: $\boldsymbol{c_0(HA) = c(H_3O^+)}$, d.h., die Anfangskonzentration der Säure ist gleich der Konzentration der Oxonium-Ionen beim eingestellten Gleichgewicht. Dies hat auch zur Folge, dass bei allen Säuren, die in Tab. 128.1. oberhalb des Oxonium-Ions eingeordnet sind, die Unterschiede in den Säurestärken in wässriger Lösung aufgehoben werden. Man spricht vom ausgleichenden oder **nivellierenden Effekt des Wassers.**

starke Säuren $pK_s < 1{,}5$	starke Basen $pK_b < 1{,}5$
mittelstarke Säuren $1{,}5 < pK_s < 4{,}75$	mittelstarke Basen $1{,}5 < pK_b < 4{,}75$
schwache Säuren $pK_s > 4{,}75$	schwache Basen $pK_b > 4{,}75$

Tab. 129.1. *Einteilung der Säuren und Basen nach ihrer Stärke. (Die hier festgelegten Grenzwerte erweisen sich für Protolyse-Gleichgewichte in wässrigen Lösungen als sinnvoll.)*

Stoffgruppe	Bezeichnung	Kenn-Nr.
Sorbinsäure und ihre Salze (Na, K, Ca)	Sorbinsäure	1
Benzoesäure und ihre Salze (Na, K, Ca)	Benzoesäure	2
p-Hydroxybenzoesäureester und ihre Na-Salze	PHB-Ester	3
Ameisensäure und ihre Salze (Na, Ca)	Ameisensäure	4
Propansäure und ihre Salze (Na, K, Ca)	Propionsäure	5

Tab. 129.2. *Einige schwache organische Säuren werden als Konservierungsstoffe, die z.B. das Verschimmeln von Brot verhindern, verwendet.*

B 129.1. *Die Seifen aus unserem Alltag geben mit Wasser i.d.R. alkalische Lösungen.*

Formel (Name)	pK_s-Wert / pK_b-Wert
$HCOOH$ (Methansäure) (Ameisensäure)	3,77
H_3CCOOH (Ethansäure) (Essigsäure)	4,76
H_3CCH_2COOH (Propansäure)	4,88
ClH_2CCOOH (Monochloressigsäure)	2,81
Cl_3CCOOH (Trichloressigsäure)	0,64
$HOOC-COOH$ (Oxalsäure)	1,42 (4,29)[1]
$HOOC-CH_2-COOH$ (Malonsäure)	2,69 (5,7)[1]
$HOOC-CH_2-CH_2-COOH$ (Bernsteinsäure)	4,19 (5,48)[1]
$H_3C-CH(OH)-COOH$ (Milchsäure)	3,87
$HOOC-CH(OH)-CH(OH)-COOH$ (Weinsäure)	2,48 (5,39)[1]
$HOOC-CH_2-C(OH)(COOH)-CH_2-COOH$ (Citronensäure)	3,06 (4,74)[1] (5,39)[2]
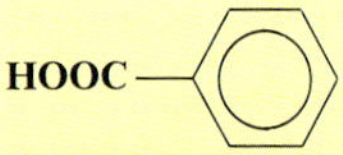 (Benzoesäure)	4,2
H_3C-NH_2 (Methylamin)	3,35
$H_3C-CH_2-NH_2$ (Ethylamin)	3,47
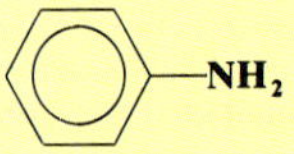 (Anilin)	9,42

Tab. 130.1. *pK_s-Werte (rot) und pK_b-Werte (blau) einiger organischer Säuren und Basen*

Musteraufgabe zu starken Säuren

MA 130.1. a) Welchen pH-Wert hat Salzsäure $HCl(aq)$ der Konzentration $c_0(HCl) = 0{,}25$ mol/l?
b) Welche Anfangskonzentration $c_0(HCl)$ hat Salzsäure mit $pH = 3{,}2$?

Lösung zu a)

(1) Reaktionsgleichung der Protolyse:
$HCl + H_2O \rightleftarrows H_3O^+ + Cl^-$

(2) Fallbestimmung (vgl. Tab. 128.1. und 129.1.):
Hydrogenchlorid ist eine starke Säure, $pK_s < 1{,}5$; damit gilt: $c_0(HCl) = c(H_3O^+)$.

(3) pH-Definition anwenden:
$pH = -\lg\{c(H_3O^+)\} = -\lg 0{,}25 = 0{,}6$.

Lösung zu b)

(1) und (2) wie bei a).

(3) Aus der Definition des pH-Wertes erhält man durch Umformung (vgl. B 125.1.):
$pH = -\lg\{c(H_3O^+)\} \Leftrightarrow \{c(H_3O^+)\} = 10^{-pH}$
Es gilt dabei:
$\{c_0(HCl)\} = \{c(H_3O^+)\} = 10^{-3{,}2} = 6{,}3 \cdot 10^{-4}$ (Zahlenwert der Konz.)
$c_0(HCl) = 6{,}3 \cdot 10^{-4}$ mol/l.

Bei Lösungen von **schwachen Säuren** ($pK_s > 4{,}75$) liegt im Gleichgewicht nur ein sehr kleiner Teil der gelösten Säure in protolysierter Form vor. Vereinfachend kann man annehmen, dass die Konzentration der unprotolysierten Säure im Gleichgewicht $c(HA)$ gleich ist mit der Anfangskonzentration der Säure $c_0(HA)$: $\boldsymbol{c(HA) = c_0(HA)}$.

Musteraufgabe zu schwachen Säuren

MA 130.2. a) Welchen pH-Wert hat eine Essigsäure-Lösung der Konzentration $c_0(H_3CCOOH) = 0{,}25$ mol/l?
b) Welche Anfangskonzentration $c_0(H_3CCOOH)$ hat eine Essigsäure-Lösung mit $pH = 3{,}2$?

Lösung zu a)

(1) Reaktionsgleichung der Protolyse:
$H_3CCOOH + H_2O \rightleftarrows H_3O^+ + H_3CCOO^-$

(2) Fallbestimmung (vgl. Tab. 128.1. und 129.1.):
Essigsäure ist eine schwache Säure, $pK_s = 4{,}76$; damit gilt: $c(H_3CCOOH) = c_0(H_3CCOOH)$.

(3) Die Gleichung für K_s ermöglicht nun die Berechnung von $c(H_3O^+)$:
$$K_s = \frac{c(H_3O^+) \cdot c(H_3CCOO^-)}{c(H_3CCOOH)} \quad \text{mit } \{K_s\} = 10^{-pK_s}$$
Da $c(H_3O^+) = c(H_3CCOO^-)$ (vgl. Protolyse-Gleichung) und $c(H_3CCOOH) = c_0(H_3CCOOH)$ (vgl. (2)) ist, folgt:
$$K_s = \frac{c^2(H_3O^+)}{c_0(H_3CCOOH)} \quad \text{und schließlich} \quad c(H_3O^+) = \sqrt{K_s \cdot c_0(H_3CCOOH)}$$

(4) Definition des pH-Wertes anwenden:
$$pH = -\lg\{c(H_3O^+)\} = -\lg\sqrt{\{K_s \cdot c_0(H_3CCOOH)\}}$$
$$pH = -\lg\sqrt{10^{-4{,}76} \cdot 0{,}25} = 2{,}68.$$

[1] pK_s-Wert der zweiten Protolysestufe
[2] pK_s-Wert der dritten Protolysestufe

Lösung zu b)

(1) und (2) wie bei a)

(3) Aus $p\text{H}=3{,}2$ folgt $\{c(\text{H}_3\text{O}^+)\}=10^{-3{,}2}$

(4) Die K_s-Gleichung für schwache Säuren (vgl. oben)

$$K_s=\frac{c^2(\text{H}_3\text{O}^+)}{c_0(\text{H}_3\text{CCOOH})} \quad \text{wird umgeformt} \quad c_0(\text{H}_3\text{CCOOH})=\frac{c^2(\text{H}_3\text{O}^+)}{K_s},$$

anschließend werden Zahlenwerte eingesetzt

$$\{c_0(\text{H}_3\text{CCOOH})\}=\frac{(10^{-3{,}2})^2}{10^{-4{,}76}}=2{,}3\cdot 10^{-2}$$

Ergebnis: $c_0(\text{H}_3\text{CCOOH})=2{,}3\cdot 10^{-2}$ mol/l.

starke Säuren ($pK_s<1{,}5$)
$c(\text{H}_3\text{O}^+)=c_0(\text{HA})$
schwache Säuren ($pK_s>4{,}75$)
$c(\text{HA})=c_0(\text{HA})$

B 131.1. *Vereinfachende Annahmen bei Berechnungen mit Säuren*

Bei Lösungen von starken und schwachen Basen verfährt man in den Berechnungen ganz analog wie in den beiden obigen Musteraufgaben zu den Säuren, nur muss dabei zur Berechnung des pH-Werts das Ionenprodukt des Wassers einbezogen werden (vgl. MA 126.1.).
Mittelstarke Säuren und Basen erfordern einen höheren Rechenaufwand, weil vereinfachende Annahmen wie bei den starken und schwachen Säuren und Basen hier nicht gerechtfertigt sind (vgl. EVA, S. 132).

Aufgaben[1]

A 131.1. Welchen pH-Wert hat: a) Blausäure (Cyanwasserstoff-Lösung HCN(aq)) mit der Anfangskonzentration $c_0(\text{HCN})=0{,}5$ mol/l; b) Salpetersäure-Lösung $\text{HNO}_3\text{(aq)}$ mit $c_0(\text{HNO}_3)=0{,}1$ mol/l; c) Ammoniumchlorid-Lösung $\text{NH}_4\text{Cl(aq)}$ mit $c_0(\text{NH}_4^+)=0{,}3$ mol/l?

A 131.2. Welche Anfangskonzentration c_0 muss jede der folgenden Lösungen haben: a) Salzsäure mit $p\text{H}=0{,}5$; b) Benzoesäure-Lösung mit $p\text{H}=4$. (Betrachten Sie Benzoesäure als schwache Säure.)

A 131.3. Welchen pH-Wert hat: a) Natronlauge mit der Anfangskonzentration $c_0(\text{NaOH})=1$ mol/l; b) Ammoniak-Lösung mit $c_0(\text{NH}_3)=0{,}2$ mol/l; c) Natriumacetat-Lösung mit $c_0(\text{H}_3\text{CCOO}^-)=1{,}2$ mol/l?

A 131.4. Welche Anfangskonzentration c_0 muss jede der folgenden Lösungen haben: a) Kalilauge KOH(aq) mit $p\text{H}=13{,}5$; b) Natriumhydrogencarbonat-Lösung $\text{NaHCO}_3\text{(aq)}$ mit $p\text{H}=10$.

A 131.5. Für die folgenden Lösungen ist jeweils die Anfangskonzentration c_0 und der pH-Wert der Lösung angegeben. Finden Sie heraus, ob die betreffende Säure als „stark, mittelstark" oder „schwach" eingestuft werden kann: a) Trichloressigsäure-Lösung $c_0(\text{Cl}_3\text{CCOOH})=0{,}1$ mol/l, $p\text{H}=1$; b) Propansäure-Lösung $c_0(\text{C}_3\text{H}_6\text{O}_2)=0{,}1$ mol/l, $p\text{H}=2{,}94$; c) Monochloressigsäure-Lösung $c_0(\text{ClH}_2\text{CCOOH})=0{,}1$ mol/l, $p\text{H}=1{,}7$. Überprüfen Sie Ihre Ergebnisse anhand der Tab. 130.1.

A 131.6. Welchen pH-Wert hat eine Schwefelsäure-Lösung mit $c_0(\text{H}_2\text{SO}_4)=0{,}2$ mol/l, wenn man annimmt, dass sowohl H_2SO_4 als auch HSO_4^- starke Säuren sind? (Anmerkung: HSO_4^- ist schon den mittelstarken Säuren zuzuordnen.) Ist der so berechnete pH-Wert zu hoch oder zu niedrig? Begründung.

A 131.7. Der pH-Wert einer Lösung kann kleiner als 0 oder größer als 14 sein. Dies ist z.B. der Fall bei Salzsäure, $c_0(\text{HCl})=2$ mol/l bzw. bei Natronlauge, $c_0(\text{NaOH})=2$ mol/l. Berechnen Sie die betreffenden pH-Werte und geben Sie Bedingungen an, bei denen der pH-Wert einer Lösung die übliche pH-Skala von 0 bis 14 „durchbricht".

[1] Bei der Lösung der folgenden Aufgaben werden Tab. 128.1. und Tab. 130.1. benötigt.

Zusammenfassung

Durch die Anwendung des MWG auf das Protolyse-Gleichgewicht einer Säure oder einer Base in wässriger Lösung gelangt man zur Säurekonstante K_s bzw. zur Basenkonstante K_b. K_s und K_b bzw. die daraus abgeleiteten pK_s- und pK_b-Werte sind geeignet, die Stärke von Säuren und Basen anzugeben.

Neue Fachbegriffe

Säurekonstante K_s, Basenkonstante K_b, pK_s-Wert, pK_b-Wert, starke, mittelstarke und schwache Säuren (Basen), nivellierender Effekt des Wassers

pH-Wert mittelstarker Säuren – der Protolysegrad α

Aufgaben

A 132.1. Lösen Sie MA 132.1. zur *Ameisensäure*, indem Sie die Ameisensäure
a) als starke Säure
b) als schwache Säure
einordnen.
Vergleichen Sie die Ergebnisse mit den Ergebnissen der Musteraufgabe und kommentieren Sie sie hinsichtlich der Zulässigkeit der getroffenen Einordnung.

A 132.2. Stellen Sie eine Ameisensäure-Lösung mit $c_0 = 0{,}25$ mol/l her und bestimmen Sie den pH-Wert. Vergleichen Sie den experimentellen Wert mit den in MA 132.1. und in A 132.1. berechneten Werten.

Für Computer-Freaks

A 132.3. Erstellen Sie ein Computer-Programm, das beim Eingeben des Namens einer Säure und der Konzentration ihrer wässrigen Lösung den pH-Wert der Lösung ausgibt.

A 132.4. Erstellen Sie ein Computer-Programm, das bei der Eingabe des pH-Werts und der Konzentration einer Lösung ausdruckt, um welche Säure(n) es sich am wahrscheinlichsten handelt.
(Sie können auch **ein** Programm erstellen, zu dessen Menü die in den Aufgaben geforderten „Leistungen" gehören.)

A 132.5. Berechnen Sie den Protolysegrad bei einer Essigsäure-Lösung mit:
a) $c_0(H_3CCOOH) = 0{,}2$ mol/l
b) $c_0(H_3CCOOH) = 0{,}02$ mol/l
c) $c_0(H_3CCOOH) = 0{,}002$ mol/l

1. Musteraufgabe zu mittelstarken Säuren

MA 132.1. a) Welchen pH-Wert hat eine Ameisensäure-Lösung der Konzentration $c_0(HCOOH) = 0{,}25$ mol/l?
b) Welche Anfangskonzentration $c_0(HCOOH)$ hat eine Ameisensäure-Lösung mit $pH = 3{,}2$?

Lösung zu a)

(1) Reaktionsgleichung: $HCOOH + H_2O \rightleftarrows H_3O^+ + HCOO^-$
(2) Fallbestimmung: mittelstarke Säure
(3) Überlegungen zu den Anfangskonzentrationen und den Konzentrationen im Gleichgewicht:
c_0: Anfangskonzentration der Ameisensäure
c: Konzentration der Oxonium-Ionen im Gleichgewicht

	$c(HCOOH)$	$c(H_3O^+)$	$c(HCOO^-)$
anfangs	c_0	0	0
beim Gleichgewicht	$c_0 - c$	c	c

(4) MWG (Säurekonstante K_s):

$$K_s = \frac{c \cdot c}{c_0 - c}$$

Umformungen: $(c_0 - c) \cdot K_s = c^2 \qquad c^2 + K_s \cdot c - K_s \cdot c_0 = 0$

$$c_{1,2} = \frac{-K_s \pm \sqrt{K_s^2 + 4 \cdot K_s \cdot c_0}}{2}$$

Durch Einsetzen der Zahlenwerte erhält man:
$c_1 = 6{,}69 \cdot 10^{-3}$ mol/l und $c_2 = -6{,}87 \cdot 10^{-3}$ mol/l
Nur die Lösung c_1 kann zutreffen, da negative Konzentrationen nicht möglich sind.

(5) Definition des pH-Wertes anwenden

$$pH = -\lg\{c(H_3O^+)\} = -\lg(6{,}69 \cdot 10^{-3}) = 2{,}16.$$

Lösung zu b)

(1) bis (3) wie bei a);
die Gleichung $K_s = \frac{c^2}{c_0 - c}$ wird nach c_0 umgeformt:

(4) $c_0 = \frac{c^2 + K_s \cdot c}{K_s}$, also $c_0 = \frac{(10^{-3,2})^2 + 10^{-3,77} \cdot 10^{-3,2}}{10^{-3,77}}$
$\approx 3{,}1 \cdot 10^{-3}$ mol/l.

2. Der Protolysegrad α

Der Protolysegrad α einer Säure (in anderen Büchern auch Dissoziationsgrad genannt) bezieht sich auf das Protolyse-Gleichgewicht der Säure und wird wie folgt definiert:

$$\alpha = \frac{\text{Anzahl der protolysierten Säure-Teilchen}}{\text{Anzahl der gesamten Säure-Teilchen}} \quad \text{daraus folgt} \quad \alpha = \frac{c(H_3O^+)}{c_0(HA)}$$

Durch Anwendung des MWG auf ein allgemeines Protolyse-Gleichgewicht und Berücksichtigung der Definition von α erhält man eine Beziehung zwischen dem Protolysegrad α und der Säurekonstanten K_s einer Säure HA:

	$HA + H_2O$	$\rightleftarrows H_3O^+$	$+ A^-$
anfangs	c_0	0	0
beim Gleichgewicht	$c_0 - \alpha \cdot c_0$	$\alpha \cdot c_0$	$\alpha \cdot c_0$

MWG: $K_s = \frac{\alpha \cdot c_0 \cdot \alpha \cdot c_0}{c_0 - \alpha \cdot c_0} = \frac{\alpha^2 \cdot c_0^2}{c_0(1-\alpha)}$ oder $K_s = \frac{\alpha^2 \cdot c_0}{1-\alpha}$

Diese Gleichung ist als das OSTWALDSCHE *Verdünnungsgesetz* bekannt. Darin wird deutlich, dass der Protolysegrad abhängig ist von der Anfangskonzentration c_0 der Säure.

Aufgabe

A 133.1. Überlegen Sie anhand der in A 132.5. erhaltenen Werte, wie der Protolysegrad α bei sehr hohen Verdünnungen wird.
Gegen welchen Grenzwert geht α bei $c_0 \to 0$?

5.3.4. Säure-Base-Puffer

Praktikum

pH-Empfindlichkeit von Lösungen

Versuche

PV 133.1. *Herstellung der Puffer-Lösungen:*
Stellen Sie die folgenden drei Puffer-Lösungen her, indem Sie die angegebenen Substanzen zunächst in ca. 300 ml Wasser lösen. Dann werden die Lösungen mit Wasser auf 500 ml aufgefüllt:

Phosphat-Puffer:
7,8 g Natriumdihydrogenphosphat-2-Hydrat $NaH_2PO_4 \cdot 2H_2O$;
17,9 g Dinatriumhydrogenphosphat-12-Hydrat $Na_2HPO_4 \cdot 12H_2O$

Acetat-Puffer:
2,9 ml reine Essigsäure* $H_3CCOOH(l)$ 6,5 g Natriumacetat-3-Hydrat* $H_3CCOONa \cdot 3H_2O$

Carbonat-Puffer:
4,2 g Natriumhydrogencarbonat $NaHCO_3(s)$;
14,3 g Natriumcarbonat-10-Hydrat* $Na_2CO_3 \cdot 10H_2O$

PV 133.2. *Prüfung auf pH-Empfindlichkeit:*
Geben Sie in drei kleine Bechergläser je 30 ml **einer** Puffer-Lösung und fügen Sie je 4 Tropfen *Universalindikator-Lösung* hinzu. Eine der drei Lösungen dient als Farbvergleich, in die zweite wird 1 ml Salzsäure* ($c = 0{,}2$ mol/l) hinzugefügt und in die dritte 1 ml Natronlauge* ($c = 0{,}2$ mol/l). Übernehmen Sie die Tab. 133.1. in Ihr Heft, messen Sie mit dem pH-Meter bei allen drei Lösungen und bei destilliertem Wasser (als 4. Lösung) die pH-Werte und tragen Sie die erhaltenen Werte in Ihr Heft ein.

	pH-Wert des Puffers	pH-Wert nach Säure-zugabe	pH-Wert nach Base-zugabe
Phosphat-Puffer			
Acetat-Puffer			
Carbonat-Puffer			
dest. Wasser			

Tab. 133.1. *Zu PV 133.2.*

Auswertung der Versuche

a) Erweitern Sie Ihre Tabelle mit den Messwerten um eine Spalte. Tragen Sie darin die pH-Differenzen zwischen dem pH-Wert aus der 3. und dem pH-Wert aus der 2. Spalte für jedes der 4 gemessenen Systeme ein. Wie würden Sie aufgrund dieser pH-Differenzen eine Puffer-Lösung definieren? (Was ist eine Puffer-Lösung?)

b) In jeder der drei Puffer-Lösungen ist ein konjugiertes Säure-Base-Paar enthalten. Nennen Sie es für jede Lösung und formulieren Sie die Protolyse-Gleichung, bei dem die Säure in wässriger Lösung in ihre konjugierte Base übergeht.

c) Entnehmen Sie für jeden der drei Puffer aus Tab. 133.1. den pK_s-Wert der entsprechenden Säure aus Tab. 128.1. In welcher Spalte Ihrer Messwerttabelle steht der pH-Wert, der dem pK_s-Wert am nächsten ist? Trifft das für alle drei Puffer-Lösungen zu?

Versuch

V 134.1. In 100 ml des Phosphat-Puffers aus PV 133.1. werden noch 6,2 g $NaH_2PO_4 \cdot 2H_2O$ gelöst und in anderen 100 ml noch 14,3 g $Na_2HPO_4 \cdot 12H_2O$. Die pH-Werte dieser beiden Lösungen werden gemessen und mit dem pH-Wert des Phosphat-Puffers aus PV 133.2. verglichen. Beobachtung?

Eine wässrige Lösung, die gleiche Stoffmengen von Natriumdihydrogenphosphat und Dinatriumhydrogenphosphat enthält, reagiert annähernd neutral (PV 133.2.). Im Gegensatz zu dem ebenfalls neutralen Wasser ändert diese Lösung ihren pH-Wert auch dann nur ganz geringfügig, wenn sie mit einer starken Säure oder einer starken Lauge versetzt wird (PV 133.2.). Auch die beiden anderen Puffer-Lösungen aus den Praktikumsversuchen sind „pH-unempfindlich" gegenüber Salzsäure und Natronlauge, wenngleich ihr pH-Wert von vornherein im sauren bzw. alkalischen Bereich liegt.

Lösungen, die bei Zugabe von Säuren oder Basen ihren pH-Wert nur geringfügig ändern, werden **Säure-Base-Puffer** (oder **Puffer-Lösungen** oder **Puffersysteme**) genannt.

Wir untersuchen die Wirkungsweise eines Puffersystems am Beispiel des Phosphat-Puffers aus dem Praktikumsversuch. Darin ist das **konjugierte Säure-Base-Paar** Dihydrogenphosphat-Ion/Hydrogenphosphat-Ion $H_2PO_4^-/HPO_4^{2-}$ enthalten. In der Lösung stellt sich ein Protolyse-Gleichgewicht ein, das wir zunächst als Überlagerung folgender zwei Teil-Gleichgewichte auffassen können:

$$H_2PO_4^- + H_2O \rightleftarrows HPO_4^{2-} + H_3O^+ \qquad (1)$$

$$HPO_4^{2-} + H_2O \rightleftarrows H_2PO_4^- + OH^- \qquad (2)$$

a) Bei PV 133.1. gilt:
$c(H_2PO_4^-) = c(HPO_4^{2-})$

b) Aus Tab. 128.1. folgt:
$pK_s(H_2PO_4^-) = 7{,}12 \approx 7$
$pK_b(HPO_4^{2-}) = 6{,}88 \approx 7$

Das MWG für (1) lautet:

$$K_s(H_2PO_4^-) = \frac{c(H_3O^+) \cdot c(HPO_4^{2-})}{c(H_2PO_4^-)} \approx 10^{-7}\,\text{mol/l}$$

Das MWG für (2) lautet:

$$K_b(HPO_4^{2-}) = \frac{c(OH^-) \cdot c(H_2PO_4^-)}{c(HPO_4^{2-})} \approx 10^{-7}\,\text{mol/l}$$

B 134.1. *Für den Phosphat-Puffer aus PV 133.1. gilt* $p\mathrm{H} \approx 7$. *Das Protolyse-Gleichgewicht lässt sich sowohl mit (1) als auch mit (2) vollständig beschreiben, wenn man im Auge behält, dass* $c(H_3O^+) \cdot c(OH^-) = 10^{-14}\,\text{mol}^2 \cdot \text{l}^{-2}$.

Der pH-Wert dieser Lösung liegt im neutralen Bereich (B 134.1.). Gibt man nun in die Puffer-Lösung eine Säure, so werden die darin enthaltenen Oxonium-Ionen durch die Base HPO_4^{2-} aus dem Phosphat-Puffer „abgefangen"; es bilden sich dabei Wasser-Moleküle und Säure-Teilchen $H_2PO_4^-$ (B 134.2.)[1].

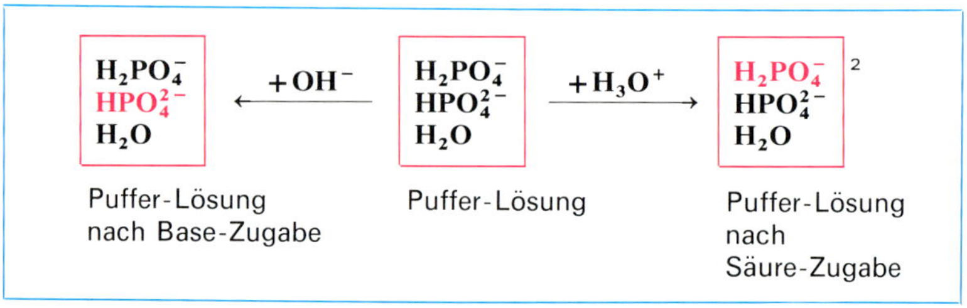

B 134.2. *Bei der Base- oder Säure-Zugabe zu einer Puffer-Lösung ändert sich die Art der Säure- und Base-Teilchen in der Lösung* ***nicht****; nur die Konzentrationen ändern sich.*

Nach der Säure-Zugabe hat die Konzentration der Puffersäure $H_2PO_4^-$ zugenommen und die Konzentration der Pufferbase HPO_4^{2-} hat abgenommen. Das Protolysegleichgewicht in der Lösung ist aber immer noch das Ergebnis der Überlagerung von (1) und (2). Da sich (1) nach rechts bzw. (2) nach links verschoben hat, ist der pH-Wert etwas gefallen.

Nach der Base-Zugabe führen die Konzentrationsänderungen (vgl. B 134.2.) zu einem leichten Anstieg des pH-Werts.

[1] Man kann sich auch denken, dass die Oxonium-Ionen mit den Hydroxid-Ionen aus (2) reagieren und (2) sich infolgedessen nach rechts verschiebt; das Ergebnis ist das gleiche.

[2] Die rot gedruckten Formeln sollen die Zunahme der Anzahl dieser Teilchen andeuten.

Ein Puffersystem kann selbstverständlich nicht beliebig viele Oxonium-Ionen bzw. Hydroxid-Ionen „abfangen". Beim allmählichen Verbrauch der betreffenden Pufferkomponenten verschwindet die Fähigkeit des Systems abzupuffern.

Bei allen drei Puffer-Lösungen aus PV 133.1. sind die Stoffe so berechnet, dass für die Lösungen gilt: $c(\text{Säure}) : c(\text{konjugierte Base}) = 1:1$. V 134.1. zeigt uns, welche Einflüsse die Erhöhung der Säure- oder Base-Konzentration auf den $p\mathrm{H}$-Wert der Puffer-Lösung hat: Beim Verhältnis $c(\text{Säure}):c(\text{konjugierte Base}) = 5:1$ sinkt der $p\mathrm{H}$-Wert um ca. 0,5 $p\mathrm{H}$-Einheiten, beim Verhältnis $c(\text{Säure}):c(\text{konjugierte Base}) = 1:5$ steigt der $p\mathrm{H}$-Wert um ca. 0,5 Einheiten (V 134.1.). Steckt dahinter ein mathematisierbarer Zusammenhang? Können wir, wenn wir ihn finden, für jeden beliebigen $p\mathrm{H}$-Wert ein Puffersystem berechnen?

Wir betrachten ein allgemeines Puffersystem, das die schwache Säure HA und ihre konjugierte Base $\mathrm{A^-}$ enthält. Die Protolyse-Gleichung der Säure HA und das MWG lauten dann:

$$\mathrm{HA + H_2O \rightleftarrows H_3O^+ + A^-} \qquad K_s = \frac{c(\mathrm{H_3O^+}) \cdot c(\mathrm{A^-})}{c(\mathrm{HA})}$$

Aus der Gleichung des MWG stellen wir $c(\mathrm{H_3O^+})$ frei:

$$c(\mathrm{H_3O^+}) = K_s \cdot \frac{c(\mathrm{HA})}{c(\mathrm{A^-})}$$

Diese Gleichung logarithmieren wir und erhalten:

$$-\lg\{c(\mathrm{H_3O^+})\} = -\lg\{K_s\} - \lg\frac{c(\mathrm{HA})}{c(\mathrm{A^-})} \quad \text{oder} \quad p\mathrm{H} = pK_s - \lg\frac{c(\mathrm{HA})}{c(\mathrm{A^-})}$$

Das Vorzeichen vor dem Logarithmus kann geändert werden, wenn wir den Kehrwert des Bruches nehmen, also:

$$p\mathrm{H} = pK_s + \lg\frac{c(\text{konjugierte Base})}{c(\text{Säure})}$$

Diese Gleichung bezeichnen wir als **Puffer-Gleichung**. Sie wird auch *HENDERSON-HASSELBALCH-Gleichung* genannt. Danach ist der $p\mathrm{H}$-Wert eines Puffersystems, bei dem $c(\text{Säure}) : c(\text{konjugierte Base}) = 1:1$, gleich dem pK_s-Wert der Säure.[1] Wird die Konzentration der Säure gegenüber der Konzentration der Base auf das zehnfache erhöht, so sinkt der $p\mathrm{H}$-Wert um 1 Einheit. Jede Veränderung des Verhältnisses $c(\text{Säure})/c(\text{konjugierte Base})$ um den Faktor 10 bewirkt eine $p\mathrm{H}$-Änderung um 1 Einheit. In B 135.1. ist die Puffer-Gleichung für verschiedene Puffersysteme graphisch dargestellt. Jede Gerade hat die Steigung +1 und den Ordinatenschnitt beim pK_s-Wert der Säure aus dem betreffenden System.[2]

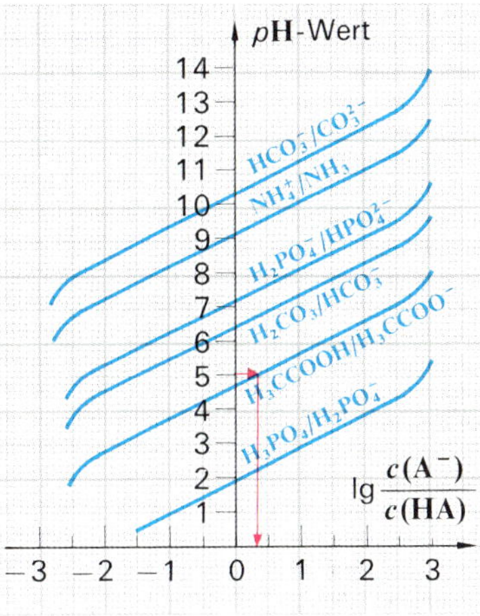

B 135.1. *Pufferschar. Jedes der angeführten Puffersysteme hat für den Fall* $c(\text{Base})/(\text{Säure}) = 1$ *den* $p\mathrm{H}$*-Wert, bei dem die Gerade die Ordinate schneidet. Der* $p\mathrm{H}$*-Wert einer Puffer-Lösung mit* $c(\text{Base})/c(\text{Säure}) \neq 1$ *kann näherungsweise graphisch ermittelt werden (rote Pfeile).*

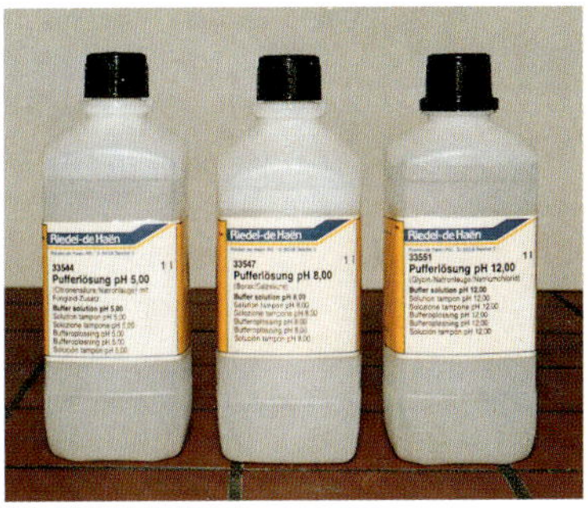

B 135.2. *Puffer-Lösungen*

[1] Der Logarithmusterm in der Puffer-Gleichung wird in diesem Fall Null, weil $\lg 1 = 0$.

[2] Die strenge Linearität der Geraden ist ebenso wie die strenge Gültigkeit der Puffer-Gleichung auf einen Bereich zwischen den Abszissenwerten −2 und +2 eingeschränkt.

B 136.1. *In diesen großen birnenförmigen Faulbehältern gewinnt man aus dem Klärschlamm kommunaler Kläranlagen Biogas. Es besteht bis zu 70% aus Methan* CH_4 *und ist daher ein guter Brennstoff. Die chemische Umsetzung der organischen Reste aus dem Wasser in Methan wird durch Faulbakterien (Methanbakterien) vollzogen. Damit sie leben können, muss der* pH-*Wert im Behälter konstant von* pH = 5,8 *bis* pH = 6,5 *gehalten werden.*

B 136.2. *In diesem Versuchs-Bioreaktor erzeugt das Bakterium Methylomonas Clara aus Methanol, Ammoniak und phosphathaltigen Salz-Lösungen Eiweißstoffe („Single Cell Proteins"). Der* pH-*Wert im Reaktor darf nur geringfügig von* pH = 6,8 *abweichen.*

Mit der Puffer-Gleichung und der Geradenschar aus B 135.1. sind wir tatsächlich in der Lage, Puffer-Lösungen „nach Maß zu schneidern", d.h., die Zusammensetzung eines Puffers zu berechnen, mit dem bei einem bestimmten *p*H-Wert gepuffert werden kann.

Musteraufgabe

MA 136.1. Man berechne eine Puffer-Lösung, die bei *p*H = 5 puffert.

Lösung

(1) Wir suchen in B 135.1. eine Puffergerade, deren Ordinatenschnitt möglichst nahe an *p*H = 5 ist. Eine solche Gerade entspricht dem System H_3CCOOH/H_3CCOO^-, also dem Acetat-Puffer.

(2) In Tab. 128.1. finden wir den exakten pK_s-Wert der Essigsäure $pK_s = 4{,}76$. Um nun auf *p*H = 5 zu kommen, müssen wir mit Hilfe der Puffer-Gleichung das Verhältnis $c(H_3CCOO^-)/c(H_3CCOOH) = x$ so berechnen, dass $pK_s + \lg x = 5$.

(3) $4{,}76 + \lg x = 5$

$\lg x = 0{,}24$

$x = 10^{0{,}24}$

$x = 1{,}74$ also $\dfrac{c(H_3CCOO^-)}{c(H_3CCOOH)} = 1{,}74$

(4) Zur Herstellung der gewünschten Puffer-Lösung gibt es beliebig viele Möglichkeiten; Bedingung ist nur, dass das Verhältnis der Konzentrationen den o.g. Wert annimmt. Beispiele:

$c(H_3CCOO^-) = 0{,}174$ mol/l, $c(H_3CCOOH) = 0{,}100$ mol/l oder $c(H_3CCOO^-) = 0{,}348$ mol/l, $c(H_3CCOOH) = 0{,}200$ mol/l usw.

Puffersysteme sind für den Ablauf chemischer Reaktionen in großtechnischen Anlagen von Bedeutung, insbesonders bei den modernen **biotechnologischen Verfahren** (B 136.1. und B 136.2.).

Im menschlichen Körper haben die Körperflüssigkeiten recht unterschiedliche *p*H-Werte (vgl. Tab. 137.1.). Der *p*H-Wert des Blutes darf nicht unter *p*H = 6,9 sinken (sonst tritt Tod durch Übersäuerung ein: *Acidose*) und auch nicht über 7,6 ansteigen (sonst stirbt man an *Alkalose*). Ein ganzes „System von Puffersystemen" regelt den *p*H-Wert des Blutes.

Aufgaben

A 136.1. Fertigen Sie zur Wirkungsweise des Acetat-Puffers und des Carbonat-Puffers (vgl. Praktikum) Gleichungen nach dem Muster aus B 134.1 und B 134.2.

A 136.2. Schlagen Sie ein Puffersystem vor, mit dem man bei *p*H = 9 puffern kann (genaues Verhältnis *c*(Base)/*c*(Säure) berechnen).

A 136.3. Eines der Puffersysteme im Blut ist das System Kohlensäure/Hydrogencarbonat H_2CO_3/HCO_3^-.

a) Erklären Sie die Wirkungsweise nach dem Muster aus B 134.1 und B 134.2.

b) Berechnen Sie das Verhältnis $c(H_2CO_3)/c(HCO_3^-)$ im Blut, wenn der *p*H-Wert 7,36 beträgt.

A 136.4. Natriumbenzoeat $C_6H_5COONa(s)$ wird als Konservierungsstoff für Ketchup, Mayonnaise u.a. verwendet. Im Magen (*p*H = 1,4) stellt sich ein Gleichgewicht zwischen Benzoesäure C_6H_5COOH und Benzoeat-Ionen $C_6H_5COO^-$ ein. Berechnen Sie das Verhältnis $c(C_6H_5COOH)/c(C_6H_5COO^-)$ im Magen nach dem Verzehr von Pommes frites mit Ketchup (vgl. Tab. 130.1.).

A 136.5. Wovon hängt die Säuremenge bzw. die Basenmenge, die ein bestimmtes Puffersystem abpuffern kann, ab? Erläutern Sie.

Neue Fachbegriffe
Säure-Base-Puffer, Puffer-Lösung, Puffersystem, Puffer-Gleichung, biotechnologisches Verfahren, Acidose, Alkalose

Zusammenfassung
Puffersysteme bewirken, dass wässrige Lösungen bei der Zugabe von Säuren oder Basen ihren *p*H-Wert nahezu konstant behalten. Ein Puffersystem besteht aus einer Säure (i. d. R. eine schwache Säure) und ihrer konjugierten Base. Die Puffer-Gleichung erfasst den quantitativen Zusammenhang zwischen dem *p*H-Wert der Puffer-Lösung, dem pK_s-Wert der Säure aus dem System und dem Verhältnis c(Säure)/c(konjugierte Base). Puffersysteme sind für die Technik und für lebende Organismen von Bedeutung.

Körperflüssigkeit	*p*H-Wert
Blut	7,36
Milch	6,6 bis 6,9
Galle	7,8
Magensaft	0,87 bis 2,0
Harn	6,0
Lebersekret	8,0
Darmflüssigkeit	7,7
Rückenmarkflüssigkeit	7,4
Speichel	7,2
Tränen	7,2

Tab. 137.1. *pH-Werte verschiedener Körperflüssigkeiten. Die zulässige Schwankungsbreite erstreckt sich nur über wenige Zehntel pH-Einheiten (Ausnahme: Magensaft).*

5.3.5. Säure-Base-Indikatoren[1]

Praktikum

Umschlagbereiche und Farben verschiedener Indikatoren

Versuche
PV 137.1. Jede Gruppe stellt eine Rggl.-Reihe aus 14 Rggl. auf und beschickt sie mit je 4 ml *Puffer-Lösung* von *p*H = 1 bis *p*H = 14. (Falls einige Puffer-Lösungen nicht vorrätig sind, lässt man diese Stellen frei.) Jede Gruppe fügt dann in jedes ihrer 14 Rggl. einige Tropfen **einer** der folgenden Lösungen hinzu und notiert die Farbe der Lösung:
Gruppe Nr. 1: Bromthymolblau-Lsg.
Gruppe Nr. 2: Methylorange-Lsg.
Gruppe Nr. 3: Phenolphthalein-Lsg.
Gruppe Nr. 4: Lackmus-Lsg.
Gruppe Nr. 5: frisch gepressten Rotkohlsaft
Gruppe Nr. 6: Universalindikator-Lösung
(Falls mehr Gruppen zustande kommen, werden noch andere Indikatoren untersucht.)

Auswertung der Versuche
a) Stellen Sie eine Tabelle mit 14 Spalten und soviel Zeilen auf, wie Indikatoren untersucht wurden (Tabelle an die Tafel oder auf den OH-Projektor). Jede Gruppe trägt in diese Tabelle ihre Ergebnisse ein.
b) Welche der untersuchten Indikator-Lösungen würden Sie als besonders gut bezeichnen? Warum?
c) Geben Sie für jede Farbänderung an, über wieviel *p*H-Einheiten sie sich erstreckt. Ist eine Regelmäßigkeit zu erkennen?
d) Gibt es bei den untersuchten Indikatoren eine Übereinstimmung in den *p*H-Bereichen (sauer, neutral, alkalisch), in denen ihre Farbe umschlägt? Welche Konsequenz ergibt sich daraus für die praktische Verwendung von Indikatoren?

Bitte beachten:
Die bei der Zubereitung von Rotkohlsaft blau-violett befleckten Finger können mit Natriumdithionit-Lösung $Na_2S_2O_4(aq)$ gereinigt werden. Anschließend spült man die Hände mit Wasser.

Der Indikator Bromthymolblau zeigt einen Farbumschlag im neutralen Bereich, Methylorange im sauren und Phenolphthalein im alkalischen Bereich (PV 137.1. und B 138.2.). Als besonders farbfreudig bei unterschiedlichen *p*H-Werten erweist sich Universalindikator-Lösung, ein Gemisch aus mehreren Indikatoren, aber auch ganz natürlicher, frisch ausgepresster Rotkohlsaft (PV 137.1.).

[1] von *indicare* (lat.) = anzeigen. Es gibt außer Säure-Base-Indikatoren auch andere Indikatoren z. B. Redox-Indikatoren.

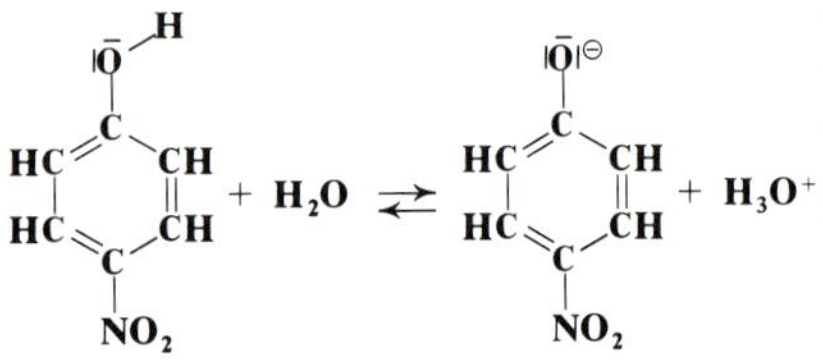

HInd farblos **Ind⁻** gelb

B 138.1. *Protolyse-Gleichgewicht des Indikators para-Nitrophenol. Die Moleküle* **HInd** *absorbieren nur energiereiches Licht aus dem ultravioletten Bereich; eine stark verdünnte para-Nitrophenol-Lösung erscheint uns deshalb farblos. Die Molekül-Ionen* **Ind⁻** *absorbieren blaues Licht; wir sehen die Lösung in der Komplementärfarbe Gelb.*

Die Farbänderungen der Säure-Base-Indikatoren beruhen in der Regel auf Strukturänderungen in den Molekülen bzw. Molekül-Ionen[1] der Indikatoren, zu denen es infolge von Protonenübergängen kommt (B 138.1.). Meistens sind diese Strukturänderungen mit Änderungen bei den „delokalisierten Valenzelektronen" verbunden und dies wiederum mit der Fähigkeit der Teilchen, Licht einer bestimmten Farbe zu absorbieren. Darüber erfahren wir Näheres in der organischen Chemie.

Allgemein besteht ein Säure-Base-Indikator, der die Farben A und B annehmen kann, aus einem **konjugierten Säure-Base-Paar** Indikator-Säure/Indikator-Base oder abgekürzt **HInd/Ind⁻**:

$$\mathbf{HInd} + \mathbf{H_2O} \rightleftarrows \mathbf{H_3O^+} + \mathbf{Ind^-}$$

Indikator-Säure	Indikator-Base
Farbe A	Farbe B

Gelangt ein Tropfen Indikator-Lösung in eine saure bzw. alkalische Lösung, so verschiebt sich dieses Gleichgewicht nach links bzw. nach rechts, ähnlich wie in einem Puffersystem (B 134.2.). Die auf S. 135 hergeleitete *Puffer-Gleichung* kann deshalb auch auf ein Säure-Base-Indikatorsystem übertragen werden:

$$p\mathrm{H} = pK_s + \lg \frac{c(\mathbf{Ind^-})}{c(\mathbf{HInd})}$$

Die Empfindlichkeit unseres Auges für Farben ist begrenzt. Um die Farbe B des o.g. Indikators deutlich zu erkennen, muss die Konzentration von **Ind⁻** mindestens das Zehnfache der Konzentration von **HInd** in der Lösung betragen; also $c(\mathbf{Ind^-})/c(\mathbf{HInd}) = 10:1$. Gemäß der Puffer-Gleichung ist das der Fall bei $p\mathrm{H} = pK_s + 1$. Die Farbe A erkennen wir erst, wenn die Konzentration von **HInd** mindestens das Zehnfache der Konzentration von **Ind⁻** beträgt, also ab $p\mathrm{H} = pK_s - 1$. Demzufolge hat der Indikator einen **Umschlagsbereich**, der sich über 2 p**H**-Einheiten erstreckt. Das Zentrum des Umschlagbereichs ist der pK_s-Wert der Indikator-Säure **HInd**.

Die angegebene Intervallbreite von $pK_s - 1$ bis $pK_s + 1$ ist lediglich eine Näherung. Der Umschlagsbereich eines Indikators kann auch schmaler oder breiter sein (B 138.2.).

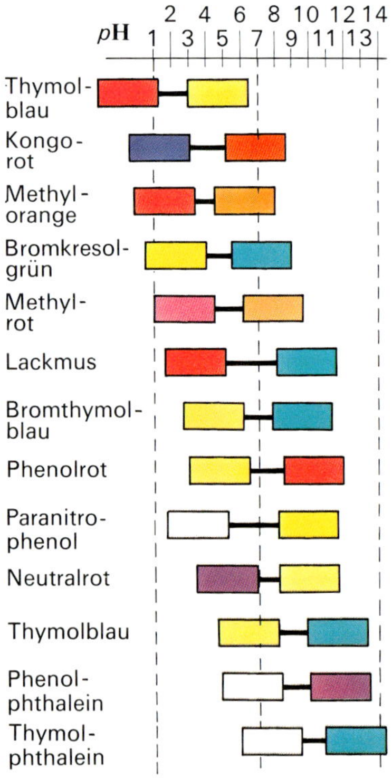

B 138.2. *Farbskalen und Umschlagsbereiche verschiedener Indikatoren*

Aufgaben

A 138.1. Mit welchen Indikatoren kann man feststellen, dass eine Lösung etwa den p**H**-Wert 9 hat, wenn alle in B 138.2. angeführten Indikatoren zur Verfügung stehen? Wie verfährt man?

A 138.2. Untersuchen Sie, ob a) Tee und b) Saft aus roter Beete als Indikatoren geeignet sind. (Hinweis: Als saure Lösung kann Zitronensaft und als alkalische Lösung Seifen-Lösung verwendet werden.)

A 138.3. Indikatoren und Puffersysteme haben eine ähnliche Wirkungsweise, werden aber zu unterschiedlichen Zwecken verwendet. Welche Auswirkungen hat das auf die Konzentration, in der das jeweilige System zu seiner Zweckerfüllung gewählt werden muss? Erläutern Sie.

A 138.4. In welchem Konzentrationsverhältnis liegen bei $p\mathrm{H} = 7{,}5$ die Indikator-Säure **HInd** und die konjugierte Indikator-Base **Ind⁻** von Bromthymolblau vor? ($pK_s(\mathbf{HInd}) = 6{,}9$)

[1] Molekül-Ionen sind elektrisch geladene Moleküle (Unterschied zu den Atom-Ionen).

Zusammenfassung

Säure-Base-Indikatoren sind i.d.R. Systeme aus schwachen organischen Säuren und deren konjugierten Basen, bei denen sich die Lösung der sauren Form und der basischen Form farblich voneinander unterscheiden. Der Farbumschlag des Indikators hängt mit der Gleichgewichtsverschiebung zwischen Indikator-Säure und Indikator-Base zusammen und vollzieht sich in einem Umschlagsbereich von ca. 2 *p*H-Einheiten.

Neue Fachbegriffe
Säure-Base-Indikator,
Molekül-Ion, Umschlagsbereich

5.3.6. Säure-Base-Titrationen

Praktikum

Titration von Salzsäure mit Natronlauge

Versuche

PV 139.1. *Titration mit Indikator:* Pipettieren Sie in einen weithalsigen 100-ml-Erlenmeyerkolben 50 ml Salzsäure* ($c = 0{,}1$ mol/l) und fügen Sie einige Tropfen Bromthymolblau-Lsg. hinzu. Titrieren Sie diese Lösung mit Natronlauge* ($c = 0{,}2$ mol/l) bis zum Farbumschlag des Indikators, d.h., bis die blaue Farbe der Lösung bestehen bleibt. Notieren Sie das Volumen der verbrauchten Natronlauge. Führen Sie analoge Titrationen auch mit 50 ml Essigsäure-Lösung*, ($c = 0{,}1$ mol/l) und mit 50 ml Natriumhydrogensulfat-Lösung, ($c = 0{,}1$ mol/l) durch.

Auswertung

a) Bilden Sie mit Hilfe der Angaben aus der Versuchsvorschrift und Ihrer Ergebnisse die Verhältnisse:

$$\frac{c\,(\text{Säure})}{c\,(\mathbf{NaOH})} \quad \text{und} \quad \frac{V_{\text{Ls}}\,(\text{Säure})}{V_{\text{Ls}}\,(\mathbf{NaOH})}.$$

Was fällt auf, Begründung?

PV 139.2. *p*H*-metrische Titration:* Titrieren Sie 100 ml Salzsäure* ($c = 0{,}1$ mol/l), der auch einige Tropfen Bromthymolblau-Lösung zugegeben wurden, in der Vorrichtung aus B 139.1. mit Natronlauge* ($c = 1$ mol/l). Notieren Sie zuerst den *p*H-Wert der Salzsäure. Lassen Sie die Natronlauge in Portionen von je 1 ml zufließen und notieren sie jedes Mal das Wertpaar: $V_{\text{Ls}}(\mathbf{NaOH})$-*p*H-Wert. Beenden Sie die Tratition, wenn Sie 18 ml Natronlauge verbraucht haben.

Auswertung

a) Stellen Sie die Messwert-Paare aus PV 139.2. graphisch dar (Abszisse: $V_{\text{Ls}}(\mathbf{NaOH})$; Ordinate: *p*H-Wert) und zeichnen Sie eine Ausgleichskurve.

b) Welchem Punkt auf der Titrationskurve entspricht der Farbumschlag des Indikators?

c) Bestätigt sich Ihre Feststellung von a) bei der Auswertung von PV 139.1. auch bei PV 139.2.?

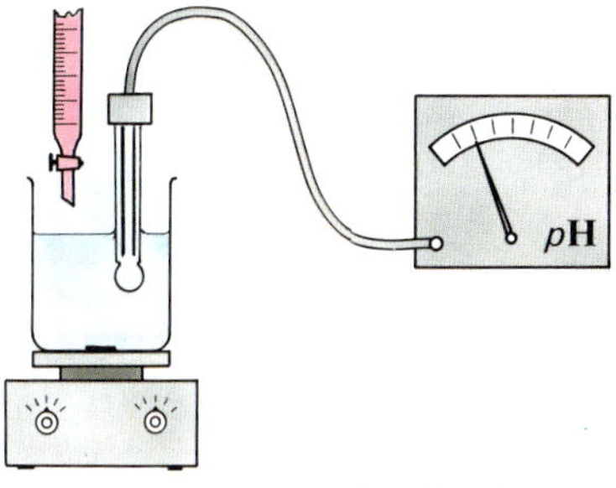

B 139.1. *p*H*-metrische Titration*

Das in den beiden Praktikumsversuchen angewandte Verfahren zur quantitativen Bestimmung von Salzsäure beruht auf der Neutralisationsreaktion: $\mathbf{H_3O^+(aq) + OH^-(aq) \rightleftarrows 2H_2O(l)}$

$$K = \frac{c^2(\mathbf{H_2O})}{c(\mathbf{H_3O^+}) \cdot c(\mathbf{OH^-})} = 3{,}07 \cdot 10^{17} \quad (\vartheta = 22\,°\text{C})$$

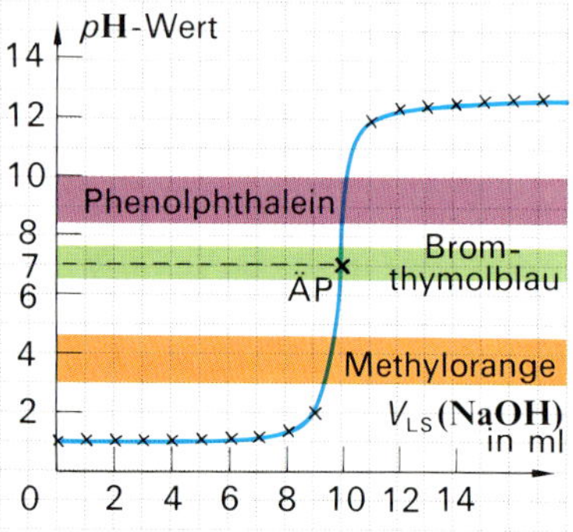

B 140.1. *Titrationskurve einer starken Säure mit einer starken Base (PV 139.2.).*
Der pH-Sprung ist hoch und schließt den Umschlagsbereich mehrerer Indikatoren ein. Der Äquivalenzpunkt kann mit jedem dieser Indikatoren sichtbar gemacht werden.

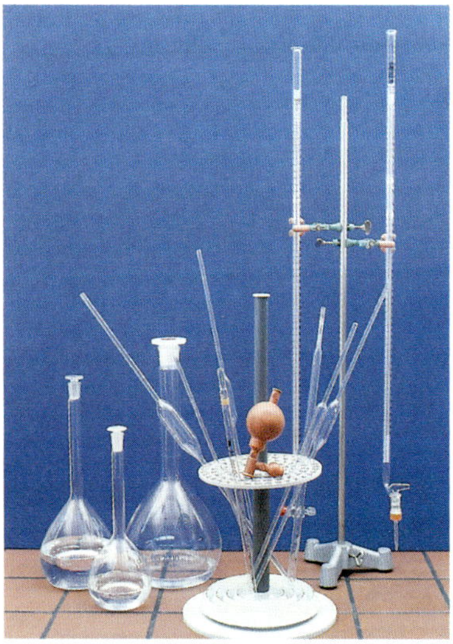

B 140.2. *Für Titrationen benötigt man u.a. Messkolben, Pipetten und Büretten.*

Das Gleichgewicht stellt sich sehr schnell ein und liegt stark nach der rechten Seite verschoben. Die Gleichgewichtskonstante K ist der Kehrwert der Gleichgewichtskonstante von der Autoprotolyse des Wassers (vgl. S. 124). Die in einer Portion Natronlauge enthaltenen Hydroxid-Ionen reagieren bei der Titration sehr schnell und vollständig mit Oxonium-Ionen aus der Salzsäure. Das Ende einer Säure-Base-Titration, der so genannte **Äquivalenzpunkt**, ist erreicht, wenn weder die Säure, die titriert wurde, noch die Base, mit der titriert wurde, im Überschuss vorliegt. Bei der Titration von Salzsäure mit Natronlauge liegt beim Äquivalenzpunkt eine Natriumchlorid-Lösung vor. „Vor" dem Äquivalenzpunkt überwiegt die Salzsäure ($c(H_3O^+) > c(OH^-)$) und „nach" dem Äquivalenzpunkt die Natronlauge ($c(H_3O^+) < c(OH^-)$). Der Übergang der Lösung beim Äquivalenzpunkt aus dem sauren in den alkalischen Bereich hat zur Folge, dass die Farbe des Indikators Bromthymolblau umschlägt.
Die **Titrationskurve** einer pH-metrischen Titration (B 140.1.) zeigt, dass dieser Übergang aus dem sauren in den alkalischen Bereich nicht allmählich, sondern in der Form eines „pH-Sprungs" erfolgt.
Wie kommt es zu diesem pH-Sprung?
Darüber verschaffen wir uns Klarheit, indem wir einige Punkte der Titrationskurve aus B 140.1. auf theoretischem Wege berechnen, ohne uns zunächst um die tatsächlichen Versuchsergebnisse zu kümmern:

1. Punkt: $V_{LS}(NaOH) = 0$ ml;
der pH-Wert ist der von Salzsäure ($c = 0{,}1$ mol/l), d.h.:
$pH = -\lg 10^{-1} = 1.$

2. Punkt: $V_{LS}(NaOH) = 1$ ml;
die Konzentration der Oxonium-Ionen ist kleiner geworden, weil die in 1 ml Natronlauge enthaltenen Hydroxid-Ionen mit ebenso vielen Oxonium-Ionen zu Wasser-Molekülen reagiert haben:

$$\underset{\text{hinzugegebene Hydroxid-Ionen}}{n(OH^-)} = 1 \cdot 10^{-3}\,l \cdot 1\,\frac{mol}{l} = 1 \cdot 10^{-3}\,mol;$$

$$\underset{\text{noch vorhandene Oxonium-Ionen}}{n(H_3O^+)} = \underset{\text{anfangs vorhandene Oxonium-Ionen}}{0{,}1\,l \cdot 0{,}1\,\frac{mol}{l}} - \underset{\text{wegreagierte Oxonium-Ionen}}{1 \cdot 10^{-3}\,mol}$$

$$= 10^{-2}\,mol - 10^{-3}\,mol = 10 \cdot 10^{-3}\,mol - 1 \cdot 10^{-3}\,mol$$
$$= 9 \cdot 10^{-3}\,mol;$$

diese $9 \cdot 10^{-3}$ mol Oxonium-Ionen sind in den 100 ml Lösung enthalten (die Volumenzunahme durch die Zugabe der Natronlauge wird vernachlässigt),
für die Konzentration der Oxonium-Ionen erhalten wir:

$c(H_3O^+) = 9 \cdot 10^{-2}\,mol/l = 0{,}9 \cdot 10^{-1}\,mol/l,$

für den pH-Wert der Lösung nach Zugabe von 1 ml Natronlauge erhalten wir schließlich:

$pH = -\lg 0{,}9 \cdot 10^{-1} = -\lg 0{,}9 - \lg 10^{-1} = 1{,}05$
(vgl. Tab. 141.1.).

In der gleichen Weise wurden auch alle anderen Punkte aus Tab. 141.1. berechnet. Bei den Punkten, für die $V_{Ls}(\mathrm{NaOH}) > 10$ ml, muss die Konzentration der Oxonium-Ionen aus der Konzentration der überschüssigen Hydroxid-Ionen mit Hilfe des *Ionenprodukts des Wassers* K_w berechnet werden (vgl. Randspalte).
Die berechneten Wertpaare $V_{Ls}(\mathrm{NaOH})$-$p\mathrm{H}$-Wert aus Tab. 141.1. ergäben graphisch dargestellt recht genau die Titrationskurve, die wir aus experimentellen Messwerten erhalten haben (B 140.1.).
Damit können wir den $p\mathrm{H}$-Sprung aus der Titrationskurve folgendermaßen begründen: Die Tatsache, dass das Ionenprodukt des Wassers konstant ist $c(\mathrm{H_3O^+}) \cdot c(\mathrm{OH^-}) = 10^{-14}\ \mathrm{mol^2 \cdot l^{-2}}$ und die logarithmische Definition des $p\mathrm{H}$-Wertes führen dazu, dass es in der Umgebung des Äquivalenzpunktes einer Säure-Base-Titration zu einer sprungartigen Veränderung des $p\mathrm{H}$-Werts kommt.
Zu einem derart hohen $p\mathrm{H}$-Sprung wie in B 140.1. kommt es allerdings nur bei der Titration einer starken Säure mit einer starken Base oder umgekehrt; ansonsten fällt der Sprung niedriger aus.
Der *Äquivalenzpunkt* einer Titration entspricht genau dem Abszissenwert der halben Sprunghöhe (mathematisch ist das der Abszissenwert des *Wendepunktes* der Titrationskurve). Somit kann der Äquivalenzpunkt aus der Titrationskurve genauer bestimmt werden als mit Hilfe eines Indikators, dessen Farbumschlag wir nicht so exakt erfassen können.
Quantitative Bestimmungen von Säuren und Basen durch Titration finden zahlreiche Anwendungen in der Forschung, in den Labors chemischer Betriebe, bei der Untersuchung von Lebensmitteln und bei der Untersuchung von Gewässern und Böden. Die technische Ausrüstung für Titrationen kann sehr einfach sein wie z. B. im Praktikumsversuch PV 139.1. (nur Bürette, Rührer und Titriergefäß); es gibt aber inzwischen auch Titrierautomaten, die nicht nur alleine titrieren, sondern die **Ergebnisse auch rechnerisch auswerten** (B 142.1.). Was man darunter versteht und wie man das „per Hand" durchführt, wollen wir im Folgenden erfahren:

Musteraufgabe

MA 141.1. In einer Vorratsflasche befindet sich Salzsäure. Bei der Titration von 50 ml dieser Salzsäure mit Natronlauge ($c = 0{,}25$ mol/l) wurden 20 ml Natronlauge bis zum Farbumschlag des Indikators (bzw. bis zum Wendepunkt auf der Titrationskurve) verbraucht.
a) Welche Konzentration hat die Salzsäure in der Vorratsflasche?
b) Wie viel g Hydrogenchlorid sind in 50 ml Salzsäure gelöst?

Lösung zu a)

(1) Reaktionsgleichung der Neutralisation aufstellen:
$$\mathrm{HCl(aq) + NaOH(aq) \rightarrow H_2O(l) + NaCl(aq)}$$
(2) Quotient der uns interessierenden Stoffmengen bilden:
$$\frac{n(\mathrm{HCl})}{n(\mathrm{NaOH})} = \frac{1}{1};\ \text{daraus folgt: } n(\mathrm{HCl}) = n(\mathrm{NaOH})$$
(3) Unter Berücksichtigung von Gleichung (II) aus B 142.2. ersetzen:
$$c(\mathrm{HCl}) \cdot V_{Ls}(\mathrm{HCl}) = c(\mathrm{NaOH}) \cdot V_{Ls}(\mathrm{NaOH})$$
(4) Umformen nach der gesuchten Größe $c(\mathrm{HCl})$ und Einsetzen der Zahlenwerte:
$$c(\mathrm{HCl}) = \frac{c(\mathrm{NaOH}) \cdot V_{Ls}(\mathrm{NaOH})}{V_{Ls}(\mathrm{HCl})} = \frac{0{,}25\ \mathrm{mol/l} \cdot 20\ \mathrm{ml}}{50\ \mathrm{ml}} = 0{,}1\ \mathrm{mol/l}.$$

	$V_{Ls}(\mathrm{NaOH})$ in ml	$c(\mathrm{H_3O^+})$ in mol/l	$p\mathrm{H}$-Wert
1. →	0	$1 \cdot 10^{-1}$	1
2. →	1	$0{,}9 \cdot 10^{-1}$	1,05
	2	$0{,}8 \cdot 10^{-1}$	1,1
	⋮	⋮	⋮
	9	$0{,}1 \cdot 10^{-1}$	2
	9,9	$0{,}01 \cdot 10^{-1}$	3
	9,99	$0{,}001 \cdot 10^{-1}$	4
	10	$1 \cdot 10^{-7}$	7
8. →	10,01	$10 \cdot 10^{-11}$	10
	10,1	$1 \cdot 10^{-11}$	11
	11	$0{,}1 \cdot 10^{-11}$	12
	⋮	⋮	⋮
	20	$0{,}01 \cdot 10^{-11}$	13

Tab. 141.1. *Berechnete Wertpaare* $V_{Ls}(\mathrm{NaOH})$ – $p\mathrm{H}$*-Wert für die Titration von* 100 ml *Salzsäure* ($c = 0{,}1$ mol/l) *mit Natronlauge* ($c = 1$ mol/l).
Nach der Zugabe von 9 ml *Natronlauge müsste der* $p\mathrm{H}$*-Wert nur von* 1 *auf* 2 *steigen; nach weiteren* 2 ml *Natronlauge müsste er einen Sprung von* $p\mathrm{H} = 2$ *auf* $p\mathrm{H} = 12$ *vollzogen haben; danach bleibt der* $p\mathrm{H}$*-Wert wieder annähernd konstant.*
8. Punkt: $V_{Ls}(\mathrm{NaOH}) = 10{,}01$ ml

$$n(\mathrm{OH^-}) = 0{,}01 \cdot 10^{-3}\ \mathrm{l} \cdot 1\ \frac{\mathrm{mol}}{\mathrm{l}} = 10^{-5}\ \mathrm{mol}$$

jetzt überschüssige Hydroxid-Ionen in 100 ml Lösung

$$c(\mathrm{OH^-}) = 10^{-4}\ \mathrm{mol/l}$$

$$c(\mathrm{H_3O^+}) = \frac{10^{-14}\ \mathrm{mol^2 \cdot l^{-2}}}{10^{-4}\ \mathrm{mol \cdot l^{-1}}} = 10^{-10}\ \mathrm{mol/l}$$

$$p\mathrm{H} = -\lg 10^{-10} = 10.$$

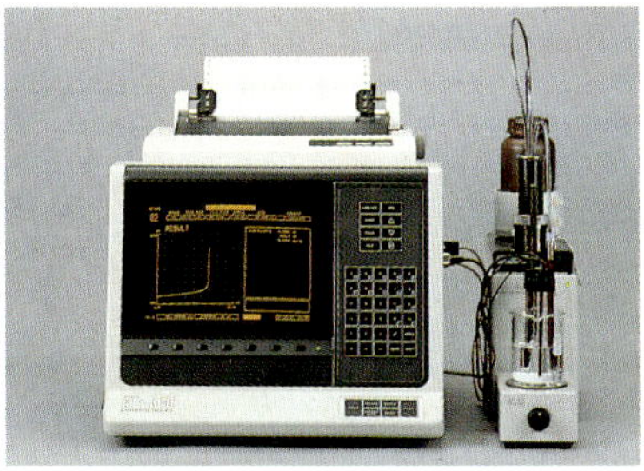

B 142.1. Moderner Titrierautomat mit „on line"-Computerauswertung der Titrationsergebnisse. Der Computer steuert die Zutropfgeschwindigkeit der Titrier-Lösung, bekommt die Messdaten direkt übertragen, wertet sie aus und druckt die Ergebnisse in der gewünschten Form aus.

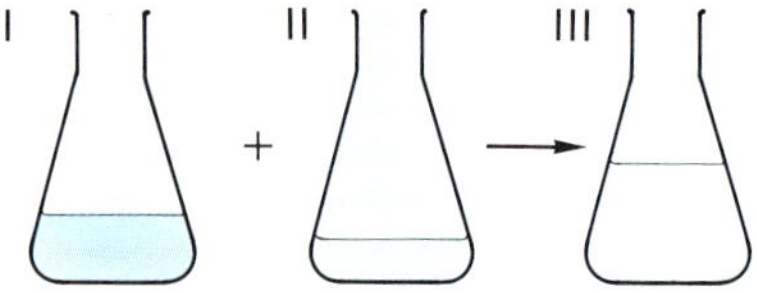

I	II	III
100 ml	60 ml	
$NaOH(aq)$	$H_2SO_4(aq)$	?
$c = 0{,}6$ mol/l	$c = 0{,}5$ mol/l	

B 142.3. Die Lösungen I und II werden zu Lösung III vereinigt (siehe A 142.2.).

(I) $c = \frac{n}{V}$	n: Stoffmenge in mol
(II) $n = c \cdot V$	V: Volumen in ml (oder l)
(III) $n = \frac{m}{M}$	c: Konzentration in mol/l
(IV) $m = n \cdot M$	m: Masse in g
	M: molare Masse in g/mol

B 142.2. Größen und Gleichungen, die man bei der rechnerischen Auswertung von Titrationsergebnissen benötigt. Gleichung (II) ist eine Umformung von Gleichung (I) und Gleichung (IV) eine Umform von Gleichung (III).

Lösung zu b)

(1) und (2) wie oben

(3) Unter Berücksichtigung der Gleichung (II) und (III) aus B 142.2. ersetzen:

$$\frac{m(HCl)}{M(HCl)} = c(NaOH) \cdot V_{Ls}(NaOH)$$

(4) Umformen nach der gesuchten Größe $m(HCl)$, Berechnung der molaren Masse $M(HCl) = 36{,}5$ g/mol und Einsetzen der Zahlenwerte:

$$m(HCl) = M(HCl) \cdot c(NaOH) \cdot V_{Ls}(NaOH)$$
$$= 36{,}5 \text{ g} \cdot \text{mol}^{-1} \cdot 0{,}25 \text{ mol} \cdot \text{l}^{-1} \cdot 20 \cdot 10^{-3} \text{ l}^{-1} = 0{,}1825 \text{ g}$$

Aufgaben

A 142.1. Bei der Titration von 30 ml Natonlauge unbekannter Konzentration wurden 25 ml Salzsäure ($c = 0{,}2$ mol/l) verbraucht. a) Welche Konzentration hat die Natronlauge? b) Wie viel g gelöstes Natriumhydroxid enthält die Natronlauge?

A 142.2. Reagiert die Lösung III aus dem in B 142.3. dargestellten Versuch sauer, alkalisch oder neutral? Rechnerische Begründung. Was würde man beim Eindampfen der Lösung III erhalten?

Praktikum

Weitere Titrationen

Versuche

PV 142.1. 100 ml Bariumhydroxid-Lösung* $Ba(OH)_2(aq)$ ($c = 0{,}1$ mol/l) werden mit Salzsäure* ($c = 1$ mol/l) pH-metrisch titriert. Skizzieren Sie die zu erwartende Titrationskurve und begründen Sie. Führen Sie dann die Titration durch und überprüfen Sie Ihre Vorhersage.

PV 142.2. 50 ml Phosphorsäure-Lösung* ($c = 0{,}1$ mol/l) werden mit Natronlauge* ($c = 1$ mol/l) titriert. Einmal wird die Titration mit Methylorange als Indikator durchgeführt und einmal mit Phenolphthalein. Bei welchem Verbrauch an Natronlauge $V_{Ls}(NaOH)$ schlägt die Indikatorfarbe jedes Mal um, Begründung. (Hinweis: vgl. B 138.2. und Tab. 128.1.) Überprüfen Sie Ihre theoretischen Vorhersagen experimentell.

PV 142.3. Pipettieren Sie 5 ml Speiseessig in ein 100-ml-Becherglas und verdünnen Sie mit ca. 50 ml destilliertem Wasser. Fügen Sie einige Tropfen Bromthymolblau-Lösung (oder Phenophthalein-Lösung) hinzu und titrieren Sie mit Natronlauge* ($c = 0{,}1$ mol/l) bis zum Farbumschlag. a) Wie viel g Essigsäure sind in 0,5 l dieser Speiseessigsorte enthalten? b) Wie viel Volumenprozent Essigsäure enthält dieser Speiseessig? ($\varrho(H_3CCOOH) = 1{,}04$ g/cm^3, ϱ(Speiseessig) $= 1$ g/cm^3)

B 142.4. Handelsübliche Speiseessigsorten

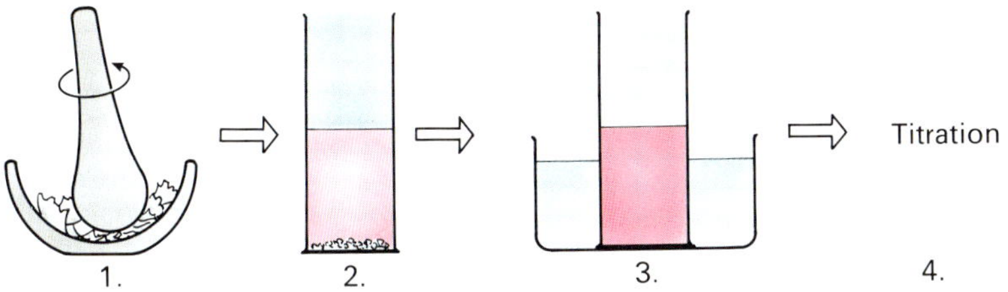

B 143.1. *Zur Bestimmung des Kalkgehalts in Eierschalen (PV 143.2.)*

Versuche

PV 143.1. Einige handelsübliche Entkalker für Kaffeemaschinen enthalten Ameisensäure* (Methansäure) **HCOOH**. Erarbeiten Sie ein Verfahren zur Bestimmung des prozentualen Massenanteils an Ameisensäure in einem Entkalker (Arbeitsschritte und Auswertung der Ergebnisse). Führen Sie eine solche Bestimmung experimentell durch.

PV 143.2. Zur Bestimmung des Massenanteils an Calciumcarbonat $CaCO_3$ in Eierschalen kann man wie folgt verfahren (B 143.1.):

1. Getrocknete Eierschalen im Mörser gut zerreiben;
2. 1 g Eierschalenpulver mit 100 ml Salzsäure* ($c = 1$ mol/l) versetzen, über Nacht stehen lassen, danach noch 10 min lang auf einem Wasserbad unter Rühren auf ca. 60 °C erwärmen, wieder auf Zimmertemperatur abkühlen;
3. 20 ml dieser Lösung mit Natronlauge* ($c = 0{,}5$ mol/l) titrieren (die Titration 2 bis 3 mal wiederholen).

Auswertung

a) Welche Reaktionen laufen beim 2. Arbeitsschritt ab? Formulieren Sie die Reaktionsgleichungen.

b) Warum ist es wohl nötig, die Probe über Nacht stehen zu lassen und vor der Titration noch zu erwärmen?

c) Berechnen Sie aus dem Mittelwert Ihrer Titrationen den Kalkgehalt der von Ihnen untersuchten Eierschalen.

PV 143.3. Zur Untersuchung der „Säuremenge" im verpackten Schnittbrot verfährt man wie folgt (B 143.2.):

1. Eine bestimmte Masse Brot (z. B. $m = 15$ g) wird gut zerkrümelt in einem bestimmten Volumen destilliertem Wasser eingeweicht (z. B. $V = 150$ ml) und ca. 20 min stehen gelassen; gelegentlich wird mit einem Glasstab umgerührt; die Lösung wird über eine Fritte mit der Wasserstrahlpumpe abgesaugt; ein Teil der Lösung (z. B. 50 ml) wird mit Natronlauge* ($c = 0{,}1$ mol/l) titriert.
2. Die Bestimmung wird mit einer Kaliumchlorid-Lösung ($c = 1$ mol/l) als Einweichmittel (statt destilliertem Wasser) wiederholt.

Auswertung

Berechnen Sie unter der Annahme, dass die gesamte Säure im Brot Propansäure H_3C-CH_2-COOH ist, den Säuregehalt im untersuchten Brot. Versuchen Sie, die bei 1. und 2. erhaltenen Unterschiede zu erklären.

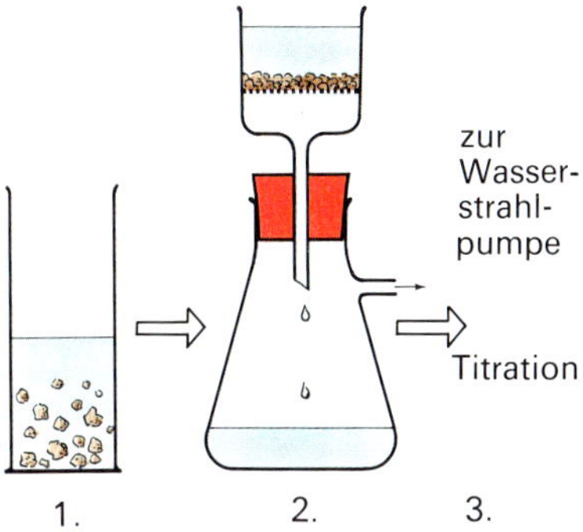

B 143.2. *Zur Säurebestimmung im Brot (PV 143.3.)*

Zusammenfassung

Säure-Base-Titrationen sind quantitative analytische Verfahren. Aufgrund des experimentell bestimmbaren Äquivalenzpunktes (Farbumschlag eines Indikators oder Wendepunkt auf einer Titrationskurve) kann der Säure- bzw. Baseanteil der titrierten Lösung rechnerisch ermittelt werden.

Neue Fachbegriffe

Äquivalenzpunkt, Bürotte, Pipette, Titration, *p*H-metrische Titration, Titrationskurve

Versuch

V 144.1. Titrieren Sie 100 ml Essigsäure-Lösung ($c = 0{,}1$ mol/l) mit Natronlauge ($c = 1$ mol/l) nach der Vorschrift aus PV 139.2.

Auswertung

a) Tragen Sie die Messwerte in ein Diagramm ein und zeichnen Sie die Titrationskurve.

b) Vergleichen Sie die erhaltene Kurve mit der Titrationskurve von Salzsäure mit Natronlauge B 140.1. und stellen Sie die Ähnlichkeiten und die Unterschiede fest.

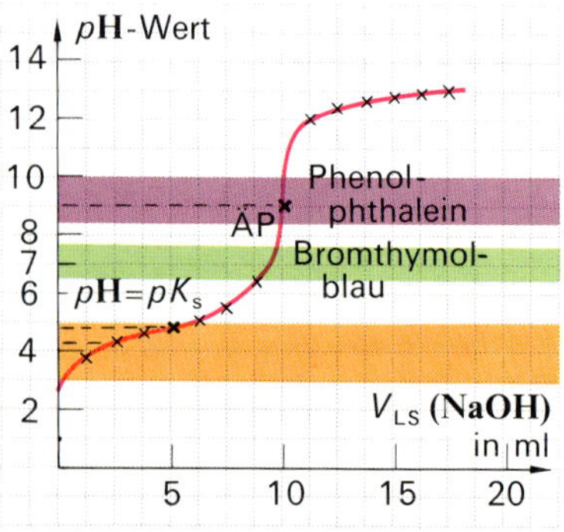

B 144.1. *Titrationskurve von Essigsäure mit Natronlauge (vgl. B 140.1.)*

Titrationskurven bei schwachen Säuren und bei zweiprotonigen Säuren

1. Titrationskurve einer schwachen Säure mit einer starken Base

Bei der Titration von Essigsäure mit Natronlauge (V 144.1.) erhält man eine Titrationskurve, die beim Äquivalenzpunkt zwar auch einen pH-Sprung aufweist, sich aber dennoch in einigen Punkten von der Titrationskurve der Salzsäure unterscheidet:

i) Die Kurve beginnt bei einem höheren pH-Wert als den der Salzsäure (vgl. B 140.1. und B 144.1.). Die Erklärung dafür ist, dass Essigsäure als schwache Säure in der Lösung nur in sehr geringem Maße in protolysierter Form vorliegt. Für eine Essigsäure-Lösung mit $c = 0{,}1$ mol/l lässt sich nach dem Muster von S. 130 für schwache Säuren folgender pH-Wert berechnen:

$$pH = -\lg\sqrt{10^{-4,76} \cdot 0{,}1} = 2{,}88$$

Dieser berechnete Wert entspricht in etwa dem experimentellen.

ii) Im Intervall vor dem pH-Sprung hat die Titrationskurve der Essigsäure einen ausgeprägteren Anstieg als die Kurve der Salzsäure; bei der Hälfte des Abszissenwerts vom Äquivalenzpunkt hat die Kurve noch einen Wendepunkt. Auch dieser Unterschied ist darauf zurückzuführen, dass Essigsäure eine schwache Säure ist. Das Protolysegleichgewicht:

$$H_3CCOOH(aq) + H_2O(l) \rightleftarrows H_3CCOO^-(aq) + H_3O^+(aq)$$

ist stark nach der linken Seite verschoben. Im Anfangsbereich der Titration, d.h. für $V_{LS}(NaOH) < 10$ ml, wirkt das System H_3CCOOH/H_3CCOO^- als Puffer. Hier ist noch ein Reservoir an unprotolysierten Essigsäure-Molekülen vorhanden, das die Neueinstellung des obigen Gleichgewichts immer wieder gewährleistet, wenn durch Zugabe einer Portion Natronlauge gerade eine bestimmte Menge Oxonium-Ionen „wegneutralisiert" wird. Für den Bereich vor dem Äquivalenzpunkt gilt also:

$$pH = pK_s(H_3CCOOH) + \lg\frac{c(H_3CCOO^-)}{c(H_3CCOOH)} \quad \text{(Puffer-Gleichung)}$$

Für den Fall $c(H_3CCOOH) = c(H_3CCOO^-)$ erhalten wir $pH = pK_s$. Dieser Fall tritt aber genau dann ein, wenn die Hälfte der anfangs vorhandenen Essigsäure neutralisiert wird. Auf der Titrationskurve entspricht das dem Punkt, dessen Abszissenwert halb so groß ist wie der Abszissenwert des Äquivalenzpunktes. Man spricht deshalb vom *Halbäquivalenzpunkt*. Sein Ordinatenwert gibt gemäß der Puffer-Gleichung den pK_s-Wert der titrierten schwachen Säure an. Ein Vergleich zwischen B 144.1. und Tab. 130.1. zeigt auch hier die Übereinstimmung zwischen Theorie und Praxis.

iii) Der Ordinatenwert des Äquivalenzpunktes auf der Titrationskurve von Ethansäure liegt nicht im neutralen Bereich wie bei der Salzsäure, sondern deutlich im alkalischen. Da beim Äquivalenzpunkt weder Essigsäure noch Natronlauge im Überschuss vorliegen, es sich hier also um eine Natriumacetat-Lösung $H_3CCOONa(aq)$ handelt, wird der pH-Wert durch die Protolyse der Acetat-Ionen H_3CCOO^-, die eine schwache Brönsted-Base sind, bestimmt:

$$H_3CCOO^-(aq) + H_2O(l) \rightleftarrows H_3CCOOH(aq) + OH^-(aq)$$

Aufgrund dieses Gleichgewichts gilt am Äquivalenzpunkt $c(H_3O^+) < c(OH^-)$; der pH-Wert der Lösung liegt also im alkalischen Bereich.

2. Titrationskurve einer zweiprotonigen Säure[1] mit einer starken Base

Die pH-metrische Titration von Oxalsäure mit Natronlauge liefert eine Titrationskurve mit 2 pH-Sprüngen (V 145.1. und B 145.1.). Dieser Sachverhalt ist auf die zweistufige Protolyse der Oxalsäure zurückzuführen, die nach den folgenden Gleichgewichtsgleichungen verläuft:

(1) 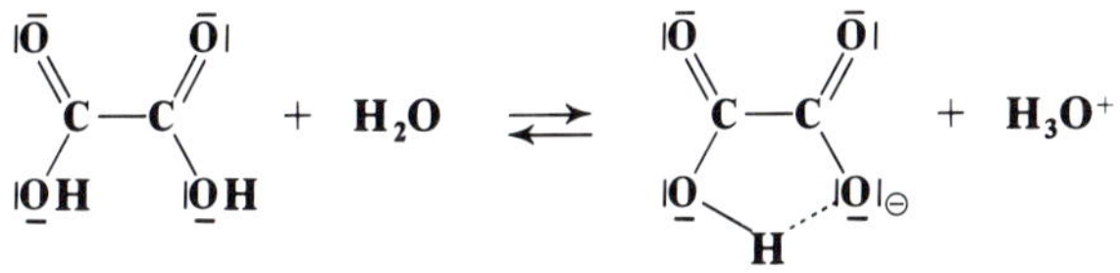

$K_{s1} = 3{,}8 \cdot 10^{-2}\ mol \cdot l^{-1}$
$pK_{s1} = 1{,}42$

(2) 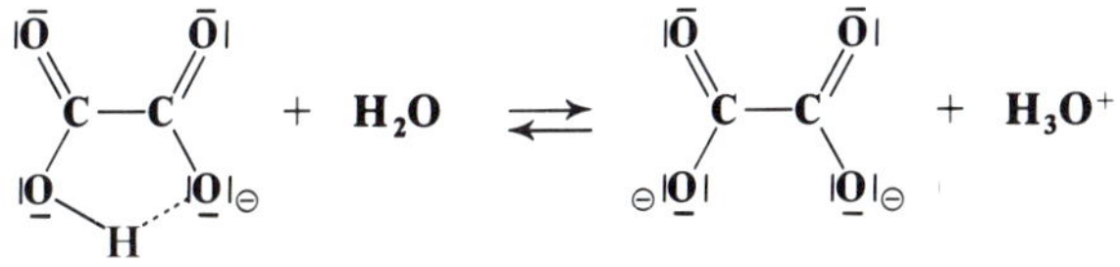

$K_{s2} = 5{,}1 \cdot 10^{-5}\ mol \cdot l^{-1}$
$pK_{s2} = 4{,}29$

Die Oxalsäure-Moleküle sind eine starke, die Hydrogenoxalat-Ionen eine mittelstarke bis schwache Säure (vgl. Tab. 130.1.). Beim ersten Äquivalenzpunkt auf der Titrationskurve ($ÄP_1$, B 145.1.) ist die Neutralisation der Oxalsäure-Moleküle abgeschlossen, es liegt eine Natriumhydrogenoxalat-Lösung vor. Da in dieser Lösung die Brönsted-Säure Hydrogenoxalat enthalten ist, liegt der Äquivalenzpunkt im sauren Bereich. Beim zweiten Äquivalenzpunkt ist auch die Neutralisation der Hydrogenoxalat-Ionen abgeschlossen; jetzt liegt eine Natriumoxalat-Lösung vor. Da die Oxalat-Ionen eine schwache Brönsted-Base sind, liegt der zweite Äquivalenzpunkt im alkalischen Bereich.

Die Titrationskurve der Oxalsäure verläuft bis zum ersten Äquivalenzpunkt wie die Titrationskurve einer starken Säure und von da ab wie die Titrationskurve einer schwachen Säure. Der Ordinatenwert des Halbäquivalenzpunktes, der „auf halber Strecke" zwischen den beiden Äquivalenzpunkten liegt, gibt den pK_s-Wert der Brönsted-Säure Hydrogenoxalat-Ion an.

[1] Der hier beschriebene Kurvenverlauf gilt für zweiprotonige Säuren, bei denen die erste Protolysestufe viel leichter erfolgt als die zweite, d.h., bei denen pK_{s1} erheblich (um mehr als 2 Einheiten) kleiner ist als pK_{s2}.

Versuch

V 145.1. Titrieren Sie 100 ml Oxalsäure-Lösung $H_2C_2O_4(aq)$ ($c = 0{,}1$ mol/l) mit Natronlauge ($c = 1$ mol/l) nach der Vorschrift aus PV 139.2. Beenden Sie die Titration aber erst, wenn 30 ml Natronlauge verbraucht sind.

Auswertung

a) Zeichnen Sie die Titrationskurve.
b) Was ist im Vergleich zu allen bisherigen Titrationskurven hier neu? Erklärung?

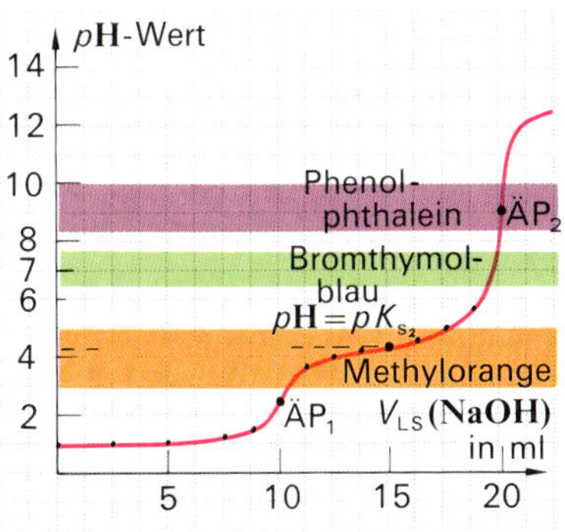

B 145.1. *Titrationskurve von Oxalsaure mit Natronlauge*

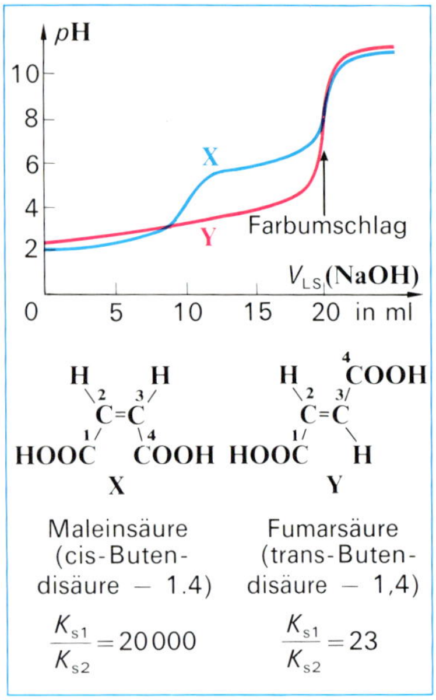

B 146.1. *Zu A 146.1.*

Aufgaben

A 146.1. Bei der Titration von jeweils 20 ml Maleinsäure-Lösung **(X)** bzw. 20 ml Fumarsäure-Lösung **(Y)** mit Natronlauge ($c = 0{,}1$ mol/l) wurden die in B 146.1. angegebenen Titrationskurven erhalten (in B 146.1. finden Sie auch weitere Angaben zu den beiden zweiprotonigen isomeren Säuren). Die Farbe des Indikators schlug beide Male bei $V_{Ls}(\mathbf{NaOH}) = 20$ ml um.

a) Welcher Indikator eignet sich für diese Titrationen?

b) Erklären Sie die unterschiedlichen Kurvenverläufe mit Hilfe der Angaben über die beiden Säuren (B 146.1.).

c) Berechnen Sie die Konzentrationen der beiden titrierten Lösungen.

A 146.2. Bei der Titration von 100 ml Schwefelsäure-Lösung ($c = 0{,}1$ mol/l) mit Natronlauge ($c = 1$ mol/l) erhält man eine Titrationskurve, die wie die Kurve aus B 140.1. (also die einer einprotonigen starken Säure) verläuft, den $p\mathbf{H}$-Sprung jedoch bei $V_{Ls}(\mathbf{NaOH}) = 20$ ml hat. Erklären Sie diesen Sachverhalt.

A 146.3. In einem Versuch wurden 10 ml Ammoniumacetat-Lösung $\mathbf{NH_4CH_3COO(aq)}$ mit Natronlauge ($c = 0{,}1$ mol/l) titriert; in einem weiteren Versuch wurden 10 ml Ammoniumacetat-Lösung der gleichen Konzentration mit Salzsäure ($c = 0{,}1$ mol/l) titriert. Die erhaltenen Titrationskurven sind in B 146.2. dargestellt.

a) Berechnen Sie die Konzentration der verwendeten Ammoniumacetat-Lösung.

b) Der Gesamtverlauf der Kurve ist durch die Wirkung zweier Puffersysteme zu erklären, die in unterschiedlichen Bereichen puffern. Um welche Puffersysteme handelt es sich und welchen pK_s-Wert der jeweiligen Säure kann man der Titrationskurve entnehmen? Vergleich mit den Werten aus Tab. 128.1.

c) Der $p\mathbf{H}$-Wert der Ammoniumacetat-Lösung lässt sich nach folgender Formel berechnen:

$$p\mathbf{H} = \frac{pK_s(\mathbf{NH_4^+}) + pK_s(\mathbf{H_3CCOOH})}{2}$$

Leiten Sie diese Formel her und berechnen Sie den $p\mathbf{H}$-Wert einer Ammoniumacetat-Lösung.
(Hinweis: Es gilt $c(\mathbf{NH_4^+}) = c(\mathbf{H_3CCOO^-})$ und $c(\mathbf{NH_3}) = c(\mathbf{H_3CCOOH})$.)

Für Computer-Freaks

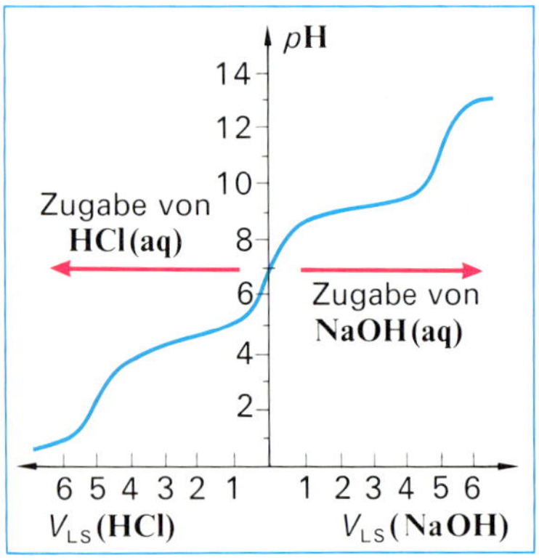

B 146.2. *Zu A 146.3.*

A 146.4. Erstellen Sie ein Computer-Programm zur Auswertung einer $p\mathbf{H}$-Messreihe bei einer Titration.

Eingaben

1. Volumen der titrierten Lösung
2. Formel der titrierten Säure oder Base
3. Volumen **einer** Portion der zugefügten Maßlösung (dies ist die „Schrittweite" im Programm)
4. Konzentration der Maßlösung
5. Reihe der $p\mathbf{H}$-Messwerte

Ausgaben

1. Titrationskurve
2. Masse der in der titrierten Lösung enthaltenen Säure oder Base
3. Konzentration der titrierten Lösung
4. (Gegebenenfalls) pK_s-Wert oder pK_b-Wert der titrierten Säure oder Base

Elektrochemie

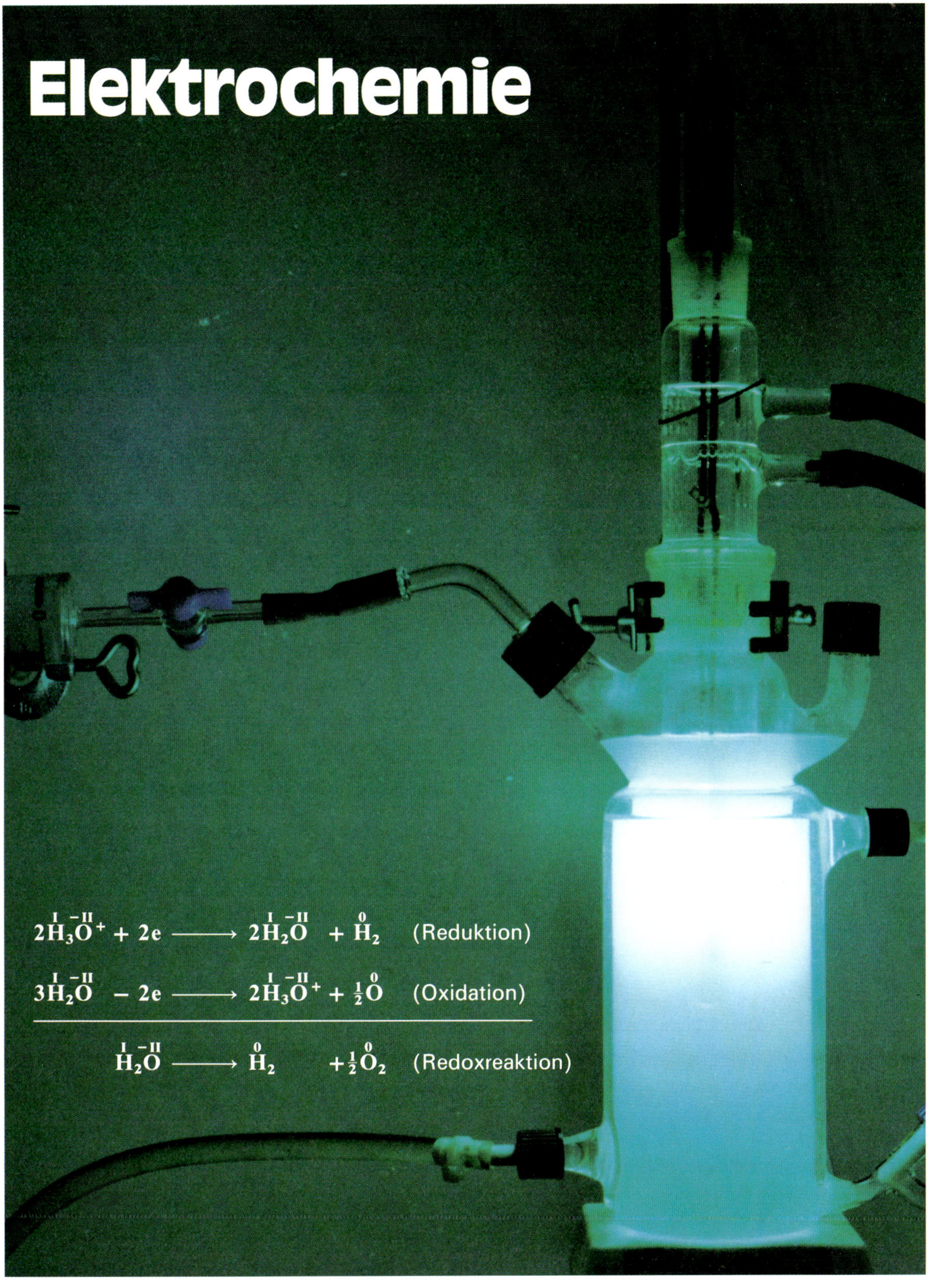

$$2\overset{\mathrm{I}}{\mathrm{H}}_3\overset{-\mathrm{II}}{\mathrm{O}}{}^+ + 2e \longrightarrow 2\overset{\mathrm{I}}{\mathrm{H}}_2\overset{-\mathrm{II}}{\mathrm{O}} + \overset{0}{\mathrm{H}}_2 \quad \text{(Reduktion)}$$

$$3\overset{\mathrm{I}}{\mathrm{H}}_2\overset{-\mathrm{II}}{\mathrm{O}} - 2e \longrightarrow 2\overset{\mathrm{I}}{\mathrm{H}}_3\overset{-\mathrm{II}}{\mathrm{O}}{}^+ + \tfrac{1}{2}\overset{0}{\mathrm{O}} \quad \text{(Oxidation)}$$

$$\overset{\mathrm{I}}{\mathrm{H}}_2\overset{-\mathrm{II}}{\mathrm{O}} \longrightarrow \overset{0}{\mathrm{H}}_2 + \tfrac{1}{2}\overset{0}{\mathrm{O}}_2 \quad \text{(Redoxreaktion)}$$

6. Allgemeine Grundlagen der Elektrochemie

6.1. Elektronenübertragungen als Donator-Akzeptor-Reaktionen

Versuche

Vorsicht, Abzug! Chlor ist giftig! Natrium reagiert sehr heftig mit Wasser!

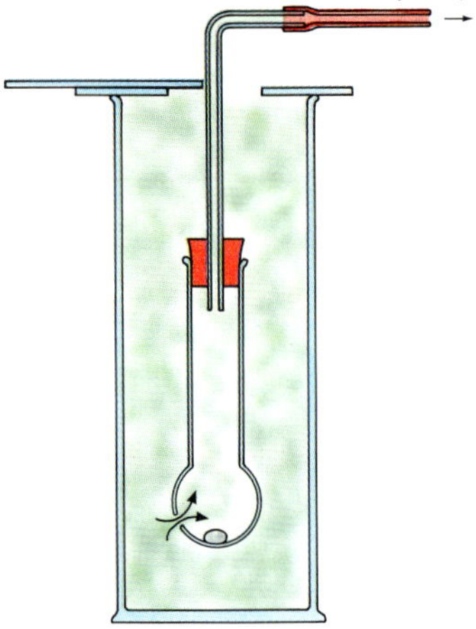

B 148.1. *Reaktion von Natrium mit trockenem Chlor*

V 148.1. Ein 3 cm bis 4 cm langes Magnesiumband* wird mit der Tiegelzange in der Brennerflamme entzündet und an der Luft verbrannt. **Nicht in die Flamme schauen!** Beobachtung?

LV 148.2. Ein brennendes Magnesiumband* wird in einen mit Chlor* Cl_2 gefüllten weiten Standzylinder, auf dessen Boden sich 1 cm hoch Sand befindet, gehalten. Beobachtung?

LV 148.3. In ein Rggl. wird unten seitlich ein größeres Loch geblasen (vorher etwas zu einer Kugel aufblasen). Dann gibt man ein erbsengroßes, sorgfältig gereinigtes Stück Natrium* hinein. Ein mit Chlor* gefüllter Zylinder steht bereit. Er ist mit zwei Platten abgedeckt, deren untere eine für das Rggl. passierbare Öffnung hat. Nachdem das Natrium im Rggl. zu einer Kugel geschmolzen wurde, senkt man es sofort in die Chloratmosphäre im Zylinder. Durch Verbindung des Rggl. mit einer Wasserstrahlpumpe kann man die Heftigkeit der Reaktion steuern. Man beginnt nach dem Anlaufen der Reaktion mit geringer Saugleistung (B 148.1.).

Auswertung

a) Beobachten Sie den Reaktionsverlauf bei V 148.3. und beschreiben Sie das Produkt.
b) Lösen Sie das Produkt in Wasser (Vorsicht: u. U. sind noch Natrium-Reste vorhanden!) und weisen Sie in der Lösung Chlorid-Ionen nach.

Magnesium verbrennt sowohl an der Luft als auch in Chlor (V 148.1. und LV 148.2.). Gleiches gilt für Natrium (LV 148.3.) und für viele andere Elemente. Bei der Verbrennung des Magnesiums an der Luft reagiert das Magnesium mit Sauerstoff zu Magnesiumoxid, bei der Verbrennung in Chlor bildet sich Magnesiumchlorid:

(1) $$2\,Mg(s) + O_2(g) \rightarrow 2\,MgO(s) \qquad \Delta H_R^0 = -1202\ kJ$$

(2) $$Mg(s) + Cl_2(g) \rightarrow MgCl_2(s) \qquad \Delta H_R^0 = -\ 642\ kJ$$

Die Reaktion von Magnesium mit Sauerstoff haben wir bereits als Oxidation kennen gelernt. Mit Hilfe unserer Kenntnisse über den Atombau und das Periodensystem der Elemente können wir untersuchen, ob es auch auf der Teilchen-Ebene Ähnlichkeiten zwischen den Vorgängen (1) und (2) gibt (B 149.1.).

Tab. 148.1. *Die Übereinstimmung der Definitionen lässt ein allgemeines Prinzip erkennen: das* **Donator-Akzeptor-Prinzip**.

Säure	Base	Protolyse
Protonen-Donator	Protonen-Akzeptor	Protonen-Übergang
Reduktionsmittel	Oxidationsmittel	Redoxreaktion
Elektronen-Donator	Elektronen-Akzeptor	Elektronen-Übergang

(1) Bei der Oxidation von Magnesium zu Magnesiumoxid werden Magnesium-Ionen Mg^{2+} und Oxid-Ionen O^{2-} gebildet, die sich in einem Gitter anordnen.

Jedes Magnesium-Atom gibt 2 Elektronen ab:

(1a) $2Mg \rightarrow 2Mg^{2+} + 4e^-$

Jedes *Sauerstoff-Atom* nimmt 2 *Elektronen* auf:

(1b) $O_2 + 4e^- \rightarrow 2O^{2-}$

Die Zusammenfassung von (1a) und (1b) ergibt:

(1c) $2Mg + O_2 \xrightarrow{4e^-} \underbrace{2Mg^{2+} + 2O^{2-}}_{2MgO}$

(2) Bei der Reaktion von Magnesium mit Chlor zu Magnesiumchlorid werden Magnesium-Ionen Mg^{2+} und Chlorid-Ionen Cl^- gebildet, die sich in einem Gitter anordnen.

Jedes Magnesium-Atom gibt 2 Elektronen ab:

(2a) $Mg \rightarrow Mg^{2+} + 2e^-$

Jedes *Chlor-Atom* nimmt 1 *Elektron* auf:

(2b) $Cl_2 + 2e^- \rightarrow 2Cl^-$

Die Zusammenfassung von (2a) und (2b) ergibt:

(2c) $Mg + Cl_2 \xrightarrow{2e^-} \underbrace{Mg^{2+} + 2Cl^-}_{MgCl_2}$

B 149.1. *Vergleich der Verbrennung von Magnesium in Luft (1) mit der Verbrennung von Magnesium in Chlor (2).*

In beiden Reaktionen geben die Magnesium-Atome Elektronen ab, ihre Reaktionspartner nehmen Elektronen auf. Es ist daher sinnvoll, auch die Verbrennung von Magnesium in Chlor als eine Oxidation anzusehen und allgemein zu definieren:

Oxidation ist Elektronenabgabe. Reduktion ist Elektronenaufnahme. Redoxreaktion ist eine Reaktion mit Elektronen-Übergängen.

Die Teilchen des Reduktionsmittels (der Stoff, der oxidiert wird) wirken als Elektronen-Donatoren; die Teilchen des Oxidationsmittels (der Stoff, der reduziert wird) wirken als Elektronen-Akzeptoren (Tab. 148.1.).
Magnesium, Natrium und fast alle anderen Metalle reagieren mit Sauerstoff und mit Halogenen zu Salzen, d.h. Ionen-Verbindungen, die bei Zimmertemperatur fest sind. Besonders auffallend ist, dass die Synthesen von Magnesiumoxid, Magnesiumchlorid und Natriumchlorid (V 148.1. bis LV 148.3.) stark exotherm und unter Lichtentwicklung verlaufen.
Ist dieser Sachverhalt auf die Elektronen-Übergänge bei den Redoxreaktionen zurückzuführen?
Wir klären die Frage am Beispiel der Natriumchlorid-Synthese:

(3) $2Na(s) + Cl_2(g) \rightarrow 2NaCl(s) \quad \Delta H_R = -822\text{ kJ}$

Für die Elektronen-Übergänge bei der Natriumchlorid-Synthese lassen sich mit Hilfe der Werte aus Tab. 149.1. und Tab. 150.1. für jeweils 2 mol Natrium-Atome bzw. 2 mol Chlor-Atome folgende Teilschritte formulieren:

(3a) $2Na \rightarrow 2Na^+ + 2e^- \quad \Delta H_I = +1004\text{ kJ}$ (Ionisierungsenergie)

(3b) $2Cl + 2e^- \rightarrow 2Cl^- \quad \Delta H_E = -726\text{ kJ}$ (Elektronenaffinität)

Ionisierung von Metall-Atomen im gasförmigen Zustand	Ionisierungsenergie ΔH in kJ/mol
$Li(g) \rightarrow Li^+(g) + e^-$	526
$Na(g) \rightarrow Na^+(g) + e^-$	502
$K(g) \rightarrow K^+(g) + e^-$	425
$Mg(g) \rightarrow Mg^{2+}(g) + 2e^-$	2200
$Ca(g) \rightarrow Ca^{2+}(g) + 2e^-$	1748
$Al(g) \rightarrow Al^{3+}(g) + 3e^-$	5158

Tab. 149.1. *Ionisierungsenergien von Metall-Atomen. Die positiven Beträge zeigen an, dass Energie zugeführt werden muss.*

Ionisierung von Nichtmetall-Atomen im gasförmigen Zustand	Elektronenaffinität ΔH in kJ/mol
$F(g) + e^- \rightarrow F^-(g)$	−339
$Cl(g) + e^- \rightarrow Cl^-(g)$	−363
$Br(g) + e^- \rightarrow Br^-(g)$	−331
$I(g) + e^- \rightarrow I^-(g)$	−302
$O(g) + 2e^- \rightarrow O^{2-}(g)$	628
$S(g) + 2e^- \rightarrow S^{2-}(g)$	367

Tab. 150.1. *Elektronenaffinitäten von Nichtmetall-Atomen. Die negativen Beträge zeigen an, dass bei der Ionisierung Energie freigesetzt wird. Dies tritt nur bei Halogen-Atomen ein.*

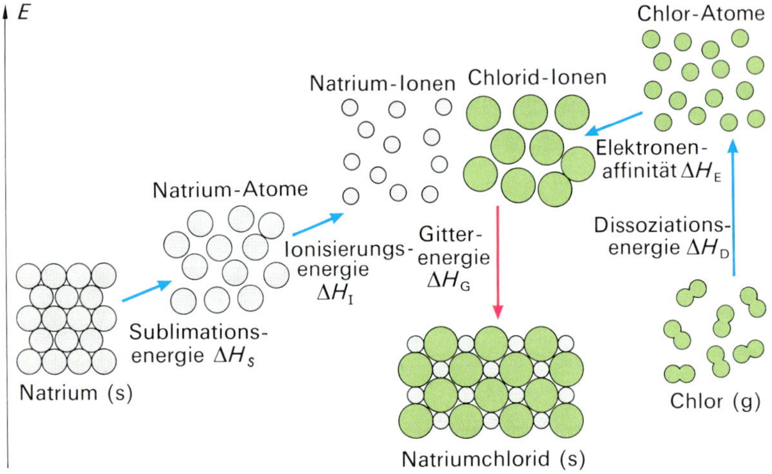

B 150.1. *Teilschritte bei der Natriumchlorid-Synthese. Die Energien sind „richtungsgetreu", aber nicht maßstabsgerecht aufgetragen.*

Bestünde die Kochsalz-Bildung nur aus diesen Elektronen-Übergängen, so müsste sie endotherm verlaufen! Es muss also noch andere Teilschritte geben, die energetisch ins Gewicht fallen. Dieses Beispiel zeigt uns, dass wir bei der Zusammenstellung der Energiebilanz einer Redoxreaktion außer den Energien, mit denen die Elektronen-Übergänge verbunden sind, noch andere Energien zu berücksichtigen haben. Bei der Natriumchlorid-Synthese bestehen weder die Edukte noch das Produkt aus isolierten Teilchen: Im Natrium sind die Atome in einem Metallgitter angeordnet, im Chlor sind jeweils 2 Atome in einem Molekül gebunden und im Natriumchlorid sind die Ionen in einem Ionengitter angeordnet.

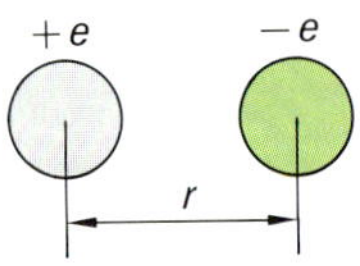

Nach den Gesetzen der Elektrostatik ist die Anziehungsenergie (COULOMBSCHE Energie) zwischen zwei Teilchen mit den Ladungen $+e$ und $-e$, die sich im Abstand r voneinander befinden:

$$E_C = -\frac{e^2}{r}$$

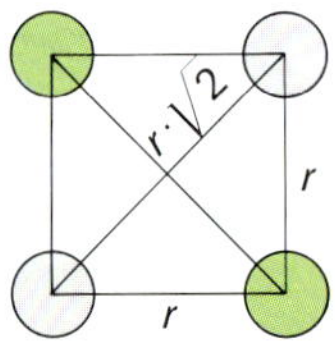

Bei vier Teilchen (zwei Ionenpaaren) kommt es zu einer COULOMBSCHEN Energie, die mehr als zweieinhalbmal größer ist als bei einem Ionenpaar.

$$E_C = \underbrace{-\frac{e^2}{r} - \frac{e^2}{r} - \frac{e^2}{r} - \frac{e^2}{r}}_{\text{Anziehungen}} \underbrace{+ \frac{e^2}{r\sqrt{2}} + \frac{e^2}{r\sqrt{2}}}_{\text{Abstoßungen}}$$

$$E_C = -2{,}59\,\frac{e^2}{r}$$

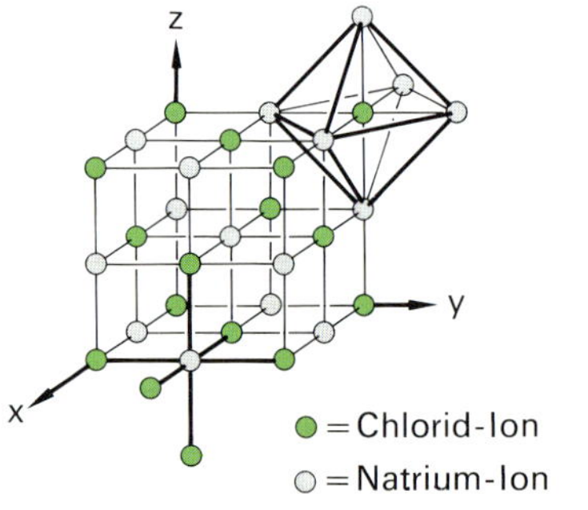

Ordnen sich sehr viele Ionen in einem dreidimensionalen Gitter an, so wird eine beträchtliche COULOMBSCHE Energie in Form von Wärme frei; es ist die Gitterenergie.

B 150.2. *Die Gitterenergie eines Salzes beruht auf elektrostatischen Anziehungen zwischen Ionen. Diese Betrachtungen zeigen, dass die Gitterenergie von der Ladung und von der geometrischen Anordnung der Ionen im Gitter abhängt (die Zahl der Ionen ist bei jeder noch so kleinen Stoffportion enorm groß).*

Unter Berücksichtigung dieser Tatsachen lässt sich die Natriumchlorid-Synthese in die Teilschritte aus B 150.1. aufgliedern.
Maßgeblich dafür, dass die Kochsalz-Bildung exotherm verläuft, ist die Energie, die freigesetzt wird, wenn sich die sich anziehenden Natrium- und Chlorid-Ionen in ein Natriumchlorid-Gitter anordnen. Man nennt diese Energie **Gitterenergie (Gitterenthalpie)** $\boldsymbol{\Delta H_G}$. Sie kann berechnet werden, wenn die Reaktionsenthalpie ΔH_R und die Enthalpien der anderen Teilschritte aus experimentellen Messungen bekannt sind (B 151.1.).

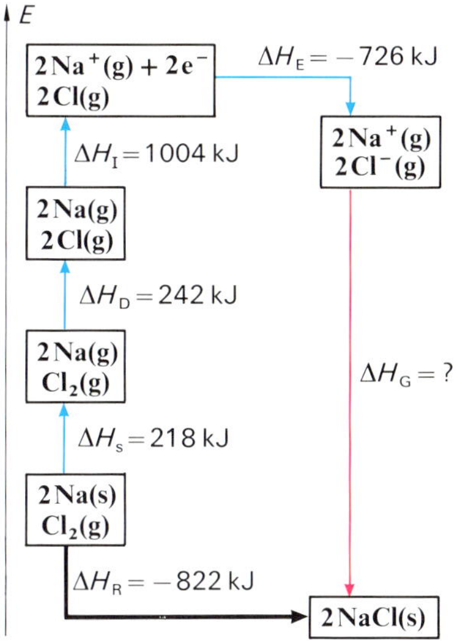

B 151.1. *BORN-HABER-Kreisprozess für die Natriumchlorid-Synthese. Nach dem Satz von den konstanten Wärmesummen (S. 78f.) gilt:*
$\Delta H_S + \Delta H_D + \Delta H_I + \Delta H_E + \Delta H_G = \Delta H_R$
Durch Einsetzen der Zahlenwerte erhält man: $\Delta H_G = -1560$ kJ
Die molare Gitterenergie des Natriumchlorids beträgt also:
$\Delta H_G(\mathrm{NaCl}) = -780$ kJ/mol

Aufgaben

A 151.1. Das Donator-Akzeptor-Prinzip ist sowohl bei den Begriffen des Säure-Base-Konzepts als auch bei den Redoxreaktionen tragfähig (Tab. 148.1.). Warum entspricht dem Begriff Säure nicht der Begriff Oxidation, wohl aber der Begriff Reduktionsmittel?

A 151.2. Haben Sie eine Erklärung für die Unterschiede der Ionisierungsenergien aus Tab. 149.1.: a) bei den einzelnen Alkalimetallen; b) bei den einzelnen Erdalkalimetallen; c) bei Natrium, Magnesium und Aluminium im Vergleich?

A 151.3. In B 150.1. sind die Natrium-Ionen kleiner als die Natrium-Atome, die Chlorid-Ionen aber größer als die Chlor-Atome dargestellt. Dies ist kein Fehler, sondern entspricht der Wirklichkeit. Erklärung?

A 151.4. Berechnen Sie nach dem Muster aus B 150.2. die COULOMBSCHE Energie bei der Anordnung von vier Ionenpaaren zu einem Würfel. Um welchen Faktor ist die COULOMBSCHE Energie größer als bei einem Ionenpaar?

A 151.5. Welcher Zusammenhang zwischen der Gitterenergie eines Salzes und seiner Schmelztemperatur wird aus der Tab. 151.1. deutlich? Erklärung?

A 151.6. Wie könnte man die Unterschiede bei den Gitterenergien der drei Natriumhalogenide aus Tab. 151.1. erklären? Trifft diese Erklärung auch auf die Unterschiede bei den Gitterenergien der Chlorid-Gruppe und der Oxid-Gruppe aus Tab. 151.1. zu?

A 151.7. Bromwasser wird beim Schütteln mit Zinkpulver entfärbt. Die entfärbte Lösung enthält Zink-Ionen $\mathbf{Zn^{2+}(aq)}$. Formulieren Sie die Reaktionsgleichung für die Entfärbung. Kommen hier die gleichen Teilschritte vor wie bei der Synthese von Natriumchlorid? Erläutern Sie.

A.151.8. Die Reaktionsenthalpie bei der Bildung von Calciumchlorid $\mathbf{CaCl_2}$ beträgt $\Delta H_R = -793\ \mathrm{kJ \cdot mol^{-1}}$. Stellen Sie gemäß dem Muster aus B 151.1. den BORN-HABER-Kreisprozess für die Bildung von Calciumchlorid auf und berechnen Sie die Gitterenergie von Calciumchlorid (vgl. Tab. 149.1. und Tab. 150.1.; Sublimationsenergie von Calcium $\Delta H_S = 178\ \mathrm{kJ \cdot mol^{-1}}$).

Salz	ϑ_m (°C)	ΔH_G (kJ·mol⁻¹)
NaBr	747	−740
NaI	662	−692
NaCl	800	−780
KCl	770	−710
RbCl	725	−686
MgO	2642	−3929
CaO	2570	−3477
BaO	1925	−3044
$\mathbf{Al_2O_3}$	3300	−15111

Tab. 151.1. *Schmelztemperaturen und molare Gitterenergien einiger Salze*

Neue Fachbegriffe

Oxidation (Elektronenabgabe), Reduktion (Elektronenaufnahme), Reduktionsmittel, Oxidationsmittel, Redoxreaktion, Ionisierungsenergie, Elektronenaffinität, Sublimationsenergie, Dissoziationsenergie, coulombsche Energie, Gitterenergie (Gitterenthalpie), molare Gitterenergie, BORN-HABER-Kreisprozess

Zusammenfassung

Oxidation eines Systems ist gleichbedeutend mit Elektronenabgabe. Reduktion eines Systems bedeutet Elektronenaufnahme. Redoxreaktionen sind Reaktionen mit Elektronen-Übergängen. Die Synthesen von Salzen (Oxiden, Chloriden u. a.) aus Elementen sind Redoxreaktionen. Sie verlaufen exotherm, weil bei der Anordnung der Ionen in Ionengitter Gitterenergie als Wärme abgegeben wird.

Versuch

V 152.1. In einem Rggl. löst man eine Spatelspitze Kaliumiodid in 10 ml dest. Wasser und fügt 3 ml verdünnte Salzsäure* und 1 ml konz. Stärke-Lösung dazu. Das Gemisch wird tropfenweise mit 3 ml verdünnter Wasserstoffperoxid-Lösung* versetzt und geschüttelt. Beobachtung?

Regeln zur Feststellung der Oxidationszahlen

(1): Atome von Elementen haben die Oxidationszahl 0.

Beispiele:

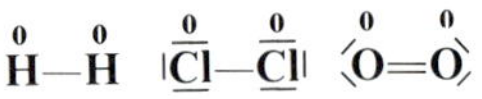

(2): Die Oxidationszahl einatomiger Ionen ist gleich ihrer Ladungszahl.

Beispiele: $\overset{II}{Mg}{}^{2+}$; $\overset{-I}{Cl}{}^{-}$

(3): Bei Atomen von Molekülen ordnet man alle Bindungselektronen dem jeweils elektronegativeren an der Bindung beteiligten Atom zu.

Beispiele: 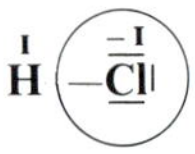

(Im Hydrogenchlorid-Molekül werden beide Bindungselektronen dem Chlor-Atom zugeordnet; es erhält damit die Oxidationszahl −I)

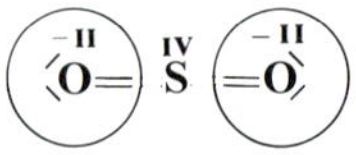

(Im Schwefeldioxid-Molekül werden jeweils 4 Bindungselektronen jedem Sauerstoff-Atom zugeordnet)

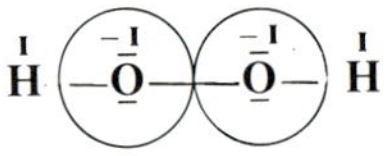

(Im Wasserstoffperoxid-Molekül werden die beiden Bindungselektronen zwischen den Sauerstoff-Atomen gleichmäßig auf diese verteilt)

B 152.1. *Die Summe der Oxidationszahlen Oz in einem Molekül ist 0 (Indices berücksichtigen); bei Molekül-Ionen ist die Summe der Oz gleich der Ladungszahl des Ions.*

6.2. Die Oxidationszahl

Versetzt man angesäuerte Kaliumiodid-Lösung mit Wasserstoffperoxid-Lösung, so bildet sich Iod, das mit Stärke-Lösung nachgewiesen werden kann (V 152.1). Die Reaktion verläuft nach folgender Gleichung:

(1) $2I^-(aq) + H_2O_2(aq) + 2H_3O^+(aq) \rightarrow I_2(aq) + 4H_2O(l)$

Offensichtlich werden dabei Iodid-Ionen zu Iod-Molekülen oxidiert:

(1a) $2I^- \rightarrow I_2 + 2e^-$ (Oxidation)

Wo aber bleiben die abgegebenen Elektronen? Von welchen Teilchen aus dem Reaktionsansatz werden sie aufgenommen? Wie gelangt man zu der Formulierung der Reaktionsgleichung (1)?

Genaue Untersuchungen würden zeigen, dass bei der Reaktion zwischen angesäuerter Kaliumiodid-Lösung mit Wasserstoffperoxid-Lösung neben der Bildung von Iod tatsächlich auch Wasser aus Wasserstoffperoxid und Oxonium-Ionen entsteht. Wir zählen zunächst alle Valenzelektronen der Teilchen aus der Gleichung (1), die in (1a) nicht mehr vorkommen:

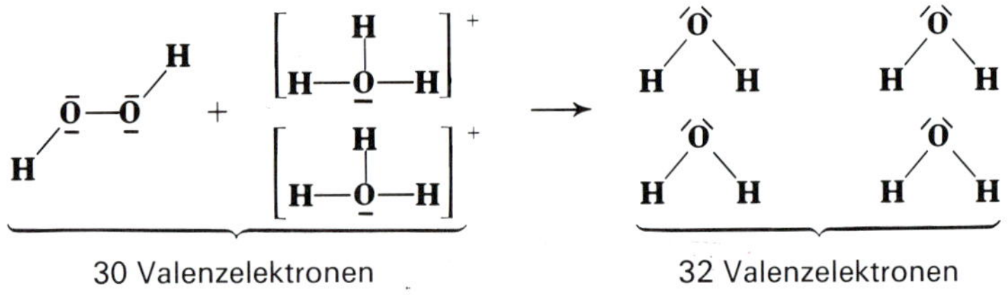

Für den Übergang von einem Wasserstoffperoxid-Molekül und zwei Oxonium-Ionen in vier Wasser-Moleküle ist tatsächlich die Aufnahme von 2 Elektronen notwendig. Als Oxidationsmittel können wir hier aber nicht ein bestimmtes Atom oder ein bestimmtes Atom-Ion ansehen. Vielmehr bildet das System aus einem Wasserstoffperoxid-Molekül und zwei Oxonium-Ionen das Oxidationsmittel der Redoxreaktion (1). Um das Elektronenzählen bei so vielen Teilchen zu umgehen und ein einfaches Verfahren für das Erstellen von Reaktionsgleichungen komplizierterer Redoxreaktionen zu erreichen, hat man folgende formale Schritte als „Kunstgriff" entwickelt:
Jedem gebundenen Atom wird eine ganze Zahl zugeordnet: Bei Atom-Ionen ist es die Ladungszahl; bei Molekülen und Molekül-Ionen ist es eine gedachte Ladungszahl. Die Ermittlung dieser Zahl erfolgt nach den in B 152.1. angegebenen Regeln und wird **Oxidationszahl Oz** genannt.
Die Oxidationszahlen werden mit römischen Ziffern über die Symbole der Atome geschrieben. Bei positiven Oxidationszahlen entfällt das Pluszeichen, das Minuszeichen muss angegeben werden.

Für die Teilchen aus der Reaktionsgleichung (1) erhalten wir folgende Oxidationszahlen:

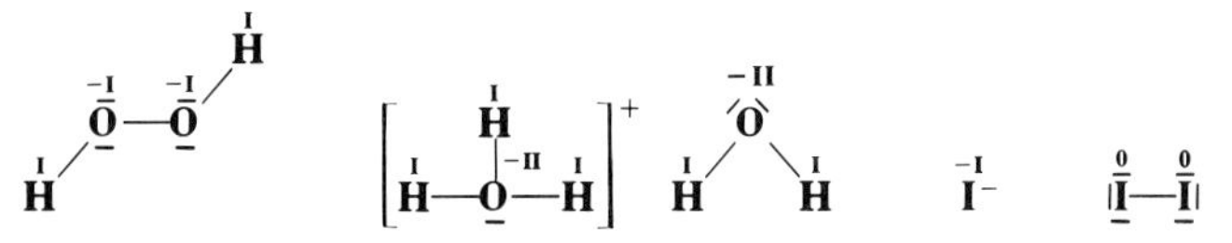

Wasserstoffperoxid-Molekül | Oxonium-Ion | Wasser-Molekül | Iodid-Ion | Iod-Molekül

Neben den Iodid-Ionen ändern also nur die beiden im Wasserstoffperoxid-Molekül gebundenen Sauerstoff-Atome ihre Oxidationszahlen. Eine Änderung der Oz von -I auf -II entspricht der Aufnahme von einem Elektron:

(1 b) $\overset{\text{I}}{H}_2\overset{-\text{I}}{O}_2 + 2\overset{\text{I}}{H}_3\overset{-\text{II}}{O}^+ + 2e^- \rightarrow 4\overset{\text{I}}{H}_2\overset{-\text{II}}{O}$ (Reduktion)
(Oxidationsmittel)

Mit Hilfe der Oxidationszahl lassen sich die Begriffe Oxidation und Reduktion neu fassen:
Oxidation (Elektronenabgabe) bedeutet eine Erhöhung der Oz.
Reduktion (Elektronenaufnahme) bedeutet eine Erniedrigung der Oz.
Eine Redoxreaktion ist eine Reaktion mit Veränderung der Oz.
Für das **Erstellen der Reaktionsgleichung einer Redoxreaktion** können wir jetzt ein allgemein anwendbares Verfahren aufstellen:

1. Bestimmung der Oxidationszahlen bei den Atomen der Edukt- und der Produkt-Teilchen. Daraus erkennen wir das Oxidationsmittel und das Reduktionsmittel; z. B.:

$\overset{\text{I}}{H}_2\overset{-\text{I}}{O}_2$	$\overset{-\text{I}}{I}^-$	$\overset{\text{I}}{H}_2\overset{-\text{II}}{O}$	$\overset{0}{I}_2$
Oxidationsmittel	Reduktionsmittel	reduziertes Oxidationsmittel	oxidiertes Reduktionsmittel

2. Aufstellen der Teilgleichungen für die Oxidation und die Reduktion. Bei jeder Teilgleichung muss a) die Atombilanz und b) die Ladungsbilanz stimmen. Zum Ausgleich der Ladungsbilanz werden bei Redoxreaktionen in saurer Lösung Oxonium-Ionen eingesetzt, bei Redoxreaktionen in alkalischer Lösung Hydroxid-Ionen. Zum Ausgleich der Atombilanz setzt man in beiden Fällen Wasser-Moleküle ein.
   Die Zahl der bei der Oxidation abgegebenen Elektronen muss gleich sein mit der Zahl der bei der Reduktion aufgenommenen Elektronen. Hierzu müssen die Teilgleichungen gegebenenfalls mit Faktoren multipliziert werden. Beispiel:

   $2\overset{-\text{I}}{I}^- \rightarrow \overset{0}{I}_2 + 2e^-$ (Oxidation)

   $\overset{\text{I}}{H}_2\overset{-\text{I}}{O}_2 + 2\overset{\text{I}}{H}_3\overset{-\text{II}}{O}^+ + 2e^- \rightarrow 4\overset{\text{I}}{H}_2\overset{-\text{II}}{O}$ (Reduktion)

3. Summierung der beiden Teilgleichungen; z. B.:

   $2\overset{-\text{I}}{I}^- + \overset{\text{I}}{H}_2\overset{-\text{I}}{O}_2 + 2\overset{\text{I}}{H}_3\overset{-\text{II}}{O}^+ \rightarrow \overset{0}{I}_2 + 4\overset{\text{I}}{H}_2\overset{-\text{II}}{O}$ (Redoxreaktion)

Weitere „praktische" Hinweise:
(vgl. auch B 152.1.)
1. *Metall-Atome* haben in der Regel *positive Oz.*
2. *Sauerstoff-Atome* haben in fast allen Verbindungen (Ausnahme: Peroxide) die *Oz* − II.
3. Bei Ionen-Verbindungen legt man zuerst fest, aus welchen Ionen (Atom-Ionen bzw. Molekül-Ionen) die Verbindung besteht.
   Beispiel:
   Kaliumpermanganat $KMnO_4$ (Ionen-Verbindung)
   $\overset{\text{I}}{K}^+$ und $\overset{\text{VII}}{Mn}\overset{-\text{II}}{O}_4^-$
4. Bei Molekülen und Molekül-Ionen ist es zweckmäßig, wenn man zuerst die Valenzstrichformel aufschreibt. Man kann so gegebenenfalls die unterschiedlichen Oz bei Atomen desselben Elements feststellen (vgl. A 155.2. und 155.8.).

Nachweisreaktionen

Versuche

PV 154.1. *Nachweis von Iodat-Ionen im Speisesalz:*
Manche Speisesalzsorten werden als „Iod haltig“ werbewirksam vermarktet. In den deutschen Salzsorten dieser Art ist Iod in Iodat-Ionen IO_3^- gebunden. *Nachweisversuch:* In ein Becherglas, das eine mit 3 Tropfen Schwefelsäure* angesäuerte Lösung aus einer Spatelspitze Kaliumiodid und ca. 20 ml Wasser enthält, gibt man zunächst einige Tropfen konzentrierte Stärke-Lösung. Dann streut man unter Schütteln des Becherglases „Iod haltiges“ Speisesalz dazu. Beobachtung?
Führen Sie den beschriebenen Nachweisversuch mit verschiedenen Speisesalzsorten, die laut Verpackungsangaben Iod enthalten bzw. nicht enthalten, durch.

Auswertung

a) Stimmen Ihre Versuchsergebnisse mit den Angaben des Herstellers überein?
b) Sie finden die Reaktionsgleichung dieses Nachweisversuchs in der Textspalte. Können Sie sicher sein, dass das nachgewiesene Iod aus den Iodat-Ionen stammt? Begründung.
c) Was müsste zu erwarten sein, wenn man statt Kaliumiodid-Lösung Kaliumbromid-Lösung nimmt? Überprüfen Sie Ihre Vermutung experimentell.

PV 154.2. *Nachweis von gelöstem Sauerstoff im Leitungswasser:*
Lösen Sie 10 g Mangan(II)-chlorid* in 50 ml dest. Wasser und filtrieren Sie falls nötig. Bewahren Sie die Lösung in einem verschlossenen Kolben auf.
Füllen Sie einen 50-ml-Erlenmeyerkolben bis fast zum Überlaufen mit Leitungswasser und fügen Sie langsam 4 ml der hergestellten Mangan(II)-chlorid-Lösung hinzu. Stopfen Sie zu und schütteln Sie gut durch. Fügen Sie dann noch 2 ml Natronlauge*, ($w = 25\%$) hinzu, verstopfen Sie und schütteln Sie erneut. Beobachtung?
Führen Sie die Probe auch mit abgekochtem und unter Verschluss abgekühltem Wasser durch. Beobachtung?

Auswertung

a) Erklären Sie anhand der Reaktionsgleichung aus der Textspalte den Unterschied zwischen Leitungswasser und abgekochtem Wasser.
b) Die im Reduktions-Schritt formulierten Oxid-Ionen O^{2-} sind starke Basen (vgl. Tab. 128.1.). Welche Folge hat das für den pH-Wert der Probelösung kurz vor der Zugabe von Natronlauge? Stimmt das mit Ihren Beobachtungen überein?
c) Informieren Sie sich über den quantitativen Sauerstoff-Nachweis in Gewässern auf S. 158.

Der Iodat-Nachweis im Speisesalz (PV 154.1.) kann nach dem o.g. Muster durch folgende Reaktionsgleichungen beschrieben werden:

$$2\overset{-I}{I}{}^- \rightarrow \overset{0}{I}_2 + 2e \;/.5 \qquad \text{(Oxidation)}$$

$$2\overset{V\,-II}{IO_3^-} + 12\overset{I\,-II}{H_3O^+} + 10e^- \rightarrow \overset{0}{I_2} + 18\overset{I\,-II}{H_2O} \qquad \text{(Reduktion)}$$

$$10\overset{-I}{I}{}^- + 2\overset{V\,-II}{IO_3^-} + 12\overset{I\,-II}{H_3O^+} \rightarrow 6\overset{0}{I_2} + 18\overset{I\,-II}{H_2O} \qquad \text{(Redoxreaktion)}^1$$

Es fällt auf, dass bei dieser Reaktion Iod-Atome, die in den Edukt-Teilchen verschiedene OZ haben, in den Produkt-Teilchen ihre OZ gegenseitig angleichen. Man spricht von einer *Komproportionierung* oder *Synproportionierung* von Iod.
Beim Nachweis von gelöstem Sauerstoff im Leitungswasser mit Mangan(II)-chlorid (PV 154.2.) bildet sich ein brauner Niederschlag aus Mangan(III)-oxihydroxid:

B 154.1. Wasseruntersuchungslabor

$$\overset{II}{Mn}{}^{2+} \rightarrow \overset{III}{Mn}{}^{3+} + 1e^- \;/.4 \qquad \text{(Oxidation)}$$

$$\overset{0}{O_2} + 4e^- + 4\overset{-II\,I}{OH^-} \rightarrow 4\overset{-II}{O}{}^{2-} + 2\overset{I\,-II}{H_2O} \qquad \text{(Reduktion)}$$

$$4\overset{II}{Mn}{}^{2+} + \overset{0}{O_2} + 8\overset{-II\,I}{OH^-} \rightarrow 4\overset{III\,-II\,-II\,I}{MnO(OH)} + 2\overset{I\,-II}{H_2O} \qquad \text{(Redoxreaktion und Fällungsreaktion)}$$

1 Die ganze Reaktionsgleichung könnte jetzt durch 2 gekürzt werden.

Bei der Summierung der beiden Teilschritte wurden auf der Edukt- und auf der Produkt-Seite 4 zusätzliche Hydroxid-Ionen dazugezählt. Hiermit wird der Tatsache Rechnung getragen, dass sich in der Reaktion nicht Mangan(III)-oxid, sondern Mangan(III)-oxihydroxid bildet, das bei PV 154.2. ausfällt.

Aufgaben

A 155.1. Bestimmen Sie in folgenden Formeln alle Oxidationszahlen: Br_2, N_2, Na, $NaCl$, $AlCl_3$, Fe_2O_3, NH_3, NO, NO_2, N_2O_5, HNO_2, HNO_3, SCl_2, SO_2, SO_3, H_2SO_3, H_2SO_4, Na_2SO_4, $NaHSO_4$, H_3C-CH_3, H_3C-CH_2OH, H_3C-CHO, $H_3C-COOH$. (Beachten Sie die „praktischen" Hinweise auf S. 153.)

A 155.2. Am Anfang des Lehrgangs wurden Versuche mit Schwefel-Verbindungen durchgeführt, deren Valenzstrichformeln recht kompliziert aussehen (V 65.1., V 74.1., V 74.2.). Bestimmen Sie die Oz der Schwefel-Atome in diesen Verbindungen mit Hilfe der Valenzstrichformeln aus B 155.1. Was fällt Ihnen dabei auf?

A 155.3. Folgende Verbindungen des Elements Chlor sind bekannt: Hydrogenchlorid **HCl**, Kaliumchlorid **KCl**, Kaliumhypochlorit **KClO**, Kaliumchlorit $KClO_2$, Kaliumchlorat $KClO_3$ und Kaliumperchlorat $KClO_4$. Bestimmen Sie die Oxidationszahlen der Chlor-Atome im Hypochlorit-, im Chlorit-, im Chlorat- und im Perchlorat-Ion und stellen Sie die Valenzstrichformeln der genannten Ionen auf.

A 155.4. Entscheiden Sie mit Hilfe der Oxidationszahlen in jedem einzelnen Fall, ob eine Redoxreaktion vorliegt oder nicht und begründen Sie:

a) $2HgO \rightarrow 2Hg + O_2$

b) $2NO_2 + H_2O \rightarrow HNO_2 + HNO_3$

c) $SO_3 + H_2O \rightarrow H_2SO_4$

d) $Cl_2 + 2OH^- \rightarrow Cl^- + ClO^- + H_2O$ (vgl. B 155.2.)

e) $(NH_4)_2CO_3 \rightarrow 2NH_3 + H_2O + CO_2$

A 155.5. Eine rotviolette Kaliumpermanganat-Lösung wird beim Versetzen mit einer angesäuerten Eisen(II)-sulfat-Lösung entfärbt. Die entfärbte Lösung enthält Mangan(II)-Ionen Mn^{2+} statt der Permanganat-Ionen MnO_4^-. Stellen Sie die Reaktionsgleichung der Entfärbungsreaktion auf.

A 155.6. Bei der FEHLING-Probe zum Nachweis von Aldehyden **R−CHO** werden Kupfer(II)-Ionen durch den Aldehyd in alkalischer Lösung zu Kupfer(I)-Ionen, die als rotbraunes Kupfer(I)-Oxid ausfallen, reduziert. Der Aldehyd wird zu einer Carbonsäure **R−COOH** oxidiert. Entwickeln Sie die Reaktionsgleichung.

A 155.7. In der Vorrichtung aus B 155.2. kann Chlor- oder Chlor haltige Luft im Labor unschädlich gemacht werden. Die Reaktion verläuft nach dem Schema d) aus A 155.4. a) Welche Salze fallen nach längerer Chloreinleitung aus? b) Bei dieser Reaktion wird Chlor „disproportioniert" (vgl. Komproportionierung von Iod auf S. 154). Was versteht man wohl unter einer Disproportionierung?

A 155.8. Der organische Farbstoff Methylenblau wird in saurer Lösung beim Bestrahlen mit UV-Licht durch Eisen(II)-Ionen entfärbt *(photochemische Redoxreaktion)*:

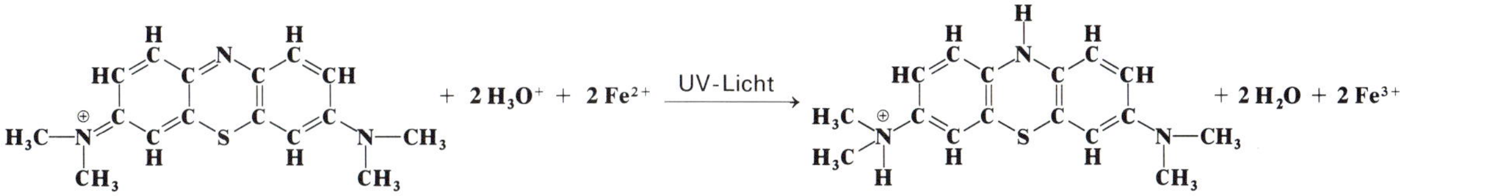

Methylenblau (blaue Form) Methylenblau (farblose Form)

a) Welche Atome im Methylenblau-Molekül-Ion ändern dabei ihre Oz?

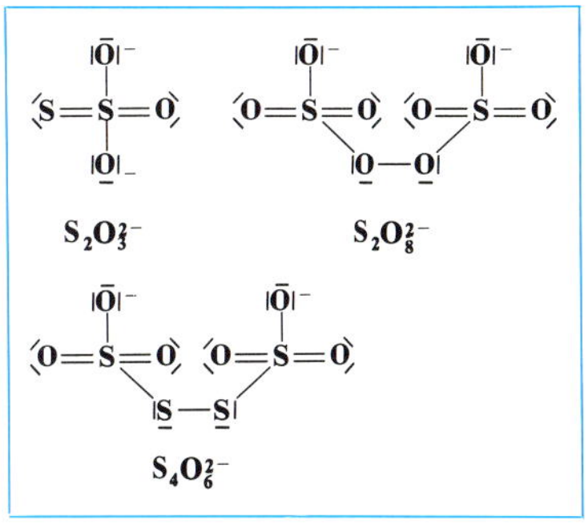

B 155.1. *Valenzstrichformeln der Molekül-Ionen: Thiosulfat* $S_2O_3^{2-}$, *Peroxodisulfat* $S_2O_8^{2-}$ *und Tetrathionat* $S_4O_6^{2-}$ *(vgl. A 155.2.)*

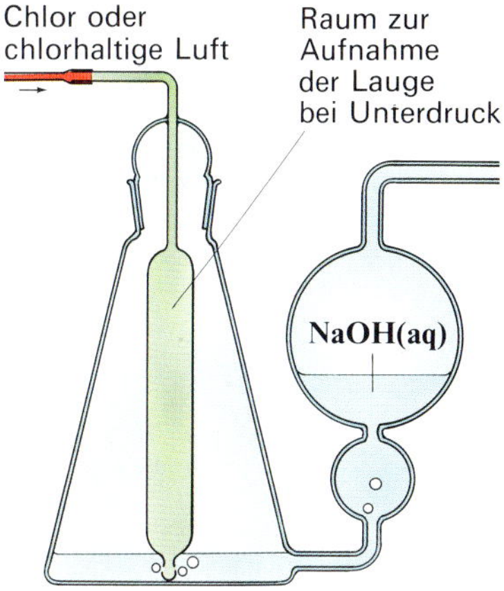

B 155.2. *Vorrichtung zur Absorption von Chlor in Natronlauge*

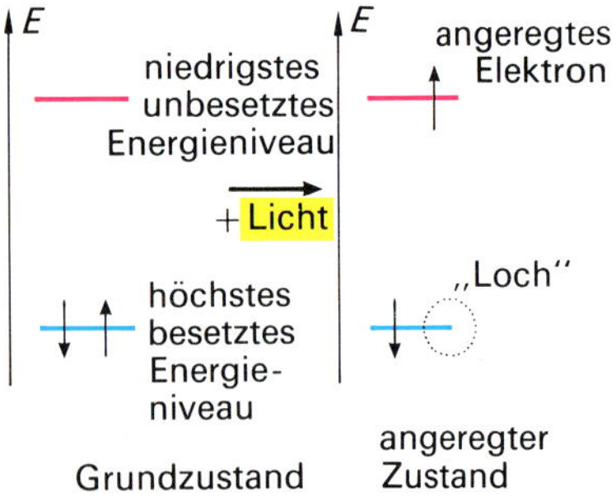

B 156.1. *Bei der Absorption von Licht geht ein Elektron aus einem besetzten Energieniveau in ein höheres, unbesetztes über.*

b) Ein elektronisch angeregtes Teilchen kann sowohl als Reduktionsmittel als auch als Oxidationsmittel wirksam werden. Erklären Sie das mit Hilfe der Angaben in B 156.1.

c) Die Photosynthese ist eine photochemische Redoxreaktion. Welcher grundsätzliche Unterschied besteht zwischen der Aufgabe des dort beteiligten Farbstoffs (Chlorophyll) und der oben formulierten Entfärbung des Farbstoffs Methylenblau?

Neue Fachbegriffe

Oxidationszahl Oz, Komproportionierung oder Synproportionierung, Disproportionierung, photochemische Redoxreaktion

Zusammenfassung

Die Oxidationszahl ist eine Zahl, die einem gebundenen Atom zugeordnet wird und die seine tatsächliche oder seine gedachte Ladung angibt. Oxidationszahlen sind beim Aufstellen der Reaktionsgleichungen von Redoxreaktionen hilfreich.

Erweiterung, Vertiefung, Anwendung

Redoxtitrationen

Versuche

V 156.1. *Titration einer Eisen(II)-sulfat-Lösung:*
Pipettieren Sie in einen 100-ml-Erlenmeyerkolben 50 ml Eisen(II)-sulfat-Lösung* ($c = 0{,}01$ mol/l). Fügen Sie ca. 10 ml Schwefelsäure-Lösung* ($w = 25\%$) und 3 ml Phosphorsäure-Lösung* ($w = 65\%$) dazu und titrieren Sie das Gemisch mit Kaliumpermanganat-Lösung* ($c = 0{,}01$ mol/l), bis die zufließende Lösung sich nicht mehr ganz entfärbt und die Lösung im Erlen meyerkolben schwach rosa bleibt. Notieren Sie das Volumen der verbrauchten Kaliumpermanganat-Lösung.

V 156.2. *Kaliumpermanganatverbrauch von Abwasser:*
Pipettieren Sie in einen 300-ml-Erlenmeyerkolben 100 ml Abwasser. Fügen Sie ca. 10 ml Schwefelsäure-Lösung* ($w = 25\%$) und genau 20 ml Kaliumpermanganat-Lösung* ($c = 0{,}01$ mol/l) dazu. Decken Sie den Kolben mit einem Uhrglas zu und kochen Sie die Lösung ca. 10 min lang. Setzen Sie mit der Pipette dann 60 ml Oxalsäure-Lösung* ($c = 0{,}01$ mol/l) dazu und kochen Sie kurz weiter. Titrieren Sie anschließend die noch heiße Lösung mit Kaliumpermanganat-Lösung ($c = 0{,}01$ mol/l) und notieren Sie das Volumen der verbrauchten Lösung (B 156.2.). Untersuchen Sie verschiedene Wasserproben (Abwaschwasser, Teichwasser, Flusswasser, Trinkwasser) nach diesem Verfahren. Falls nötig, muss die Wasserprobe vorher filtriert werden.

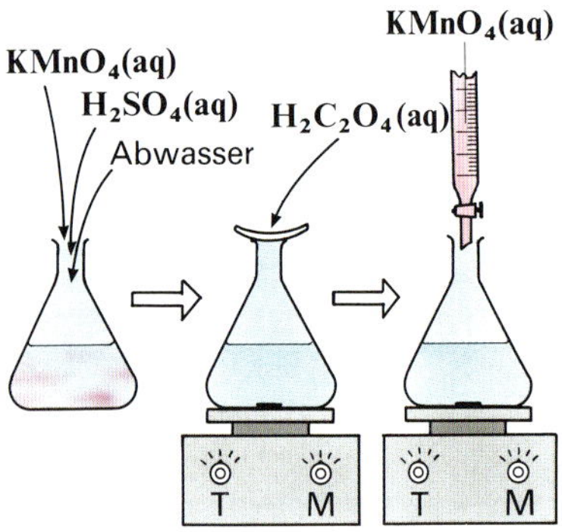

B 156.2. *Zu V 156.2.*

1. Manganometrie

In der Manganometrie nutzt man die Tatsache aus, dass die farbgebenden Permanganat-Ionen MnO_4^- in saurer Lösung von vielen Reduktionsmitteln zu farblosen Mangan(II)-Ionen Mn^{2+} reduziert werden.

Titriert man eine Eisen(II)-sulfat-Lösung mit Kaliumpermanganat-Lösung gleicher Konzentration, so beträgt das Volumen der verbrauchten Kaliumpermanganat-Lösung $^1/_5$ des Volumens der Eisen(II)-sulfat-Lösung (V 156.1.). Die Gleichung der bei V 156.2. abgelaufenen Redoxreaktion lautet:

$$\overset{\text{VII}}{Mn}O_4^- + 5\overset{\text{II}}{Fe}{}^{2+} + 8H_3O^+ \rightarrow \overset{\text{II}}{Mn}{}^{2+} + 5\overset{\text{III}}{Fe}{}^{3+} + 12H_2O$$

(Die Oz sind nur bei den Atomen angegeben, bei denen sie sich ändern.)

Auswertung zu V 92.1.

a) Stellen Sie die Reaktionsgleichungen für die Oxidation und Reduktion auf.
b) Begründen Sie, warum bei V 156.1. gilt: $V_{Ls}(KMnO_4) : V_{Ls}(FeSO_4) = 1 : 5$. (Hinweis: vgl. Auswertung der Titrationen auf S. 141.)
c) Wie könnte man verfahren, um den Kaliumpermanganat-Gehalt einer Kaliumpermanganat-Lösung unbekannter Konzentration zu bestimmen?

B 157.1. *Probeentnahme von Rheinwasser für eine Wasseruntersuchung*

Organische Reste im verschmutzten Abwasser werden beim Kochen mit Kaliumpermanganat-Lösung oxidiert; ihr Anteil kann also am „Kaliumpermanganat-Verbrauch" abgeschätzt werden. In der Praxis verfährt man z. B. wie in V 156.2.: Von den anfangs zugesetzten Permanganat-Ionen wird ein Teil durch die organischen Moleküle aus dem Abwasser verbraucht; der Rest wird von den Oxalat-Ionen, die anschließend im Überschuss zugefügt werden, reduziert. Die jetzt noch vorhandenen Oxalat-Ionen werden mit Kaliumpermanganat-Lösung zurücktitriert. Reaktionsgleichung:

$$\overset{\text{VII}}{Mn}O_4^- + 5e^- \text{ (aus org. Molekülen) } + 8H_3O^+ \rightarrow \overset{\text{II}}{Mn}^{2+} + 12H_2O$$

$$2\overset{\text{VII}}{Mn}O_4^- + 5\overset{\text{III}}{C_2}O_4^{2-} + 16H_3O^+ \rightarrow 2\overset{\text{II}}{Mn}^{2+} + 10\overset{\text{IV}}{C}O_2 + 24H_2O$$

Auswertung zu V 92.2.

a) Stellen Sie für die zweite Redoxgleichung die Teilgleichung (Oxidation und Reduktion) auf.
b) Nehmen Sie an, dass bei der Endtitration in V 156.2. 10 ml Kaliumpermanganat-Lösung verbraucht wurde. Berechnen Sie den „Kaliumpermanganat-Verbrauch" des Wassers in mg $KMnO_4$/l Wasser.
c) Werten Sie alle untersuchten Wasserproben nach dem Muster von b) aus und versuchen Sie, einen Zusammenhang zwischen der Herkunft der Proben und ihrer organischen Belastung herzustellen.
d) Warum kann das Abwasser nicht gleich mit Kaliumpermanganat-Lösung titriert werden? Warum ist wohl der Aufwand aus V 156.2. (Kochen, Versetzen mit Oxalsäure) nötig?

Für Computer-Freaks

e) Erstellen Sie ein Programm für die Auswertung von V 156.2. Das Programm soll Benutzer freundlich sein; weiterhin soll es leicht modifizierbar sein, um es in ein größeres „Versuchsauswertungsprogramm" einbinden zu können.

2. Iodometrie

Viele Oxidationsmittel (Wasserstoffperoxid, Brom, Iodat-Ionen u. a.) oxidieren Iodid-Ionen in saurer Lösung zu molekularem Iod, das auch in kleinsten Mengen mit Stärke noch gut nachgewiesen werden kann (V 74.1., V 152.1., V 154.1., V 157.1.). Mit Natriumthiosulfat-Lösung kann das molekulare Iod wieder zu Iodid-Ionen reduziert werden. Die quantitative Bestimmung von Oxidationsmitteln über die Zwischenstufe Iod ist in der Analytik als **Iodometrie** bekannt.
Die Brombestimmung im Bromwasser (V 157.1.) verläuft nach folgenden Reaktionsgleichungen:

$$Br_2 + 2I^- \rightarrow 2Br^- + I_2 \quad \text{und} \quad I_2 + 2S_2O_3^{2-} \rightarrow 2I^- + S_4O_6^{2-}$$

Versuch

V 157.1. *Brombestimmung im Bromwasser:*
Pipettieren Sie in eine Lösung aus einer kleinen Spatelspitze Kaliumiodid und 20 ml dest. Wasser 10 ml Bromwasser* (Braunfärbung). Titrieren Sie dieses Gemisch mit Natriumthiosulfat-Lösung ($c = 0{,}01$ mol/l), bis die Lösung nur noch strohgelb ist. Fügen Sie dann einige Tropfen konzentrierte Stärke-Lösung hinzu (Blaufärbung) und titrieren Sie weiter mit Natriumthiosulfat-Lösung bis zur vollständigen Entfärbung. Notieren Sie das Volumen der verbrauchten Natriumthiosulfat-Lösung.

Versuch

V 158.1. *Sauerstoffbestimmung in Gewässern:*
Mit Hilfe käuflicher „Minilabors" ist es für jedermann möglich, den Sauerstoffgehalt von Trinkwasser, Oberflächenwasser etc. zu bestimmen. Das als WINKLER-*Methode* bekannte Verfahren beruht auf einer Folge von Redoxreaktionen, die in der Textspalte aufgeführt sind. Die genauen Anweisungen für die Arbeitsschritte bei der Sauerstoffbestimmung sind dem schriftlichen Begleitmaterial des „Minilabors" zu entnehmen (vgl. B 158.1.). Bestimmen Sie den Sauerstoffgehalt einiger Gewässer aus Ihrer Umgebung.

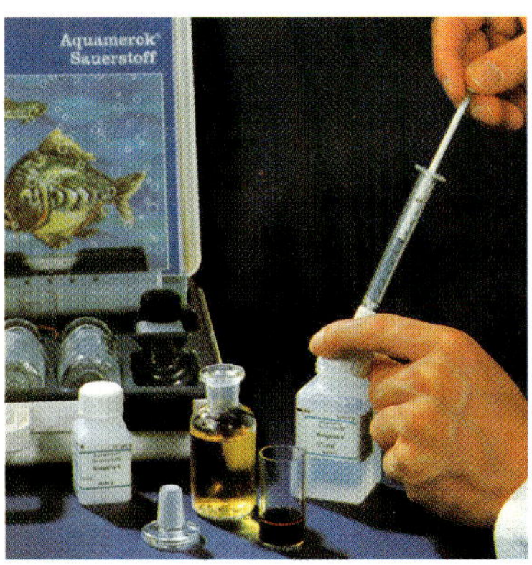

B 158.1. *Minilabor zur Bestimmung von Sauerstoff in Gewässern*

Auswertung zu V 157.1.

a) Warum wird bei der Brombestimmung im V 157.1. der Umweg über das Iod gewählt?
b) Berechnen Sie die Konzentration des Bromwassers aus V 157.1., wenn bei der Titration 12 ml Natriumthiosulfat-Lösung verbraucht wurden.

Bei der WINKLER-Methode zur Sauerstoffbestimmung in Gewässern (V 158.1.) laufen folgende Reaktionen ab:
Mangan(II)-Ionen reagieren in alkalischer Lösung mit dem im Wasser gelösten Sauerstoff zu schwer löslichem Mangan(III)-oxihydroxid (vgl. auch PV 154.2.):

(1) $$4\,Mn^{2+} + O_2 + 8\,OH^- \rightarrow 4\,MnO(OH) + 2\,H_2O$$

In stark saurer Lösung werden die Mangan(III)-Ionen, die in (1) im Niederschlag ausgefallen waren, wieder in Lösung gebracht. Diese Lösung wird mit Kaliumiodid-Lösung und mit einigen Tropfen konzentrierter Stärke-Lösung versetzt. Es bildet sich molekulares Iod, das mit der Stärke eine Blaufärbung ergibt:

(2) $$4\,Mn^{3+} + 4\,I^- \rightarrow 4\,Mn^{2+} + 2\,I_2$$

Nun wird das gebildete Iod mit Natriumthiosulfat-Lösung zurücktitriert:

(3) $$2\,I_2 + 4\,S_2O_3^{2-} \rightarrow 4\,I^- + 2\,S_4O_6^{2-}$$

Auswertung zu V 158.1.

a) Begründen Sie, warum zwischen dem im Wasser gelösten Sauerstoff und den verbrauchten Thiosulfat-Ionen folgendes Stoffmengenverhältnis gilt: $n(O_2):n(S_2O_3^{2-}) = 1:4$.
b) Der kleine Titrierbecher beim Minilabor ist auf 5 ml geeicht. Nehmen Sie an, dass bei einer Wasserprobe 1 ml Natriumthiosulfat-Lösung ($c = 0{,}005$ ml/l) beim Titrieren verbraucht wurde. Welcher der folgenden Güteklassen ist diese Wasserprobe zuzuordnen (Tab. 158.1.)?

Güteklasse	Grad der organischen Belastung	Sauerstoffgehalt in mg/l (oder ppm)	Eignung als Fischgewässer
I	unbelastet	über 8	Laichgewässer für Edelfische
II	mäßig belastet	über 6	ertragreiche Fischgewässer
III	kritisch belastet	über 4	Fischsterben möglich durch Sauerstoffmangel
IV	stark verschmutzt	über 2	geringe Fischerträge; periodisches Fischsterben
V	übermäßig verschmutzt	unter 2	Fische nur örtlich und nicht auf Dauer

Tab. 158.1 *Güteklassen bei Gewässern*

6.3. Elektrische Leitfähigkeit von wässrigen Lösungen

Völlig reines Wasser leitet den elektrischen Strom nur in sehr geringem Maße. Wässrige Lösungen von Salzen leiten, je nach der Konzentration, weitaus besser. Auch beim Lösen von Säuren und Basen (Protolyten) tritt eine mehr oder weniger große elektrische Leitfähigkeit auf. Diese Leitfähigkeit hat uns in Kap. 5.3. bei Protolyse-Reaktionen zum Nachweis von Ionen gedient.
Die elektrische Leitfähigkeit ist an das Vorhandensein von beweglichen elektrisch geladenen Teilchen gebunden. In Metallen sind diese beweglichen Ladungsträger die Elektronen. In Lösungen oder in Salzschmelzen sind es Ionen. Metalle bezeichnet man daher auch als *Elektronenleiter*, Ionen-Lösungen und Salzschmelzen auch als *Ionenleiter*.

Hydratation

Ionen entstehen z. B. durch Protolyse-Reaktionen von Säuren und Basen in Wasser (Kap. 5.3.).
Beim Lösen eines Salzes, einer Ionen-Verbindung, werden die Ionen aus dem Kristallgitter herausgelöst. Dabei kommt es zwischen den Dipolen des Wassers und den Ionen des Salzes zu *elektrostatischen Wechselwirkungskräften*. Kationen werden demnach von den elektrisch negativen und Anionen von den positiven Seiten der Wasser-Dipole umgeben. Wird ein Ion von den Wasser-Dipolen stärker angezogen als von den anderen Ionen aus dem Gitter, so löst es sich aus dem Gitterverband heraus. Jedes abgetrennte Ion wird sofort von Wasser-Dipolen umgeben. Diese bilden die *Hydrathülle* des Ions (B 159.1. und B 159.2.). Die Anzahl der Wasser-Dipole aus der Hydrathülle eines Ions hängt von dessen Volumen und Ladung ab.
Die Anlagerung der *Wasser-Dipole* an die Ionen des gelösten Stoffes wird *Hydratation (Hydratisierung, Hydration)* genannt.
V 159.1. zeigt, dass es beim Lösen von Salzen in Wasser von Fall zu Fall erhebliche Unterschiede in der Wärmetönung geben kann:
- in manchen Fällen erwärmt sich das Gemisch während des Lösens (z. B. beim Lösen von *Calciumchlorid* und von *Kupfersulfat*),
- in anderen Fällen kühlt sich das Gemisch während des Lösens ab (z. B. beim Lösen von *Kaliumbromid* und von *Ammoniumnitrat*),
- in anderen Fällen gibt es während des Lösens keine oder kaum feststellbare Temperaturänderungen (z. B. beim Lösen von *Natriumchlorid* von *Kupfersulfat-Pentahydrat* und von *Calciumchlorid-Hexahydrat*),
- in anderen Fällen schließlich löst sich das Salz nur sehr schlecht (praktisch nicht) in Wasser auf, die Temperatur ändert sich nicht (z. B. bei der Probe mit *Calciumcarbonat*).

Um die Temperaturänderungen bei Lösungsvorgängen zu erklären, zerlegen wir den Lösungsvorgang in energetische Teilschritte (B 160.1.).

Versuch

V 159.1. In 8 Rggl. werden je vier Spatelspitzen der folgende Salze gegeben:
- Natriumchlorid **NaCl**
- Calciumchlorid* $\mathbf{CaCl_2}$
- Kaliumbromid **KBr**
- Calciumchlorid-Hydrat* $\mathbf{CaCl_2 \cdot 6H_2O}$
- Kupfersulfat* $\mathbf{CuSO_4}$
- Kupfersulfat-Hydrat* $\mathbf{CuSO_4 \cdot 5H_2O}$
- Ammoniumnitrat* $\mathbf{NH_4NO_3}$
- Calciumcarbonat $\mathbf{CaCO_3}$

Man füllt ein 100-ml-Becherglas bis zur Hälfte mit *Wasser* und notiert seine Temperatur ϑ_0. Dann gibt man der Reihe nach in jedes Rggl. bis zu $^2/_3$ seiner Höhe Wasser aus dem Becherglas und beobachtet mit Hilfe eines Thermometers die Temperaturänderung während des Lösungsvorgangs.

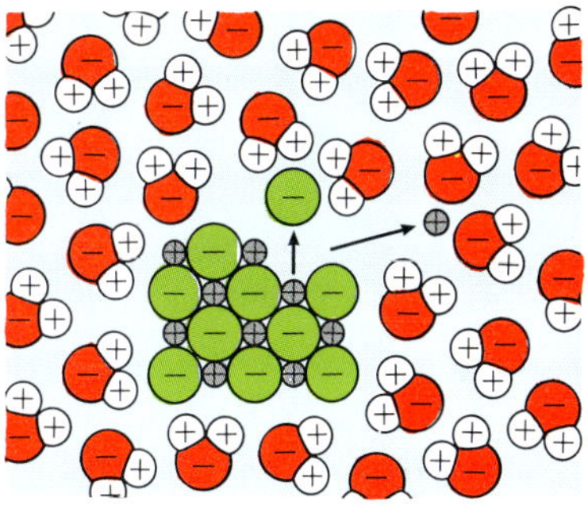

B 159.1. *Ionen werden herausgelöst und hydratisiert.*

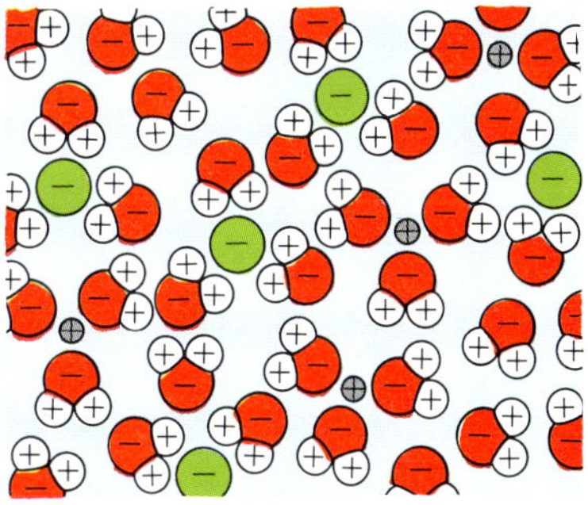

B 159.2. *Das Ionengitter ist in einzelne, frei bewegliche, hydratisierte Ionen zerlegt.*
Gleichung des Lösungsvorganges:

$$\mathbf{NaCl(s) \xrightarrow{H_2O(l)} Na^+(aq) + Cl^-(aq)}$$

Ionen	ΔH^0_m in kJ/mol	Ionenradien in 10^{-10} m
Li^+	− 508	0,60
Na^+	− 398	0,95
K^+	− 314	1,33
Rb^+	− 289	1,48
Cs^+	− 256	1,69
Mg^{2+}	−1908	0,65
Ca^{2+}	−1577	0,99
Sr^{2+}	−1431	1,13
Ba^{2+}	−1289	1,35
Al^{3+}	−4602	0,50
F^-	− 510	1,36
Cl^-	− 376	1,81
Br^-	− 342	1,95
I^-	− 298	2,16

Tab. 160.1. *Molare Hydratationsenthalpien und Ionenradien einiger Ionen. Kleine und hochgeladene Ionen sind besonders stark hydratisiert und die frei werdende Hydratationsenthalpie kann recht groß werden.*

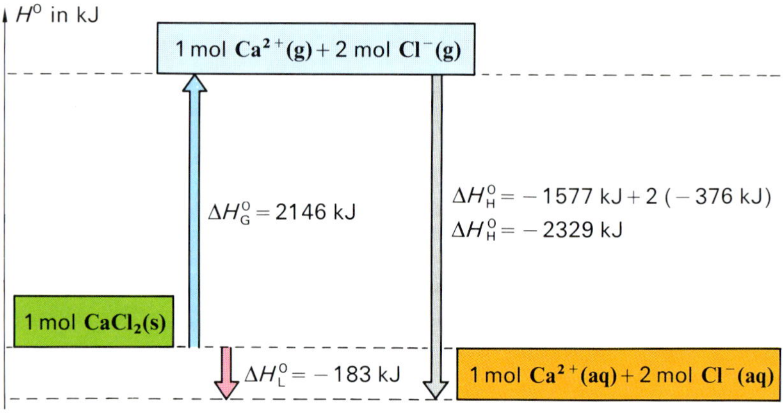

B 160.1. *Enthalpieschema für den exothermen Lösungsvorgang von* 1 mol *Calciumchlorid in Wasser*

Bei der Zerlegung eines Ionengitters in einzelne Ionen wird gegen die elektrischen Anziehungskräfte Arbeit verrichtet; dazu muss die *Gitterenthalpie* ΔH_G aufgewendet werden.
Dann fehlt aber noch ein weiterer Vorgang, der Energie liefert. Einen Hinweis auf einen energieliefernden Vorgang gibt V 159.1.
Wenn man Calciumchlorid oder Kupfersulfat in Wasser löst, wird Wärme abgegeben. Die Hydratation der Ionen ist demnach ein exothermer Vorgang. Zur Hydratation müssen einerseits unter Energieaufwand die Wasserstoffbrückenbindungen getrennt werden, andererseits werden unter Energiegewinn neue Bindungen zwischen den Ionen und den polaren Wasser-Molekülen der Hydrathülle ausgebildet. Die Energiedifferenz ist die **Hydratationsenthalpie** ΔH_H. Wie die Gitterenthalpie (Tab. 151.1.) hängt auch die Hydratationsenthalpie (Tab. 160.1.) vom Radius und der Ladung der Ionen ab.

Ein Lösungsvorgang ist **exotherm**, wenn der Betrag der Hydratationsenthalpie größer ist als der Betrag der Gitterenthalpie. Die frei werdende **Lösungsenthalpie** ΔH_L erhöht die Bewegungsenergie der Wasser-Moleküle. Die Temperatur der Lösung steigt. Man spricht von **Lösungswärme** $\Delta H_L < 0$.
Ein Lösungsvorgang ist **endotherm**, wenn der Betrag der Hydratationsenthalpie kleiner ist als der Betrag der Gitterenthalpie. Die zur Überwindung der Gitterenthalpie noch notwendige Energie wird der Bewegungsenergie der Wasser-Moleküle entnommen. Die Temperatur der Lösung sinkt. Der Wert der Lösungsenthalpie erhält ein positives Vorzeichen: $\Delta H_L > 0$. Man spricht von „**Lösungskälte**".

Ionenwanderung und Ionenleitung

Nun wird untersucht, wie sich gelöste Ionen im elektrischen Feld verhalten. Dazu taucht man zwei Elektroden in die Ionen-Lösung und legt eine elektrische Spannung an. Um besser beobachten zu können, werden in V 161.1. farbige Ionen eingesetzt. An der Verschiebung der violetten Zone können wir erkennen, dass die negativ geladenen violetten Permangant-Ionen zum Plus-Pol wandern. Die

Versuche

V 161.1. Die beiden Außenschenkel eines 3schenkeligen U-Rohres werden mit Kaliumnitrat-Lösung* ($c = 0{,}1$ mol/l) gefüllt. Diese wird in einem Schenkel mit Methylorange-Lösung angefärbt. Dann gibt man locker und gleichmäßig einige Glaswollebäusche in die Kaliumnitrat-Lösungen. In den mittleren Schenkel füllt man eine mit Schwefelsäure* angesäuerte Kaliumpermanganat-Lösung*, nachdem man zuvor die hineindiffundierte Kaliumnitrat-Lösung ausgegossen hat. In die Außenschenkel werden Platin-Elektroden etwa 1 cm tief eingetaucht und eine Gleichspannung von 40 V angelegt (Minus-Pol: Elektrode, die in die angefärbte Kaliumnitrat-Lösung taucht).

V 161.2. In gleich konzentrierte Lösungen von Natriumchlorid, Kaliumnitrat*, Salzsäure*, Natronlauge* (jeweils mit $c = 0{,}1$ mol/l) wird ein Leitfähigkeitsprüfer getaucht und die Stromstärke bei konst. Spannung (6 V Wechselspannung) gemessen.

Rotfärbung des zugesetzten Indikators macht deutlich, dass die Oxonium-Ionen zum Minus-Pol wandern. Dieser Versuch zeigt auch, dass die Oxonium-Ionen schneller wandern als Permanganat-Ionen Jede Ionenart wandert mit einer für sie charakteristischen *Ionengeschwindigkeit*. Da diese auch von der Höhe der angelegten Spannung und dem Abstand der Elektroden abhängt, spricht man hier von *Ionenbeweglichkeit* (Tab. 161.1.). Je größer die Ionenbeweglichkeit ist, desto größer ist auch die *elektrische Leitfähigkeit*[1] bzw. der *Leitwert*[1] der Ionen-Lösung. Die Ionen-Lösung wird auch als *Elektrolyt-Lösung* bezeichnet.

Vergleichen wir die Ionenbeweglichkeiten von Alkali- und Halogenid-Ionen, so stellen wir in beiden Fällen eine Zunahme mit wachsendem Ionenradius fest. Das überrascht zunächst, doch entscheidend für die Beweglichkeit ist nicht der Radius des Ions, sondern der des *hydratisierten Ions*. Kleine Ionen, insbesondere Lithium-Ionen sind wegen der höheren Ladungsdichte stärker hydratisiert (Tab. 162.1.). Ihr Gesamtradius übersteigt den größerer Ionen, sie werden daher bei ihrer Wanderung im elektrischen Feld stärker

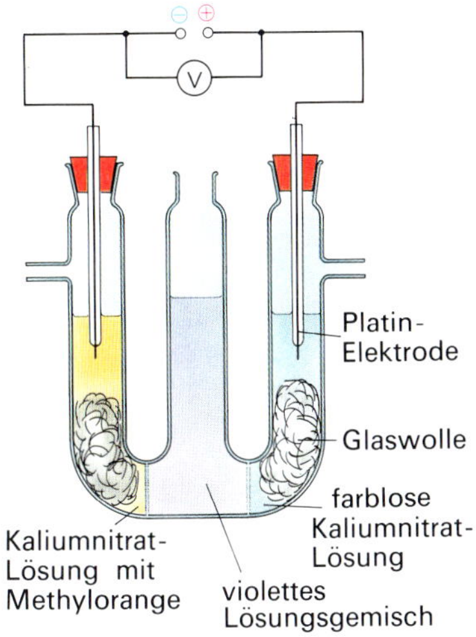

B 161.1. *Versuchsanordnung zur Ionenwanderung*

Kation	u in $\frac{cm^2}{V \cdot s}$	Anion	u in $\frac{cm^2}{V \cdot s}$
H_3O^+	$36{,}2 \cdot 10^{-4}$	OH^-	$20{,}5 \cdot 10^{-4}$
Li^+	$4{,}0 \cdot 10^{-4}$	F^-	$5{,}7 \cdot 10^{-4}$
Na^+	$5{,}2 \cdot 10^{-4}$	Cl^-	$7{,}9 \cdot 10^{-4}$
K^+	$7{,}6 \cdot 10^{-4}$	NO_3^-	$7{,}4 \cdot 10^{-4}$
Ca^{2+}	$12{,}3 \cdot 10^{-4}$	MnO_4^-	$6{,}5 \cdot 10^{-4}$
Ba^{2+}	$13{,}2 \cdot 10^{-4}$	SO_4^{2-}	$16{,}5 \cdot 10^{-4}$

Tab. 161.1. *Ionenbeweglichkeit u einiger Ionen in Wasser bei 25 °C in* $cm^2\,V^{-1}\,s^{-1}$

Unter Ionenbeweglichkeit u versteht man den Quotienten aus der Ionenwanderungsgeschwindigkeit v und der elektrischen Feldstärke E.

$$E = \frac{U}{l}.$$

U: Spannung; l: Elektrodenabstand

Demnach gilt: $u = \frac{v}{E} = \frac{v\,l}{U} \left[\frac{cm \cdot cm}{s \cdot V}\right]$

---

[1] Der **Leitwert** G eines Stoffes oder eines Stoffgemisches ist gleich dem Kehrwert des **elektrischen Widerstandes**:

$$G = \frac{1}{R} \qquad \text{Einheit: Siemens } S = \frac{1}{\Omega}$$

Die **elektrische Leitfähigkeit** $\varkappa$ ist der Kehrwert des spezifischen **Widerstandes** ϱ. Es gelten die folgenden Beziehungen:

$$\varrho = R\frac{A}{l} \qquad \varkappa = \frac{1}{\varrho} \qquad \varkappa = G \cdot \frac{l}{A} \Leftrightarrow G = \varkappa \cdot \frac{A}{l}$$

A: Fläche des Querschnitts des stromdurchflossenen Leiters
l: Länge des Leiters

Nach dem OHMSCHEN Gesetz gilt: $U = I \cdot R \Leftrightarrow I = \frac{U}{R} \Leftrightarrow I = G \cdot U \Leftrightarrow G = \frac{I}{U}$

Daraus folgt: $\varkappa = \frac{I}{U} \cdot \frac{l}{A} \Leftrightarrow I = \varkappa \cdot \frac{A}{l} \cdot U$

Bei den in der Chemie häufig durchgeführten Vergleichsmessungen verwendet man Leitfähigkeitsprüfer, sodass der Quotient A/l der durch die Elektrodenanordnung (Elektrodenabstand l, Elektrodenquerschnitt A) gegeben ist, konstant ist. Die bei konstanter Spannung gemessenen Stromstärken sind dann den Leitfähigkeiten direkt proportional.

$$I \sim \varkappa$$

	Ionen-Radius in 10^{-10} m	Radius von $Me^+(aq)$ in 10^{-10} m	Hydratationszahl
Li^+	0,6	3,4	25,3
Na^+	0,95	2,76	16,6
K^+	1,33	2,32	10,5

Tab. 162.1. *Unter Hydratationszahl versteht man die Anzahl der Wasser-Moleküle in der Hydrat-Hülle eines Ions. Es sind Mittelwerte angegeben.*

behindert. Weiterhin fällt auf (V 161.1. und Tab. 161.1.), dass hydratisierte Oxonium- und Hydroxid-Ionen eine erheblich höhere Ionenbeweglichkeit als die übrigen Ionen besitzen. Dies erklärt man damit, dass Protonen durch Wechselwirkung mit Wasser-Molekülen sehr rasch transportiert werden können:

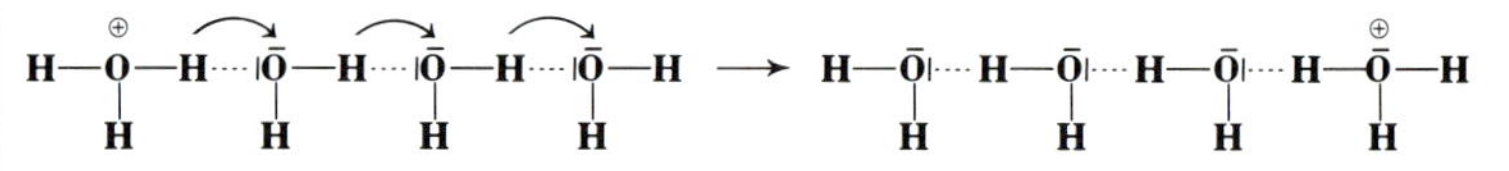

B 162.1. *Transport von elektrisch positiver Ladung im elektrischen Feld (schematisch)*

Durch diesen besonderen Ladungstransport ist auch zu verstehen, dass unter gleichen äußeren Bedingungen (Spannung, Elektrodenabstand, Temperatur) Lösungen von Säuren und Basen eine höhere elektrische Leitfähigkeit besitzen als Salz-Lösungen gleicher Konzentration (V 161.2.).

Die Unterschiede in den Leitfähigkeiten macht man sich bei **konduktometrischen Säure-Base-Titrationen** zunutze.

Praktikum

Konduktometrische[1] Titrationen

Versuche

PV 162.1. Titrieren Sie 100 ml verd. Salzsäure* ($c = 0{,}01$ mol/l) mit Natronlauge* ($c = 0{,}1$ mol/l) in der Versuchsanordnung von B 162.2. Notieren Sie die Stromstärke bei einer angelegten Wechselspannung von 10 V. Schalten Sie nach jeder Messung die Spannungsquelle ab. Lassen Sie die Natronlauge in Portionen von je 1 ml zufließen und notieren Sie die Messwertpaare: V_{Ls}(NaOH)-Stromstärke. Beenden Sie die Titration, wenn Sie 16 ml Natronlauge zugesetzt haben.

PV 162.2. Verdünnen Sie 10 ml Essig im Titriergefäß mit dest. Wasser auf 100 ml und titrieren Sie mit Natronlauge* ($c = 1$ mol/l) konduktometrisch.

PV 162.3. Verdünnen Sie 25 ml gesättigte Bariumhydroxid-Lösung* im Titriergefäß mit dest. Wasser auf 100 ml und titrieren Sie mit Schwefelsäure-Lösung* ($c = 0{,}1$ mol/l) konduktometrisch.

PV 162.4. Titrieren Sie 100 ml Natriumchlorid-Lösung ($c = 0{,}01$ mol/l) mit Silbernitrat-Lösung* ($c = 0{,}1$ mol/l) konduktometrisch.

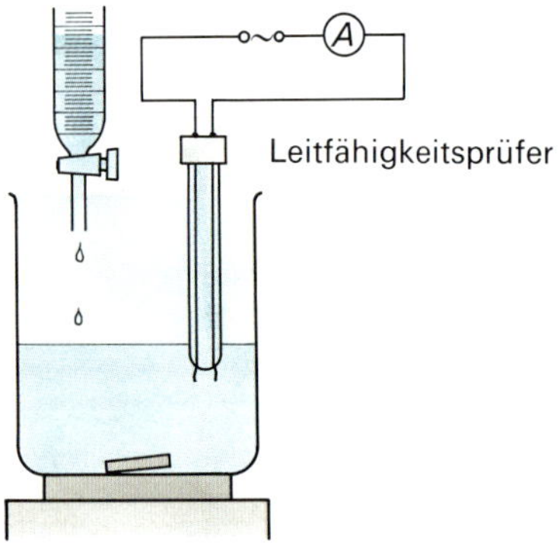

B 162.2. *Versuchsanordnung zur konduktometrischen Titration*

Auswertung der Versuche

a) Stellen Sie die Messwertpaare für jede der 4 Titrationen graphisch dar (Abszisse: Volumen Natronlauge; Ordinate: Stromstärke) und zeichnen Sie die Ausgleichskurven.

b) Ermitteln Sie für jede der 4 Titrationen graphisch den Äquivalenzpunkt durch Extrapolation, d.h. durch Verlängerung der „Kurvenäste" (Geraden) bis über den Schnittpunkt hinaus. Der Schnittpunkt entspricht dem Äquivalenzpunkt.

Bestimmen Sie rechnerisch 1. die Konzentration von Essigsäure in Essig (PV 162.2.) und 2. die Konzentration der gesättigten Bariumhydroxid-Lösung (PV 162.3.).

c) Versuchen Sie für jede der 4 Titrationen den Verlauf der entsprechenden Kurve zu erklären. Formulieren Sie dazu die zugehörigen Reaktionsgleichungen.

[1] von *conducere* (lat.) = zusammenführen

Bei der Titration von Salzsäure mit Natronlauge (PV 162.1., B 163.1.) nimmt die Leitfähigkeit zunächst ab, da die Oxonium-Ionen mit den Hydroxid-Ionen reagieren (Neutralisation) und durch die weniger beweglichen Natrium-Ionen ersetzt werden.

$$\underbrace{H_3O^+(aq) + Cl^-(aq)}_{\text{Salzsäure}} + \underbrace{Na^+(aq) + OH^-(aq)}_{\text{Natronlauge}} \rightarrow 2\,H_2O(l) + Na^+(aq) + Cl^-(aq)$$

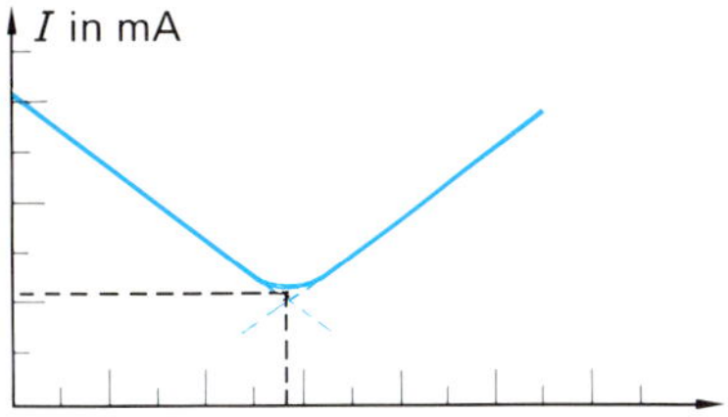

B 163.1. *Titrationskurve der Titration von Salzsäure mit Natronlauge*

Am Äquivalenzpunkt liegen nur noch Natrium- und Chlorid-Ionen vor, die Titrationskurve hat folglich ein Minimum, obwohl sich im Vergleich zur ursprünglichen Salzsäure in diesem Stadium der Titration die Anzahl der Ionen nicht verändert hat. Bei weiterer Zugabe von Natronlauge steigt die Leitfähigkeit der Lösung wegen der Zunahme der Hydroxid-Ionen wieder an (B 163.3.). Die Konzentrationsverminderung durch Erhöhung des Gesamtvolumens ist dabei vernachlässigbar klein.

Der *Äquivalenzpunkt* wird graphisch ermittelt. Man trägt die Stromstärke, die bei konstanter Spannung der Leitfähigkeit proportional ist, gegen das Volumen der zugesetzten Natronlauge auf. Den Äquivalenzpunkt erhält man durch Extrapolation der „Kurvenäste" bis zum Schnittpunkt.

Die Titration der Essigsäure-Lösung zeigt einen anderen Kurvenverlauf. Die Leitfähigkeit steigt bei Zugabe von Natronlauge bis zum Äquivalenzpunkt leicht, dann stark an. Als schwache Säure ist Essigsäure nur geringfügig protolysiert. Mit den zugesetzten Hydroxid-Ionen reagieren die Essigsäure-Moleküle unter Bildung von Acetat-Ionen:

$$CH_3COOH(aq) + Na^+(aq) + OH^-(aq) \rightarrow CH_3COO^-(aq) + Na^+(aq) + H_2O(l)$$

Die Ionenkonzentration nimmt demnach während der Titration zu. Nach Überschreiten des Äquivalenzpunktes steigt die Leitfähigkeit durch die Zunahme der Hydroxid-Ionen stärker an.

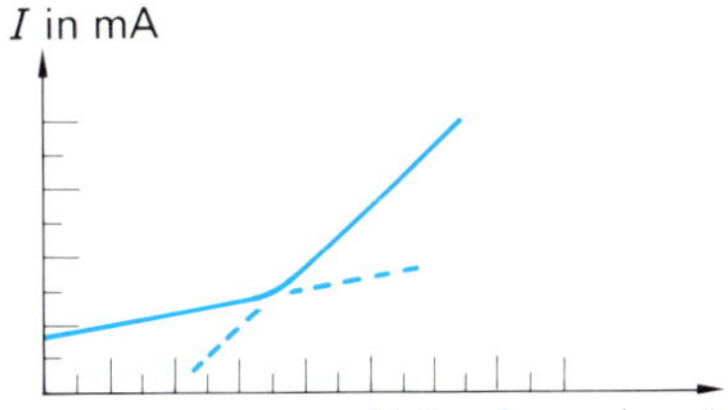

B 163.2. *Titration von Essigsäure-Lösung mit Natronlauge*

Fortschreiten der Titration ↓ zeitlicher Ablauf	Vorliegende Ionen	(Autoprotolyse des Wassers vernachlässigt)	Leitwert
vor Titrationsbeginn	H_3O^+ Cl^-	↑	gegebener Anfangswert
Titrationsbeginn bis Äquivalenzpunkt	H_3O^+ Cl^- Na^+	gleiche Ionenkonzentration	nimmt ab
Äquivalenzpunkt	Cl^- Na^+	↓	minimal
nach dem Äquivalenzpunkt	Cl^- Na^+ OH^-	Zunahme der Ionenkonzentration ↓	steigt an

B 163.3. *Titration von Salzsäure mit Natronlauge*

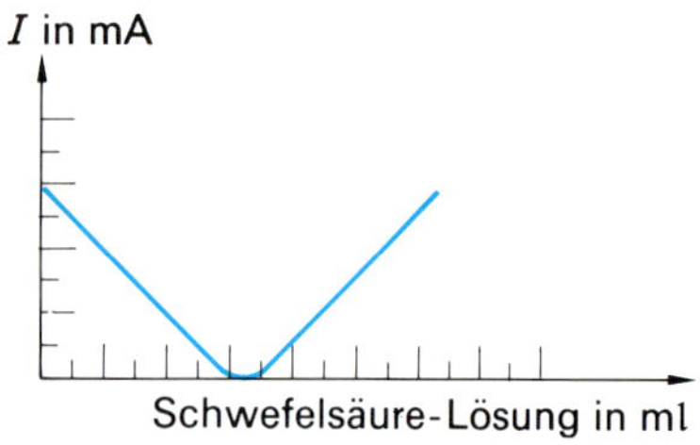

B 164.1. *Titration von Bariumhydroxid-Lösung mit Schwefelsäure-Lösung, ein Beispiel für eine kombinierte Fällungs- und Säure-Base-Titration*

Bei der Titration der Bariumhydroxid-Lösung sinkt die Leitfähigkeit bis zum Äquivalenzpunkt fast bis auf Null ab; denn zusätzlich zur Neutralisation der Hydroxid-Ionen fällt schwer lösliches Bariumsulfat aus, sodass die Ionenkonzentration fast auf Null absinkt:

$$Ba^{2+}(aq) + 2\,OH^-(aq) + 2\,H_3O^+(aq) + SO_4^{2-}(aq) \rightarrow BaSO_4(s) + 4\,H_2O(l)$$

Konduktometrische Titrationen können sowohl bei Säure-Base- als auch bei Fällungstitrationen eingesetzt werden.
Ein Beispiel einer *Fällungstitration* ist die Titration einer Natriumchlorid-Lösung mit Silbernitrat-Lösung.
Die Chlorid-Ionen reagieren mit den zugesetzten Silber-Ionen zu sehr schwer löslichem Silberchlorid:

$$Na^+(aq) + Cl^-(aq) + Ag^+(aq) + NO_3^-(aq) \rightarrow AgCl(s) + Na^+(aq) + NO_3^-(aq)$$

In der Lösung werden also die Chlorid-Ionen durch Nitrat-Ionen ersetzt, deren Beweglichkeit nur geringfügig kleiner ist. Daher nimmt die Leitfähigkeit bis zum Äquivalenzpunkt auch nur wenig ab und steigt dann aber wegen der Zunahme der Ionenkonzentration stark an.

Die Konduktometrie wird nicht nur bei Titrationen, insbesondere solchen, für die kein geeigneter Indikator bekannt ist, angewendet, sondern auch zur Untersuchung von Reaktionsabläufen, wie wir am Beispiel der Hydrolyse von tertiär Butylbromid in Kap. 3. gesehen haben.

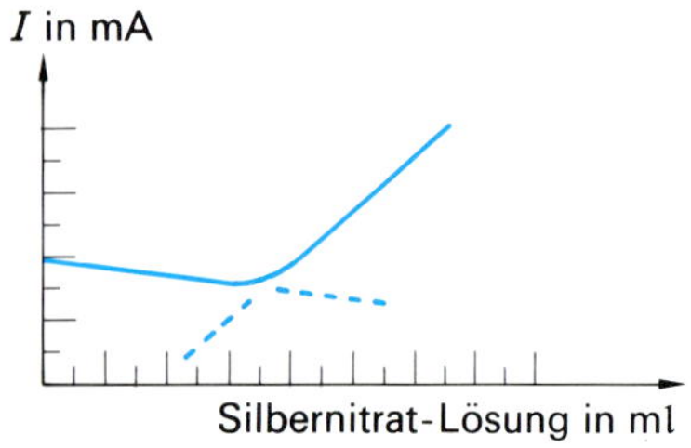

B 164.2. *Fällungstitration von Kochsalz-Lösung mit Silbernitrat-Lösung*

Aufgaben

A 164.1. Berechnen Sie die Lösungsenthalpien für das Lösen von a) 1 mol Natriumchlorid und b) 1 mol Kaliumchlorid in Wasser mit Hilfe der in Tab. 151.1. und Tab. 160.1. angegebenen Gitter- und Hydratationsenthalpien.

A 164.2. Formulieren Sie analog des Ladungstransportes bei Oxonium-Ionen (B 162.1.) den Ladungstransport bei Hydroxid-Ionen im elektrischen Feld.

A 164.3. Welchen Verlauf hätte die Titrationskurve einer konduktometrischen Titration von gesättigter Bariumhydroxid-Lösung mit Salzsäure ($c = 0{,}1$ mol/l) anstelle der in PV 162.2. verwendeten Schwefelsäure-Lösung ($c = 0{,}1$ mol/l)?
Hinweis: Bariumchlorid ist in Wasser gut löslich.

A 164.4. Titrieren Sie eine Natriumacetat-Lösung ($c = 0{,}1$ mol/l) mit Salzsäure ($c = 1$ mol/l) a) mit einem Indikator, b) konduktometrisch.
Vergleichen Sie beide Methoden hinsichtlich der Eignung zur Titration von Natriumacetat-Lösung.

Neue Fachbegriffe

Hydratationsenthalpie, Hydratationszahl, Ionenwanderung, Ionenbeweglichkeit, Ionenleiter, Elektrolyt, elektrische Leitfähigkeit, Konduktometrie

Zusammenfassung

Beim Lösen eines Salzes in Wasser wird das Ionengitter in einzelne hydratisierte Ionen überführt. Dabei muss Gitterenthalpie aufgebracht werden. Bei der Hydratation der Ionen wird Hydratationsenthalpie frei.
Die elektrische Leitfähigkeit einer Ionen-Lösung hängt von der Ionenkonzentration und der Ionenbeweglichkeit ab. Bei der konduktometrischen Titration wird die Veränderung der Stromstärke als Maß für die Leitfähigkeit während der Titration verfolgt und daraus der Äquivalenzpunkt bestimmt.

Bestimmung des Ionenprodukts des Wassers aus Leitfähigkeitsmessungen

Reinstes Wasser zeigt, da durch Autoprotolyse von Wasser-Molekülen Oxonium- und Hydroxid-Ionen entstehen, eine geringe elektrische Leitfähigkeit. Diese wurde erstmals von KOHLRAUSCH[1] im Jahr 1894 bestimmt. Dazu hatte er Wasser in Platingefäßen mehrfach destilliert. Messungen an diesem hoch gereinigten Wasser bei verschiedenen Temperaturen lieferten die in Tab. 165.1. angegebenen Werte. Wie kann man nun mit Hilfe dieser Werte das Ionenprodukt des Wassers $K_W = c(H_3O^+) \cdot c(OH^-)$ bestimmen?

Temperatur ϑ in °C	elektrische Leitfähigkeit in $S \cdot m^{-1}$
18	$3{,}8 \cdot 10^{-6}$
20	$4{,}2 \cdot 10^{-6}$
25	$5{,}5 \cdot 10^{-6}$
34	$9{,}0 \cdot 10^{-6}$
50	$17 \cdot 10^{-6}$

Tab. 165.1. *Die elektrische Leitfähigkeit von hoch gereinigtem Wasser ist eine temperaturabhängige Größe.*

Der Quotient aus der Leitfähigkeit und der Konzentration ist dann eine konzentrationsunabhängige Größe, die nur von der Art der gelösten Ionen abhängt und als **molare Leitfähigkeit** bezeichnet wird.

$$\Lambda = \frac{\varkappa}{c} \qquad (1)$$

Diese setzt sich additiv aus den **molaren Ionenleitfähigkeiten** (Tab. 165.2.) der gelösten Ionen zusammen:

$$\Lambda = \lambda_+ + \lambda_- \qquad (2)$$

Die molare Leitfähigkeit von Wasser ist dann die Summe der molaren Ionenleitfähigkeiten der Oxonium- und Hydroxid-Ionen:

$$\Lambda = \lambda(H_3O^+) + \lambda(OH^-) \qquad (3)$$

Durch Umformen der Gleichung (1) erhalten wir:

$$c = \frac{\varkappa}{\Lambda} = \frac{\varkappa}{\lambda(H_3O^+) + \lambda(OH^-)} \qquad (4)$$

Die Konzentration c bedeutet die Konzentration der protolysierten Wasser-Moleküle. Diese ist gleich der Konzentration der Oxonium- bzw. der Hydroxid-Ionen.
Durch Einsetzen der Werte für die elektrische Leitfähigkeit und die molaren Ionenleitfähigkeiten bei 25 °C erhält man:

$$c(H_3O^+) = c(OH^-) = \frac{5{,}5 \cdot 10^{-6}\, S \cdot m^{-1}}{(35{,}0 + 19{,}9) \cdot 10^{-3}\, S \cdot m^2 \cdot mol^{-1}} = 1{,}0 \cdot 10^{-4} \frac{mol}{m^3} = 1{,}0 \cdot 10^{-7}\, mol/l$$

Daraus folgt für das Ionenprodukt des Wassers bei 25 °C:

$$\boldsymbol{K_W = c(H_3O^+)\, c(OH^-) = 1 \cdot 10^{-14}\, mol^2 \cdot l^{-2}}$$

Kation	λ_+ in $\frac{S \cdot m^2}{mol}$	Anion	λ_- in $\frac{S \cdot m^2}{mol}$
H_3O^+	$35{,}0 \cdot 10^{-3}$	OH^-	$19{,}9 \cdot 10^{-3}$
Li^+	$3{,}87 \cdot 10^{-3}$	F^-	$5{,}54 \cdot 10^{-3}$
Na^+	$5{,}01 \cdot 10^{-3}$	Cl^-	$7{,}64 \cdot 10^{-3}$
K^+	$7{,}35 \cdot 10^{-3}$	NO_3^-	$7{,}15 \cdot 10^{-3}$
Ca^{2+}	$11{,}9 \cdot 10^{-3}$	MnO_4^-	$6{,}28 \cdot 10^{-3}$
Ag^+	$6{,}19 \cdot 10^{-3}$	SO_4^{2-}	$16{,}0 \cdot 10^{-3}$

Tab. 165.2. *Molare Ionenleitfähigkeiten einiger Ionen bei 25 °C. Zwischen der molaren Ionenleitfähigkeit und der Ionenbeweglichkeit besteht die Beziehung: $\lambda_+ = F \cdot u_+$ bzw. $\lambda_- = F \cdot u_-$ mit $F = 96\,487$ As/mol (FARADAY-Konstante). Beide Größen λ und u können durch Ionenwanderungsversuche experimentell ermittelt werden.*

Aufgaben

A 165.1. Bestimmen Sie das Ionenprodukt des Wassers für 50 °C. Die molaren Ionenleitfähigkeiten bei 50 °C sind: $\lambda(H_3O^+) = 46{,}5 \cdot 10^{-3}\, S \cdot m^2/mol$ und $\lambda(OH^-) = 28{,}4 \cdot 10^{-3}\, S \cdot m^2/mol$.

A 165.2. Berechnen Sie das Löslichkeitsprodukt von Silberchlorid ($AgCl$). Die elektrische Leitfähigkeit einer gesättigten Silberchlorid-Lösung ist bei 25 °C: $\varkappa = 2{,}28 \cdot 10^{-4}\, S \cdot m^{-1}$.

[1] KOHLRAUSCH, FRIEDRICH WILHELM (1840 bis 1910), Prof. für Physik in Darmstadt, Würzburg, Straßburg und Berlin

6.4. Elektrolyse und FARADAY-Gesetze

Versuche

V 166.1. Man füllt eine wässrige Lösung von Kupferchlorid* (ungefähr 17 g $CuCl_2$ in 100 cm^3 destilliertem Wasser) in ein U-Rohr (B 166.1.). An zwei Kohle-Elektroden wird eine Gleichspannung von ca. 6 V angelegt. – Welche Veränderungen finden beim Stromdurchgang statt? Wo bemerkt man diese?

V 166.2. In einen HOFMANNSCHEN Zersetzungsapparat füllt man verd. Schwefelsäure* ($c = 0{,}5$ mol/l) ein. Man legt über zwei Platin-Elektroden eine Gleichspannung von 10 bis 20 V an, sodass eine Stromstärke von 0,2 A bis 0,5 A resultiert. Die entstandenen Gase können wie in B 167.1. skizziert aufgefangen und mit der Knallgasprobe bzw. Glimmspanprobe nachgewiesen werden.

Auswertung

a) Messen Sie die entstandenen Gasvolumina in Zeitabständen von je einer Minute.
b) Rechnen Sie die gemessenen Volumina auf Normbedingungen (s. Tab. 167.1.) um und berechnen Sie die abgeschiedenen Stoffmengen (molares Volumen: $V_{mn} = 22{,}4$ l/mol).
c) Stellen Sie Ihre Messergebnisse graphisch dar.

Im Gegensatz zum Ladungstransport in Metallen ist der Ladungstransport in Ionen-Lösungen (Elektrolyten) mit chemischen Reaktionen an den Elektroden verbunden: Es findet eine **Elektrolyse** statt.
So scheiden sich beispielsweise bei der Elektrolyse einer Kupferchlorid-Lösung an den Elektroden Kupfer und Chlor ab. Die Kupfer-Ionen nehmen die vom Minus-Pol, der *Kathode*, kommenden Elektronen auf und werden zu Kupfer-Atomen reduziert; die Chlorid-Ionen geben am Plus-Pol, der *Anode*, Elektronen ab und werden oxidiert. Es findet also eine durch **elektrischen Strom erzwungene Redoxreaktion** statt, bei der Oxidation und Reduktion **räumlich getrennt** ablaufen, und die Spannungsquelle als „Elektronenpumpe" dient.

Kathode:	$Cu^{2+}(aq) + 2e^-$	$\rightarrow Cu(s)$	Reduktion
Anode:	$2Cl^-(aq)$	$\rightarrow Cl_2(g) + 2e^-$	Oxidation
	$Cu^{2+}(aq) + 2Cl^-(aq)$	$\rightarrow Cu(s) + Cl_2(g)$	Redoxreaktion

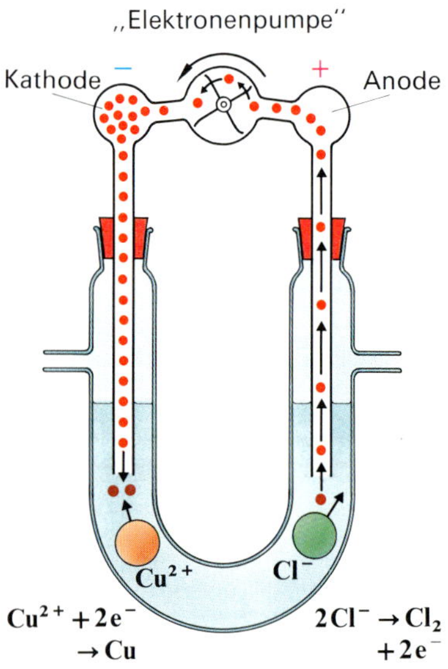

B 166.1. *Schema zur Elektrolyse einer Kupferchlorid-Lösung*

Den Zusammenhang zwischen der *Ladung Q*, die durch eine Elektrolysezelle fließt und als Produkt aus Stromstärke und Zeit definiert ist, und den an den Elektroden umgesetzten Stoffmengen fand MICHAEL FARADAY im Jahre 1834 experimentell heraus. Die von ihm gefundenen Gesetzmäßigkeiten wollen wir im Experiment nachvollziehen.
Dazu elektrolysieren wir verdünnte Schwefelsäure in einem *HOFMANNSCHEN Zersetzungsapparat* bei konstanter Stromstärke und messen die entstandenen Gasvolumina in bestimmten Zeitabständen (V 166.2.).

Wir stellen fest:

> Die elektrolytisch abgeschiedenen Stoffmengen sind der durch den Stromkreis geflossenen Ladung proportional.
> 1. FARADAY-Gesetz

Zeit t in s	Ladung Q in As	Wasserstoffvolumen $V_n(H_2)$ in ml	Sauerstoffvolumen $V_n(O_2)$ in ml	Stoffmenge $n(H_2) = \frac{V_n}{V_{mn}}$ in mol
120	42	4,9	2,5	$2{,}19 \cdot 10^{-4}$
240	84	9,9	4,9	$4{,}42 \cdot 10^{-4}$
360	126	14,8	7,5	$6{,}61 \cdot 10^{-4}$
480	168	19,7	9,9	$8{,}79 \cdot 10^{-4}$
600	210	24,7	12,3	$11{,}02 \cdot 10^{-4}$

Tab. 167.1. *Abgeschiedene Gasvolumina bei einer Elektrolyse nach V 166.2. bei konstanter Stromstärke von $I = 0{,}35$ A.*
Die Volumina sind auf Normbedingungen umgerechnet nach:

$\frac{pV}{T} = \frac{p_n V_n}{T_n}$ *mit:* $p_n = 1013$ hPa *und* $T_n = 273$ K (0 °C)

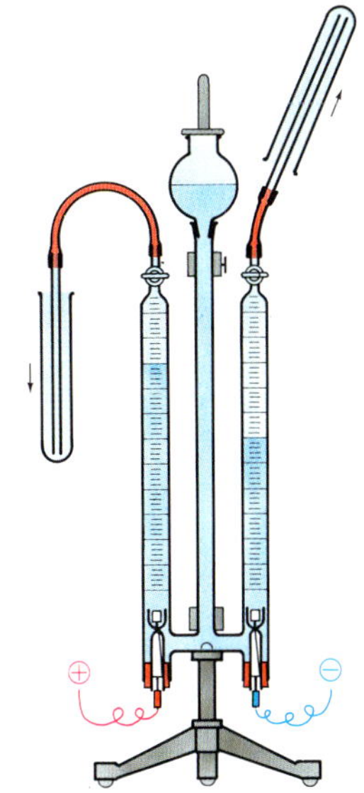

B 167.1. *Hofmannscher Zersetzungsapparat*

Aus den in V 166.2. gemessenen Werten können wir nun auch berechnen, welche Ladung nötig ist, um an der Kathode 1 mol Oxonium-Ionen nach

$$2\,H_3O^+(aq) + 2\,e^- \rightarrow H_2(g) + 2\,H_2O(l)$$

zu reduzieren. Beim Durchgang einer Ladung von $Q = 168$ As werden $n(H_2) = 8{,}79 \cdot 10^{-4}$ mol Wasserstoff abgeschieden (Tab. 167.1.); d. h. es werden $n(H_3O^+) = 2\,n(H_2) = 1{,}76 \cdot 10^{-3}$ mol Oxonium-Ionen entladen.

$$\frac{Q}{n(H_3O^+)} = \frac{168 \text{ As}}{1{,}76 \cdot 10^{-3} \text{ mol}} = 95\,455 \text{ As/mol}$$

Für die Einheit der Ladung gilt: $[Q] = 1$ As $= 1$ Coulomb[1] $= 1$ C. Genauere Messungen ergeben den Wert:

$$F = 96\,487 \text{ C mol}^{-1}$$

Diese Größe wird als Faraday-Konstante bezeichnet.

B 167.2. Michael Faraday *(1791 bis 1867), englischer Physikochemiker, bekannt durch seine ungewöhnlich scharfe Beobachtungsgabe und sein experimentelles Können. Er führte die Begriffe: Ion, Anion, Kation, Anode, Kathode, Elektrode, Elektrolyse ein.*

Zur elektrolytischen Abscheidung einer bestimmten Stoffmenge n eines Stoffes wird die Ladung $Q = n \cdot z \cdot F$ benötigt, wobei z die Anzahl der an der Elektrode pro Ion übertragenen Elektronen bedeutet.
2. Faraday-Gesetz

Uns erscheinen die von Faraday gefundenen Gesetzmäßigkeiten fast als selbstverständlich, da wir mit der Existenz von Ionen und Elektronen vertraut sind. Zu Faradays Zeit war dies nicht der Fall. Seine experimentell hergeleiteten Elektrolysegesetze lieferten wichtige Erkenntnisse über die Massenverhältnisse bei chemischen Reaktionen und sie waren die Grundlage für die später (im Jahr 1887) von Arrhenius entwickelte Ionentheorie.

[1] Charles Augustin de Coulomb (1736 bis 1806), französischer Ingenieuroffizier und Physiker

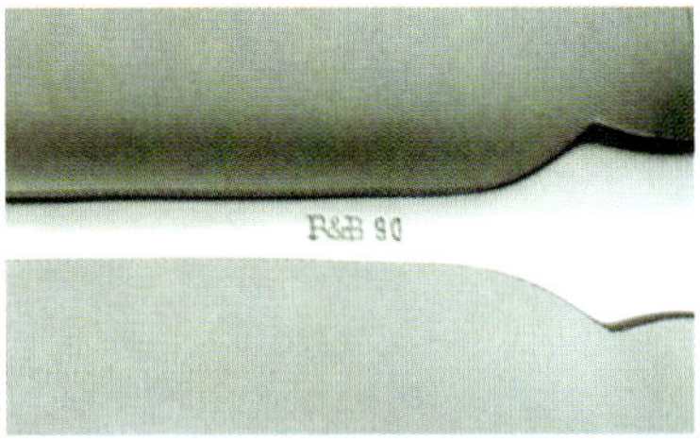

B 168.1. *Stempelaufdruck auf versilbertem Besteck*

Mit der *Faraday-Konstanten* sind wir jetzt in der Lage, die Ladung eines einzelnen Elektrons zu berechnen. Wenn eine Ladung von 96 487 C durch eine Elektrolysezelle fließt, werden 1 mol Elektronen von der Anode zur Kathode befördert. Dividiert man die *Faraday-Konstante* durch die *Avogadro-Zahl*, so erhält man die Ladung eines Elektrons:

$$e = \frac{F}{N_A} = \frac{96\,487 \text{ C mol}^{-1}}{6{,}022 \cdot 10^{23} \text{ mol}^{-1}} = 1{,}6021 \cdot 10^{-19} \text{ C}$$

e wird als **Elementarladung** bezeichnet.

Aufgaben

A 168.1. Aus einer Kupferchlorid-Lösung werden an der Kathode 6,3 g Kupfer elektrolytisch abgeschieden. Wie lange muss elektrolysiert werden, wenn die Stromstärke 0,1 A beträgt? Welches Volumen Chlor wird gleichzeitig an der Anode unter Normbedingungen abgeschieden?

A 168.2. Wie groß ist die Stromstärke, wenn aus einer Silbernitrat-Lösung in 1 s 1,118 mg Silber abgeschieden werden?

A 168.3. Ein metallischer Gegenstand von 250 cm² Oberfläche soll mit einer 0,5 mm starken Kupferschicht elektrolytisch überzogen werden. Welche Stromstärke ist zu wählen, damit der Vorgang nach 10 Stunden beendet ist? (Dichte von Kupfer: $\varrho(\text{Cu}) = 9{,}0 \text{ g/cm}^3$)

A 168.4. Welche Zeit muss ein Elektrolysestrom von der Stärke I = 2 A fließen, um 1 g Chrom aus einer Lösung mit Chrom(III)-Ionen abzuscheiden?

A 168.5. Ein Schmuckstück soll durch Elektrolyse einer Gold(III)-Ionen-Lösung mit 3 g Gold vergoldet werden. Die Elektrolyse dauert 6 min. Welche Stromstärke ist erforderlich?

A 168.6. Versilbertes Besteck ist mit der Zahl 90 oder der Zahl 150 gekennzeichnet. Das bedeutet, dass 90 g Silber (bzw. 150 g Silber) auf 24 dm² Besteckoberfläche (ca. 24 Teile) *galvanisch* abgeschieden werden, indem die Besteckteile als Kathoden in ein Silber-Ionen enthaltendes Elektrolysierbad getaucht werden. Wie lange müssen die zu versilbernden Teile ins Elektrolysierbad gehängt werden, wenn die Stromdichte 1 A/dm² beträgt? $\left(\text{Stromdichte} = \frac{\text{Stromstärke}}{\text{Fläche}}\right)$.

A 168.7. Drei Elektrolysezellen sind jeweils mit Silbernitrat-, Nickelnitrat- und Bismutnitrat-Lösung gefüllt und hintereinandergeschaltet (B 168.2.). Durch jede Zelle fließt die gleiche Ladung. Dabei werden folgende Massen abgeschieden: $m(\text{Ag}) = 1{,}079$ g; $m(\text{Ni}) = 0{,}2985$ g; $m(\text{Bi}) = 0{,}6966$ g. Bestimmen Sie a) die Ladung, die durch die Elektrolysezellen geflossen ist, b) die Ladungszahl der Nickel- sowie der Bismut-Ionen.

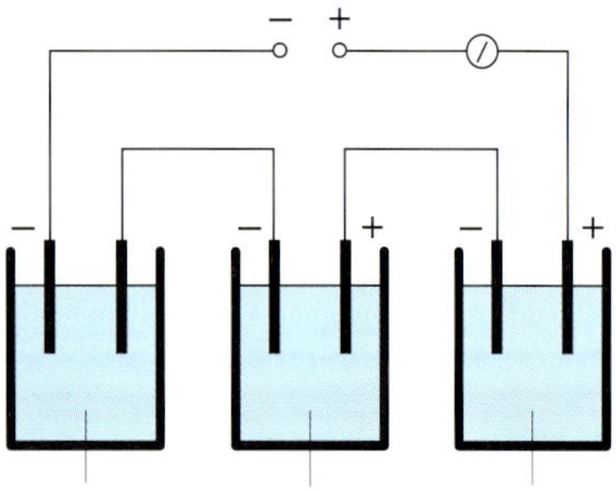

B 168.2. *Durch die drei hintereinander geschalteten Elektrolysezellen fließt die gleiche Ladung (A 168.7.).*

Neue (und alte) Fachbegriffe

Elektrolyse als Redoxreaktion, Faraday-Gesetze, Faraday-Konstante, Elementarladung

Zusammenfassung

Bei Elektrolysen laufen durch elektrischen Strom erzwungene Redoxreaktionen ab. Der quantitative Zusammenhang zwischen den bei den Elektrodenreaktionen umgesetzten Stoffmengen und der Stromstärke sowie der Elektrolysedauer wird durch die Faraday-Gesetze beschrieben.

7. Elektrochemische Spannungsreihe

7.1. Die Redoxreihe der Metalle

B 169.1. *Goldmaske des ägyptischen Königs* TUT-ENCH-AMON *(1358 bis 1350 v. CHR.)*

Nicht allein in seinem Glanz und seiner Farbe liegt der Reiz, den Gold seit jeher auf die Menschen ausübt, sondern insbesondere in seiner Beständigkeit, seinem edlen Charakter. Gold, ein Metall, das sich in Jahrtausenden nicht verändert, gilt als der Wertmaßstab schlechthin. Eisen hingegen ist ein gewöhnliches Metall, ein Gebrauchsmetall, das von vielen Chemikalien angegriffen wird und sogar an der Luft rostet, und daher als unedel bezeichnet wird. Wie edel oder unedel ein Metall ist, liegt in der unterschiedlichen Tendenz der Metall-Atome, in Redoxreaktionen Elektronen abzugeben.
Zur genaueren Untersuchung dieses Unterschieds wollen wir die Versuchsreihe PV 170.1. durchführen. Geben wir beispielsweise eine Zink-Perle zu einer Kupfer(II)-sulfat-Lösung, beobachten wir, dass sich auf der Zink-Perle ein rötlicher, manchmal auch schwärzlicher Belag[1] abscheidet, wobei die Zink-Perle langsam „aufgelöst" wird. Gleichzeitig wird die blau gefärbte Lösung allmählich entfärbt. Aus diesen Beobachtungen lässt sich der Schluss ziehen, dass Kupfer-Ionen zu Kupfer-Atomen reduziert und Zink-Atome zu Zink-Ionen oxidiert worden sind.

Reduktion: $Cu^{2+}(aq) + 2e^- \rightarrow Cu(s)$

Oxidation: $Zn(s) \rightarrow Zn^{2+}(aq) + 2e^-$

Redoxreaktion: $Zn(s) + Cu^{2+}(aq) \rightarrow Zn^{2+}(aq) + Cu(s)$

Diese spontan ablaufende Reaktion ist exotherm, wie wir in PV 170.2. feststellen können.
Gibt man dagegen Kupferspäne in eine Zinksulfat-Lösung, dann ist keine Reaktion festzustellen. Zink-Atome geben zwar an Kupfer-Ionen Elektronen ab, Kupfer-Atome jedoch nicht an Zink-Ionen. Zink-Atome sind also stärkere Elektronen-Donatoren als Kupfer-Atome, oder anders ausgedrückt, das Reduktionsvermögen von Zink-Atomen ist größer als das von Kupfer-Atomen.

Bei PV 170.1. (Kupferspan in einer Silbernitrat-Lösung) können wir auch das Reduktionsvermögen von Kupfer- und Silber-Atomen vergleichen. Am Kupferspan scheiden sich silbrige Kristalle ab, wobei sich die Lösung allmählich blau färbt. Silber-Ionen werden also zu Silber-Atomen reduziert und Kupfer-Atome zu Kupfer-Ionen oxidiert. In der Blaufärbung der Lösung haben wir einen sichtbaren Nachweis dafür, dass Kupfer-Ionen in Lösung gegangen sind.

Reduktion: $2Ag^{+}(aq) + 2e^- \rightarrow 2Ag(s)$

Oxidation: $Cu(s) \rightarrow Cu^{2+}(aq) + 2e^-$

Redoxreaktion: $Cu(s) + 2Ag^{+}(aq) \rightarrow Cu^{2+}(aq) + 2Ag(s)$

---

[1] Dieser rötliche oder schwärzliche Belag ist derselbe Stoff, nur in einem anderen Zerteilungsgrad.

Versuche zur Redoxreihe der Metalle

Versuche

PV 170.1. Geben Sie in einer Versuchsreihe blanke Stücke der angegebenen Metalle in Salz-Lösungen dieser Metalle (vgl. nebenstehende Tab.):

PV 170.2. Geben Sie zu einer kleinen Probe Kupfersulfat-Lösung* einen Spatel Zink-Pulver*. Nach gutem Durchschütteln lässt man das überschüssige Zink-Pulver absitzen. Temperaturänderung?

PV 170.3. Geben Sie zu kleinen Proben von Zink-Pulver*, Eisen-Pulver und Kupfer-Pulver jeweils etwas verdünnte Salzsäure*.

Nr.	Metall	Lösung des Salzes
1	Blei	Eisen(II)-sulfat
2	Blei	Kupfersulfat
3	Blei	Silbernitrat
4	Blei	Zinksulfat
5	Eisen	Bleinitrat
6	Eisen	Kupfersulfat
7	Eisen	Silbernitrat
8	Eisen	Zinksulfat

Nr.	Metall	Lösung des Salzes
9	Kupfer	Bleinitrat
10	Kupfer	Eisen(II)-sulfat
11	Kupfer	Silbernitrat
12	Kupfer	Zinksulfat
13	Zink	Bleinitrat
14	Zink	Eisen(II)-sulfat
15	Zink	Kupfersulfat
16	Zink	Silbernitrat

Auswertung

a) Notieren Sie Ihre Beobachtungen bei PV 170.1. und stellen Sie diese tabellarisch zusammen.

b) Formulieren Sie die zugehörigen Reaktionsgleichungen.

c) Vergleichen Sie die Ergebnisse von PV 170.1. und PV 170.3.

d) Finden Sie ausgehend von diesen Versuchen ein Ordnungsschema für die Metalle und stellen Sie eine „Metallreihe" auf.

e) Welche Beobachtungen würde man machen, wenn man zu einer Silbernitrat-Lösung eine Zink-Perle geben würde?

B 170.1. Kupferblech in Silbernitrat-Lösung (vgl. PV 106.1. Nr. 11)

B 170.2. „Bleibaum". Links Versuchsanordnung, rechts vergrößerter Ausschnitt (vgl. PV 170.1. Nr. 13)

Je nach Reaktionspartner können Kupfer-Atome als Reduktionsmittel wirken und oxidiert werden oder Kupfer-Ionen als Oxidationsmittel wirken und reduziert werden.

$$Cu(s) \rightleftarrows Cu^{2+}(aq) + 2e^-$$

$$\text{Reduktionsmittel} \rightleftarrows \text{Oxidationsmittel} + z\,e^-$$

Reduktor — Oxidator
Elektronen-Donator — Elektronen-Akzeptor

Analog den korrespondierenden Säure-Base-Paaren nennt man ein System aus einem Reduktor (Red) und dem zugehörigen Oxidator (Ox) ein **korrespondierendes**[1] **Redoxpaar**. Ordnen wir nun die in PV 170.1. verwendeten sowie weitere Redoxpaare aus Metall-Atomen und deren korrespondierenden Ionen nach dem Reduktionsvermögen der Metall-Atome oder dem Oxidationsvermögen der Ionen, erhalten wir die in Tab. 171.1. angegebene Reihenfolge. Am oberen Ende dieser als **Redoxreihe der Metalle** bezeichneten Reihe stehen die Alkalimetalle, deren Atome die stärksten Elektronen-Donatoren sind. Die Edelmetalle Gold und Platin, deren Ionen die stärksten Elektronen-Akzeptoren sind, stehen am unteren Ende dieser Reihe.

Wenn wir die Reaktionen der Metalle mit Salzsäure (PV 170.3.) berücksichtigen, so erscheint es sinnvoll, auch das Redoxpaar Wasserstoff-Moleküle/Oxonium-Ionen in diese Reihe einzuordnen. Die Oxonium-Ionen werden von Metall-Atomen, die stärkere Elektronen-Donatoren sind als Wasserstoff-Moleküle, reduziert:

$$\overset{0}{Zn}(s) + 2\overset{I}{H_3}O^+(aq) \rightarrow \overset{0}{H_2}(g) + 2H_2O(l) + \overset{II}{Zn}{}^{2+}(aq)$$

[1] Korrespondierende Redoxpaare werden auch als konjugierte Redoxpaare bezeichnet.

Stärke des Elektronen-Donators, Reduktionsvermögen nimmt ab (von oben nach unten)

Reduktor	⇌ Oxidator	$+z \cdot e^-$
$Na(s)$	⇌ $Na^+(aq)$	$+\ e^-$
$Mg(s)$	⇌ $Mg^{2+}(aq)$	$+2e^-$
$Zn(s)$	⇌ $Zn^{2+}(aq)$	$+2e^-$
$Fe(s)$	⇌ $Fe^{2+}(aq)$	$+2e^-$
$Ni(s)$	⇌ $Ni^{2+}(aq)$	$+2e^-$
$Sn(s)$	⇌ $Sn^{2+}(aq)$	$+2e^-$
$Pb(s)$	⇌ $Pb^{2+}(aq)$	$+2e^-$
$H_2(g) + 2H_2O(l)$	⇌ $2H_3O^+(aq)$	$+2e^-$
$Cu(s)$	⇌ $Cu^{2+}(aq)$	$+2e^-$
$Ag(s)$	⇌ $Ag^+(aq)$	$+\ e^-$
$Hg(l)$	⇌ $Hg^{2+}(aq)$	$+2e^-$
$Au(s)$	⇌ $Au^{3+}(aq)$	$+3e^-$

Stärke des Elektronen-Akzeptors, Oxidationsvermögen nimmt ab (von unten nach oben)

Tab. 171.1. *Redoxreihe der Metalle und des Elementes Wasserstoff*

Ist ein Metall-Atom ein *starker Elektronen-Donator*, dann ist das korrespondierende Ion ein *schwacher Elektronen-Akzeptor*.

Ist ein Metall-Atom ein *schwacher Elektronen-Donator*, dann ist das korrespondierende Ion ein *starker Elektronen-Akzeptor*.

Ein Metall-Atom kann ein Metall-Ion, das in dieser Reihe unterhalb seines korrespondierenden Ions steht, reduzieren.

PV 170.3. zeigt, dass Wasserstoff zwischen Eisen und Kupfer einzuordnen ist. Die genaue Stellung des Wasserstoffs wird durch weitere Versuche bestimmt.

Metalle, deren Atome von Oxonium-Ionen oxidiert werden, bezeichnet man als unedel, Metalle, deren Atome von Oxonium-Ionen nicht oxidiert werden, bezeichnet man als edel.

Aufgaben

A 171.1. Für einen Versuch benötigt man hoch reines Kupfer(II)-chlorid. Würden Sie diese Substanz mit einem Silber- oder einem Nickel-Löffel aus der Vorratsflasche entnehmen?

A 171.2. Entscheiden Sie anhand der Redoxreihe, in welche Richtung die folgenden Reaktionen verlaufen:

$$Sn(s) + Ni^{2+}(aq) \rightleftarrows Sn^{2+}(aq) + Ni(s)$$

$$Pb(s) + Sn^{2+}(aq) \rightleftarrows Pb^{2+}(aq) + Sn(s)$$

$$Ni(s) + Pb^{2+}(aq) \rightleftarrows Ni^{2+}(aq) + Pb(s)$$

$$Cu(s) + Hg^{2+}(aq) \rightleftarrows Cu^{2+}(aq) + Hg(l)$$

A 171.3. Mit welchem Experiment könnte man zeigen, an welcher Stelle Gold in die Redoxreihe einzuordnen ist?

A 171.4. In B 171.1. wird gezeigt, wie man aus photographischen Bädern Silber zurückgewinnen kann. Formulieren Sie die Reaktion, bei der Silber entsteht. Statt Eisenwolle stehen Kupferspäne und Zinkspäne zur Verfügung. Begründen Sie, womit die Silberabscheidung besser gelingen müsste.

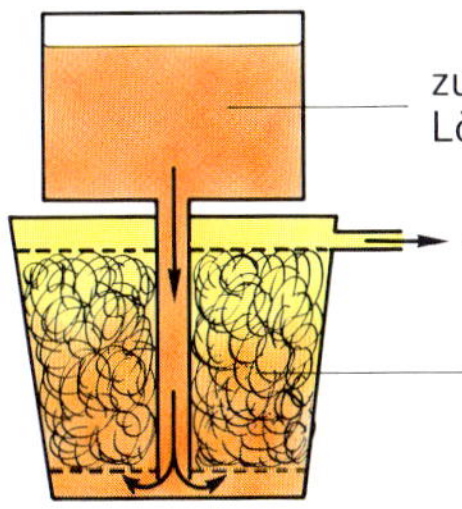

B 171.1. *„Eisenwolle-Eimer" zur Rückgewinnung von Silber aus fotografischen Bädern. Die zu entsilbernde Lösung fließt von unten nach oben durch die Eisenwolle. Das sich abscheidende Silber bleibt im Eimer, die entsilberte Lösung fließt durch den Auslauf ab. Mit* 1 kg *Eisenwolle lassen sich ca.* 4 kg *Silber ausfällen. Bei einer Durchflussgeschwindigkeit von ca.* 2 l/min *durch das zentrale Einlassrohr werden dem Bad ca.* 95% *des darin enthaltenen Silbers entzogen.*

Zusammenfassung

In der Redoxreihe der Metalle sind die korrespondierenden Redoxpaare aus Metall-Atomen und Ionen geordnet. Das Reduktionsvermögen der Metall-Atome nimmt innerhalb dieser Reihe von oben nach unten ab und umgekehrt das Oxidationsvermögen der Metall-Ionen von oben nach unten zu. Demnach kann ein Metall-Atom alle unterhalb seines korrespondierenden Ions stehenden Metall-Ionen reduzieren.

Neue Fachbegriffe

korrespondierendes, konjugiertes Redoxpaar, Redoxreihe der Metalle

7.2. Galvanische Zellen – das DANIELL-Element

B 172.1. LUIGI GALVANI

Versuche

V 172.1. Wie in B 173.1.a) skizziert, werden in ein Becherglas Kupfersulfat-Lösung* der Konzentration $c = 0{,}1$ mol/l und ein Kupfer-Blech gegeben und in ein zweites Becherglas eine Zinksulfat-Lösung* der Konzentration $c = 0{,}1$ mol/l und ein Zink-Blech. Die beiden Bechergläser werden über eine Elektrolytbrücke, ein gebogenes Glasrohr, das mit einer gesättigten Kaliumnitrat-Lösung*[1] blasenfrei gefüllt ist, verbunden. Die Zink- und Kupfer-Elektrode werden a) über ein Strommessgerät, b) über ein Spannungsmessgerät verbunden.

V 172.2. Es werden verschiedene Varianten (B 173.1.) der Zink-Kupfer-Elementes aufgebaut. Die Konzentration der Lösung soll bei allen Varianten gleich sein.
Es wird jeweils die Stromstärke und die Spannung zwischen den Elektroden gemessen.

Bei der Kombination der Redoxpaare Zink-Atome/Zink-Ionen und Kupfer-Atome/Kupfer-Ionen werden Elektronen von Zink-Atomen zu Kupfer-Ionen übertragen. In einer geeigneten Versuchsanordnung lässt sich dieser Elektronenübergang als elektrischer Strom nachweisen. Dies gelingt, wenn wir die beiden Redoxpaare und damit die Oxidation und die Reduktion räumlich trennen und den Elektronenübergang über einen **Elektronenleiter** ermöglichen.
Dazu geben wir ein Kupfer-Blech in ein Gefäß mit einer Kupfersulfat-Lösung und ein Zink-Blech in ein zweites Gefäß mit einer Zinksulfat-Lösung. Die beiden Metalle verbinden wir über einen Draht (Elektronenleiter). Um den Stromkreis zu schließen, werden die Lösungen über einen **Ionenleiter** verbunden. Dieser Ionenleiter, eine *Elektrolytbrücke* oder eine *poröse (semipermeable) Wand* ermöglicht einen Ladungsaustausch durch Ionenwanderung zwischen den beiden Reaktionssystemen, verhindert aber eine rasche Durchmischung der Lösungen.
Mit einer solchen Versuchsanordnung haben wir eine **galvanische**[2] **Zelle** aufgebaut, die aus zwei **Halbzellen** besteht (B 173.1.). Dieses spezielle galvanische Element aus den korrespondierenden Redoxpaaren

$$\mathrm{Zn(s)} \rightleftarrows \mathrm{Zn^{2+}(aq)} + 2\,\mathrm{e^-}$$

und

$$\mathrm{Cu(s)} \rightleftarrows \mathrm{Cu^{2+}(aq)} + 2\,\mathrm{e^-}$$

nennt man auch *DANIELL*[3]*-Element*. Die beiden Redoxpaare bilden die Halbzellen dieses galvanischen Elements.

Verbinden wir die Zink-Elektrode und die Kupfer-Elektrode miteinander, so fließen Elektronen vom Zink zum Kupfer. Dieser Elektronen-

B 172.2 JOHN FREDERIC DANIELL

[1] Die Kaliumnitrat-Lösung kann durch Aufkochen mit Gelatine (etwa 7 g/50 ml Lösung) angedickt werden. Die noch warme Lösung wird in das Glasrohr gefüllt, in dem sie beim Erkalten geliert.
[2] nach LUIGI GALVANI (1737 bis 1798), italienischer Arzt und Naturforscher
[3] nach JOHN FREDERIC DANIELL (1790 bis 1845), Physiker und Chemiker in London

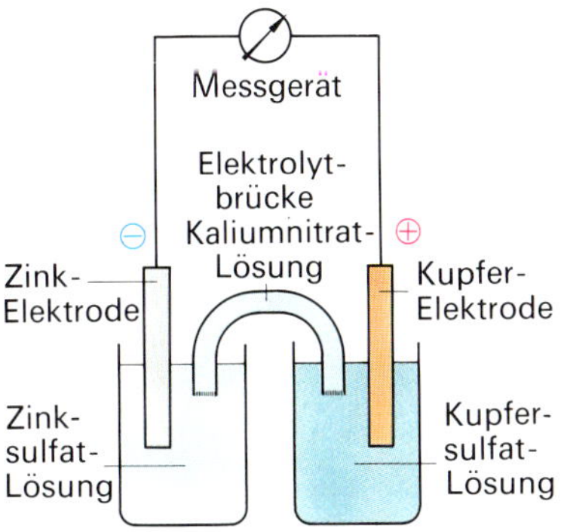

a) Galvanische Zelle aus zwei Gefäßen, die über eine Elektrolytbrücke verbunden sind.

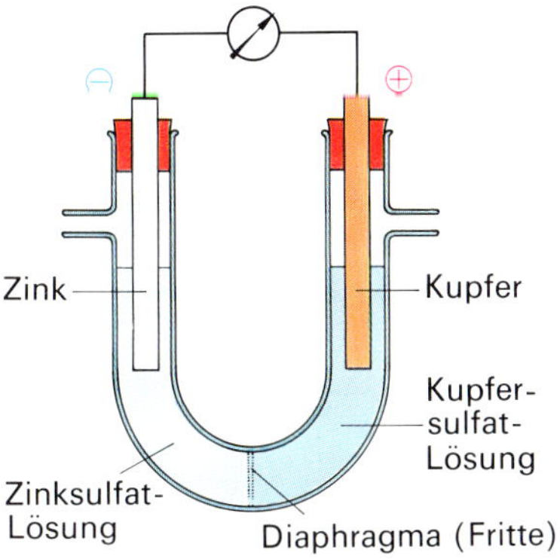

b) Galvanische Zelle aus einem U-Rohr, dessen Schenkel durch ein Diaphragma als semipermeabler Wand getrennt sind.

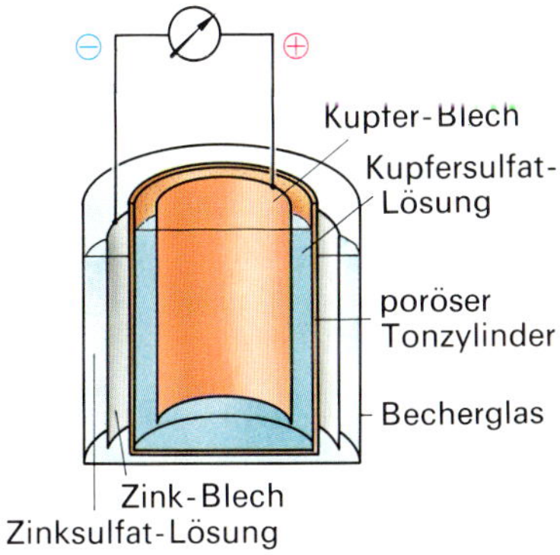

c) Galvanische Zelle aus einer Tonzelle mit Kupfersulfat-Lösung und einem zylinderförmigen Kupfer-Blech, die in ein Becherglas mit Zinksulfat-Lösung und Zink-Blech taucht.

B 173.1. *Verschiedene Apparaturen für den Aufbau einer galvanischen Zelle am Beispiel des DANIELL-Elementes*

fluss lässt sich mit Hilfe eines Strommessgerätes nachweisen. Damit ein Strom fließen kann, muss zwischen den Elektroden eine **Potentialdifferenz**, eine Spannung, bestehen.

Bei der Messung der maximalen Spannung eines galvanischen Elementes benutzt man zweckmäßigerweise ein Voltmeter mit einem hohen Innenwiderstand.

Die Spannung zwischen der Zink- und der Kupfer-Elektrode im DANIELL-Element bei gleicher Konzentration der Lösungen beträgt, unabhängig von der Versuchsanordnung, jeweils $U = 1{,}1$ V. Diese Spannung muss also durch das stoffliche System bedingt sein und kann daher als charakteristische Größe für die Kombination der Redoxpaare

$$\mathbf{Zn(s) \rightleftarrows Zn^{2+}(aq) + 2e^-} \quad \text{Donator-Halbzelle}$$

$$\mathbf{Cu(s) \rightleftarrows Cu^{2+}(aq) + 2e^-} \quad \text{Akzeptor-Halbzelle}$$

angesehen werden.

Diese Gleichgewichte bilden sich beim Eintauchen der Metalle in die wässrige Lösung an der Metalloberfläche aus. Aus dem Metallgitter gehen Metall-Ionen in Lösung und Elektronen bleiben im Metall zurück. Das dadurch elektrisch negativ aufgeladene Metall zieht die in Lösung gegangenen positiv geladenen Metall-Ionen wiederum an. Es bildet sich eine **elektrische Doppelschicht** aus (B 173.2.). Da die Tendenz der Zink-Atome, unter Elektronenabgabe Ionen zu bilden, größer ist als die der Kupfer-Atome, herrscht an der Zink-Elektrode ein Elektronenüberschuss gegenüber der Kupfer-Elektrode. Die Zink-Elektrode bildet den Minus-Pol, die Kupfer-Elektrode den Plus-Pol der galvanischen Zelle. Die Zink-Halbzelle, in der die Elektronenabgabe oder Oxidation erfolgt, ist die **Donator-Halbzelle**, die Kupfer-Halbzelle stellt die **Akzeptor-Halbzelle** dar.

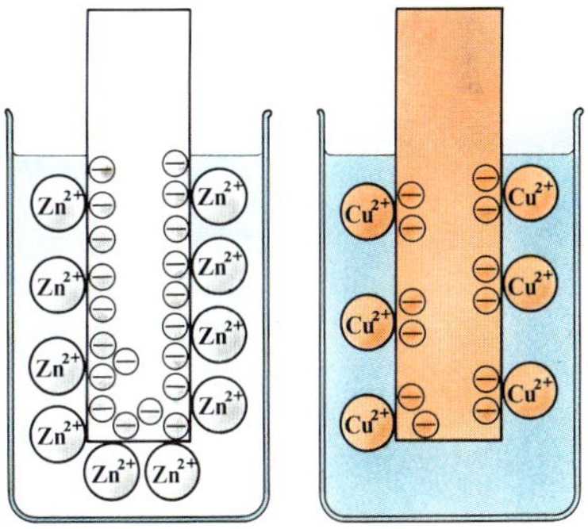

B 173.2. *Schematische Darstellung von elektrischen Doppelschichten an den Redoxpaaren* $\mathbf{Zn(s) \rightleftarrows Zn^{2+}(aq) + 2e^-}$ *und* $\mathbf{Cu(s) \rightleftarrows Cu^{2+}(aq) + 2e^-}$. *Man kann die elektrische Doppelschicht als Mini-Plattenkondensator auffassen. Die unterschiedliche Aufladung der Metalle erklärt das Auftreten der Potentialdifferenz.*

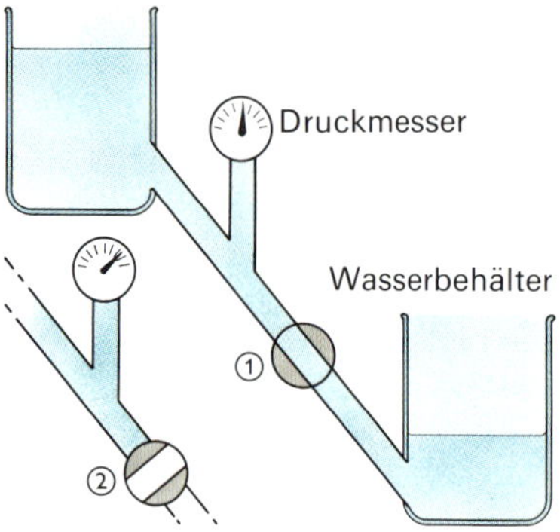

B 174.1. *Zur Veranschaulichung der Potentialdifferenz können wir diese mit dem Wasserdruck zwischen zwei verschieden hohen Wassergefäßen vergleichen. Öffnet man den Hahn, kann man die Strömung – vergleichbar mit dem elektrischen Strom – messen. Den maximalen Wasserdruck – vergleichbar mit der maximalen Spannung – kann man nur dann messen, wenn der Hahn geschlossen ist, sodass die Strömung unterbrochen ist.*

① *Stellung des Hahns bei Strömungsmessung*
② *Stellung des Hahns bei Druckmessung*

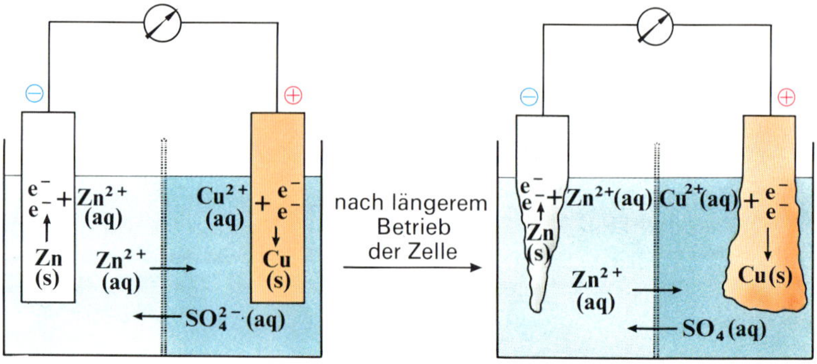

B 174.2. *Schematische Darstellung der Vorgänge im* DANIELL*-Element*

Während des Betriebs der Zelle nimmt allmählich die Masse der Zink-Elektrode ab und die der Kupfer-Elektrode zu. Entsprechend sinkt die Konzentration der Kupfer-Ionen in der Kupfer-Halbzelle, gleichzeitig steigt die Konzentration der Zink-Ionen in der Zink-Halbzelle. Infolge einer Wanderung der Sulfat-Ionen von der Kupfer-Halbzelle durch die semipermeable Wand (oder über die Elektrolytbrücke) in die Zink-Halbzelle und der Zink-Ionen von der Zink-Halbzelle zur Kupfer-Halbzelle bleibt in den Lösungen beider Halbzellen Ladungsneutralität gewährleistet (B 174.2.).

Das DANIELL-Element kann als Spannungs- und Stromquelle dienen. Im Gegensatz zur Spannung ist die Stromstärke, wie V 172.2. zeigt, je nach Versuchsanordnung sehr unterschiedlich. Sie ist z. B. von der Oberfläche und dem Abstand der Elektroden abhängig.

Aufgaben

A 174.1. Beim Betrieb eines DANIELL-Elementes nimmt die Masse der Kupfer-Elektrode um 63,5 mg zu. Welche Ladungsmenge ist von der Zink-Elektrode zur Kupfer-Elektrode geflossen? Um wie viel hat die Masse der Zink-Elektrode abgenommen?

A 174.2. Stellen Sie die Vor- und Nachteile der drei Versuchsanordnungen zum DANIELL-Element (B 173.1.) zusammen.

A 174.3. Überlegen Sie, wie man a) die Stromstärke, b) die Spannung in einer galvanischen Zelle erhöhen kann.

A 174.4. Versuchen Sie, die Spannung und den Stromfluss in der „Zitronenbatterie" (B 174.3.) zu erklären.

Neue Fachbegriffe

galvanische Zelle oder galvanisches Element, DANIELL-Element, Donator- und Akzeptor-Halbzelle, semipermeable Wand, Diaphragma, Elektrolytbrücke, Potentialdifferenz = Spannung, elektrische Doppelschicht

Zusammenfassung

Die korrespondierenden Redoxpaare Zink-Atome/Zink-Ionen und Kupfer-Atome/Kupfer-Ionen bilden die beiden Halbzellen des DANIELL-Elements. Zwischen den Halbzellen besteht eine für die Kombination dieser Redoxpaare charakteristische Spannung oder Potentialdifferenz. Diese Potendialdifferenz bewirkt einen Elektronenfluss von Zink-Atomen zu Kupfer-Ionen, der als elektrischer Strom gemessen werden kann.

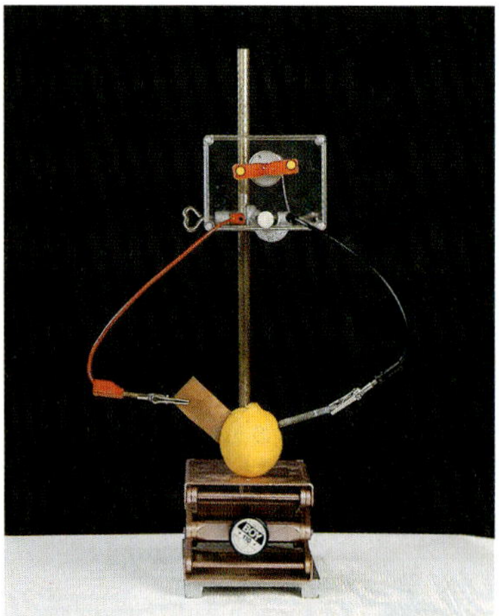

B 174.3. *„Zitronenbatterie"*

Das VOLTA-Element, eine historische Spannungsquelle

Tauchen eine Zink- und eine Kupfer-Elektrode in eine verdünnte Schwefelsäure-Lösung (V 175.1.), so misst man zunächst eine Spannug von etwa $U = 1{,}1$ V. Diese Spannung beruht auf den bekannten Gleichgewichten

$$\mathrm{Zn(s)} \rightleftarrows \mathrm{Zn^{2+}(aq)} + 2\,\mathrm{e^-} \quad \text{und} \quad \mathrm{Cu(s)} \rightleftarrows \mathrm{Cu^{2+}(aq)} + 2\,\mathrm{e^-}$$

die sich beim Eintauchen der Metalle in die wässrige Lösung an der Metalloberfläche bilden[1].

Verbinden wir dann die Elektroden leitend miteinander, beobachten wir neben der Wasserstoff-Entwicklung an der Zink-Elektrode, die immer auftritt, sobald das unedle Zink in eine Säure-Lösung taucht, auch eine Gasentwicklung an der Kupfer-Elektrode. Eine Messung der Spannung zwischen den Elektroden ergibt, dass diese auf ca. $U = 0{,}7$ V abgesunken ist. Wie lässt sich diese Beobachtung erklären? Elektronen fließen von der Zink- zur Kupfer-Elektrode und werden dort von den Oxonium-Ionen der Lösung aufgenommen, sodass Wasserstoff entsteht:

Minus-Pol:	$\mathrm{Zn(s)} \rightarrow \mathrm{Zn^{2+}(aq)} + 2\,\mathrm{e^-}$
Plus-Pol:	$2\,\mathrm{H_3O^+(aq)} + 2\,\mathrm{e^-} \rightarrow \mathrm{H_2(g)} + 2\,\mathrm{H_2O(l)}$
Gesamtreaktion:	$\mathrm{Zn(s)} + 2\,\mathrm{H_3O^+(aq)} \rightarrow \mathrm{Zn^{2+}(aq)} + \mathrm{H_2(g)} + 2\,\mathrm{H_2O(l)}$

Es findet hier also eine *andere* Gesamtreaktion als im DANIELL-Element statt. Die Spannung, die wir jetzt messen, ist auf die Redoxpaare $\mathrm{Zn/Zn^{2+}}$ und $\mathrm{H_2/2\,H_3O^+}$ zurückzuführen.

Dass zwischen zwei Metallen, die in eine Elektrolyt-Lösung tauchen, eine elektrische Spannung besteht, hatte bereits VOLTA[2] im Jahr 1800 erkannt und als „metallische Elektrizität" bezeichnet. Angeregt wurde VOLTA zu seinen Versuchen durch Beobachtungen, die GALVANI einige Jahre zuvor bei den schon legendären Froschschenkel-Versuchen machte. GALVANI beobachtete nämlich, dass diese zusammenzuckten, wenn sie mit verschiedenen Metallen berührt wurden.

VOLTA baute die erste funktionsfähige Batterie aus Zink- und Kupfer-Platten (bzw. Silber-Platten), zwischen die mit Schwefelsäure getränkter Filz gelegt wurde. 20 und mehr Plattenpaare wurden zur „*VOLTASCHEN Säule*" aufeinandergestapelt, um die Spannung zu erhöhen. Heute hat das VOLTA-Element nur noch historische Bedeutung: Die Spannung sinkt während des Betriebs und die Zink-Platten werden in der Schwefelsäure ziemlich schnell zersetzt. Wegen dieser Nachteile konnte sich das VOLTA-Element als technische Batterie nicht durchsetzen.

[1] Der Einfluss der Ionen-Konzentration in der Lösung kann hier vereinfachend vernachlässigt werden.

[2] ALESSANDRO VOLTA (1745 bis 1827), Professor für Physik in Padua. Die Einheit der elektrischen Spannung „Volt" ist nach ihm benannt.

Versuch

V 175.1. In ein U-Rohr mit verd. Schwefelsäure werden eine Zink- und eine Kupfer-Elektrode getaucht. Die Spannung wird gemessen. Die Elektroden werden leitend miteinander verbunden. Nach einiger Zeit wird wiederum die Spannung gemessen.

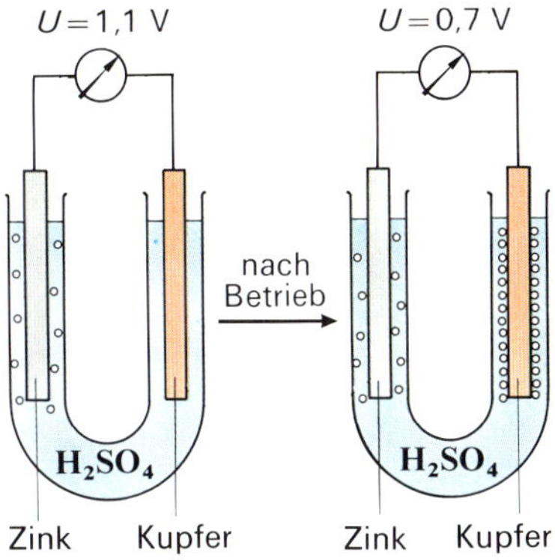

B 175.1. *Beobachtungen zu V 175.1.*

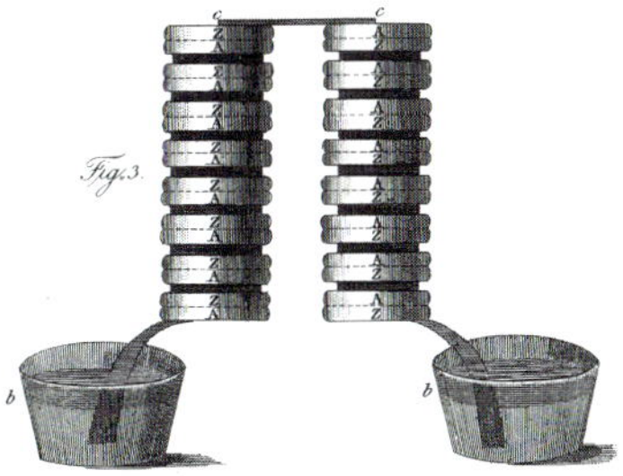

B 175.2. *VOLTASCHE Säulen*

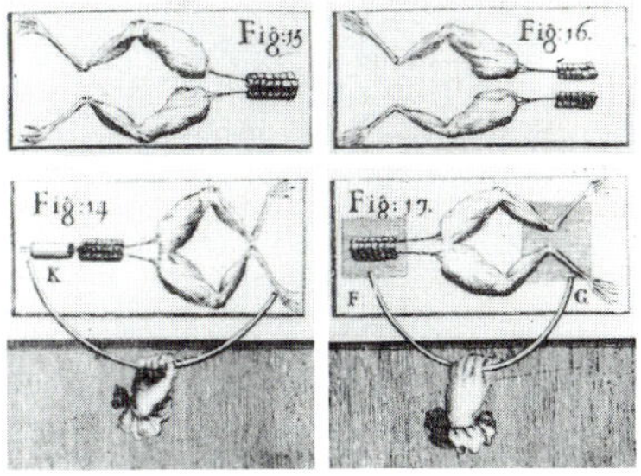

B 175.3. GALVANIS *Froschschenkelversuche*

7.3. Spannungsreihe der Metalle – die quantitative Redoxreihe

Praktikum

Spannungsreihe der Metalle

Versuch

PV 176.1. Stellen Sie in 5 100-ml-Bechergläsern die folgenden Halbzellen her:

Halbzelle	Elektrode	Lösung ($c = 0{,}1$ mol/l)
1	Blei	Bleinitrat
2	Eisen	Eisen(II)-sulfat
3	Kupfer	Kupfersulfat
4	Silber	Silbernitrat
5	Zink	Zinksulfat

Die Elektroden werden an Stativen befestigt. Verbinden Sie jeweils zwei Halbzellen zu galvanischen Zellen (vgl. B 173.1.). Elektrolytbrücke: ein mit konz. Kaliumnitrat-Lösung gefülltes Glasrohr oder ein mit konz. Kaliumnitrat-Lösung getränkter Filterpapierstreifen.
Messen Sie die Spannung zwischen den Elektroden bei allen Halbzellen-Kombinationen.

Die Kombination der Redoxpaare Zn/Zn^{2+} und Cu/Cu^{2+} im DANIELL-Element ergibt bei Lösungen der Konzentration $c = 1$ mol/l die Spannung $U = 1{,}1$ V. Welche Spannungen misst man bei der Kombination anderer Redoxpaare mit Metall-Atomen als Elektronen-Donatoren?
Zur Beantwortung dieser Frage kombinieren wir in der Versuchsreihe PV 176.1. je zwei Halbzellen aus verschiedenen Metallen und den entsprechenden Salz-Lösungen zu galvanischen Zellen und messen die Spannung zwischen den Metall-Elektroden. Um vergleichbare Ergebnisse zu erhalten, setzen wir jeweils gleich konzentrierte Lösungen ein.

Auswertung der Versuchsreihe

a) Legen Sie eine Wertetabelle in Ihrem Heft an und tragen Sie die gemessenen Spannungen für alle Halbzellen-Kombinationen ein.
Bestimmen Sie jeweils den Minus- und Plus-Pol der galvanischen Zellen.
b) Formulieren Sie für die hergestellten galvanischen Zellen die entsprechenden **Zellendiagramme**: $Me_1/Me_1^{z+}//Me_2^{z+}/Me_2$. Die Donator-Halbzelle wird links, die Akzeptor-Halbzelle rechts vom Doppelschrägstrich geschrieben. Der Doppelschrägstrich deutet die poröse Trennwand zwischen den Halbzellen bzw. die Elektrolytbrücke an.
c) Formulieren Sie für jede dieser galvanischen Zellen die Reaktion, die bei Betrieb der Zelle abläuft.
d) Vergleichen Sie die Versuchsergebnisse mit der Stellung der Redoxpaare in der Redoxreihe.

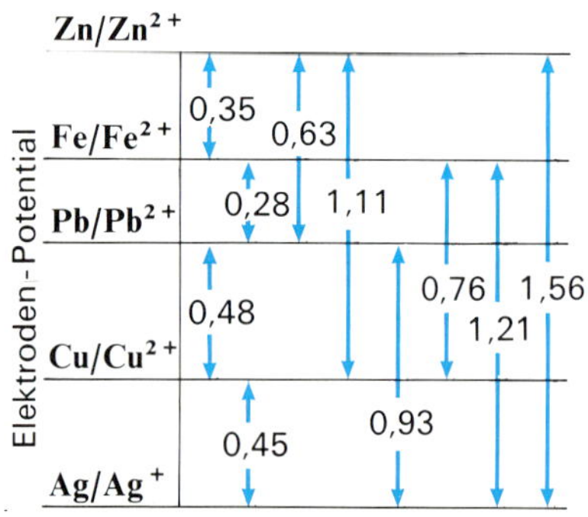

B 176.1. *Graphische Darstellung der Potentialdifferenzen in Volt*

Die Versuchsreihe PV 176.1. zeigt folgende Ergebnisse:

1. Je weiter die Redoxpaare in der Redoxreihe auseinander stehen, desto größer ist die Spannung zwischen den betreffenden Halbzellen. Die höchste Potentialdifferenz kann bei PV 176.1. zwischen einer Zn/Zn^{2+}- und einer Ag/Ag^{+}-Halbzelle gemessen werden. Vgl. die Stellung der Redoxpaare in der Redoxreihe.
2. In den galvanischen Zellen aus PV 176.1. stellt die Zink-Elektrode den Minus-Pol, die Silber-Elektrode immer den Plus-Pol dar.
3. Entsprechende Spannungen lassen sich addieren. So ist beispielsweise die Spannung der Zink-Silber-Zelle gleich der Summe der Spannungen der Zink-Blei-Zelle und der Blei-Silber-Zelle.

Stellen wir die in PV 176.1. gemessenen Potentialdifferenzen in einer Potentialskala (B 176.1.) graphisch dar, so wird deutlich, dass jedem Redoxpaar ein bestimmter **Potential-Wert** in Bezug auf ein Bezugs-Redoxpaar, z. B. Zn/Zn^{2+}, zugeordnet werden kann. Dieser Wert kann als Maß für die reduzierende Wirkung des Metall-Atoms oder die oxidierende Wirkung des Metall-Ions aufgefasst werden.

Da nur **Potentialdifferenzen** gemessen werden können, benötigen wir einen Bezugspunkt – eine Nullmarke. In der Praxis ist man übereingekommen, als Bezugssystem die **Standard-Wasserstoff-Halbzelle** festzulegen, in der das Redoxpaar vorliegt:

$$H_2(g) + 2H_2O(l) \rightleftarrows 2H_3O^+(aq) + 2e^-$$

Da man keine Elektrode aus Wasserstoffgas bauen kann, verwendet man eine Elektrode aus einem inerten[1] platinierten[2] Platin-Blech, das in Salzsäure mit der Oxonium-Ionen-Konzentration $c(H_3O^+) = 1$ mol/l von Wasserstoffgas unter Atmosphärendruck ($p = 1013$ hPa) umspült wird. Die poröse Oberfläche des platinierten Platins adsorbiert Wasserstoff, der so für das Redoxpaar bereitgestellt wird.

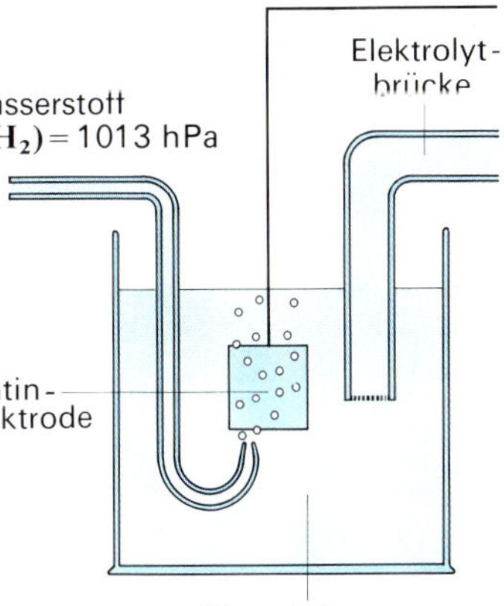

B 177.1. *Standard-Wasserstoff-Halbzelle oder Normal-Wasserstoff-Elektrode*

Für das Potential der Standard-Wasserstoff-Halbzelle hat man festgelegt: $E^0(H_2/2H_3O^+) = 0$ V.
Die unter Standard-Bedingungen, d.h. *Druck* $p = 1013$ hPa, *Temperatur* $\vartheta = 25$ °C, *Konzentrationen* $c = 1$ mol/l, gemessene Potentialdifferenz zwischen einer Me/Me^{z+}-Halbzelle und der Standard-Wasserstoff-Halbzelle bezeichnet man als **Standard-Elektroden-Potential**[3] oder **Normalpotential** oder **Redox-Standard-Potential** E^0 des Redoxpaares Me/Me^{z+}. Ein Redoxpaar, das gegenüber der Standard-Wasserstoff-Halbzelle den elektrisch negativen Pol bildet, erhält einen negativen Potentialwert, ein Redoxpaar, das gegenüber der Wasserstoff-Halbzelle den elektrisch positiven Pol bildet, erhält eine positiven Potentialwert.

Die Spannung der galvanischen Zelle $Zn/Zn^{2+}//2H_3O^+/H_2(Pt)$ beträgt $U = 0{,}76$ V, wobei die Zink-Halbzelle den elektrisch negativen Pol bildet. Für das Potential des Redoxpaares Zn/Zn^{2+} gilt also $E^0 = -0{,}76$ V. Die Kupfer-Halbzelle bildet gegenüber der Wasserstoff-Halbzelle den elektrisch positiven Pol. Das Potential des Redoxpaares Cu/Cu^{2+}, das der Spannung der galvanischen Zelle $(Pt)H_2/2H_3O^+//Cu^{2+}/Cu$ entspricht, ist demnach: $E^0 = +0{,}35$ V.
Die Standard-Elektroden-Potentiale einiger Redoxpaare sind in der **Spannungsreihe** tabelliert (Tab. 178.1.).

Anhand der Spannungsreihe können wir für Standardbedingungen die Zellspannung jeder beliebigen galvanischen Zelle bestimmen, denn die Zellspannung (Potentialdifferenz) U ergibt sich aus der Differenz der Standard-Elektroden-Potentiale:

$$U = \Delta E^0 = E^0\,(\text{Akzeptor-Halbzelle}) - E^0\,(\text{Donator-Halbzelle})$$

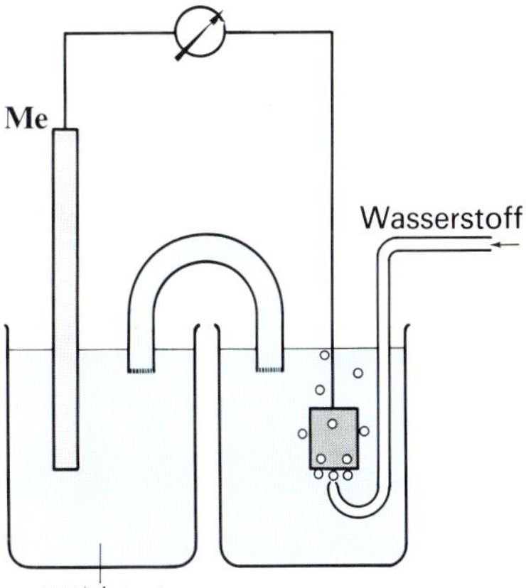

B 177.2. *Messung eines Standard-Elektrodenpotentials eines* Me/Me^{z+} *Redoxpaars*

[1] *inert* von *iners* (lat.) = untätig, bedeutet reaktionsträge, reaktionsunfähig, chemisch inaktiv
[2] Unter Platinieren versteht man den Vorgang, dass ein Platin-Blech mit einer fein verteilten Platin-Schicht überzogen wird. Dies erreicht man durch Elektrolyse einer Platinchlorid-Lösung an einer Platin-Kathode.
[3] Zum Vergleich: Man spricht von der *Höhendifferenz* zwischen dem Gipfel eines Berges und dem Tal, aber von der *Höhe* eines Berges, die die *Höhendifferenz* zwischen dem Gipfel und dem *„Bezugspunkt" Meereshöhe* ist.

Versuch

V 178.1. a) Man füllt 2 Schenkel eines dreischenkligen U-Rohrs mit Schwefelsäure-Lösung* ($c = 0{,}5$ mol/l, $pH = 0$), den dritten Schenkel mit Zinksulfat-Lösung* ($c = 1$ mol/l). In die Schwefelsäure-Lösung werden 2 Platin-Elektroden getaucht, in die Zinksulfat-Lösung eine Zink*-Elektrode. Dann elektrolysiert man die Schwefelsäure-Lösung 1 min bei 6 V Gleichspannung. Der an der Kathode (Minus-Pol) entstehende Wasserstoff haftet an der Platinoberfläche. Auf diese Weise wird eine vereinfachte Wasserstoff-Elektrode hergestellt.
b) Man verbindet die Wasserstoff-Elektrode anschließend mit der Zink-Elektrode über ein Spannungsmessgerät und misst die Spannung. Auf diese Weise erhält man das Standard-Elektroden-Potential des Zn/Zn^{2+}-Redoxpaares.

Red	⇌	Ox	$+z \cdot e^-$	E^0 in V
Li(s)	⇌	$Li^+(aq)$	$+ \; e^-$	−3,04
K(s)	⇌	$K^+(aq)$	$+ \; e^-$	−2,92
Ca(s)	⇌	$Ca^{2+}(aq)$	$+2e^-$	−2,87
Na(s)	⇌	$Na^+(aq)$	$+ \; e^-$	−2,71
Mg(s)	⇌	$Mg^{2+}(aq)$	$+2e^-$	−2,36
Al(s)	⇌	$Al^{3+}(aq)$	$+3e^-$	−1,66
Mn(s)	⇌	$Mn^{2+}(aq)$	$+2e^-$	−1,18
Zn(s)	⇌	$Zn^{2+}(aq)$	$+2e^-$	−0,76
Cr(s)	⇌	$Cr^{3+}(aq)$	$+3e^-$	−0,74
Fe(s)	⇌	$Fe^{2+}(aq)$	$+2e^-$	−0,41
Cd(s)	⇌	$Cd^{2+}(aq)$	$+2e^-$	−0,40
Co(s)	⇌	$Co^{2+}(aq)$	$+2e^-$	−0,28
Ni(s)	⇌	$Ni^{2+}(aq)$	$+2e^-$	−0,23
Sn(s)	⇌	$Sn^{2+}(aq)$	$+2e^-$	−0,14
Pb(s)	⇌	$Pb^{2+}(aq)$	$+2e^-$	−0,13
$H_2(g) + 2H_2O(l)$	⇌	$2H_3O^+(aq)$	$+2e^-$	0
Cu(s)	⇌	$Cu^{2+}(aq)$	$+2e^-$	+0,35
Ag(s)	⇌	$Ag^+(aq)$	$+ \; e^-$	+0,80
Hg(l)	⇌	$Hg^{2+}(aq)$	$+2e^-$	+0,85
Pt(s)	⇌	$Pt^{2+}(aq)$	$+2e^-$	+1,20
Au(s)	⇌	$Au^{3+}(aq)$	$+3e^-$	+1,41

Reduktionsvermögen (nimmt von oben nach unten ab) — Oxidationsvermögen (nimmt von oben nach unten zu)

Tab. 178.1. *Spannungsreihe der Metalle*

Weiterhin können wir feststellen:
Je **negativer** das Potential eines Redoxpaares ist, umso **stärkere Elektronen-Donatoren** sind die Metall-Atome, umso *unedler* ist das Metall; je **positiver** das Potential ist, umso **stärkere Elektronen-Akzeptoren** sind die Metall-Ionen, umso *edler* ist das Metall. Demnach ist *Lithium das unedelste* und *Gold das edelste Metall.*

Aufgaben

A 178.1. Welche Zellspannungen misst man unter Standardbedingungen bei galvanischen Elementen, die sich aus den möglichen Kombinationen der folgenden Redoxpaare ergeben?

Cd/Cd^{2+}, Ni/Ni^{2+}, Pb/Pb^{2+}, Au/Au^{3+}, Cr/Cr^{3+}

A 178.2. Welche Reaktionen laufen in diesen Zellen ab, wenn man Strom entnimmt? Geben Sie die entsprechenden Zellendiagramme an.

Zusammenfassung

Die Standard-Elektroden-Potentiale der Redoxpaare $Me(s)/Me^{z+}(aq)$ sind ein quantitatives Maß für die Neigung der Metall-Atome, als Elektronen-Donatoren zu wirken. Als Bezugspunkt zur Bestimmung der Standard-Elektroden-Potentiale dient die Standard-Wasserstoff-Elektrode. Redoxpaare, deren Metall-Atome stärkere Elektronen-Donatoren sind als Wasserstoff-Moleküle, erhalten einen negativen Potential-Wert, Redoxpaare deren Metall-Atome schwächere Elektronen-Donatoren sind, einen positiven Potential-Wert.

Neue Fachbegriffe

Standard-Elektroden-Potential, Normalpotential, Redox-Standard-Potential, Standard-Wasserstoff-Elektrode, platiniertes Platin, inerte Elektrode, Spannungsreihe

Lithium hat das kleinste Standard-Elektroden-Potential

Bei den Alkalimetallen steigen die Standard-Elektroden-Potentiale von Natrium bis Caesium zu negativen Werten hin an, d.h., die Elektronen-Donator-Stärke nimmt zu, wie man es auch entsprechend der Abnahme der Ionisierungsenergien (Tab. 149.1.) erwarten kann. Aber nicht Caesium, sondern Lithium hat überraschenderweise das Potential mit dem größten negativen Wert. Eine Erklärung dafür finden wir, wenn wir den Übergang von Metall-Atomen aus dem festen Metallgitter zu hydratisierten Ionen in Teilschritte zerlegen.
Beim Vergleich von Lithium und Kalium stellen wir dann fest, dass die frei werdende hohe Hydratationsenthalpie der kleinen Lithium-Ionen die aufzuwendende kleinere Sublimations- und Ionisierungsenthalpie der Kalium-Atome überkompensiert (B 179.1.).
Die Oxidations-Teilreaktionen treten natürlich nicht isoliert, sondern erst in der Kombination mit einer Reduktion ein, z.B. der Reduktion von hydratisierten Oxonium-Ionen zu Wasserstoff-Molekülen. Insgesamt ist die bei dieser „Bezugs"-Redoxreaktion frei werdende Enthalpie ΔH^0 und freie Enthalpie ΔG^0 bei der Oxidation von Lithium-Atomen größer als bei der Oxidation von Kalium-Atomen.
Allgemein kann man feststellen, dass Metall-Atome umso stärkere Elektronen-Donatoren sind, je kleiner die Ionisierungs- und je größer die Hydratationsenthalpien sind. Aber auch die wesentlich kleineren Sublimationsenthalpien beeinflussen die Elektronen-Donator-Stärke der Metall-Atome. Dies wird besonders deutlich beim Vergleich der Redoxpaare **Cu/Cu^{2+}** und **Zn/Zn^{2+}**. Bei beiden sind die Ionisierungs- und Hydratationsenthalpien etwa gleich groß, die Sublimationsenthalpie von Kupfer ist aber erheblich größer als die von Zink. Zink-Atome sind daher stärkere Elektronen-Donatoren als Kupfer-Atome.
Die freie Standard-Enthalpie ΔG^0 der Reaktion zwischen Kupfer-Atomen und Oxonium-Ionen hat einen positiven Wert. Das bedeutet, dass diese Reaktion nicht selbsttätig abläuft (vgl. EVA S. 80f.), und bestätigt unsere Feststellung, dass Kupfer-Atome schwächere Elektronen-Donatoren als Wasserstoff-Moleküle sind (positiver Wert für das Standard-Elektroden-Potential $E^0(Cu/Cu^{2+})$).
Die freie Standard-Enthalpie einer Redoxreaktion entspricht der elektrischen Arbeit einer galvanischen Zelle.

$$\Delta G^0 = -W_{el}$$

Die elektrische Arbeit ist das Produkt aus Spannung, Stromstärke und Zeit:

$$W_{el} = U \cdot I \cdot t = U \cdot Q$$

Wird in einer galvanischen Zelle unter Standardbedingungen die Ladung $Q = z \cdot F$ (bei einem Formelumsatz) transportiert, erhält man:

$$\Delta G^0 = -\Delta E^0 \cdot z \cdot F$$

Die freie Enthalpie ΔG^0 einer Redoxreaktion kann also experimentell bestimmt werden, indem man die Zellspannung der entsprechenden galvanischen Zelle unter Standardbedingungen misst (B 179.2.).

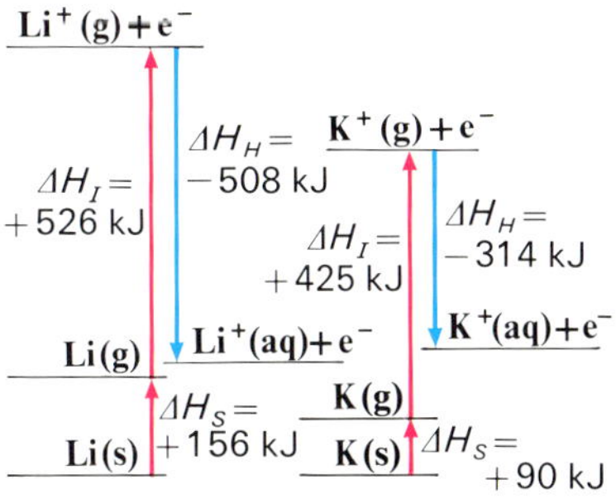

B 179.1. *Teilschritte und Enthalpien bei der Oxidation von 1 mol/l Lithium- bzw. Kalium-Atomen*

	Cu/Cu^{2+}	Zn/Zn^{2+}
ΔH^0_{Sm} in kJ/mol	+ 340	+ 131
ΔH^0_{Im} in kJ/mol	+2716	+2652
ΔH^0_{Hm} in kJ/mol	−2116	−2057

Tab. 179.1. *Molare Enthalpien für die Oxidation von Kupfer- bzw. Zink-Atomen in wässriger Lösung*

	ΔG^0_m in kJ/mol
$Li^+(aq)$	−293
$K^+(aq)$	−282
$Zn^{2+}(aq)$	−147
$Cu^{2+}(aq)$	+ 66

Tab. 179.2. *Molare freie Standard-Enthalpien für die Bildung hydratisierter Metall-Ionen nach*

$$Me + z\,H_3O^+ \rightarrow Me^{z+} + \frac{z}{2}\,H_2 + z\,H_2O$$

Beispiel: *DANIELL-Element*

$$Cu^{2+}(aq) + Zn(s) \rightarrow Cu(s) + Zn^{2+}(aq)$$

Die Zellspannung im DANIELL-Element beträgt unter Standard-Bedingungen $\Delta E^0 = 1{,}11$ V.
Mit $z = 2$ und $F = 96\,487$ C/mol ergibt sich:

$$\Delta G^0 = -1{,}11 \cdot 2 \cdot 96\,487\ \text{V} \cdot \text{C/mol}$$
$$= -213 \cdot 10^3\ \text{V} \cdot \text{A} \cdot \text{s/mol}$$
$$= -213 \cdot 10^3\ \text{Ws/mol}$$

$$\mathbf{\Delta G^0 = -213\ kJ/mol}$$

B 179.2. *Berechnung von ΔG^0 aus der Zellspannung ΔE^0*

7.4. Erweiterung der Spannungsreihe

Praktikum

Spannungsreihe der Halogene

Versuche **Vorsicht! Abzug!**

PV 180.1. Geben Sie in je ein Rggl. zu 5 ml verdünnter Lösung von
a) Kaliumchlorid etwa 1 ml Bromwasser*
b) Kaliumbromid etwa 1 ml Chlorwasser*
c) Kaliumiodid etwa 1 ml Chlorwasser
d) Kaliumiodid etwa 1 ml Bromwasser.

Geben Sie dann etwas Heptan zu diesen Lösungen und schütteln Sie.

PV 180.2. Stellen Sie aus:
a) Kaliumbromid-Lösung ($c = 1$ mol/l) und Bromwasser*
b) Kaliumchlorid-Lösung ($c = 1$ mol/l) und Chlorwasser*
c) Iod-Kaliumiodid-Lösung*

in je einem U-Rohr mit Fritte die folgenden galvanischen Zellen her:

$$Br_2/2\,Br^-//2\,Cl^-/Cl_2$$
$$I_2/2\,I^-\quad//2\,Cl^-/Cl_2$$
$$I_2/2\,I^-\quad//2\,Br^-/Br_2$$

Als Elektroden werden Graphit-Elektroden verwendet.
Messen Sie die Zellspannungen dieser vereinfachten Halogenzellen.

PV 180.3. a) Elektrolysieren Sie in einem U-Rohr Salzsäure ($c = 1$ mol/l) an Graphit-Elektroden bei 6 V Gleichspannung etwa eine Minute.
b) Messen Sie nach Abschalten der Spannungsquelle die Spannung zwischen den Elektroden.

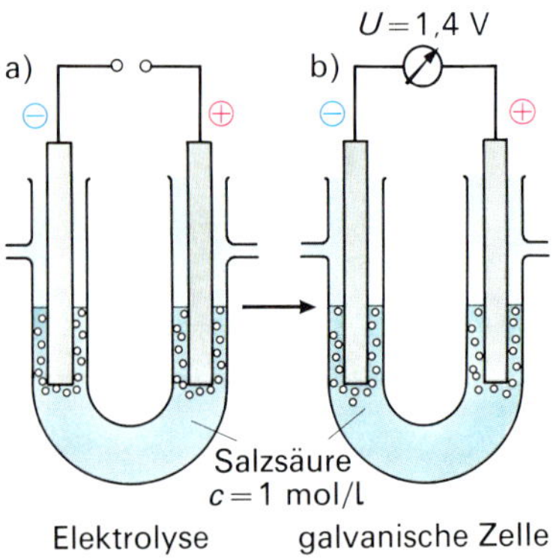

B 180.1. *Zu PV 180.3.*

Auswertung der Versuche

a) Beschreiben Sie die Beobachtungen bei PV 180.1. und formulieren Sie für ablaufende Reaktionen die entsprechenden Reaktionsgleichungen. Geben Sie für jede Reaktion den Elektronen-Donator und den Elektronen-Akzeptor an.
b) Stellen Sie eine qualitative Redoxreihe der Halogene auf.
c) Notieren Sie die gemessenen Zellspannungen der galvanischen Zellen aus PV 180.2. Geben Sie jeweils den Minus- und Plus-Pol an.
d) Vergleichen Sie die Ergebnisse von PV 180.1. und PV 180.2.
e) Bei PV 180.3. werden durch Elektrolyse eine vereinfachte Wasserstoff-Elektrode und eine vereinfachte Chlor-Elektrode erzeugt. Ermitteln Sie aus den bei PV 180.2. und PV 180.3. gemessenen Spannungen die Redoxpotentiale für Chlor, Brom und Iod, und vergleichen Sie diese mit den in Tab. 181.1. angegebenen Werten.
f) Erläutern Sie den Zusammenhang zwischen der Elektrolyse-Zelle PV 180.3. a) und der galvanischen Zelle PV 180.3. b).

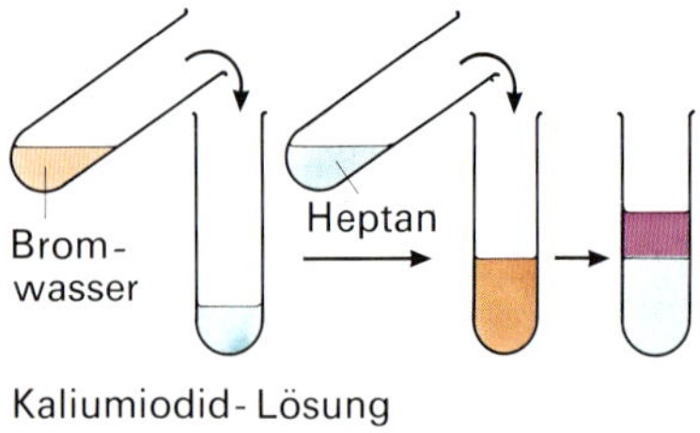

B 180.2. *Umsetzung von Kaliumiodid-Lösung mit Bromwasser*

Bei PV 180.1. beobachten wir, dass Bromwasser aus einer Kaliumiodid-Lösung elementares Iod freisetzt. Das Iod wird beim Ausschütteln mit Heptan an der violetten Farbe erkannt.
Chlor setzt aus einer Bromid-Ionen-Lösung Brom frei. Brom hat offensichtlich ein größeres Oxidationsvermögen als Iod, jedoch ein geringeres als Chlor.
Diese Reaktion wird technisch zur Gewinnung von Brom aus Meerwasser ausgenutzt, auch wenn die Konzentrationen an Bromid-Ionen nur sehr gering sind. Das durch Einleiten von Chlor gebildete Brom wird mit Luft ausgeblasen. Es kondensiert in einem Kühlturm.
Das Oxidationsvermögen der Halogene nimmt von Chlor über Brom zu Iod hin ab (vgl. die Stellung dieser Elemente im PSE). Um die

Standard-Elektroden-Potentiale als quantitatives Maß für das Reduktions- bzw. Oxidations-Vermögen der Redoxpaare Halogen-Molekül/Halogenid-Ion zu bestimmen, werden Halogen-Halbzellen wie bei PV 180.2. hergestellt. Ähnlich wie bei der Standard-Wasserstoff-Halbzelle wird auch bei einer Halogen-Halbzelle eine Elektrode aus einem inerten Material (Platin oder Graphit), an der sich das Gleichgewicht $2X^- \rightleftarrows X_2 + 2e^-$ einstellen kann, benötigt.
Eine vereinfachte galvanische Zelle aus einer Wasserstoff- und einer Chlor-Halbzelle zur Messung des Redoxpotentials haben wir bei PV 180.3. hergestellt. Durch Elektrolyse von Salzsäure wird an den Elektroden Wasserstoff und Chlor erzeugt. Nach Abbruch der Elektrolyse besteht eine Spannung von $U = 1{,}3$ V zwischen den Elektroden. Es ist nun eine galvanische Zelle aus den Redoxpaaren

$$H_2(g) + 2H_2O(l) \rightleftarrows 2H_3O^+(aq) + 2e^- \quad \text{und}$$

$$Cl_2(g) + 2e^- \rightleftarrows 2Cl^-(aq) \quad \text{entstanden.}$$

$$H_2(g) + Cl_2(g) + 2H_2O(l) \underset{\text{Elektrolyse}}{\overset{\text{galvanische Zelle}}{\rightleftarrows}} 2H_3O^+(aq) + 2Cl^-(aq)$$

Die in der galvanischen Zelle ablaufende Zellreaktion ist eine Umkehrung der Elektrolyse-Reaktion.

Gegenüber der Standard-Wasserstoff-Elektrode misst man unter Standardbedingungen für die Redoxpaare Halogenid-Ion/Halogen-Molekül die in Tab. 181.1. angegebenen Werte.
Diese Werte bestätigen die qualitative Redoxreihe der Halogene aus V 181.1. Das Redoxpaar $2F^-/F_2$ hat das Standard-Elektroden-Potential mit dem größten positiven Wert aller Redoxpaare; es gibt also kein Oxidationsmittel, das Fluorid-Ionen zu elementarem Fluor oxidieren kann.

Reduktionsmittel	$\rightleftarrows$	Oxidationsmittel $+ 2e^-$	E^0 in V
$2I^-(aq)$	$\rightleftarrows$	$I_2(s) + 2e^-$	+0,54
$2Br^-(aq)$	$\rightleftarrows$	$Br_2(l) + 2e^-$	+1,07
$2Cl^-(aq)$	$\rightleftarrows$	$Cl_2(g) + 2e^-$	+1,36
$2F^-(aq)$	$\rightleftarrows$	$F_2(g) + 2e^-$	+2,87

Tab. 181.1. *Spannungsreihe der Halogene*

Standard-Elektroden-Potentiale weiterer Redoxpaare

Die Spannungsreihe lässt sich praktisch um alle Redoxpaare erweitern. Man kann für jedes Redoxpaar das Standard-Elektroden-Potential bestimmen, indem man aus dem betreffenden Redoxpaar eine Halbzelle aufbaut mit einer Elektrode aus einem inerten Material (meist Platin), an der sich das potentialbildende Gleichgewicht einstellen kann, und die Potentialdifferenz gegenüber der Standard-Wasserstoff-Halbzelle bestimmt.

Mit Hilfe der Standard-Elektroden-Potentiale können wir die Richtung jeder beliebigen Redoxreaktion bei Standard-Bedingungen voraussagen.

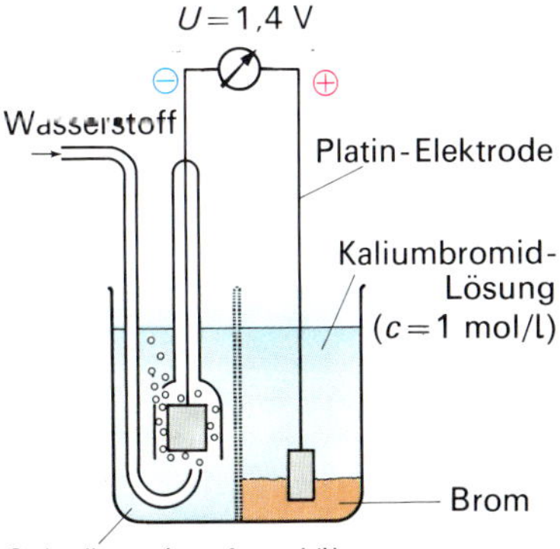

B 181.1. *Galvanische Zelle zur Messung des Standard-Elektroden-Potentials des Redoxpaares* $2Br^-/Br_2$

Versuche

V 181.1. In den einen Schenkel eines U-Rohres mit Fritte gibt man eine mit Salzsäure* angesäuerte Lösung von Eisen(II)-chlorid* und Eisen(III)-chlorid* (jeweils mit $c = 0{,}1$ mol/l) und taucht eine Platin-Elektrode hinein. In den anderen Schenkel gibt man eine Zinksulfat-Lösung* ($c = 0{,}1$ mol/l) und eine Zink-Elektrode. Man misst die Spannung dieser galvanischen Zelle.

Auswertung
Bestimmen Sie aus der gemessenen Zellspannung das Redoxpotential für das Redoxpaar Fe^{2+}/Fe^{3+}.

V 181.2. Ein Schenkel eines U-Rohres mit Fritte wird mit Eisen(II)-chlorid-Lösung*, der etwas Kaliumthiocyanat-Lösung* (KSCN-Lösung) zugesetzt wird, gefüllt, der andere mit schwefelsaurer Kaliumpermanganat-Lösung*. Dann taucht man Platin-Elektroden in die Lösungen und verbindet sie leitend miteinander. Beobachtung?

Versuche

V 182.1. Eine Eisen(III)-chlorid-Lösung* wird mit einer Spatelspitze Kupfer-Pulver geschüttelt. Zu der dekantierten Lösung gibt man etwas Kaliumhexacyanoferrat(III)-Lösung (Nachweisreagenz für Eisen(II)-Ionen).

LV 182.2. Abzug! Zu Kupfer-Spänen wird halbkonzentrierte Salpetersäure* zugetropft. Das entstehende Gas wird aufgefangen (B 182.1.). **Vorsicht! Das entstehende Gas ist giftig!**

V 182.3. *Modellversuch zur Radierung*: Ein Kupfer-Blech wird durch Eintauchen in flüssiges Wachs mit einer dünnen Wachsschicht überzogen. In diese ritzt man ein Muster ein und legt dann das Kupfer-Blech einige Minuten in eine Schale mit
a) Eisen(III)-chlorid-Lösung*
b) halbkonzentrierter Salpetersäure* (Abzug!) Dann wird die Wachsschicht durch Eintauchen in heißes Wasser entfernt.

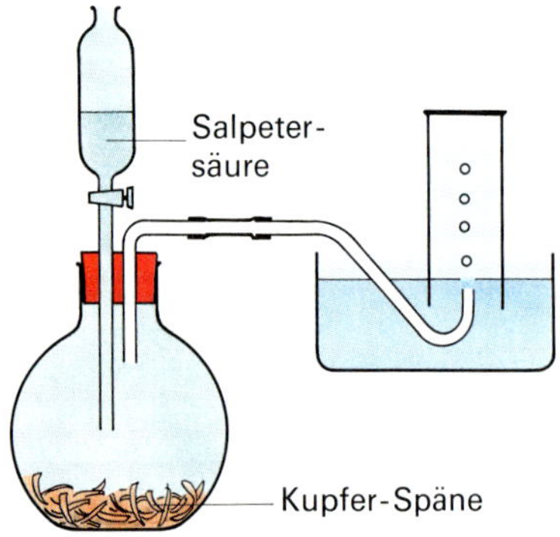

B 182.1. *Zu LV 182.2.*

Als Beispiel betrachten wir die Redoxreaktion, der die Redoxpaare

$$Fe^{2+}(aq) \rightleftarrows Fe^{3+}(aq) + e^-; \quad E^0 = +0{,}77\,V$$

$$Mn^{2+}(aq) + 12H_2O(l) \rightleftarrows MnO_4^-(aq) + 8H_3O^+(aq) + 5e^-; \quad E^0 = +1{,}51\,V$$

zugrunde liegen. Als Oxidatoren des Redoxpaares mit dem größeren Standard-Elektroden-Potential oxidieren die Permanganat-Ionen in saurer Lösung die Eisen(II)-Ionen, die die Reduktoren des Redoxpaares mit dem kleineren Standard-Elektroden-Potential sind. Die dabei entstehenden Eisen(III)-Ionen lassen sich analytisch durch die Bildung des roten Eisen(III)-thiocyanats nachweisen (V 181.2.).

Reduktionsmittel	⇄ Oxidationsmittel	$+ze^-$	E^0 in V
$S^{2-}(aq)$	⇄ $S(s)$	$+2e^-$	−0,51
$Sn^{2+}(aq)$	⇄ $Sn^{4+}(aq)$	$+2e^-$	+0,15
$Cu^+(aq)$	⇄ $Cu^{2+}(aq)$	$+e^-$	+0,15
$4OH^-(aq)$	⇄ $O_2(g) + 2H_2O(l)$	$+4e^-$	+0,40
$Fe^{2+}(aq)$	⇄ $Fe^{3+}(aq)$	$+e^-$	+0,77
$NO(g) + 6H_2O(l)$	⇄ $NO_3^-(aq) + 4H_3O^+(aq)$	$+3e^-$	+0,96
$6H_2O(l)$	⇄ $O_2(g) + 4H_3O^+(aq)$	$+4e^-$	+1,23
$Mn^{2+}(aq) + 6H_2O(l)$	⇄ $MnO_2(s) + 4H_3O^+(aq)$	$+2e^-$	+1,23
$2Cr^{3+}(aq) + 21H_2O(l)$	⇄ $Cr_2O_7^{2-}(aq) + 14H_3O^+(aq)$	$+6e^-$	+1,33
$Mn^{2+}(aq) + 12H_2O(l)$	⇄ $MnO_4^-(aq) + 8H_3O^+(aq)$	$+5e^-$	+1,51

Tab. 182.1. *Standard-Elektroden-Potentiale einiger Redoxpaare*

Aufgaben

A 182.1. Eine Zinkbromid-Lösung wird elektrolysiert. Nach Abbruch der Elektrolyse misst man zwischen den Elektroden eine Spannung von 1,9 V. Erklären Sie das Auftreten der Spannung nach der Elektrolyse.

A 182.2. Welche Reaktionen laufen ab, wenn man
a) Kupfer-Pulver mit Eisen(II)-chlorid-Lösung
b) Kupfer-Pulver mit Eisen(III)-chlorid-Lösung (V 182.1.)
c) Eisen-Pulver mit Eisen(III)-chlorid-Lösung
schüttelt? Überprüfen Sie Reaktion c) im Experiment.

A 182.3. Welche Reaktion läuft ab, wenn man Kupfer mit Salpetersäure umsetzt (LV 182.2.)?

A 182.4. Erklären Sie die Vorgänge bei der Radierung von Kupferplatten.

A 182.5. Salpetersäure wird seit der Zeit der Alchimisten auch Scheidewasser genannt, da sich Silber in Salpetersäure „auflöst", Gold jedoch nicht. Erklärung.

A 182.6. Man setzt in einer Chlor-Halbzelle im Allgemeinen keine Platin-, sondern eine Graphit-Elektrode ein. Erklären Sie dies anhand der Spannungsreihe.

A 182.7. Warum säuert man Kaliumpermanganat-Lösungen nicht mit Salzsäure, sondern immer mit Schwefelsäure an?

Zusammenfassung

Für jedes Redoxpaar kann man ein Standard-Elektroden-Potential bestimmen, das die Stellung des Redoxpaares in der Spannungsreihe angibt. Mit Hilfe der Spannungsreihe kann man den Ablauf jeder beliebigen Redoxreaktion unter Standardbedingungen voraussagen: Der Reduktor des Redoxpaares mit dem kleineren Potential vermag den Oxidator des Redoxpaares mit dem größeren Potential zu reduzieren.

7.5. Die Konzentrationsabhängigkeit der Elektroden-Potentiale

Bei V 183.1. können wir nach einigen Tagen am unteren Ende des Zink-Stabs dunkle Kristalle erkennen. Wie kann man dies erklären?
Im Reagenzglas bildet sich ein Konzentrationsgefälle aus. Gleich oberhalb des Bodenkörpers liegt eine konzentrierte, weiter oben eine verdünnte Zinksulfat-Lösung vor. Da sich am unteren Ende des Zinkstabs Zinkkristalle bilden, müssen Zink-Ionen aus der konzentrierteren Lösung zu Zink-Atomen reduziert worden sein. Die erforderlichen Elektronen können nur aus dem Zink-Stab selbst stammen, indem am oberen Ende des Zink-Stabes in der verdünnteren Lösung Zink-Atome oxidiert und als Zink-Ionen in Lösung gegangen sind.

$$Zn(s) \underset{\text{konzentrierte Lösung}}{\overset{\text{verdünnte Lösung}}{\rightleftharpoons}} Zn^{2+}(aq) + 2e^-$$

Nach dem Prinzip des kleinsten Zwanges ist es verständlich, dass in der verdünnteren Lösung Zink-Atome eher oxidiert werden als in der konzentrierteren und dass Zink-Ionen in der konzentrierteren Lösung leichter reduziert werden als in der verdünnteren.

Die vermutete Elektronenwanderung im Zinkstab müsste sich als elektrischer Strom bzw. als Potentialdifferenz in einer entsprechenden galvanischen Zelle aus zwei Zink-Halbzellen mit unterschiedlichen Zink-Ionen-Konzentrationen nachweisen lassen (V 183.2.). Wir messen eine Spannung zwischen den Zink-Elektroden. Die Elektrode in der verdünnteren Lösung bildet den elektrisch negativen Pol, die andere den positiven Pol. Mit der Stromentnahme aus dieser Zelle ist ein **Konzentrationsausgleich** zwischen der verdünnten und der konzentrierten Zink-Ionen-Lösung verbunden. Eine solche galvanische Zelle nennt man daher auch **Konzentrationszelle** oder **Konzentrationskette**.

Versuche

V 183.1. In ein Rggl. wird festes Zinksulfat* gegeben und am Boden festgedrückt. Dann stellt man einen Zink-Stab darauf und überschichtet das Zinksulfat mit Wasser und lässt das Rggl. einige Tage stehen.

V 183.2. In einer Vorrichtung wie in B 119.2. (oder einem U-Rohr mit Fritte oder zwei Bechergläsern mit Elektrolytbrücke) wird eine galvanische Zelle aus einem Zink-Stab in einer verdünnten Zinksulfat-Lösung und einem Zinkstab in einer konzentrierten Zinksulfat-Lösung* aufgebaut:

$$Zn/Zn^{2+}(verd.)//Zn^{2+}(konz.)/Zn$$

Man misst die Spannung.

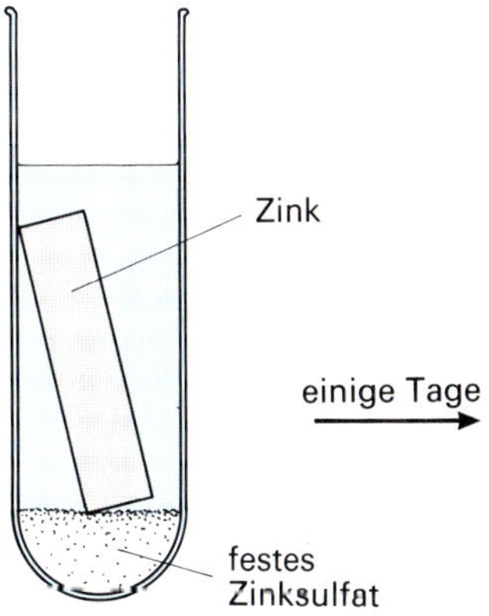

B 183.1. *Zu V 183.1.*

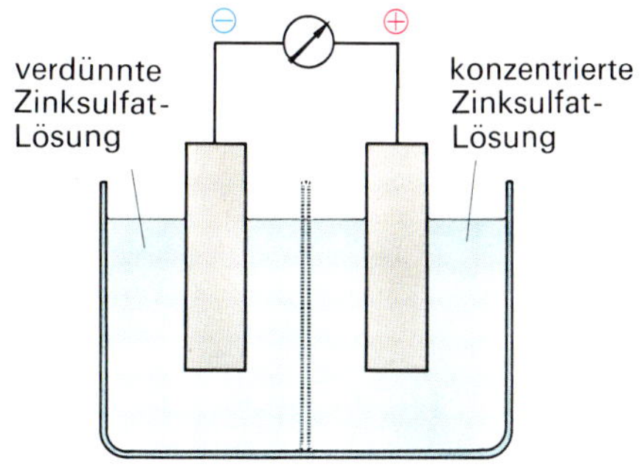

B 183.2. *Konzentrationszelle von V 183.2.*

Konzentrationsketten

Versuch

PV 184.1. Füllen Sie in zwei 100-ml-Bechergläser jeweils 50 ml Silbernitrat-Lösung* ($c = 0{,}1$ mol/l) und tauchen Sie zwei Silber-Elektroden ein. Verbinden Sie diese beiden Silber-Halbzellen über eine mit Kaliumnitrat-Lösung* gefüllte Elektrolyt-Brücke. Die Zellspannung beträgt: $U = 0$ V.

Verdünnen Sie dann 5 ml Silbernitrat-Lösung* mit Kaliumnitrat-Lösung* ($c = 0{,}1$ mol/l) in einem Messzylinder auf 50 ml. Stellen Sie auf diese Weise Silbernitrat-Lösungen ($c = 0{,}01$ mol/l, $c = 0{,}001$ mol/l, $c = 0{,}0001$ mol/l) her.

Kombinieren Sie jeweils zwei aus diesen Silbernitrat-Lösungen hergestellte Halbzellen zu den in Tab. 184.1. angegebenen Konzentrationsketten und messen Sie die Zellspannungen.

Auswertung

a) Erweitern Sie die Tab. 184.1. in Ihrem Heft um die folgenden Spalten: Konzentrationsverhältnis $c_A(Ag^+)/c_D(Ag^+)$, Logarithmus des Konzentrationsverhältnisses lg $c_A(Ag^+)/c_D(Ag^+)$, Zellspannung U; und tragen Sie Ihre Messwerte ein.

b) Stellen Sie Ihre Versuchsergebnisse graphisch dar: (Ordinate: Zellspannung, Abszisse: lg $c_A(Ag^+)/c_D(Ag^+)$. Interpretieren Sie das Ergebnis.

Nr.	Donator-Halbzelle	Akzeptor-Halbzelle
	c_D in mol/l	c_A in mol/l
1	10^{-2}	10^{-1}
2	10^{-3}	10^{-1}
3	10^{-4}	10^{-1}
4	10^{-3}	10^{-2}
5	10^{-4}	10^{-2}
6	10^{-4}	10^{-3}

Tab. 184.1. *Silber-Konzentrationsketten zu PV 184.1. mit* $c_D < c_A$

Um die Konzentrationsabhängigkeit des Elektroden-Potentials quantitativ zu erfassen, wollen wir Konzentrationsketten aus Ag/Ag^+-Halbzellen herstellen, in denen sich die Konzentrationen der Silber-Ionen jeweils um Zehner-Potenzen unterscheiden.

Als Ergebnis des Praktikumsversuchs stellen wir folgende lineare Abhängigkeit zwischen der Zellspannung U der Konzentrationszelle und dem Logarithmus des Konzentrationsverhältnisses fest:

$$U = 0{,}059\ \text{V} \cdot \lg \frac{c_A(Ag^+)}{c_D(Ag^+)} \qquad (1)$$

c_D: Konzentration in der Donator-Halbzelle
c_A: Konzentration in der Akzeptor Halbzelle

Wie groß ist nun aber das Elektroden-Potential einer Silber-Halbzelle beliebiger Silber-Ionen-Konzentration gegenüber der Standard-Silber-Halbzelle oder in Bezug auf die Standard-Wasserstoff-Halbzelle? Da die Zellspannung die Differenz der Elektroden-Potentiale der Halbzellen ist, ergibt sich:

$$U = E_A - E_D = 0{,}059\ \text{V} \cdot \lg \frac{c_A(Ag^+)}{c_D(Ag^+)} \qquad (2)$$

E_D: Elektroden-Potential der Donator-Halbzelle
E_A: Elektroden-Potential der Akzeptor-Halbzelle

Ist die Konzentration der Akzeptor-Halbzelle $c_A(Ag^+) = 1$ mol/l, liegt bei 25 °C eine Standard-Halbzelle vor, deren Elektroden-Potential gleich dem Standard-Elektroden-Potential $E_A = E^0 = 0{,}80$ V ist. Dann gilt:

$$U = E^0 - E_D = 0{,}059\ \text{V} \cdot \lg \frac{1\ \text{mol/l}}{c_D(Ag^+)} \qquad (3)$$

Durch Umformen erhalten wir:

$$E_D = E^0 + 0{,}059\ \text{V} \cdot \lg \{c_D(Ag^+)\} \qquad (4)$$

Musterlösung

Berechnung des Elektroden-Potentials einer Silber-Halbzelle mit der Konzentration $c(Ag^+) = 10^{-3}$ mol/l

$E = E^0 + 0{,}059\ \text{V} \cdot \lg \{c(Ag^+)\}$

$E = 0{,}80\ \text{V} + 0{,}059\ \text{V} \cdot \lg 10^{-3}$

$E = 0{,}80\ \text{V} - 0{,}177\ \text{V}$

$\mathbf{E = 0{,}623\ V}$

Mit dieser Gleichung können wir das Elektroden-Potential jeder Silber-Halbzelle beliebiger Silber-Ionen-Konzentration $c(Ag^+) < 1$ mol/L berechnen. Wir schreiben dann in Gleichung (4) statt c_D einfacher c und E statt E_D.

$$E = E^0 + 0{,}059\ V \cdot \lg \{c(Ag^+)\} \qquad (5)$$

Diese Gleichung (5) ist ein Spezialfall der so genannten **Nernst-Gleichung**, die den Zusammenhang zwischen dem Elektroden-Potential eines beliebigen Redoxsystems und der Elektrolyt-Konzentration beschreibt. Walter Nernst (B 185.1.) hat diese Gesetzmäßigkeit auf thermodynamischem Wege gefunden. Allgemein gilt für das Gleichgewicht eines Redoxpaares:

$$E = E^0 + \frac{R \cdot T}{F \cdot z} \ln \frac{\{c(Ox)\}}{\{c(Red)\}} \qquad (6)$$

In dieser als **Nernst-Gleichung** bezeichneten Beziehung bedeutet:

R: molare Gaskonstante $R = 8{,}3144$ J/mol · K
F: Faraday-Konstante $F = 96487$ C/mol
T: thermodynamische Temperatur in K
z: Anzahl der übertragenen Elektronen
$\{c\}$: Zahlenwert der Stoffmengenkonzentration

B 185.1. *Walter Nernst (1864 bis 1941), Physikochemiker, Professor in Göttingen, Nobelpreis für Chemie 1920*

Redoxpaar	Nernst-Gleichung
$Me(s) \rightleftarrows Me^{z+}(aq) + z\,e^-$	$E = E^0 + \frac{0{,}059}{z} V \cdot \lg \{c(Me^{z+})\}$
$H_2(g) + 2H_2O(l) \rightleftarrows 2H_3O^+(aq) + 2e^-$	$E = 0 + \frac{0{,}059}{2} V \cdot \lg \{c^2(H_3O^+)\}$ $E = 0{,}059\ V \cdot \lg \{c(H_3O^+)\}$ $E = -0{,}059\ V \cdot pH$
$2Cl^-(aq) \rightleftarrows Cl_2(g) + 2e^-$	$E = E^0 + \frac{0{,}059}{2} V \cdot \lg \frac{1}{\{c^2(Cl^-)\}}$ $E = E^0 - 0{,}059\ V \cdot \lg \{c(Cl^-)\}$
$Fe^{2+}(aq) \rightleftarrows Fe^{3+}(aq) + e^-$	$E = E^0 + 0{,}059\ V \cdot \lg \frac{c(Fe^{3+})}{c(Fe^{2+})}$
$Mn^{2+}(aq) + 12H_2O(l) \rightleftarrows MnO_4^-(aq) + 8H_3O^+(aq) + 5e^-$	$E = E^0 + \frac{0{,}059}{5} V \cdot \lg \frac{\{c(MnO_4^-)\} \cdot \{c^8(H_3O^+)\}}{\{c(Mn^{2+})\}}$ Die Konzentration der Wasser-Moleküle ist hier, wie in anderen Fällen auch, bereits mit in die Konstante E^0 einbezogen, da die Konzentration der Wasser-Moleküle bei Reaktionen in verd. Lösungen als konstant angesehen werden kann.

Tab. 185.1 *Nernst-Gleichung für einige Beispiele von Redoxpaaren. Definitionsgemäß wird die Konzentration der Metalle und Nichtmetalle sowie fester Stoffe, die an der Redoxreaktion beteiligt sind, $\{c\} = 1$ gesetzt, sodass sich in den entsprechenden Fällen die Nernst-Gleichung vereinfacht formulieren lässt. (Vgl. auch heterogene Gleichgewichte auf S. 117)*

B 186.1. *Konzentrationskette*

Bei Raumtemperatur $T = 298$ K (25 °C), bei der im Allgemeinen die Messungen durchgeführt werden, und einer Umformung des natürlichen Logarithmus in den Zehner-Logarithmus $\ln x = 2{,}3026 \lg x$ erhält man:

$$E = E^0 + \frac{8{,}3144 \cdot 298\ \text{J}}{z \cdot 96487\ \text{C}}\ 2{,}3026 \lg \frac{\{c(\mathbf{Ox})\}}{\{c(\mathbf{Red})\}}$$

$$E = E^0 + \frac{0{,}059}{z}\ \text{V} \cdot \lg \frac{\{c(\mathbf{Ox})\}}{\{c(\mathbf{Red})\}}$$

Aufgaben

A 186.1. Berechnen Sie die Elektroden-Potentiale für $\mathbf{Cu/Cu^{2+}}$- und $\mathbf{Au/Au^{3+}}$-Halbzellen bei Konzentrationen von: $c(\mathbf{Me^{z+}}) = 0{,}1$ mol/l und $c(\mathbf{Me^{z+}}) = 0{,}001$ mol/l.

A 186.2. Berechnen Sie die Zellspannungen, die sich bei der Kombination der Halbzellen aus A 178.1. zu galvanischen Zellen ergeben. Bei welcher Kombination misst man die größte Spannung?

A 186.3. In einer galvanischen Zelle $\mathbf{Zn/Zn^{2+}//Cu^{2+}/Cu}$ beträgt die Konzentration der Kupfer-Ionen: $c(\mathbf{Cu^{2+}}) = 0{,}1$ mol/l. Die Zellspannung beträgt $U = 1{,}4$ V. Berechnen Sie die Konzentration der Zink-Ionen in der $\mathbf{Zn/Zn^{2+}}$-Halbzelle.

A 186.4. Bei V 183.1. sowie bei den Konzentrationsketten (V 183.2. und PV 184.1.) wird ein Konzentrationsausgleich nicht allein durch den Elektronen-Übergang erreicht. Welche anderen Vorgänge bewirken zusätzlich einen Konzentrationsausgleich?

Zusammenfassung

In einer Konzentrationskette, d.h. in einer galvanischen Zelle aus zwei Halbzellen desselben Redoxpaares in unterschiedlicher Konzentration, besteht eine Potentialdifferenz, die auf dem Konzentrationsunterschied beruht. Das Elektroden-Potential eines Redoxpaares ist abhängig von der Konzentration der am Gleichgewicht beteiligten Teilchen. Die NERNST-Gleichung gibt die Konzentrationsabhängigkeit des Elektroden-Potentials quantitativ an.

Neue Fachbegriffe

Konzentrationszellen oder Konzentrationsketten, NERNST-Gleichung

Elektroden-Potentiale und Gleichgewicht

Versuch

V 187.1. In einem Becherglas wird aus einer Silbernitrat-Lösung* ($c = 0{,}1$ mol/l) und einer Silber-Elektrode eine Ag/Ag^+-Halbzelle hergestellt. Diese verbindet man über eine Elektrolytbrücke nacheinander mit den folgenden Halbzellen zu galvanischen Zellen:

a) Halbzelle aus einem Becherglas mit einer mit Schwefelsäure* angesäuerten Eisen(II)-sulfat-Lösung* ($c = 0{,}1$ mol/l, in die eine Platin-Elektrode taucht,

b) Halbzelle aus einem Becherglas mit einer angesäuerten Eisen(III)-chlorid-Lösung* ($c = 0{,}1$ mol/l), in die eine Platin-Elektrode taucht.

Man misst die Spannung der beiden galvanischen Zellen.

Auswertung

a) Notieren Sie für beide Zellen die Donator- und Akzeptor-Halbzelle. Geben Sie die Richtung der Zellreaktion an.

b) Eine Eisen(II)-sulfat-Lösung ist nicht absolut rein, sondern enthält immer auch Spuren von Eisen(III)-Ionen. Ebenso enthält eine Eisen(III)-chlorid-Lösung auch Eisen(II)-Ionen in geringen Konzentrationen. Berechnen Sie aus Ihren gemessenen Zellspannungen das jeweilige Konzentrationsverhältnis $c(Fe^{3+})/c(Fe^{2+})$ in den galvanischen Zellen V 187.1.a) und b).

In V 187.1. haben wir galvanische Zellen aus den Redoxpaaren

$$Fe^{2+}(aq) \rightleftarrows Fe^{3+}(aq) + e^-; \quad E^0 = +0{,}77\ \text{V}$$

$$Ag(s) \rightleftarrows Ag^+(aq) + e^-; \quad E^0 = +0{,}80\ \text{V}$$

deren Standard-Elektroden-Potentiale nahe beieinander liegen, aufgebaut. Ist die Konzentration der Eisen(II)-Ionen groß gegenüber der Konzentration der Eisen(III)-Ionen (V 187.1.a)), so ist die Ag/Ag^+-Halbzelle die Akzeptor-Halbzelle und die Fe^{2+}/Fe^{3+}-Halbzelle die Donator-Halbzelle; denn das Redoxpotential $E(Fe^{2+}/Fe^{3+})$ ist kleiner als $E(Ag/Ag^+)$. Die Zellreaktion verläuft von links nach rechts.

$$Fe^{2+}(aq) + Ag^+(aq) \rightleftarrows Fe^{3+}(aq) + Ag(s)$$

Bei einer hohen Eisen(III)- und einer kleinen Eisen(II)-Ionen-Konzentration wird dagegen das Potential

$$E(Fe^{2+}/Fe^{3+}) = E^0 + \frac{R \cdot T}{z \cdot F} \ln \frac{c(Fe^{3+})}{c(Fe^{2+})}$$

nach der *NERNST-Gleichung* so groß, dass jetzt die Fe^{2+}/Fe^{3+}-Halbzelle die Akzeptor- und die Ag/Ag^+-Halbzelle die Donator-Halbzelle ist. Die Zellreaktion verläuft nun von rechts nach links.

Die Richtung dieser umkehrbaren Redoxreaktion wird also bei gleicher Silber-Ionen-Konzentration durch das Konzentrationsverhältnis von Eisen(III)- zu Eisen(II)-Ionen bestimmt.

Für die Zellspannung der galvanischen Zelle aus V 187.1.a) gilt:

$$U = E(Ag/Ag^+) - E(Fe^{2+}/Fe^{3+}).$$

Bei Stromfluss in dieser Zelle sinkt durch die ablaufende Zellreaktion die Konzentration der Eisen(II)-Ionen und die Konzentration der Eisen(III)-Ionen nimmt zu. Das Potential $E(Fe^{2+}/Fe^{3+})$ wird größer. Gleichzeitig sinkt in der Silber-Halbzelle die Silber-Ionen-Konzentration; das Potential $E(Ag/Ag^+)$ wird kleiner. Die Zellspannung sinkt.

Berechnungen von Gleichgewichtskonstanten für Redox-Gleichgewichte

1. Beispiel

$$Fe^{2+}(aq) + Ag^+(aq) \rightleftarrows Fe^{3+}(aq) + Ag(s)$$

$$\lg\{K\} = \frac{z \cdot \Delta E^0}{0{,}059\ \text{V}}$$

Anzahl der übertragenen Elektronen $z = 1$

$$\lg\{K\} = \frac{0{,}03\ \text{V}}{0{,}059\ \text{V}} = 0{,}51$$

$\underline{\underline{K = 3{,}2\ \text{l/mol}}}$ (bei 25 °C)

2. Beispiel

$$Cu^{2+}(aq) + Zn(s) \rightleftarrows Cu(s) + Zn^{2+}(aq)$$

$E^0(Cu/Cu^{2+}) = +0{,}35$ V

$E^0(Zn/Zn^{2+}) = -0{,}76$ V

$\Delta E^0 = 1{,}11$ V

(Zellspannung unter Standard-Bedingungen im *DANIELL*-Element)

$$\lg\{K\} = \frac{z \cdot 1{,}11\ \text{V}}{0{,}059\ \text{V}}$$

Anzahl der übertragenen Elektronen $z = 2$

$$\lg\{K\} = \frac{2{,}22}{0{,}059} = 37$$

$$K = \frac{c(Zn^{2+})}{c(Cu^{2+})} = 10^{37}$$

Aufgaben

A 188.1. Bestimmen Sie die Gleichgewichtskonstante der Reaktion

$$\mathrm{Cu(s) + 2\,Ag^+(aq) \rightleftarrows Cu^{2+}(aq) + 2\,Ag(s)}$$

bei Standard-Bedingungen. Interpretieren Sie das Ergebnis.

Für Computer-Freaks

A 188.2. Erstellen Sie eine Datei mit den Standard-Elektroden-Potentialen der in Tab. 178.1., Tab. 181.1. und Tab. 182.1. angegebenen Redoxpaare.

A 188.3. Erstellen Sie dann ein Programm, das unter Verwendung der Datei von 1. und der in diesem Kapitel erarbeiteten Gleichungen:

a) bei Eingabe einer gewünschten Zellspannung eine Liste von Vorschlägen mit Redoxpaaren ausgibt, die zu einer der gewünschten Spannung sehr nahen Spannung unter Standard-Bedingungen führen;

b) auf Befehl die genauen Konzentrationen eines der Systeme von a) berechnet, um exakt die eingegebene Spannung zu erreichen;

c) die freie Standard-Enthalpie ΔG^0 einer Redoxreaktion aus der Zellspannung ΔE^0 berechnet;

d) die Gleichgewichtskonstante K einer Redoxreaktion bei Standard-Bedingungen aus ΔE^0 berechnet.

[1] Die Konzentration des festen Silbers $c(\mathrm{Ag})$ ist konstant und in der Konstante K enthalten (heterogenes Gleichgewicht).

Ist die Spannung auf $U = 0$ V gesunken, fließt kein Strom mehr und es läuft keine Reaktion mehr ab. Der Gleichgewichtszustand ist erreicht.

Dann ist: $E(\mathrm{Ag/Ag^+}) = E(\mathrm{Fe^{2+}/Fe^{3+}})$

$$E^0(\mathrm{Ag/Ag^+}) + \frac{R \cdot T}{z \cdot F} \ln \{c(\mathrm{Ag^+})\} = E^0(\mathrm{Fe^{2+}/Fe^{3+}}) + \frac{R \cdot T}{z \cdot F} \ln \frac{c(\mathrm{Fe^{3+}})}{c(\mathrm{Fe^{2+}})}$$

$$E^0(\mathrm{Ag/Ag^+}) - E^0(\mathrm{Fe^{2+}/Fe^{3+}}) = \frac{R \cdot T}{z \cdot F} \left(\ln \frac{c(\mathrm{Fe^{3+}})}{c(\mathrm{Fe^{2+}})} - \ln \{c(\mathrm{Ag^+})\} \right)$$

$$\Delta E^0 = \frac{R \cdot T}{z \cdot F} \ln \frac{\{c(\mathrm{Fe^{3+}})\}}{\{c(\mathrm{Fe^{2+}})\} \cdot \{c(\mathrm{Ag^+})\}}$$

Der Term $\dfrac{c(\mathrm{Fe^{3+}})}{c(\mathrm{Fe^{2+}}) \cdot c(\mathrm{Ag^+})}$ ist nichts anderes als der Massenwirkungsquotient der Redoxreaktion:

$$\mathrm{Fe^{2+}(aq) + Ag^+(aq) \rightleftarrows Fe^{3+}(aq) + Ag(s)}$$

Im Gleichgewicht gilt:

$$K = \frac{c(\mathrm{Fe^{3+}})^{[1]}}{c(\mathrm{Fe^{2+}}) \cdot c(\mathrm{Ag^+})}$$

Daraus folgt dann:

$$\Delta E^0 = \frac{R \cdot T}{z \cdot F} \ln \{K\} \qquad \text{bei } 25\,°\mathrm{C}\text{: } \Delta E^0 = \frac{0{,}059}{z}\,\mathrm{V} \cdot \lg \{K\}$$

$$\ln \{K\} = \frac{z \cdot F \cdot \Delta E^0}{R \cdot T} \qquad \lg \{K\} = \frac{z \cdot \Delta E^0}{0{,}059\,\mathrm{V}}$$

Dieser Zusammenhang zwischen der Differenz der Standard-Elektroden-Potentiale und der Gleichgewichtskonstante gilt allgemein für jede beliebige Redoxreaktion.

Für die Redoxreaktion zwischen Eisen(II)-Ionen und Silber-Ionen ist die berechnete Gleichgewichtskonstante $K = 3{,}2$ l/mol (bei 25 °C). Dies bedeutet, dass diese Redoxreaktion eine typische Gleichgewichtsreaktion ist, bei der im Gleichgewicht alle Reaktionspartner, Edukte wie Produkte, in deutlichen Konzentrationen vorliegen. Bei den meisten Redoxreaktionen ist dies jedoch anders, denn schon kleine Potentialdifferenzen ergeben große Gleichgewichtskonstanten. So ist beispielsweise die Gleichgewichtskonstante der Reaktion zwischen Zink-Atomen und Kupfer-Ionen $K = 10^{37}$ (bei 25 °C) bei einer Potentialdifferenz von $\Delta E^0 = 1{,}1$ V. Das Gleichgewicht liegt also vollständig auf der Seite der Produkte. Kupfer-Ionen liegen im Gleichgewicht in kaum noch messbaren Konzentrationen vor. Bei solchen Reaktionen, bei denen Konzentrationsbestimmungen nicht mehr in Frage kommen, bietet sich die Messung der Potentialdifferenz ΔE^0 als Methode zur Bestimmung der Gleichgewichtskonstanten an.

7.6. Anwendung der NERNST-Gleichung

Wenn es z. B. in der Analytischen Chemie darauf ankommt, sehr geringe Konzentrationen nachzuweisen, zeigt sich, welchen praktischen Nutzen man aus der NERNST-Gleichung ziehen kann.

*p*H-Wert-Messungen

In Kap. 5.3.2. hatten wir bereits ein *p*H-Meter kennen gelernt, um *p*H-Wert-Bestimmungen z. B. von Puffersystemen durchzuführen, ohne jedoch die Funktionsweise des *p*H-Meters zu verstehen. Wir haben dieses also als „black box" benutzt. Wie misst nun ein *p*H-Meter den *p*H-Wert? Im Prinzip beruht die *p*H-Wert-Messung auf der Messung von Potentialdifferenzen zwischen zwei Wasserstoff-Halbzellen. Nach der NERNST-Gleichung besteht ein linearer Zusammenhang zwischen dem *p*H-Wert und dem Potential einer Wasserstoff-Halbzelle:

$$E = -0{,}059\ \mathrm{V} \cdot p\mathrm{H} \quad \text{(s. Tab. 121.1.)}$$

Misst man die Spannung zwischen einer Standard-Wasserstoff-Halbzelle und einer Wasserstoff-Halbzelle unbekannter Oxonium-Ionen-Konzentration, so kann man aus der Spannung den *p*H-Wert berechnen.

In der Praxis ist die *p*H-Messung eine der häufigsten Konzentrationsbestimmungen und wird routinemäßig durchgeführt. Dazu sind Anordnungen wie in B 189.1. oder wie in V 189.1. wenig geeignet. Sie sind zu aufwendig. Deshalb hat man Messelektroden durch Kombination verschiedener Redoxpaare entwickelt, wobei sich heute die **Einstabmessketten** durchgesetzt haben und in der Praxis allgemein angewandt werden.

Diese bestehen aus einem Doppelglasrohr aus zwei Halbzellen, einer **Bezugselektrode** und einer **Messelektrode**, die über eine semipermeable Glasmembran mit der Messlösung verbunden ist. An dieser Glasmembran bildet sich eine Potentialdifferenz aus, die nur vom *p*H-Wert der Messlösung abhängt, und von der Messkette gemessen wird.

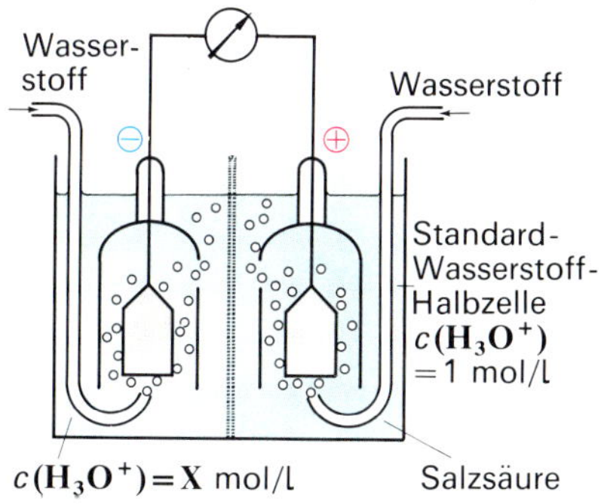

B 189.1. *Galvanische Zelle aus zwei Wasserstoff-Halbzellen*

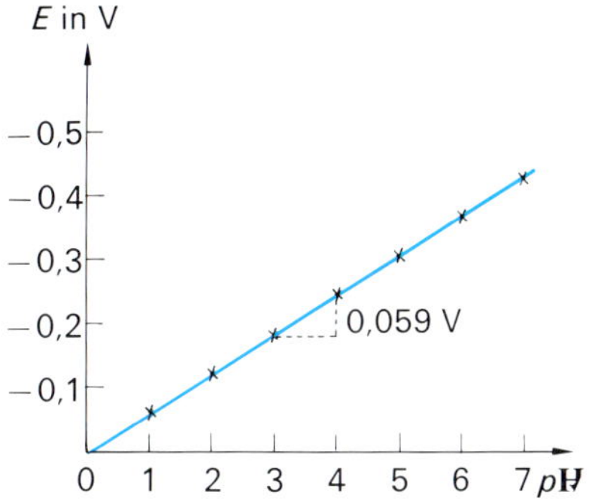

B 189.2. *Potential einer Wasserstoff-Halbzelle in Abhängigkeit vom pH-Wert*

Versuche

V 189.1. In einem Becherglas wird Salzsäure ($c = 1$ mol/l, *p*H-Wert 0) und in einem zweiten Becherglas wird Natronlauge ($c = 1$ mol/l, *p*H-Wert 14) an Platin-Elektroden elektrolysiert. Das an den Kathoden entstehende Wasserstoffgas wird vom Platin adsorbiert. Auf diese Weise werden vereinfachte Wasserstoff-Elektroden hergestellt.
Nach Abbruch der Elektrolyse verbindet man die beiden Bechergläser über eine mit Kaliumnitrat-Lösung gefüllte Elektrolytbrücke und misst die Spannung zwischen den Wasserstoff-Elektroden.

V 189.2. V 189.1. wird mit einer stark verdünnten Natronlauge unbekannten *p*H-Werts wiederholt.

Aufgabe

A 189.1. Bei Betrieb der galvanischen Zellen (V 189.1. und V 189.2.) ist die ablaufende Zellreaktion die Neutralisationsreaktion. Erklärung?

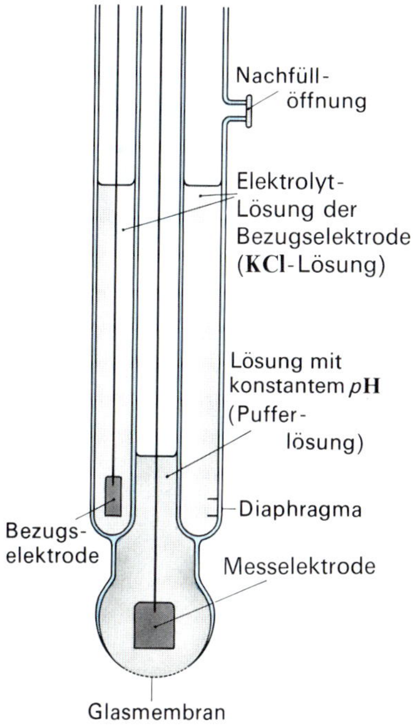

B 189.3. *Längsschnitt durch eine pH-Einstabmesskette*

Bestimmung sehr geringer Metall-Ionen-Konzentrationen – die Löslichkeitsprodukte der Silber-Halogenide

Versuche

PV 190.1. Stellen Sie eine Silber-Konzentrationszelle her. Füllen Sie dazu zwei Bechergläser mit je 50 ml Silbernitrat-Lösung* ($c = 0{,}01$ mol/l). Verbinden Sie die Bechergläser über eine mit Kaliumnitrat-Lösung* gefüllte Elektrolytbrücke zu einer galvanischen Zelle. Die Spannung zwischen den eingetauchten Silber-Elektroden beträgt: $U = 0$ V.
Geben Sie dann in eine Halbzelle $m(\mathrm{NaCl}) = 2{,}9$ g ($n(\mathrm{NaCl}) = 0{,}05$ mol) festes Natriumchlorid. Messen Sie die Spannung.

PV 190.2. Durchführung wie PV 126.1. Statt Natriumchlorid wird Natriumbromid zugesetzt: $m(\mathrm{NaBr}) = 5{,}1$ g ($n(\mathrm{NaBr}) = 0{,}05$ mol)

PV 190.3. Durchführung wie PV 190.1. Statt Natriumchlorid wird Natriumiodid zugesetzt: $m(\mathrm{NaI}) = 7{,}5$ g ($n(\mathrm{NaI}) = 0{,}05$ mol)

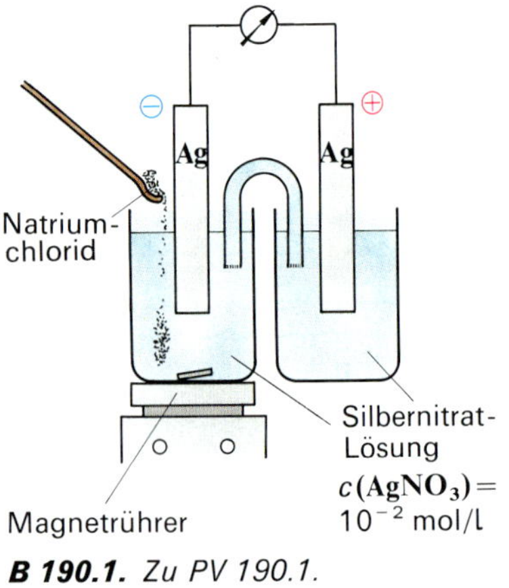

B 190.1. *Zu PV 190.1.*

Silber-Ionen bilden mit Halogenid-Ionen wie z. B. mit Chlorid-Ionen schwer lösliche Salze:

$$\mathrm{Ag^+(aq) + Cl^-(aq) \rightarrow AgCl(s)}$$

wobei nur noch ein ganz geringer Anteil der Silber-Ionen in Lösung bleibt. Mit titrimetrischen oder gravimetrischen Methoden können wir diese Spuren gelöster Silber-Ionen nicht mehr erfassen. Hier helfen uns potentiometrische Messungen an Konzentrationsketten weiter.

Auswertung der Versuche

a) Beschreiben Sie die Versuchsbeobachtungen.
b) Machen Sie sich klar, dass – unter Vernachlässigung der Volumenänderung durch Zugabe von Natriumchlorid (bzw. Natriumbromid, Natriumiodid) – die Konzentration näherungsweise $c(\mathrm{Cl^-}) \approx 1$ mol/l (bzw. $c(\mathrm{Br^-}) \approx 1$ mol/l, $c(\mathrm{I^-}) \approx 1$ mol/l) gesetzt werden kann.
c) Berechnen Sie aus den gemessenen Zellspannungen die jeweiligen Konzentrationen an Silber-Ionen und bestimmen Sie die Löslichkeitsprodukte von Silberchlorid, Silberbromid und Silberiodid.

Musterlösung zur Berechnung des Löslichkeitsprodukts von Silberchlorid

Für die Silber-Konzentrationszelle von V 190.1. gilt die NERNST-Gleichung in der Form

$$U = 0{,}059\ \mathrm{V} \cdot \lg \frac{c_\mathrm{A}(\mathrm{Ag^+})}{c_\mathrm{D}(\mathrm{Ag^+})}$$

Hierin ist:

$U = 0{,}46$ V (Zellspannung nach der Zugabe von Natriumchlorid)
$c_\mathrm{A}(\mathrm{Ag^+}) = 10^{-2}$ mol/l (Konzentration der Silber-Ionen in der Vergleichs-Halbzelle, konzentriertere Lösung, Akzeptor-Halbzelle)
$c_\mathrm{D}(\mathrm{Ag^+})$ (Konzentration der Silber-Ionen nach der Natriumchlorid-Zugabe, verdünntere Lösung, Donator-Halbzelle)

Durch Umformen und Einsetzen der Zahlenwerte erhalten wir $c_\mathrm{D}(\mathrm{Ag^+})$:

$$\lg \frac{c_\mathrm{A}(\mathrm{Ag^+})}{c_\mathrm{D}(\mathrm{Ag^+})} = \frac{U}{0{,}059\ \mathrm{V}}$$

$$\lg \{c_\mathrm{D}(\mathrm{Ag^+})\} = -\frac{U}{0{,}059\ \mathrm{V}} + \lg \{c_\mathrm{A}(\mathrm{Ag^+})\}$$

$$\lg \{c_\mathrm{D}(\mathrm{Ag^+})\} = -\frac{0{,}46}{0{,}059} + \lg 10^{-2} = -7{,}8 - 2 = -9{,}8$$

$$\underline{\underline{c_\mathrm{D}(\mathrm{Ag^+}) = 1{,}6 \cdot 10^{-10}\ \mathrm{mol/l}}}$$

Mit der Konzentration $c(\mathrm{Cl^-}) = 1$ mol/l erhalten wir das Löslichkeitsprodukt von Silberchlorid:

$$K_\mathrm{L}(\mathrm{AgCl}) = c(\mathrm{Ag^+}) \cdot c(\mathrm{Cl^-}) = 1{,}6 \cdot 10^{-10} \cdot 1\ \mathrm{mol^2 \cdot l^{-2}}$$

$$\underline{\underline{K_\mathrm{L}(\mathrm{AgCl}) = 1{,}6 \cdot 10^{-10}\ \mathrm{mol^2 \cdot l^{-2}}}}$$

pH-Abhängigkeit von Redoxpotentialen

Die Redoxpotentiale einiger Redoxpaare sind stark abhängig vom pH-Wert der Lösung wie beispielsweise das Potential des Redoxpaares Mn^{2+}/MnO_4^-, das mit zunehmender Oxonium-Ionen-Konzentration steigt (V 191.1.), wie es auch nach der NERNST-Gleichung zu erwarten ist.
Für das Redoxpaar

$$Mn^{2+}(aq) + 12\,H_2O(l) \rightleftarrows MnO_4^-(aq) + 8\,H_3O^+(aq) + 5\,e^-$$

gilt die NERNST-Gleichung:

$$E = E^0 + \frac{0{,}059}{5}\,V \cdot \lg \frac{\{c(MnO_4^-)\}\,\{c^8(H_3O^+)\}}{\{c(Mn^{2+})\}}$$

In einer sauren Permanganat-Lösung vom pH-Wert 1 und einem angenommenen Konzentrationsverhältnis von $c(MnO_4^-) : c(Mn^{2+}) = 1000:1$ ist das berechnete Redoxpotential:

$$E = 1{,}5\,V + 0{,}012\,V \cdot \lg \frac{10^3 \cdot (10^{-1})^8}{1}$$
$$= 1{,}51\,V + 0{,}012\,V \cdot \lg 10^{-5} = 1{,}46\,V$$

In einer schwach sauren Lösung vom pH-Wert 3 nimmt das Redoxpotential den Wert an:

$$E = 1{,}51\,V + 0{,}012\,V \cdot \lg 10^3\,(10^{-3})^8 = 1{,}26\,V$$

Dies bedeutet, dass Permanganat-Ionen in stark saurer Lösung stärker oxidierend wirken als in schwach saurer Lösung. Damit können wir auch das Versuchsergebnis V 191.2. erklären, dass Permanganat-Ionen in salzsaurer Lösung Chlorid-Ionen oxidieren, in essigsaurer Lösung jedoch nicht. Bromid-Ionen werden dagegen von Permanganat-Ionen auch bei pH-Wert 3 oxidiert.

Versuche

V 191.1. In den einen Schenkel eines U-Rohres mit Fritte gibt man eine Kupfersulfat-Lösung* und eine Kupfer-Elektrode (als Bezugs-Halbzelle), in den anderen eine Kaliumpermanganat-Lösung* und eine Platin-Elektrode. Die Kaliumpermanganat-Lösung wird zunächst mit 1 ml Essigsäure-Lösung* ($w \approx 20\%$) auf pH-Wert 3 angesäuert, dann mit etwa 1 ml Schwefelsäure-Lösung* ($w \approx 30\%$) auf ca. pH-Wert 1. Man misst jeweils die Spannung zwischen den Elektroden.

V 191.2. Zu 4 Rggl. mit den folgenden Lösungen werden jeweils wenige Tropfen sehr verdünnte Kaliumpermanganat-Lösung* gegeben:
a) verd. Salzsäure* ($p\mathrm{H} \approx 0$),
b) Natriumbromid-Lösung, mit Schwefelsäure* angesäuert ($p\mathrm{H} \approx 0$),
c) Natriumchlorid-Lösung, mit Essigsäure* angesäuert ($p\mathrm{H} \approx 3$)
d) Natriumbromid-Lösung, mit Essigsäure angesäuert ($p\mathrm{H} \approx 3$).

Aufgaben

A 191.1. Iodat-Ionen (IO_3^-) reagieren mit Iodid-Ionen in saurer Lösung zu molekularem Iod (vgl. PV 154.1.). In neutraler Lösung läuft diese Reaktion praktisch nicht ab. Erklären Sie dies anhand der Reaktionsgleichung.

A 191.2. Berechnen Sie, ob in essigsaurer Lösung vom pH-Wert 3 Bromid-Ionen von Dichromat-Ionen oxidiert werden ($E^0(Cr^{3+}/Cr_2O_7^{2-}) = 1{,}33\,V$).

Aufgabe

A 191.3. Eine galvanische Zelle besteht aus einer Cu/Cu^{2+}-Halbzelle ($c(Cu^{2+}) = 0{,}1$ mol/l) und einer Ag/Ag^+-Halbzelle ($c(Ag^+) = 0{,}1$ mol/l). Dann wird so viel Natriumiodid zur Silber-Halbzelle zugegeben, dass die Iodid-Ionen-Konzentration $c(I^-) = 0{,}1$ mol/l beträgt. Berechnen Sie die Zellspannung vor und nach der Zugabe von Natriumiodid (Löslichkeitsprodukt $K_L(AgI)$: s. PV 191.3. oder Tab. 118.1.). Interpretieren Sie das Ergebnis.

Zusammenfassung

Da die Elektroden-Potentiale konzentrationsabhängig sind, können potentiometrische Messungen zur Konzentrationsbestimmung herangezogen werden. Auf diese Weise können auch kleinste Konzentrationen gemessen werden. In der Praxis ist die pH-Wert-Bestimmung von besonderer Bedeutung.

Neue Fachbegriffe

potentiometrische Messung,
pH-Einstabmesskette

8. Elektrochemie in Technik und Alltag

Versuche

V 192.1. Eine Taschenlampenbatterie (Monozelle) wird in ihre Bestandteile zerlegt, nachdem die äußere Hülle vorsichtig entfernt worden ist. Der *p*H-Wert des Elektrolyten wird gemessen. Der Elektrolyt wird mit einem Natriumhydroxid-Plätzchen* versetzt und der Geruch geprüft. Beobachtung?

V 192.2. In ein Becherglas mit Ammoniumchlorid-Lösung* gibt man ein Zinkblech und eine Extraktionshülse, die mit einer Mischung aus Braunstein* und Graphit-Pulver in Ammoniumchlorid-Lösung gefüllt ist. In diese Mischung wird eine Kohle-Elektrode getaucht und mit dem Zinkblech über a) ein Voltmeter und b) über ein Glühlämpchen verbunden.
Die Spannung wird gemessen.

Auswertung

a) Welche Funktion hat das Graphit-Pulver? Überprüfen Sie dies in einem Kontrollversuch zu V 192.2., bei dem kein Graphit-Pulver zugesetzt wird.

b) LECLANCHÉ hat für die erste von ihm entwickelte Zelle einen Zinkstab verwendet. Welche Vorteile haben die heute verwendeten Zinkbleche bzw. Zinkbecher?

8.1. Elektrochemische Stromquellen

Vor der Erfindung der Dynamomaschine im Jahr 1866 durch den deutschen Ingenieur W. v. SIEMENS[1] waren galvanische Zellen die einzigen brauchbaren Stromquellen. Auch wenn heute die Versorgung der Industrie und Haushalte mit elektrischem Strom durch Kraftwerke erfolgt, so haben galvanische Zellen vor allem als ortsunabhängige Stromquellen weiterhin große Bedeutung.

8.1.1. Batterien: das LECLANCHÉ[2]-Element, eine Trockenbatterie[3]

Die heute für Taschenlampen, Spielzeug und elektrische Kleingeräte gebräuchlichen Batterien wurden auch bereits vor mehr als 100 Jahren von dem französischen Chemiker LECLANCHÉ[2] entwickelt und bei der Pariser Weltausstellung 1867 der Öffentlichkeit vorgestellt. Das Besondere an dieser nach ihm benannten *LECLANCHÉ-Zelle* liegt darin, dass diese statt einer Elektrolyt-Lösung eine feuchte Elektrolyt-Paste enthält. Dadurch ist die Zelle „trocken".
Die LECLANCHÉ-Zelle besteht aus einem Zink-Becher (Minus-Pol) und einem Kohlestab in der Mitte (Plus-Pol), der von einer feuchten Paste aus Braunstein, Ruß, Ammoniumchlorid und Stärke umgeben ist. Braunstein (Mangandioxid) ist hier das Oxidationsmittel, Ruß wird zugesetzt, um die elektrische Leitfähigkeit der Zelle zu erhöhen, Ammoniumchlorid dient als Elektrolyt und Stärke verdickt das wässrige Gemisch zu einer Paste.
An den Elektroden laufen folgende Reaktionen ab:
Minus-Pol: Oxidation von Zink:

$$\overset{0}{Zn}(s) \rightarrow \overset{II}{Zn}^{2+}(aq) + 2\,e^-$$

Plus-Pol: Reduktion von Mangandioxid, vereinfacht formuliert:

$$2\,\overset{IV}{Mn}O_2(s) + 2\,H_2O(l) + 2\,e^- \rightarrow 2\,\overset{III}{Mn}OOH(s) + 2\,OH^-(aq)$$
$$2\,OH^-(aq) + 2\,NH_4^+(aq) \rightarrow 2\,NH_3(g) + 2\,H_2O(l)$$

Die Zellspannung der LECLANCHÉ-Zelle beträgt in unbelastetem Zustand $U = 1{,}5$ V. Bei Betrieb der Zelle sinkt die Spannung. Durch die Bildung der Hydroxid-Ionen am Plus-Pol steigt der *p*H-Wert, und das Potential des Redoxpaares $MnOOH/MnO_2$ sinkt.
Das sich am Plus-Pol bildende gasförmige Ammoniak isoliert die Kohle-Elektrode von der Umgebung, wodurch der Widerstand der Zelle ansteigt. So ist es zu erklären, dass bei längerem Betrieb einer LECLANCHÉ-Zelle auch die Stromstärke allmählich abnimmt. In einer

---

[1] WERNER VON SIEMENS (1816 bis 1892) ist Begründer der Elektrotechnik.
[2] GEORGES LECLANCHÉ (1839 bis 1882), französischer Chemiker
[3] Eine Batterie ist streng genommen erst die Kombination mehrerer Zellen. Die Bezeichnung Batterie ist aber auch für einzelne Zellen gebräuchlich.

Betriebspause erholt sich die Zelle wieder, da das gebildete Ammoniak in die Zelle diffundiert und mit den am Minus-Pol entstandenen Zink-Ionen zu Aminokomplexen reagiert, die mit den vorhandenen Chlorid-Ionen ein schwer lösliches Salz bilden.

$$Zn^{2+}(aq) + 2\,NH_3(g) \rightarrow [Zn(NH_3)_2]^{2+}(aq)$$

$$[Zn(NH_3)_2]^{2+}(aq) + 2\,Cl^-(aq) \rightarrow [Zn(NH_3)_2]Cl_2(s)$$

Eine weitere Sekundärreaktion ist die Bildung von schwer löslichem Zinkhydrid aus den am Minus-Pol entstehenden Zink-Ionen und den am Plus-Pol gebildeten Hydroxid-Ionen, die durch Diffusion zusammentreffen. Im Laufe der Zeit „altert" dieses Zinkhydroxid, d.h., unter Wasserabspaltung bildet sich Zinkoxid.

$$Zn^{2+}(aq) + 2\,OH^-(aq) \rightarrow Zn(OH)_2(s)$$

$$Zn(OH)_2(s) \rightarrow ZnO(s) + H_2O(l)$$

Nach längerem Betrieb sind LECLANCHÉ-Zellen nicht mehr auslaufsicher. Der Zink-Becher kann im Laufe der Zeit porös werden und bei der Alterung des Zinkhydroxids wird Wasser gebildet, das dann auslaufen kann. Man sollte aus diesem Grund Batterien aus elektrischen Geräten nach dem Gebrauch immer herausnehmen. Dadurch werden Schäden am Gerät vermieden.

1791	Froschschenkelversuch von GALVANI
1800	*VOLTASCHE Säule*
1830	Elektrolysegesetze von FARADAY
1836	*DANIELL-Element*
1839	Brennstoffzelle von GROVE
1859	Bleiakkumulator von PLANTÉ
1867	Trockenelement von LECLANCHÉ
1912	Nickel-Eisen-Akkumulator von EDISON
1940	Quecksilberoxid-Zink-Batterie von RUBEN-MALLORY

Tab. 193.1. *Wichtige Entdeckungen und Entwicklungen in der Elektrochemie*

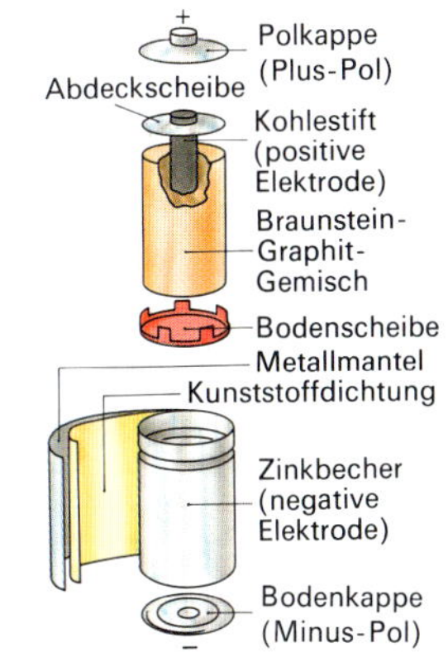

B 193.1. *Aufbau einer LECLANCHÉ-Rundzelle*

Aufgaben

A 193.1. Warum kann als unerwünschte, aber nicht zu vermeidende Nebenreaktion immer auch eine Wasserstoff-Entwicklung an der Zink-Elektrode der LECLANCHÉ-Zelle auftreten?

A 193.2. Erklären Sie anhand der NERNST-Gleichung, dass das Potential des Redoxpaares $MnOOH/MnO_2$ während des Betriebs der LECLANCHÉ-Zelle und damit die Zellspannung sinkt.

A 193.3. Weshalb erholt sich eine LECLANCHÉ-Zelle schneller, wenn man sie auf eine Heizung legt?

A 193.4. Warum neigen ältere, verbrauchte Batterien eher zum Auslaufen als frische Batterien?

A 193.5. Welches Reaktionsprodukt der LECLANCHÉ-Zelle kann wie Zinkhydroxid ebenfalls durch Altern Wasser abspalten und dadurch das Auslaufen der Zelle fördern?

A 193.6. Erläutern Sie die Unterschiede zwischen einer Rundzellen- und einer Flachzellen-Batterie.

A 193.7. Erklären Sie, weshalb eine LECLANCHÉ-Zelle nicht regenerierbar ist. Überlegen Sie, welche Reaktionen an den Elektroden ablaufen könnten, wenn man versuchen würde, eine solche Zelle durch Elektrolyse wieder aufzuladen. Warum wäre das Aufladen einer LECLANCHÉ-Zelle sehr gefährlich?

Zusammenfassung

Zu den gebräuchlichsten Batterien für elektrische Kleingeräte zählen die auf eine Entwicklung von LECLANCHÉ zurückgehenden Trockenbatterien, in denen die im System Mangandioxid/Zink gespeicherte chemische Energie in elektrische umgewandelt wird. Der Nachteil dieser Batterien ist, dass sie nicht wieder aufgeladen werden können.

Neue Fachbegriffe

LECLANCHÉ-Zelle, Trockenbatterie, Alterung

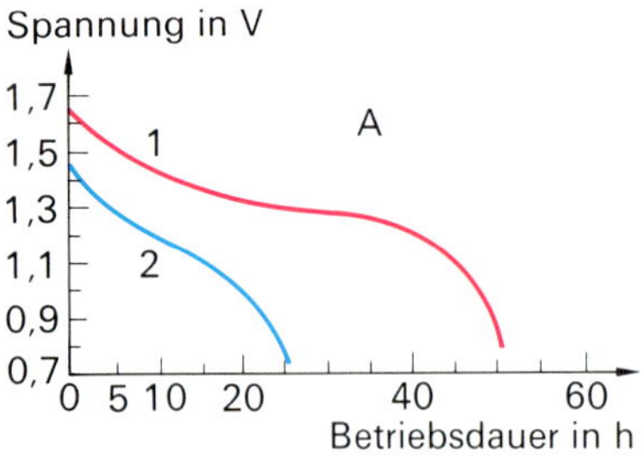

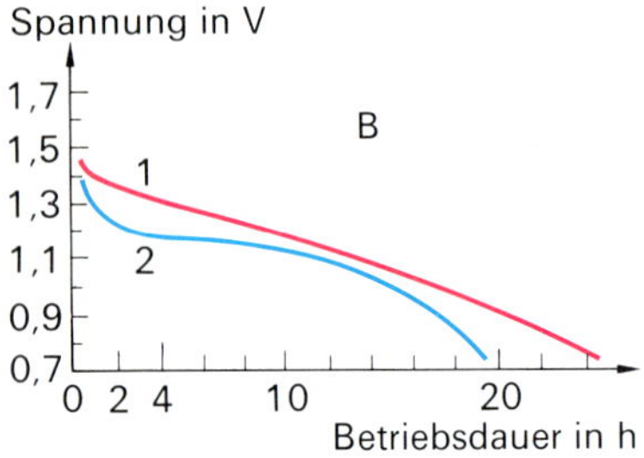

B 194.1. *Entladekurven einer* L*ECLANCHÉ-Hochleistungszelle (Kurven 1) und einer einfachen* L*ECLANCHÉ-Zelle (Kurven 2):*
A) Einschaltdauer 6 h/d, *Belastung* 15 Ω;
B) Einschaltdauer 30 min/d, *Belastung* 5 Ω

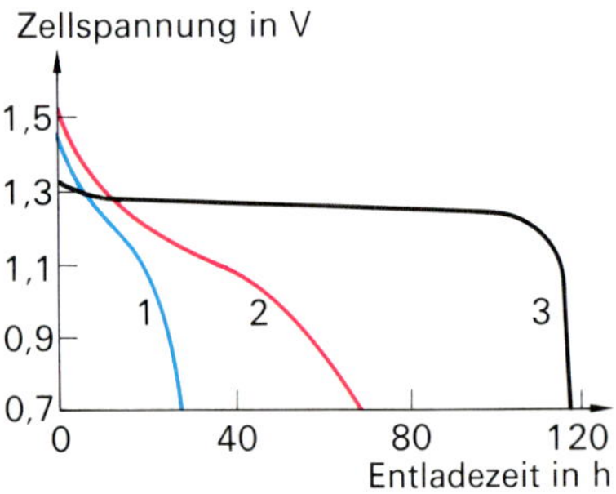

B 194.2. *Entladekurven von Knopfzellen gleichen Typs (kontinuierliche Entladung an* 400 Ω*). Kurve 1: LECLANCHÉ-Zelle; Kurve 2: Braunstein/Zink (alk.); Kurve 3: Quecksilberoxid/Zink*

„Super"-, „Alkaline"- und Knopfzellen

Zinkchlorid-Batterien. Die Batterien, die seit dem Jahr 1968 in größerem Umfang hergestellt werden, unterscheiden sich von der herkömmlichen LECLANCHÉ-Zelle dadurch, dass Zinkchlorid-Lösung statt Ammoniumchlorid-Lösung als Ionenleiter eingesetzt wird. An den Elektroden laufen die folgenden Reaktionen ab:

Minus-Pol: $4\,Zn(s) + H_2O(l) + 8\,OH^-(aq) + Zn^{2+}(aq) + 2\,Cl^-(aq) \rightarrow$
$\rightarrow [ZnCl_2 \cdot 4\,ZnO \cdot 5\,H_2O](s) + 8\,e^-$

Plus-Pol: $8\,MnO_2(s) + 8\,H_2O(l) + 8\,e^- \rightarrow 8\,MnOOH(s) + 8\,OH^-(aq)$

Zellreaktion: $4\,Zn(s) + 8\,MnO_2(s) + 9\,H_2O(l) + Zn^{2+}(aq) + 2\,Cl^-(aq) \rightarrow$
$\rightarrow 8\,MnOOH(s) + [ZnCl_2 \cdot 4\,ZnO \cdot 5\,H_2O](s)$

Bei dieser Entladereaktion wird das gebildete Wasser im Zinkkomplex als Kristallwasser gebunden. Daraus ergibt sich ein aktiver Schutz gegen das Auslaufen der Elektrolytflüssigkeit, insbesondere bei längerem Gebrauch der Batterie. Die Zinkchlorid-Batterien werden daher mit der Bezeichnung „super" oder „super dry" versehen.

Alkali-Mangan-Zellen. Diese Mangandioxid/Zink-Zellen enthalten als Elektrolyt-Lösung Kalilauge. Dies bewirkt ein günstigeres Entladeverhalten vor allem bei Dauerbelastung und bei tiefen Temperaturen wegen der niedrigen Gefriertemperatur der Kalilauge. Im Gegensatz zur LECLANCHÉ-Zelle liegt die Mangandioxid-Elektrode als Zylinder am Außenmantel an, während die negative Elektrode aus gepresstem Zinkpulver, das mit 0,3% Quecksilber amalgamiert ist, in der Zellenmitte angeordnet ist. Der Quecksilberzusatz unterdrückt die Bildung von Wasserstoff und vermindert damit die Selbstentladung der Zelle (vgl. Überpotential S. 204). Diese als „alkaline" und „high energie cell" bezeichneten Batterien haben eine etwa doppelt so lange Lebensdauer wie die Zinkchlorid-Batterien. Daher steigt ihr Marktanteil ständig.
Heute versucht man immer mehr, den Quecksilbergehalt aus ökologischen Gründen zu reduzieren. So sind seit dem Jahr 1988 auch quecksilberfreie Batterien auf dem Markt.

Quecksilberoxid-Knopfzellen benutzt man zur Energieversorgung besonders kleiner Geräte wie Hörgeräte, Belichtungsmesser, Fotokameras, Uhren, Rechner etc. Auch in diesen Batterien bildet Zink die negative Elektrode. Es laufen folgende Entladevorgänge ab:

Minus-Pol: $Zn(s) \rightarrow Zn^{2+}(aq) + 2\,e^-$
$Zn^{2+}(aq) + 2\,OH^-(aq) \rightarrow Zn(OH)_2(s)$
$Zn(OH)_2(s) \rightarrow ZnO(s) + H_2O(l)$

Plus-Pol: $HgO(s) + H_2O(l) + 2\,e^- \rightarrow Hg(l) + 2\,OH^-(aq)$

Zellreaktion: $Zn(s) + HgO(s) \rightarrow ZnO(s) + Hg(l)$

Das während des Betriebs der Zelle entstehende metallische Quecksilber erhöht die Leitfähigkeit der Zelle. Daher bleibt die Zellspannung im Gegensatz zu den Mangandioxid/Zink-Zellen über einen längeren Zeitraum konstant (B 194.2.), auch bei Temperaturen bis zu −50 °C. In Deutschland werden jährlich etwa 40 Millionen Knopfzellen verkauft.
Die kleinen Quecksilberoxid-Knopfzellen (w(Hg) = 30%) und die umsatzstarken Alkali-Mangan-Zellen sind hauptverantwortlich für die Quecksilberbelastung im Hausmüll. Jährlich gelangen etwa 50 Tonnen Quecksilber durch Altbatterien in den Hausmüll, denn die Rückgabequote beträgt nur 10% bis 20%. Quecksilber ist aber nicht nur ein Umweltschadstoff, sondern auch ein wichtiger Rohstoff.
Deshalb dürfen diese Batterien nicht in den Müll geworfen, sondern müssen gesammelt werden.

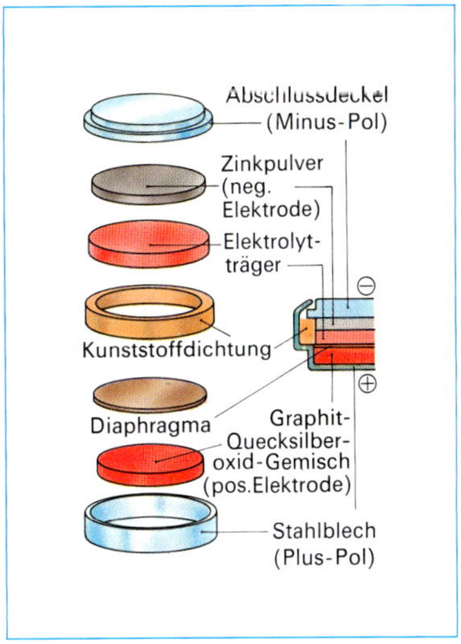

B 195.1. *Aufbau einer Knopfzelle*

Aufgaben

A 195.1. Erläutern Sie anhand der Entladekurven (B 194.1.) für einfache LECLANCHÉ-Zellen und LECLANCHÉ-Hochleistungszellen (Zinkchlorid-Zellen), welche Sie a) für eine Taschenlampe, die täglich 30 min eingeschaltet wird, und b) für ein Diktiergerät, das im Büro täglich ca. 6 Stunden in Betrieb ist, verwenden würden.
A 195.2. Eine Quecksilberoxid/Zink-Knopfzelle enthält ca. 0,65 g Quecksilber. Wie viel Quecksilbermüll entsteht jährlich durch diese Batterien in Deutschland?
A 195.3. Stellen Sie in einer Tabelle zusammen, welche Batterien in welchen Geräten hauptsächlich verwendet werden.
A 195.4. Alternativ zu Zink/Quecksilberoxid-Knopfzellen werden auch *Zink/Luft-* und *Zink/Silberoxid* (Ag_2O)-*Knopfzellen* verwendet. Formulieren Sie die stromliefernden Elektrodenreaktionen dieser Zellen.
A 195.5. Als besonders langlebige Batterien wie z. B. für Herzschrittmacher, Uhren oder Datenspeicher werden *Lithium-Batterien* eingesetzt. Als Elektrolyt dient i.d.R. Lithiumperchlorat in einem organischen Lösungsmittel, häufig Propylencarbonat[1]. Für die positive Elektrode können neben Mangan(IV)-oxid und Chromoxiden auch organische Oxidationsmittel verwendet werden. Erklären Sie, a) warum Lithium als Elektrodenmaterial besonders interessant ist, b) warum als Lösungsmittel Ester, Ether oder Ketone, aber nicht Wasser, Alkohole oder Kohlenwasserstoffe in Frage kommen.

1
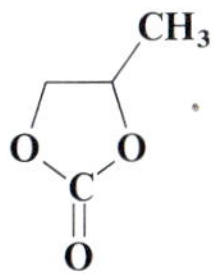

8.1.2. Akkumulatoren – der Bleiakkumulator

Ein entscheidender Nachteil der Trockenbatterien liegt darin, dass sie nicht wieder aufgeladen und daher nicht mehrfach genutzt werden können. Dagegen sind Akkumulatoren, wie der als Starterbatterie für Kraftfahrzeuge weit verbreitete und bewährte Bleiakkumulator, wiederaufladbar.
Bei der Elektrolyse von Schwefelsäure zwischen zwei Blei-Elektroden (V 195.1.) bildet sich an der Anode eine braune Schicht von Blei(IV)-oxid aus. Die Blei-Kathode bleibt unverändert. Nach Abschalten der Spannungsquelle besteht eine Spannung von 2 V zwischen den Elektroden. Durch die Elektrolyse ist eine galvanische Zelle, ein Modell-Bleiakku aus einer Blei-Elektrode und einer Bleidioxid-Elektrode, entstanden.

Versuch

V 195.1. Zwei abgeschmirgelte Bleibleche* werden als Elektroden in verdünnte Schwefelsäure* (w = 30%) getaucht. Es wird eine Spannung von etwa 4 V angelegt: Aufladen des Bleiakkus.
Nach dem Abschalten der Spannungsquelle werden die Elektroden
a) über ein Voltmeter,
b) über ein Glühbirnchen miteinander verbunden: Entladen des Bleiakkus.
Der Versuch wird mehrfach wiederholt.

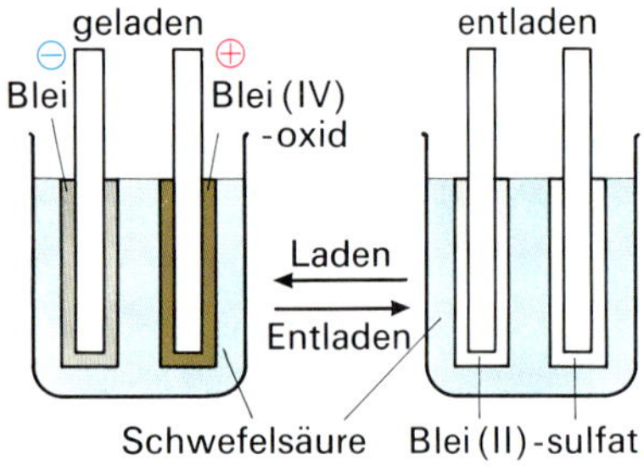

B 196.1. *Geladener und entladener Bleiakku (schematisch)*

Beim Entladen laufen folgende Reaktionen ab:
Minus-Pol: Oxidation von Blei zu Blei(II)-Ionen

$$\overset{0}{\mathrm{Pb}}\mathrm{(s)} \rightarrow \overset{\mathrm{II}}{\mathrm{Pb}}{}^{2+}\mathrm{(aq)} + 2\,e^-; \quad E^0 = -0{,}13\ \mathrm{V}$$

Plus-Pol: Reduktion von Blei(IV)-oxid zu Blei(II)-Ionen

$$\overset{\mathrm{IV}}{\mathrm{Pb}}\mathrm{O_2(s)} + 4\,\mathrm{H_3O^+(aq)} + 2\,e^- \rightarrow \overset{\mathrm{II}}{\mathrm{Pb}}{}^{2+}\mathrm{(aq)} + 6\,\mathrm{H_2O(l)}; \quad E^0 = 1{,}46\ \mathrm{V}$$

In der als Ionenleiter vorliegenden Schwefelsäure bilden Blei(II)-Ionen mit den Sulfat-Ionen schwer lösliches weißes Bleisulfat, das sich als feste weiße Schicht auf den Elektroden abscheidet.

$$\mathrm{Pb^{2+}(aq) + SO_4^{2-}(aq) \rightarrow PbSO_4(s)}$$

Die Elektrodenreaktionen formuliert man daher genauer:

Minus-Pol: $\mathrm{Pb(s) + SO_4^{2-}(aq) \rightarrow PbSO_4(s) + 2\,e^-}$; $E = -0{,}36\ \mathrm{V}$

Plus-Pol: $\mathrm{PbO_2(s) + 4\,H_3O^+(aq) + SO_4^{2-}(aq) + 2\,e^- \rightarrow PbSO_4(s) + 6\,H_2O(l)}$; $E = 1{,}69\ \mathrm{V}$

Zelle: $\mathrm{Pb(s) + PbO_2(s) + 4\,H_3O^+(aq) + 2\,SO_4^{2-}(aq) \underset{\text{Aufladen}}{\overset{\text{Entladen}}{\rightleftharpoons}} 2\,PbSO_4(s) + 6\,H_2O(l)}$; $U = 2{,}05\ \mathrm{V}$

Versuch

V 196.1. Zur Messung der Elektroden-Potentiale der Halbzellen eines Bleiakkus wird der Modell-Bleiakku aus V 195.1. über eine Elektrolytbrücke mit einer vereinfachten Normal-Wasserstoff-Elektrode (Herstellung siehe V 189.1.) kombiniert.
Die Blei- und die Blei(IV)-oxid-Elektrode werden nacheinander mit der Wasserstoff-Elektrode über ein Voltmeter verbunden und die Spannung gemessen.

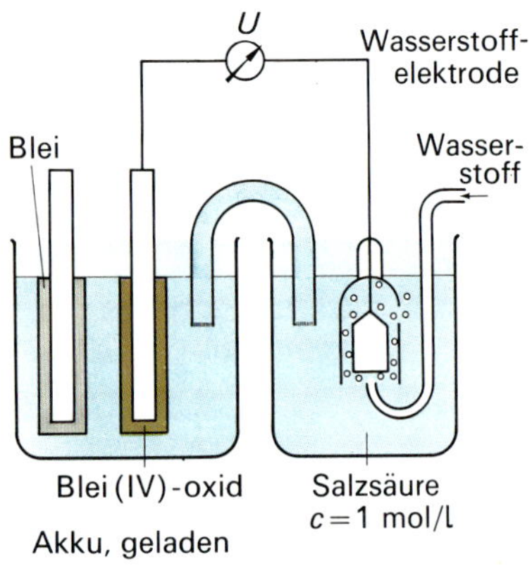

B 196.2. *Zu V 196.1.*

Beim Bleiakkumulator bleiben die Reaktionsprodukte an den Elektroden haften. Dem Wiederaufladen des entladenen Bleiakkus steht deshalb nichts im Wege, denn die Blei(II)-Ionen, die durch Anlegen einer Spannung am Minus-Pol wieder zu Blei-Atomen reduziert bzw. am Plus-Pol zu Blei(IV)-oxid oxidiert werden sollen, liegen ja im Bleisulfat auf den Platten bereit.
In der Praxis z. B. für Autobatterien verwendet man gitterförmige Platten, die mit schwammartigem, porösem Blei (negative Elektrode) bzw. porösem Blei(IV)-oxid überzogen sind. Lädt man einen entladenen oder teilweise entladenen Bleiakku längere Zeit nicht auf, so altert das entstandene Bleisulfat, d. h., es bilden sich im Lauf der Zeit größere Kristalle, die sich schlechter reduzieren bzw. oxidieren lassen. Daher sollte man auch nicht gebrauchte Bleiakkus von Zeit zu Zeit nachladen.
Wie wir aus der Reaktionsgleichung der Entladereaktion erkennen können, wird beim Entladen des Bleiakkus Schwefelsäure verbraucht und Wasser gebildet. Die Konzentration der Schwefelsäure nimmt ab und die Dichte wird geringer.
Die Dichtebestimmung mit einem Aräometer (B 197.2.) wird daher in Autowerkstätten benutzt, um den Ladezustand eines Bleiakkus zu prüfen.
Eigentlich sollte man vermuten, dass beim Anlegen einer Gleichspannung zum Aufladen des Akkus eine Elektrolyse der wässrigen Schwefelsäure unter Bildung von Wasserstoff und Sauerstoff ablaufen würde. Die dazu notwendige Mindestspannung ist nämlich geringer als die, die zur Bildung von Blei bzw. Blei(IV)-oxid aus Bleisulfat benötigt wird.

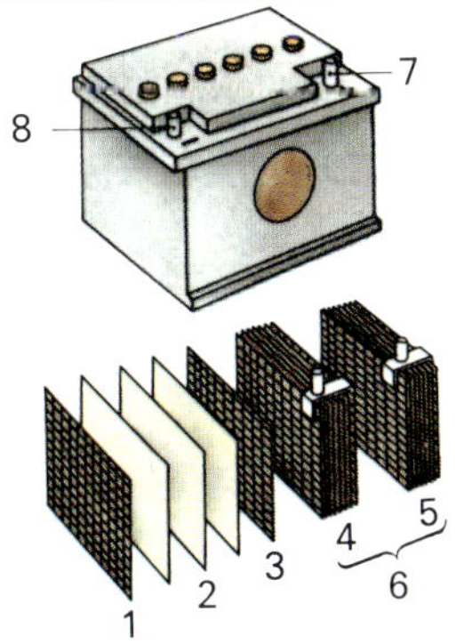

1 negative Platte (Bleigitter mit schwammigem Blei)
2 Scheider
3 positive Platte (Bleigitter mit Blei(IV)-oxid)
4 negativer Plattensatz
5 positiver Plattensatz
6 Plattenblock für eine Zelle
7 positiver Pol
8 negativer Pol

B 197.1. *Bleiakkumulator als Starterbatterie für Autos. 6 Zellen ergeben eine Batterie mit einer Spannung von* 12 V.

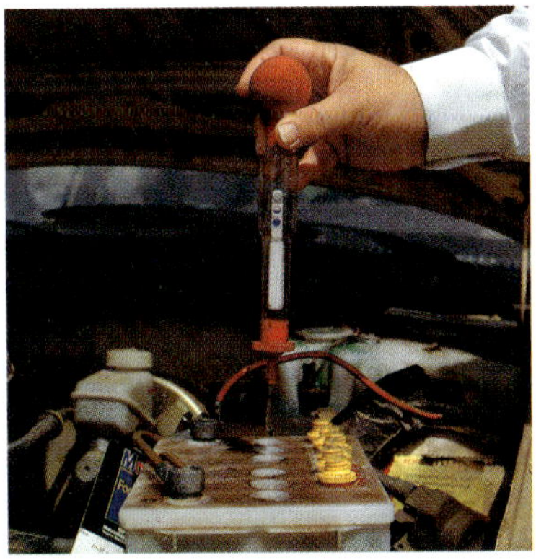

B 197.2. *Dichtebestimmung mit einem Aräometer*

$$4H_3O^+(aq) + 4e^- \rightarrow 2H_2(g) + 4H_2O(l); \quad E^0 = 0\,V$$
$$6H_2O(l) \rightarrow O_2(g) + 4e^- + 4H_3O^+(aq); \quad E^0 = 1{,}23\,V$$
$$2H_2O(l) \rightarrow 2H_2(g) + O_2(g); \quad \text{Mindestspannung } U = 1{,}23\,V$$

Die Abscheidung von Wasserstoff und Sauerstoff an den Bleiplatten ist aber stark gehemmt[1], sodass vorwiegend die Reduktion bzw. Oxidation des Bleisulfats erfolgt. Die Abscheidung von Wasserstoff und Sauerstoff lässt sich aber nicht ganz verhindern, vor allem gegen Ende des Aufladens, der Akku „gast" dann.

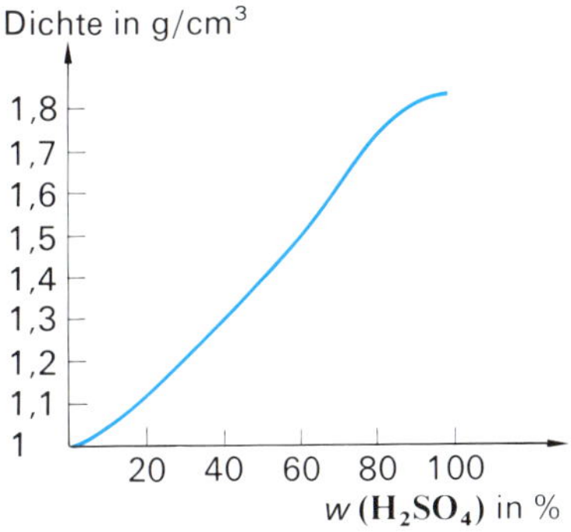

B 197.3. *Dichte von verd. Schwefelsäure in Abhängigkeit von der Konzentration*

Aufgaben

A 197.1. Erklären Sie, warum sich die Elektroden-Potentiale des Bleiakkumulators von den Standard-Elektroden-Potentialen $E^0(Pb/Pb^{2+}) = -0{,}13\,V$ und $E^0(Pb^{2+}/PbO_2) = 1{,}46\,V$ unterscheiden.

A 197.2. Berechnen Sie mit Hilfe der Nernst-Gleichung aus den Standard-Elektroden-Potentialen die Elektroden-Potentiale des Bleiakkus unter der vereinfachenden Annahme, dass die Konzentration der Sulfat-Ionen in der Schwefelsäure $c(SO_4^{2-}) = 0{,}5\,mol/l$ sei. Das Löslichkeitsprodukt von Bleisulfat beträgt: $K_L(PbSO_4) = 2 \cdot 10^{-8}\,mol^2/l^2$.

A 197.3. Warum darf in Räumen, in denen mit Akkumulatoren gearbeitet wird, keine Funkenbildung verursacht werden?

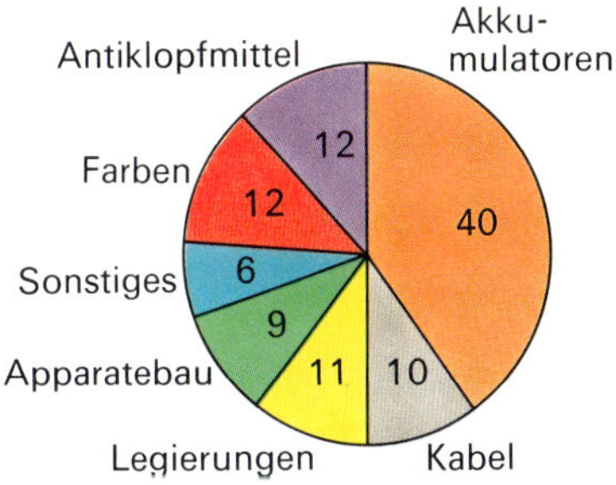

B 197.4. *Verwendung von Blei weltweit*

Zusammenfassung

Akkumulatoren haben wie Trockenzellen große praktische Bedeutung als ortsunabhängige Spannungsquellen. Akkumulatoren können im Gegensatz zu Trockenzellen wieder aufgeladen werden. Beim Bleiakku bildet sich beim Entladen aus dem Blei der negativen Platte und dem Blei(IV)-oxid der positiven Platte jeweils Blei(II)-sulfat, das sich an den Platten abscheidet. Beim Aufladen wird dieses Blei(II)-sulfat durch Elektrolyse in Umkehrung zur galvanischen Zellreaktion wieder in Blei bzw. Blei(IV)-oxid umgewandelt.

[1] Eine Erklärung hierfür ist die Überspannung, die in Kap. 8.2.1. S. 204 behandelt wird.

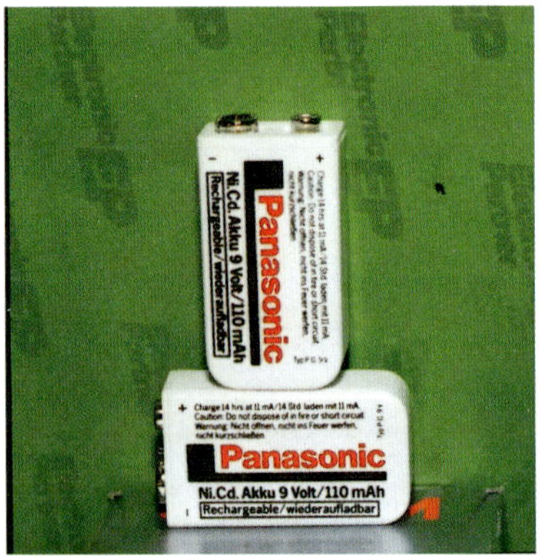

B 198.1 *Nickel-Cadmium-Akkus werden z.B. beim Antrieb von ferngesteuerten Spielzeugautos verwendet.*

Nickel-Cadmium- und Nickel-Eisen-Akkumulatoren

Häufig verwendete Akkumulatoren für Kleingeräte sind Nickel-Cadmium- bzw. Nickel-Eisen-Akkus. Sie werden als wiederaufladbare Batterien vielfach als Rund- und Blockzellen hergestellt und können in vielen Geräten anstelle der Einmal-Batterien eingesetzt werden. Als negative Elektrode dient eine Cadmium- bzw. eine Eisen-Elektrode und als positive Elektrode eine Nickel-Elektrode, die mit Nickel(III)-hydroxid umgeben ist. Als Ionenleiter wird Kalilauge verwendet.

Minus-Pol: $\overset{0}{Cd}(s) + 2\,OH^-(aq) \rightarrow \overset{II}{Cd}(OH)_2(s) + 2\,e^-$

bzw. $\overset{0}{Fe}(s) + 2\,OH^-(aq) \rightarrow \overset{II}{Fe}(OH)_2(s) + 2\,e^-$

Plus-Pol: $2\,\overset{III}{Ni}O(OH)(s) + 2H_2O(l) + 2e^- \rightarrow 2\,\overset{II}{Ni}(OH)_2(s) + 2\,OH^-(aq)$

Zellreaktion: $Cd(s) + 2\,NiO(OH)(s) + 2H_2O(l) \rightarrow 2\,Ni(OH)_2(s) + Cd(OH)_2(s)$

bzw. $Fe(s) + 2\,NiO(OH)(s) + 2H_2O(l) \rightarrow 2\,Ni(OH)_2(s) + Fe(OH)_2(s)$

Die beim Entladen und Laden entstehenden Verbindungen sind schwer löslich und lagern sich auf den Elektroden ab. Diese Akkumulatoren zeichnen sich durch eine besondes hohe Lebensdauer aus. Wegen des Gehaltes an Schwermetallen dürfen Akkumulatoren, ebenso wie alle anderen Batterien auch, nicht dem Hausmüll beigegeben werden, sondern müssen gesammelt werden!

	Bleiakku	Nickel-Eisen-Akku	Nickel-Cadmium-Akku
positive Platte	Blei(IV)-oxid	Nickel(III)-hydroxid (NiO(OH))	
negative Platte	Blei	Eisen	Eisen und Cadmium
Elektrolyt	Schwefelsäure	Kalilauge	
Spannung	2,02 V	1,6 V	1,3 V
Energiedichte	10 Wh/kg bis 35 Wh/kg	25 Wh/kg bis 35 Wh/kg	
Wirkungsgrad	80%	50%	57%
Kosten	0,4 DM/kWh bis 1 DM/kWh	0,5 DM/kWh bis 5 DM/kWh	
Lebensdauer	2 bis 4 Jahre	10 bis 20 Jahre	

Tab. 198.1. *Bleiakku und Nickel-Eisen- bzw. Nickel-Cadmium-Akkus im Vergleich*

Aufgabe

A 198.1. Diskutieren Sie die Verwendung von Nickel-Cadmium-Akkus anstelle von Alkali-Mangan-Zellen für den Betrieb von elektrischen Geräten.

8.1.3. Brennstoffzellen

Brennstoffzellen wurden bereits im Jahr 1839 von GROVE[1] erstmals zur Erzeugung von elektrischer Energie gebaut. In neuerer Zeit wurde diese Entdeckung wieder aufgegriffen. Die NASA hat sie z. B. soweit entwickelt, dass Brennstoffzellen in Raumfahrzeugen die Energieversorgung sichern.
In Brennstoffzellen wird die Energie der stark exothermen Knallgasreaktion von Wasserstoff und Sauerstoff zu Wasser nicht als Wärme, sondern als elektrische Energie freigesetzt. So wie in einer Elektrolyse Wasser durch elektrische Energie in Wasserstoff und Sauerstoff zersetzt werden kann, so kann in Umkehrung der Elektrolyse elektrische Energie gewonnen werden.

$$2H_2(g) + O_2(g) \underset{\text{Elektrolyse}}{\overset{\text{Brennstoffzelle}}{\rightleftharpoons}} 2H_2O(l); \qquad \Delta G^0 = -472\,\text{kJ}$$

Dazu leitet man in einer Brennstoffzelle den „Brennstoff" Wasserstoff über eine mit porösem Palladium beschichtete Nickel-Elektrode. Das Palladium dient sowohl als Elektrode als auch als Katalysator für die Oxidation des Wasserstoffs am Minus-Pol.
Am Plus-Pol wird Sauerstoff reduziert. Dazu wird Sauerstoff ebenfalls über palladinierte Elektroden, die auch hier eine katalytische Funktion haben, geleitet. Als Elektrolyt-Lösung dient im Allgemeinen Kalilauge, in manchen Fällen auch Schwefelsäure- oder Phosphorsäure-Lösung.

Anders als bei Batterien und Akkumulatoren liegen in einer Brennstoffzelle die Edukte nicht dauernd vor, sondern werden erst bei Inbetriebnahme zugeführt. Dies ist von Vorteil: Die Lebensdauer einer Brennstoffzelle ist gleich der maximalen Betriebsdauer, die Lebensdauer von Batterien und Akkus ist durch die Lagerfähigkeit mitbestimmt, denn sie entladen sich in gewissem Umfang selbst, auch wenn kein Strom entnommen wird.

Versuche

V 199.1. *Modellversuch zur Brennstoffzelle (Knallgaszelle):*
a) Zur Herstellung einer Wasserstoff- und einer Sauerstoff-Elektrode wird in einem U-Rohr Kalilauge* ($c = 5$ mol/l) an Graphit-Elektroden elektrolysiert (Elektrolysespannung $U = 4$ V).
b) Nach einigen Minuten Elektrolysedauer wird die Spannungsquelle abgeschaltet und die Spannung zwischen den Elektroden gemessen.

V 199.2. Wie in B 199.1. skizziert, werden Wasserstoff und Sauerstoff über Elektroden aus Nickeldrahtnetzen, die man durch Eintauchen in eine Palladium(II)-chlorid-Lösung* mit Palladium beschichtet hat, geleitet. Die Nickeldrahtnetze müssen vollständig von der Kalilauge* ($c = 5$ mol/l) bedeckt sein, da sonst **Explosionsgefahr** besteht!
Man misst die Spannung, und verbindet dann die Elektroden über ein Glühbirnchen.

[1] SIR WILLIAM GROVE, Naturforscher in London

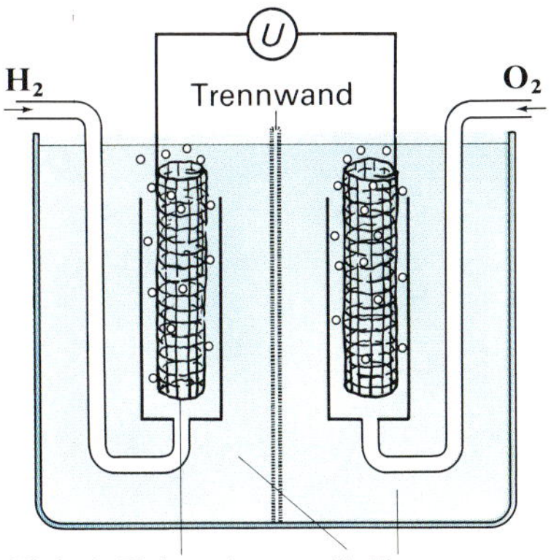

B 199.1. *Zu V 199.2.*

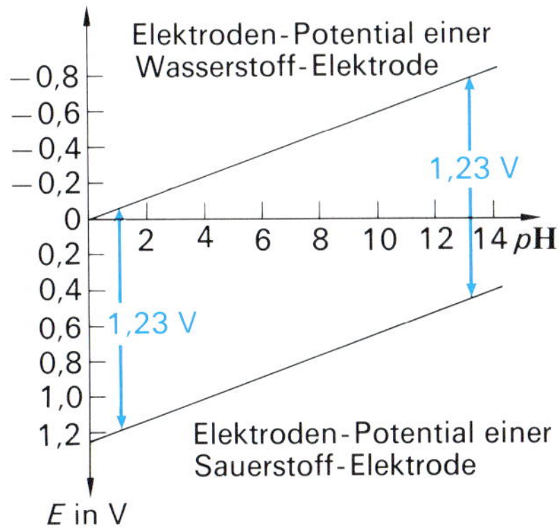

B 199.2. *Elektroden-Potentiale von Wasserstoff- und Sauerstoff-Elektroden in Abhängigkeit vom pH-Wert*

B 199.3. *In Space Shuttles werden Brennstoffzellen zur Energieversorgung eingesetzt.*

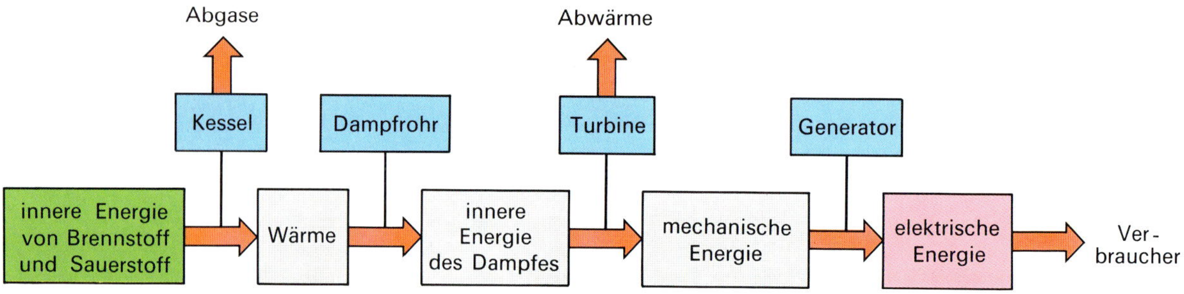

B 200.1. *Schema der Energieumwandlung in einem Heizkraftwerk*

	alkalischer Elektrolyt (Kalilauge)	saurer Elektrolyt (Schwefelsäure)
Minus-Pol: Oxidation Elektroden-Potential	$2H_2(g) + 4OH^-(aq) \rightarrow 4H_2O(l) + 4e^-$ bei $pH = 14$ $E^0(H_2/H_2O) = -0{,}83$ V	$2H_2(g) + 4H_2O(l) \rightarrow 4H_3O^+(aq) + 4e^-$ bei $pH = 0$ $E^0(H_2/H_3O^+) = 0$ V
Plus-Pol: Reduktion Elektroden-Potential	$O_2(g) + 2H_2O(l) + 4e^- \rightarrow 4OH^-(aq)$ bei $pH = 14$ $E^0(OH^-/O_2) = 0{,}4$ V	$O_2(g) + 4H_3O^+(aq) + 4e^- \rightarrow 6H_2O(l)$ bei $pH = 0$ $E^0(H_2O/O_2) = 1{,}23$ V
Zellreaktion Zellspannung	$2H_2(g) + O_2(g) \rightarrow 2H_2O(l)$ $U = 1{,}23$ V	$2H_2(g) + O_2(g) \rightarrow 2H_2O(l)$ $U = 1{,}23$ V

Tab. 200.1. *Vergleich alkalischer und saurer Brennstoffzellen. Auch wenn die Potentiale der Wasserstoff- und der Sauerstoff-Elektrode vom pH-Wert abhängig sind, so ist die Zellspannung der Brennstoffzelle doch unabhängig vom pH-Wert des Elektrolyten immer $U = 1{,}23$ V. Dies ist verständlich, da unabhängig vom Elektrolyten die Zellreaktion immer dieselbe ist: nämlich die Redoxreaktion zwischen Wasserstoff und Sauerstoff.*

Weiterhin haben Brennstoffzellen den Vorteil, dass sie *umweltfreundlich* sind, da keine schädlichen Abgase wie z. B. bei der Verbrennung der fossilen Brennstoffe entstehen. Außerdem arbeiten sie völlig geräuschlos. In der Raumfahrt („Apollo"- und „Space Shuttle"-Programm) haben sich Brennstoffzellen bereits bewährt, der Nutzung in Automobilen stehen vor allem der hohe Wasserstoff-Preis und der nicht ungefährliche Transport der gewichtigen Gasflaschen entgegen.

Die direkte Umwandlung von chemischer Energie in elektrische Energie in Brennstoffzellen ist besonders interessant, da ihr *Wirkungsgrad*, d. h. der Anteil der chemischen Energie, die als elektrische Energie genutzt werden kann, mit 80% und mehr sehr hoch ist, während der Wirkungsgrad bei der konventionellen Stromerzeugung aus Brennstoffen in Kraftwerken nur bei etwa 35% liegt.

Zusammenfassung

Zu den ortsunabhängigen Stromquellen zählen die Brennstoffzellen, in denen die Reaktionsenergie der Redoxreaktion zwischen Wasserstoff und Sauerstoff zur Erzeugung elektrischer Energie genutzt wird. Im Gegensatz zu anderen galvanischen Zellen werden in Brennstoffzellen die Reaktionspartner erst bei Bedarf in die Zelle eingespeist, sodass keine Verluste durch Selbstentladung der Zelle eintreten können. Brennstoffzellen sind umweltfreundlich und haben einen hohen Wirkungsgrad.

Aufgaben

A 200.1. Berechnen Sie nach der Nernst-Gleichung die Elektrodenpotentiale von Wasserstoff und Sauerstoff bei pH-Wert 7.

A 200.2. Statt Wasserstoff werden auch Hydrazin (N_2H_4), Methanol (CH_3OH) und Methanal (CH_2O) als Brennstoffe in Brennstoffzellen eingesetzt. Welche (ungefährlichen) Reaktionsprodukte entstehen beim Einsatz dieser Brennstoffe? Formulieren Sie die entsprechenden Elektrodenreaktionen.

Solarwasserstoff und Wasserstofftechnologie

Ohne das *Licht* der Sonne ist Leben auf der Erde undenkbar. Die Pflanzen, von denen sich Tiere und Mensch ernähren, benötigen bei der Photosynthese Sonnenlicht. Dabei werden aus Kohlenstoffdioxid und Wasser Kohlenhydrate und Sauerstoff erzeugt. Auch bei der Entstehung und der Entwicklung der Lebewesen auf unserem Planeten lieferte das Sonnenlicht die für endergonische Prozesse nötige Energie. Man nimmt an, dass die Uratmosphäre vor ca. 4 Milliarden Jahren ein riesiger Photoreaktor war, in dem im Verlaufe mehrerer Millionen Jahre aus Wasserdampf, Ammoniak, Kohlenstoffdioxid und Schwefelwasserstoff unter Wirkung der damals starken UV-Strahlung der Sonne die ersten Bausteine von Biomolekülen entstanden sind: Aminosäuren, Nukleinbasen, Aldehyde. Bei der chemischen und der biologischen Evolution war also das Licht die wohl wichtigste Energieform. Die technische Zivilisation der Menschheit beruht dagegen in erster Linie auf der Nutzung von *Wärme* als Energieform. Auch heute wird vorwiegend Wärme genutzt, direkt oder als Primärenergie zur Umwandlung in andere Energieformen. Zur Erzeugung von Wärme wiederum werden als *Energieträger* vorwiegend *fossile Brennstoffe* (Kohle, Erdöl und Erdgas, S. 35f., 41f.) oder *nukleare Brennstoffe* (Uran, Thorium, S. 377f.) eingesetzt (B 201.1.), zu deren Entstehung Millionen von Jahren notwendig waren.

Die fossilen Brennstoffe gehen zur Neige; man schätzt, dass die bekannten wirtschaftlich förderbaren Erdölreserven in ca. 30 Jahren erschöpft sein werden. Die Verfeuerung der fossilen und der schnell nachwachsenden Brennstoffe (z.B. Holz) belastet die Umwelt. Die nukleare Technologie erfordert strengste Sicherheitsmaßnahmen, weil radioaktive Strahlen gerade für die Lebewesen große Risiken in sich bergen. „Atomstrom" wird deshalb nur als Übergangslösung angesehen.

Auf lange Sicht wird der Mensch zur Deckung seines Energiebedarfs nicht umhin können zu lernen, wie das Licht der Sonne schnell, wirtschaftlich und umweltfreundlich zu nutzen ist. Dieser Lernprozess ist zwar schon im Gange, aber mit großtechnischen Lösungen wird erst im nächsten Jahrhundert gerechnet.

Dem *Solarwasserstoff*, d.h. dem mit Hilfe von Sonnenlicht erzeugten Wasserstoff kommt als Energieträger eine Schlüsselfunktion zu. Rohstoff für seine Erzeugung ist das Wasser und ebenso auch Endprodukt („Abfall") bei seiner Nutzung zur Energieerzeugung. Unter ökologischen Gesichtspunkten ist Wasserstoff also der sauberste Energieträger. Außerdem hat Wasserstoff unter allen Energieträgern die höchste Energiespeicherdichte (Tab. 201.1.) und kann sowohl zur Erzeugung von Wärme (Verbrennung) als auch zur direkten Erzeugung von elektrischer Energie (Brennstoffzelle) verwendet werden. Die Speicherung und der Transport von Wasserstoff sind relativ unproblematisch. Zur Erzeugung von Wasserstoff aus Wasser mit Hilfe von Licht gibt es verschiedene Möglichkeiten, die sich aber alle noch im Versuchsstadium bzw. im Stadium einer noch unzureichenden Rentabilität befinden.

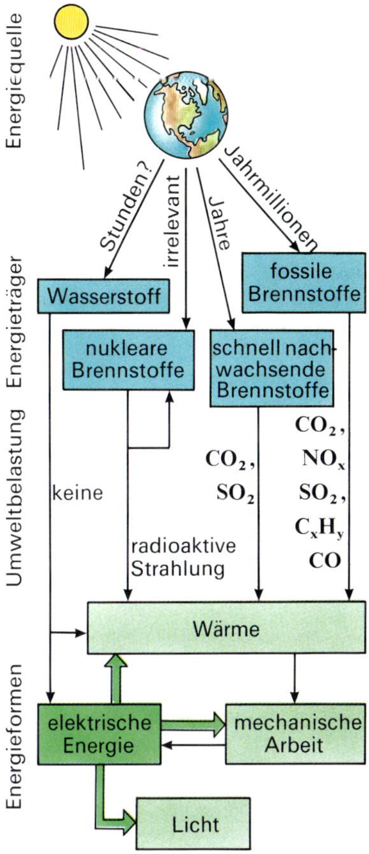

B 201.1. *Energieträger und Energieformen (vgl. auch A 203.1 bis A 203.3.)*

Energieträger	Energiespeicherdichte in MJ/kg
Benzin	46,8
Steinkohle	39,6
Methanol	22,6
Bleiakku	0,2
Wasserstoff	143

Tab. 201.1. *Ein Kilogramm Wasserstoff hat einen ca. dreimal höheren Heizwert als ein Kilogramm Benzin; in einem Kilogramm Wasserstoff ist über 700mal mehr Energie gespeichert als in „einem Kilogramm Bleiakku".*

Versuch

Photolytischer Wasserstoff:

V 202.1. Ein Tauchlampenreaktor mit Wasserkühlung und magnetischer Rührung (Fassungsvermögen: ca. 500 ml) wird mit Salzsäure* ($c = 1$ mol/l) gefüllt. In die Lösung werden noch 2 g Kupfer(I)-chlorid* **CuCl** gegeben. Zuerst werden die magnetische Rührung und die Wasserkühlung eingeschaltet, dann erst die Tauchlampe (Quecksilberhochdruckbrenner, Leistung 150 Watt). Der entweichende Wasserstoff* wird in einer pneumatischen Wanne oder in einem Kolbenprober aufgefangen (B 202.1.). Zum Nachweis wird Gas aus dem Kolbenprober durch ein zugespitztes Röhrchen in eine Seifen-Lösung (Metallschale) gedrückt. In die Krone aus Seifenblasen wird ein brennender Holzspan gehalten. Beobachtung?

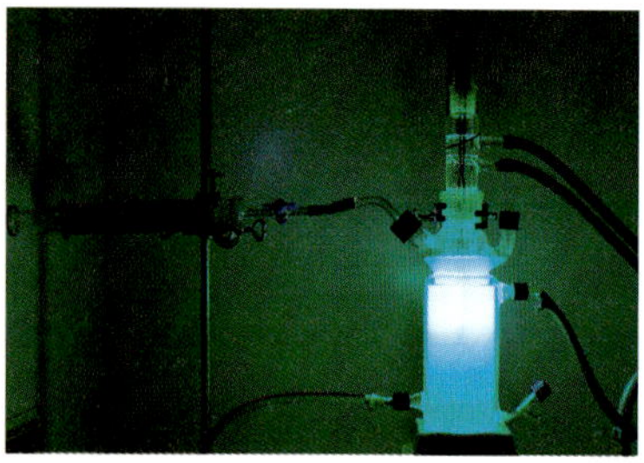

B 202.1. *Apparatur zur Erzeugung von photolytischem Wasserstoff (V 202.1.). Aufnahme im UV-Licht der Reaktor-Lampe*

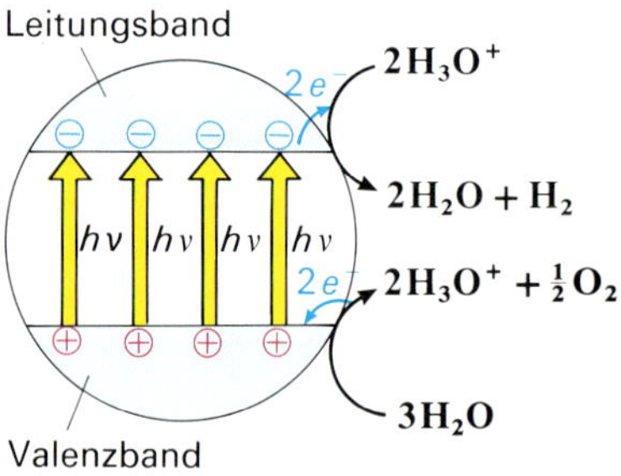

B 202.2. *Modell eines Halbleiter-Korns als Photokatalysator. Jede Absorption eines Lichtquants hν geeigneter Wellenlänge erzeugt im Halbleiter-Korn ein Elektron/Lochpaar.*

Photolytischer Wasserstoff

Bei der Bestrahlung von verdünnter Salzsäure und Kupfer(I)-chlorid mit UV-Licht bildet sich Wasserstoff (V 202.1.). In der Suspension läuft folgende Reaktion ab:

$$(1a)\quad 2H_3O^+ + 2Cu^+ \xrightarrow{\text{Licht}} 2Cu^{2+} + 2H_2O + H_2; \quad \Delta G_R^0 = +108{,}5\ \text{kJ}$$

Nach ca. 2 Stunden ist die Wasserstoff-Entwicklung bei V 202.1. abgeschlossen. Die Gesamtmenge des gebildeten Wasserstoffs steht zur Menge des eingesetzten Kupfer(I)-chlorids in folgendem Verhältnis: $n(H_2) : n(CuCl) = 1:2$. In einem zweiten Arbeitsschritt kann, unter Zugabe von 2 g Titandioxid in die Lösung aus V 202.1. und Weiterbestrahlung, das Kupfer(I)-chlorid zurückgebildet werden:

$$(1b)\quad 2Cu^{2+} + 3H_2O \xrightarrow[(TiO_2)]{\text{Licht}} 2Cu^+ + 2H_3O^+ + \tfrac{1}{2}O_2; \quad \Delta G_R^0 = +127{,}5\ \text{kJ}$$

Die Addition von (1 a) und (1 b) ergibt:

$$(1)\quad H_2O \xrightarrow[(TiO_2,\ CuCl)]{\text{Licht}} H_2 + \tfrac{1}{2}O_2; \quad \Delta G_R^0 = +236\ \text{kJ}$$

Die endergonische Wasserspaltung gelingt also mit Hilfe von Licht *(Photolyse)* und eines *Katalysator-Systems*.

Die bei V 202.1. eingesetzten Katalysatoren sind *Halbleiter*. Durch Lichtabsorption angeregte Halbleiter-Körner können durch ihre Elektronen aus dem Leitungsband als Elektronen-Donatoren (Reduktionsmittel) und durch ihre positiven Löcher aus dem Valenzband als Elektronen-Akzeptoren (Oxidationsmittel) wirken (B 202.2.). Die in B 202.2. dargestellte Situation, bei der ein- und dasselbe Halbleiter-Korn die Reduktion von Oxonium-Ionen **und** die Oxidation von Wasser-Molekülen bewirkt, entspricht einem Idealfall. Bei dem beschriebenen System $CuCl/TiO_2$ treten folgende Nachteile auf: a) am Kupfer(I)-chlorid-Korn findet nur die Reduktion der Oxonium-Ionen statt, oxidiert werden die Kupfer(I)-Ionen selbst; am Titandioxid-Korn werden Wasser-Moleküle oxidiert und Kupfer(II)-Ionen aus der Lösung reduziert; b) das Kupfer(I)-chlorid-Korn löst sich bei der Reaktion (1 a) auf, weil die gebildeten Kupfer(II)-Ionen in die Lösung gehen; c) der in (1 b) gebildete Sauerstoff entweicht nicht als Gas, sondern bleibt an der Oberfläche der Titandioxid-Körner adsorbiert oder sogar als Peroxid gebunden; d) man muss mit UV-Licht bestrahlen, sichtbares Licht hat eine zu geringe Energie, um die Elektronen beim Kupfer(I)-chlorid und beim Titandioxid aus dem Valenzband ins Leitungsband anzuheben.

Das hat zur Folge, dass die Schritte (1 a) und (1 b) immer nur einzeln durchgeführt werden können und dass das Titandioxid nach Beendigung von (1 b) jeweils vom Kupfer(I)-chlorid getrennt und dann aktiviert, d.h. vom Sauerstoff befreit werden muss. Da diese Arbeitsgänge aufwendig sind und nicht mit so guter Ausbeute verlaufen wie der Schritt (1 a), ist dieses Verfahren noch nicht reif für eine technische Anwendung. Bessere Katalysator-Systeme für die Wasser-Photolyse mit sichtbarem Licht müssen noch gefunden werden.

Photovoltaischer Wasserstoff

Hinter dieser Bezeichnung verbirgt sich elektrolytisch erzeugter Wasserstoff nur mit der Besonderheit, dass die dazu benötigte Energie direkt aus Licht mit Hilfe von *Photovoltazellen* hergestellt wird (V 203.1. und B 203.1.). Für den Bau solcher Zellen benötigt man hochreines, einkristallines Silicium, das nachträglich mit ganz geringen, genau definierten Mengen an Elementen aus der 3. bzw. 5. Gruppe des Periodensystems dotiert wurde (vgl. S. 357 f.). Die Wirkungsgrade der Silicium-Einkristall-Zellen liegen zwar mit 15% relativ hoch, aber ihre Herstellungskosten sind ebenfalls sehr hoch. Zellen aus polykristallinem Silicium sind billiger, aber ihre Wirkungsgrade sind zu niedrig. In der Photovoltaik sucht man nach kostengünstigeren Materialien für Solarzellen mit hohem Wirkungsgrad. Neben dem polykristallinen Silicium zeigen Verbindungen wie Galliumphosphid **GaP** und Indiumarsenid **InAs** viel versprechende Wirkungen.

Photogalvanischer (photoelektrochemischer) Wasserstoff

Die für die Wasser-Spaltung theoretisch notwendige Spannung beträgt 1,23 V (vgl. S. 200). Wegen der Verluste muss sie aber in der Praxis höher liegen. Elektroden aus Platinblech, die mit einer Farbstoff-Schicht aus chlorophyllähnlichen Stoffen (Metallporphyrinate) überzogen wurden, sind lichtempfindlich. Sie reagieren auf Licht ähnlich wie Metall-Antennen auf Radiowellen. Mit Hilfe solcher lichtempfindlicher Elektroden lassen sich *photoelektrochemische Zellen* zusammenstellen, in denen Wasser zu molekularem Wasserstoff reduziert werden kann (B 203.2.). Die Wasserstoff-Erzeugung läuft dann besonders gut, wenn man an der Anode einer solchen Zelle einen so genannten Opfer-Donor (z. B. Triethanolamin oder Ethylendiamintetraessigsäure) einsetzt, der irreversibel oxidiert wird. Weiterhin kann der Wirkungsgrad erhöht werden, wenn im Kathodenraum Stoffe eingesetzt werden, die den Anteil des absorbierten und verwerteten Lichts erhöhen *(Photosensibilisatoren)* und andere, die die Elektronenübergänge zwischen Elektroden und zu reduzierenden Wasser-Molekülen erleichtern *(Redoxkatalysatoren)*.

Aufgaben

A 203.1. Die Energieerzeugung aus den in B 201.1. angegebenen Energieträgern ist unterschiedlich Umwelt belastend und risikoreich. Erläutern Sie die Unterschiede.

A 203.2. Warum kann man die elektrische Energie als „edelste" Energieform bezeichnen? (Hinweis: Denken Sie an Beispiele aus Ihrem Alltag und vergleichen Sie auch B 201.1.).

A 203.3. Während für die Entstehung fossiler Brennstoffe Jahrmillionen benötigt werden, ist es beim heutigen Stand der Technik belanglos, wie lange die Entstehung natürlicher nuklearer Brennstoffe dauert (vgl. B 201.1.). Erklären Sie diesen Sachverhalt.

A 203.4. In B 156.1. ist die Anregung durch Licht bei einem Methylenblau-Molekül-Ion dargestellt, in B 202.2. die Anregung durch Licht bei einem Halbleiter-Korn. a) Welche Gemeinsamkeit und welcher Unterschied fällt Ihnen auf? b) Ist die Anregung der Edukte durch Bestrahlung mit Licht der Zufuhr von Aktivierungsenergie (vgl. Kap. 3.4., S. 83 ff.) gleichzusetzen? Begründen Sie Ihre Antwort.

Versuch

Photovoltaischer Wasserstoff:

V 203.1. Mehrere Silicium-Solarzellen (Leerlaufspannung einer Zelle 0,57 V) werden so verbunden, dass man eine Spannung von etwas über 2 V und einen möglichst großen Kurzschlussstrom erhält. Hierzu schaltet man jeweils 4 Zellen in Reihe und mehrere Viererblöcke wiederum parallel. Mit Hilfe einer solchen Solarzellen-Batterie kann bei Sonne im Freien, sonst im Labor mit Hilfe einer 200-Watt-Lampe, Wasser elektrolysiert werden (B 203.1.).

B 203.1. *Apparatur zur Erzeugung von photovoltaischem Wasserstoff. Aufnahme im Licht der 200-Watt-Lampe*

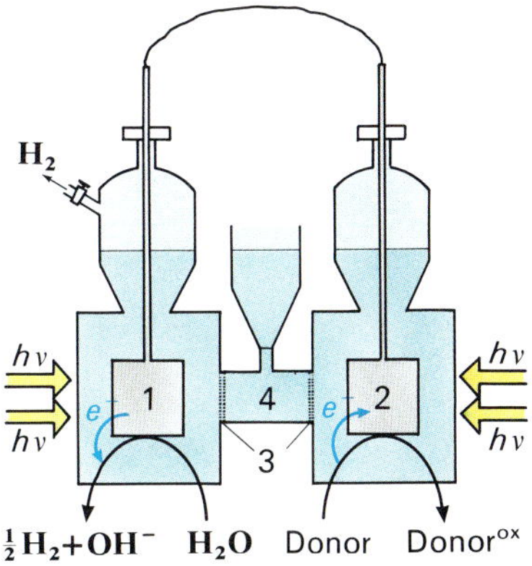

B 203.2. *Photoelektrochemische Zelle: An der photosensiblen Kathode 1 wird Wasser reduziert, an der photosensiblen Anode 2 wird ein „Opfer-Donor" oxidiert. Die beiden Halbzellen sind über eine Puffer-Lösung 4 und die Glasfritten 3 verbunden.*

Versuch

V 204.1. Eine Natriumchlorid-Lösung ($c=1$ mol/L), der einige Tropfen Phenolphthalein zugesetzt werden, wird in einem U-Rohr an Graphit-Elektroden bei einer Spannung von ca. 6 V elektrolysiert.

Auswertung

a) Wie kann man die an den Elektroden entstehenden Gase nachweisen?

b) Welche Reaktionen laufen an den Elektroden ab?

Gas	Elektroden-material	Überpotentiale in V	
Wasser-stoff	Platin (blank)	−0,12	−0,35
	Eisen	−0,40	−0,64
	Graphit	−0,47	−0,97
	Zink	−0,88	−1,10
	Quecksilber	−1,04	−1,21
Sauer-stoff	Platin (blank)	0,72	1,28
	Graphit	0,53	1,09
Chlor	Platin	0,008	0,05
	Graphit	0,05	0,25
Stromdichte in A/cm²		10^{-3}	10^{-1}

Tab. 204.1. *Überpotentiale von Wasserstoff, Sauerstoff und Chlor*

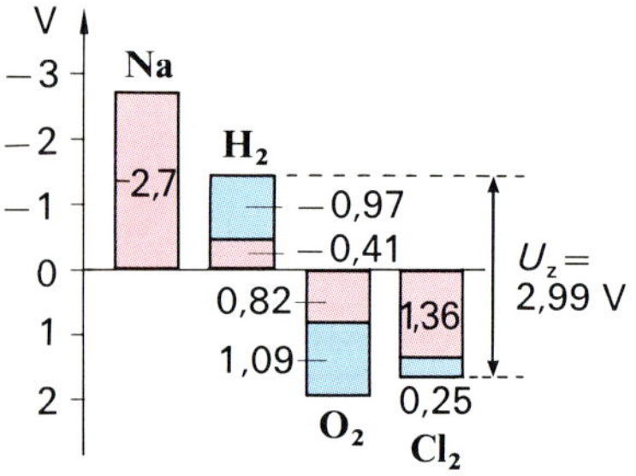

B 204.1. *Abscheidungspotentiale, Überpotentiale (Stromdichte* 10^{-1} A/cm²) *und Zersetzungsspannung bei der Elektrolyse einer Natriumchlorid-Lösung an Graphit-Elektrode*

8.2. Technisch wichtige Elektrolysen

8.2.1. Chlor-Alkali-Elektrolyse

Die als Chlor-Alkali-Elektrolyse bezeichnete Elektrolyse einer wässrigen Natriumchlorid-Lösung ist eines der wirtschaftlich wichtigsten Elektrolyse-Verfahren.

Bei dieser Elektrolyse (V 204.1.) beobachten wir eine Chlorgas-Entwicklung an der Anode und die Bildung von Hydroxid-Ionen und Wasserstoff an der Kathode. An der Anode werden demnach Chlorid-Ionen oxidiert und an der Kathode Wasser-Moleküle reduziert:

$$2Cl^-(aq) \rightarrow Cl_2(g) + 2e^-; \quad E^0 = +1{,}36\text{ V}$$
$$2H_2O(l) + 2e^- \rightarrow H_2(g) + 2OH^-(aq); \quad E = -0{,}41\text{ V (bei } pH=7)$$
$$\overline{2Cl^-(aq) + 2H_2O(l) \rightarrow Cl_2(g) + H_2(g) + 2OH^-(aq)}$$

Man könnte im Prinzip an der Kathode auch eine Reduktion der Natrium-Ionen erwarten:

$$Na^+(aq) + e^- \rightarrow Na(s); \quad E^0 = -2{,}71\text{ V}$$

Wenn wir die Elektroden-Potentiale vergleichen, dann wird klar, dass zur Reduktion von Wasser-Molekülen und Abscheidung von Wasserstoff eine geringere Spannung nötig ist als zur Reduktion von Natrium-Ionen und Abscheidung von Natrium-Metall.

Andererseits sollte man dann aufgrund der Elektroden-Potentiale erwarten, dass an der Anode Sauerstoff statt Chlor gebildet wird:

$$6H_2O(l) \rightarrow O_2(g) + 4H_3O^+(aq) + 4e^-; \quad E = +0{,}82\text{ V (bei } pH=7)$$

In der Praxis ist zur Abscheidung von Sauerstoff offensichtlich eine höhere Spannung nötig, als man nach dem Elektroden-Potential berechnet. Diese Differenz zwischen dem **Abscheidungspotential** und dem Elektroden-Potential bezeichnet man als **Überpotentiale** (experimentelle Bestimmung S. 208). Sie ist abhängig vom Elektrodenmaterial, der Ionen-Konzentration der Lösung sowie der Stromdichte[1] (Tab. 204.1.). Bei der Abscheidung von Metallen ist das Überpotential so gering, dass es kaum ins Gewicht fällt. Größere Überpotentiale treten vor allem bei der Abscheidung von Gasen auf.

An Graphit-Elektroden, die im Allgemeinen als Anoden bei der Elektrolyse verwendet werden (beim Amalgam-Verfahren werden allerdings Anoden aus Titan verwendet), ist das Überpotential von Sauerstoff größer als das von Chlor, sodass das Abscheidungspotential von Sauerstoff größer wird als das von Chlor. Daher wird bei der Elektrolyse einer Natriumchlorid-Lösung an der Anode bevorzugt Chlor abgeschieden. Die Differenz der Abscheidungspotentiale ist die für die Elektrolyse notwendige Mindestspannung, die **Zersetzungsspannung** (B 204.1,),

[1] Als Stromdichte bezeichnet man den Quotienten aus Stromstärke und Elektrodenoberfläche.

Technische Verfahren

Bei der Elektrolyse einer Natriumchlorid-Lösung fallen drei Produkte an: *Chlor, Natronlauge* und *Wasserstoff*. Sie wird nach den Produkten als *Chlor-Alkali-Elektrolyse* bezeichnet und industriell heute nach drei verschiedenen Verfahren durchgeführt.

Diaphragma-Verfahren

Bei diesem Verfahren werden der Anoden- und Kathodenraum durch ein Diaphragma aus Asbest getrennt. Als Kathoden werden Eisendrahtnetze und als Anoden Graphit- oder Titan-Blöcke verwendet. Die Kochsalz-Lösung, *Sole* genannt, wird in den Anodenraum eingeleitet und die entstehende Natronlauge aus dem Kathodenraum abgezogen. Die dadurch in der Elektrolyse-Zelle entstehende Strömung verhindert weitgehend, dass Hydroxid-Ionen entsprechend dem elektrischen Feld durch das Diaphragma in den Anodenraum wandern und dort mit Chlor-Molekülen in unerwünschten Nebenreaktionen[1] zu Hypochlorit- und Chlorat-Ionen weiterreagieren. Andererseits gelangen durch die Strömung auch Chlorid-Ionen in den Kathodenraum, sodass die entstehende Natronlauge mit Natriumchlorid verunreinigt ist. Dies spielt bei den meisten technischen Verwendungsarten keine Rolle.
Um reine Natronlauge zu erhalten, muss man daher andere Verfahren wählen, entweder das ältere, bewährte *Amalgam-Verfahren* oder das neue, sich zunehmend durchsetzende *Membran-Verfahren*.

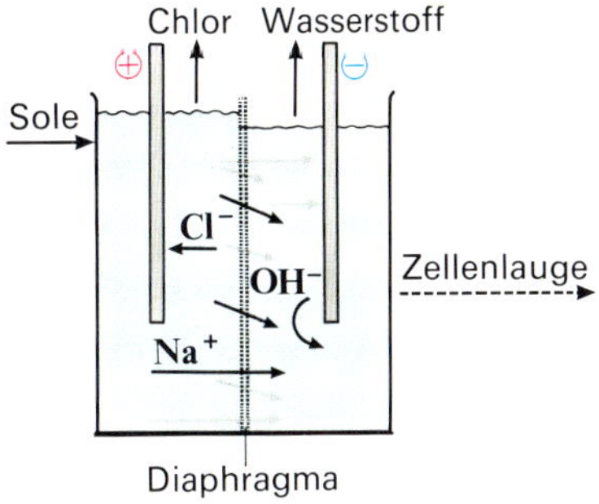

B 205.1. *Schema einer Diaphragmazelle*

[1] Mögliche Nebenreaktionen:
$2OH^- + Cl_2 \rightarrow OCl^- + Cl^- + H_2O$
$6OH^- + 3Cl_2 \rightarrow ClO_3^- + 5Cl^- + 3H_2O$

Membran-Verfahren

Beim Membran-Verfahren, das dem Diaphragma-Verfahren stark ähnelt, sind Anoden- und Kathodenraum durch eine Kunststoffmembran getrennt, die nur für Kationen **(Na^+)**, nicht aber für Anionen **(Cl^-, OH^-)** durchlässig ist. Daher ist die im Kathodenraum entstehende Natronlauge chloridfrei. Weiterhin treten im Anodenraum keine Nebenreaktionen durch Hydroxid-Ionen auf. Weltweit gibt es jedoch erst wenige Anlagen, die nach dem Membran-Verfahren arbeiten.

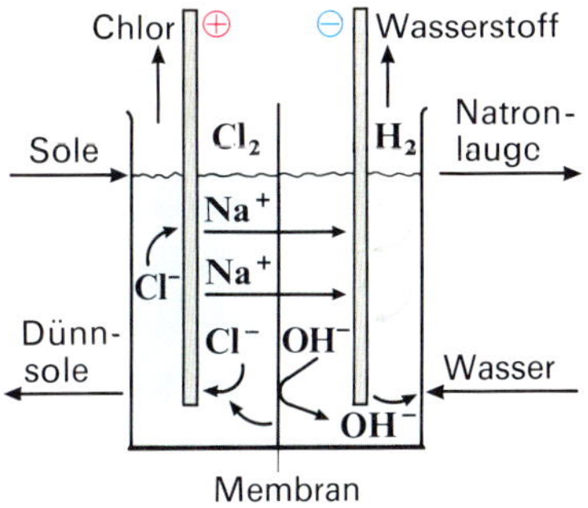

B 205.2. *Schema einer Membranzelle*

Amalgam-Verfahren

Das Amalgam-Verfahren ist zur Zeit das in Deutschland noch am weitesten verbreitete Verfahren zur Chlor-Alkali-Elektrolyse. Bei diesem Verfahren nutzt man das hohe Überpotential von Wasserstoff an Quecksilber und die Bildung von Natrium-Amalgam (Legierung von Natrium und Quecksilber **$NaHg_x$**) aus. Man verwendet als Kathode ein geneigtes Stahlblech, über das Quecksilber fließt. Wie B 206.2. zeigt, ist das Abscheidungspotential von Wasserstoff an Quecksilber stark negativ. Zwar liegt das Abscheidungspotential von Natrium bei noch kleineren Werten, doch wird an der Quecksilber-Kathode exotherm *Natrium-Amalgam* gebildet, dessen Abscheidungspotential bei positiveren Werten liegt.

$$Na^+(aq) + x\,Hg(l) + e^- \rightleftarrows NaHg_x(l); \quad E = -1{,}73\ V$$

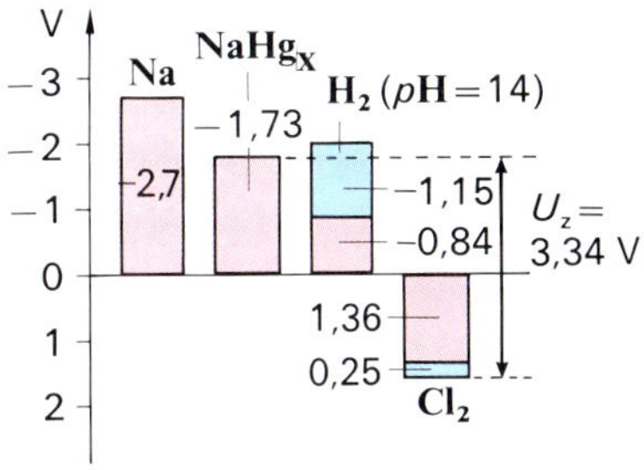

B 205.3. *Abscheidungspotentiale, Überpotentiale und Zersetzungsspannung beim Amalgam-Verfahren*

B 206.1. Zellensaal (Elektrolyse nach dem Amalgam-Verfahren)

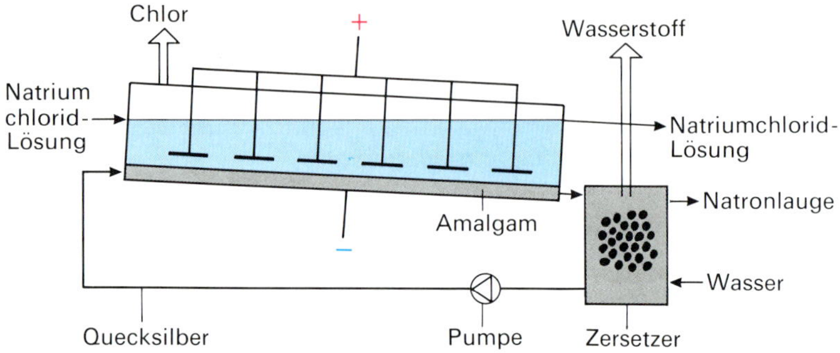

B 206.2. Schema einer Elektrolysezelle nach dem Amalgam-Verfahren

Das gebildete Natrium-Amalgam fließt mit dem Quecksilber aus der Elektrolysezelle in einen *Amalgamzersetzer*. Dort wird das Natrium-Amalgam an einem Graphitkontakt mit Wasser zu Natronlauge und Wasserstoff umgesetzt.

$$2\,NaHg_x(l) + 2\,H_2O(l) \rightarrow x\,Hg(l) + 2\,Na^+(aq) + 2\,OH^-(aq) + H_2(g)$$

Das dabei freigesetzte Quecksilber wird in die Elektrolysezelle zurückgepumpt (B 206.2.). Da die Natronlauge räumlich getrennt von der Salz-Lösung entsteht, ist sie nicht mit Natriumchlorid verunreinigt.

Wegen der Giftigkeit des Quecksilbers sind beim Amalgam-Verfahren hohe Aufwendungen für den Umweltschutz notwendig, damit kein quecksilberhaltiges Abwasser und Abgas in die Umwelt gelangt. Quecksilberverbindungen, die über die Nahrungskette aufgenommen werden, reichern sich in tierischen Organismen an. In Japan erkrankten nach dem Verzehr von Fisch, der in quecksilberhaltigem Meerwasser gefangen wurde, über tausend Menschen schwer an einer chronischen Quecksilbervergiftung, die als *Minamata-Krankheit* bekannt wurde.

Aus Umweltschutzaspekten nimmt der Anteil der Chlorproduktion nach dem Amalgam-Verfahren immer mehr zugunsten des Diaphragma- und Membran-Verfahrens ab (B 206.3.).

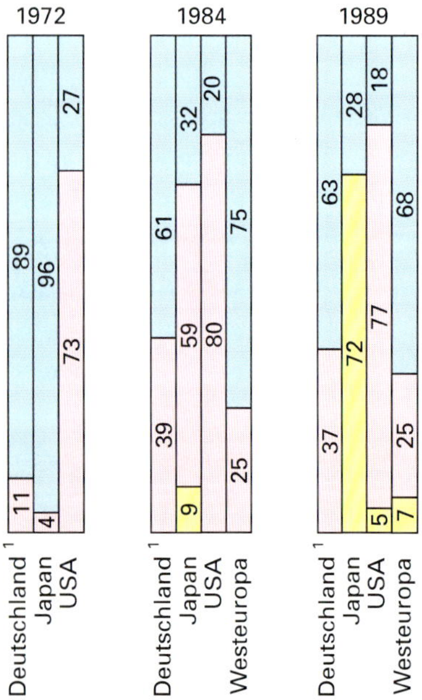

B 206.3. Anteil der Chlorproduktion nach dem Amalgam- (blau), Diaphragma- (rot) und Membran-Verfahren (gelb) in den Jahren 1972, 1984 und 1989

Wirtschaftliche Bedeutung der Chlor-Alkali-Elektrolyse

Die Chlor-Alkali-Elektrolyse ist ein Beispiel für ein technisches Verfahren, bei dem mehrere Produkte gekoppelt entstehen: Chlor, Natronlauge und Wasserstoff. Als die Chlor-Alkali-Elektrolyse gegen Ende des 19. Jahrhunderts zur technischen Reife entwickelt wurde, diente sie hauptsächlich zur Herstellung von Natronlauge. Doch bald erwies sich die Kopplung von Chlor und Natronlauge als problematisch, denn der Bedarf an Chlor war geringer als der an Natronlauge, die in der wachsenden Chemiefaser-Industrie in immer größeren Mengen gebraucht wurde. Die Verwendung von Chlor war jedoch begrenzt, als Bleichmittel, Desinfektionsmittel und zur Herstellung chlorhaltiger Grundchemikalien. Um das lästige Überschussprodukt Chlor wirtschaftlich zu nutzen, stellte man später auch Salzsäure durch Verbrennen von Wasserstoff in Chlor her.

[1] alte Bundesländer

Nach dem 2. Weltkrieg wuchs der Bedarf an Chlor durch die Herstellung von Chlorkohlenwasserstoffen als Lösemittel und vor allem durch die Produktion chlorhaltiger Kunststoffe wie PVC. Chlor ist auch für die Synthese verschiedener organischer Verbindungen unentbehrlich. Diese enthalten oft kein Chlor mehr, sondern nur die Zwischenprodukte auf dem Syntheseweg. Nun ist Natronlauge zum Überschussprodukt geworden. Während man früher zum Ausgleich Salzsäure aus Chlor herstellte, versucht man heute, dem Natronlauge-Überschuss mit einer vermehrten Chlorproduktion durch Elektrolyse von Salzsäure zu begegnen, die bei vielen Chlorierungen in der organischen Chemie anfällt. Innerhalb weniger Jahrzehnte hat sich die Marktlage für Chlor und Natronlauge umgekehrt. Für den Wasserstoff gab und gibt es immer genügend Verwendungsmöglichkeiten z. B. für die Ammoniaksynthese oder die Erdölraffination.
Heute ist man bestrebt, die Umwelt belastenden Chlorkohlenwasserstoffe und das PVC durch umweltfreundlichere Produkte zu ersetzen. Es ist abzusehen, dass der Chlorbedarf in Zukunft wieder zurückgehen oder zumindest nicht mehr so stark zunehmen wird (B 207.2.).

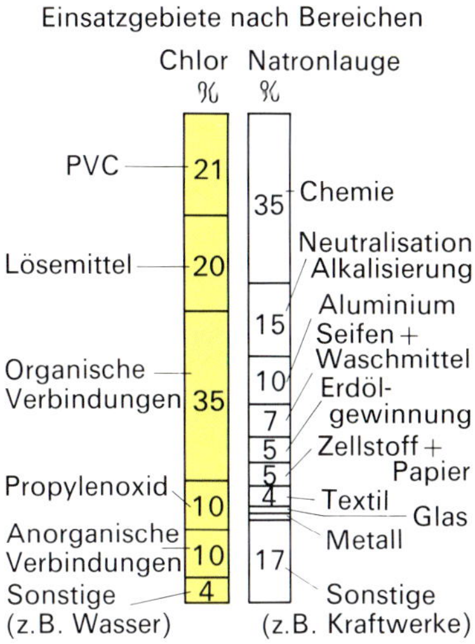

B 207.1. *Verwendung von Chlor und Natronlauge in Deutschland*

Aufgaben

A 207.1. Im Labor werden 100 ml neutrale Natriumchlorid-Lösung 1 min bei $I = 0{,}25$ A elektrolysiert. Berechnen Sie das unter Normbedingungen an der Kathode entstehende Wasserstoff-Volumen. Berechnen sie den $p\mathrm{H}$-Wert der Lösung nach der Elektrolyse.

A 207.2. Berechnen Sie, wie viel Tonnen Chlor täglich im Amalgam-Verfahren produziert werden, wenn die Stromstärke in der Elektrolysezelle 390 000 Ampere beträgt.

A 207.3. Erklären Sie, weshalb bei der Chlor-Alkali-Elektrolyse an der Anode in geringen Mengen auch Sauerstoff, Kohlenstoffdioxid und Kohlenstofftetrachlorid als Nebenprodukte gebildet werden. Formulieren Sie die zugehörigen Reaktionsgleichungen.

A 207.4. Beim Diaphragma-Verfahren darf die Konzentration der Natronlauge nicht zu stark (auf ca. $w = 2\%$) ansteigen, da sonst zu viele Hydroxid-Ionen durch das Diaphragma in den Anodenraum wandern. Außer den bereits erwähnten Nebenreaktionen (S. 205) tritt bei steigendem $p\mathrm{H}$-Wert auch eine vermehrte Sauerstoffabscheidung an der Anode ein. Erklärung?

A 207.5. Erklären Sie, warum beim Amalgam-Verfahren eine höhere Elektrolysespannung (etwa 4,2 bis 4,6 Volt) als beim Diaphragma-Verfahren (etwa 2,9 bis 3,3 Volt) nötig ist.

A 207.6. Begründen Sie, weshalb es günstiger ist, beim Diaphragma-Verfahren als Kathodenmaterial Eisen statt Graphit einzusetzen und begründen Sie, warum man als Anodenmaterial auf keinen Fall Eisen verwenden kann.

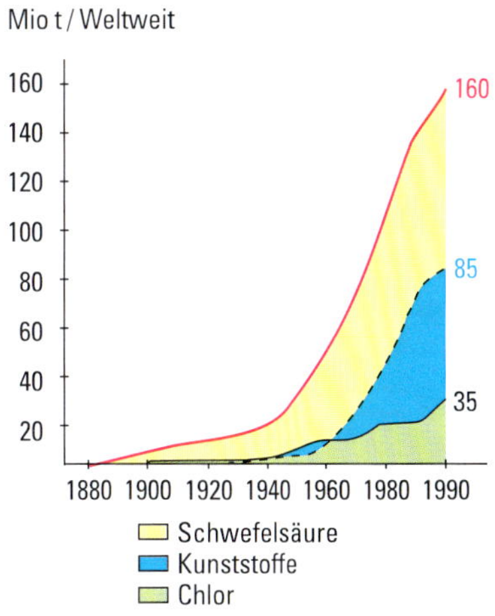

B 207.2. *Wachstum der Jahresproduktion wichtiger chemischer Produkte*

Zusammenfassung

Bei der Elektrolyse einer Natriumchlorid-Lösung wird anodisch Chlor und kathodisch Wasserstoff und Natronlauge gebildet. Die großtechnische Chlor-Alkali-Elektrolyse wird im Wesentlichen nach zwei Verfahren, dem Diaphragma- und dem Amalgam-Verfahren durchgeführt. Im Unterschied zum Diaphragma-Verfahren entsteht beim Amalgam-Verfahren an der Kathode kein Wasserstoff, da dessen Überpotential an Quecksilber sehr hoch ist. Es wird Natriumamalgam gebildet, das in einem Amalgamzersetzer mit Wasser zu Natronlauge und Wasserstoff umgesetzt wird. Während die Chlor-Alkali-Elektrolyse zur Herstellung von Natronlauge entwickelt wurde, ist heute Chlor das begehrtere Produkt der Chlor-Alkali-Elektrolyse.

Neue Fachbegriffe

Abscheidungspotential, Überspannung, Zersetzungsspannung, Chlor-Alkali-Elektrolyse, Amalgam-, Diaphragma-, Membran-Verfahren

Wie misst man Zersetzungsspannungen und Überpotentiale?

Versuche

V 208.1. In einem U-Rohr mit Salzsäure* ($c = 1$ mol/l) werden 2 Platin-Elektroden eingetaucht. In den Stromkreis werden ein Amperemeter und ein Voltmeter, wie in B 208.1. angegeben, geschaltet. Es wird eine Gleichspannung von 4 V angelegt. Über einen Schiebewiderstand wird die Spannung zwischen den Elektroden von 0 V in Schritten von 0,2 V erhöht. Am Amperemeter werden die zugehörigen Stromstärken abgelesen.

Auswertung

a) Legen Sie eine Wertetabelle an.
b) Geben Sie an, bei welcher Spannung eine erkennbare Gasentwicklung an den Elektroden auftritt.
c) Zeichnen Sie eine Spannungs-Strom-Kurve.
d) Ermitteln Sie die Zersetzungsspannung durch Extrapolation.

V 208.2. Wie bei V 208.1. beschrieben, wird verd. Schwefelsäure ($c = 0{,}5$ mol/l) an Platin-Elektroden elektrolysiert und die Zersetzungsspannung gemessen.

V 208.3. Wie in V 208.1. beschrieben, wird die Zersetzungsspannung von Salzsäure ($c = 1$ mol/l) an Graphit-Elektroden ermittelt.

Die Zersetzungsspannung einer Elektrolyse und das Überpotential von Gasen lassen sich in einer Versuchsanordnung nach B 208.1. bestimmen. Dazu wird die Elektrolysespannung von 0 Volt an allmählich erhöht und die zugehörige Stromstärke gemessen. Trägt man die Werte in ein Diagramm ein, erhält man beispielsweise bei der Elektrolyse von Salzsäure den in B 209.1. wiedergegebenen Kurven-Verlauf. Zunächst erhöht sich die Stromstärke bei steigender Spannung kaum; erst ab einer bestimmten Mindestspannung, der **Zersetzungsspannung**, steigt die Stromstärke proportional zur Spannung entsprechend dem OHMSCHEN Gesetz ($U = I \cdot R$) an. Erst ab dieser Zersetzungsspannung ist auch eine deutliche Gasentwicklung an den Elektroden zu beobachten. Unterhalb der Zersetzungsspannung fließen nur kleine Ströme, durch die geringe Mengen an Wasserstoff und Chlor abgeschieden werden. Dadurch entsteht an der Kathode eine Wasserstoff-Elektrode und an der Anode eine Chlor-Elektrode.

$$H_2(g) + 2\,H_2O(l) \rightleftarrows 2\,H_3O^+(aq) + 2\,e^-; \quad E^0 = 0\ V$$
$$Cl_2(g) + 2\,e^- \rightleftarrows 2\,Cl^-(aq); \quad E^0 = +1{,}36\ V$$

Diese so entstandene galvanische Zelle erzeugt eine Spannung, die der angelegten Elektrolysespannung entgegenwirkt. Erst wenn die Elektrolysespannung größer ist als die Spannung der galvanischen Zelle, steigt die Stromstärke und beobachtbare Reaktionen setzen ein.

Bei der Elektrolyse von Salzsäure ($c = 1$ mol/l) an blanken Platin-Elektroden messen wir eine Zersetzungsspannung von $U_Z = 1{,}4$ V. Dies entspricht der Differenz der Elektroden-Potentiale (B 209.1.).

Bei der Elektrolyse von Schwefelsäure ($c = 0{,}5$ mol/l) an blanken Platin-Elektroden misst man eine Zersetzungsspannung von $U_Z = 1{,}8$ V. Für die ablaufenden Reaktionen

$$H_2(g) + 2\,H_2O(l) \rightleftarrows 2\,H_3O^+(aq) + 2\,e^-; \quad E^0 = 0\ V$$
$$O_2(g) + 4\,H_3O^+(aq) + 4\,e^- \rightleftarrows 6\,H_2O(l); \quad E^0 = 1{,}23\ V$$

ist die Differenz der Elektroden-Potentiale 1,23 V. Den Betrag, um den die Zersetzungsspannung größer ist als die Differenz der Elektroden-Potentiale, nennt man **Überspannung**. Diese setzt sich aus den Überpotentialen der abgeschiedenen Gase zusammen.

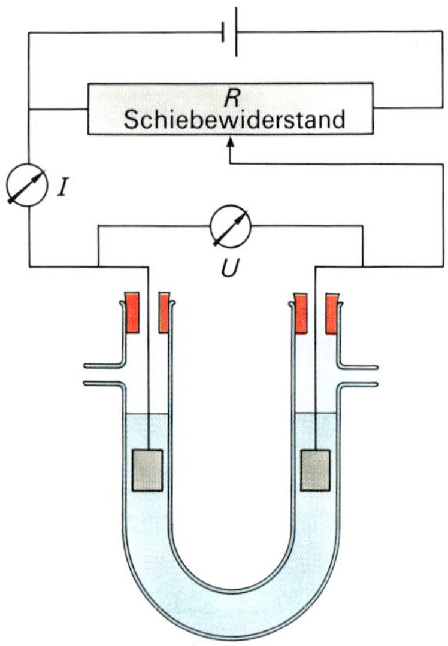

B 208.1. *Versuchsaufbau zur Messung von Zersetzungsspannungen*

Bei der Elektrolyse von Salzsäure an Platin-Elektroden ist die Überspannung sehr gering. Elektrolysiert man dagegen verdünnte Schwefelsäure, so misst man eine Überspannung von 0,76 V, die sich aus den Überpotentialen von Wasserstoff und Sauerstoff zusammensetzt.
Da das Überpotential von Wasserstoff an Platin relativ klein ist, ist die gemessene Überspannung im Wesentlichen auf das Überpotential von Sauerstoff an Platin zurückzuführen.
Das Phänomen der Überspannung ist noch nicht genau erklärt. Man vermutet, dass die Überspannung auf gehemmten Reaktionsteilschritten bei der Abscheidung der Gase an den Elektroden beruhen könnte, z. B. auf einer gehemmten Vereinigung (Dimerisierung) der Atome zu Molekülen.

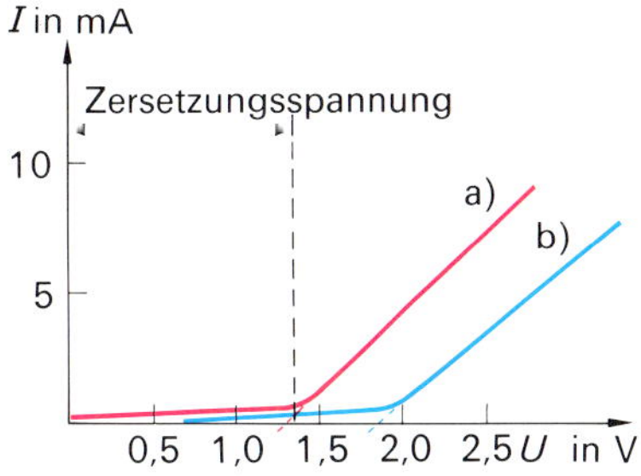

B 209.1. *Spannungs-Strom-Kurve bei der Elektrolyse von Salzsäure an a) Platin-Elektroden und b) Graphit-Elektroden*

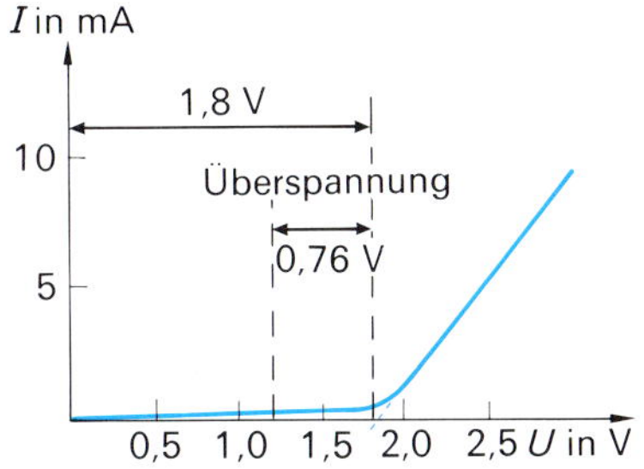

B 209.2. *Spannungs-Strom-Kurve bei der Elektrolyse von Schwefelsäure-Lösung an Platin-Elektroden*

Aufgaben

A 209.1. Bei der Elektrolyse von Schwefelsäure ($c = 0{,}5$ mol/l), Natronlauge ($c = 1$ mol/l) und Salpetersäure ($c = 1$ mol/l) misst man jeweils dieselbe Zersetzungsspannung von 1,8 V. Erklärung?

A 209.2. Welche Produkte werden an der Kathode abgeschieden, wenn eine Zinkchlorid-Lösung a) an Platin-Elektroden, b) an Graphit-Elektroden, c) an Zink-Elektroden elektrolysiert wird? Überprüfen Sie dies im Experiment.

A 209.3. Wie würden Sie experimentell vorgehen, um das Überpotential von Sauerstoff an Graphit zu bestimmen?

A 209.4. Skizzieren Sie die zu erwartende Spannungs-Strom-Kurve für die Elektrolyse von Natriumchlorid-Lösung ($c = 1$ mol/l) an einer Eisen-Kathode und einer Graphit-Anode bei einer Stromdichte von 0,1 A/cm^2.

8.2.2. Schmelzfluss-Elektrolyse zur Herstellung von Aluminium

Wie wir bei der Chlor-Alkali-Elektrolyse gesehen haben, lassen sich die unedlen Metalle vom oberen Ende der Spannungsreihe wie Natrium oder Aluminium durch eine Elektrolyse der wässrigen Lösungen ihrer Salze *nicht* herstellen. Hier ist die Elektrolyse der geschmolzenen Salze, die so genannte *Schmelzfluss-Elektrolyse*, die Methode der Wahl (LV 209.1. und LV 209.2.). Wirtschaftlich hat die Schmelzfluss-Elektrolyse zur Herstellung von Aluminium die größte Bedeutung.
Aluminium ist nach Sauerstoff und Silicium das dritthäufigste Element der Erdkruste. Reines metallisches Aluminium wurde erstmals im Jahr 1827 von Friedrich Wöhler durch Reduktion von Aluminiumchlorid mit Kalium hergestellt. Als bei der Weltausstellung 1855 Aluminium der Öffentlichkeit gezeigt wurde, war es teurer als Gold. Heute ist Aluminium ein relativ preiswertes Gebrauchsmetall mit vielfältigen Verwendungsmöglichkeiten.
Als wichtigstes Ausgangsmaterial für die Aluminiumherstellung dient *Bauxit*, ein basisches Tonerde-Mineral (Aluminiumoxid), das nach seinem ersten Fundort der südfranzösischen Stadt Les Baux, benannt ist.

Versuche

LV 209.1. In ein V-Rohr wird Bleichlorid* gefüllt und erhitzt. In die Bleichlorid-Schmelze werden 2 Graphit-Elektroden eingeführt und eine Gleichspannung von ca. 6 V angelegt. Beobachtung?

LV 209.2. In einem Porzellanschiffchen werden einige Natriumhydroxid-Plätzchen* geschmolzen. Als Elektroden werden 2 Kupferdrähte in die Schmelze getaucht und eine Gleichspannung von ca. 6 V angelegt. Nach dem Abkühlen wird ein Teil der erstarrten Schmelze aus dem Bereich der Kathode in Wasser gegeben. **Vorsicht!** Beobachtung?

B 210.1. FRIEDRICH WÖHLER (1800 *bis* 1882), *Professor für Chemie in Berlin, Kassel und Göttingen. Sein Name ist eng mit der Organischen Chemie verbunden, denn er veränderte mit seiner Harnstoff-Synthese die Auffassung vom Wesen organischer Stoffe.*

> *„Hat man denn erfasst, was für eine großartige Zukunft dem Aluminium beschieden sein könnte? Man stelle sich nur vor, wie sehr ein weißes Metall, unveränderlich wie Silber, das an der Luft nicht schwarz wird, das schmelzbar, hämmerbar, dehnbar und zähe ist und das die wunderbare Eigenschaft aufweist, leichter zu sein als Glas; wie sehr ein derartiges Metall von Nutzen sein könnte, wenn es gelänge, es auf einfache Art zu gewinnen. Wenn man überdies in Betracht zieht, dass dieses Metall in der Natur in großen Mengen vorkommt, dass sein Mineral der Ton ist, dann muss man aufs Innigste wünschen, dass es zum Gebrauchsmetall werde. Ich habe allen Grund zu hoffen, dass dies geschehen wird."*

B 210.2. *Zitat des Chemikers* SAINTE-CLAIRE DEVILLE *auf einer Sitzung der Pariser Akademie der Wissenschaften im Jahr* 1854. DEVILLE *stellte erstmals Aluminium elektrolytisch her und machte es als „L'argent de l'argile" (Silber aus Ton) bekannt.*

Bauxit besteht zu etwa 50% aus Aluminiumoxid und enthält in unterschiedlichen Mengen Eisenoxid und Siliciumoxid. Für die Elektrolyse benötigt man *reines Aluminiumoxid*. Dazu wird in einem Aufschlussverfahren Bauxit mit Natronlauge unter Druck umgesetzt, sodass Aluminiumoxid gelöst und die anderen Bestandteile als unlöslicher Rückstand abgetrennt werden können. Das reine Aluminiumoxid lässt sich wegen der hohen Schmelztemperatur von 2045 °C nicht wirtschaftlich rentabel elektrolysieren. Durch Mischen mit *Kryolith* $Na_3[AlF_6]$ kann die Schmelztemperatur herabgesetzt werden. Man verwendet ein Gemisch aus ca. 20% Aluminiumoxid und 80% Kryolith, dessen Schmelztemperatur bei etwa 950 °C liegt.

Als Elektrolysezellen dienen wannenförmige Öfen, die mit Graphitblöcken ausgekleidet sind. Der Boden der Wanne wird als Kathode geschaltet. Als Anoden tauchen bewegliche Kohleblöcke von oben in die Schmelze ein. Es wird bei einer Spannung von etwa 5 V und einer Stromstärke von etwa 100 kA bis 150 kA elektrolysiert. Die Reaktionen bei der Schmelzfluss-Elektrolyse sind sehr komplex und noch nicht genau geklärt. Stark vereinfachend kann man den Gesamtvorgang durch folgende Redoxreaktionen beschreiben:

$$\begin{array}{lll} \text{Kathode:} & Al^{3+} + 3e^- \rightarrow Al & | \cdot 4 \\ \text{Anode:} & 2O^{2-} \rightarrow O_2 + 4e^- & | \cdot 3 \\ \hline & 2Al_2O_3 \rightarrow 4Al + 3O_2 & \end{array}$$

$$\begin{array}{ll} \text{Anoden-} & 2C + O_2 \rightarrow 2CO \\ \text{Verbrennung} & C + O_2 \rightarrow CO_2 \end{array}$$

Das flüssige Aluminium besitzt eine höhere Dichte als die Schmelze und sammelt sich am Boden der Elektrolysewanne. Es wird von Zeit zu Zeit abgezogen und neues Aluminiumoxid zugegeben. Die Graphitanoden verbrennen zu Kohlenstoffmonooxid und Kohlenstoffdioxid. Daher sind die Anoden beweglich montiert und können im Verlauf der Elektrolyse in die Schmelze abgesenkt werden.

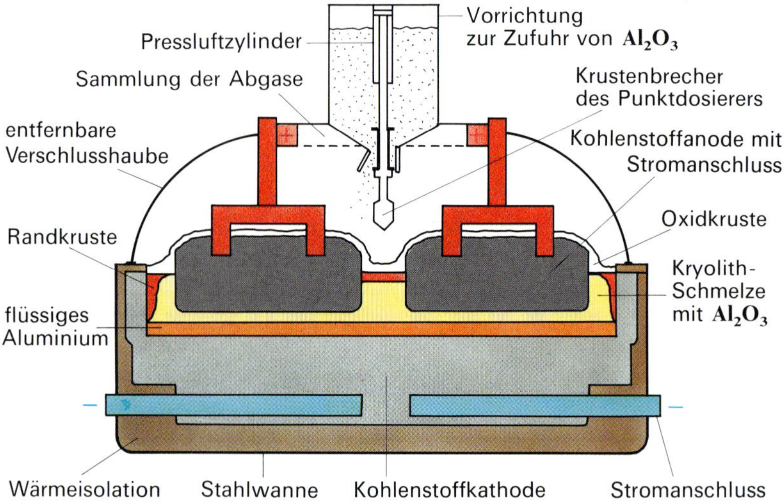

B 210.3. *Elektrolysezelle zur Aluminiumgewinnung*

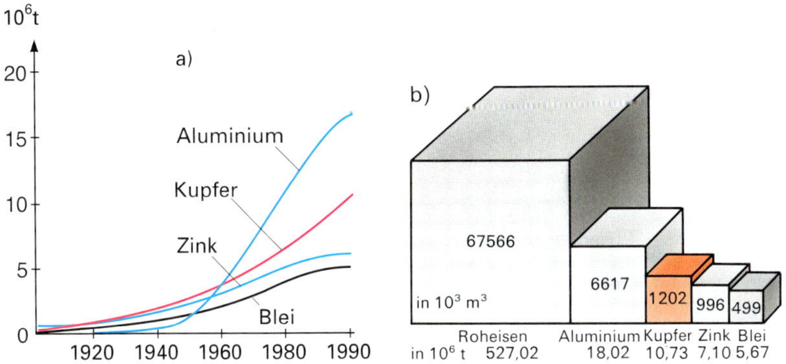

B 211.1. *a) Durchschnittlicher Verlauf der Weltproduktion von Metallen, b) Welterzeugung von Aluminium im Vergleich zu den wichtigsten Gebrauchsmetallen im Jahr 1990*

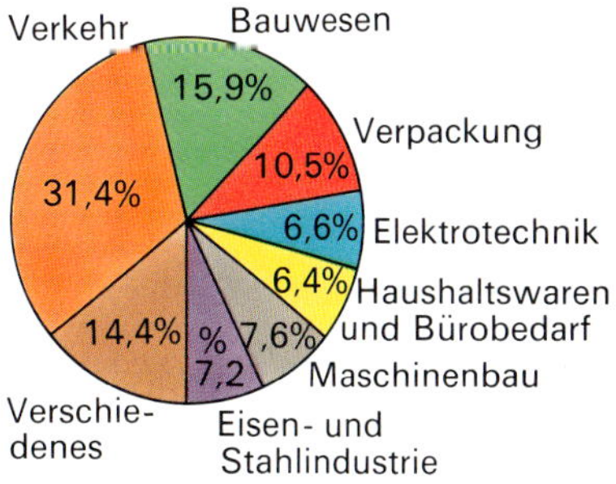

B 211.2. *Anwendungsbereiche von Aluminium in Deutschland*

Die beim Stromfluss durch die Elektrolytschmelze erzeugte Wärme sowie die bei der Anodenverbrennung frei werdende Verbrennungswärme halten die Elektrolytschmelze flüssig, ohne dass weitere Energie hinzugefügt werden muss.

Das elektrolytisch erzeugte Aluminium ist nahezu ein Reinstoff (99,8%). Die Herstellung ist enorm energieaufwendig. Zur Erzeugung einer Tonne Aluminium benötigt man eine elektrische Energie von etwa 15000 kWh bis 20000 kWh. Eine Aluminiumhütte mit einer Jahresproduktion von 100000 t Aluminium erfordert eine elektrische Anschlussleistung von etwa 200 MW, die dem Verbrauch einer mittleren Großstadt entspricht. Aluminiumhütten liegen daher in der Nähe leistungsfähiger Kraftwerke.

Bei der Elektrolyse entstehen auch in geringen Mengen Fluor und Fluor-Verbindungen. Wegen der hohen Giftigkeit dürfen diese Stoffe nicht mit dem Abgas in die Umwelt gelangen. In einem *Trockenadsorptionsverfahren* werden die Abgase über Aluminiumoxid geleitet, wobei Fluor und Fluorwasserstoff adsorbiert werden. Dieses Aluminiumoxid wird der Elektrolytschmelze wieder zugeführt.

Wegen der hohen Energiekosten und der Umweltgefährdung durch fluorhaltiges Abgas, gewinnt das Recycling von Aluminiumabfällen und Aluminiumschrott durch Umschmelzen immer mehr an Bedeutung. Das Umschmelzen von Aluminium erfordert nur etwa 10% der Energie, die zur Erzeugung von Aluminium aus Bauxit erforderlich ist. Die Umweltbelastung ist gering; der Müll wird verringert. Etwa 30% des erzeugten Aluminiums ist Umschmelzaluminium.

Wegen seiner günstigen Eigenschaften – geringe Dichte, gute elektrische Leitfähigkeit, gute Walzbarkeit (wichtig für die Herstellung von Folien) und gute Verformbarkeit – und nicht zuletzt wegen seiner Korrosionsbeständigkeit ist Aluminium nach Eisen zum wichtigsten Gebrauchsmetall geworden.

Diese Korrosionsbeständigkeit des doch sehr unedlen Aluminiums beruht auf einer dünnen (10^{-5} mm), aber fest haftenden Aluminiumoxidschicht, die das Metall vor weiterer Oxidation schützt. Diese Oxidschicht kann elektrisch, durch *Eloxieren*, auf 10^{-2} mm verstärkt werden, wobei sich ihre Schutzfunktion um ein Vielfaches erhöht.

		Massenanteil in %
Tonerde	Al_2O_3	45 bis 60
Eisen(III)-oxid	Fe_2O_3	10 bis 25
Siliciumdioxid	SiO_2	2 bis 15
Titandioxid	TiO_2	2 bis 4
Wasser	H_2O	12 bis 30

Tab. 211.1. *Mittlere Zusammensetzung von Bauxit*

Bauxit	4000 kg
(Tonerde	1890 kg)
Elektrodenkohle	600 kg
Kryolith	80 kg
Energie	15000 kWh

Tab. 211.2. *Benötigte Materialien und Energie für die Herstellung von einer Tonne* (1000 kg) *Hüttenaluminium*

Elektrisches Oxidieren von Aluminium – das Eloxal-Verfahren

Versuche

PV 212.1. Erhitzen Sie einen Streifen Aluminiumfolie in der Brennerflamme bis zum Schmelzen.

PV 212.2. Hängen Sie zwei Aluminiumbleche, die zuvor mit Aceton entfettet wurden, als Elektroden in ein Becherglas mit verdünnter Schwefelsäure*. Elektrolysieren Sie bei einer Gleichspannung von 6 V bis 10 V etwa 15 min lang. Spülen Sie die Bleche anschließend mit Wasser ab. Untersuchen Sie diese beiden getrockneten Bleche in PV 212.3.

PV 212.3. a) Prüfen Sie beide Aluminiumbleche aus PV 212.2. mit Schmirgelpapier auf Kratzfestigkeit.
b) Prüfen Sie die elektrische Leitfähigkeit der beiden Bleche im Vergleich, indem Sie 2 Graphit-Elektroden im Abstand von 2 cm auf die Bleche halten (2 V Wechselspannung).
c) Erhitzen Sie beide Bleche 10 min in einer wässrigen Farbstoff-Lösung (Eosin-Lösung $w = 1\%$ oder Alizarin-Lösung $w = 1\%$).
d) Tauchen Sie anschließend beide Bleche in 1. verd. Natronlauge* und 2. konz. Salzsäure*.

Auswertung der Versuche

a) Erklären Sie die Beobachtungen bei PV 212.1.
b) Vergleichen Sie das Aussehen der beiden Aluminiumbleche nach der Elektrolyse. Welche Reaktionen sind an der Aluminium-Anode, welche Reaktionen an der Aluminium-Kathode abgelaufen?
Formulieren Sie die Reaktionsgleichungen.
c) Erklären Sie die unterschiedliche elektrische Leitfähigkeit des anodisch und des kathodisch geschalteten Aluminiumblechs.
d) Die beim Eloxieren in Schwefelsäure als Elektrolyt entstehende Aluminiumoxidschicht ist porös, da das gebildete Aluminiumoxid durch die Säure teilweise wieder gelöst wird. Formulieren Sie diese Reaktion.
d) Erläutern Sie die Beobachtungen bei PV 212.3. c) und d).

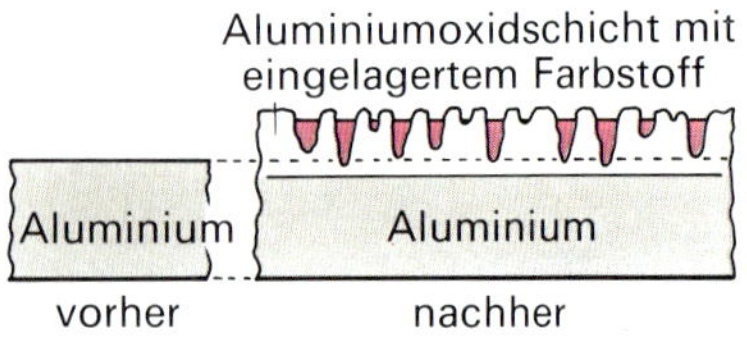

B 212.1. *Schematische Darstellung des Eloxierens von Aluminium*

Zur Erzeugung dickerer Oxidschichten hängt man das Aluminium als Anode in ein Elektrolysierbad mit verdünnter Schwefelsäure. Die erzeugte Oxidschicht ist noch porös und kann z. B. noch Farbstoffe einlagern. Durch Erhitzen im Wasserbad wird die Oxidschicht verdichtet und bildet dann einen guten Schutz gegen Korrosion.

Aufgaben

A 212.1. Berechnen Sie, wie viel Tonnen Aluminium täglich bei einer konstanten Stromstärke von 100 000 A und einer Stromausbeute von 90% in einer Elektrolysezelle anfallen.

A 212.2. Berechnen Sie, welche Ladung zur Erzeugung von einer Tonne Aluminium theoretisch nötig ist.

A 212.3. Berechnen Sie die elektrische Energie W ($W = U \cdot I \cdot t = U \cdot Q$) in Kilowattstunden (kWh), die zur Erzeugung von 1 Tonne Aluminium theoretisch nötig ist, wenn die Spannung in der Elektrolysezelle konstant 4,2 Volt beträgt (Anmerkung: 1 Wattsekunde = 1 Voltamperesekunde). Vergleichen Sie den berechneten Wert mit dem in Tab. 211.2. angegebenen.

Zusammenfassung

Aluminium wird durch Elektrolyse einer Schmelze von Aluminiumoxid in Kryolith unter enormem Energieaufwand hergestellt. Aluminium überzieht sich an der Luft mit einer festen Oxidschicht, die vor weiterer Oxidation schützt. Die Aluminiumoxidschicht kann durch Eloxieren noch verstärkt werden. Dazu wird das Aluminiumwerkstück als Anode in ein Elektrolysierbad mit Schwefelsäure gehängt.

Neue Fachbegriffe

Schmelzfluss-Elektrolyse, Bauxit, Tonerde, Kryolith, Trockenadsorptionsverfahren, Eloxal-Verfahren, eloxieren

8.2.3. Elektrolytische Kupfer-Raffination[1]

Kupfer ist nach Eisen und Aluminium das wichtigste Gebrauchsmetall (vgl. B 211.2.). Etwa die Hälfte des gewonnenen Kupfers wird wegen der guten elektrischen Leitfähigkeit in der Elektrotechnik und in der Elektronik verwendet. Da die elektrische Leitfähigkeit des Kupfers durch Spuren von Fremdmetallen stark beeinträchtigt wird, muss das durch Verhüttung von Kupfererzen gewonnene Rohkupfer noch elektrolytisch gereinigt werden.
Die elektrolytische *Raffination* des Kupfers beruht auf der Trennung der Metalle nach deren Redoxpotentialen. Dazu wird das Rohkupfer, das neben anderen Metallen auch Eisen, Zink, Nickel, Chrom, Arsen, Silber und Gold enthält, in Form von Blechen als Anode geschaltet. Reinkupferbleche dienen als Kathode. Als Elektrolyt dient mit Schwefelsäure angesäuerte Kupfersulfat-Lösung.
Aus unserem Modellversuch (V 213.1.) erkennen wir, dass sich die Lösung um die Anode herum während der Elektrolyse allmählich blau färbt. Dies bedeutet, dass Kupfer-Ionen durch Oxidation der Kupfer-Atome aus der Rohkupfer-Anode in Lösung gegangen sind. Geben wir dann Kupfersulfat in die Elektrolyt-Lösung, so können wir auch die Abscheidung von elementarem Kupfer an der Kathode beobachten.

Anode: $\mathbf{Cu(s)_{roh} \rightarrow Cu^{2+}(aq) + 2e^-}$; $E^0 = 0{,}35\text{ V}$

Kathode: $\mathbf{Cu^{2+}(aq) + 2e^- \rightarrow Cu(s)_{rein}}$; $E^0 = 0{,}35\text{ V}$

Die Kathodenreaktion ist hier also die Umkehrung der Anodenreaktion. Während der Elektrolyse steigt die Konzentration der Kupfer-Ionen an der Anode und sinkt an der Kathode, da an der Anode ständig Kupfer-Ionen in Lösung gehen und an der Kathode aus der Lösung entfernt werden. Daher sind die Elektrodenpotentiale wie bei einer Konzentrationskette nicht gleich. Es muss also eine geringfügige Elektrolysespannung angelegt werden. In der Praxis arbeitet man mit Spannungen von 0,2 V bis 0,3 V.
Wo bleiben nun aber die Fremdmetalle, von denen das Rohkupfer gereinigt werden soll? An der Anode werden außer Kupfer auch alle unedleren Metalle oxidiert und gehen als Metall-Ionen in Lösung.
Die edleren „Verunreinigungen" Silber, Gold, Platin u.a. werden bei den niedrigen Elektrolysespannungen nicht oxidiert. Sie werden aus dem metallischen Kristallverband der sich auflösenden Rohkupfer-Anode freigesetzt und fallen als unlöslicher Bodensatz, als *Anodenschlamm*, unter der Anode an. Dieser wertvolle Anodenschlamm wird ebenfalls elektrolytisch aufgearbeitet, um die Edelmetalle zu gewinnen, was das Verfahren der Kupfer-Raffination erst wirtschaftlich macht.
An der Kathode werden von allen in der Lösung vorliegenden, aus der Rohkupfer-Anode stammenden Metall-Ionen nur die Kupfer-Ionen reduziert, da Kupfer das Elektroden-Potential mit dem größten positiven Wert aufweist. An der Kathode wird daher hochreines Kupfer, *Elektrolytkupfer*, abgeschieden.

[1] von *raffiner* (franz.) = verfeinern

Versuch

V 213.1. *Modellversuch zur elektrolytischen Kupfer-Raffination.* Ein Kupferblech und eine Kohle-Elektrode werden in ein U-Rohr (oder Becherglas) mit verdünnter Schwefelsäure* gehängt. Das Kupferblech wird mit dem Plus-Pol und die Kohle-Elektrode mit dem Minus-Pol einer Gleichspannungsquelle ($U = 4$ V) verbunden. Beobachtung? Nach einigen Minuten Elektrolysedauer wird etwas Kupfersulfat-Lösung* der verd. Schwefelsäure zugesetzt. Beobachtung?

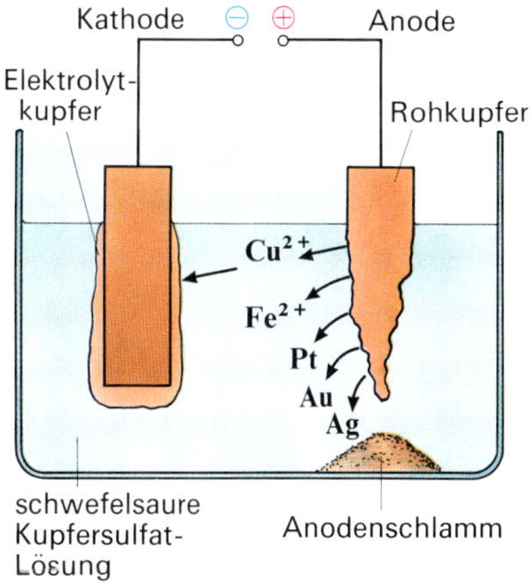

B 213.1. *Elektrolytische Raffination von Kupfer*

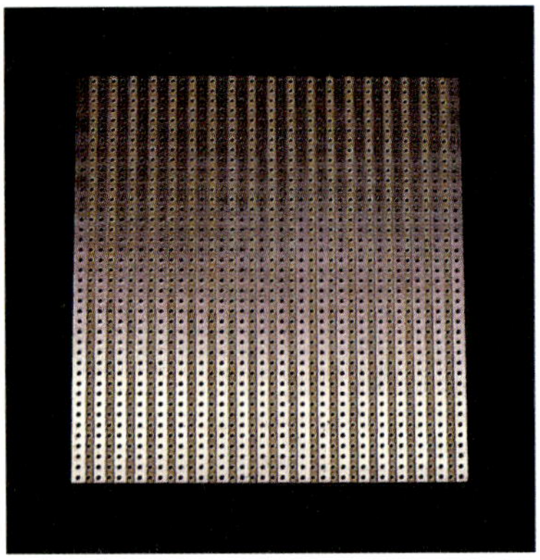

B 214.1. Verwendung von Elektrolyt-Kupfer in der Elektronik

Aufgaben

A 214.1. Erläutern Sie, weshalb man die Elektrolysespannung bei der Kupfer-Raffination möglichst gering hält.

A 214.2. Erklären Sie, warum man in der Praxis eine schwefelsaure Kupfersulfat-Lösung und nicht eine reine Kupfersulfat-Lösung als Elektrolyten einsetzt.

A 214.3. Erklären Sie, weshalb unter Umständen Schwierigkeiten bei der Kupfer-Raffination auftreten können, wenn die Arsen-Ionen-Konzentration der Lösung zu stark ansteigt.

Berechnen Sie die Arsen-Ionen-Konzentration des Elektrolyten, bei der die Abscheidung von Arsen und Kupfer gleichberechtigt ist, wenn man eine Kupfer-Ionen-Konzentration von $c = 0{,}01$ mol/l annimmt (Anwendung der NERNST-Gleichung). Hinweis: $E^0(\mathrm{As/As^{3+}}) = 0{,}30$ V.

A 214.4. Berechnen Sie, wie lange elektrolysiert werden muss, um bei einer Stromstärke von $I = 10000$ A eine Masse von $m = 10$ kg Kupfer abzuscheiden (Anwendung der FARADAY-Gesetze).

A 214.5. Erläutern Sie, wie man aus dem Anodenschlamm der Kupfer-Raffination Silber gewinnen kann.

Neue Fachbegriffe

Kupfer-Raffination, Rohkupfer, Elektrolytkupfer, Anodenschlamm

Zusammenfassung

Die Kupfer-Raffination ist ein Beispiel für die Anwendung von Elektrolysen zur Reinigung von Metallen. Die Atome des zu reinigenden Rohkupfers werden anodisch oxidiert. Die dabei in Lösung gegangenen Kupfer-Ionen werden an der Kathode reduziert: Es scheidet sich hochreines Elektrolytkupfer ab.

Lokalelemente

Praktikum

Versuche

PV 214.1. Geben Sie in je ein Rggl. a) trockene Eisenwolle, b) angefeuchtete Eisenwolle, c) mit Kupfersulfat-Lösung* angefeuchtete Eisenwolle. Verschließen Sie jedes Rggl. mit einem durchbohrten Gummistopfen mit gebogenem Glasrohr, das in Wasser taucht (B 214.2.). Beobachten Sie nach 1 h bis 2 h und nach einem Tag.

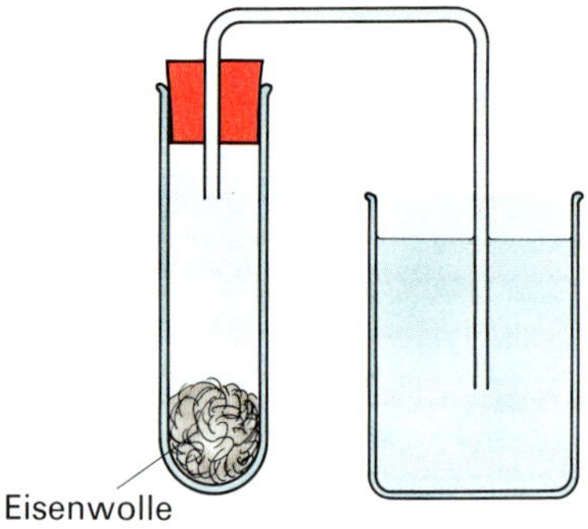

B 214.2. Zu PV 214.1.

PV 214.2. Geben Sie in ein Rggl. mit verdünnter Salzsäure* eine Zinkperle. Berühren Sie diese mit einem Kupfer- oder Platindraht.

PV 214.3. Geben Sie zu 50 ml Kochsalz-Lösung einige Tropfen Kaliumhexacyanoferrat(III)-Lösung und einige Tropfen Phenolphthalein-Lösung hinzu. Gießen Sie diese Lösung in eine Petrischale und legen Sie
a) einen Eisennagel,
b) einen Eisennagel, der in der Mitte mit Kupferdraht umwickelt ist,
c) einen Eisennagel, der von einem Zinkstreifen berührt wird, hinein.
Bitte beachten: Nicht am Tisch oder Petrischale wackeln!

Auswertung der Versuche

a) Vergleichen Sie die Geschwindigkeit des Rostens bei den 3 Teilversuchen von PV 214.1. Formulieren Sie die Reaktionsgleichung für die Bildung von Kupferspuren bei c).

b) Versuchen Sie die Beobachtungen bei PV 214.2. zu erklären. Vergleichen Sie dazu diesen Versuch mit einem galvanischen Element.

c) Deuten Sie die Farbveränderungen bei PV 214.3. anhand entsprechender Reaktionsgleichungen. Welche Wirkung haben Kupferspuren bei der Korrosion von Eisen?

d) Die Gegenwart von Kochsalz beschleunigt die Korrosion. Schlagen Sie ein Experiment vor, mit dem man die korrosionsfördernde Wirkung von Kochsalz zeigen könnte.

e) Welche Möglichkeit, Eisen vor Korrosion zu schützen, erkennen Sie bei PV 214.3.?

8.3. Korrosion[1] und Korrosionsschutz

8.3.1. Korrosionsvorgänge

Durch Korrosion von Metallen, insbesondere durch „Verrosten" von Eisen, entstehen weltweit jährlich Verluste im Wert von mehreren Milliarden Mark. Etwa ein Drittel der Stahlproduktion wird allein dafür benötigt, um korrodierte Konstruktionsteile zu ersetzen. Daran kann man ermessen, welch große wirtschaftliche Bedeutung Korrosion und Korrosionsschutz haben!

Als Rosten bezeichnet man die Oxidation von Eisen. PV 214.1. zeigt: Trockenes Eisen rostet nicht; in Gegenwart von Feuchtigkeit wird dagegen Eisen von Luftsauerstoff oxidiert.

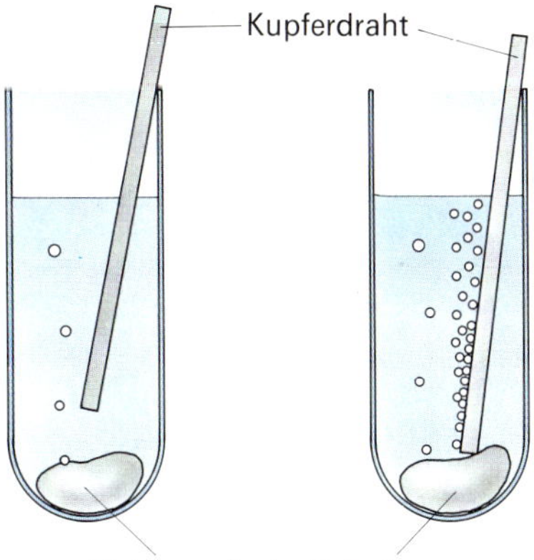

B 215.1. *Die Reaktion zwischen Zink und Salzsäure (PV 214.2.)*

Oxidation: $Fe(s) \rightarrow Fe^{2+}(aq) + 2e^-$; $E^0 = -0{,}41$ V

Reduktion: $O_2(g) + 2H_2O(l) + 4e^- \rightarrow 4OH^-(aq)$; $E^0 = 0{,}40$ V

Die Eisen(II)-Ionen bilden mit den Hydroxid-Ionen schwer lösliches Eisen(II)-hydroxid, das sehr leicht zu Eisen(III)-hydroxid weiteroxidiert (sehr negatives Redoxpotential). Eisen(III)-hydroxid reagiert unter Wasserabspaltung zu Rost:

Fällung: $Fe^{2+}(aq) + 2OH^-(aq) \rightarrow Fe(OH)_2(s)$

Weiteroxidation: $Fe(OH)_2(s) + OH^-(aq) \rightarrow Fe(OH)_3(s) + e^-$; $E^0 = -0{,}55$ V

Wasserabspaltung: $Fe(OH)_3(s) \rightarrow FeO(OH)(s) + H_2O(l)$
„Rost"

Rost bildet keine feste Schicht, die das darunter liegende Metall vor weiterer Oxidation schützen könnte. Besonders schnell korrodiert Eisen in Gegenwart von Kupferspuren (PV 214.1. und PV 214.3.).
Bei PV 214.2. beobachten wir, dass die Gasentwicklung zunimmt, wenn die in der Salzsäure liegende Zink-Perle mit einem Kupferdraht berührt wird. Interessanterweise entsteht dabei das Gas vorwiegend am Kupferdraht. Wie lässt sich dies erklären? Die bei der Oxidation der Zink-Atome frei werdenden Elektronen fließen zum Kupfer, wo sie von den in der Salzsäure vorliegenden Oxonium-Ionen aufgenommen werden. Wie in einem galvanischen Element laufen hier die Oxidation und die Reduktion an räumlich getrennten Stellen ab. Man bezeichnet dieses kurzgeschlossene „galvanische Element auf kleinstem Raum" als *Lokalelement* mit einer *Lokalanode*[2] als Ort der Oxidation und einer *Lokalkathode* als Ort der Reduktion. Ein Lokalelement entsteht immer dann, wenn verschiedene Metalle aneinander grenzen und die Grenzfläche von einem Elektrolyten umgeben ist. Die räumliche Trennung der Oxidation und der Reduktion wird durch die Elektronenleitfähigkeit der Metalle und die Ionenleit-

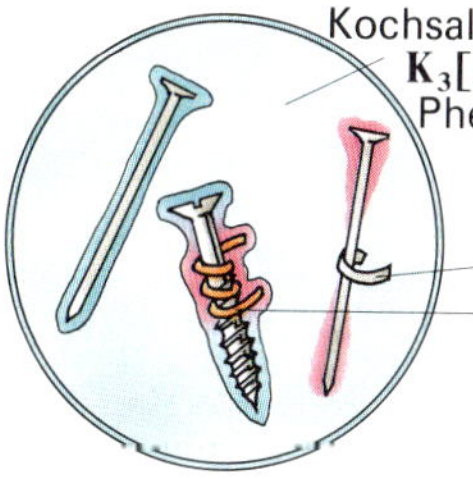

B 215.2. *Beobachtungen zu PV 214.3.*

[1] von *corrodere* (lat.) = zernagen.
[2] Auch bei galvanischen Elementen ist für die Elektrode, an der die Oxidation abläuft, die Bezeichnung Anode gebräuchlich und für die Elektrode, an der die Reduktion abläuft, die Bezeichnung Kathode.

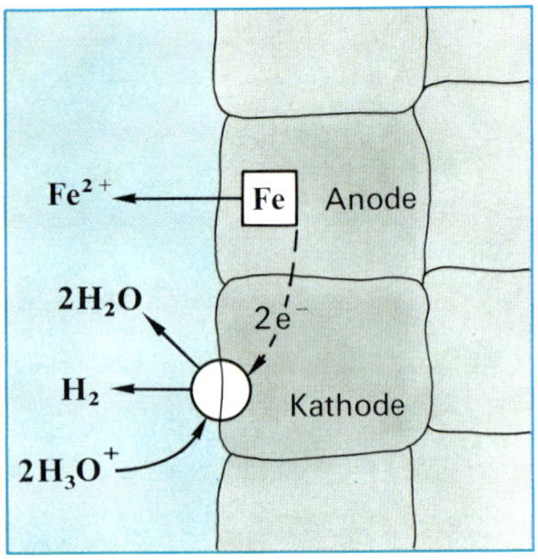

B 216.1. *Säurekorrosion:*

$$Fe + 2H_3O^+ \rightarrow Fe^{2+} + H_2 + 2H_2O$$

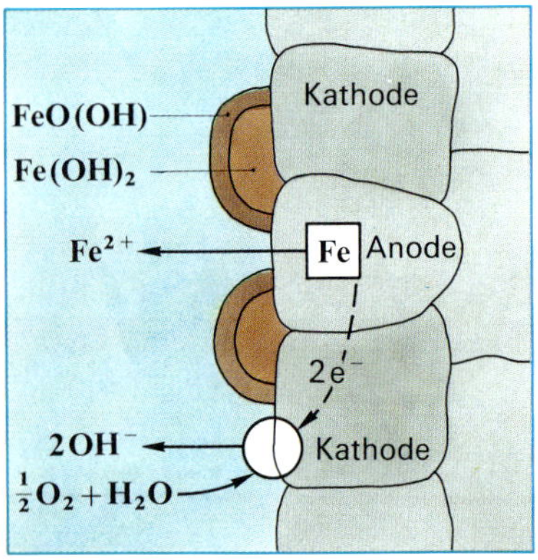

B 216.2. *Sauerstoffkorrosion:*

$$Fe + \tfrac{1}{2}O_2 + H_2O \rightarrow Fe(OH)_2$$

B 216.3. *Feuerverzinkte Strahlkonstruktion*

fähigkeit des Elektrolyten ermöglicht. Korrosion, die auf der Bildung von Lokalelementen beruht, nennt man auch **elektrochemische Korrosion**. Die Ionenleitfähigkeit des Elektrolyten nimmt natürlich mit der Konzentration an Ionen zu. So ist es auch zu erklären, dass Autos im Winter bei gestreuten Straßen schneller rosten.

Die Bildung von Lokalelementen bewirkt auch die schnellere Korrosion von Eisen in Gegenwart von Kupfer bei PV 214.1. und PV 214.3. Bei dem mit Kupferdraht umwickelten Eisennagel PV 214.3. und B 215.2. erkennen wir, dass Eisen die Lokalanode darstellt und oxidiert wird:

$$Fe(s) \rightarrow Fe^{2+}(aq) + 2e^-$$

Die entstehenden Eisen(II)-Ionen werden durch die Blaufärbung nachgewiesen. Am Kupfer, das hier die Lokalkathode darstellt, entstehen Hydroxid-Ionen, was die Rotfärbung des Phenolphthaleins zeigt. Diese können entweder durch Reduktion von Oxonium-Ionen

$$4H_2O(l) \rightleftarrows 2H_3O^+(aq) + 2OH^-(aq)$$

$$2H_3O^+(aq) + 2e^- \rightarrow H_2(g) + 2H_2O(l)$$

oder durch Reduktion von Luftsauerstoff, der in die Lösung hineindiffundiert,

$$O_2(g) + 2H_2O(l) + 4e^- \rightarrow 4OH^-(aq)$$

entstehen. Wirken Oxonium-Ionen als Oxidationsmittel, spricht man von einer *Säurekorrosion* (B 216.1.), wirken Sauerstoff-Moleküle als Oxidationsmittel, spricht man von einer *Sauerstoffkorrosion* (B 216.2.).

Säurekorrosion tritt überwiegend bei niedrigen *p*H-Werten und Sauerstoffmangel auf, Sauerstoffkorrosion in neutralem Medium bei Sauerstoffzutritt.

In einem Lokalelement zwischen Eisen und Zink ist das edlere Eisen die Lokalkathode und das unedlere Zink die Lokalanode, die oxidiert wird. So sind bei PV 214.3. am Eisennagel, der von Zink berührt wird, keine Eisen(II)-Ionen nachweisbar.

Lokalelemente entstehen auch am Eisennagel, der keinen Kontakt zu einem anderen Metall hat. Eisen ist wie jedes andere Gebrauchsmetall kein Reinstoff, sondern enthält noch Beimengungen edlerer Metalle. In Gegenwart eines Elektrolyten bilden sich an den edleren Metallen Lokalkathoden aus und an dem weniger edlen Eisen Lokalanoden, an denen Eisen-Atome oxidiert werden.

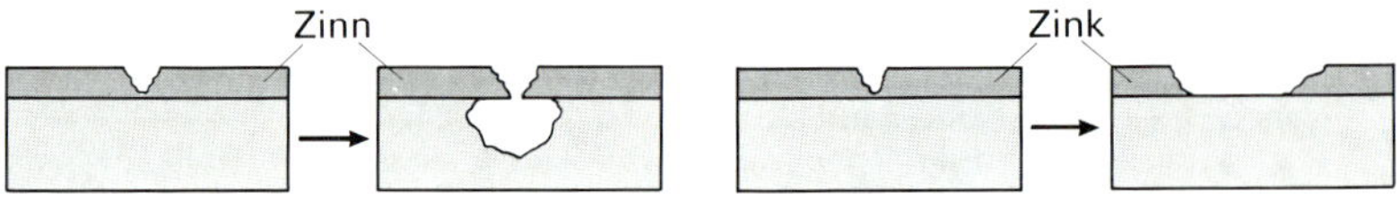

B 216.4. *Korrosion an einem verzinnten und einem verzinkten Eisenblech*

8.3.2. Korrosionsschutzmaßnahmen

Der Korrosionsversuch PV 214.3. zeigt auch eine Möglichkeit zum Schutz von Eisen vor Korrosion auf: Man muss das Eisen-Werkstück mit einer Schutzschicht aus Zink überziehen. Dies erfolgt entweder durch *Feuerverzinken,* indem man das Werkstück in ein Tauchbad mit flüssigem Zink gibt, oder durch *Galvanisieren*, indem man das Werkstück als Kathode in ein Zinksulfat enthaltendes Elektrolysierbad hängt und elektrolytisch Zink abscheidet.

Verzinken ist eine *Korrosionsschutzmaßnahme*, die zwar teurer als Lackieren ist, aber dafür auch wirkungsvoller. Während die Lackschicht nur einen passiven Korrosionsschutz bietet, indem sie das zu schützende Metall vom korrosiven Medium (Säure oder feuchte Luft) trennt, wirkt die Zinkschicht als aktiver Korrosionsschutz. Sie schützt das Eisen elektrochemisch vor Oxidation, auch dann noch, wenn die Zinkschicht beschädigt ist.

Bei verzinnten Gegenständen aus Eisen, z. B. bei Konservendosen, ist der Korrosionsschutz nur so lange gewährleistet, wie die Zinnschicht unbeschädigt bleibt. Ist die Zinnschicht verletzt, korrodiert das Eisen umso schneller, da dieses nun die Lokalanode ist (vgl. Redoxpotentiale von Zinn und Eisen). Das Zinn schützt wie eine Lackschicht nur passiv, mit dem Vorteil allerdings, dass Zinn besser haftet.

Eine andere elektrochemisch wirksame Maßnahme ist der *kathodische Korrosionsschutz*, der vorwiegend bei unterirdischen Rohrleitungen (Pipelines) und bei Schiffen angewandt wird. Kleinere Magnesiumstücke werden dabei als so genannte „Opferanoden" in Abständen entweder direkt z. B. mit dem Schiffsrumpf oder leitend z. B. mit der Rohrleitung verbunden.

Bei einer anderen Methode des kathodischen Korrosionsschutzes, die man überwiegend bei unterirdischen Rohrleitungen anwendet, wird die zu schützende Rohrleitung als Kathode an den Minus-Pol einer Gleichspannungsquelle geschaltet und bildet mit einer Anode aus Graphit oder billigem Eisenschrott und dem Elektrolyten (Erdreich) einen geschlossenen Stromkreis.

passiver Korrosionsschutz	aktiver Korrosionsschutz
– organische Überzüge wie Lacke, Kunstharze – Emaille – Metalloxide (natürliche und künstlich verstärkte) bei Aluminium, Chrom, Nickel, Zink, nicht bei Eisen – Metallüberzug aus einem edleren Metall, z. B. aus Zinn oder Nickel bei Eisen – Phosphatschichten (bei fest haftenden Metallphosphaten wie Eisenphosphat)	– Metallüberzug aus einem unedleren Metall, z. B. Zink bei Eisen – kathodischer Schutz durch leitende Verbindung mit Opferanoden (B 218.2.) – kathodischer Schutz durch Anlegen einer Spannung (zu schützendes Metall als Kathode, Graphit oder Eisenschrott als Anode) (B 218.2.) – Zusatz von korrosionshemmenden Substanzen zum Elektrolyten (Na_2HPO_4, Na_2SO_3) – korrosionsbeständige Legierungen

Tab. 217.1. *Methoden des Korrosionsschutzes*

Versuche

V 217.1. *Galvanisieren:* In ein 500-ml-Becherglas gibt man ca. 200 ml Kupfer(II)-sulfat-Lösung*, die mit einigen Tropfen verd. Schwefelsäure* versetzt ist. Ein metallischer Gegenstand, z. B. ein Schlüssel, wird geschmirgelt und mit Petrolether* gereinigt. Eine Kupfer-Elektrode und der Gegenstand werden in die Lösung getaucht. Der Gegenstand wird mit dem Minus-Pol, die Kupfer-Elektrode mit dem Plus-Pol der Gleichstromquelle verbunden. Man elektrolysiert einige Minuten bei ca. 4 V Gleichspannung. Beobachtung am Gegenstand!

V 217.2. *Kathodischer Korrosionsschutz:* In je ein U-Rohr mit Kochsalz-Lösung, die einige Tropfen Phenolphthalein- und Kaliumhexacyanoferrat(III)-Lösung enthält, gibt man als Elektroden

a) eine blanke Eisen-Elektrode und ein Magnesiumband* und verbindet die beiden Metalle leitend miteinander,

b) eine blanke Eisen-Elektrode und eine Graphit-Elektrode (oder eine 2. Eisen-Elektrode) und verbindet die Eisen-Elektrode mit dem Minus-Pol und die Graphit-Elektrode (bzw. die 2. Eisen-Elektrode) mit dem Plus-Pol einer Gleichspannungsquelle ($U = 1$ V).

Auswertung

a) Welche Reaktionen laufen bei V 217.1. an den Elektroden ab? Ändert sich die Konzentration der Kupfer-Ionen während des Galvanisierens? Wie groß ist die Zersetzungsspannung?

b) Erklären Sie die Beobachtungen bei V 217.2. a) und b).

d) Vergleichen Sie die beiden Methoden zum kathodischen Korrosionsschutz und stellen Sie Gemeinsamkeiten und Unterschiede heraus.

Reinigen von Silberbesteck

Versuch

PV 218.1. In eine Schüssel, die mit Aluminiumfolie ausgelegt ist, gibt man eine heiße Lösung aus Soda* (Na_2CO_3) oder Kochsalz und legt das angelaufene Silberbesteck hinein. Das Silberbesteck muss Kontakt mit der Alufolie haben.

Gegenstände aus Silber z. B. Silberbesteck oder Silberschmuck werden im Laufe der Zeit dunkel durch die Bildung von Silberoxid (Ag_2O) und Silbersulfid (Ag_2S) an der Oberfläche. „Angelaufenes" Silber lässt sich wie in PV 218.1. beschrieben reinigen.

Auswertung

a) Inwiefern hat das Reinigen von Silber nach PV 218.1. etwas mit Korrosion zu tun?
b) Welche Reaktionen laufen dabei ab?

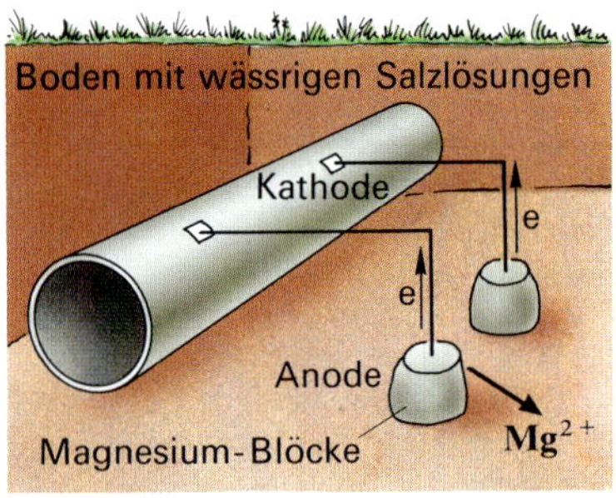

B 218.1. Pipelineschutz durch Opferanoden (vgl. Tab. 217.1.)

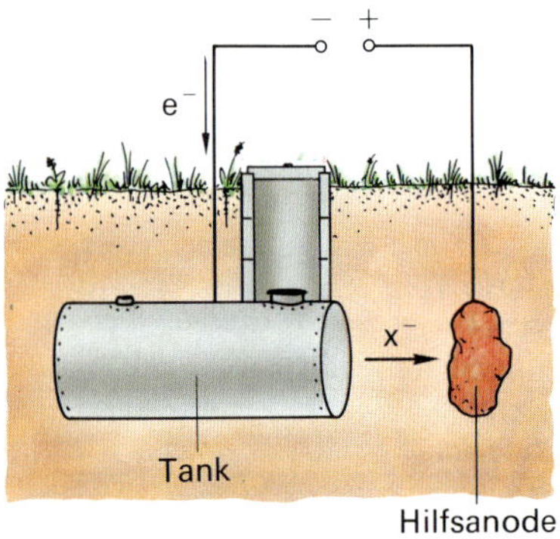

B 218.2. Kathodischer Korrosionsschutz eines unterirdischen Heizöltanks (vgl. Tab. 217.1.)

- Wirtschaftlichkeit
- Sicherheit
- Ressourcen
- Umwelt
- Ästhetik

Tab. 218.1. Aspekte des Korrosionsschutzes

Aufgaben

A 218.1. Vervollständigen Sie die Skizze für ein verzinktes Eisenblech (B 216.3.) zu einem vollständigen Lokalelement analog B 216.1.

A 218.2. Warum ist es ungünstig, sogar gesundheitsschädlich, wenn sich direkt neben einem mit einer Amalgamfüllung behandelten Zahn eine Goldkrone befindet?

A 218.3. Weshalb beginnen Korrosionserscheinungen häufig an Löt- oder Schweißstellen?

A 218.4. Warum rosten Autos im Winter schneller, wenn die Straßen gestreut sind?

A 218.5. Welchen Einfluss hat der „saure Regen" auf die Korrosion von Metallen?

A 218.6. Nennen Sie Gründe für das Verchromen von Wasserhähnen und das Verzinnen von Konservendosen.

A 218.7. Wie kann man die Wirkung von Natriumsulfit und Natriumhydrogenphosphat als korrosionshemmende Substanzen erklären?

A 218.8. Beim Galvanisieren verwendet man als Anodenmaterial dasjenige Metall, mit dem der als Kathode geschaltete metallische Gegenstand elektrolytisch überzogen werden soll. Welche Vorteile sehen Sie darin im Vergleich zur Verwendung von Graphit als Anodenmaterial?

A 218.9. Vergleichen Sie das Galvanisieren und Eloxieren von Metallen zum Korrosionsschutz. Stellen Sie Unterschiede und Gemeinsamkeiten heraus.

A 218.10. Erläutern Sie die in Tab. 218.1. genannten Aspekte des Korrosionsschutzes anhand von Beispielen.

Neue Fachbegriffe

elektrochemische Korrosion, Lokalelement, Lokalkathode und -anode, Säure- und Sauerstoffkorrosion, aktiver und passiver Korrosionsschutz, Galvanisieren, Opferanode, kathodischer Korrosionsschutz

Zusammenfassung

Die elektrochemische Korrosion beruht auf der Bildung von Lokalelementen zwischen verschiedenen Metallen in Gegenwart einer Elektrolyt-Lösung. In Lösungen mit kleinem pH-Wert spielt die Säurekorrosion, in Lösungen mit großem pH-Wert die Sauerstoffkorrosion die entscheidendere Rolle. Bei der Sauerstoffkorrosion werden Sauerstoff-Moleküle, bei der Säurekorrosion Oxonium-Ionen der Lösung reduziert. Der Rostvorgang spielt unter den Korrosionsvorgängen die wirtschaftlich wichtigste Rolle. Die Korrosion kann durch vielfältige Schutzmaßnahmen wesentlich verlangsamt, aber nie vollständig ausgeschaltet werden.

Organische Chemie II

9. Reaktionen organischer Verbindungen

9.1. Alkane und radikalische Substitution

Praktikum

Bromierung von Alkanen[1]

Versuche

Chlor und Brom sind sehr giftig! Diese Elemente dürfen nur unter dem Abzug ab- oder umgefüllt werden.

P 220.1. Geben Sie in einen trockenen 100-ml-Erlenmeyerkolben ca. 15 ml Isooctan* (2,2,4-Trimethylpentan) und lassen Sie vom Lehrer 3 bis 4 Tropfen Brom* dazufügen. Decken Sie den Kolben mit einem Uhrglas ab und belichten Sie das Gemisch auf dem OH-Projektor (B 221.1.a)). Beobachtung? Halten Sie erst angefeuchtetes Indikatorpapier in den Hals des Kolbens und anschließend einen Glasstab mit einem Tropfen konzentrierter Ammoniak-Lösung (B 221.1.b)). Beobachtung? Fügen Sie in den Erlenmeyerkolben ca. 30 ml Wasser hinzu, schütteln Sie durch und trennen Sie die beiden Phasen im Scheidetrichter (B 221.1.c)). Führen Sie mit der organischen Phase die BEILSTEIN-Probe durch und versetzen Sie 3 ml der wässrigen Phase im Rggl. mit Silbernitrat-Lösung. Beobachtung?

PV 220.2. Wiederholen Sie die Bestrahlung eines Isooctan*-Brom*-Gemisches der gleichen Zusammensetzung wie in PV 220.1. einmal durch eine blaue und einmal durch eine rote Glasscheibe. Beobachten Sie den Unterschied bei der Entfärbung.

PV 220.3. Lassen Sie aus einem Kartuschenbrenner, dessen Kopf abgeschraubt wurde, einige Sekunden lang über einen Schlauch Butan* in einen trockenen 100-ml-Erlenmeyerkolben strömen und anschließend vom Lehrer einen Tropfen Brom* hinzufügen. Decken Sie mit einem Uhrglas ab und bestrahlen Sie den Kolbeninhalt auf einem OH-Projektor. Fügen Sie nach der Entfärbung 20 ml Wasser und 5 ml Isooctan* hinzu, schütteln Sie durch und trennen Sie die Phasen im Scheidetrichter. Versetzen Sie die wässrige Phase in Rggl. mit Indikator-Lösung und mit Silbernitrat-Lösung und führen Sie mit der organischen Phase die BEILSTEIN-Probe durch.

Versuche[2]

Chlorierungen im Abzug! Schutzscheibe! In einem Raum mit wenig Licht arbeiten!

LV 220.4. Ein dickwandiger Zylinder (Durchmesser: ca. 7 cm; Höhe: ca. 18 cm) wird im **Abzug** in einer pneumatischen Wanne zur Hälfte mit *Chlor** Cl_2 und zur anderen Hälfte mit *Wasserstoff** H_2 gefüllt (das Chlorgas muss möglichst rein sein). Die Zylinderöffnung wird unter Wasser mit einer Glasplatte zugedeckt und der Zylinder auf ein Labortischchen gehoben. Man legt auf die Glasplatte einen Bierdeckel und hält ihn mit einer Hand fest. Mit der anderen Hand zieht man die Platte weg. Dann beschwert man den Bierdeckel mit einem größeren Gummistopfen. Durch Blasen von *Magnesiumpulver** aus einem langen Glasrohr in die blaue Flamme eines Brenners erzeugt man in 5 bis 10 cm Abstand vom Zylinder ein grelles Licht (B 221.2.). Nachdem die Reaktion abgelaufen ist, hält man ein feuchtes blaues Lackmuspapier in den Zylinder.

LV 220.5. Man füllt in der gleichen Weise wie bei LV 220.4. einen Zylinder mit einem Methan*-Chlor*-Gemisch $V(CH_4):V(Cl_2) = 1:1$ und versucht, das Gemisch zu zünden. Gelingt das nicht, so stellt man den Zylinder in den **Abzug** und bestrahlt aus einigen cm Entfernung 5 min mit einer 150-Watt-UV-Lampe. Man hält dann angefeuchtetes Lackmuspapier in den Zylinder.

[1] Die hier gebildeten Bromalkane sind nicht krebsverdächtig. Beachten Sie aber dennoch die Hinweise für den Umgang und die Entsorgung für Bromisooctan* und Brombutan*.
[2] vgl. auch Hinweise im Lehrerband

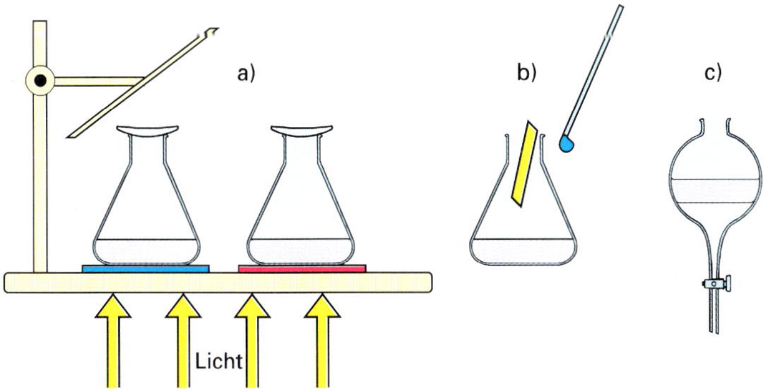

B 221.1. *Skizze zu PV 220.1. und PV 220.2.*

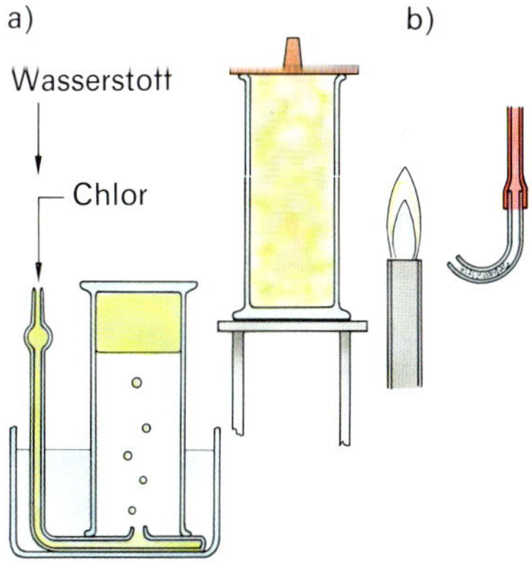

B 221.2. *Chlorknallgasreaktion: a) Vorbereitung des Reaktionsgemisches; b) Anordnung bei der Zündung des Reaktionsgemisches*

Auswertung

a) Deuten Sie die Beobachtungen und die Nachweisreaktionen bei allen durchgeführten Versuchen (PV 220.1. bis PV 220.2. und LV 220.4. und LV 220.5.). Schlagen Sie Reaktionsgleichungen für die jeweils beim Bestrahlen abgelaufene Reaktion vor.

b) Formulieren Sie alle isomeren Monobromderivate, die sich bei PV 220.1. bilden können.

c) Bei welchen Versuchen läuft die Hauptreaktion in der Gasphase ab und bei welchen in der flüssigen Phase?

d) Welche Lichtfarbe ist für eine Bromierung notwendig? Begründung. Erlauben die Versuchsergebnisse eine Aussage darüber, ob grünes Licht für eine Bromierung „ausreicht" (vgl. Tab. 223.1.)?

e) Die molare Bindungsenergie[1] ist bei Brom $\Delta H_B = 193$ kJ/mol und bei Chlor $\Delta H_B = 243$ kJ/mol. Welcher Zusammenhang besteht zwischen diesen Bindungsenergien und den in den Versuchen gewählten „Lichtsorten"?

f) In welchen der nachfolgend genannten Punkte unterscheiden sich die beiden Chlorierungsreaktionen bei LV 220.4. und bei LV 220.5.: 1. Reaktionsgeschwindigkeit; 2. Farbe (Wellenlänge) des zum Antrieb nötigen Lichts; 3. Reaktionsenthalpie?

[1] zur Auftrennung von Bindungen zuzuführende Energie (Unterschied zur molaren Bildungsenergie, die i.d.R. ein negatives Vorzeichen hat). Eine Tabelle mit molaren Bindungsenergien siehe S. 417.

Alkane (gesättigte Kohlenwasserstoffe) sind verhältnismäßig reaktionsträge Verbindungen. Die Versuche von S. 220 zeigen, dass Alkane mit Halogenen unter Lichteinwirkung dennoch reagieren. Bei der Reaktion von Butan mit Brom bilden sich dabei isomere Brombutane und Hydrogenbromid (Bromwasserstoff):

$$CH_3CH_2CH_2CH_3(g) + Br_2(g) \longrightarrow HBr(g) + \begin{matrix} BrCH_2CH_2CH_2CH_3(l) \\ \text{oder} \\ CH_3CHBrCH_2CH_3(l) \end{matrix}$$

In den Alkan-Molekülen werden Wasserstoff-Atome durch Brom-Atome ersetzt. Man spricht deshalb von einer **Substitutionsreaktion**[2], in diesem Spezialfall von einer *Halogenierung*. Reaktionen, die wie die Bromierung von Butan mit Licht angetrieben werden, nennt man **photochemische Reaktionen**[3].

[2] von *substituere* (lat.) = ersetzen; an die Stelle setzen

[3] von *photo*... (griech.) = Licht...

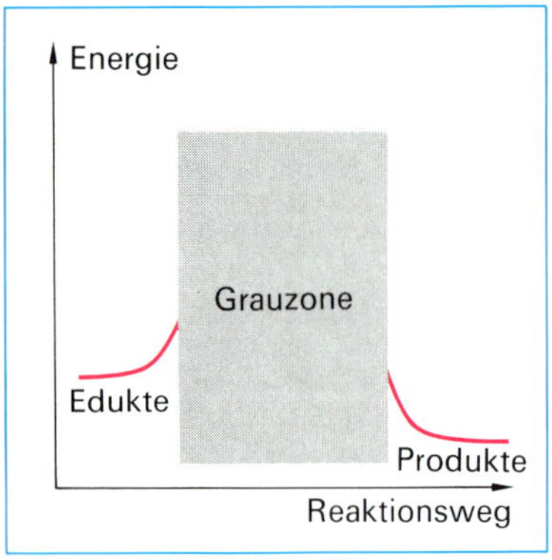

B 222.1. *Zwischen Start (Edukte) und Ziel (Produkte) liegt ein nicht genau bekanntes Gebiet („Grauzone" der Reaktion).*

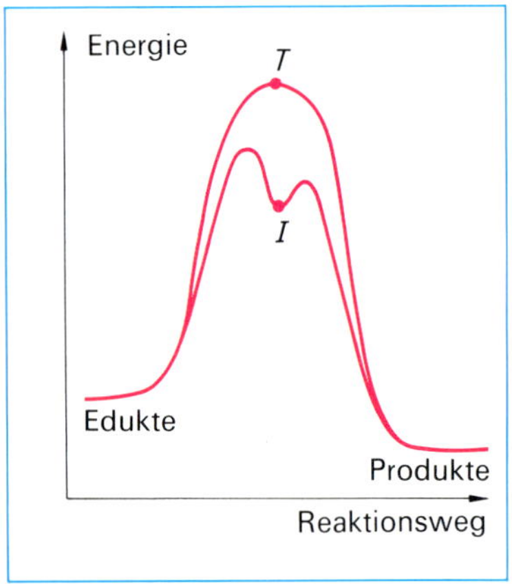

B 222.2. *__T__radukt (Übergangszustand) und __I__nterdukt (Zwischenstufe)*

Startreaktion

$X_2 \xrightarrow{h\nu} 2X\cdot$

Kettenreaktion

$X\cdot + RH \rightarrow HX + R\cdot$

$R\cdot + X_2 \rightarrow RX + X\cdot$

Abbruchreaktion

$X\cdot + \cdot X \rightarrow X_2$

$X\cdot + \cdot R \rightarrow RX$

$R\cdot + \cdot R \rightarrow R_2$

B 222.3. *Radikalketten-Mechanismus in vereinfachter und allgemeiner Schreibweise*

„Grauzone" einer Reaktion und Reaktionsmechanismus

In der Reaktionsgleichung werden i. d. R. nur die Edukte und die Produkte einer Reaktion angegeben. Über den Weg, den die Edukte zu den Produkten durchlaufen, über die so genannte „Grauzone" der Reaktion (B 222.1.) wird nichts ausgesagt. Nun ist es aber wichtig, zumindest einige Zwischenstationen in dieser Grauzone zu kennen, weil dann die Reaktion durch gezieltes Einwirken von außen beschleunigt, verlangsamt oder gar in eine andere Richtung (zu anderen Produkten) gelenkt werden kann. Bei einigen Reaktionen besteht die Grauzone „nur" aus einem Energieberg, der überwunden werden muss. Man nennt das System der Teilchen, das gerade die energiereichste Stelle (Bergspitze) passiert, **Tradukt** (B 222.2.). Der Energiezustand des Tradukts ist ein **Übergangszustand**, weil die Lebensdauer des Tradukts gleich Null ist. Oft wird das Tradukt selbst als Übergangszustand bezeichnet.

Bei anderen Reaktionen gibt es zwischen dem Energietal der Edukte und dem der Produkte noch ein Zwischental (oder sogar mehrere Zwischentäler), in dem das reagierende System eine gewisse, in aller Regel sehr kurze Zeit verweilen kann. Das System der Teilchen in einem solchen energetischen Zwischental wird als **Interdukt** oder auch als **reaktive Zwischenstufe** bezeichnet (B 222.2.).

Gelingt es nun, die Grauzone einer Reaktion mit Inhalt zu füllen, d. h., die Tradukte und/oder Interdukte, ihre Bildung und ihre Weiterreaktion anzugeben, so hat man ihren **Reaktionsmechanismus**[1] aufgeklärt.

Reaktionsmechanismen haben Modellcharakter. Das bedeutet, dass sie kein vollständiges und wahres Abbild der Wirklichkeit sind, sondern nur bestimmte Teilaspekte derselben berücksichtigen. Sie stützen sich vielfach auf Hypothesen. Die „Richtigkeit" eines vorgeschlagenen Mechanismus muss daran gemessen werden, inwiefern die aus ihm resultierenden Aussagen mit weiteren experimentellen Fakten übereinstimmen. Wir werden bei der Aufklärung von Reaktionsmechanismen stets von Versuchsdaten ausgehen und dazu unsere bisher erworbenen Kenntnisse einbringen müssen. Die Erhellung der Grauzonen einiger wichtiger Reaktionsklassen soll uns zeigen, wie in der Chemie gearbeitet und gedacht wird und wie chemisches Wissen dem Menschen dienlich werden kann.

Mechanismus der radikalischen Substitution

Als Reaktionsbeispiel für die Erörterung des Mechanismus einer photochemischen Halogenierung eines Alkans wählen wir die Chlorierung von Methan (LV 220.5.):

$$H_3C{-}H + |\overline{Cl}{-}\overline{Cl}| \rightarrow H_3C{-}\overline{Cl}| + H{-}\overline{Cl}|;\quad \Delta H_R = -104\ \text{kJ} \qquad (222.1.)$$

+440 +243 −356 −431

[1] „Chemismus der Reaktion" oder „Reaktionsmodell" wären passendere Bezeichnungen.

In der Reaktionsgleichung sind die Bindungen, die aufgetrennt werden müssen, mit rot und die Bindungen, die neu gebildet werden, mit blau eingezeichnet; dazu werden die Zahlenwerte der Bindungsenergien angegeben. Die Bilanz dieser Energien führt zur experimentell messbaren Reaktionsenthalpie $\Delta H_R = -104$ kJ. Obwohl stark exotherm, verläuft die Chlorierung von Methan bei Raumtemperatur und Dunkelheit praktisch nicht. Dies liegt an der außerordentlich hohen Aktivierungsenergie (S. 83ff.).

Wie kommt es aber dann, dass die Reaktion bei Zimmertemperatur und Bestrahlung mit einer UV-Lampe so schnell verläuft?[1]

Chlor-Moleküle können durch Licht bestimmter Wellenlängen in Chlor-Atome aufgetrennt werden. Der Vergleich des in (222.1.) angegebenen Zahlenwerts mit Tab. 223.1. zeigt, dass für die Spaltung von Chlor-Molekülen in Chlor-Atome blaues oder noch energiereicheres Licht nötig ist. In der Praxis arbeitet man deshalb mit einer UV-Lampe, weil eine solche Lampe hohe Anteile an Licht mit $\lambda < 490$ nm ausstrahlt. Bei der Absorption eines solchen Lichtquants[2] durch ein Chlor-Molekül wird dieses *homolytisch*[3] in zwei Chlor-Atome oder Chlor-Radikale gespalten. Dieser Schritt wird als **Startreaktion** bezeichnet:

$$|\overline{\underline{Cl}}-\overline{\underline{Cl}}| \xrightarrow[\lambda < 490\ \text{nm}]{h\nu} |\overline{\underline{Cl}}\cdot + \cdot\overline{\underline{Cl}}|; \qquad \Delta H_R = +243\ \text{kJ} \qquad (223.1.)$$

Ein Chlor-Atom (Chlor-Radikal) ist ein sehr reaktives Interdukt. Es reagiert gleich mit einem Methan-Molekül weiter:

$$H_3C-H + \cdot\overline{\underline{Cl}}| \rightarrow H-\overline{\underline{Cl}}| + H_3C\cdot; \qquad \Delta H_R = +8\ \text{kJ} \qquad (223.2.)$$

Das hierbei gebildete Methyl-Radikal $H_3C\cdot$ ist noch reaktiver und reagiert folgendermaßen weiter:

$$H_3C\cdot + |\overline{\underline{Cl}}-\overline{\underline{Cl}}| \rightarrow H_3C-\overline{\underline{Cl}}| + \cdot\overline{\underline{Cl}}|; \qquad \Delta H_R = -113\ \text{kJ} \qquad (223.3.)$$

Die Reaktionen (223.2.) und (223.3.) haben beide sehr kleine Aktivierungsenergien und sind wegen (223.3.) stark exotherm. Sie wiederholen sich daher selbsttätig sehr oft wie die Glieder einer Kette.

Man bezeichnet die häufige Aufeinanderfolge dieser Reaktionsschritte, bei denen jeweils ein Radikal auf der Edukt- und eins auf der Produktseite auftritt, als **Kettenreaktion**. In den Teilreaktionen der Ketten bei der Chlorierung von Methan also in (223.2.) und (223.3.), werden die Edukt-Teilchen allmählich alle zu Produkt-Teilchen „verarbeitet". Gegen Ende der Reaktion kommt es deshalb häufiger zu Stößen zwischen Radikalen, die sich dabei zu Molekülen verbinden.

[1] Die Chlorierung von Methan nimmt manchmal einen explosiven Verlauf an, ähnlich wie die Reaktion zwischen Chlor und Wasserstoff in LV 220.4.

[2] Licht hat Teilchen- **und** Welleneigenschaften. In der Teilchenvorstellung ist ein Lichtquant (oder Photon) ein „Licht-Teilchen".

[3] von *homos* (griech.) = gleich und von *lyein* (griech.) = lösen, trennen. Bei der Homolyse einer Elektronenpaarbindung behält jedes der beiden Bruchstücke je ein Elektron aus dieser Bindung.

Farbe	Wellenlängenbereich $\Delta\lambda$ in nm	Energiebereich in kJ/mol
violett	440 bis 400	271 bis 298
blau	480 bis 440	248 bis 271
grünblau	490 bis 480	243 bis 248
blaugrün	500 bis 490	238 bis 243
grün	560 bis 500	213 bis 238
gelb	595 bis 580	200 bis 206
rot	700 bis 605	170 bis 197

***Tab. 223.1.** Zusammenhang Farbe-Wellenlänge-Energie beim Licht. Die Energieangaben sind so zu verstehen, dass z.B. „1 mol Lichtquanten" ($6{,}022 \cdot 10^{23}$ Lichtquanten) der Wellenlänge $\lambda = 440$ nm eine Energie von $E = 271$ kJ haben. Die Energie eines Lichtquants berechnet sich mit der Formel:*

$$E = h \cdot \nu = h \cdot \frac{c}{\lambda}$$

$h = 6{,}6 \cdot 10^{-34}$ Js
(PLANCKsche Konstante)
$c = 3 \cdot 10^{8}\ \text{m} \cdot \text{s}^{-1}$ *(Lichtgeschwindigkeit)*
ν: *Frequenz des Lichtquants in* s^{-1}
λ: *Wellenlänge des Lichtquants in* m
Die Energie eines Lichtquants muss mit N_A *(AVOGADRO-Konstante) multipliziert werden, um die in Tab. 223.1. angegebene Energie zu erhalten.*

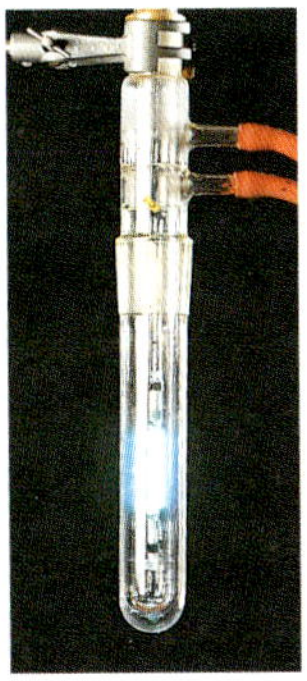

Wellenlänge in nm	Energie in kJ/mol
240	497
248	481
254	469
270	442
280	426
297	401
302	395
313	381
366	326
405	294
436	273
546	218
579	206

bei Chlorierungen nutzbar (240–436 nm)

***Tab. 223.2.** Wellenlängen des Lichts einer UV-Lampe (Quecksilberhochdruckbrenner) und zugeordnete Energien*

Halogen	Bindungs-energie in kJ/mol	Wellen-länge in nm
$\lvert\overline{F}-\overline{F}\rvert$	155	769 (!)
$\lvert\overline{Cl}-\overline{Cl}\rvert$	243	490
$\lvert\overline{Br}-\overline{Br}\rvert$	193	618
$\lvert\overline{I}-\overline{I}\rvert$	151	789

Tab. 224.1. *Bindungsenergien bei Halogenen und maximale Wellenlänge eines Lichtquants, der das entsprechende Halogen-Molekül noch in Atome trennen kann*

$\lvert\overline{F}\cdot > \lvert\overline{Cl}\cdot > \lvert\overline{Br}\cdot > \lvert\overline{I}\cdot$

B 224.1. *Abgestufte Reaktivität der Halogen-Radikale*

$H_3C\cdot > R-CH_2\cdot > R-CHR\cdot > R-CR_2\cdot$

B 224.2. *Abgestufte Reaktivität verschiedener Alkyl-Radikale*

	$R-CH_2-H$	$R-CHR-H$	$R-CR_2-H$
$\lvert\overline{Cl}\cdot$	1	2	3
$\lvert\overline{Br}\cdot$	1	250	6300

Tab. 224.2. *Relative Reaktivitäten der Chlor-Atome und der Brom-Atome mit Kohlenstoff-Wasserstoff-Bindungen von primären, sekundären und tertiären Kohlenstoff-Atomen*

Dies sind **Abbruchreaktionen**:

$$\lvert\overline{Cl}\cdot + \cdot CH_3 \rightarrow \lvert\overline{Cl}-CH_3; \quad \Delta H_R = -352\ \text{kJ} \quad (224.1.)$$

$$H_3C\cdot + \cdot CH_3 \rightarrow H_3C-CH_3; \quad \Delta H_R = -348\ \text{kJ} \quad (224.2.)$$

$$\lvert\overline{Cl}\cdot + \cdot\overline{Cl}\rvert \rightarrow \lvert\overline{Cl}-\overline{Cl}\rvert; \quad \Delta H_R = -243\ \text{kJ} \quad (224.3.)$$

Die in (224.3.) gebildeten Chlor-Moleküle können bei fortdauernder Bestrahlung mit Licht erneut gemäß (223.1.) gespalten werden und dann weiterreagieren. Aus (224.2.) entnehmen wir, dass bei der Methanchlorierung auch geringe Mengen Ethan entstehen sollten. Genaue Untersuchungen haben dies auch bestätigt.
Die Chlorierung von Methan wird also durch Licht gestartet und verläuft über Radikale, d.h. reaktive Zwischenstufen, die sich durch ein ungepaartes Elektron auszeichnen; der größte Teil der Edukt-Teilchen wird in sich häufig wiederholenden Reaktionsschritten verbraucht, bei denen Radikale auf der Edukt- und der Produktseite beteiligt sind. Wir haben es hier also mit einer **photochemisch initiierten**[1] **Radikalkettenreaktion** zu tun (vgl. auch B 222.3.), deren Mechanismus durch die Teilreaktionen (223.1.) bis (224.3.) wiedergegeben wird.

Unterschiede zwischen Bromierungen und Chlorierungen

Die Bindungsenergie beim Chlor ist höher als beim Brom. Infolgedessen benötigt man für Chlorierungen kurzwelligeres Licht als für Bromierungen (vgl. Tab. 224.1.). Bromierungen können auch mit sichtbarem Licht (OH-Projektor) durchgeführt werden, weil alle Spektralfarben außer rot (vgl. Tab. 223.1. und Tab. 224.1.) bei der Homolyse der Brom-Moleküle wirksam werden.
Brom-Atome sind weitaus weniger reaktiv als Chlor-Atome. So kommt es, dass pro gebildetem Brom-Atom-Paar 2 bis 20 Alkan-Moleküle umgesetzt werden, während es bei einem Chlor-Atom-Paar über 100000 sind. Die Folge ist, dass Chlorierungen auch insgesamt schneller verlaufen als Bromierungen. Gerade die größere Reaktionsträgheit des Brom-Atoms gegenüber dem Chlor-Atom hat aber auch zur Folge, dass bei der Bromierung eines Alkans die Isomerenverteilung unter den Produkten eine andere ist als bei der Chlorierung des gleichen Alkans. In Tab. 224.2. sind die relativen Reaktivitäten des Brom-Atoms und des Chlor-Atoms gegenüber Kohlenstoff-Wasserstoff-Bindungen angegeben. Infolge dieser Unterschiede wird bei Bromierung stark bevorzugt an tertiären Kohlenstoff-Atomen substituiert, weniger an sekundären und ganz wenig an primären. Bei Chlorierungen sind diese Unterschiede weitaus geringer. Wir können also sagen, dass die *Selektivität*[2] bei Bromierungen größer ist als bei Chlorierungen.
Der Zusatz von Iod in eine Radikalkettenreaktion hat auf diese eine hemmende Wirkung. Alkyl-Radikale reagieren mit Iod-Molekülen, aber die gebildeten Iod-Radikale sind so wenig reaktiv (so stabil), dass sie die Kettenreaktion nicht fortführen. Man bezeichnet Iod deshalb als einen *Radikalketten-Inhibitor*[3].

---
[1] von *initiare* (lat.) = anstoßen, einführen
[2] von *selectare* (lat.) = aussuchen, auswählen
[3] von *inhibere* (lat.) = bremsen, hemmen, unterbinden

Halogenverbindungen in Technik und Umwelt

Chloralkane mit längerem Alkanrest sind wichtige *Zwischenprodukte* z. B. bei der Synthese von *waschaktiven Substanzen* für Waschmittel. Auch kurzkettige Monochloralkane wie Chlormethan und Chlorethan werden bei organischen Synthesen eingesetzt (vgl. *FRIEDEL-CRAFTS-Alkylierung*, S. 283 f.). Aufgrund der Nichtbrennbarkeit und der Fettlöslichkeit sind Halogenalkane (und einige Halogenalkene) bevorzugte *Lösungsmittel*, sowohl in der Industrie als auch in chemischen Reinigungen. Dazu gehören Dichlormethan (Methylenchlorid) und Tetrachlorethen (Perchlorethylen **PER**). Polychlorierte Biphenyle **PCB** werden als *Kühlmittel* bei Transformatoren verwendet (gute Schmier- und Wärmeübertragungseigenschaften, Nichtbrennbarkeit!) und Bromtrifluormethan (Halon) als *Feuerlöschmittel*. Chlorethan (Ethylchlorid) ist als *Vereisungsmittel* z.B. bei Sportverletzungen bekannt und 2-Brom-2-chlor-1,1,1-trifluorethan (Halothan) als *Narkosemittel*. Mehrere *Insektenvertilgungsmittel* und *Pilzbekämpfungsmittel* z. B. Chloridazon und Simazin sind Halogen-Verbindungen. Chlorphenole (S. 286) werden als *Desinfektionsmittel* z. B. in Krankenhäusern eingesetzt. Die berühmt-berüchtigten **FCKW** wurden einige Jahrzehnte (etwa 1950 bis 1990) in großen Mengen als *Treibgase* bei Sprays und bei der Herstellung von geschäumten Kunststoffen und als *Kälteflüssigkeiten* in Kühlschränken eingesetzt. Polyvinylchlorid **PVC** und Polytetrafluorethan (Teflon) sind wichtige *Kunststoffe* mit vielfachen Einsatzmöglichkeiten (S. 337 ff.).
Einige dieser Halogen-Verbindungen (**FCKW, PER, PCB** u.a.) sind sehr reaktionsträge. Sie belasten die Umwelt, stören ökologische Gleichgewichte und gefährden die Gesundheit. Für **FCKW** als Treibmittel und für **PCB** als Kühlmittel gibt es bereits Ersatzstoffe (z. B. Butan bzw. Silicone). Andere, noch nicht ersetzbare Chlor-Verbindungen können und müssen aus den Abwässern und Abgasen technischer Anlagen möglichst vollständig entfernt werden (vgl. S. 403).

H_3CCl Chlormethan* (Methylchlorid) Z L	H_2CCl_2 Dichlormethan* (Methylenchlorid) Z L
$HCCl_3$ Trichlormethan* (Chloroform) Z L	CCl_4 Tetrachlormethan* (Tetrachlorkohlenstoff) L
CF_2Cl_2 Dichlordifluor-methan* (Frigen) T Kä	$CFCl_3$ Trichlorfluor-methan* (Freon) T Kä
$CBrF_3$ Bromtrifluor-methan* (Halon) F	$Cl_3C{-}CH_3$ 1,1,1-Trichlor-ethan* L
$HBrClC{-}CF_3$ 2-Brom-2-chlor-1,1,1-trifluor-ethan* (Halothan) N	$Cl_2C{=}CCl_2$ Tetrachlorethen* (Perchlorethylen) (PER) L

1-Chlordodecan*
(Dodecylchlorid)
Z

$H_3C{-}CH_2Cl$
Chlorethan*
(Ethylchlorid)
E

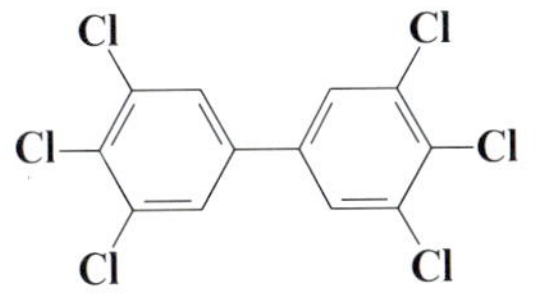

Polychloriertes Biphenyl* (PCB)
Kü

Z Zwischenprodukt in der chemischen Industrie; L Lösungsmittel; T Treibgas; Kä Kälteflüssigkeit; F Feuerlöschmittel; Kü Kühlmittel; E Vereisungsmittel; N Narkosemittel; Ku Kunststoff.

B 225.1. *Einige Halogen-Verbindungen und ihre Verwendungen*

Aufgaben

A 225.1. Wenn PV 220.1. und PV 220.2. in feuchten Erlenmeyerkolben durchgeführt werden, gelingt der Nachweis von Bromwasserstoff nicht. Nach dem Durchschütteln des Kolbeninhalts mit etwas Wasser zeigt die wässrige Phase aber saure Reaktion und gibt mit Silbernitrat-Lösung einen Niederschlag. Erklären Sie den Sachverhalt.

A 225.2. Welche Interdukte treten bei der Chlorierung von Propan auf? Formulieren und benennen Sie diese.

A 225.3. Bei der Chlorierung von Ethan in Gegenwart von Iod I_2 ist die Quantenausbeute[1] sehr gering und man findet unter den Produkten auch Iodethan und die Interhalogenverbindung Iodchlorid **ICl**. Sehen Sie hierin einen Beweis für die Richtigkeit des radikalischen Kettenmechanismus bei der Chlorierung von Ethan und für die dort auftretenden Interdukte? Erläutern Sie.

A 225.4. Es gibt 4 isomere Monobromderivate des in PV 220.1. eingesetzten Isooctans. Statistisch müssten sich die 4 Isomere aufgrund der Anzahl der jeweiligen Wasserstoff-Atome im Verhältnis 9:6:2:1 bilden. Bewahrheitet sich dieses Verhältnis im Versuch? (Hinweis: Schreiben Sie die 4 Isomeren auf und werten Sie die Angaben aus Tab. 224.2. aus.)

[1] Quantenausbeute = Zahl der umgesetzten Moleküle/Zahl der absorbierten Lichtquanten

I) $H_3CCH_2CH(CH_2CH_3)CH_2CH_3 + Br_2 \xrightarrow{h\nu} \ldots$

II) $H_3CCH_2CH(CH_3)CH_2CH_3 + Br_2 \xrightarrow{h\nu} \ldots$

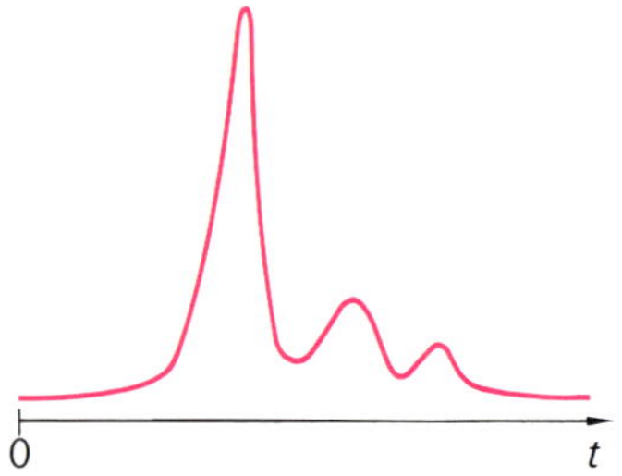

B 226.1. *Zu A 226.1.*

Aufgabe

A 226.1. In B 226.1. sind die Edukte zweier Bromierungsreaktionen angegeben. Das Produktgemisch wurde jeweils gaschromatographisch aufgetrennt. Trifft das Chromatogramm aus B 226.1. auf den Fall I oder auf den Fall II zu? Begründung.

Neue Fachbegriffe

Halogenierung, Substitutionsreaktion, photochemische Reaktion, Reaktionsmechanismus, Interdukt (Zwischenstufe), Tradukt (Übergangszustand), Kettenstart, Kettenfortpflanzung, Kettenabbruch, Radikalkettenmechanismus, Quantenausbeute, Selektivität, Inhibitor, **FCKW**

Zusammenfassung

Die Substitutionsreaktion von Wasserstoff-Atomen aus Alkan-Molekülen durch Halogen-Atome verläuft nach einem photochemisch initiierten Radikalkettenmechanismus. Die Bromierung und die Chlorierung eines Alkans unterscheiden sich durch die Wellenlänge des benötigten Lichts, durch die Reaktionsenthalpie und durch die Selektivität bei der Substitution.

Erweiterung, Vertiefung, Anwendung

Das Ozonloch

Die Erdatmosphäre, d.h. die Gashülle unseres Planeten (vgl. B 384.1.), gleicht einem riesigen Photoreaktor, der in zwei Reaktionskammern aufgegliedert werden kann: in die **Troposphäre** und in die **Stratosphäre** (B 226.2.). In der dazwischenliegenden **Tropopause** ist die Temperatur im Schnitt um 50 °C niedriger. Das hat zur Folge, dass der Stoffaustausch zwischen der Troposphäre und der Stratosphäre relativ gering ist. Die Tropopause wirkt also ähnlich wie eine halbdurchlässige Wand zwischen zwei Reaktionsgefäßen.

Vor etwa 3 Milliarden Jahren, als im Zuge der biologischen Evolution Photosynthese treibende Pflanzen entstanden, begann die Auffüllung der Atmosphäre mit Sauerstoff[1]. Seit ca. 500 Millionen Jahren ist der Sauerstoff-Anteil der Atmosphäre annähernd konstant; der bei der Photosynthese erzeugte und der bei der Atmung und anderen Verbrennungen verbrauchte Sauerstoff halten sich etwa die Waage.

In beiden Reaktionskammern des Photoreaktors Atmosphäre laufen vom Sonnenlicht angetriebene Reaktionen ab, die für das Leben auf unserem Planeten von entscheidender Bedeutung sind. Man ist – wie so oft – erst durch negative Erfahrungen darauf aufmerksam geworden. Wir erläutern an dieser Stelle einige wichtige photochemische Reaktionen in der Stratosphäre.

Das in der Stratosphäre enthaltene **Ozon O_3 absorbiert UV-Licht** mit $\lambda < 300$ nm. Hierbei laufen folgende Reaktionen ab:

$$O_3 \xrightarrow[\lambda < 300\ \text{nm}]{h\nu} O_2 + O \qquad (226.1.)$$

$$O + O_2 \rightarrow O_3 \qquad (226.2.)$$

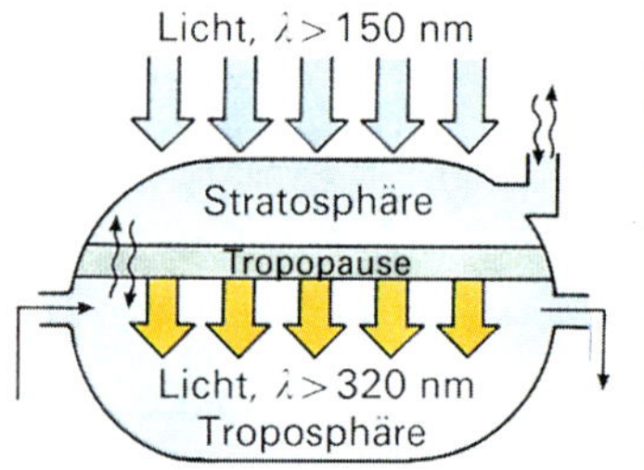

B 226.2. *Das Zweikammer-Photoreaktor-Modell der Atmosphäre. Die geschlängelten Pfeile deuten an, dass nur ein sehr geringer Stoffaustausch stattfindet.*

[1] Die *erste* Erdatmosphäre bestand aus Wasserstoff und Helium; sie entwich ins Weltall (H_2-Flucht); die *zweite* entwickelte sich durch Zustrom vulkanischer Gase (H_2O, CO_2, CH_4, H_2S, NH_3 u.a.); in der *dritten*, wie die vorangegangenen immer noch „reduzierenden" Atmosphäre, waren vornehmlich CO_2 und N_2 enthalten, außerdem Bestandteile der vorangegangenen Atmosphären und auch Spuren von photolytisch erzeugtem Sauerstoff. Unsere heutige Atmosphäre ist also die *vierte*.

Wenn der Photoreaktor Stratosphäre gemäß (226.1.) und (226.2.) „funktioniert", ändern sich die Konzentrationen der beiden Gase Sauerstoff und Ozon nicht. Es besteht ein *photostationäres Gleichgewicht*, d. h., ein durch Lichteinstrahlung erzeugtes und aufrechterhaltenes Gleichgewicht. Wie jedes Gleichgewicht wird auch dieses durch „äußere" Einwirkungen gestört. Im Frühjahr 1984 beobachtete man etwas Unerwartetes: Eine britische Forschergruppe stellte bei ihren Messungen fest, dass der Ozongehalt der Stratosphäre über der Antarktis zwischen den Jahren 1977 und 1984 an einigen Stellen auf bis zu 40% abgenommen hatte. Diese Messergebnisse wurden auch von anderen Forschungsteams bestätigt und leider beobachtet man seither Jahr für Jahr, dass im polaren Frühling der Ozongehalt in der arktischen Stratosphäre zurückgeht, auf immer niedrigere Werte. Stellt man die gemessenen Werte in einer Computergrafik zusammen, wird klar, warum man vom **Ozonloch** spricht (B 227.1.).

Die Entstehung des Ozonlochs ausgerechnet über der unbewohnten Antarktis liegt am Klima und am Wettergeschehen in der Atmosphäre.

Das meiste Ozon bildet sich in der Stratosphäre über dem Äquator und den Tropen, es zirkuliert von dort in Richtung der Pole. Im Februar 1992 durchgeführte Messungen haben ergeben, dass auch über der nördlichen Halbkugel ein Ozonloch droht.

Nach heutigem Erkenntnisstand tragen die **F**luor**c**hlor**k**ohlen**w**asserstoffe **FCKW** wesentlich zur Entstehung des Ozonlochs bei. Im stratosphärischen Polarlicht laufen folgende Reaktionen ab:

$$FCl_2C{-}Cl \xrightarrow{h\nu} FCl_2C\cdot + \cdot Cl \qquad \text{(Startreaktion)} \quad (227.1.)$$

$$Cl\cdot + O_3 \longrightarrow \underset{\text{Chloroxid-Radikal}}{ClO\cdot} + O_2 \qquad \text{(Kettenreaktion)} \quad (227.2.)$$

(„Chlor-Katalyse-Zyklus")

$$ClO\cdot + \underset{\text{aus (226.1.)}}{O} \longrightarrow Cl\cdot + O_2 \qquad (227.3.)$$

$$ClO\cdot + \underset{\text{Stickstoffdioxid}}{NO_2\cdot} \underset{\text{Frühling}}{\overset{\text{Winter}}{\rightleftharpoons}} \underset{\text{Chlornitrat}}{ClNO_3} \qquad \text{(Abbruchreaktion)} \quad (227.4.)$$

Wir haben es bei (227.2.) und (227.3.) mit einer Radikalkettenreaktion zu tun. Ihre Quantenausbeute liegt bei etwa 100000. Der oben formulierte *„Chlor-Katalyse-Zyklus"* kommt aber selbst durch die Abbruchreaktion (227.4.) nicht vollständig zum Erliegen. Das gebildete Chlornitrat $ClNO_3$ „überwintert" in adsorbierter Form an Eiskristallen und Salpetersäure-Kristallen und setzt im polaren Frühlingslicht erneut Chlor-Radikale frei. Der „Chlor-Katalyse-Zyklus" startet also erneut, nicht nur durch die aus **FCKW** neu gebildeten Radikale, sondern auch durch die aus den Chlornitrat-„Konserven" freigesetzten Chlor-Radikale.

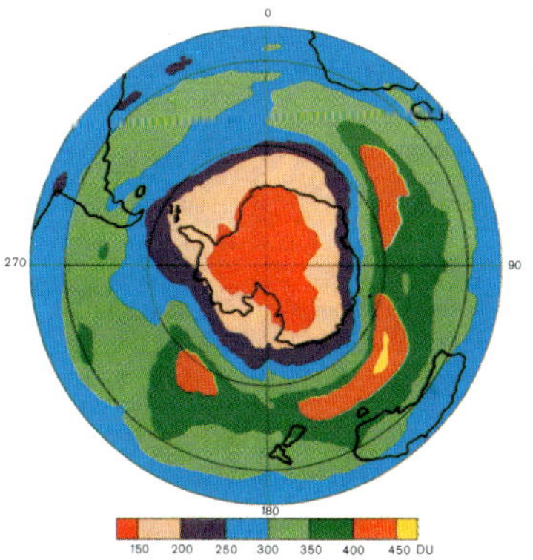

1 DU (Dobson-Unit) entspricht einer Ozon-Schichtdicke von 10^{-2} mm, gemessen bei Normbedingungen.

B 227.1. *Karte der Ozonwerte in der südlichen Hemisphäre vom 5. Oktober 1987 (antarktischer Frühling).*

Versuch

V 227.1. *a) Bestrahlung* (Demo-Versuch, **Abzug!**)
Ein 450-ml-UV-Tauchlampenreaktor wird mit 2 ml Tetrachlorethen*, Glasperlen oder Raschig-Ringen (ca. 1,5 cm hoch) und mit frischen Eichenblättern oder Kiefernadeln beschickt (B 228.1.). Bei eingestellter Wasserkühlung wird 25 min lang mit einer 150-W-UV-Tauchlampe (Quecksilberhochdruckbrenner) bestrahlt.
b) *Extraktion, Filtration* (Gruppenversuche)
Im Mörser werden klein geschnittene Kiefernadeln mit etwas reinem Quarzsand und etwas Methanol* verrieben. Die grüne Lösung wird abfiltriert. Man stellt Extrakte aus bestrahlten und aus unbestrahlten Nadeln her.
c) *Dünnschichtchromatographie* (Gruppenversuche)
Auf eine kieselgelbeschichtete DC-Aluminiumfolie, die in zwei Bahnen geteilt wurde, trägt man Startlinien aus den beiden Extrakten auf. Für die Entwicklung des Dünnschichtchromatogramms verwendet man als Fließmittel ein Gemisch aus Petrolether* (Siedebereich 30 °C bis 50 °C), Benzin* (Siedebereich 100 °C bis 140 °C und 2-Propanol* im Volumenverhältnis 25 : 25 : 5.

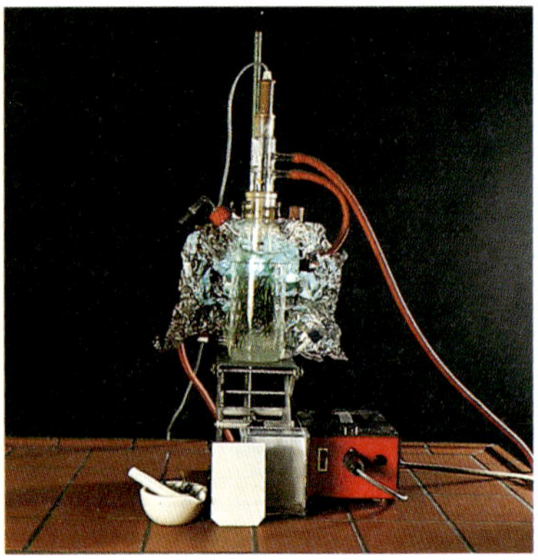

B 228.1. *Bestrahlung von Kiefernadeln mit UV-Licht in einer CKW-Atmosphäre (V 227.1.)*

FCKW haben als Gase niedrigere Siedetemperaturen, sind ungiftig, wasserunlöslich und chemisch sehr stabil. Aufgrund ihrer relativ großen Dichte sollten sie zwar nicht nach oben steigen, aber da sie in der Troposphäre nicht abgebaut werden, gelangen sie allmählich, ca. 10 Jahre nach ihrer Freisetzung, in die Stratosphäre. Erst hier sind Reaktionsbedingungen für ihren Abbau, nämlich UV-Licht mit $\lambda < 300$ nm, vorhanden. Sie werden z.B. gemäß (227.1.) abgebaut. Damit aber wird der „Chlor-Katalyse-Zyklus[1]" initiiert.
Die unmittelbare Folge der Vergrößerung des Ozonlochs wäre, dass mehr UV-Licht in die Troposphäre, also auch auf die Erde gelangt. In V 227.1. wird eine von UV-Licht durchflutete und zusätzlich mit anthropogenen[2] Emissionen[3] verschmutzte Atmosphäre simuliert und der Einfluss auf grüne Kiefernadeln untersucht. Das Versuchsergebnis (B 228.2.) ist erschreckend: Bereits nach 25minütiger UV-Bestrahlung in einer Tetrachlorethen-Atmosphäre sind Chlorophyll a, Chlorophyll b und β-Carotin fast gänzlich zerstört. Eine Pflanze ohne diese Pigmente ist nicht zur Photosynthese fähig.
Nun sind in unserem Experiment die Reaktionsbedingungen (zu intensives UV-Licht, zu konzentrierte Luftverschmutzung) mit natürlichen Gegebenheiten nicht gleichzusetzen. Wir dürfen also keine voreiligen Schlüsse ziehen. In der Natur sind die Bestrahlungszeiten dafür aber viel länger. Anzunehmen ist, dass mehr UV-Licht in der Troposphäre verstärktes Waldsterben, geringere Ernteerträge und erhöhte Häufigkeit an Hautkrebs zur Folge hat[4]. In den USA wurden bereits im Jahr 1978 die **FCKW** in Sprays verboten, Westeuropa zog erst Anfang der 90er Jahre nach. Es ist aber auch notwendig, dass die **FCKW** auch in den anderen Anwendungsbereichen (als Kälteflüssigkeiten, zur Schäumung von Kunststoffen) ersetzt werden und dass dies weltweit geschieht. Sofern sie nicht ersetzbar sind, dürfen sie nicht in die Atmosphäre abgelassen werden. Im Jahr 1995 ist in Deutschland ein völliger Stopp bei der Verwendung von **FCKW** eingetreten; weltweit wird das bis zum Jahr 1999 angestrebt.

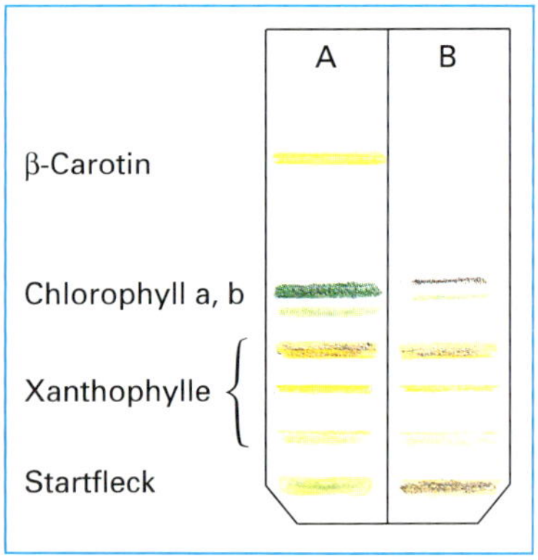

B 228.2. *Dünnschichtchromatogramm von unbestrahltem (A) und bestrahltem (B) Kiefernadelextrakt*

Aufgaben

A 228.1. Welche Eigenschaften der **FCKW** sind dafür ausschlaggebend, dass sie in die Stratosphäre gelangen?

A 228.2. Welche der beiden Reaktionen (226.1.) und (226.2.) wird gehemmt, wenn der „Chlor-Katalyse-Zyklus" (227.2) und (227.3) abläuft? Begründen Sie.

A 228.3. Berechnen Sie mit Hilfe der Angaben aus Tab. 417.1. und der Formeln von S. 223 die Wellenlänge eines Lichtquants, dessen Energie ausreicht, um eine Kohlenstoff-Chlor-Bindung aufzutrennen.

[1] Der Chlor-Katalyse-Zyklus wird durch Modellexperimente im Labor gestützt (vgl. Lehrerband).
[2] von *anthropos* (griech.) = Mensch und von *genea* (griech.) = Abstammung
[3] von *emittere* (lat.) = aussenden
[4] Besonders die *UV-B*-Strahlung (280 nm $< \lambda <$ 320 nm) und die *UV-C*-Strahlung ($\lambda <$ 280 nm) können Hautkrebs verursachen. Die *UV-A*-Strahlung (320 nm $< \lambda <$ 380 nm) ist weniger gefährlich.

9.2. Alkene – elektrophile Addition – Isomerisierungen

Bromierung von Alkenen[1]

Versuche

Vorsicht! Brom ist sehr giftig. Alkene sind stark geruchsbelästigend. Die Versuche werden im etwas abgedunkelten Raum durchgeführt. Das Ein- und Umfüllen ist unter dem Abzug vorzunehmen!

LV 229.1. Durch eine Waschflasche, in der sich 25 ml Bromwasser* befinden, wird Ethen aus einer Druckdose (oder Druckflasche) mit einer Strömungsgeschwindigkeit von ca. 4 Blasen pro Sekunde geleitet (vgl. B 229.1.). Notieren Sie die Zeit vom Beginn der Einleitung bis zur Entfärbung des Bromwassers. Prüfen Sie die Lösung mit einem Streifen Lackmuspapier und versetzen Sie 2 ml davon im Rggl. mit einigen Tropfen Silbernitrat-Lösung*. Beobachtungen?

LV 229.2. Man wiederholt LV 229.1. mit 25 ml Brom-Lösung* in Tetrachlorethen* (**Per**chlor**e**thylen oder kurz **PER**)[2]. Die Lösung soll etwa gleich konzentriert wie das Bromwasser aus LV 229.1. sein, d.h., ihre Farbintensität soll etwa die gleiche sein. Die Etheneinleitung wird unterbrochen, falls nach 15 min noch keine Entfärbung erfolgt ist.

LV 229.3. Man schüttelt in je einem Rggl. jeweils 5 ml Bromwasser* mit: a) 1 ml Hexen*; b) 1 ml Cyclohexen* und c) 1 ml Perchlorethylen* **PER**. Beobachtung? Die wässrigen Phasen von a) und b) werden mit Lackmuspapier geprüft und mit einigen Tropfen Silbernitrat*-Lösung versetzt. Beobachtungen?

LV 229.4. Man gibt in zwei Rggl., in denen sich jeweils 5 ml Brom-Lösung* in **PER*** befinden (etwa gleiche Bromkonzentration wie die des Bromwassers): a) 1 ml Hexen* und b) 1 ml Cyclohexen* und schüttelt sie durch. Beobachtung? An die Öffnung des Rggl. hält man jeweils einen feuchten Lackmuspapierstreifen. Beobachtung?

Auswertung

a) Fassen Sie alle Ergebnisse von LV 229.1. bis LV 229.3. schriftlich zusammen.
b) Formulieren Sie die Reaktionsgleichungen für die Entfärbungen der Brom-Lösung bei LV 229.1.
c) Hat die Polarität des Lösungsmittels einen Einfluss auf die Geschwindigkeit der Bromierung von Alkenen? Erläutern Sie anhand der Versuchsergebnisse.
d) Welche Beobachtung aus LV 229.3. c) rechtfertigt es, **PER** als Lösungsmittel in LV 229.2. und in LV 229.4. einzusetzen? Was hätte nach unseren bisherigen Kenntnissen eigentlich bei LV 229.3. c) geschehen müssen?
e) Welche Beobachtungen bei LV 229.1. und bei LV 229.3. sind mit Ihren Reaktionsgleichungen von b) nicht in Übereinstimmung?

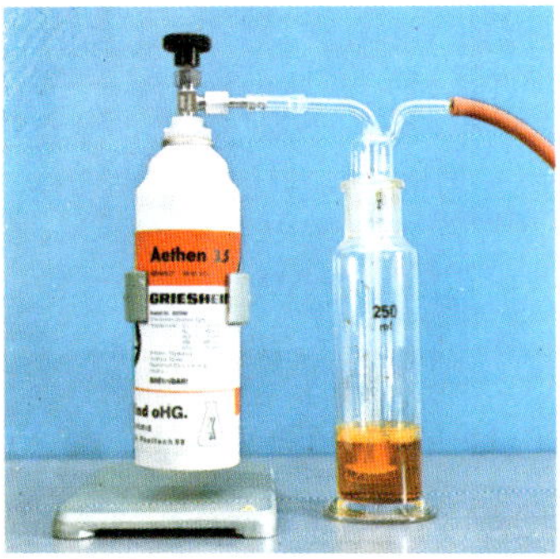

B 229.1 *Bromierungsapparatur mit Ethen-Druckdose. Vor dem Einleiten in die Brom-Lösung stellt man die Strömungsgeschwindigkeit des Ethens durch Einleiten in Wasser ein und verbindet dann schnell die Druckdose mit der Brom-Lösung.*

Die Reaktion zwischen Brom und Alkenen, eine Reaktion, die auch ohne Licht verläuft, haben wir bereits in Kap. 2.2, S. 38 als Nachweismöglichkeit für Alkene kennengelernt und als **Additionsreaktion** gedeutet. Energetisch sind solche Reaktionen begünstigt, weil die zur Auftrennung der Bindungen erforderliche Energie geringer ist als die bei der Ausbildung neuer Bindungen freigesetzte Energie. Für die Bromanlagerung an Ethen gilt:

$$H_2C{=}CH_2 + Br{-}Br \rightarrow H_2C(Br){-}CH_2(Br); \qquad \Delta H_R = -105\ \text{kJ}$$

+272 +193 −285

[1] Bitte beachten Sie auch die Hinweise auf den Umgang und die Entsorgung für die Reaktionsprodukte 1,2-Dibromethan*, 1,2-Dibromhexan* und 1,2-Dibromcyclohexan*.
[2] **PER** (Perchlorethylen oder Tetrachlorethen) C_2Cl_4 wird hier dem ebenfalls geeigneten Kohlenstofftetrachlorid CCl_4 vorgezogen, weil letzteres giftiger ist.

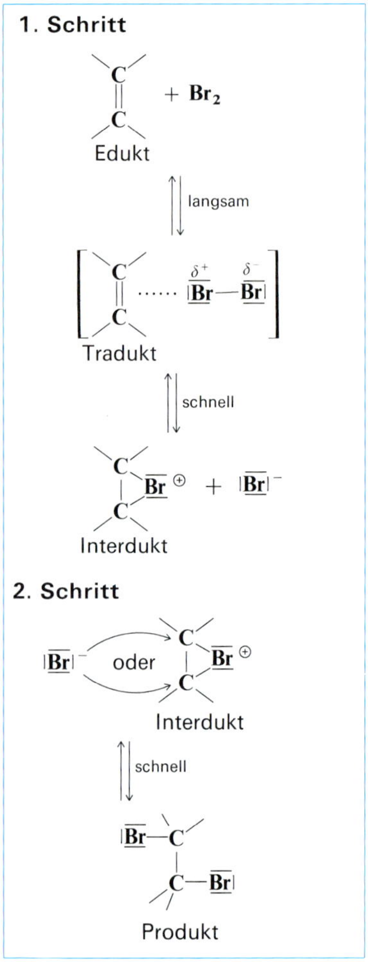

B 230.1. *Mechanismus der elektrophilen Addition mit cyclischem Bromonium-Ion als Interdukt*

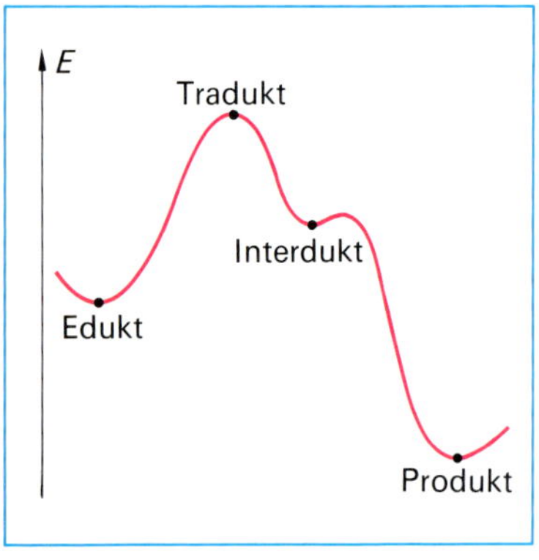

B 230.2. *Energieschema zum Mechanismus aus B 230.1.*

Die LV 229.1. bis LV 229.4. zeigen einige Merkmale, die mit dieser Reaktionsgleichung erklärt werden können, z. B. die Entfärbung der Brom-Lösungen.

Eine Reihe von Beobachtungen können wir damit aber noch nicht erklären, z.B. die folgenden:

1. In einem polaren Lösungsmittel z.B. Wasser verläuft die Reaktion eines Alkens mit Brom schneller als in einem unpolaren Lösungsmittel z.B. in **PER**.
2. Unter den Produkten der Reaktion in wässrigem Medium befinden sich sowohl Oxonium-Ionen als auch Bromid-Ionen.
3. Es gibt sogar Stoffe, die keine Additionsreaktion mit Brom geben, obwohl ihre Moleküle Kohlenstoff-Kohlenstoff-Doppelbindungen enthalten.

Diese Beobachtungen können wir erklären, wenn wir uns Informationen über den **Reaktionsmechanismus** beschaffen (vgl. S. 222).

Man stellt sich den schrittweisen Reaktionsverlauf wie folgt vor:

1. Schritt: In einem Brom-Molekül, das sich der Kohlenstoff-Kohlenstoff-Doppelbindung eines Alken-Moleküls nähert, findet eine Polarisierung statt, d.h., das Bindungselektronenpaar verschiebt sich in der Weise, wie es in B 230.1. mit Hilfe der Partialladungen angedeutet wird. Es kommt zur Ausbildung einer Wechselwirkung zwischen einem Elektronenpaar aus der Doppelbindung und dem positivierten Brom-Atom im Brom-Molekül (*Tradukt* in B 230.1.). Dieses Tradukt zerfällt entweder über die Rückreaktion in die Edukte oder über eine Weiterreaktion in ein Bromid-Ion und ein *cyclisches Bromonium-Ion*[1] (*Interdukt* in B 230.1.). Darin überbrückt das Brom-Atom die ursprüngliche Doppelbindung und bildet mit den beiden Kohlenstoff-Atomen einen dreigliedrigen Ring.

2. Schritt: Das abgespaltene Bromid-Ion greift eines der beiden Kohlenstoff-Atome des Bromonium-Ions an und bildet damit eine Elektronenpaarbindung aus. Gleichzeitig wird der Dreierring aufgebrochen und das darin schon vorhandene Brom-Atom wird an das andere Kohlenstoff-Atom kovalent gebunden.

Im Gegensatz zur Trennung des Halogen-Moleküls beim Start einer radikalischen Reaktion (S. 221) erfolgt hier die Trennung des Brom-Moleküls *heterolytisch*[2]. Dies ist der langsamste unter den in B 230.1. aufgeführten Elementarprozessen und damit der geschwindigkeitsbestimmende Schritt für die Gesamtreaktion. Als treibender Faktor für die Heterolyse des Brom-Moleküls ist die Wechselwirkung zwischen dem positivierten Brom-Atom des polarisierten Brom-Moleküls und den Elektronen der Doppelbindung anzusehen. Da das „angreifende" Teilchen auf eine „Elektronen suchende" Weise an das andere Teilchen „andockt", spricht man von einem **elektrophilen**[3] **Angriff** des polarisierten Brom-Moleküls auf die Kohlenstoff-Kohlenstoff-Doppelbindung des Alken-Moleküls. Die Bromanlagerung an Alkene verläuft entsprechend nach dem **Mechanismus der elektrophilen Addition**.

---

[1] Die Endung *„-ium"* zeigt das Vorliegen eines Kations an (Ammonium-, Oxonium-Ion).
[2] von *heteros* (griech.) = verschieden und *lyein* (griech.) = lösen, trennen. Bei der Heterolyse einer Elektronenpaarbindung entsteht ein Ionenpaar.
[3] von *elektrophil* (griech.) = elektronenfreundlich, Elektronen suchend

Es spielt dabei keine Rolle, dass in diesem Mechanismus auch ein *nucleophiler*[1] *Angriff* erfolgt, nämlich im 2. Schritt, bei dem das Bromid-Ion Kontakt zum cyclischen Bromonium Ion sucht. Für die Bezeichnung eines Mechanismus ist stets der langsamste und damit geschwindigkeitsbestimmende Schritt ausschlaggebend.

Mit diesem Reaktionsmodell können wir alle Beobachtungen aus LV 229.1. bis LV 229.4. erklären, auch die auf S. 230 genannten:

1. Da die Bromaddition an Alkene über ionische Zwischenstufen verläuft, ist die Reaktionsgeschwindigkeit in dem Lösungsmittel größer, das ionische Zwischenstufen begünstigt. Dies ist in einem polaren Lösungsmittel der Fall, weil seine Moleküle mit den Ionen in elektrostatische Wechselwirkungen treten können.
2. Die als Interdukte auftretenden cyclischen Bromonium-Ionen können auch durch andere nucleophile Teilchen aus dem Reaktionsgemisch abgefangen werden; es müssen nicht unbedingt Bromid-Ionen sein wie in B 230.1. In wässriger Lösung können Wasser-Moleküle (Dipole) wie folgt als Bromonium-Ion-Abfänger wirksam werden:

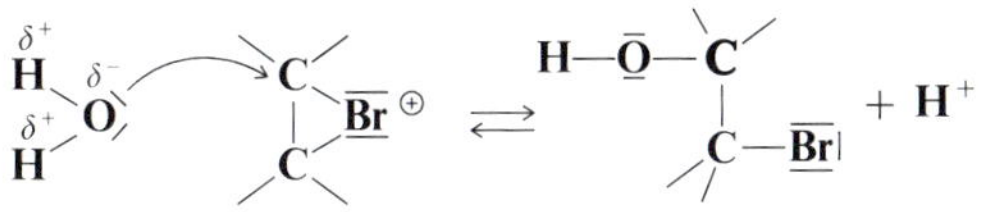

Dabei bildet sich ein Bromalkohol und die Lösung enthält danach hydratisierte Protonen und hydratisierte Bromid-Ionen (LV 229.1.). Als Abfänger von Bromonium-Ionen können auch andere Teilchen, elektrisch negativ geladene Ionen oder auch Moleküle wie z. B. Alkohol-Moleküle fungieren.

3. Beim Tetrachlorethen-Molekül (**PER**-Molekül) ist jede der vier Kohlenstoff-Chlor-Bindungen aufgrund der höheren Elektronegativität des Chlor-Atoms *permanent*[2] *polarisiert* (B 231.1.). Der von den vier Chlor-Atomen ausgeübte Elektronensog setzt sich auch in die Kohlenstoff-Kohlenstoff-Doppelbindung fort und hat zur Folge, dass die Elektronendichte zwischen den beiden Kohlenstoff-Atomen stark herabgesetzt wird. Ein elektrophiler Angriff auf die Kohlenstoff-Kohlenstoff-Doppelbindung im **PER**-Molekül kann durch ein polarisiertes Brom-Molekül nicht mehr erfolgen. Dazu wäre ein stärkerer elektrophiler Angreifer notwendig, z. B. durch ein elektrisch positiv geladenes Ion.

Die unter 3. beschriebene Übertragung einer Bindungspolarisierung auch auf benachbarte Bindungen nennt man **induktiven**[3] **Effekt (I-Effekt)**. Substituenten, die wie Chlor-Atome einen Elektronensog auslösen, durch den sie eine negative Partialladung erhalten, haben einen **Minus-I-Effekt (−I-Effekt)**. Demgegenüber besitzen Substituenten, die Elektronen schiebend auf die benachbarten Bindungen wirken und dadurch eine positive Partialladung erhalten, einen **Plus-I-Effekt (+I-Effekt)**. Einen solchen Effekt haben Methyl-Gruppen (Tab. 231.1.) und alle anderen Alkyl-Gruppen. 2,3-Dimethyl-2-buten reagiert daher mit Brom wesentlich schneller als Ethen, während **PER** viel langsamer reagiert (B 231.1.).

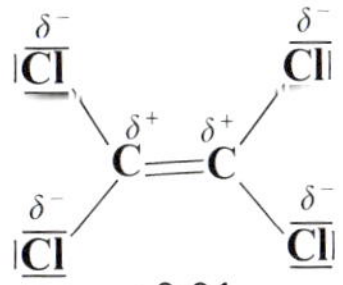

< 0,01

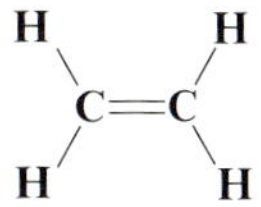

1

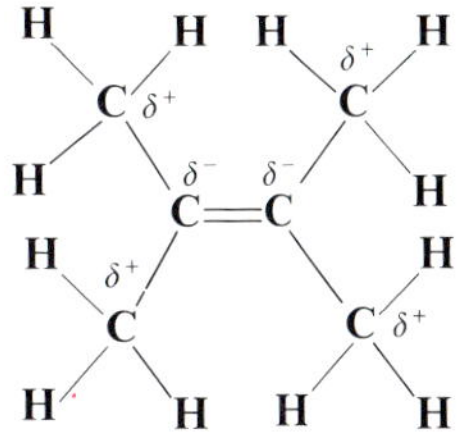

≈ 13

B 231.1. *Ladungsverteilungen und relative Geschwindigkeiten der Additionsreaktionen bei Tetrachlorethen, Ethen und 2,3-Dimethyl-2-buten*

[1] von *nucleophil* (griech.) = kernfreundlich, kernsuchend
[2] *von permanent* (lat.) = ununterbrochen, ständig
[3] von *inducere* (lat.) = veranlassen, etwas auch auf Weiteres übertragen

+I-Effekt	−I-Effekt
$C—CH_3$	$C—OH$
$C—CH_2—CH_3$	$C—OCH_3$
$C—CH(CH_3)_2$	$C—I$
$C—C(CH_3)_3$	$C—Br$
	$C—Cl$
	$C—COOH$
	$C—F$

Tab.231.1. *Gruppen mit +I-Effekt und Gruppen mit −I-Effekt. Der Effekt nimmt in beiden Spalten von oben nach unten zu.*

Versuch

LV 232.1. Man beschickt ein ca. 15 cm langes und 1 cm dickes Glasrohr mit Palladium-Katalysator E 221 P/D[1] und erhitzt ca. 2 min in der Brennerflamme (Trocknung des Katalysators). Dann verbindet man das Katalysatorrohr über kurze Siliconschlauchstücke mit zwei Kolbenprobern in waagerechter Stellung. In dem einen Kolbenprober befinden sich 50 ml Wasserstoff*, in dem anderen 50 ml Ethen*. Man schiebt zuerst den Wasserstoff über den inzwischen abgekühlten Katalysator langsam in den Kolbenprober mit Ethen. Danach schiebt man das Gasgemisch einige Male hin und her. Man beobachtet die Volumenveränderung. Sobald das Volumen konstant bleibt, drückt man das Gas aus dem Kolbenprober in ein Rggl., in dem sich 4 ml Bromwasser befinden, stopft zu und schüttelt durch. Beobachtung?

Auswertung

Deuten Sie die Volumenänderung und das Ergebnis der Bromwasser-Probe.

[1] 0,5% Palladium auf Aluminiumoxid-Kugeln, erhältlich bei der Fa. Degussa, Frankfurt/M. oder bei der Fa. Phywe, Göttingen

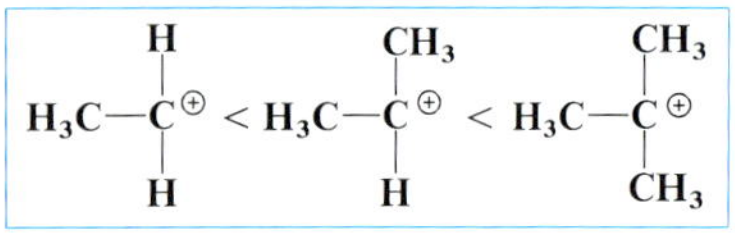

B 232.2. *Relative Stabilitäten von Carbenium-Ionen*

Name	Formel
Ethen	$H_2C{=}CH_2$
Propen	$H_3C{-}CH{=}CH_2$
Chlorethen	$H_2C{=}CH{-}Cl$
2-Methylpropen Isobuten	$(H_3C)_2C{=}CH_2$
Tetrafluorethen	$F_2C{=}CF_2$
Tetrachlorethen	$Cl_2C{=}CCl_2$

Tab. 232.1. *Einige technisch wichtige Alkene*

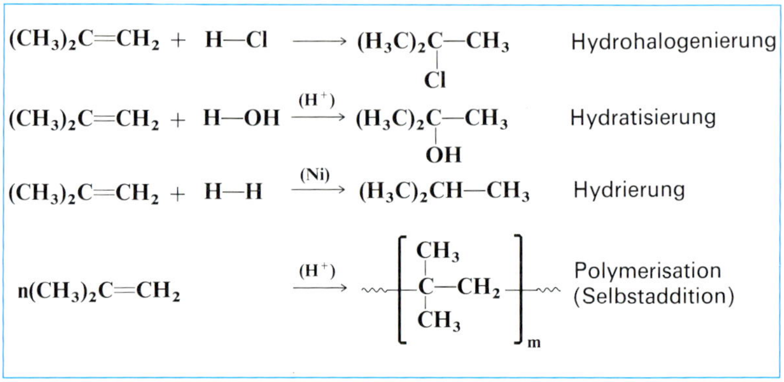

B 232.1. *Technisch wichtige Additionsreaktionen dargestellt am Beispiel der Additionen an Isobuten (2-Methylpropen)*

In der *Technik* spielen neben Halogenadditionen an Alkene auch folgende Additionsreaktionen an Kohlenstoff-Kohlenstoff-Doppelbindungen eine wichtige Rolle (B 232.1.):

Die **Hydrohalogenierung** ist die Addition eines Hydrogenhalogenids, z.B. Hydrogenchlorid (Chlorwasserstoff), an ein Alken:

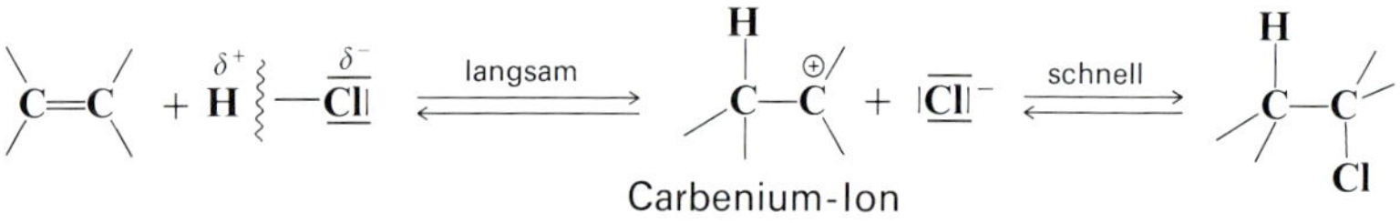

Das Interdukt ist in diesem Fall ein (nicht-cyclisches!) Carbokation oder *Carbenium-Ion*, das Produkt ein Monohalogenalkan. Aus empirischen Befunden stellte W. MARKOWNIKOW im Jahr 1869 die nach ihm benannte Regel auf: Bei der Addition von Halogenwasserstoff an ein *unsymmetrisches Alken* wird das Wasserstoff-Atom jeweils an das wasserstoffreichere Kohlenstoff-Atom der Doppelbindung angelagert (B 232.1.). Heute erklärt man diese *Regioselektivität* bei der Hydrohalogenierung durch die unterschiedlichen Stabilitäten der primären, sekundären und tertiären Carbenium-Ionen (B 232.2.) und diese wiederum durch die +I-Effekte der Alkyl-Gruppen. Allgemein verläuft eine Reaktion über den Weg bevorzugt, der über das stabilste unter allen möglichen Interdukten führt.

Die **Hydratisierung** eines Alkens, d.h. die Addition von Wasser, liefert einen Alkohol.

Auf diese Weise kann z.B. Ethanol durch Wasseraddition an das beim Crackprozess anfallende Ethen kostengünstig hergestellt werden.

Die **Hydrierung** (Wasserstoffaddition) wird in *heterogener Katalyse* durchgeführt (LV 232.1.). Beim technischen *Hydrocracken* langkettiger Alkane erhält man unter Zusatz von Wasserstoff kurzkettige Alkane und Isoalkane. Die Hydrierung von Pflanzenölen liefert streichfähige Margarine (vgl. S. 63). Alkene, die stabile Carbenium-Ionen bilden können, z.B. Isobuten (Tab. 232.1. und B 232.1.), polymerisieren in saurer Katalyse, wobei lange Molekülketten aufgebaut werden, in denen sich die strukturelle Einheit des Alken-Moleküls sehr oft wiederholt (vgl. S. 342f.).

Aufgaben

A 233.1. Verläuft die Bromaddition an Ethen schneller als die an Cyclohexen? Begründen Sie Ihre Antwort mit „praktischen" Beobachtungen (LV 229.1. und LV 229.3.) und mit „theoretischen" Argumenten (I-Effekte).

A 233.2. In zwei Versuchen wurde Ethen einmal durch Bromwasser und das andere Mal durch Bromwasser, das zusätzlich gelöstes Kaliumbromid enthielt, geleitet. Welche der beiden Lösungen hat nach der Entfärbung einen niedrigeren $p\mathbf{H}$-Wert? Begründen Sie ausführlich.

A 233.3. Die Addition der Interhalogen-Verbindung Bromchlorid **BrCl** an Ethen verläuft schneller als die Bromaddition. Begründen Sie dies und formulieren Sie den Mechanismus dieser Addition.

A 233.4. a) Formulieren Sie den wahrscheinlichsten Mechanismus für die säurekatalysierte Wasseraddition an Propen. b) 1-Propanol kostet ca. 23,– DM/l, 2-Propanol gleicher Reinheitsklasse nur ca. 21,– DM/l. Haben Sie dafür eine Erklärung?

A 233.5. Ordnen Sie die in Tab. 232.1. angegebenen Alkene nach zunehmender Reaktivität gegenüber Brom bei Additionsreaktionen.

A 233.6. Formulieren Sie die Reaktionsschritte bei der säurekatalysierten Selbstaddition von Isobuten (2-Methylpropen). (Hinweis: Man spricht hierbei auch von einer kationischen Polymerisation, die kettenartig verläuft und zu Polyisobuten führt, vgl. B 232.1.)

A 233.7. Auch Alkine geben Additionsreaktionen. Was erhält man a) bei der Addition von 1 mol Hydrogenchlorid **HCl** an 1 mol Ethin (Acetylen) $\mathbf{HC{\equiv}CH}$ und b) bei der Addition von 2 mol Hydrogenchlorid an 1 mol Ethin? Formulieren Sie die Reaktionsgleichungen und begründen Sie.

A 233.8. Linolsäure, Linolensäure und Ölsäure (vgl. S. 62) liefern bei der Hydrierung die gleiche Verbindung. Erklären Sie diesen Sachverhalt. Um welche Verbindung handelt es sich?

Neue Fachbegriffe

heterolytische Trennung, cyclisches Bromonium-Ion, elektrophil, nucleophil, induktiver Effekt, (I-Effekt), +I-Effekt, −I-Effekt, Carbenium-Ion, Hydrohalogenierung, Hydratisierung, unsymmetrisches Alken, Regioselektivität, Hydrierung, Hydrocracken, Selbstaddition (Polymerisation)

Zusammenfassung

Die Addition von Halogenen an Alkene verläuft nach dem Mechanismus der elektrophilen Addition über kationische Interdukte. Substituenten mit +I-Effekt haben auf die Reaktion eine beschleunigende Wirkung, Substituenten mit −I-Effekt eine verlangsamende, hemmende Wirkung. Zu den elektrophilen Additionen gehören auch die Hydrohalogenierung und die Hydratisierung von Alkenen sowie die kationische Polymerisation von Alkenen.

Erweiterung, Vertiefung, Anwendung

Cis-trans-Isomerisierung und Erklärung mit Hilfe des Orbital-Modells

Versuche

LV 233.1. In der Apparatur aus B 234.1. wird Fumarsäure-Lösung, $c = 5 \cdot 10^{-3}$ mol/l, mit UV-Licht bestrahlt. Die $p\mathbf{H}$- und Stromstärke-Änderungen werden notiert und graphisch dargestellt.

LV 233.2. LV 233.1. wird anstelle von Fumarsäure-Lösung mit Maleinsäure-Lösung, $c = 5 \cdot 10^{-3}$ mol/l, wiederholt.

V 233.3. Prüfen Sie die Löslichkeit von Maleinsäure* (cis-Butendisäure) und Fumarsäure* (trans-Butendisäure) in jeweils 10 ml Wasser.

V 233.4. Bestimmen Sie die Schmelztemperaturen von Maleinsäure* und Fumarsäure*. Sollte der Stoff bis 200 °C nicht schmelzen, so unterbrechen Sie das Erhitzen.

V 233.5. Messen Sie die $p\mathbf{H}$-Werte einer Maleinsäure-Lösung, $c = 5 \cdot 10^{-3}$ mol/l, und einer Fumarsäure-Lösung, $c = 5 \cdot 10^{-3}$ mol/l. (Hinweis 1 Liter Lösung enthält jeweils 0,58 g Maleinsäure bzw. Fumarsäure.)

Auswertung

a) Erklären Sie die in V 233.3. bis V 233.5. festgestellten Eigenschaftsunterschiede mit Hilfe der in B 234.2. angegebenen Formeln. Die Erklärung fällt leichter, wenn Sie die Carboxy-Gruppen noch ausführlicher in einer anderen Form schreiben (Valenzstrichformeln).

b) Bei der UV-Bestrahlung einer verdünnten Fumarsäure-Lösung bildet sich ein Gemisch aus Maleinsäure und Fumarsäure, ebenso bei der Bestrahlung einer Maleinsäure-Lösung (LV 233.1. und LV 233.2.). Inwiefern bestätigen die in B 234.2. und B 234.3. dargestellten Versuchsergebnisse dies? Erläutern Sie.

c) Worauf deutet das Zusammenlaufen der Kurven aus B 234.2. und B 234.3. bei längeren Bestrahlungszeiten hin?

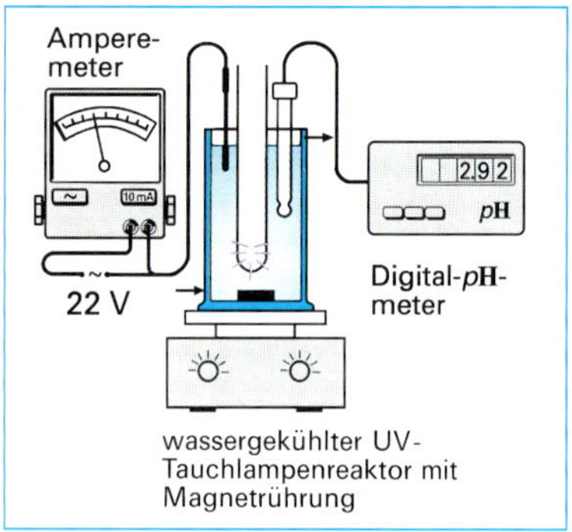

***B 234.1.** Photochemische cis-trans-Isomerisierungen von Fumarsäure und Maleinsäure im UV-Tauchlampenreaktor*

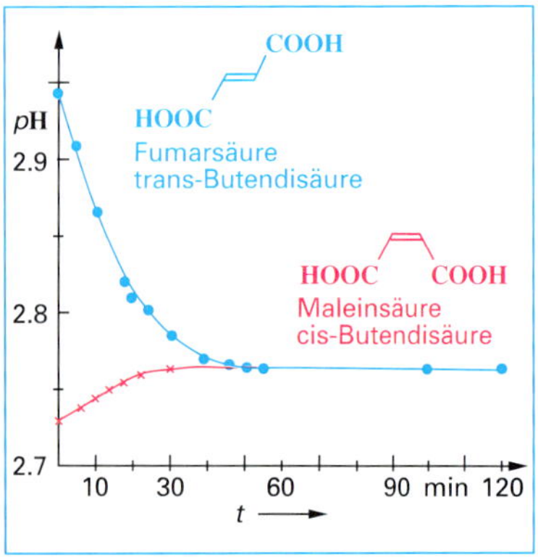

***B 234.2.** Messergebnisse aus LV 233.1. (•) und LV 233.2. (×)*

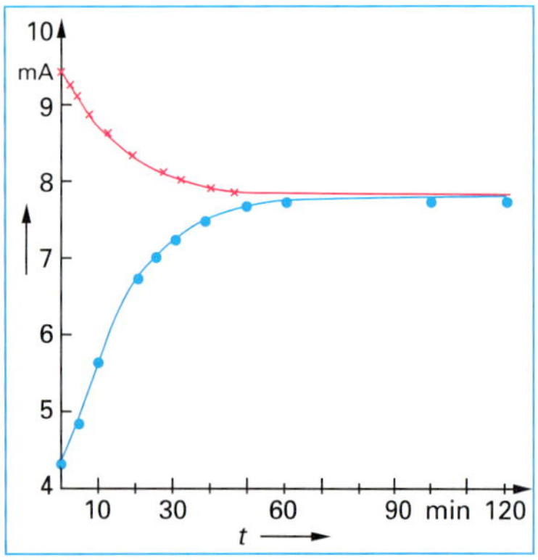

***B 234.3.** Messergebnisse aus LV 233.1. (•) und LV 233.2. (×)*

	Maleinsäure	Fumarsäure
Schmelztemperatur in °C	133	ca. 300
Löslichkeit in g/100 g		
Wasser bei 25 °C	79	0,7
Säurestärke: pK_{s1}	1,9	3,0
pK_{s2}	6,5	4,6
molare Verbrennungswärme		
in kJ/mol	1356,4	1333,4
Toxizität	giftig	ungiftig

***Tab. 234.1.** Eigenschaftsunterschiede bei Maleinsäure (cis-Butendisäure) und Fumarsäure (trans-Butendisäure)*

Bei Fumarsäure und Maleinsäure handelt es sich um ein cis-trans-Isomerenpaar, bei dem die Eigenschaftsunterschiede besonders ausgeprägt sind (Tab. 234.1.). Grund dafür ist in erster Linie die Art und Weise, in der Wasserstoffbrückenbindungen ausgebildet werden können. Bei Maleinsäure-Molekülen und -Monoanionen geschieht dies *intramolekular*, bei Fumarsäure-Molekülen und -Monoanionen nur *intermolekular*. Verantwortlich dafür ist die räumliche Lage der Carboxy-Gruppen in den beiden Isomeren (vgl. B 261.3.).

Fumarsäure zeigt beim Erhitzen bis auf 300 °C keine chemische Veränderung. Sie geht aber beim Bestrahlen mit UV-Licht bereits bei Raumtemperatur in Maleinsäure über (LV 233.1.). Der pH-Wert der Lösung aus LV 233.1. nimmt ab, weil die gebildete Maleinsäure eine stärkere Säure ist als die umgesetzte Fumarsäure. Entsprechend nimmt die Stromstärke zu, weil die Ionenkonzentration in der Lösung zunimmt. Auch Maleinsäure isomerisiert photochemisch zu Fumarsäure (LV 233.2.). Es kommt bei längerem Bestrahlen jeweils zu einem photostationären Gleichgewicht (vgl. S. 227).

Wie wirkt das UV-Licht auf die Moleküle mit Doppelbindungen?

Werden die Moleküle ähnlich wie die Chlor-Moleküle (vgl. S. 223) in Radikale zertrümmert? Experimentelle Befunde sprechen dagegen (z.B. kein Radikalkettenstart). Ein Fumarsäure-Molekül kann vielmehr einen Lichtquant geeigneter Energie (vgl. Tab. 223.1.) absorbieren („schlucken"). Es geht dabei in einen **angeregten Zustand** über, bei dem die Elektronenverteilung im Molekül anders ist als im Normalzustand, dem so genannten **Grundzustand**.

Alle Stoffeigenschaften, die mit Licht zu tun haben, z. B. die Farbe, aber auch alle Reaktionen, bei denen Licht beteiligt ist, z. B. die photochemischen cis-trans-Isomerisierungen, sind mit Hilfe von elektronisch angeregten Zuständen erklärbar. Für deren Beschreibung, ja sogar für die Begründung ihrer Existenzmöglichkeit, reichen die uns bisher bekannten Modelle über den Molekülbau nicht mehr aus.

Das **Orbital-Modell** dient zur Erklärung dieser Phänomene. Die zugrunde liegenden Prinzipien werden im *Anhang* (S. 410ff.) erläutert. Nach dem Orbital-Modell ist es unmöglich, für ein Elektron eine genaue Bahn, auf der es sich bewegt, anzugeben. Es können aber räumliche Bereiche berechnet werden, in denen die Aufenthaltswahrscheinlichkeit für Elektronen bestimmten Energie-Inhalts sehr groß, z.B. über 90%, ist. Üblicherweise bezeichnet man solche Bereiche in Atomen als *Atomorbitale* **AO** und in Molekülen als *Molekülorbitale* **MO**.

Entscheidend für die uns interessierende cis-trans-Isomerisierung ist die Kohlenstoff-Kohlenstoff-Doppelbindung in einem Alken-Molekül. Diese Doppelbindung wird durch zwei gemeinsame Elektronenpaare verursacht, von denen sich eines in einem bindenden σ-Molekül-Orbital befindet und eines in einem bindenden π-Molekül-Orbital (B 235.1. und B 235.2.). Jedes dieser Orbitale erhöht die Aufenthaltswahrscheinlichkeit der Elektronen zwischen den Kernen und hat somit eine bindende Wirkung. Während das σ-Molekül-Orbital rotationssymmetrisch in Bezug auf die Kernverbindungsachse ist, hat das π-Molekül-Orbital eine Knotenebene, die diese Achse enthält (B 235.1.). Dies bedeutet, dass eine Drehung des linken oder rechten Molekülteils um diese Achse bei gleichzeitigem Festhalten des anderen Molekülteils ohne das Aufbrechen der π-Bindung nicht möglich ist. So erklärt man das Verbot der freien Drehbarkeit um die Kohlenstoff-Kohlenstoff-Doppelbindung und damit die Erscheinung, dass es cis-trans-Isomere gibt.

Bei der photochemischen Isomerisierung der cis- in die trans-Form oder der trans- in die cis-Form spielt auch ein antibindendes Molekül-Orbital eine Rolle. Antibindende Orbitale sind im Grundzustand eines Moleküls nicht mit Elektronen besetzt und bleiben auch bei gängigen, durch Erwärmung ausgelösten Reaktionen unbesetzt (B 235.2.).

Durch Absorption eines Lichtquants wird nun ein Elektron aus dem π- in das π^*-MO angehoben. Die bindende Wirkung des nur noch einfach besetzten π-MO wird durch die antibindende Wirkung des ebenfalls einfach besetzten π^*-MO ausgeglichen und geht damit verloren. Das Molekül in diesem angeregten Zustand zerfällt aber nicht in Bruchstücke (Unterschied zu einer σ-σ^*-Anregung bei einer Kohlenstoff-Kohlenstoff-Einfachbindung!), denn die bindende Wirkung des σ-MO bleibt erhalten. Eine Verdrillung des einen Kohlenstoff-Atoms und seiner Substituenten aus der Ebene heraus ist im angeregten Zustand nicht nur möglich, sondern sogar energetisch begünstigt, wie die Graphik aus B 236.1. zeigt. Die energieärmste geometrische Anordnung beim angeregten System ist dann erreicht, wenn die Ebenen der beiden Kohlenstoff-Atome und ihrer Substituenten um 90° zueinander verdrillt sind. Sobald das System diese Geometrie erreicht hat, „fällt" es in den Grundzustand zurück, d.h., das Elektron springt aus dem π^*-MO in das π-MO zurück. Da gleichzeitig die bindende Wirkung des π-MO eintritt, muss sofort wieder die ebene Anordnung der sechs Atome erreicht werden. Es erfolgt also entweder eine Drehung des einen Molekül-Teils um 90° zurück oder um 90° weiter. Im ersten Fall hat sich das Ausgangs-Molekül zurückgebildet, im zweiten Fall sein geometrisches Isomer.

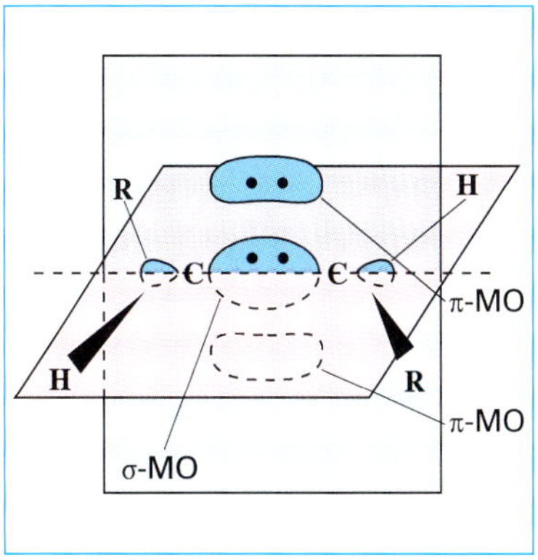

B 235.1. *Modell eines Alken-Moleküls im Grundzustand*

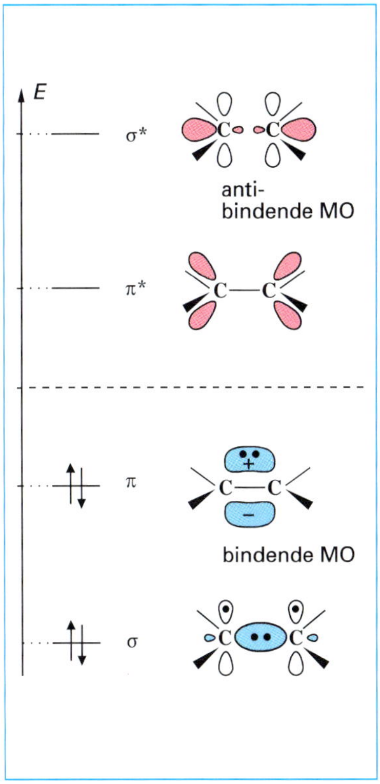

B 235.2. *Energetische Anordnung und „Formen" der einzelnen Molekül-Orbitale zwischen den beiden Kohlenstoff-Atomen im Ethen-Molekül (Grundzustand)*

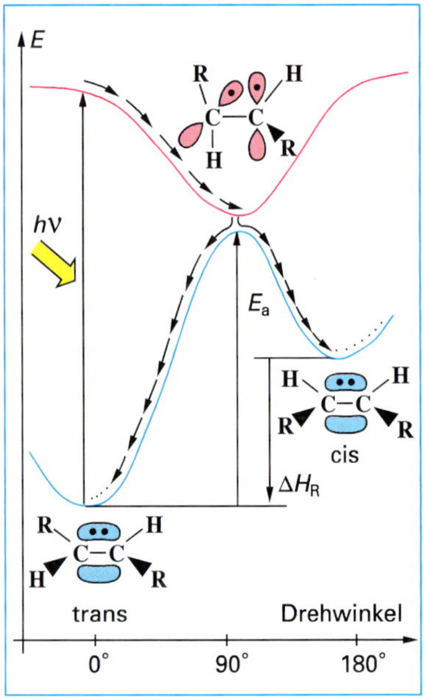

B 236.1. Reaktionsweg bei der photochemischen trans-cis-Isomerisierung. Die blaue Kurve stellt die Energien des Systems bei verschiedenen Verdrillungswinkeln im Grundzustand dar, die rote Kurve im angeregten Zustand.

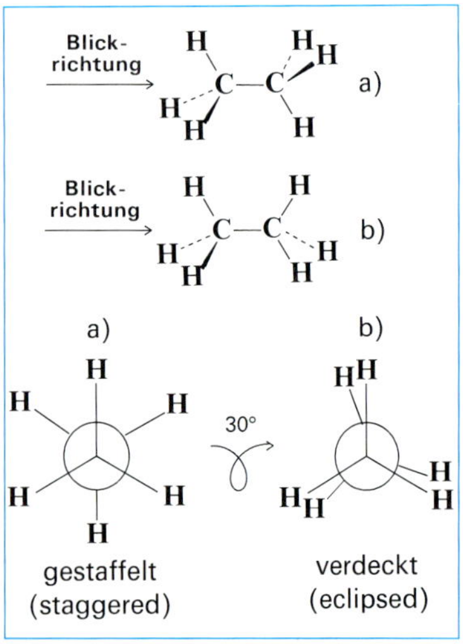

B 236.2. Keilstrichformeln und Newman-Projektionsformeln für die Konformationen des Ethan-Moleküls

Aufgaben

A 236.1. Bei cis-2-Buten und trans-2-Buten liegen die Schmelztemperaturen nicht so weit auseinander wie bei Maleinsäure und Fumarsäure (vgl. B 39.2. und Tab. 234.1.). Begründen Sie den Sachverhalt.

A 236.2. trans-Isomere sind energieärmer als die entsprechenden cis-Isomere (größere Entfernung zwischen den Substituenten). Während cis-trans-Isomerisierungen sowohl photochemisch als auch thermisch, d.h. durch Wärmezufuhr, bewirkt werden können, finden trans-cis-Isomerisierungen nur photochemisch, nicht aber thermisch statt. Begründen Sie den Sachverhalt. (Hinweis: vgl. B 236.1.)

A 236.3. Welchen prinzipiellen Unterschied gibt es zwischen einer thermischen Reaktion (Zufuhr von Wärme als Aktivierungsenergie) und einer photochemischen Reaktion (Lichtzufuhr zur Auslösung der Reaktion) hinsichtlich der Orbitalbesetzung im reagierenden System?

A 236.4. Bei einem Helium-Molekül He_2 müsste es zu den gleichen MO kommen wie bei einem Wasserstoff-Molekül (B 413.3). Wie kann man erklären, dass es keine Helium-Moleküle He_2 gibt?

A 236.5. Wegen der Rotationssymmetrie des σ-MO zwischen den beiden Kohlenstoff-Atomen im Ethan-Molekül ändert sich an der Kohlenstoff-Kohlenstoff-Bindung nichts, ganz gleich, wie die eine CH_3-Gruppe in Bezug auf die andere gedreht ist. Die geometrischen Anordnungen der Atome, zu denen es kommen kann, werden *Konformationen* genannt (B 236.2.). Die gestaffelte Konformation ist wegen der größeren Entfernung der Wasserstoff-Atome etwas energieärmer als die verdeckte. Der Übergang aus der einen in die andere erfolgt aber so schnell, dass man nicht zwischen zwei Isomeren (Konformeren) unterscheiden kann. a) Zeichnen Sie gemäß B 236.2. mehrere Konformationen für das Molekül des 1,2-Dichlorethans. b) Hier gibt es zwei verschiedene gestaffelte Konformationen, die nicht energiegleich sind. Zeichnen und erläutern Sie.

A 236.6. Erläutern Sie folgende Prinzipien der Quantenmechanik: a) Quantifizierung der Energie; b) Teilchen-Welle-Dualismus; c) Unschärferelation (vgl. S. 410).
Inwiefern wird beim Orbital-Modell jedem dieser Prinzipien Rechnung getragen?

A 236.7. In der erdnahen Atmosphäre (Troposphäre) werden Alkane und Alkene photooxidativ abgebaut. Ein möglicher erster Reaktionsschritt ist dabei eine $\sigma-\sigma^*$ bzw. eine $\pi-\pi^*$ Anregung eines Moleküls durch Absorption eines Lichtquants aus dem Sonnenlicht. Alkene werden wesentlich schneller abgebaut als Alkane. Erklären Sie diesen Sachverhalt. (Hinweis: vgl. B 235.2.)

Neue Fachbegriffe

Orbital, Atomorbital AO, Molekülorbital MO, bindendes σ-MO, antibindendes σ^*-MO, bindendes π-MO, antibindendes π^*-MO, Grundzustand, angeregter Zustand, cis-trans-Isomerisierungen, Konformation

Zusammenfassung

Bei photochemischen cis-trans-Isomerisierungen gehen Moleküle durch Absorption von Lichtquanten in den angeregten Zustand über. Nach dem Orbital-Modell entspricht dies dem Übergang eines Elektrons aus einem bindenden in ein antibindendes Molekül-Orbital. Im angeregten Zustand ist eine Drehung der Molekül-Teile um die Achse der Kohlenstoff-Kohlenstoff-Doppelbindung begünstigt. Dadurch wird eine cis-trans- bzw. eine trans-cis-Isomerisierung eingeleitet.

9.3. Halogenalkane und nucleophile Substitution

Praktikum

Alkohole aus Halogenalkanen

Es wird empfohlen, dass einige Gruppen PV 237.1. und die übrigen PV 237.2. durchführen, weil zwei Unterrichtsstunden nicht für die Durchführung und Auswertung aller Versuche ausreichen.

Versuche

PV 237.1. Versetzen Sie in einem großen Rggl. (oder in einem kleinen Erlenmeyerkolben) 2 ml 2-Brompropan* (vgl. B 238.1.) mit 12 ml Kaliumhydroxid-Lösung* in Methanol*, $c = 2$ mol/l, geben Sie 2 Siedesteinchen dazu, stopfen Sie in den Hals des Rggl. Glaswolle und erhitzen Sie auf dem Wasserbad im Abzug bei 70 °C (B 237.1.). Bringen Sie die Lösung zum schwachen Sieden und beobachten Sie die Ablagerung an der Wand des Rggl. und die Trübung in der Lösung. Unterbrechen Sie das Sieden nach 12 min und kühlen Sie das Gemisch unter fließendem Wasser ab. Trennen Sie die Phasen, falls möglich durch Dekantieren, wenn nicht durch Filtrieren. Übernehmen Sie die feste Phase in ca. 10 ml destilliertem Wasser, säuern Sie mit mittelkonzentrierter Salpetersäure* bis auf einen schwach sauren $p\mathrm{H}$-Wert an und versetzen Sie mit einigen Tropfen Silbernitrat-Lösung*. Beobachtung beim Übergießen mit Wasser und beim Versetzen mit Silbernitrat-Lösung?
Führen Sie den Versuch auch mit den Halogen-Verbindungen II und III (B 238.1.) durch und stellen Sie Ähnlichkeiten und Unterschiede fest.

PV 237.2. Stellen Sie eine Apparatur wie in B 238.2. zusammen und notieren Sie die Anzeige des Amperemeters. Gießen Sie bei eingeschalteter kräftiger Rührung 1 ml 2-Brom-2-methylpropan* (II aus B 238.1.) in die 100 ml Wasser und notieren Sie ab diesem Moment alle 20 s die Stromstärke. Unterbrechen Sie, wenn die Stromstärke nicht mehr wesentlich zunimmt, spätestens jedoch nach 20 min. Versetzen Sie einige ml der Lösung aus dem Becherglas im Rggl. mit etwas Silbernitrat-Lösung*. Beobachtung? Halten Sie in die Lösung aus dem Becherglas einen Lackmuspapier-Streifen. Beobachtung?
Wiederholen Sie den Versuch mit dem Halogenalkan* III und mit dem Halogenalkan* I (B 238.1.).

Auswertung zu PV 237.1.

a) Um welchen Stoff handelt es sich bei der Ablagerung in PV 237.1.? Begründung?
b) Welche beiden Stoffe **einer** Stoffklasse sind in der dekantierten Flüssigkeit aus PV 237.1. enthalten? (Falls ein Gaschromatograph verfügbar ist, kann ihre Auftrennung und ihr Nachweis durchgeführt werden.)
c) Formulieren Sie die Reaktionsgleichungen und benennen Sie die Produkte bei den drei Varianten von PV 237.1. mit I, II und III.
d) Ordnen Sie einerseits die Halogenalkane I und II und andererseits die Halogenalkane II und III nach zunehmenden Reaktivitäten gegenüber methanolischer Kaliumhydroxid-Lösung.

Auswertung zu PV 237.2.

a) Deuten Sie die beiden Nachweisversuche mit der Lösung am Ende der Messungen und formulieren Sie die Reaktionsgleichung der während der Aufnahme der Messreihe im Becherglas abgelaufenen Reaktion.
b) Stellen Sie die Messergebnisse in **einem** Stromstärke-Zeit-Diagramm dar und treffen Sie Aussagen über die relativen Geschwindigkeiten der drei Reaktionen aus den Versuchen mit den Halogenalkanen I, II und III (B 237.2.).

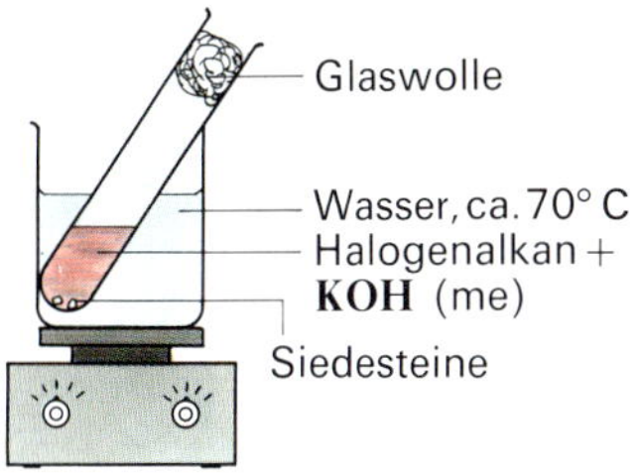

B 237.1. *Skizze zu PV 237.1.*

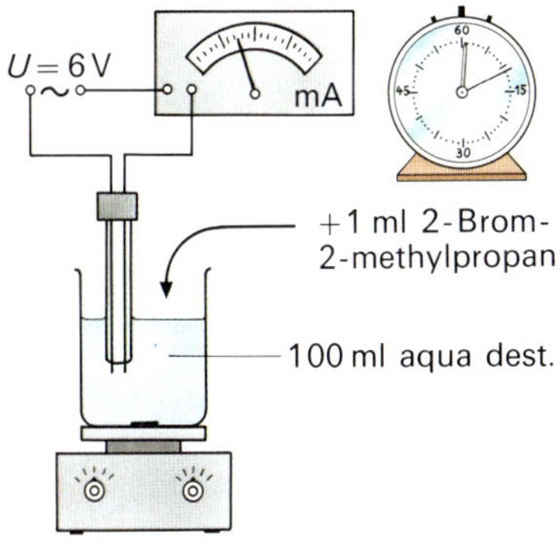

B 237.2. *Versuchsvorrichtung zu PV 237.2.*

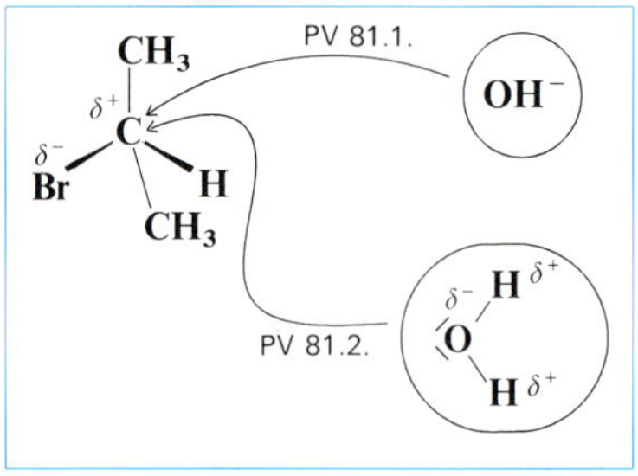

B 238.2. *Elektrisch negativ geladene Ionen (z.B. das Hydroxid-Ion) und polare Moleküle (z.B. das Wasser-Molekül) wirken als nuchleophile[1] Angreifer.*

[1] von *nucleus* (lat.) = Kern und *philos* (griech.) = Freund, nucleophil bedeutet „kernfreundlich" oder „Kern liebend".

Bromalkane	relative Geschwindigkeit
CH_3Br	1
CH_3CH_2Br	1
$(CH_3)_2CHBr$	12
$(CH_3)_3CBr$	$1{,}2 \cdot 10^6$

Tab. 238.1. *Relative Reaktivitäten verschiedener Bromalkane gegenüber Wasser*

$$I^- > Br^- > Cl^- > F^-$$

B 238.3. *Relatives Austrittsvermögen der Halogenid-Ionen*

$(CH_3)_2CHBr$	$(CH_3)_3CBr$	$(CH_3)_3CCl$
2-Brompropan	2-Brom-2-methylpropan	2-Chlor-2-methylpropan
I	II	III

B 238.1. *Formeln und Namen der in den Versuchen verwendeten Halogenalkane*

Beim Kochen eines Halogenalkans in einer Lösung aus Kaliumhydroxid in Methanol **KOH(me)** setzt sich ein weißer Feststoff ab. Er ist wasserlöslich und in seiner Lösung können Halogenid-Ionen X^- nachgewiesen werden. Diese Beobachtungen aus PV 237.1. lassen sich mit der folgenden Reaktionsgleichung erklären:

$$R-X(me) + OH^-(me) + K^+(me) \rightarrow R-OH(me) + KX(s)$$

Die Ablagerung ist also in Methanol sehr schlecht lösliches Kaliumbromid bzw. Kaliumchlorid; in der Lösung bleibt ein aus dem Halogenalkan gebildeter Alkohol.
Mit Wasser reagieren nur die tertiären Halogenalkane II und III (B 238.1.) merklich. Die gebildete Lösung leitet mit Fortschritt der Reaktion zunehmend besser, reagiert sauer und enthält ebenfalls Halogenid-Ionen (PV 237.2.). Die Reaktionsgleichung lautet:

$$R-X(l) + H_2O(l) \rightarrow R-OH(aq) + X^-(aq) + H^+(aq)$$

In beiden Fällen (PV 237.1. und PV 237.2) handelt es sich um die **Substitution** des Halogen-Atoms **X** durch eine Hydroxy-Gruppe **OH**. Das Halogenalkan-Molekül wird dabei jeweils von einem „Kern liebenden" Teilchen, einem **Nucleophil**[1] (vgl. B 238.2.) angegriffen. Man spricht aus diesem Grunde von einer **nucleophilen Substitution** und formuliert dazu folgenden *Reaktionsmechanismus*:

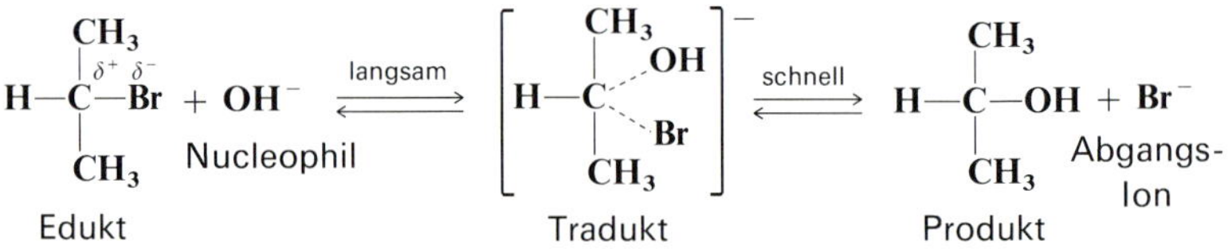

Der Angriff des Nucleophils erfolgt am partiell positiv geladenen Kohlenstoff-Atom von der Kohlenstoff-Brom-Bindung im Halogenalkan-Molekül. Die Bindung zwischen diesem Kohlenstoff-Atom und dem Brom-Atom wird immer schwächer, die zur Hydroxy-Gruppe immer stärker, bis das Bromid-Ion völlig durch die Hydroxy-Gruppe ersetzt wird.
Unter gleichen Reaktionsbedingungen verläuft die Reaktion der beiden Bromalkane aus B 238.1. mit methanolischer Kalilauge bei 2-Brom-2-methylpropan (II) schneller als bei 2-Brompropan (I) (PV 237.1.). Diese Reihenfolge gilt auch für die Reaktion mit Wasser (PV 237.2.). Ganz allgemein reagieren Halogenalkane, in deren Molekül das Halogen-Atom an ein tertiäres Kohlenstoff-Atom gebunden ist, am schnellsten, solche mit dem Halogen-Atom am sekundären Kohlenstoff-Atom langsamer usw. (vgl. Tab. 238.1.).

Bei komplizierter gebauten Molekülen kann es am Reaktionszentrum (dem positivierten Kohlenstoff-Atom, an dem der Angriff des Nucleophils erfolgt) zu räumlichen Hinderungen durch den Molekülrest kommen, insbesondere dann, wenn das angreifende Nucleophil voluminöser als das Abgangs-Ion ist (vgl. A 241.2.). Bisher haben wir uns auf den Einfluss des *Alkanrests* bezogen (allgemein spricht man auch von der **Substratstruktur**, vor allem, wenn es sich um große Molekülreste handelt).
Das Bromderivat II (B 238.1.) reagiert mit Wasser schneller als das Chlorderivat III mit gleichem Alkanrest (PV 237.2.). Dies zeigt, dass auch das *Abgangs-Ion* (allgemein: *Abgangs-Gruppe*) die Geschwindigkeit einer nucleophilen Substitution beeinflusst. Der genannte Unterschied kann dadurch erklärt werden, dass a) die Kohlenstoff-Brom-Bindung leichter aufspaltet als die Kohlenstoff-Chlor-Bindung (vgl. Tab. 417) und b) das größere Bromid-Ion leichter polarisiert und damit in die Lösung verdrängt wird als das kleinere Chlorid-Ion. Ein Vergleich verschiedener Abgangsgruppen ist in B 238.3. dargestellt.
Die Geschwindigkeit einer nucleophilen Substitution hängt selbstverständlich auch von der Art und der Konzentration des *Nucleophils* ab. Zwar können wir zur Begründung nicht unmittelbar unsere Versuchsergebnisse heranziehen, weil dort bei verschiedenen Temperaturen und verschiedenen Nucleophil-Konzentrationen gearbeitet wurde, aber die in Tab. 239.1. angegebenen Werte zeigen, wie groß die Unterschiede bei der Reaktion von Iodmethan mit verschiedenen Nucleophilen sein können. Elektrisch negative Ladung und gute Polarisierbarkeit des Nucleophils machen diese besonders reaktiv.
Schließlich hat auch das *Lösungsmittel* einen Einfluss auf die Reaktionsgeschwindigkeit einer nucleophilen Substitution. Allgemein begünstigen polare organische Lösungsmittel eine nucleophile Substitution (vgl. Tab. 239.2.). Einerseits lösen sich darin beide Reaktionspartner (deshalb wird bei PV 237.1. Methanol genommen) und andererseits wird dadurch der Austritt des Abgangs-Ions aus dem Halogenalkan-Molekül unterstützt. Die Dipole des Lösungsmittels „ziehen" an ihm in Richtung Lösung und „helfen" damit dem nucleophilen Angreifer, es vom Alkylrest zu verdrängen.

Methylcellulose und Silicone – nucleophile Substitutionen in der Technik

Nucleophile Substitutionen, an denen Halogenalkane beteiligt sind, spielen bei vielen Synthesen im Labor und in der Industrie eine wichtige Rolle. Bei den industriellen Synthesen ist es erforderlich, dass die Material- und Energiekosten zur Erzeugung eines Produkts gering gehalten werden und dass die Nebenprodukte, die zwangsläufig immer entstehen, möglichst weiterverwendet werden können und nicht Umwelt schädigend sind. Beim Arbeiten mit Chloralkanen bedeutet dies, dass das Chlor am Ende des Prozesses „anorganisch" vorliegen sollte, d.h. in Form von Hydrogenchlorid oder Chlorid-Ionen haltigen Lösungen, wie es bei folgenden Beispielen der Fall ist.

Nucleophil	relative Geschwindigkeit
H_3COH	1
NO_3^-	32
F^-	500
SO_4^{2-}	3160
Cl^-	23500
NH_3	316000
Br^-	603000
CN^-	5010000
I^-	26300000
HS^-	100000000

Tab. 239.1. *Relative Reaktionsgeschwindigkeiten verschiedener Nucleophile mit Iodmethan.*

$$H_3C-I + Cl^- \xrightarrow{\text{Lösungsmittel}} H_3C-Cl + I^-$$

Lösungsmittel	relative Geschwindigkeit
H_3COH (Methanol)	1
$HCONH_2$ (Formamid)	12,5
$HCON(CH_3)_2$ (Dimethylformamid DMF)	1200000

Tab. 239.2. *Die nucleophile Substitution verläuft in polaren, keine Protonen abspaltenden („aprotischen") Lösungsmitteln (z.B. DMF) am besten. Ihre Moleküle kommen nicht als Nucleophile in Frage, solvatisieren das Nucleophil und die Abgangsgruppe aber sehr gut.*

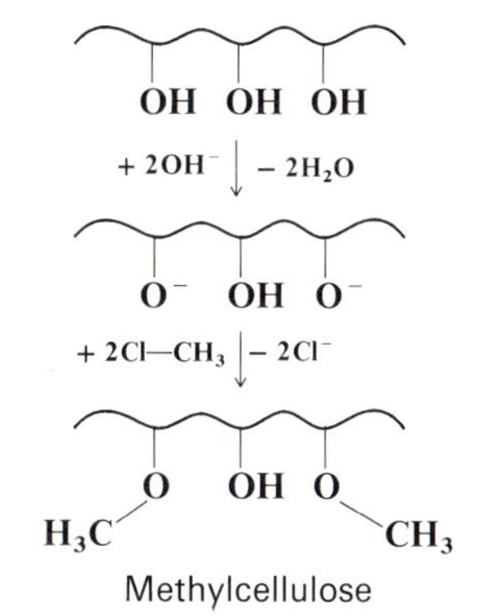

B 239.1. *Synthese von Methylcellulose*

B 240.1. *Siliconkautschuk wird beim Abdichten von Fugen verwendet.*

Aus dem Naturstoff Cellulose stellt man in einem 2-Schrittprozess (B 239.1.) *Methylcellulose* her, die sich sehr gut zum Kleben verschiedener Materialien, z. B. Tapeten, eignet.
Im ersten Schritt wird mit einer starken Lauge ein Teil der Hydroxy-Gruppen in den Cellulose-Molekülen deprotoniert, was eine starke Zunahme ihrer Nucleophilie bedeutet. Diese Form der Cellulose wird anschließend mit Chlormethan versetzt. Es kommt zu einer nucleophilen Substitution, bei der Alkoholat-Reste die nucleophilen Angreifer und Chlorid-Ionen die Abgangs-Ionen sind. Insgesamt wird durch die Folge dieser beiden Schritte ein Teil der Hydroxy-Gruppen aus einem Cellulose-Molekül in Methylether-Gruppen umgewandelt. Man spricht von der Methylierung der Cellulose. Nach dem in B 239.1. dargestellten Verfahren kann man auch allgemein aus einem Alkohol $\mathbf{R-OH}$ und einem Halogenalkan $\mathbf{R_1-Cl}$ den Ether $\mathbf{R-O-R_1}$ synthetisieren (*Williamson-Synthese* der Ether). Man muss allerdings zur Deprotonierung des Alkohols und Erzeugung des Alkoholat-Ions i. d. R. metallisches Natrium nehmen (vgl. S. 21).

Silicone sind eine Klasse von neuartigen Kunststoffen. Es handelt sich um Produkte, die in wahrstem Sinne für tausendundeinen Zweck dienen. Die Silicium-Verbindungen (vgl. S. 357 ff.) können an dieser Stelle als Beispiel für analoge Reaktionen bei Kohlenstoff- und Silicium-Verbindungen angeführt werden. Ein Silicon wird in folgenden Reaktionsschritten hergestellt:

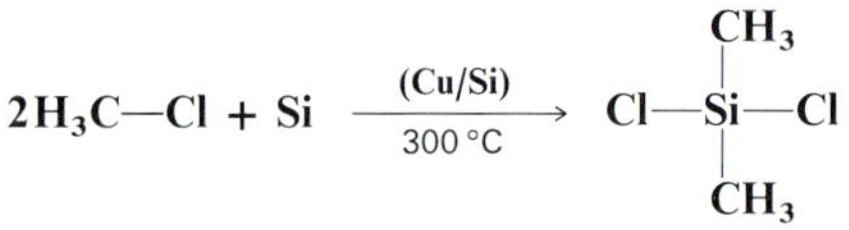

Müller-Rochow-Reaktion

Dichlordimethylsilan

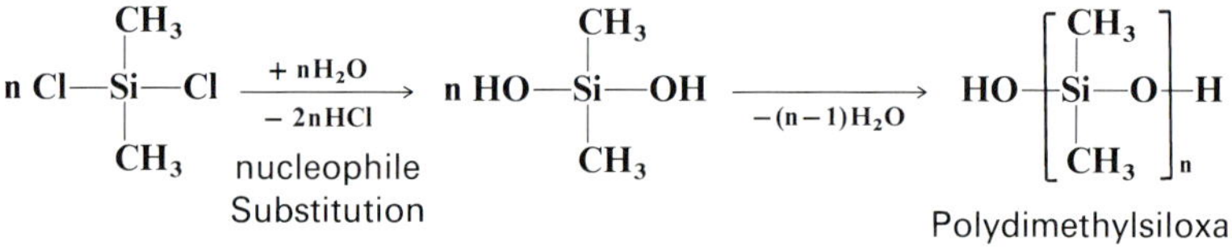

Polydimethylsiloxan (Silicon)

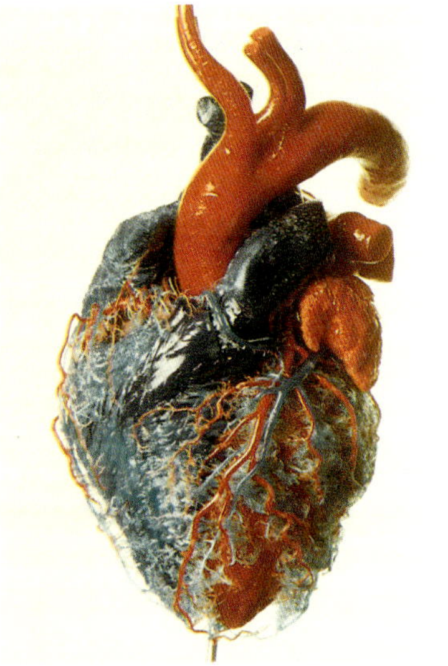

B 240.2. *Plastiniertes Herz für wissenschaftliche Studien. Die Zellflüssigkeit wurde gegen ausgehärtetes Silocon ausgetauscht.*

Im ersten Schritt wird aus Silicium und Chlormethan Dichlordimethylsilan hergestellt, eine zu 2,2-Dichlorpropan analoge Silicium-Verbindung. Im Dichlordimethylsilan-Molekül sind die Silicium-Chlor-Bindungen noch wesentlich stärker polarisiert als entsprechende Kohlenstoff-Chlor-Bindungen (vgl. hierzu die EN-Werte aus dem PSE). Somit kann am Silicium-Atom im Dichlordimethylsilan-Molekül noch leichter ein nucleophiler Angriff erfolgen z. B. durch ein Wasser-Molekül. Technisch wird die Reaktion so geführt, dass das als Zwischenprodukt formulierte Dihydroxy-Derivat gleich unter Wasserabspaltung weiterreagiert, zu längeren Molekülen, deren Hauptkette alternierend aus Silicium- und Sauerstoff-Atomen besteht. Setzt man Trichlormethylsilan oder Tetrachlorsilan ein, so erhält man verzweigte und vernetzte Großmoleküle, die auch andere Eigenschaften des Silicons zur Folge haben (B 241.1.).

Abdichtung von „arbeitenden" Fugen (B 240.1.); Gebäudeschutz; Hitzebeständige Kabelisolationen; Kühlmittel für Transformatoren; Schuhcremes, Lacke, Polituren; Reifen für Flugzeuge und Raumfahrzeuge; Medizinische Geräte, z.B. künstliche Adern, Herzklappen und Präparate (B 240.2.)

B 241.1. *Silicone sind hitzebeständig und chemisch inert. Sie sind je nach Struktur elastisch, rigide oder flüssig und haben viele Einsatzbereiche.*

Aufgaben

A 241.1. Welche der beiden Energiekurven aus B 222.2. entspricht dem auf S. 238 formulierten Mechanismus der nucleophilen Substitution? Erläutern Sie.

A 241.2. Wie erklären Sie die in Tab. 241.1. angegebenen Unterschiede der relativen Geschwindigkeiten? (Bitte die räumlichen Strukturmodelle der Halogenalkane betrachten.)

A 241.3. Nucleophile Substitutionen sind reversibel. So z.B. kann man aus Methanol und Salzsäure Chlormethan enthalten:

$$H_3C-OH + Cl^- \rightleftarrows H_3C-Cl + OH^-$$

a) Formulieren Sie den Mechanismus der Reaktion.
b) Formulieren Sie den Gesamtstoffumsatz, indem Sie als Edukt $HCl(aq)$ einsetzen, und schreiben Sie das Massenwirkungsgesetz für das sich einstellende Gleichgewicht auf.
c) Wie muss man die Konzentration der Salzsäure wählen, um möglichst viel des eingesetzten Methanols in Chlormethan zu überführen? Begründung?

A 241.4. a) Formulieren Sie die Reaktionsgleichungen zur *WILLIAMSON-Synthese* von Methyl-Ethyl-Ether. Sind Varianten möglich? b) Geben Sie für die 4 anderen Ether aus B 241.2. die Edukte (das Halogenalkan und den Alkohol) an, von denen man ausgehen muss, um durch *WILLIAMSON-Synthese* den jeweiligen Ether zu erhalten. c) Großtechnisch wird MTBE (vgl. B 241.2.) durch säurekatalysierte Addition von Methanol an 2-Methylpropen hergestellt. Formulieren Sie die Reaktionsgleichung und nennen Sie Vorteile gegenüber der WILLIAMSON-Synthese.

A 241.5. Die Moleküle eines protischen Lösungsmittels können Protonen abspalten (sie sind also Säuren – wenngleich sehr schwache!), bei einem aprotischen Lösungsmittel ist das nicht der Fall. Haben Sie eine Erklärung dafür, dass Methanol ein protisches und Dimethylformamid ein aprotisches Lösungsmittel ist? (Die Formeln finden Sie in Tab. 239.2. Formamid ist übrigens auch noch ein schwach protisches Lösungsmittel.)

A 241.6. Zeichnen Sie einen Ausschnitt aus der Molekülformel eines Silicons, bei dessen Herstellung ein Gemisch aus Dichlormethylsilan und Trichlormethylsilan eingesetzt wurde. Ist dieses Silicon besser oder schlechter für die Herstellung von Reifen geeignet als das aus der Gleichung von S. 240?

Zusammenfassung

Bei der nucleophilen Substitution an einem Halogenalkan werden Halogen-Atome durch andere Atome oder Atom-Gruppen ersetzt. Der Alkanrest, das Nucleophil, die Abgangs-Gruppe und das Lösungsmittel beeinflussen die Geschwindigkeit der nucleophilen Substitution. Dieser Reaktionstyp kommt bei vielen Synthesen vor.

$H_3C-O-CH_2CH_3$
Mothyl othyl othor

$H_3C-O-C(CH_3)_3$
Methyl-tertiär-butylether [1]

$H_3CH_2C-O-CH_2CH_3$
Diethylether
(„Ether")

$HOH_2CH_2C-O-CH_2CH_2OH$
Diethylenglykol

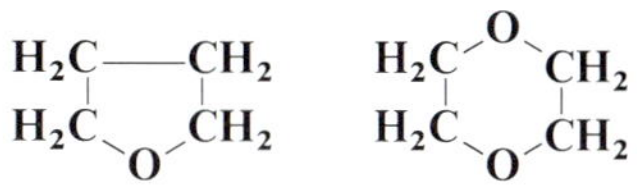

Tetrahydrofuran Dioxan

B 241.2. *Verschiedene Ether (Tetrahydrofuran und Dioxan sind cyclische Ether) vgl. A 241.4.*

[1] Methyl-tertiär-butylether, MTBE, Zusatzstoff in bleifreiem Benzin mit hoher Octanzahl („Super" und „Super plus")

Bromalkan	relative Geschwindigkeit
CH_3CH_2Br	1
$CH_3CH_2CH_2Br$	0,8
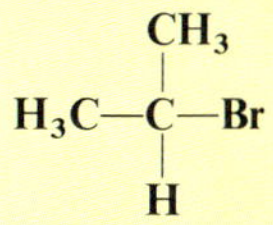	0,003
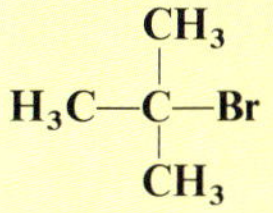	0,000013

Tab. 241.1. *Relative Geschwindigkeiten verschiedener Bromalkane bei der nucleophilen Substitution (Nucleophil: Iodid-Ionen) vgl. A 241.2.*

Neue Fachbegriffe

nucleophile Substitution, Nucleophil, Abgangs-Gruppe (Abgangs-Ion), Substrat, aprotisches Lösungsmittel, Silicone, WILLIAMSON-Synthese

Untersuchte Reaktion:

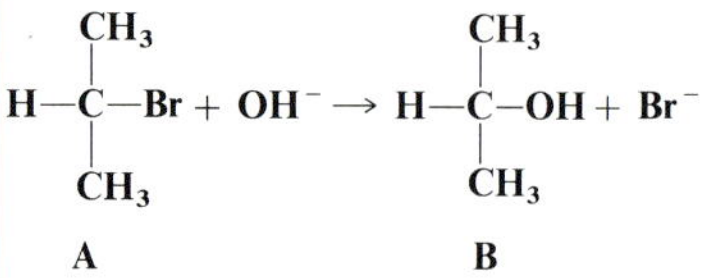

Zu jedem Zeitpunkt gilt.

$c(\mathrm{A}) = c(\mathrm{OH^-})$ und $c(\mathrm{B}) = c(\mathrm{Br^-})$

Versuch Nr. 1

Zeit in h	$c(\mathrm{A}) = c(\mathrm{OH^-})$ in mol/l
0	$1 \cdot 10^{-3}$
4,75	$9{,}6 \cdot 10^{-4}$
24	$8{,}1 \cdot 10^{-4}$
36	$7{,}3 \cdot 10^{-4}$
48	$6{,}6 \cdot 10^{-4}$

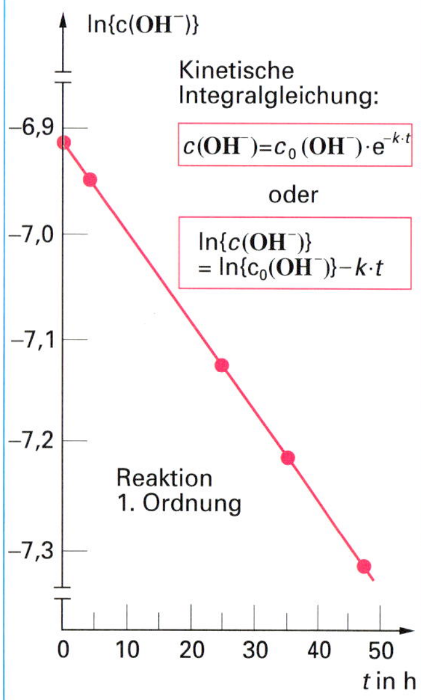

Graph und kinetisches Integralgesetz zu Versuch Nr. 1

B 242.1. *Bei Versuch Nr. 1 besteht eine lineare Abhängigkeit zwischen dem Logarithmus der Konzentrationswerte und der Zeit (Reaktion 1. Ordnung).*

SN1- und SN2-Reaktionen

Aus kinetischen Untersuchungen von Reaktionsverläufen kann man Rückschlüsse auf die Reaktionsmechanismen ziehen. Dabei gilt, dass stets der langsamste Schritt einer in mehreren Schritten verlaufenden Reaktion für die Geschwindigkeit der Gesamtreaktion bestimmend ist.

Experimentell erhält man bei der nucleophilen Substitution an 2-Brompropan (die Reaktion ist aus dem Praktikum von S. 237 bekannt) in zwei Reaktionansätzen die in B 242.1. und B 243.1. tabellierten Messergebnisse. Würden wir diese Messergebnisse in Konzentration-Zeit-Diagrammen graphisch darstellen, so könnten wir aus den entsprechenden Zeit-Konzentration-Kurven die zugrunde liegenden kinetischen Gesetze nicht erkennen. Denkbar einfache Zusammenhänge, nämlich lineare, erhält man aber durch die Darstellungen aus B 242.1. und B 243.1.

Mathematisch erhält man die beiden Gleichungen durch Integration der folgenden *Differentialgleichungen*[1]:

Reaktion 1. Ordnung: $$v_r = -\frac{\mathrm{d}c(\mathrm{A})}{\mathrm{d}t} = -k \cdot c(\mathrm{A}) = -k \cdot c(\mathrm{OH^-})$$

Reaktion 2. Ordnung: $$v_r = -\frac{\mathrm{d}c(\mathrm{A})}{\mathrm{d}t} = -k \cdot c(\mathrm{OH^-}) \cdot c(\mathrm{A}) = -k \cdot c^2(\mathrm{OH^-})$$

v_r gibt jeweils die Konzentrationsänderung von **A** in einem verschwindend kleinen Zeitintervall dt an.

Die nach dem kinetischen Gesetz 1. Ordnung verlaufende nucleophile Substitution kann auf der Teilchen-Ebene durch folgenden **SN1**-Mechanismus erklärt werden:

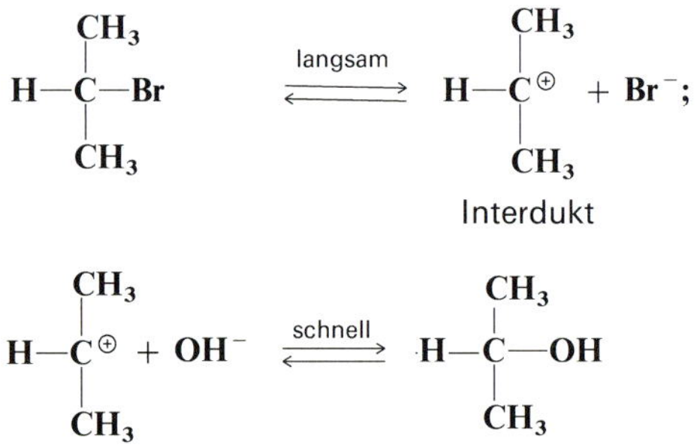

Im ersten, langsamen Schritt spaltet sich vom 2-Brompropan-Molekül ein Bromid-Ion ab, es entsteht ein *sekundäres Carbokation* als Interdukt. In diesem Schritt steht auf der Edukt-Seite nur ein Teilchen; man spricht von einer **unimolekularen Reaktion**. Da dies der geschwindigkeitsbestimmende Schritt ist, folgt die Gesamtreaktion auf der Stoff-Ebene einer Kinetik 1. Ordnung.

[1] In Differentialgleichungen kommen Ableitungen (Differentiale) vor. Hier ist es die Ableitung der Konzentration gegen die Zeit. Schreibweise: dc/dt.

Für die nucleophile Substitution 2. Ordnung lässt sich folgender **SN2**-Mechanismus formulieren:

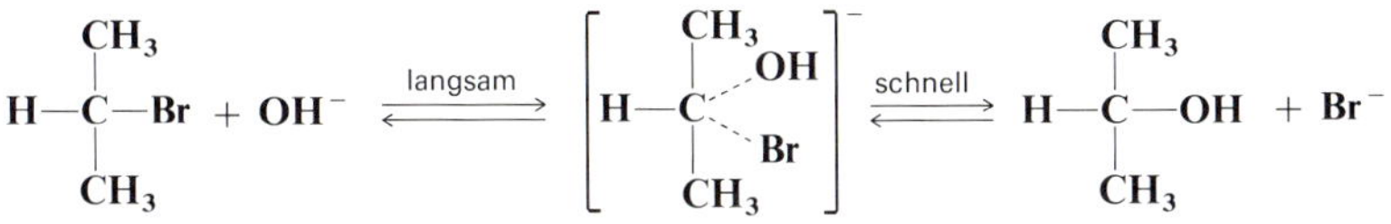

Hier verläuft die Bildung des Tradukts (Übergangszustand) langsam und ist damit geschwindigkeitsbestimmend. Der Abgang des Bromid-Ions und die Anlagerung des Hydroxid-Ions erfolgen *konzertiert*, d.h., die Auftrennung der einen und die Bildung der anderen Bindung sind *gleichzeitig* stattfindende Prozesse. Bei der Bildung des Tradukts sind zwei Teilchen auf der Edukt-Seite beteiligt, das 2-Brompropan-Molekül und das Hydroxid-Ion. Es liegt eine **bimolekulare Reaktion** vor. Da dieser Reaktionsschritt geschwindigkeitsbestimmend ist, verläuft die Reaktion nach einer Kinetik 2. Ordnung[1]. Die Ordnung einer Reaktion muss nicht immer mit ihrer Molekularität übereinstimmen. Während die Ordnung der Reaktion experimentell ermittelt und im Geschwindigkeitsgesetz ausgedrückt wird, bezieht sich die Molekularität auf die Teilchen-Ebene, d.h. auf den Reaktionsmechanismus, der lediglich Modellcharakter hat.

Wann verläuft eine nucleophile Substitution nach dem SN1- und wann nach dem SN2-Mechanismus?

Bei der nucleophilen Substitution an 2-Brompropan hängt dies von der Anfangskonzentration der Edukte ab. Relativ große Anfangskonzentrationen bewirken eine Reaktion nach SN2, bei relativ kleinen Anfangskonzentrationen tritt eine Reaktion nach SN1 ein. Ginge man bei dieser Reaktion von $c_0(\mathrm{A}) = c_0(\mathrm{OH}^-) = 0{,}1$ mol/l aus, so erhielte man weder eine „reine" Kinetik 1. Ordnung noch eine 2. Ordnung. Auf der Teilchen-Ebene gibt es in diesem Fall eine Konkurrenz zwischen SN1 und SN2, d.h., einige Teilchen reagieren nach dem SN1-andere nach dem SN2-Mechanismus. Allgemein lässt sich sagen, dass die Reaktionsbedingungen (Eduktkonzentrationen, aber auch Lösungsmittel, Temperatur u.a.) den Reaktionsmechanismus SN1 oder SN2 beeinflussen.
Es gibt aber auch Beispiele, bei denen SN1 oder SN2 bevorzugt wird, unabhängig von der Anfangskonzentration der Edukte. Wenn sich als Interdukt ein stabiles Carbokation bildet, z.B. ein tertiäres Carbenium-Ion (B 232.2.), dann verläuft die Reaktion bevorzugt nach dem SN1-Mechanismus. Das ist der Fall bei der nucleophilen Substitution an tertiären Kohlenstoff-Atomen. An primären Kohlenstoff-Atomen dagegen verläuft die nucleophile Substitution i.d.R. nach dem SN2-Mechanismus.

[1] Die Ordnung einer Reaktion ergibt sich aus der Summe der Hochzahlen bei den Konzentrationen in der Differentialgleichung der Reaktionsgeschwindigkeit. Die Molekularität kennzeichnet die Anzahl der Eduktteilchen im geschwindigkeitsbestimmenden Reaktionsschritt.

Untersuchte Reaktion:

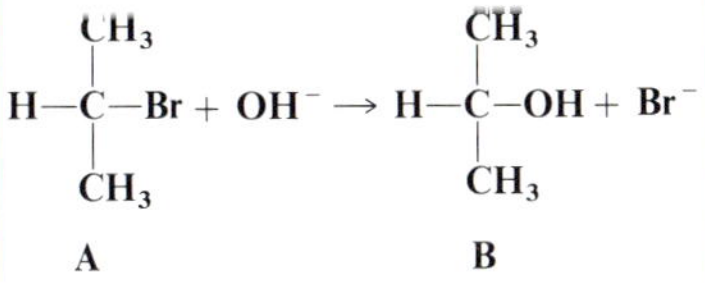

Zu jedem Zeitpunkt gilt.

$c(\mathrm{A}) = c(\mathrm{OH}^-)$ und $c(\mathrm{B}) = c(\mathrm{Br}^-)$

Versuch Nr. 2

Zeit in min	$c(\mathrm{A}) = c(\mathrm{OH}^-)$ in mol/l
0	1,5
11,3	1,44
52,9	1,23
104	1,04
162	0,89
260	0,71

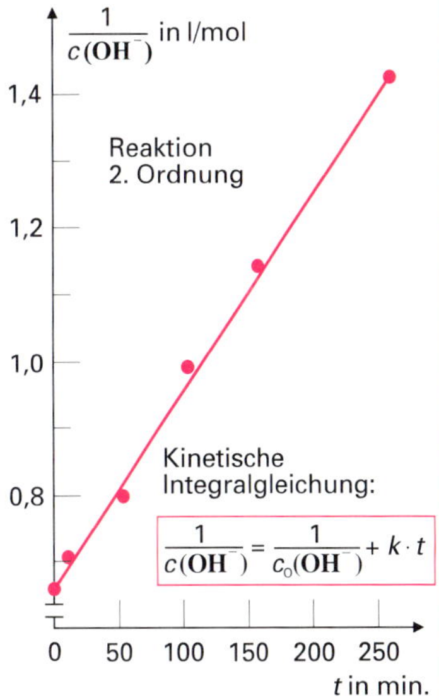

Graph und kinetisches Integralgesetz zu Versuch Nr. 2

***B 243.1.** Bei Versuch Nr. 2 besteht eine lineare Abhängigkeit zwischen dem Kehrwert der Konzentration und der Zeit (Reaktion 2. Ordnung).*

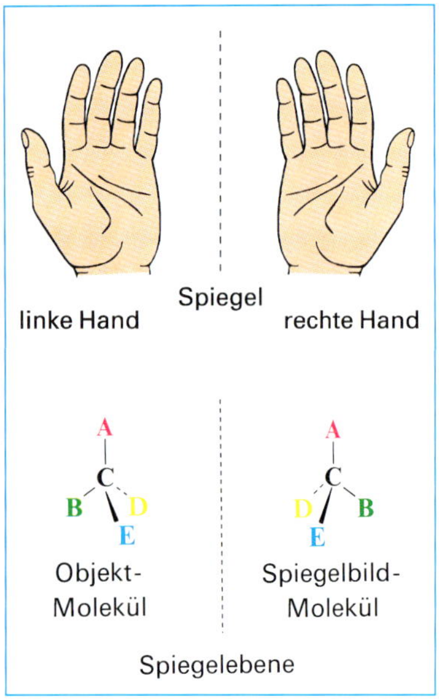

B 244.1. Die rechte und die linke Hand als Modell für chirale Objekte

Stereochemie bei SN1- und SN2-Reaktionen und Erklärung mit dem Orbital-Modell

Es gibt isomere Verbindungen, deren Moleküle anzusehen sind wie ein Objekt und sein Spiegelbild. Ein Objekt, das keine Spiegelebene besitzt, bezeichnet man als **chiral**[1]. So ist z.B. ein Molekül chiral, wenn vier verschiedene Substituenten an ein Kohlenstoff-Atom[2] gebunden sind. Dazu gibt es ein Spiegelbild-Molekül (B 244.1.).

Besteht ein Stoff nur aus Molekülen der einen Sorte, z.B. den „Objekt"-Molekülen aus B 244.1., so dreht seine Lösung die Ebene des polarisierten Lichts in eine Richtung z.B. nach rechts (vgl. S. 255ff.). Die Lösung des Stoffes, dessen Moleküle dem „Spiegelbild" aus B 244.1. entsprechen, dreht dann das Licht um den gleichen Winkel, aber in die entgegengesetzte Richtung, also nach links. **Optische Isomere (Enantiomere**[3]**)** haben ansonsten gleiche physikalische und chemische Eigenschaften, sie verhalten sich aber gegenüber anderen optisch aktiven Stoffen, wie sie z.B. bei lebenswichtigen Reaktionen vorkommen, unterschiedlich (vgl. B 245.3.).

Sind an einer nucleophilen Substitution chirale Moleküle beteiligt, so ist der SN1- oder SN2-Mechanismus für die **Stereochemie** *(räumliche Anordnung)* bei den Produkt-Molekülen verantwortlich. Beim SN2-Mechanismus tritt eine *Konfigurationsumkehr (WALDENSCHE-Umkehr)* ein. Aus einem optisch aktiven Edukt der D-Konfiguration[4] entsteht ein optisch aktives Produkt der L-Konfiguration und umgekehrt. Verläuft die Reaktion nach dem SN1-Mechanismus, so kommt es dagegen zum Verlust der optischen Aktivität, weil ein Produktgemisch aus rechts- und linksdrehenden Isomeren im Verhältnis 1:1 entsteht *(Racemisierung)*. Mit dem Orbital-Modell erklärt man diese Unterschiede dadurch, dass das Nucleophil Nu^- bei der SN2-Reaktion nur von der Rückseite der Abgangs-Gruppe X^- angreift (B 244.3.), während das sp^2-hybridisierte Interdukt aus der SN1-Reaktion mit gleicher Wahrscheinlichkeit von beiden Seiten angegriffen werden kann (B 244.2.).

[1] von *cheir* (griech.) = Hand
[2] Ein Kohlenstoff-Atom mit vier verschiedenen Substituenten (B 244.1. unten) nennt man auch asymmetrisches Kohlenstoff-Atom.
[3] von *enantios* (griech.) = entgegengesetzt, gegensätzlich
[4] zur Kennzeichnung optischer Isomere mit D und L s.S. 257

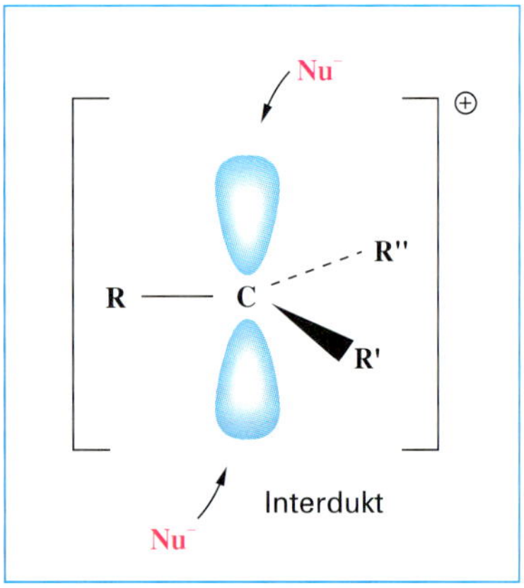

B 244.2. Orbital-Modell für das Interdukt beim SN1-Mechanismus

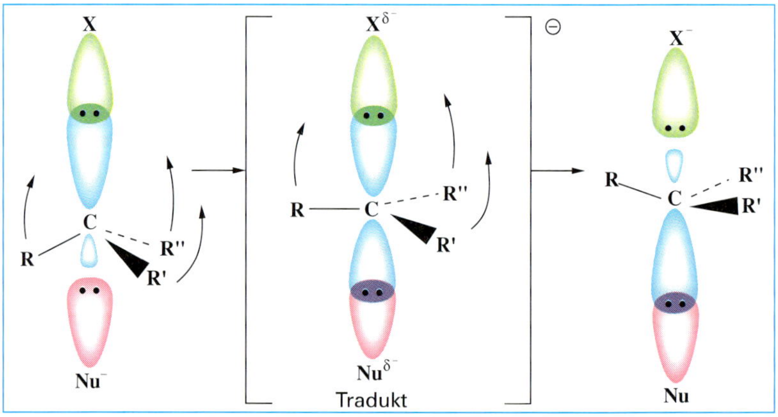

B 244.3. Orbital-Modell zur Stereochemie der SN2-Reaktion (Es werden nur die Orbitale gezeigt, die hier von Bedeutung sind.)

Aufgaben

A 245.1. Zeichnen Sie für den SN1-Mechanismus und für den SN2-Mechanismus Energiekurven (vgl. B 222.2.) und beschreiben Sie die wichtigen Stellen, indem Sie die entsprechenden Teilchen zuordnen.

A 245.2. Formulieren Sie die Mechanismen bei der Reaktion von Kalilauge in Methanol mit a) 2-Chlor-2-methylpropan und b) 1-Chlor-2-methylpropan. Begründen Sie die von Ihnen vorgeschlagenen Mechanismen.

A 245.3. Die in B 245.1. angegebenen Halogen-Verbindungen sollen mit methanolischer Kalilauge zur Reaktion gebracht werden. a) Bei welchen dieser Verbindungen sind optische Isomere (Enantiomere) möglich? b) Nehmen Sie an, dass jeweils das linksdrehende Enantiomer in die Reaktion eingesetzt wird. Was für ein Produkt ist in jedem der Fälle zu erwarten? Begründung?

Neue Fachbegriffe

kinetische Integralgleichung, kinetische Differentialgleichung, Reaktion 1. Ordnung, Reaktion 2. Ordnung, unimolekulare Reaktion, bimolekulare Reaktion, SN1- und SN2-Mechanismus, optisches Isomer (Enantiomer), chiral, Stereochemie, WALDENSCHE-Umkehr, Racemat, Racemisierung

Zusammenfassung

Der SN1-Mechanismus besteht aus zwei aufeinander folgenden Schritten. Der erste ist geschwindigkeitsbestimmend und führt zu einem Carbokation als Interdukt. Der SN2-Mechanismus besteht aus einem Schritt und führt über ein Tradukt.

Ist das Reaktionszentrum (das Kohlenstoff-Atom, an dem die Substitution erfolgt) chiral, so findet bei SN2 eine WALDENSCHE-Umkehr und bei SN1 eine Racemisierung statt.

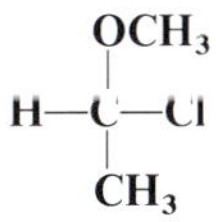
1-Chlor-1-methoxyethan

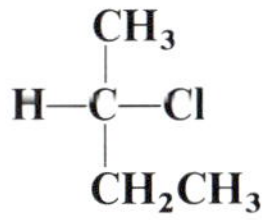
2-Chlor-butan

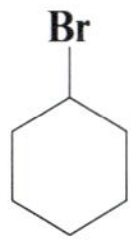
Bromcyclohexan

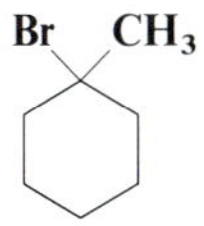
1-Brom-1-methylcyclohexan

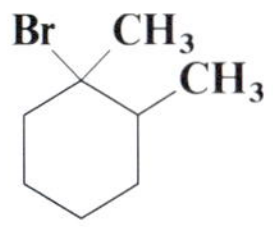
1-Brom-1,2-Dimethylcyclohexan

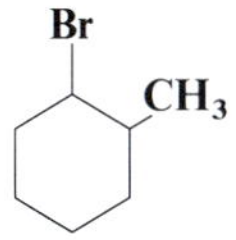
1-Brom-2-methylcyclohexan

B 245.1. *Zu A 245.3. Diese Schreibweise der Cyclohexan-Ringe ist so zu verstehen, dass jede Ecke des Sechsecks ein Kohlenstoff-Atom mit soviel gebundenen Wasserstoff-Atomen bedeutet, wie noch bis zur Erfüllung der Vierbindigkeit des Kohlenstoff-Atoms nötig sind.*

Haute Couture für Naturstoffe

Wenn Kinder lernen müssen, sich selbständig anzuziehen, dann fließen häufig Tränen. Schlüpft der Knirps zum Beispiel mit dem linken Ärmchen in den rechten Hemdsärmel, dann führt dies schnell zu ärgerlichen Verwicklungen. Und mit der Fortbewegung hapert es, wenn nach längeren Mühen der linke Stiefel am rechten Füßchen sitzt. Manche lernen erst nach einigen Wutanfällen, dass Körper und Kleider viele Asymmetrien aufweisen, dass Bild und Spiegelbild häufig zwar zum Verwechseln ähnlich, aber keineswegs identisch sind...

Vor einem ähnlichen Problem wie die Kinder beim Anziehen stehen häufig auch Biochemiker beim Herstellen von Naturstoffen. Denn was für den Körper gilt, stimmt auch für die Moleküle, die ihn aufbauen. Genauso wie unsere beiden Füße, Arme, Beine, Lungenflügel oder Ohren chiral und somit nicht identisch sind (man stelle sich nur vor, ein Chirurg versuchte, ein linkes Ohr auf die rechte Kopfseite zu verpflanzen), so gibt es eine Fülle von Naturstoffen, die sich zwar gleichen wie Bild und Spiegelbild, die aber dennoch grundverschieden sind. Während die eine Form für den Körper lebenswichtig sein kann, mag die andere für ihn unbrauchbar oder gar gefährlich sein. Dies, obwohl die beiden Enantiomeren die gleiche chemische Formel haben.

Ernährungsbewusste Zeitgenossen wissen zum Beispiel, dass es eine „rechtsdrehende" und eine „linksdrehende" Milchsäure etwa in Joghurtprodukten gibt. Erstere spielt in unserem Stoffwechsel eine wichtige Rolle...

Mit der linksdrehenden Milchsäure hingegen kann der Körper nichts anfangen. Ähnliches gilt für viele Zucker. Während Glucose ein wichtiger Energielieferant ist, würde eine Diät mit ihrem Spiegelbild zum Hungertod führen...

Die Herstellung chiraler Moleküle durch so genannte asymmetrische Synthesen gilt dementsprechend als hohe Kunst...

B 245.3. HANS SCHUH, DIE ZEIT Nr. 44, 26. Okt. 1990

B 245.2. ELIAS J. COREY *(geb. 1928), Professor an der Harvard-Universität, erhielt im Jahr 1990 den mit 1,08 Mio. dotierten Chemie-Nobelpreis für die Synthesen chiraler Naturstoffe.*

9.4. Alkohole und Eliminierungsreaktionen

Praktikum

Dehydratisierung von 2-Methyl-2-propanol

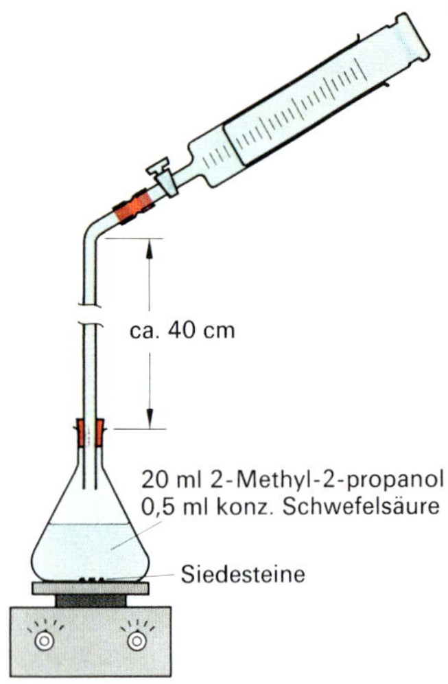

B 246.1. *Skizze zu PV 246.1.*

Versuch

PV 246.1. Bauen Sie die Vorrichtung aus B 90.1. auf; das insgesamt ca. 50 cm lange Glasrohr können Sie selbst in der Brennerflamme biegen. Beschicken Sie den Erlenmeyerkolben wie in B 90.1. angegeben (Vorsicht!) und bringen Sie das Gemisch auf der elektrischen Heizplatte (keine Flamme!) zum Sieden. Schließen Sie erst dann den Kolbenprober an und halten Sie das Gemisch so am Sieden, dass die Kondensationsfront noch im Rohr bleibt. Fangen Sie ca. 60 ml des entstehenden Gases auf. Drücken Sie etwa die Hälfte davon langsam durch ca. 10 ml Bromwasser*, das sich in einem Rggl. befindet, stopfen Sie dann zu und schüttteln Sie gut durch. Beobachtung? Füllen Sie das restliche Gas aus dem Kolbenprober in ein leeres Rggl. und prüfen Sie es auf Brennbarkeit. Beobachten Sie die Flamme.

Auswertung

a) Schließen Sie aus der Bromwasser-Probe auf ein strukturelles Merkmal in den Gasmolekülen aus dem Kolbenprober und formulieren Sie eine Reaktionsgleichung für die Nachweisreaktion.
b) Formulieren Sie auch zur zweiten Nachweisreaktion (Gasverbrennung) eine Reaktionsgleichung und begründen Sie die Art der Flamme.
c) Schlagen Sie eine Reaktionsgleichung für die Hauptreaktion im Erlenmeyerkolben vor. Wie könnte man das zweite Reaktionsprodukt isolieren und nachweisen?

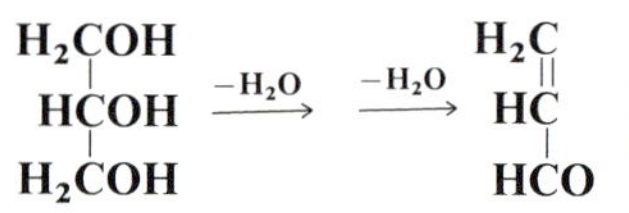

1,2,3-Propantriol (Glycerin) — Propenal (Acrolein)

B 246.2. *Glycerin, das sich bei der Spaltung von Fetten und Ölen bildet, wird bei starker Hitze in zwei Schritten zu beißend riechendem Propenal (Acrolein) dehydratisiert.*

Beim Kochen von 2-Methyl-2-propanol ($\vartheta_b = 83\,°C$) mit etwas Schwefelsäure bildet sich ein farbloses, aromatisch riechendes Gas, das mit schwach rußender, gelber Flamme brennt und Bromwasser entfärbt (PV 246.1.). Es handelt sich dabei um 2-Methylpropen, das sich nach folgender Reaktionsgleichung bildet:

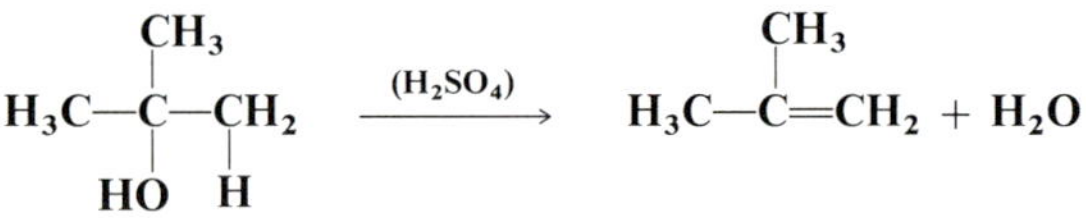

Aus einem größeren Molekül wird jeweils ein kleineres Molekül, hier ein Wasser-Molekül, abgespalten. Man spricht deshalb von einer **Eliminierung**[1]; in diesem Spezialfall von einer **Dehydratisierung**.

So leicht wie bei PV 246.1., d.h. bereits bei einer Temperatur von unter 100 °C, erfolgt die Dehydratisierung nur bei tertiären Alkoholen. Will man einen sekundären Alkohol, z. B. Cyclohexanol, dehydratisieren, so muss auf ca. 140 °C erhitzt werden (V 247.1.). Ethanol, ein primärer Alkohol, gibt selbst beim Erhitzen mit Schwefelsäure auf 140 °C nicht Ethen, sondern Diethylether (V 247.2.); erst bei einer Temperatur von über 170 °C erhält man als Hauptprodukt Ethen.

[1] von *eliminare* (lat.) = austreiben

Für die Dehydratisierung von 2-Methyl-2-propanol in saurer Katalyse lässt sich folgender Mechanismus formulieren:

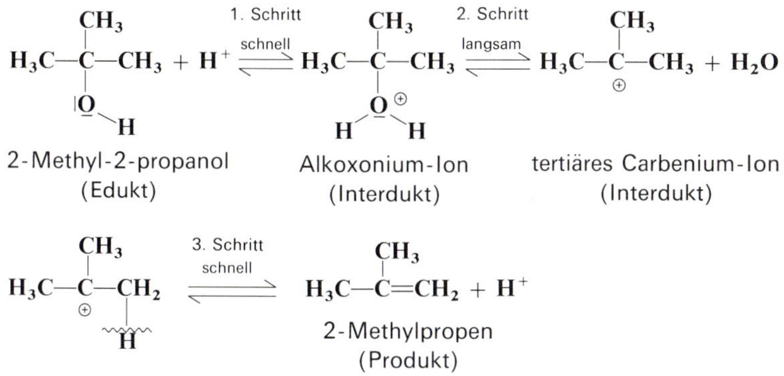

Zuerst wird ein Alkohol-Molekül protoniert, d.h., ein Proton aus einem Säure-Molekül wird an ein freies Elektronenpaar der Hydroxy-Gruppe angelagert. Das dabei gebildete **Alkoxonium-Ion** wird zu einem *tertiären Carbenium-Ion*, das im Vergleich zu anderen Carbenium-Ionen recht stabil ist (vgl. B 232.2.), dehydratisiert. Im letzten Schritt wird das Carbenium-Ion deprotoniert. Dabei wird die Elektroneutralität wiederhergestellt. Es entsteht ein Molekül mit einer Kohlenstoff-Kohlenstoff-Doppelbindung.

Bei dieser Schrittfolge wird deutlich, dass die eingesetzte Säure katalytisch wirksam wird und dass es sich bei den Interdukten um Ionen handelt. Bei sekundären und erst recht bei primären Alkoholen verläuft die Protonierung (1. Schritt) zwar leicht, aber die Dehydratisierung des Alkoxonium-Ions zu einem Carbenium-Ion ist erschwert. Insbesondere bei primären Alkoholen kommt es gar nicht dazu; hier erfolgt die Dehydratisierung (2. Schritt) und die Deprotonierung (3. Schritt) gleichzeitig und das nur bei einer Temperatur über 170 °C. Wesentlich leichter kommt es aber zur Wasser-Abspaltung, wenn sich dabei eine zweite Hydroxy-Gruppe in folgender Weise beteiligt:

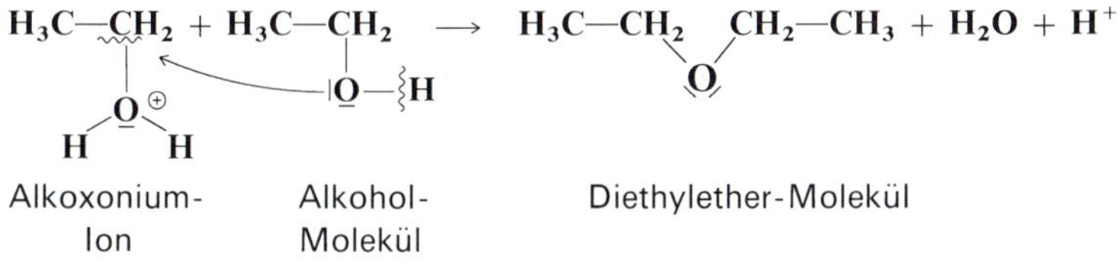

Bei dieser Ether-Bildung aus Alkohol spricht man von einer **Kondensation**[1], weil jeweils ein kleines Molekül aus zwei größeren eliminiert wird und diese dabei zu einem noch größeren verknüpft werden.

Um Kondensationen handelt es sich auch bei der Bildung von Acetalen (S. 253), von Estern (S. 267ff.) und von Peptiden (S. 270ff.).

[1] von *condensare* (lat.) = verdichten

Versuche

V 247.1. Zu 40 ml Cyclohexanol werden 15 ml Phosphorsäure*, $w = 85\%$, getropft (B 247.1.). Das Gemisch wird auf ca. 140 °C erhitzt. Mit dem abdestillierten Produkt führt man die Bromwasserprobe durch.

V 247.2. Zu 20 ml konzentrierter Schwefelsäure* **(Vorsicht!)** tropft man ca. 30 ml Ethanol (B 247.1.). Man erhitzt auf ca. 140 °C und führt mit dem Destillat a) die Geruchsprobe (Vergleichssubstanz: Diethylether) und b) die Bromwasserprobe durch.

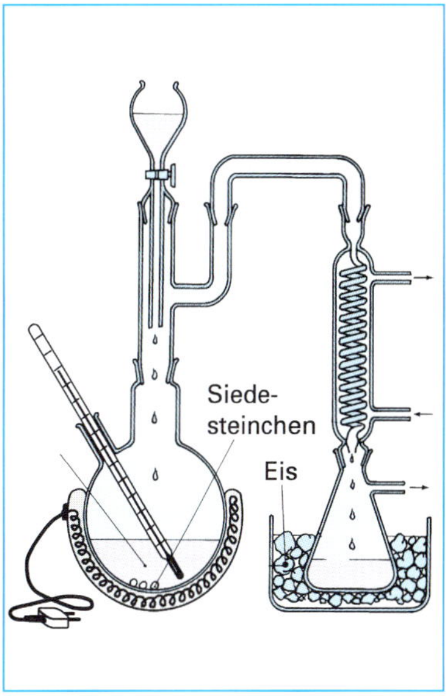

B 247.1. *Apparatur für V 247.1. und für V 247.2.*

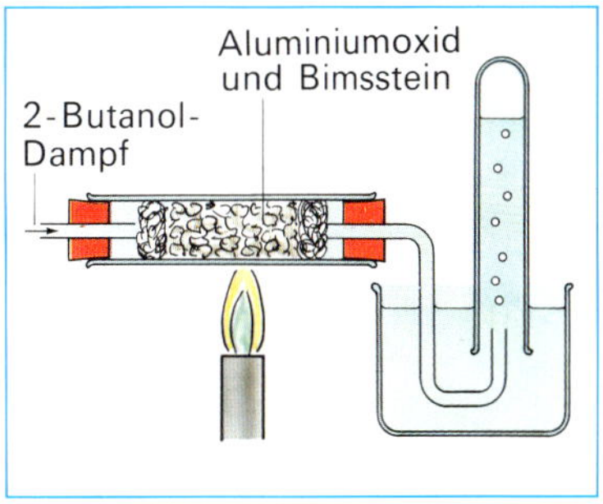

B 247.2. *Skizze zu A 248.3. Das Gemisch aus Aluminiumoxid und Bimsstein wirkt als saurer Katalysator.*

Das folgende Schema zeigt, dass Alkoxonium-Ionen eine Ausgangsbasis darstellen, von der mehrere Reaktionswege ausgehen:

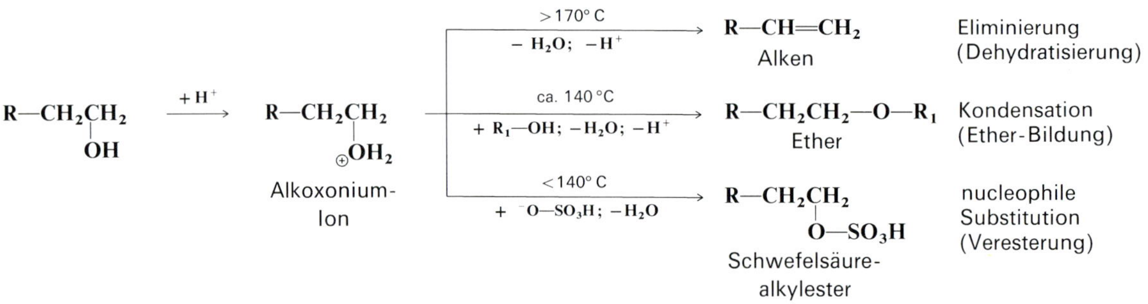

Durch Auswahl des Alkohols, seiner Konzentration im Reaktionsgemisch und der Reaktionstemperatur kann man die Weichen in Richtung Alken, Ether oder Ester stellen. Diese Synthesewege werden im Labor und in der chemischen Großtechnik je nach Bedarf beschritten.

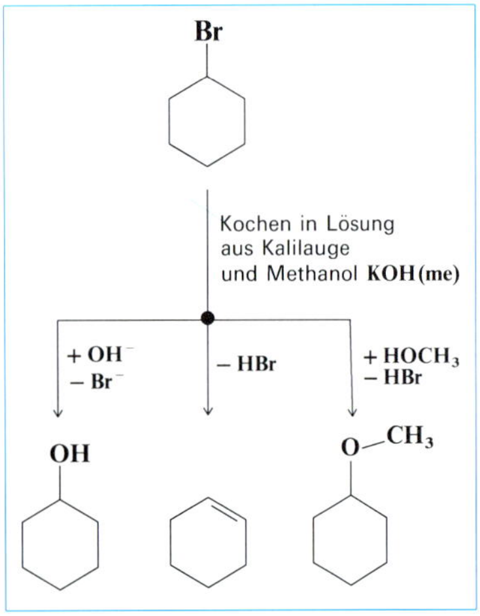

B 248.1. *Schema zu A 248.6.*

Aufgaben

A 248.1. Kann 2-Propanol ($\vartheta_b = 82\,°C$) nach der Vorschrift aus PV 246.1. dehydratisiert werden? Begründung?

A 248.2. Ausgehend von einem Pentanol soll a) nur 1-Penten, b) nur 2-Penten und c) ein Gemisch aus 1-Penten und 2-Penten erhalten werden. Von welchem Pentanol-Isomer muss man jeweils ausgehen? Begründung?

A 248.3. Bei dem in B 247.2. skizzierten Versuch bildet sich ein Gemisch aus mehreren Gasen. Geben Sie die Formeln und die Namen an und erläutern Sie.

A 248.4. Formulieren Sie Synthesen für die in B 241.2. angegebenen Ether. Geben Sie jeweils auch (in etwa) die Reaktionsbedingungen an.

A 248.5. Welche Produkte sind zu erwarten, wenn Ethanol mit Schwefelsäure auf 160 °C erhitzt wird? Wie wirkt sich in diesem Fall die Ethanol-Konzentration im Reaktionsgemisch auf die Produktverteilung aus? Begründen Sie.

A 248.6. In B 248.1. ist u.a. auch die *Dehydrohalogenierung*, ein anderer Spezialfall einer Eliminierung angegeben. Im gewählten Beispiel mit Bromcyclohexan als Edukt sind über ein gemeinsames Interdukt mehrere Reaktionswege und somit mehrere Produkte möglich (vgl. B 248.1.). a) Benennen Sie die drei Produkte und den Reaktionsweg, der zum jeweiligen Produkt führt. b) Formulieren Sie das gemeinsame Interdukt. c) Warum verläuft eine Dehydrohalogenierung in alkalischer und nicht in saurer Lösung?

A 248.7. Vergleichen Sie die auf S. 232 beschriebenen Additionen mit den hier auf dieser Seite formulierten Eliminierungen. Welche Spezialfälle entsprechen sich jeweils?

Zusammenfassung

Die Eliminierung ist das Gegenteil der Addition. Bei der Dehydratisierung von Alkoholen und bei der Dehydrohalogenierung von Halogenalkanen erhält man Alkene. Über gemeinsame ionische Interdukte können aber auch Ether und Ester gebildet werden. Man kann über die Reaktionstemperatur, die Art und die Konzentration der Edukte die Reaktion in die Richtung des gewünschten Produkts lenken.

Neue Fachbegriffe

Eliminierung, Dehydratisierung, Alkoxonium-Ion, Dehydrohalogenierung

9.5. Carbonyl-Verbindungen und Redoxreaktionen

Ethanol-Oxidation

Versuche

LV 249.1. Die Apparatur aus B 249.1. wird zusammengebaut und wie angegeben beschickt. Die Kupferspäne werden kräftig erhitzt. Beobachtung? Während die Kupferspäne weiter erhitzt werden, bringt man nun auch das Ethanol* zum Sieden und hält es so am Sieden, dass Ethanoldampf gelinde über das heiße Kupfer strömt. Beobachtung am Kupfer und in der pneumatischen Wanne? Das durch die Wanne entweichende Gas wird erst dann im Zylinder aufgefangen, wenn die Luft aus der Apparatur verdrängt wurde. Während der Reaktion müssen die Kupferspäne noch weiter erhitzt werden. Man unterbricht die Reaktion, nachdem zwei Zylinder mit Gas gefüllt wurden. Mit der Lösung aus der zweiten Waschflasche werden die FEHLING-Probe (S. 49) und die Probe mit SCHIFFS-Reagenz (S. 49) durchgeführt. Anschließend wird auch die Lösung aus der ersten Waschflasche auf diese Weise geprüft. Mit dem Gas aus den beiden Zylindern führt man die Knallgas-Probe durch.

Auswertung

a) Deuten Sie die Ergebnisse der Nachweisversuche (FEHLING-Probe, SCHIFFS-Reagenz und Knallgas-Probe) hinsichtlich der gebildeten Produkte und formulieren Sie das Bruttoschema der an den Kupferspänen abgelaufenen Hauptreaktion.
b) Deuten und erklären Sie die Veränderungen an den Kupferspänen während der Startphase des Versuchs.
c) Wodurch ist die kontinuierliche Arbeitsweise dieser Apparatur eingeschränkt? Wie kann man das aufheben?

LV 249.2. Zu 30 ml gesättigter Kaliumdichromat-Lösung* werden vorsichtig 10 ml konzentrierte Schwefelsäure* getropft (B 250.1.). Dabei wird der Kolben mit Wasser gekühlt, der Schlangenkühler ist eingeschaltet. Erst wenn das Gemisch im Kolben abgekühlt ist (gegebenenfalls auch Eiswürfel ins Kühlbad geben), beginnt man mit dem langsamen Zutropfen von 10 ml Ethanol*. Es darf dabei zu keiner Übererhitzung kommen. Nach Beendigung der Ethanolzugabe entfernt man das Kühlbad, trocknet den Kolben außen gut ab und erwärmt ihn vorsichtig mit der Heizplatte, sodass das Gemisch gelinde ca. 15 min unter Rückfluss kocht. Sollte das Kochen zu stark werden, entfernt man sofort die Heizplatte und kühlt – falls nötig – mit dem kalten Wasserbad. Anschließend wird die Apparatur zum Abdestillieren umgebaut (absteigender Liebigkühler, Thermometer, Auffanggefäß für das Destillat). Es werden ca. 15 ml Flüssigkeit abdestilliert; die Temperatur der übergehenden Dämpfe wird notiert. Das Destillat wird auf Geruch überprüft. Mit einigen Tropfen Destillat wird ein Lackmuspapierstreifen befeuchtet. Im Rggl. werden ca. 10 ml des Destillats mit einigen Magnesiumspänen* versetzt. 2 ml Destillat werden im Rggl. mit 2 ml Bariumchlorid-Lösung* versetzt (Vergleichsprobe mit 2 ml verdünnter Schwefelsäure*).

Auswertung

a) Deuten Sie die Nachweisversuche und schließen Sie daraus auf die Verbindung, die darin enthalten ist. Warum ist das Destillat kein Reinstoff?
b) Wie ist die Farbänderung im Rundkolben zu erklären?
c) Formulieren Sie das Reaktionsschema der im Kolben abgelaufenen Reaktion. (Hinweis: Chrom liegt nach der Reaktion in Form von Cr^{3+}-Ionen vor.)
d) Vergleichen Sie die Apparaturen aus LV 249.1. mit der aus LV 249.2. hinsichtlich der kontinuierlichen Arbeitsweise. Welche wäre (in entsprechender Größe) für ein großtechnisches Verfahren geeigneter?

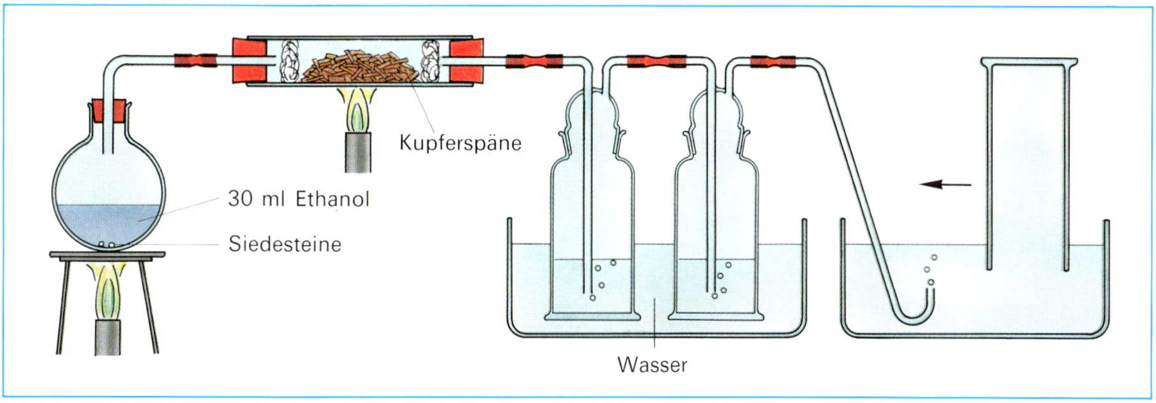

B 249.1. *Apparatur zu LV 249.1.*

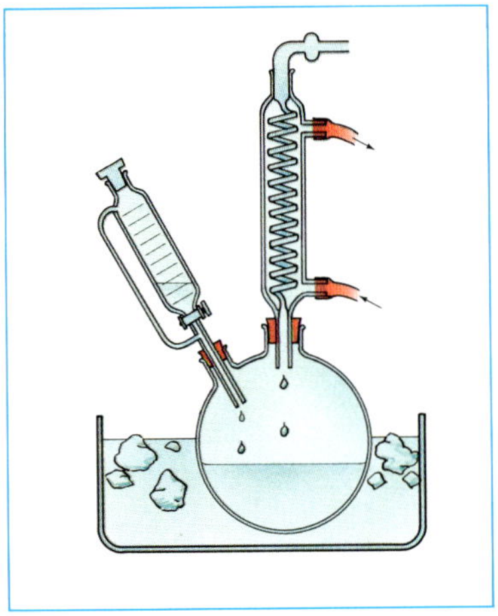

B 250.1. *Vorrichtung für den ersten Teil von LV 249.2.*

Beim Überleiten von Ethanoldampf über erhitztes Kupfer wird das anfänglich gebildete schwarze Kupferoxid nach kurzer Zeit wieder zu Kupfer reduziert und im weiteren Verlauf bildet sich an dem 500 °C bis 600 °C heißen Kupfer Ethanal und Wasserstoff (LV 249.1.):

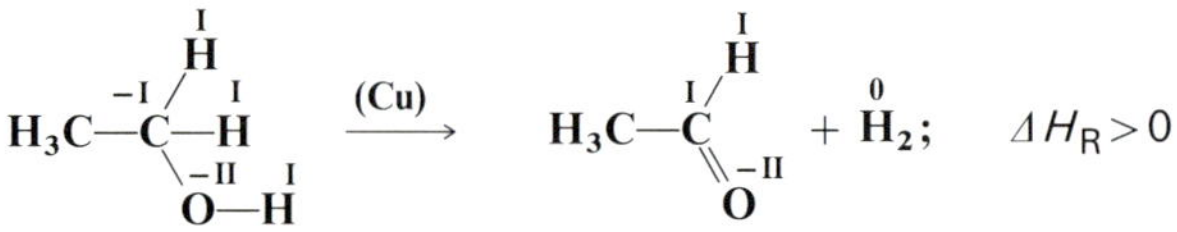

Hierbei wird jeweils aus einem Alkohol-Molekül ein Wasserstoff-Molekül *eliminiert*; es handelt sich daher um eine *Dehydrierung*. Aus den in der Gleichung angegebenen Oxidationszahlen ist ersichtlich, dass Kohlenstoff-Atome oxidiert und Wasserstoff-Atome reduziert werden. Bezogen auf das organische Molekül kann man sagen, dass die *Dehydrierung* einer *Oxidation* gleichkommt. Entsprechend bedeutet die Wasserstoffanlagerung, die *Hydrierung*, eine *Reduktion*.
Bei ständiger Neuzufuhr von Ethanol in den Verdampfer-Kolben könnte in der Apparatur aus B 249.1. über lange Zeit kontinuierlich Ethanol zu Ethanal oxidiert werden. Der Katalysator müsste aber ständig von außen erhitzt werden.
Um die Zufuhr der Reaktionsenthalpie für die Dehydrierung überflüssig zu machen, dosiert man in der Technik dem Ethanoldampf auch Luft hinzu; ein Teil des gebildeten Wasserstoffs verbrennt, der Katalysator wird dadurch aufgeheizt. Industriell werden große Mengen Methanal auf diese Weise aus Methanol hergestellt. Propanal und Propanon können ebenfalls durch katalytische Dehydrierung von 1-Propanol bzw. 2-Propanol erhalten werden.
Mit starken Oxidationsmitteln wie Kaliumdichromat oder Kaliumpermanganat in saurer Lösung kann Ethanol bis zu Ethansäure oxidiert werden (LV 249.2.). In der Vorrichtung aus B 250.1. bildet sich zwar auch zunächst Ethanal, aber beim Kochen unter Rückfluss wird dieses vom überschüssigen Oxidationsmittel weiteroxidiert. Für die Oxidation von Ethanol zu Ethansäure in LV 249.2. gelten folgende Redoxgleichungen (zur Erstellung von Reaktionsgleichungen vgl. B 250.2.):

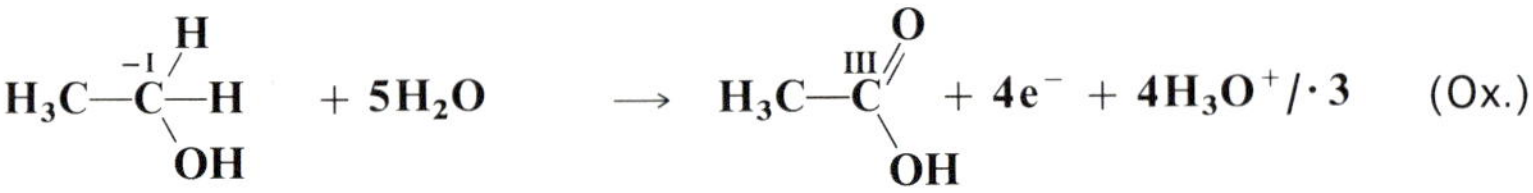

$$\overset{VI}{Cr_2}O_7^{2-} + 6e^- + 14H_3O^+ \longrightarrow 2\overset{III}{Cr}{}^{3+} + 21H_2O / \cdot 2 \qquad \text{(Red.)}$$

$$3CH_3\overset{-I}{C}H_2OH + 2\overset{VI}{Cr_2}O_7^{2-} + 16H_3O^+ \longrightarrow 4\overset{III}{Cr}{}^{3+} + 3H_3\overset{III}{C}COOH + 27H_2O$$

Sekundäre Alkohole werden unter diesen Bedingungen nur zu Ketonen oxidiert, tertiäre Alkohole werden gar nicht oxidiert (vgl. B 251.1.). Selbstverständlich kann aber jede organische Kohlenstoff-Verbindung durch Verbrennung unter Auftrennung der Kohlenstoff-Kohlenstoff-Bindungen im Molekül bis zu den Endprodukten Kohlenstoffdioxid und Wasser oxidiert werden.

1. Bestimmung der Oxidationszahlen OZ bei den Edukt- und Produkt-Teilchen;
2. Aufstellen der Teilgleichungen für die Oxidation und für die Reduktion (die Differenz der OZ gibt jeweils die Anzahl der beteiligten Elektronen an; zum Ausgleich der Ladungsbilanz werden in saurer Lösung Oxonium-Ionen, in alkalischer Lösung Hydroxid-Ionen eingesetzt; zum Ausgleich der Atombilanz setzt man Wasser-Moleküle ein);
3. Zusammenfassung der Teilgleichungen in eine Redoxgleichung (die Teilgleichungen werden so mit Faktoren multipliziert, dass die Anzahl der bei der Oxidation abgegebenen und bei der Reduktion aufgenommenen Elektronen gleich ist).

B 250.2. *Vorgehensweise beim Erstellen von Redoxgleichungen*

Durch ihre Mittelstellung in der Oxidationsreihe am primären Kohlenstoff-Atom sind Aldehyde sowohl leicht reduzierbar als auch leicht oxidierbar, können also bei Redoxreaktionen in mehrfacher Weise beteiligt sein. Die Nachweisreaktionen der Aldehyde (vgl. S. 49) beruhen z.T. auf ihrer Oxidierbarkeit, d.h. auf ihrem Reduktionsvermögen. Redoxreaktionen mit Beteiligung von Carbonyl-Verbindungen sind bei einigen Labor- und Industriesynthesen von Bedeutung. Hier sind Aldehyde und Ketone dank ihrer Reaktivität (sie können auch an Additionen, Kondensationen u.a. Reaktionen beteiligt sein) wertvolle Zwischenprodukte.

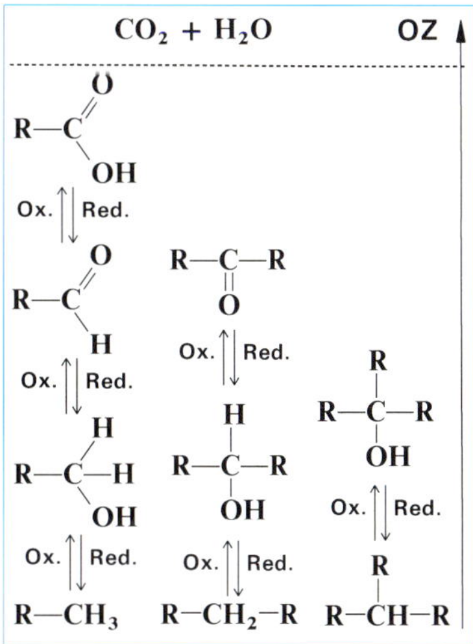

B 251.1. *Oxidationsreihen am primären, sekundären und tertiären Kohlenstoff-Atom*

Aufgaben

A 251.1. Formulieren Sie Reaktionsgleichungen für die katalytische Dehydrierung von 1-Propanol und von 2-Propanol.

A 251.2. Welchen Einfluss hat a) die Oberfläche des Kupfers und b) die Temperatur auf die Reaktionsgeschwindigkeit bei der Dehydrierung von Alkoholen? Begründung?

A 251.3. Ethanal wird mit schwefelsaurer Kaliumchromat-Lösung zu Ethansäure oxidiert. Formulieren Sie die Teilreaktionen und die Gesamtreaktion.

A 251.4. Formulieren Sie für die FEHLING-Probe und für die Silberspiegel-Probe (vgl. S. 49 und S. 50) die Teilgleichungen für die Oxidation und für die Reduktion, sodass sich durch deren Zusammenfassung die Reaktionsgleichungen von S. 49 und S. 50 ergeben.

A 251.5. Erläutern Sie mit Hilfe von B 251.1. die unterschiedliche Oxidationsfähigkeit der Aldehyde und Ketone und der primären, sekundären und tertiären Alkohole.

A 251.6. In altem Frittierfett wird das durch Fetthydrolyse gebildete *Glycerin* (1,2,3-Propantriol) dehydratisiert, wobei aus einem Glycerin-Molekül zwei Wasser-Moleküle abgespalten werden (B 246.2.). Es bildet sich der übelriechende, giftige Aldehyd *Propenal (Acrolein)*. Altes Frittierfett gibt deshalb mit SCHIFFS-Reagenz ein positives Ergebnis (Färbung). Bestimmen Sie die Oxidationszahlen aller Kohlenstoff-Atome im Glycerin-Molekül und im Acrolein-Molekül und überlegen Sie, ob es sich bei der Umwandlung von Glycerin in Acrolein um eine Oxidation oder um eine Reduktion handelt. Welche Grenzen des Oxidationszahl-Konzepts werden hier deutlich?

A 251.7. Viele Duft- und Aromastoffe enthalten in ihren Molekülen Carbonyl-Gruppen. Dazu gehört auch das Vanillin und das α-Ionon (B 251.2.).
Wie lässt es sich erklären, dass viele angenehm duftende Produkte (z.B. frische Früchte, Weine, Lebensmittel, Parfums, Shampoos) an der Luft relativ schnell ihren Geruch verlieren bzw. verändern, auch wenn die Aromastoffe aufgrund ihrer Struktur nicht so schnell „verfliegen", d.h. verdunsten oder sublimieren?

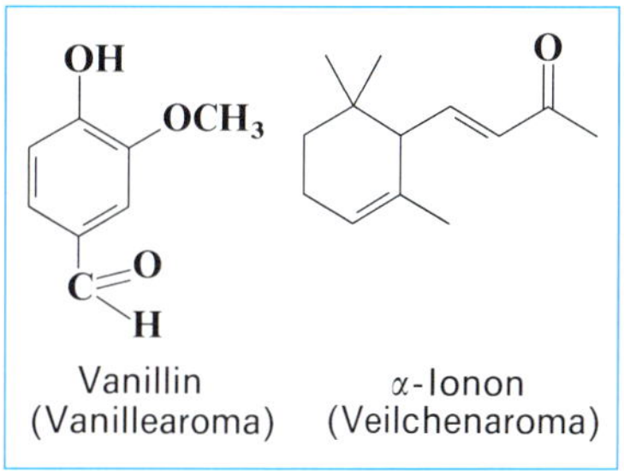

B 251.2. *Duftstoffe mit Carbonyl-Gruppen*

Neuer Fachbegriff

Dehydrierung

B 251.3. *Aus Hunderten von Duftstoffen „komponiert" der Parfümeur seine Kreationen.*

Zusammenfassung

Bei der katalytischen Dehydrierung von primären und sekundären Alkoholen entstehen Aldehyde und Ketone. Aldehyde werden leicht zu Carbonsäuren weiteroxidiert. Ketone sind ebenso wie tertiäre Alkohole gegen Oxidationsmittel beständig, können aber wie alle organischen Kohlenstoff-Verbindungen zu Kohlenstoffdioxid und Wasser verbrannt werden.

9.6. Nucleophile Addition an Carbonyl-Verbindungen

Praktikum

Hydrate und Acetale[1]

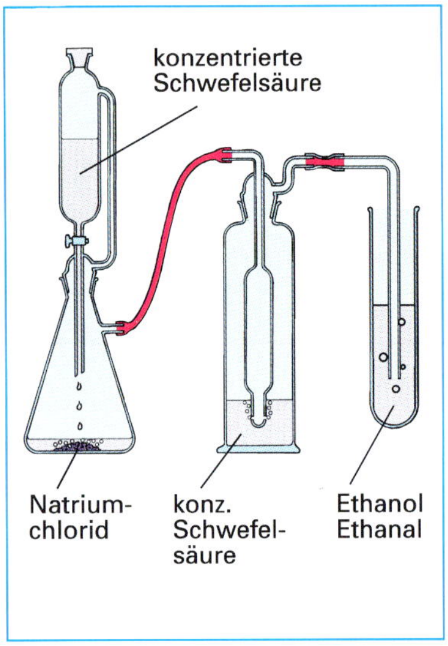

B 252.1. *Herstellung und Trocknung von Hydrogenchlorid für LV 252.3. und LV 252.4.*

Versuche

PV 252.1. Geben Sie in ein Rggl. 1 ml Chloral* (Trichlorethanal) und fügen Sie unter kräftigem Schütteln tropfenweise Wasser hinzu. Beobachtung?

PV 252.2. Versetzen Sie im Rggl. 1 g Chloralhydrat* (2,2,2-Trichlorethan-1,1-diol) tropfenweise mit 0,5 ml konzentrierter Schwefelsäure* (Vorsicht Schutzbrille!). Beobachtung? Saugen Sie von der öligen, sich abscheidenden Flüssigkeit mit der Pipette einen Tropfen auf, benetzen Sie ein Uhrglas damit und vergleichen Sie den Geruch mit dem des Chlorals.

LV 252.3. In ein Gemisch aus 15 ml absolutem Ethanol* und 5 ml wasserfreiem Ethanal* wird ca. 15 s lang trockenes Hydrogenchlorid* aus einem Gasentwickler im Abzug eingeleitet. Man lässt das Gemisch noch 3 mm stehen und gießt es dann in 40 ml eisgekühlte verdünnte Natronlauge*. Beobachtung? Man pipettiert etwas Flüssigkeit ab und prüft den Geruch. (Vgl. zur Herstellung und Trocknung von Hydrogenchlorid B 252.1.)

LV 252.4. Der Versuch LV 252.3. wird mit 1,2-Ethandiol* und Aceton* wiederholt.

Auswertung

a) Bei PV 252.1. wird Chloralhydrat synthetisiert und bei PV 252.2. wird dieses wieder zerlegt. Formulieren Sie die Reaktionsgleichung dieser reversiblen Reaktion (vgl. B 252.2).

b) Alle Edukte aus LV 252.3. und LV 252.4. sind gut wasserlöslich. Welche strukturellen Merkmale scheiden für die angenehm riechenden Produkte aus den beiden Versuchen aufgrund ihrer Mischbarkeit mit Wasser aus?

[1] Eine ältere Bezeichnung für aus Ketonen gebildete Acetale ist Ketale.

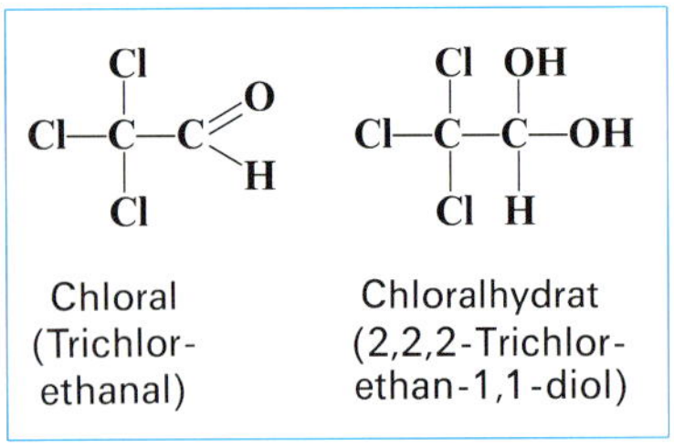

B 252.2. *Valenzstrichformeln von Chloral und Chloralhydrat*

Additionen an die Carbonyl-Gruppe

Chloral (vgl. Formel in B 252.2.) ist ein flüssiger Aldehyd, der beim Zutropfen von Wasser in festes Chloralhydrat übergeht (PV 252.1.). Bei weiterer Wasserzugabe löst sich Chloralhydrat. Versetzt man dagegen reines Chloralhydrat mit konzentrierter Schwefelsäure, einem stark Wasser entziehenden Mittel, so bildet sich Chloral zurück (PV 252.2.).

Die Wasser-Addition an die Carbonyl-Gruppe ist eine allgemeine Eigenschaft der Aldehyde und Ketone. Dabei bilden sich **Hydrate**. Die *Hydratisierung* und ihre Umkehrreaktion, die *Dehydratisierung* führen zu Gleichgewichten (vgl. S. 90f.) mit recht unterschiedlichen Gleichgewichtskonstanten K:

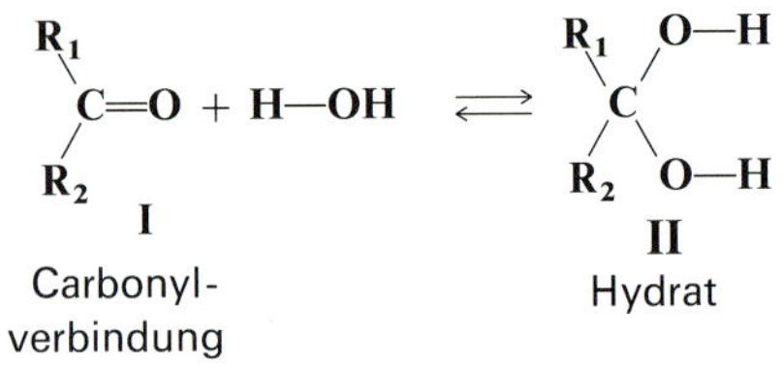

$$K = \frac{c(R_1R_2C(OH)_2)}{c(R_1R_2CO) \cdot c(H_2O)}$$

Während z.B. beim Chloral das Gleichgewicht stark nach rechts verschoben, d.h. auf der Chloralhydrat-Seite, liegt, ist es beim Aceton umgekehrt (Tab. 253.1.).

Ähnlich wie Wasser können auch Alkohole an Carbonyl-Verbindungen addiert werden. Dabei bilden sich zunächst **Halbacetale**, die i.d.R. gleich weiter mit überschüssigem Alkohol zu **Acetalen** kondensieren:

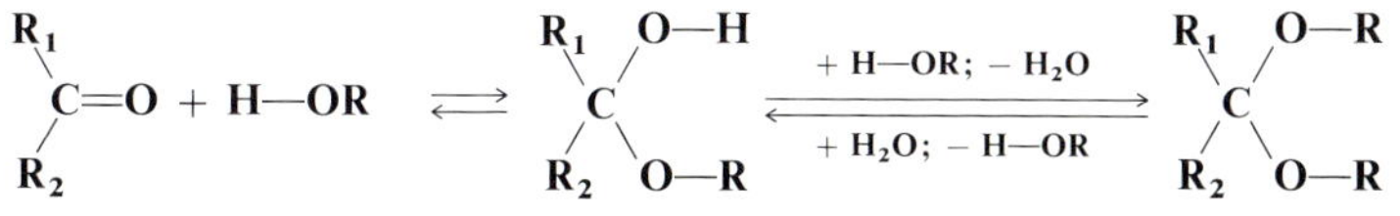

Halbacetal Acetal

Auch andere Verbindungen aus polaren Molekülen, z.B. Ammoniak, Amine und Cyanwasserstoff HCN werden an Aldehyde und Ketone addiert. Säuren und Basen wirken bei diesen Additionen katalytisch.

Um zu verstehen, wie diese Additionen in Teilschritten verlaufen, ist es zweckmäßig, die Struktur der Carbonyl-Gruppe genauer zu betrachten (B 253.1.). Aufgrund der größeren Elektronegativität[1] des Sauerstoff-Atoms kommt es zur Ausbildung von Partialladungen. Die säurekatalysierte Hydrat-Bildung verläuft nach folgendem Mechanismus[2]:

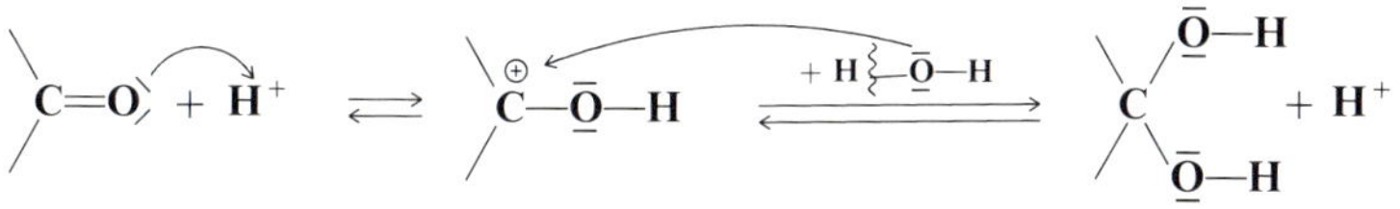

Für die basenkatalysierte Hydrat-Bildung gilt:

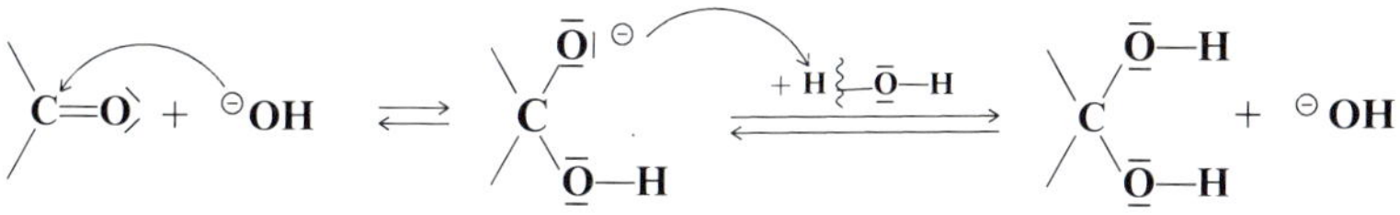

Analog verläuft auch die säurekatalysierte Bildung von Halbacetalen und Acetalen:

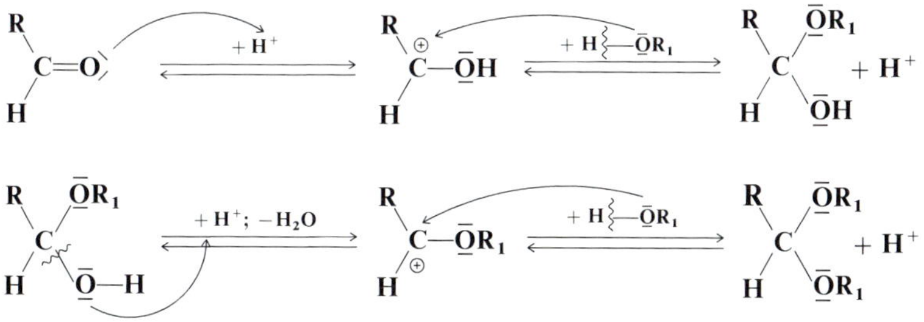

Geschwindigkeitsbestimmend bei den Additionen an die Kohlenstoff-Sauerstoff-Doppelbindung ist i.d.R. derjenige Reaktionsschritt, bei dem der nucleophile Angriff auf das Kohlenstoff-Atom der Carbonyl-Gruppe erfolgt. Man spricht deshalb (im Gegensatz zur Addition an die Kohlenstoff-Kohlenstoff-Doppelbindung) von einer **nucleophilen Addition**.

Name	R_1	R_2	*K*
Chloral	Cl_3C	H	10^4
Methanal	H	H	10^3
Ethanal	H_3C	H	1
Aceton (Propanon)	H_3C	H_3C	10^{-2}

Tab. 253.1. *Beträge der Gleichgewichtskonstanten beim Hydrat-Gleichgewicht verschiedener Carbonyl-Verbindungen*

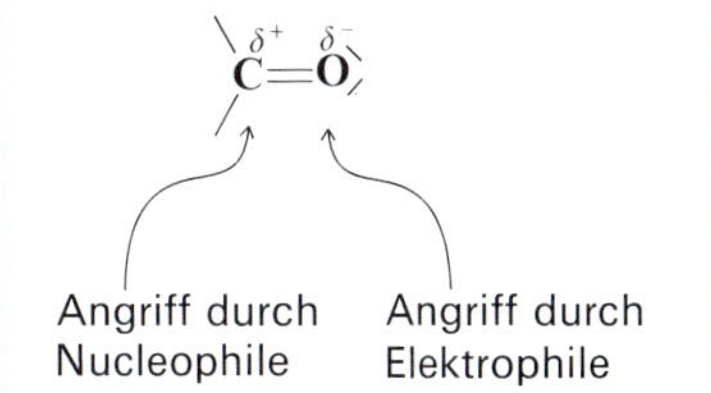

B 253.1. *Partialladungen bei der Carbonyl-Gruppe*

[1] Elektronegativität (EN) ist die Eigenschaft der Atome, innerhalb der Moleküle, in denen sie gebunden sind, Elektronen zu sich heranzuziehen. Die EN-Werte sind im Periodensystem der Elemente angegeben.

[2] Die gebogenen Pfeile zeigen Elektronenpaar-Verschiebungen an, die geschlängelten Linien Stellen, an denen Bindungen aufgetrennt werden.

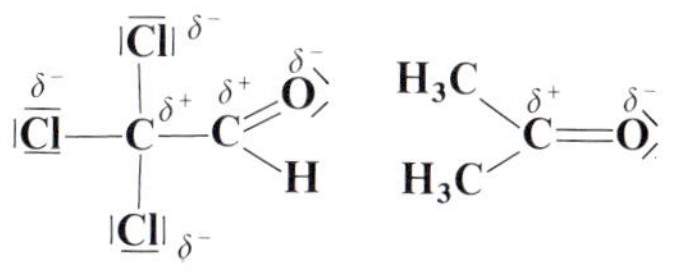

B 253.2. *I-Effekte beim Chloral-Molekül und beim Aceton-Molekül*

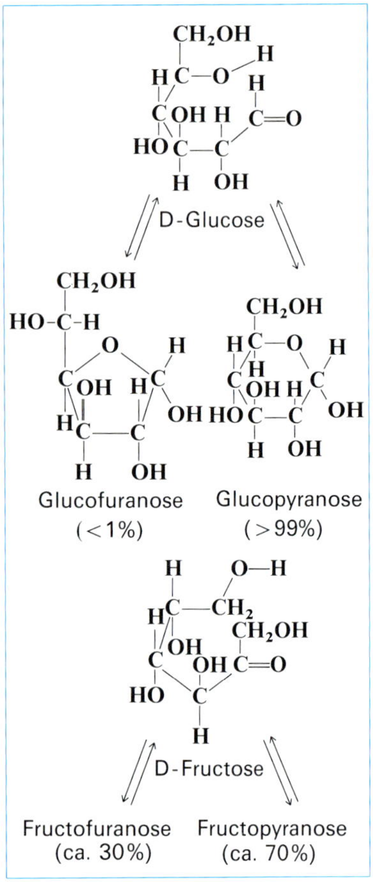

B 254.1. *Halbacetale der Glucose. Furanosen sind 5gliedrige, Pyranosen 6gliedrige Ringe.*

B 254.2. *Gegenstände aus Plexiglas*

Neue Fachbegriffe

Hydrate, Halbacetale, Acetale, nucleophile Addition

Die Tatsache, dass Chloral schnell und ohne Katalysator Wasser addiert (PV 252.1.), kann mit Hilfe der −I-Effekte der drei Kohlenstoff-Chlor-Bindungen erklärt werden, die eine Verstärkung der positiven Partialladung am Kohlenstoff-Atom der Carbonyl-Gruppe bewirken. Damit machen sie es einem nucleophilen Angriff noch besser zugänglich (B 253.2.), sodass im Gleichgewicht das Hydrat (Tab. 253.1.) überwiegt. Die +I-Effekte der beiden Methyl-Gruppen im Aceton-Molekül bewirken genau das Gegenteil (B 253.2.).

Die Hydrat-Bildung hat keine besondere Bedeutung für die Synthese-Chemie. Die anderen erwähnten Additionen an die Carbonyl-Gruppe sind aber wichtig: Durch Addition von Cyanwasserstoff an Carbonyl-Verbindungen werden neue Kohlenstoff-Kohlenstoff-Bindungen geknüpft, oft ein wichtiges Ziel in der organischen Synthese (vgl. auch A 254.5.). Durch Addition von Stickstoff-Verbindungen erhält man kristallisierte Derivate der Aldehyde und Ketone, über die man sie besser isolieren und charakterisieren kann. Durch Acetal-Bildung kann man bei kompliziert gebauten Molekülen die empfindliche Carbonyl-Gruppe vorübergehend „maskieren", d. h., sie vor anderen Reagentien, denen das Molekül ausgesetzt werden soll, schützen, um sie am Schluss durch Hydrolyse wieder freizusetzen. Die Moleküle der wichtigsten natürlichen Zucker, Glucose und Fructose, liegen als cyclische Acetale vor (vgl. B 254.1.).

Aufgaben

A 254.1. Formulieren Sie die Reaktionsgleichungen zur Bildung von Halbacetalen und Acetalen bei LV 252.3. und LV 252.4. (Hinweis: Mit 1,2-Ethandiol bilden Carbonyl-Verbindungen cyclische Acetale.)

A 254.2. Ammoniak NH_3 wird analog zu Wasser an die Carbonyl-Gruppe addiert. Formulieren sie die Gleichung der Addition von Ammoniak an Ethanal.

A 254.3. Zu welcher Stoffklasse könnte man die Acetale zuordnen? Begründung?

A 254.4. Wie schätzen Sie die Gleichgewichtskonstante bei der Hydratbildung von a) Hexafluorpropanon und b) Butanon ein? Begründung?

A 254.5. Ein wichtiger Syntheseschritt bei der Herstellung des Monomers für den Kunststoff Plexiglas (Polymethylmethacrylat) ist die Addition von Cyanwasserstoff-Säure **HCN (aq)** an Aceton. Zunächst erfolgt der nucleophile Angriff durch das Cyanid-Ion $^{-}$**CN**, dann die Protonierung. Formulieren Sie die Teilschritte dieser Addition.

A 254.6. In B 254.1. wird gezeigt, wie aus einem Glucose-Molekül auf zwei Arten cyclische Halbacetale (Glucopyranose bzw. Glucofuranose) entstehen. Formulieren Sie analog dazu die Bildung von Fructopyranose und von Fructofuranose.

A 254.7. Die „Blume" des Weins besteht aus Aromastoffen, zu denen u.a. auch Acetale gehören. Formulieren Sie a) das Acetal aus der Reaktion zwischen Glucose und Ethanol und b) ein Acetal aus der Reaktion zwischen Fructose und Glucose.

Zusammenfassung

An die Carbonyl-Gruppe können u.a. Wasser-, Alkohol-, Ammoniak-, Amin- und Cyanwasserstoff-Moleküle addiert werden. Der nucleophile Angriff an das Kohlenstoff-Atom der Carbonyl-Gruppe ist i.d.R. der geschwindigkeitsbestimmende Schritt. In manchen Fällen folgt auf die Addition eine Wasser-Eliminierung zu einem Kondensationsprodukt.

Optische Aktivität und Polarimetrie

Versuche

V 255.1. *(Vorversuch):* Die Fläche des Tageslichtprojektors wird mit Papierblättern bis auf ein kleines Viereck abgedeckt. Darauf legt man eine gelbe Glasscheibe und justiert darüber, an einem kleinen Stativ, zwei Polarisationsfilter mit Fassung und Gradeinteilung (Physiksammlung) in einem Abstand von ca. 22 cm (B 255.1.). Zunächst stellt man (ohne Zylinder mit Lösung) fest, dass bei Parallelstellung der beiden Filter (z.B. 0°/0°, 90°/90° etc.) maximale Lichthelligkeit auf der Projektionswand erscheint, bei gekreuzter Stellung dagegen (0°/90°, 90°/0°, +45°/−45° etc.) Dunkelheit auftritt. Man überprüft dann, ob sich an der Lichtdurchlässigkeit etwas ändert, wenn der Zylinder mit Wasser gefüllt wird. Hierzu betrachtet man im abgedunkelten Raum den Lichtfleck, der das Wasser durchquert hat und vernachlässigt etwaige durch Reflexion entstehende zusätzliche Lichtflecke.

V 255.2. Der Polarisator wird auf 90° und der Analysator auf 0° gestellt (kein Lichtfleck an der Wand). In den Strahlengang wird nun der Zylinder mit Glucose-Lösung (20 g reine D(+)-Glucose in 200 ml Lösung, Füllhöhe 19 cm) geschoben. Beobachtung an der Projektionswand? Der Analysator (der daran angebrachte Polarisationsfilter) wird so gedreht, dass der Lichtfleck wieder gänzlich verschwindet. Man notiert den Winkel, die Richtung, in die gedreht wurde, und die Zeit, die seit der Herstellung der Lösung vergangen ist. Die Lösung wird entfernt, um V 255.3. bzw. V 255.4. durchzuführen und wird später, nach 15 min und nach 30 min, noch zweimal gemessen.

V 255.3. Eine Glucose-Lösung wie die aus V 255.2. wird mit 3 ml Natronlauge*, $c = 3$ mol/l, versetzt, in einen Zylinder gefüllt und gemäß V 255.2. und B 255.1. gemessen. Der erhaltene Drehwinkel wird mit den Werten von V 255.1. verglichen.

V 255.4. Eine Lösung aus 20 g D(−)-Fructose in 200 ml Lösung wird hergestellt. Der Drehwinkel wird gemäß V 255.2. nach 2 min, 5 min und 10 min gemessen. Der letzte Wert wird als Endwert betrachtet. Er wird mit dem der Glucose verglichen.

V 255.5. Lösen Sie drei gehäufte Teelöffel Traubenzucker (D(+)-Glucose) in ca. 150 ml Wasser, fügen Sie etwas Natronlauge hinzu und bestimmen Sie die Konzentration der Lösung polarimetrisch mit dem Tageslichtprojektor-Polarimeter und (falls verfügbar) mit einem Halbschattenpolarimeter aus der Chemiesammlung.

Auswertung

a) Bei der in V 255.2. bis V 255.4. angewandten Messmethode, der *Polarimetrie*, gilt:

$$\alpha = \alpha_{sp} \cdot \beta \cdot l$$

- α: gemessener Drehwinkel in grd
- α_{sp}: spezifische Drehung (Stoffkonstante) in $grd \cdot cm^3 \cdot g^{-1} \cdot dm^{-1}$ (Tab. 100.1.)
- β: Massenkonzentration der Lösung in g/cm^3
- l: Schichtdicke der Lösung in dm

Berechnen Sie aus Ihren Messergebnissen bei V 255.2. und V 255.4. die spezifische Drehung bei der D(+)-Glucose und bei der D(−)-Fructose und vergleichen Sie mit Tab. 256.1.

b) Vergleichen Sie die Messwerte von V 255.2. mit dem Messwert von V 255.3. Warum ist die Annahme berechtigt, dass bei V 255.3. eine Reaktion abläuft, die durch Natronlauge katalysiert wird?

Lenkt man Licht durch einen Polarisationsfilter, so wird nur derjenige Teil des Lichts durchgelassen, bei dem die Schwingungen in einer bestimmten, durch den Filter vorgegebenen Ebene erfolgen (B 256.1.). Man spricht von *linear polarisiertem Licht*. Trifft linear polarisiertes Licht auf einen zweiten Polarisationsfilter, so hängt es von dessen Stellung in Bezug auf den ersten ab, ob und wie viel Licht durchkommt. Bei paralleler Stellung der Polarisationsebenen der beiden Filter wird der Lichtdurchgang nicht verändert, dreht man den zweiten um 90°, so ist der Lichtdurchgang gleich Null. Bei dieser Stellung der beiden Filter bewirkt eine optisch aktive Substanz (vgl. S. 244), die zwischen die beiden Polarisationsfilter gebracht wird, doch wieder einen positiven Lichtdurchtritt (V 255.1. bis V 255.5.). Erst durch Drehen des zweiten Filters um einen bestimmten Winkel nach rechts bzw. nach links erreicht man wieder, dass kein Licht mehr nach dem zweiten Filter zu sehen ist. Durch diese Drehung

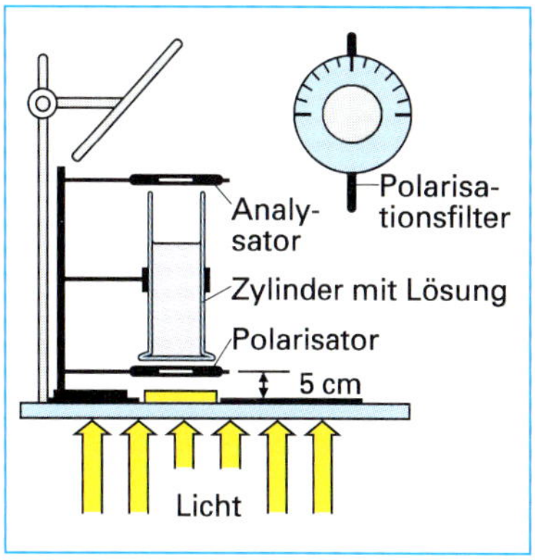

B 255.1. *Polarimetrie auf dem Tageslichtprojektor*

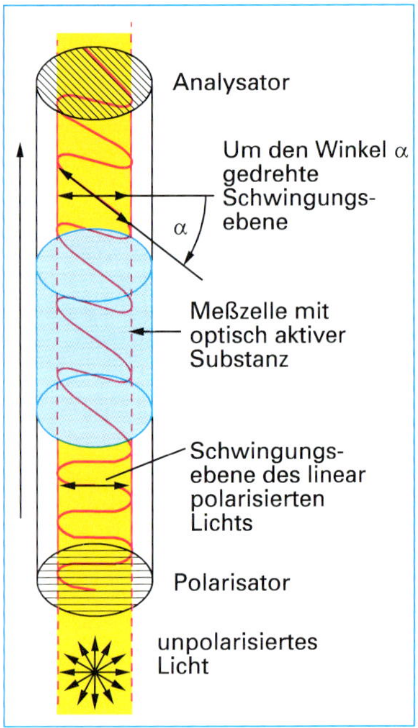

***B 256.1.** Funktionsprinzip eines Polarimeters*

Verbindung	spezifische Drehung α_{sp} in $\frac{\text{grd} \cdot \text{cm}^3}{\text{g} \cdot \text{dm}}$
D(+)-Glucose[2]	+52
α-D(+)-Glucose	+112
β-D(+)-Glucose	+19
D(−)-Fructose[2]	−92
D(−)-Milchsäure	−3,8
L(+)-Milchsäure	+3,8
D(−)-Alanin	−1,6
L(+)-Alanin	+1,6
D(−)-Weinsäure	−12
L(+)-Weinsäure	+12
Meso-Weinsäure	0

***Tab. 256.1.** Spezifische Drehungen einiger Verbindungen in wässriger Lösung bei gelbem polarisierten Licht*

des zweiten Filters, des so genannten Analysators, wird genau der Betrag kompensiert, um den die Ebene des linear polarisierten Lichts durch die optisch aktive Substanz gedreht wurde (B 256.1.). Dieser Drehwinkel α hängt von der *Schichtdicke* der Lösung, ihrer *Konzentration*, der *Temperatur*, der *Wellenlänge* des Lichts und der *chemischen Struktur* der gelösten optisch aktiven Substanz ab. Jeder optisch aktive Stoff hat eine charakteristische *spezifische Drehung* α_{sp}, die ebenso wie etwa die Dichte eine Stoffkonstante ist. Aus der experimentell ermittelten Drehung α und der aus Tabellen (vgl. Tab. 256.1.) entnommenen spezifischen Drehung α_{sp} eines bestimmten optisch aktiven Stoffes, kann dessen Konzentration in der gemessenen Lösung berechnet werden. So z. B. kann man den Zuckergehalt im Urin bestimmen.

Bei Lösungen von D-Glucose und D-Fructose ändert sich der Drehwinkel allmählich, bis er einen konstanten Wert erreicht (V 255.2. und V 255.4.). Man nennt diesen Vorgang *Mutarotation*[1]. Er beruht z. B. bei der D-Glucose auf der Einstellung des folgenden Gleichgewichts:

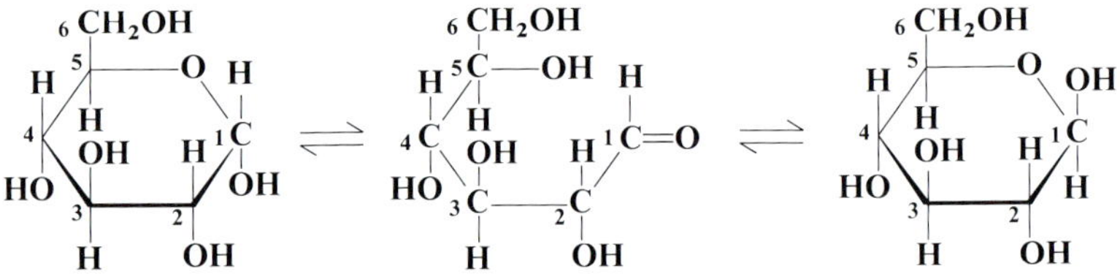

α-D-Glucose, ca. 40% — $\alpha_{sp} = +112 \ \frac{\text{grd} \cdot \text{cm}^3}{\text{g} \cdot \text{dm}}$

offenkettige Form

β-D-Glucose, ca. 60% — $\alpha_{sp} = +19 \ \frac{\text{grd} \cdot \text{cm}^3}{\text{g} \cdot \text{dm}}$

Die im festen Zustand ausschließlich vertretene α-D-Glucose geht hierbei über die offenkettige Form teilweise in β-D-Glucose über (B 256.2.). Beide Reaktionen, die Ringöffnung und der Ringschluss, werden durch Säuren und Basen katalysiert (V 255.3.). Bei der D-Fructose stellt sich das *Mutarotations-Gleichgewicht* auch ohne Katalysator in ca. 15 min ein.

[1] von *mutare* (lat.) = ändern und *rotare* (lat.) = sich drehen
[2] beim Gleichgewicht zwischen α- und β-Form

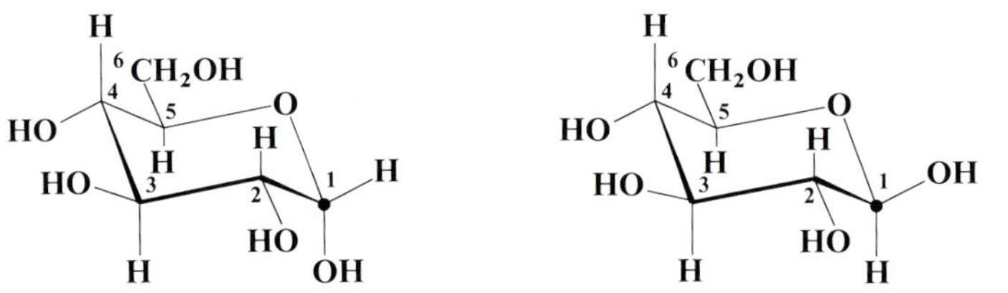

α-D-Glucose β-D-Glucose

***B 256.2.** Räumliche Strukturformeln von α-D-Glucose und β-D-Glucose*

Man gibt die Drehrichtung einer optisch aktiven Substanz durch das Zeichen (+) für rechts, d.h. in Uhrzeigersinn beim Blick in Richtung Lichtquelle, und durch (−) für links an. Die Kennzeichnung optischer Isomere mit D und L sagt nichts über die Drehrichtung aus. Sie bezeichnet die *Konfiguration* der Moleküle, d.h. die räumliche Anordnung der Atome im Molekül. Bei den im Jahr 1891 von E. FISCHER[1] vorgeschlagenen Projektionsformeln schreibt man die Kette der Kohlenstoff-Atome in einem Molekül von oben nach unten, wobei das Kohlenstoff-Atom mit der höchsten Oxidationszahl das obere Ende bildet (B 257.1.). Die Substituenten an den Chiralitätszentren (den asymmetrischen Kohlenstoff-Atomen, vgl. S. 242) werden nach rechts und nach links gesetzt. Als Bezugssubstanz gilt *Glycerinaldehyd* (B 257.1.). Es wurde vereinbart, dass die Konfiguration mit der Hydroxy-Gruppe auf der rechten Seite als D-Konfiguration[2] angesehen wird und die mit der Hydroxy-Gruppe links entsprechend als L-Konfiguration[3]. In gleicher Weise verfährt man auch bei anderen Molekülen. Monosaccharid-Moleküle erhalten die Bezeichnung D oder L nach der Konfiguration an dem Chiralitätszentrum, das von der Carbonyl-Gruppe am entferntesten ist (B 257.1.).

Molekül-Konfigurationen können mit Molekül-Modellen und dreidimensionalen Computer-Graphiken nachgebaut und überprüft werden. Aus der Konfiguration kann man die Drehrichtung eines optisch aktiven Stoffes nicht herleiten. Sie wird experimentell bestimmt.

Bei Molekülen mit z Chiralitätszentren gibt es maximal 2^z optische Isomere. Neben der D-Glucose gibt es also noch 15 Isomere, die sich nur durch die Konfiguration an den vier asymmetrischen Kohlenstoff-Atomen unterscheiden. Die Zahl der optischen Isomere ist aber kleiner, wenn es innerhalb des Moleküls eine Spiegelebene gibt. Ein Beispiel stellen die drei isomeren Weinsäuren dar (B 257.2.). Bei der Meso-Weinsäure kommt es zu einer intramolekularen Kompensation der Drehwirkung der einen Molekülhälfte durch die Wirkung ihrer spiegelbildlichen Gegenhälfte. Deshalb ist Meso-Weinsäure optisch inaktiv (B 257.2.). Sie unterscheidet sich aber in ihren physikalischen und chemischen Eigenschaften von ihren optischen Isomeren und kann durch übliche Methoden von diesen getrennt werden. Während die rechtsdrehende und die linksdrehende Weinsäure ein Paar von *optischen Antipoden oder Enantiomeren* bilden, spricht man bei optischen Isomeren wie z.B. rechtsdrehender Weinsäure und Meso-Weinsäure oder linksdrehender Weinsäure und Meso-Weinsäure von *Diastereoisomeren*[4]. Auch sie unterscheiden sich durch die Konfiguration, aber das eine Molekül ist nicht das Spiegelbild des anderen. Über die Bildung von Diastereoisomeren können 1:1 Gemische eines Enantiomeren-Paars (Racemate) aufgetrennt werden (vgl. dazu A 258.3.).

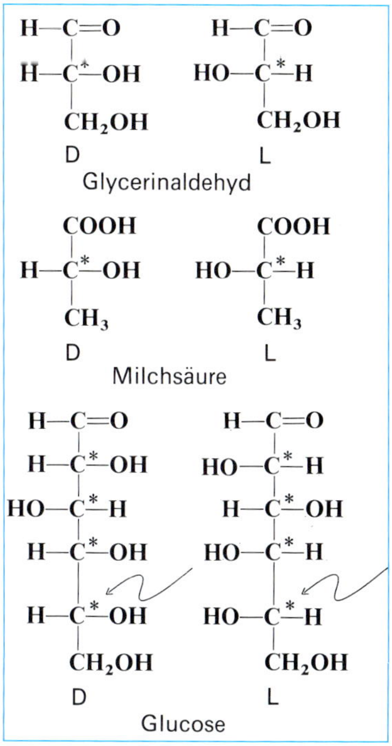

***B 257.1.** FISCHER-Projektionsformeln und Konfigurationen*

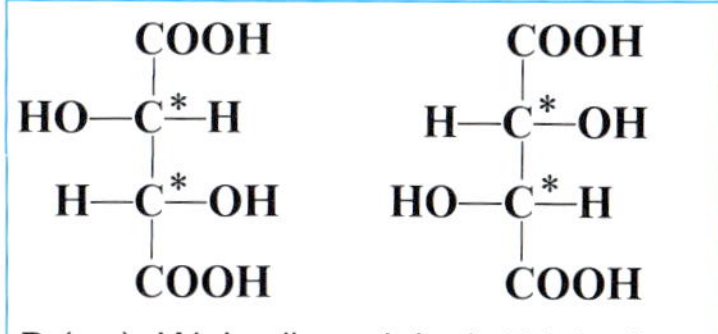

D(−)-Weinsäure	L(+)-Weinsäure
$\vartheta_m = 170°$ C	$\vartheta_m = 170°$ C
$\varrho = 1{,}76$ g/cm^3	$\varrho = 1{,}76$ g/cm^3
$\alpha_{sp} = -11{,}98$	$\alpha_{sp} = +11{,}98$

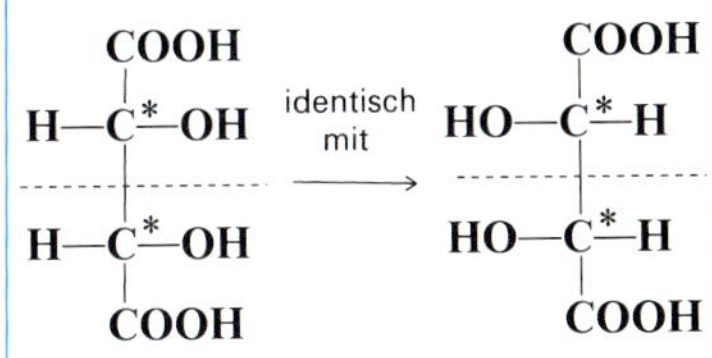

Meso-Weinsäure
$\vartheta_m = 140°$ C
$\varrho = 1{,}66$ g/cm^3
$\alpha_{sp} = 0$

***B 257.2.** Isomere Weinsäuren (Dihydroxybutansäuren)*
α_{SP} in grd·cm^3·g^{-1}·dm^{-1}

[1] EMIL FISCHER (1852 bis 1919), Prof. der org. Chemie, klärte die Struktur vieler Zucker auf; Nobelpreis für Chemie 1902
[2] von *dexter* (lat.) = rechts
[3] von *laevus* (lat.) = links
[4] von *dia* (griech.) = entgegen und von *stereos* (griech.) = fest, körperhaft

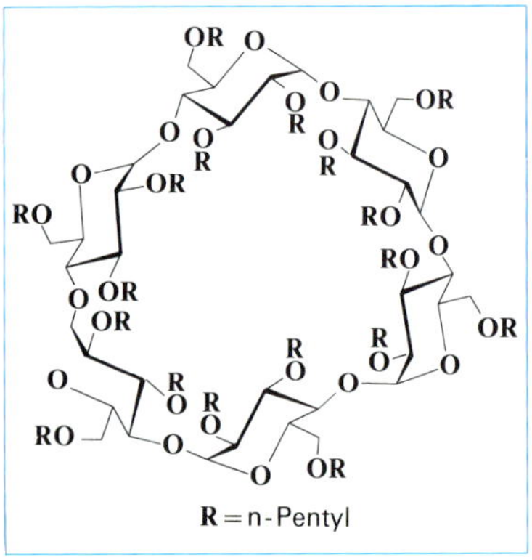

B 258.1. Perpentyliertes Cyclodextrin für enantioselektive Gaschromatographie

Die Auftrennung von Enantiomeren-Gemischen wird in der Analytik mit Hilfe der *enantioselektiven Gaschromatographie* durchgeführt. Die entsprechenden Trennsäulen enthalten als stationäre Phase (vgl. S. 23) Stoffe, die selbst chiral gebaut sind. Als besonders gut geeignet haben sich cyclische Oligomere aus 6 bis 8 Glucose-Bausteinen, so genannte *Cyclodextrine* (B 258.1.), erwiesen. Daran konnten einzelne Enantiomere aus Aminosäure-Gemischen, Aromastoffen und synthetischen Arzneimitteln isoliert werden (B 258.3.).

Es ist bemerkenswert, dass **in der Natur nur Zucker mit D-Konfiguration** und **Aminosäuren mit L-Konfiguration** vorkommen. Die Ursache dafür ist noch umstritten. Quantenchemische Rechnungen ergeben aber, dass ein Zucker-Molekül mit D-Konfiguration um einen winzigen Energiebetrag energieärmer ist als das entsprechende Zucker-Molekül mit L-Konfiguration. Bei Aminosäuren erhält man für die L-Konfiguration einen geringen energetischen Vorteil. Danach hat man aus Modellen berechnet, dass bei der Bildung der „Ursuppe des Lebens", z. B. in einem See von 4 km Länge, 1 km Breite und 1 km Tiefe, in ca. 10000 Jahren durchaus eine Selektion der energieärmeren Zucker- und Aminosäure-Moleküle als chemische Vorstufen des Lebens erfolgt sein könnte.

Aufgaben

A 258.1. Das Saccharose-Molekül besteht aus einer D-Glucose- und einer D-Fructose-Einheit. Die spezifische Drehung von Saccharose (Rohrzucker) beträgt $\alpha_{sp} = +66$ grd · cm^3 · g^{-1} · dm^{-1}. Kocht man eine angesäuerte Rohrzucker-Lösung, so verändert sich die spezifische Drehung bis zu einem Endwert von -20 grd · cm^3 · g^{-1} · dm^{-1} (*Inversion* des Rohrzuckers). Erklären Sie den Sachverhalt.

A 258.2. Nennen Sie die Zahl der optischen Isomere bei a) Fructose (offenkettige Form, B 53.1.) und bei b) Citronensäure (3-Carboxy-3-hydroxy-pentandisäure). Begründung?

A 258.3. Das Racemat einer optisch aktiven Säure (1:1 Gemisch aus (+)-S und (−)-S) wird nach dem Schema aus B 258.2. mit rechtsdrehendem Alkohol (+)-A verestert und über das diastereoisomere Esterpaar getrennt. Warum funktioniert dieses Trennverfahren?

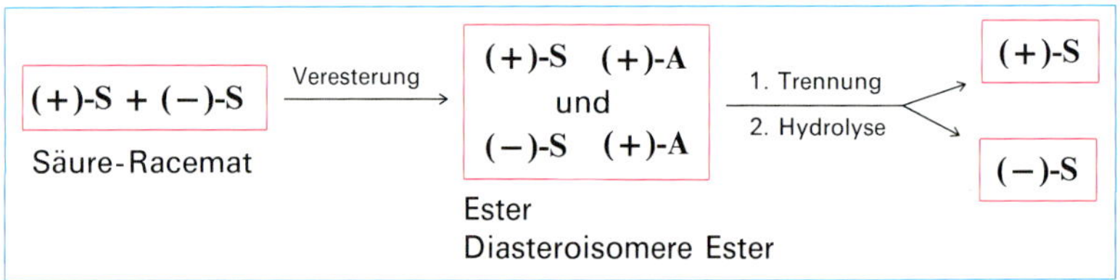

B 258.2. *Racemat-Trennung über Diastereoisomere (A 258.3.)*

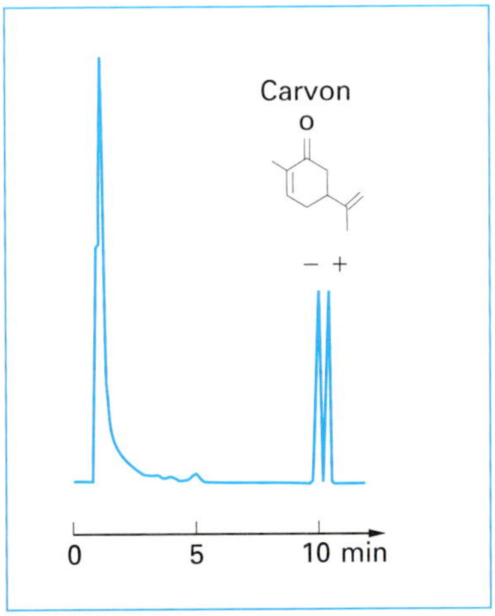

B 258.3. *Gaschromatogramm des Aromastoffs Carvon. Hier wurde das Racemat aufgetrennt. Kümmel und Dill enthalten fast ausschließlich (+)-Carvon, Krauseminte (Spearmint) nahezu reines (−)-Carvon.*

Neue Fachbegriffe

linear polarisiertes Licht, Polarimeter, spezifische Drehung α_{sp}, Mutarotation, Enantiomere, Diastereoisomere, enantioselektive Gaschromatographie

Zusammenfassung

Durch die Polarimetrie können optisch aktive Substanzen wie Zucker, Aminosäuren u. a. qualitativ und quantitativ bestimmt werden. Die spezifische Drehung α_{sp} ist eine Stoffkonstante und hat bei optisch aktiven Stoffen einen von Null verschiedenen Wert.

9.7. Carbonsäuren und Protolysen

Praktikum

Säurestärke von Carbonsäuren

Versuche

PV 259.1. Stellen Sie nach den Angaben aus Tab. 260.1. je 100 ml Säure-Lösung*, $c = 0{,}1$ mol/l, her. Messen und notieren Sie die $p\mathrm{H}$-Werte der Lösungen mit dem $p\mathrm{H}$-Meter oder mit Indikatorpapier für den sauren Bereich. Einige Gruppen wählen die Säuren aus der oberen, die anderen Gruppen die Säuren aus der unteren Tabellenhälfte.

PV 259.2. Testen Sie in Rggl. die Reaktivität der verschiedenen Säure-Lösungen* gegenüber Magnesium-Spänen. Vergleichen Sie die Heftigkeit der Reaktionen.

PV 259.3. Pipettieren Sie jeweils 10 ml Säure-Lösung* in ein Becherglas, verdünnen Sie mit Wasser auf ca. 50 ml und titrieren Sie mit Natronlauge*, $c = 0{,}1$ mol/l, bis zum Umschlag des Indikators Phenolphthalein.

Auswertung

a) Bestätigen Ihre Titrationsergebnisse die „Protonigkeit" (ein-, zwei-, dreiprotonig) der jeweiligen Säure? Begründen Sie (ggf. auch rechnerisch).

b) Schreiben Sie die Valenzstrichformeln aller 10 untersuchten Säuren auf, ordnen Sie ihnen die gemessenen $p\mathrm{H}$-Werte und die Ergebnisse aus PV 259.2. zu und suchen Sie nach Zusammenhängen zwischen der Molekülstruktur (Länge des Alkyl-Restes, Substituenten, Anzahl der Carboxy-Gruppen) und der Säurestärke. Formulieren Sie dazu klare Aussagen.

c) Schätzen Sie den $p\mathrm{H}$-Wert jeder der folgenden Säure-Lösungen, $c = 0{,}1$ mol/l: Butansäure, Dichlorethansäure, 1,5-Pentandisäure, 3-Chlorpropansäure, 1,6-Hexandisäure? Begründen Sie Ihre Vermutungen anhand der Versuchsergebnisse.

Die namensgebende Eigenschaft der **Carbonsäuren** (vgl. auch S. 56ff.) ist die Fähigkeit ihrer Moleküle, als Protonendonatoren zu wirken. Je nach Anzahl der Carboxy-Gruppen im Molekül können pro Säure-Molekül ein oder mehrere Protonen abgegeben werden, was zu einem unterschiedlichen Verbrauch an Natronlauge bei der Titration gleicher Stoffmengen von Säuren führt (PV 259.3.). Die $p\mathrm{H}$-Werte gleich konzentrierter Säure-Lösungen geben uns Aufschluss über die abgestuften Säurestärken, die sog. *Acidität*[2], verschiedener Säuren (PV 259.1.). Hierbei wird deutlich, dass:

a) die Säurestärke mit der Länge des Alkylrests abnimmt;

b) Substituenten mit –I-Effekt an dem zur Carboxy-Gruppe benachbarten Kohlenstoff-Atom die Säurestärke erhöhen;

c) eine zweite Carboxy-Gruppe im Molekül die Säurestärke besonders stark erhöht, wenn sie nahe an der ersten ist.

Für die sich in wässriger Lösung einstellenden **Protolyse-Gleichgewichte** wird die Säurestärke in Tabellen (vgl. Anhang, S. 418) durch die pK_s-Werte charakterisiert, die aus den Säurekonstanten K_s berechnet wurden (B 259.1.).

$$\mathrm{R{-}COOH + H_2O \rightleftarrows R{-}COO^- + H_3O^+}$$

$$K_s = \frac{c(\mathrm{R{-}COO^-}) \cdot c(\mathrm{H_3O^+})}{c(\mathrm{R{-}COOH})}$$

$$\mathrm{p}K_s = -\lg\{K_s\}^1 \quad \{K_s\} = 10^{-\mathrm{p}K_s}$$

Beispiele:

$\mathrm{H_3C{-}COOH}$: $K_s = 1{,}74 \cdot 10^{-5}$ mol/l, p$K_s = 4{,}76$

$\mathrm{Cl_3C{-}COOH}$: $K_s = 0{,}23$ mol/l, p$K_s = 0{,}64$

B 259.1. *K_s- und pK_s-Definitionen (vgl. auch S. 128ff.)*

$$p\mathrm{H} = -\lg\{c(\mathrm{H_3O^+})\}$$ [1]

Wieso sind Carbonsäure-Moleküle bessere Protonendonatoren als Alkohol-Moleküle?

1. Durch die positive Partialladung am Kohlenstoff-Atom der Carboxy-Gruppe wird die ohnehin schon polare Sauerstoff-Wasserstoff-Bindung so stark polarisiert, dass sie heterolytisch aufgetrennt und das Proton an eine Base, z.B. ein Wasser-Molekül, übertragen werden kann (B 260.1.).

---

[1] Die geschwungene Klammer zeigt, dass nur der Zahlenwert der genannten Größe logarithmiert wird.

[2] von *acidus* (lat.) = sauer

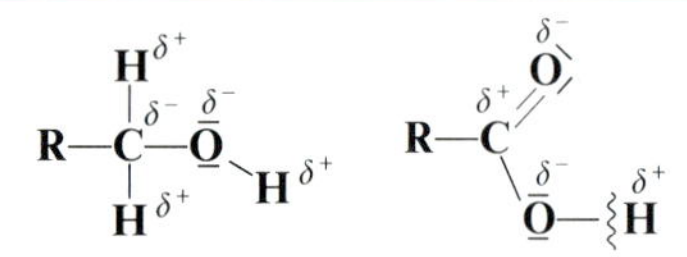

B 260.1. *Valenzstrichformeln mit getrennten Partialladungen*

Name (Trivialname)	*m* (Säure)/ 100 ml Lösung
Methansäure* (Ameisensäure)	0,46 g (0,38 ml)
Ethansäure* (Essigsäure)	0,6 g (0,58 ml)
Propansäure*	0,74 g (0,75 ml)
Monochlorethansäure* (Chloressigsäure)	0,95 g
Trichlorethansäure* (Trichloressigsäure)	1,63 g
2-Hydroxypropansäure* (Milchsäure)	0,90 g (1,12 ml)
Ethandisäure* (Oxalsäure)	0,90 g
Propandisäure* (Malonsäure)	1,04 g
Butandisäure* (Bernsteinsäure)	1,18 g
Hexandisäure* (Adipinsäure)	1,46 g
3-Carboxy-3-hydroxypentandisäure (Citronensäure)	1,92 g

Tab. 260.1. *Säure-Lösungen für die Praktikumsversuche*

[1] Organische Ionen sind i.d.R. instabil und treten nur als reaktive Zwischenstufen auf.

[2] Für die „Gleichberechtigung" der beiden Grenzformeln spricht die Tatsache, dass die Bindungslängen der beiden Kohlenstoff-Sauerstoff-Bindungen gleich sind (Bestimmung durch Röntgenstrukturanalyse und durch Elektronenbeugung).

2. Bei dem durch Protolyse eines Moleküls gebildeten Carboxylat-Ion handelt es sich um ein besonders stabiles organisches Ion[1]. Ein Grund dafür ist, dass die überschüssige negative Ladung nicht nur von dem einen Sauerstoff-Atom, von dem das Proton abgetrennt wurde, „gehalten" wird. Auch das zweite Sauerstoff-Atom ist daran beteiligt und das Kohlenstoff-Atom dient als Brücke. Für das Carboxylat-Ion können wir zwei Grenzformeln schreiben, von denen man weiß, dass sie „gleichberechtigt" sind[2] (B 260.2.). Keine davon beschreibt die tatsächliche Elektronenverteilung, diese liegt vielmehr zwischen den beiden Grenzformeln. Es gibt überhaupt keine Valenzstrichformel, die alleine genommen, die wirkliche Elektronenverteilung im Carboxylat-Ion richtig beschreiben würde.

Die Existenz eines Atomverbands (Molekül, Ion) zwischen mehreren, durch Grenzformeln darstellbaren Elektronenstrukturen (Elektronenverteilungen) nennen wir Mesomerie.

Mesomere Grenzformeln unterscheiden sich nur durch die „Lage" von Elektronenpaaren aus Doppelbindungen und freien Elektronenpaaren. Zwischen mesomere Grenzformeln, die ja ein- und denselben Atomverband darstellen, schreibt man den *Mesomeriepfeil* (↔). Durch Mesomerie gewinnt das Carboxylat-Ion an Stabilität, d.h., es ist tatsächlich energieärmer, als es aufgrund jeder der beiden Grenzformeln sein müsste. Man spricht von einer *Mesomeriestabilisierung*. Die entsprechende molare *Mesomerieenergie* E_{mes} (B 260.2.) beträgt beim Carboxylat-Ion ca. 50 kJ/mol.

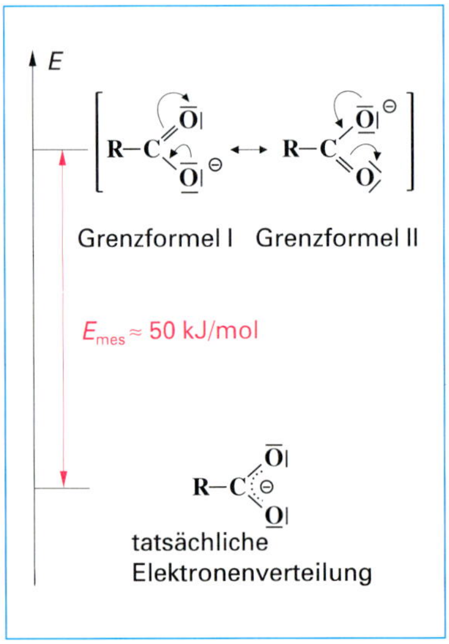

B 260.2. *Links: Mesomerie beim Carboxylat-Ion und Mesomerieenergie (vgl. auch S. 276 Benzol)*
Rechts: Gleichnis zur Mesomerie: Ein Afrika-Reisender des Mittelalters beschreibt seinen Landsleuten das von ihm gesehene Nashorn als ein Mittelding zwischen einem Drachen und einem Einhorn, beide zwar nur Märchentiere, aber den Leuten in ihrer Phantasie bekannt.

Nun kann der Rest **R** aus einem Carbonsäure-Molekül **R–COOH** die Stärke der Bindungspolarisation bei der Hydroxy-Gruppe (vgl. B 260.1.) und die Stabilität des Carboxylat-Ions $\mathbf{R-COO^-}$ in unterschiedlicher Weise beeinflussen. Dadurch kommt es zu den abgestuften Säurestärken bei den Carbonsäuren.

Übt der Rest **R** einen Elektronen ziehenden –I-Effekt auf die Carboxy-Gruppe aus, so kommt es leichter zur Abtrennung des Protons und das gebildete Carboxylat-Ion wird dadurch, dass die negative Ladung aus der Carboxy-Gruppe durch den Rest abgeschwächt wird, noch zusätzlich stabilisiert. Die Säurestärke nimmt daher von der Ethan- über die Monochlor-, Dichlor- bis zur Trichlorethansäure zu (vgl. PV 259.1., B 261.1. und pK_s-Tabelle, S. 418). Mit Hilfe der in Tab. 75.1. angegebenen **–I-** und **+I-Effekte** lassen sich auch die Säurestärken von Propansäure und von Hydroxypropansäure (Milchsäure) im Vergleich zur Ethansäure gut erklären (PV 259.1.). Mit wachsender Länge des Rests **R** nimmt die Acidität bei den Alkansäuren rasch ab. Viel stärker als der +I-Effekt wirkt sich dabei die Hydrophobie langer Alkanreste aus, die eine schlechte Wasserlöslichkeit der entsprechenden Säuren (z.B. der Fettsäuren, vgl. S. 57) und eine erschwerte **Hydratisierbarkeit** der Anionen zur Folge haben. Ionen sind in wässriger Lösung aber nur existenzfähig, wenn sie hydratisiert werden, d.h. von Wasser-Dipolen umlagert werden können.

Das Monoanion einer Dicarbonsäure kann durch eine *intramolekulare Wasserstoffbrückenbindung* mit dem Wasserstoff-Atom der zweiten Carboxy-Gruppe stabilisiert werden (B 261.2.). Während dieser Effekt sich bei benachbarten Carboxy-Gruppen sehr stark auf die Säurestärke auswirkt (vgl. Oxalsäure-Ethansäure in B 261.2.), ist er bei Carboxy-Gruppen, die durch zwei oder mehr $\mathbf{CH_2}$-Gruppen voneinander getrennt sind, nur noch gering (vgl. Butandisäure-Butansäure in B 261.2.).

Beim cis-trans-Isomerenpaar Maleinsäure (cis-Butendisäure)/Fumarsäure (trans-Butendisäure) wird der Beitrag der intramolekularen Wasserstoffbrückenbindung zur Stabilisierung des Monoanions besonders deutlich: Aufgrund der räumlichen Stellung der beiden Carboxy-Gruppen (freie Drehbarkeit um die Kohlenstoff-Kohlenstoff-Doppelbindung gibt es nicht!) kann es nur beim Maleinsäure-Monoanion zu einer intramolekularen Wasserstoffbrückenbindung kommen, nicht aber beim Fumarsäure-Monoanion (B 261.3.). Entsprechend ist die Maleinsäure eine stärkere Säure als Fumarsäure (vgl. pK_s-Werte in Tab. 234.1.).

Wie kommt es aber, dass trans-Butendisäure stärker ist als Butandisäure ($pK_s = 3{,}0$ bzw. $pK_s = 4{,}17$)? Beim Monoanion der trans-Butendisäure kann eine intramolekulare Wasserstoffbrückenbindung gänzlich ausgeschlossen werden (B 261.3.), beim Monoanion der Butandisäure ist sie aufgrund der freien Drehbarkeit um die Kohlenstoff-Kohlenstoff-Einfachbindung immerhin möglich! Auch der –I-Effekt, den die zweite Carboxy-Gruppe auf die erste bei deren Protolyse ausübt, hilft hier nicht weiter, denn beide Moleküle haben jeweils zwei Carboxy-Gruppen „in gleicher Entfernung".

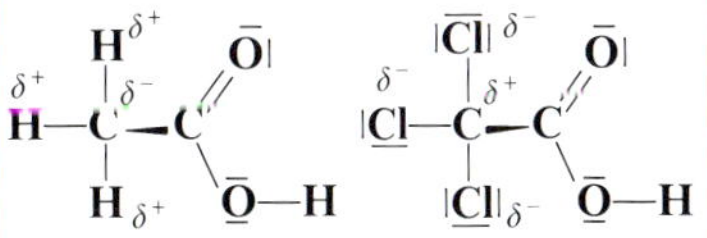

$pK_s = 4{,}76$ (+I) $pK_s = 0{,}64$ (–I)

B 261.1. *Auswirkung von I-Effekten auf die Säurestärke*

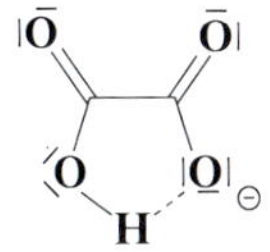

Oxalsäure-Monoanion

$\mathbf{H_3CCOOH}$
$pK_s = 4{,}76$

HOOCCOOH
$pK_s = 1{,}46$

$\mathbf{H_3CCH_2CH_2COOH}$
$pK_s = 4{,}82$

$\mathbf{HOOCCH_2CH_2COOH}$
$pK_s = 4{,}17$

B 261.2. *Auswirkung einer zweiten Carboxy-Gruppe auf die Säurestärke (intramolekulare Wasserstoffbrückenbindungen)*

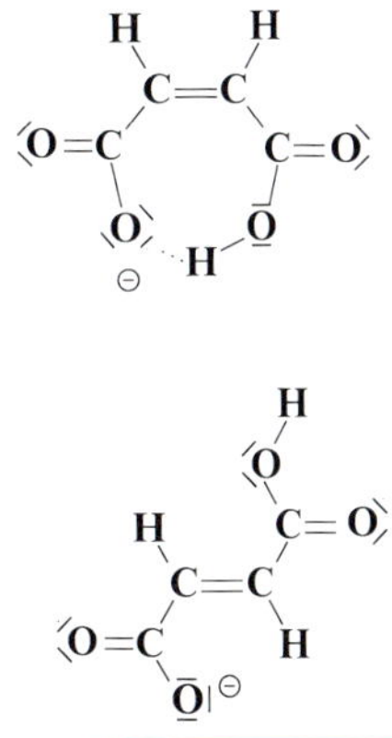

B 261.3. *Maleinsäure- und Fumarsäure-Monoanion*

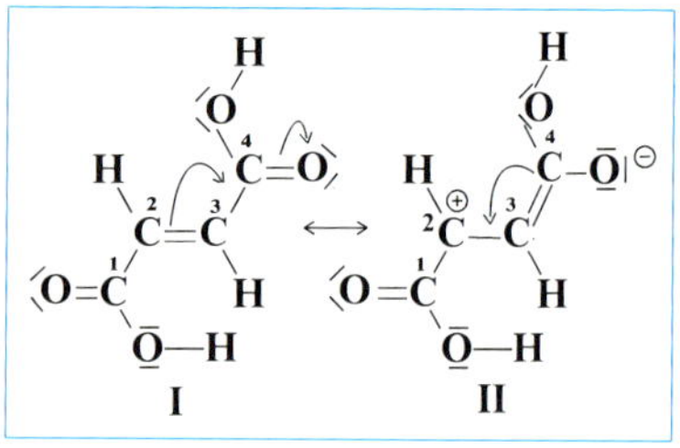

B 262.1. *Mesomere Grenzformeln für das Molekül der Fumarsäure*

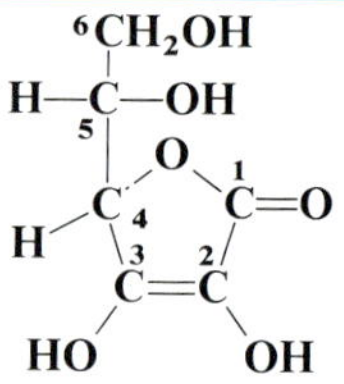

Ascorbinsäure (Vitamin C)

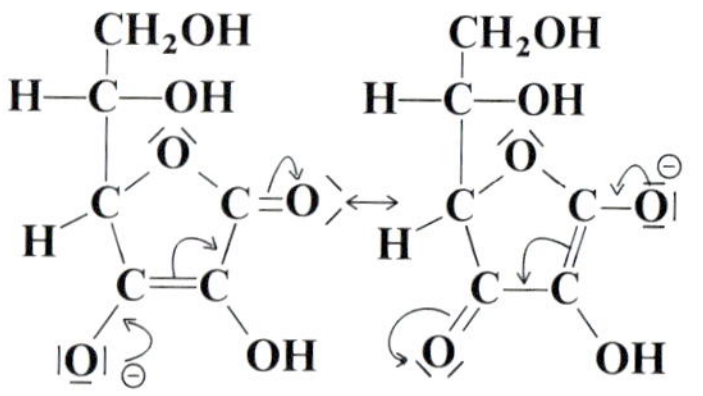

Grenzformeln für das Monoanion

B 262.2. *Der Mensch benötigt ca. 70 mg Vitamin C pro Tag. Reich an Vitamin C sind Zitrusfrüchte, Paprika und Kohl. Zusätze von Vitamin C enthalten viele Frucht- und Gemüsesäfte, Konserven, Fleischwaren und sogar Bier (jedoch nicht das nach deutschem Reinheitsgebot gebraute Bier). Vitamin-C-Mangel führt zu Infektionsanfälligkeit und zu Skorbut (Butungen, Zahnausfall, Schwäche, Tod). Vitamin C schützt vor krebserzeugenden Oxidationsmitteln, z.B. Nitroso-Verbindungen, weil es sie reduziert.*

Durch die Kohlenstoff-Kohlenstoff-Doppelbindung in Butendisäure-Molekül sowohl beim cis- als auch beim trans-Isomeren wird die Elektronen ziehende Wirkung der zweiten Carboxy-Gruppe in einer Weise übertragen, die beim Butandisäure-Molekül unmöglich ist. Für das Fumarsäure-Molekül lassen sich die beiden mesomeren Grenzformeln aus B 262.1. schreiben. Selbst wenn die Grenzformel II in wesentlich geringerem Maße zur Beschreibung der tatsächlichen Elektronenverteilung im Molekül beiträgt als die Grenzformel I, so zeigt sie doch, dass das Kohlenstoff-Atom C_2 positiv geladen sein und somit die Protolyse der ersten Carboxy-Gruppe (der unteren in B 262.1.) unterstützen kann.

Effekte dieser Art, die auf Elektronenpaarverschiebungen im Zusammenhang mit mesomeren Grenzformeln beruhen und somit die Reaktivität einer bestimmten Stelle im Molekül beeinflussen, nennt man **mesomere Effekte** oder kurz **M-Effekte**. Wie bei den induktiven Effekten gibt es einen **−M-Effekt (Elektronen ziehend)** und einen **+M-Effekt (Elektronen schiebend)**. Im Gegensatz zu den induktiven Effekten können mesomere Effekte über mehrere Atome und Bindungen übertragen werden; Bedingung ist aber, dass *konjugierte Doppelbindungen* (abwechselnd Einfach- und Doppelbindungen) vorliegen.

Aufgaben

A 262.1. Formulieren Sie die Reaktionsgleichungen der beiden Protolysestufen bei der Propandisäure.

A 262.2. Vergleichen Sie die pK_s-Werte der 2-Chlorpropansäure und der 3-Chlorpropansäure (Tab. S. 418) miteinander und erklären Sie den Unterschied.

A 262.3. Schätzen Sie bei den folgenden Säuren jeweils die relative Stärke im Vergleich zu passenden Säuren aus den Praktikumsversuchen (Tab. 260.1.) ein, begründen Sie Ihre Vermutung und überprüfen Sie die Richtigkeit mit Hilfe der Tab. S. 418: a) 2,2-Dimethylpropansäure (Trimethylessigsäure); b) Bromethansäure; c) Pentandisäure; d) Trifluorethansäure; e) 2,3-Dihydroxybutandisäure (Weinsäure); f) Iodethansäure.

A 262.4. Sorbinsäure $H_3C-CH=CH-CH=CH-COOH$ ist ein zugelassenes Konservierungsmittel mit der europäischen Zulassungsnummer E 200 und wird zur Brotkonservierung verwendet (es sind maximal 2 g Sorbinsäure je kg Schnittbrot erlaubt). Das Anion der Sorbinsäure ist als Konservierungsmittel inaktiv. Salze der Sorbinsäure wirken in Brot und anderen sauren Backwaren konservierend, in alkalischen Produkten dagegen nicht. Erklären Sie den Sachverhalt.

A 262.5. Ascorbinsäure (Vitamin C) ist eine organische Säure ohne Carboxy-Gruppen in ihren Molekülen. In B 262.2. ist ihr Monoanion angegeben. a) Wodurch kann das Monoanion (außer durch Mesomerie) noch stabilisiert werden? b) Ascorbinsäure ist eine zweiprotonige Säure. Formulieren Sie das Dianion und begründen Sie seine Existenzfähigkeit.

Zusammenfassung

Die Moleküle von Carbonsäuren wirken als Protonendonatoren. Die dabei gebildeten Carboxylat-Anionen sind an der Carboxylat-Gruppe mesomeriestabilisiert. Zur Beschreibung der tatsächlichen Elektronenverteilung reicht eine Valenzstrichformel nicht aus; vielmehr sind dazu mehrere Grenzformeln nötig. Die abgestufte Säurestärke der Carbonsäuren ist mit Hilfe von strukturellen Merkmalen und den damit verbundenen Effekten erklärbar.

Neue Fachbegriffe

Acidität, Mesomerie, Mesomeriepfeil, Mesomerieenergie, mesomere Effekte (M-Effekte), +M- und −M-Effekt, konjugierte Doppelbindungen

9.8. Aminosäuren

Praktikum

pH-abhängige Löslichkeit und Titrationskurve von Glycin

Versuche

PV 263.1. Stellen Sie jeweils 100 ml Glycin-Lösung*, Ethansäure-Lösung* und Milchsäure-Lösung*, $c = 0{,}1$ mol/l, her und messen Sie a) die elektrische Leitfähigkeiten der Lösungen und b) die pH-Werte der Lösungen. Die Glycin-Lösung wird weiter verwendet.

PV 263.2. Titrieren Sie je 50 ml der Glycin-Lösung* aus PV 263.1. pH-metrisch mit a) Salzsäure*, $c = 0{,}5$ mol/l, und b) Natronlauge, $c = 0{,}5$ mol/l. Lassen Sie jeweils Portionen von 0,5 ml Maßlösung zufließen und lesen Sie nach 10 s Rühren den pH-Wert ab. Tabellieren Sie die Wertepaare V_{Ls}(HCl)/pH-Wert bzw. die Wertepaare V_{Ls}(NaOH)/pH-Wert, und stellen Sie sie in einem Koordinatennetz nach dem Muster aus B 263.1. graphisch dar.

PV 263.3. Lösen Sie in 10 ml Salzsäure*, $c = 0{,}1$ mol/l, im Rggl. Glycin* bis zur Sättigung und fügen Sie dann tropfenweise Natronlauge*, $c = 1$ mol/l, hinzu. Beobachtung? Setzen Sie so lange Natronlauge hinzu, bis Sie ca. 5 ml verbraucht haben. Beobachtung?

Auswertung

a) Deuten Sie die Ergebnisse aus PV 263.1.

b) Ermitteln Sie aus der Titrationskurve von PV 263.2. die Bereiche, in denen die Glycin-Lösung als Säure-Base-Puffer (S. 133f.) wirkt.

c) Welcher Punkt auf der Titrationskurve des Glycins (B 263.1.) entspricht wohl der Situation, in der sich bei PV 263.3. der meiste Niederschlag gebildet hat. Begründen Sie.

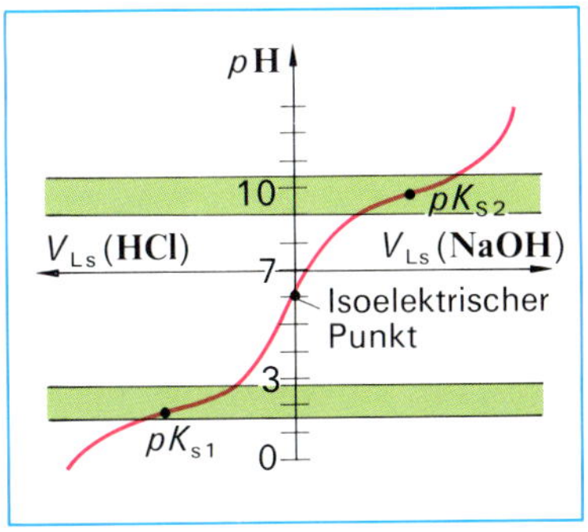

B 263.1. *Titrationskurve einer Aminosäure. Die Abkürzungen sind im Text erläutert.*

Intramolekulare Protolysen und Zwitter-Ionen

Im Gegensatz zu Ethansäure und Hydroxypropansäure (Milchsäure) leitet Aminoethansäure (Glycin) in wässriger Lösung den Strom praktisch nicht (PV 263.1.). Der pH-Wert der Glycin-Lösung ist höher als der von Ethansäure-Lösung und von Milchsäure-Lösung und liegt annähernd im neutralen Bereich. Daraus schließen wir, dass die Konzentration der Oxonium-Ionen und der Anionen in der Glycin-Lösung sehr gering sein muss.

Bei der pH-metrischen Titration einer Aminosäure-Lösung zeigt sich, dass es zwei Bereiche gibt, in denen die Titrationskurve flach verläuft (B 263.1. und PV 263.2.). Beim Glycin sind dies die Bereiche von $p\text{H} = 2$ bis $p\text{H} = 3$ und von $p\text{H} = 9{,}3$ bis $p\text{H} = 10{,}3$. Hier wirkt die Glycin-Lösung als Säure-Base-Puffer. Glycin löst sich sowohl in saurer als auch in alkalischer Lösung besser als in annähernd neutraler Lösung (PV 263.3.).

Diese Befunde sind auf Protolyse-Gleichgewichte zurückzuführen, bei denen der **amphotere**[1] **Charakter** der Aminosäuren zum Tragen kommt. Autoprotolysen, wie wir sie bereits vom Wasser kennen,

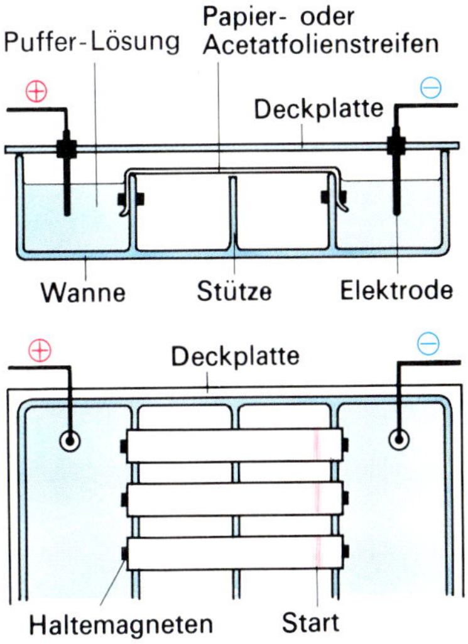

B 263.2. *Elektrophoresekammer zur Auftrennung von Aminosäure-Gemischen (vgl. S. 265)*

[1] von *amphoteros* (griech.) = beide, beiderseitig

finden auch bei Aminosäuren statt, jedoch im Gegensatz zum Wasser **intramolekular**[1], d.h., Protonenübergänge erfolgen innerhalb eines Moleküls.

$$H_2O + H_2O \rightleftharpoons H_3O^+ + OH^-; \quad K = 10^{-14}\ mol^2 \cdot l^{-2}$$

intermolekulare[2] Autoprotolyse von Wasser

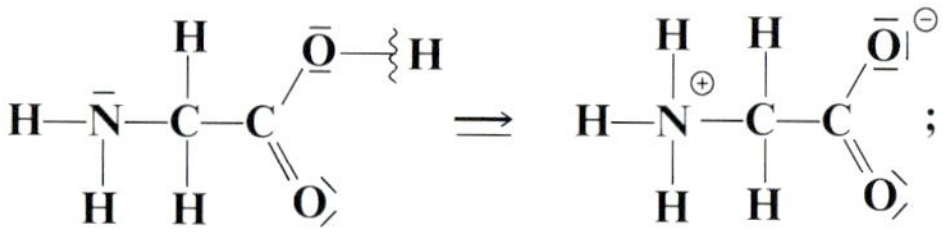

; $K \gg 1$

Molekül Zwitterion[3]

intramolekulare Autoprotolyse von Glycin

Zwitter-Ionen überwiegen gegenüber Molekülen sowohl in den Molekülgittern fester Aminosäuren-Kristalle als auch in wässriger Lösung. Beim Glycin stellt sich das folgende gekoppelte Gleichgewicht ein:

$$H_3\overset{\oplus}{N}CH_2COOH \underset{+OH^-;\ -H_2O}{\overset{+H^+}{\rightleftharpoons}} \left[H_3\overset{\oplus}{N}CH_2COO^{\ominus} \rightleftharpoons H_2NCH_2COOH \right] \underset{+H^+}{\overset{+OH^-;\ -H_2O}{\rightleftharpoons}} H_2NCH_2COO^{\ominus}$$

Carboxy-Ammonium-Ion überwiegt bei $pH < 2$

bei $pH\,(I) = 6{,}1$ (IEP)

Amino-Carboxylat-Ion überwiegt bei $pH > 12$

Die Säure „Carboxy-Ammonium-Ion" ist wesentlich stärker als Ethansäure ($pK_s(H_3\overset{\oplus}{N}CH_2COOH) = 2{,}4$; $pK_s(H_3CCOOH) = 4{,}76$). Der Elektronen ziehende Effekt der protonierten Amino-Gruppe (positive Ladung!) ist dafür verantwortlich. Für die Protolysen des Kations und des Zwitter-Ions mit Wasser gelten folgende Zusammenhänge:

$$H_3\overset{\oplus}{N}CH_2COOH + H_2O \rightleftharpoons H_3\overset{\oplus}{N}CH_2COO^{\ominus} + H_3O^+$$

$$K_{s1} = \frac{c(H_3\overset{\oplus}{N}CH_2COO^{\ominus}) \cdot c(H_3O^+)}{c(H_3\overset{\oplus}{N}CH_2COOH)} = 10^{-2,4}\ mol \cdot l^{-1}$$

$$c(H_3\overset{\oplus}{N}CH_2COO^{\ominus}) = \frac{K_{s1} \cdot c(H_3\overset{\oplus}{N}CH_2COOH)}{c(H_3O^+)}$$

$$H_3\overset{\oplus}{N}CH_2COO^{\ominus} + H_2O \rightleftharpoons H_2NCH_2COO^{\ominus} + H_3O^+$$

$$K_{s2} = \frac{c(H_2NCH_2COO^{\ominus}) \cdot c(H_3O^+)}{c(H_3\overset{\oplus}{N}CH_2COO^{\ominus})} = 10^{-9,8}\ mol \cdot l^{-1}$$

$$c(H_3\overset{\oplus}{N}CH_2COO^{\ominus}) = \frac{c(H_2NCH_2COO^{\ominus}) \cdot c(H_3O^+)}{K_{s2}}$$

$$\frac{K_{s1} \cdot c(H_3\overset{\oplus}{N}CH_2COOH)}{c(H_3O^+)} = \frac{c(H_2NCH_2COO^{\ominus}) \cdot c(H_3O^+)}{K_{s2}}$$

Der Wendepunkt mit der höchsten Steigung in der Titrationskurve des Glycins entspricht einer Lösung, in der gilt:

$$c(H_3\overset{\oplus}{N}CH_2COOH) = c(H_2NCH_2COO^{\ominus}),$$

d.h. bei der die Konzentration des Kations und die des Anions gleich sind[4]. Dieser Konzentrationswert ist gleichzeitig sehr niedrig, sodass bei diesem pH-Wert die Aminosäure-Lösung die geringste elektrische Leitfähigkeit erreicht. Praktisch liegt dann die gesamte gelöste Aminosäure in Form von Zwitter-Ionen vor.

[1] von *intra* (lat.) = innerhalb

[2] von *inter* (lat.) = zwischen

[3] Zwitter-Ionen sind Molekül-Ionen mit räumlich getrennten Ladungen. Sie richten sich im elektrischen Feld aus, wandern jedoch nicht.

[4] Aminosäuren, deren Moleküle noch weitere Carboxy- oder Amino-Gruppen enthalten (Tab. 266.1.), liefern Titrationskurven mit mehr pH-Sprüngen als die Kurve aus B 263.1.

Durch Herauskürzen von $c(H_3\overset{\oplus}{N}CH_2COOH)$ und $c(H_2NCH_2COO^{\ominus})$ aus der letzten Gleichung im roten Kasten und Umformen erhalten wir:

$$c^2(H_3O^+) = K_{s1} \cdot K_{s2} \quad \text{oder} \quad pH(I) = \frac{pK_{s1} + pK_{s2}}{2} = \frac{2{,}4 + 9{,}8}{2} = 6{,}1$$

Diesen pH-Wert bezeichnet man auch als **isoelektrischen Punkt** pH(I) oder *IEP*. In Tab. 266.1. sind einige Aminosäuren und ihre *IEP* angegeben. Die Unterschiede sind auf die unterschiedlichen Aminosäure-Reste zurückzuführen. Bei Aminosäuren mit einer zweiten Carboxy-Gruppe im Molekül (z.B. Glutaminsäure) wird der *IEP* aus pK_{s1} und pK_{s2} gebildet, bei Aminosäuren mit einer zweiten Amino-Gruppe im Molekül (z.B. Lysin) aus pK_{s2} und pK_{s3}.

Die hier untersuchten Eigenschaften der Aminosäuren bilden die Grundlagen für die **Elektrophorese**[1], ein wichtiges Trennverfahren in der Biochemie, der klinischen Chemie und der Lebensmittelchemie. Bei der Elektrophorese trägt man das zu trennende Aminosäuren-Gemisch auf ein gepuffertes Medium (Feststoff oder Gel) auf und setzt es einem elektrischen Gleichspannungsfeld aus (B 263.2.). Je nachdem, in welcher Form (Kation, Zwitter-Ion oder Anion) die jeweilige Aminosäure bei dem gewählten pH-Wert vorliegt, wandert sie zu dem einen oder dem anderen Pol, oder sie verbleibt an der aufgetragenen Stelle. Bei gleich geladenen Ionen verschiedener Aminosäuren kommt es zu unterschiedlichen Wanderungsgeschwindigkeiten. Auch Proteine, Kondensationsprodukte der Aminosäuren (vgl. Kap. 9.10., S. 270ff.), haben charakteristische *IEP* und können elektrophoretisch aufgetrennt werden. Das wird besonders bei der Auftrennung der Bluteiweiße praktiziert. Aus den erhaltenen Elektropherogrammen kann nicht nur der Zustand des Patienten (krank oder gesund) festgestellt werden, auch eine Diagnose der Krankheit ist möglich (B 265.1.).

Eine besonders effektive Variante der Elektrophorese ist die **isoelektrische Fokussierung**[2]. Hierbei arbeitet man mit Trägern, auf denen im voraus ein pH-Gefälle eingerichtet wurde (B 265.3.). Beim Start (pH$=4$) liegen alle aufzutrennenden Aminosäuren (oder Proteine) in der Kation-Form vor und wandern zunächst alle in Richtung Minus-Pol. Sie bleiben nacheinander regelrecht „auf der Strecke", jede dort, wo sie die pH-Zone, die ihrem *IEP* entspricht, erreicht.

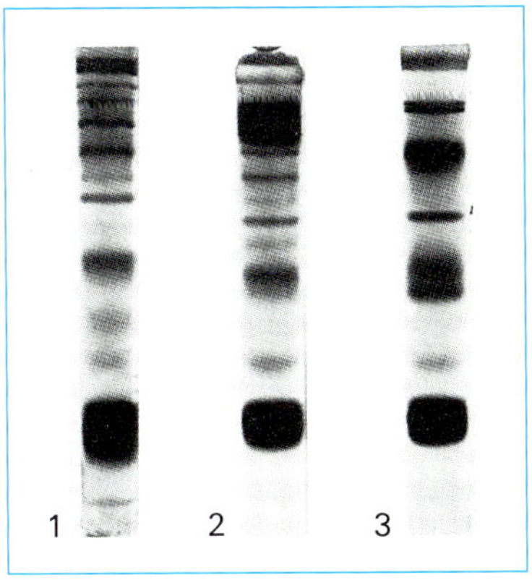

B 265.1. *Elektrophorese von Blutseren an Polyacrylamidgel. (1): Serum eines gesunden Menschen; (2), (3): Seren erkrankter Menschen, deren Krankheiten aufgrund dieser Bilder mit hoher Treffsicherheit diagnostiziert werden können.*

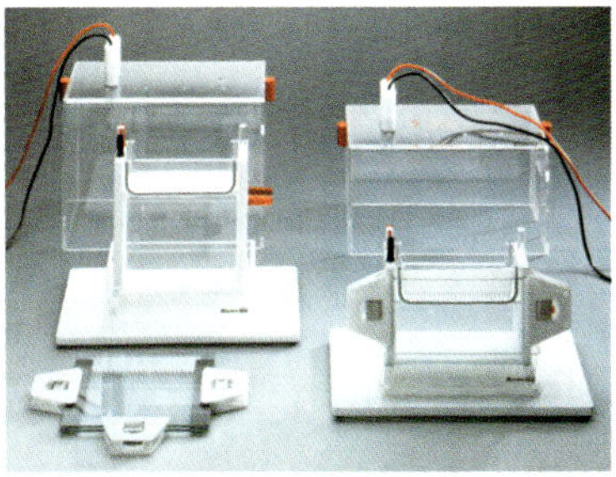

B 265.2. *Elektrophoresegerät zur Trennung von Aminosäuren und Proteinen auf Polyacrylamidgel. In 30 min werden 48 gleichzeitig laufende Proben aufgetrennt.*

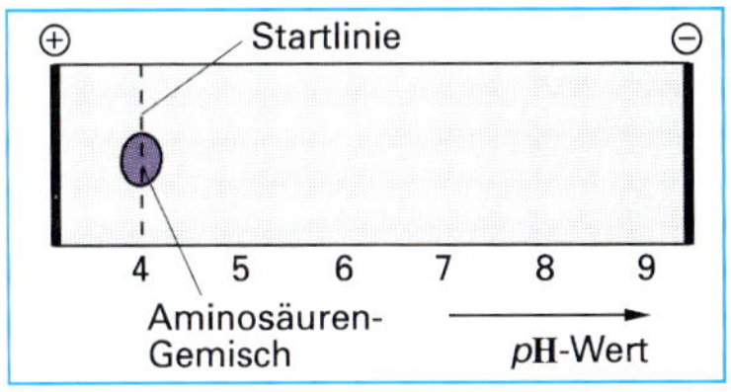

B 265.3. *Elektrophorese durch isoelektrische Fokussierung*

Aufgaben

A 265.1. Was geschieht, wenn man zu einer gesättigten Glycin-Lösung in Natronlauge, $c = 0{,}1$ mol/l, Salzsäure, $c = 1$ mol/l, tropft? Begründung?

A 265.2. Formulieren Sie das Kation, das Monoanion und das Dianion der Asparaginsäure (Tab. 266.1.). Welche Ionen bildet das Lysin (Tab. 266.1.)?

A 265.3. Erläutern Sie, warum eine Aminosäure bei ihrem IEP weder zum Plus-Pol noch zum Minus-Pol wandert.

A 265.4. Für Phenylalanin Phe (Tab. 266.1.) gilt: $pK_{s1} = 2{,}6$ und $pK_{s2} = 9{,}2$. Wie liegen die Pufferbereiche des Phenylalanins im Vergleich zu den Pufferbereichen des Glycins? Begründen Sie.

A 265.5. Ein Gemisch aus Alanin Ala, Phenylalanin Phe, Prolin Pro und Histidin His soll durch Elektrophorese (B 263.2.) aufgetrennt werden. Der Träger (Papier oder Acetatfolie) wurde bei pH$=6{,}02$ gepuffert. Fertigen Sie eine Skizze des zu erwartenden Elektropherogramms und erläutern Sie es.

[1] von *phoresis* (griech.) = das Tragen
[2] von *focus* (lat.) = Brennpunkt

Gruppe I: unpolarer Rest

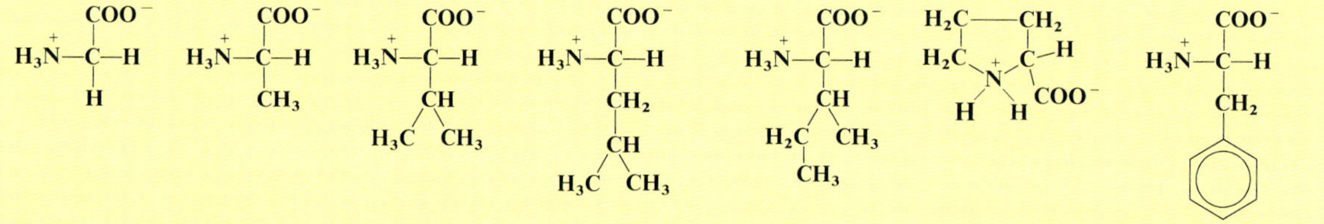

Glycin (Gly)	Alanin (Ala)	Valin (Val)[1]	Leucin (Leu)[1]	Isoleucin (Ile)[1]	Prolin (Pro)	Phenylalanin (Phe)[1]
pH (I) = 6,1	pH (I) = 6,02	pH (I) = 5,97	pH (I) = 5,98	pH (I) = 6,02	pH (I) = 6,3	pH (I) = 5,88

Gruppe II: polarer Rest

[1] *essentielle Aminosäuren.* Sie können im Körper nicht synthetisiert werden.

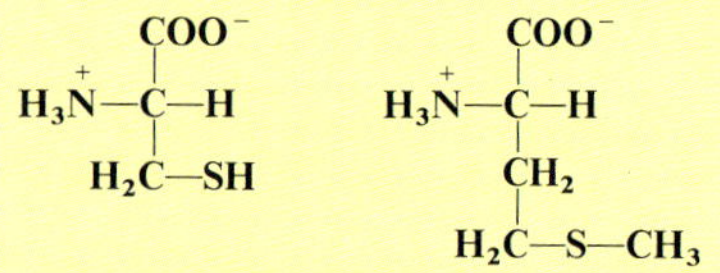

Cystein (Cys)	Methionin (Met)[1]
pH (I) = 5,02	pH (I) = 5,7

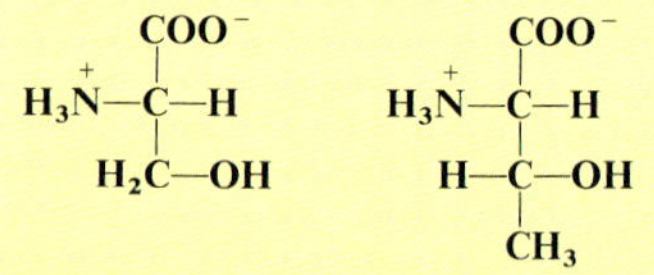

Serin (Ser)	Threonin (Thr)[1]
pH (I) = 5,68	pH (I) = 5,60

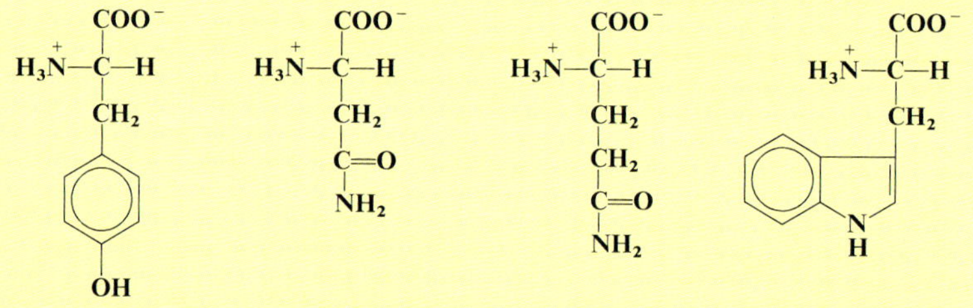

Tyrosin (Tyr)	Asparagin (Asn)	Glutamin (Gln)	Tryptophan (Try)[1]
pH (I) = 5,67	pH (I) = 5,41	pH (I) = 5,70	pH (I) = 5,88

Gruppe III: saurer Rest

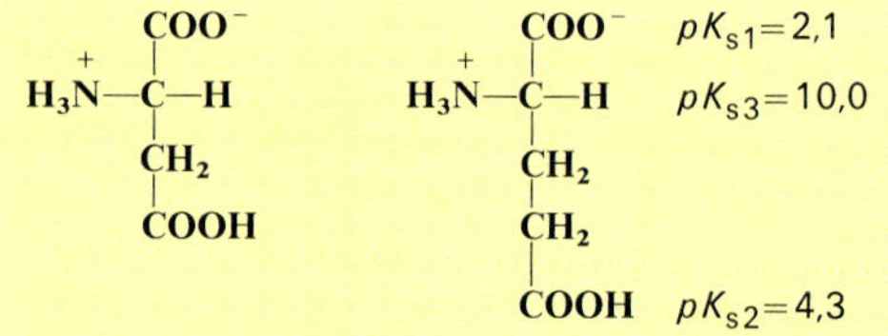

Asparaginsäure (Asp)	Glutaminsäure (Glu)
pH (I) = 3,0	pH (I) = 3,2

Gruppe IV: alkalischer Rest

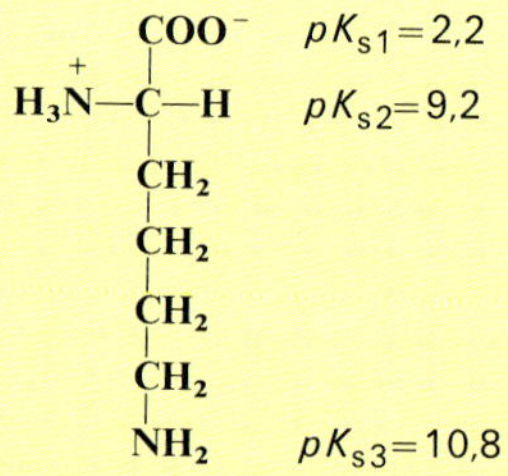

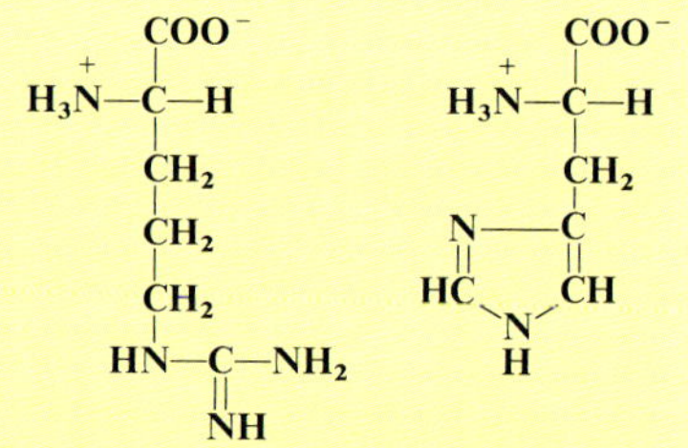

Lysin (Lys)[1]	Arginin (Arg)	Histidin (His)
pH (I) = 9,9	pH (I) = 10,76	pH (I) = 7,59

Tab. 266.1. *Aminosäuren und* pH*-Werte der isoelektrischen Punkte* pH (I). *Angegeben ist jeweils die zwitter-ionische Form und nicht die molekulare Form* $H_2NCHRCOOH$.

Zusammenfassung

Bei Aminosäure-Molekülen kommt es zu intramolekularen Autoprotolysen, bei denen Zwitter-Ionen gebildet werden. Eine Aminosäure-Lösung hat in mindestens zwei pH-Bereichen Puffereigenschaften; diese Bereiche sind je nach Amionsäure-Rest abgestuft. Beim isoelektrischen Punkt (pH(I) oder IEP) ist die Löslichkeit der Aminosäure am geringsten, eine Wanderung im elektrischen Feld findet nicht statt. Durch Elektrophorese können Aminosäure-Gemische und Protein-Gemische aufgetrennt werden.

Neue Fachbegriffe

amphoterer Charakter, intramolekulare Autoprotolyse, Zwitter-Ion, isoelektrischer Punkt IEP oder pH (I), Elektrophorese, isoelektrische Fokussierung

9.9. Veresterung und Esterspaltung

Praktikum

Alkalische Esterspaltung

Versuch

PV 267.1. Geben Sie in ein Rggl. 5 ml Methansäureethylester* und einige Tropfen Bromthymolblau-Lösung. Fügen Sie dann 2 ml Natronlauge*, $c = 1$ mol/l, hinzu und schütteln Sie gut durch, nachdem Sie das Rggl. mit einem Stopfen versehen haben, auf dem Sie während des Schüttelns den Daumen halten. Beobachten Sie die Farbe. Stopfen Sie vorsichtig auf (Dampfentwicklung durch Erhitzung!) und beobachten Sie die Flüssigkeitsschichten (vgl. auch B 267.1.). Wiederholen Sie das Schütteln und Lüften einige Male und geben Sie zwischendurch noch 2 ml Natronlauge hinzu. Beobachten Sie die Farben und die Veränderung der Schichtdicken.

Auswertung

Wie deuten Sie die Farb- und Schichtänderungen bei PV 267.1.?

B 267.1. *Zur alkalischen Esterspaltung (vgl. PV 267.1.)*

Die Esterbildung aus einer Carbonsäure und einem Alkohol ist eine **Kondensation** (S. 247). Bei der Erörterung des chemischen Gleichgewichts und bei der Herstellung einiger Ester (S. 59) haben wir die Esterbildung bereits kennen gelernt. In diesem Kapitel geht es um die Aufklärung der Reaktionsmechanismen bei der Esterbildung und bei der Esterspaltung.

Beim Einleiten von Hydrogenchlorid in Ethansäure nimmt deren elektrische Leitfähigkeit zu (LV 267.2.). Ursache der steigenden Leitfähigkeit ist die Bildung von Ionen durch Protonierung der Essigsäure-Moleküle[1]:

1. Protonierung der Carboxy-Gruppe:

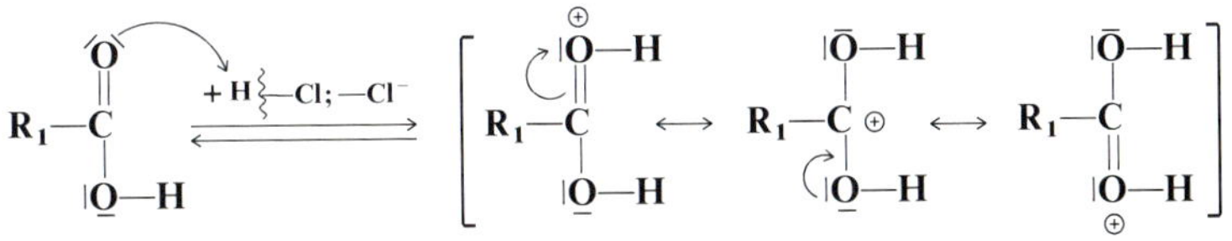

Grenzformel I Grenzformel II Grenzformel III

Die gebildeten Kationen, Dihydroxycarbenium-Ionen, sind mesomeriestabilisiert. Eine Protonierung dieser Art erfolgt nicht nur bei LV 267.2., sondern auch allgemein als 1. Schritt bei der **Veresterung einer Carbonsäure mit einem primären Alkohol in Gegenwart einer starken Säure**, z.B. konzentrierter Schwefelsäure. Das dabei als Interdukt auftretende Dihydroxycarbenium-Ion bietet, wie besonders die Grenzformel II zeigt, einem Nucleophil die Möglichkeit anzugreifen. Bei der Veresterung übernimmt in einem 2. Schritt das Alkohol-Molekül die Rolle dieses Nucleophils:

Versuch

LV 267.2. In ein größeres Rggl. werden ca. 20 ml Eisessig* (Ethansäure, $w = 100\%$) gegeben. Man prüft die Leitfähigkeit (Platinelektroden, $U = 20$ V). Dann leitet man trockenes, nach den Angaben aus B 252.1. hergestelltes, Hydrogenchlorid* ein und beobachtet dabei die Veränderung der Stromstärke (B 267.2.).

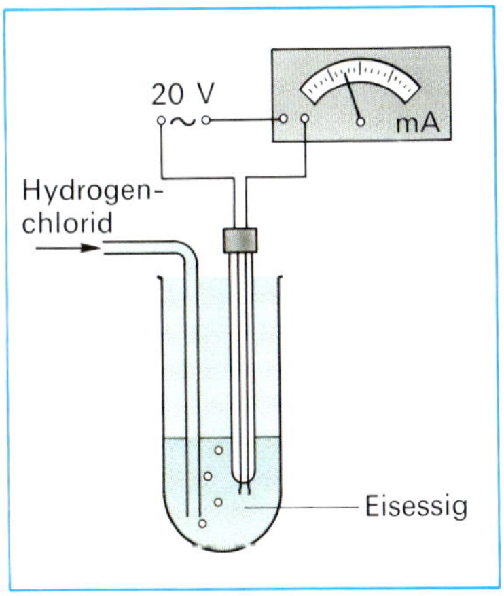

B 267.2. *Skizze zu LV 267.2.*

[1] Obwohl Essigsäure-Moleküle Protonen-Donatoren (z.B. gegenüber Wasser-Molekülen) sind, können sie gegenüber sehr starken Säuren auch als Protonen-Akzeptoren wirksam werden. Selbst eine „Säure" ist also letztlich ein Ampholyt, kann also gegenüber einer stärkeren Säure als Base reagieren.

Mechanismus-Aufklärung durch Isotopenmarkierung
Zur Überprüfung der Richtigkeit des angegebenen Mechanismus wurde Ethansäure mit Ethanol verestert, dessen Moleküle nicht das häufigste Sauerstoff-Isotop [^{16}O] Sauerstoff enthielten, sondern das Isotop [^{18}O] Sauerstoff. Der erhaltene Ester und das Wasser wurden massenspektroskopisch untersucht (S. 19). Nur der Ester enthielt das Isotop [^{18}O] Sauerstoff, nicht aber das Wasser. Dieser Befund ist in Übereinstimmung mit der im 3. Schritt formulierten Wasserabspaltung beim säurekatalysierten Mechanismus der Veresterung.

2. Nucleophiler Angriff des Alkohol-Moleküls:

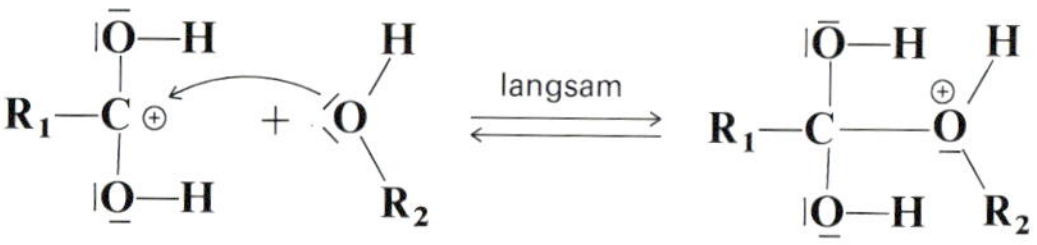

Im weiteren Verlauf der Esterbildung laufen dann noch die folgenden Reaktionsschritte ab:

3. Intramolekulare Protonenwanderung und Wasserabspaltung:

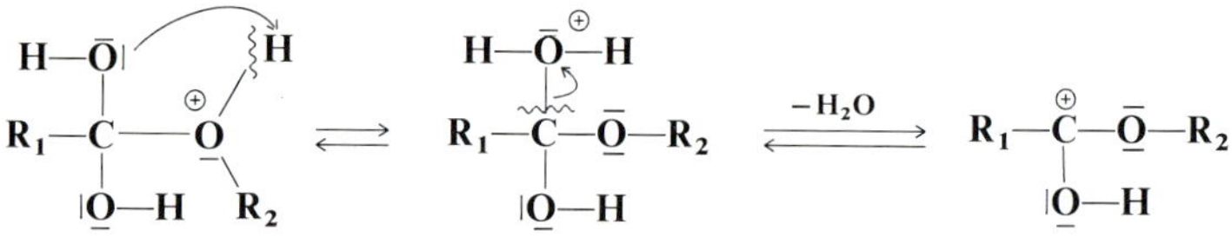

4. Deprotonierung (Rückbildung des Katalysators):

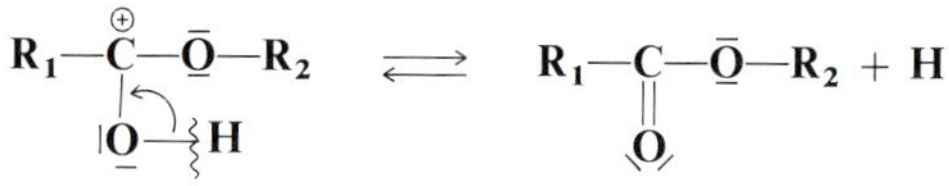

Alle vier Reaktionsschritte sind reversibel, folglich stellt sich bei der säurekatalysierten Veresterung immer ein Gleichgewicht zwischen Edukten (Säure + Alkohol) und Produkten (Ester + Wasser) ein.

Anders verläuft die **alkalische Esterspaltung**:

1. Nucleophiler Angriff des Hydroxid-Ions:

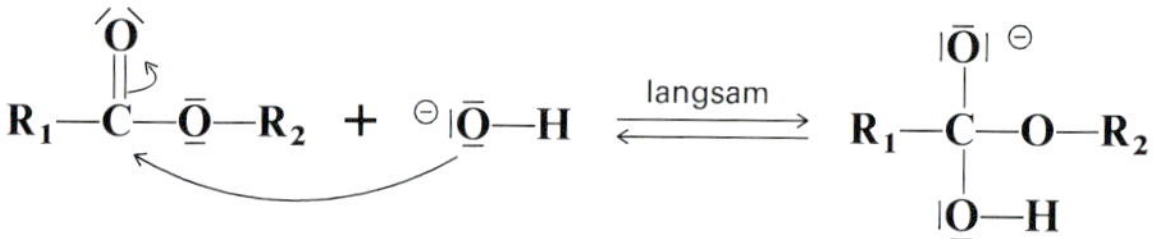

2. Abspaltung des Alkoholat-Ions:

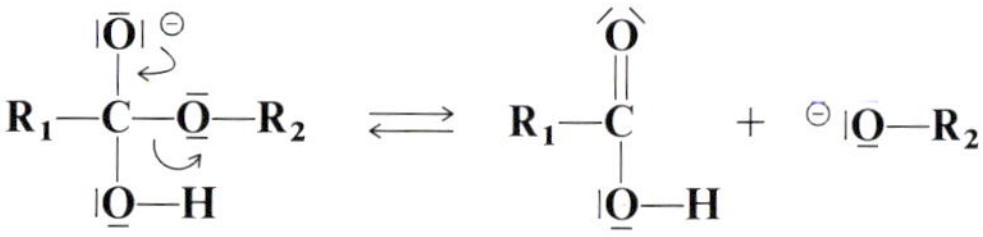

3. Protonenübergang vom Carbonsäure-Molekül auf das Ethanolat-Ion:

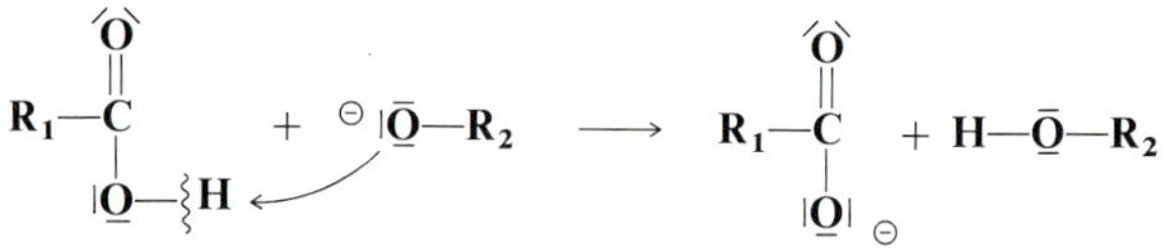

Da der letzte Schritt irreversibel ist, kann der Ester in alkalischer Lösung quantitativ gespalten werden. Man erhält allerdings nicht die freie Säure, sondern deren Anionen in alkalischer Lösung, aus der beim Eindampfen des Wassers und des Alkohols das Salz der Carbonsäure gewonnen werden kann. Da Natrium- und Kaliumsalze langkettiger Monocarbonsäuren *Seifen* sind, nennt man die alkalische Esterspaltung auch *Esterverseifung*.

B 268.1. *Seifensieder im 17. Jahrhundert*

Beim so genannten *Seifensieden*, einem althergebrachten Verfahren zur Herstellung von Seife aus pflanzlichen und tierischen Ölen und Fetten, werden diese in großen Kesseln in alkalischen Lösungen gekocht (vgl. B. 268.1.). Man erhält zunächst einen dickflüssigen Seifenschleim aus Glycerin, Seife und Wasser. Durch Zugabe von Natriumchlorid scheidet sich der Seifenkern von der Unterlauge, in der das Glycerin gelöst ist, ab. Der Seifenkern wird getrocknet, mit Farb- und Duftstoffen versetzt, in Stücke gepresst und dann auf den Markt gebracht.

B 269.1. *Polycarbonate sind moderne Kunststoffe mit vielfältigen Einsatzbereichen: Die Abdeckung von Bahnhofshallen und Stadien gehört ebenso dazu wie die Herstellung von CD's (compact discs), von denen der Ton über einen Laser-Strahl abgegriffen wird.*

Aufgaben

A 269.1. Warum verwendet man bei der Veresterung als Katalysator konzentrierte Schwefelsäure und nicht verdünnte?

A 269.2. Sowohl bei der säurekatalysierten Esterbildung als auch bei der alkalischen Esterspaltung ist jeweils der nucleophile Angriff der langsamste, reaktionsgeschwindigkeitsbestimmende Schritt. Zeichnen Sie Energiediagramme für die beiden Reaktionsverläufe und erläutern Sie sie.

A 269.3. Formulieren Sie das Massenwirkungsgesetz für die Bildung von Methansäureethylester und überlegen Sie, wie das Gleichgewicht nach rechts, zugunsten der Esterbildung, verschoben werden kann (ϑ_b (Methansäure) $= 100{,}5\,°C$, ϑ_b (Ethanol) $= 78{,}4\,°C$, ϑ_b (Methansäureethylester) $= 54\,°C$).

A 269.4. Wie viel Gramm Ester wurden bis zur Einstellung des Gleichgewichts bei der säurekatalysierten Veresterung von je 1 mol Ethansäure und Ethanol gebildet, wenn bei Raumtemperatur gearbeitet wurde? (bei $\vartheta = 20\,°C$ gilt $K = 4$)

A 269.5. Ester können mit sehr guter Ausbeute aus *Säurechloriden* **R–COCl**[1] hergestellt werden:

$$R_1\text{—COCl} + R_2OH \rightarrow R_1\text{—COOR}_2 + HCl$$

a) Warum ist auch dies eine Kondensation?
b) Entscheidend ist auch hier ein nucleophiler Angriff. Welcher?
c) Bei Zusatz einer Base können das eingesetzte Säurechlorid und der Alkohol quantitativ zu Ester umgesetzt werden. Begründen Sie, warum.

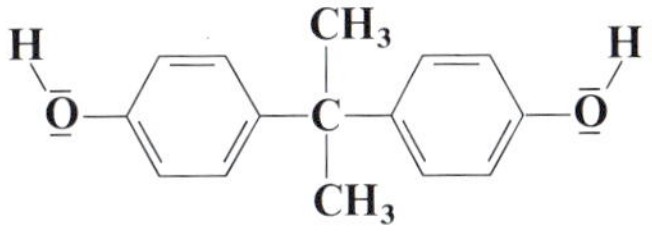

Bisphenol A

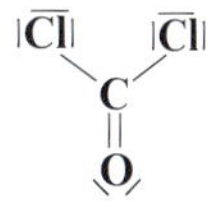

Phosgen

A 269.6. Das *Phosgen*[2] $COCl_2$ ist eines der reaktivsten und gefährlichsten Zwischenprodukte in der chemischen Industrie. Es dient z.B. zur Herstellung moderner Kunststoffe wie *Polycarbonate* (B 269.1.). Hierbei wird Phosgen mit einem Dialkohol, dem *Bisphenol A*, umgesetzt (Polykondensation, S. 345).
a) Formulieren Sie „eine Repetiereinheit" aus einem Polycarbonat-Molekül.
b) Wie kann man erklären, dass Phosgen noch viel reaktiver ist als die Säurechloride der Monocarbonsäuren (vgl. A 269.5.)?
c) Phosgen reagiert mit Wasser zu Hydrogenchlorid und Kohlenstoffdioxid. Formulieren Sie die Reaktionsgleichung.
d) Welche Vor- und Nachteile hat die Verwendung von so hochreaktiven Verbindungen wie Phosgen in der chemischen Technik?

A 269.7. Bei der Veresterung von Ethansäure mit 2-Methyl-2-propanol, das mit $[^{18}O]$-Sauerstoff markiert war, fand man anschließend $[^{18}O]$-Sauerstoff-Atome nur im Wasser, nicht aber im Ester. Der Mechanismus dieser Veresterung weicht also von dem im Text beschriebenen ab. Schlagen Sie einen Mechanismus vor und begründen Sie ihn.

[1] *Säurechloride* erhält man aus Carbonsäuren **R–COOH** und Thionylchlorid $SOCl_2$.

[2] *Phosgen*, das im 1. Weltkrieg auch als Kampfstoff verwendet wurde, ist eines der gefährlichsten Giftgase, umso mehr, als es aufgrund seines schwachen, an feuchtes Heu erinnernden Geruchs kaum wahrnehmbar ist. Phosgen zerstört die Lunge. Jahresproduktion in der Bundesrepublik: Fast 300000 t. 85% davon wird zur Herstellung von Isocyanaten verwendet, aus denen Polyurethane erzeugt werden.

Zusammenfassung

Die Esterbildung und die Esterspaltung verlaufen über ionische Zwischenstufen. Geschwindigkeitsbestimmend ist i.d.R. ein nucleophiler Angriff auf das Kohlenstoff-Atom der Carboxy-Gruppe bzw. der Ester-Gruppe.

Neue Fachbegriffe

säurekatalysierte Esterbildung, alkalische Esterspaltung, Isotopenmarkierung, Säurechlorid, Polycarbonat

9.10. Peptide und Proteine (Eiweißstoffe)

Ähnlich wie bei der Veresterung kann eine Kondensation auch zwischen einer Carboxy-Gruppe und einer Amino-Gruppe erfolgen. Geschieht das zwischen zwei Aminosäuren-Molekülen, so wird ein *Dipeptid-Molekül* gebildet:

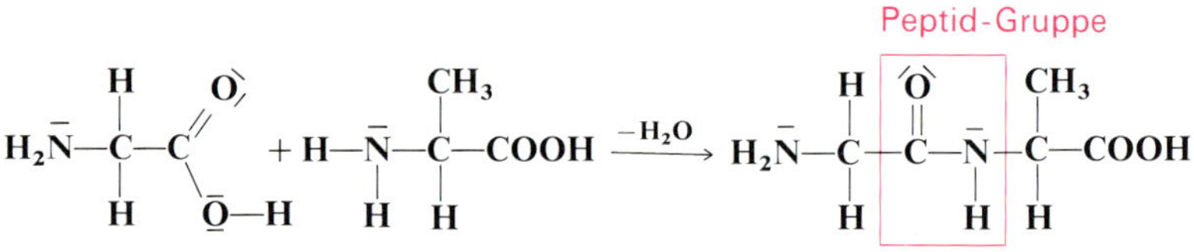

Glycin Gly   Alanin Ala   Glycylalanin Gly-Ala

Formal ist also die Synthese eines Peptids eine recht triviale Angelegenheit. Würde man aber Glycin und Alanin in saurer Lösung erhitzen, so erhielte man neben dem oben formulierten Glycylalanin **Gly – Ala** ein Gemisch aus **Di**-, **Tri**- und höheren Peptiden:

Gly – Ala + Ala – Gly + Gly – Ala – Gly + Ala – Gly – Ala + Ala – Ala – Gly etc.

Peptide aus weniger als 10 Aminosäure-Bausteinen bezeichnet man als *Oligopeptide*[1], bei 10 bis 100 Aminosäure-Bausteinen spricht man von *Polypeptiden*[2] und bei über 100 Aminosäure-Bausteinen von *Proteinen*[3].

Eine künstliche Synthese eines bestimmten Oligopeptids im Labor gelingt nur dann mit akzeptabler Ausbeute, wenn die Gruppe, die bei der Peptidbildung nicht reagieren soll, vorher durch chemische Reaktionen geschützt und anschließend wieder freigesetzt wird. Bei enzymkatalysierten Reaktionen, die vorwiegend in lebenden Organismen ablaufen, in neuerer Zeit aber auch in biotechnologischen Reaktoren, erfolgt sowohl der Aufbau als auch der Abbau von Peptiden und Proteinen mit einer verblüffenden *Spezifität*[4] und *Effektivität*[5]. Die Biokatalysatoren, die Enzyme, sind selbst auch Proteine. Voraussetzung für das Verständnis ihrer Wirkungsweise sind Kenntnisse über Struktur und Eigenschaften von Peptiden und Proteinen.

Die Art und die Aufeinanderfolge der Aminosäure-Bausteine eines Peptids oder eines Proteins bestimmen die **Primärstruktur**. Sie wird auch **Aminosäure-Sequenz**[6] genannt. Die Bestimmung der Sequenz ist ein mühsames Unterfangen und beruht auf der schrittweisen Abkopplung und dem Nachweis jeder einzelnen Aminosäure in der Molekülkette. Da jedes Peptid- (oder Protein-) Molekül an dem einen Ende eine Amino-Gruppe und an dem anderen eine Carboxy-Gruppe hat, kann die Sequenzanalyse durch **N**-terminalen[7] Abbau oder durch **C**-terminalen Abbau durchgeführt werden. Der **C**-terminale Abbau kann z.B. mit Hilfe der *Carboxypeptidase*, eines Proteins aus 307 Aminosäure-Bausteinen, erfolgen (B 270.1.). Bei der hydrolytischen Abspaltung der **C**-terminalen Aminosäure wird das Peptid-Molekül an der Carboxypeptidase zunächst so ausgerichtet und durch Wechselwirkungen „in die Zange genommen", dass genau die richtige Bindung aufgetrennt werden kann (B 270.1.).

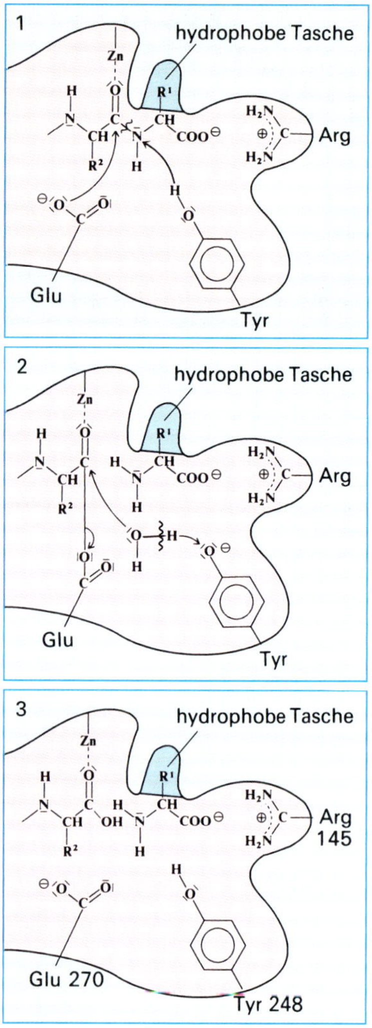

B 270.1. *Wirkungsweise der Carboxypeptidase beim* **C***-terminalen Abbau eines Peptides. Schrittfolge: 1, 2, 3*

[1] von *oligos* (griech.) = wenig
[2] von *polys* (griech.) = viel
[3] von *protos* (griech.) = zuerst, ursprünglich
[4] Es werden nur genau bestimmte Moleküle auf- oder abgebaut.
[5] Wirksamkeit
[6] von *sequentia* (lat.) = Aufeinanderfolge, Reihenfolge
[7] von *terminer* (franz.) = beendigen, begrenzen

Dafür sind die *Primär-*, *Sekundär-* und *Tertiärstruktur* verantwortlich.

Die Peptid-Gruppe (B 271.1.), das sich wiederholende Bindoglied zwischen den Aminosäure-Resten, ist das wichtigste Strukturelement in einem Peptid- und Protein-Molekül. Die geometrische Anordnung der Atome in der Peptid-Gruppe wurde durch Röntgenstrukturanalyse ermittelt. Alle Atome der Peptid-Gruppe, einschließlich die beiden benachbarten C_α-Atome, liegen in einer Ebene; die beiden C_α-Atome an einer Peptid-Gruppe befinden sich in der trans-Konfiguration (B 271.1.). Da die Anordnung der Substituenten an den C_α-Atomen tetraedrisch ist, kommt es zwischen den Ebenen zweier benachbarter Peptid-Gruppen zu einer Verdrillung, was letztlich zu Verdrillungen im gesamten Peptid-Molekül führt (B 271.2.). Die Art und Weise, wie diese Verdrillungen ausfallen, wird in erster Linie von den *Wasserstoffbrückenbindungen* bestimmt, die sich zwischen der Stickstoff-Wasserstoff-Gruppe **N–H** einer Peptid-Gruppe und der Kohlenstoff-Sauerstoff-Gruppe **C=O** einer anderen *Peptid-Gruppe*, die zur ersten günstig liegt, ausbilden (B 271.2.). In der Summe sind diese Wechselwirkungen so stark, dass sie dem gesamten Molekül oder Molekülfragmenten eine bestimmte Konformation (vgl. S. 236) verleihen. Man bezeichnet sie als **Sekundärstruktur** des Peptid- (oder des Protein-) Moleküls. Die beiden häufigsten „geordneten" Konformationen sind die so genannte *β-Faltblattstruktur* (B 271.3.) und die so genannte *α-Helixstruktur* (B 271.2.). Bei der Carboxypeptidase liegen 38% des Moleküls als *α-Helix* und 17% als *β-Faltblatt* vor; die restlichen 45% bilden das „ungeordnete Zufallsknäuel", weil andere, durch die Aminosäure-Reste verursachte Wechselwirkungen (B 272.1.) die Anordnung zur α-Helix oder zum β-Faltblatt „stören". Gerade diese als „Zufallsknäuel" bezeichneten Bereiche von Protein-Molekülen sind aber alles andere als „ungeordnet und zufällig". Es handelt sich dabei vielmehr um sehr wohl definierte, hochorganisierte Strukturen, ohne die die biochemischen Wirkungen dieser Verbindungen nicht möglich wären.

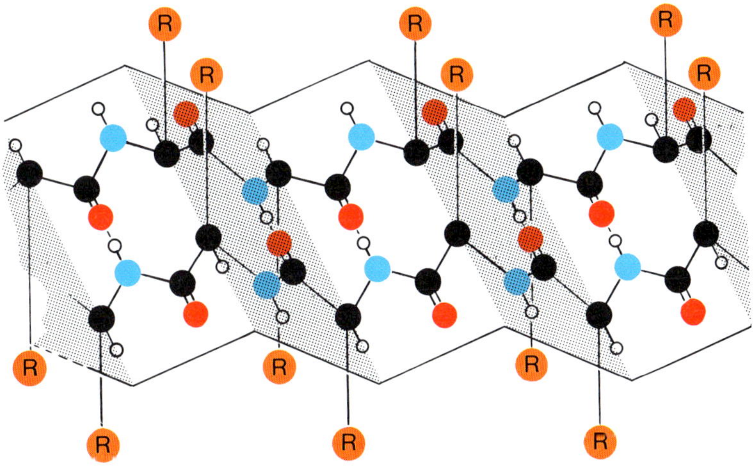

B 271.3. *β-Faltblattstruktur*

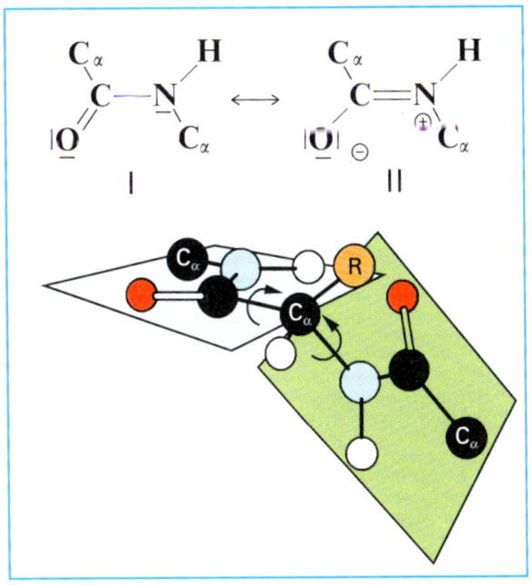

B 271.1. *Die Peptid-Gruppe ist mesomeriestabilisiert. Die Atome liegen alle in einer Ebene, die jedoch zur Ebene der benachbarten Peptid-Gruppe verdrillt ist.*

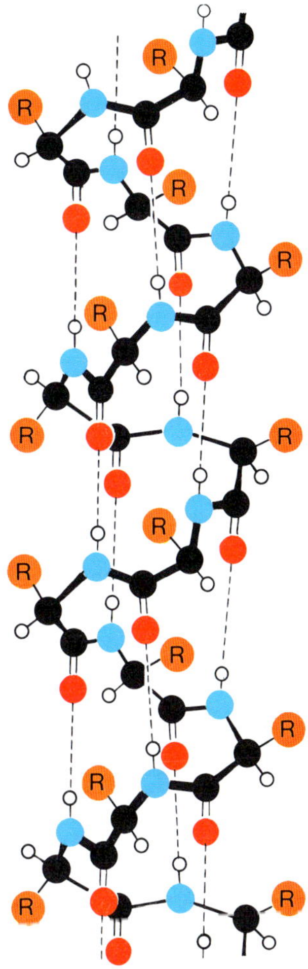

B 271.2. *α-Helixstruktur*

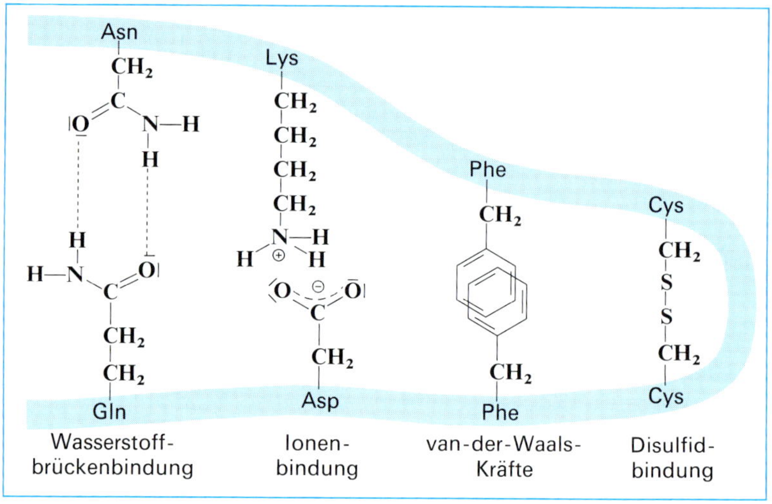

B 272.1. *Wechselwirkungen und Bindungen, zu denen es zwischen Aminosäure-Resten in Protein-Molekülen kommen kann.*

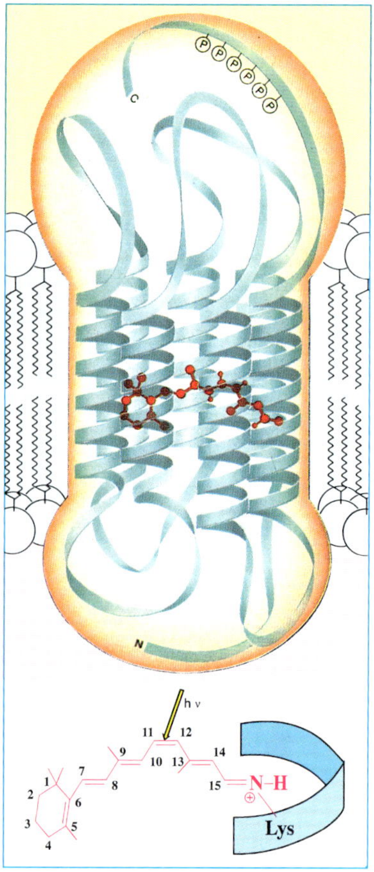

B 272.2. *Opsin hat sieben Molekülabschnitte mit α-Helixstruktur, die siebenmal eine Membran (Doppellipidschicht) durchstoßen; oben und unten sind sie durch Schleifen, die das „Zufallsknäuel" bilden, verbunden. An eine der Helices, etwa in der Membranmitte, ist das 11-cis-Retinal (Vitamin-A-Aldehyd) über eine Lysin-Einheit gebunden.*

Die Anzahl und die Art der möglichen „Zufallsknäuel" bei Proteinen sind allerdings unvorstellbar hoch bzw. verschieden. Grund dafür ist die enorme Anzahl von Aminosäure-Sequenzen, die auftreten können[1].

In B 272.1. sind die *Bindungen und Wechselwirkungen*, die sich *zwischen den Aminosäure-Resten* ausbilden können, dargestellt. Die räumliche Anordnung, die sich auch unter Berücksichtigung dieser Wechselwirkungen schließlich für das Protein-Molekül ergibt, bezeichnet man als **Tertiärstruktur**. Diese ist also bereits durch die Aminosäure-Sequenz vorgegeben.

In B 272.2. ist die Tertiärstruktur des *Opsins*, eines Proteins aus 348 Aminosäure-Bausteinen, dargestellt. Opsin „enthält" in den Stäbchenzellen unserer Augen das *Vitamin-A-Aldehyd*, das man als den chemischen Vermittler für das Sehen bezeichnen kann. Wird ein Photon von einem in Opsin eingebetteten (und chemisch daran gebundenen) Vitamin-A-Aldehyd (Retinal)-Molekül absorbiert, so findet darin eine cis-trans-Isomerisierung statt. Daran schließt sich eine Folge von Vorgängen an, die schließlich zu einem Aktionspotential für den Sehnerv führen. Dieses wird ins Gehirn geleitet und dort (auf noch unbekannte Weise) in einen Teil des Sehbilds verarbeitet.

Bei vielen Proteinen kommt es erst durch Zusammenfügung *mehrerer Polypeptid-Untereinheiten* (und oft auch zusätzlicher Bausteine, die keine Peptide sind) zu funktionstüchtigen *Proteindomänen*[2], die man auch als **Quartärstruktur** bezeichnet. Ein Beispiel hierfür ist das Reaktionszentrum der Photosynthese, das einer biologischen Photozelle gleichkommt. Vier Protein-Moleküle schließen mehrere Farbstoff-Moleküle, darunter auch Chlorophylle, ein. Lichtenergie wird hier elektrochemisch umgesetzt und zur Synthese von energiereichen Verbindungen (Kohlenhydraten) aus energiearmen (Wasser und Kohlenstoffdioxid) genutzt.

[1] Schon bei einem Oligopeptid aus 10 verschiedenen Aminosäure-Resten gibt es über 3,5 Mio verschiedene Sequenzmöglichkeiten; bei einem Polypeptid aus 20 Aminosäure-Resten sind es über 10^{18}.

[2] von *domaine* (franz.) = Bereich, Gebiet

Für die Isolierung und Strukturaufklärung des in B 273.1. dargestellten photosynthetischen Reaktionszentrums beim Bakterium *Rhodopseudomonas viridis* (Purpurbakterium) erhielten die drei deutschen Wissenschaftler H. MICHEL, R. HUBER und J. DEISENHOFER im Jahr 1988 den Nobelpreis für Chemie.

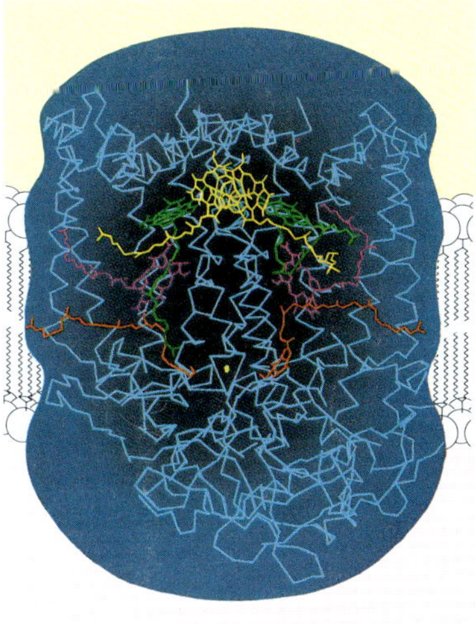

B 273.1. *Computergraphik zur Quartärstruktur des Photosynthese-Reaktionszentrums beim Bakterium Rhodopseudomonas viridis. Der blaue, überwiegende Teil besteht aus vier Protein-Molekülen. Darin eingebettet sind die Farbstoff-Moleküle. Die beiden Lichtquanten absorbierenden Chlorophyll-Moleküle sind gelb dargestellt. Der gelbe Punkt in der Mitte stellt ein Eisen-Ion dar. Das gesamte Reaktionszentrum ist in einer Membran (Doppellipidschicht) eingebettet.*

Aufgaben

A 273.1. Formulieren Sie die Valenzstrichformel eines Tripeptides aus Glycin, Alanin und Valin (Tab. 266.1) und benennen Sie es (Hinweis: Die **N**-terminale Aminosäure kommt im Namen zuerst vor.).

A 273.2. Wie viel Sequenz-Möglichkeiten gibt es bei einem Tripeptid aus drei verschiedenen Aminosäuren?

A 273.3. Schreiben Sie die Valenzstrichformel des folgenden Tetrapeptids auf (vgl. Tab. 266.1.): His—Asn—Val—Leu (Histidyl-asparaginyl-valinyl-leucin).

A 273.4. Wodurch wird die Sekundärstruktur eines Peptids oder eines Proteins bestimmt und wodurch die Tertiärstruktur?

A 273.5. Die Tertiärstruktur der Proteine kann relativ leicht verändert werden. Man bezeichnet dies als *Denaturierung* eines Proteins (B 273.2.). Proteine aus dem Hühnereiweiß fallen aus einer Eiweiß-Lösung als Niederschlag aus, wenn man die Eiweiß-Lösung:

a) im Wasserbad bis zum Sieden erhitzt;
b) mit 96%igem Ethanol schüttelt;
c) mit Kupfersulfat oder mit Ammoniumsulfat-Lösung schüttelt;
d) mit konzentrierter Salpetersäure versetzt.

Zu welchen Wechselwirkungen bzw. Bindungen zwischen den Aminosäure-Resten unter sich oder den Aminosäure-Resten und Teilchen aus dem Reagenz kann es in jedem einzelnen Fall kommen? Formulieren Sie je ein Beispiel.

A 273.6. Warum ist für die biochemische Funktionstüchtigkeit eines Proteins auch dessen „richtige" Tertiärstruktur (und gegebenenfalls auch die richtige Quartärstruktur) notwendig? Beziehen Sie sich auf die Proteine aus B 270.1., B 272.2. und B 273.1.

A 273.7. Die Giftwirkung einiger Gifte, z.B. Bleisalze, Kupfersalze, große Mengen Alkohol, beruht auf der Blockierung[1] von Enzymen und anderen lebenswichtigen Eiweißen. Was heißt wohl „Blockierung" und wie kommt es dazu?

[1] von *bloquer* (franz.) = sperren

Neue Fachbegriffe

Peptide, Oligopeptide, Polypeptide, Proteine, Peptid-Gruppe, Spezifität, Effektivität, Primärstruktur, Sekundärstruktur, Tertiärstruktur, Quartärstruktur, α-Helix, β-Faltblatt, Carboxypeptidase, Opsin, Proteindomäne, Photosynthese-Reaktionszentrum, Denaturierung eines Proteins

Zusammenfassung

Peptide und Proteine sind Kondensationsprodukte von Aminosäuren. Sie sind für die Biochemie, d.h. für die chemischen Vorgänge in lebenden Organismen wichtig. Funktionstüchtige Peptide und Proteine müssen eine genau definierte Primär-, Sekundär- und Tertiärstruktur (ggf. auch Quartärstruktur) haben.

B 273.2. *Gerinnen von Eiweiß (vgl. A 273.5.)*

10. Aromaten

10.1. Benzol[1]

Versuche

Alle Versuche mit Benzol im Abzug mit Schutzhandschuhen durchführen. Benzol ist giftig und krebserzeugend.

LV 274.1. 2 ml Benzol* werden mit Bromwasser* versetzt und geschüttelt. Zum Vergleich schüttelt man 2 ml Cyclohexen* mit Bromwasser*. Beobachtung?

LV 274.2. In einem Erlenmeyerkolben werden 5 ml Benzol* mit 1 ml Brom* und einem Büschel Eisenwolle versetzt. Man verschließt den Kolben mit einen gewinkelten Glasrohr und erwärmt ihn im Wasserbad, bis die Reaktion einsetzt. An das Glasrohr hält man ein feuchtes Indikatorpapier. Nach Beendigung der Reaktion gießt man das Reaktionsgemisch in kaltes Wasser. Man trennt die beiden Phasen im Scheidetrichter und wäscht die organische Phase 2mal mit sehr verd. Natronlauge. Anschließend führt man mit der org. Phase die BEILSTEIN-Probe durch[2]. Beobachtung?

B 274.1. AUGUST FRIEDRICH KEKULE VON STRADONITZ *(1829 bis 1896), Professor für Organische Chemie in Genf und Bonn, Entdecker der „Vierwertigkeit" des Kohlenstoff-Atoms und der Ringstruktur des Benzol-Moleküls*

Viele Verbindungen, die aus Pflanzen gewonnen wurden wie *Vanillin* (B 251.2.), *Eugenol* (Nelkenöl) oder *Thymol* (Thymian) (B 274.2.) bezeichnete man wegen ihres intensiven Aromas als *aromatische Verbindungen*. Aufgrund analytischer Untersuchungen war bekannt, dass die Moleküle dieser Verbindungen ein Gerüst aus sechs Kohlenstoff-Atomen enthielten, aber die genaue Molekül-Struktur blieb lange unklar. Dieses Grundgerüst aus sechs Kohlenstoff-Atomen war auch in den Molekülen des von FARADAY im Jahre 1825 entdeckten Kohlenwasserstoffs *Benzol* enthalten.

Später wurden alle Verbindungen, die sich von Benzol als Grundstruktur ableiten, als aromatische Verbindungen zusammengefasst, denn sie weisen gemeinsame charakteristische, von den *aliphatischen Verbindungen* abweichende Eigenschaften auf.

---

[1] Die von der IUPAC empfohlene Bezeichnung lautet *Benzen*. In der deutschen Sprache ist Benzol zugelassen.

[2] Bitte beachten Sie die Hinweise für die Entsorgung des Reaktionsprodukts Brombenzol.

B 274.2. *Thymian und Thymol*

B 274.3. *Brennendes Benzol*

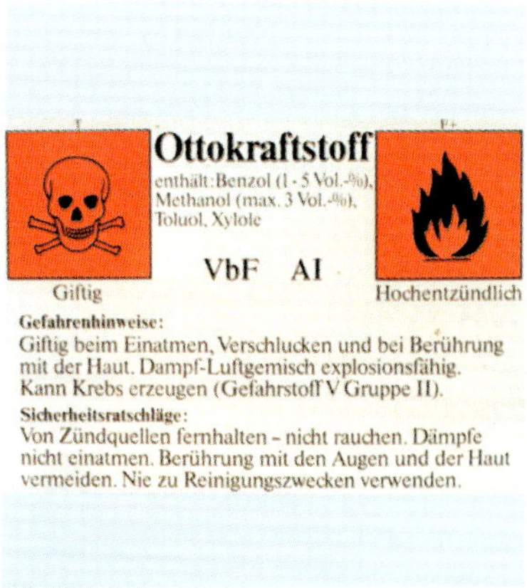

B 274.4. *Benzol im Benzin*

Benzol ist eine stark lichtbrechende, niedrig siedende Flüssigkeit ($\vartheta_b = 80$ °C, $\vartheta_m = 5$ °C, $\varrho = 0{,}88$ g/cm^3), die sich in Wasser nicht, in Ethanol gut löst und mit stark rußender Flamme verbrennt (B 274.3.). Benzol ist sehr giftig und carcinogen (krebserzeugend). Einatmen von Benzoldämpfen oder Resorption durch die Haut können sowohl zu akuten Vergiftungen als auch zu chronischen Schädigungen, z.B. des Knochenmarks, führen.

In großen Mengen gewinnt man Benzol bei der *Erdölraffination*. Benzol ist einer der wichtigsten Ausgangsstoffe der chemischen Industrie (B 278.1.) und wird wegen seiner hohen Octanzahl als Benzinzusatz verwendet (B 274.4.).

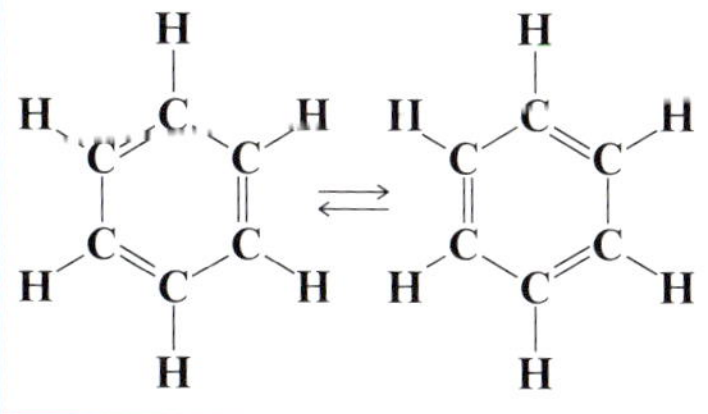

B 275.1. KEKULÉS *Valenzstrichformel für das Benzol-Molekül*

10.1.1. Die Struktur des Benzol-Moleküls

Aus der Elementaranalyse und der Bestimmung der molaren Masse ergibt sich für Benzol die Summenformel $\mathbf{C_6H_6}$. Demnach wäre Benzol ein mehrfach ungesättigter Kohlenwasserstoff. Man könnte daher erwarten, dass Benzol ähnlich wie Alkene reagieren und z. B. Halogene addieren würde. Im Gegensatz zu den Alkenen tritt jedoch beim Schütteln von Benzol mit Bromwasser keine Entfärbung ein, sondern das Brom löst sich in der Benzolphase (LV 274.1.).

Setzt man Benzol mit Brom in Gegenwart eines Katalysators um (LV 274.2.), so entsteht neben Hydrogenbromid (Bromwasserstoff) ein einziges Monobromderivat der Summenformel $\mathbf{C_6H_5Br}$.

$$C_6H_6 + Br_2 \rightarrow C_6H_5Br + HBr$$

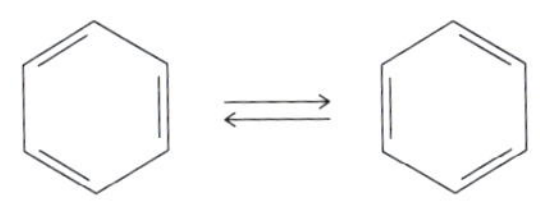

B 275.2. *Vereinfachte* KEKULÉ-*Formel*

Es findet also im Unterschied zu Alkenen keine Addition, sondern eine Substitution statt. Da nur ein Monobromderivat gebildet wird, kann man schließen, dass alle im Benzol-Molekül gebundenen Wasserstoff-Atome gleichartig sind.

Die Aufklärung der Konstitution von Benzol, das für einen ungesättigten Kohlenwasserstoff so ungewöhnliche Eigenschaften zeigte, bereitete im vorigen Jahrhundert große Schwierigkeiten. Mehrere Strukturformeln wurden aufgestellt und wieder verworfen. Im Jahr 1865 schlug A. KEKULÉ (B 274.1.) unter Berücksichtigung der Vierbindigkeit des Kohlenstoff-Atoms für das Benzol-Molekül die sechseckige Ringstruktur vor, in der drei Einfachbindungen mit drei Doppelbindungen abwechseln. Er nahm an, dass Benzol ein Gemisch aus sich besonders schnell ineinander umwandelbaren Cyclohexatrien-Isomeren sei (B 275.1.).

Mit dieser KEKULÉ-Formel, in der alle Wasserstoff-Atome gleichartig sind, konnte man erklären, dass z. B. bei der Bromierung nur ein Monobrombenzol entsteht, aber nicht mehr, weshalb Benzol im Vergleich zu aliphatischen ungesättigten Kohlenwasserstoffen so reaktionsträge ist und keine Additionen, sondern Substitutionen eingeht. Erst durch moderne physikalische Analysemethoden sowie durch Messungen der Hydrierungs- und Verbrennungswärmen konnte die Konstitution des Benzol-Moleküls aufgeklärt werden: Das NMR-Spektrum des Benzol-Moleküls (B 279.3.) weist nur ein scharfes Signal auf. Dies bedeutet und bestätigt, dass alle Wasserstoff-Atome

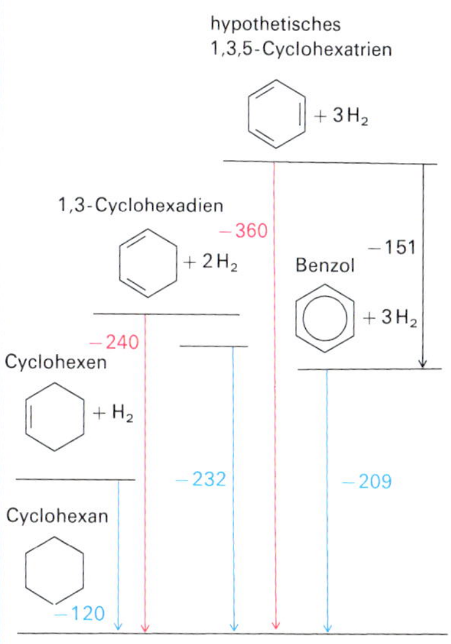

B 275.3. *Berechnete (rot) und gemessene (blau) molare Hydrierungswärmen in* kJ/mol *für die Hydrierung von jeweils* 1 mol *Cyclohexen, 1,3-Cyclohexadien und Benzol zu Cyclohexan*

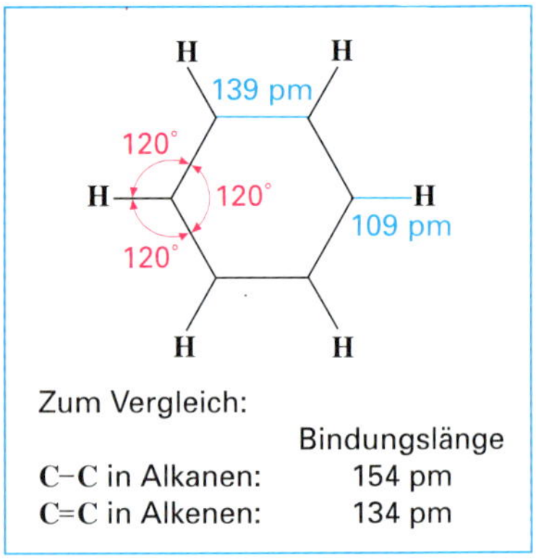

B 276.1. *Geometrie des Benzol-Moleküls*

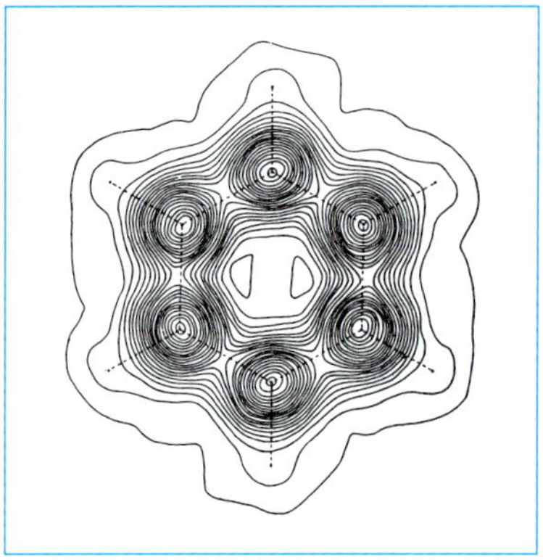

B 276.2. *Elektronendichte-Verteilung im Benzol-Molekül, aus der Röntgenstrukturanalyse berechnet*

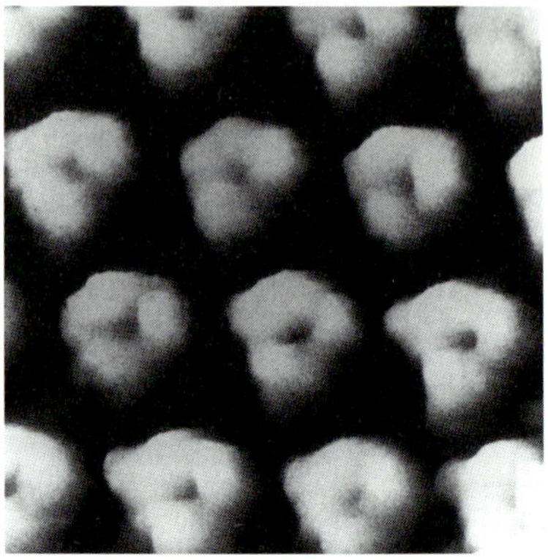

B 276.3. *Benzol-Moleküle, sichtbar gemacht mit einem Rastertunnelelektronenmikroskop*

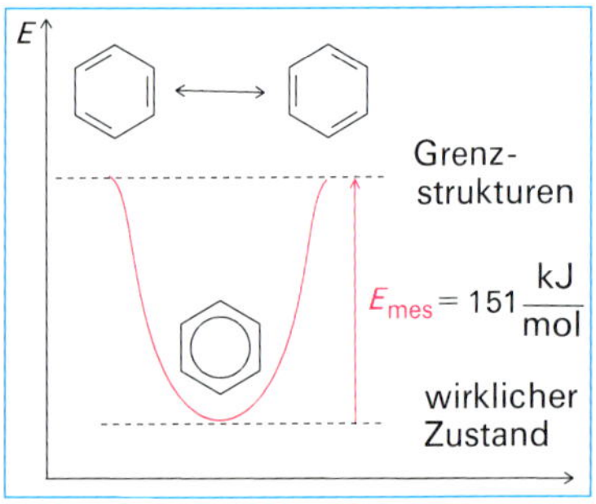

B 276.4. *Lage des mesomeriestabilisierten Benzol-Moleküls in einer Energiemulde. Zwischen die Grenzstrukturen schreibt man einen Mesomeriepfeil (↔). Dieser ist nicht zu verwechseln mit dem Gleichgewichtspfeil (⇄).*

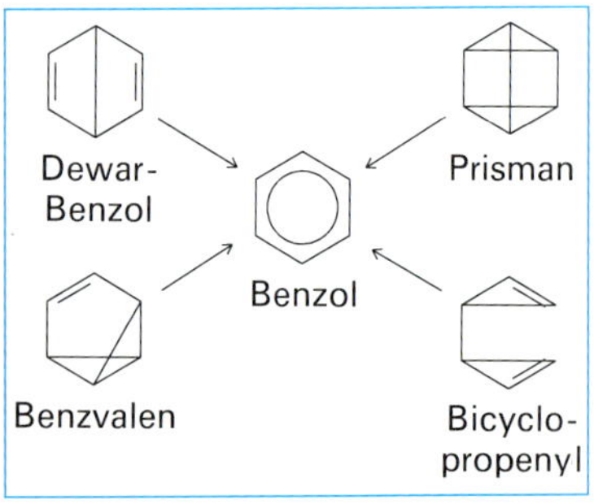

B 276.5. *In jedem dieser fünf bekannten Valenzisomeren* $(CH)_6$ *sind 6* **CH***-Einheiten unterschiedlich aneinander gebunden. Benzol ist „Endstation" aller Isomerisierungen in diesen Systemen.*

äquivalent (gleichartig) sind. Aus der Röntgenstrukturanalyse lässt sich die Geometrie des Benzol-Moleküls ableiten: Im Benzol-Molekül sind die Kohlenstoff-Atome in einem ebenen Sechseck angeordnet. Alle Kohlenstoff-Kohlenstoff-Bindungen sind gleich lang und alle Bindungswinkel betragen jeweils 120° (B 276.1.). Die Bindungslängen liegen zwischen der einer Einfach- und einer Doppelbindung. Dies bedeutet, dass jede der sechs Kohlenstoff-Kohlenstoff-Bindungen teilweise Doppelbindungscharakter aufweist (B 276.1.). Die seit dem Jahr 1988 möglichen Aufnahmen einzelner Benzol-Moleküle (B 276.3.) bestätigen die beschriebene Struktur in eindrucksvoller Weise.

Die Bindungsverhältnisse im Benzol-Molekül können also durch die beiden Valenzstrichformeln KEKULÉs nicht eindeutig beschrieben werden. Beide Formeln stellen so genannte **Grenzstrukturen** dar, die nicht den wirklichen Gegebenheiten entsprechen. Die Elektronen sind zwischen den Kohlenstoff-Atomen nicht in drei Doppelbindungen lokalisiert, sondern sie sind über den ganzen Ring **delokalisiert**. Dies kann man durch einen Kreis im Sechseck symbolisieren (B 276.4.). Aber auch die KEKULÉ-Formel wird weiterhin verwendet.

Durch diese besondere Elektronenverteilung, die man **Mesomerie** nennt (vgl. S. 260), wird das Molekül stabilisiert: Das Benzol-Molekül ist energieärmer als ein hypothetisches Cyclohexatrien-Molekül. Die molare **Mesomerieenergie** oder **Delokalisationsenergie** beträgt beim Benzol 151 kJ/mol. Sie kann z.B. durch Messung der Hydrierungswärmen bestimmt werden. Die Hydrierung von Benzol zu Cyclohexan ist zwar schwierig, aber katalytisch durchführbar. Dabei wird eine molare Hydrierungswärme frei, deren Betrag um 151 kJ/mol niedriger ist als der für die Hydrierung von hypothetischem Cyclohexatrien errechnete Wert (B 275.3.).

Die hohe Mesomeriestabilisierung ist charakteristisch für den aromatischen Zustand. Sie ist der Grund dafür, dass Benzol bevorzugt Substitutionen und keine Additionen eingeht.

10.1.2. Mechanismus der elektrophilen Substitution am Benzol-Molekül

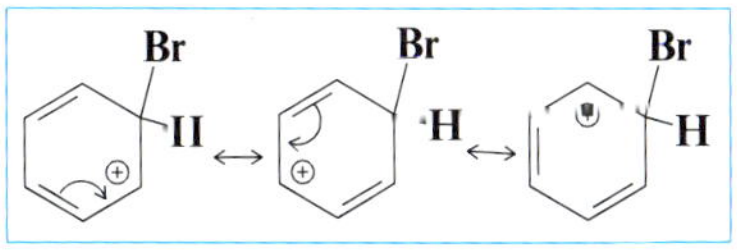

B 277.1. Mesomere Grenzstrukturen des Interduktes bei der Bromierung von Benzol

Der aromatische Ring weist eine relativ hohe Elektronendichte auf. Deshalb kann er von einem elektrophilen Teilchen angegriffen werden. So ist die typische Reaktion aromatischer Verbindungen die elektrophile Substitution.
Wie bei der elektrophilen Addition von Brom an Alkene (vgl. S. 229ff.) wird auch die Bromierung von Benzol zu Brombenzol (LV 274.2.) durch eine Polarisierung des Brom-Moleküls eingeleitet. Diese wird durch die Zugabe von stark polarisierend wirkendem, wasserfreiem Eisen(III)-bromid, einer *Lewis-Säure*[1], verstärkt. In LV 274.2. entsteht Eisen(III)-bromid im Reaktionsgemisch aus dem zugesetzten Eisen und einem kleinen Teil des Broms.

1. Schritt: Elektrophiler Angriff des positiv polarisierten Brom-Atoms auf das Benzol-Molekül:

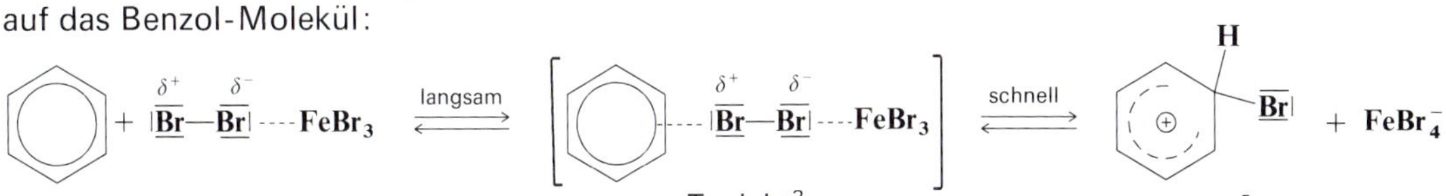

Tradukt[2] Interdukt[2]

Unter Ausbildung einer Kohlenstoff-Brom-Bindung zerfällt das Tradukt in ein Carbenium-Ion (Interdukt) und ein $FeBr_4^-$-Ion. Die positive Ladung des Carbenium-Ions ist delokalisiert, das Ion ist mesomeriestabilisiert (B 277.1.).

2. Schritt: Rearomatisierung und Bildung von Brombenzol:

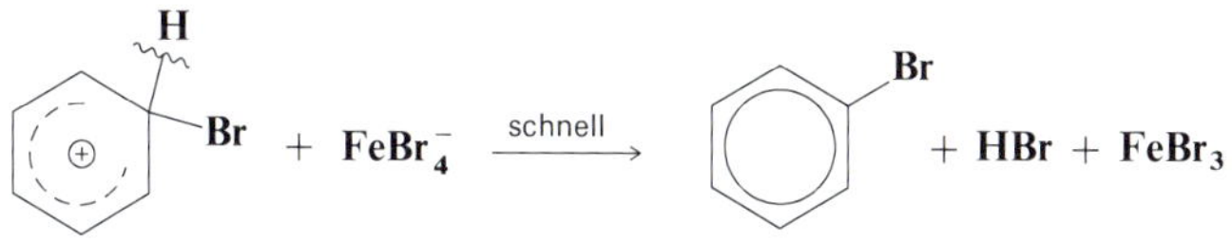

Brombenzol

Das Carbenium-Ion spaltet ein Proton ab und ein Brombenzol-Molekül entsteht. Das Proton wird vom $FeBr_4^-$-Ion unter Bildung von Hydrogenbromid und Eisen(III)-bromid aufgenommen.
Eine denkbare Addition eines Bromid-Ions an das Interdukt entsprechend der Addition an Alkene tritt *nicht* ein, denn die Protonenabspaltung führt unter Freisetzung von Mesomerieenergie wieder zum stabilen aromatischen Zustand (B 277.2.).
Die Aufhebung der Mesomerie des aromatischen Rings und die heterolytische Spaltung des Brom-Moleküls erfordern im 1. Schritt der elektrophilen Substitution eine hohe Aktivierungsenergie. Er ist der langsamste, geschwindigkeitsbestimmende Schritt. Die Abspaltung des Protons verläuft dann schnell, da der aromatische, nun substituierte Ring unter Abgabe von Energie zurückgebildet wird.

Wegen der Rearomatisierung ist die Substitution gegenüber einer Addition bevorzugt.

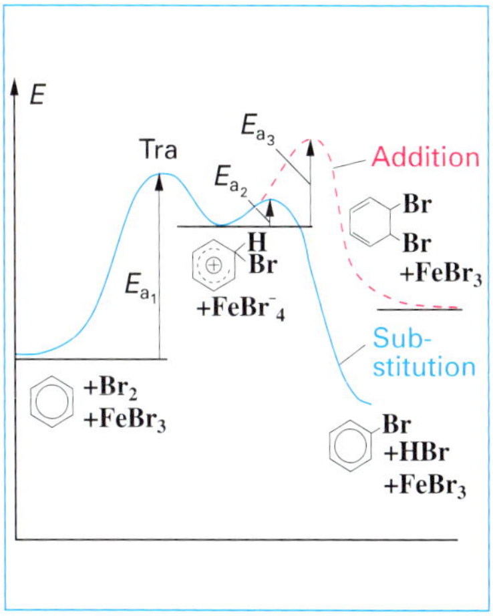

B 277.2. Energiediagramm der Bromierung von Benzol

---

[1] zum Begriff *Lewis-Säure* vgl. S. 324
[2] Andere Bezeichnungen: Tradukt = π-Komplex, Interdukt = σ-Komplex

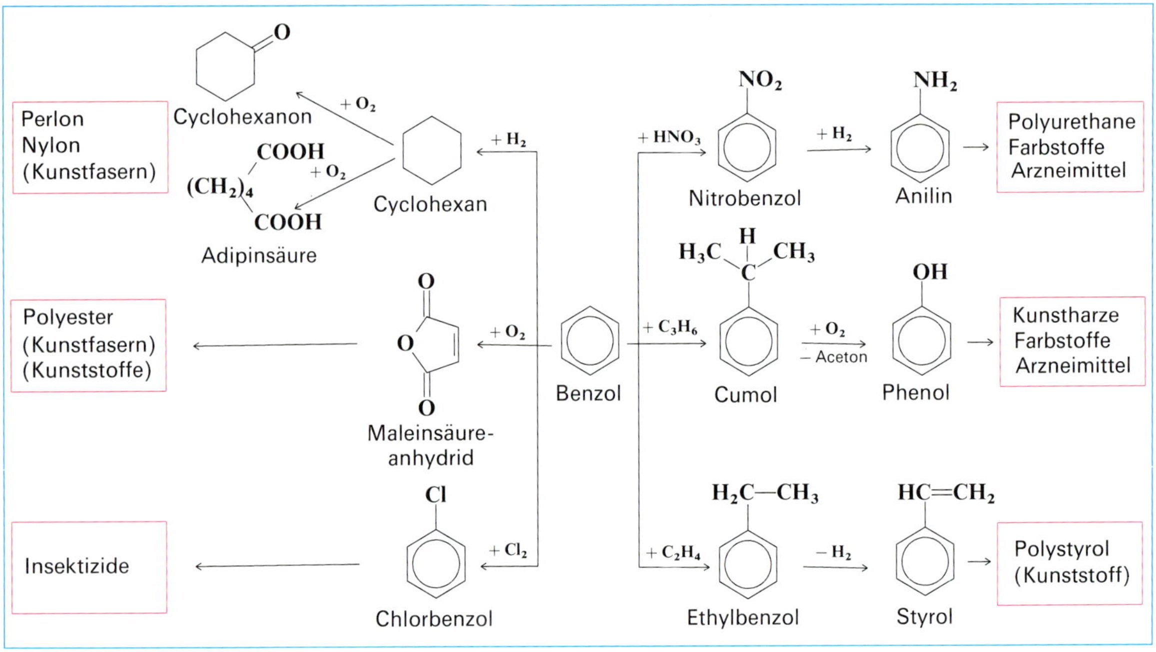

B 278.1. *Verwendung von Benzol*

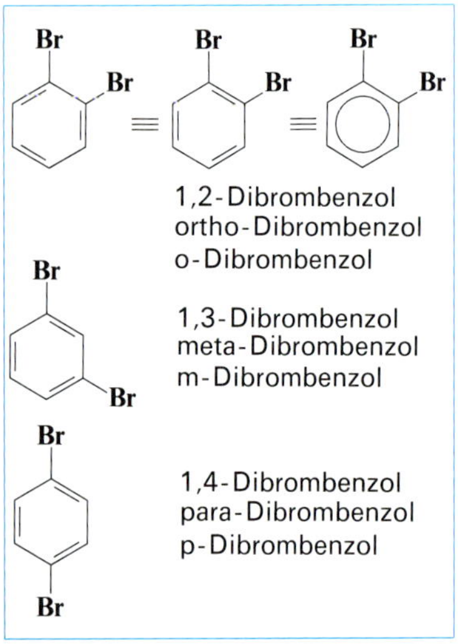

B 278.2. *Benennung von Benzolderivaten am Beispiel der Dibrombenzole*

Aufgaben

A 278.1. Stellen Sie einige Valenzstrichformeln für Moleküle mit der Summenformel C_6H_6 auf. Geben Sie für jedes Molekül an, wie viele Monobromsubstitutionsprodukte entstehen würden.

A 278.2. Wie versuchte KEKULÉ zu erklären, dass es nur ein o-Dibrombenzol (B 278.2.) gibt und welche Erklärung hat man heute dafür?

A 278.3. Geben Sie die Valenzstrichformeln und Namen (vgl. B 278.2.) aller isomeren Trichlorbenzole an.

A 278.4. Erklären Sie, weshalb die experimentell bestimmte Hydrierungswärme von Benzol kleiner ist als die berechnete (B 275.3.).

A 278.5. Erklären Sie, warum 1,4-Cyclohexadien leicht zu Benzol und Cyclohexen reagiert.

A 278.6. Erklären Sie, warum die Valenzisomeren $(CH)_6$ zu Benzol isomerisieren (B 276.5).

A 278.7. Vergleichen Sie die Reaktionsmechanismen für die Bromierung von Cyclohexen und die Bromierung von Benzol. Stellen Sie Gemeinsamkeiten und Unterschiede heraus.

Neue Fachbegriffe

aromatische Verbindungen, KEKULÉ-Formel des Benzol-Moleküls, Grenzstrukturen, Mesomerie und Delokalisationsenergie, aromatischer Zustand, elektrophile Substitution

Zusammenfassung

Benzol ist die einfachste aromatische Verbindung. Kennzeichnend für den aromatischen Zustand ist die Elektronendelokalisation (Mesomerie), die mit einer hohen Stabilisierung des Moleküls verbunden ist. Die charakteristische Reaktion des Benzols ist die elektrophile Substitution, bei der der aromatische Ring erhalten bleibt.

MO-Modell und Aromatizität

Nach dem Orbital-Modell sind die sechs Kohlenstoff-Atome im Benzol-Molekül sp^2-hybridisiert (B 415.4.). Bei jedem Kohlenstoff-Atom überlappt ein sp^2-Hybrid-Orbital mit dem s-Orbital eines Wasserstoff-Atoms zu einer σ-Bindung, die beiden anderen Hybrid-Orbitale überlappen mit den sp^2-Hybrid-Orbitalen der benachbarten Kohlenstoff-Atome. Dadurch liegen alle Atome in einer Ebene und die Bindungswinkel betragen jeweils 120°. Jedes Kohlenstoff-Atom besitzt noch ein senkrecht zur Molekülebene stehendes p-Orbital, das mit einem Elektron besetzt ist. Diese sechs p-Atom-Orbitale werden zu sechs delokalisierten, über alle Kohlenstoff-Atome verteilten Molekül-Orbitalen kombiniert.

Die Gesamtenergie des Benzol-Moleküls ist niedriger als sie bei drei lokalisierten π-Bindungen wäre. Die nach dem MO-Modell theoretisch berechnete Energiedifferenz entspricht ziemlich genau der aus Hydrierungswärmen experimentell ermittelten Mesomerieenergie.

Die Bildung des energieärmsten bindenden π-MO ist in B 279.4. dargestellt. Dabei entstehen zwei ringförmige Bereiche mit höherer Elektronendichte oberhalb und unterhalb der Molekülebene (B 279.4.), in denen die Elektronen delokalisiert sind. Voraussetzung für die Überlappung der AO ist, dass alle Atome in einer Ebene liegen.

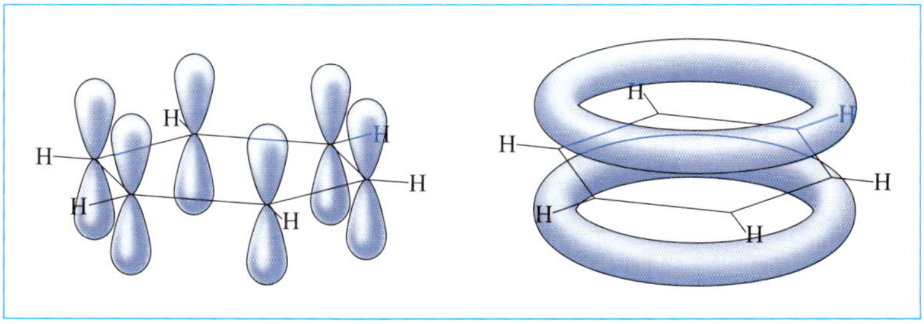

B 279.4. *Bildung des energieärmsten π-Molekül-Orbitals im Benzol-Molekül. Die durchgezogenen schwarzen Linien stellen das so genannte σ-Gerüst des Moleküls dar.*

Die drei Molekül-Orbitale (π-MO) mit niedrigerer Energie sind bindend, die drei mit höherer Energie (π^*-MO) antibindend (B 279.1.). Die bindenden π-MO sind mit je zwei Elektronen besetzt, die antibindenden sind unbesetzt.

NMR-Spektrum. Die Wasserstoff-Atome aromatischer Verbindungen zeigen im NMR-Spektrum eine ungewöhnlich große chemische Verschiebung. Diese ist auf einen durch das Magnetfeld induzierten *Ringstrom* der π-Elektronen zurückzuführen. Dieser Ringstrom erzeugt ein lokales Magnetfeld, das außerhalb des Ringes, wo sich die Wasserstoff-Atome befinden, das angelegte Magnetfeld verstärkt. Die Lage des NMR-Signals gibt Auskunft darüber, ob es sich um aromatische Wasserstoff-Atome handelt oder nicht. Daher ist die NMR-Spektroskopie heute zur wichtigsten Nachweismethode für aromatische Moleküle geworden.

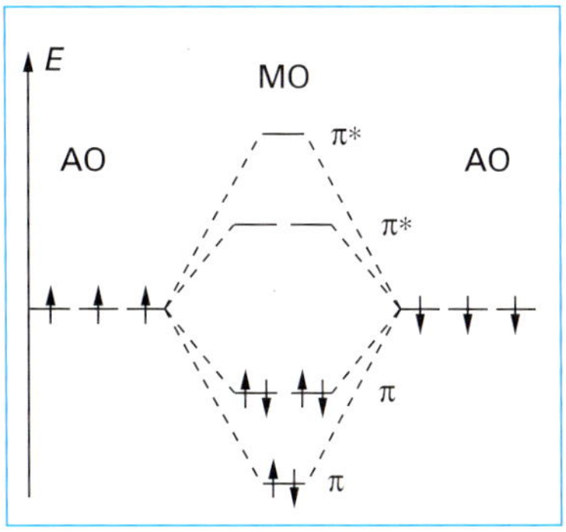

B 279.1. *Atom- und Molekül-Orbitale im Benzol-Molekül*

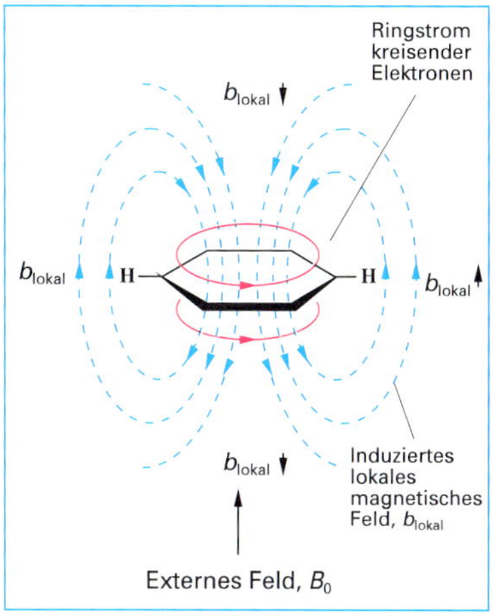

B 279.2. *Ringstrom der π-Elektronen unter dem Einfluss eines Magnetfeldes*

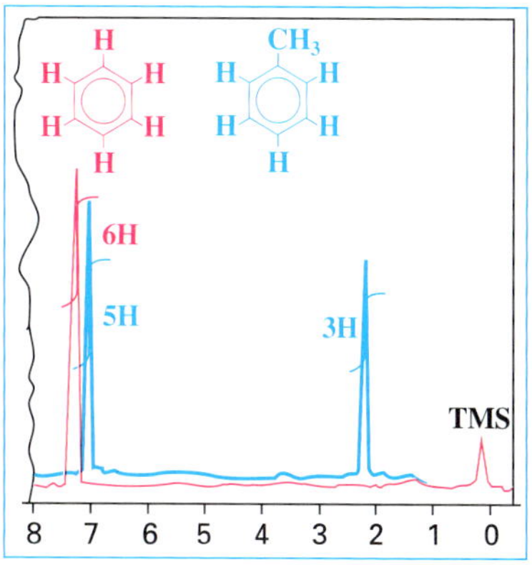

B 279.3. *NMR-Spektrum von Benzol und Methylbenzol*

B 280.1. *Cyclopentadienyl-Anion und Cycloheptadienyl-Kation*

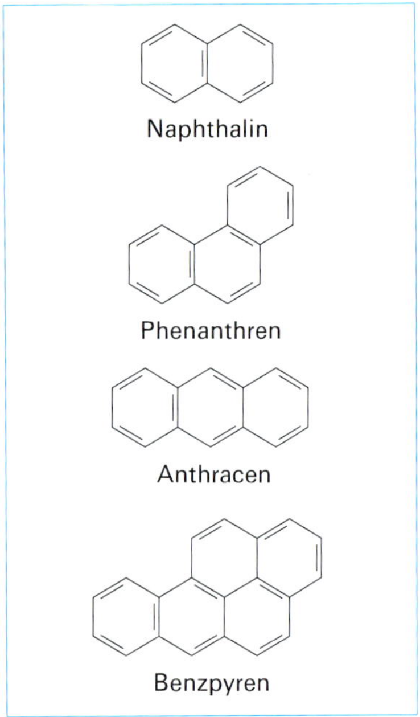

B 280.2. *Einige wichtige polycyclische Aromaten*

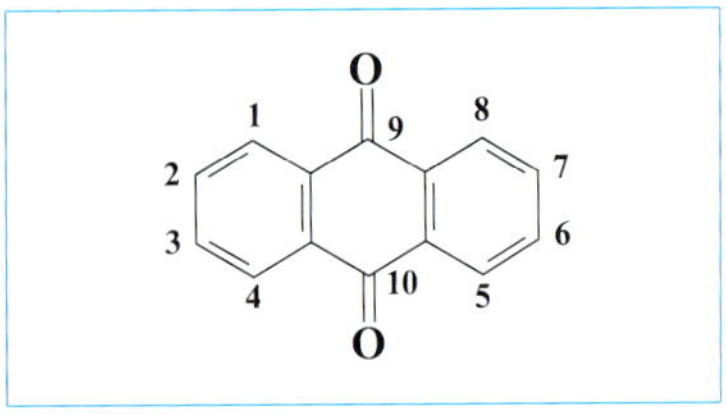

B 280.3. *Anthrachinon*

HÜCKEL-Regel. Die Elektronen-Delokalisierung im Benzol-Molekül lässt sich in einfacher Schreibweise nach KEKULÉ mit zwei mesomeren Grenzstrukturen darstellen. Auch von anderen cyclischen Kohlenwasserstoffen wie z.B. von Cyclobutadien oder Cyclooctatetraen lassen sich entsprechende Grenzstrukturen angeben:

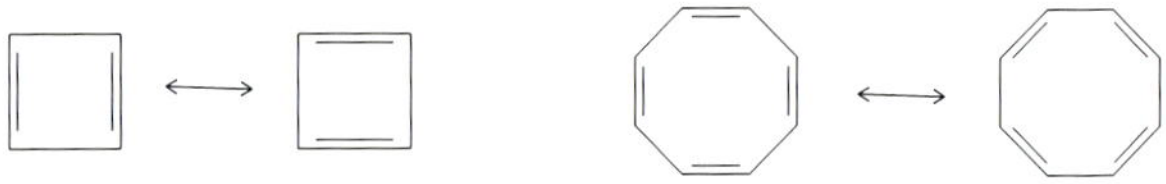

Cyclobutadien Cyclooctatetraen

Im Gegensatz zum Benzol-Molekül sind diese Moleküle aber *nicht* aromatisch. So ist Cyclobutadien eine äußerst unbeständige Verbindung, die nur bei sehr tiefen Temperaturen nachgewiesen werden konnte. Cyclooctatetraen reagiert wie ein sehr reaktionsfreudiges Alken und sein NMR-Spektrum zeigt keine aromatischen Wasserstoff-Atome an.

Durch Berechnungen nach dem MO-Modell konnte E. HÜCKEL[1] zeigen, dass ein cyclisches Molekül nur dann aromatisch ist, wenn $(4n+2)$ π-Elektronen vorliegen, wobei n eine kleine ganze Zahl ist. Nach dieser **HÜCKEL-Regel** sind Moleküle mit $2\,(n=0)$, $6\,(n=1)$, $10\,(n=2)$, $14\,(n=3)$ usw. π-Elektronen aromatisch. Demnach sind das Cyclobutadien-Molekül mit 4 und das Cyclooctatetraen-Molekül mit 8 π-Elektronen nicht aromatisch.

Aromatisch sind außer dem Benzol-Molekül weitere Moleküle und Ionen mit einem *cyclischen Elektronensextett* wie z. B. das Cyclopentadienyl-Anion und das Cycloheptatrienyl-Kation (B 280.1.) sowie viele *heterocyclische Verbindungen* (vgl. S. 289).

Polycyclische (kondensierte) Aromaten. Die einfachste kondensierte aromatische Verbindung ist *Naphthalin* (B 280.2.). *Naphthalin, Anthracen, Phenanthren* sind wichtige Ausgangsstoffe für die Synthese von Farbstoffen. Diese Verbindungen erhält man z.B. bei der fraktionierten Destillation von Steinkohlenteer. *Benzpyren* ist eine *carcinogene* Verbindung, die bei vielen Verbrennungsvorgängen entsteht. Benzpyren ist in Abgasen von Kraftfahrzeugen und Ölheizungen ebenso vorhanden wie in Zigarettenrauch.

Aufgaben

A 280.1. Erklären Sie das NMR-Spektrum von Methylbenzol (B 279.3.).

A 280.2. Warum sind die Cyclopentadien- und Cycloheptatrien-Moleküle im Unterschied zu den Ionen (B 280.1.) nicht aromatisch?

A 280.3. Zeichnen Sie die Valenzstrichformeln von Cyclodecapentaen und Cyclododecahexaen. Sind diese Moleküle nach der HÜCKEL-Regel aromatisch?

A 280.4. Graphit kann man als polykondensierten Aromaten aus Benzolkernen ansehen und entsprechend Diamant als polykondensiertes Produkt aus Cyclohexanringen. Erklären Sie die gute elektrische Leitfähigkeit von Graphit im Gegensatz zu Diamant.

A 280.5. Erklären Sie, warum Anthracen relativ leicht zu Anthrachinon (B 280.3.) oxidiert werden kann und warum die Oxidation an den Kohlenstoff-Atomen C_9 und C_{10} erfolgt.

[1] ERICH HÜCKEL (1896 bis 1980), Prof. für theoretische Physik in Marburg

Neue Fachbegriffe

Ringstrom, $(4n+2)$ π-HÜCKEL-Regel, cyclisches Elektronensextett, kondensierte Aromaten

10.2. Toluol – Substitution am Kern oder in der Seitenkette

Toluol[1], *Methylbenzol*, ist der einfachste Vertreter der *Alkylbenzole* (B 281.1.) und eines der wichtigsten Derivate des Benzols. Wegen seiner hohen Octanzahl wird es wie Benzol und die Xylole dem Benzin zugesetzt. Weiterhin dient Toluol als Lösungsmittel und als Ausgangsstoff für die Synthese vieler Produkte z.B. von Farb- und Sprengstoffen (**TNT**, B 284.1.).

Wie Benzol reagiert auch Toluol mit Brom in Gegenwart von Eisen(III)-bromid als Katalysator in einer elektrophilen Substitution, jedoch deutlich schneller (LV 281.1.). Die Methyl-Gruppe übt einen +I-Effekt auf den Benzolkern aus, sodass sich die Elektronendichte im Ring erhöht. Dadurch wird die elektrophile Substitution erleichtert und ein Wasserstoff-Atom des Kerns wird durch ein Brom-Atom ersetzt. Von den drei möglichen isomeren Monobromderivaten werden nur ortho- und para-Bromtoluol in nennenswertem Umfang gebildet:

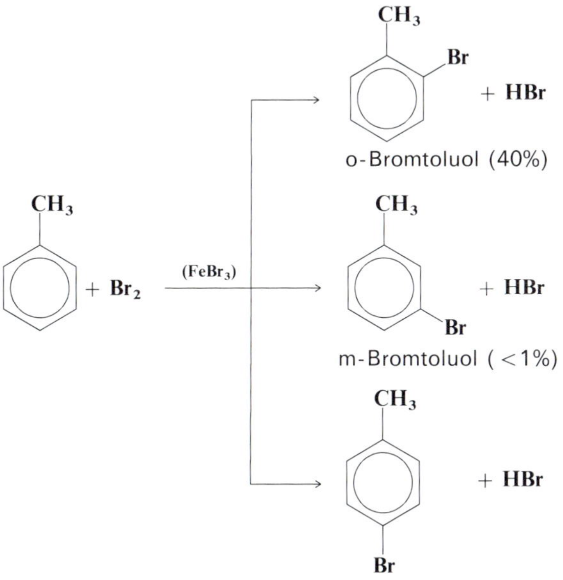

o-Bromtoluol (40%)

m-Bromtoluol (<1%)

p-Bromtoluol (60%)

Zur Erklärung der Isomerenverteilung vergleichen wir die bei der elektrophilen Substitution entstehenden Interdukte (B 282.1.). Bei der ortho- und para-Substitution entstehen Kationen mit mesomeren Grenzstrukturen, in denen die elektrisch positive Ladung an dem Kohlenstoff-Atom sitzt, an das die Methyl-Gruppe gebunden ist (B 282.1.). Nun kann die Methyl-Gruppe mit ihrem +I-Effekt die positive Ladung teilweise kompensieren. Daher ist diese Struktur, die einem tertiären Carbenium-Ion ähnelt, begünstigt und trägt zur Stabilisierung des Interdukts der ortho- und para-Substitution bei, sodass überwiegend o Bromtoluol und p-Bromtoluol entstehen.

Toluol ist auch ein Derivat des Methans. Unter dem Einfluss von Licht (LV 281.2.) läuft wie bei Alkanen (S. 220) eine radikalische

Versuche

Die Versuche mit Toluol sind im Abzug mit Handschuhen und Schutzbrille durchzuführen!
Bei LV 281.2. entsteht tränenreizendes Benzylbromid*.

LV 281.1. In ein Rggl. gibt man zu ca. 5 ml Toluol* 3 Tropfen Brom*. Man gibt einen Büschel Eisenwolle hinzu und schüttelt um[2]. An die Öffnung des Rggl. hält man feuchtes Indikatorpapier.

LV 281.2. In ein Rggl. gibt man zu ca. 5 ml Toluol* 3 Tropfen Brom*, schüttelt um und bestrahlt die Lösung mit der Lampe eines OHP. An die Öffnung des Rggl. hält man feuchtes Indikatorpapier.

Auswertung

Vergleichen Sie die bei diesen Versuchen ablaufenden Reaktionen mit a) der Reaktion von Benzol mit Brom und b) der Reaktion eines Alkans mit Brom.

[1] IUPAC-Empfehlung: Toluen. Die Bezeichnung Toluol ist im Deutschen auch zugelassen.

[2] Bitte beachten Sie die Hinweise für die Entsorgung des Reaktionsproduktes Bromtoluol.

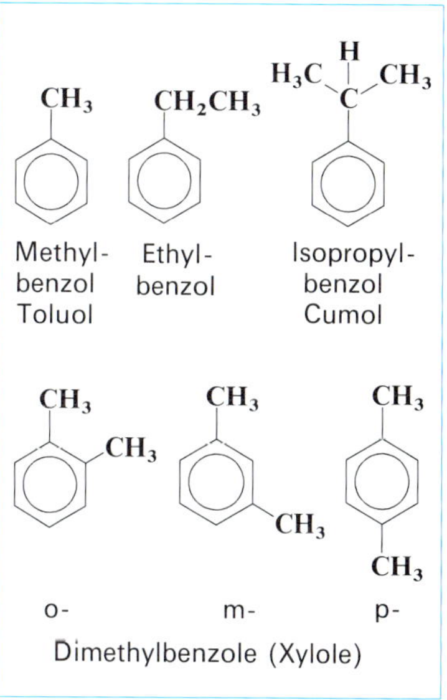

B 281.1. *Wichtige Alkylbenzole*

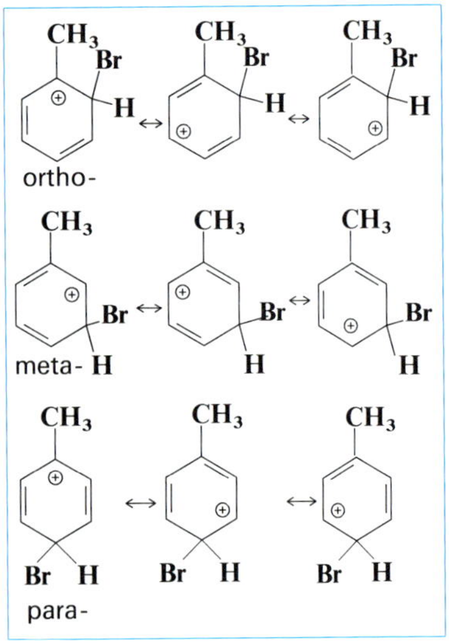

B 282.1. Mesomere Grenzstrukturen der Interdukte von Toluol

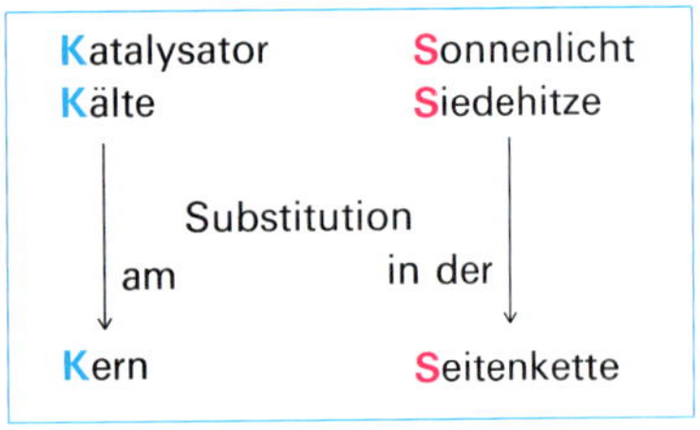

B 282.2. KKK- und SSS-Regel

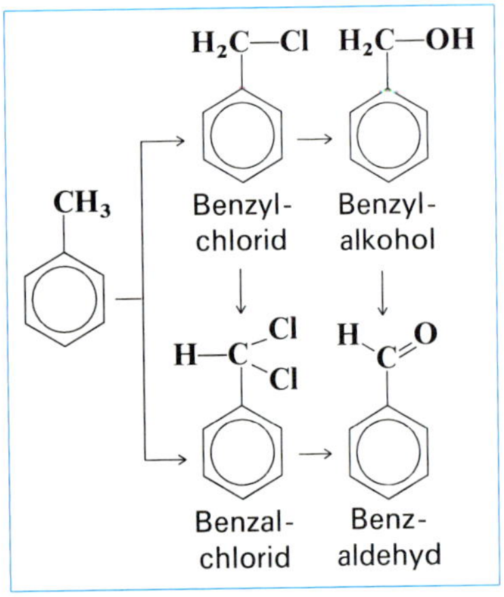

B 282.3. Syntheseschema für Benzylalkohol und Benzaldehyd

Neue Fachbegriffe

Alkylbenzole, Toluol, KKK- und SSS-Regel

Substitution ab, bei der ein Wasserstoff-Atom der Methyl-Gruppe substituiert wird:

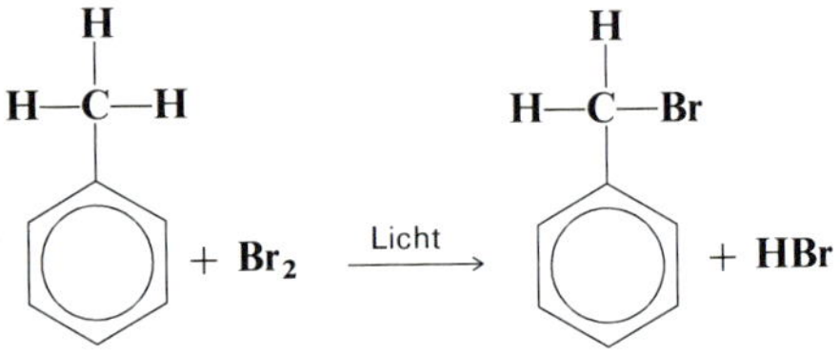

Benzylbromid (Bromphenylmethan)

Das als Interdukt entstehende Benzyl-Radikal ist mesomeriestabilisiert und begünstigt die Substitution. Stufenweise können alle drei Wasserstoff-Atome ersetzt werden:

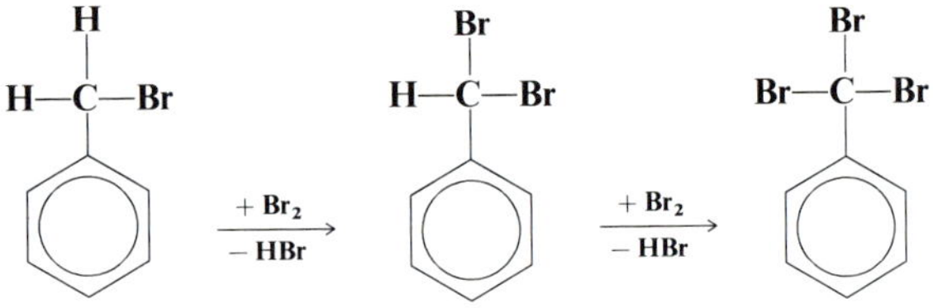

Die Bromierung von Toluol zeigt, wie man eine Reaktion durch Wahl der Reaktionsbedingungen in eine bestimmte Richtung lenken kann, um gezielt das eine oder das andere Produkt zu synthetisieren. Analog reagieren auch andere Alkylbenzole je nach den Reaktionsbedingungen (B 282.2.) als Aromaten in einer elektrophilen Substitution am Kern oder als Alkane in einer radikalischen Substitution in der Alkyl-Gruppe.

Aufgaben

A 282.1. Formulieren Sie den Mechanismus für die Seitenkettenbromierung von Toluol.

A 282.2. Ein aromatischer Kohlenwasserstoff (**A**) der Summenformel C_8H_{10} wird mit Brom in Gegenwart von Eisen zur Reaktion gebracht. Dabei entsteht neben Hydrogenbromid nur ein Monobromderivat (**B**). Setzt man **A** mit Brom unter Lichteinwirkung um, so entsteht neben Hydrogenbromid ein zu **B** isomeres Monobromderivat (**C**).

a) Geben Sie alle Valenzstrichformeln an, die für **A** in Frage kommen.
b) Formulieren Sie die Reaktionen **A** → **B** und **A** → **C** und finden Sie die für **A** zutreffende Valenzstrichformel heraus.

A 282.3. Bestrahlt man eine Lösung von Chlor in Ethylbenzol, so erhält man zu 91% 1-Chlor-1-phenylethan und zu 9% 2-Chlor-1-phenylethan. Erklären Sie dies über die Stabilität der als Interdukte auftretenden Radikale.

A 282.4. Benzylchlorid und Benzalchlorid (B 282.3.) sind Zwischenprodukte bei der Synthese der Aromastoffe Benzylalkohol (Jasminduftstoff für Toilettenartikel) bzw. Benzaldehyd (künstliches Bittermandelöl). Welche Reaktionen laufen bei den einzelnen in B 282.3. angegebenen Syntheseschritten ab?

Zusammenfassung

Toluol kann mit Brom oder Chlor sowohl als Aromat als auch als Alkan reagieren. In Gegenwart eines Katalysators wird ein Wasserstoff-Atom des Kerns in einer elektrophilen Substitution ersetzt, unter Lichtbestrahlung läuft eine radikalische Substitution ab, bei der ein Wasserstoff-Atom der Methyl-Gruppe ersetzt wird.

Technisch wichtige elektrophile Substitutionen

1. FRIEDEL[1]-CRAFTS[1]-Alkylierung

Die einfachen Alkylbenzole wie Toluol oder die Xylole fallen bei der Erdölraffination an. Um aber gezielt bestimmte Alkylbenzole herzustellen, setzt man Benzol mit dem entsprechenden Chloralkan in Gegenwart von Aluminium(III)-chlorid um.

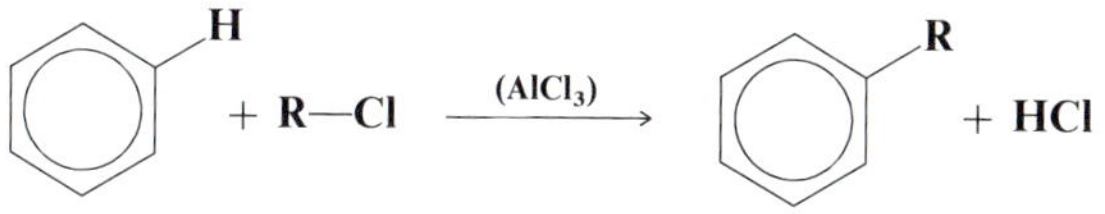

Wie bei der Bromierung oder Chlorierung handelt es sich auch bei dieser nach ihren Entdeckern bezeichneten *FRIEDEL-CRAFTS-Alkylierung* um eine elektrophile Substitution. Die LEWIS-Säure[2] Aluminiumchlorid wirkt als Katalysator zur Polarisierung der Chlor-Kohlenstoff-Bindung im Alkylchlorid (B 283.1.).

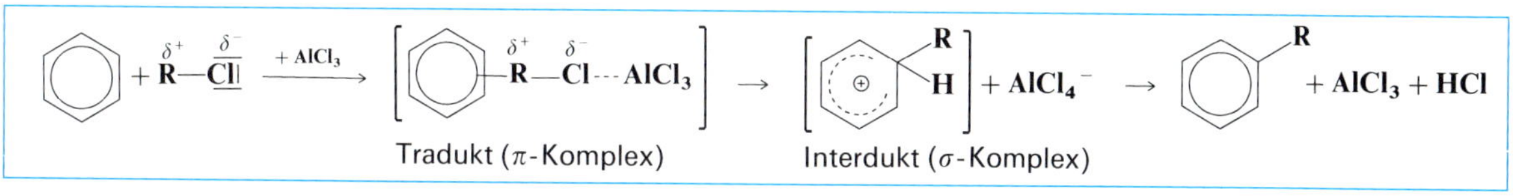

B 283.1. *Mechanismus der FRIEDEL-CRAFTS-Alkylierung*

Die FRIEDEL-CRAFTS-Alkylierung stellt eine wichtige Synthesemöglichkeit dar, um neue Kohlenstoff-Kohlenstoff-Bindungen zu knüpfen, eines der Ziele der synthetischen organischen Chemie überhaupt. Viele Varianten sind möglich, so können z. B. auch Alkene eingesetzt werden wie bei der technisch wichtigen Synthese von Cumol (Isopropylbenzol).

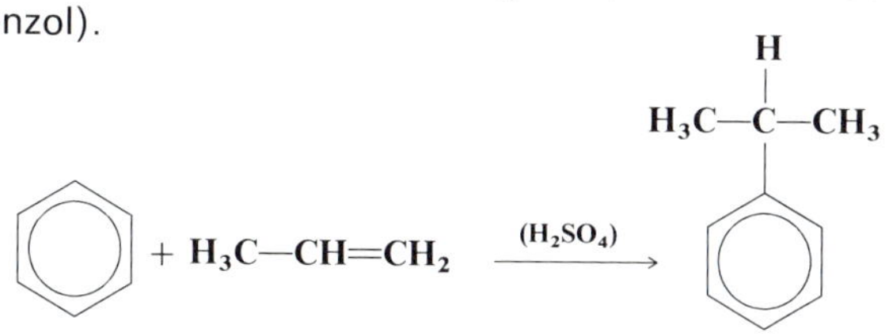

Cumol

Als Elektrophil wirkt hier das Propyl-Carbenium-Ion, das durch Protonierung von Propen mit Schwefelsäure entsteht (B 283.2.).

2. Nitrierung und Sulfonierung

Die Nitrierung von Benzol oder anderen Aromaten gelingt mit Nitriersäure, einem Gemisch aus konzentrierter Salpetersäure und konzentrierter Schwefelsäure (LV 283.1.). Dabei wird ein Wasserstoff-Atom eines Aromaten-Moleküls durch eine Nitro-Gruppe ersetzt. Als elektrophiles Teilchen wirkt das Nitryl-Kation, das in einer Protolyse zwischen einem Salpetersäure- und einem Schwefelsäure-Molekül und anschließender Abspaltung eines Wasser-Moleküls gebildet wird.

Versuch

LV 283.1. Abzug! 8 ml konz. Schwefelsäure* werden unter Kühlung mit 7 ml konz. Salpetersäure* vermischt. Man fügt tropfenweise unter Umschwenken und Kühlen 5 ml Toluol* hinzu. Dabei soll die Temperatur der Reaktionsmischung nicht über 50 °C steigen. Man erwärmt nach der Zugabe von Toluol noch einige Minuten im Wasserbad auf 50 °C und gießt dann die Reaktionsmischung in ein 400-ml-Becherglas mit kaltem Wasser.

[1] CHARLES FRIEDEL (1832 bis 1899), Professor an der Sorbonne (Paris); JAMES M. CRAFTS (1839 bis 1917), Professor in Boston

[2] vgl. S. 277 und S. 324

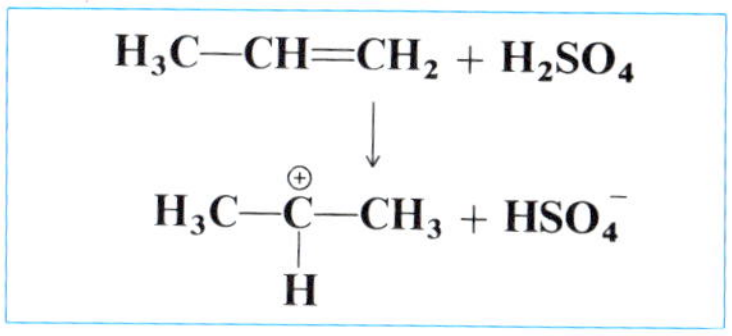

B 283.2. *Bildung des Propyl-Carbenium-Ions*

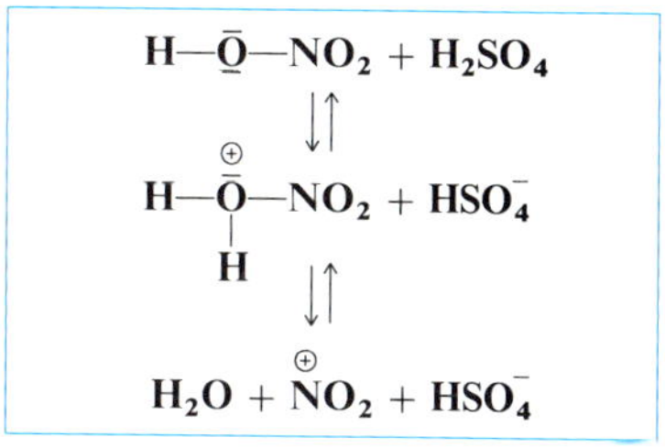

B 283.3. *Bildung des Nitryl-Kations*

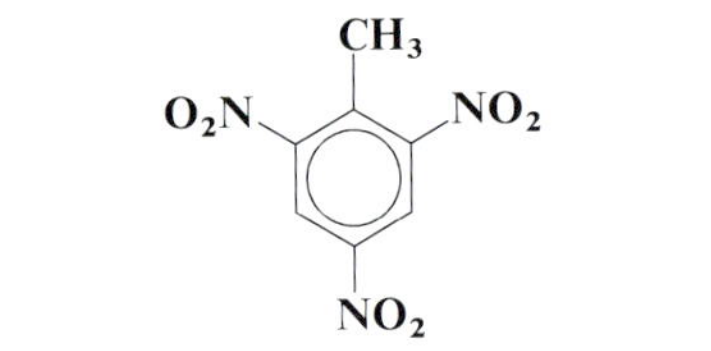

B 284.1. *Trinitrotoluol TNT. Bei der Zündung zerfällt TNT schlagartig zu einer Gaswolke aus Kohlenstoffdioxid, Wasserdampf und Stickstoff sowie Ruß. Das Volumen nimmt dabei etwa um das Tausendfache zu. Die entstehende Druckwelle erzeugt die zerstörende Explosion.*

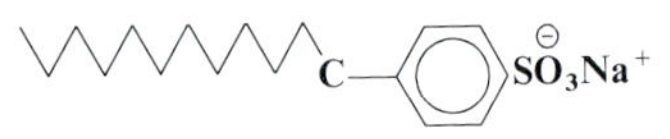

B 284.2. *Natriumdodecylbenzolsulfonat*

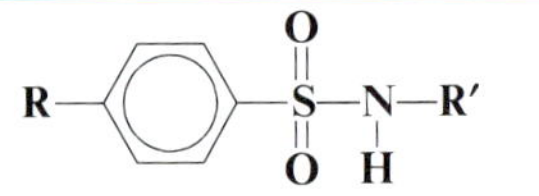

B 284.3. *Struktur der Sulfonamide*

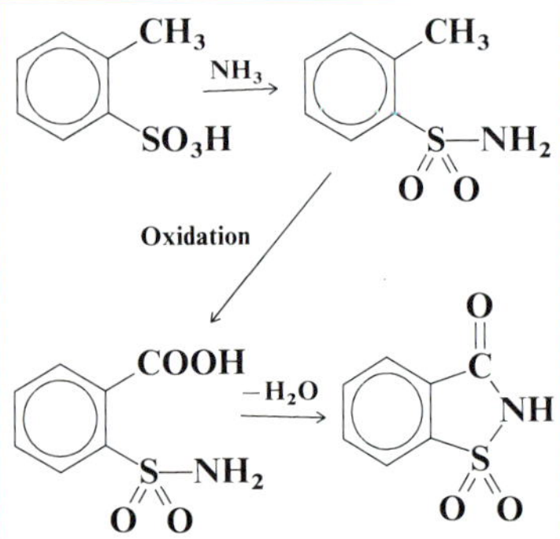

B 284.4. *Synthese von Saccharin. Saccharin schmeckt etwa 500mal süßer als Zucker. Seine Süßkraft wurde schon im Jahre 1871 entdeckt, von einem Chemiker, der nach der Arbeit im Labor vergessen hatte, seine Hände zu waschen.*

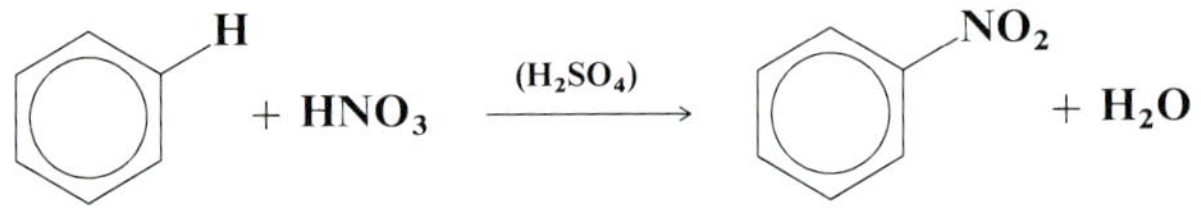

Nitrobenzol

Von technischer Bedeutung ist die in drei Stufen ablaufende Nitrierung von Toluol zu dem hochexplosiven 2,4,6-Trinitrotoluol **(TNT)**, einem der wichtigsten Sprengstoffe.
Eine weitere wichtige elektrophile Substitution ist die **Sulfonierung**, bei der ein Wasserstoff-Atom eines Aromaten-Moleküls durch eine Sulfonsäure-Gruppe ersetzt wird. Als Elektrophil dient das Schwefeltrioxid-Molekül, das in rauchender Schwefelsäure gelöst vorliegt.

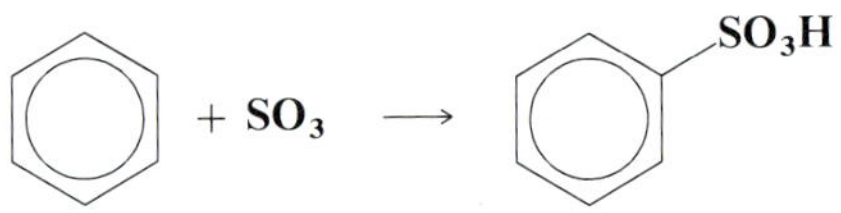

Bei der Sulfonierung langkettiger Alkylbenzole entstehen **Alkylbenzolsulfonsäuren**, deren Natriumsalze als waschaktive Substanzen verwendet werden. *Dodecylbenzolsulfonat* (B 284.2.) ist das wichtigste Alkylbenzolsulfonat und im Gegensatz zu den früher üblichen verzweigten Alkylbenzolsulfonaten biologisch abbaubar.
Wichtige Derivate der Benzolsulfonsäure sind die **Sulfonamide**, von denen einige wegen ihrer antibakteriellen Wirkung als Arzneimittel eingesetzt werden.

Aufgaben

A 284.1. Formulieren Sie den vollständigen Reaktionsmechanismus für die Alkylierung von Benzol a) mit Ethen und b) mit Propen in Gegenwart von Schwefelsäure als Katalysator. Warum erhält man bei der Alkylierung mit Propen ausschließlich Isopropylbenzol (Cumol) und kein Propylbenzol?

A 284.2. Ein Nachteil der FRIEDEL-CRAFTS-Alkylierung liegt darin, dass in der Regel ein Produktgemisch aus einfach und mehrfach substituierten Alkylbenzolen entsteht. Erklären Sie, weshalb die Alkylierung nicht auf der Stufe des monoalkylierten Produkts stehenbleibt im Gegensatz zur Bromierung, bei der nur das Mono-Bromderivat gebildet wird.

A 284.3. Analog der Alkylierung verläuft die FRIEDEL-CRAFTS-Alkylierung von Aromaten mit Säurechloriden oder Säureanhydriden. Formulieren Sie den Mechanismus für die Acylierung von Benzol mit Essigsäurechlorid CH_3COCl zu Acetophenon $C_6H_5COCH_3$.

A 284.4. Formulieren Sie den Mechanismus für die Nitrierung von Benzol.

A 284.5. Formulieren Sie den Mechanismus für die Bildung von o-Toluolsulfonsäure aus Toluol. o-Toluolsulfonsäure dient als Ausgangsstoff für die Synthese des gebräuchlichen Süßstoffs Saccharin (B 284.4.).

A 284.6. Formulieren Sie drei Schritte für die Synthese von Natriumdodecylbenzolsulfonat.

Neue Fachbegriffe

FRIEDEL-CRAFTS-Alkylierung, Nitrierung, Sulfonierung, Alkylbenzolsulfonsäuren, Trinitrotoluol, Sulfonamide, Saccharin

10.3. Phenol, eine aromatische Hydroxy-Verbindung

Versuche

Vorsicht! Phenol ist giftig und stark ätzend. Versuche unter dem Abzug durchführen und Handschuhe tragen!

LV 285.1. Man gibt in ein Rggl. mit wenig kristallinem Phenol* einen Tropfen Wasser. Beobachtung? Dann tropft man weiteres Wasser hinzu. Beobachtung?
Der pH-Wert der Lösung wird mit Indikatorpapier gemessen.

LV 285.2. Zu einer Phenol*-Wasser-Emulsion setzt man tropfenweise verd. Natronlauge* zu. Beobachtung? Anschließend gibt man verd. Salzsäure* hinzu.

LV 285.3. Man versetzt eine verd. Phenol-Lösung* portionsweise mit gesättigtem Bromwasser*. Beobachtung?
Man überprüft den pH-Wert.

Als Phenole bezeichnet man aromatische Hydroxy-Verbindungen, bei denen eine oder mehrere Hydroxy-Gruppen direkt an den aromatischen Ring gebunden sind. Der einfachste Vertreter ist *Phenol* oder *Hydroxybenzol*. Der Name Phenol leitet sich von *phen*[1], einer alten Bezeichnung für Benzol, ab, die auf das Auftreten von Benzol im Leuchtgas hinweist.

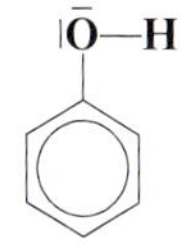

B 285.1. *Phenol*

Phenol ist eine kristalline Verbindung ($\vartheta_m = 43\ °C$) von charakteristischem Geruch. An der Luft verfärben sich Phenolkristalle durch Oxidation rötlich. Wegen seiner großen molalen Gefriertemperaturerniedrigung (vgl. S. 16f.) „verflüssigt" sich Phenol schon bei Zugabe von wenig Wasser. Verdünnt man diese konzentrierte Phenol-Lösung mit Wasser, bildet sich eine Emulsion, die bei weiterem Verdünnen wieder in eine klare Lösung übergeht (LV 285.1.). Zwischen einer konzentrierten und einer verdünnten Phenol-Lösung besteht eine *Mischungslücke*.

Acidität. Eine wässrige Phenol-Lösung reagiert im Gegensatz zu Alkohol-Lösungen sauer (LV 285.1.). Phenol-Moleküle sind also schwache Säuren.

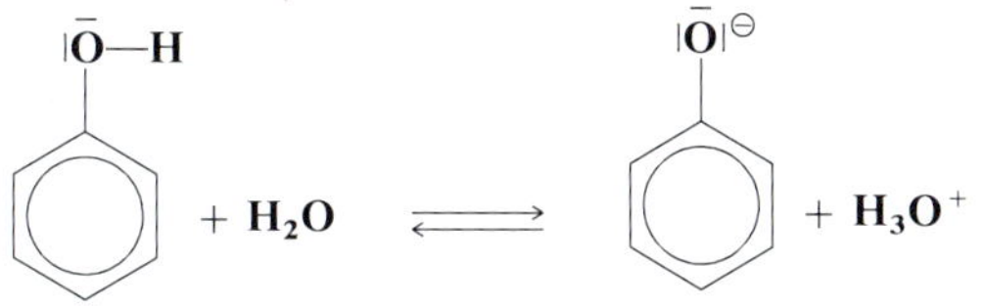

$pK_S = 10{,}0$ Phenolat-Ion

Die Acidität des Phenol-Moleküls ist auf die Stabilität der konjugierten Base, des Phenolat-Ions, zurückzuführen. Ähnlich wie bei Carboxylat-Ionen ist die negative Ladung des Phenolat-Ions nicht am Sauerstoff-Atom lokalisiert, sondern über den ganzen Ring delokalisiert. Dies kann durch mesomere Grenzformeln verdeutlicht werden:

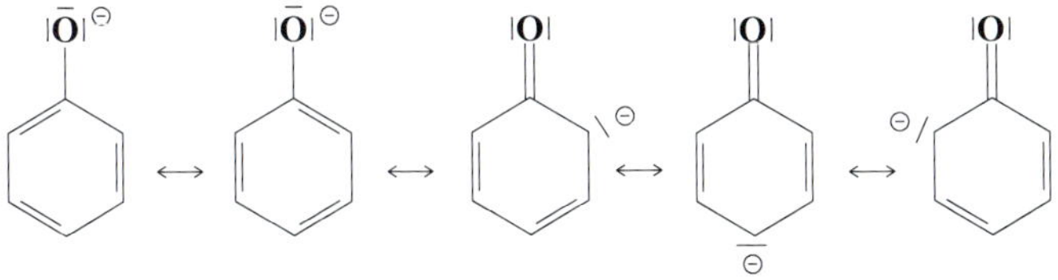

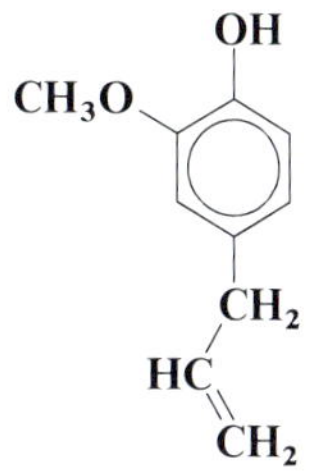

Eugenol
(Lorbeer- und Nelkenöl)

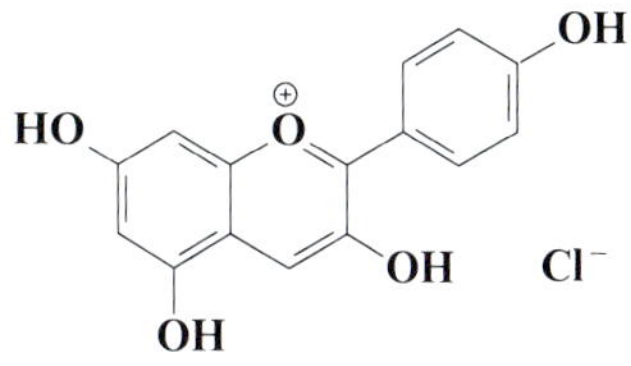

Pelargonidin
(roter Farbstoff von Geranien)

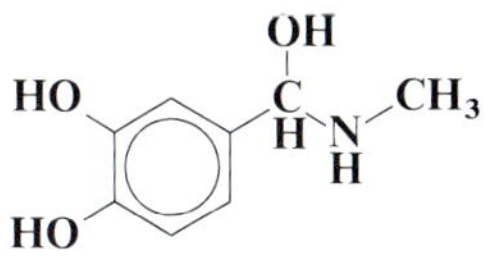

Adrenalin
(Hormon der Nebennierenrinde)

B 285.2. *Phenole in der Natur*

[1] von *phainein* (griech.) = leuchten

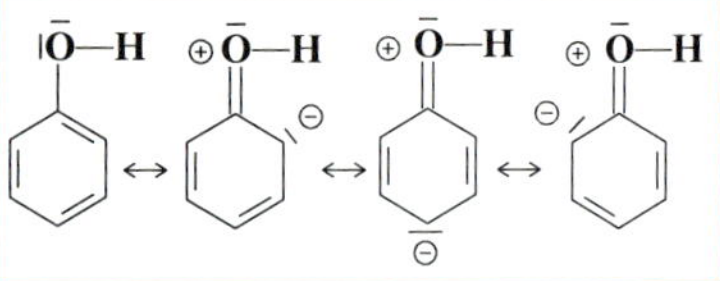

B 286.1. *+M-Effekt der Hydroxy-Gruppe*

Substitution. Im Vergleich zu Benzol reagiert Phenol mit Brom sehr schnell. Eine Reaktion tritt bereits beim Schütteln von Phenol-Lösung mit Bromwasser ein (LV 285.3.). Der *p*H-Wert sinkt dabei stark, was auf die Bildung von Hydrogenbromid und damit auf eine Substitution schließen lässt. Es entsteht 2,4,6-Tribromphenol, das als weißer Niederschlag ausfällt:

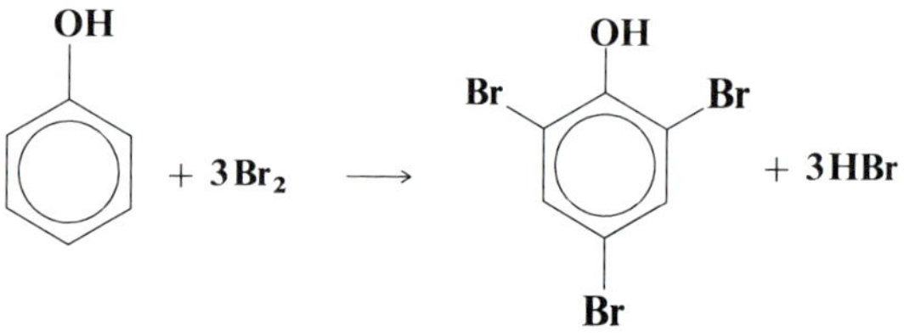

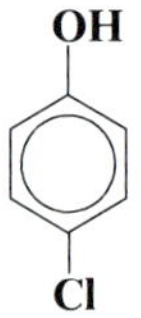

p-Chlorphenol (Desinfektionsmittel)

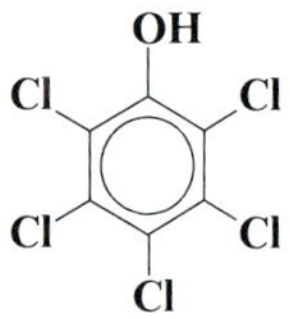

Pentachlorphenol (Holzschutzmittel)

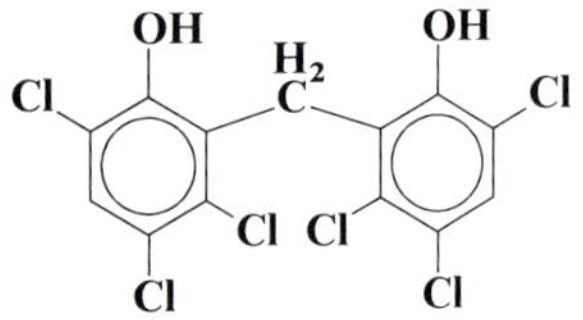

Hexachlorophen (Desinfektionsmittel in Seifen)

B 286.2. *Einige Chlorphenole*

Die gegenüber Benzol stark erhöhte Reaktivität des Phenols beruht auf einer Aktivierung des Phenyl-Ringes[1] durch die Hydroxy-Gruppe. Die Elektronen des Sauerstoff-Atoms sind in die Mesomerie des Rings miteinbezogen. Dadurch wird die Elektronendichte im Ring erhöht und die elektrophile Substitution wird erleichtert.

Man bezeichnet den Einfluss, den ein Substituent auf die Reaktivität des Ringes ausübt, dessen Elektronen an der Mesomerie des Ringes beteiligt sind, als *mesomeren Effekt*. Ein Substituent, der Elektronen liefernd wirkt, übt einen positiven mesomeren Effekt, *+M-Effekt*, aus und umgekehrt übt ein Substituent, der Elektronen ziehend wirkt, einen negativen mesomeren Effekt, *−M-Effekt*, aus (vgl. S. 262 und S. 292).

Zwar übt die Hydroxy-Gruppe wegen der großen Elektronegativität des Sauerstoff-Atoms auch einen schwachen Elektronen ziehenden −I-Effekt aus, aber der +M-Effekt überwiegt bei weitem. Durch den +M-Effekt wird auch das kationische Interdukt der Substitution stabilisiert. Daher ist Phenol einer elektrophilen Substitution leicht zugänglich.

Phenol-Moleküle werden ebenso wie Toluol-Moleküle (vgl. S. 281) praktisch nur in ortho- und para-Stellung substituiert. Zur Erklärung vergleichen wir wiederum die bei der Substitution gebildeten Interdukte. Die Interdukte der ortho- und para-Substitution sind in höherem Maße mesomeriestabilisiert, weil hier die elektrisch positive Ladung auch vom Sauerstoff-Atom aufgenommen werden kann. Für das ortho- und para-Interdukt sind je vier mesomere Grenzstrukturen möglich, für das meta-Interdukt nur drei (B 287.1.).

Da die ortho- und para-Interdukte stabiler sind als das meta-Interdukt, ist auch die Aktivierungsenergie für die ortho- und para-Substitution kleiner und daher die Reaktionsgeschwindigkeit größer als bei einer meta-Substitution (B 287.2.).

In der Natur sind Phenole weit verbreitet. Viele Aromastoffe wie *Vanillin* (B 251.2.) oder *Eugenol*, einige Pflanzenfarbstoffe wie *Pelargonidin* sind ebenso Phenole wie das Hormon *Adrenalin* (B 285.2.) oder die Aminosäure *Tyrosin* (Tab. 266.1.).

	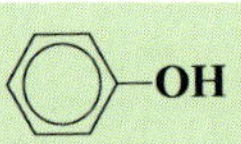	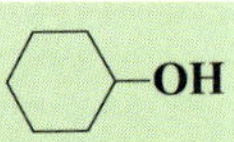
ϑ_m in °C	43	25
Löslichkeit in Wasser in g/100 ml	9,3	3,6
pK_S-Wert	10	18

Tab. 286.1. *Eigenschaften von Phenol und Cyclohexanol im Vergleich*

[1] Als Phenyl-Ring bezeichnet man den Rest C_6H_5.

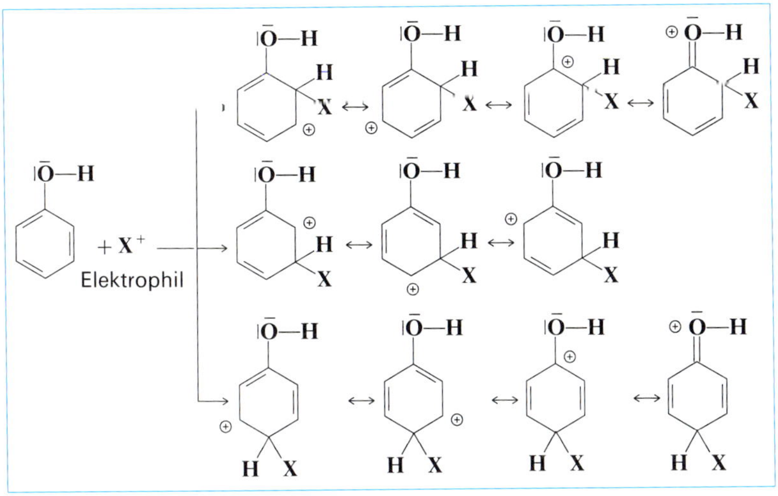

B 287.1. *Mesomere Grenzstrukturen der Interdukte bei ortho-, meta- und para-Substitution von Phenol*

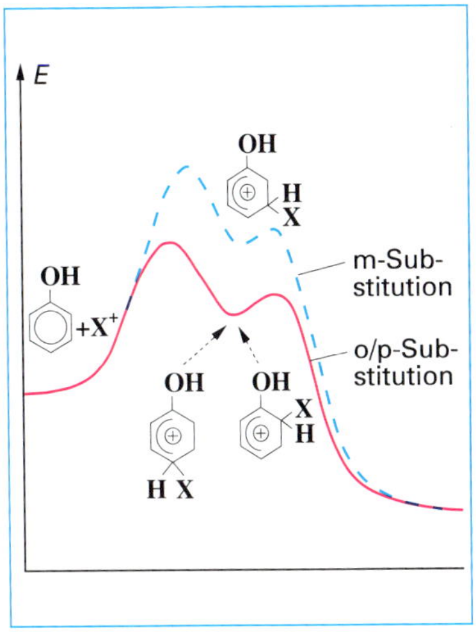

B 287.2. *Energiediagramm für die Substitution von Phenol*

Phenol ist in der chemischen Industrie als Ausgangsstoff für die Herstellung von Kunststoffen wie *Polyamiden* und *Phenoplasten* (S. 345f.), Farbstoffen, Arzneimitteln wie z.B. *Aspirin* (S. 291) oder Adrenalin, Pflanzenschutzmitteln u.a. von großer Bedeutung. Wegen der bakteriziden und fungiziden Wirkung von Phenol wurden früher wässrige Phenol-Lösungen unter dem Namen *Carbolsäure* als Desinfektionsmittel in Krankenhäusern benutzt.
Man gewinnt Phenol bei der *Cumoloxidation* (B 278.1.), bei der als Nebenprodukt Aceton anfällt. Der Verkauf des Acetons macht dabei die Herstellung des erwünschten Produktes Phenol erst wirtschaftlich.

Aufgaben

A 287.1. Vergleichen Sie die Eigenschaften von Phenol und Cyclohexanol (Tab. 286.1.) und erklären Sie die Unterschiede.

A 287.2. Formulieren Sie den vollständigen Mechanismus für die Bromierung von Phenol.

A 287.3. Bisphenol A, ein Ausgangsstoff für die Synthese von Polycarbonaten (s. S. 269), wird aus Phenol und Aceton in Gegenwart von Schwefelsäure hergestellt. Formulieren Sie den Mechanismus dieser Reaktion.

A 287.4. Anilin ist eine schwächere Base als Ammoniak. Erklären Sie diesen Sachverhalt.

A 287.5. Anilin reagiert mit Brom bereits beim Schütteln mit Bromwasser. Begründen Sie, a) warum Anilin leichter bromiert wird als Benzol, b) welche Mono-Bromaniline gebildet werden, c) warum sich im Unterschied zur Bromierung von Phenol der *p*H-Wert dabei nicht ändert.

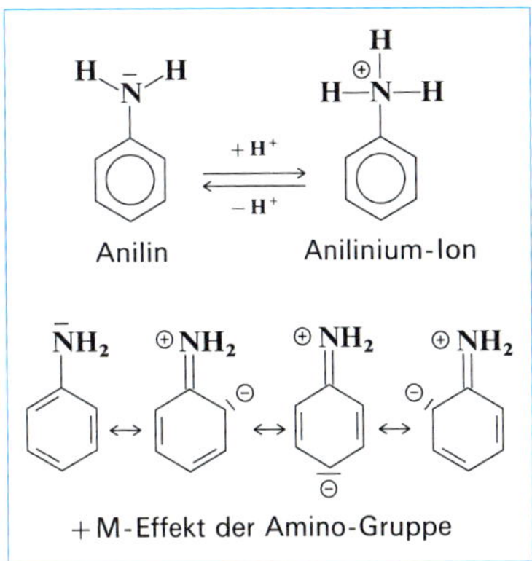

B 287.3. *Anilin, Aminobenzol, ist eine organische Base. Anilin ist ein wichtiges Zwischenprodukt in der chemischen Industrie (vgl. B 278.1. und S. 307).*

Zusammenfassung

Das Phenol-Molekül enthält eine direkt an den Benzolring gebundene Hydroxy-Gruppe. Diese ist acide, da das Phenolat-Ion mesomeriestabilisiert ist. Durch die Hydroxy-Gruppe mit ihrem +M-Effekt wird Phenol für die elektrophile Substitution aktiviert.

Neue Fachbegriffe

Phenole, Mischungslücke, mesomere Effekte

Versuche

Hydrochinon darf nicht in die Augen gelangen! Schutzbrille!

LV 288.1. In drei Rggl. löst man je eine Spatelspitze Brenzcatechin*, Resorcin* und Hydrochinon* in ca. 10 ml Wasser.
Man misst den *p*H-Wert der Lösungen mit Indikatorpapier.

LV 288.2. Die Diphenol-Lösungen werden auf 3 Rggl. aufgeteilt.

a) Man gibt zu dem einen Teil jeder Lösung 1 ml Natronlauge* ($w = 10\%$) und lässt an der Luft stehen.

b) Zum anderen Teil der Lösung gibt man ammoniakalische Silbernitrat-Lösung*. Diese wird hergestellt, indem man 1 ml Silbernitrat-Lösung* ($c = 0{,}1$ mol/l) tropfenweise mit Ammoniak-Lösung* ($w \approx 10\%$) versetzt, bis sich der Niederschlag gerade wieder auflöst.

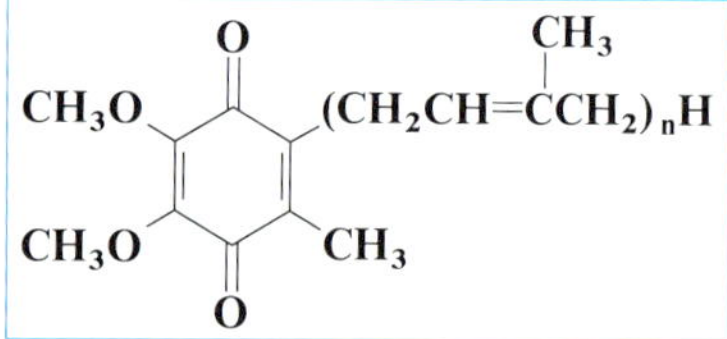

B 288.2. *Ubichinone (n=6, 8, 10)*

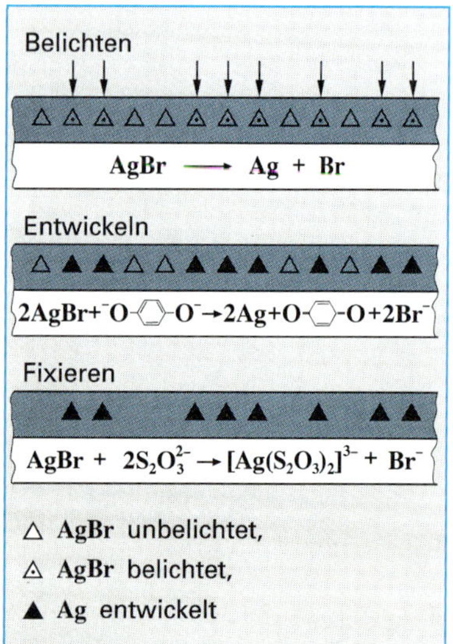

B 288.3. *Schema der Schwarz-Weiß-Entwicklung*

Polyphenole und Heterocyclen

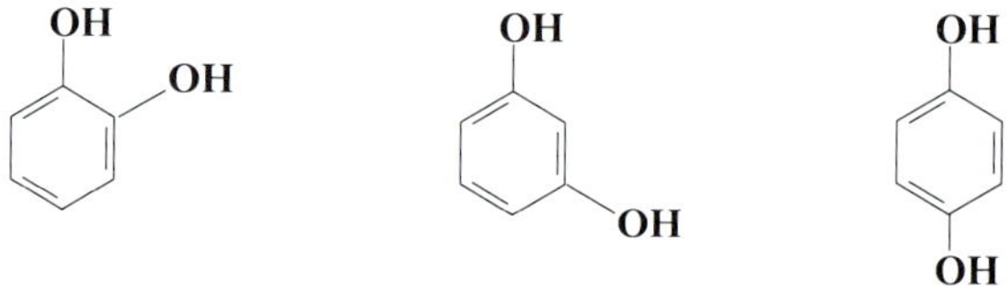

Brenzcatechin
1,2-Dihydroxybenzol

Resorcin
1,3-Dihydroxybenzol

Hydrochinon
1,4-Dihydroxybenzol

B 288.1. *Zweiwertige Phenole (Diphenole)*

Polyphenole

Manche mehrwertigen Phenole lassen sich leicht oxidieren. **Hydrochinon** und **Brenzcatechin** werden durch Oxidationsmittel wie Luftsauerstoff oder Silber-Ionen (LV 288.2.) zu den entsprechenden farbigen **Chinonen** oxidiert, während Resorcin unter gleichen Bedingungen nicht reagiert.

Auch das Dunkelwerden von angeschnittenen Früchten, z.B. Äpfeln, an der Luft beruht auf der Oxidation phenolischer Verbindungen.

Chinone können wiederum leicht reduziert werden. Als reversible Redoxpaare spielen Derivate des p-Chinon/Hydrochinon-Redoxpaares, die *Ubichinone* (B 288.2.) und *Ubihydrochinone* eine wichtige Rolle bei Stoffwechselvorgängen, der Atmungskette und bei der Photosynthese.

Resorcin ist wie Phenol ein wichtiger Ausgangsstoff für die Synthese von Kunststoffen wie z. B. Resopal.

Photographische Entwickler. Hydrochinon wird wegen seines Reduktions-Vermögens als photographischer Entwickler benutzt. Beim Belichten entstehen durch Reduktion von Silber-Ionen aus dem Silberbromid des Films Silberkeime. An der Grenzfläche zwischen Silberbromid und Silberkeimen werden beim Entwickeln weitere Silber-Ionen aus den Silberbromidkristallen durch Hydrochinon zu Silber reduziert:

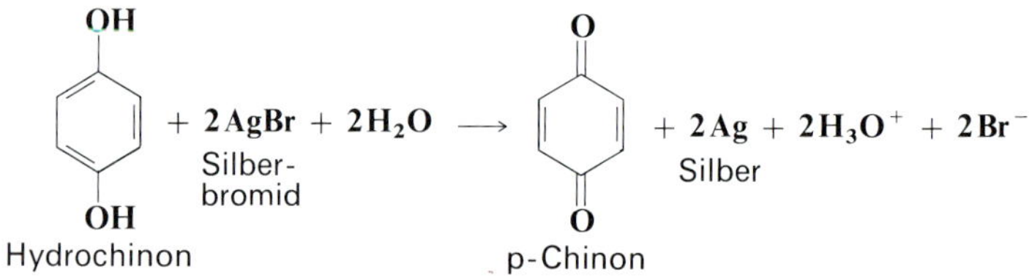

An den belichteten Stellen wird der Film durch das entwickelte Silber allmählich schwarz. Vom photographierten Original entsteht ein *Negativ*, in dem die hellen Stellen des Originals dunkel und die dunklen hell erscheinen. Der Entwicklungsprozess wird durch Zugabe von Natriumthiosulfat (*Fixiersalz*) gestoppt. Dabei wird überschüssiges Silberbromid durch Bildung eines Komplexes (B 288.3.) aus dem Film herausgelöst. Das Bild wird fixiert. Einen *Positiv*-Abzug erhält man, indem man Photopapier durch das Negativ belichtet, entwickelt und fixiert. Man erzeugt also ein Negativ vom Negativ.

Heterocyclen

Viele natürlich vorkommende Verbindungen enthalten aromatische fünf- oder sechsgliedrige Ringe, in denen Stickstoff-, Sauerstoff- oder Schwefel-Atome als *Hetero-Atome* gebunden sind.
Im *Pyrrol-*, *Furan-* und *Thiophen-Molekül* gehört das freie Elektronenpaar des Hetero-Atoms zum cyclischen Elektronensextett.
Pyrrol ist eine extrem schwache Base, denn eine Protonenanlagerung an das freie Elektronenpaar wäre mit einem Verlust des aromatischen Zustands verbunden. Beim Pyridin-Molekül ist dagegen das freie Elektronenpaar des Stickstoff-Atoms nicht an der Mesomerie beteiligt; Pyridin ist daher eine schwache, aber stärkere Base als Pyrrol.

Nucleinbasen. Wichtige Stickstoff-Heterocyclen sind die in der Desoxiribonucleinsäure **DNA**, dem Träger der Erbinformation, gebundenen Nucleinbasen *Adenin*, *Thymin*, *Guanin* und *Cytosin*. Adenin und Guanin sind Derivate des *Purins*, Cytosin und Thymin Derivate des *Pyrimidins*.
Die DNA besteht aus zwei schraubenförmig zu einer *Doppelhelix* gewundenen *Polynucleotidsträngen*. Diese sind über Wasserstoffbrückenbindungen zwischen Adenin und Thymin sowie zwischen Guanin und Cytosin miteinander verknüpft.

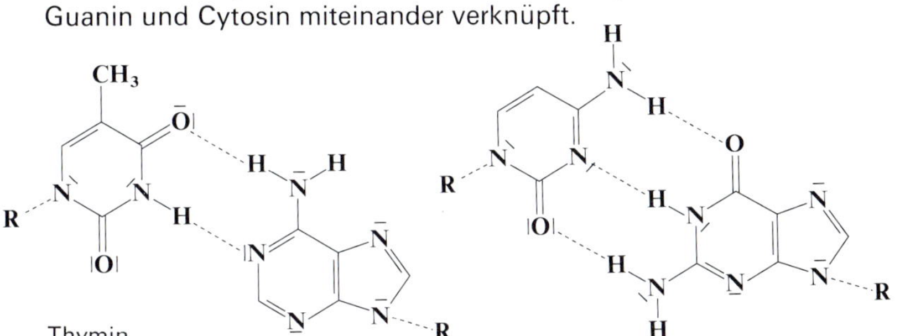

Thymin Adenin Cytosin Guanin

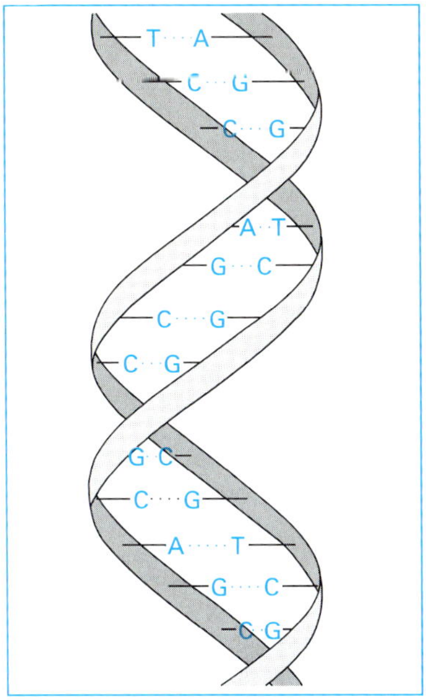

B 289.1. *DNA-Doppelhelix*

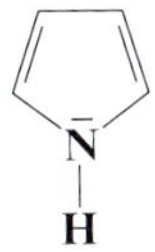

Pyrrol

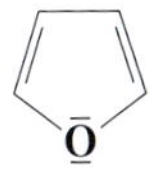

Furan

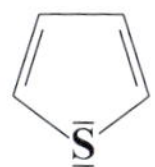

Thiophen

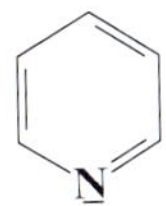

Pyridin

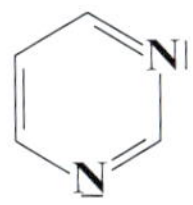

Pyrimidin

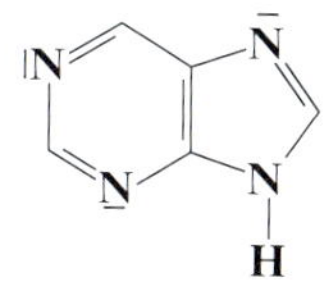

Purin

Aufgaben

A 289.1. Formulieren Sie die Reaktionsgleichung für die Oxidation von Brenzcatechin durch Luftsauerstoff in alkalischer Lösung. Warum ist es sinnvoll, vom Dianion statt vom Brenzcatechin-Molekül auszugehen?

A 289.2. Erklären Sie, weshalb sich Resorcin nicht zu einem m-Chinon oxidieren lässt.

A 289.3. Berechnen Sie mit Hilfe der NERNST-Gleichung[1] das Redoxpotential des Hydrochinon/Chinon-Redoxpaares für $pH = 14$. Begründen Sie, weshalb Filme in alkalischer Lösung entwickelt werden. (E^0 (Hydrochinon/Chinon) $= 0{,}699$ V, $E^0(Ag + Br^- / AgBr) = 0{,}071$ V)

A 289.4. Erklären Sie, weshalb Resorcin für elektrophile Substitutionen besser geeignet ist als Hydrochinon und Brenzcatechin.

A 289.5. Geben Sie die Valenzstrichformeln und Namen aller dreiwertigen Phenole an und schätzen Sie das Oxidationsverhalten dieser Verbindungen ab.

A 289.6. Erklären Sie mit der Hilfe der Strukturformel, warum Pyrimidin a) eine Base und b) ein Aromat ist.

A 289.7. Begründen Sie, warum in der DNA-Doppelhelix (B 289.1.) immer die Basenpaare A....T bzw. G....C vorkommen und nicht andere Paarungen der vier Nucleinbasen.

[1] $E = E^0 + \frac{0{,}059\ \text{V}}{z} \cdot \lg \frac{\{c(\text{Ox})\}}{\{c(\text{Red})\}}$

Neue Fachbegriffe

Diphenole, Chinone, photographischer Entwickler, Ubichinone, Fixiersalz, Hetero-Atome, Nucleinbasen

10.4. Aromatische Carbonsäuren

Praktikum

Benzoesäure, Salicylsäure und Aspirin

Versuche

PV 290.1. Untersuchen Sie die Löslichkeit von a) Benzoesäure* und b) Salicylsäure* (o-Hydroxybenzoesäure) in kaltem und heißem Wasser sowie in Natronlauge* ($w = 10\%$).

PV 290.2. Messen Sie den pH-Wert einer Benzoesäure-Lösung ($c = 0{,}1$ mol/l) sowie einer Salicylsäure-Lösung ($c = 0{,}1$ mol/l) mit einem Messgerät. Zur Herstellung der Säure-Lösungen lösen Sie 1,22 g Benzoesäure* (1,38 g Salicylsäure*) in jeweils 30 ml Ethanol* und füllen mit dest. Wasser auf 100 ml auf.

PV 290.3. Geben Sie in einem Rggl. zu einer Spatelspitze Salicylsäure* 1 ml Methanol* und 2 Tropfen konz. Schwefelsäure* (Vorsicht!). Erhitzen Sie kurz zum Sieden (Abzug!) und gießen Sie die Reaktionsmischung dann in ein Becherglas mit kaltem Wasser. Geruch?

PV 290.4. *Dünnschichtchromatographische Untersuchung der in LV 290.5. hergestellten Acetylsalicylsäure:* Stellen Sie ethanolische Lösungen ($w = 2\%$) von Salicylsäure, Aspirin aus der Apotheke und der Acetylsalicylsäure aus LV 290.5. her. Tragen Sie diese Lösungen mit einer Kapillare auf eine DC-Kieselgel-Folie mit UV-Indikator auf. Stellen Sie die Folie in eine Trennkammer mit 10 ml Aceton*, 10 ml Cyclohexan* und 8 Tropfen dest. Wasser. Nehmen Sie nach ca. 15 min die Folie heraus und betrachten Sie das trockene Chromatogramm unter einer UV-Lampe. Umpunkten Sie die im UV-Licht sichtbaren Flecke. Besprühen Sie die Folie mit einer Lösung aus 0,5 g Eisen(III)-chlorid* in 10 ml dest. Wasser und 20 ml Ethanol*. (Anmerkung: Eisen(III)-Ionen reagieren mit phenolischen OH-Gruppen zu farbigen Verbindungen.)

LV 290.5. (Abzug) *Synthese von Aspirin*: Man gibt in einen 100-ml-Erlenmeyerkolben 10 g Salicylsäure*, 10 ml Essigsäureanhydrid* und 2 Tropfen konz. Schwefelsäure*. Man erhitzt das Gemisch unter Umrühren (Magnetrührer) im Wasserbad ca. 15 min auf 60 °C. Dann erhöht man die Temperatur für 5 min auf 80 °C bis 90 °C. Man stellt das Reaktionsgemisch anschließend in Eiswasser. Die dabei auskristallisierende Acetylsalicylsäure wird abfiltriert oder mit einer Nutsche abgesaugt und einige Male mit Eiswasser gewaschen. Das Rohprodukt kann aus Wasser umkristallisiert werden.

Auswertung

a) Vergleichen Sie die Löslichkeit von Benzoesäure und Salicylsäure in Wasser, Natronlauge und Ethanol und erklären Sie die Unterschiede.

b) Berechnen Sie aus den in PV 290.2. gemessenen pH-Werten die pK_s-Werte von Benzoesäure und Salicylsäure. Vergleichen Sie Ihre Werte mit dem in Tab. 290.1. angegebenen.

c) Formulieren Sie die Reaktionsgleichung für die Reaktion von Salicylsäure mit Methanol (PV 290.3.).

d) Vergleichen Sie die Reinheit der selbsthergestellten Acetylsalicylsäure mit der des Aspirins aus der Apotheke.

Benzoesäure, die einfachste aromatische Carbonsäure, erhält man durch Oxidation von Toluol (B 291.1). Benzoesäure und ihre Salze werden häufig als Konservierungsstoffe in sauren Lebensmitteln wie Fischkonserven oder Salaten verwendet.

Die Dicarbonsäuren **Phthalsäure** (1,2-Benzoldicarbonsäure) und **Terephthalsäure** (1,4-Benzoldicarbonsäure) werden durch Oxidation der entsprechenden Dimethylbenzole hergestellt (B 291.1.). Beide Säuren sind wichtige Ausgangsstoffe in der Kunststoffchemie. Verestert man Terephthalsäure mit Glykol, so erhält man einen linearen Polyester, der zu Textilfasern wie Trevira oder Diolen verarbeitet werden kann. Polyester aus Phthalsäure und Glycerin werden als Kunstharze verwendet (s. S. 345). Als Weichmacher für verschiedene Kunststoffe, z.B. PVC, wird Dinonylphthalat (B 291.3.) verwendet.

Säure	pK_s-Wert
Benzoesäure	4,19
o-Hydroxybenzoesäure (Salicylsäure)	2,97
m-Hydroxybenzoesäure	4,06
p-Hydroxybenzoesäure	4,48

Tab. 290.1. *Säurestärken von Benzoesäure und Hydroxybenzoesäuren*

Salicylsäure[1] (o-Hydroxybenzoesäure) kommt in der Rinde von Pappeln und Weiden vor. Schon der griechische Arzt HIPPOKRATES (250 v. CHR.) kannte die schmerzlindernde Wirkung der Rindenextrakte einiger Weiden- und Pappelarten, die auf Salicylsäure und ihre Derivate zurückzuführen ist, und empfahl sie bei rheumatischen Schmerzen.
Das heute wichtigste Derivat der Salicylsäure ist **Acetylsalicylsäure ASS**, der Wirkstoff von Aspirin und anderen Medikamenten gegen Schmerzen, Fieber und Erkältungskrankheiten. ASS, die durch Veresterung von Salicylsäure mit Essigsäureanhydrid hergestellt wird, ist das weltweit am meisten verwendete Arzneimittel. Jährlich werden in der westlichen Welt ca. 36000 Tonnen Acetylsalicylsäure hergestellt.
Acetylsalicylsäure ist ein Ester, in dem Salicylsäure die Alkoholkomponente darstellt. Als Säure kann Salicylsäure auch mit Alkoholen verestert werden z.B. mit Methanol (PV 290.3.). Der entstehende *Methylsalicylsäureester* („Wintergrünöl") hat ein intensives Aroma und wird als Geruchsstoff Salben, Zahnpasten und Reinigungsmitteln zugesetzt.

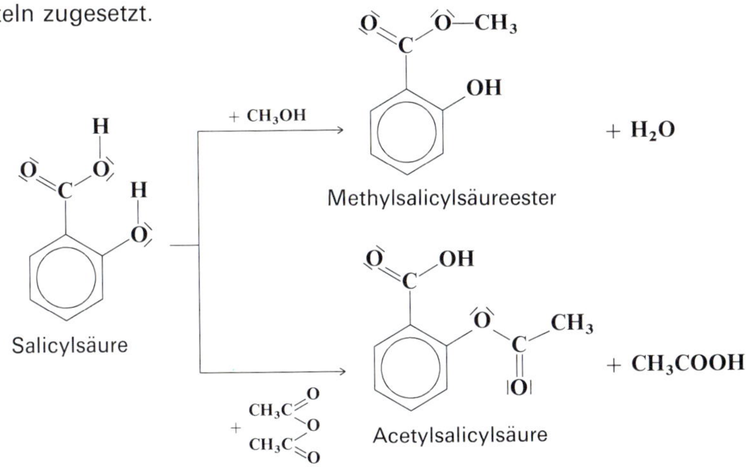

Aufgaben

A 291.1. Erklären Sie anhand eines Molekül-Modells die hohe Säurestärke der o-Hydroxybenzoesäure. Überlegen Sie, welcher Effekt hier die entscheidende Rolle spielt (vgl. Maleinsäure S. 261).

A 291.2. Erklären Sie, warum p-Hydroxybenzoesäure eine schwächere, aber m-Hydroxybenzoesäure eine stärkere Säure als Benzoesäure ist. Zeigen Sie anhand von mesomeren Grenzformeln, dass in p-Stellung der +M-Effekt und in m-Stellung der −I-Effekt der Hydroxy-Gruppe eine größere Rolle spielt.

A 291.3. Formulieren Sie die Bildung des Polyesters aus Terephthalsäure und Ethandiol.

A 291.4. Phthalsäure bildet beim Erhitzen unter intramolekularer Wasserabspaltung leicht ein stabiles Anhydrid[2]. Begründen Sie dies und formulieren Sie die Reaktionsgleichung.

A 291.5. Salicylsäure wird industriell nach dem *KOLBE-SCHMITT-Verfahren*, ausgehend von Phenol, hergestellt. Man leitet dazu Kohlenstoffdioxid bei einer Temperatur von 125 °C und einem Druck von $6 \cdot 10^5$ Pa über Natriumphenolat. Formulieren Sie den Mechanismus dieser elektrophilen Substitution und begründen Sie, warum es günstig ist, von Natriumphenolat statt von Phenol auszugehen und unter Druck zu arbeiten.

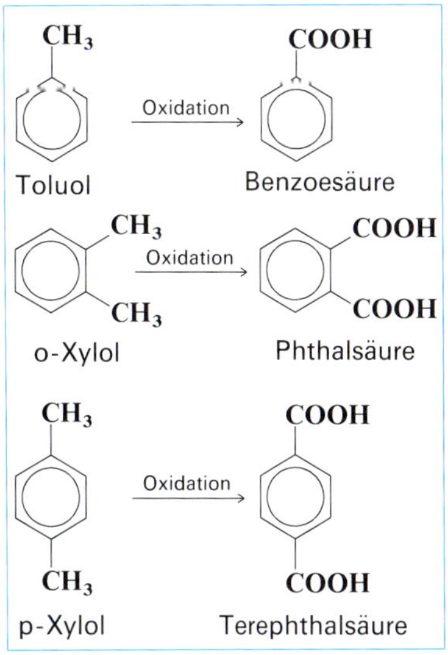

B 291.1. *Synthese von aromatischen Carbonsäuren aus Alkylbenzolen*

[1] von *salix* (lat.) = Weide
[2] Die Anhydrid-Gruppe $-\overset{O}{\overset{\|}{C}}-O-\overset{O}{\overset{\|}{C}}-$ wird bei der Abspaltung eines Wassermoleküls aus zwei Carboxy-Gruppen gebildet.

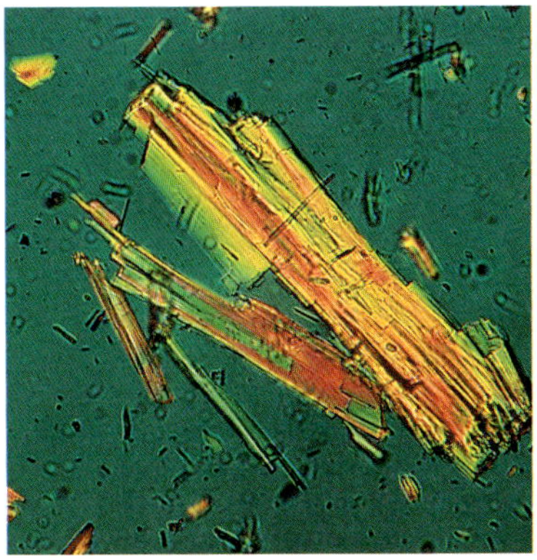

B 291.2. *Acetylsalicylsäure*

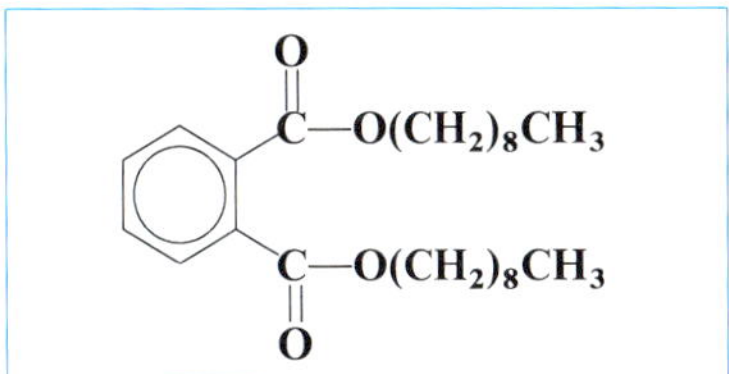

B 291.3. *Dinonylphthalat-Weichmacher für Kunststoffe*

10.5. Der Einfluss des Substituenten auf die Zweitsubstitution

Phenol-, Anilin- und Toluol-Moleküle werden, wie wir gesehen haben, durch die Hydroxy-, Amino- bzw. Methyl-Gruppe für eine elektrophile Substitution aktiviert. Substituenten mit einem −M-Effekt oder einem −I-Effekt dagegen desaktivieren den Phenyl-Ring. So verläuft die Substitution am Nitrobenzol-Molekül z.B. viel langsamer als am Benzol-Molekül, denn die Nitro-Gruppe übt sowohl einen −M-Effekt (B 292.1.) aus als auch wegen der großen Elektronegativität der Sauerstoff- und Stickstoff-Atome einen −I-Effekt. Dadurch wird die Elektronendichte im Kern verringert und das positiv geladene Interdukt der Substitution wird destabilisiert.

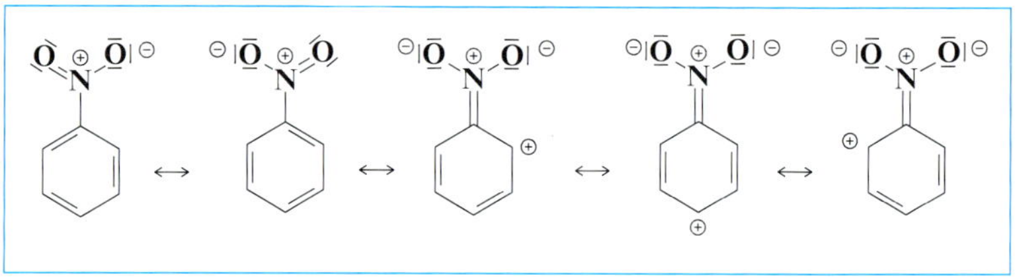

B 292.1. −M-Effekt der Nitro-Gruppe

1. Substituenten mit freien Elektronenpaaren besitzen einen +M-Effekt und aktivieren den Kern, Substituenten mit Doppelbindungen weisen einen −M-Effekt auf und desaktivieren den Kern.
2. In der Regel dirigieren aktivierende Substituenten den Zweitsubstituenten in ortho/para-Stellung und desaktivierende Substituenten in meta-Stellung.

Keine Regel ohne Ausnahme: Halogen-Atome desaktivieren den Kern, aber dirigieren den Zweitsubstituenten in ortho/para-Stellung.

Am Nitrobenzol-Molekül wird bevorzugt in meta-Stellung substituiert. An den mesomeren Grenzstrukturen (B 292.3.) erkennt man, dass das meta-Interdukt stabiler ist als das ortho- und para-Interdukt. Bei diesen tritt eine mesomere Grenzstruktur auf, in der die elektrisch positive Ladung an dem Kohlenstoff-Atom sitzt, an das die Nitro-Gruppe gebunden ist. Diese Grenzstruktur ist ungünstig und trägt nur wenig zur Delokalisierung der positiven Ladung und damit zur Stabilisierung des Kations bei.

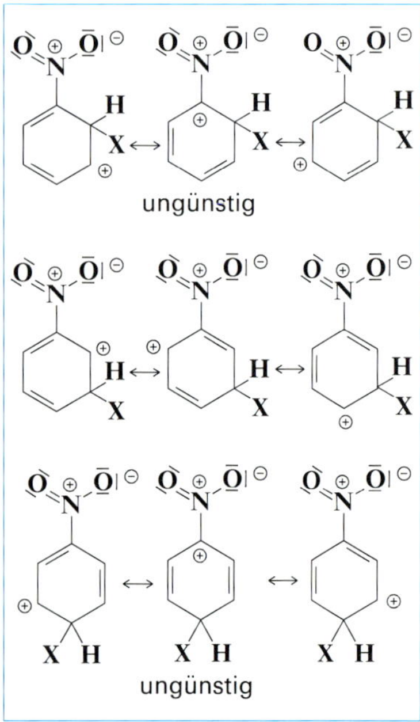

B 292.3. Interdukte der Substitution von Nitrobenzol

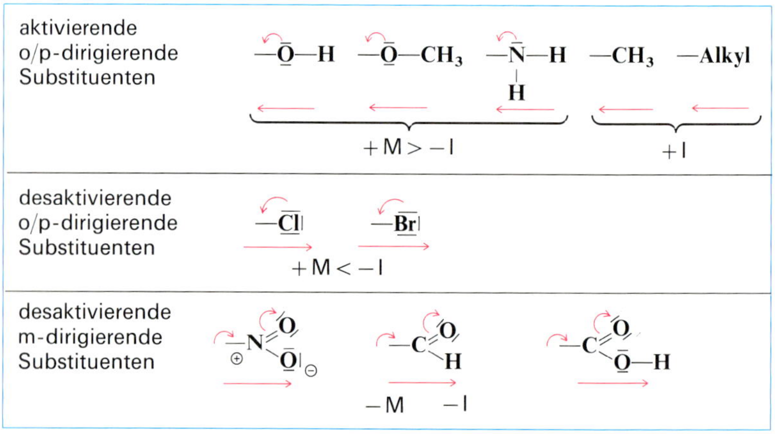

B 292.2. Einfluss verschiedener Substituenten auf die Zweitsubstitution

Aufgaben

A 293.1. Zur Synthese von m-Nitrophenol setzt man Nitrobenzol mit Chlor in Gegenwart eines Katalysators um. Das Produkt wird anschließend durch längeres Kochen mit Natronlauge zu m-Nitrophenol umgesetzt.
a) Formulieren Sie die Reaktionsmechanismen für beide Syntheseschritte.
b) Erklären Sie, weshalb man m-Nitrophenol nicht durch direkte Nitrierung von Phenol herstellen kann.

A 293.2. Erklären Sie, weshalb Chlorbenzol in o/p-Stellung substituiert wird. Formulieren Sie dazu die Interdukt-Grenzstrukturen bei der Substitution von Chlorbenzol a) in ortho- und b) in meta-Stellung. Beim ortho-Interdukt gibt es eine Grenzstruktur mit starkem Beitrag, die beim meta-Interdukt fehlt. Um welche Grenzstruktur handelt es sich?

A 293.3. Zeigen Sie anhand der mesomeren Grenzstrukturen für Benzoesäure, dass die Carboxy-Gruppe einen −M-Effekt besitzt.

A 293.4. Vergleichen Sie die pK_S-Werte von Phenol, 4-Nitrophenol, 2,4-Dinitrophenol und 2,4,6-Trinitrophenol (Tab. 293.1.) und erklären Sie die Unterschiede.

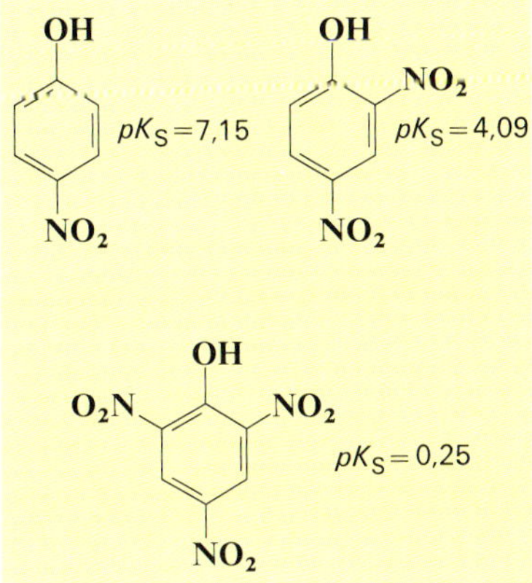

Tab. 293.1. *pK_s-Werte von 4-Nitro-, 2,4-Dinitro- und 2,4,6-Trinitrophenol*

Zusammenfassung

Ein Erstsubstituent mit +M- oder +I-Effekt aktiviert den Phenylkern und dirigiert den Zweitsubstituenten in o/p-Stellung. Ein Erstsubstituent mit −M-Effekt oder −I-Effekt desaktiviert den Kern und dirigiert in m-Stellung.

Neue Fachbegriffe

aktivierende und desaktivierende Substituenten, Zweitsubstitution

Erweiterung, Vertiefung, Anwendung

Phenolphthalein und Fluoreszein

Versuche

Alle Versuche unter dem Abzug durchführen! Schutzbrille!

V 293.1. Geben Sie in ein Rggl. je eine Spatelspitze Phenol* und Phthalsäureanhydrid* und einige Tropfen konz. Schwefelsäure*. Erhitzen Sie auf kleiner Flamme unter Umschwenken bis zum Schmelzen und halten Sie die Schmelze noch ca. 2 min flüssig. Gießen Sie das Reaktionsgemisch in ein großes Becherglas mit sehr verdünnter Natronlauge*.

V 293.2. Mischen Sie in einem Rggl. je eine Spatelspitze Resorcin* und Phthalsäureanhydrid* und setzen Sie einige Tropfen Schwefelsäure* zu. Erhitzen Sie ca. 2 min über kleiner Flamme. Lösen Sie die Reaktionsmischung nach dem Abkühlen in Natronlauge* ($w = 10\%$) und gießen Sie diese Lösung in einen Standzylinder mit Wasser.

Auswertung

a) Machen Sie sich anhand der Reaktionsgleichungen von S. 294 die Synthese von Phenolphthalein bzw. Fluoreszein klar. Warum werden die Phenol- bzw. Resorcin-Moleküle in p-Stellung zur Hydroxy-Gruppe substituiert? Wie könnte das elektrophile Teilchen aus Phthalsäureanhydrid und Schwefelsäure entstehen?
b) Vergleichen Sie die Valenzstrichformeln von Phenolphthalein und Fluoreszein, stellen Sie Gemeinsamkeiten und Unterschiede heraus und geben Sie die vorliegenden funktionellen Gruppen an.

Phenolphthalein ist einer der bekanntesten *Säure-Base-Indikatoren*. Die Synthese verläuft über eine FRIEDEL-CRAFTS-Reaktion. In saurer und neutraler Lösung bei pH < 8,5 liegt Phenolphthalein in der farblosen Lactonform[1] vor, in alkalischer Lösung bei pH > 9 als violett-rotes Dianion. Die Protonenabgabe erfolgt unter gleichzeitiger Aufspaltung des Lacton-Ringes. Phenolphthalein wird wegen seines scharfen und raschen Farbumschlags als Indikator für Titrationen häufig verwendet.

[1] Als Lactone bezeichnet man cyclische Ester.

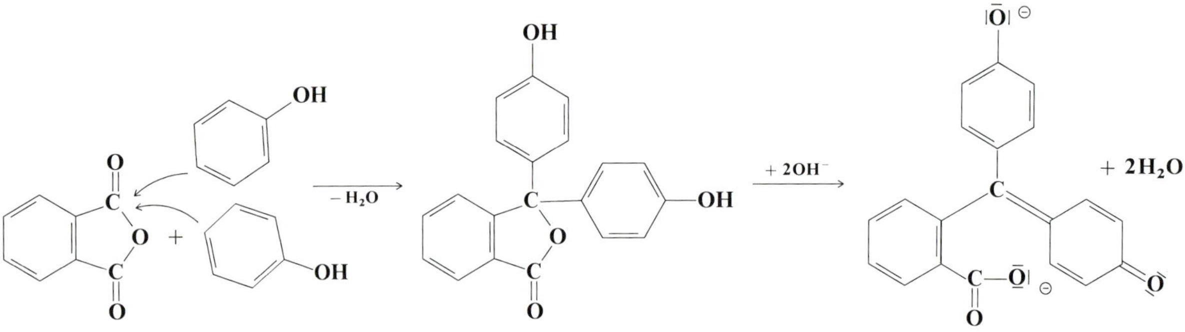

Phthalsäure-anhydrid | Phenol | Phenolphthalein-Lactonform farblos $pH < 8{,}5$ | Phenolphthalein-Dianion rot-violett $pH > 9$

Analog der Phenolphthalein-Synthese verläuft auch die Synthese von **Fluoreszein**. In diesem Molekül werden die beiden phenolischen Ringe über eine Ether-Gruppe verknüpft, die sich aus den meta-ständigen Hydroxy-Gruppen der Resorcin-Moleküle bildet.

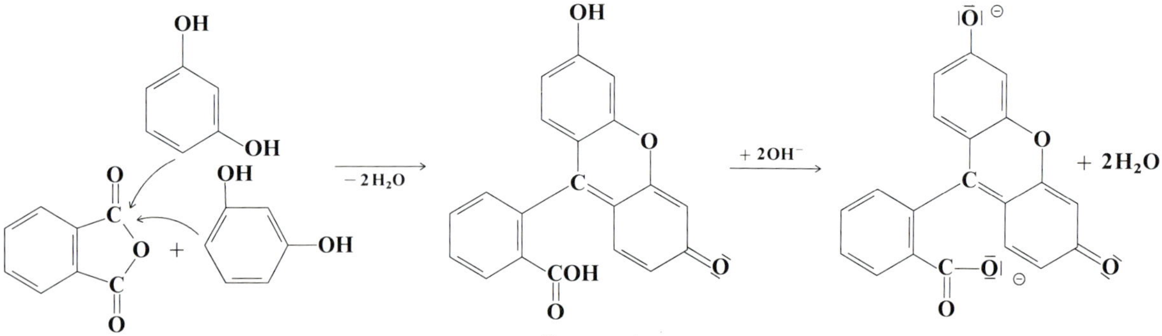

Fluoreszein

Fluoreszein ist einer der gebräuchlichsten Fluoreszenz-Farbstoffe. Seine Fluoreszenz (S. 298 ff.) ist so stark, dass sie selbst noch bei großer Verdünnung zu sehen ist. Daher kann Fluoreszein z. B. zur Aufklärung unterirdischer Wasserläufe eingesetzt werden. So kippte man im Jahr 1877 zur Untersuchung der Donauversickerung 10 kg Fluoreszein in die Donau bei Immendingen. Drei Tage später beobachtete man eine deutliche Fluoreszenz in der Aach. Dadurch konnte aufgeklärt werden, dass ein Großteil des Donauwassers unterirdisch zur Aach und damit in das Flusssystem des Rheins abfließt. Fluoreszein wird zur Anfärbung biologischer Präparate und als Farbstoff für Seifen, Putzmittel u. a. verwendet. Fluoreszein ist auch das „Neongrün" der Farbstifte und modischen Sonnencremes.

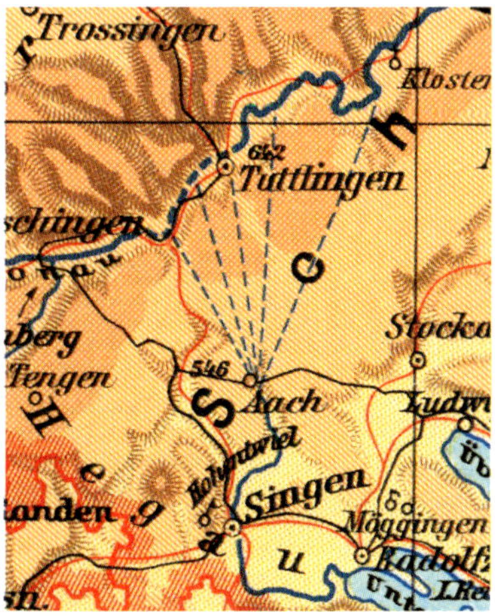

B 294.1. *Kartenausschnitt zur Donauversickerung*

Aufgabe

A 294.1. Der pH-Indikator Thymolphthalein wird aus Phthalsäureanhydrid und Thymol (2-Isopropyl-5-methylphenol) hergestellt. Geben Sie die Valenzstrichformel von Thymolphthalein an.
Der Umschlagsbereich liegt bei pH-Werten von 9,5 bis 10. Erklären Sie, weshalb Phenolphthalein und Thymolphthalein bei verschiedenen pH-Werten umschlagen.

Verbindungsklasse	Strukturelement Funktionelle Gruppe	Reaktionsmechanismus Beispiel
Alkane	Einfachbindung 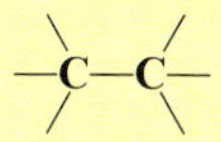	radikalische Substitution 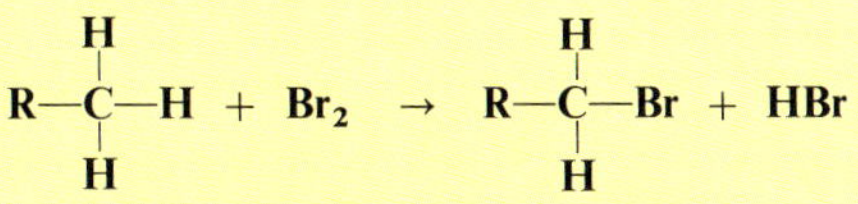
Alkene	Doppelbindung 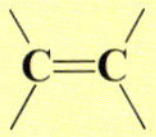	elektrophile Addition 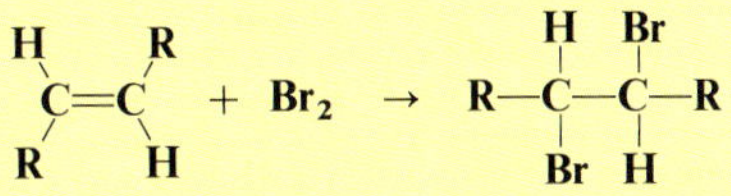
Alkine	Dreifachbindung $-C\equiv C-$	
Aromaten	cyclisches Elektronensextett 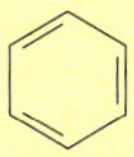 (oder 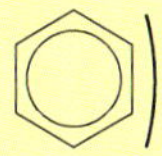)	elektrophile Substitution 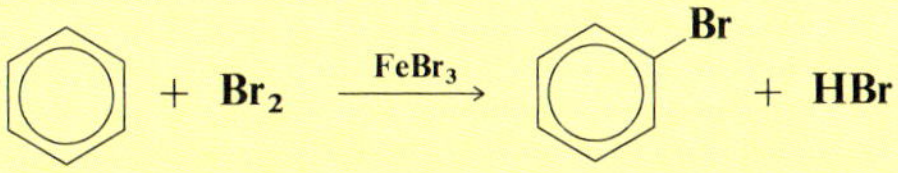
Alkohole	Hydroxy-Gruppe 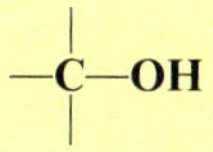	nucleophile Substitution 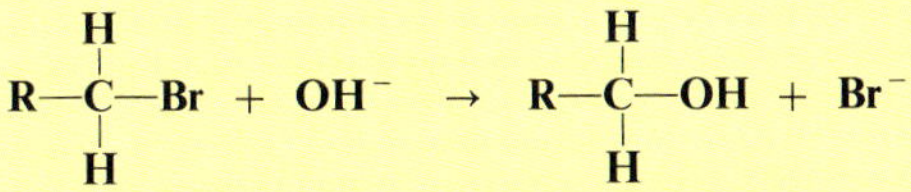 Eliminierung 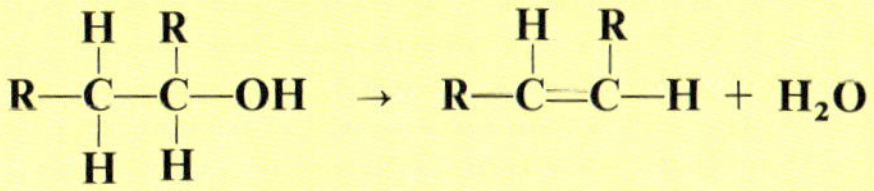
Halogenalkane	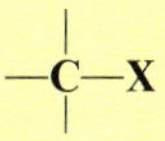	
Aldehyde Ketone	Carbonyl-Gruppe 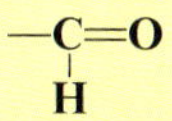 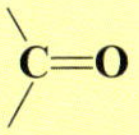	nucleophile Addition 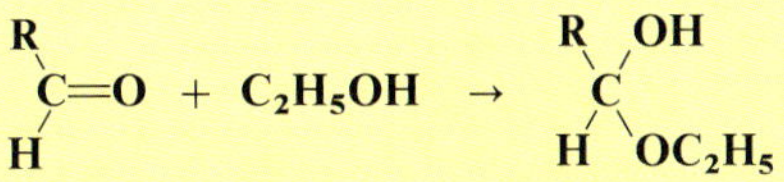
Carbonsäuren	Carboxy-Gruppe 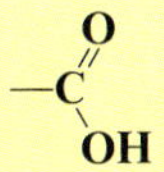	nucleophile Substitution (nucleophile Addition mit anschließender Eliminierung) 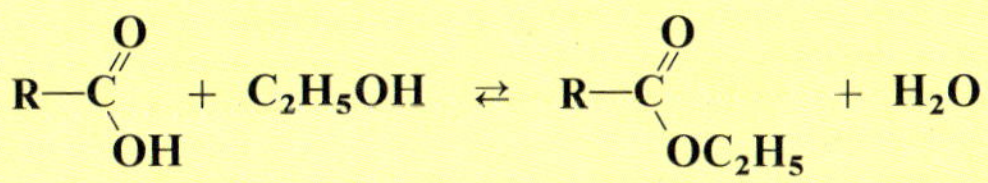
Carbonsäurederivate	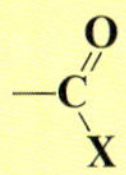 X: OR $-NH_2$	

Tab. 295.1. *Reaktionsmechanismen einiger wichtiger Verbindungsklassen*

Angewandte Chemie

11. Farbstoffe

Praktikum

Fluoreszenz und Phosphoreszenz

Versuche

PV 297.1. Lösen Sie in einem großen Rggl. eine kleine Spatelspitze Fluoreszein-Natriumsalz in ca. 70 ml Wasser und betrachten Sie die Lösung im Licht einer UV-Laborlampe. Was geschieht bei Ausschalten der Lampe?

PV 297.2. Richten Sie das Licht einer UV-Laborlampe auf ein 1-l-Becherglas, in dem sich Wasser befindet. Stecken Sie einen kurz vorher schräg angeschnittenen Rosskastanienzweig *(Aesculus hippocastanum)* ins Wasser und beobachten Sie das Geschehen rund um die Schnittstelle.

PV 297.3. Stellen Sie in Rggl. Lösungen von verschiedenen Vollwaschmitteln mit und ohne optischen Aufhellern her und beobachten Sie die Lösungen im UV-Licht der Laborlampe.

PV 297.4. Zerreiben Sie in einem Mörser ca. 0,1 g Fluoreszein-Natriumsalz mit ca. 40 g Borsäure. Beschicken Sie einen flachen Porzellantiegel ca. 1 cm hoch mit diesem Gemisch und erhitzen Sie in der Brennerflamme, bis sich am Rand des Gemisches eine glasige Schmelze bildet. Kippen Sie dann mit Hilfe der Tiegelzange den Inhalt auf ein Blatt Papier um und betrachten Sie den auf Raumtemperatur abgekühlten Borsäure-Kuchen im UV-Licht der Laborlampe. Was geschieht nach dem Ausschalten der Lampe?

PV 297.5. Beschicken Sie drei Rggl. ca. 2 cm hoch mit einem Borsäure-Fluoreszein-Gemisch nach Vorschrift aus PV 297.4. und erhitzen Sie jedes Rggl. in der Brennerflamme, bis das Gemisch schmilzt. Verteilen Sie es durch Drehen des Rggl. auf eine möglichst große Fläche der Innenwand des Rggl. Lassen Sie ein Rggl. auf Raumtemperatur abkühlen, kühlen Sie eines im Kühlschrank-Gefrierfach auf ca. −5 °C ab und erwärmen Sie eines im Wasserbad auf ca. 70 °C. Halten Sie jeweils zwei dieser Rggl. gleichzeitig ins Licht der UV-Laborlampe und beobachten Sie die Unterschiede beim Ausschalten der Lampe.

PV 297.6. Zerreiben Sie im Mörser ca. 0,75 g Mononatriumsalz der 4-Amino-5-hydroxynaphthalin-2,7-disulfonsäure[1] und ca. 40 g Borsäure. „Backen" Sie mit diesem Gemisch nach der Vorschrift aus PV 139.4. einen „Kuchen", und betrachten Sie ihn nach dem Abkühlen im UV-Licht. Beobachtung nach dem Ausschalten der Lampe?

Auswertung

a) Tabellieren Sie die Beobachtungen aus allen durchgeführten Versuchen (Versuchsnummer, Leuchten nur während oder auch nach Ausschalten der Lampe bzw. Zeitpunkt des Leuchtens, Farbe des Lichts beim Leuchten, Dauer des Nachleuchtens).
b) Teilen Sie die in den Versuchen beobachteten Arten der Licht-Ausstrahlung durch Stoffe in drei Klassen ein und nennen Sie die Merkmale jeder Klasse.

[1] Bezugsquelle: Merck

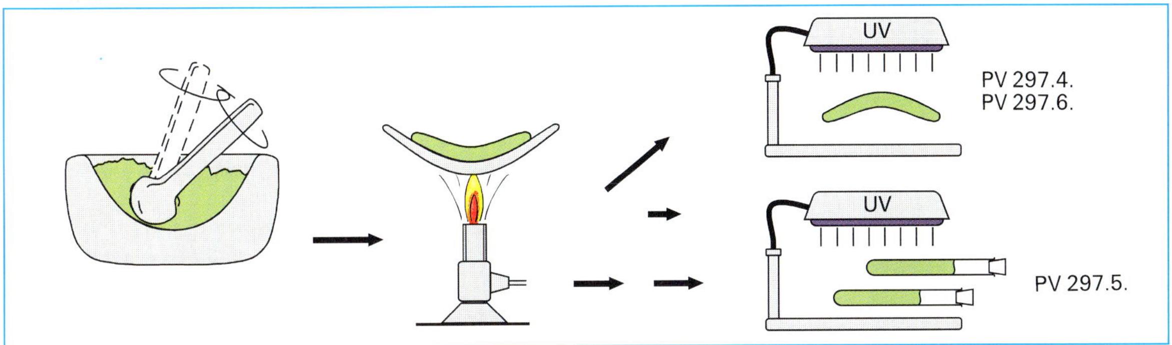

B 297.1. *Skizze zu den Phosphoreszenzversuchen*

Versuche

V 298.1. Durch Zerreiben von Blättern im Mörser, Auswaschen mit ca. 30 ml Methanol* und Filtrieren stellt man ein Rohchlorophyll-Extrakt her. Man betrachtet es im UV-Licht einer Laborlampe (vgl. B 298.1.).

V 298.2. In einem Rundkolben werden 0,5 g Natriumcarbonat* und 2 g Natriumhydrogencarbonat* in 100 ml Wasser gelöst. Man fügt eine kleine Spatelspitze Luminol[1]* hinzu und schüttelt, bis das Luminol in Lösung geht. Dann fügt man je eine Spatelspitze Kupfersulfat und Ammoniumcarbonat hinzu und schüttelt erneut. Schließlich gießt man im dunklen Raum noch 1 ml Wasserstoffperoxid-Lösung*, $w = 30\%$, hinzu. Beobachtung?

LV 298.3. Abzug! Schutzbrille!
Eine Gaswaschflasche wird 2 cm hoch (Rohr muss eintauchen) mit einer Lösung aus einer Spatelspitze Violanthron[2]* in Chloroform*, mit 100 ml Natronlauge*, $c = 2$ mol/L, und mit 20 ml Wasserstoffperoxid*, $w = 30\%$, beschickt. Im Dunkeln leitet man in die Waschflasche einen mäßigen Chlor-Strom* ein. (Nach der Waschflasche leitet man das Chlor in Natronlauge ein, um es unschädlich zu machen.) Beobachtung?

B 298.1. *Leuchten einer Chlorophyll-Lösung beim Bestrahlen mit UV-Licht*

11.1. Lichtemission und Lichtabsorption

Lösungen einiger Stoffe wie z.B. Fluoreszein oder einiger Stoffgemische, z.B. Blattextrakt, Saft aus einem Kastanienzweig u.a., strahlen weißes oder farbiges Licht aus, wenn sie mit UV-Licht bestrahlt werden (PV 297.1. bis PV 297.2. und V 298.1.). Ihr Leuchten hört aber auf, sobald die UV-Lampe ausgeschaltet wird. Diese Art von Leuchten nennt man **Fluoreszenz**. Eine erstarrte Schmelze aus Borsäure und Fluoreszein leuchtet dagegen auch nach dem Ausschalten der UV-Lampe noch einige Sekunden weiter. Die Dauer des Weiterleuchtens wird verlängert, wenn man die Probe abkühlt (PV 297.4. und PV 297.5.). Das Stoffsystem aus PV 297.6. zeigt eine weitere Besonderheit: Beim Bestrahlen mit der UV-Lampe leuchtet es blauviolett und nach dem Ausschalten leuchtet es in gelber Farbe weiter. Das Weiterleuchten einer Probe, die vorher mit Licht bestrahlt wurde, wird als **Phosphoreszenz** bezeichnet.
Bei der Fluoreszenz und der Phosphoreszenz handelt es sich um **Emission von Licht**. Die Lichtemission wird hervorgerufen, indem ein Stoff oder ein Stoffgemisch mit energiereicher Strahlung, i.d.R. UV-Licht, bestrahlt wird. Nach der Lichtemission durch Fluoreszenz und Phosphoreszenz sind keine stofflichen Änderungen feststellbar. Auch die Flammenfärbung bei der BEILSTEIN-Probe (B 3.2.) und bei den Alkalimetall-Salzen (B 6.1.) kommt durch Lichtemission zustande.
Von bemerkenswerter Seltenheit ist die Erzeugung von „kaltem" Licht bei manchen chemischen Reaktionen (vgl. V 298.2. und LV 298.3.). Bei diesen exergonisch verlaufenden Reaktionen wird die Energie vorwiegend in Form von Licht freigesetzt. Das Phänomen wird **Chemilumineszenz** genannt.
Auch bei der Chemilumineszenz handelt es sich um Licht- und Farbentstehung durch Emission von elektromagnetischer Strahlung.
Auf molekularer Ebene sind die Fluoreszenz, die Phosphoreszenz und die Chemilumineszenz mit der Fähigkeit von Molekülen verbunden, Lichtquanten auszustrahlen (zu emittieren). Eine Erklärung für diese Fähigkeit liefert das **Energiestufen-Modell für Moleküle**. Den Elektronen eines Moleküls können hiernach nur bestimmte Energiestufen (Energieniveaus) zugeordnet werden. Sie sind von Molekül zu Molekül verschieden. Von besonderer Bedeutung für die uns interessierenden Vorgänge sind nur zwei Energiestufen: die *höchste*, gerade noch mit Elektronen *besetzte*, und die darauf folgende, *niedrigste*, *unbesetzte* Energiestufe. Die Gesamtenergie der Elektronen eines Moleküls (die elektronische Energie des Moleküls) ist am geringsten, wenn alle Energiestufen bis zur höchsten besetzten lückenlos mit Elektronenpaaren, d.h. je zwei Elektronen mit *umgekehrtem Spin*[3], besetzt sind. Dies entspricht dem *Grundzustand des Moleküls* (B 299.1.).
In B 299.1. wird deutlich, dass Fluoreszenz und Phosphoreszenz nur möglich sind, wenn ein Elektron vorher aus der höchsten besetzten

[1] 3-Aminophthalsäurehydrazid
[2] Dibenzanthron (Indanthrendunkelblau, B 300.4.)
[3] vgl. Fußnote 1 auf S. 413

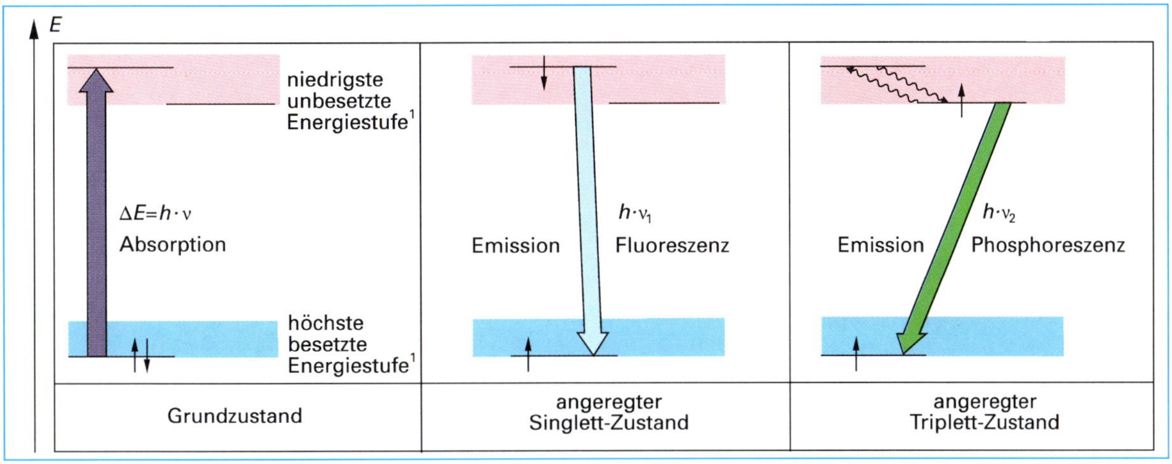

***B 299.1.** Elektronenzustände und -übergänge nach dem Energiestufen-Modell (⇒ Absorption bzw. Emission von Strahlung; ⇝ strahlungslose Übergänge, die mit Abgabe oder Aufnahme von Wärme verbunden sind)*

Energiestufe in eine höhere, i.d.R. in die niedrigste unbesetzte, angehoben wird. Bei organischen Molekülen geschieht das nicht durch Wärmezufuhr, sondern durch Absorption von Lichtquanten geeigneter Energie $\Delta E = h \cdot \nu$ (vgl. Tab. 223.1.). Bei unseren Versuchen sind das von der UV-Lampe ausgestrahlte Lichtquanten. Nach dem Elektronensprung bei der Absorption eines Lichtquants gelangt das Molekül aus dem *Grundzustand* in einen *angeregten Zustand*. Da der Elektronensprung in 10^{-15} s erfolgt, d.h. äußerst schnell (vgl. Zeitskala in B 299.2.), bleibt der Spin des Elektrons beim Sprung erhalten (B 299.1.). Aus dem so erreichten angeregten *Singlett-Zustand* kann das Elektron sofort wieder zurückspringen. Dabei wird ein Lichtquant emittiert[1]; die Stoffprobe fluoresziert. Die Fluoreszenz erlischt praktisch mit dem Ausschalten der Lampe, weil die Verweilzeit von Molekülen im angeregten Singlett-Zustand mit ca. 10^{-9} s sehr kurz ist (vgl. B 299.2.).

[1] Das Fluoreszenz-Licht hat i.d.R. größere Wellenlängen als das Licht, mit dem angeregt wurde, weil jede Energiestufe in mehrere, sehr eng zusammenliegende Schwingungsniveaus untergliedert ist; vgl. auch A 302.5. und B 302.2.

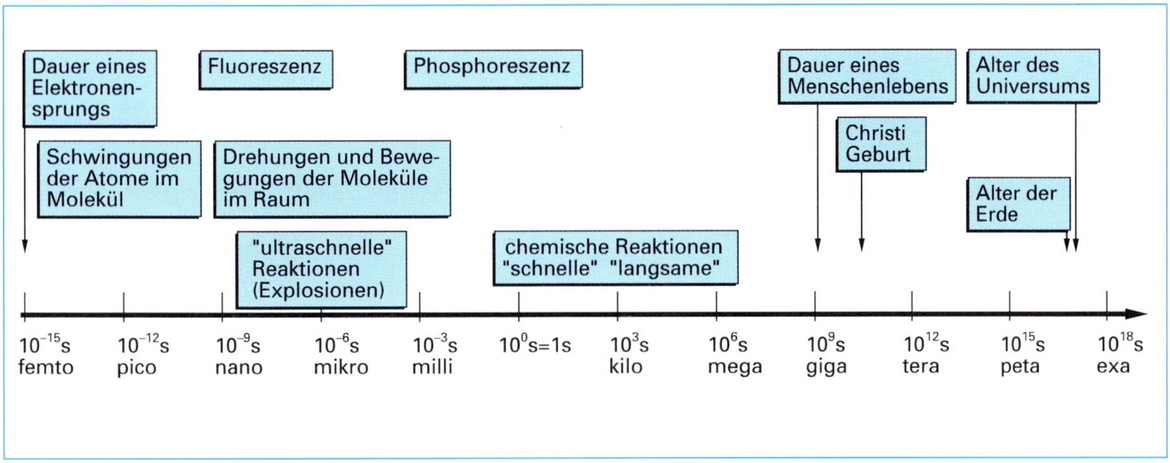

***B 299.2.** Zeitskala mit Vergleich einiger Vorgänge aus dem „zeitlichen Mikrokosmos" und aus dem „zeitlichen Makrokosmos"*

B 300.1. *Chemilumineszenz in lebenden Organismen (Biolumineszenz). Hier werden Leuchtbakterien im Umweltschutz eingesetzt. Anhand ihres Leuchtens wird der Ablauf der biologischen Abwasserreinigung verfolgt.*

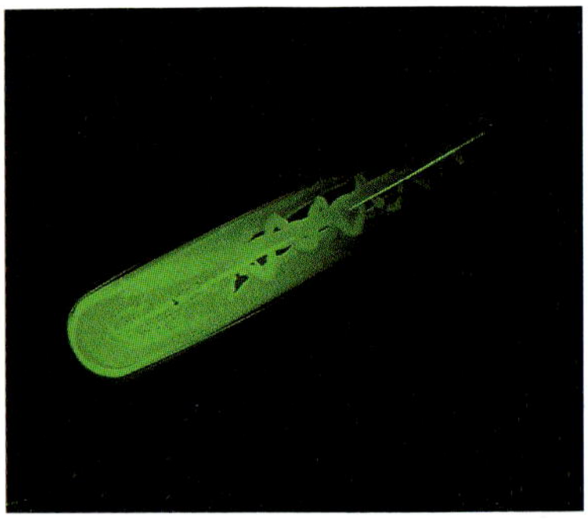

B 300.2. *Einzelnes Leuchtbakterium*

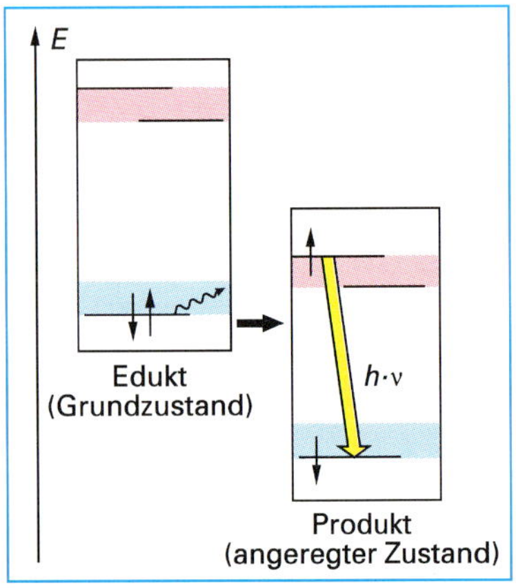

B 300.3. *Chemilumineszenz (vereinfacht) nach dem Energiestufen-Modell*

Bei Molekülen einiger organischer Verbindungen kann es im angeregten Zustand zu einer *Spinumkehr* kommen, insbesonders dann, wenn die Moleküle in einer erstarrten Schmelze oder in einem Kunststoff zwischen anderen Teilchen fixiert sind. Bei dieser Spinumkehr innerhalb der gleichen Energiestufe wird etwas Wärme an die Umgebung abgegeben, der Übergang ist strahlungslos. Das angeregte Molekül ist jetzt in einem *Triplett-Zustand*. Eine Rückkehr in den Grundzustand ist nur möglich, wenn das Elektron beim Sprung seinen Spin ein weiteres Mal umkehrt. Elektronenübergänge mit Spinumkehr zwischen verschiedenen Elektronenstufen sind „verboten", d.h. stark erschwert. Demzufolge kann die Verweilszeit im angeregten Triplett-Zustand bis zu 10 s dauern. Das ist 10 Milliarden Mal länger als beim Singlett-Zustand! Man spricht deshalb von der „Triplett-Falle" für die Elektronen. Die relativ lange Lebensdauer des angeregten Triplett-Zustands hat zur Folge, dass die Phosphoreszenz einer Probe auch nach dem Ausschalten der Lampe noch zu sehen ist. Zur Erklärung der Tatsache, dass eine kalte Probe länger nachleuchtet als eine warme, muss man berücksichtigen, dass aus dem Triplett-Zustand eine Rückkehr in den Singlett-Zustand möglich ist. Dieser Übergang ist endotherm und wird bei einer warmen Probe häufiger stattfinden als bei einer kalten. Aus dem erneut erreichten Singlett-Zustand kehrt das System durch Fluoreszenz in den Grundzustand zurück. Man bezeichnet dies als *verlangsamte Fluoreszenz*. Auch der bei PV 297.6. beobachtete **Farbunterschied** der Fluoreszenz und der Phosphoreszenz kann mit dem Energiestufen-Modell aus B 299.1. erklärt werden: Bei der Fluoreszenz ist die Energiedifferenz $\Delta E_1 = h \cdot \nu_1$ größer als die Energiedifferenz $\Delta E_2 = h \cdot \nu_2$ bei der Phosphoreszenz. Im Experiment wird entsprechend bei der Fluoreszenz *energiereicheres, blauviolettes Licht* und bei der Phosphoreszenz *energieärmeres, gelbes Licht* beobachtet.

Die Lichtemission bei der Chemilumineszenz erklärt man dadurch, dass hier die Edukt-Teilchen zwar im Grundzustand in die Reaktion eingehen, die Produkt-Teilchen aber bereits bei ihrer Bildung in einem angeregten Zustand vorliegen (B 300.3.). Durch Lichtausstrahlung gehen sie anschließend, in aller Regel durch Fluoreszenz, also sehr rasch, in den Grundzustand über. Das Licht kann bei der Chemilumineszenz durch Einsatz eines *Fluoreszenzsensibilators* (Fluorophors) wie z.B. bei LV 300.3. verstärkt werden. Seine Wirkungsweise wird in B 300.4. beschrieben.

$$Cl_2 + 2NaOH \rightarrow NaCl + NaClO$$

$$NaClO + H_2O_2 \rightarrow O_2^* + NaCl + H_2O$$

$$O_2^* + V \rightarrow VO_2$$

$$VO_2 \rightarrow V^* + O_2$$

$$V^* \rightarrow V + h \cdot \nu$$

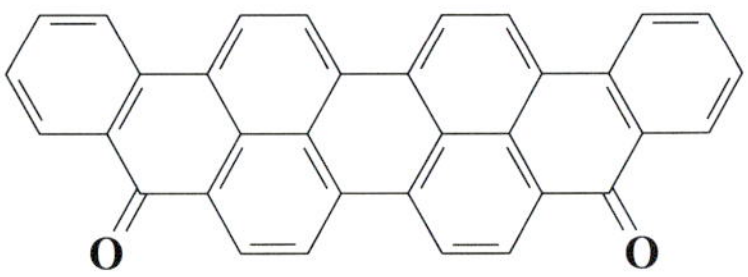

V = Violanthron (Dibenzanthron)

B 300.4 *Reaktionsschritte zur sensibilisierten Chemilumineszenz bei LV 298.2. (* markiert jeweils einen angeregten Zustand)*

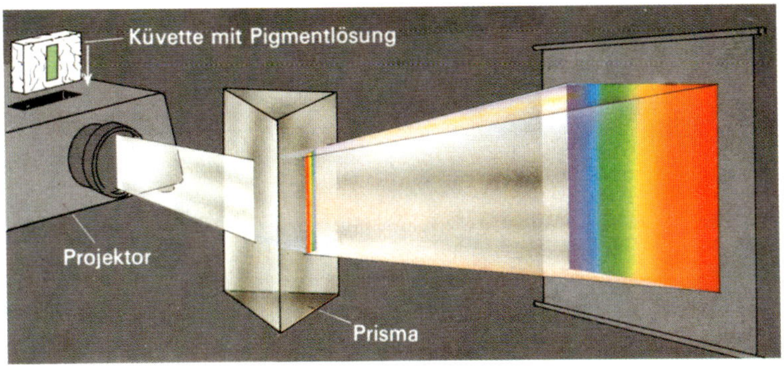

B 301.1. *Versuchsaufbau zu V 301.1.*

Im Alltag nimmt der Anteil der Gegenstände, bei denen die **Farbigkeit** zumindest zum Teil **durch Lichtemission**, i.d.R. Fluoreszenz, zustande kommt, zu. Die so genannten Signalfarben enthalten fluoreszierende Komponenten, die ein besonders intensives Leuchten in der jeweiligen Farbe bewirken.

Farbigkeit kann aber auch **durch Lichtabsorption** hervorgerufen werden. Während weißes Licht beim Durchtritt durch einen farblosen Stoff, z.B. Wasser, hinterher ein kontinuierliches Spektrum mit allen Farben des Regenbogens gibt, verursacht eine gefärbte Lösung das Verschwinden einer oder mehrerer Farben aus dem Spektrum (V 301.1.). Bei einer gelben Lösung erscheint im blauvioletten Bereich des Spektrums eine dunkle Zone, bei einer roten Lösung im grünblauen Bereich usw. Die Dunkelzone entspricht jeweils Lichtquanten der Energien, die von der farbigen Lösung absorbiert werden. Die von uns wahrgenommene Farbe eines Gegenstands ergibt sich jeweils durch die Mischung der von ihm nicht absorbierten Lichtanteile des weißen Lichts. Die Linse unseres Auges übernimmt dabei die Funktion der Sammellinse hinter dem Prisma bei V 301.1. Die Farbe des absorbierten Lichts und die von uns wahrgenommene Farbe des Gegenstands sind **komplementär**[1] (**Komplementärfarben**, vgl. B 301.2.).

Mit Hilfe eines *Photometers* lässt sich über die Extinktionsmessung recht genau bestimmen, welche Farben und jeweils wie viel davon eine bestimmte gefärbte Lösung absorbiert. Das *Absorptionsspektrum* der Karminsäure (vgl. Formel in B 308.5.), eines dunkelroten natürlichen Farbstoffs, der aus Cochenille (Weibchen der Schildlaus, *Dactylopus coccus costa*) gewonnen und beim Färben von Textilien, Kosmetika und Lebensmitteln verwendet wird, ist in B 301.3. dargestellt.

Die Lichtabsorption lässt sich ebenso wie die Lichtemission mit dem Energiestufen-Modell erklären. Bei Farbstoff-Molekülen entspricht der Energieunterschied zwischen dem höchsten besetzten Energieniveau und dem untersten unbesetzten (B 302.1.) der Energie von Lichtquanten, die Farben aus dem sichtbaren Bereich zugeordnet sind (vgl. S. 6f.). Moleküle eines roten Stoffes absorbieren z.B. Lichtquanten mit Wellenlängen zwischen 450 nm und 550 nm (z.T. auch andere) und gehen dabei in angeregte Zustände über. Die auf-

Versuch

V 301.1. Mit Hilfe eines Diaprojektors oder einer Laborleuchte und einer Spaltblende wird ein schmaler Streifen weißen Lichts erzeugt. Er wird durch eine mit einer farbigen Lösung *halbvolle* Küvette und anschließend durch ein Dreiecksprisma geleitet (B 301.1.). Dahinter befindet sich eine Projektionswand. Man stellt fest, welche Farben des Spektrums beim Licht, das die Lösung passiert hat, fehlen. Anschließend können die Farben durch Einschieben einer zylindrischen Sammellinse wieder zu weißem Licht und der Farbe der Proben-Lösung zusammengemischt werden. Der Versuch wird mit verschiedenen Farb-Lösungen (rot, gelb, blau, grün und violett) wiederholt.

B 301.2. *Komplementärfarben*

[1] von *completare* (lat.) = ergänzen, vervollständigen

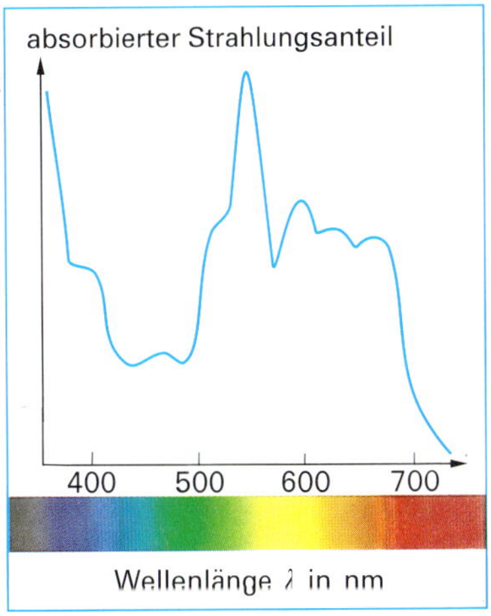

B 301.3. *Absorptionsspektrum von Karminsäure*

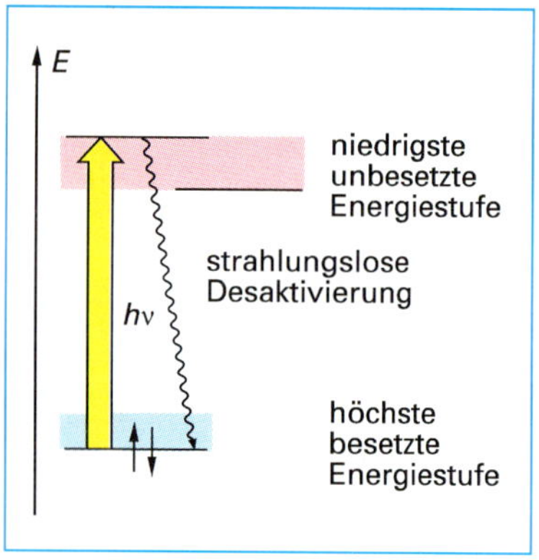

B 302.1. *Energiestufen-Modell zur Lichtabsorption bei einem Farbstoff-Molekül*

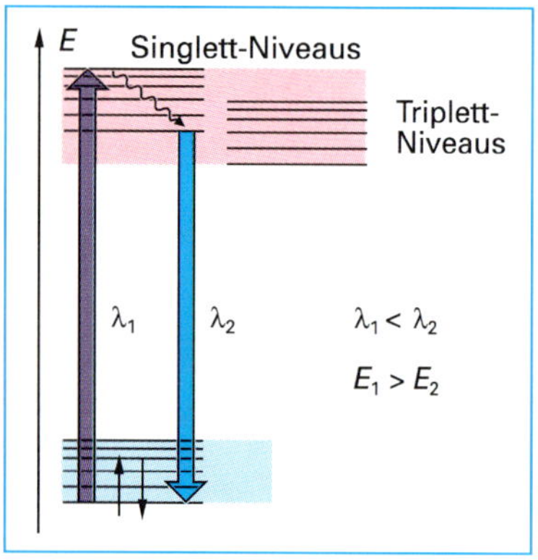

B 302.2. *Aufspaltung der Elektronenstufen in Schwingungsniveaus und Übergänge bei der Fluoreszenz*

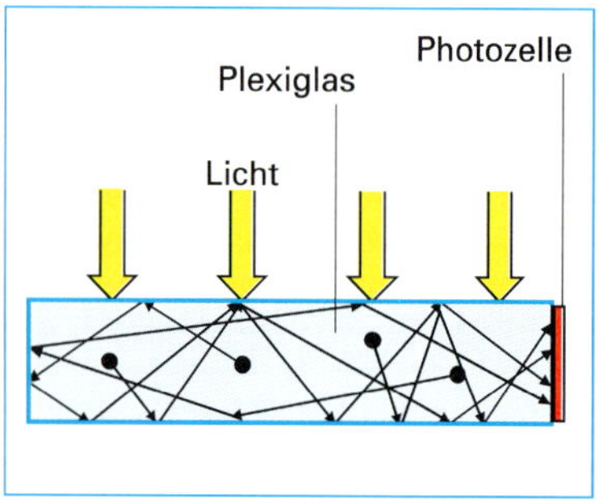

B 302.3. *Fluoreszenzkollektor. In Plexiglas eingebettete Moleküle werden durch Einwirkung von Sonnenlicht zum Fluoreszieren gebracht. Das Fluoreszenzlicht wird durch Totalreflexion an drei Wänden auf die Seite konzentriert, an der sich die Photozelle befindet.*

genommene Energie wird aber nicht in Form von Licht wieder ausgestrahlt, sondern in Wärme umgewandelt, d.h. als Bewegungsenergie an benachbarte Teilchen übertragen (B 302.1.). Ein gefärbter Stoff, auf den Licht fällt, erwärmt sich. Schwarze Körper, die alle Wellenlängen des sichtbaren Bereichs absorbieren, erwärmen sich am stärksten, weiße am wenigsten, weil sie alle Farben reflektieren.

Aufgaben

A 302.1. Erläutern Sie jeweils den Unterschied zwischen: a) Farbigkeit durch Lichtemission und Farbigkeit durch Lichtabsorption; b) Fluoreszenz und Phosphoreszenz; c) Fluoreszenz und Chemilumineszenz; d) photochemische Reaktion und Chemilumineszenz.

A 302.2. Wie kann man die Phosphoreszenzdauer einer Probe erhöhen? Begründung.

A 302.3. Erklären Sie mit Hilfe von B 299.1., warum ein Molekül keinen Lichtquant absorbieren kann, dessen Energie die Hälfte von ΔE beträgt, wohl aber bestimmte Lichtquanten mit größeren Energien als ΔE.

A 302.4. Fassen Sie die fünf in B 300.4. angegebenen Reaktionsschritte in einer Reaktionsgleichung zusammen und erläutern Sie die Wirkungsweise des Sensibilisators Violanthron bei der sensibilisierten Chemilumineszenz aus diesem Beispiel.

A 302.5. Jede Energiestufe für Elektronen untergliedert sich in mehrere, dicht beieinander liegende Unterstufen, in die so genannten *Schwingungsniveaus*. Sie sind den verschiedenen Schwingungszuständen zugeordnet, die sich aus den Schwingungen der Atome im Molekül ergeben. Übergänge zwischen Schwingungsniveaus derselben Energiestufe erfolgen strahlungslos, durch Aufnahme oder Abgabe von Wärme. Erläutern Sie anhand von B 302.2., warum Fluoreszenzlicht eine etwas größere Wellenlänge λ_2 hat als die Wellenlänge λ_1 des bei der Anregung absorbierten Lichts.

A 302.6. Zusätze von fluoreszierenden Stoffen finden sich in Leuchtpigmenten, die die Farbintensität erhöhen und in *Fluoreszenzkollektoren*, mit denen auch bei bewölktem Himmel ein höherer Wirkungsgrad bei der Nutzung der Sonnenenergie erreicht werden kann (B 302.3.). a) Nennen Sie einige Beispiele, bei denen die Anwendung von Leuchtpigmenten besonders wichtig ist. b) Erläutern Sie, warum bei einem Fluoreszenzkollektor das Sonnenlicht besser genutzt wird als bei einer Vorrichtung ohne Fluoreszenzkollektor.

Neue Fachbegriffe

Lichtabsorption, Lichtemission, Fluoreszenz, Phosphoreszenz, Energiestufen-Modell, Grundzustand, angeregter Zustand, Singlett-Zustand, Triplett-Zustand, Schwingungsniveaus einer Elektronenstufe, Chemilumineszenz, Biolumineszenz, Fluoreszenzsensibilisator, Komplementärfarben, Absorptionsspektrum

Zusammenfassung

Bei der Fluoreszenz, der Phosphoreszenz und der Chemilumineszenz entstehen Farben durch Emission von Licht bestimmter Wellenlängen.

Die Farbigkeit der Gegenstände bei der Betrachtung im weißen Licht ergibt sich aus der Absorption bestimmter Lichtteile durch die Gegenstände und der additiven Mischung der nichtabsorbierten Teile durch die Linse des Auges. Auf der Netzhaut resultiert dann die wahrgenommene Farbe. Sie ist komplementär zur absorbierten Farbe, d. h., ihre erneute Mischung gäbe Weiß.

Die Vorgänge, die auf Lichtabsorption und Lichtemission beruhen, lassen sich mit dem Energiestufen-Modell erklären.

11.2. Struktur und Farbe

Die Formeln auf den nächsten Seiten zeigen auf den ersten Blick: Farbstoff-Moleküle besitzen ein gemeinsames Strukturelement, nämlich ein *Kohlenstoffgerüst aus konjugierten Doppelbindungen*. In diesem, als **Chromophor**[1] bezeichneten, mehr oder weniger ausgedehnten System aus delokalisierten Elektronen sind die Elektronen relativ locker gebunden und können schon durch Absorption von sichtbarem Licht in den niedrigsten unbesetzten Energiezustand angehoben werden (B 302.1.).

Am leichtesten lässt sich der Zusammenhang zwischen Farbe und Struktur am Beispiel der Farbstoffe mit unverzweigten, konjugierten Ketten, den *Polyenen* oder *Cyaninen* (Tab. 303.1.), erkennen. Bei diesen nimmt die Wellenlänge des Absorptionsmaximums mit steigender Zahl von Doppelbindungen im Molekül zu, die Anregungsenergie also ab. Polyen-Moleküle mit 8 oder weniger konjugierten Doppelbindungen absorbieren ultraviolettes Licht, sind also farblos. Erst mit 10 und mehr Doppelbindungen absorbieren Polyen-Moleküle sichtbares Licht, und zwar im violetten bis blauen Spektralbereich, sie erscheinen daher gelb bis rot.

Polyenfarbstoffe sind in der Natur weit verbreitet. Die Farbe von Möhren und Tomaten beruht ebenso auf diesen als *Carotinoiden* bezeichneten Farbstoffen (B 303.3.) wie die Farbe der Flamingos oder gekochter Schalentiere. Auch Blätter enthalten Carotinoide. Ihre Farbe wird im Frühjahr und Sommer vom Grün des Chlorophylls überdeckt. Erst wenn dieses im Herbst zerfällt, werden die Gelb- und Rottöne der Carotinoide bei der Laubfärbung sichtbar.

Nicht allein die Zahl der Elektronen ist entscheidend für die Energie, die zur Anregung dieser Elektronen nötig ist. So absorbieren Cyanin-Moleküle mit zwei Doppelbindungen bereits sichtbares Licht. Im Unterschied zu den Polyen-Molekülen sind die Elektronen in Cyanin-Molekülen fast vollständig delokalisiert, was ein Vergleich der Bindungslängen (B 303.1.) zeigt. Dieser **Bindungsausgleich** zwischen Doppel- und Einfachbindungen, der durch die Einführung der Amino-Gruppen erreicht wird, lässt sich durch mesomere Grenzstrukturen verdeutlichen. Diese sind bei den Cyaninen völlig gleichwertig;

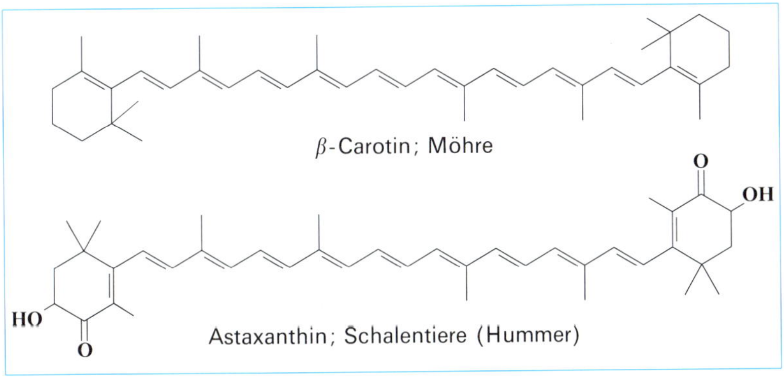

B 303.3. *Einige Carotinoide. Ihr Name leitet sich vom Carotin ab.*

Polyene λ in nm	n	Cyanine λ in nm
225	2	420 violett
257	3	519 grün
300	4	620 rot
344	6	848
386	8	
430 violett	10	
460 blau	12	
485 grünblau	14	

Polyene:
$R-(CH=CH)_n-R$
Cyanine:
$R_2\bar{N}-(CH=CH)_n-CH=\overset{\oplus}{N}R_2$

Tab. 303.1. *Absorptionsmaxima und absorbierte Farbe von Polyenen und Cyaninen*

[1] von *chroma* (griech.) = Farbe und *phoros* (griech.) = Träger

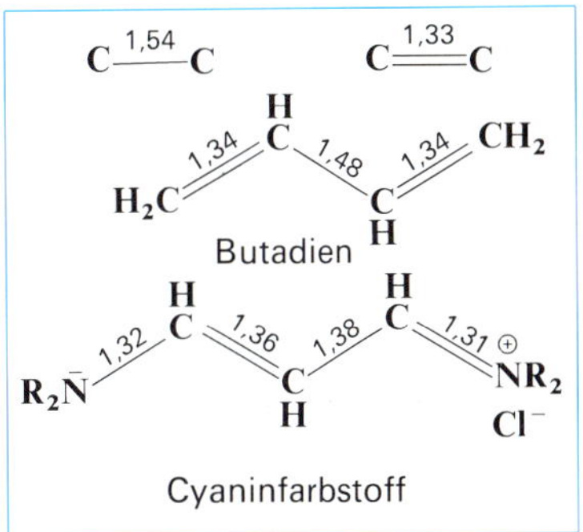

B 303.1. *Bindungslängen*

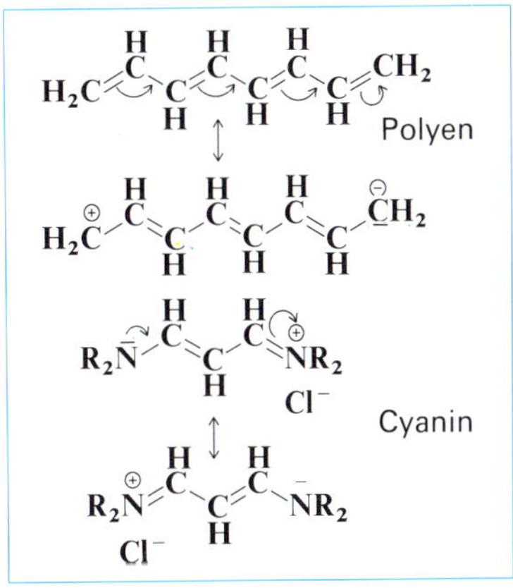

B 303.2. *Mesomere Grenzformeln eines Polyens und eines Cyanins*

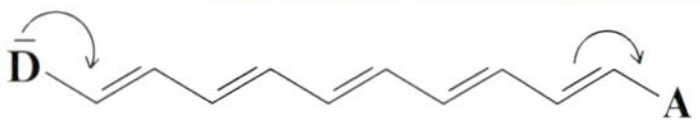

Donator-Gruppe	Akzeptor-Gruppe
+M-Effekt	−M-Effekt
$H\overline{O}-$	$-C(R)=O$
$R\overline{O}-$	$-C(H)=O$
$^{\ominus}|\overline{O}-$	$-\overset{\oplus}{N}(=O)-\overline{O}|^{\ominus}$
$H_2\overline{N}-$	$-C(H)=\overset{\oplus}{N}R_2$
$R_2\overline{N}-$	

B 304.1. *Die Stärke der Donator- und Akzeptor-Gruppen und ihr bathochromer Effekt nehmen von oben nach unten zu.*

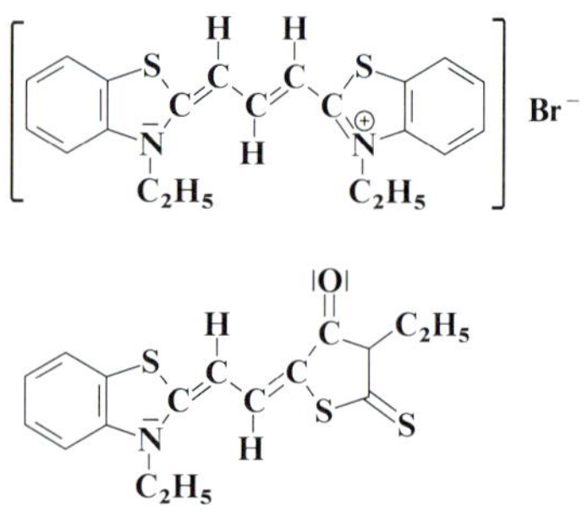

B 304.2. *Sensibilisierungsfarbstoffe für die Farbphotographie*

bei den Polyenen hat die dipolare Grenzstruktur weniger Gewicht als die unpolare. Die $\overline{N}R_2$-Gruppe mit ihrem freien Elektronenpaar übt einen +M-Effekt auf das System delokalisierter Elektronen aus, sie wirkt als Elektronen-Donator. Die $CH=\overset{\oplus}{N}R_2$-Gruppe übt einen −M-Effekt aus und wirkt als Elektronen-Akzeptor.
Donator-Gruppen bezeichnet man bei Farbstoff-Molekülen als **Auxochrome**[1], Akzeptor-Gruppen als **Antiauxochrome**. Sie bewirken zusammen eine *bathochrome*[2] *Verschiebung*, d.h. eine Verschiebung des Absorptionsmaximums in den längerwelligen Bereich.
Je besser der Bindungsausgleich durch auxochrome und antiauxochrome Gruppen ist, umso längerwellig absorbiert ein Farbstoff.
Weiterhin ist die Farbe auch von der Struktur des Chromophors in entscheidendem Maße abhängig.

Aufgaben

A 304.1. Erklären Sie anhand mesomerer Grenzstrukturen und der Angaben aus B 304.1., warum *Merocyanine* $R_2N-(CH=CH)_n-CH=O$ mit gleicher Anzahl an konjugierten Doppelbindungen längerwelliges Licht als Polyene, aber kürzerwelliges als Cyanine absorbieren.

A 304.2. Die in B 304.2. angegebenen Farbstoffe werden in der Farbphotographie (S. 311 f.) zur Sensibilisierung von Silberbromid verwendet. Welcher der beiden Farbstoffe absorbiert längerwelliges Licht?

Neue Fachbegriffe

Polyene, Cyanine, Chromophor, Auxochrom und Antiauxochrom, bathochrome Verschiebung, Merocyanine

Zusammenfassung

Am Beispiel der Polyene und Cyanine lässt sich feststellen, dass die Wellenlänge des absorbierten Lichtes umso größer ist, je ausgedehnter das System aus delokalisierten Elektronen ist und je besser der Bindungsausgleich zwischen Einfach- und Doppelbindungen durch Donator- und Akzeptor-Gruppen ist.

[1] von *auxanein* (griech.) = wachsen
[2] von *bathos* (griech.) = Tiefe

Versuch

V 304.1. Man löst je einige Kriställchen des Merocyanin-Farbstoffs 4-(1-Methyl-4-(1H)-pyridinyliden)-ethyliden-2,5-cyclohexadien-1-on-Hydrat (Formel in B 305.2.) in je einigen ml der folgenden Lösungsmittel: Wasser, Methanol* und Butanol*. Man notiert die jeweilige Farbe.

Erweiterung, Vertiefung, Anwendung

Solvatochromie

Der bei V 304.1. verwendete Merocyanin-Farbstoff löst sich in Wasser gelb, in Methanol orange und in Butanol violett. Die Beeinflussung der Farbe durch das Lösungsmittel (Solvens) wird als **Solvatochromie** bezeichnet.
Salvatochrome Farbstoffe können als Indikatoren für die Polarität eines Lösungsmittels eingesetzt werden.
In den Absorptionsspektren der verschieden gefärbten Lösungen aus V 304.1. tritt immer die gleiche Absorptionsbande auf, aber sie verschiebt sich in der Reihenfolge Wasser, Methanol, Butanol nach immer größeren Wellenlängen (B 305.1.). Die elektronischen Anregungsenergien nehmen also in dieser Reihenfolge ab.

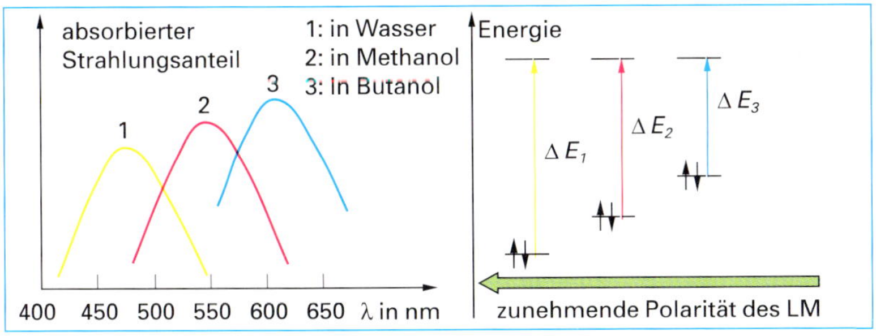

B 305.1. *Absorptionsmaxima und Anregungsenergien bei einem solvatochromen Farbstoff (hier: negative Solvatochromie)*

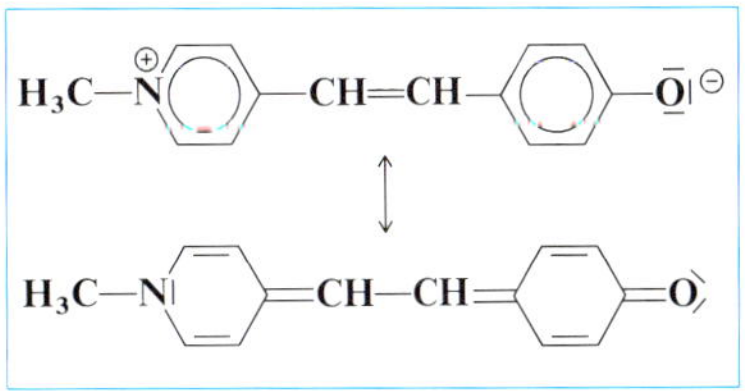

B 305.2. *Mesomere Grenzstrukturen eines Farbstoff-Moleküls mit negativer Solvatochromie (V 304.1.)*

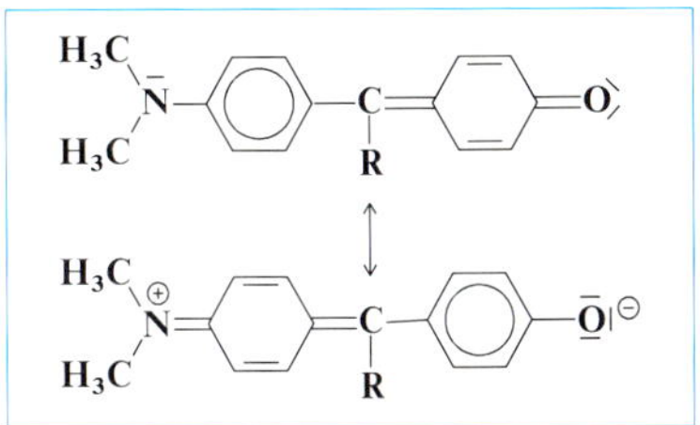

B 305.3. *Mesomere Grenzstrukturen eines Farbstoff-Moleküls mit positiver Solvatochromie*

Von den beiden Grenzstrukturen aus B 305.2. für den Farbstoff aus V 304.1. trägt die polare, zwitterionische in höherem Maße zur Beschreibung der Elektronenverteilung im Molekül bei.
Der Grundzustand wird energetisch umso mehr abgesenkt, je polarer das Lösungsmittel ist, die Energie des angeregten Zustandes bleibt nahezu gleich (B 305.1.). Mit zunehmender Polarität des Lösungsmittels verschiebt sich damit das Absorptionsmaximum nach immer kleineren Wellenlängen *(hypsochrome Verschiebung)*. Man bezeichnet diese Art von Solvatochromie als *negative Solvatochromie*.
Anders bei der positiven Solvatochromie: Im Grundzustand überwiegt eine unpolare Grenzstruktur (B 305.3.), im angeregten eine polare. Bei zunehmender Polarität des Lösungsmittels wird der angeregte Zustand stabilisiert, die Farbverschiebung ist bathochrom.
Die experimentellen Fakten und diese Erklärungen zur Solvatochromie werden durch das MO-Modell bestätigt. Mit dem MO-Modell können u.a. die Polaritäten von Molekülen und die Energien der Molekülorbitale, d.h. die erlaubten Energiestufen, berechnet werden. Man kann auf diese Weise auch Farbstoff-Eigenschaften vorhersagen. Hierzu berechnet man die Energiedifferenzen ΔE zwischen dem höchsten besetzten und dem niedrigsten unbesetzten Molekülorbital (B 305.1.) und daraus die Wellenlänge λ des absorbierten Lichts.

Aufgaben

A 305.1. Ein Farbstoff (A oder B) zeigt die in B 305.4. angegebenen Farben, wenn er in verschiedenen Lösungsmitteln gelöst wird. Welche der beiden angegebenen Formeln trifft für diesen Farbstoff zu? Erläutern und begründen Sie Ihre Antwort.

A 305.2. Bei Brillengläsern mit Helligkeitstönung sind im Glas winzige Kristalle aus Silberbromid eingeschlossen. Unter Lichteinwirkung bildet sich daraus teilweise Silber, das bei der feinen Verteilung schwarz wirkt. Da die Brom-Atome nicht wegdiffundieren können, erfolgt bei Dunkelheit die Rekombination und damit Aufhellung des Brillenglases. Formulieren Sie die Reaktion, die diesem Fall von Photochromie (vgl. S. 365) zugrunde liegt, und sagen Sie, welcher Reaktionstyp vorliegt.

Neue Fachbegriffe

Solvatochromie (positive und negative), hypsochrome Verschiebung

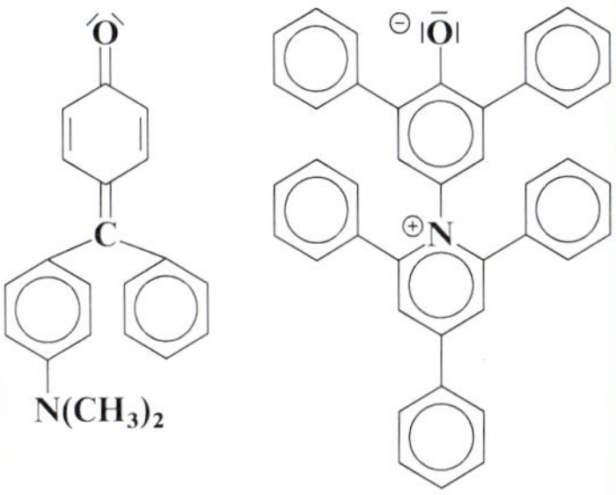

A B
(wahrscheinlichste Grenzformeln)

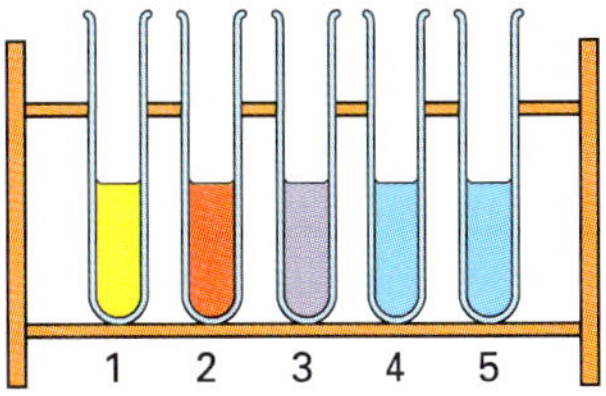

Lösungsmittel:

1: Wasser
2: Ethanol
3: Benzylalkohol
4: Aceton
5: Chloroform

B 305.4. *Solvatochromie (A 305.1.)*

11.3. Einige Farbstoffklassen

Praktikum

Synthese eines Azofarbstoffs

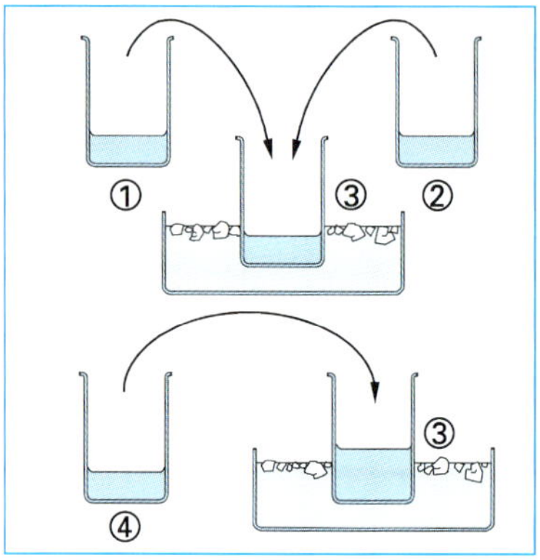

B 306.1. *Zu PV 306.1.*

Versuche

PV 306.1. Lösen Sie in Becherglas ① (B 306.1.) 1 g Sulfanilsäure (p-Amino-benzolsulfonsäure)* in 25 ml Natronlauge*, $c = 2$ mol/l. Lösen Sie in Becherglas ② 0,4 g Natriumnitrit* in 25 ml dest. Wasser. Rühren Sie diese Lösungen langsam in ein Becherglas ③ mit 25 ml eisgekühlter (0 °C bis 5 °C) Salzsäure*, $c = 4$ mol/l. Die Temperatur darf dabei nicht über 5 °C ansteigen.
Lösen Sie in Becherglas ④ 0,8 g β-Naphthol* in 50 ml Natronlauge*, $c = 2$ mol/l. Gießen Sie diese Lösung in die Lösung in Becherglas ③.

Auswertung

a) Welches Diazonium-Ion wird aus Sulfanilsäure gebildet?
b) Erklären Sie, warum die Kupplungsreaktion in alkalischer Lösung durchgeführt wird.
c) Erklären Sie, warum β-Naphthol in α-Stellung substituiert wird.
d) Geben Sie die Formel des entstehenden Azofarbstoffes Naphtholorange an.

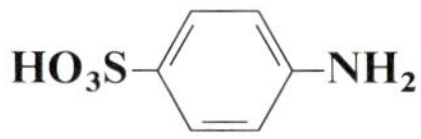

Sulfanilsäure

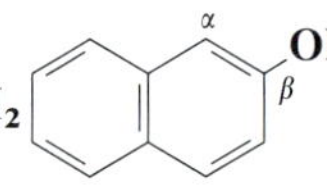

β-Naphthol

B 306.2. *Malerei aus der Höhle von Lascaux in Frankreich (Altsteinzeit, ca. 20000 v. Chr.)*

Schon in einer frühen Phase der Geschichte fingen die Menschen an, ihre Umgebung mit Farben zu gestalten und zu verschönern. Älteste Zeugnisse dafür sind die Höhlenmalereien (B 306.2.), bei denen *anorganische Farbmittel*, wie Eisenoxide, Braunstein (Mangan(IV)-oxid), Kohle und Kalk verwendet wurden. *Organische Farbstoffe* wie Indigo oder Purpur, die im Unterschied zu *anorganischen Pigmenten* viel leichter durch Luft, Licht oder Bakterien zersetzt werden, konnte man in gefärbten Tüchern und Bändern, die man z.B. in Pharaonengräbern fand, nachweisen.
Organische Farbstoffe konnten nur in geringen Mengen aus pflanzlichem oder tierischem Material gewonnen werden. Sie waren entsprechend kostbar. Farbige Kleidung war deshalb ein Privileg weniger Reicher. Dies änderte sich mit der Synthese der ersten künstlichen Farbstoffe im 19. Jahrhundert und der industriellen Farbstoffproduktion (B 307.1.).

Als **Farbmittel** bezeichnet man alle farbgebenden Stoffe.
Als **Pigmente** bezeichnet man die im angewendeten Lösungsmittel unlöslichen Farbmittel.
Als **Farbstoffe** bezeichnet man die löslichen Farbmittel.

B 306.3. *Einteilung der Farbmittel*

Azofarbstoffe

Azofarbstoffe stellen die größte Farbstoffklasse dar. Gemeinsam ist ihnen die *Azo-Gruppe* $-N{=}N-$ zwischen zwei aromatischen Resten. Mit der Synthese der Azofarbstoffe Ende des 19. Jahrhunderts eng verbunden ist der Aufschwung der chemischen Farbenindustrie, denn es gelang nun, Farbstoffe in allen Farbschattierungen und von erstaunlicher Brillanz herzustellen. Als Ausgangsstoff für die Azofarbstoffe diente Anilin, ein Bestandteil des Steinkohlenteers. Die Synthese von Azofarbstoffen erfolgt in zwei Schritten: 1. der *Diazotierung des Anilins* oder eines Anilinderivats und 2. der anschließenden *Azokupplung* mit einer aromatischen Verbindung.

1. Schritt: Diazotierung

Aromatische *Amine*, so auch Anilin und seine Derivate, reagieren mit salpetriger Säure zu Diazonium-Ionen:

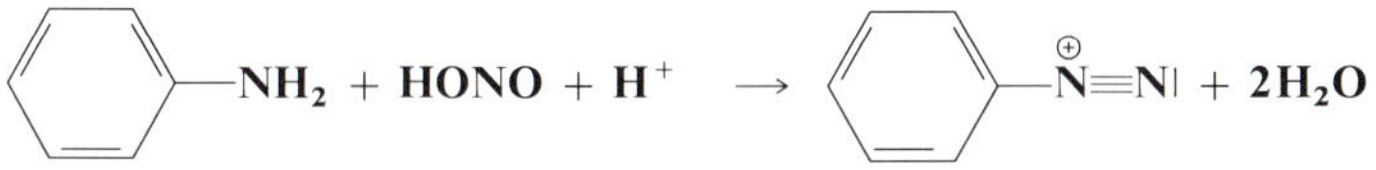

Anilin salpetrige Säure Diazonium-Ion Grenzstruktur I

Diazonium-Ionen zersetzen sich bei höheren Temperaturen leicht, daher muss die Diazotierung bei Temperaturen unter 5 °C durchgeführt werden.

B 307.1. *Blick in einen Farbstoffbetrieb*

2. Schritt: Azokupplung

Die Azokupplung ist eine typische *aromatische Substitution*, in der das Diazonium-Ion als elektrophiles Teilchen wirkt. Als Kupplungskomponente werden aktivierte Aromaten wie Phenol- oder Anilinderivate eingesetzt.

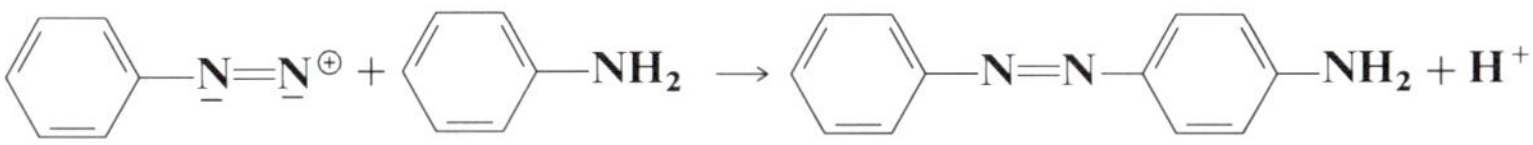

Diazonium-Ion Grenzstruktur II 4-Aminoazobenzol „Anilingelb"

Durch Variation der Diazokomponenten und der Kupplungskomponenten erhält man eine Vielzahl verschiedenster Azofarbstoffe in allen Farbnuancen. Die Seiten-Gruppen beeinflussen die Eigenschaften dieser Farbstoffe. Eine Sulfonsäure-Gruppe beispielsweise macht die Farbstoffe wasserlöslich wie den bei PV 306.1. aus Sulfanilsäure und β-Naphthol hergestellten Farbstoff β-Naphtholorange.

Azofarbstoffe werden zu einem großen Teil als Textilfarbstoffe eingesetzt. Einige werden als Indikatoren verwendet. Der bekannteste Azoindikator ist Methylorange, der in schwach sauren bis alkalischen Lösungen ($p\text{H} > 4{,}4$) gelborange, in stark sauren ($p\text{H} < 3{,}1$) rot ist. Die unterschiedliche Farbe kann mit der unterschiedlichen Elektronenverteilung der Indikatorsäure und der Indikatorbase erklärt werden. Bei der roten Form von Methylorange können die delokalisierten Elektronen leichter angeregt werden, was durch den besseren Bindungsausgleich (mesomere Grenzstrukturen) plausibel gemacht werden kann. Das Absorptionsmaximum liegt daher im längerwelligen Bereich (B 307.2.).

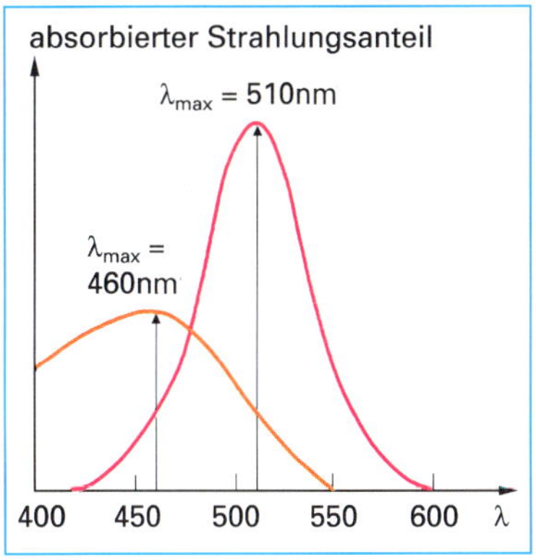

B 307.2. *Absorptionsspektren von Methylorange bei* $p\text{H}=2$ *(rot) und* $p\text{H}=10$ *(gelb)*

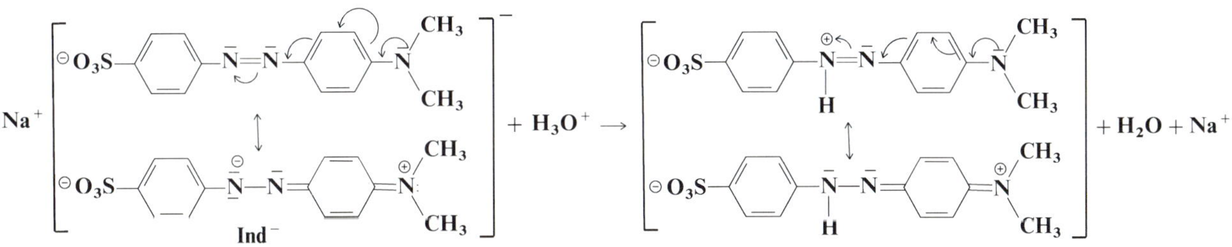

Methylorange (gelb)

H Ind

Methylorange (rot)

B 308.1. *Mit einer Tonne Indigo lassen sich 200000 Jeans färben. Links: Indigopflanze, rechts: Jeans*

B 308.2. *Traditionelles Färben mit natürlichem Indigo*

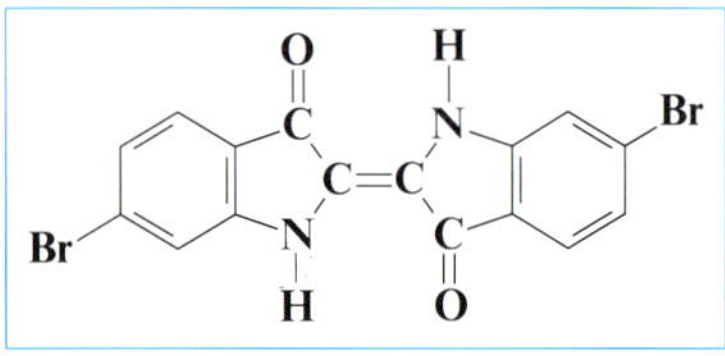

B 308.4. *Antiker Purpur: 6,6'-Dibromindigo*

Indigo- und Anthrachinonfarbstoffe

Indigo, der bekannte Jeansfarbstoff, ist einer der wenigen natürlich vorkommenden Farbstoffe, die synthetisch in größeren Mengen hergestellt werden. Es wurde früher aus der *Indigopflanze (Indigofera)* oder aus dem in Westeuropa vorkommenden Färberwaid gewonnen. In der Pflanze liegt Indigo in einer Vorstufe, dem Glucosid *Indican*, vor. Um den Farbstoff zu erhalten, werden die Pflanzen in Wasser zerquetscht. Durch dabei frei werdende Enzyme wird *Indican* zu Glucose und *Indoxyl* hydrolysiert. An der Luft wird dieses zu blauem *Indigo* oxidiert:

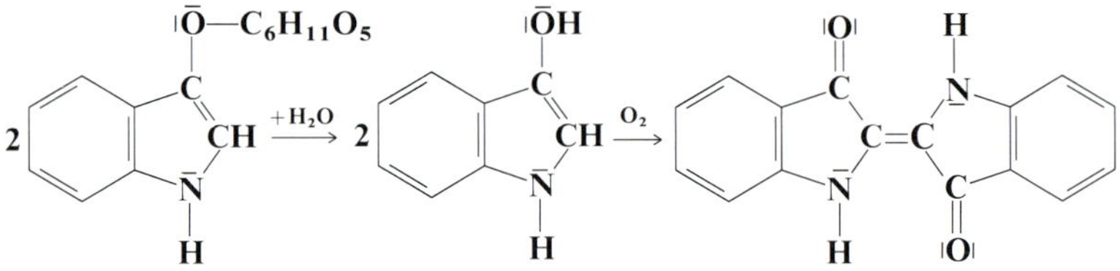

Indican Indoxyl Indigo

Indigopflanzen wurden bis zur Jahrhundertwende vor allem in Indien kultiviert und Indigo wurde nach Europa exportiert. Die erste Indigosynthese gelang im Jahr 1883, nachdem in mehrjähriger Arbeit die Struktur des Indigo-Moleküls aufgeklärt worden war. Die industrielle Synthese von Indigo um die Jahrhundertwende brachte den Indigoplantagen den wirtschaftlichen Ruin, denn das synthetische Indigo (B 308.3.) war sauberer und billiger.

Ein Derivat des Indigos ist der *antike Purpur*, der kostbarste Farbstoff aller Zeiten, der den Königen als Zeichen ihrer Würde vorbehalten war. Purpur wurde aus der *Purpurschnecke*, die im Mittelmeerraum häufig ist, gewonnen. Aus 12000 Schnecken erhielt man 1 g Purpur.

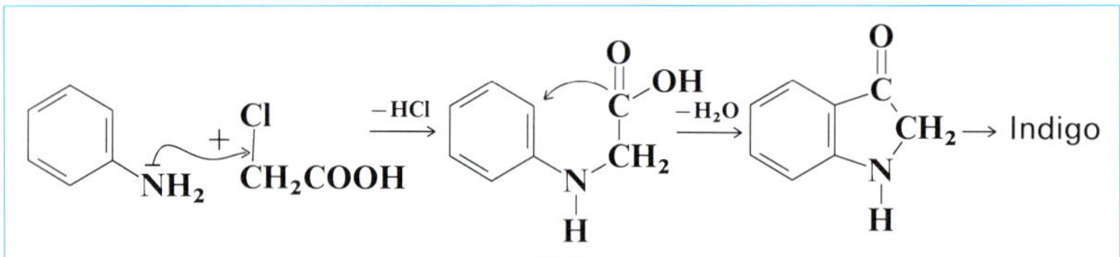

B 308.3. *Mögliche Synthese von Indigo aus Anilin und Chloressigsäure*

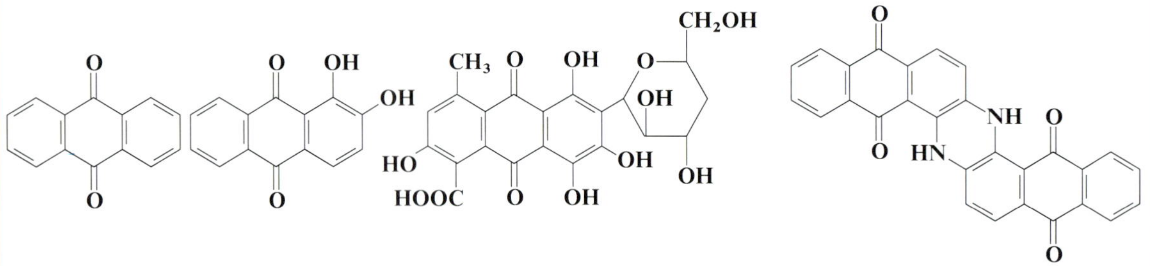

Anthrachinon Alizarin Karminsäure Indanthrenblau

B 308.5. *Anthrachinon und Anthrachinonfarbstoffe*

Anthrachinonfarbstoffe (B 308.5.) gehören wie Indigo und seine Derivate zu den **Carbonylfarbstoffen**. Eine ganze Reihe von Anthrachinonfarbstoffen kommen natürlich vor z. B. *Alizarin* in der Krappwurzel oder *Karminsäure* in der Schildlaus. Anthrachinonfarbstoffe, insbesondere die *Indanthrenfarbstoffe*, zeichnen sich durch ihre Lichtechtheit aus und sind daher wichtige Textilfarbstoffe.

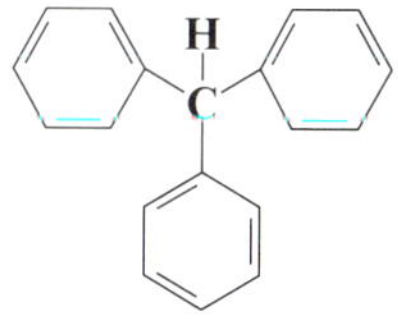

Triphenylmethan

Triphenylmethanfarbstoffe

Zu dieser Farbstoffklasse gehören eine Reihe bekannter Farbstoffe wie *Phenolphthalein*, *Fluoreszein* (s. S. 294) oder *Kristallviolett* (B 309.2.). Gemeinsam ist ihnen das chromophore Grundgerüst, das sich vom *Triphenylmethan* ableitet. Triphenylmethan selbst ist farblos, da das System aus delokalisierten Elektronen am zentralen tetraedrischen Kohlenstoff-Atom unterbrochen ist.

Triphenylmethanfarbstoffe werden zum Färben von Papier, für Tinten, Zeichen- und Druckfarben verwendet. Einige werden als Lebensmittel- und Kosmetikfarbstoffe eingesetzt, einige dienen als Indikatoren.

Aufgaben

A 309.1. Erklären Sie, warum aliphatische Diazonium-Ionen $R-\overset{\oplus}{N}\equiv N|$ im Vergleich zu aromatischen sehr instabil sind und leicht unter Stickstoffbildung zerfallen.

A 309.2. a) Formulieren Sie den Mechanismus der Azokupplung.
b) Warum ist die Diazotierung eine Redoxreaktion?

A 309.3. Alizarin wird heute synthetisch aus Phthalsäureanhydrid (s. S. 294) und 1,2-Dihydroxybenzol in Gegenwart von Aluminiumchlorid hergestellt. Um welchen Reaktionstyp handelt es sich? Formulieren Sie die Reaktion.

A 309.4 Erläutern Sie, welche Reaktionen bei den einzelnen Schritten der Indigosynthese (B 308.3.) ablaufen.

A 309.5. Erklären Sie, warum Phenolphthalein in saurer Lösung farblos, in alkalischer rotviolett gefärbt ist (Strukturformeln s. auch S. 294).

A 309.6. Für Formulare, z.B. Bankformulare, benutzt man heute Durchschreibepapiere. Man erhält so Durchschläge, ohne Kohlepapier zwischen die einzelnen Blätter legen zu müssen. Das oberste Formular ist auf seiner Rückseite mit einer Schicht aus Mikrokapseln belegt. Diese sind mit farblosem Kristallviolettlacton **(KVL)** gefüllt. Unter Druck werden die Kapseln zerstört und das **KVL** fließt auf das darunterliegende Formular, das mit einer säurehaltigen Silicatschicht versehen ist. Bei der Reaktion mit der Säure öffnet sich der Lactonring der Moleküle und die violette Form von **KVL** entsteht. Formulieren Sie diese Reaktion und erklären sie die Farbänderung.

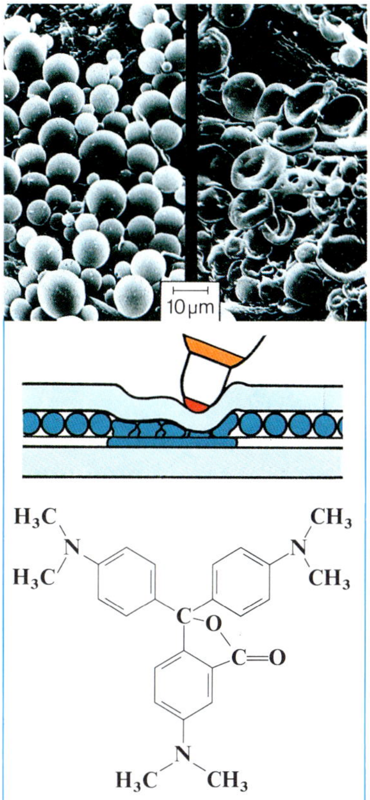

Kristallviolettlacton

B 309.1 *Durchschreibepapiere. Elektronenmikroskopische Aufnahmen von Mikrokapseln*

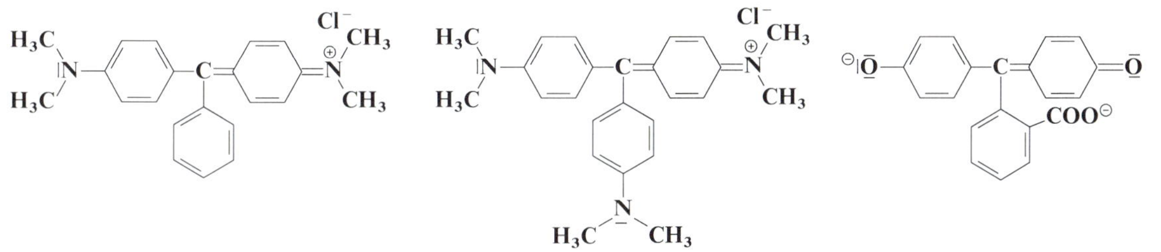

Malachitgrün — Kristallviolett — Phenolphthalein-Dianion

B 309.2. *Einige Triphenylmethanfarbstoffe (mesomere Grenzstrukturen)*

E-Nr.	Name	Farbe
100	Curcumin (Senf)	n gelb
102	Tartrazin	k gelb
104	Chinolingelb	k gelb
110	Gelborange S	k gelb
120	Echtes Karmin	n rot
122	Azorubin	k rot
123	Amaranth	k rot
124	Cochenillerot A (Ponceau 4R)	k rot
127	Erythrosin	k rot
131	Patentblau V	k blau
132	Indigotin	k blau
140	Chlorophylle	n grün
141	Kupferhaltige Chlorophyll-Komplexe	n/k grün
142	Brillantsäuregrün	k grün
150	Zuckerkulör (Caramel)	n braun
151	Brillantschwarz	k schwarz
160	Carotinoide	n
161	Xanthophylle	n
162	Betanin (Rote Beete)	n rot

Tab. 310.1. *Lebensmittelfarbstoffe und ihre E-Nummern. n: natürlich, k: künstlich*

Lebensmittelfarbstoffe

Viele Lebensmittel verändern bei der Lagerung, der Zubereitung oder bei der Konservierung ihre Farbe und werden unansehnlich. Man färbt daher manche Lebensmittel an, um ihnen ein appetitliches Aussehen zu verleihen. Eine Marmelade soll schließlich schön rot und nicht braun, Wurst nicht grau, sondern rosa sein, denn das Auge isst mit. Vor allem zuckerhaltige Lebensmittel wie Limonade, Süßspeisen und Bonbons werden angefärbt. Verboten ist es dagegen, Lebensmittel anzufärben, um einen höheren Ernährungswert vorzutäuschen, indem man z.B. Teigwaren einen gelben Farbstoff zufügt, um einen hohen Gehalt an Eiern zu suggerieren.
Gefärbt werden Lebensmittel sowohl mit natürlichen Farbstoffen wie Carotinoiden oder Betanin aus Roten Beeten als auch mit künstlichen Farbstoffen. Diese übertreffen die natürlichen meist in ihrer Beständigkeit gegenüber Licht, Hitze, Oxidationsmitteln oder *p*H-Wert-Änderungen; sie verblassen nicht so schnell. In jedem Fall muss angegeben werden, ob einem Lebensmittel ein Farbstoff zugesetzt wurde.
Lebensmittelfarbstoffe müssen gesundheitlich unbedenklich sein und dürfen gewisse Konzentrationen nicht überschreiten. Manchmal stellt sich aber erst später heraus, dass ein Farbstoff nicht so unbedenklich ist, wie zunächst festgestellt wurde. So wird heute der früher vielfach zugesetzte gelbe Farbstoff E102 Tartrazin fast nicht mehr verwendet, da dieser Allergien auslösen kann. Heute geht man daher mehr und mehr dazu über, naturidentische, d.h. synthetisch hergestellte, natürliche Farbstoffe statt künstlicher zu verwenden.

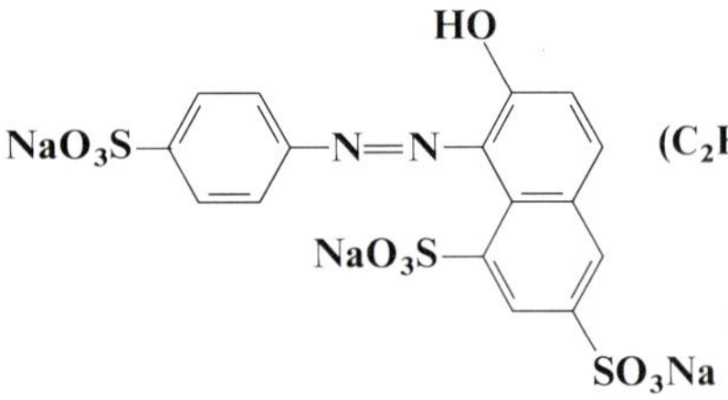

E110
Gelborange S

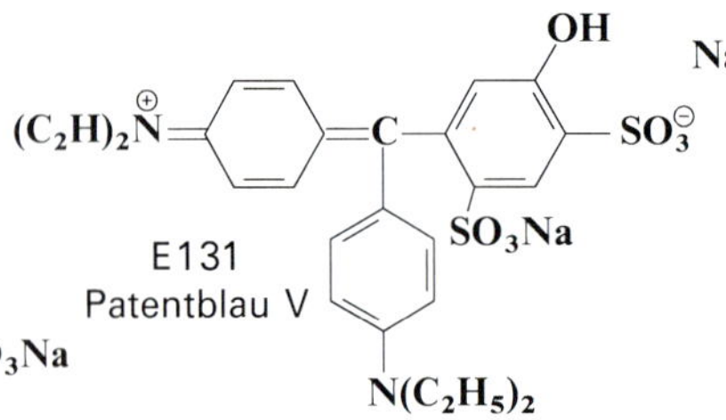

E131
Patentblau V

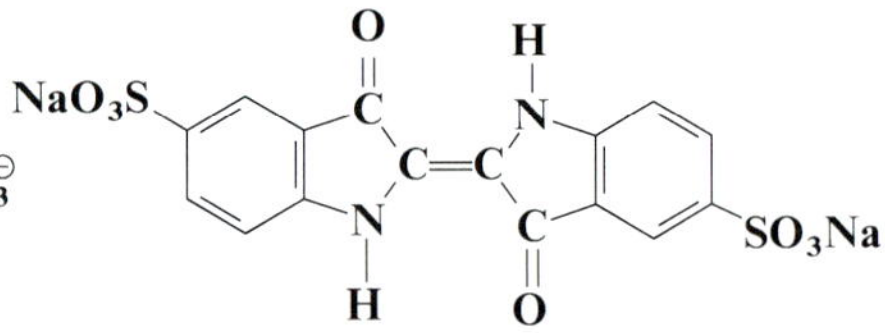

E132
Indigotin

Praktikum

Trennung von Lebensmittelfarbstoffen

Versuch

PV 310.1. Behandeln Sie je 5 bis 8 Schokolinsen einer Farbe mit 3 ml eines Ethanol*-Wasser-Gemischs (1:4), bis sich die Farbstoffe weitgehend, aber nicht vollständig, abgelöst haben. Tragen Sie dann mit einer Kapillare mehrmals nacheinander einen Tropfen der eingedickten Lösung auf eine Cellulose-DC-Platte auf, bis ein deutlicher Farbstoffpunkt zu erkennen ist. Tragen Sie zum Vergleich auf dieselbe DC-Platte Lösungen der reinen Lebensmittelfarbstoffe auf. Als Laufmittel wird eine Mischung aus 20 ml Natriumcitrat-Lösung, $w = 2{,}5\%$, 5 ml Ammoniak*, $w = 25\%$, und 3 ml Methanol* verwendet.

Auswertung

In der Zutatenliste von Lebensmitteln werden alle verwendeten Farbstoffe angegeben. Finden Sie anhand der Chromatogramme heraus, welche Farbstoffe in welcher Schokolinsen-Farbe vorliegen.

Aufgaben

A 311.1. Ordnen Sie die auf S. 310 durch Formeln angegebenen Lebensmittelfarbstoffe bestimmten Farbstoffklassen zu. Weshalb enthalten die synthetischen Lebensmittelfarbstoffe häufig Sulfonsäure-Gruppen?

A 311.2. *Methylenblau* (B 311.1.) ist ein *Redoxindikator*. Die oxidierte Form ist blau, die reduzierte farblos. Erklären Sie den Farbunterschied.

A 311.3. Beschreiben und erklären Sie die Beobachtungen beim *Blue-Bottle-Versuch* (V 311.1.). Formulieren Sie dazu die ablaufenden Reaktionen. Verwenden Sie für Glucose die vereinfachte Formel: $R-C\begin{smallmatrix}{=}O\\ {-}H\end{smallmatrix}$

A 311.4. Ausgangsstoffe für die Synthese des Azofarbstoffs Methylorange sind Sulfanilsäure und N,N-Dimethylanilin. Erläutern Sie, wie Sie die Synthese durchführen würden und formulieren Sie die entsprechenden Reaktionsgleichungen.

A 311.5. Für die Synthese des Azofarbstoffs

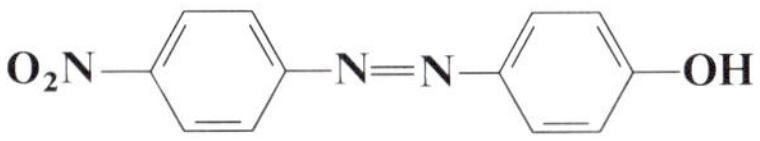

sind folgende Möglichkeiten denkbar:
1. Azokupplung des 4-Nitrobenzoldiazonium-Ions mit Phenol.
2. Azokupplung des 4-Hydroxybenzoldiazonium-Ions mit Nitrobenzol.

Erklären Sie, warum der Azofarbstoff nur durch die erste Azokupplung synthetisiert werden kann. (Hinweis: Diskutieren Sie den Einfluss der Nitro- und der Hydroxy-Gruppe auf die Reaktivität des Diazonium-Ions bzw. der Kupplungskomponente.)

Versuch

V 311.1. *Blue-Bottle-Versuch:* Lösen Sie in einem 1-l-Kolben in ca. 500 ml Wasser eine kleine Spatelspitze Methylenblau. Die Lösung soll durchscheinend blau sein. Geben Sie zu dieser Lösung ca. 40 g Glucose und ca. 20 ml konz. Natronlauge*. Verschließen Sie den Kolben und schütteln Sie kurz um. Lassen Sie die Lösung stehen. Beobachtung?
Schütteln Sie nochmals. Beobachtung?

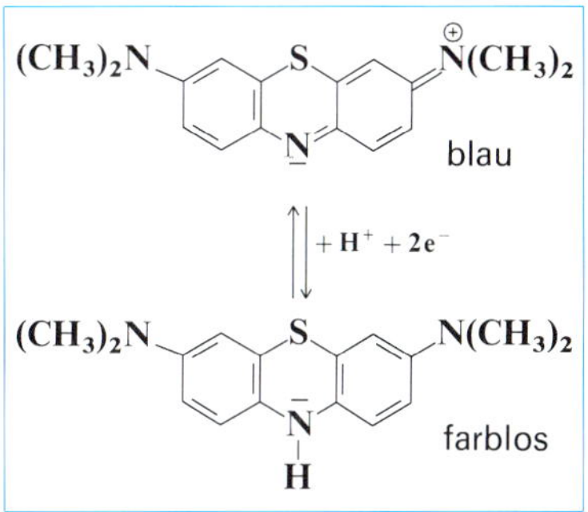

B 311.1. *Methylenblau*

Zusammenfassung

Entsprechend ihrer chemischen Struktur lassen sich Farbstoffe verschiedenen Klassen zuordnen. Die größte Gruppe stellen die Azofarbstoffe dar, die durch Diazotierung eines aromatischen Amins und anschließende Azokupplung mit einer Kupplungskomponente hergestellt werden.
Im Unterschied zu den synthetischen Azofarbstoffen kommen Carbonylfarbstoffe wie Indigo und einige Anthrachinonderivate in der Natur vor.
Weitere wichtige Farbstoffe sind die Triphenylmethanfarbstoffe.

Neue Fachbegriffe

Azofarbstoffe, Diazotierung, Azokupplung, Triphenylmethan- und Anthrachinonfarbstoffe, Indigo

Erweiterung, Vertiefung, Anwendung

Farbphotographie

Farbfilme bestehen aus mehreren, übereinanderliegenden Schichten, die insgesamt nur einige tausendstel Millimeter dünn sind (B 311.2.). Die wichtigsten sind die drei *lichtempfindlichen Schichten*, in die wie bei Schwarz-Weiß-Filmen Silberbromid eingelagert ist. Die oberste Schicht absorbiert blaues Licht, die mittlere grünes und die unterste rotes Licht. Silberbromid ist nur für das energiereiche blaue Licht empfindlich. Daher werden der grün- bzw. rotempfindlichen Schicht Farbstoffe zugesetzt, die Silberbromid für den entsprechenden Spektralbereich *sensibilisieren*.

B 311.2. *Aufbau eines Farbfilms, mikroskopische Aufnahme: links unbelichtet, rechts verarbeitet*

Nach dem Belichten werden zunächst wie bei der Schwarz-Weiß-Entwicklung an den entstandenen Silberkeimen weitere Silber-Ionen durch den Entwickler, z.B. 4-Diethylaminoanilin, zu Silber reduziert.

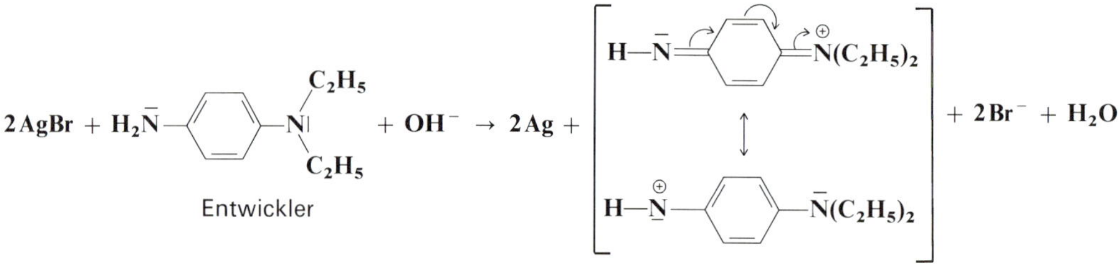

In den lichtempfindlichen Schichten sind weiterhin spezifische *Farbkuppler* eingelagert. Dies sind farblose Verbindungen, die nun mit dem oxidierten Entwickler zu Farbstoffen reagieren:

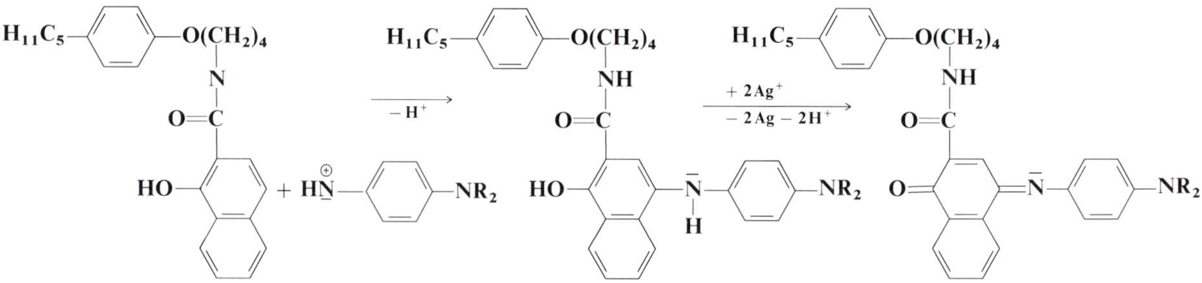

Blaugrün-Farbkuppler

blaugrüner Farbstoff

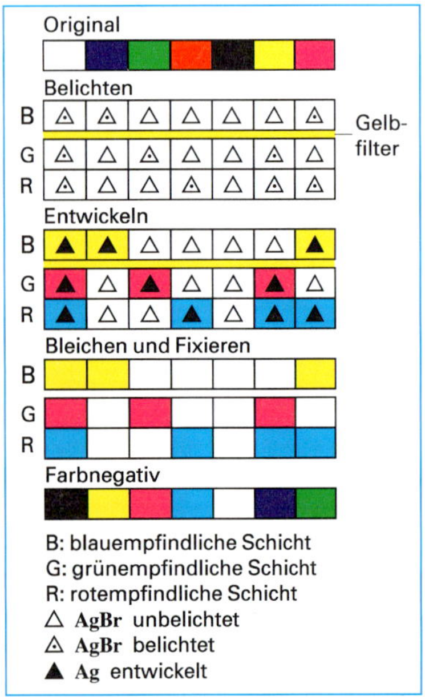

B 312.1. *Schema der Verarbeitung eines Farbfilms*

Dabei entsteht in der blauempfindlichen Schicht ein gelber, in der grünempfindlichen ein purpurner und in der rotempfindlichen Schicht ein blaugrüner Farbstoff, also jeweils ein Farbstoff der Komplementärfarbe (B 301.2.). Die drei Grundfarben Gelb, Purpur und Blaugrün genügen, da aus ihnen alle anderen Farbtöne durch Mischung erhalten werden können. Farbtonunterschiede ergeben sich daraus, dass die Farbstoffe in unterschiedlicher Konzentration, die der Menge des entwickelten Silbers proportional ist, gebildet werden.

Da Silber den Film schwärzt und die Farbe trübt, wird es in einem weiteren Vorgang, dem *Bleichen*, oxidativ entfernt. Die entstehenden Silber-Ionen werden zusammen mit dem überschüssigen Silberbromid im Fixierbad aus dem Filmmaterial herausgelöst und ausgewaschen. Vom photographierten Original entsteht ein Bild in den Komplementärfarben, ein *Farbnegativ* (B 312.1.).

Aufgaben

A 312.1. Wie erhält man von einem Farbnegativ einen Positivabzug?

A 312.2. Unter der blauempfindlichen Schicht eines Farbfilms liegt eine Gelbfilterschicht. Überlegen Sie, welche Funktion diese Schicht hat.

A 312.3. Vergleichen Sie die Funktion des Silbers bzw. Silberbromids bei der Schwarz-Weiß- und der Farbphotographie.

A 312.4. Vergleichen Sie die Azokupplung und die Farbkupplung.

11.4. Färbeverfahren

Ein großer Teil der Farbstoffe wird zur Textilfärbung verwendet. Aber nicht jeder Farbstoff ist dafür geeignet. Ein Textilfarbstoff muss *lichtecht* und *waschecht* sein, d. h., er muss so fest auf der Faser haften, dass er auch beim Waschen nicht abgelöst wird. In der Sprache der Farbstoffchemiker heißt dies, der Farbstoff muss auf die Faser „aufziehen". Dazu ist es nötig, dass der Farbstoff im Färbebad, der „Flotte", löslich ist, sodass das zu färbende Textil vom Farbstoff durch und durch getränkt wird. Weiterhin müssen Textilfarbstoffe alkali- und säurefest sein, da sie sonst beim Waschen in der alkalischen Waschlauge ihre Farbe ändern. Indikatorfarbstoffe beispielsweise sind daher zum Färben von Textilien völlig ungeeignet.

Unterschiedliche Farbstoffe bedingen auch unterschiedliche Färbemethoden. Auch ist nicht jeder Farbstoff für jede Faser gleich gut geeignet. So müssen Farbstoffe für Baumwolle, einer Cellulosefaser mit vielen Hydroxy-Gruppen, andere Eigenschaften besitzen als Farbstoffe zum Färben von unpolaren Synthesefasern.

Die einfachste Methode *Baumwolle* einzufärben, ist das **Färben mit Direktfarbstoffen**. Man braucht nur das Gewebe einige Zeit in die wässrige Farbstoff-Lösung zu tauchen und der Farbstoff haftet gut an der Faser. Zu diesen Farbstoffen gehört z. B. der Azofarbstoff *Kongorot*, der erste synthetisch hergestellte direkt auf Baumwolle aufziehende Farbstoff. Zwischen den Hydroxy-Gruppen der Baumwollfaser und den Amino-Gruppen der Farbstoff-Moleküle bilden sich Wasserstoffbrückenbindungen (B 313.1.) aus, wodurch die Farbstoff-Moleküle mit der Faser verknüpft werden.

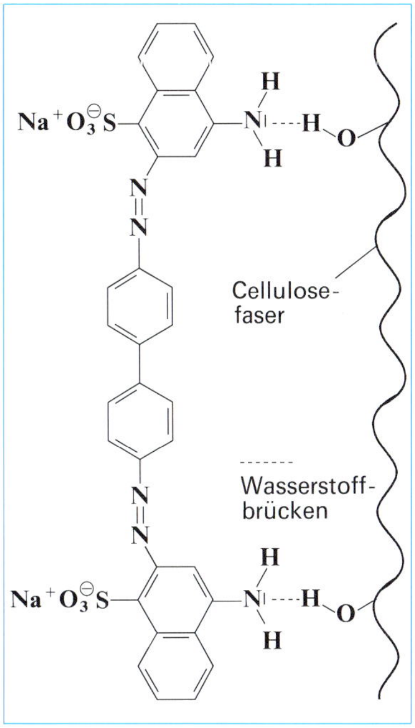

B 313.1. *Bindung von Kongorot einer Cellulosefaser*

Küpenfärbung. Mit Indigo lassen sich Textilien auf die direkte, leichte Art nicht färben, denn Indigo, dessen Moleküle feste intramolekulare Wasserstoffbrückenbindungen ausbilden, ist nicht wasserlöslich. Um auf eine Faser aufziehen zu können, muss Indigo erst in eine wasserlösliche Form gebracht werden. Dazu wird Indigo in der Küpe (von Kübel) mit Natriumdithionit zu fast farblosem Leukoindigo reduziert. In alkalischer Lösung entsteht das gut lösliche Dianion des Leukoindigo, das auf die Fasern aufziehen kann. Das in der Küpe behandelte Gewebestück wird nach dem Waschen an der Luft getrocknet. Dabei entsteht durch Oxidation wieder blaues, wasserunlösliches Indigo, das an den Fasern haften bleibt.

Färben mit Indigo (B 308.2.) ist ebenso alt wie aktuell. Schon die Ägypter kannten vor 4000 Jahren die Technik der Küpenfärbung. Beim Färben mit natürlichem Indigo entstehen die reduzierenden Verbindungen in der Küpe selbst durch Vergären pflanzlicher Bestandteile. Indigo ist wie alle Küpenfarbstoffe, zu denen auch die Indanthrenfarbstoffe zählen, besonders wasch- und lichtecht. Indigo ist allerdings nicht reibfest. An besonders beanspruchten Stellen wird der Farbstoff von der Faser abgerieben. Dies verleiht den mit Indigo gefärbten Kleidungsstücken, wie Jeans, schnell das meist gewünschte abgetragene Aussehen.

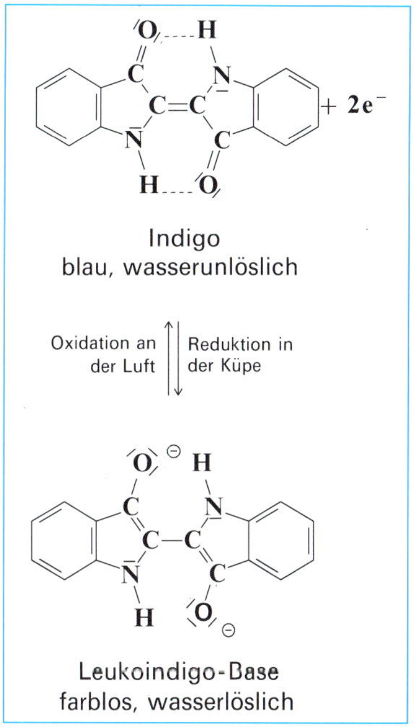

B 313.2. *Indigo als Küpenfarbstoff*

Färben von Textilien

Versuche

PV 314.1. *Direktfärbung mit Siriuslichtblau:* Lösen Sie 0,1 g Siriuslichtblau, 15 g Natriumchlorid und 0,5 g Natriumcarbonat* in 100 ml heißem Wasser (60 °C), geben Sie in ein Baumwolltuch hinein und erhitzen Sie ca. 10 min zum Sieden. Waschen Sie die Stoffprobe anschließend mit kaltem Wasser.

PV 314.2. *Küpenfärbung mit Indigo:* Versetzen Sie in einem Rggl. 0,5 g Indigo, 5 Natriumhydroxid-Plätzchen* mit 10 ml heißem Wasser, schütteln Sie um und geben Sie 1 g Natriumdithionit* ($Na_2S_2O_4$) zu. Verschließen Sie das Rggl. mit einem Gummistopfen und schütteln Sie ca. 1 min. Gießen Sie die nun grünliche Lösung in ein Becherglas mit 100 ml heißem Wasser. Tauchen Sie ein Baumwolltuch in diese Küpe, spülen Sie dieses anschließend mit Wasser ab und lassen Sie ihn an der Luft trocknen.

PV 314.3. *Färben mit einem Entwicklungsfarbstoff:*
Lösung A: Mischen Sie in einem Schälchen 0,6 g Naphthol AS-D mit 1,8 ml Ethanol*, 0,6 ml Wasser und 0,3 ml Natronlauge*, $w = 33\%$. Gießen Sie diese Lösung unter Rühren in ein Becherglas mit 100 ml Wasser 0,2 ml Natronlauge, $w = 33\%$, und 0,2 ml Türkischrotöl, einem Emulgator für Naphthol AS-D.
Lösung B: Lösen Sie in 100 ml Wasser 1 g Echtgelbsalz GC. Tauchen und bewegen Sie ein Baumwolltuch zuerst in Lösung A, geben Sie es anschließend in Lösung B.

PV 314.4. *Färben mit einem Reaktivfarbstoff:* Lösen Sie 0,5 g Reaktivrot in 100 ml Wasser. Bewegen Sie darin ein Baumwolltuch, geben Sie dann 5 g Natriumchlorid, anschließend 2 g Soda* zu. Lassen Sie die Baumwolle ca. 10 min in dem Färbebad.

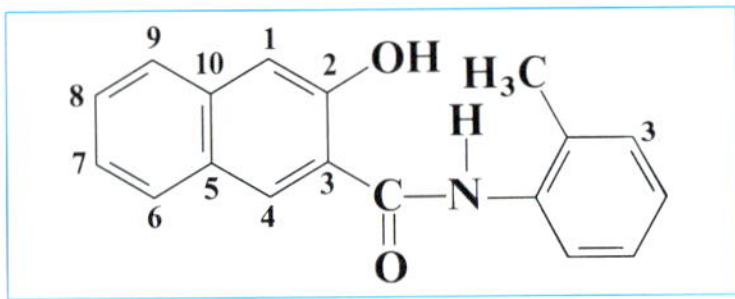

B 314.1. *Naphthol AS-D*

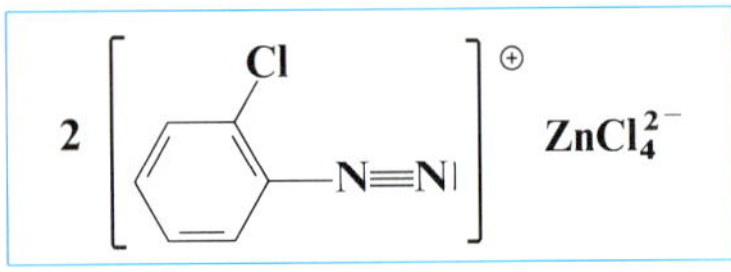

B 314.2. *Echtgelbsalz GC.*

Auswertung

a) Warum eignet sich Indigo nicht zur Direktfärbung?
b) Dithionit-Ionen sind starke Reduktionsmittel und werden zu Sulfit-Ionen (SO_3^{2-}) oxidiert. Formulieren Sie die vollständigen Redoxgleichungen für 1. die Reduktion von Indigo in der Küpe und 2. die Rückbildung von Indigo beim Trocknen. Geben Sie dabei an, welche Atome im Indigo-Molekül ihre Oxidationszahl ändern.
c) Erklären Sie die unterschiedliche Wasserlöslichkeit von Indigo und der Leukoindigo-Base und begründen Sie, weshalb man die Verküpung in alkalischer Lösung durchführt.
d) Erklären Sie, warum sich auf der Küpe eine blaue Haut bildet.
e) Formulieren Sie, die Reaktionsgleichung für die Bildung des Entwicklungsfarbstoffs von PV 314.3. Naphthol AS-D wird an der Position 1 diazotiert (B 314.1.).

Entwicklungsfarbstoffe

Entwicklungsfarbstoffe, häufig Azofarbstoffe, werden erst auf dem Gewebe synthetisiert. Dabei wird im 1. Schritt das Textil mit der Kupplungskomponente durchtränkt. In einem 2. Schritt erfolgt die Diazotierung mit einem Diazoniumsalz direkt auf der Faser. Wie die Küpenfarbstoffe sind auch die Entwicklungsfarbstoffe nicht in Wasser löslich und daher sehr viel waschechter als die direkt ziehenden Farben.

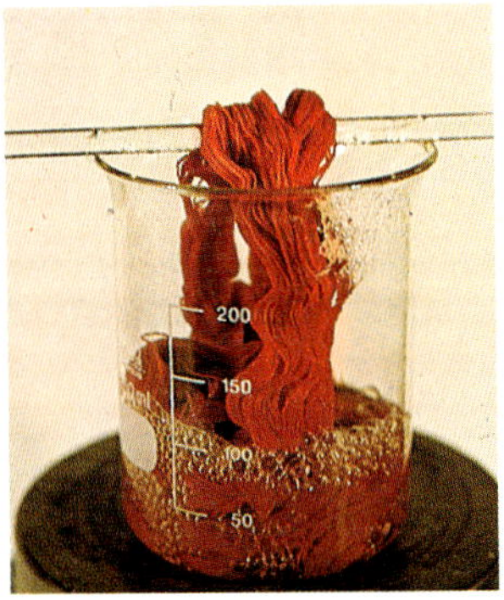

B 314.3. *Aufziehen eines Farbstoffes auf die Faser*

Reaktivfarbstoffe

Moleküle dieser Farbstoffklasse enthalten reaktionsfreudige funktionelle Gruppen wie z.B. den Triazin-Rest. Diese Gruppen, die die Farbe des Moleküls nicht beeinflussen, können mit den Hydroxy-Gruppen der Cellulose-Fasern Kondensationsreaktionen eingehen, wobei das Farbstoff-Molekül durch eine Elektronenpaarbindung an der Faser fixiert wird. Reaktivfarbstoffe sind daher natürlich besonders waschecht.

Anionische und kationische Farbstoffe

Wolle und Seide lassen sich relativ leicht mit *anionischen* oder *kationischen Farbstoffen* direkt einfärben. Wolle und Seide sind tierische Proteinfasern, die in ihren Molekülen noch elektrisch geladene Amino- ($-NH_3^+$) und Carboxy-Gruppen ($-COO^-$) enthalten, die mit ionischen Farbstoffen feste salzartige Bindungen eingehen (B 315.3.). Kationische Farbstoffe spielen zum Färben von Wolle keine große Rolle mehr, jedoch zum Färben von Polyacrylnitril. Wichtige Farbstoffe für Wolle sind neben anionischen Farbstoffen vor allem Komplexfarbstoffe.

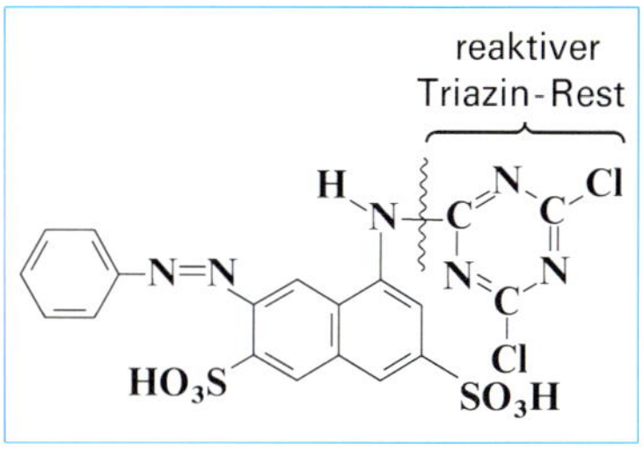

B 315.1. *Reaktivfarbstoff*

Dispersionsfarbstoffe

Beim Färben von *synthetischen Fasern*, die wie die *Polyesterfasern* in der Regel unpolar sind, verwendet man häufig unpolare **Dispersionsfarbstoffe**. Diese in Wasser nicht löslichen Farbstoffe werden in der Färbeflotte durch verschiedene Hilfsmittel in feinster Verteilung aufgeschlämmt, dispergiert. Dispersionsfarbstoffe werden von dem Polyestergewebe quasi aus der wässrigen Lösung extrahiert. Es bildet sich sozusagen eine feste Lösung des Farbstoffs in der Faser.

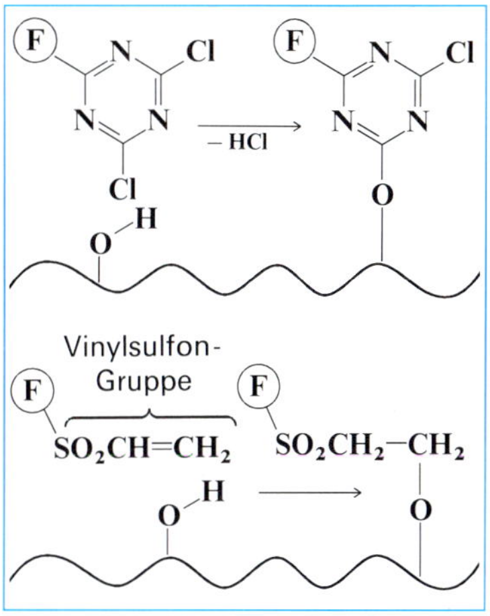

B 315.2. *Bindung von Reaktivfarbstoffen an einer Cellulosefaser.* Ⓕ *stellt einen Farbstoff-Molekülrest dar.*

Aufgaben

A 315.1. Eine Schülerin möchte ihre Jeans modisch ausbleichen und behandelt sie dazu mit einem käuflichen Textilentfärbemittel, bis die Jeans an den behandelten Stellen nur noch schwach blau ist. Nach dem Auswaschen und Trocknen stellt sie verblüfft fest, dass die Hose wieder genauso blau wie vorher ist. Aber sie findet schnell die Erklärung. a) Welche? b) Welche Eigenschaft müssen die Substanzen besitzen, die im Textilentfärbemittel enthalten sind?

A 315.2. a) Welcher prinzipielle Unterschied besteht zwischen dem Färben mit Reaktivfarbstoffen und anderen Farbstoffen. b) Geben Sie an, welche Reaktionen beim Färben mit 1. Reaktivfarbstoffen, deren Moleküle einen Vinylsulfonrest besitzen, und 2. mit Reaktivfarbstoffen, deren Moleküle einen Triazinrest (B 315.1.) besitzen, ablaufen.

A 315.3. Formulieren Sie die Reaktion bei der Küpenfärbung mit Indanthrenblau (B 308.3.).

A 315.4. Weshalb sind direkt ziehende Farbstoffe nicht so waschecht wie Küpen- oder Entwicklungsfarbstoffe?

A 315.5. Polyamidfasern (S. 345) lassen sich sowohl mit anionischen Farbstoffen als auch mit Dispersionsfarbstoffen anfärben. Erklären Sie.

A 315.6. Der Lebensmittelfarbstoff Indigotin (S. 310) ist auch ein direkt ziehender Wollfarbstoff. Erklären Sie, warum bei diesem Farbstoff im Unterschied zu Indigo eine Küpenfärbung nicht nötig ist.

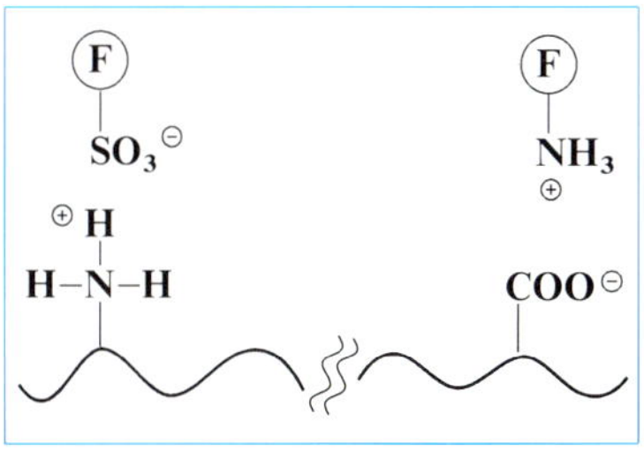

B 315.3. *Bindung von anionischen bzw. kationischen Farbstoffen an einer Wollfaser*

Zusammenfassung

Das jeweils gewählte Färbeverfahren ist abhängig von der Art des Farbstoffs und der Art der zu färbenden Faser. So lassen sich Textilfarbstoffe in verschiedene Gruppen einteilen.

Zwischen der Faser und dem Farbstoff werden zwischenmolekulare Bindungen ausgebildet: salzartige Bindungen beim Färben von Wolle oder Seide mit anionischen oder kationischen Farbstoffen, Wasserstoffbrückenbindungen beim Färben von Baumwolle oder Elektronenpaarbindungen beim Färben mit Reaktivfarbstoffen.

12. Komplex-Verbindungen-Waschmittel

12.1. Verbindungen erster und höherer Ordnung

Praktikum

Salze, Hydrate und Komplexe

Versuche

PV 316.1. Erhitzen Sie in je einem Rggl. vorsichtig am Rand der spitzen Brennerflamme je eine Spatelspitze von a) Kupfer(II)-chlorid-Dihydrat* und von b) Kupfer(II)-sulfat-Pentahydrat* und notieren Sie Ihre Beobachtungen. Führen Sie anschließend durch Kippen und Drehen der Rggl. die erhitzten Produkte zum kälteren, oberen Rggl.-Rand. Verstärken Sie dann den Beobachtungseffekt, indem Sie zusätzlich mit 1 bis 2 Tropfen Wasser versetzen.

PV 316.2. Bringen Sie in 4 Rggl. je 1 ml Silbernitrat-Lösung* ($c = 0{,}01$ mol/l) und versetzen Sie jeweils tropfenweise (Tropfpipette) mit
a) Salzsäure* ($c = 6$ mol/l);
b) gesätt. Natriumchlorid-Lösung;
c) gesätt. Kaliumchlorid-Lösung und
d) Ammoniak-Lösung* ($w = 10\%$),
bis sich zunächst bildende Niederschläge wieder auflösen. Notieren Sie Ihre Beobachtungen.

PV 316.3. Fällen Sie aus circa 2 ml stark verdünnter Kochsalz-Lösung ($c = 0{,}01$ mol/l) mit Silbernitrat-Lösung die Chlorid-Ionen aus. Versetzen Sie dieses Reaktionsgemisch dann so lange mit Ammoniak-Lösung* ($w = 10\%$), bis nach jeweils kräftigem Schütteln die Fällung wieder verschwindet. Beobachtungen?

PV 316.4. Stellen Sie verdünnte Lösungen von (1) Eisen(III)-chlorid*; (2) Aluminium(III)-chlorid und (3) von Zink(II)-chlorid* her, indem Sie je eine Spatelspitze der Salze in ca. 10 ml Wasser lösen. Verteilen Sie diese Lösungen zu gleichen Teilen auf je zwei Rggl. a und b und nummerieren Sie nach (1a/b), (2a/b) und (3a/b). Versetzen Sie jetzt die Lösungen von 1a, 2a und 3a tropfenweise mit Natronlauge* ($w = 20\%$) und die Proben 1b, 2b und 3b tropfenweise mit Ammoniak-Lösung* ($w = 20\%$), bis von beiden Reagenzien ein großer Überschuss vorliegt. Beobachtung?

Auswertung

a) Formulieren Sie die Beobachtungen bei PV 316.1. als reversible Vorgänge und stellen Sie den Zusammenhang zwischen Verbindungen erster und höherer Ordnung an diesen Beispielen her.
b) Halten Sie die Ergebnisse aus PV 316.2. bis PV 316.4. tabellarisch fest und interpretieren Sie mit Hilfe von Tab. 317.1. die Bildung von Niederschlägen und deren Auflösung in Form geeigneter Reaktionsgleichungen.

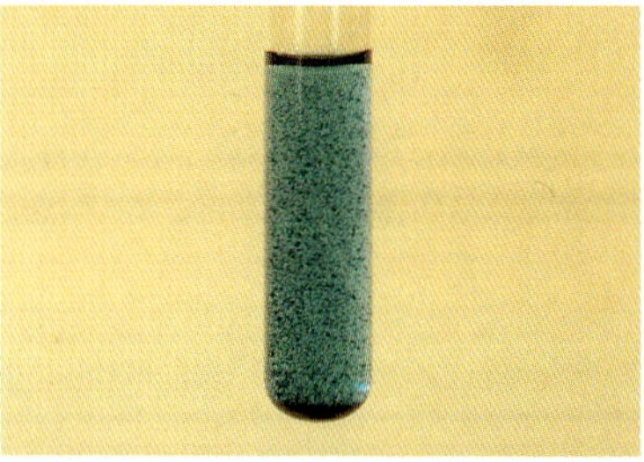

B 316.1. *Berliner Blau, die erste von* Diesbach *im Jahr 1704 beschriebene Komplexverbindung*

Gegen Ende des 19. Jahrhunderts war man dazu in der Lage, eine große Fülle anorganischer Verbindungen herzustellen, ohne deren Bildungsweisen, Aufbau und Eigenschaften im Einzelnen zu verstehen. Eine besondere Rolle spielten hierbei wasser- und ammoniakhaltige Metallsalze, da deren Bildung oder Zerfall häufig von charakteristischen Farbwechseln begleitet sind. Zum Beispiel entstehen beim Verbrennen von Kupferspänen in elementarem Chlor braune Kristalle von Kupfer(II)-chlorid $\mathbf{CuCl_2(s)}$.
Lässt man solches braunes Kupfer(II)-chlorid über längere Zeit (mehrere Tage) an (feuchter) Luft stehen, beobachtet man nach und nach einen Farbwechsel der ursprünglich braunen Kristalle nach türkis-grün. Diese türkis-grünen Kristalle weisen die gleiche Farbe auf wie

das kristalline, käufliche Kupfer(II)-chlorid-Dihydrat der Zusammensetzung $CuCl_2 \cdot 2\ H_2O$. In der Sprache des ausgehenden 19. Jahrhunderts bezeichnete man das braune Kupfer(II)-chlorid $CuCl_2(s)$ als „Verbindung erster Ordnung", das türkis-grüne $CuCl_2 \cdot 2\ H_2O(s)$ als „Verbindung höherer Ordnung" (B 317.2., PV 316.1.).
Verbindungen „höherer Ordnung" galten als komplizierter (komplexer) aufgebaut. Sie unterscheiden sich von den einfacheren Verbindungen „erster Ordnung" häufig durch das Ausbleiben charakteristischer Nachweisreaktionen. Darin lag wohl auch der Grund, die Verbindungen „höherer Ordnung" bereits im letzten Jahrhundert auch *Komplex-Verbindungen* zu nennen. Knapp einhundertundneunzig Jahre nachdem die erste Komplexverbindung, das Berliner Blau, beschrieben worden war (B 316.1.), gelang es dem in Zürich lehrenden jungen Chemiker ALFRED WERNER (B 317.1.) im Jahr 1892, aus den bis dahin bekannten Verbindungen „höherer Ordnung" ein ordnendes Bauprinzip herauszulesen, indem er die *„empirische Zusammensetzung und gewisse Eigenschaften der zu betrachtenden Körper als leitende Momente der Einteilung benutzte"*. Das Ergebnis seiner Untersuchungen fasste WERNER in der von ihm entwickelten *Koordinationslehre* zusammen und veröffentlichte dieses erstmalig im Jahr 1893 unter dem Titel *„Beitrag zur Konstitution anorganischer Verbindungen"*. In dieser Arbeit führte ALFRED WERNER auch eine neue Schreibweise für die sog. Verbindungen „höherer Ordnung" ein, welche Aufbau und Eigenschaften dieser Verbindungen, die er auch *Koordinations-Verbindungen* nannte, berücksichtigt (Tab. 317.1.).

B 317.1. *ALFRED WERNER (1866 bis 1919), Begründer der Koordinationslehre*

B 317.2. *Verbindungen „erster Ordnung" (links) und „höherer Ordnung" (rechts)*

Komplexe – Bestandteile und Namen

ALFRED WERNER fasste in seinen Komplexformeln chemisch-strukturelle Gruppen zu einer Koordinationseinheit zusammen. Diese bildet den **Komplex**, der in eckige Klammern gesetzt wird. Er besteht aus dem **Zentral-Atom** **M** und den **Liganden**[1] **L** (B 317.3.). Als Liganden können neutrale Moleküle, z. B. Wasser H_2O oder Ammoniak-Moleküle NH_3 oder Anionen an **M** koordiniert[2] (gebunden) sein (Tab. 317.1.).

[1] von *ligare* (lat.) = binden, anbinden
[2] koordinieren, aus dem Lateinischen = in ein Gefüge einbauen

Einfache Verbindungen	Komplex-Verbindungen	
„Verbindungen erster Ordnung"	Empirische Zusammensetzung von „Verbindungen höherer Ordnung"	Komplexformeln nach ALFRED WERNER
$AgCl$; HCl	$AgCl \cdot HCl$	$H[AgCl_2]$
$AgCl$; NH_3	$AgCl \cdot 2\ NH_3$	$[Ag(NH_3)_2]Cl$
$Al(OH)_3$; $NaOH$	$Al(OH)_3 \cdot NaOH$	$Na[Al(OH)_4]$
$CoCl_2$; H_2O	$CoCl_2 \cdot 6\ H_2O$	$[Co(H_2O)_6]Cl_2$
$CuCl_2$; H_2O	$CuCl_2 \cdot 2\ H_2O$	$[CuCl_2(H_2O)_2]$
$CuSO_4$; NH_3	$CuSO_4 \cdot 4\ NH_3$	$[Cu(NH_3)_4]SO_4$
FeF_3; KF	$FeF_3 \cdot 3\ KF$	$K_3[FeF_6]$
$Zn(OH)_2$; KOH	$Zn(OH)_2 \cdot 2\ KOH$	$K_2[Zn(OH)_4]$

Tab 317.1. *Beispiele für „Verbindungen erster" und „höherer Ordnung" und Komplexformeln nach* ALFRED WERNER

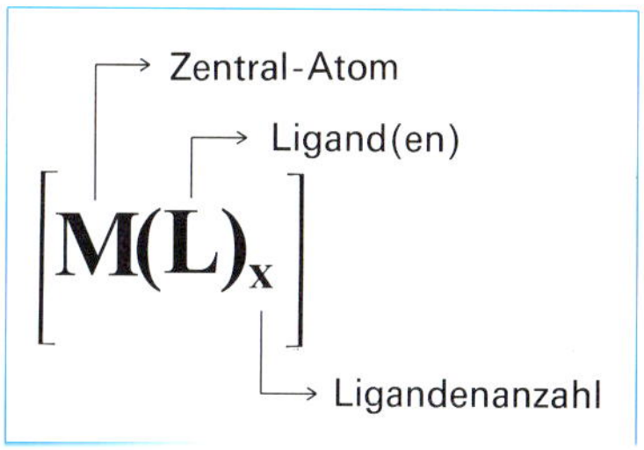

B 317.3. *Komplexe bestehen aus Zentral-Atom* **(M)** *und Ligand(en)* **(L)**.

„innere Sphäre"	„äußere Sphäre"
$[\overset{II}{Co}(H_2O)_6]^{2+}$	Cl^- Cl^-
$[\overset{II}{Ni}(NH_3)_6]^{2+}$	SO_4^{2-}
$[\overset{III}{Cr}(en)_3]^{3+}$	Br^- Br^- Br^-
Komplex-Kation	Gegen-Ionen

***B 318.1.** Komplex-Salze mit Komplex-Kationen*

[1] Es gibt auch Komplexe, in denen das Zentralatom die formale Ladung Null hat.

$[\overset{II}{Pt}Cl_2(NH_3)_2]$

$[\overset{II}{Pd}(Hdmg)_2]$

$[\overset{\pm 0}{Ni}(CO)_4]$

Neutral-Komplex

***B 318.2.** Neutral-Komplexe*

Gegen-Ionen	Komplex-Anion
K^+ K^+ K^+	$[\overset{III}{Fe}F_6]^{3-}$
Na^+	$[\overset{III}{Al}(OH)_4]^-$
K^+ K^+	$[\overset{II}{Hg}(SCN)_4]^{2-}$

***B 318.3.** Komplex-Salze mit Komplex-Anionen*

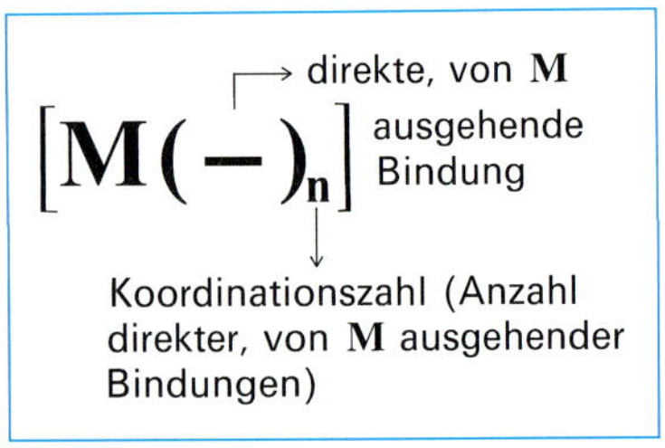

B 318.4.

Bei ungeladenen Liganden strahlt die meist positive formale Ladung des Zentral-Atoms[1] aus der „inneren Sphäre" des Komplexes nach außen; es liegt ein **Komplex-Kation** vor. Zusammen mit den Gegen-Ionen bildet das Komplex-Kation ein **Komplex-Salz** (B 318.1.).
Ist die Summe der Ladungen aus Zentral-Atom und Liganden Null, wird der Komplex als **Neutral-Komplex** bezeichnet (B 318.2.).
Übersteigt die Summe der negativen Ladungen der Liganden die positive Formalladung des Zentral-Atoms, liegt ein **Komplex-Anion** vor; in diesem Falle bildet das Komplex-Anion mit den positiv geladenen Gegen-Ionen das **Komplex-Salz** (B 318.3.).
Die Anzahl direkter Bindungen zwischen Zentral-Atom und Liganden wird **K**oordinations**Z**ahl (KZ) genannt. Sie ist unabhängig vom Liganden und charakteristisch für das Zentral-Atom (B 318.4.).
Viele Liganden, zum Beispiel Halogenid-Ionen, Wasser- oder Ammoniak-Moleküle, besetzen nur **eine** Koordinationsstelle. Solche Liganden nennt man **einzähnig**. Manche Liganden, zum Beispiel *Ethylendiamin* **(„en")** oder *Ethylendiamintetraacetat* **(„edta")**, vermögen **zwei** oder **mehr** Koordinationsstellen zu besetzen. Solche Liganden nennt man **zwei-** oder **mehrzähnig**. Bei vorgegebener, konstanter KZ des Zentral-Atoms sinkt also die Anzahl der Liganden mit deren zunehmender Zähnigkeit im Komplex.

Nomenklatur-Regeln

Während früher Komplex-Verbindungen häufig Trivialnamen hatten, z.B. „gelbes Blutlaugensalz" ($K_4[Fe(CN)_6]$) oder „Berliner Blau" ($Fe_4[Fe(CN)_6]_3$), wurde es mit fortschreitender Entwicklung notwendig, ein Nomenklatur-System einzuführen, welches vom Namen auf den Aufbau einer Komplex-Verbindung schließen lässt.

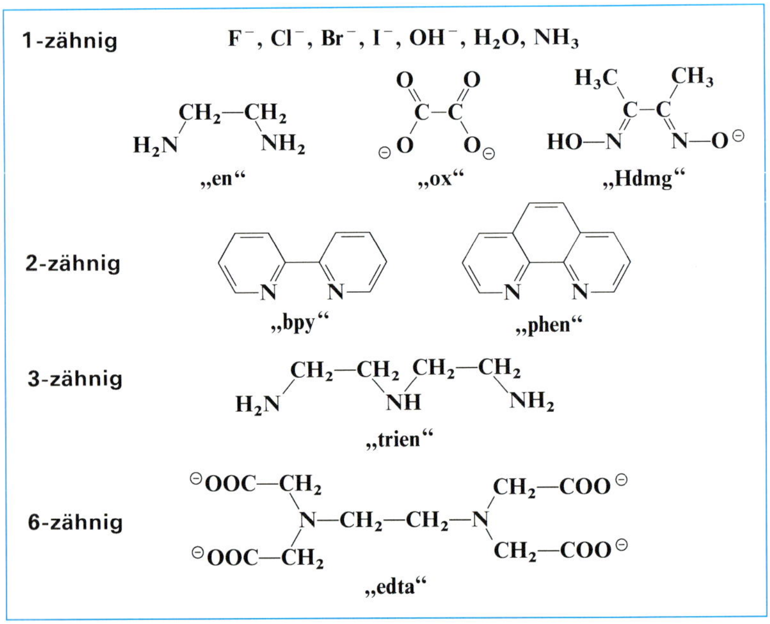

***B 318.5.** Beispiele für 1- und mehrzähnige Liganden*

1. Die komplexe Einheit wird in einem Wort geschrieben. Der Name des Kations wird vor dem Anion genannt. Kation und Anion werden durch einen Bindestrich voneinander getrennt.
2. Der Komplex-Name beginnt mit der Anzahl der Liganden (di-, tri-, tetra-, penta- ...), es folgen der Name des Liganden, dann der Name des Zentral-Atoms. Enthält der Komplex mehrere Liganden, erfolgt deren Nennung in alphabetischer Folge (in der Komplexformel stehen anionische Liganden vor neutralen), unabhängig von deren Ladung. In Anion-Komplexen wird an den Namen des Zentral-Atoms die Endung „-at" gehängt, es folgt die Nennung der Oxidationszahl des Zentral-Atoms. Kation-Komplexe enden mit dem Namen des Zentral-Atoms, an welchen die Oxidationszahl (römisch) in runden Klammern gefügt wird.
3. Anionische Liganden enden meist auf „-o". Neutralliganden, die als Moleküle koordinativ gebunden sind, werden mit unverändertem Namen benutzt. Ausnahmen: H_2O (aqua), NH_3 (ammin), **CO** (carbonyl), **NO** (nitrosyl).
4. Für größere Liganden können Abkürzungen benutzt werden (ox ≙ oxalato; H_2dmg ≙ Dimethylglyoxim (2,3-Butandiondioxim); H_4edta ≙ Ethylendiamintetraessigsäure.
5. Bei mehratomigen Liganden, die mit verschiedenen Atomen an das Zentral-Atom gebunden sein können, wird angegeben, welches Atom an das Zentral-Atom gebunden ist, z. B. Nitrito (**–ONO**); Nitro ($-NO_2$); Thiocyanato (**–SCN**); Isothiocyanato (**–NCS**). – Die Vorsilben „cis-" und „trans-" informieren über die Struktur.

B 319.1. *Nomenklatur-Regeln für Komplex-Verbindungen*

Ligand	Name
F^-	Fluoro
Cl^-	Chloro
Br^-	Bromo
I^-	Iodo
OH^-	Hydroxo
$(-SCN)^-$	Thiocyanato
$(-NCS)^-$	Isothiocyanato
CH_3COO^-	Acetato
NO_3^-	Nitrato
CO_3^-	Carbonato
SO_4^{2-}	Sulfato

Tab. 319.1. *Namen anionischer Liganden*

Zentralatom	Name
Ag	Argent|um
Cu	Cupr|um
Fe	Ferr|um
Hg	Mercur|ium
Ni	Niccol|um
Pb	Plumb|um
Sn	Stann|um
Zn	Zinc|um

Tab. 319.2. *Namen von Zentral-Atomen in Komplexen. Die durch | abgetrennte Endung wird in Anion-Komplexen durch „at" ersetzt.*

Folgende Beispiele und Tab. 320.1. sollen die Anwendung der Nomenklatur-Regeln verdeutlichen:

$K_3[Cu(CN)_4]$

Kalium		tetra	cyano	cupr	at	(I)
Kation	–	Anzahl der Liganden	Ligand	Wortstamm des Zentral-Atoms	Zentral-Atomendung bei Anion-Komplex	Oxidationszahl des Zentral-Atoms
Kation	–	Komplex-Anion				

$[CuCl_2(H_2O)_2]$:

Di	aqua	di	chloro	kupfer	(II)
Anzahl der Liganden	Ligand	Anzahl der Liganden	Ligand	Zentral-Atom	Oxidationszahl des Zentral-Atoms
Neutralkomplex					

$[Cu(NH_3)_4(H_2O)_2]SO_4$

Tetra	ammin	di	aqua	kupfer	(II)		– sulfat
Anzahl der Liganden	Ligand	Anzahl der Liganden	Ligand	Zentral-Atom	Oxidationszahl des Zentral-Atoms	–	Anion
Komplex-Kation						–	Anion

Verbindung	Leitfähigkeit in $S \cdot cm^2/mol$
$[PtCl_4(NH_3)_2](aq)$	0
$NaCl(aq)$	124
$KClO_3(aq)$	127
$BaCl_2(aq)$	260
$CaCl_2(aq)$	261
$AlCl_3(aq)$	413
$CeCl_3(aq)$	408
$CoBr_3 \cdot 5\,NH_3(aq)$	258
$CoCl_3 \cdot 5\,NH_3(aq)$	261
$CoBr_3 \cdot 6\,NH_3(aq)$	427
$CoCl_3 \cdot 6\,NH_3(aq)$	431

Tab. 320.2. *Molare Leitfähigkeiten einiger Verbindungen*

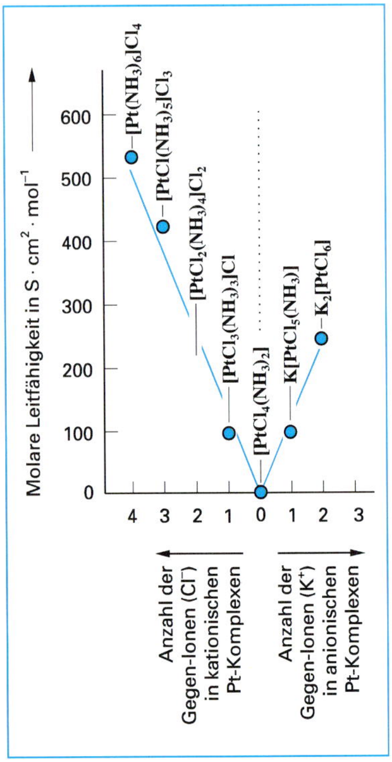

B 320.1. *Molare Leitfähigkeiten einiger Platin-Komplexe*

Formel	Name
$Na_3[Ag(S_2O_3)_2]$	Natrium-bis(thiosulfato)argentat(I) [1]
$K_2[Cu(OH)_4]$	Kalium-tetrahydroxocuprat(II)
$K_4[Fe(CN)_6]$	Kalium-hexacyanoferrat(II)
$K_2[Hg(SCN)_4]$	Kalium-tetrakis(thiocyanato)mercurat(II) [1]
$K_2[Zn(NCS)_4]$	Kalium-tetrakis(isothiocyanato)zincat(II) [1]

Tab. 320.1. *Beispiele zur Nomenklatur von Komplex-Verbindungen*

Aufgaben

A 320.1. Benennen Sie alle Komplexe aus Tab. 317.1. systematisch unter Beachtung der Nomenklatur-Regeln und ordnen Sie sie nach Anion-Neutral- und Kation-Komplexen.

A 320.2. Wie heißen die folgenden Komplex-Verbindungen: $K_3[Fe(CN)_6]$, $Fe_4[Fe(CN)_6]_3$ (Berliner Blau), $[Fe(NCS)_3(H_2O)_3]$, $[Fe(H_2O)_6]Cl_3$; $K_2[Co(NCS)_4]$, $[CoCl_2(NH_3)_4]Cl$, $[Co(NO_2)_3(NH_3)_3]$; $K_2[Ni(CN)_4]$, $[Ni(Hdmg)_2]$, $[Ni(CO)_4]$, $[Ni(NH_3)_6]Cl_2$; $Na[B(NO_3)_4]$; $[Al(OH)(H_2O)_5]Cl_2$?

A 320.3. Schreiben Sie zu folgenden Komplexnamen die Formeln: Natrium-tetrabromoferrat(III), Kalium-trichlorohydroxoferrat(III), Kalium-hexafluoroniccolat(IV), Ammonium-hexachlorostannat(IV), Pentacarbonyleisen(0), Ammonium-diammintetranitrocobaltat(III), Tetraamminaquachlorocobalt(III)-chlorid, Ammonium-diammintetrakis-(isothiocyanato)chromat(III), Kalium-tetrahydroxoplumbat(II), Tetraamminplatin(II)-hexachloroplatinat(IV), Pentaamminsulfatocobalt(III)-bromid, Pentaamminbromocobalt(III)-sulfat.

A 320.4. Das **Ni(II)**-Zentral-Atom hat in den folgenden Komplexen die Koordination 6. Erklären Sie die unterschiedliche Anzahl der Liganden in den folgenden Komplexen: $[Ni(NH_3)_6]SO_4$, $[Ni(en)_3]SO_4$, $Na_2[Ni(edta)]$.

A 320.5. Die Verbindungen **NaCl** bis $CeCl_3$ (Tab. 320.2.) liegen in wässriger Lösung in Form ihrer hydratisierten Ionen vor.

a) Stellen Sie den Zusammenhang zwischen der molaren Leitfähigkeit und der Anzahl der in Lösungen gleicher Konzentration enthaltenen Ionen her. Beschreiben Sie den Zusammenhang.

b) Schlagen Sie für die Cobalt-Verbindungen aus Tab. 320.2. Komplexformeln nach A. Werner (vgl. Tab. 317.1.) vor und begründen Sie.

c) Schätzen Sie unter Berücksichtigung von Tab. 320.2. und B 320.1. die ungefähren molaren Leitfähigkeiten der folgenden Komplexe ab: $K_2[Cu(OH)_4]$, $[Cr(NH_3)_6]Cl_3$, $K_4[Fe(CN)_6]$ und $[Ni(H_2O)_6]Cl_2$.

Neue Fachbegriffe

Komplex, Koordinations-Verbindung, Anion-, Kation-, Neutral-Komplex, Zentral-Atom, Ligand, Koordinationszahl, ein-, zwei-, ... mehrzähniger Ligand

Zusammenfassung

So genannte Verbindungen „höherer Ordnung" erkannte A. Werner Ende des 19. Jahrhunderts als Komplex- oder Koordinations-Verbindungen. Solche Komplexe sind aufgebaut aus einem Zentral-Atom und Liganden. Die Anzahl Liganden, die an ein Zentral-Atom koordiniert sein können, hängt ab von der Koordinationszahl des Zentral-Atoms und von der Zähigkeit der Liganden.

[1] Bei mehratomigen, von Oxoanionen abgeleiteten Liganden werden die Zahlwörter bis-, tris-, tetrakis-, pentakis-, hexakis-, ... benutzt und die Liganden in runde Klammern gesetzt.

Komplex-Strukturen und Isomerie

Insbesondere Komplex-Verbindungen mit gleicher analytischer Zusammensetzung und gleichem elektrochemischem Verhalten, aber verschiedenem Aussehen brachten ALFRED WERNER zu der Überzeugung, dass dieses Phänomen nur vernünftig zu erklären sei, wenn man in solchen Komplex-Verbindungen verschiedenartige räumliche Koordination der Liganden um das Zentral-Atom herum innerhalb der komplexen Einheit annimmt. Charakteristische Beispiele hierfür liefern die Verbindungen der Zusammensetzung $[CoCl_2(NH_3)_4]Cl$ und $[PtCl_2(NH_3)_2]$. So kennt man von der Cobalt-Verbindung eine violette („Violeo-Salz") und eine grüne („Praseo-Salz") Form, von der Platin-Verbindung eine intensiv gelbe (orange-gelbe) und eine nahezu weiße (schwach gelbe) Form. WERNER interpretierte diese Beobachtungsbefunde damit, dass er für den Cobalt-Komplex eine oktaedrische Struktur, für den Platin-Komplex hingegen eine planar-quadratische Struktur annahm, da in beiden Fällen zwei verschiedene Isomere, je eine *cis*- und eine *trans*-Form möglich sind (B 321.1.).
Bei der Koordinationszahl 4 kann auch eine tetraedrische Struktur vorliegen. Im Falle des Diammindichloroplatin(II)-Komplexes scheidet diese Struktur aus, weil im Tetraeder zwei Ecken stets nebeneinander liegen und damit keine Unterscheidung in *cis*- und *trans*-Isomere möglich ist (vgl. B 321.1.).

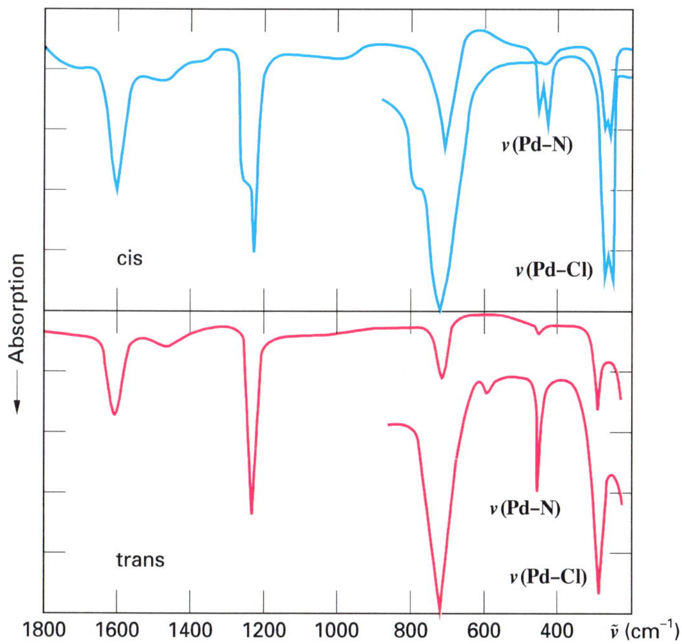

B 321.2. cis-/trans-isomere Komplex-Verbindungen lassen sich IR-spektrometrisch unterscheiden. Beispiel: **Pt**-*analoges* $[PdCl_2(NH_3)_2]$

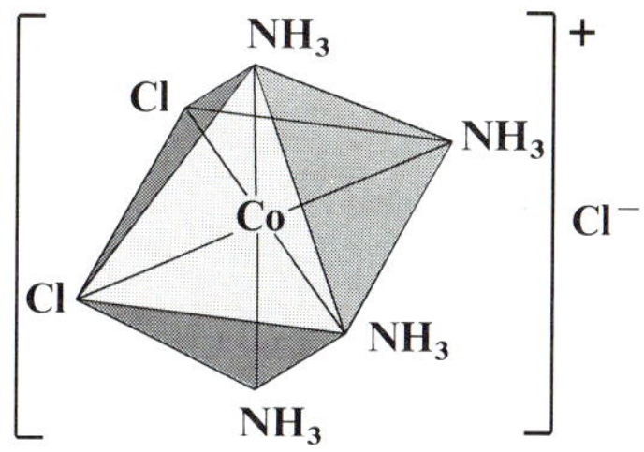

cis-$[CoCl_2(NH_3)_4]Cl$
violett

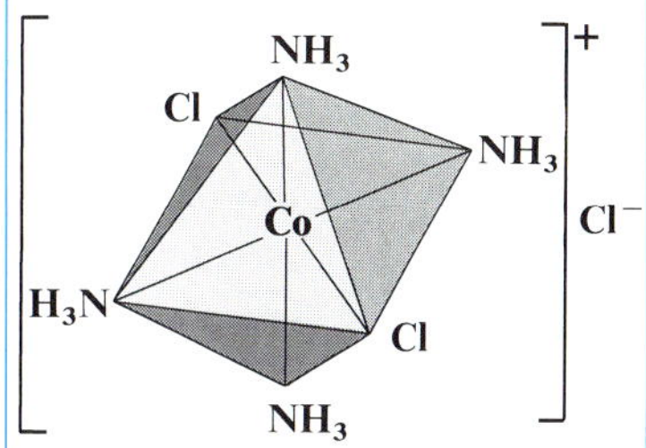

trans-$[CoCl_2(NH_3)_4]Cl$
grün

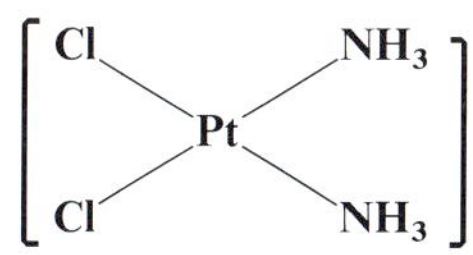

cis-$[PtCl_2(NH_3)_2]$
intensiv-gelb

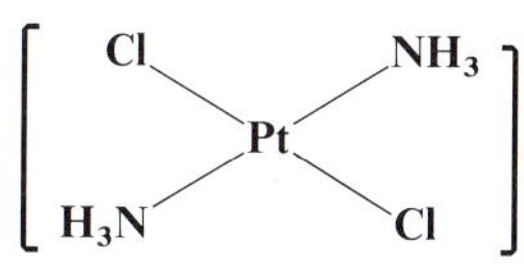

trans-$[PtCl_2(NH_3)_2]$
schwach-gelb

B 321.1. cis-/trans-Isomere bei oktaedrisch und planar-quadratisch aufgebauten Komplexen

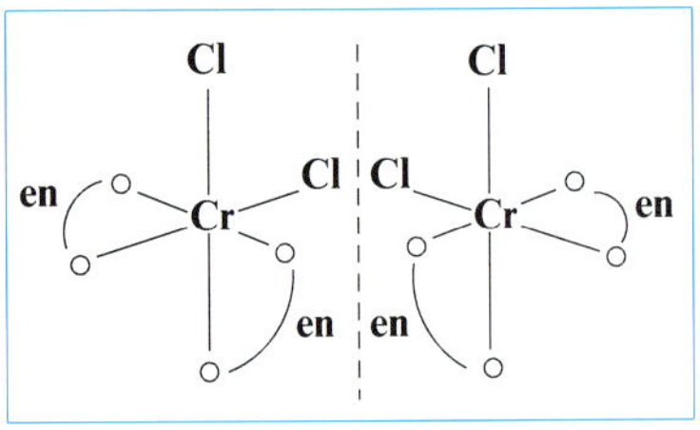

B 322.1. Optische Isomere verhalten sich wie Bild und Spiegelbild.

Die von A. WERNER auf rein chemischem Wege ermittelten Strukturen wurden erst viel später mit Hilfe von Röntgenstrukturuntersuchungsmethoden bestätigt. Somit gilt WERNER als Begründer der anorganischen Strukturchemie. Die Beispiele zeigen, dass Koordinationszahl und Struktur zusammenhängen. Die Koordinationszahlen hängen u.a. auch von der Größe und der Ladung des Zentral-Atoms sowie vom Größenverhältnis von Zentral-Atom und Ligand ab. Besonders häufig werden in Koordinations-Verbindungen die Koordinationszahlen 2, 4 (Planarquadrat und Tetraeder) und 6 (Oktaeder) beobachtet, seltener die Koordinationszahlen 3, 5, 7, 8 und höher.

Neben der cis-/trans-Isomerie werden bei Komplex-Verbindungen noch weitere Isomerie-Arten beobachtet. Dazu gehören die **optische Isomerie** (B 322.1.), die **Bindungsisomerie** (B 322.2.), die **Ionenisomerie**, die **Hydratisomerie** und die **Koordinationsisomerie** (B 322.3.).

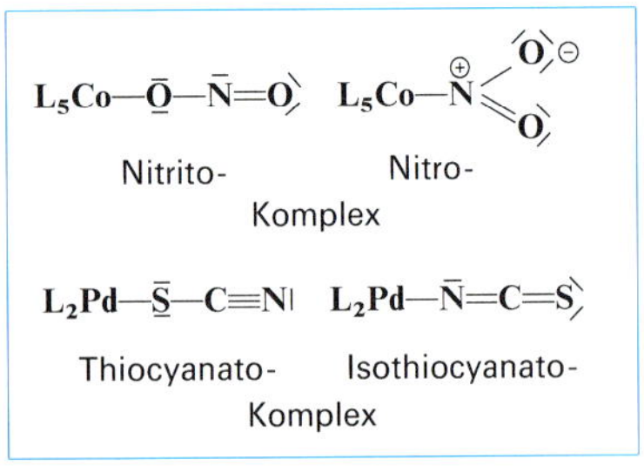

B 322.2. Zentral-Atom-Ligand-Bindungen in bindungsisomeren Komplexen

Ionenisomerie

$[CoBr(NH_3)_5]SO_4$

$[CoSO_4(NH_3)_5]Br$

Hydratisomerie

$[Cr(H_2O)_6]Cl_3$

$[CrCl(H_2O)_5]Cl_2$

$[CrCl_2(H_2O)_4]Cl$

Koordinationsisomerie

$[Co(NH_3)_6][Cr(CN)_6]$

$[Cr(NH_3)_6][Co(CN)_6]$

B 322.3. Ionenisomere, hydratisomere und koordinationsisomere Komplexe

Aufgaben

A 322.1. Welche Formeln haben die Verbindungen Pentaamminchlorocobalt(III)-carbonat und Pentaammincarbonatocobalt(III)-chlorid? Welche Art der Isomerie liegt hier vor?

A 322.2. Cadmium(II)-Ionen bevorzugen die Koordinationszahl 4, wenn sie mit einem Überschuss an Kaliumthiocyanat **(KSCN)** zur Reaktion gebracht werden. Könnten sich Isomere bilden?

A 322.3. $Ba[PtCl_4]$ und $[Cu(NH_3)_4]SO_4$ reagieren in wässriger Lösung miteinander. Welche Reaktionsprodukte erwarten Sie? Vergleichen Sie Ihre Reaktionsprodukte mit denen, die sich bei der Reaktion von $Ba[CuCl_4]$ und $[Pt(NH_3)_4]SO_4$ ergeben.

A 322.4. Analysieren Sie die Beispiele für Komplex-Strukturen in B 322.2. Welche Ligandenanordnung, bzw. Koordinationszahl scheint gruppenspezifisch? Vergleichen Sie anhand des PSE. – Üben Sie Ihre Nomenklaturkenntnisse, indem Sie zu einzelnen Komplexformeln deren Namen aufschreiben.

A 322.5. Der Gemischt-Liganden-Komplex $[MBrClFI]^{2-}$ habe eine tetraedrische Struktur. Welche Art der Isomerie müsste hier möglich sein? Wodurch zeichnet sich ein sogenanntes asymmetrisches Kohlenstoff-Atom im Bereich der organischen Verbindungen aus?

A 322.6. Ein Komplex habe die Zusammensetzung $[ML_2X_2]$. Skizzieren Sie alle denk- und voneinander unterscheidbaren geometrischen Anordnungen.

A 322.7. Zwei Komplex-Salze weisen dieselbe analytische Zusammensetzung auf. Die am Aufbau der Verbindungen beteiligten Verbindungspartner liegen in folgenden Stoffmengenverhältnissen vor: $n(Cr):n(Cl):n(H_2O) = 1:3:6$. Daneben unterscheiden sich die Verbindungen in der Farbe, die eine ist violett, die andere grün. Titriert man die violette und auch die grüne Verbindung mit eingestellter Silbernitrat-Lösung in der Kälte, so findet man unterschiedliche Stoffmengenanteile an Chlorid-Ionen, und zwar $n(Cl^-)_{(violett)}:n(Cl^-)_{(grün)} = 3:1$, während die (Cl)-Stoffmengenanteile bei der Durchführung einer Gesamtanalyse in beiden Fällen gleich groß sind. Welche Isomerie-Art könnte für diese unterschiedlichen Beobachtungsbefunde verantwortlich sein?

Koordinationszahl	Struktur	Ligandenanordnung	Beispiele
2	L–M–L	linear	$[CuCl_2]^-$, $[Cu(CN)_2]^-$, $[Cu(NH_3)_2]^+$ $[AgCl_2]^-$, $[Ag(CN)_2]^-$, $[Ag(NH_3)_2]^+$ $[AuCl_2]^-$, $[Au(CN)_2]^-$, $[Au(S_2O_3)_2]^{3-}$
4	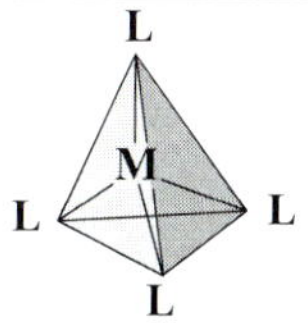	tetraedrisch	$[AlCl_4]^-$, $[FeCl_4]^-$, $[CoCl_4]^{2-}$ $[Co(NCS)_4]^{2-}$, $[Ni(CO)_4]$, $[ZnCl_4]^{2-}$ $[Cd(CN)_4]^{2-}$, $[HgI_4]^{2-}$, $[Hg(SCN)_4]^{2-}$
		planarquadratisch	$[Ni(CN)_4]^{2-}$, $[Ni(Hdmg)_2]$ $[Pd(CN)_4]^{2-}$, $[Pd(Hdmg)_2]$ $[PtCl_4]^{2-}$, $[PtCl_2(NH_3)_2]$
6	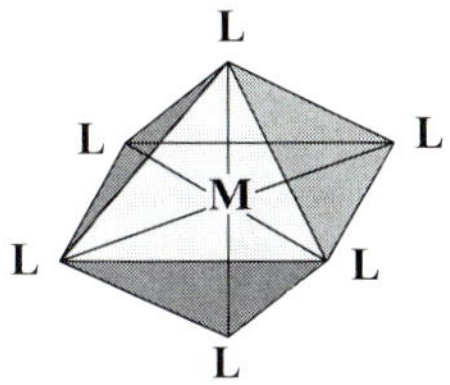	oktaedrisch	$[Cr(NH_3)_6]^{3+}$, $[Cr(en)_3]^{3+}$ $[Mn(H_2O)_6]^{2+}$, $[Fe(H_2O)_6]^{3+}$, $[Fe(CN)_6]^{4-}$, $[Fe(NCS)_6]^{3-}$, $[Fe(phen)_3]^{2+}$, $[Co(H_2O)_6]^{2+}$, $[Co(NH_3)_6]^{3+}$, $[Ni(H_2O)_6]^{2+}$ $[Ni(NH_3)_6]^{2+}$, $[Cu(NH_3)_4(H_2O)_2]^{2+}$

B 323.1. *Beispiele für Komplex-Strukturen zu den Koordinationszahlen 2, 4 und 6*

12.2. Komplexbildungs-Reaktionen

Praktikum

Donator-Akzeptor-Reaktionen bei Komplexen

Versuche

PV 323.1. Bringen Sie auf nebeneinander stehende Uhrgläser je 1 bis 2 Tropfen Salzsäure* ($w \approx 38\%$) und Ammoniak* ($w \approx 20\%$).

PV 323.2. Versetzen Sie je 1 ml folgender wässriger Salz-Lösungen, $c \approx 1$ mol/l (oder 1 Spatelspitze Salz gelöst in ca. 1 ml Wasser), tropfenweise mit Ammoniak* ($w \approx 20\%$) bis zur stark ammoniakalischen Reaktion.
a) $AgNO_3(aq)$*; b) $CuSO_4(aq)$*; c) $NiSO_4(aq)$*; d) $CrCl_3(aq)$*

PV 323.3. Lösen Sie jeweils vergleichbar große Portionen (Spatelspitzen) der Salze
(1) $CuCl_2(s)$*; (2) $CuCl_2 \cdot 2\,H_2O(s)$*; (3) $CuSO_4(s)$*; (4) $CuSO_4 \cdot 5\,H_2O$*; (5) $Cu(NO_3)_2 \cdot 6\,H_2O$* in ca. 1 ml Wasser auf. Verdünnen Sie anschließend alle Proben auf ca. 12 ml.

PV 323.4. Lösen Sie jeweils vergleichbar große Portionen (Spatelspitzen) von schwarzem Kupferoxid (**CuO**) in jeweils etwa 1 cm^3 folgender Säuren, indem Sie notfalls in der Brennerflamme erhitzen:
(1) Salzsäure* ($w \approx 19\%$),
(2) Salpetersäure* ($w \approx 20\%$),
(3) Schwefelsäure* ($w \approx 20\%$),
(4) Phosphorsäure* ($w \approx 30\%$),
(5) Ameisensäure* ($w \approx 50\%$) und
(6) Essigsäure* ($w \approx 50\%$). Verdünnen Sie nach dem Auflösen alle Proben auf ca. 12 ml.

PV 323.5. Versetzen Sie je 1 ml einer gesättigten Kupfer(II) sulfat-Lösung mit gesättigten Lösungen von
1. a) **NaCl**, b) **KCl**, c) NH_4Cl
d) mit 3 mlSalzsäure* ($w = 38\%$);
2. a) **NaBr**, b) **KBr**, c) NH_4Br
3. a) **NaI**, b) **KI**.
Erhitzen Sie die Proben auch jeweils zum Sieden, kühlen Sie auf Fließwassertemperatur ab und vergleichen Sie die Farben in der Siedehitze und in der Kälte[1]. – Überschichten Sie die nach 3.a) und b) erhaltenen Proben mit ca. 5 ml Heptan* und schütteln Sie.

[1] Die reversible, temperaturabhängige Farbänderung bezeichnet man als *Thermochromie*.

Auswertung

a) Bei PV 323.2. fallen zunächst neutrale Hydroxide aus. Dann bilden sich Komplexe. Formulieren Sie die Komplexbildung nach dem Muster aus Tab. 324.1., indem Sie folgende Koordinationszahlen verwenden:
KZ (Ag^+) = 2, KZ (Cu^{2+}) = 4,
KZ (Ni^{2+}) = 6, KZ (Cr^{3+}) = 6.

b) Formulieren Sie zu den Farbänderungen bei PV 323.3. geeignete Reaktionsgleichungen. (KZ(Cu^{2+}) = 4)

c) Formulieren Sie die „Auflösung" des schwarzen Kupferoxids in PV 323.4. in den Säuren als BRÖNSTED-Säure-Base-Reaktion und die Veränderungen bei den anschließenden Verdünnungen als LEWIS-Säure-Base-Reaktion (Tab. 325.1.)

d) Interpretieren Sie Ihre Beobachtungen bei PV 323.5. entsprechend den Ausführungen in Kap. 12.2.

„Metallammoniak-Salze sind Verbindungen, welche nach derselben Reaktion aus Ammoniak und Metall-Salzen entstehen, nach der sich Chlorammonium (≙ Ammoniumchlorid) aus Salzsäure (welche letztere ja das Haloidsalz des Wasserstoffs ist) und Ammoniak bildet."

B 324.1. ALFRED WERNER *im Jahr 1892 (veröffentlicht im Jahr 1893)*

ALFRED WERNER vergleicht die Bildung von Amminkomplexen aus Metall-Salz und Ammoniak mit der Reaktion

$$NH_3 + HCl \rightarrow [NH_4]Cl,$$

also mit einer Säure-Base-Reaktion (PV 323.1.). Dieser Vergleich ist bemerkenswert, weil er noch vor der Entdeckung des Elektrons (1894 bis 1898) gezogen wurde. Erst dreißig Jahre nach der Veröffentlichung von WERNERs Theorie der Koordinations-Verbindungen wurde von dem amerikanischen Physiko-Chemiker G.N. LEWIS im Jahre 1923 ein Konzept vorgestellt, das es erlaubt, **Komplexbildungs-Reaktionen** als **elektronische Wechselwirkungen** der miteinander reagierenden Partner zu interpretieren und sie Säure-Base-Reaktionen gleichzusetzen.
Den der Komplexbildung analogen Vorgang, der zum Ammonium-Ion führt, interpretiert LEWIS als **E**lektronen**P**aar-**D**onator-/**E**lektronen**P**aar-**A**kzeptor-Reaktion (**EPD-/EPA**-Reaktion).

***LEWIS*-Säuren** sind Moleküle oder Ionen mit unvollständig besetzter äußerer Elektronenschale. Sie können gegenüber anderen Reaktionspartnern als **Elektronenpaar-Akzeptoren** wirken unter Ausbildung einer kovalenten Bindung mit dem Reaktionspartner.

***LEWIS*-Basen** sind Moleküle oder Ionen mit freien Elektronenpaaren. Sie können gegenüber anderen Reaktionspartnern als **Elektronenpaar-Donatoren** wirken, dabei kommt eine kovalente Bindung zustande.

Das Neutralisationsprodukt aus einer LEWIS-Säure-Base-Reaktion ist ein ***LEWIS*-Säure-Base-Komplex**.

B 324.2. *Säure-Base-Konzept nach* G.N. LEWIS *(1923)*

Elektronenpaar-Akzeptor	+	Elektronenpaar-Donator	⇄	EPA-/EPD-Komplex
$H^+(aq)$	+	$\|NH_3(aq)$	⇄	$[H-NH_3]^+(aq)$
$Ag^+(aq)$	+	$\|NH_3(aq)$	⇄	$[Ag-NH_3]^+(aq)$
$Cu^{2+}(aq)$	+	$\|NH_3(aq)$	⇄	$[Cu-NH_3]^{2+}(aq)$
$Cr^{3+}(aq)$	+	$\|NH_3(aq)$	⇄	$[Cr-NH_3]^{3+}(aq)$
LEWIS-Säure	+	*LEWIS*-Base	⇄	*LEWIS*-Säure-Base-Komplex

Tab. 324.1. A. WERNER *(1893)*/G.N. LEWIS *(1923) – Beispiele für die Bildung von (1:1)-Komplexen durch EPA-/EPD-Reaktionen in Analogie zur* $[NH_4]^+$*-Bildung*

Bei dem von G.N. LEWIS vorgeschlagenen Säure-Base-Konzept werden die Begriffe *Säure* und *Base* nur noch über den *Elektronenhaushalt* der Reaktionspartner definiert. Damit wird eine größere Anwendungsbreite erzielt als bei der Säure-Base-Definition nach BRÖNSTED. Neben Protolyse-Reaktionen können somit auch Komplex-Bildungs-Reaktionen sowie ganz allgemein *nucleophile* (EDP-) und *elektrophile* (EPA-)Reaktionen beschrieben werden (Tab. 325.1.):

EPA	+	EPD ⇌ Komplex	EPA	+	EPD ⇌ Komplex
BF_3	+	$NH_3 \rightleftharpoons [F_3B{-}NH_3]$	H^+	+	$H_2O \rightleftharpoons [H_3O]^+$
Fe^{3+}	+	$6H_2O \rightleftharpoons [Fe(H_2O)_6]^{3+}$	Br^+	+	$H_2C{=}CH_2 \rightleftharpoons [Br(ethen)]^+$
$AlCl_3$	+	$Cl^- \rightleftharpoons [AlCl_4]^-$	$[R{-}CO]^+$	+	$OH^- \rightleftharpoons R{-}COOH$

Tab. 325.1. *Komplexbildungs- und komplexbildungs-analoge Reaktionen nach* G.N. LEWIS

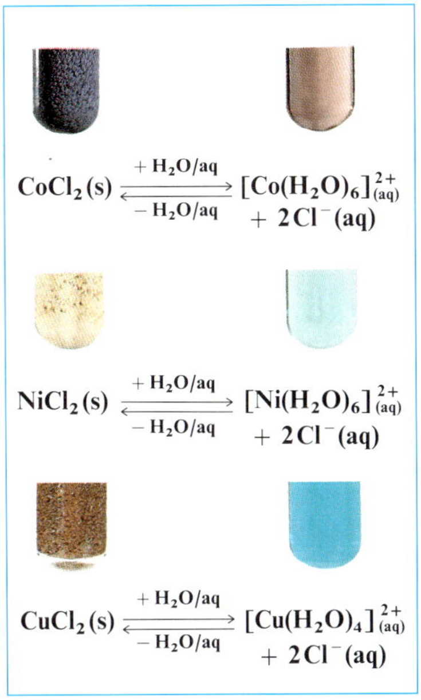

B 325.1. *Wasserfreie Salze und Lösungen mit Komplex-Ionen*

Vergleicht man verschiedene Übergangsmetallsalze mit ihren wässrigen Lösungen, stellt man häufig deutliche Farbunterschiede fest zwischen der festen, kristallwasserfreien Verbindung und dem in Wasser gelösten Salz (B 325.1. und PV 323.3.). Diese Farbunterschiede sind eine Folge der veränderten „chemischen Umgebung", da sich beim Auflösevorgang Wasser-Moleküle zwischen Metall-Kation und Anion drängen, die mit dem Metall-Kation als Zentral-Atom einen Aquakomplex bilden.
Die Auflösevorgänge der Metallchloride $MCl_2(s)$ und die damit verbundenen Farbveränderungen werden begleitet von EPA-/EPD-Reaktionen zwischen den jeweiligen Metall-Kationen M^{2+} und Wasser-Molekülen als Liganden (PV 323.3.):

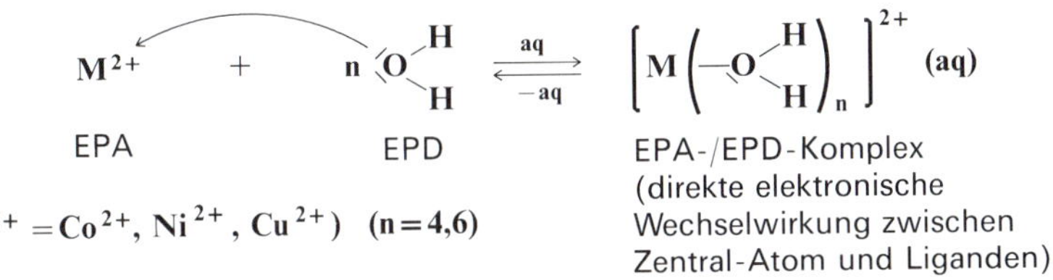

$(M^{2+} = Co^{2+}, Ni^{2+}, Cu^{2+})$ $(n = 4{,}6)$

An zahlreichen anderen Komplexen, zum Beispiel an Pentaamminhalogenocobalt(III)-Komplexen, konnte die Beobachtung gemacht werden, dass die für die Farbe verantwortlichen Lichtabsorptionen bei umso höheren Wellenlängen (kleineren Energien) erscheinen, je leichter oxidierbar (je kleiner die Elektronegativität) der für die Wellenlängenverschiebung verantwortliche Ligand ist (B 325.2.).
Wie weit die elektronische Wechselwirkung zwischen Ligand und Zentral-Atom gehen kann, zeigt die Versuchsreihe PV 323.5.

$$Cu^{2+}(aq) + n\,|\bar{X}|^-(aq) \rightleftharpoons [Cu(-\bar{X}|)_4]^{2-}(aq) + (n-4)\,|\bar{X}|^-(aq) \quad (325.1.)$$

EPA — EPD — EPA-/EPD-Komplex — $X = Cl, Br$

$$Cu^{2+}(aq) + |\bar{I}|^-(aq) \longrightarrow [Cu \cdots \bar{I}|]^+_{(aq)} \rightarrow Cu^+(aq) + \cdot\bar{I}| \quad (325.2.)$$

EA — ED — Redox-Reaktion — Redox-Produkte

Während beim Übergang vom Tetrachloro- zum Tetrabromokupfer(II)-Komplex eine Farbvertiefung beobachtet wird, welche beim Verdünnen mit Wasser wieder rückgängig gemacht werden kann, fällt bei der Umsetzung einer wässrigen Kupfer(II)-salz-Lösung mit einem Überschuss an Iodid-Lösung Kupfer(I)-iodid $CuI(s)$ aus, während gleichzeitig elementares Iod gebildet wird. Im Fall (325.1.) läuft

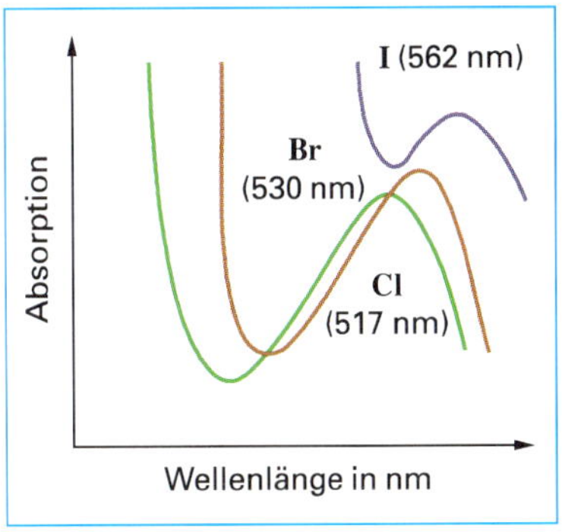

B 325.2. *Lichtabsorptionsbanden von Cobalt(III)-Komplexen der Zusammensetzung* $[CoX(NH_3)_5]^{2+}$ *mit* $X = Cl^-, Br^-, I^-$.

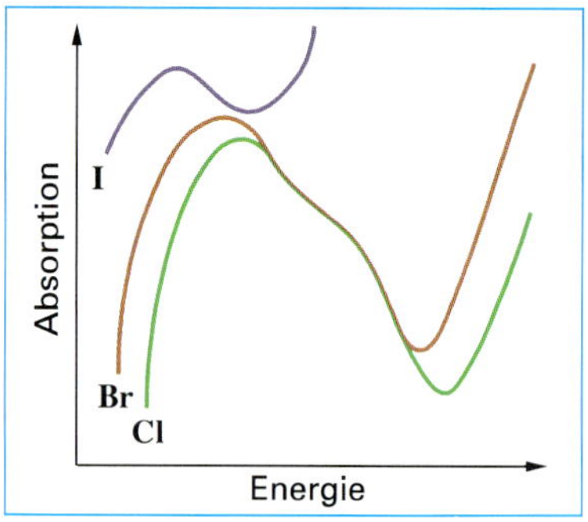

B 326.1. *Charge-Transfer-Banden-Maxima bei* $[CoX(NH_3)_5]^{2+}$ *mit* $X = Cl^-, Br^-, I^-$ *in Abhängigkeit von der aufgenommenen Energie*

eine reversible Elektronenpaar-Akzeptor-/Donator-Reaktion ab. Bei (325.2.) handelt es sich um einen irreversiblen Redox-Vorgang, in welchem das Kupfer-Ion ein Elektron vom Iodid-Ion aufnimmt; Cu^{2+}-Ionen sind hier Elektronenakzeptoren, I^--Ionen Elektronendonatoren. Rückschließend kann so die Farbvertiefung beim Übergang vom Tetrachloro- zum Tetrabromokupfer(II)-Komplex damit gedeutet werden, dass das Bromid-Ion als Ligand wegen seiner leichteren Oxidierbarkeit anteilsmäßig mehr Elektronendichte an das **Cu(II)**-Zentral-Atom abzugeben vermag als das Chlorid-Ion; denn das Iodid-Ion, das noch leichter oxidierbar ist als das Bromid-Ion, wird bereits vom **Cu(II)**-Ion oxidiert. Wegen dieses Zusammenhanges nennt man die Lichtabsorptionsbanden in B 325.2. und B 326.1. auch **Metallreduktionsbanden**, da sie auf eine teilweise Ladungsübertragung (engl. *Charge-Transfer*) von Liganden auf das Zentral-Atom zurückgeführt werden können.

12.3. Stabilität von Komplexen

Praktikum

Ligandenaustausch-Reaktionen

Versuche

PV 326.1. Geben Sie in zwei Rggl. jeweils 1 ml einer gesättigten Kupfer(II)-sulfat-Lösung*. Geben Sie in das 1. Rggl. gesättigte Kaliumchlorid-Lösung* und in das 2. Ammoniak-Lösung* ($w = 20\%$). Abzug! Verdünnen Sie anschließend beide Lösungen mit Wasser. Beobachtung?

PV 326.2. a) Lösen Sie in je einem Rggl. kleine Portionen von Eisen(III)-chlorid-Hexahydrat* $FeCl_3 \cdot 6H_2O$ und von Cobalt(II)-chlorid-Hexahydrat* $CoCl_2 \cdot 6H_2O$ in ca. 1 ml Wasser. Versetzen Sie dann jede Probe mit einer Spatelspitze Kaliumthiocyanat*. Schütteln Sie mit ca. 3 ml Ethylacetat* aus. Beobachtung?
b) Lösen Sie in **einem** Rggl. kleine, aber vergleichbar große Portionen Eisen(III)*- und Cobalt(II)-chlorid* in ca. 1 ml Wasser und versetzen Sie dann wie bei a) die Lösung beider Salze mit einer Spatelspitze Kaliumthiocyanat. Schütteln Sie mit ca. 3 ml Ethylacetat aus. Beobachtung?
c) Versetzen Sie beide Proben von a) mit einer Spatelspitze Natrium*- oder Kaliumfluorid*. Schütteln Sie mit ca. 3 ml Ethylacetat aus. Beobachtung? – Fügen Sie nun auch zur Reagenzglasprobe b) eine Spatelspitze Fluorid. Beobachtung?

PV 326.3. Verdünnen Sie ca. 0,5 ml Natriumchlorid-Lösung ($c = 1$ mol/l) auf etwa 3 ml. Versetzen Sie jetzt tropfenweise mit Silbernitrat-Lösung* ($c = 1$ mol/l). Geben Sie jetzt nacheinander tropfenweise Lösungen von Ammoniak* ($w = 20\%$), Kaliumbromid **KBr**, Natriumthiosulfat* $Na_2S_2O_3$ und Kaliumiodid **KI** (alle $c = 1$ mol/l) zu der Probe, sodass der Niederschlagsbildung die Auflösung und dieser eine erneute Fällung folgt.

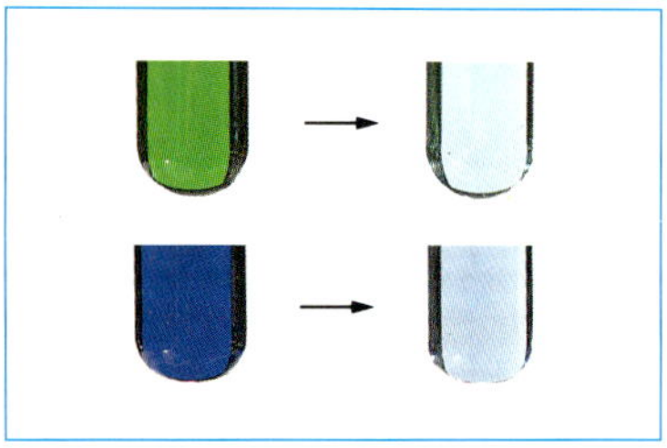

B 326.2. *Farbänderungen beim Verdünnen von* $[CuCl_4]^{2-}$ *(oben) und von* $[Cu(NH_3)_4]^{2+}$ *(unten)*

Auswertung

a) Schließen Sie aus Ihren Ergebnissen von PV 326.1. und PV 326.2., welche der folgenden Komplexe jeweils stabiler ist: $[CuCl_4]^{2-}$ oder $[Cu(NH_3)_4]^{2+}$, $[Fe(NCS)_6]^{3-}$ oder $[FeF_6]^{3-}$, $[Co(NCS)_4]^{2-}$ oder $[CoF_4]^{2-}$. Begründen Sie mit Hilfe der Versuchsbeobachtungen.
b) Die Löslichkeitsprodukte der Silberhalogenide betragen: $K_L(AgCl) = 10^{-10}$ mol²·l⁻²; $K_L(AgBr) = 5 \cdot 10^{-13}$ mol²·l⁻², und $K_L(AgI) = 10^{-16}$ mol²·l⁻². Interpretieren Sie Ihre Beobachtungsbefunde, indem Sie K_L- und K_B- bzw. K_D-Werte zueinander in Beziehung setzen (Tab 327.1.).

Versetzt man gleiche Volumina einer gesättigten Kupfer(II)-sulfat-Lösung einmal mit einer gesättigten Kaliumchlorid-Lösung, das andere Mal mit konzentrierter Ammoniak-Lösung (PV 326.1.), laufen folgende Reaktionen ab:

$$[Cu(H_2O)_4]^{2+}(aq) + 4\,Cl^-(aq) \rightleftarrows [CuCl_4]^{2-}(aq) + 4\,H_2O(l) \quad (327.1.)$$

$$[Cu(H_2O)_4]^{2+}(aq) + 4\,NH_3(aq) \rightleftarrows [Cu(NH_3)_4]^{2+}(aq) + 4\,H_2O(l) \quad (327.2.)$$

Im Falle der Reaktion (327.1.) bildet sich der oliv-grüne Tetrachlorokupfer(II)-, im Falle der Reaktion (327.2.) der tief dunkelblaue Tetraamminkupfer(II)-Komplex. Verdünnt man anschließend mit vergleichbar großen Portionen Wasser, verschwindet einerseits die für den Komplex $[CuCl_4]^{2-}(aq)$ charakteristische oliv-grüne Farbe und die blaue Farbe des Tetraaquakupfer(II)-Komplexes kehrt wieder, während andererseits die tief dunkelblaue Farbe, die für den Komplex $[Cu(NH_3)_4]^{2+}(aq)$ charakteristisch ist, erhalten bleibt. Dieses Verhalten deutet darauf hin, dass der Tetraamminkupfer(II)-Komplex stabiler ist als das Tetrachlorocuprat(II). Die Gleichgewichtskonstante K für die Reaktion (327.1.) ist offenbar kleiner als K für die Reaktion (327.2.). Betrachtet man anstelle der Komplexbildungs-Reaktionen (327.1.) und (327.2.) die Rückreaktionen, die sich auf den Zerfall, beziehungsweise die Dissoziation der Komplexe beziehen, wird das Reaktionsverhalten durch die um den Faktor 10^{12} größere *Zerfallskonstante* K_D[1] des Tetrachlorokomplexes bestätigt ((327.3.), (327.4.) und B 327.1.):

$$[CuCl_4]^{2-}(aq) + 4\,H_2O(l) \rightleftarrows [Cu(H_2O)_4]^{2+}(aq) + 4\,Cl^-(aq) \quad (327.3.)$$

$$[Cu(NH_3)_4]^{2+}(aq) + 4\,H_2O(l) \rightleftarrows [Cu(H_2O)_4]^{2+}(aq) + 4\,NH_3(aq) \quad (327.4.)$$

Auf Stabilitätsunterschieden bauen in der chemischen Analytik viele Nachweis- und quantitative Untersuchungsmethoden auf. So bilden zum Beispiel in wässrig neutraler und saurer Lösung sowohl Eisen(III)- als auch Cobalt(II)-Ionen intensiv gefärbte Isothiocyanato-Komplexe (PV 326.1.):

$$Fe^{3+}(aq) + 6\,NCS^-(aq) \rightleftarrows [Fe(NCS)_6]^{3-}(aq)$$
intensiv (blut-)rot

$$Co^{2+}(aq) + 4\,NCS^-(aq) \rightleftarrows [Co(NCS)_4]^{2-}(aq)$$
blau

Beide Reaktionen eignen sich als Nachweis- und Bestimmungsmethoden, jedoch wird der Cobalt-Nachweis durch die Gegenwart von Eisen(III)-Ionen gestört, weil die Farbe des intensiv blutrot gefärbten Eisen-Komplexes, die blaue Farbe des Cobalt-Komplexes übertönt. Die Störung kann aufgehoben werden, indem die Proben mit Fluorid-Lösungen versetzt werden, da der Hexafluoroeisen(III)-Komplex stabiler ist als der entsprechende Isothiocyanato-Komplex, während beim Cobalt der Isothiocyanato-Komplex stabiler ist als der entsprechende Fluoro-Komplex (PV 326.1.). Weil in Gegenwart von Fluorid Ionen der Eisen-Nachweis mit Thiocyanat ausbleibt, sagt man auch, die Eisen-Ionen werden durch die Fluorid-Ionen *maskiert*.

$[CuCl_4]^{2-} \rightleftarrows Cu^{2+} + 4\,Cl^-$
$K_D([CuCl_4]^{2-}) = 3 \cdot 10^{-2}\ mol^4 \cdot L^{-4}$
$[Cu(NH_3)_4]^{2+} \rightleftarrows Cu^{2+} + 4\,NH_3$
$K_D([Cu(NH_3)_4]^{2+}) = 5 \cdot 10^{-14}\ mol^4 \cdot L^{-4}$

B 327.1. *Vereinfachte Komplexzerfallsgleichgewichte und -konstanten*

[1] Zusammenhang zwischen Komplexbildungskonstante K_B und Komplexzerfalls-(dissoziations-)konstante K_D: $K_B = 1$; $K_D = \frac{1}{K_B}$

Komplex	K_D
$[AgCl_2]^-$	$10^{-5}\ mol^2 \cdot L^{-2}$
$[Ag(CN)_2]^-$	$10^{-21}\ mol^2 \cdot L^{-2}$
$[Ag(NH_3)_2]^+$	$6 \cdot 10^{-8}\ mol^2 \cdot L^{-2}$
$[Ag(S_2O_3)_2]^{3-}$	$5 \cdot 10^{-14}\ mol^2 \cdot L^{-2}$
$[Au(CN)_2]^-$	$10^{-21}\ mol^2 \cdot L^{-2}$
$[Co(NH_3)_6]^{2+}$	$8 \cdot 10^{-6}\ mol^6 \cdot L^{-6}$
$[Co(NH_3)_6]^{3+}$	$6 \cdot 10^{-36}\ mol^6 \cdot L^{-6}$
$[CuCl_4]^{2-}$	$3 \cdot 10^{-2}\ mol^4 \cdot L^{-4}$
$[Cu(NH_3)_4]^{2+}$	$5 \cdot 10^{-14}\ mol^4 \cdot L^{-4}$

Tab. 327.1. *Komplexdissoziationskonstanten K_D einiger Komplexe bei* 298 K (25 °C)

Versuch

V 328.1. *Elektrochemische Bestimmung einer Dissoziationskonstanten* K_D: Man stellt durch Verdünnen von je 5 ml Silbernitrat-Lösung, $c = 0{,}2$ mol/l, mit 5 ml Wasser bzw. mit 5 ml Ammoniak-Lösung, $c = 2{,}4$ mol/l, die beiden Lösungen für die Messzelle aus B 328.1. her. Da in der Lösung b nahezu alle Silber-Ionen zu $[Ag(NH_3)_2]^+$ komplexiert wurden, gilt näherungsweise $c(NH_3) = 1$ mol/l. Man misst die Spannung U der Konzentrationskette aus B 328.1.

Auswertung

Es gilt: $U = E_a - E_b$ (1)

Die NERNST-*Gleichung* für die Halbzelle a lautet:

$E_a = E^0(Ag/Ag^+) + 0{,}059\ \text{V} \cdot \lg 10^{-1}$

Die Silber-Ionen in der Halbzelle b ergeben sich aus dem Dissoziationsgleichgewicht:

$$[Ag(NH_3)_2]^+_{(aq)} \rightleftarrows Ag^+(aq) + 2NH_3(aq)$$

$$K_D = \frac{c(Ag^+) \cdot c^2(NH_3)}{c([Ag(NH_3)_2]^+)} \simeq \frac{c(Ag^+) \cdot 1^2}{10^{-1}}\ \text{mol/l}$$

Die NERNST-*Gleichung* für die Halbzelle b lautet:

$E_b = E^0(Ag/Ag^+) + 0{,}059\ \text{V} \cdot \lg\{10^{-1} \cdot K_D\}$

Durch Einsetzen in (1) und Umformen erhält man:

$$K_D = 10^{-\frac{U}{0{,}059\,\text{V}}}\ \text{mol}^2/\text{l}^2.$$

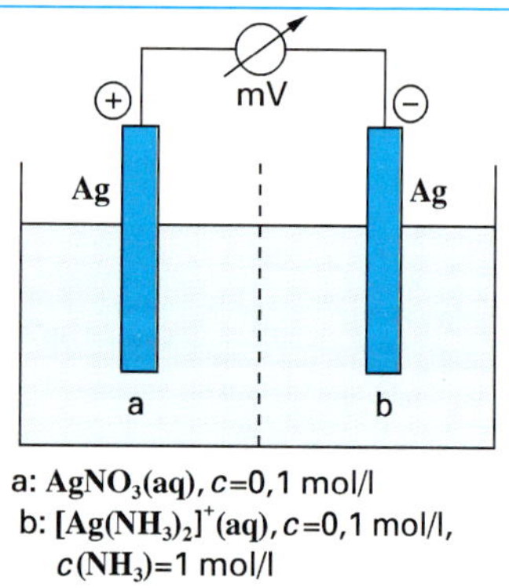

B 328.1. *Messvorrichtung zur Bestimmung von* $K_D\ [Ag(NH_3)_2]^+$

$$[Fe(NCS)_6]^{3-}(aq) + 6\,F^-(aq) \xrightarrow[\text{Reaktion}]{\text{Maskierungs-}} [FeF_6]^{3-}(aq) + 6\,NCS^-(aq)$$

blut-rot → farblos

$$[Co(NCS)_4]^{2-}(aq) + 4\,F^-(aq) \longrightarrow [Co(NCS)_4]^{2-}(aq) + 4\,F^-(aq)$$

blau → blau (keine Maskierung)

Von solchen Maskierungs-Reaktionen macht man auch Gebrauch bei den Aldehyd-Nachweis-Reaktionen mit TOLLENS-Reagenz sowie der FEHLING-Probe. Beide Reaktionen werden in stark alkalischer Lösung durchgeführt, in welcher die Hydroxide von Silber(I) und Kupfer(II) ausfallen würden. Die Hydroxid-Fällung unterbleibt, wenn man die Silber-Ionen als Ammin-Komplex und die Kupfer(II)-Ionen als Tartrat-Komplex maskiert.

Chelat-Komplexe[1]. Durch eine erhöhte Stabilität gegenüber Komplexen mit einzähnigen Liganden zeichnen sich Komplexe mit zwei- und mehrzähnigen Liganden aus. So vermag zum Beispiel Ethylendiamin Ammoniak als Komplex-Liganden zu verdrängen, obwohl beide Liganden mit den freien Elektronenpaaren des Stickstoff-Atoms die Koordinationsstellen des Zentral-Atoms besetzen (vgl. Tab. 327.1.):

$$[Ni(NH_3)_6]^{2+}(aq) + 3\,en(aq) \rightleftarrows [Ni(en)_3]^{2+}(aq) + 6\,NH_3(aq).$$

Die Gleichgewichtsverlagerung nach rechts wird hierbei im Wesentlichen durch eine Zunahme der Reaktionsentropie begünstigt, da pro **„en"**-Ligand zwei NH_3-Liganden freigesetzt werden und damit die ‚Unordnung' des Systems wächst. Dies führt insgesamt zu einer Erniedrigung der *freien Reaktionsenthalpie*, wenn die Reaktionsenthalpie als weitgehend konstant angesehen wird, und damit zu einer erhöhten Stabilität des Komplexes mit dem zweizähnigen Liganden (vgl. Tab. 327.1.). Solche Komplexe nennt man *Chelat-Komplexe* und den mit ihrer Bildung verbundenen Stabilitätsgewinn im Vergleich zu analogen Komplexen mit einzähnigen Liganden *Chelateffekt*. Gemeinsam mit dem Zentral-Atom bilden Chelat-Liganden Ringe, dabei erweisen sich häufig 5- und 6-gliedrige Ringe als besonders stabil. Dies zeigt sich auch in Chelat-Verbindungen, die in der Natur vorkommen, zum Beispiel im Hämoglobin, im Chlorophyll und im Vitamin B_{12}.

Aufgaben

A 328.1. In Gegenwart hinreichend großer Fluorid-Konzentrationen bleibt der Nachweis von Eisen(III)-Ionen mit Kaliumthiocyanat aus, fügt man jedoch eine hinreichend große Portion eines wasserlöslichen Aluminium-Salzes hinzu, tritt die intensiv blutrote Farbe des Isothiocyanatoeisen(III)-Komplexes auf. Interpretieren Sie diese Beobachtungsbefunde unter Einbeziehung der Begriffe „Maskierung" und „Komplexstabilitätskonstante". Die Koordinationszahl von **Al(III)**- und **Fe(III)**-Ionen sei 6.

A 328.2. Nickel(II)-Ionen bilden in ammoniakalischer Lösung bei $pH = 8$ mit H_2dmg als Komplexbildner einen schwer löslichen Komplex der Zusammensetzung $[Ni(Hdmg)_2]$, der sowohl zum qualitativen Nachweis als auch zur quantitativen Bestimmung von Nickel dient. Formulieren Sie diese Liganden-austausch-Reaktion. Welche Rolle spielt dabei der Chelateffekt?

[1] Der Name „Chelat" wird vom Griechischen abgeleitet und bedeutet „Krebsschere". Zweizähnige Liganden umschließen das Zentral-Atom von zwei Koordinationsstellen her quasi (Krebs-)scherenartig.

Zusammenfassung

Bei Komplex-Verbindungen lassen sich verschiedene Isomeriearten unterscheiden. Komplexbildungs-Reaktionen können als LEWIS-*Säure-Base-Reaktionen* (EPA-/EPD-Reaktionen) interpretiert werden. Die Farbigkeit von Komplexen ist eine Folge der chemischen Wechselwirkungen zwischen Zentral-Atom und Liganden.
Die Stabilität von Komplexen kann über die Komplexbildungskonstanten beziehungsweise über die Komplexzerfalls-(dissoziations)-konstanten ausgedrückt und bestimmt werden. Komplexe mit zwei- und mehrzähnigen Liganden nennt man „Chelat-Komplexe". Diese zeichnen sich in der Regel im Vergleich zu Komplexen mit einzähnigen Liganden durch eine erhöhte Stabilität aus (Chelateffekt).

Neue Fachbegriffe

Komplex-Strukturen, Isomerien, **E**lektronen**P**aar-**A**kzeptor-/**E**lektronen**P**aar-**D**onator-Konzept (EPA-/EPD- oder LEWIS-Säure-Basen-Konzept), Charge-Transfer-Banden (Metallreduktionsbanden), Komplexbildungs-/Komplexzerfalls-(dissoziations-)konstante, Stabilität von Komplexen, Chelat-Komplexe, Chelateffekt, Maskierung

Erweiterung, Vertiefung, Anwendung

Komplexchemie – eine Nahtstelle zwischen chemischen Arbeitsgebieten

In der Komplexchemie laufen die verschiedensten chemischen Arbeitsgebiete zusammen, so die Analytische, Anorganisch Präparative, die Bioanorganische und Organische Chemie, die Physiologische, Physikalische, Technische und Theoretische Chemie.
Im Bereich der **chemischen Analytik** spielen komplexchemische Reaktionen sowohl in der qualitativen als auch in der quantitativen Analyse eine wichtige Rolle. Viele *spezifische, qualitative Nachweis-Reaktionen* sind Komplexbildungs-Reaktionen und dienen gleichzeitig auch der quantitativen Untersuchung, entweder durch die Bildung schwer löslicher Niederschläge, die in auswägbarer Form gravimetrischen Bestimmungen zugeführt werden können oder als charakteristische Farbreaktionen, die auch für photometrische Bestimmungsmethoden genutzt werden können (B 329.1.).
Eine breite Anwendung finden *komplexometrische Titrationen* mit so genannten „Komplexonen", in welchen mehrzähnige Liganden als Chelat-Komplexbildner eingesetzt werden.
Zu den am häufigsten angewandten zählt die Ethylendiamintetraessigsäure, H_4edta, die meist in Form des besser wasserlöslichen Dinatriumsalzes, H_2Na_2edta (B 332.2.) eingesetzt wird und im Handel unter den Bezeichnungen Komplexon III®, Titriplex III® oder Idranal III®erhältlich ist. Dieser Komplexbildner wirkt als sechszähniger Ligand und vermag infolge des Chelateffektes auch weniger zur Komplexbildung neigende Kationen wie zum Beispiel Mg^{2+}- und Ca^{2+}-Ionen zu komplexieren. Aus diesem Grunde benutzt man Komplexon III® auch zur Härtebestimmung von Wasser, der folgende Reaktion zugrunde liegt:

$$Me^{2+}(aq) + H_2edta^{2-}(aq) \rightarrow [Me(edta)]^{2-}(aq) + 2\,H^+(aq). \qquad (Me = Mg, Ca)$$

Die Endpunktanzeige erfolgt mit Hilfe geeigneter Indikatoren, z.B. „Eriochromschwarz T" oder „Murexid". Um einen quantitativen Verlauf der Reaktion von links nach rechts zu gewährleisten, werden

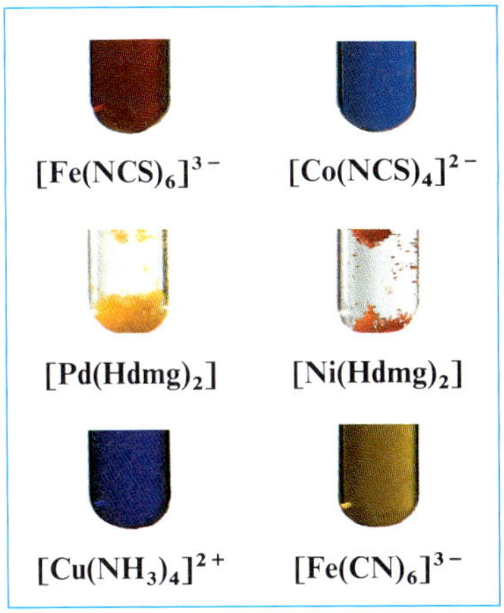

***B 329.1.** Komplexe in der Analytischen Chemie*

Versuch

V 330.1. *Komplexometrische Härtebestimmung mit Titriplex-Lösung A und Indikator-Puffertablette:* In 100 ml Wasserprobe wird eine Indikator-Puffertablette gelöst. Nach Zugabe von 1 bis 2 ml Ammoniak-Lösung*, $w = 25\%$, wird mit Titriplex-Lösung A bis zum Farbumschlag von Rot über Grau nach Grün titriert.

Auswertung

Bei Anwendung von 100 ml Wasser entspricht 1 ml verbrauchte Titriplex-Lösung A 1 mol/l Erdalkali-Ionen oder 5,6 Grad Deutscher Härte. Anwendungsbereich: Rohwässer, mittelharte und harte Wässer.

°d	Härtebezeichnung
0 bis 4	sehr weich
4 bis 8	weich
8 bis 18	mittelhart
18 bis 30	hart
>30	sehr hart

Tab. 330.1. *Wasserhärte nach Deutschen Härtegraden, °d*

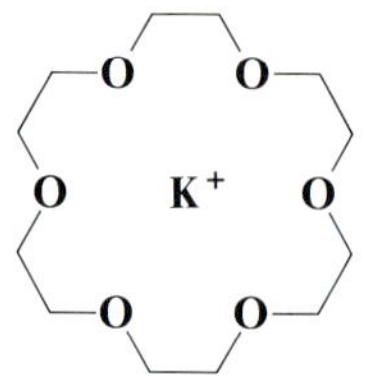

B 330.3. *Kronenether (18 Krone-6), komplexiert* K^+*-Ionen*

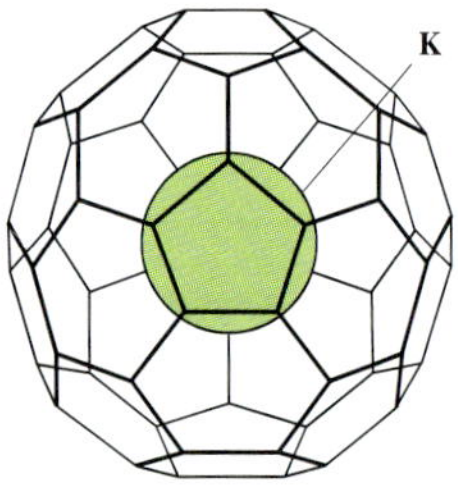

B 330.4. *Fußballähnliche Moleküle mit der Formel* C_{60}*, sog. Fullerene, bilden besonders stabile Kryptate.*

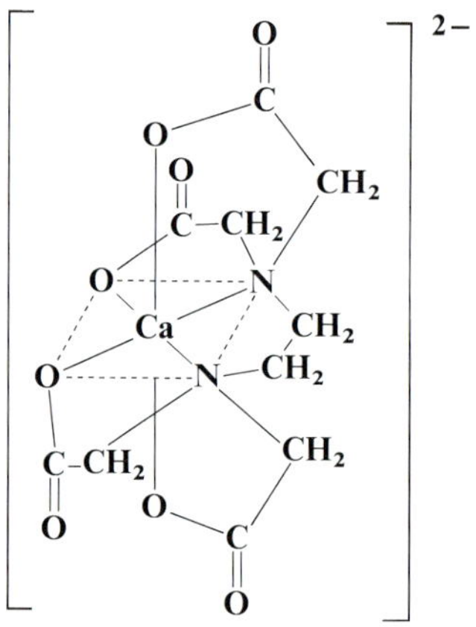

B 330.1. Ca(II)*-Komplex mit dem sechszähnigen Liganden* **edta**

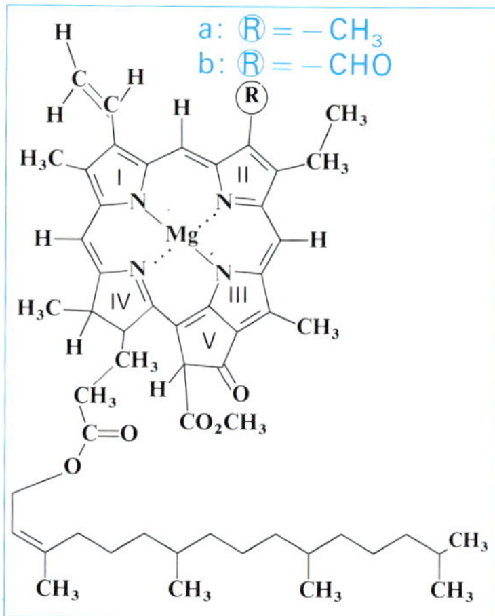

B 330.2. *Struktur von Chlorophyll a und b mit* **Mg(II)** *als Zentralatom*

die Titrationen im basischen Medium (gepuffert) durchgeführt, da so die während der Titration freigesetzten Protonen abgefangen werden (V 330.1.). Komplexbildner stellen den höchsten Massenanteil in Waschmitteln dar (S. 332 ff.).

In neuerer Zeit wurden Liganden „nach Maß" entwickelt, die zwischen Ionen „unterscheiden" können. So genannte Kronenether (B 330.3.) zentrieren ihre Sauerstoff-Atome in nahezu ebener Anordnung um das Zentral-Atom, wenn dieses die passende Ladung und das passende Volumen hat. Da beim gebildeten Komplex das Zentral-Ion von der äußeren chemischen Umgebung verborgen ist, nennt man derartige Komplexe *Kryptate*[1]. In Form von Kryptaten können z.B. Alkalimetall-Ionen in unpolare Medien, z.B. in Benzin oder Fetten, eingeschleust werden. In der biochemischen und medizinischen Forschung ist dies von Bedeutung.

In der **belebten Natur** erfüllen einige Chelat-Komplexe lebenswichtige Funktionen. Die Häm-Gruppe ist ein Eisen(II)-chelat und Bestandteil des Farbstoffs der roten Blutkörperchen, **Hämoglobin**, sowie des roten Muskelfarbstoffs **Myoglobin**. Hämoglobin dient dem Sauerstoff-Transport von der Lunge in die einzelnen Zellen.

Dem Ligandensystem des Hämoglobins verwandt sind jene der **Chlorophylle** (B 330.2.) und der des **Vitamin** $\mathbf{B_{12}}$. Während bei den Chlorophyllen Magnesium als Zentral-Atom fungiert, sind es beim Vitamin B_{12} Cobalt(I), Cobalt(II) oder Cobalt(III). Chlorophylle sind für die Photosynthese in Pflanzen unerlässlich, Vitamin B_{12} ist essentiell für alle höheren Lebewesen.

Mit der Darstellung des Komplexes $\mathbf{[Ru(NH_3)_5N_2]Br_2}$ im Jahr 1965 ist es erstmals gelungen, eine Verbindung mit elementarem Distickstoff als Liganden zu gewinnen (B 331.1.) Diese Entdeckung trägt zur Aufklärung der Stickstoff-Fixierung durch Pflanzen, z.B. Klee, bei.

[1] von *kryptos* (griech.) = verborgen

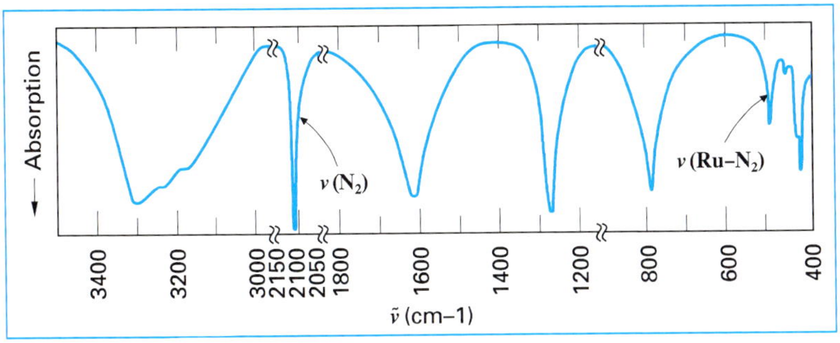

B 331.1. *Intrarot-Spektrum des ersten bekannten Komplexes mit einem* N_2*-Liganden,* $[Ru(NH_3)_5N_2]Br_2$.

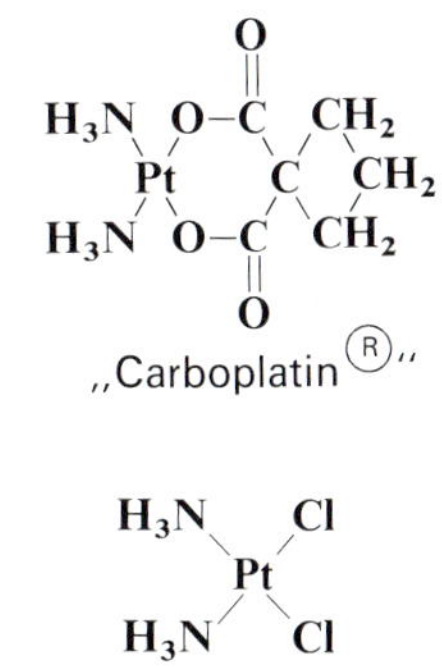

B 331.2. *Platin-Komplexe als Antitumormittel*

In der sog. *Chemotherapie* von Krebserkrankungen, wird das seit dem Jahr 1844 bekannte *cis*-Diammin-dichloroplatin(II) „Cisplatin®" (B 331.2.) eingesetzt. Auch andere Komplexe finden inzwischen bei der Bekämpfung von Tumoren Anwendung.

Bei der **großtechnischen Herstellung** einiger Metalle und organischer Grundstoffe sind Komplexe entweder als Zwischenprodukte in großen oder als Katalysatoren in kleinen Mengen beteiligt (Tab. 331.1.).

Phthalocyanin-Komplexe (B 331.3.) finden als sehr hitze-, säure- und basebeständige Pigmente Verwendung und werden neuerdings auch als organische Halbleiter für den Bau von Solarzellen getestet.

Farbe, Struktur, Stabilität und magnetisches Verhalten von Komplexen haben die Entwicklung von Modellen zur chemischen Bindung wichtige Impulse gegeben. Die MO-Theorie, wonach Liganden und Zentral-Atom gemeinsame Molekül-Orbitale ausbilden, erklärt die Eigenschaften der Komplexe am besten.

Technischer Prozess	Beteiligter Komplex
Aluminiumgewinnung (Schmelzflusselektrolyse)	$Na_3[AlF_6]$ (Zwischenprodukt)
Goldgewinnung (Cyanidlaugerei)	$Na[Au(CN)_2]$ (Zwischenprodukt)
Nickelgewinnung (MOND-LANGER-Verfahren)	$[Ni(CO)_4]$ (Zwischenprodukt)
Essigsäure-Herstellung aus Methanol und Kohlenstoffmonooxid (MONSANTO-Verfahren)	$[RhI_2(CO)_2]^-$ (Katalysator)
Acetaldehyd-Herstellung aus Ethen und Sauerstoff (WACKER-Verfahren)	$[PdCl_4]^{2-}$ (Katalysator)

Tab. 331.1. *Einige großtechnische Prozesse, bei denen Komplexe als Zwischenprodukte auftreten oder als Katalysatoren wirken.*

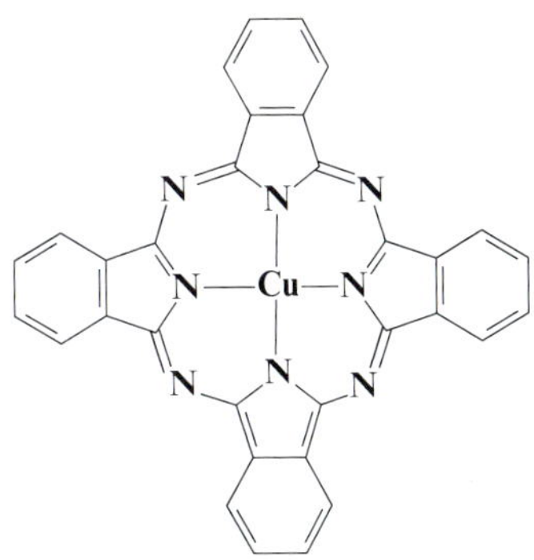

B 331.3. *Struktur des Phthalocyaninkupfer(II)-Komplexes*

12.4. Komplexe in Waschmitteln

Praktikum

Bestandteile eines Vollwaschmittels

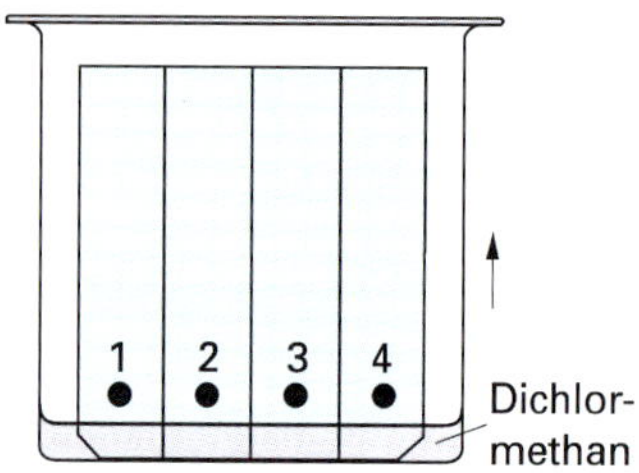

1 kein Tensid
2 Anionisches Tensid (Seifen-Lösung)
3 Tensid-Lösung aus PV 174.2.
4 Kationisches Tensid (Weichspüler)

B 332.1. *Dünnschichtchromatographie. Anleitungen zu PV 332.1.*

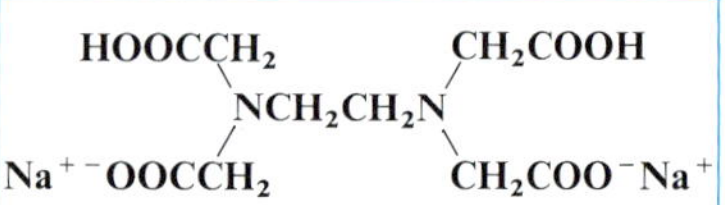

H_2Na_2edta (Titriplex III)

1. Aus dem verbrauchten Volumen an Zinksulfat-Lösung bei der Rücktitration bestimmt man das Volumen der benötigten Titriplex III-Lösung ($n(H_2Na_2edta):n(Zn^{2+})=1:1$).
2. 1 ml Titriplex-Lösung entspricht 2,689 mg Aluminium und damit 14,15 mg Zeolith (Massenanteil von Aluminium im Zeolith A: 19%)

B 332.2. *Komplexometrische Bestimmung von Zeolith in einem Waschmittel nach PV 333.1.*

Tenside

Versuche

PV 332.1. Tauchen Sie eine zurechtgeschnittene cellulosebeschichtete *Dünnschichtchromatographie-Folie* in eine Puffer-Lösung mit $pH=3$ und trocknen Sie die DC-Folie mit dem Föhn. Teilen Sie die DC-Folie durch Einritzen der Beschichtung in vier Bahnen. Tragen Sie mit einem Kapillarröhrchen auf jede Bahn einen Startfleck aus frisch zubereiteter Mischindikator-Lösung, die aus gleichen Volumenteilen einer Methylenblau-Lösung, $w=0{,}1\%$, und einer Methylorange-Lösung, $w=0{,}1\%$, besteht, auf. Trocknen Sie erneut mit dem Föhn. Tragen Sie anschließend auf diese Flecke jeweils die in B 332.1. angegebenen Lösungen auf, wobei die Tensid-Lösung nicht über den Indikatorfleck hinauslaufen darf. Stellen Sie nach abermaliger Trocknung die DC-Folie in die Entwicklungskammer, die 0,5 cm hoch mit Dichlormethan* als Fließmittel beschickt ist. Beobachten Sie die Flecken und Farben, nachdem die Steighöhe des Fließmittels etwa 5 cm beträgt. (Die Farben sind nicht lange haltbar.) Der Versuch kann mit verschiedenen Waschmitteln und Weichspülern durchgeführt werden.

PV332.2. Rühren Sie 5 g Waschmittel in ca. 50 ml Wasser 10 min lang im Wasserbad bei ca. 80 °C und saugen Sie die erhaltene Lösung durch einen BÜCHNER-Trichter ab. Sowohl die erhaltene Tensid-Lösung als auch der Rückstand dienen für weitere Versuche.

PV 332.3. Füllen Sie ein Glas randvoll mit Wasser, und fügen Sie tropfenweise Wasser hinzu, bis sich ein Wasserberg gebildet hat. Geben Sie dann einen Tropfen Tensid-Lösung dazu. Beobachtung?

PV 332.4. Schütteln Sie im Rggl. 2 ml Wasser, 0,5 ml Olivenöl und 1 ml Tensid-Lösung kräftig durch, stellen Sie das Rggl. in den Ständer und beobachten Sie die Entmischung. Vergleich mit einer Probe ohne Tensid-Lösung?

PV 332.5. Bewegen Sie einen dicken, mit Kohlepulver eingeriebenen Wollfaden in einer Tensid-Lösung hin und her. Beobachtung? Wiederholen Sie den Versuch mit Wasser statt Tensid-Lösung.

Builder (Komplexbildner)

PV 332.6. Erhitzen Sie ca. 50 ml klare, gesättigte Calciumhydrogencarbonat-Lösung zum Sieden und beobachten Sie die Lösung beim Abkühlen. Wiederholen Sie den Versuch mit einer zweiten Probe, der auch etwas Pentanatriumtriphosphat zugesetzt wurde. Setzen Sie einer dritten Probe etwas Vollwaschmittel hinzu und wiederholen Sie das Erhitzen und Abkühlen. Stellen Sie die Unterschiede bei den drei Proben fest.

PV 332.7. Nehmen Sie den Filtrationsrückstand aus PV 332.2. in 50 ml Wasser auf und führen Sie eine zweite *Extraktion* in der gleichen Weise wie bei PV 332.2. durch. Extrahieren Sie dann ein drittes Mal mit 50 ml 2-Propanol* bei 60 °C. Führen Sie mit dem Rückstand die PV 365.3. bis PV 365.6. durch.

Versuche

PV 333.1. Kochen Sie 1 g phosphatfreies Vollwaschmittel mit 25 ml Aktivkohle-Suspension und 25 ml Salzsäure*, $c = 3$ mol/l, 10 min lang. (Der Zeolith wird dabei zerstört, Aluminium-Ionen gehen in die Lösung.) Saugen Sie das abgekühlte Gemisch durch den BÜCHNER-Trichter, versetzen Sie das Filtrat mit 50 ml *Titriplex-III-Lösung*, $c = 0{,}1$ mol/l, und kochen Sie erneut 10 min lang. Fügen Sie zu der abgekühlten Lösung 50 ml Methanol* hinzu und stellen Sie durch Zugabe von Natriumacetat einen $p\mathrm{H}$-Wert von $p\mathrm{H} = 4$ ein. Fügen Sie noch 10 ml Acetatpuffer-Lösung* (aus Salzsäure und Essigsäure, jeweils $c = 2$ mol/l) hinzu und füllen Sie mit destilliertem Wasser auf 200 ml auf. Titrieren Sie jeweils 50 ml dieser Lösung mit Zinksulfat-Lösung, $c = 0{,}1$ mol/l, gegen den Indikator Dithizon (3-Mercapto-1,5-diphenyl-formazan). Man verwendet frisch hergestellte Dithizon-Lösung in Ethanol*, $w = 0{,}05\%$; beim Titrieren muss der Umschlag von blau nach rosa erfolgen. Der Versuch kann mit verschiedenen Waschmitteln und Weichspülern durchgeführt werden.

Bleichmittel

PV 332.2. Versetzen Sie im Rggl. 10 ml Kaliumiodid-Lösung, $c = 0{,}1$ mol/l, mit 1 ml Stärke-Lösung, 1 ml verdünnter Schwefelsäure-Lösung und einer Spatelspitze Waschpulver. Erwärmen Sie leicht. Beobachtung?

Optische Aufheller (Weißtöner)

PV 333.3. Betrachten Sie verschiedene Waschmittelproben unter einer *UV-Laborlampe* im abgedunkelten Raum. Tauchen Sie Papiertaschentücher in die Lösungen dieser Waschmittel und betrachten Sie sie anschließend unter der UV-Lampe. Beobachtung? **(Vorsicht! Nicht in die UV-Lampe schauen!)**

Auswertung

a) Erstellen Sie ein tabellarisches Protokoll zu allen durchgeführten Versuchen. Die Tabelle soll drei Spalten enthalten: Nr. des Versuchs, Beobachtungen und Ergebnisse, Deutung und Erklärung. Die dritte Spalte kann später ausgefüllt werden.

b) Methylenblau enthält farbgebende Kationen, Methylorange farbgebende Anionen. Worauf kann man aus den Farbfahnen auf der DC-Folie bei PV 332.1. schließen?

c) Berechnen Sie mit Hilfe der Angaben aus B 332.2. und Ihres Titrationsergebnisses aus PV 333.1. den Zeolith-Gehalt im untersuchten Waschmittel.

d) Formulieren Sie die Reaktionsgleichung für die Iod-Bildung bei PV 333.2.

e) Bei LV 333.5. bildet sich zunächst Borsäuremethylester aus Borsäure H_3BO_3 und Methanol; dieser verbrennt dann mit grüner Flamme. Geben Sie die Strukturformel des Borsäuretrimethylesters an.

Waschmittel gehören zu den meistbenutzten Alltagschemikalien. Es gibt sie im Handel und in der Werbung unter einer Vielfalt von Namen. Die Angaben von der Verpackung enthalten wichtige Informationen über die Zusammensetzung und den Gebrauch eines Waschmittels und sollten gelesen werden. Tab. 334.1. zeigt, dass es sich bei einem Vollwaschmittel um ein Gemisch aus recht vielen Stoffen handelt, von denen jeder eine Funktion erfüllt.

Tenside

Die Tenside (grenzflächenaktive Stoffe) sind die eigentlichen waschaktiven Komponenten und verdanken ihre „Waschkraft" den Eigenschaften, die wir in PV 332.3. bis PV 332.5. erkennen. Tenside erniedrigen die Oberflächenspannung des Wassers (PV 332.3.), stabilisieren Emulsionen (PV 332.4.) und begünstigen die Bildung von Suspensionen (PV 332.5.). Erklären lässt sich dieses Verhalten mit Hilfe des Teilchen-Modells.

Ein Tensid-Teilchen, ganz gleich ob Anion, Kation, Zwitter-Ion oder Molekül, hat ein hydrophiles Ende und einen hydrophoben „Schwanz" (B 333.1.). An der Wasseroberfläche ordnen sich die Tensid-Teilchen wie in B 334.1. an; dies führt dazu, dass die Oberflächenspannung abnimmt und ein Wasserberg auf einem vollen Glas einbricht (PV 332.3.).

Versuche

LV 333.4. *Phosphat-Nachweis:* Im Rggl. wird eine Spatelspitze Waschmittel mit 5 ml konz. Salpetersäure* erhitzt. Man fügt einige Milliliter salpetersaure Ammoniumpolymolybdat-Lösung* hinzu und lässt abkühlen. Beobachtung?

LV 333.5. *Perborat-Nachweis:* In einer Porzellanschale wird eine Spatelspitze Waschpulver mit 4 ml Methanol* überschichtet. Man fügt einige Tropfen konz. Schwefelsäure* hinzu und erhitzt das Gemisch. Anschließend werden die Dämpfe entzündet. Beobachten Sie die Flammenfärbung.

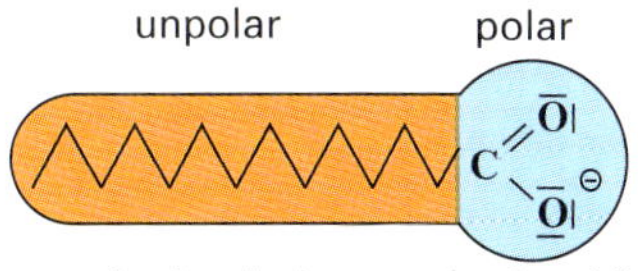

B 333.1 *Modell eines Tensid-Teilchens*

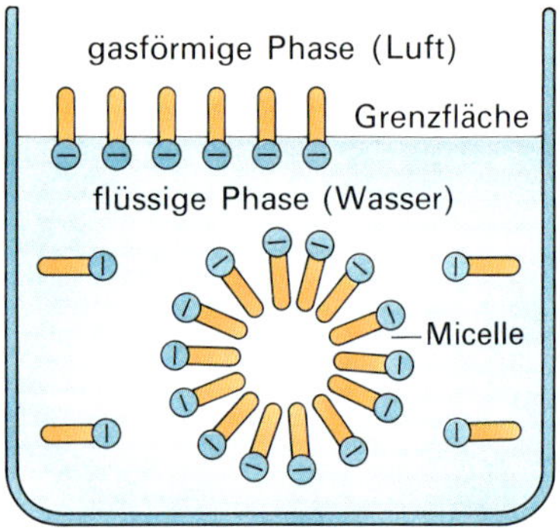

B 334.1. *Grenzflächenanordnung und Micellenbildung*

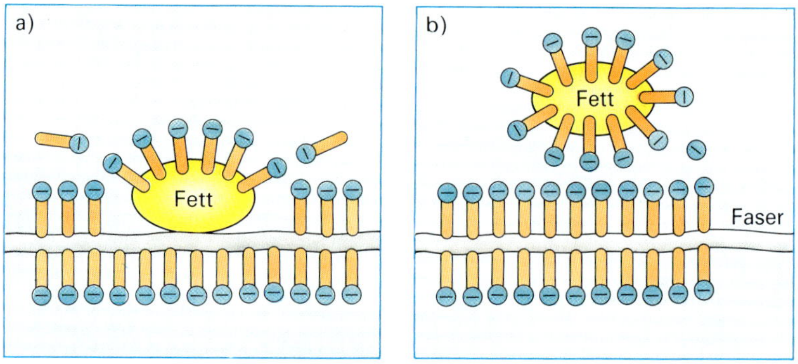

B 334.2. *Schmutzablösung beim Waschen (Bildung der Fett/Tensid-Micelle und ihre Ablösung von der Faser)*

Wirkstoff	Funktion	Massenanteil in %
Anionische Tenside	Schmutzlöser	5 bis 10
Nicht-ionische Tenside	Schmutzlöser	1 bis 5
Pentanatriumtriphosphat	Enthärter	0 bis 40
Zeolith A	Enthärter	0 bis 30
Natriumperborat	Bleichmittel	15 bis 35
Bleichaktivatoren, Stabilisatoren	Regulation der Perborat-Zersetzung	2 bis 4
Enzyme	Schmutzlöser	0,3 bis 1
Optische Aufheller	Erhöhung des Weißeindrucks	0,1 bis 0,3
Seifen	Schauminhibitor	1 bis 5
Natriumsilicat	Korrosionsinhibitor	2 bis 7
Carboxymethylcellulose	Vergrauungsinhibitor	0,5 bis 2
Parfümöle	Geruchsverbesserung	0,1 bis 0,2
Natriumsulfat	Lagerungsfähigkeit	5 bis 15

Tab. 334.1. *Zusammensetzung eines Vollwaschmittels*

Im Wasser lagern sich die Tensid-Teilchen bevorzugt zu *Micellen* zusammen (B 334.1.). Beim Waschvorgang werden flüssige oder feste fettartige Verschmutzungen zunächst benetzt, dann zerteilt und schließlich in Form von Micellen ins Waschwasser gebracht, das nun eine Emulsion bzw. Suspension darstellt (B 334.2.).
Durch Dünnschichtchromatographie nach PV 332.1. lassen sich *anionische, kationische* und *nicht-ionische Tenside* voneinander unterscheiden. Beim Farbstoff Methylenbau sind Kationen die farbgebenden Teilchen, beim Methylorange sind es Anionen. Ein kationisches Tensid zieht also eine gelborange Methylorange-Fahne auf die DC-Folie, ein anionisches Tensid ist durch eine blaue Methylenblau-Fahne zu erkennen und ein nicht-ionisches Tensid durch eine grünliche Fahne (Mischung aus Methylorange und Methylenblau).
Von den ca. 500000 t jährlich in Deutschland verbrauchten Tensiden sind ca. 55% anionische und ca. 35% nicht-ionische Tenside. Über 90% dieser Tenside sind innerhalb von drei Wochen durch natürliche Mikroorganismen biologisch abbaubar.
Tenside werden auch bei der Herstellung von Kosmetika (Salben, Cremes, Lotionen), von Dispersions- und Emulsionsfarben, von Speiseeis und Schokolade, von Autoölen und Anstrichmitteln verwendet, überall dort, wo wässrige und ölige Phasen zu stabilen Emulsionen oder Suspensionen vermischt werden müssen.

Komplexbildner (Builder)

Tenside allein verlieren in normalem Brauchwasser, das Ionen gelöster Salze enthält, als waschaktive Stoffe an Wirksamkeit, weil sie z.T. mit den Ionen aus dem Wasser schwer lösliche Salze bilden. Dies ist vor allem zwischen Tensid-Anionen und Calcium-Ionen aus dem Wasser der Fall. Außerdem bilden sich beim Waschen mit hartem Wasser Kalkablagerungen an Teilen der Waschmaschine (vgl. PV 332.6.) oder sogar an den Textilfasern. Den **Buildern (Komplexbildnern)**, die in Vollwaschmitteln den größten Massenanteil haben, kommt eine doppelte Aufgabe zu: Sie enthärten das Wasser und unterstützen den Waschvorgang, indem sie die mit Hilfe der Tenside gebildeten Schmutzmicellen (B 334.2.) wegtragen helfen.

Beide Aufgaben werden vom *Pentanatriumtriphosphat* (B 335.2.) hervorragend erfüllt. Es ist ungiftig und man hielt es auch für die Umwelt für unbedenklich, weil Phosphate wertvolle Düngemittel sind. Gerade dies führte aber aufgrund der riesigen Mengen an Phosphaten, die in Flüsse und Seen gelangten, zur Überdüngung der Gewässer. Eine sprunghafte Algenvermehrung und das Absterben von Gewässern durch Eutrophierung waren die Folgen. Man hat deshalb den Phosphat-Anteil in Waschmitteln stark reduziert und das Pentanatriumtriphosphat durch *Zeolith A* (*Sasil*, vgl. auch S. 366) ersetzt. Als Wasserenthärter sind Zeolithe sehr wirksam, sie haben aber kein gutes Schmutztragevermögen. Während die Komplexe aus Triphosphat-Anionen und Calcium-Ionen die Größenordnung von Molekülen haben, also in Lösung sind, bilden die Zeolith-Körner eine zwar fein verteilte, aber immerhin feste Phase, die während des ganzen Waschvorgangs bestehen bleibt. Die Triphosphat-Komplexe gehen mit den polaren Oberflächen der Schmutzmicellen Wechselwirkungen ein, die Zeolith-Körner dagegen kaum.

Salze der Nitrilotriessigsäure (*Nitrilotriacetate NTA*) haben ähnliche Eigenschaften wie das Pentanatriumtriphosphat, stehen aber im Verdacht, Schwermetall-Ionen aus bereits abgelagerten Sedimenten zu komplexieren und somit wieder zu mobilisieren. Somit käme es zu toxischen Wirkungen bei Wassertieren. Der Zusatz von NTA in Waschmitteln wird deshalb – wenn überhaupt – ganz niedrig gehalten. Bei Spülmitteln wird *Natriumcitrat*, ein Salz der Citronensäure, eingesetzt. Es ist ökologisch völlig unbedenklich, unterstützt jedoch die Waschwirkung nur wenig und komplexiert die Calcium-Ionen aus dem Wasser nur bei relativ niedriger Temperatur.

Weitere Bestandteile eines Waschmittels

Bleichmittel in Waschpulvern bewirken die Entfernung farbiger Verschmutzungen wie Obst- und Gemüseflecken durch deren oxidativen Abbau. *Natriumperborat* ist das am häufigsten verwendete Bleichmittel (B 336.1.). Oberhalb von 60 °C hydrolysieren die Perborat-Anionen unter Freisetzung von Wasserstoffperoxid, das in der alkalischen Tensid-Lösung Perhydroxy-Anionen HO_2^-, relativ starke Oxidationsmittel, bildet:

$$B_2H_4O_8^{2-} + 2H_2O \rightarrow 2H_2BO_3^- + 2H_2O_2$$
$$2H_2O_2 + 2OH^- \rightarrow 2HOO^- + 2H_2O$$

Um bereits bei 60°-Wäsche auch eine Bleichwirkung zu erreichen, setzt man dem Waschmittel etwas *Tetraacetylethylendiamin TAED* (B 336.1.) zu, das die Perborat-Hydrolyse katalysiert.

Optische Aufheller (Weißtöner) bewirken, dass auch Wäsche, die durch das häufige Waschen bereits einen Gelbstich bekommen hat, strahlend weiß erscheint. Es handelt sich dabei um Stoffe, die das Phänomen der *Fluoreszenz* aufweisen (S. 298 f.). Sie absorbieren die UV-Anteile aus dem Tageslicht und strahlen blaues Licht aus. Dadurch wird der Gelbton der Wäsche kompensiert und diese erscheint weiß. Bei hautempfindlichen Personen können die Weißtöner zu Irritationen, Dermatosen und Allergien führen.

Anionische Tenside

$H_3C(CH_2)_nCOO^-Na^+$ n = 9 bis 19
Seifen

$H_3C(CH_2)_nOSO_3^-Na^+$ n = 10 bis 17
Fettalkoholsulfonat

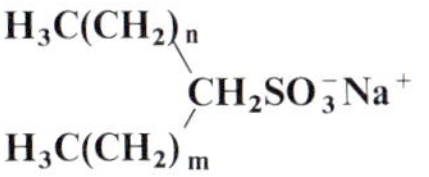

n = 4 bis 7
m = 5 bis 10
Alkylsulfonat (AS)

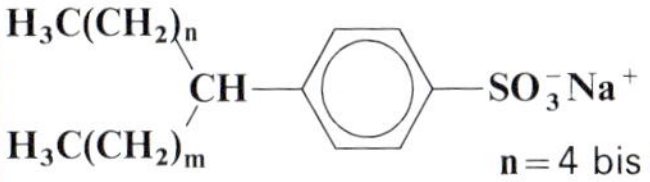

n = 4 bis 5
m = 7 bis 9
Alkylbenzolsulfonat (ABS)

Kationische Tenside

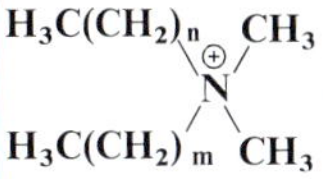

Cl^- n, m = 15 bis 17
Tetraalkylammoniumchlorid

Nicht-ionische Tenside (Niotenside)

$H_3C(CH_2)_n{-}O({-}CH_2{-}CH_2{-}O)_m{-}H$
Fettalkoholpolyglykolether n = 8 bis 18
m = 3 bis 15

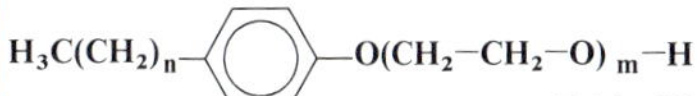

n = 7 bis 18
m = 3 bis 15
Alkylphenolpolyglykolether

B 335.1. *Viel verwendete Tenside*

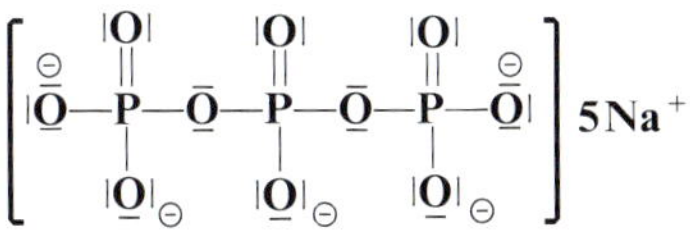

Pentanatriumtriphosphat

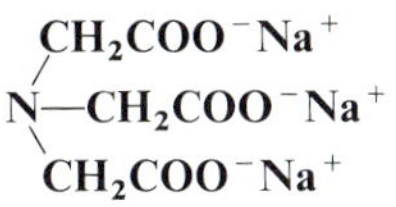

Natrium-trinitriloacetat NTA

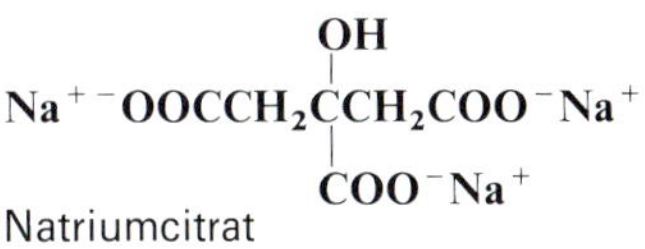

Natriumcitrat

$xNa_2O \cdot yAl_2O_3 \cdot 2SiO_2$
Zeolith
(Natriumaluminiumsilicat)
(vgl. auch S. 367)

B 335.2. *Builder (Komplexbildner)*

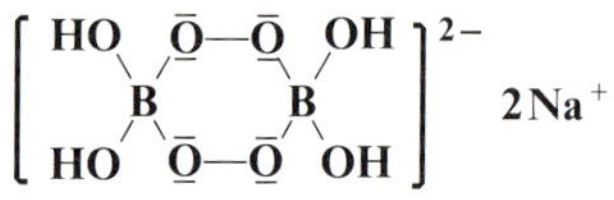

Natriumperborat

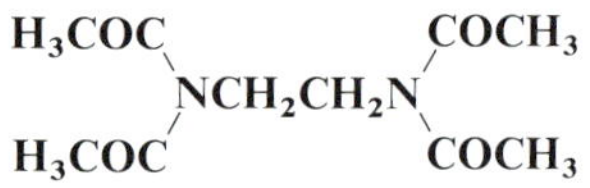

Tetraacetylethylendiamin TAED

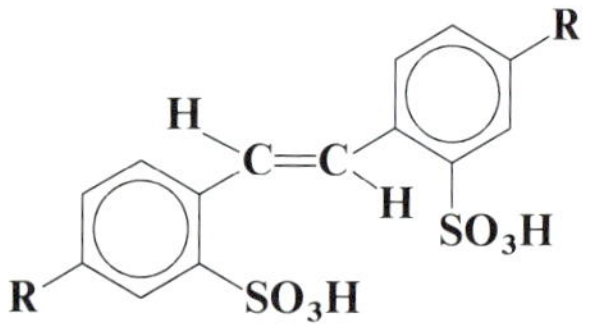

Stilbendisulfonsäurederivat

B 336.1. *Bleichmittel, Katalysator* **TAED** *und Weißtöner*

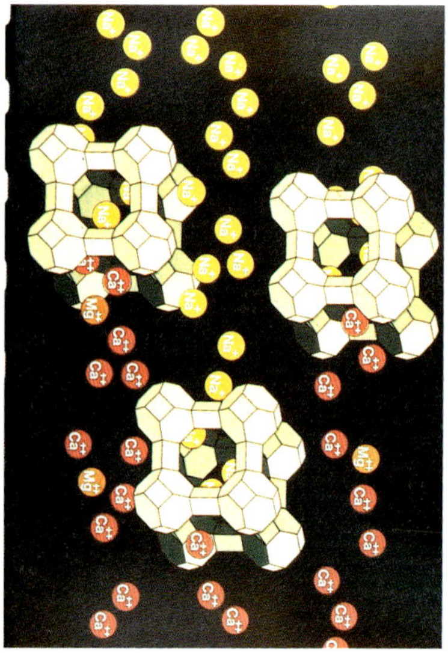

B 336.2. *Modelle zum Ionenaustausch am Zeolithen. Die Natrium-Ionen sind durch gelbe Kreise dargestellt, die Calcium-Ionen durch rote und die Magnesium-Ionen durch orange.*

Neue Fachbegriffe

anionische, kationische und nicht-ionische Tenside, Builder, Bleichmittel, optische Aufheller, Schauminhibitor, Vergrauungsinhibitor, Korrosionsinhibitor

Enzyme helfen beim Entfernen von Blut-, Eigelb-, Milch- und Backwarenflecken. *Proteasen* katalysieren den Abbau von Eiweißen und *Amylasen* den Abbau von Kohlenhydraten. Sie wirken am besten bei Temperaturen zwischen 35 °C und 60 °C, also beim Vorwaschen und beim Waschen unter 60 °C.

Schauminhibitoren sind Seifen, deren Anionen über 20 Kohlenstoff-Atome enthalten. Sie bilden mit den restlichen Calcium-Ionen aus dem Wasser Calciumseifen, die eine übermäßige Schaumbildung bei Trommelwaschmaschinen verhindern.

Vergrauungsinhibitoren unterstützen das Schmutztragevermögen der Tenside ähnlich wie das Pentanatriumtriphosphat. *Carboxymethylcellulose* (Hydroxy-Gruppen aus Cellulose-Molekülen wurden durch Carboxymethyl-Gruppen OCH_2COOH ersetzt) wechselwirkt mit den Schmutzmicellen (B 334.2.) und hält diese in der Waschflotte, verhindert also ihre Absetzung auf die Fasern.

Natriumsilicat (Wasserglas) schützt die Maschinenteile vor Korrosion im alkalischen Waschmedium und *Natriumsulfat* wird dem Waschpulver zugesetzt, um sein Rieselvermögen auch nach längerer Lagerung zu gewährleisten. Billigwaschmittel enthalten oft recht hohe Massenanteile an unwirksamem Natriumsulfat.

Aufgaben

A 336.1. Anionische Tenside verursachen beim Waschwasser eine alkalische Reaktion, $p\mathrm{H} > 7$. Erklären Sie den Sachverhalt mit einer Reaktionsgleichung.

A 336.2. Fettalkoholsulfonate (vgl. B 335.1.) mit weniger als 10 und solche mit mehr als 17 Methylen-Gruppen CH_2 sind nur wenig oder gar nicht waschaktiv. Erklärung?

A 336.3. Ist die Verbindung mit der Formel $H_3C(CH_2)_{16}COOCH_3$ Ihrer Meinung nach waschaktiv? Begründung.

A 336.4. Zu welchen Arten von Wechselwirkungen kommt es a) innerhalb einer Micelle und b) zwischen Micelle und Umgebung (vgl. B 334.2.). Unterscheiden Sie zwischen ionischen und nicht-ionischen Tensiden.

A 336.5. Welche Vor- und Nachteile hat der Zeolith A (Sasil) gegenüber Pentanatriumtriposphat als Builder?

A 336.6. Warum werden Calcium-Ionen in den Hohlräumen des Zeolithen besser festgehalten als Natrium-Ionen (B 336.2.)?

A 336.7. Warum sollten Dusch-Lotionen und Shampoos möglichst „$p\mathrm{H}$-neutral" und „rückfettend" sein?

A 336.8. Die Zellmembran der Lebewesen ist eine Doppellipidschicht aus Lecithin-Molekülen (B 63.1. und B 63.2.). Welchen Tensiden aus B 335.1. kommt Lecithin am nächsten? Begründung.

A 336.9. Bariumsulfat ist schwer löslich ($K_L = 1{,}5 \cdot 10^{-9}\ \mathrm{mol^2 \cdot l^{-2}}$). Planen Sie einen Nachweisversuch für Natriumsulfat in Waschmitteln und führen Sie ihn durch.

Zusammenfassung

Mit Hilfe in der Schule durchführbarer Methoden wie Extraktion, Filtration, Titration, Dünnschichtchromatographie und anderer können die Bestandteile von Waschmitteln bestimmt und ihre Eigenschaften nachgewiesen werden. Am Beispiel eines Vollwaschmittels wird deutlich, dass erst die Kombination vieler Stoffe ein Alltagsprodukt gibt, an das hohe Forderungen gestellt werden.

13. Kunststoffe

B 337.1. *Kunststoffe im Segelsport*

Makromolekulare Stoffe, die **Polymere**, besitzen wegen ihrer besonderen Eigenschaften als Werkstoffe eine außergewöhnliche Bedeutung. Zu ihnen gehören die *natürlichen Polymere* wie *Cellulose* (S. 54) in Holz, Baumwolle u.a. oder *Proteine* (S. 270ff.) in Wolle, Seide, Leder u.a. sowie die *synthetischen Polymere*, die *Kunststoffe*. Kunststoffe sind aus unserer heutigen Welt nicht mehr wegzudenken. Wir begegnen ihnen überall, als Dämm-Material oder Fußbodenbelag, als Autositz, Verpackungsmaterial oder als Sportgerät.
Während die ersten Kunststoffe überwiegend als Ersatz für die nicht in genügender Menge vorhandenen und teuren Naturstoffe dienten, wurden sie später zur Massenware. Heute geht der Trend mehr und mehr zu Spezialkunststoffen, die für einen ganz bestimmten Einsatzbereich entwickelt werden.

13.1. Struktur und Eigenschaften

Natürliche und künstliche Polymere bestehen aus Makromolekülen mit Molekülmassen über etwa 10000 u. Polymer-Moleküle sind aus kleinen immer wiederkehrenden Struktureinheiten aufgebaut. Dies erkannte als erster HERMANN STAUDINGER[1], der den Aufbau und die Struktur von Makromolekülen erforschte.

[1] HERMANN STAUDINGER (1881 bis 1965), Begründer der makromolekularen Chemie, Nobelpreis 1953

Praktikum

Untersuchung von Kunststoffen

Verwenden Sie für die folgenden Versuche verschiedene Kunststoffproben, z.B. Stücke aus Joghurtbechern, Plastiktüten und -flaschen, Styropor, Dumoprägeband usw. sowie Kunststoffproben bekannter Zusammensetzung, z.B. Polyethen, Polyester, Polyamid, Polyvinylchlorid, Polystyrol u.a.

Versuche

PV 337.1. Abzug! Untersuchen Sie die Kunststoffproben mit dem Bunsenbrenner auf Brennbarkeit, Rußbildung und Schmelzverhalten.

PV 337.2. Abzug! Erhitzen Sie Kunststoffproben im Rggl. Prüfen Sie die gasförmigen Zersetzungsprodukte* mit feuchtem *p*H-Papier.

PV 337.3. Erwärmen Sie Kunststoffproben vorsichtig über kleiner Bunsenbrennerflamme (nicht anbrennen lassen) und prüfen Sie die Biegsamkeit.

PV 337.4. Prüfen Sie die Beständigkeit der Kunststoffproben in a) Aceton*, b) Benzin*, c) verd. und konz. Natronlauge*, d) verd. Schwefelsäure*. Übergießen Sie dazu in Rggl. die Kunststoffproben mit wenigen ml der Chemikalie und lassen Sie die verschlossenen Rggl. einige Tage stehen.

Auswertung

a) Stellen Sie ihre Versuchsergebnisse tabellarisch zusammen.
b) Versuchen Sie die unbekannten Kunststoffproben zu identifizieren (vgl. die Eigenschaften mit denen der bekannten Proben und den in Tab. 337.1.).

Polyethen Polypropen	brennt leuchtend, tropft
Polyvinylchlorid	brennt nur in der Flamme, saure Reaktion der Verbrennungsgase
Polystyrol	brennt mit stark rußender Flamme
Polyamid	brennt nur in der Flamme, tropft, Zersetzungsprodukte: alkalisch
Polyester	brennt leuchtend, rußt, tropft, Zersetzungsprodukte: sauer
Phenoplast	verkohlt

Tab. 337.1. *Brandverhalten einiger Kunststoffe*

B 338.1. *Brandtest: Polystyrol*

Einige einfache Versuche geben erste Hinweise auf die Struktur von Polymeren. So rußen z.B. Kunststoffe mit aromatischen Gruppen wie Polystyrol beim Verbrennen stärker als andere (PV 337.1.).
Hydrogenchlorid als Zersetzungsprodukt zeigt Chlor-Atome im Makromolekül an, Ammoniak weist auf Amino-Gruppen hin (PV 337.2.). Auch durch ihr Lösungsverhalten lassen sich verschiedene Kunststoffe unterscheiden und bestimmten Gruppen zuordnen (PV 337.4.).
Beim Erwärmen werden einige Kunststoffe weich und formbar (PV 337.3.). Diese **thermoplastischen Kunststoffe** erstarren beim Abkühlen wieder in der neuen Form. Zu ihnen gehören die bekannten Kunststoffe für Verbrauchsgüter wie Plastikschüsseln und Verpackungsmaterial. Eine andere Gruppe von Kunststoffen ändert ihre Form beim Erwärmen nicht. Erst beim stärkeren Erhitzen zersetzen sich diese Kunststoffe, ohne zu erweichen. Diese im Unterschied zu den **Thermoplasten** nicht verformbaren Polymere nennt man **Duroplaste**. Duroplaste sind Kunststoffe mit großer Festigkeit und Wärmebeständigkeit.
Thermoplaste bestehen aus linearen oder verzweigten Makromolekülen (B 338.3.a), die untereinander mehr oder weniger starke intermolekulare Wechselwirkungen ausüben. Beim Erwärmen bewegen sich die Moleküle stärker, sodass der Kunststoff allmählich erweicht oder bei stärkerem Erwärmen schmilzt. Er schmilzt nicht wie ein Reinstoff bei einer bestimmten Temperatur, sondern über einen größeren Temperaturbereich. Dies zeigt an, dass Polymere nicht aus einheitlichen Makromolekülen, sondern **uneinheitlich**, also aus Makromolekülen unterschiedlicher Kettenlänge aufgebaut sind.
Duroplaste bestehen dagegen aus vernetzten Molekülen, die ein **unregelmäßiges** dreidimensionales Gitter bilden (B 338.3.b). Daher erweichen Duroplaste beim Erhitzen nicht.
Eine dritte Gruppe von Polymeren, die **Elastomere**, zu denen die natürlichen und synthetischen Gummis zählen, besitzen nur wenige Quervernetzungen zwischen den Molekülketten (B 338.3.c). Dadurch sind sie elastisch, also dehn- und formbar, aber sobald die Zug- oder Druckspannung nachlässt, nehmen sie ihre ursprüngliche Form wieder an.
Die kettenförmigen Makromoleküle der Thermoplaste bilden wie Spaghetti auf einem Teller ungeordnete Molekülknäuel (B 339.1.). Polymere mit dieser *amorphen Struktur* sind meist glasartig, transparent und spröde.

B 338.2. *Mülltonne aus thermoplastischem Polyethen*

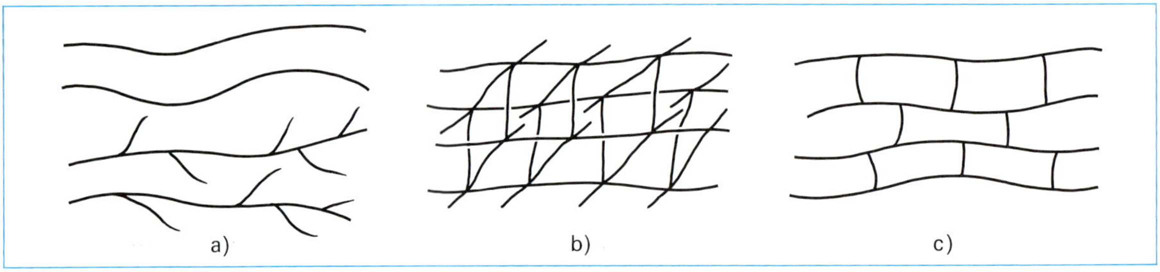

B 338.3. *Strukturprinzip eines Thermoplasts (a) eines Duroplasts (b) und eines Elastomers (c)*

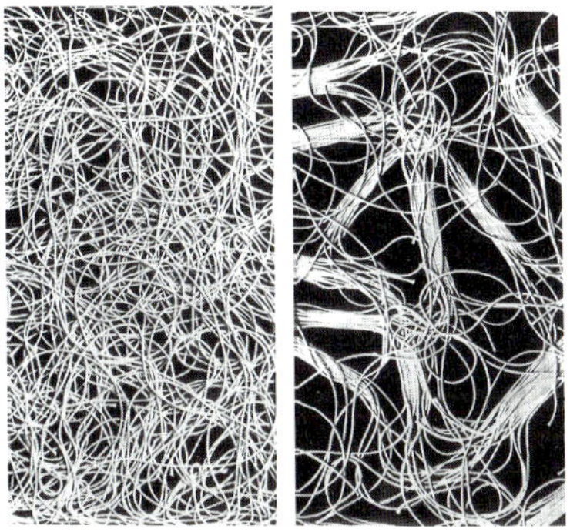

B 339.1. *Amorphe und teilkristalline Struktur eines Thermoplasten*

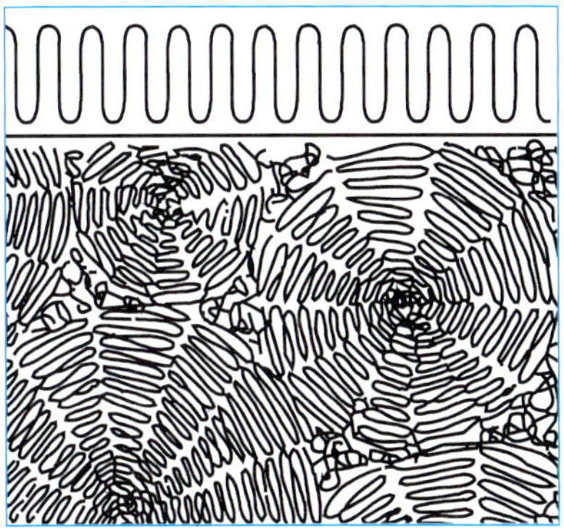

B 339.2. *Lamellenfaltung und Sphärolithbildung (schematisch)*

B 339.3. *Sphärolithe unter dem Polarisationsmikroskop*

Es können sich aber auch geordnete, *kristalline Bereiche*, **Kristallite**, ausbilden, in denen die Makromoleküle parallel zueinander ausgerichtet (B 339.1.) oder lamellenartig (B 339.2.) gefaltet sind. In der polarisationsmikroskopischen Aufnahme (B 339.3.) erkennt man kugelförmige Kristallite, so genannte **Sphärolithe**[1], die sich aus den Makromolekül-Lamellen bilden.

Zwischen diesen liegen amorphe Bereiche vor. Der *Kristallinitätsgrad* ist abhängig von der Gestalt des Makromoleküls, der Art und Stärke der zwischenmolekularen Bindungen und der Verarbeitung des Polymeren. Verzweigte und unregelmäßig gebaute Makromoleküle bilden nur geringe kristalline Bereiche. An den Kristalliten wird Licht gestreut und reflektiert. Daher sind Polymere mit teilkristalliner Struktur nicht transparent. Sie sind härter, wärmebeständiger und haben eine höhere Schmelztemperatur als solche mit amorpher Struktur.

[1] von *sphairo* (griech.) = Kugel und *lithos* (griech.) = Stein

Thermoplaste
Polyethen, Polypropen, Polystyrol, Polyamide, einige Polyester und Polyurethane

Duroplaste
Phenoplaste, einige Polyester, einige Polyurethane

Elastomere
Polyisopren, Polybutadien, einige Polyurethane

B 339.4. *Beispiele von Thermoplasten, Duroplasten und Elastomere*

Aufgaben

A 339.1. Die Verteilung von Makromolekülen unterschiedlicher Molekülmasse ist in B 339.5. für zwei Polymerproben angegeben. Wie unterscheiden sich diese Polymere in ihrem Schmelzverhalten?

A 339.2. Eine thermoplastische Polyethen-Folie lässt sich auf die mehrfache Länge dehnen, aber im Gegensatz zu elastischem Gummi zieht sie sich nach der Dehnung nicht mehr zusammen. Erklären Sie dies.

A 339.3. Im Deutschen Museum in München ist folgender Versuch aufgebaut und von jedem Besucher durchführbar: An einem Gummiband ist ein Gewicht befestigt, das auf einer Waage aufliegt. Bestrahlt man das Gummiband mit infrarotem Licht („warmem Licht"), zeigt die Waage kleinere Werte an. Beim Ausschalten der Lampe kommt die Waage in die ursprüngliche Position zurück. Erklären Sie diesen Sachverhalt.

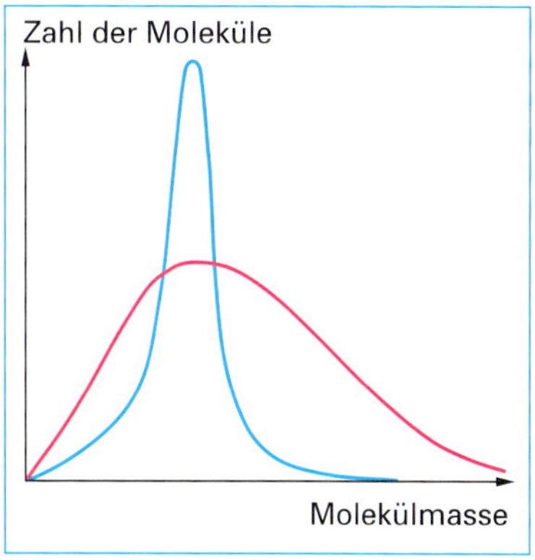

B 339.5. *zu A 339.1.*

Zusammenfassung

Aufgrund ihrer Eigenschaften lassen sich Kunststoffe in Thermoplaste, Duroplaste und Elastomere einteilen. Sie unterscheiden sich in ihrem Molekülaufbau. Thermoplaste bestehen aus einzelnen Makromolekülen. Diese lagern sich zu amorphen Molekülknäueln zusammen, in die Kristallite eingebettet sein können. Duroplaste bestehen aus eng vernetzten Molekülgittern, Elastomere aus schwach vernetzten Molekülgittern.

Neue Fachbegriffe

Makromolekül, Polymer, Thermoplast, Duroplast, Elastomer, Sphärolithe, Kristallite

Versuch

V 340.1. In einen Tropftrichter füllt man 50 ml Glykol*, in einen zweiten 50 ml Glycerin*. Man lässt die Flüssigkeiten gleichzeitig in zwei Messzylinder ausfließen und vergleicht die Auslaufzeiten.

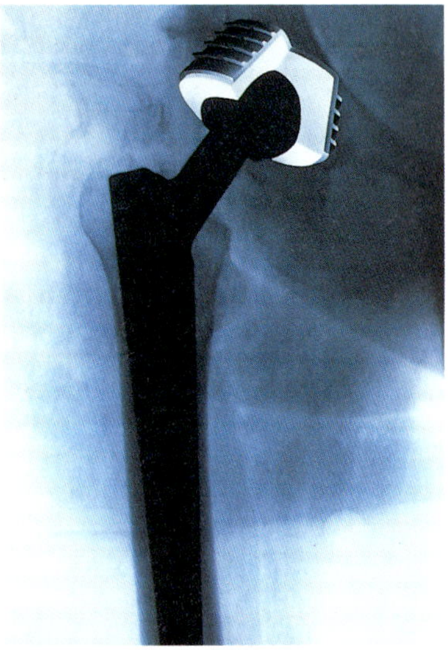

B 340.1. *Künstliches Hüftgelenk aus ultrahochmolekularem Polyethen*

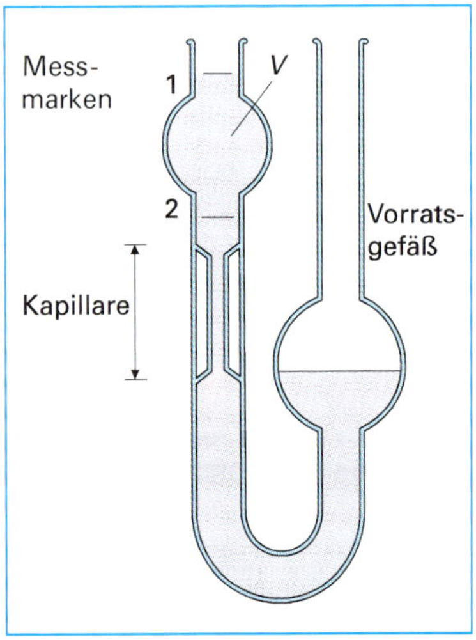

B 340.2. *Kapillarviskosimeter*

Molekülmassenbestimmung von Makromolekülen

Nicht nur die Molekülstruktur und der Kristallinitätsgrad, sondern auch die Kettenlänge oder Molekülmasse der Makromoleküle sowie die Molekülmassenverteilung beeinflussen die Materialeigenschaften von Polymeren in entscheidendem Maße. So ist z.B. niedermolekulares Polyethen mit Molekülmassen unter 10000 u wachsartig. Polyethen für Haushaltswaren besteht aus Makromolekülen mit einer durchschnittlichen Molekülmasse von ca. 30000 u. Für die Herstellung von künstlichen Hüftgelenken wird ultrahochmolekulares Polyethen (Molekülmassen um 1000000 u) verwendet, das sich durch hohe Festigkeit, gute Gleiteigenschaften und insbesondere durch Stoß dämpfende Wirkung auszeichnet.
Die Bestimmung der Molekülmasse und ihrer Verteilung ist daher zur Charakterisierung von Polymeren von Bedeutung. Es sind verschiedene Verfahren üblich.

Durch **Viskositätsmessungen**, die vor allem für Routineuntersuchungen in der Produktionsüberwachung eingesetzt werden, lässt sich die mittlere molare Masse eines Polymeren ermitteln.
Die Viskosität einer Flüssigkeit, im Alltag mit Zäh- oder Dickflüssigkeit umschrieben, ist abhängig von der Molekülmasse, der Molekülgestalt und den zwischenmolekularen Bindungen. Sie kann, wie am Beispiel von Glykol und Glycerin (V 340.1.) veranschaulicht wird, durch Messung der Durchflusszeit einer bestimmten Flüssigkeitsportion durch ein Kapillarrohr bestimmt werden.
Zur Bestimmung der molaren Masse von Polymeren verwendet man *Kapillarviskosimeter* (B 340.2.). Aus dem Vorratsgefäß wird die Polymer-Lösung bis über die Messmarke 1 hochgesaugt. Man bestimmt die Durchflusszeit, bis der Flüssigkeitsspiegel von der Messmarke 1 auf die Messmarke 2 gesunken ist. Unter standardisierten Bedingungen, d.h. bei gleich bleibenden Parametern – Art des Polymers und des Lösungsmittels, Konzentration, Druck, Temperatur, Geräteabmessungen des Kapillarviskosimeters (Kapillarlänge und -radius, Durchlaufvolumen, Abstand der Messmarken) – kann man aus der Durchflusszeit direkt auf die mittlere molare Masse des gelösten Polymers schließen. Viskositätsmessungen werden beispielsweise in der Produktionsüberwachung eingesetzt, um zu überprüfen, wie weit eine Polymerisation fortgeschritten ist, d.h., ob das synthetisierte Polymer schon die gewünschte Molekülmasse erreicht hat.

Da Polymere aus einem Gemsich von Makromolekülen bestehen, lassen sich für die molare Masse nur Durchschnittswerte ermitteln. **Chromatographische Verfahren** wie die *HPLC*- (**h**igh **p**ressure **l**iquid **c**hromatography) oder die *Gel-Chromatographie* liefern dagegen genauere Aussagen über die Verteilung der Makromoleküle im Gemisch und deren Molekülmasse. Bei der *Gel-Chromatographie* besteht die stationäre Phase (vgl. S. 23) aus porösen *Trenngelen*, kleinen Kügelchen mit unterschiedlich großen Poren. Als Material eignen sich Polysaccharide oder Kieselgele. Große Moleküle können nicht

in die Poren eindringen und wandern daher schnell durch die Trennsäule, kleinere Moleküle dringen in die Poren ein und werden daher in der Säule zurückgehalten. Die Trenngele wirken sozusagen wie ein *Molekularsieb* (B 341.1.).
Bei der *HPLC-Methode* ist die Trennsäule mit einer stationären Phase aus extrem fein zerteiltem Material gefüllt. Dadurch wird einerseits eine besonders gute Trennung erzielt, aber andererseits müssen größere Drücke bis zu 40 MPa angewandt werden, um die zu trennende Probe in einer angemessenen Zeit durch die Säule zu schicken. Die HPLC-Methode ist heute das leistungsfähigste Chromatographie-Verfahren. Sie eignet sich zur Analyse von Polymeren ebenso wie zur Analyse komplizierter Stoffgemische wie z.B. aus Biomolekülen.

Bei einigen Polymeren, wie z.B. der Polymilchsäuren, lässt sich die mittlere molare Masse durch **Endgruppenbestimmung** ermitteln.

Polymilchsäure, ein natürliches Polymer, wird in der Medizin zur Umhüllung von Implantaten verwendet. Sie wird nämlich vom Körper vollständig resorbiert und durch Bindegewebe ersetzt, wodurch das Implantat fest verankert ist.
Polymilchsäure entsteht durch Erhitzen von Milchsäure auf über 120 °C unter Wasserabspaltung nach:

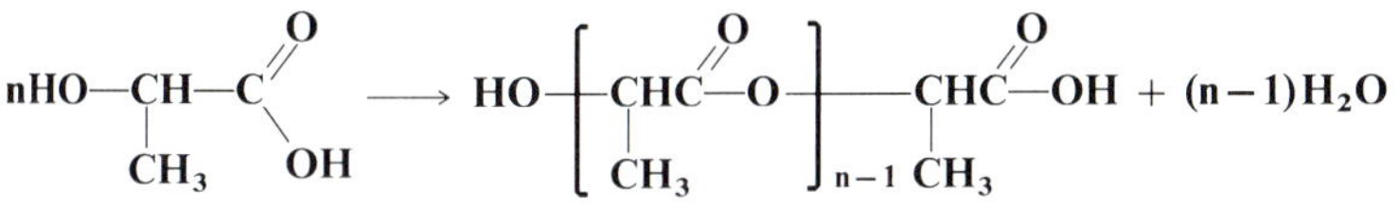

Milchsäure — Polymilchsäure

Die endständigen Carboxy-Gruppen lassen sich durch Titration mit Natronlauge erfassen. Da jedes Polymer-Molekül eine Carboxy-Gruppe besitzt, lässt sich die Stoffmenge und die mittlere molare Masse der Polymilchsäure bestimmen.

Beispiel
Eine Probe von $m = 2{,}15$ g wasserfreier Polymilchsäure wird in einem Gemisch aus Aceton und Wasser gelöst und mit 10,9 ml Natronlauge, $c = 0{,}1$ mol/l, gegen Phenolphthalein titriert. Durch Berechnung erhält man daraus die mittlere molare Masse der Polymilchsäure in der titrierten Probe $M = 1972$ g/mol.

Aufgaben
A 341.1. Erläutern Sie, warum sich Viskositätsmessungen für Routineuntersuchungen eignen.

A 341.2. Erläutern Sie die Ermittlung der molaren Masse bei der Polymilchsäure und führen Sie zu dem im Text genannten Beispiel die nötigen Rechnungen durch.

A 341.3. Erklären Sie, warum Polyethen mit einer mittleren Molekülmasse von 10000 u wachsartig, mit einer Molekülmasse von 100000 u dagegen fest ist.

A 341.4. Erläutern Sie, warum die Gel-Chromatographie vorwiegend zur Analyse von Polymeren eingesetzt wird, die HPLC-Chromatographie dagegen auch zur Trennung von Gemischen aus Molekülen etwa gleicher Größe.

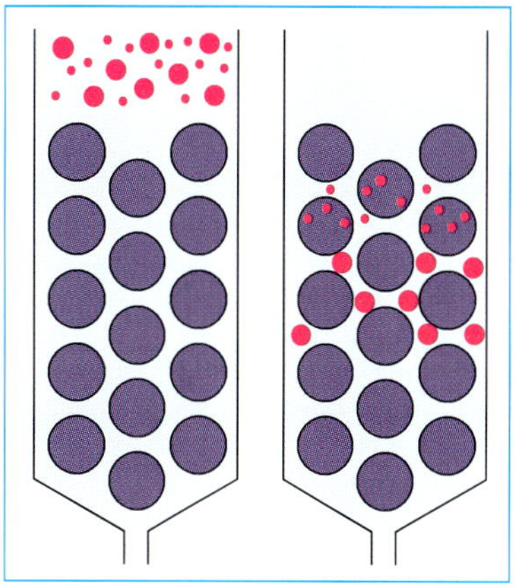

B 341.1. *Prinzip der Gel-Chromatographie*

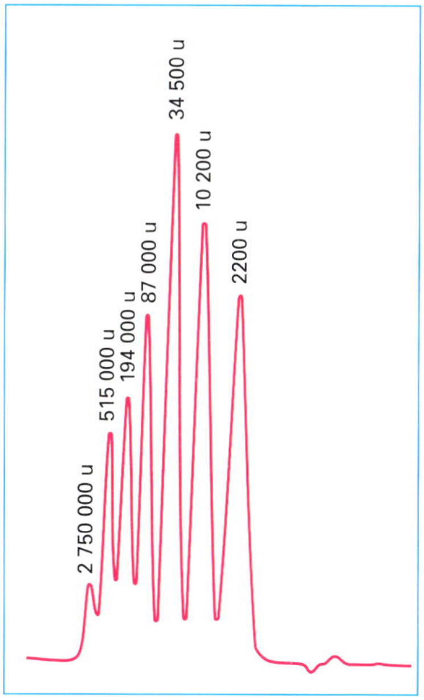

B 341.2. *Durch Gel-Chromatographie aufgetrennte Polystyrolprobe*

Neue Fachbegriffe
Viskosität, Kapillarviskosimeter, Gel- und HPLC-Chromatographie, Molekularsieb, Endgruppenbestimmung

13.2. Synthese von Polymeren

Polymerisation

Ausgangsstoffe für die Synthese von Polymeren sind die so genannten **Monomeren**[1], Verbindungen aus reaktiven kleinen Molekülen. Wichtige Monomere sind Ethen und seine Derivate, wie z.B. Styrol, Verbindungen, deren Moleküle eine Doppelbindung enthalten. Die Polymerisation kann durch Zugabe von Radikalbildnern eingeleitet werden. Als Radikalbildner eignen sich Verbindungen wie Peroxide (V 342.1.), deren Moleküle beim leichten Erwärmen in Radikale zerfallen. Die reaktionsfähigen Startradikale spalten die Doppelbindungen der Monomer-Moleküle auf. Die dabei entstehenden neuen Radikale reagieren mit weiteren Monomer-Molekülen in einer Kettenreaktion (B 342.1.). Die radikalische Polymerisation kann auch photochemisch gestartet werden oder durch Sauerstoff-Moleküle, die als Biradikale reagieren. So erklärt sich, dass viele Verbindungen mit Doppelbindungen an der Luft und im Licht von selbst polymerisieren, also verharzen. Das Trocknen vieler Lacke und Anstrichfarben beruht darauf. Die Polymerisation kann auch ionisch, sowohl kationisch also auch anionisch erfolgen.

Versuch

V 342.1. Abzug! Man versetzt in einem Rggl. 10 ml frisch destilliertes Styrol* vorsichtig mit 0,5 g Dibenzoylperoxid*. Dann erwärmt man die Mischung in einem siedenden Wasserbad.
Man beobachtet die Änderung der Viskosität (Zähflüssigkeit) im Laufe der Reaktion. (Hinweis: Styrol muss bei Unterdruck destilliert werden, weil es ansonsten thermisch polymerisiert.)

[1] von *monos* (griech.) = allein, einzeln

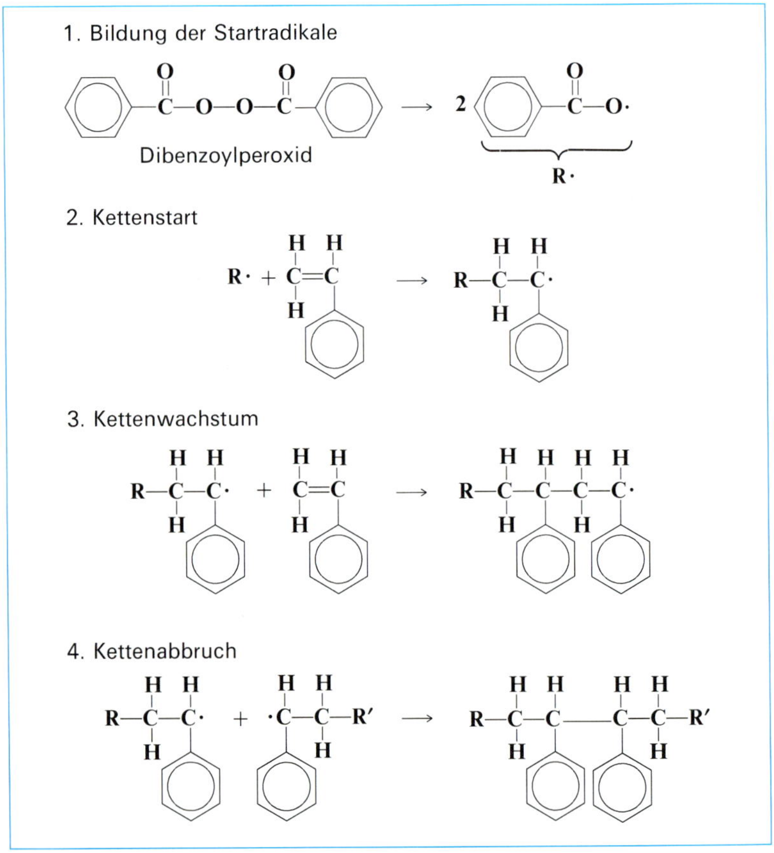

B 342.1. *Mechanismus der radikalischen Polymerisation am Beispiel Styrol*

	Hoch-druck-	Nieder-druck-
	Polyethen (PE)	
Druck in MPa	140 bis 300	6
Temp. in °C	150 bis 350	60 bis 250
	radikalisch	katalytisch
Dichte in g/cm³	0,92 LDPE low density	0,96 HDPE high density
Molekülmasse in u	10000 bis 30000	bis 1000000
Kristallinitätsgrad	35% bis 45%	70% bis 90%

Tab. 342.1. *Vergleich von Hochdruck- und Niederdruck-Polyethen*

Technisch kann eine Polymerisation im einfachsten Fall als **Blockpolymerisation** wie in V 342.1. durchgeführt werden, indem dem reinen Monomeren Radikalbildner zugesetzt werden. Auf diese Weise erhält man reine und gleichmäßige Produkte. *Polystyrol* und *Plexiglas* werden so hergestellt. Da die Polymerisation stark exotherm abläuft, muss für eine gute Kühlung gesorgt sein. Häufig ist aber eine Blockpolymerisation nicht möglich, wenn das Monomere zu schnell polymerisiert. Dann „verdünnt" man das Monomere in einem Lösungsmittel. Fällt bei einer solchen **Lösungsmittelpolymerisation** das Polymere aus, liegt der Spezialfall der **Fällungspolymerisation** vor. Bei der Polymerisation von Gasen arbeitet man unter Druck, damit die Monomeren in genügend hoher Konzentration vorliegen.

Polyethen (Polyethylen, PE), das wichtigste Polymerisat, kann technisch entweder im **Hochdruck-Verfahren** durch radikalische Polymerisation von Ethen hergestellt werden oder im **Niederdruck-Verfahren** durch katalytische Polymerisation in Gegenwart von Übergangsmetall-Katalysatoren, deren Entwicklung auf K. ZIEGLER[1] zurückgeht.
Bei der Hochdruck-Polymerisation wird die Radikalkettenreaktion durch Sauerstoff oder Peroxide gestartet. Dabei erhält man ein stark verzweigtes Polyethen. Da sich die verzweigten Makromoleküle schlecht aneinander lagern können, hat dieses Polyethen eine geringe Dichte und eine amorphe Struktur. Es wird viel verwendet für Folien, Filme, Haushaltswaren und Verpackungsmaterial.
Das beim Niederdruck-Verfahren erhaltene Polyethen besteht aus linearen, nur wenig verzweigten Molekülketten, die teilkristalline Bereiche ausbilden können. Dieses Polyethen ist daher härter und besitzt eine größere Dichte und wird für Gegenstände verwendet, die hohen Belastungen standhalten müssen wie z.B. stapelbare Getränkekästen.
Polypropen: Zur gleichen Zeit als K. ZIEGLER Katalysatoren für die Niederdruck-Polymerisation von Ethen entwickelte, entdeckte G. NATTA[2], dass die katalytische Polymerisation von Propen stereospezifisch verlaufen kann, d.h., dass die Methyl-Gruppen entweder alle auf einer Seite der Polypropenkette, *isotaktisch*, angeordnet sind oder abwechselnd auf beiden Seiten der Molekülkette, *syndiotaktisch*, angeordnet sind (B 344.2.). Diese strukturelle Regelmäßigkeit bezeichnet man als **Taktizität**. Isotaktisches Polypropen ist hochkristallin, syndiotaktisches teilkristallin, und ataktisches, bei dem die Methyl-Gruppen unregelmäßig angeordnet sind, ist amorph. Ataktisches Polypropen ist bei Raumtemperatur eine hochviskose Flüssigkeit, während syndiotaktisches kompakter und steifer ist und erst oberhalb von 165 °C schmilzt. Syndiotaktisches Polypropen verwendet man z.B. für Haushaltsgeräte wie Wasch- und Geschirrspülmaschinen. Isotaktisches Polypropen wird auch zu Fasern verarbeitet, die die leichtesten aller Textilfasern sind.

Monomer	Polymer vereinfachte Darstellung
Ethen 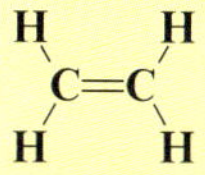	Polyethen (Polyethylen) 
Propen 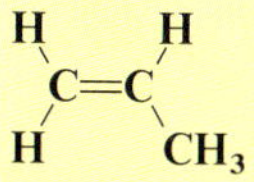	Polypropen 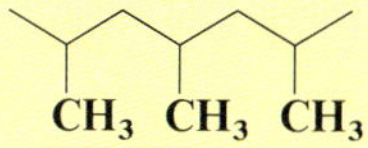
Styrol 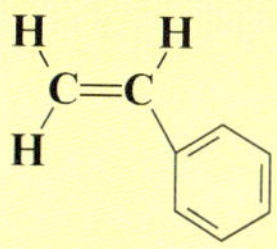	Polystyrol 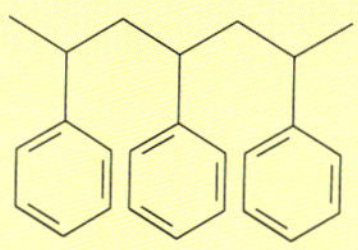
Vinylchlorid 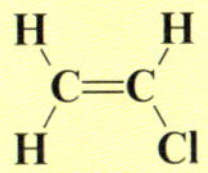	Polyvinylchlorid (PVC) 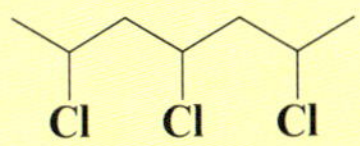
Acrylnitril 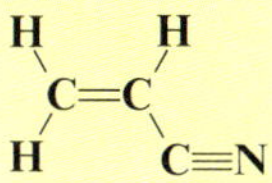	Polyacrylnitril (Orlon, Dralon) 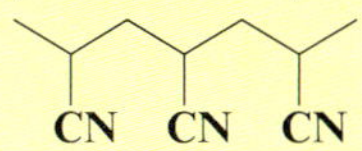
Tetrafluorethen 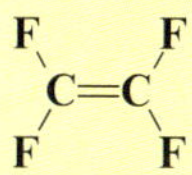	Polytetrafluorethen (Teflon) 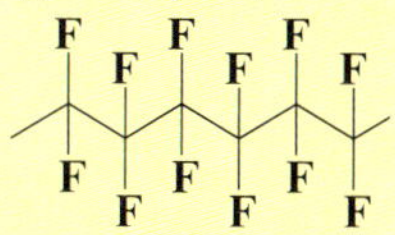
Methacrylsäuremethylester 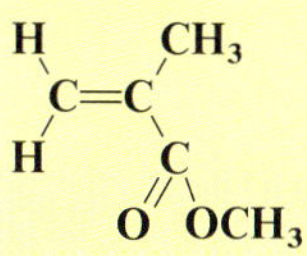	Polymethacrylat (Plexiglas) 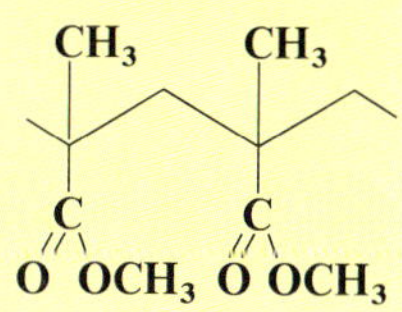

Tab 343.1. *Wichtige Polymerisate*

[1] KARL ZIEGLER (1898 bis 1973), Prof. für Chemie in Heidelberg, Halle und Aachen, MPI in Mühlheim/Ruhr, Nobelpreis 1963 gemeinsam mit

[2] GULIO NATTA (1903 bis 1979), Prof. für Chemie in Turin, Nobelpreis gemeinsam mit K. ZIEGLER

B 344.1. *Neuschwanstein von* Andy Warhol *in Acrylfarben. Wässrige Suspensionen von Polyacrylsäuremethylester werden mit Farbpigmenten gemischt. Nach dem Verdunsten des Wassers bleibt der Polymerfilm zurück, der die Pigmente festhält.*

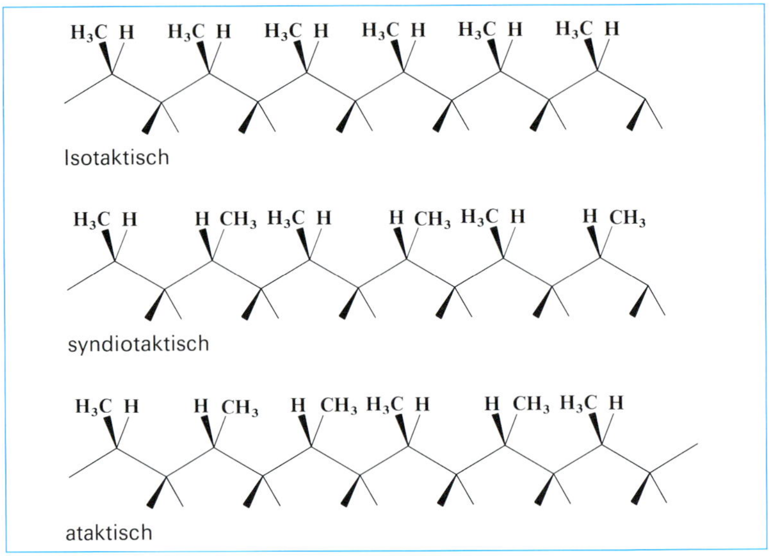

B 344.2. *Taktizität bei Polypropen*

Polyvinylchlorid ist eines der preiswertesten und am meisten verwendeten Polymerisate. Es lässt sich nämlich gut mit anderen Substanzen z.B. Weichmachern mischen, um die gewünschten Eigenschaften zu erzielen. Polyvinylchlorid ist aber als Umwelt belastender Kunststoff ins Gerede gekommen, da es in Müllverbrennungsanlagen unter Freisetzen von Hydrogenchlorid und anderen giftigen organischen Chlor-Verbindungen verbrennt (S. 408).

Polystyrol wird als Dämm-Material und als Verpackungsmaterial verwendet.

Polyacrylnitril ist eine der wichtigsten synthetischen Textilfasern.

Polytetrafluorethen ist nicht brennbar und wird wegen seiner chemischen und physikalischen Beständigkeit zur Beschichtung von z.B. Bratpfannen oder als Dichtungsmaterial bei Laborgeräten verwendet.

Polymethacrylsäuremethylester, besser bekannt als Plexiglas, ist ein glasklarer, transparenter Kunststoff mit amorpher Struktur, da die Makromoleküle wegen der sperrigen Seitenketten kaum kristalline Bereiche ausbilden können.

Kopf-Schwanz-Verknüpfung

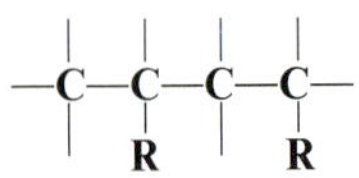

Kopf-Kopf-Verknüpfung

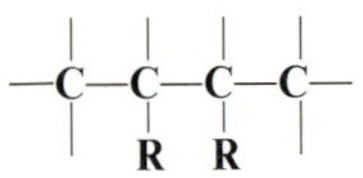

Aufgaben

A 344.1. Die Polymerisation von Styrol kann durch Säuren gestartet werden. Entwickeln Sie den Mechanismus dieser kationischen Polymerisation.

A 344.2. Erklären Sie, warum bei der Polymerisation in der Regel eine „Kopf-Schwanz"-Verknüpfung der Monomer-Moleküle eintritt.

A 344.3. Erklären Sie, wie es bei der radikalischen Hochdruck-Polymerisation von Ethen zu Verzweigungen kommen kann.

A 344.4. Entwickeln Sie eine Synthese für Vinylchlorid (Chlorethen) ausgehend von Ethen.

Polykondensation

Bei dieser Polyreaktion werden Monomer-Moleküle mit mindestens zwei funktionellen Gruppen unter Abspaltung kleiner Moleküle miteinander verknüpft.

Polyester: Verestert man eine Dicarbonsäure mit einem bifunktionellen (zweiwertigen) Alkohol, so erhält man einen linearen Polyester. Der aus 1,4-Benzoldicarbonsäure (Terephthalsäure) und Ethandiol gebildete Polyester wird vorwiegend zu Textilfasern (Trevira, Diolen) verarbeitet. Die Veresterung von Phthalsäure mit Glycerin (V 345.1.) ergibt einen dreidimensional vernetzten, duroplastischen Polyester. Dieser wird z.B. als glasfaserverstärkter Polyester im Bootsbau verwendet.

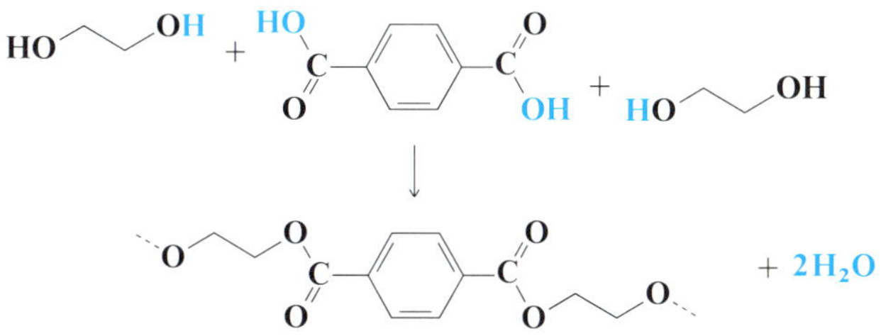

Polyamide entstehen ähnlich den Polyestern durch Polykondensation von Dicarbonsäuren mit Diaminen. AH-Salz, das Salz aus **A**dipinsäure (1,6-Hexandisäure) und **H**examethylendiamin (1,6-Diaminohexan), kondensiert beim Erhitzen bis zur Schmelze unter Abspaltung von Wasser und Bildung von Amid-Bindungen.

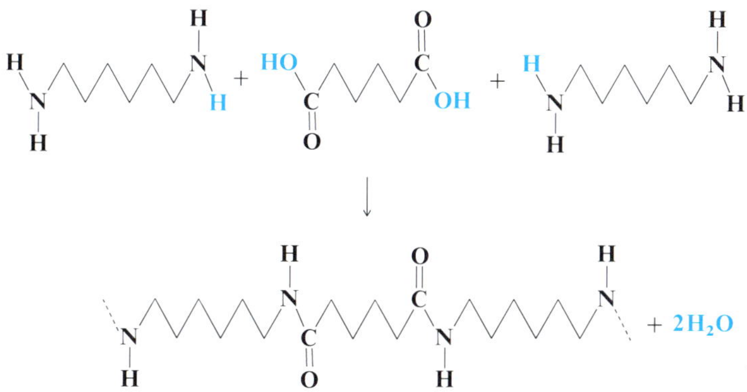

Das entstehende Polyamid oder *Nylon 6,6* (die Zahlen geben die Anzahl der Kohlenstoff-Atome des Diamins und der Dicarbonsäure an) kann leicht als Faden aus der Schmelze herausgezogen werden (V 345.2.). Auch in der Technik wird Nylon entsprechend durch **Schmelzspinnen** (B 345.1.) gewonnen. Eine andere Möglichkeit ist die der **Grenzflächenpolykondensation** (V 345.3., B 346.2.), eine Methode, die auch bei der Herstellung anderer Kunststoffe angewandt wird. Nylon 6,6 ist neben Perlon (s. A 346.2.) das wichtigste Polyamid. Es wird überwiegend zu Textilfasern verarbeitet. Daneben sind weitere Nylon-Arten, die sich in der Anzahl der Koh-

Versuche

V 345.1. Abzug! In einem Rggl. mischt man 2 g Phthalsäureanhydrid* mit 2 ml Glycerin und 1 ml konz. Schwefelsäure*, verschließt das Rggl. mit einem Glaswollebüschel, erwärmt, bis sich eine klare Lösung bildet, und erhitzt dann stärker.

V 345.2. In einem Rggl. erhitzt man etwas AH-Salz mit kleiner Flamme bis zum Schmelzen. Die Schmelze gießt man auf ein Stück Pappe und zieht mit einem Holzstäbchen Fäden heraus.

V 345.3. Man löst 2,17 g Diaminohexan* und 1,5 g Natriumhydroxid* in 100 ml Wasser und überschichtet diese Lösung mit einer Lösung aus 4 ml Sebacinsäuredichlorid* in 100 ml Heptan*. An der Grenzfläche der Lösungen entsteht eine dünne Haut, die man mit einer Pinzette zu einem Faden herausziehen und über einen Glasstab aufwickeln kann.

V 345.4. Abzug! Zu 2 g bis 3 g Resorcin* gibt man in einem Rggl. soviel Formaldehyd-Lösung*, $w = 40\%$, dass sich das Resorcin soeben löst. Dann gibt man 2 bis 3 Tropfen konz. Natronlauge* zu. Vorsicht!

B 345.1. *Schmelzspinnen*

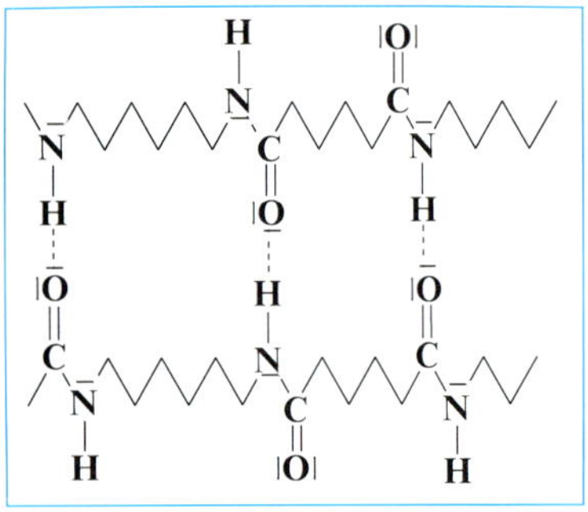

B 346.1. Wasserstoffbrücken zwischen Polyamid-Molekülen

lenstoff-Atome zwischen den Amid-Bindungen unterscheiden, bekannt. Zwischen den Amid-Bindungen der einzelnen Polyamid-Makromoleküle bilden sich Wasserstoffbrückenbindungen aus (B 346.1.). Diese Vernetzungen bewirken, dass Nylonfasern etwas elastisch sind und sich nach einer Dehnung wieder in die ursprüngliche Form zusammenziehen.

Phenoplaste sind Polykondensate aus Phenol oder Resorcin (1,3-Dihydroxybenzol) und Formaldehyd (V 345.4.). Da Phenol als trifunktionelle Komponente, Formaldehyd als bifunktionelle Komponente wirkt, bilden sich duroplastische Kunststoffe. Zu den ersten Phenoplasten gehörte Bakelit, ein früher für Steckdosen und Radiogehäuse gebräuchlicher Werkstoff. Auch Resopal ist ein Phenoplast. Aus Phenoplasten wurden die Karosserien von „Trabis" gefertigt.

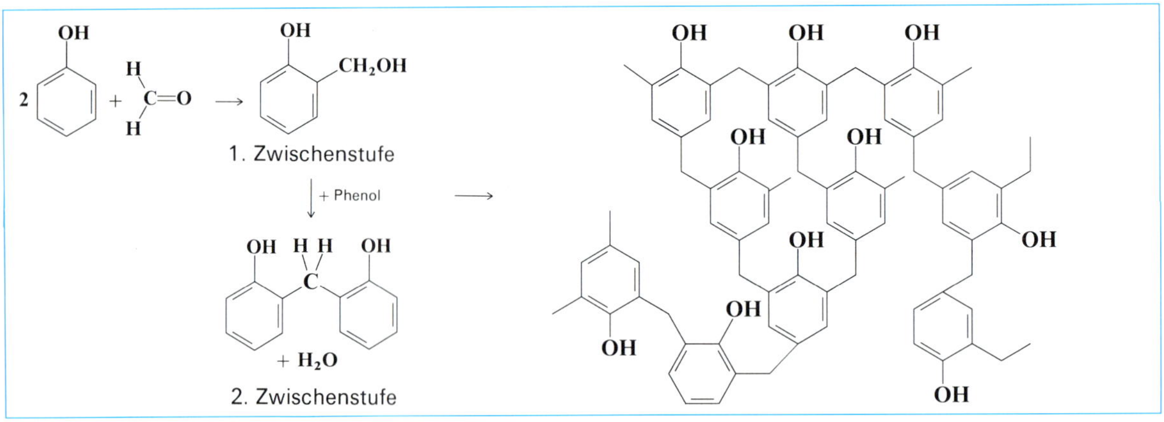

B 346.2. Phenoplast

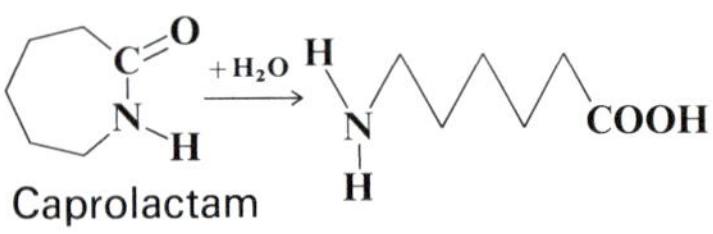

B 346.3. „Nylonseiltrick"

Aufgaben

A 346.1. Formulieren Sie die Bildung des Polyamids aus Decandisäuredichlorid und Diaminohexan (V 345.3.). Warum wird die wässrige Lösung alkalisch gemacht?

A 346.2. Als Ausgangsstoff für die Synthese von Perlon dient Caprolactam, das cyclische Amid der 6-Aminohexansäure. Zeichnen Sie einen Strukturausschnitt aus Perlon. Vergleichen Sie die Strukturen von Nylon-6,6 und Perlon.

A 346.3. Erklären Sie, warum bei der Polykondensation von Phenol mit Formaldehyd Phenol als trifunktionelle, Formaldehyd als bifunktionelle Komponente reagieren. Formulieren Sie den Mechanismus für die Reaktion bis zur 1. Zwischenstufe.
Die Polykondensation kann sowohl alkalisch als auch sauer katalysiert werden. Begründen Sie, welches Edukt bei der sauren, welches bei der alkalischen Katalyse aktiviert wird.

A 346.4. Zeichnen Sie einen Ausschnitt aus dem in V 345.1. entstehenden Polyester aus Phthalsäure und Glycerin.

A346.5. Maleinsäure (S. 261) und Glykol reagieren zu einem hochviskosen Kunststoffvorprodukt, das in einem Härtungsprozess zu einem harten, belastungsfähigen Kunststoff weiterverarbeitet wird. Im Härtungsprozess wird das Vorprodukt mit Styrol gemischt, ein „Härter" zugesetzt und das Gemisch in die Form gegossen, in der es erhärten soll. Formulieren und erläutern Sie die beiden Reaktionsschritte. Geben Sie an, welche Verbindungen als Härter eingesetzt werden können und warum das Vorprodukt in Styrol „gelöst" wird. Zeichnen Sie einen Ausschnitt aus dem Kunststoff und erklären Sie, warum dieser duroplastisch ist.

Polyaddition

Die dritte Aufbaureaktion für Makromoleküle ist die Polyaddition. Die Addition ist die typische Reaktion von Molekülen mit Doppelbindungen, und zwar nicht nur von Kohlenstoff-Kohlenstoff-, sondern auch von Kohlenstoff-Stickstoff- oder Kohlenstoff-Sauerstoff-Doppelbindungen. Bei der technisch wichtigsten Polyaddition werden Alkohol-Moleküle an die Isocyanat-Gruppe $-\bar{N}=C=\bar{O}$, und zwar ausschließlich an die Kohlenstoff-Stickstoff-Bindung addiert, die Carbonyl-Gruppe bleibt erhalten.

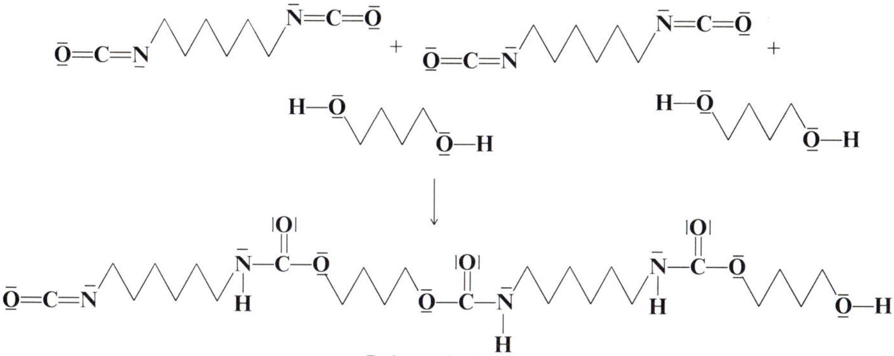

Polyurethan

$$R-\bar{N}=C=\bar{O} + H_2O \rightarrow R-\underset{H}{\bar{N}}-COOH \rightarrow R-NH_2 + CO_2$$

Enthalten die bei der Polyaddition eingesetzten Diole Wasser, so entsteht in einer Nebenreaktion Kohlenstoffdioxid, das das entstehende **Polyurethan** zum Schaumstoff auftreibt (V 347.1.). Es können außer Diisocyanaten auch Triisocyanate (B 347.1.) und ebenso trifunktionelle Alkohole eingesetzt werden. So entstehen auch vernetzte Polyurethane. Vernetzungen treten auch durch Reaktion des Polyurethans mit überschüssigem Isocyanat ein:

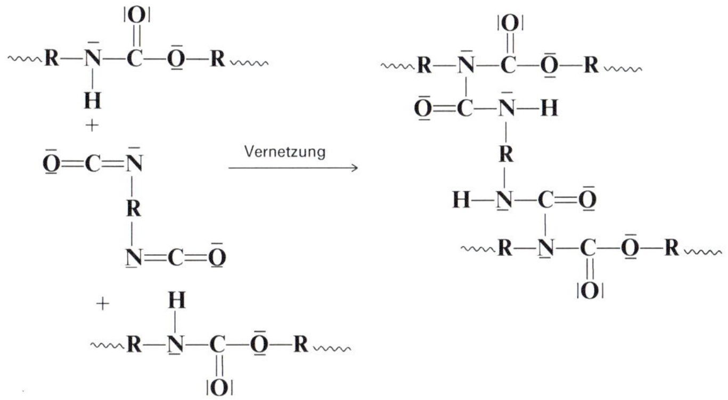

Durch Variation der Komponenten lassen sich harte, weiche und elastische Polyurethankunststoffe herstellen, die vielseitig eingesetzt werden konnen, sowohl als massive Materialien als auch als Schaumstoffe, wie z.B. als Isoliermaterial für Kühlgeräte, Polstermöbel, Autositze, Lacke, Sportgeräte u.a.

Versuch

V 347.1. **Schutzhandschuhe tragen! Hautkontakt mit Desmodur vermeiden.** Man gibt in einen Pappbecher 1 cm hoch Desmodur* (Diisocyanat-Komponente) und etwa die gleiche Portion Desmophen* (Diol-Komponente) und rührt mit einem Holzstäbchen um.

---

[1] Urethane sind Derivate der Kohlensäure

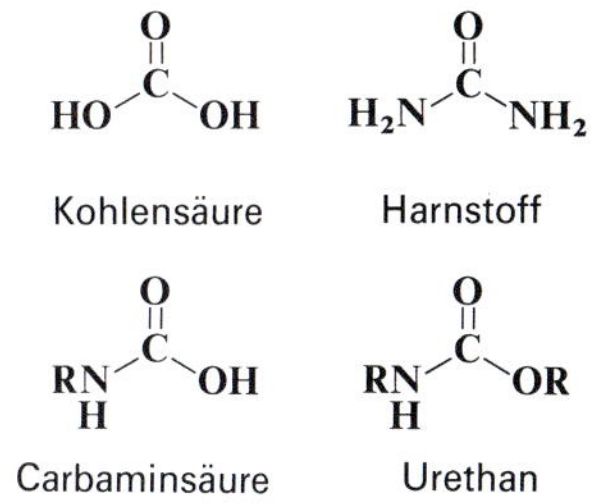

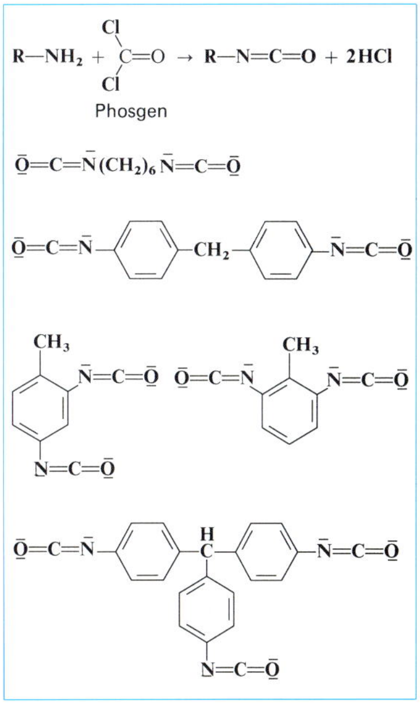

B 347.1. *Isocyanat-Synthese und Formeln einiger gebräuchlicher Di-. und Triisocyonate*

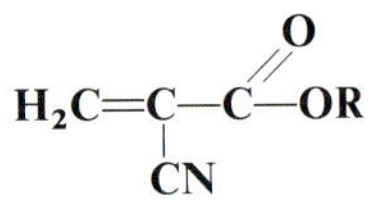

Cyanacrylsäureester

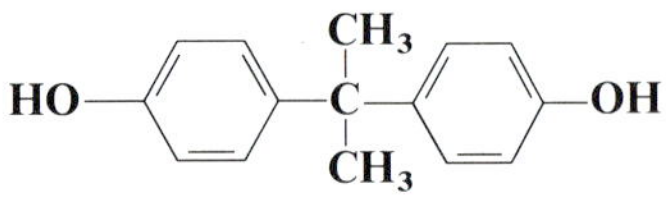

Bisphenol A

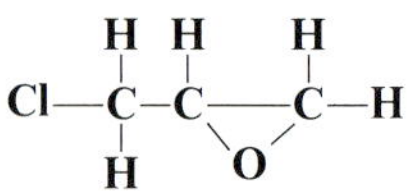

Epichlorhydrin

Triethylenamin

Aufgaben

A348.1. Warum muss man bei der Herstellung von massiven Polyurethanen z.B. für Helme absolut wasserfreie Alkohol-Komponenten einsetzen?

A 348.2. Ordnen Sie die folgenden Polymer-Synthesen den drei Polyreaktionstypen zu: a) Synthese von Siliconen (S. 240), b) Herstellung von Polycarbonaten (S. 269), c) Bildung von Polymilchsäure (S. 341).

A 348.3. Erläutern Sie, ob und wie die mittlere Molekülmasse der bei der radikalischen Polymerisation entstehenden Makromoleküle von der zugesetzten Menge der Radikalbildner abhängt.

A 348.4. Begründen Sie, welche der folgenden Kunststoffe – Polyethen, Polyvinylchlorid, Plexiglas, Polyester – als Behälter zum Aufbewahren von Säuren und Laugen nicht geeignet sind.

A 348.5. Sekundenklebstoffe bestehen aus Cyanacrylsäureestern, die in Gegenwart von Luftfeuchtigkeit sofort polymerisieren. Formulieren Sie den Mechanismus dieser anionischen, durch Hydroxid-Ionen initiierten Polymerisation.

A 348.6. Zwei-Komponenten-Klebstoffe werden erst beim Klebevorgang zusammengemischt. Die eine Komponente besteht aus einem Epoxid-Harz, das aus Bisphenol A und einem Überschuss an Epichlorhydrin hergestellt wird. Die zweite Komponente besteht aus einem Polyamin, z.B. Triethylenamin. Geben Sie an, durch welche Polyreaktion a) das Epoxid-Harz gebildet wird und b) der Klebstoff beim Kleben aushärtet.

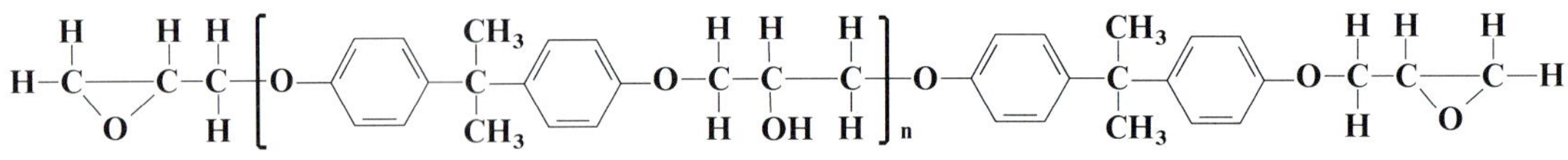

Epoxid-Harz (**n** = 5 bis 12)

B 348.1. *Klebstoffe – Zusammenwirken von Kohäsion und Adhäsion. Kohäsion ist die innere Festigkeit des Klebstoffs, bedingt durch Bindungen zwischen den Polymer-Molekülen. Adhäsion ist die Haftfähigkeit des Klebstoffs, bedingt durch Wechselwirkungen der Klebstoff-Moleküle mit denen des zu verklebenden Materials.*

A 348.7. Beim Erhitzen von Polyacrylnitril auf 160 °C entsteht ein Polymeres A, das an der Luft leicht zum schwarzen Polymeren B weiterreagiert. Dieses ist sehr temperaturbeständig und eignet sich zur Herstellung von Feuerschutzanzügen.

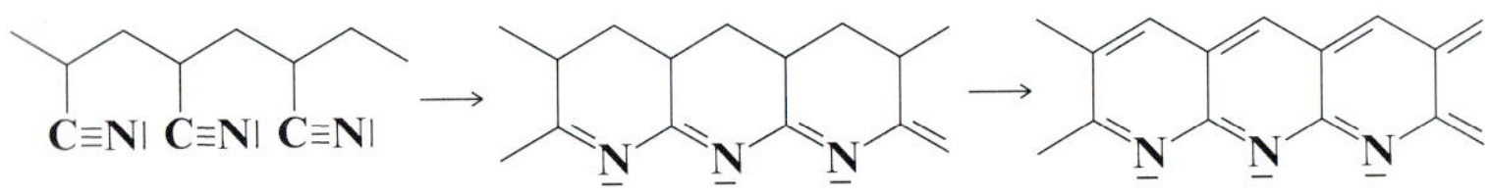

Polyacrylnitril A B („Black Orlon)

Entwickeln Sie einen möglichen Mechanismus für die Reaktion von Polyacrylnitril zu A. Erklären Sie, warum A sehr leicht zu dem beständigen Polymeren B weiterreagiert.

Neue Fachbegriffe

Polyreaktion, Polymerisation, Polykondensation, Polyaddition, Niederdruck- und Hochdruck-Polyethen, Taktizität, Polyamide, Phenoplaste, Grenzflächenpolykondensation, Schmelzspinnen, Isocyanate, Polyurethane

Zusammenfassung

Der Aufbau von Makromolekülen aus Monomeren kann durch drei verschiedene Polyreaktionen erfolgen: Polymerisation, Polykondensation, Polyaddition. Bei jeder Reaktionsart können sowohl thermoplastische Polymere aus linearen Makromolekülen als auch duroplastische Polymere aus vernetzten Makromolekülen entstehen. Durch Variation der Monomeren kann eine Fülle verschiedener Polymerer unterschiedlichster Eigenschaften synthetisiert werden.

13.3. Verarbeitung von Kunststoffen

Die bei den Synthesen erhaltenen Polymeren werden je nach Verwendungszweck unterschiedlich weiterverarbeitet.

Thermoplastische Formteile: Thermoplastische Kunststoffe werden erwärmt, bis sie weich werden und zu den gewünschten Gegenständen geformt werden können. Durch **Extrudieren** (B 350.2.) erhält man Rohre oder Schläuche; **Spritzgießen** (B 350.1.) ist die Methode, um Gebrauchsgegenstände verschiedener Formen herzustellen, durch **Blasformen** erhält man Hohlkörper wie Flaschen für Verpackungsmaterial oder Folien.

Schaumstoffe besitzen besondere gute wärmeisolierende und dämpfende Eigenschaften. Sie werden im Hausbau zur Wärmeisolierung von Wänden eingesetzt, sie dienen als Verpackungsmaterial für empfindliche Geräte sowie für Polstermöbel. Um Polystyrol zu geschäumtem Styropor zu verarbeiten, wird Polystyrol mit einem niedrig siedenden Lösungsmittel wie Pentan behandelt, das das Polymere durchdringt. Beim Erwärmen des Polystyrolgranulats verdampft das Pentan und bläht das Polystyrol auf (V 349.1.).
Auch Polyurethane, die bei der Synthese durch entstehendes Kohlenstoffdioxid direkt als Schaumstoffe erhalten werden können, werden häufig zusätzlich mit einem Treibmittel versetzt. Vielfach verwendet man niedrig siedendes Fluortrichlormethan (F11), wobei Schaumstoffe mit ausgezeichneten Isoliereigenschaften entstehen, die z.B. zur Auskleidung von Kühlschränken verwendet werden. Wegen der Gefährdung der Ozonschicht durch FCKW geht man heute dazu über, F11 durch andere Treibgase zu ersetzen.

Weichmachen: Normales PVC ist ein harter, spröder, nur schwer zu verarbeitender Kunststoff. Durch Zusätze von Weichmachern, meist Dicarbonsäureestern wie Dinonylphthalat (B 291.3.) lässt sich flexibles Weich-PVC herstellen (V 349.2.), das sich für Fußbodenbeläge, Folien usw. eignet. Zwischen den Polyvinylchlorid-Molekülen bestehen starke Dipol-Dipol-Wechselwirkungen (B 349.1.). Die Ester-Moleküle lagern sich zwischen die PVC-Moleküle und wirken hier wie Scharniere oder Abstandshalter, sodass die Makromolekülketten beweglicher werden. Da die Weichmacher-Moleküle nicht mit den Polymer-Molekülen verknüpft sind, können sie zur Oberfläche diffundieren und verloren gehen. Daher altert Weich-PVC und wird spröde und hart.

Textilfasern: Polyamid- und Polyester-Fasern können durch *Schmelzspinnen* erhalten werden (S. 345). Polyacrylnitril, das sich nicht unzersetzt schmelzen lässt, wird aus einer Lösung durch *Nassspinnen* zu Fäden verarbeitet. Lässt man eine Lösung von Polyacrylnitril in Dimethylformamid[1] in einem dünnen Strahl in Wasser einfließen, bildet sich ein Polyacrylnitrilfaden. Die bei den verschiedenen Spinnverfahren erhaltenen Fäden sind nicht besonders fest, denn die Makromoleküle sind ineinander verknäuelt und nur wenig orientiert. Die Fäden zerreißen bei schnellem Zug. *Verstreckt* man diese Fäden, d.h., dehnt man sie langsam, so richten sich die Makromole-

Versuche

V 349.1. Schäumungsfähige, Pentan* enthaltende Polystyrol-Kügelchen werden in einem Rggl. vorsichtig erwärmt. Man verschließt das Rggl. mit einem zur Spitze ausgezogenen Glasröhrchen, erhitzt die Polystyrol-Kügelchen, bis sie schmelzen und entzündet am Glasröhrchen das entweichende Gas. Beobachtung?

V 349.2. Man mischt gleiche Teile Polyvinylchloridpulver und Dioctylphthalat* und gießt die Mischung auf eine etwa 120 °C heiße Metallplatte.

V 349.3. Eine Lösung von Polyacrylnitril in Dimethylformamid*, $w = 10\%$, gießt man in einem dünnen Strahl in ein großes Becherglas mit Wasser.

V 349.4. Abzug! In einem Rggl. wird ein Stück Gummi bis zur Zersetzung erhitzt. Die Dämpfe prüft man mit einem Streifen Bleiacetat-Papier*. Beobachtung?

Auswertung

Welches Element wird durch diesen Versuch nachgewiesen?

V 349.5. Man füllt ein Rggl. etwa 4 cm hoch mit Schwefel und erhitzt langsam. Beobachtung? Die tiefrote, dünnflüssige Schmelze gießt man in ein Becherglas mit kaltem Wasser. Beobachtung?

Auswertung

Kristalliner Schwefel besteht aus ringförmigen S_8-Molekülen. Woran kann man erkennen, dass sich beim Erhitzen Schwefel-Makromoleküle bilden?

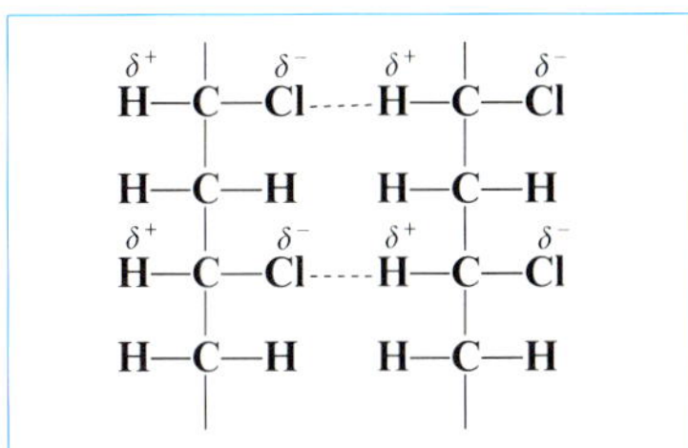

B 349.1. *Dipol-Dipol-Kräfte zwischen PVC-Molekülen*

[1] Dimethylformamid: 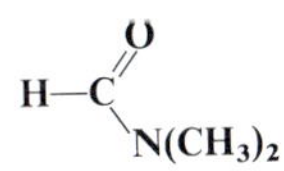

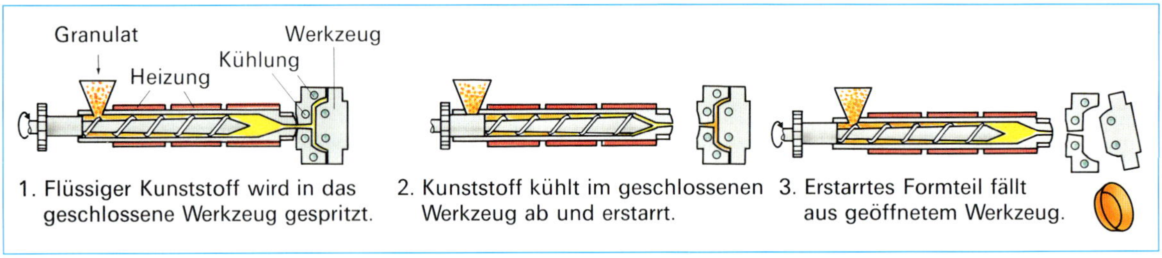

B 350.1. *Spritzgießen*

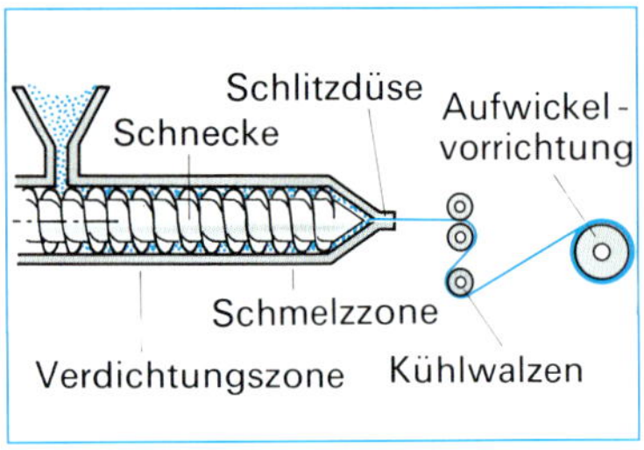

B 350.2. *Aufbau eines Extruders*

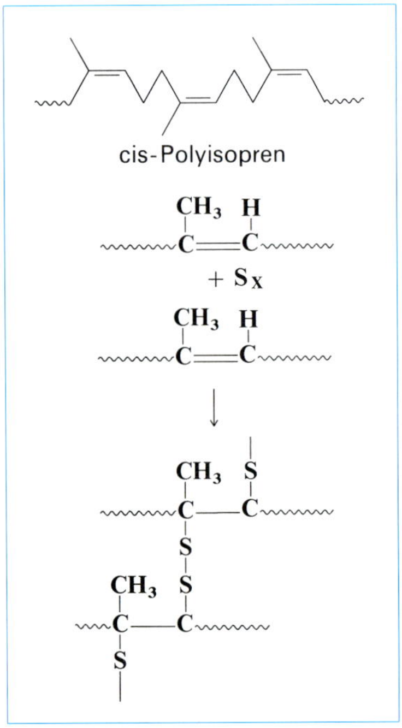

B 350.3. *Vernetzung von Polyisopren-Molekülen durch Vulkanisation mit Schwefel*

kül-Ketten parallel aus. Polyamid-Moleküle z.B. lagern sich dabei unter optimaler Ausbildung von Wasserstoffbrückenbindungen (B 346.1.) aneinander und werden dadurch extrem reißfest.
Durch mehrmaliges kurzzeitiges Verstrecken von Folien lassen sich *mikroporöse Membranen* herstellen, die in der Medizin z.B. bei der Dialyse wertvolle Dienste leisten. Durch verschiedene physikalische Bearbeitungen lassen sich auch mikroporöse Fasern herstellen, die für Wasserdampf, nicht aber für flüssiges Wasser durchlässig sind. Sie werden z.B. zu Textilien für wasserdichte, atmungsaktive Sportbekleidung verarbeitet.

Vom Kautschuk zum Gummi: Naturkautschuk wird in großem Maßstab aus **Latex**, dem Milchsaft des Gummibaumes *Hevea brasiliensis*, gewonnen. Latex, der auch in anderen Pflanzen wie z.B. Löwenzahn vorkommt, ist eine wässrige Emulsion, aus der Kautschuk durch Ansäuern mit Essig ausgefällt wird. Kautschuk ist *cis-Polyisopren*, ein Polyen mit vielen Doppelbindungen im Molekül.
Der aus Latex gewonnene Kautschuk ist noch nicht elastisch, sondern plastisch. Erst durch **Vulkanisation** wird Kautschuk zu elastischem Gummi. Dazu erhitzt man Kautschuk mit Schwefel auf 150 °C. Die Schwefel-Moleküle brechen auf. In reinem Schwefel lagern sich die entstehenden Schwefel-Radikale zu langen Ketten (V 349.5.) zusammen. Ist der Schwefel mit Kautschuk vermischt, reagieren die Schwefelbruchstücke mit den Doppelbindungen der Polyisopren-Moleküle, wobei sich Brücken aus einem oder mehreren, häufig zwei Schwefel-Atomen zwischen den Makromolekülen bilden.
Diese Vernetzungen bewirken, dass die Moleküle bei Dehnung nicht mehr aneinander vorbeigleiten können. Sobald die Spannung aufgehoben ist, nimmt das Material wieder die ursprüngliche Form an. Durch Variation des Schwefel-Anteils (3% bis 30%) lässt sich Weich- oder Hart-Gummi herstellen.

Aufgaben

A 350.1. Beim Verstrecken von durchsichtigen Rohnylonfäden beobachtet man, dass diese milchig trüb werden. Erklären Sie dies.

A 350.2. Skizzieren Sie die Wasserstoffbrücken zwischen Perlon-Molekülen nach dem Verstrecken (vgl. B 346.1.).

A 350.3. Was spricht gegen die Verwendung von PVC als Verpackungsmaterial für Lebensmittel.

A 350.4. Erläutern Sie, wie sich der Schwefel-Anteil auf die Härte des Gummis auswirkt.

13.4. Wiederverwertung von Kunststoff-Abfall

Kunststoffe sind unverwüstlich. Nicht zuletzt diese Eigenschaft macht sie auch zu vielseitig einsetzbaren Werkstoffen (B 351.1.). Weltweit werden jährlich mehr als 49 Millionen Tonnen Kunststoffe produziert. Erst wenn sie ausgedient haben, wird ihre Langlebigkeit zum Problem. Zwar machen Kunststoffe zur Zeit nur 7 Massenprozent des Hausmülls, aber 18 Volumenprozent aus. Da die Deponieflächen immer knapper werden, müssen passende Entsorgungsmaßnahmen für den Kunststoff-Müll getroffen werden. Es gilt: *Vermeiden, Vermindern, Verwerten, Verbrennen*.

Recycling. Sortenreine Kunststoff-Abfälle, wie sie in der Kunststoff verarbeitenden Industrie anfallen, werden wieder eingeschmolzen und neu verarbeitet. Auch im Automobilbau werden vermehrt Recycling-Kunststoffe aus Altfahrzeugen in Neuwagen z.B. für Stoßfänger eingesetzt. Dazu werden Fahrzeuge heute so konstruiert, dass Kunststoffteile später wieder leicht demontiert werden können. Gemischte Kunststoff-Abfälle aus dem Hausmüll lassen sich zum Teil wieder verwerten, indem sie zunächst vorsortiert, zerkleinert und dann zu neuen Formteilen gepresst werden, die dann beispielsweise für Schallschutzmauern entlang der Autobahnen verwendet werden können. Auch eine teilweise Trennung durch Flotation aufgrund der unterschiedlichen Dichte der Kunststoffe ist möglich. Jedoch sind im Hausmüll eine Vielzahl verschiedenster Kunststoffe enthalten, die auch mit weiteren Zusätzen vermischt sind, sodass ein Wiederverwerten durch Umschmelzen oder neu Pressen nur bedingt möglich ist.

Eine Möglichkeit, gemischte Kunststoffabfälle zu recyceln, ist die **Pyrolyse**, die thermische Zersetzung. Bei hohen Temperaturen werden die Makromoleküle gespalten. Es entstehen Gase und niedrig siedende Flüssigkeiten (V 351.1.) sowie ein schwarzes Pyrolyseöl. Als gasförmige Produkte erhält man überwiegend Ethen, Propen und Butadien, die als Monomeren wiederum zur Kunststoffsynthese eingesetzt werden, sowie Methan. Die flüssigen Pyrolyseprodukte dienen als Chemie-Rohstoffe. In einigen Fällen wie bei der Pyrolyse von Plexiglas (V 351.2.) können auch die Monomeren zurückgewonnen werden. Durch Recycling der Kunststoff-Abfälle durch Einschmelzen und Pyrolyse werden nicht nur der Müll verringert, sondern auch wertvolle Rohstoffe eingespart. Neben der Pyrolyse sind auch die Hydrierung mit Wasserstoff unter Druck und die Hydrolyse zum Recycling von Kunststoff-Abfällen möglich. Alle drei Verfahren arbeiten jedoch zur Zeit nicht wirtschaftlich.

Verbrennen. Der hohe Heizwert der Kunststoffe lässt sich in Verbrennungsanlagen zur Wärmeerzeugung ausnutzen. Die bei der Verbrennung von Polyethen neben Kohlenstoffoxiden entstehenden Nebenprodukte sind vergleichbar mit denen von Holz (B 352.1.). Beim Verbrennen von chlorhaltigen Kunststoffabfällen können giftige Dioxine und Hydrogenchlorid freigesetzt werden. Diese werden in entsprechenden Rauchgaswaschanlagen zurückgehalten. Aus ökologischer Sicht ist das Verbrennen umstritten.

Versuche

V 351.1. **Abzug!** In einem Rggl. werden ca. 5 g Polyethen stark erhitzt. Die Zersetzungsprodukte werden in einer eisgekühlten Vorlage mit Bromwasser* geleitet. Beobachtung?

V 351.2. **Abzug!** Man führt V 351.1. mit etwa 5 g Plexiglas-Stücken durch. Beobachtung?

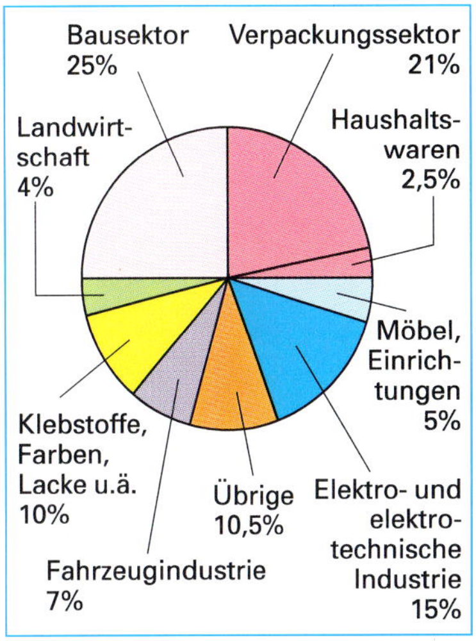

B 351.1. *Einsatz von Kunststoffen*

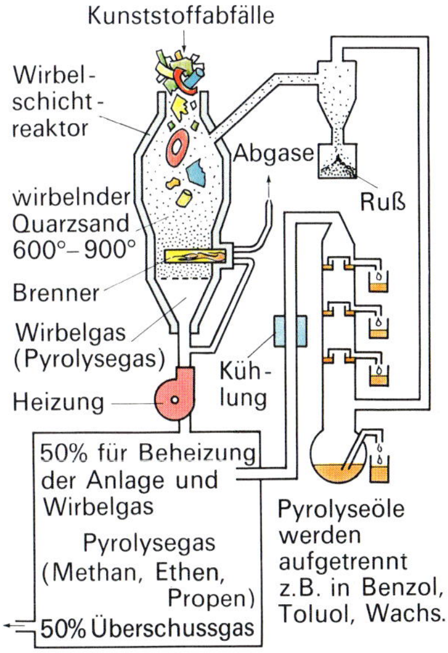

B 351.2. *Schema einer Pyrolyseanlage zur Wiederverwertung von Kunststoff-Abfällen*

Pyrolyseprodukte		Verwendung
Ethen	37%	Polyethen
Propen	19%	Polypropen
Methan	12%	Brennstoff
Butadien	7%	Kunststoffe
Benzol	7%	Kunststoffe
Sonstige	18%	Chemierohstoff

Tab. 352.1. *Pyrolyse von Kunststoffen*

Inden 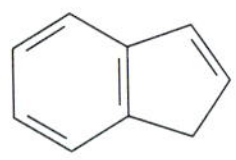

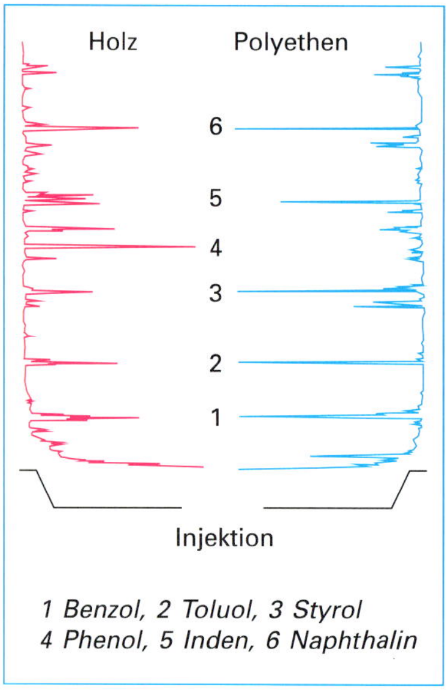

B 352.1. *Gaschromatogramm der Verbrennungsprodukte von Holz und Polyethen*

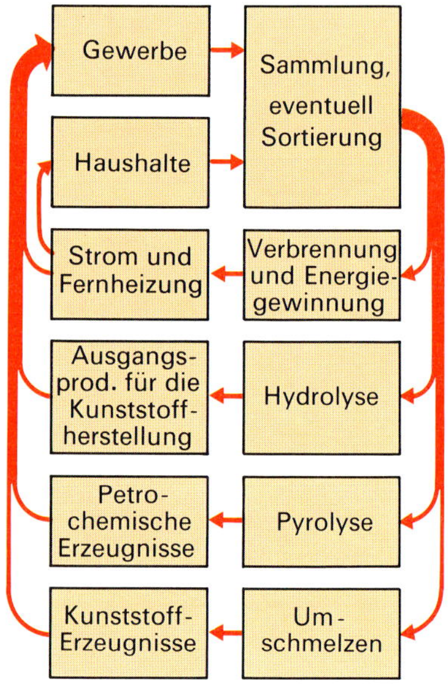

B 352.2. *Wiederverwertung von Kunststoffabfällen*

B 352.3. *Kunststoff-Abfälle werden in einer Shredderanlage zerkleinert. Das Granulat kann zu neuen Formteilen gepresst werden.*

Aufgaben

A 352.1. Vergleichen und diskutieren Sie die verschiedenen Möglichkeiten zum Verringern und Vermeiden von Kunststoff-Müll (vgl. S. 407 ff.).

A 352.2. Vergleichen Sie die Pyrolyse von Polyethen mit dem Crackprozess (S. 43). Erklären Sie, wie bei der Pyrolyse die angegebenen Produkte (Tab. 352.1.) entstehen und formulieren Sie die Reaktionen.

A 352.3. Erläutern Sie, welche Kunststoffe durch Hydrolyse in die Monomeren gespalten werden können.

A 352.4. Als Möglichkeit Kunststoff-Müll zu reduzieren, sind auch Polymere im Gespräch, die in der Deponie bakteriell vollständig zersetzt werden können. Zu diesen gehören die Polyester aus 3-Hydroxybutansäure und 3-Hydroxypentansäure. Diskutieren Sie, für welche Produkte diese Polyester geeignet sind.

Neue Fachbegriffe

Spritzgießen, Extrudieren, Blasformen, Verstrecken, Vulkanisation, Weichmachen, Kunststoff-Recycling, Pyrolyse

Zusammenfassung

Nach der Synthese werden Polymere je nach Verwendungszweck nach verschiedenen Methoden weiterverarbeitet. Durch Verstrecken, Weichmachen, Schäumen, Vulkanisieren lassen sich die Gebrauchseigenschaften der Kunststoffe gezielt beeinflussen.

Problematisch ist der Kunststoff-Müll, der durch die weite Verwendung von Kunststoffen, insbesondere als Verpackungsmaterial anfällt. Kunststoffe verrotten nicht auf der Deponie und sie ergeben bei der Verbrennung umweltschädliche Abgase. Daher ist das Recycling von Kunststoff-Abfällen von steigender Bedeutung.

14. Anorganische Werkstoffe[1]

14.1. Eisen und Stahl

Da Eisen im Gegensatz zu Gold und Kupfer in der Natur nicht gediegen, d.h. in elementarer Form vorkommt, muss es aus seinen Erzen hergestellt werden. **Eisenerze** (B 353.1.) sind Gesteine, die außer Eisen-Verbindungen, z.B. *Eisenoxide, Eisencarbonat* oder *Eisensulfid*, noch taubes Gestein aus Aluminium-, Silicium- und Calcium-Verbindungen enthalten.
Zu Beginn der *Eisenzeit* (etwa um 1358 v. Chr.) konnten oxidische Eisenerze mit Holz und Holzkohle nur teilweise zu Eisen reduziert werden. Erst durch Schmieden wurde es oberflächlich zu Stahl gehärtet. Den Römern gelang es, in Schmelzöfen, die mit menschlicher Muskelkraft und Blasebalg belüftet wurden, erstmals flüssiges Eisen herzustellen. Im Mittelalter wurde die Luftzufuhr in die inzwischen größer gewordenen Schmelzöfen (Hochöfen) durch Blasebälge gewährleistet, die zum Teil mit Wasserkraft betrieben wurden (B 353.2.).
Zur Reduktion der Eisenoxide zu Eisen wird heute **Koks** verwendet, den man aus *Steinkohle* erhält (Tab. 353.1.). Die Reduktion geschieht in 30 m bis 40 m hohen **Hochöfen**, deren Wände bis zu 1,5 m dick mit feuerfestem Stein ausgemauert und mit einem Stahlmantel umgeben sind. Die Teile eines Hochofens und die wichtigsten darin ablaufenden Reaktionen sind in B 354.1. angegeben.

Über einen Aufzug wird der Hochofen abwechselnd beschickt: erst Koks, dann ein Gemisch aus Eisenerz und **Zuschlag**, dann wieder Koks usw. Der Zuschlag hat die Aufgabe, die *Gangart* (Aluminium-, Silicium- und Calcium-Verbindungen) in Form von **Schlacke** zu binden. Besteht die Gangart aus Tonerde und Silicaten (Al_2O_3, SiO_2), so wird Kalkstein ($CaCO_3$) als Zuschlag gewählt. Daraus bildet sich zunächst Calciumoxid, das anschließend nach der Gleichung aus B 354.1. zu Calciumsilicat, einem Bestandteil der Schlacke, reagiert. Bei Erzen mit kalkhaltiger Gangart fügt man Tonerde und Silicate als Zuschlag hinzu.

Die oben eingefüllten Materialien sacken von oben nach unten und wandeln sich allmählich um (B 354.1.).

Der Hauptvorgang bei der Eisenherstellung ist die Reduktion der Eisenoxide mit Kohlenstoffmonooxid.

[1] Andere anorganische Werkstoffe sind Aluminium (es nimmt heute als Gebrauchsmetall den 2. Platz nach dem Eisen ein) und Kupfer (3. Platz).

Hämatit Fe_2O_3 — Eisenspat (Siderit) $FeCO_3$

B 353.1. *Zwei Eisenerze*

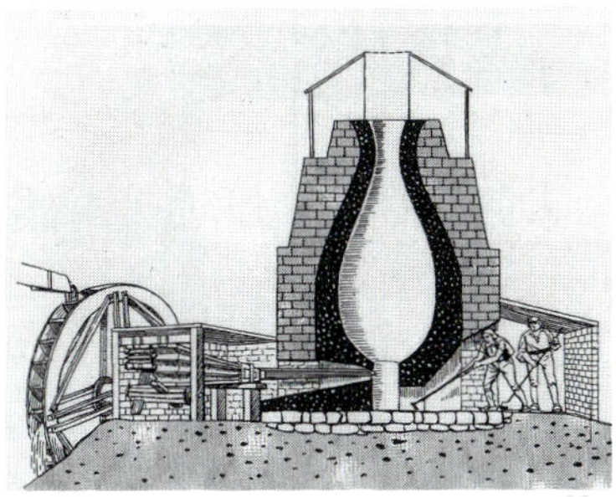

B 353.2. *Hochofen aus dem 16. Jahrhundert*

Epoche	Verbrauch an Kohle zur Produktion von 1 t Roheisen
17. Jh.	8 t Holzkohle (entspricht dem jährlichen Zuwachs von 500 000 m² Buchenwald)
um 1830	5 t Kokskohle
um 1840	2,5 t Kokskohle
1980	0,5 t Kokskohle

Tab. 353.1. *Rückgang des Kohleverbrauchs bei der Eisengewinnung*

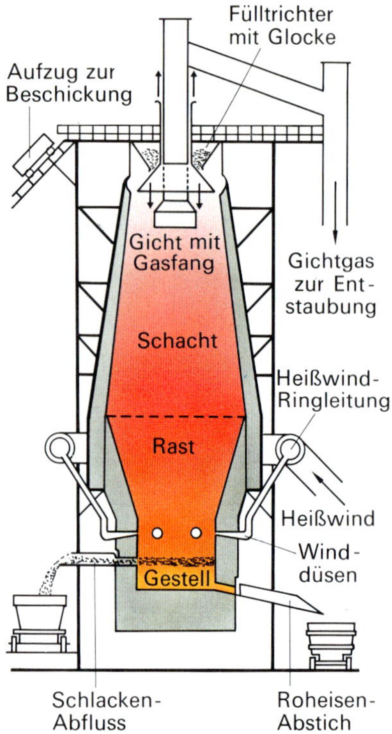

Temperatur	Zone	Vorgänge
200 °C 500 °C	Vorwärmezone	Vorwärmung und Trocknung der Rohstoffe
850 °C 1200 °C	Reduktions- und Kohlungszone	$Fe_2O_3 + 3CO \rightarrow 2Fe + 3CO_2$ $Fe_2O_3 + 3C \rightarrow 2Fe + 3CO$ $CO_2 + C \rightleftharpoons 2CO$
1400 °C 1700 °C	Schmelzzone	$CO_2 + C \rightleftharpoons 2CO$; $\Delta H_R = +182{,}5$ kJ $C + O_2 \rightarrow CO_2$; $\Delta H_R = -395{,}5$ kJ ($SiO_2 + 2C \rightarrow Si + 2CO$) ($P_4O_{10} + 10C \rightarrow 4P + 10CO$) $2CaO + SiO_2 \rightarrow Ca_2SiO_4$

B 354.1. *Schematischer Längsschnitt durch einen Hochofen und Vorgänge im Hochofen*

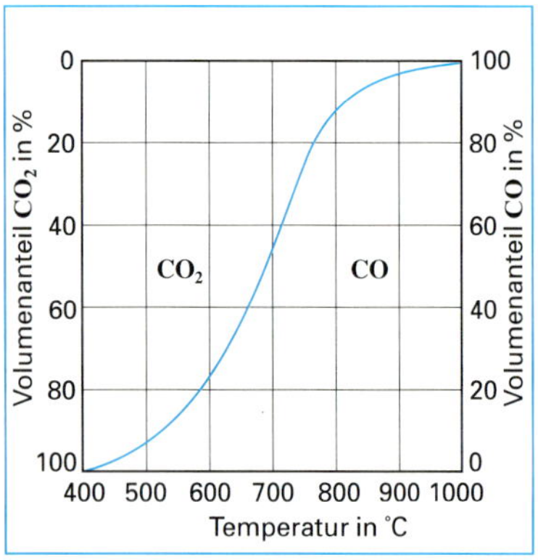

B 354.2. BOUDOUARD-*Gleichgewicht* $CO_2 + C \rightleftharpoons 2CO$ *(bei p =* 10^5 Pa*)*.

Die direkte Reduktion mit Kohlenstoff erfolgt in wesentlich geringerem Maß. In der *Rast* bindet das heiße, flüssige Eisen z.T. Kohlenstoff in Form von *Zementit* Fe_3C. Hier wird auch ein Teil der Oxide aus der Gangart reduziert (B 354.1.). So kommt es, dass **Roheisen** neben dem Element Eisen auch Kohlenstoff (2,5% bis 4%), Silicium (0,5% bis 3%), Mangan (0,5% bis 6%), Phosphor (0% bis 2%) und Schwefel (0,01% bis 0,05%) enthält. Die Schlacke besteht aus Calcium- und Aluminiumsilicaten verschiedener Zusammensetzung $x\,CaO \cdot y\,Al_2O_3 \cdot z\,SiO_2$.

Im Gegenstrom zu den festen und flüssigen Materialien, von unten nach oben also, bewegen sich die Gase. Beim Eintritt in den unteren Teil der Rast handelt es sich dabei um Luft, die in **Winderhitzern** auf 900 °C bis 1300 °C vorerhitzt wurde (B 355.2.). Zunächst reagiert der darin enthaltene Sauerstoff mit Kohlenstoff zu Kohlenstoffdioxid (B 354.1.). Wegen der sehr hohen Temperatur und des Kohlenstoff-Überschusses stellt sich beim Aufwärtsströmen der Gase das sog. BOUDOUARD-*Gleichgewicht* $CO_2 + C \rightleftharpoons 2CO$ ein (B 354.2.). Es ist stark temperaturabhängig und liegt bei 1000 °C zu über 99% auf der Kohlenstoffmonooxid-Seite (B 354.2.). Im Hochofen-Schacht wird das für die Eisenoxid-Reduktion verbrauchte Kohlenstoffmonooxid nach dem Schema des BOUDOUARD-*Gleichgewichts* ständig nachgebildet. Obwohl das Gasgemisch am oberen Ende des Schachtes nur noch aus Kohlenstoffdioxid und Stickstoff bestehen sollte (bei 200 °C liegt das BOUDOUARD-Gleichgewicht auf der linken Seite; vgl. B 354.2.), beträgt der Kohlenstoffmonooxid-Gehalt wegen der kurzen Verweilsdauer des Gasgemisches in dieser „kalten" Schicht im **Gichtgas** doch noch zwischen 28% und 33%. Das Gichtgas kann somit nach der Reinigung verbrannt und zum Vorerhitzen der Frischluft verwendet werden (B 355.2.).

Ein Hochofen „brennt" bis zu 10 Jahren ununterbrochen. Käme er in gefülltem Zustand zum Erkalten, so müsste er gesprengt werden, weil die Fütterung platzt und der Ofeninhalt erstarrt. Bei der Überholung muss ein Hochofen völlig neu ausgemauert werden.

Während der Betriebszeit fließt die Schlacke ständig ab. Sie wird z. B. beim Straßenbau und als Unterlage bei Sportanlagen verwendet. Das Roheisen wird dem Hochofen alle ca. 2 Stunden durch einen sog. **Abstich** entnommen (B 355.1.). Moderne Hochöfen können über 10000 Tonnen Roheisen pro Tag produzieren. Die Weltproduktion an Roheisen liegt in der Größenanordnung von 500 Mio. Tonnen pro Jahr. Nur ca. 10% davon werden als **Gusseisen** weiterverarbeitet (Rohre, Heizkörper, Maschinenteile). Die restlichen 90% dienen zur Herstellung von **Stahl**. Beim Stahl beträgt der Kohlenstoff-Gehalt nur noch 0,2% bis 2%. Im Gegensatz zum Gusseisen lässt sich Stahl (besonders im erwärmten Zustand) schmieden, walzen, pressen und ziehen. Stahl zeichnet sich ferner durch Zähigkeit aus und kann durch Wärmebehandlung gehärtet werden. Dank dieser Eigenschaften ist Stahl der **meistverwendete Werkstoff**.

Zur Senkung des Kohlenstoff-Gehalts im Roheisen und zur nahezu vollständigen Entfernung der übrigen Bestandteile (Phosphor, Mangan, Silicium und Schwefel) wird die Oxidation dieser Elemente mit reinem Sauerstoff durchgeführt. Während das gebildete Kohlenstoffdioxid mit den Abgasen entweicht, werden die übrigen Oxide durch Zusatz geeigneter Materialien, meistens Kalk, verschlackt. Man nennt die Umwandlung von flüssigem Roheisen in flüssigen Stahl **Frischen**.

B 355.1. Hochofenabstich. Das Roheisen läuft in Rinnen aus Sand ab.

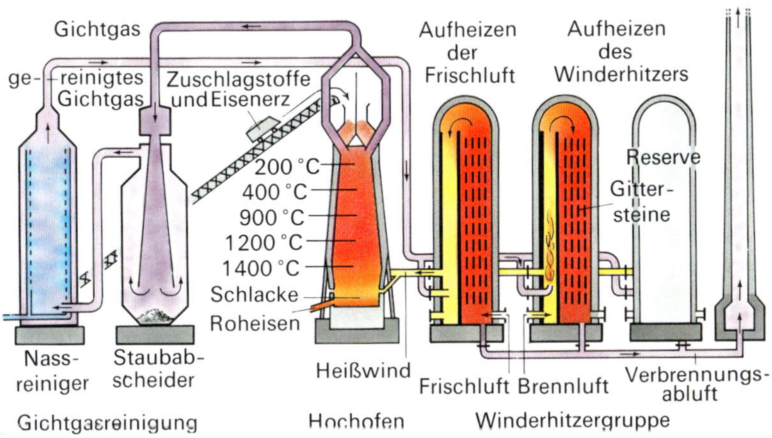

B 355.2. Schema einer Hochofenanlage, bestehend aus dem Hochofen, der Gichtgasreinigung und dem Winderhitzern

B 355.3. Walzstraße in einem Stahlwerk. In mehreren Schritten werden aus Stahlblöcken Bleche gewalzt.

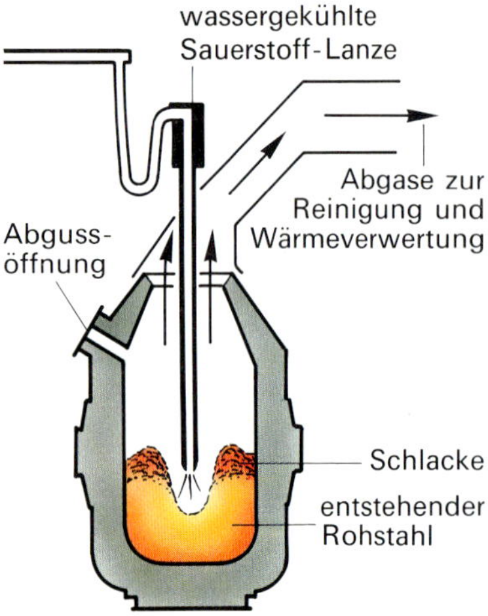

B 356.1. *Schema eines Konverters*[1] *für das LD-Sauerstoffaufblasverfahren.*
Zur Entnahme des Rohstahls und der Schlacke kann der Konverter um eine Mittelachse gekippt werden, nachdem die Sauerstoff-Lanze hochgefahren ist.

[1] von *convertere* (lat.) = verwandeln

Das bedeutendste Verfahren zur Stahlerzeugung ist derzeit das **Sauerstoffaufblasverfahren** oder **LD**-Verfahren (benannt nach den Stahlwerken von **L**inz und **D**onawitz, Österreich). Der Frischvorgang erfolgt hierbei in einem schwenkbaren, feuerfest ausgemauertem Gefäß, dem **Konverter**[1] (B 356.1.). Der Sauerstoff wird durch eine wassergekühlte Stahl-Lanze unter einem Druck von 0,6 MPa bis 1 MPa auf die Roheisenschmelze geblasen. Die Blaszeit beträgt bei einem Konverter von 100 t Fassungsvermögen ca. 20 min. Es ist unvermeidlich, dass dabei auch ein Teil des Eisens zu Eisenoxid oxidiert wird und in die Schlacke übergeht.
Beim **Sauerstoffdurchblasverfahren** (oder **OBM**-Verfahren, benannt nach **O**xygen-**B**odenblasen-**M**axhütte) wird Sauerstoff durch die Schmelze gepresst. Auf diese Weise wird eine bessere Durchmischung gewährleistet. Besonders phosphorreiches Roheisen lässt sich durch das OBM-Verfahren besser frischen als durch das LD-Verfahren.

Ein Teil des beim Frischen erhaltenen Stahls wird in **Elektroöfen**, in denen die Schmelze im Lichtbogen zwischen zwei Graphit-Elektroden flüssig gehalten wird, zu **Edelstählen** weiterverarbeitet. Dies sind *Legierungen des Eisens* mit einer Vielzahl anderer Elemente, darunter Chrom, Nickel, Cobalt, Wolfram, Molybdän, Mangan, Aluminium, Vanadium, Titan, Tantal, Niob, Silicium, Bor, Kupfer, Phosphor und Schwefel. Man benötigt Edelstähle für ganz spezielle Verwendungszwecke (vgl. B 356.2.). Es gibt über 1000 Edelstahlsorten im Handel.

Zusätze	Name, Verwendung
18% **Cr** 8% **Ni** 0,2% **Si** 0,2% **C** 0,2% **Mn**	V2A-Stahl, rostfrei, Haushaltsgegenstände, Eisenbahnwagen, Chemiereaktoren
18% **W** 4% **Cr** 1% **V**	Schnellarbeitsstahl (hochlegiert), Schneidewerkzeuge

B 356.2. *Zwei Edelstähle und ihre Verwendung*

Aufgaben

A 356.1. Das Eisenerz Siderit $FeCO_3$ (B 353.1.) wird beim Hochofenprozess zuerst unter Kohlenstoffdioxid-Abspaltung zu Eisenoxid umgewandelt und dieses wird reduziert. Formulieren Sie die Reaktionsgleichungen.

A 356.2. Die Einführung der Winderhitzer markierte einen wichtigen technologischen Fortschritt bei der Eisenherstellung, weil der Koksverbrauch erheblich gesenkt werden konnte. Begründen Sie, warum.

A 356.3. Beim sog. *Direktverfahren* wird Eisenoxid im Schachtofen mit einem Gemisch aus Kohlenstoffmonooxid und Wasserstoff direkt zu festem, schwammartigem Eisen reduziert. Flüssiges Eisen tritt dabei nicht auf.
a) Sehen Sie Vorteile gegenüber der Eisengewinnung mit Hilfe von Koks? Welche?
b) Das Direktverfahren ist besonders für Länder mit reichen Erdgasvorkommen von Interesse. Warum?

A 356.4. Welche Nachteile hätte es, wenn beim Frischen Luft statt Sauerstoff verwendet würde?

A 356.5. Weder beim LD-Verfahren noch beim OBM-Verfahren muss die Schmelze zusätzlich geheizt werden. Beim Legieren des Stahls zu Edelstählen ist das jedoch erforderlich (z.B. im Elektroofen). Begründung?

Neue Fachbegriffe

Gangart, Schlacke, Zuschlag, Gicht, Schacht, Rast, Gestell, Hochofen, Winderhitzer, Gichtgas, BOUDOUARD-Gleichgewicht, Roheisen, Gusseisen, Stahl, Frischen, Sauerstoffaufblasverfahren (LD-Verfahren), Sauerstoffdurchblasverfahren, (OBM-Verfahren), Edelstahl, V2A-Stahl, Direktverfahren, Elektroofen, Konverter

Zusammenfassung

Roheisen wird aus Eisenerzen, vorwiegend Eisenoxiden, durch Reduktion mit Koks erhalten (Hochofenprozess). Der überwiegende Teil des noch bis zu 4% Kohlenstoff enthaltenden Roheisens wird durch Frischen in Konvertern zu Stahl (unter 2% Kohlenstoff-Gehalt) umgewandelt. Stahl wird mit verschiedenen Elementen zu Edelstählen legiert.

14.2. Silicium und Silicate

14.2.1. Herstellung und Eigenschaften von Silicium

Versuche

LV 357.1. Ein Rggl. wird mit einem Gemisch aus 2 g trockenem Quarzmehl und 1,3 g Magnesium-Pulver* beschickt, schräg in die Stativklemme eingespannt und **hinter der Schutzscheibe** bis zum Aufglühen erhitzt. Beobachtung? Nach dem Erkalten wird das Rggl. zerschlagen und der Inhalt geprüft. Beobachtung?

LV 357.2. Ein Gemisch aus 1 g Magnesium-Pulver* und 0,5 g Silicium-Pulver wird im Rggl. **hinter der Schutzscheibe** kräftig erhitzt. Beobachtung? Das Produkt wird in LV 357.3. weiterverwendet.

LV 357.3. Das Produkt aus LV 357.2. wird in kleinen Portionen in ein Becherglas mit Salzsäure* ($w = 20\%$) gegeben. Beobachtung? **(Vorsicht, die aufsteigenden Blasen entzünden sich an der Luft von selbst!)**

LV 357.4. Ein dickwandiges Reaktionsrohr wird mit Silicium-Pulver beschickt, an dem rechten Ende mit Glaswolle zugestopft und etwas schräg von links oben nach rechts unten eingespannt. Das rechte Rohrende wird mit einer eisgekühlten Vorlage verbunden. Nun wird **unter dem Abzug** am oberen Rohrende trockenes Chlor* eingeleitet und das Silicium bis zum Aufglühen erhitzt. Danach wird die Chloreinleitung fortgesetzt und die Wärmezufuhr unterbrochen. Beobachtung im Rohr und in der Vorlage? Nachdem sich in der Vorlage ca. 0,5 mL Produkt gesammelt hat, wird der Versuch beendet. Das Produkt wird in LV 357.5. verwendet.

LV 357.5. Das Produkt aus LV 357.4. wird **vorsichtig** in Wasser gegeben. Beobachtung? Die Lösung wird mit Indikatorpapier geprüft.

LV 357.6. Die Leitfähigkeit eines zwischen zwei Krokodilklemmen eingespannten Siliciumstücks wird bei einer gegebenen Spannung, z. B. $U = 10$ V, gemessen. Nun wird das Siliciumstück mit dem Gasbrenner erwärmt. Wie verändert sich die Stromstärke?
Der gleiche Versuch wird mit einem Stück Eisen bei $U = 3$ V wiederholt. Beobachtung?

Während Kohlenstoff das Grundelement der Lebewesen ist, kann man das in der Erdkruste viel häufiger vertretene Silicium (B 357.1.) als Grundelement der unbelebten Materie bezeichnen. Interessanterweise rückt es als Bestandteil von Biomolekülen völlig in den Hintergrund.

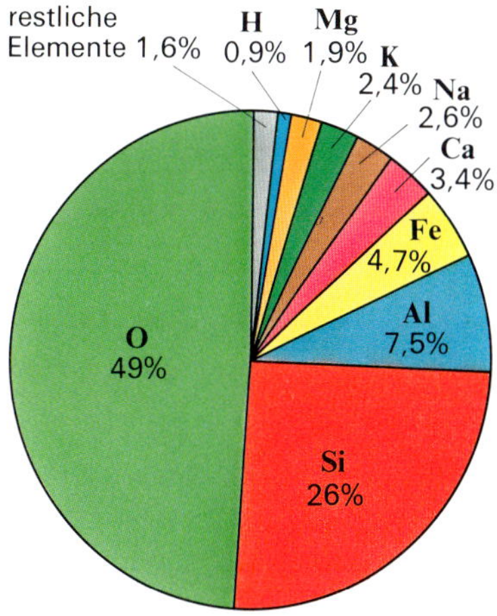

B 357.1. *Häufigkeit einiger Elemente in der Erdkruste*

Herstellung

Bei der Zusammensetzung der Erdkruste nimmt das Element Silicium mit einem Massenanteil von 26% den zweiten Rang ein (B 357.1.). Es tritt darin fast ausschließlich in Siliciumdioxid SiO_2 und in Silicaten (vgl. S. 364 ff.) gebunden auf.

Elementares Silicium kann durch Reduktion von Siliciumdioxid mit verschiedenen Reduktionsmitteln erhalten werden. Im Labor nimmt man für die Herstellung kleiner Mengen Silicium Magnesium oder Aluminium. Die Redoxreaktion aus LV 357.1. verläuft nach folgender Gleichung:

$$SiO_2(s) + 2\,Mg(s) \rightarrow Si(s) + 2\,MgO(s); \qquad \Delta H_R^0 = -342\ \text{kJ}$$

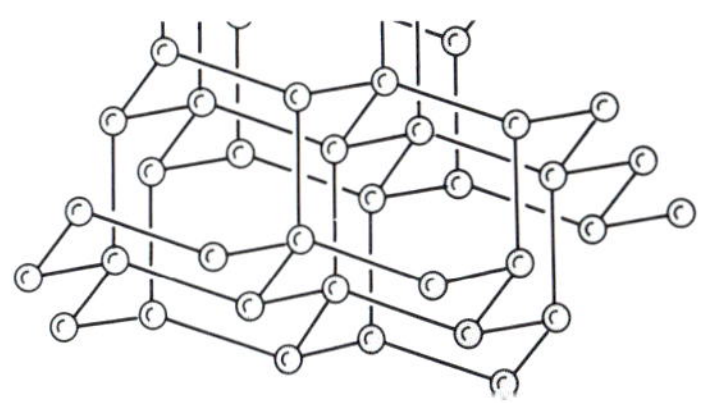

B 357.2. *Silicium kristallisiert im Diamantgitter.*

Für die industrielle Herstellung großer Mengen Silicium wählt man ein billigeres Reduktionsmittel: Kohlenstoff (Koks). Beim elektrothermischen Verfahren wird in großen Öfen folgende endotherme Reaktion durchgeführt (B 358.1.):

$$SiO_2(s) + 2\,C(s) \xrightarrow{2100\ \text{K}} Si(s) + 2\,CO(g); \qquad \Delta H_R^0 = +695\ \text{kJ}$$

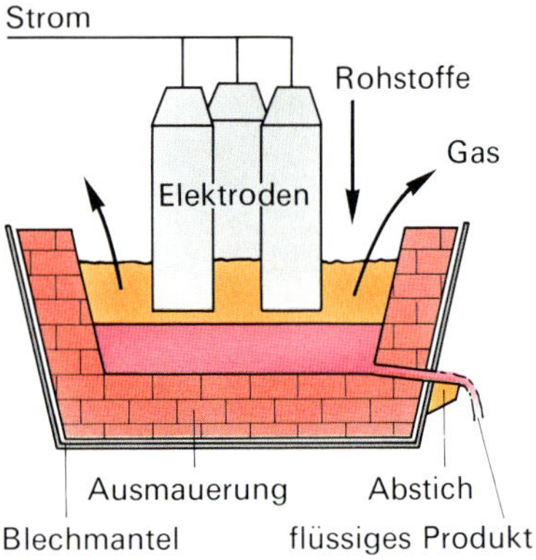

B 358.1. *Silicium-Herstellung nach dem elektrothermischen Verfahren. Weltweit wurden im Jahr 1997 ca. 20000 t Reinst-Silicium hergestellt, davon 6000 t in Deutschland. Die jährliche Wachstumsrate der Silicium-Produktion beträgt 20%.*

Der Verbrauch an elektrischer Energie beträgt dabei 14 kWh/kg Silicium. Allerdings erhält man nach diesem Verfahren kein reines Silicium, sondern zum großen Teil Siliciumcarbid **SiC**. Die Bildung von Siliciumcarbid kann durch Zusatz von Eisen eingeschränkt werden. Hierbei bilden sich auch Silicium-Eisen-Legierungen. Das erhaltene *Roh-Silicium* hat nur einen Reinheitsgrad von etwa 98% und entspricht damit den Reinheitsanforderungen für den Bau von Microchips und von Solarzellen bei weitem noch nicht. Das dafür notwendige 99,9999999%ige *Reinst-Silicium* wird in einem mehrstufigen Reinigungsprozess hergestellt. Zunächst wird fein gemahlenes Roh-Silicium in einem Wirbelschichtreaktor mit Hydrogenchlorid in Trichlorsilan $SiHCl_3$ überführt:

$$Si(s) + 3HCl(g) \xrightarrow{600\,K} SiHCl_3(l) + H_2(g); \quad \Delta H^0_R = -218\,kJ$$

Das Trichlorsilan wird anschließend durch Destillation gereinigt und dann in einer reduzierenden Wasserstoff-Atmosphäre thermisch zersetzt. Dabei fällt *polykristallines Reinst-Silicium* an:

$$4SiHCl_3(l) + 2H_2(g) \xrightarrow{1400\,K} 3Si(s) + SiCl_4(l) + 8HCl(g); \quad \Delta H^0_R = +964\,kJ$$

Daraus wird durch eines der in B 358.2. und B 359.1. beschriebenen Verfahren das für die Mikrochips und für die Solarzellen nötige *Einkristall-Silicium* (B 359.2.) gewonnen.

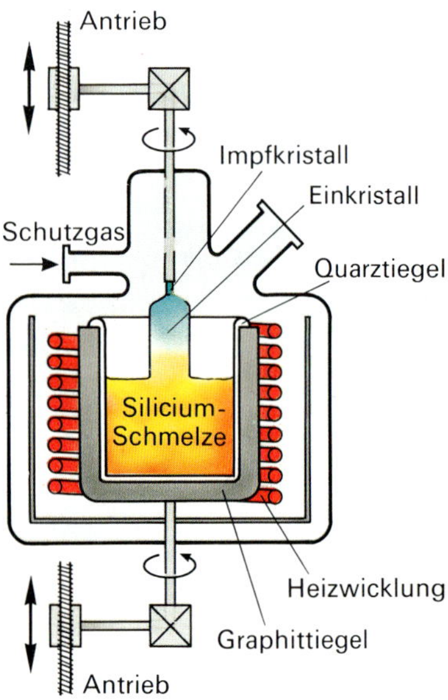

B 358.2. *Tiegelziehverfahren. Aus geschmolzenem Silicium wird nach Einführen eines Impfkristalls langsam ein Einkristall gezogen.*

Eigenschaften

Im Periodensystem der Elemente steht Silicium in der IV. Gruppe, direkt unter dem Element Kohlenstoff. Seine Struktur und seine Eigenschaften sollten also denen des Kohlenstoffs ähnlich sein. Tatsächlich ist reines Einkristall-Silicium ein Feststoff, der, außer dass er nicht transparent ist, in vielen Eigenschaften (z. B. Härte, Schmelz- und Siedetemperatur) dem Diamant ähnelt. Die Gitterstruktur ist die gleiche wie die des Diamants (B 357.2.). Jedes Silicium-Atom ist durch vier Elektronenpaarbindungen an vier weitere Silicium-Atome gebunden, die es tetraedrisch umgeben. Eine graphitanaloge Modifikation ist beim Silicium allerdings nicht bekannt.
Kohlenstoff ist ein typisches Nichtmetall; Silicium dagegen hat „viele Gesichter" (LV 357.1. bis LV 357.6.).
Silicium reagiert mit dem Metall Magnesium zu *Magnesiumsilicid* Mg_2Si (LV 357.2.); es verhält sich also wie ein Nichtmetall (z. B. wie Chlor):

$$Si(s) + 2Mg(s) \rightarrow Mg_2Si(s)$$

Binäre Verbindungen zwischen einem Metall und einem Nichtmetall sind die Chloride, Oxide, Sulfide oder auch die Carbide, z. B. Aluminiumcarbid Al_4C_3.

Aluminiumcarbid reagiert mit verdünnter Salzsäure zu Methan:

$$Al_4C_3(s) + 12HCl(aq) \rightarrow 4AlCl_3(aq) + 3CH_4(g)$$

Magnesiumsilicid reagiert ebenfalls mit Salzsäure, wobei sich das zum Methan analoge *Monosilan* SiH_4 bildet (LV 357.3.):

$$Mg_2Si(s) + 4HCl(aq) \rightarrow 2MgCl_2(aq) + SiH_4(g)$$

Beim Kontakt mit der Luft entzünden sich die bei LV 357.3. ebenfalls in geringeren Mengen gebildeten Oligosilane *Disilan* Si_2H_6, *Trisilan* Si_3H_8, *Tetrasilan* Si_4H_{10}, *Pentasilan* Si_5H_{12} und *Hexasilan* Si_6H_{14}. Einmal entzündet, brennt auch das Monosilan ab.

Die Instabilität der Oligosilane ist auf die geringe molare Bindungsenergie der Silicium-Silicium-Bindung ($\Delta H_B(Si-Si) = 215$ kJ/mol; als Vergleich $\Delta H_B(C-C) = 348$ kJ/mol) zurückzuführen.
Silicium reagiert aber auch mit dem Nichtmetall Chlor zu einem Chlorid, dem *Siliciumtetrachlorid (Tetrachlorsilan)* $SiCl_4$ (LV 357.4.):

$$Si(s) + 2Cl_2(g) \rightarrow SiCl_4(l)$$

Tetrachlorsilan ist kein Salz wie die typischen Metallchloride, sondern eine Flüssigkeit, ähnlich wie das Kohlenstofftetrachlorid. Während Kohlenstofftetrachlorid aber nicht mit Wasser reagiert, kommt es zwischen Siliciumtetrachlorid und Wasser zur Reaktion, wie das auch bei einigen Metallchloriden, z. B. bei Zinntetrachlorid $SnCl_4$ oder wasserfreiem Aluminiumchlorid $AlCl_3$, der Fall ist (LV. 357.5.):

$$SiCl_4(l) + 4H_2O(l) \rightarrow H_4SiO_4(aq) + 4HCl(aq)$$

Die *Orthokieselsäure* H_4SiO_4 kann bei LV 357.5. unter Wasserabspaltung zu anderen Kieselsäuren weiterreagieren (S. 365).
LV 357.1. bis V 357.5. zeigen also:

Chemisch verhalten sich Silicium und einige seiner Verbindungen (Magnesiumsilicid, Siliciumtetrachlorid und die Silane) so, dass wir Silicium nicht eindeutig als Metall oder als Nichtmetall einordnen können.

Bei der Untersuchung der elektrischen Leitfähigkeit von Silicium (LV 357.6.) wird dieses Dilemma noch verstärkt. Silicium leitet den Strom, ohne dabei stoffliche Änderungen zu erfahren, also wie ein metallischer Leiter. Es leitet aber erheblich schlechter als Metalle. Und im Gegensatz zu Metallen, nimmt die Leitfähigkeit bei steigender Temperatur zu (LV 357.6.). Aufgrund dieser Eigenschaft werden Silicium und andere Stoffe mit gleichen elektrischen Eigenschaften (das können Elemente wie Germanium, Arsen, Tellur oder Bor, aber auch Verbindungen wie Galliumarsenid oder Indiumphosphid sein) den so genannten **Halbleitern** zugeordnet. Elemente, die wie das Silicium teils Metall-, teils Nichtmetalleigenschaften haben, nennt man **Halbmetalle**. Sie stehen im PSE zwischen den Metallen und den Nichtmetallen und sind ausschließlich Hauptgruppenelemente.

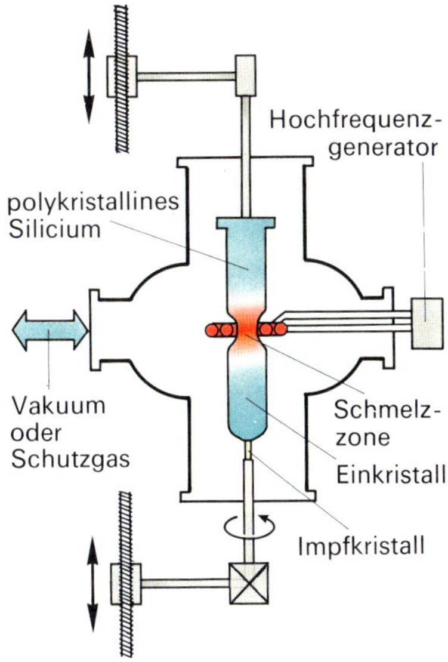

B 359.1. *Zonenschmelzverfahren. Das untere Ende des Vorratsstabes aus polykristallinem Silicium wird angeschmolzen und mit einem Einkristall eingeimpft. Der Stab wird langsam durch die Schmelzzone gezogen, wobei unten das Silicium als Einkristall erstarrt.*

B 359.2. *Monokristallines Silicium (oben) und multikristallines Silicium (unten)*

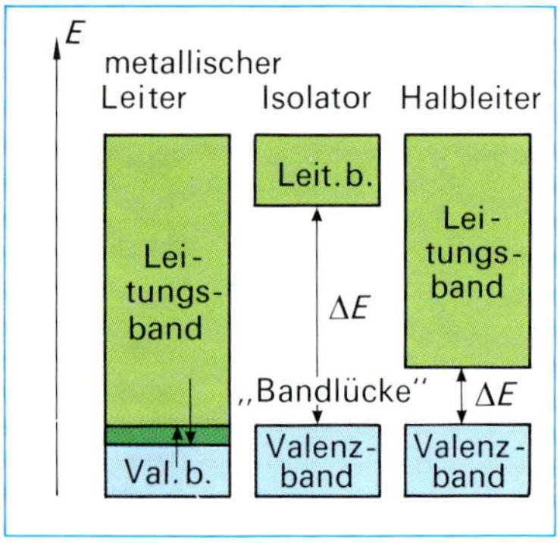

B 360.1. *Energiebänder-Modell*

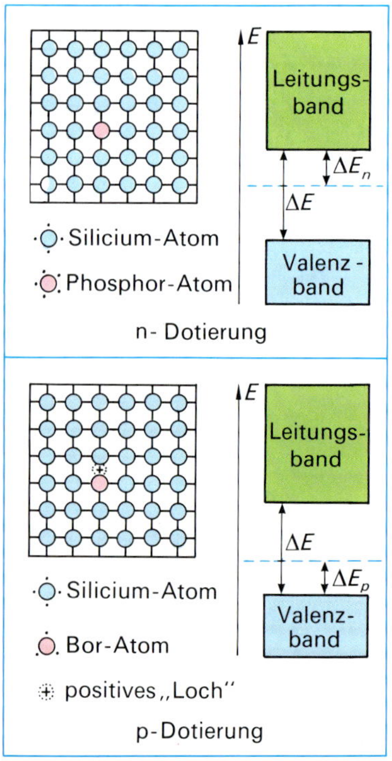

B 360.2. *n-dotiertes (n) und p-dotiertes (p) Silicium (die Gitterausschnitte zeigen jeweils das ebene Modell einer Gitterschicht)*

Energiebänder-Modell

Die elektrische Leitfähigkeit von Metallen, Halbleitern und Isolatoren kann mit Hilfe eines einheitlichen Modells, des Energiebänder-Modells (B.360.1.), erklärt werden. Danach werden die Energien der Valenzelektronen der Atome aus einem Feststoff-Gitter in zwei Bänder aufgeteilt, in das **V**alenz**b**and VB und in das **L**eitungs**b**and LB. Dem VB gehören alle Energiezustände an, die an einen bestimmten Atomrumpf *gebundene* Elektronen haben. So genannte freie Elektronen, die nicht bestimmten Atomen zuzuordnen sind, sondern sich praktisch durch das ganze Gitter bewegen können, haben Energien, die dem LB entsprechen.

Bei *Metallen* überlappen sich das VB und das LB teilweise. Es gibt bei jeder Temperatur genügend Elektronen im LB, die für eine gute elektrische Leitfähigkeit sorgen. Bei steigender Temperatur nehmen die Schwingungen der Atomrümpfe um ihre Gitterplätze zu, die freien Elektronen werden in ihrer Bewegung bei der Stromleitung behindert und die elektrische Leitfähigkeit des Metalls nimmt ab.

Bei *Isolatoren* befinden sich alle Elektronen im VB. Der Energieunterschied ΔE (die *„Bandlücke"*) zwischen dem VB und dem LB ist so groß, dass weder durch Wärme- noch durch Lichtzufuhr (bis auf einige Hundert °C bzw. sichtbares Licht) Elektronen ins LB gehoben werden können.

Bei *Halbleitern* schließlich ist die „Bandlücke" relativ gering, sodass bereits bei Raumtemperatur einige wenige Elektronen ins LB gelangen und für eine gewisse elektrische Leitfähigkeit sorgen. Beim Erwärmen oder beim Bestrahlen mit Licht wird die Anzahl der Elektronen im LB erhöht, der Halbleiter leitet besser. (Zwar nehmen auch hier die Schwingungen der Atomrümpfe zu, aber die Behinderung des Elektronenflusses dadurch wirkt sich nicht so stark aus wie die Zunahme des Elektronenflusses durch den Anstieg der Elektronenzahl im LB.)

Dotierung. Beim Silicium kann die relativ große „Bandlücke" durch **Dotierung** von Reinst-Silicium mit Atomen eines Elements aus der V. Gruppe oder eines Elements aus der III. Gruppe verringert werden. Hierbei werden dem Silicium z.B. Phosphor oder Bor in einem Anteil von ca. 30 ppb (**p**arts **p**er **b**illion, also Teile pro Milliarde) beigemischt, d.h., ca. 3 Fremd-Atome pro 100 Millionen Silicium-Atome oder $1{,}5 \cdot 10^{15}$ Fremd-Atome pro Kubikzentimeter dotierten Siliciums.

Was bewirkt die Dotierung?

Wird ein Atom eines Elementes aus der V. Gruppe in ein Silicium-Kristallgitter eingebaut, so werden nur vier seiner fünf Valenzelektronen zur Ausbildung von Elektronenpaarbindungen benötigt (B 360.2.). Im Energiebänder-Modell entspricht den *Überschuss-Elektronen* eine Energie, die nur wenig unter der Bandkante des LB liegt (B 360.2.; gestrichelte Linie). Diese Elektronen können durch geringste Energiezufuhr ΔE_n ins LB gehoben werden und die Leitfähigkeit des dotierten Silicium-Kristalls erhöhen. Da die Leitung durch elektrisch negative Ladung gewährleistet ist, spricht man von einem **n-dotierten Halbleiter**.

Aber auch die Dotierung von Silicium mit einem Element aus der III. Gruppe erhöht den Leitwert. Der Einbau eines entsprechenden Atoms, z.B. eines Bor-Atoms, ins Silicium-Gitter hat das Auftreten einer Elektronenfehlstelle, eines *elektrisch positiv geladenen „Lochs"*, an einer der vier Elektronenpaarbindungen des Bor-Atoms zur Folge. Dieses Loch kann von einem Valenzelektron eines benachbarten Silicium-Atoms aufgefüllt werden, das dort entstehende Loch wird durch ein Elektron des nächsten Silicium-Atoms ausgeglichen usw. Die elektrische Ladung wird also in Form von positiven Löchern durch den Kristall transportiert. Im Energiebänder-Modell entspricht dies dem Herabrutschen der unteren Kante des LB bis wenig oberhalb des VB (B 360.2.). Da die Leitung über positive Löcher erfolgt, spricht man von einem **p-dotierten Halbleiter**.

p/n-Übergang – Silicium-Diode – Microchip

Die *Grenzschicht* zwischen den beiden Teilen eines Silicium-Einkristalls, der auf der einen Seite z.B. mit Bor und auf der anderen Seite z.B. mit Phosphor dotiert wurde, wird als *p/n-Übergang* bezeichnet. Ein derartiger Baustein ist eine *Halbleiter-Diode* und somit ein wertvoller Teil für elektronische Geräte. Am p/n-Übergang finden folgende Vorgänge statt:

In Abwesenheit einer äußeren Spannung treten Elektronen aus dem n-Teil in den p-Teil über und umgekehrt, positive Löcher aus dem p-Teil in den n-Teil (B 361.1.). Es kommt zu einem *dynamischen Gleichgewicht* dieser Ladungsdiffusion; beim Gleichgewicht herrscht eine *Diffusionsspannung*[1] U_D. Wird nun eine äußere Spannung angelegt, so muss man zwischen zwei Fällen unterscheiden:

a) Die p-Seite wird mit dem elektrisch negativ geladenen Pol verbunden und die n-Seite mit dem positiven Pol; in diesem Fall werden die Löcher bzw. die Elektronen von der jeweiligen Seite zu den beiden Polen hingezogen, die Grenzschicht verarmt an Ladungsträgern. Sie bildet eine Sperrzone für den elektrischen Strom (B 361.1.);

b) Die p-Seite wird mit dem positiven und die n-Seite mit dem negativen Pol verbunden. Jetzt wird die Ladungsdiffusion in der Grenzschicht unterstützt. Ist die äußere Spannung größer als die Diffusionsspannung, so wird die Diode ab einer bestimmten *Schwellenspannung* leitend, weil dann die Ladungsträger die durch den Diffusionsspannung gebildete Schranke durchbrechen. Bei Silicium beträgt die Schwellenspannung je nach Dotierung etwa 1 V. Damit ist eine elementare und wichtige Funktion der Silicium-Diode beschrieben: die *Gleichrichtung von Wechselstrom*.

Durch geeignete Kombination mehrerer p/n-Übergänge in einem dotierten Silicium-Kristall können die logischen Variablen JA und NEIN und ihre elementaren Verknüpfungen (die UND-Verknüpfung, die ODER-Verknüpfung und andere) in elektronische Schaltungen auf engstem Raum übertragen werden. Die entsprechenden Bauelemente werden in der Elektronik *Transistoren* und *Gatter* genannt. Sie werden zu *IC*'s (**i**ntegrated **c**ircuits = integrierte Schaltkreise) verbunden und diese wiederum stellen *Module* (größere elektronische Einheiten) bei *Rechnern* und *Robotern* dar.

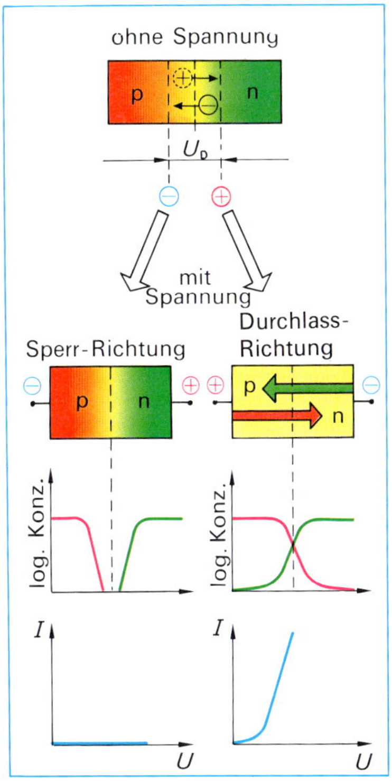

B 361.1. *p/n-Übergang*

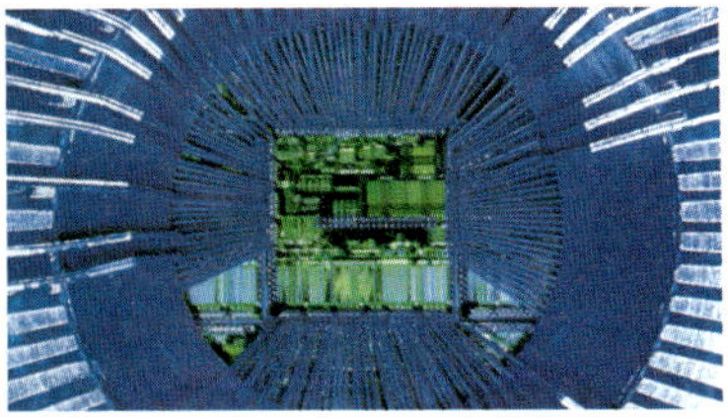

B 361.2. *Computer-Chip. Dieser „Einzelchip-Computer" von 1 cm Kantenlänge erreicht eine Arbeitsgeschwindigkeit von 350000 Instruktionen pro Sekunde. Auf ein Silicium-Plättchen werden 87 solcher Chips geätzt.*

[1] Die Diffusionsspannung U_D wirkt der Ladungsdiffusion in der Grenzschicht entgegen.

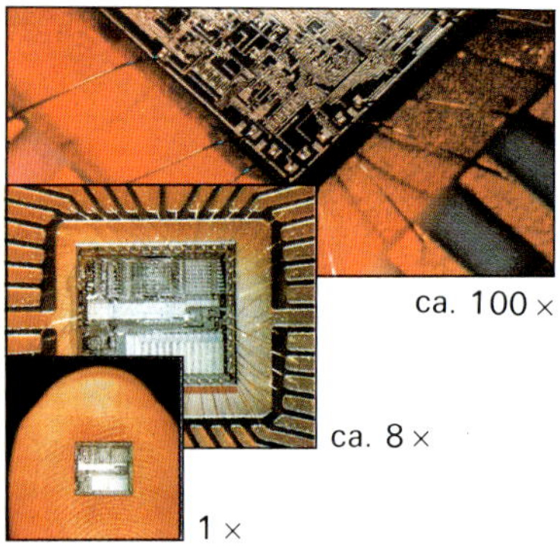

B 362.1 *Chipintegrierte Schaltung (IC)*

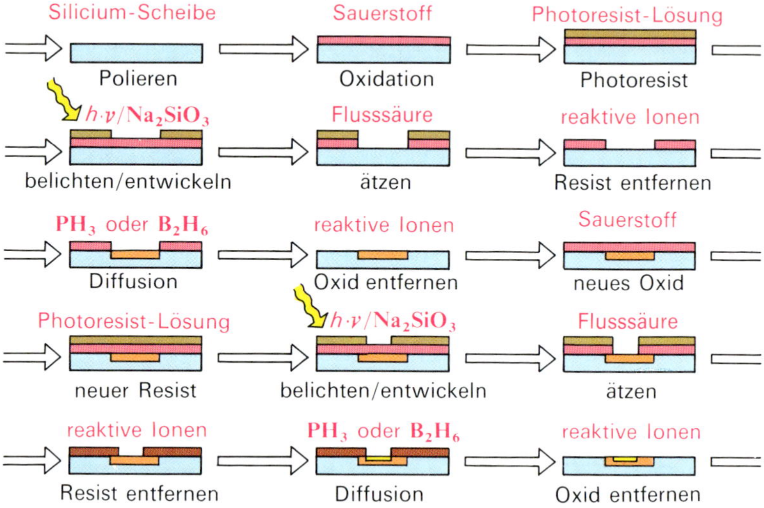

B 362.2. *Prozesse (blau) und Chemikalien (rot) bei der Herstellung eines Transistor-Elements aus Silicium. Beim Belichten wird die Photoresist-Schicht durch eine Maske bestrahlt. Die Stellen, auf die Licht einwirkt, werden so modifiziert, dass hier beim Entwickeln das Photoresist weggelöst wird.*

B 362.3. *Photovoltaische Stromerzeugung und -nutzung im Schulversuch*

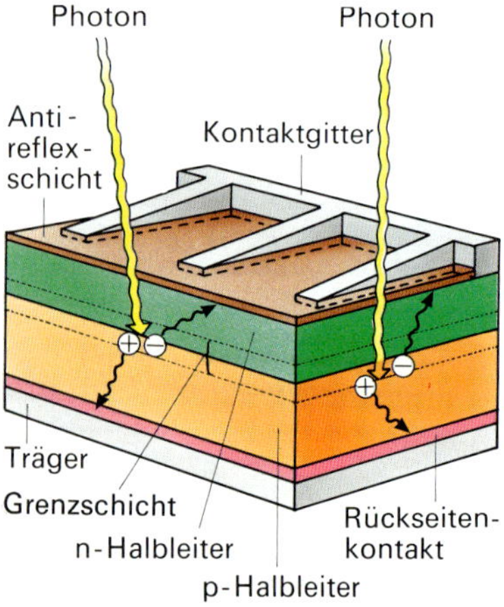

B 362.4. *Schematischer Aufbau und Funktionsweise einer Solarzelle*

Die rasante Entwicklung bei der Herstellung immer leistungsfähigerer, billigerer und kleinerer Computer war nur dank der Verbesserung der Technologie der Silicium-Herstellung und der *Miniaturisierung* der IC möglich (B 362.1.). Bei der Miniaturisierung leisten photochemische Verfahren (Photoresist-Technik) den entscheidenden Beitrag (B 362.2.).

Photovoltaischer Effekt – Solarzelle

Mit Hilfe der Vorrichtung aus B 362.3. können wir bei Sonnenschein im Freien Strom aus Sonnenlicht erzeugen und dabei z. B. Wasser elektrolysieren. Mit Solarzellen sind Satelliten im Weltall, aber auch Alltagsgegenstände wie Armbanduhren, Transistorradios oder Taschenrechner ausgestattet. Vielleicht werden es in naher Zukunft auch die Dächer von Autos oder gar von Häusern sein.

Der Hauptbestandteil einer Solarzelle aus Silicium ist ein n/p-Übergang aus einer nur etwa 5 µm dicken n-Schicht und einer bis zu 300 µm dicken p-Schicht (B 362.4.). Unter der p-Schicht befindet sich ganzflächig ein dünner Rückseitenkontakt aus Aluminium, auf der n-Schicht ein kammförmiger Vorderseitenkontakt, ebenfalls aus Aluminium. Das Ganze ist auf einem Träger aus Kunststoff aufgeklebt. Als Abdeckung der n-Schicht dient eine transparente Antireflexschicht aus Kunststoff oder Glas.

Wie funktioniert eine Solarzelle?

Nehmen wir an, ein Photon dringt bis in die n/p-Grenzschicht ein und wird dort absorbiert. Das hat die Anhebung eines Elektrons aus dem VB ins LB zur Folge, also die Bildung eines *Elektron-Loch-Paares*. Dies kann entweder gerade noch in der n-Schicht oder aber bereits in der p-Schicht in der Nähe der Grenzfläche geschehen.

Man bezeichnet die Elektron-Loch-Paarbildung bei der Absorption von Licht als **inneren photoelektrischen Effekt**. Unter dem Einfluss der Diffusionsspannung U_D (vgl. B 361.1.) driften das Elektron und das Loch in entgegengesetzte Richtungen: das Elektron zur positiven n-Schicht, das Loch zur negativen p-Schicht hin. Oben sammeln sich also Elektronen, unten positive Löcher. Es entsteht eine *Photospannung*, wobei bei der Vorrichtung aus B 362.4. oben der negative und unten der positive Pol ist. Verbindet man die Aluminiumkontakte über einen Leiter, so fließt darin Strom. Diese Art der Stromentstehung wird **photovoltaischer Effekt** und die entsprechende Vorrichtung **photovoltaische Zelle** genannt. Die Leerlaufspannung einer Silicium-Zelle beträgt 0,57 V. Die Kurzschlussstromstärke ist von der Fläche der Zelle abhängig und beträgt etwa 25 mA/cm^2.

Der *Wirkungsgrad* von Silicium-Zellen beträgt i.d.R. etwa 10%, konnte jedoch bei einigen Modellen bis auf 26% gesteigert werden. Der im Vergleich zu anderen Energiewandlern relativ niedrige Wirkungsgrad ist im Wesentlichen darauf zurückzuführen, dass nicht alle Spektralfarben des einfallenden Lichts vollständig absorbiert werden, und dass nicht alle gebildeten Elektron-Loch-Paare aus der Grenzschicht letztlich zum Photostrom beitragen. Ein Teil davon wird durch Rekombination, d.h. Rücksprung des Elektrons aus dem LB ins VB, vernichtet[1]. Zur Elektron-Loch-Paarvernichtung kommt es umso wahrscheinlicher, je weiter der Ort der Paarbildung von der Grenzfläche des n/p-Übergangs entfernt ist.

Die Primärenergie, die Solarzellen benötigen, das Licht der Sonne, ist kostenlos und unerschöpflich. Die Herstellung von einkristallinem Silicium ist aber so aufwendig und teuer, dass heute die Stromerzeugung durch Photovoltaik in großem Ausmaß noch nicht rentabel ist. Eine Kostensenkung zeichnet sich durch Verwendung von *amorphem Silicium* (Kristallstruktur aus stark verzerrten Tetraedern, B 363.1.) ab. Es ist billiger in der Herstellung und absorbiert das Licht besser, sodass die Gesamtdicke einer Zelle bis auf 1 µm reduziert werden kann (Vergleich: ca. 300 µm bei einkristallinem Silicium). Optimistische Prognosen sagen voraus, dass um das Jahr 2000 die elektrische Energie aus photovoltaischen Systemen etwa gleich teuer sein wird wie die aus konventionellen Kraftwerken.

[1] Ein Teil des absorbierten Lichts wird dabei nicht in „hochwertige" elektrische Energie umgewandelt, sondern in „minderwertige" Wärme.

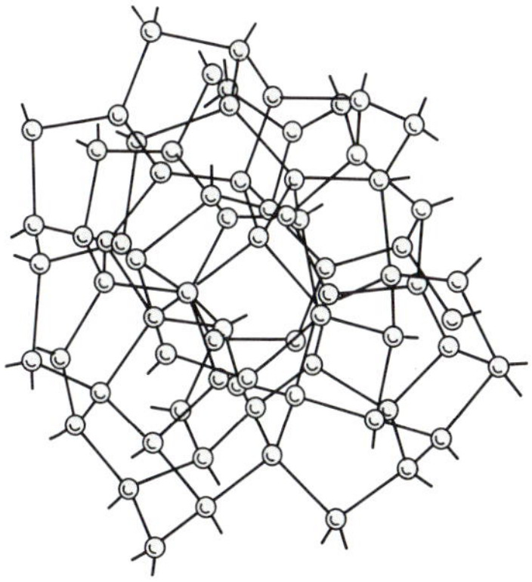

B 363.1. *Gitterstruktur von amorphem Silicium (vgl. B 357.2.)*

B 363.2. *Solarzellen-Dachziegel*

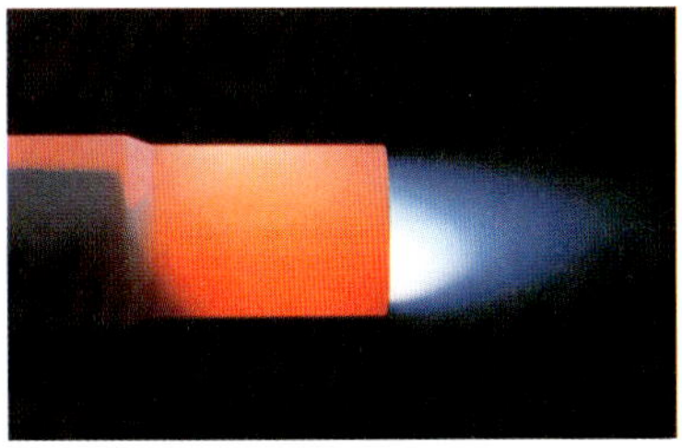

B 363.3. *Hochtemperatur-Brennrohr aus Siliciumcarbid* **SiC**

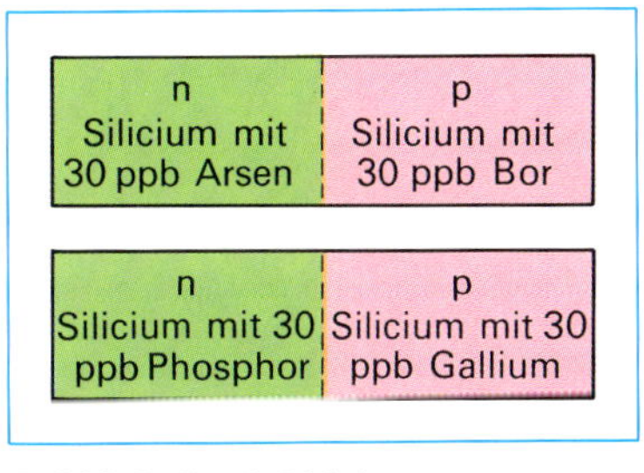

B 363.4. *Zu A 363.3.*

Aufgaben

A 363.1. Formulieren Sie die Reaktionsgleichungen der Verbrennungsreaktionen von Monosilan und von Trisilan. Woran kann man das eine Reaktionsprodukt erkennen (LV 357.3.)? Wie könnte man das andere Produkt nachweisen?

A 363.2. Siliciumcarbid **SiC** ist sehr hart (Härte 9,5; Verwendung als Schleifmaterial) und reaktionsträge (B 363.3.). Es wird thermoelektrisch aus Siliciumdioxid und Koks bei ca. 2000 °C hergestellt (vgl. B 358.1.). Vergleichen Sie die Siliciumcarbid-Herstellung mit der Silicium-Herstellung und kommentieren Sie.

A 363.3. Die Diffusionsspannung U_D beim n/p-Übergang einer Silicium-Diode hängt bei gleichem Dotierungsgrad von den Elementen ab, mit denen dotiert wurde. Bei welcher der beiden Dioden aus B 363.4. vermuten Sie eine höhere Diffusionsspannung? Begründung?

Neue Fachbegriffe

Halbleiter, Tiegelziehen, Zonenziehen, Energiebänder-Modell, Valenzband VB, Leitungsband LB, Bandlücke, n-dotierter Halbleiter, p-dotierter Halbleiter, p/n-Übergang, Diffusionsspannung U_D, Schwellenspannung, Diode, Transistor, Gatter, Photoresist-Technik, Elektron-Loch-Paar, innerer photoelektrischer Effekt, photovoltaischer Effekt, photovoltaische Zelle, Solarzelle, kristallines, polykristallines und amorphes Silicium

Aufgaben

A 364.1. Silicone sind makromolekulare Kunststoffe, die auch bei sehr tiefen und sehr hohen Temperaturen ihre Eigenschaften (Elastizität, Reaktionsträgheit) beibehalten. Formulieren Sie die Bildungsreaktion eines linearen Silicon-Makromoleküls durch Polykondensation von Dimethyldichlorsilan $(CH_3)_2SiCl_2$ mit Dimethyldihydroxysilan $(CH_3)_2Si(OH)_2$. (Es wird **HCl** abgespalten.) Verwenden Sie Strukturformeln.

A 364.2. Der Wirkungsgrad einer Silicium-Solarzelle nimmt mit steigender Temperatur ab. a) Wie könnte man das erklären? b) Sollte man bei einer „Solarzellen-Farm" in der Sahara möglichst dicke oder möglichst dünne Solarzellen verwenden, um einen möglichst hohen Wirkungsgrad zu erzielen? Begründung?

Zusammenfassung

Silicium ist in gebundener Form das zweithäufigste Element in der Erdkruste. Es gehört zu der Klasse der Halbmetalle und wird dank seiner Halbleiter-Eigenschaften bei der Herstellung von elektronischen Bauelementen und von Solarzellen verwendet.

14.2.2. Siliciumdioxid und Silicate

B 364.1. *Bergkristall ist sehr reiner Quarz.*

Siliciumdioxid SiO_2 ist ein kristalliner Feststoff. In reinster Form erscheint er als transparenter *Bergkristall* (B 364.1.), viel häufiger kommt er jedoch etwas verunreinigt als Sand vor. SiO_2 ist die empirische Formel oder die Atomzahlverhältnisformel von Quarz und keineswegs die Molekülformel, wie das z.B. CO_2 für das Kohlenstoffdioxid darstellt. Die im Vergleich zu Kohlenstoff-Atomen größeren Silicium-Atome bilden keine Doppelbindungen zu Sauerstoff-Atomen aus. Im Quarzkristall sind die Silicium-Atome und die Sauerstoff-Atome in einem **Atomgitter** angeordnet, d.h. in einem Gitter, dessen Bausteine durch Elektronenpaarbindungen (auch Atombindungen genannt) verbunden sind. Jedes Silicium-Atom ist tetraedrisch von vier Sauerstoff-Atomen umgeben, die gleichzeitig Brücken zu vier weiteren Silicium-Atomen bilden (B 364.2.). Diese Anordnung der Atome erstreckt sich über den ganzen Kristall. Beim Schmelzen ($\vartheta_m = 1705$ °C) brechen an einigen Stellen die Elektronenpaarbindungen auf und es kommt zu Bruchstücken, die sich in der Schmelze bewegen. Kommt eine solche Schmelze relativ rasch zum Erstarren, so entsteht **amorphes**[1] **Quarzglas**, dem die kristalline Struktur fehlt.

Schnell erstarrte Schmelzen (unterkühlte Schmelzen) zeichnen sich allgemein dadurch aus, dass ihre Teilchen amorphe und nicht kristalline Verbände bilden. Bei den Gläsern aus P 365.1. und P 365.2. überbrücken Oxid-Ionen aus den Metalloxiden einen Teil der Bruchstellen des ehemaligen Quarz-Gitters. Die verbleibenden Kationen ordnen sich in den Zwischenräumen an (B 365.2.).

Da bei Gläsern die Bruchstücke mit intakter Quarzstruktur ganz unterschiedlich groß sind, schmelzen sie nicht bei einer bestimmten Temperatur, sondern erweichen zunächst innerhalb eines größeren Temperaturintervalls. Seine Lage hängt von der Art der Zusätze, die dem

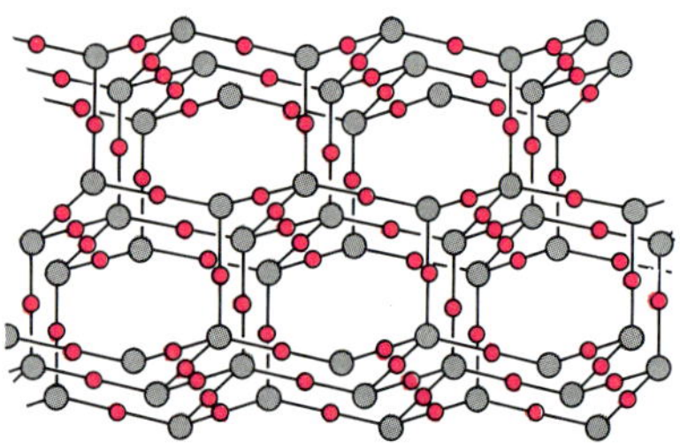

B 364.2. *Atomgitter des Quarzes* SiO_2 ● Si ● O

[1] von *amorph* (griech.) = gestaltlos

Gläser und Zeolithe

Versuche

PV 365.1. Verreiben Sie ein Gemisch aus 1 g Quarzmehl und 3,7 g Blei(II)-oxid und erhitzen Sie es im bedeckten Tiegel in der heißen Brennerflamme. Versuchen Sie, mit einem Glasstab aus der Schmelze Fäden zu ziehen.

PV 365.2. Verfahren Sie wie bei PV 365.1. mit einem Gemisch aus Quarzmehl, Kaliumcarbonat und Blei(II)-oxid, $m(SiO_2):m(K_2CO_3):m(PbO) = 1:1:3$. Stellen Sie eventuelle Unterschiede fest.

PV 365.3. Schütteln Sie in einem kleinen Erlenmeyerkolben ca. 5 g Sasil[1] (Zeolith **NaA** von Fa. Henkel) mit ca. 15 mL Methylenblau-Lösung. Saugen Sie anschließend über einem BÜCHNER-Trichter ab und waschen Sie den Rückstand gründlich mit Wasser nach. Beobachten Sie seine Farbe.

PV 365.4. Wiederholen Sie PV 365.3. mit Methylorange-Lösung statt Methylenblau-Lösung. Beobachtung?

PV 365.5. Rühren Sie mit Hilfe eines Magnetrührens eine Lösung aus 0,5 g Cobalt(II)-chlorid und 0,5 g Bariumchlorid in 50 mL Wasser, der auch 0,2 g Sasil hinzugefügt wurden, ca. 15 Minuten lang. Saugen Sie den Rückstand über dem BÜCHNER-Trichter ab und waschen Sie ihn mit Wasser. Beobachten Sie seine Farbe.

PV 365.6. Wiederholen Sie PV 365.5. mit Lösung, bei der das Bariumchlorid durch Lithiumchlorid ersetzt wurde. Beobachtung?

Auswertung

a) Welches Stoffmengenverhältnis $n(SiO_2):n(PbO)$ entspricht der Vorschrift aus PV 365.1.? Geben Sie die empirische Formel des in PV 365.1. hergestellten Glases an.

b) Die farbgebenden Teilchen sind bei der Methylenblau-Lösung Kationen (B 311.1.), bei der Methylorange-Lösung Anionen (S. 307). Werten Sie PV 365.3. und PV 365.4., hinsichtlich der Art der Ladungen (positiv-negativ), die im Zeolithen Sasil vorhanden sind, aus. Erläutern Sie.

c) Die Ergebnisse aus PV 365.5. und PV 365.6. zeigen, dass Barium-, Cobalt- und Lithium-Ionen unterschiedlich gut eingefangen und festgehalten werden. Stellen Sie eine Selektivitätsreihe des Zeolithen Sasil für die genannten Ionen auf und versuchen Sie, sie zu begründen (vgl. Periodensystem der Elemente).

[1] Sasil kann aus einem sasilhaltigen Vollwaschmittel extrahiert werden. Man extrahiert zweimal mit Wasser, anschließend zweimal mit 2-Propanol und trocknet dann das nicht gelöste Pulver bei 110 °C im Trockenschrank.

B 365.1. *Photochrome Gläser ändern die Farbe bei Licht und finden bei Brillen und technischen Geräten Verwendung.*

Quarz bei der Glasherstellung zugefügt wurden, ab. Normalglas, z. B. Fensterglas (mögliche Zusammensetzung: $Na_2O \cdot CaO \cdot 6SiO_2$ oder $Na_2CaSi_6O_{14}$), erweicht ab ca. 550 °C. Über weitere Gläser gibt Tab. 366.1. Auskunft.

Vom Siliciumdioxid leitet sich die **Orthokieselsäure H_4SiO_4** ab. Ihre Moleküle zeigen eine große Neigung, untereinander Wasser-Moleküle abzuspalten. Die Kondensationsprodukte sind z. B. **Metakieselsäuren $(H_2SiO_3)_n$**:

$$n\,HO{-}Si(OH)_2{-}OH \rightarrow HO{-}Si(OH)_2{-}\left[O{-}Si(OH)_2\right]_n{-}O{-}Si(OH)_2{-}OH + (n-1)H_2O$$

Orthokieselsäure H_2SiO_4 — Metakieselsäure $(H_2SiO_3)_n$

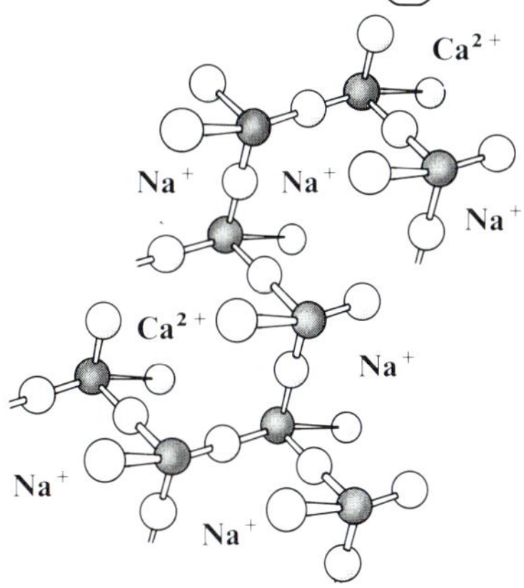

B 365.2. *Strukturelement aus einem Normalglas (vgl. auch Tab. 366.1.)*

Glasart	Elemente außer **Si und O**	Verwendung
Normalglas	**Ca, Na**	Fenster
Quarzglas	keine	UV-Apparate
„Kristallglas"	**Pb, K**	Spiegel, Vasen
„Flint"	viel **Pb**	optische Linsen
„Wasserglas"[1]	**Na**	Eindicken von Lsg.
Laborglas	**B, Al, Mg, Ca, Na, K**	Laborgeräte

Tab. 366.1. *Glasarten*

B 366.1. *Asbest (links) ist ein magnesiumhaltiges Silicat mit Bandstruktur, Glimmer (rechts) ein kompliziert zusammengesetztes Silicat mit Blattstruktur.*

Silicate sind die Salze der Kieselsäuren. Da die Art und die Mengenverhältnisse der darin enthaltenen Metall-Kationen, aber auch die Struktur der anionischen Kieselsäure-Reste sehr unterschiedlich sein können, gibt es eine schier unüberschaubare Vielfalt von Silicaten. Bei der Einteilung der Silicate in solche mit *Ketten-* und *Bandstruktur*, solche mit *Blattstruktur* und in so genannte *Gerüstsilicate* ist ausschlaggebend, ob die Kieselsäure-Reste eher ein *eindimensionales, zweidimensionales* oder *dreidimensionales* Gebilde darstellen. In der Natur sind alle diese Silicat-Sorten jeweils vielfach vertreten (vgl. Beispiele in B 366.1.).
Bei der Verwitterung von Silicaten mit Blattstruktur bildet sich *Ton*, ein Werkstoff, aus dem seit jeher Gefäße, Ziegelsteine u.a. gefertigt werden. Ton nimmt leicht Wasser an, kann gut geformt werden und verwandelt sich beim Erhitzen (Brennen) in ein hartes Material. Aus Ton und Kalkstein erhält man *Zement*, der bei der Zugabe von Wasser härtet (Wassermörtel). *Kaolin* ist eine farblose Ton-Art und wird bei der *Porzellan-Herstellung* verwendet. Auch die beiden anderen Rohstoffe für die Porzellan-Herstellung, *Quarzsand* und *Feldspat*, sind Silicium-Verbindungen. Die Chinesen beherrschten bereits im 7. Jahrhundert die Technik der Porzellan-Herstellung; in Europa wurde das Verfahren erst im Jahr 1709 von J.F. Böttger[2] in Meißen wieder entdeckt.

Zeolithe[3] (vgl. auch S. 335f.) sind natürliche und synthetische Gerüstsilicate, deren Gitter prinzipiell wie das Siliciumdioxid-Gitter (B 364.2.) aufgebaut ist, nur dass ein Teil der Silicium-Atome durch Aluminium-Atome substitutiert wurde. Da jedes Aluminium-Atom ein Elektron weniger als ein Silicium-Atom hat, aber ebenso wie dieses tetraedrisch an vier Sauerstoff-Atome gebunden ist, kommt es zu elektrisch negativ geladenen Stellen im Gitter, umso mehr, je kleiner das Silicium-Aluminium-Verhältnis im betreffenden Zeolithen ist. Charakteristisch, und besonders bei synthetischen Zeolithen sehr regelmäßig angeordnet, sind die *Hohlräume* in Zeolithen (B 367.1.). Dadurch erhält der Zeolith eine riesige innere Oberfläche; sie entspricht z.B. bei 8 g eines synthetischen Zeolithen der Fläche eines Fußballfeldes! In den Hohlräumen werden ähnlich wie in Käfigen Teilchen festgehalten, vorwiegend Kationen, aber auch neutrale Moleküle. Anionen dagegen werden abgestoßen (PV 365.3. und PV 365.4.). Die Selektivität eines Zeolithen für gewisse Teilchen hängt von der Geometrie seiner Hohlräume ab und die wiederum wird in erster Linie durch das Silicium-Aluminium-Verhältnis bestimmt. Für die am besten bekannten und am meisten verwendeten *Zeolithe* **A**, **X** und **Y** sind die Zusammensetzungen und die Struktur-Modelle in B 367.2. und B 367.3. angegeben.

[1] vgl. A 367.4.
[2] Johann Friedrich Böttger (1682 bis 1719), Alchimist des Sachsenkönigs August der Starke, musste unter strenger Bewachung an der Goldherstellung aus anderen Elementen (Transmutation) arbeiten. Nachdem es ihm gelang, unter Verwendung von Kaolin Porzellan herzustellen, wurde bereits im Jahr 1710 in Meißen die auch heute noch weltberühmte Porzellanmanufaktur gegründet.
[3] von *zeo* (griech.) = sieden und *lithos* (griech.) = Stein. Wenn man Zeolithe stark genug erhitzt, beginnen sie zu brodeln, so als würden sie sieden.

Bezogen auf Moleküle, die durch die Eingänge in das Hohlraumsystem eines Zeolithen hindurchschlüpfen können, verhält sich der Zeolith wie ein *Molekularsieb*. So z. B. kann der Zeolith **A** (B 367.2.) n-Butan-Moleküle, deren Dicke 430 pm beträgt, gerade noch aufnehmen, nicht dagegen Isobutan-Moleküle, die mit 500 pm zu dick sind. In der Technik wird die *Trennung n/iso-Alkane* mit Hilfe von Zeolith-Molekularsieben durchgeführt.

Die Selektivität eines Zeolithen für Kationen hängt von der Ionenladung und dem Ionenradius ab. Bei PV 365.5. und PV 365.6. wird deutlich, dass Sasil (Zeolith A) die eingesetzten Ionen in der Reihenfolge Ba^{2+}, Co^{2+}, Li^{+} festhält. Diese Eigenschaft (die unterschiedliche Selektivität eines Zeolithen für verschiedene Kationen) macht man sich beim Einsatz der Zeolithe als *Ionenaustauscher* zunutze. So z.B. enthalten phosphatfreie Waschmittel Zeolith **A**, dessen Hohlräume mit Natrium-Ionen belegt sind. Im Waschwasser werden die Natrium-Ionen gegen Calcium- und Magnesium-Ionen ausgetauscht; das Wasser wird dadurch enthärtet und die Tenside können ihre Waschwirkung entfalten. Für die Umwelt stellen die Zeolithe nach unseren heutigen Kenntnissen keine Belastung dar.

Y-Zeolithe, bei denen die Hohlräume teilweise mit Kationen der Lantanoide (seltene Erden) belegt werden, eignen sich als *Katalysatoren* für das sog. Fließbettcracken höher siedender Erdöl-Fraktionen. Man erreicht dadurch hohe Ausbeuten an Motorenbenzinen.

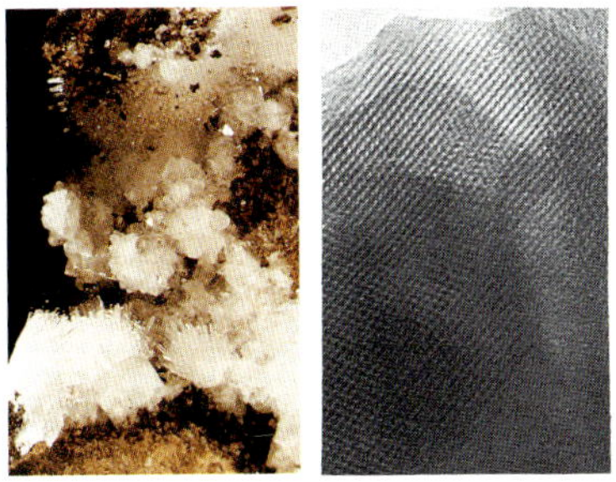

B 367.1. *Lichtbild-Aufnahme eines natürlichen Zeolithen (links) und hochauflösende Elektronenmikroskop-Aufnahme eines Natrium-Zeolithen* **Y** *(rechts). Die regelmäßige Porenstruktur ist rechts deutlich zu erkennen.*

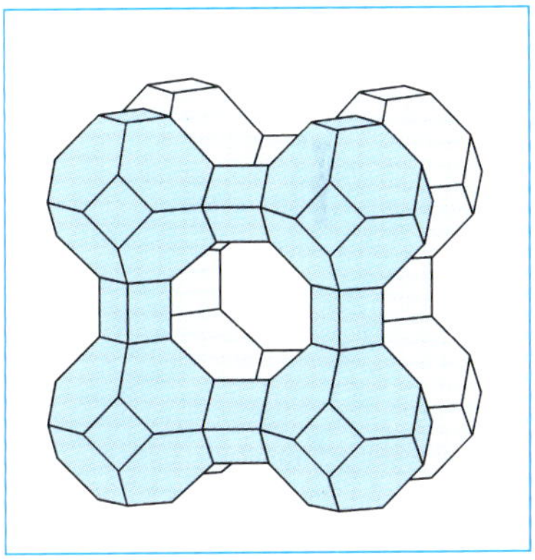

B 367.2. *Zeolith* **A**[1]

$Na_{12}(AlO_2)_{2}(SiO_2)_{12} \cdot 27H_2O$

Porenöffnung: 410 *pm*

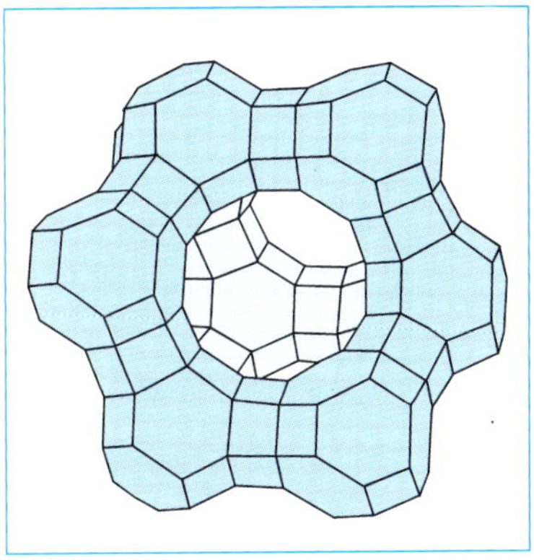

B 367.3. *Zeolith* **X** *und* **Y**[1]

X: $Na_{86}(AlO_2)_{86}(SiO_2)_{106} \cdot 264H_2O$

Y: $Na_{56}(AlO_2)_{56}(SiO_2)_{136} \cdot 250H_2O$

Porenöffnung: 740 pm

Aufgaben

A 367.1. Stellen Sie die Ähnlichkeiten und Unterschiede zwischen dem Silicium-Gitter (B 357.2.) und dem Quarz-Gitter (B 364.2.) fest.

A 367.2. Welcher strukturelle Unterschied existiert zwischen Bergkristall und Quarzglas?

A 367.3. Zu welchen Glasarten (Tab. 366.1.) gehören die in den Praktikumsversuchen von S. 365 hergestellten Gläser?

A 367.4. Wasserglas ist Natriumsilicat mit der empirischen Formel Na_2SiO_3. Es ist wasserlöslich. Die sog. kolloidale[2] Lösung enthält aber Anionen, die 10mal bis 1000mal größer sind als die Natrium-Ionen. Erklären Sie diesen Sachverhalt.

A 367.5. Was haben Ton und Kaolin gemeinsam? Wozu werden sie verwendet?

A 367.6. In der Fußnote 3 von S. 366 wird eine Eigenschaft der Zeolithe genannt. Begründen Sie diese Eigenschaft unter Verwendung der Formeln aus den Bildunterschriften B 367.2. und B 367.3.

Neue Fachbegriffe

Atomgitter, amorph, Glas, Silicate mit Ketten-, Band- und Blattstruktur, Gerüstsilicate, Zeolithe (A, X und Y), Elementarzelle, Molekularsieb, Ton, Kaolin, Zement, Porzellan

Zusammenfassung

Aus Quarz und Silicaten werden Keramiken, Gläser, Zement, Porzellan, Molekularsiebe, Ionenaustauscher und Katalysatoren hergestellt.

[1] Bei diesen Struktur-Modellen sind die Ecken durch Silicium- oder Aluminium-Atome besetzt, die jeweils über Sauerstoff-Atome überbrückt sind. In einem Zeolith-Kristall ist das angegebene Struktur-Element nach allen drei Dimensionen des Raumes aneinander gereiht.

[2] von *kolla* (griech.) = Leim

15. Kernchemie

B 368.1. *Henri Antoine Becquerel (1852 bis 1908), französischer Physiker, erhielt im Jahr 1903 den Nobelpreis für Physik.*

15.1. Natürliche Radioaktivität[1]

15.1.1. Entdeckung und Grunderscheinungen der Radioaktivität

Im Jahr 1896 entdeckte H.A. Becquerel (B 368.1.), dass von Uran-Verbindungen eine unsichtbare, durchdringende Strahlung ausgeht, die Photoplatten schwärzt, auch wenn sie sich in lichtdicht verpackten Hüllen befinden (B 368.2.). Außerdem kann die Strahlung Luft-Moleküle **ionisieren** und Leuchtstoffe zur Lichtaussendung, zur **Fluoreszenz**, veranlassen.

Marie Curie (B 369.1.), eine Schülerin von Becquerel, erkannte im Jahr 1898 bei **thoriumhaltigen** Verbindungen Strahlen der gleichen Art und prägte für diese Erscheinung den Begriff der **Radioaktivität**. Noch im selben Jahr gelang es ihr und ihrem Ehemann Pierre Curie, aus dem Uranerz Pechblende ein neues radioaktives Element, das **Polonium**[2], zu isolieren. Vier Jahre mühseliger Arbeit unter primitiven Bedingungen mussten vergehen, bis das Forscherehepaar aus mehreren hundert Kilogramm Pechblende ein weiteres radioaktives Element, das **Radium**, erhielten.

In eingehenden Versuchen, die Pierre Curie und vor allem Ernest Rutherford in den Jahren 1902 und 1903 durchführten, gelang es, die natürliche radioaktive Strahlung in drei verschiedene Arten aufzutrennen: α-, β- und γ-Strahlen.

α-Strahlen sind schnelle, zweifach elektrisch positiv geladene Helium-Ionen, d.h. schnell bewegte Helium-Kerne. Man spricht auch von **α-Teilchen**. Beim Verlassen des radioaktiven Präparats haben die α-Teilchen Geschwindigkeiten von 5% bis 10% der Lichtgeschwindigkeit. α-Teilchen können wegen ihrer elektrischen Ladung und ihrer Bewegung im elektrischen und magnetischen Feld abgelenkt werden. Ihre Reichweite in der Luft beträgt je nach Bewegungsenergie mehrere Zentimeter, in biologischem Gewebe oder anderen dichten Materialien nur wenige Mikrometer. Durch ein Blatt Papier können sie bereits absorbiert werden.

β-Strahlen sind sehr schnelle Elektronen. Man spricht auch von **β-Teilchen**. Ihre Anfangsgeschwindigkeit beträgt bis zu 99% der Lichtgeschwindigkeit. Auch sie können magnetisch und elektrisch abgelenkt werden. Ihre Reichweite in der Luft kann je nach der Bewegungsenergie einige Meter betragen. β-Strahlen werden von festen Stoffen einiger Millimeter Dicke absorbiert.

γ-Strahlen sind hochenergetische, elektromagnetische Strahlen. Wie Licht, ebenfalls eine elektromagnetische Strahlung, setzen sich diese Strahlen aus Energieportionen, Quanten, zusammen[3]. Man spricht hier von **γ-Quanten**. γ-Quanten verhalten sich wie alle elektromagnetischen Wellen; sie sind durch magnetische und elektrische Felder nicht ablenkbar. Die Reichweite der γ-Strahlen kann in der Luft je nach Quantenenergie viele Meter, in Feststoffen noch einige Meter betragen.

B 368.2. *Die photographische Platte, die zur Entdeckung der Radioaktivität führte. Die Notizen im oberen Teil sind die handgeschriebenen Versuchsbeschreibungen von* Becquerel.

---

[1] von *radius* (lat.) = Strahl und *agere* (lat.) = wirken
[2] nach dem Geburtsland von Marie Curie, einer gebürtigen Polin
[3] vgl. B 24.2.

15.1.2. Wirkungen und Nachweis der Radioaktivität

Versuche

V 369.1. Ein beliebiges, feinkristallines Kaliumsalz, eine kaliumhaltige Tablette oder ein uranhaltiges Mineral* werden jeweils in ein dünnes PVC-Säckchen gegeben. Eine Röntgenfilmpackung wird in völliger Dunkelheit geöffnet und das Säckchen auf die Emulsionsschicht des Films gelegt. Film und Säckchen werden in eine Schachtel geeigneter Größe gelegt. Nach ca. zwei Wochen wird der Film entwickelt.
Beobachtung?

V 369.2. Die Filzplatte einer Nebelkammer wird mit einem Wasser-Methanol*-Gemisch im Volumenverhältnis 1:1 getränkt. Nach Einsetzen eines Radiumpräparats* hinreichender Stärke wird die Apparatur zusammengebaut. An die metallische Bodenplatte und an den unterhalb der Plexiglasscheibe angebrachten Drahtring wird eine Gleichspannung von 400 V angelegt. Die Kammer wird seitlich von der Reuterlampe mit Lochblende beleuchtet. Der Kolben wird nun rasch zurückgezogen. Beobachtung vor dem dunklen Kammerboden? Der Versuch kann mehrfach durchgeführt werden.

V 369.3. Ein Zählrohr wird an einen Verstärker mit Lautsprecher angeschlossen. Dem Zählrohr nähert man langsam ein radioaktives Präparat*. Zur genaueren Messung wird das elektronische Zählwerk in Betrieb gesetzt. Beobachtung?

V 369.4. Man wiederholt den V 369.3., entfernt aber das radioaktive Präparat*. Beobachtung?

Der Mensch besitzt kein Sinnesorgan, um Radioaktivität wahrzunehmen; er ist auf Geräte zum Nachweis der Strahlung angewiesen.
Bringt man ein radioaktives Präparat in einer Dunkelkammer auf einen photographischen Film und lässt es längere Zeit darauf liegen, so wird an dieser Stelle der Film geschwärzt. Nach der Entwicklung kann man Lage und Umriss des Materials erkennen (V 369.1.).
Menschen, die beruflich mit radioaktiven Stoffen arbeiten, tragen ständig einen **Filmdosimeter**[1] an einer repräsentativen Stelle ihrer Arbeitskleidung. Auf dem innenliegenden Film kann festgestellt werden, welcher Strahlungsmenge diese Person ausgesetzt war.
In einer **Nebelkammer** kann die ionisierende Wirkung sichtbar gemacht werden, die von radioaktiver Strahlung in gasförmiger Materie hervorgerufen wird (V 369.2.).
Auch die Wirkungsweise eines GEIGER[2]-MÜLLER[3]-*Zählrohres* (B 370.2.) beruht auf der ionisierenden Wirkung der Strahlungsteilchen bzw. der γ-Quanten. Das Zählrohr besteht aus einem metallischen Zylinder, der mit dem Edelgas Argon gefüllt ist. Er enthält ein Fenster aus Glimmer, das die Teilchenstrahlung durchlässt. In seinem Innern befindet sich ein leitender Draht, der mit dem positiven Pol einer Gleichspannungsquelle verbunden ist. An den anderen Pol der Spannungsquelle ist der Mantel des Zählrohres angeschlossen. Treffen nun Strahlungsteilchen oder γ-Quanten im Inneren des Zählrohres auf Argon-Atome, so werden diese ionisiert. Die herausgeschlagenen Elektronen werden unter dem Einfluss des elektrischen Feldes zur Anode, die positiv geladenen Argon-Ionen zur Kathode beschleunigt, sodass kurzfristig ein Strom fließt. Mit Hilfe eines Verstärkers werden die Stromstöße auf einen Lautsprecher oder auf ein Zählgerät übertragen (V 369.3.).
Obwohl bei V 369.4. kein radioaktives Präparat in der Nähe ist, hören wir in unregelmäßigen Abständen ein Knacken. Diese Erscheinung wird als **Nulleffekt** bezeichnet. Wie kann man diesen erklären?
Alle Materie, auch der Mensch, ist immer und überall einer dauernden Einwirkung ionisierender Strahlung ausgesetzt. Diese kommt zum einen aus dem Weltraum, dem Kosmos, und wird **kosmische Strahlung** genannt. Zum anderen geht die ionisierende Strahlung von

[1] von *dosis* (griech.) = Gabe
[2] HANS GEIGER (1882 bis 1945), deutscher Physiker, Schüler von RUTHERFORD
[3] WALTER MÜLLER (1905 geb.), deutscher Physiker, Schüler von GEIGER

B 369.1. MARIE CURIE, *geborene* SKLODOWSKA *(1867 bis 1934), gebürtige Polin, Chemikerin und Physikerin, war verheiratet mit dem französischen Physiker* PIERRE CURIE *(1859 bis 1906). Das Ehepaar erhielt im Jahr 1903 zusammen mit* BECQUEREL *den Nobelpreis für Physik.* M. CURIE *erhielt ihn außerdem im Jahr 1911 für Chemie.*

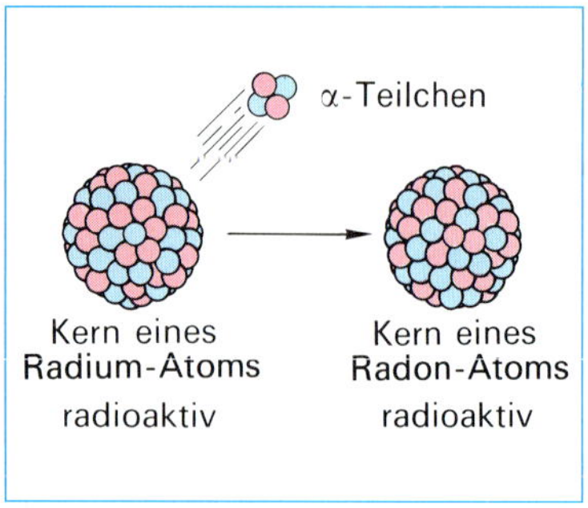

B 370.1. *α-Zerfall eines Radium-Kerns (Modelldarstellung)*

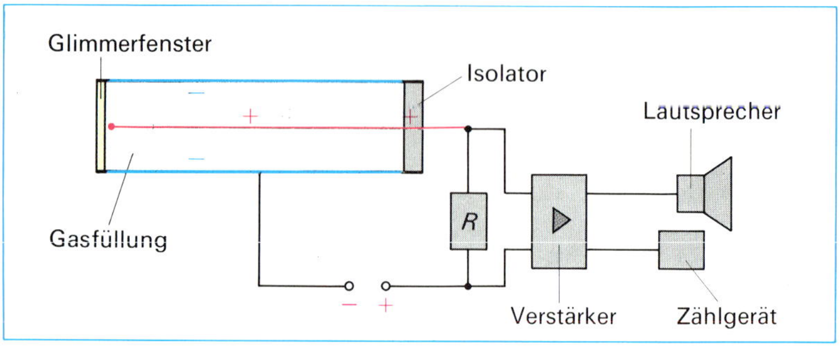

B 370.2. *Schematische Darstellung eines* GEIGER-MÜLLER-*Zählrohres (eines „Endfenster"-Zählrohres)*

Nukleonenzahl A
Protonenzahl Z $^{A}_{Z}\mathbf{X}$

den in der Umgebung vorhandenen, natürlichen, radioaktiven Stoffen aus und wird **terrestrische**[1] **Strahlung** genannt.

Aufgaben

A 370.1. Hält man ein radioaktives Präparat vor ein GEIGER-MÜLLER-Zählrohr, dann zählt man 256 Impulse in 4 min, ohne Präparat misst man in 5 min 90 Impulse. Welche Impulsrate kommt dem Präparat allein zu?

A 370.2. Zwischen Zählrohr und radioaktivem Präparat wird eine einige Millimeter starke Aluminiumplatte gebracht. Die Zählrate nimmt ab, ist aber immer noch größer als der Nulleffekt. Bringt man zwischen Aluminiumplatte und Zählrohr ein starkes Magnetfeld, ändert sich die Zählrate nicht. Um welche Strahlenart handelt es sich? Begründen Sie Ihre Aussage.

Nuklid	A	Z	N
$^{4}_{2}He$	4	2	2
$^{14}_{7}N$	14	7	7
$^{40}_{18}Ar$	40	18	22

Tab. 370.1. *Der Aufbau einiger Atomarten bzw. Kernarten aus den Nukleonen. Es gilt: $A = Z + N$.*

15.1.3. Die Kernumwandlung als Ursache der Radioaktivität

E. RUTHERFORD (B 374.1.) und F. SODDY[2] konnten im Jahr 1903 nachweisen, dass die Strahlung im Zusammenhang mit Kernumwandlungen steht. Die Lehre von der Unveränderlichkeit der Atome war damit widerlegt.

α-Teilchen bestehen aus zwei Protonen und zwei Neutronen, die von den Atomkernen abgegeben werden. Man spricht daher von einem **radioaktiven Zerfall**, hier **α-Zerfall** (B 370.1.). Ist die Atomart bzw. Kernart radioaktiv, so spricht man von einem **Radionuklid.**

Tab. 370.1. zeigt die symbolische Schreibweise einiger Atomarten. Auch die uns bis jetzt bekannten Elementarteilchen lassen sich mit dieser Schreibweise symbolisieren (Tab. 370.2.).

Die **Isotope**[3] eines Elements werden durch die Angabe der Nukleonenzahl A unterschieden. Diese wird dem Elementsymbol als Index links oben angefügt. Dem Elementnamen wird das Symbol des Isotops in eckiger Klammer vorangestellt, z. B.:

$[^{14}C]$-Kohlenstoff (gesprochen: Kohlenstoff 14)

Elementarteilchen	A	Z	N
Proton $^{1}_{1}p$	1	1	1
Neutron $^{1}_{0}n$	1	0	1
Elektron $^{0}_{-1}e$	0	–	–

Tab. 370.2. *Symbolische Schreibweise einiger Elementarteilchen. Das Proton ist identisch mit dem Wasserstoff-Atomkern $^{1}_{1}H$ und dem Wasserstoff-Ion H^{+}. Das Elektron ist Träger der negativen Elementarladung.*

[1] von *terra* (lat.) = Erde

[2] FREDERICK SODDY (1877 bis 1956), englischer Chemiker, Schüler von RUTHERFORD, erhielt im Jahr 1921 den Nobelpreis für Chemie.

[3] von *isos* (griech.) = gleich und *topos* (griech.) = Ort, am gleichen Ort des Periodensystems der Elemente. F. SODDY führte diesen Begriff im Jahr 1913 im Zusammenhang mit seinen Untersuchungen über die Gesetzmäßigkeiten des radioaktiven Zerfalls ein.

Bei der Kernumwandlung durch α-Zerfall nimmt also die Protonenzahl Z des Radionuklids um zwei ab, die Nukleonenzahl A nimmt um vier ab. Da die Atomhülle bei der Formulierung der Gleichungen für Kernreaktionen im Allgemeinen unberücksichtigt bleibt, verzichten wir auf die Angabe der Ionenladungen und formulieren die Kernreaktionsgleichungen wie folgt:

$$^{A}_{Z}\mathrm{X} \rightarrow {}^{A-4}_{Z-2}\mathrm{Y} + {}^{4}_{2}\mathrm{He}$$

Wird ein β-Teilchen, d.h. ein Elektron, aus dem Kern abgegeben, dann muss zuvor ein Neutron in ein Proton und ein Elektron umgewandelt werden:

$$^{1}_{0}\mathrm{n} \rightarrow {}^{1}_{1}\mathrm{p} + {}^{0}_{-1}\mathrm{e}$$

Bei der Aussendung eines β-Teilchens, dem **β-Zerfall**, erhöht sich also die Protonenzahl Z um eins und die Nukleonenzahl A bleibt unverändert:

$$^{A}_{Z}\mathrm{X} \rightarrow {}_{Z+1}^{A}\mathrm{Y} + {}^{0}_{-1}\mathrm{e}$$

Die meisten radioaktiven Zerfälle sind von γ-Strahlung begleitet. Diese entsteht, wenn sich ein Atomkern nach dem vorhergehenden α- oder β-Zerfall von einem angeregten, d.h. energiereichen Zustand[1], in den Grundzustand umwandelt. Dabei wird die Energie in Form von γ-Quanten abgestrahlt (B 371.1.).

Durch Aussenden von γ-Strahlen ändert sich der Energieinhalt des Kerns, nicht aber dessen Protonen- und Nukleonenzahl.

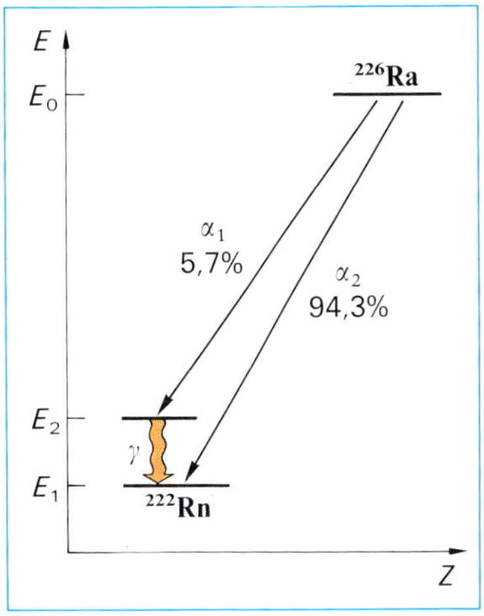

B 371.1. *Energieniveauschema für den radioaktiven Zerfall von [^{226}Ra]-Radium. Mit 94,3%iger Wahrscheinlichkeit kann das Radionuklid [^{226}Ra]-Radium unmittelbar aus seinem Energieniveau E_0 in den tiefer liegenden Grundzustand E_1 von [^{222}Rn]-Radon unter Abgabe eines α-Teilchens übergehen.*
In 5,7% der Zerfälle geht [^{226}Ra]-Radium zunächst in den angeregten Zustand E_2 des Kerns [^{222}Rn]-Radon über. Anschließend „fällt" der Kern [^{222}Rn]-Radon aus diesem angeregten Zustand E_2 in den Grundzustand E_1 unter Aussendung eines γ-Quants.

Aufgaben

A 371.1. [^{210}Po]-Polonium ist ein α-Strahler. Formulieren Sie die Kernreaktionsgleichung.

A 371.2. [^{214}Pb]-Blei ist ein β-Strahler. Formulieren Sie die Kernreaktionsgleichung.

A 371.3. Beim β-Zerfall von [^{137}Cs]-Caesium entsteht ein Barium-Isotop. In 8% der Zerfälle entsteht der tiefer liegende Grundzustand E_1 des Barium-Isotops. Mit 92%iger Wahrscheinlichkeit geht das Caesium-Isotop zunächst in den angeregten Zustand E_2 des Barium-Isotops über. Beim „Sprung" in den Grundzustand wird die Anregungsenergie in Form eines γ-Quants abgegeben. Skizzieren Sie ein Energieniveauschema für den β-Zerfall dieses Radionuklids [^{137}Cs]-Caesium.

Zusammenfassung

α-Strahlen sind schnelle Helium-Kerne, sodass beim α-Zerfall die Protonenzahl um zwei und die Nukleonenzahl um vier verringert werden. β-Strahlen sind sehr schnelle Elektronen. Dazu werden im Kern Neutronen in Protonen umgewandelt, sodass die Protonenzahl um eins erhöht wird. γ-Strahlen treten in vielen Fällen als Begleiterscheinung des α- und β-Zerfalls auf und bestehen aus energiereichen Quanten, die von angeregten Atomkernen ausgesandt werden.

Neue Fachbegriffe

Fluoreszenz, Radioaktivität, α-Strahlen, β-Strahlen, γ-Strahlen, Nulleffekt, kosmische Strahlung, terrestrische Strahlung, Radionuklid, α-Zerfall, β-Zerfall

[1] nicht zu verwechseln mit elektronisch angeregten Zuständen der Atomhülle

Versuch

V 372.1. Man schließt den Weichplastikbehälter, in dem sich ein Thoriumsalz* befindet, in verschlossenem Zustand an die Ionisationskammer. In den Stromkreis wird ein Messverstärker (Messbereich 10^{-11} A) mit Strommesser geschaltet (B 372.1.). Nach Anlegen einer Hochspannung von etwa 3 kV **(Vorsicht!)** drückt man nach Öffnen des Quetschhahns so lange das Radon-Luft-Gemisch* in die Kammer, bis der Strommesser maximalen Zeigerausschlag zeigt. Dann verschließt man den Behälter mit Hilfe des Quetschhahns. Die Stärke des fließenden Ionisationsstroms liest man in Abständen von 30 s ab. Die Ergebnisse werden in ein $t-I$-Diagramm übertragen (B 372.2.).

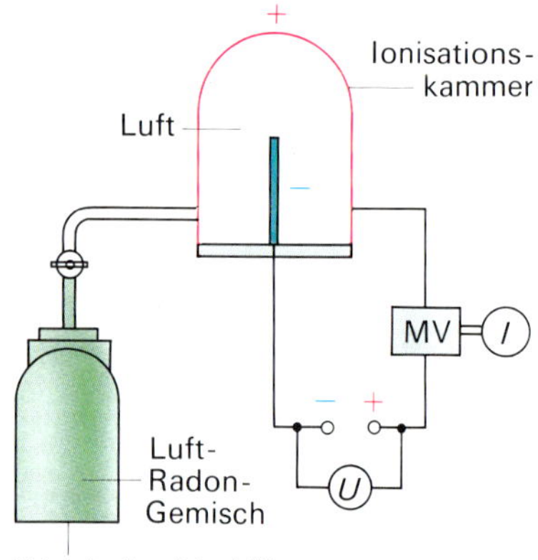

B 372.1. *Ionisationskammer zur Untersuchung der Geschwindigkeit des radioaktiven Zerfalls von* $[^{220}\mathrm{Rn}]$*-Radon. MV = Messverstärker.*

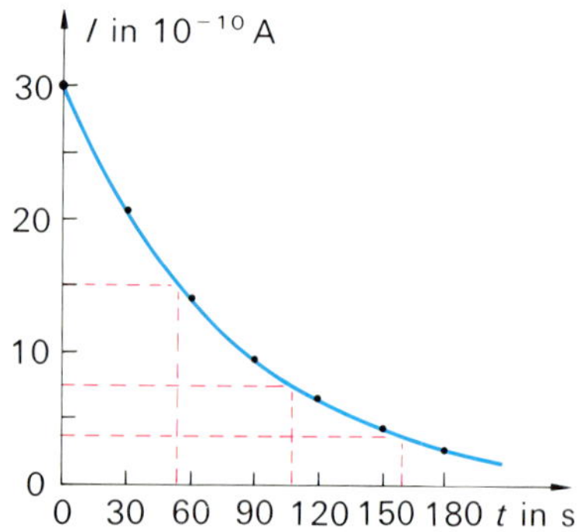

B 372.2. *$t-I$-Diagramm zu V 372.1.*

Zerfallsgesetz und Zerfallsreihen

Bei allen radioaktiven Stoffen nimmt die Stärke der Stahlung allmählich ab. Zur experimentellen Bestimmung der Geschwindigkeit des radioaktiven Zerfalls verwenden wir das radioaktive Gas $[^{220}\mathrm{Rn}]$-Radon. Es wird in V 372.1. in eine Ionisationskammer gedrückt, in der das Edelgas weiter zerfällt. Der Strommesser zeigt einen Strom an, dessen Stärke I mit der Zeit t abnimmt.

Die Spannung an der Ionisationskammer ist so eingestellt, dass alle von den α-Teilchen aus den Luft-Molekülen herausgeschlagenen Elektronen zum elektrisch positiv geladenen Metallgehäuse, die positiv geladenen Molekül-Ionen zum elektrisch negativ geladenen Metallstift beschleunigt werden. Wir gehen von der Annahme aus, dass jedes α-Teilchen gleich viele Ladungen erzeugt, bis es völlig abgebremst ist. Dann ist die Stromstärke I zum Zeitpunkt t proportional zu der in einem verschwindend kleinen Zeitintervall dt in der Kammer zerfallenen Radionuklide dN:

$$I(t) \sim -\frac{dN}{dt}$$

Das Minuszeichen deutet an, dass die Zahl der Radionuklide mit der Zeit abnimmt.

Der Quotient $\frac{dN}{dt}$ gibt die Aktivität $A(t)$ eines radioaktiven Stoffes zum Zeitpunkt t an. Somit gilt:

$$A(t) = -\frac{dN}{dt} \quad \text{und für V 214.1.} \quad A(t) \sim I(t)$$

Als Einheit für die Aktivität A wurde Becquerel mit dem Einheitenzeichen Bq eingeführt: $\mathbf{1\,Bq = 1\,s^{-1}}$

Die in V 372.1. ermittelten Zeit-Stromstärke-Werte sind in B 372.2. graphisch dargestellt. Wegen der Proportionalität zwischen der Aktivität und der Stromstärke verläuft auch die Zeit-Aktivität-Kurve nach dem gleichen mathematischen Gesetz.

Zur theoretischen Herleitung eines Zerfallsgesetzes für radioaktive Stoffe geht man von der Annahme aus, dass die Aktivität $A(t)$ zum Zeitpunkt t proportional ist zur Zahl $N(t)$ der zu diesem Zeitpunkt noch unzerfallenen radioaktiven Kerne:

$$A(t) = \lambda \cdot N(t)$$

Den Proportionalitätsfaktor λ nennt man **Zerfallskonstante**. Sie stellt für jedes Radionuklid eine charakteristische Größe dar.

Als Lösung der Differentialgleichung $\frac{dN}{dt} = -\lambda \cdot N(t)$, mit der Randbedingung, dass für $t = 0$ gilt $N(0) = N_0$, erhält man folgendes Zeitgesetz für radioaktive Stoffe:

$$N(t) = N_0 \cdot e^{-\lambda \cdot t}$$

Diese Gleichung sagt aus, dass die Zahl der noch nicht zerfallenen Kerne mit der Zeit exponentiell abnimmt. Auch die Aktivität $A(t)$ und die Stromstärke $I(t)$ bei V 372.1. verlaufen exponentiell.
Die Zerfallskonstante λ ist ein Maß für die Geschwindigkeit, mit der ein radioaktiver Zerfall abläuft. Als Maß für die Zerfallsrate gibt man in der Praxis meist eine andere Größe, die **Halbwertszeit**, an.

Die Halbwertszeit $T_{1/2}$ einer Radionuklidportion ist diejenige Zeitspanne Δt, in der die Aktivität auf die Hälfte abgesunken ist (B 372.2.).

Mithin ist die Halbwertszeit ebenso wie die Zerfallskonstante eine charakteristische Größe von Radionukliden. Zwischen den beiden Größen besteht folgender Zusammenhang:

$$T_{1/2} = \frac{\ln 2}{\lambda}$$

Die in der Natur vorkommenden, schweren Radionuklide, $Z > 83$, gehören meist drei **Zerfallsreihen** an, deren Glieder schrittweise durch Aussenden von α- oder β-Teilchen auseinander entstehen. Zusätzlich wird stets γ-Strahlung auftreten.
Die Zerfallsreihen beginnen je mit einem sehr langlebigen **Mutternuklid**. Mutternuklid der **Uran-Radium-Reihe** ist $[^{238}\mathrm{U}]$-Uran. Eines seiner Glieder ist $[^{226}\mathrm{Ra}]$-Radium (B 373.1.).
Mutternuklid der **Uran-Actinium-Reihe** ist $[^{235}\mathrm{U}]$-Uran. Die dritte Zerfallsreihe heißt nach dem Mutternuklid $[^{232}\mathrm{Th}]$-Thorium **Thorium-Reihe**. Jede Reihe enthält ein Isotop des Edelgases Radon und endet mit einem stabilen Blei-Isotop. In der früheren Erdgeschichte existierte noch eine vierte Zerfallsreihe, die **Plutonium-Neptunium-Reihe**. Die Nuklide dieser Zerfallsreihe kommen praktisch in der Natur nicht mehr vor, weil selbst das langlebigste unter ihnen eine im Vergleich zum Lebensalter der Erde geringe Halbwertszeit hat (Tab. 373.1.). Die Plutonium-Neptunium-Reihe hat als Mutternuklid das Isotop $[^{241}\mathrm{Pu}]$-Plutonium, das auch künstlich erzeugt werden kann. Die Reihe enthält kein Radon-Isotop und endet mit einem stabilen Bismut-Isotop.

$^{238}_{92}\mathrm{U}$ $4{,}5 \cdot 10^9$ a
↓α
Th 24 d
↓β
Pa 1,2 min
↓β
U $2{,}5 \cdot 10^5$ a
↓α
Th $8{,}0 \cdot 10^4$ a
↓α
Ra $1{,}6 \cdot 10^3$ a
↓α
Rn 3,8 d
↓α
Po 3,0 min
↓α
Pb 27 min
↓β
Bi 20 min
↓β
Po 0,16 ms
↓α
Pb 22 a
↓β
Bi 5,0 d
↓β
Po 140 d
↓α
$^{206}_{82}\mathrm{Pb}$

B 373.1. *Die Uran-Radium-Zerfallsreihe. Die Halbwertszeiten stehen neben den Nuklid-Symbolen; sie liegen in der riesengroßen Zeitspanne zwischen* 10^{-4} s *und* 10^9 a.

Zerfallsreihe	$T_{1/2}$
Thorium-Reihe	$1{,}4 \cdot 10^{10}$ a
Uran-Actinium-Reihe	$7{,}1 \cdot 10^8$ a
Uran-Radium-Reihe	$4{,}5 \cdot 10^9$ a
Plutonium-Neptunium-Reihe	$2{,}2 \cdot 10^6$ a

Tab. 373.1. *Die Halbwertszeiten der langlebigsten Nuklide der vier Zerfallsreihen. Das Alter der Erde beträgt ca.* $5 \cdot 10^9$ a.

Aufgaben

A 373.1. Wie groß ist die Aktivität einer Probe von 0,1 mg $[^{35}\mathrm{S}]$-Schwefel, wenn $\lambda = 9{,}25 \cdot 10^{-8}$ s?

A 373.2. a) Wie viele Atome des Isotops $[^{45}\mathrm{Ca}]$-Calcium befinden sich in einer Probe der Aktivität $A = 1{,}85 \cdot 10^{10}$ Bq, wenn $\lambda = 4{,}25 \cdot 10^{-3}\ \mathrm{d}^{-1}$?
b) Berechnen Sie die Masse dieser Calcium-Portion.

A 373.3. Ein radioaktives Präparat besteht aus 0,50 g $[^{226}\mathrm{Ra}]$-Radium. Wie viele Radium-Atome haben sich nach 3244 a umgewandelt?

A 373.4. Die Aktivität des $[^{226}\mathrm{Ra}]$-Radiums für Unterrichtszwecke beträgt 3,7 kBq. Berechnen Sie die Masse des Radiums, wenn $\lambda = 1{,}39 \cdot 10^{-11}\ \mathrm{s}^{-1}$.

A 373.5. $[^{223}\mathrm{Ra}]$-Radium ist aus insgesamt 3α-Zerfällen und 4β-Zerfällen entstanden. Wie lautet das Mutternuklid?

A 373.6. Aus welcher Zerfallsreihe stammt $[^{220}\mathrm{Rn}]$-Radon? b) Durch wie viele α- und β-Zerfälle ist es aus dem Mutternuklid entstanden?

B 374.1. *ERNEST RUTHERFORD (1871 bis 1937), englischer Physiker, erhielt im Jahr 1908 für seine Theorie des radioaktiven Zerfalls (S. 370f.) den Nobelpreis für Chemie.*

B 374.2. *Künstliche Kernumwandlung eines Stickstoff-Kerns. Die lange, dünne Spur nach rechts stammt vom wegfliegenden Proton, die kurze, dicke Spur vom Sauerstoff-Kern.*

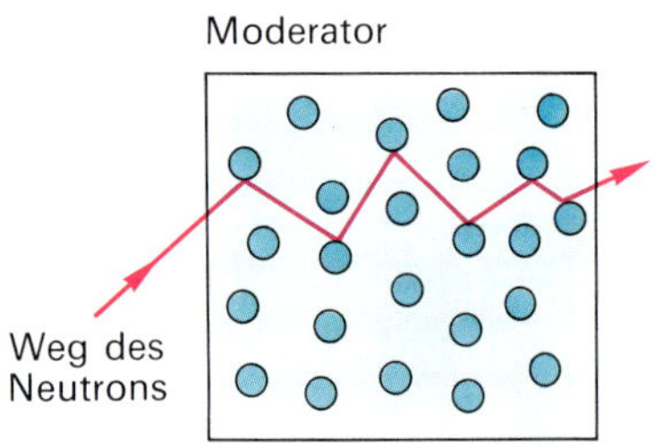

B 374.3. *Das schnelle Neutron gibt beim Zusammenstoß mit den Atomkernen der Paraffin-Moleküle Energie an diese ab.*

15.2. Künstliche Kernumwandlungen und Kernreaktoren

15.2.1. Entdeckung der künstlichen Kernumwandlung

Bei der natürlichen Radioaktivität handelt es sich um Elementumwandlungen, die spontan, d.h. ohne äußere Einwirkung, ablaufen. Mit der Entdeckung der Radioaktivität rückte der alte Traum der Alchemisten von der künstlichen Elementumwandlung wieder ins Bewusstsein der Wissenschaft.
Die **erste künstliche Kernumwandlung** beobachtete im Jahr 1919 E. RUTHERFORD (B 374.1.). Er beschoss Stickstoff-Kerne mit α-Teilchen und erhielt Sauerstoff-Kerne und Protonen:

$$^{14}_{7}N + ^{4}_{2}He \rightarrow ^{17}_{8}O + ^{1}_{1}p \quad \text{oder kurz:} \quad ^{14}_{7}N(\alpha, p)^{17}_{8}O$$

Man benennt Ausgangskern und Endkern und gibt Geschoss und ausgesandtes Teilchen in Klammern dazwischen an.
Kernreaktionen können in Nebelkammern unmittelbar sichtbar gemacht werden (B 374.2.).
Bei weiteren Versuchen zu künstlichen Kernumwandlungen entdeckte J. CHADWICK[1] im Jahr 1932 **freie Neutronen** beim Beschuss von Beryllium-Kernen mit α-Teilchen:

$$^{9}_{4}Be + ^{4}_{2}He \rightarrow ^{12}_{6}C + ^{1}_{0}n \quad \text{oder} \quad ^{9}_{4}Be(\alpha, n)^{12}_{6}C$$

Noch im gleichen Jahr wurde das Neutron von W. HEISENBERG[2] als zweiter, eigenständiger Baustein des Atomkerns neben dem Proton erkannt.
Eine einfache **Neutronenquelle** erhält man, wenn man Berylliumpulver mit einem α-Strahler, z.B. einem Radiumsalz, vermischt und in eine kleine, zugeschmolzene Metallampulle füllt.
Freie Neutronen sind instabil und zerfallen mit einer Halbwertszeit von ca. 13 Minuten jeweils in ein Proton und ein Elektron. Sie können keine Atome ionisieren, weil sie keine elektrische Ladung besitzen und sind daher unmittelbar nicht nachweisbar. Ihre Anwesenheit kann indirekt bestimmt werden, wenn Produktteilchen durch Neutronen eingeleitete Kernreaktionen ionisierend wirken. Neutronenstrahlen sind **indirekt ionisierende Strahlen**.
Die bei Kernreaktionen freigesetzten Neutronen haben eine hohe Geschwindigkeit und werden daher als **schnelle Neutronen** bezeichnet. Die Bewegungsenergie beträgt bis zu 10^8 eV (1 Elektronvolt = 1 eV = $1{,}602 \cdot 10^{-19}$ J).
Beim Durchgang schneller Neutronen durch Paraffin, einem Gemisch aus Kohlenwasserstoffen, kommt es zu vielen elastischen Zusammenstößen mit den Wasserstoff-Atomkernen der Paraffin-Moleküle (B 374.3.).

[1] JAMES CHADWICK (1891 bis 1974), englischer Physiker, Schüler von RUTHERFORD, erhielt im Jahr 1935 den Nobelpreis für Physik.
[2] WERNER HEISENBERG (1901 bis 1976), deutscher Physiker, erhielt im Jahr 1932 den Nobelpreis für Physik.

Dabei verlieren die stoßenden Neutronen einen großen Teil ihrer Bewegungsenergie, da die Wasserstoff-Atomkerne als Stoßpartner nahezu die gleiche Masse aufweisen. Schließlich sinkt die Bewegungsenergie, bis sie mit der von Luft-Molekülen vergleichbar ist. Man bezeichnet solche Neutronen als **langsame** oder **thermische**[1] **Neutronen**. Sie haben eine mittlere Bewegungsenergie von 0,025 eV.
Substanzen, die die Geschwindigkeit schneller Neutronen durch möglichst wenige, elastische Zusammenstöße abbremsen, werden Bremssubstanzen oder **Moderatoren**[2] genannt. Dazu eignen sich neben Paraffin leichter und schwerer Wasserstoff, Beryllium und reiner Kohlenstoff in Form von Graphit (Tab. 375.1.).
Im Jahr 1934 schlug E. FERMI[3] erstmals den Einsatz von Neutronen beim Beschuss von Atomkernen vor. Da Neutronen ungeladen sind, werden sie von Atomkernen nicht abgelenkt und sollten daher zur Einleitung einer Kernumwandlung besonders gut geeignet sein.
E. FERMI und Mitarbeiter konnten tatsächlich zeigen, dass fast alle stabilen Atomarten durch Neutronenbestrahlung, sog. **Neutronenaktivierung**, in *künstliche Radionuklide* umgewandelt werden. Diese senden nach einer bestimmten Halbwertszeit β- und γ-Strahlen aus. Ein Beispiel zeigt B 375.1.
Besonders geeignet sind thermische Neutronen, da sie sich auf ihrem Weg länger in der Nähe der Atomkerne aufhalten. Damit steigt die Wahrscheinlichkeit, auf einen Kern zu treffen.

Stoßpartner	*Zahl der Stöße*
$[^{1}H]$-Wasserstoff (leichter Wasserstoff)	18
H_2O (Leichtwasser)	19
$[^{2}H]$-Deuterium = **D** (schwerer Wasserstoff)	25
D_2O (Schwerwasser)	35
$[^{9}Be]$-Berryllium	86
$[^{12}C]$-Kohlenstoff	114
$[^{238}U]$-Uran	2172

Tab. 375.1. *Zahl der Zusammenstöße zur Energieverminderung von* 1,75 MeV *eines schnellen Neutrons auf* 0,025 eV *eines thermischen Neutrons*

Neutronenaktivierung:

$$^{59}_{28}Co + ^{1}_{0}n \rightarrow ^{60}_{28}Co$$

β-Zerfall:

$$^{60}_{28}Co \rightarrow ^{60}_{29}Ni + ^{0}_{-1}e; \quad T_{1/2} = 5{,}3\ a$$

B 375.1. *Neutronenaktivierung von* $[^{59}Co]$*-Cobalt und nachfolgender* β*-Zerfall*

15.2.2. Kernspaltung

Im Jahr 1938 entdeckten O. HAHN (B 376.2.) und F. STRASSMANN[4] eine ganz neue Art einer künstlichen Kernumwandlung. Bei Bestrahlung von Uran mit thermischen Neutronen kann eine **Kernspaltung** eintreten. Gleichzeitig mit der Spaltung entstehen zwei bis drei schnelle Neutronen. Eine Kernspaltung kann nach folgender Gleichung (B 375.2.) ablaufen:

$$^{235}_{92}U + ^{1}_{0}n \rightarrow ^{89}_{36}Kr + ^{144}_{56}Ba + 3^{1}_{0}n$$

Die bei der Kernspaltung entstehenden Kerne sind radioaktiv und bilden Mutternuklide für weitere Zerfallsreihen, die vorwiegend β-Zerfälle und γ-Strahlen zeigen. Man bezeichnet die Radionuklide, die durch Spaltung direkt oder bei den nachfolgenden radioaktiven Zerfällen entstehen, als **Spaltprodukte**, z. B. $[^{89}Kr]$-Krypton, $[^{90}Sr]$-Strontium, $[^{137}Cs]$-Caesium, $[^{144}Ba]$-Barium u.a.
In der Wiederaufbereitung werden die Spaltprodukte, der **radioaktive Abfall**, vom noch vorhandenen Uran und dem neu entstandenen, spaltbaren Stoff Plutonium (S. 370) abgetrennt.

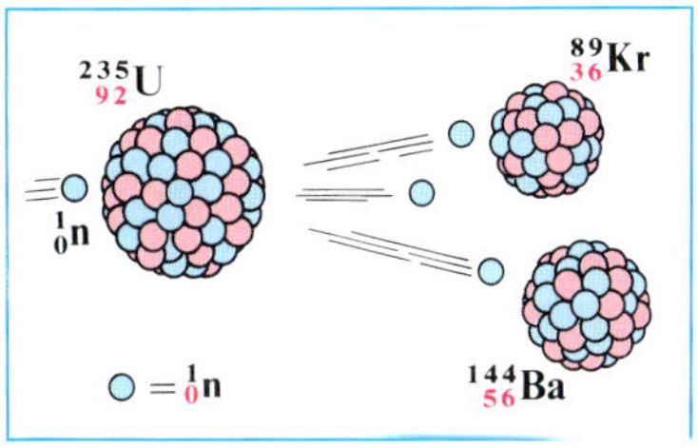

B 375.2. *Spaltung eines Uran-Kerns (Modelldarstellung)*

[1] von *thermos* (griech.) = Wärme. Damit soll darauf hingewiesen werden, dass die Zimmertemperatur eines Gases auf die mittlere Energie von 0,025 eV zurückführbar ist.
[2] von *moderari* (ital.) = mäßigen
[3] ENRICO FERMI (1901 bis 1955), italienischer Physiker, seit 1938 in den USA, erhielt im Jahr 1938 den Nobelpreis für Physik.
[4] FRITZ STRASSMANN (1902 bis 1980), deutscher Chemiker, Mitarbeiter von O. HAHN

B 376.1. ALBERT EINSTEIN *(1879 bis 1955), deutsch-schweizerischer Physiker, seit 1933 in den USA, erhielt im Jahr 1921 den Nobelpreis für Physik.*

Bei der Kernspaltung wird eine ungeheure Kernenergie von ca. $200 \cdot 10^6$ eV pro Uran-Kern frei. Dieser Betrag übertrifft den Energieumsatz chemischer Reaktionen bei gleicher Masse um ein Millionenfaches. So entstehen beispielsweise bei der Knallgasreaktion weniger als 3 eV pro Wasser-Molekül.

Zur Erklärung der hohen Energieabgabe berechnet man die Massen auf beiden Seiten der Reaktionsgleichung. Dabei erhält man einen Massenverlust oder **Massendefekt** von 0,22 u. Die Umrechnung erfolgt nach der von A. EINSTEIN (B 376.1.) im Jahr 1905 gefundenen Beziehung $E = m \cdot c^2$, mit $m = 0{,}22$ u und $c = 3 \cdot 10^8$ km/s. Das Rechenergebnis liefert pro Spaltungsvorgang die Freisetzung einer Energie von $200 \cdot 10^6$ eV.

Der Massendefekt bei der Knallgasreaktion beträgt nur $3{,}18 \cdot 10^{-9}$ u pro Wasser-Molekül. Diese geringfügige Massenabnahme entspricht einer Energieabgabe von 2,96 eV pro Wasser-Molekül.

Chemische Reaktionen ebenso wie Kernreaktionen sind mit Massenverlusten verbunden, die in Energie umgewandelt werden.

Die beiden Chemiker HAHN und STRASSMANN ahnten im Jahr 1938 noch nicht, dass ihre Entdeckung sowohl zur Atombombe[1] als auch zum Kernreaktor[2] führen sollte. Die Versuchsanordnung dieser folgenreichen Entdeckung war auf einem einfachen Holztisch zusammengestellt (B 376.3.).

[1] Die erste Atombombe wurde am 16. Juli 1945 unter der Leitung des amerikanischen Physikers ROBERT OPPENHEIMER (1904 bis 1967) in der Wüste von New Mexiko USA, drei Wochen vor zwei Abwürfen über Japan (Hiroshima und Nagasaki) zur Detonation gebracht.

[2] Der erste Kernreaktor wurde Ende 1942 in einer Turnhalle des Sportplatzes der Universität Chicago unter der Leitung von E. FERMI in Betrieb gesetzt.

Aufgabe

A 376.1. Die bei der Spaltung eines Kerns von [^{235}U]-Uran frei werdenden Energie beträgt 200 MeV. a) Berechnen Sie die Energie, die frei wird, wenn 1,0 kg [^{235}U]-Uran gespalten wird. b) Berechnen Sie die Masse Steinkohle, die man verbrennen muss, um die gleiche Menge Energie zu erhalten. Der Heizwert der Steinkohle beträgt 30 MJ/kg.

B 376.2. OTTO HAHN *(1879 bis 1968), deutscher Chemiker, entdeckte von 1907 an zusammen mit* LISE MEITNER *(1878 bis 1969), einer österreichischen Physikerin, die Radioaktivität chemischer Elemente.* L. MEITNER *prägte Anfang 1939 den Begriff Kernspaltung.* O. HAHN *erhielt im Jahr 1944 den Nobelpreis für Chemie.*

B 376.3. *Im Deutschen Museum in München steht eine Nachbildung des Experimentiertisches von* O. HAHN und F. STRASSMANN *mit Originalgeräten.*

15.2.3. Kettenreaktionen beim Uran und Kernreaktoren

Beschießt man Uran mit Neutronen, so führt das zur Spaltung von Uran-Atomkernen. Dabei werden weitere Neutronen frei. Ein einziges Neutron kann damit grundsätzlich eine beliebige Anzahl weiterer Uran-Kerne über eine Kettenreaktion spalten (B 377.1.).
Soll die Kettenreaktion aufrechterhalten bleiben, muss für jedes spaltende Neutron ein neues Neutron entstehen, das eine weitere Spaltung herbeiführt. Dies trifft zu, wenn das Neutronenverhältnis, der **Multiplikationsfaktor** *k*, mindestens gleich 1 ist. Dieser Faktor ist definiert als:

$$k = \frac{\text{Zahl der wirksamen Neutronen nach der Spaltung}}{\text{Zahl der wirksamen Neutronen vor der Spaltung}}$$

Für *k* kann man nun drei Fälle unterscheiden:

1. Fall: $k > 1$

Die Zahl der Neutronen wächst sehr schnell an. Entsprechend rasch nimmt die Zahl der Kernspaltungen zu. Ein großer Teil des spaltbaren Materials wird in Bruchteilen von Sekunden gespalten. Dabei wird ungeheuer viel Energie frei. Dieser Fall tritt bei der Explosion einer **Atombombe** auf.

2. Fall: $k = 1$

Im Gegensatz zur Atombombe wird im **Kernreaktor** die Kettenreaktion so gesteuert, dass von den zwei bis drei frei werdenden Neutronen jeweils nur ein Neutron eine weitere Spaltung eines Kerns herbeiführen kann. Die anderen Neutronen müssen absorbiert werden.
Zur Steuerung dieser Kettenreaktion werden Regelstäbe aus stark Neutronen absorbierenden, bor- und cadmiumhaltigen Stoffen mehr oder weniger weit zwischen die Uranstäbe, die **Brennstäbe**, eingefahren. Beim Anfahren eines Reaktors muss zunächst der Multiplikationsfaktor *k* knapp über 1 sein, damit die Kettenreaktion in Gang kommt (B 377.2.). Ist ein bestimmtes Leistungsniveau erreicht, wird der Multiplikationsfaktor *k* wieder auf 1 eingestellt.
Da die bei Kernspaltungen frei werdenden Neutronen sehr schnell sind, müssen sie zunächst abgebremst werden. Bei den **Leichtwasserreaktoren**, deren Einsatz sich als besonders wirtschaftlich erwiesen hat, wird dazu normales leichtes Wasser als **Moderator** und **Kühlmittel** verwendet.
Nun haben Leichtwasser-Moleküle gegenüber langsamen Neutronen eine erhebliche Neigung, mit diesen zu wechselwirken. Um dennoch für die Kettenreaktion genügend freie Neutronen zur Verfügung zu haben, muss im Natururan (Tab. 378.1.) der Anteil an $[^{235}U]$-Uran auf 2% bis 3,5% angereichert werden.
Bei Leichtwasser-Reaktoren unterscheidet man zwischen **Siedewasser-Reaktoren** (B 378.1.) und **Druckwasser-Reaktoren** (B 378.2.).

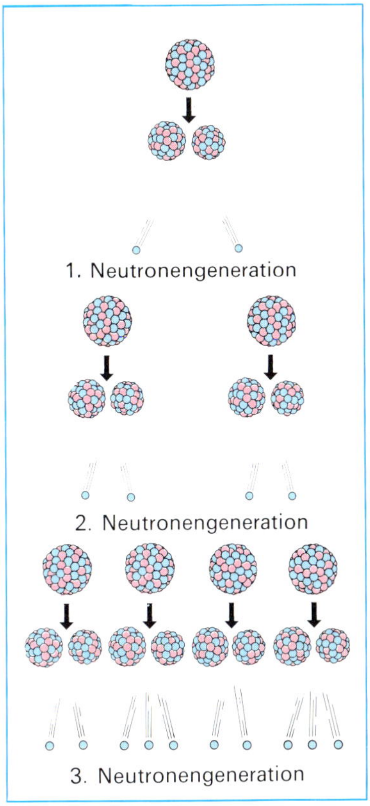

B 377.1. *Modelldarstellung einer Kettenreaktion bei* $[^{235}U]$*-Uran*

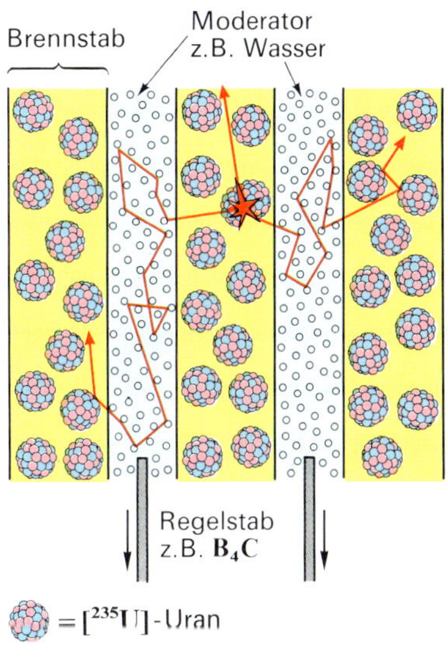

B 377.2. *Anfahren des Kernreaktors,* $k > 1$

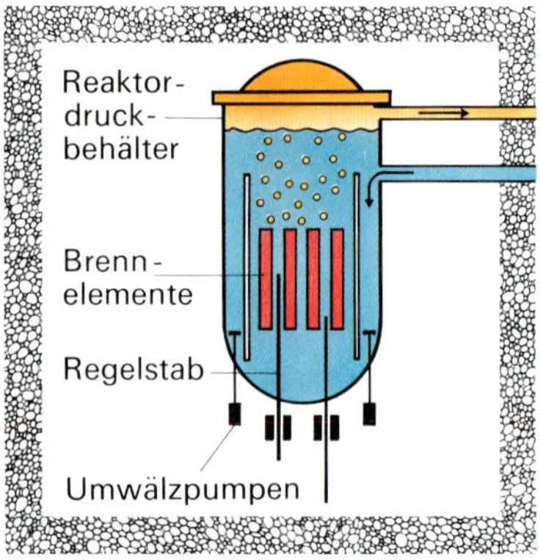

B 378.1. *Prinzip eines Siedewasser-Reaktors. Der Wasserdampf wird mit einer Temperatur von* 286 °C *und einem Druck von* 7,1 MPa *der Turbine zugeführt.*

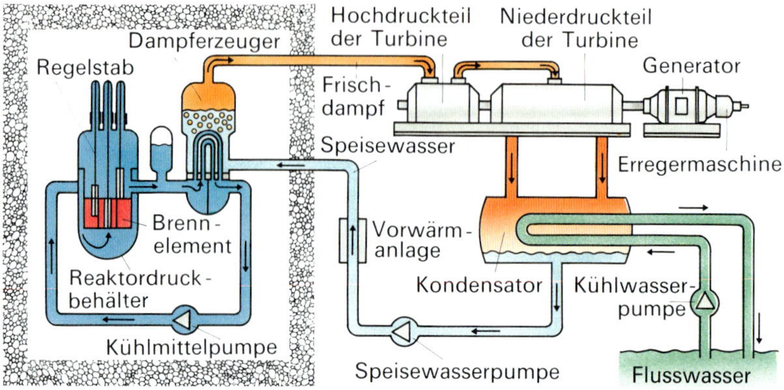

B 378.2. *Prinzip des Druckwasser-Reaktors. Um das Sieden des Wassers zu vermeiden, wird der Druck im Hauptkühlkreis auf ca.* 15,8 MPa *heraufgesetzt. Der Wasserdampf verlässt den Reaktor mit einer Temperatur von* 316 °C.

Isotop	*Anteil in %*
$[^{234}U]$-Uran	0,0056
$[^{235}U]$-Uran	0,7205
$[^{238}U]$-Uran	99,2739

Tab. 378.1. *Massenanteil der Isotope des natürlich vorkommenden Urans*

Durch das Kühlwasser wird die in den Brennstäben auftretende Wärme abgeführt und dann in einen Dampferzeuger zur Erzeugung von Wasserdampf verwendet, mit dem man eine Dampfturbine mit angeschlossenem Generator betreibt (B 378.2.).

3. Fall: $k<1$

Die Zahl der wirksamen Neutronen einer Generation ist geringer als die der vorhergehenden Generation. Damit verringert sich die Zahl der Kernspaltungen, die Kernreaktion erlischt schließlich. Zum Abschalten eines Kernreaktors werden daher die Regelstäbe zur Absorption der Neutronen zwischen die Uranstäbe eingefahren (B 378.3.).

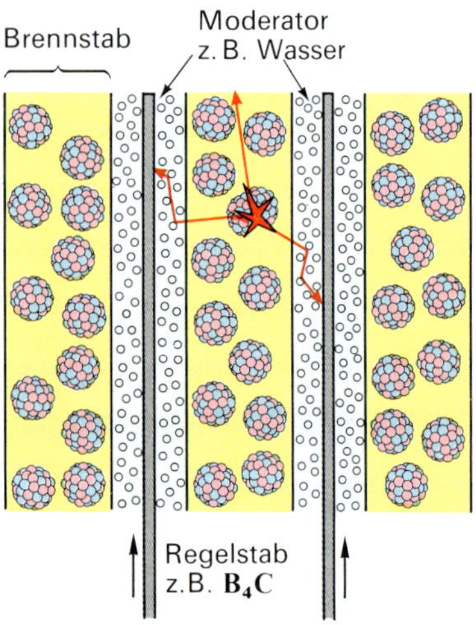

B 378.3. *Abschalten des Kernreaktors, $k<1$*

15.2.4. Versorgung von Kernreaktoren mit Kernbrennstoff und Entsorgung

Das Uranerz für den Brennstoffkreislauf (B 379.1.) stammt aus Lagerstätten, in denen als **Uranmineral** das Urandioxid UO_2 in der Uranpechblende vorkommt. In besonderen **Aufbereitungsanlagen** wird das Natururan mit einem Massenanteil von 0,1% bis 1% im Fördererz zu einem Konzentrat, das einen Urangehalt von 70% bis 80% enthält, verarbeitet. Um den Gehalt an $[^{235}U]$-Uran zu erhöhen, wird Urandioxid mit Hilfe von Fluor in das leicht flüchtige Uranhexafluorid UF_6 umgewandelt und über Verfahren der **Isotopentrennung**, Gasdiffusion, Gaszentrifuge oder Trenndüse, von 0,1% auf 3% angereichert.

Dieses gasförmige, nunmehr angereichertes Uran enthaltende Uranhexafluorid wird in der weiteren Verarbeitung wieder zu pulverförmigem Urandioxid umgewandelt, das in Tablettenform, *Pellets*[1] genannt, gepresst und bei 1700 °C gesintert wird. Die Brennstofftabletten werden in großer Zahl in Hüllrohre aus einer Legierung des Ele-

[1] von *pellet* (engl.) = Pille, Tablette

ments Zirconium gefüllt. Die gasdicht verschweißten **Brennstäbe** fasst man zu Bündeln, den **Brennelementen**, zusammen (B 379.2.). Aus den Brennelementen entstehen im Reaktor *Spaltprodukte* (vgl. S. 375) und **Transurane**[1], vor allem **Plutonium**[2].
Ca. 1% der nicht spaltbaren Kerne von [^{238}U]-Uran wird durch Neutroneneinfang in das stabile [^{239}U]-Uran umgewandelt:

$$^{238}_{92}U + ^{1}_{0}n \rightarrow ^{239}_{92}U$$

[^{239}U]-Uran wandelt sich mit einer Halbwertszeit von 23 min unter Aussenden von β-Strahlen in das Transuran *Neptunium* um:

$$^{239}_{92}U \rightarrow ^{239}_{93}Np + ^{0}_{-1}e$$

Beim β-Zerfall des kurzlebigen Neptunium-Isotops entsteht mit einer Halbwertszeit von 2,3 d ein Plutonium-Isotop:

$$^{239}_{93}Np \rightarrow ^{239}_{94}Pu + ^{0}_{-1}e$$

Das [^{239}Pu]-Plutonium ist ein α-Strahler mit einer Halbwertszeit von 24131 a:

$$^{239}_{94}Pu \rightarrow ^{235}_{92}U + ^{4}_{2}He$$

Das [^{239}Pu]-Plutonium ist wie [^{235}U]-Uran mit langsamen Neutronen spaltbar und wird in besonderen **Brutreaktoren** aus [^{238}U]-Uran durch Beschuss mit schnellen, d.h. nicht durch Moderatoren abgebremsten Neutronen erzeugt.
Radioaktive Abfälle und abgebrannte, aber nicht wiederaufgearbeitete Brennelemente müssen entsorgt bzw. zur Endlagerung gebracht werden.

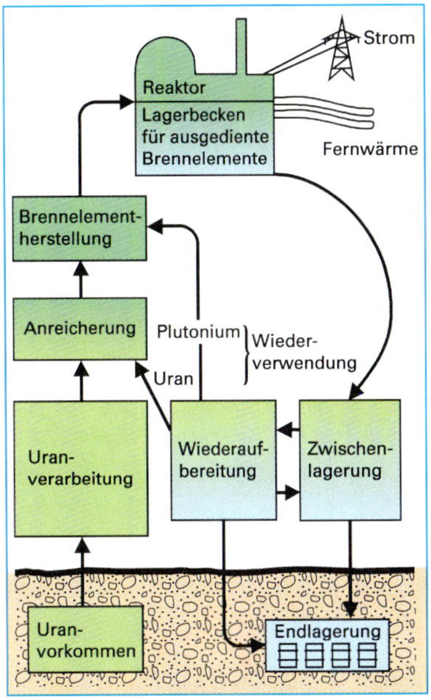

B 379.1. *Brennstoffkreislauf mit Uran-Kernbrennstoff*

Neue Fachausdrücke

Neutronenaktivierung, schnelles Neutron, langsames oder thermisches Neutron, Moderator, Kernspaltung, Spaltprodukte, Massendefekt, Kettenreaktion, Multiplikationsfaktor, Atombombe, Kernreaktor, Leichtwasser-Reaktor, Druckwasser-Reaktor, Siedewasser-Reaktor, Brennstab, Regelstab, Brennelement, Transuran, Brutreaktor

Zusammenfassung

Man kann künstliche Kernumwandlungen mit α-Teilchen, langsamen und schnellen Neutronen auslösen. Bei Beschuss von [^{235}-U]-Uran mit langsamen Neutronen kann eine Kernspaltung eintreten. Dabei wird ein ungeheuer großer Energiebetrag frei. Der Brennstoffkreislauf umfasst alle Schritte auf dem Weg des Rohstoffes Uran bis zur Endlagerung der radioaktiven Abfälle.

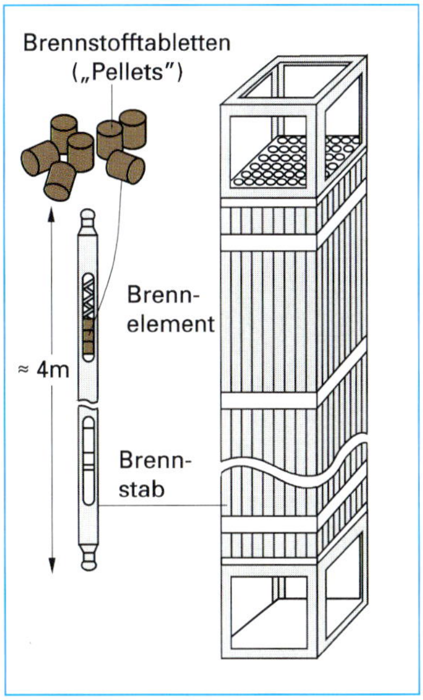

B 379.2. *Zusammenbau eines Brennelements für Leichtwasser-Reaktoren*

[1] von *trans* (lat.) = jenseits. Im Jahr 1940 gelang es in den USA, das erste Transuran, das *Neptunium*, herzustellen.
[2] nach dem Planeten *Uranus* kommen *Neptun* und *Pluto*

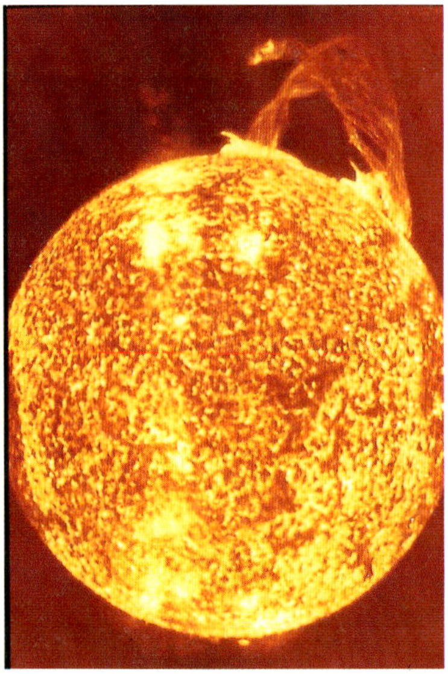

B 380.1. *Die Kernverschmelzung ist der Prozess, aus dem unsere Sonne ihre Energie bezieht.*

Kernfusion

Alles Leben auf der Erde hängt von der Sonnenenergie ab. Die Frage nach der Quelle, aus der die Sonne (B 380.1.) und die anderen Sterne seit Milliarden von Jahren ihre ungeheuren Energien beziehen, blieb lange Zeit rätselhaft. Im Jahr 1938 stellten H.A. BETHE[1] und C.F. VON WEIZSÄCKER[2] ihre Theorie auf, dass die von der Sonne abgestrahlte Energie ihren Ursprung in Kernreaktionen hat, bei denen letztlich jeweils vier Protonen zu einem Helium-Kern unter Abstrahlung zweier Positronen verschmelzen:

$$4\,{}^{1}_{1}\mathrm{H} \rightarrow {}^{4}_{2}\mathrm{He} + 2\,{}^{0}_{1}\mathrm{e}$$

Ein **Positron** ${}^{0}_{1}\mathrm{e}$ ist ein Teilchen mit der gleichen Masse wie das Elektron, aber mit einer elektrisch positiven Elementarladung.
Man kann berechnen, dass solche **Kernfusionen** sich nur bei einer Temperatur von etwa 10^8 K abspielen können. Im Innern der Fixsterne herrschen Temperaturen dieser Größenordnung. Dann gibt es allerdings keine Atome mehr, sondern nur noch ein Gemisch aus Atomkernen und freien Elektronen. Dieses Gemisch aus Atomkernen und freien Elektronen wird als **Plasma** bezeichnet.

Die Atomkerne im Plasma haben eine so hohe Bewegungsenergie, dass sie die elektrischen Abstoßungskräfte überwinden und zu schwereren Kernen verschmelzen können.
Es ist das Hauptziel der Forschung auf dem Gebiet der Plasmaphysik, geeignete Verfahren zu finden, die einen kontrollierten Ablauf der Fusion in Form einer Kettenreaktion ermöglichen, um die frei werdende Fusionsenergie nutzen zu können. Man ist derzeit dabei, folgende Kernfusion mit Erfolg zu verwirklichen:

$${}^{3}_{1}\mathrm{H} + {}^{2}_{1}\mathrm{H} \rightarrow {}^{4}_{2}\mathrm{He} + {}^{1}_{0}\mathrm{n}$$

Der Massendefekt beträgt 0,0189 u; die äquivalente Energie beträgt 17,6 MeV pro Fusionsvorgang.
Das Problem besteht hauptsächlich in der Erzeugung der hohen Temperatur, um die Kernfusion einzuleiten. Bei der **Wasserstoffbombe**[3] ist dieses Problem gelöst. Zur Erzeugung der erforderlichen hohen Temperatur nutzt man eine Atombombe als Zünder.

Bei der **kontrollierten Kernfusion** beschreitet man zur Zeit folgenden Weg: Das elektrisch leitfähige Plasma wird in ein Magnetfeld eingeschlossen (B 380.2.). Damit es nicht entweichen kann, wird dieses ringförmig ausgebildet. $[{}^{2}\mathrm{H}]$-Wasserstoff, *Deuterium* **D**, kommt in der Natur vor. In 1 t Wasser H_2O sind 150 g Deuteriumoxid D_2O enthalten. Radioaktiver $[{}^{3}\mathrm{H}]$-Wasserstoff, *Tritium* **T**, wird in der Natur in Spuren durch die kosmische Strahlung ständig erzeugt und wandelt sich mit einer Halbwertszeit von 14,2 a unter Abgabe von β-Teilchen in das $[{}^{3}\mathrm{He}]$-Helium um. Tritium wird künstlich durch Neutronenbestrahlung aus dem „Brutelement" Lithium erzeugt:

$${}^{6}_{3}\mathrm{Li} + {}^{1}_{0}\mathrm{n} \rightarrow {}^{3}_{1}\mathrm{H} + {}^{4}_{2}\mathrm{He}$$

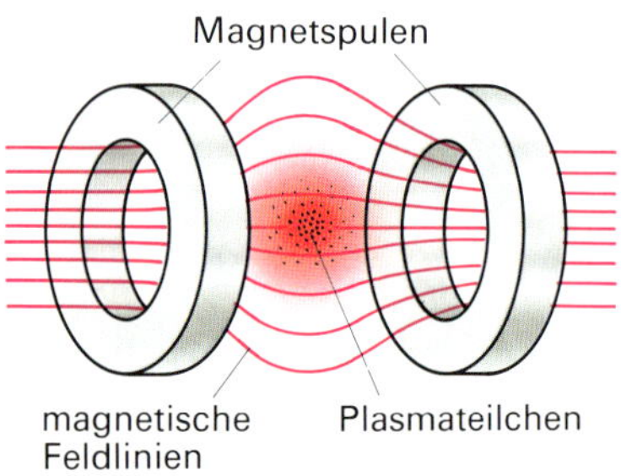

B 380.2. *Magnetischer Einschluss von Plasma. Die Kraft auf ein geladenes Teilchen im Magnetfeld wirkt senkrecht zur Richtung seiner Geschwindigkeit und senkrecht zur Richtung des Magnetfeldes.*

[1] HANS ALBRECHT BETHE (geb. 1906), deutscher Physiker, erhielt im Jahr 1967 den Nobelpreis für Physik.
[2] CARL FRIEDRICH VON WEIZSÄCKER (geb. 1912), deutscher Physiker
[3] Die erste Wasserstoffbombe wurde im Jahr 1952 unter der Leitung des amerikanischen Physikers EDWARD TELLER (geb. 1908) zur Detonation gebracht.

15.3. Radionuklide in der Analytik

Die Kernumwandlungen, die wir bisher kennen gelernt haben, haben zu umfangreichen Anwendungen der verschiedensten Art geführt. Die eine Gruppe der Anwendungen hat die Ausnutzung der **Kernenergie** zum Ziel, die bei Kernreaktionen frei gesetzt wird. Die andere Gruppe verwendet die **Radionuklide**, und zwar als **Strahlenquellen**, **Indikatoren**[1] und **Zeitmesser**.

In der Behandlung bösartiger Geschwulsterkrankungen nutzt man die Tatsache aus, dass ionisierende Strahlen teilungsaktive Zellen, insbesondere Tumorzellen, zerstören (B 381.1.).

In der Werkstoffprüfung, insbesondere in der Metalluntersuchung, ersetzt man die unhandlichen und teuren Röntgengeräte durch leicht bewegliche Prüfapparaturen, die radioaktive Stoffe wie $[^{60}Co]$-Cobalt als Strahlenquelle enthalten (B 381.2.).

Bei einem wichtigen Anwendungsgebiet dienen Radionuklide als *Indikatoren*. Zur **Neutronenaktivierungsanalyse** wird die Probe in den Neutronenstrom eines Kernreaktors gebracht. Sehr viele Kerne werden durch Neutroneneinfang künstlich radioaktiv und senden neben der β-Strahlung eine charakteristische γ-Strahlung aus. Aus dem Spektrum kann auf das Vorhandensein der verschiedenen Elemente geschlossen werden. Die Nachweisgrenze liegt in der Größenordnung 10^{-13} g bis 10^{-15} g (Ultraspurenanalytik).

Radionuklide lassen sich in biologischen, chemischen und technischen Prozessen leicht verfolgen. Die von den Radionukliden ausgesandte Strahlung kann mit dem *GEIGER-MÜLLER-Zählrohr* (vgl. S. 370) oder der photographischen Schicht in Form der **Autoradiographie**[2] verfolgt werden.

Bei der nuklearmedizinischen Diagnostik werden organspezifische Radionuklide von geringer Aktivität vorübergehend in den Körper des Patienten gebracht. Die radioaktiven Isotope reichern sich vorwiegend in den Krebszellen an. Die auftretende γ-Strahlung wird beim „Abfahren" des Patienten mit hochempfindlichen Detektoren gemessen und elektronisch registriert (B 381.3.). Auf diese Weise können Krebserkrankungen in einem sehr frühen Stadium erkannt werden. Die Heilungschancen sind dann noch relativ hoch.

Der Zerfall von Radionukliden kann zur **Altersbestimmung** herangezogen werden. Dazu kann man sich der **Radiocarbonmethode** mit dem radioaktiven $[^{14}C]$-Kohlenstoff bedienen.

Beim Auftreffen kosmischer Strahlung auf Teilchen der höheren Schichten der Atmosphäre werden Neutronen freigesetzt. Diese reagieren mit Stickstoff-Kernen unter Bildung von $[^{14}C]$-Kohlenstoff:

$$^{14}_{7}N + ^{1}_{0}n \rightarrow ^{14}_{6}C + ^{1}_{1}H$$

$[^{14}C]$-Kohlenstoff ist ein β-Strahler mit einer Halbwertszeit von 5736 a:

$$^{14}_{6}C \rightarrow ^{14}_{7}N + ^{0}_{-1}e$$

[1] von *indicare* (lat.) = anzeigen
[2] von *autos* (griech.) = selbst, *radius* (lat.) = Strahl und *graphein* (griech.) = schreiben

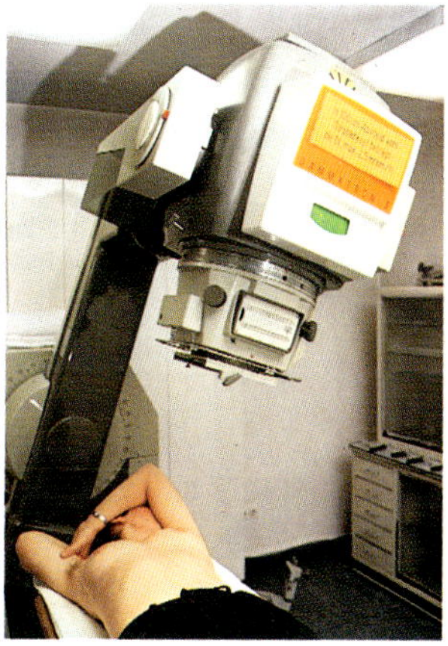

B 381.1. *Strahlentherapie mit dem Gammatron. Als Quelle für die γ-Strahlen dienen die radioaktiven Isotope $[^{60}Co]$-Cobalt oder $[^{137}Cs]$-Caesium, mit denen der Strahlenkopf jeweils beladen werden kann.*

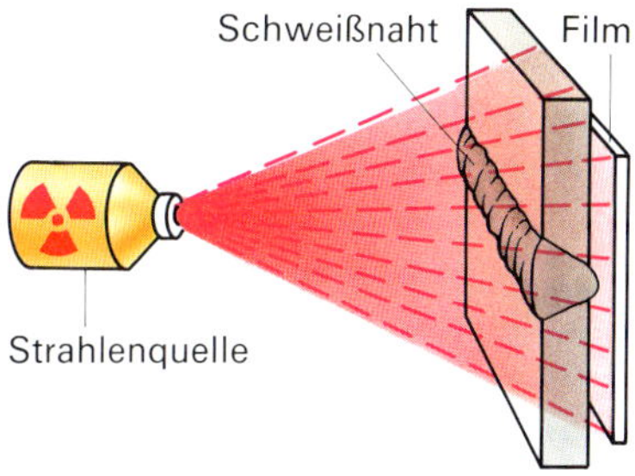

B 381.2. *Prüfen einer Schweißnaht mit Hilfe von γ-Strahlen*

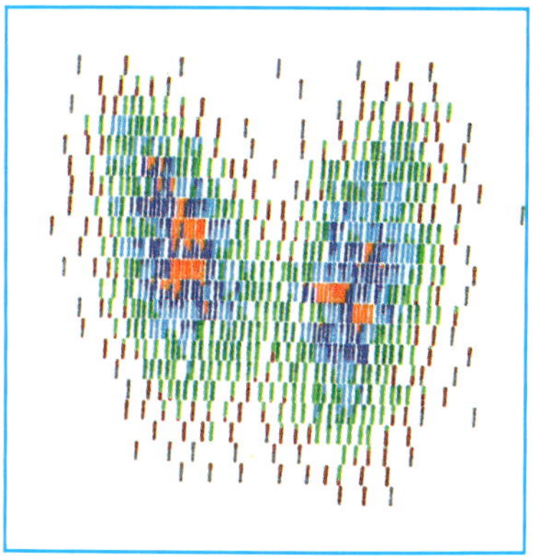

B 381.3. *Mehrfarbiges Strichszintigramm der Schilddrüse. Es zeigt die gemessene Aktivitätsverteilung in zweidimensionaler Darstellung.*

Aufgaben

A 382.1. In einer Höhle werden Holzkohlereste entdeckt, die noch einen Massenanteil von 12,5% des natürlichen Gehalts an $[^{14}C]$-Kohlenstoff enthielten. Berechnen Sie das Alter dieser frühgeschichtlichen Feuerstelle, wenn $T_{1/2}([^{14}C]) = 5736$ a.

A 382.2. Grüne Zweige von Bäumen an Autobahnen können mit der Altersbestimmung der Radiocarbonmethode ein Alter von mehreren tausend Jahren ergeben. Begründen Sie diesen Befund.

Das Radionuklid $[^{14}C]$ bildet alsbald Kohlenstoffdioxid, das sich mit inaktivem Kohlenstoffdioxid vermischt. Durch die Photosynthese gelangt es in die Pflanzen und damit in die Nahrungsketten. In der Atmosphäre und in den Lebewesen besteht ein konstantes Teilchenanzahlverhältnis $N([^{12}C]):N([^{14}C])$. Nach dem Tod eines Organismus hört der ständige Nachschub des Isotops $[^{14}C]$-Kohlenstoff auf. Von diesem Zeitpunkt an nehmen die Anzahl der Radionuklide $[^{14}C]$-Kohlenstoff und damit die Aktivität ab.

Die Messung der äußerst schwachen Aktivität, einige Zerfälle in der Minute, ist äußerst schwierig. Es muss dafür gesorgt werden, dass die Strahlung der natürlichen radioaktiven Stoffe und die kosmische Strahlung praktisch vollständig ausgeschaltet sind.

15.4. Biologische Strahlenwirkung und Strahlenschutz

Ionisierende Strahlen führen Energie mit sich. Treffen diese Strahlen auf Materie, wird ein Teil ihrer Energie in Materie absorbiert. Die **Energiedosis**[1] D einer ionisierenden Strahlung ist der Quotient aus der absorbierten Energie E und der Masse m der bestrahlten Materie:

$$D = \frac{E}{m} \qquad [D] = 1\ \text{J/kg}$$

Die Einheit der Energiedosis ist das **Gray**[2] Gy: 1 J/kg = 1 Gy.

Ionisierende Strahlen übertragen ihre Energie auf Körperzellen oder Keimzellen, indem sie darin Moleküle ionisieren. Die so gebildeten Molekül-Ionen erzeugen Radikale, die wiederum Schädigungen der Zellen oder eine Veränderung der Erbsubstanz, eine *Mutation*[3], bewirken können.

Die verschiedenen Arten ionisierender Strahlen haben bei gleicher Energiedosis in lebendem Gewebe eine unterschiedliche Strahlenwirkung. Um ein Maß für die biologische Strahlenwirkung formulieren zu können, wird die Energiedosis D mit einem einheitenlosen **Qualitätsfaktor** Q multipliziert. Der Qualitätsfaktor ist ein aus experimentellen Daten ermittelter Erfahrungswert (Tab. 382.1.). Die **Äquivalentdosis** H lässt sich somit folgendermaßen definieren:

$$H = D \cdot Q \qquad [H] = 1\ \text{J/kg}$$

Zur Unterscheidung der Energiedosis hat man für die Äquivalentdosis die Einheit **Sievert**[4] Sv eingeführt: 1 Sv = 1 J/kg.

Strahlenart	Q
Röntgen- und Gammastrahlen	1
Beta- und Elektronenstrahlen	1
langsame Neutronen	3
schnelle Neutronen	10
Protonen	10
Alphastrahlen	20
schwere Rückstoßkerne	20

Tab. 382.1. *Qualitätsfaktoren Q der Strahlenarten*

Äquivalentdosis	Frühschadenssymptome
0,25 Sv	geringfügige, vorübergehende Blutbildveränderung
1,00 Sv	vorübergehende Strahlenkrankheit
4,00 Sv	schwere Strahlenkrankheit
7,00 Sv	tödliche Strahlenkrankheit

Tab. 382.2. *Strahlenfrühschäden bei kurzfristiger Ganzkörperbestrahlung in Abhängigkeit von der Äquivalentdosis*

[1] von *dosis* (griech.) = Gabe
[2] zu Ehren des amerikanischen Physikers HAROLD GRAY (1905 bis 1965), der sich um die Dosimetrie verdient gemacht hat
[3] von *mutare* (lat.) = ändern
[4] zu Ehren des schwedischen Physikers ROLF MAXIMILIAN SIEVERT (1896 bis 1956), der sich große Verdienste um den Strahlenschutz erworben hat

Bei den **Strahlenfrühschäden** sind die Zusammenhänge zwischen Dosis und Schaden relativ sicher und eindeutig zu beurteilen. Bei diesen Effekten wird durch die Strahlung die Funktion der betreffenden Zellen gestört. Da diese im Gewebe ständig erneuert werden, treten die Schäden erst ab einer bestimmten Dosis, dem **Schwellenwert**, auf. Für den Menschen liegt er bei einmaliger, kurzzeitiger Ganzkörperbestrahlung bei 0,25 Sv. Darüber ist die Schwere des Schadens der Dosis proportional (Tab. 382.2.). Man spricht von *nicht zufallsbedingter, nichtstochastischer Strahlenwirkung*.
Die *zufallsbedingten, stochastischen Strahlenwirkungen*, wie genetische Schäden oder Krebs, rühren von Veränderungen an der **DNA**, der Erbsubstanz, her. Deshalb ist hier die Häufigkeit der Schäden der Dosis proportional. Es gibt keinen Schwellenwert.
In letzter Zeit wurden den stochastischen Strahleneffekten, insbesondere der Auslösung von Krebs durch Strahlung, eine immer größere Aufmerksamkeit zuteil. Man versucht deshalb, die Strahlenempfindlichkeit der einzelnen Organe und Gewebe bei der neuen Dosisgröße, der **effektiven Äquivalentdosis** H_{eff}, zu berücksichtigen. Den einzelnen Organen werden unterschiedliche **Wichtungsfaktoren** w_{T} zugeteilt (Tab. 383.1.). Die so gewonnenen, gewichteten Äquivalentdosen werden zu effektiven Äquivalentdosen aufsummiert:

$$H_{\text{eff}} = H_{\text{Gon}} \cdot w_{\text{T}_{\text{Gon}}} + H_{\text{Br}} \cdot w_{\text{T}_{\text{Br}}} + \dots$$

Da die Wichtungsfaktoren keine Einheit haben, wird die effektive Äquivalentdosis ebenfalls in Sievert angegeben.
B 382.1. zeigt die Beiträge zur natürlichen und künstlichen **Strahlenexposition**[1] der Bevölkerung Westdeutschlands in Form der jährlichen, effektiven Äquivalentdosis. Die mittlere effektive Jahresdosis für die Bevölkerung Westdeutschlands beträgt 3,5 mSv.

Wie kann man sich vor äußerer Bestrahlung schützen?

1. Durch **Abschirmung**,
2. durch **Abstand** und
3. durch nur **kurzzeitigen Aufenthalt** in gefährdeten Bereichen.

Zusammenfassung

Die Kernumwandlungen haben zu umfangreichen Anwendungen geführt: der Ausnutzung der Kernenergie und der Verwendung radioaktiver Nuklide in Wissenschaft, Technik und Medizin.
Strahlung bedeutet Energietransport von der Strahlenquelle zu jener Materie, auf die die Strahlung trifft. Je nachdem, ob nichtlebendige oder lebendige Materie bestrahlt wird, unterscheidet man zwischen der Energiedosis und der Äquivalentdosis. Die Äquivalentdosis ist das Produkt aus Energiedosis und Qualitätsfaktor. Die effektive Äquivalentdosis ist die Summe aus den gewichteten Äquivalentdosen in den einzelnen Organen und Geweben. Ihnen werden unterschiedliche Wichtungsfaktoren, ihrer Strahlenempfindlichkeit entsprechend, zugeordnet. Nichtstochastische Strahlenschäden treten erst oberhalb einer Schwellendosis auf. Für stochastische Schäden (genetische Veränderungen und bösartige Tumore) gibt es keine Schwellendosis.

Organ	Wichtungsfaktor w_{T}
Keimdrüsen (Gonaden)	0,25
Brust	0,15
rotes Knochenmark	0,12
Lunge	0,12
Schilddrüse	0,03
Knochenoberfläche	0,03
Restkörper	0,30
	$\sum w_{\text{T}} = 1{,}00$

Tab. 383.1. *Wichtungsfaktoren. Die Keimdrüsendosis wird also mit 25% berücksichtigt, 75% des Risikos werden heute den am lebenden Individuum entstehenden Schäden zugeordnet.*

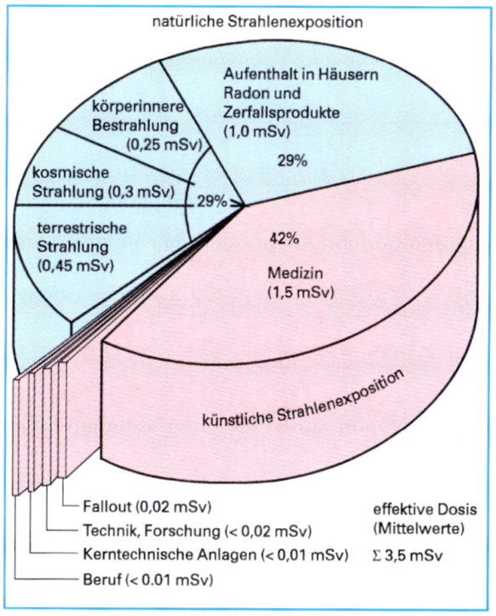

B 383.1. *Natürliche und künstliche Strahlenexposition in Form der effektiven Äquivalentdosis für die Bevölkerung Westdeutschlands*

[1] von *exponere* (lat.) = sich aussetzen

Neue Fachausdrücke

Gammatron, Neutronenaktivierungsanalyse, Energiedosis, Mutation, Qualitätsfaktor, Äquivalentdosis, Schwellenwort, nichtstochastische Strahlenwirkung, stochastische Strahlenwirkung, effektive Äquivalentdosis, Wichtungsfaktor

16. Chemie und Umwelt

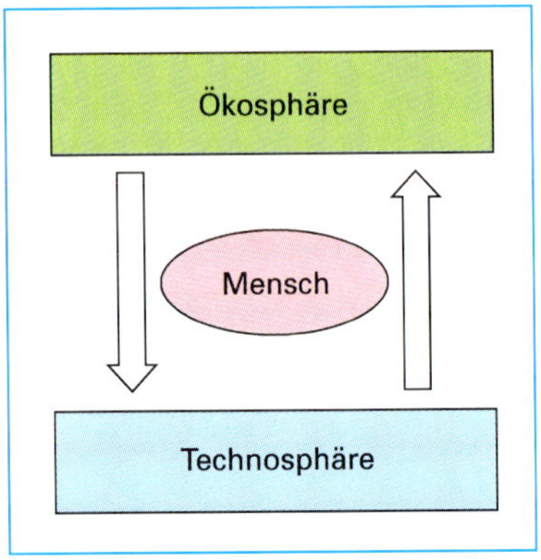

***B 384.1.** Der Mensch ist Vermittler beim Stoff- und Energieaustausch zwischen Technosphäre und Ökosphäre.*

Was bedeutet Umwelt? Zur geophysikalischen Umwelt rechnen wir die *Atmosphäre*[1], die *Hydrosphäre*[2] und die *Lithosphäre*[3], von der nur die oberste Schicht, der Boden oder die *Pedosphäre*[4], die Basis aller Landlebewesen darstellt. Die für alle physikalischen und chemischen (und damit auch physiologischen) Vorgänge auf der Erde notwendige Energie liefert letztlich die Sonne.

An den Grenzflächen der oben genannten Sphären hat sich die Gesamtheit der Organismen entwickelt. Diesen natürlichen Lebensraum mit den Organismen nennt man *Biosphäre*[5].

Fasst man alle genannten Systeme bzw. Sphären unserer Erde zusammen, so gelangt man zu dem Gesamtökosystem Erde, das heute auch *Ökosphäre*[6] genannt wird.

Diese Ökosphäre wird durch die Menschheit verändert. Schlag- bzw. Reizwörter wie Dünnsäureverklappung, Ölpest, Dioxin, Waldsterben, Smog, Ozonloch u.a. verdeutlichen die Bedrohungen unserer Umwelt und erfordern nach einer gründlichen Analyse konzertierte, weltweite Gegenmaßnahmen. Die *Technosphäre*[7] stellt das gesamte enge Geflecht menschlicher Technologie (von der Fabrik bis zum Auto, von der Pille bis zum Dioxin, vom Steinbruch bis zum Baukunstwerk) dar. Im Folgenden sollen schwerpunktmäßig die stofflichen und einige energetische Zusammenhänge unter chemischen Gesichtspunkten zwischen der Technosphäre und der Ökosphäre dargestellt werden (B 384.1.).

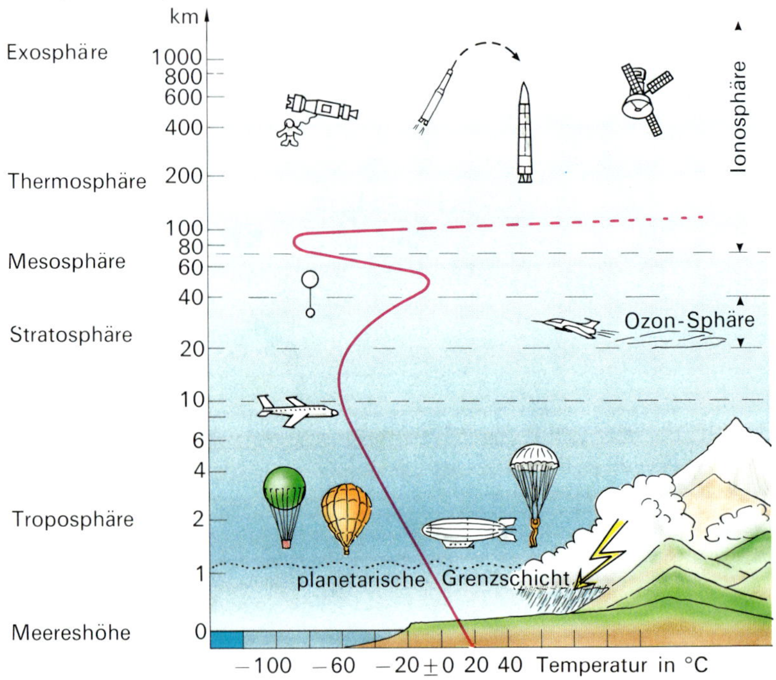

***B 384.2.** Gashülle der Erde. Die starke Erwärmung der oberen Stratosphäre hat ihre Ursache in der UV-Absorption im Spektrum des Sonnenlichts (Wellenbereich 200 nm bis 300 nm) durch das Ozon. Die so genannte Ozonosphäre in 20 km bis 40 km Höhe schützt uns mithin vor schädlicher UV-Strahlung. Der starke Temperaturanstieg ab 85 km Höhe rührt von einer UV-Absorption (um 200 nm) durch Stickstoff- und Sauerstoff-Atome her. Etwa 99,9% der gesamten Masse der Atmosphäre befinden sich unterhalb 50 km Höhe. Das Wettergeschehen spielt sich hauptsächlich in der Troposphäre und in der unteren Stratosphäre ab. In der Troposphäre ist die Luft gut durchmischt und von einheitlicher Zusammensetzung, in ihr können sich Schadstoffe anreichern.*

---
[1] von *atmos* (griech.) = Dunst
[2] von *hydor* (griech.) = Wasser
[3] von *lithos* (griech.) = Stein
[4] von *pedo...* (griech.) = Boden
[5] von *bios* (griech.) = Leben und von *sphaira* (griech.) = Kugel
[6] von *oikos* (griech.) = Haus
[7] von *technos* (griech.) = künstlich

16.1. Umweltbereich Luft

16.1.1. Luftschadstoffe

Praktikum

Analytik der Luftschadstoffe

Versuche

PV 385.1. Verbrennen Sie eine kleinere Portion Schwefel im Verbrennungslöffel, halten Sie den Löffel in eine pneumatische Wanne und decken Sie die Wanne ab. Bestimmen Sie die Konzentration an Schwefeldioxid* anschließend mit einem Gasspürgerät und Messröhrchen. Lesen Sie genau die Bedienungsanleitung dieses Gerätes. Informieren Sie sich über die Reaktion, die im Messröhrchen abläuft (B 385.1.).

PV 385.2. Saugen Sie mit einer Wasserstrahlpumpe Schwefeldioxid* durch eine Gaswaschflasche, die mit verdünnter Wasserstoffperoxid-Lösung* gefüllt ist. Versetzen Sie die Lösung anschließend mit salzsaurer Bariumchlorid-Lösung*.

PV 385.3. Bestimmen Sie den Kohlenstoffmonooxid-Gehalt* und den Stickstoffdioxid-Gehalt* in den Abgasen eines Pkws a) mit Katalysator und b) ohne Katalysator unter vergleichbaren Bedingungen mit dem Gasspürgerät und Messröhrchen.

PV 385.4. Spannen Sie einen Trichter mit ca. 30 cm über die rauschende Flamme eines Bunsenbrenners. Saugen Sie dann die Verbrennungsgase etwa 15 min lang mit einer Wasserstrahlpumpe durch eine Gaswaschflasche mit SALTZMANN-Lösung*. Füllen Sie die Flasche etwa zur Hälfte. Wiederholen Sie den Versuch, indem Sie nur Luft über den gleichen Zeitraum durch die Lösung saugen (Blindprobe).
Die SALTZMANN-Lösung* wird in einem 1-l-Messkolben angesetzt. Hierzu werden in 800 ml aqua dest. 5 g Sulfanilsäure*, 0,050 g N-(Naphthyl-(1))-ethylendiammoniumchlorid* und 50 ml Eisessig* aufgelöst. Anschließend wird mit aqua dest. auf 1 l Lösung aufgefüllt. Diese Lösung kann in einer braunen Flasche einige Monate aufbewahrt werden.

Anregung: Autoabgasproben können in großen Plastikbeuteln gesammelt werden. Entwickeln Sie eine Apparatur zur Bestimmung des Stickstoffdioxid-Gehalts in diesen Proben mit SALTZMANN-Lösung.

Auswertung

a) Protokollieren Sie sämtliche Versuchsergebnisse.
b) Formulieren Sie die Reaktionsgleichungen für die Nachweise von Schwefeldioxid* und Kohlenstoffmonooxid*.
c) Bei PV 385.4. bildet sich ein Azofarbstoff. Formulieren Sie die Reaktionsschritte (vgl. auch PV 306.1.).
d) Überlegen Sie, wie man photometrisch den Stickstoffdioxid-Gehalt quantitativ bestimmen kann. Entwerfen Sie eine Versuchsvorschrift.

Rund 75% der Luftmasse der Erdatmosphäre sind in einer ca. 10 km dicken Lufthülle über dem Erdboden, der Troposphäre, enthalten (B 384.2.). Innerhalb einer Entfernung von 50 km zur Erdoberfläche sind bereits 99,9% enthalten.
Die drei Hauptbestandteile Stickstoff, Sauerstoff und Argon machen einen Volumenanteil von 99,96% aus (vgl. Tab. 386.1.). Der restliche Volumenanteil von rund 0,04% beinhaltet Kohlenstoffdioxid, die anderen Edelgase sowie Spurengase. Unberücksichtigt sind hier die Spurenstoffe, die auf natürliche und anthropogene[1] Aktivitäten zurückzuführen sind (B 386.1. und B 386.2.). Ihre Konzentrationen sind variabel und können lokal z.T. den 200fachen Wert annehmen. In Ballungsgebieten können nitrose Gase einen Volumenanteil von 150 ppb und Schwefeldioxid einen Volumenanteil von 200 ppb im Jahresmittel einnehmen (Tab. 386.2.).

B 385.1. *Gasspürgerät*

[1] von *anthropos* (griech.) = Mensch und von *genea* (griech.) = Abstammung

B 386.1. *Anthropogene Schadstoffquellen: Industrie, Verkehr, Kraftwerke, Handwerk, Haushalte*

B 386.2. *Anthropogene Schadstoffquellen: Brennende Ölfelder nach dem Golfkrieg 1991*

B 386.3. *Natürliche Schadstoffquelle: Ausbruch des Vulkans Pinatubo 1991*

	Bestandteil	Formel	Volumenanteil
Hauptbestandteile	Stickstoff	N_2	78,08%
	Sauerstoff	O_2	20,95%
	Argon	Ar	0,93%
Hauptspurenstoffe	Kohlenstoffdioxid	CO_2	0,034%
	Neon	Ne	0,0018%
	Helium	He	0,0005%
	Methan	CH_4	0,00016%
	Krypton	Kr	0,00011%
	Wasserstoff	H_2	0,00005%
	Distickstoffmonooxid	N_2O	0,00003%
	Kohlenstoffmonooxid	CO	0,00002%
	Xenon	Xe	0,000009%
Spurenstoffe	Ozon	O_3	30 bis 50 ppb
	Kohlenwasserstoffe (ohne Methan)	C_xH_y	10 bis 100 ppb
	nitrose Gase	NO_x	0,01 bis 5 ppb
	Schwefeldioxid	SO_2	0,1 bis 2 ppb
	Difluordichlormethan	CF_2Cl_2	230 bis 300 ppt
	Fluortrichlormethan	$CFCl_3$	160 ppt

Tab. 386.1. *Zusammensetzung reiner Luft (in Meereshöhe)*

Neben diesen genannten Gasen enthält die Atmosphäre noch Wasser in allen drei Aggregatzuständen mit wechselndem Volumenanteil von 0,1% bis 1%, Stäube, Aerosole[1], andere organische Halogen-Verbindungen, freie Radikale und weitere organische Verbindungen.
Häufig werden Konzentrationen dieser Spurenstoffe entweder als Massenkonzentrationen oder bei gasförmigen Stoffen als Volumenanteil oder Massenanteil angegeben.
In PV 385.1. bis PV 385.4. werden einige dieser Spurenstoffe untersucht. Die Gasproben, in denen einige Luftschadstoffe nachgewiesen wurden, enthalten diese in weitaus größeren Konzentrationen, als es den Angaben aus Tab. 386.1. entspricht.
Zur Veranschaulichung: Der einzelne Mensch stellt bei einer Weltbevölkerung von ca. 5 Milliarden Menschen eine „Konzentration" von 0,2 ppb dar. Die moderne Analytik ist in der Lage, noch eine Konzentration von 0,04 ppt zu erfassen.

[1] Aerosol: Luft mit Schwebeteilchen aus feinverteilten Flüssigkeiten bzw. Feststoffen

1%	10 g pro kg 10 cm^3 pro dm^3	$1:100 = 10^{-2}$
1 ppm (part per million) 1 Teil von einer Million Teilen	1 mg pro kg 1 cm^3 pro m^3	$1:10^6 = 10^{-6}$
1 ppb (part per billion) 1 Teil von einer Milliarde Teilen von billion (engl.) = Milliarde	1 µg pro kg 1 mm^3 pro m^3	$1:10^9 = 10^{-9}$
1 ppt (part per trillion) 1 Teil von einer Billion Teilen von trillion (engl.) = Billion	1 ng pro kg 1 mm^3 pro 1000 m^3	$1:10^{12} = 10^{-12}$

Tab. 386.2. *Konzentrationsangaben bei Spurenstoffen*

	Emissionsrate in $10^9\,kg \cdot a^{-1}$	Haupt-Emissionsquellen	Verhältnis natürlich: anthropogen
Kohlenstoffdioxid CO_2	830000	Atmung, biologischer Abbau, Verbrennung fossiler Brennstoffe, Rodung	33:1
Kohlenstoffmonooxid CO	3400	unvollständige Verbrennung, atmosphärische Oxidation von Kohlenwasserstoffen	3,5:1
Methan CH_4	500	Erdgas, Sümpfe, Reisfelder, Tierhaltung, Termiten, Mülldeponien, arktische Tundra	1:1
Schwefel-Verbindungen (als SO_2 berechnet)	400	Verbrennung von Holz, Kohle, Erdölprodukten; Sümpfe, Vulkane	1:1,5
Stickstoffoxide (ohne N_2O) als NO_2 berechnet	160	Verbrennungsprozesse, Gewitter, atmosphärische Oxidation von NH_3, Stickstoffdüngung	1:2,1

Tab. 387.1. *Globale jährliche Emissionen einiger atmosphärischer Spurenstoffe*

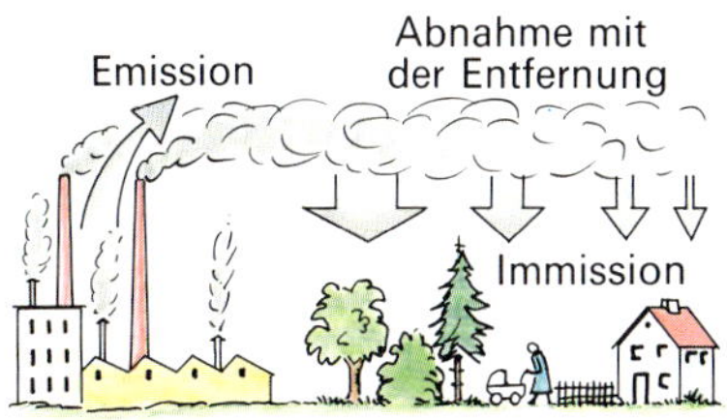

B 387.1. *Zusammenhang zwischen Emission und Immission*

Die Luftverunreinigungen werden verursacht durch Emissionen[1] aus natürlichen und anthropogenen Quellen (Tab. 387.1., B 89.1., B 116.1.). Sie wirken als Immissionen[2] auf Mensch und Umwelt ein.

[1] von *emissio* (lat.) = Aussendung
Emission: Sie bezeichnet die von einer (festen oder beweglichen) Anlage oder von Produkten an die Umwelt abgegebenen stofflichen Verunreinigungen (Gase, Stäube) sowie Geräusche, Strahlen, Wärme (z. B. Abwärme von Kühltürmen), Erschütterungen und ähnliche Erscheinungen.

[2] von *immittere* (lat.) = hineinsenken, hineinsenden
Immission: Unter der Immission versteht man die Einwirkung von Luftverschmutzungen, Geräuschen, Erschütterungen, Strahlen, Wärme usw. auf Menschen, Tiere, Pflanzen und Sachgüter.

16.1.2. Saure Niederschläge

Praktikum

Versuche zum sauren Regen

Versuche

PV 387.1. Bestimmen Sie die *p*H-Werte von verschiedenen Regenwasserproben.

PV 387.2. Untersuchen Sie die verschiedenen Regenwasserproben auf Sulfat-Ionen. Reagenz: Salzsäure*, Bariumchlorid-Lösung* ($c(BaCl_2)$ = 0,5 mol/l; auf 1 l Lösung 10 ml konz. Salzsäure*). Geben Sie zu 10 ml Regenwasser aus einer Bürette jeweils 2 ml saure Bariumchlorid-Lösung*.
Durch Trübungsvergleich mit genau eingestellten Sulfat-Lösungen können Sie den Sulfat-Ionen-Gehalt abschätzen.

PV 387.3. Geben Sie in einem Standzylinder ein Stück Marmor zu etwas Wasser. Leiten Sie anschließend Schwefeldioxid aus einem Gasentwickler in den Standzylinder und verschließen Sie ihn. Beobachtung?

PV 387.4. Untersuchen Sie die Löslichkeit von Magnesiumcarbonat und Magnesiumsulfat in Wasser. Verwenden Sie äquimolare Massen in der Größenordnung von 1 g Salz pro 10 g Wasser.

Auswertung

a) Protokollieren Sie Ihre Versuchsergebnisse.
b) Formulieren Sie die Reaktionsgleichung für den Nachweis aus PV 387.2. möglichst aussagekräftig. Welche Aufgabe hat die Salzsäure bei diesem Versuch?

Abgestorbener Wald

- vorzeitiger Nadel- und Blattfall – nur noch wenige Nadelgenerationen an den verkahlenden Zweigen
- Verlust an Feinwurzeln und „Pilzwurzel" (Mykorrhiza)
- Zuwachsverluste an Holz (zu enge Jahresringe)
- Absterben von Wipfeln und Astenden
- Vergilben von Blatt- und Nadeloberseiten und -rändern
- Notaustriebe an alten Ästen
- „Storchennestkrone" der Tanne Kronenverlichtung der Buche
- überlang hängende Zweige an Fichtenästen (Lamettasyndrom)

B 388.1. *Frühzeitige Symptome, die der neuartigen Waldschadensermittlung dienen*

B 388.2. *Figur eines Apostels aus dem Fürstenportal des Bamberger Doms. Links, aufgenommen im Jahr 1907. Rechts, dieselbe Figur in einer Aufnahme aus dem Jahr 1978. Die Zerstörung innerhalb weniger Jahrzehnte ist deutlich sichtbar.*

Der *saure Regen* entsteht hauptsächlich bei der Reaktion von Schwefeldioxid, nitrosen Gasen und anderen Spurenstoffen mit Wasserdampf der Atmosphäre. Eine wichtige Rolle spielt dabei das Ozon. Es wird durch UV-Strahlung in molekularen und atomaren Sauerstoff gespalten. Der reaktionsfähige atomare Sauerstoff reagiert mit Wasser zu Hydroxy-Radikalen, die über Zwischenschritte mit Schwefeldioxid unter Bildung von Schwefeltrioxid reagieren. Durch Oxidation und Reaktion mit Wasser entstehen aus Schwefeloxiden und Stickstoffoxiden Schwefelsäure bzw. Salpetersäure. Bei Niederschlägen führen sie zum sog. sauren Regen (Regen, Nebel oder Schnee), der im PV 387.1. und im PV 387.2. nachgewiesen wird.

Die sauren Niederschläge sind mitverantwortlich für die Versauerung von Seen der nördlichen Halbkugel; welchen Anteil sie bei neuartigen Waldschäden (B 388.1.) verursachen, ist noch nicht hinreichend geklärt. Während man diese Schäden jahrzehntelang auf das Schwefeldioxid zurückführte, deuten mehrere Untersuchungen daraufhin, dass die sog. Photooxidantien Ozon, nitrose Gase und salpetrige Säure und Peroxyacetylnitrat (PAN) auch maßgeblich an den Waldschäden beteiligt sind (vgl. B 390.2.).

Bei Nadelbäumen lässt sich außerdem eine extreme Anreicherung chlorierter Kohlenwasserstoffe in der Wachsschicht der Nadeln feststellen. Durch UV-Licht-Einstrahlung werden die Blattpigmente Chlorophyll a und b und β-Carotin nachweislich abgebaut oder zumindest strukturell verändert (vgl. V 227.1. und B 228.2.).

Bei der Metall- und Gesteinskorrosion dominieren die anthropogenen Einflüsse. In Ballungsräumen tritt bei Metallen, bedingt durch saure Niederschläge, verstärkt Säurekorrosion auf. Sauerstoffkorrosion spielt in diesem Zusammenhang eine geringere Rolle.

Die Verwitterung von Gesteinen wird zunächst durch natürliche Vorgänge wie z. B. Sandstürme, kohlensäurehaltiges Regenwasser und erstarrendes Wasser mit seiner Sprengwirkung verursacht. Dabei ist aber die Beschleunigung des Zerfalls bei den Gebäuden und Denkmälern augenfällig, die erhöhten *Immissionen* ausgesetzt sind (B 388.2.). Ein Indiz für anthropogene Einflüsse ist die deutlich erhöhte Sulfat-Konzentration im verwitterten Gestein.

Im Schlaitorfer Sandstein, der auch als Baumaterial für den Kölner Dom diente, sind die Quarzkörner (Siliciumdioxid) in Dolomit (Calciummagnesiumcarbonat) eingebettet. Durch den sauren Regen entsteht das leichter lösliche Magnesiumsulfat (PV 387.4.), welches ausgewaschen wird, und das schwer lösliche Calciumsulfat, welches im kristallisierten Zustand durch einen höheren thermischen Ausdehnungskoeffizienten eine Spannung im Gestein erzeugt.

Stark vereinfacht lässt sich die Zerstörung des Kalksandsteins durch folgende Reaktionsgleichung wiedergeben:

$$Ca(Mg)(CO_3)_2 + 2SO_2 + O_2 + 2H_2O \rightarrow CaSO_4 \cdot 2H_2O + 2CO_2 + MgSO_4$$

Zum Schutz von Gebäuden und Denkmälern wird der mürbe gewordene Stein mit einer wässrigen Silicon-Mikroemulsion getränkt. Dadurch wird das verloren gegangene Bindemittel ersetzt und die Fassade gleichzeitig farblos hydrophobisiert.

16.1.3. Smog[1]

Modellversuche zum Smog

Versuche

MV 389.1. Erwärmen Sie zwei hohe Standzylinder (30 cm bis 50 cm Höhe) vorsichtig in einer Bunsenbrennerflamme, sodass der eine Standzylinder nur im oberen Drittel und der andere vollständig warm wird. Leiten Sie anschließend mit einem langen Glasrohr Zigarettenrauch oder Ammoniumchlorid-Rauch auf die Böden der Standzylinder. Den Ammoniumchlorid-Rauch kann man aus konz. Salzsäure* und konz. Ammoniak-Lösung* mit zwei Gaswaschflaschen und Handgebläse erzeugen.

Auswertung

Beschreiben und deuten Sie Ihre Beobachtungen

MV 389.2. Füllen Sie einen 1-l-Glaskolben mit ca. 1 cm^3 Wasser und verschließen Sie Ihn mit einem Stopfen mit 2-Wege-Hahn. Sie können den Versuch auch mit einem größeren Scheidetrichter durchführen. Schütteln Sie den Kolben einige Zeit. Öffnen Sie den Hahn und pusten Sie etwas Zigarettenrauch so hinein, dass im Kolben ein Überdruck entsteht. Der Hahn wird wieder verschlossen.

a) Öffnen Sie nach kurzer Zeit (Temperaturausgleich!) den Hahn. Beobachtung? b) Blasen Sie nun wieder Luft hinein und schließen Sie den Hahn. Beobachtung?

Auswertung

a) Was erreicht man durch das Schütteln des Kolbens?
b) Welche Bedeutung haben bei diesem Versuch die Rauchteilchen? Denken Sie an die berüchtigten Londoner Winternebel, die in vielen Krimis beschrieben werden.
c) Wie sind die Vorgänge bei den Teilversuchen a) und b) „meteorologisch" zu deuten? Verwenden Sie dabei die Begriffe „Tiefdruckgebiet" und „Hochdruckgebiet".

LV 389.3. Der UV-Tauchlampenreaktor* wird mit einem Gemisch aus 40 ml Kaliumiodid-Lösung*, $w = 10\%$, 10 ml Schwefelsäure-Lösung*, $c = 0{,}1$ mol/l, und einigen Tropfen Stärke-Lösung beschickt. Die Tauchlampe berührt diese Lösung nicht, sondern hängt im Gasraum. Einer der Reaktionshälse wird mit einem leeren Kolbenprober verbunden, der andere wird verschlossen. Man bestrahlt ca. 20 min lang unter starker Rührung der Lösung mit einem Magnetrührer. Die Farbe der Lösung wird anschließend festgestellt. Man gibt die Lösung in ein Becherglas und titriert sie mit Natriumthiosulfat-Lösung, $c = 0{,}001$ mol/l, bis die Lösung farblos wird.

Auswertung

Die Vorgänge im Reaktor lassen sich vereinfacht durch folgende Reaktionsgleichungen beschreiben:

Gasraum:

$$O_2 \xrightarrow{\text{UV-Licht}} O + O$$

und

$$O + O_2 \rightarrow O_3$$

Phasengrenze (Gas/Flüssigkeit):

$$O_3 + 2H_3O^+ + 2I^- \rightarrow I_2 + 3H_2O + O_2$$

Titration:

$$I_2 + 2S_2O_3^- \rightarrow 2I^- + S_4O_6^{2-}$$

a) Deuten Sie die Färbung der Lösung nach dem Bestrahlen. Berechnen Sie aus dem Titrationsergebnis die Stoffmenge des gebildeten Ozons.
b) Der Gasinhalt des Reaktors beträgt 400 ml. Errechnen Sie aus dem Ergebnis von Aufgabe a) den Ozongehalt in µg Ozon/m^3 Luft. Prüfen Sie mit Hilfe von B 390.1., ob die Smogalarmgrenze im Reaktor erreicht worden wäre, wenn das Ozon nicht ständig an der Phasengrenze abgebaut worden wäre.
c) Erweiterungshinweis: In einer belasteten Atmosphäre, z. B. bei 10 ml Stickstoffdioxid in 400 ml Luft im Reaktor, steigt die nachweisbare Iod-Menge um ein Vielfaches (vgl. auch B 390.2.).

Prinzipiell unterscheidet man den *sauren Smog* (auch: Londoner Smog) von dem *Photosmog* (auch: Los-Angeles-Smog).
Der saure Smog tritt in ähnlichen Situationen wie bei MV 389.1. auf, d. h., im Winter bei *Inversionswetterlagen* (B 389.1.) in feucht-kalten Regionen. Dieser Smog ist ein fast ausschließlich mit Schwefeldioxid und Staub beladener Nebel (MV 389.2.). Der Staub katalysiert die Oxidation von Schwefeldioxid zu Schwefelsäure. In London führte im Dezember 1952 ein vierzehntägiger Smog zu über 4000 Todesfällen.

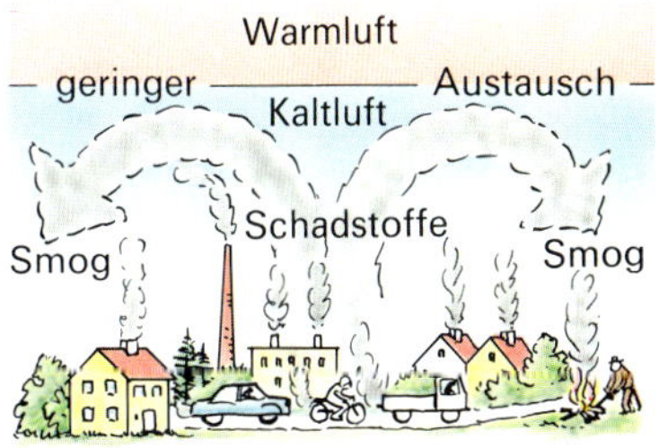

B 389.1. *Inversionswetterlage*

[1] Kunstwort aus *smoke* (engl.) = Rauch und *fog* (engl.) = Nebel, Dunst

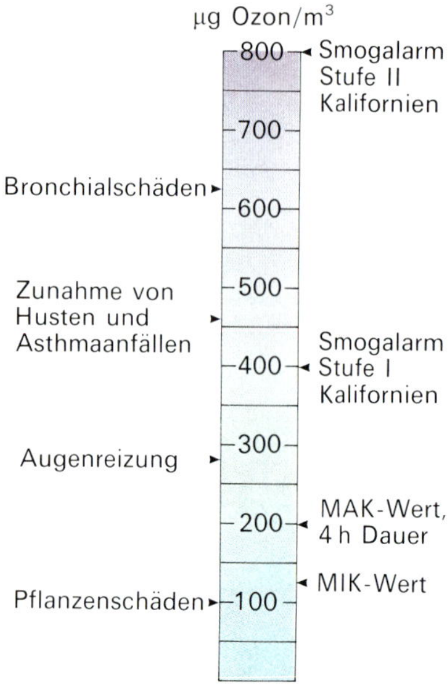

***B 390.1.** Wirkungen von Ozon und Ozongrenzwerte in der bodennahen Luftschicht*

$$NO_2\cdot \xrightarrow{h\nu} NO\cdot + O:$$
$$O: + O_2: \xrightarrow{M} \underline{O_3}$$
$$O: + H_2O: \longrightarrow 2OH$$
$$NO_2\cdot + O_2: \xrightarrow{M} NO\cdot + \underline{O_3}$$
$$2NO\cdot + O_2 \xrightarrow{h\nu} 2NO_2\cdot$$
$$NO\cdot + O_3 \longrightarrow NO_2\cdot + O_2:$$
$$RH + OH\cdot + O_2: \xrightarrow{M} RO_2\cdot + H_2O$$
$$RO_2\cdot + NO\cdot \longrightarrow RO\cdot + NO_2\cdot$$
$$RO\cdot + O_2: \longrightarrow HO_2\cdot + \underline{R'CHO}$$
$$HO_2\cdot + NO\cdot \longrightarrow OH\cdot + NO_2\cdot$$
$$HO_2\cdot + HO_2\cdot \longrightarrow \underline{H_2O_2} + O_2:$$
$$RO_2\cdot + NO_2\cdot \xrightarrow{M} \underline{RO_2NO_2}$$

z.B.

$$CH_3COO_2\cdot + NO_2\cdot \xrightarrow{M} \underline{CH_3COO_2NO_2}$$

Peroxyacetylnitrat (PAN)

M bezeichnet in diesen Gleichungen ein Teilchen, das an einem Stoßprozess beteiligt ist und dabei Energie aufnimmt, ohne chemisch verändert zu werden. Die sog. Photooxidantien sind unterstrichen.

***B 390.2.** Einige Reaktionen im Photoreaktor Troposphäre*

Beim Photosmog dagegen ist der Einfluss intensiver Sonneneinstrahlung maßgeblich. Fasst man die Troposphäre als riesigen, natürlichen Photoreaktor auf, so laufen im Sommer in diesem Reaktor bei Gegenwart von Autoabgasen (Kohlenstoffmonooxid, Kohlenstoffdioxid, Stickstoffmonooxid, Stickstoffdioxid, Alkane, Alkene, Aromaten u.a.m.) photochemische Reaktionen ab (B 390.2.), deren Produkte (Ozon, Peroxide, Alkanale usw.) Hauptursache von Augenreizungen, Kopfschmerzen, Atembeschwerden und Pflanzenschäden sind.

Extrem ist dieser Photosmog in dem riesigen Ballungsraum Los Angeles (USA) mit seinem hohen Verkehrsaufkommen, da die Stadt in einem Becken liegt, in dem bei intensiver Sonneneinstrahlung häufig sehr stabile Inversionswetterlagen auftreten. Ähnliche Erscheinungen beobachtet man inzwischen auch in Mexico-City, Sao Paulo und Athen.

Immer häufiger werden auch an heißen Tagen im Sommer alarmierende Ozon-Konzentrationen in Deutschland gemessen. Im Jahr 1990 wurden 185 ppb, im Jahr 1976 in Mannheim der Spitzenwert von rund 257 ppb Volumenanteile (550 µg Ozon/m^3 Luft) gemessen (B 390.1.).

Die braunen Dunstschichten, die für den Photosmog charakteristisch sind, entstehen durch Lichtstreuung an Rauchteilchen in der Luft.

Jeder Prozess, bei dem Stickstoffmonooxid in Stickstoffdioxid umgewandelt wird (wie z.B. $R-CH_2O_2\cdot + NO\cdot \rightarrow R-CH_2O\cdot + NO_2\cdot$), erhöht die Ozonbildung, da er die Reaktionsmöglichkeit des Ozons mit Stickstoffmonooxid zu molekularem Sauerstoff und Stickstoffdioxid verringert.

Das Additiv Methyl-tertiär-butylether (s. auch S. 241), welches an Stelle von Bleiverbindungen dem Benzin zur Erhöhung der Klopffestigkeit zugefügt wird, bildet in der Troposphäre ähnlich wie die reaktiven Kohlenwasserstoffe (z.B. Propen) die Vorstufe für organische Peroxy-Radikale $R-CH_2O_2\cdot$ mit ihrem zuvor geschilderten Effekt. Im Smog-Alarm-Plan gibt es in Deutschland keinen rechtlich verbindlichen Grenzwert von Ozon. Hinweise an die Bevölkerung werden bei 180 µg Ozon pro m^3 Luft gegeben, bei 360 µg pro m^3 wird die Bevölkerung gewarnt.

Welche Auswirkung das „Ozonloch" (vgl. S. 226ff.) der Stratosphäre auf die Troposphäre hat, ist noch nicht restlos geklärt. In jedem Fall wird sich der Anteil der kurzwelligen UV-Strahlung an der Erdoberfläche erhöhen, was wiederum eine veränderte Photochemie der Troposphäre zur Folge haben wird.

16.1.4. Treibhauseffekt

Die mittlere Jahrestemperatur der Erde in erdnahen Schichten beträgt ca. +15 °C. Die durch die Erdoberfläche absorbierte Strahlung (Licht) wird unter Erwärmung der Erde in langwelligere Infrarotstrahlung (Wärme) umgewandelt (B 391.1. und MV 391.1.). Ohne die Absorption dieser von der Erde abgestrahlten Infrarotstrahlung durch die Atmosphäre hätte die Erde nur eine mittlere Temperatur von ca. −18 °C. Die Atmosphäre hält die Wärme also wie ein Treibhaus fest. MV 391.2. zeigt, dass Kohlenstoffdioxid die Infrarotstrahlung stärker absorbiert als die Luft.

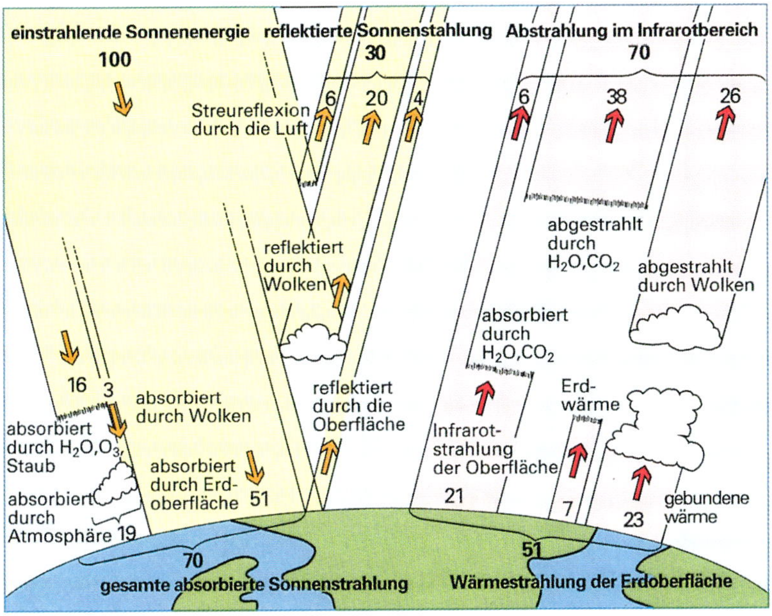

B 391.1. *Energiebilanz der Erdoberfläche in Prozent*

Für die Absorption sind die so genannten Treibhausgase Wasserdampf, Kohlenstoffdioxid, Ozon, Distickstoffmonooxid, Methan, Fluorchlorkohlenwasserstoffe u.a. verantwortlich. Der Einfluss dieser Gase auf die mittlere Jahrestemperatur wird unter Berücksichtigung ihrer Konzentration in Tab. 391.1. angegeben.
Der enorme Anstieg der Konzentration der oben genannten Treibhausgase führt unweigerlich zu einer weiteren Erwärmung. Zwischen den Jahren 1958 und 1988 hat die mittlere Jahrestemperatur um ca. 0,7 Kelvin zugenommen. Gleichzeitig stieg der Kohlenstoffdioxid-Gehalt der Atmosphäre um ca. 50 ppm (B 392.1.). Über die Weiterentwicklung der Durchschnittstemperatur, die von vielen Faktoren abhängt, gibt es unterschiedliche Rechenmodelle und Vorhersagen.

Treibhausgas	derzeitige Konzentration	relativer Anstieg pro Jahr in %	Temperaturerhöhung in K
Wasserdampf	wechselnd		20,6
Kohlenstoffdioxid	350 ppm	0,13 bis 0,4	7,2
Ozon (bodennah)	30 ppb	1	2,4
Distickstoffmonooxid	0,3 ppm	0,2	1,4
Methan	1,7 ppm	bis 2	0,8
andere Gase	<1 ppm		0,8
		Summe	33,2

Tab. 391.1. *Treibhausgase und ihr Einfluss auf die mittlere Jahrestemperatur*

Modellversuche

MV 391.1. In der Vorrichtung aus B 391.2. wird die Temperaturzunahme nach dem Einschalten der Lampe gemessen und graphisch gegen die Zeit aufgetragen. Sobald die Temperatur nicht mehr steigt, schaltet man die Lampe aus, kühlt die Vorrichtung auf Raumtemperatur und wiederholt dann den Versuch mit einer schwarzen Papierpappe anstelle der Aluminiumfolie. Die Zeit-Temperatur-Kurve wird in das gleiche Koordinatennetz wie bei der ersten Messung eingetragen.

Auswertung

a) Deuten Sie und erklären Sie die Unterschiede bei den beiden Messreihen.
b) Was ist zu erwarten, wenn man mit schwarzer Pappe und mit Kohlenstoffdioxid im Trog arbeitet? Überprüfen Sie Ihre Vermutung auch experimentell.

MV 391.2. Untersuchen Sie Kohlenstoffdioxid, Methan und Luft auf ihre Fähigkeit, Wärmestrahlung zu absorbieren. Füllen Sie hierzu die jeweils reinen Gase in einen verschließbaren 1-l-Glaskolben, in den ein Thermometer (Messgenauigkeit: 10^{-1} °C) eintaucht. Bestrahlen Sie das Glasgefäß mit einer Infrarotlampe oder – wenn nicht vorhanden – mit einer normalen Glühlampe. (Abstand der Lampe zum Gefäß ca. 30 cm; Bestrahlungszeit ca. 5 min.) Achten Sie bei Ihren Versuchen auf gleiche Anfangsbedingungen. Wiederholen Sie den Versuch mit Luft, die mit Wasserdampf gesättigt ist. Beobachtung?

Auswertung

Werten Sie die Messergebnisse hinsichtlich der unterschiedlichen Fähigkeit der Gase aus, Wärmestrahlung zu absorbieren.

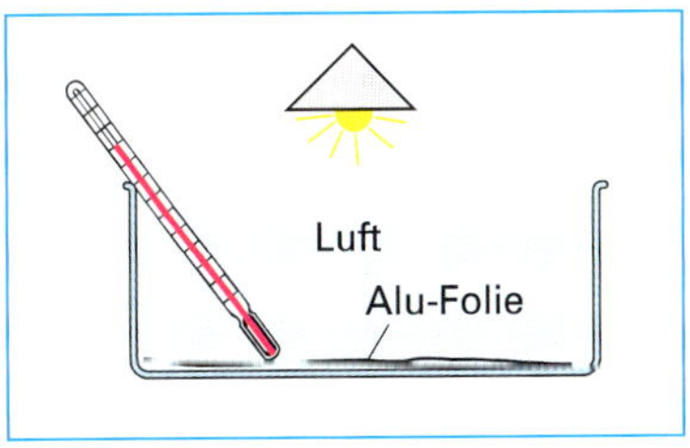

B 391.2. *Skizze zu MV 391.1.*

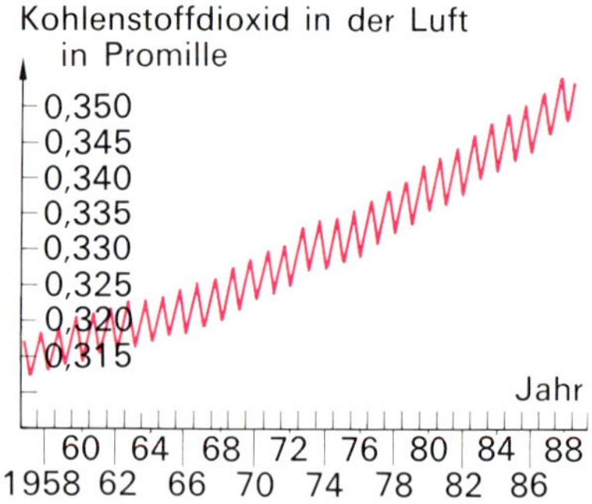

B 392.1. *Anstieg des Kohlenstoffdioxid-Gehalts in der Atmosphäre auf dem Mauna Loa, Hawaii, USA, in den Jahren 1958 bis 1988*

Jedenfalls sind Auswirkungen auf die natürlichen Ökosysteme, die landwirtschaftlichen Produktionen und das Wasservolumen der Ozeane (Ansteigen des Meeresspiegels) zu erwarten, die das globale Gleichgewicht nachhaltig verändern. Daher muss insbesondere die weitere Kohlenstoffdioxid-Zunahme in der Atmosphäre eingedämmt werden. Dies ist durch den Erhalt der photosynthesefähigen Biomasse und durch die Reduzierung der Verfeuerung fossiler Brennstoffe möglich.

Aufgaben

A 392.1. Berechnen Sie die Ozonkonzentration in µg pro m^3 Luft, die dem Volumenanteil von 185 ppb (Normbedingungen) entspricht.

A 392.2. Erläutern Sie, wodurch die Kohlenstoffdioxid-Konzentration in der Atmosphäre stetig ansteigt.

A 392.3. Diskutieren Sie konkrete Maßnahmen, durch die der Erhalt der globalen Jahresdurchschnittstemperatur gewährleistet werden kann.

Erweiterung, Vertiefung, Anwendung

Maßnahmen zur Verminderung und Beseitigung der Luftschadstoffe

Versuch

V 392.1. Man saugt Schwefeldioxid* mit einer Wasserstrahlpumpe durch drei hintereinander geschaltete Gaswaschflaschen. Die mittlere Gaswaschflasche wird zur Hälfte mit gesättigter Calciumhydroxid-Lösung* gefüllt, während die erste und die dritte jeweils mit einem Filterpapierstreifen beschickt werden, der mit einer wässrigen Fuchsin-Lösung (ca. 0,02 g Fuchsin in 100 ml Wasser) getränkt ist.
Der Versuch wird wiederholt, indem man die mittlere Gaswaschflasche durch ein Reaktionsrohr ersetzt, das mit Aktivkohle gefüllt ist. Die Filterpapierstreifen werden erneuert. Beobachtungen?

Auswertung

a) Bestimmen Sie die Reaktionszeiten bis zur Entfärbung des „Indikatorpapiers".
b) Bei welchem Ansatz findet eine Absorption, bei welchem eine Adsorption statt? Geben Sie eine Begründung über die Definition dieser beiden Begriffe (vgl. auch B 394.1.).

Oxidation der Kohlenwasserstoffe
$C_7H_{16} + 11\,O_2 \rightarrow 7\,CO_2 + 8\,H_2O$
$C_6H_{14} + 12\,H_2O \rightarrow 6\,CO_2 + 19\,H_2$
Oxidation von Kohlenstoffmonooxid
$2\,CO + O_2 \rightarrow 2\,CO_2$
$CO + H_2O \rightarrow CO_2 + H_2$
Umwandlung der Stickoxide
$2\,NO + 2\,CO \rightarrow N_2 + 2\,CO_2$
$16\,NO + C_5H_{12} \rightarrow 8\,N_2 + 6\,H_2O + 5\,CO_2$
$2\,NO + 2\,H_2 \rightarrow N_2 + 2\,H_2O$
Nebenreaktionen
$2\,SO_2 + O_2 \rightarrow 2\,SO_3$
$SO_2 + 3\,H_2 \rightarrow H_2S + 2\,H_2O$
$2\,NO + 5\,H_2 \rightarrow 2\,NH_3 + 2\,H_2O$
$4\,NH_3 + 5\,O_2 \rightarrow 4\,NO + 6\,H_2O$
$2\,H_2 + O_2 \rightarrow 2\,H_2O$

Tab. 392.1. *Chemische Reaktionen am Abgaskatalysator (Auswahl)*

Der geregelte Dreiwegkatalysator

Der ständig zunehmende Verkehr in hoch industrialisierten Ländern – in der Bundesrepublik Deutschland hat sich die Anzahl der Kraftfahrzeuge in den letzten 20 Jahren mehr als verdoppelt – hat Maßnahmen für eine Schadstoffreduzierung in den Autoabgasen unumgänglich gemacht. In den USA und in Japan wurden schon in den 70er Jahren Katalysatoren verbindlich vorgeschrieben. Im Jahr 1990 waren in der Bundesrepublik Deutschland von ca. 30 Millionen Pkws erst 4,5 Millionen mit einem Katalysator ausgerüstet.
Mit dem geregelten Dreiwegkatalysator können in den Abgasen die Schadstoffe Kohlenwasserstoffe, Kohlenstoffmonooxid und nitrose Gase zu Kohlenstoffdioxid, Wasserdampf und elementarem Stickstoff umgewandelt werden (Tab. 392.1.). Die Nebenreaktionen sind für die Luftbelastung ohne Bedeutung, wenn die Regelung und der Katalysator einwandfrei funktionieren.

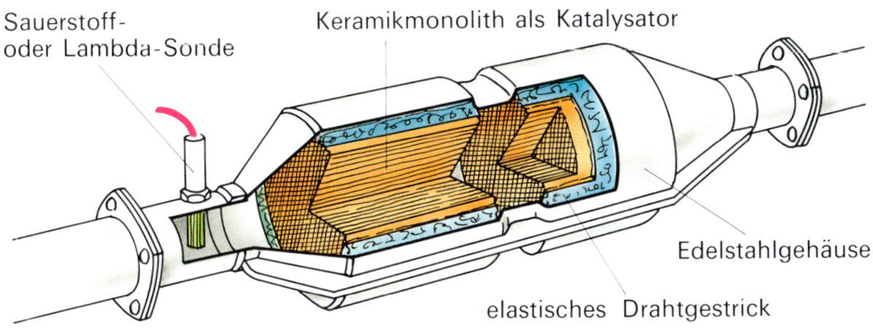

B 393.1. *Abluftreinigung: Katalysator hinter Otto-Motoren*

Der Katalysator (B 393.1.) besteht aus einem keramischen Wabenkörper (z. B. aus Magnesiumaluminiumsilicat), der zur Vergrößerung der Oberfläche mit Aluminiumoxid überzogen ist. Diese Oberfläche wird neben den Edelmetallen Platin, Palladium und Rhodium mit verschiedenen Oxiden belegt. Dadurch wird eine simultane Umsetzung der Schadstoffe (Oxidation von Kohlenstoffmonooxid und von den Kohlenwasserstoffen/Reduktion der nitrosen Gase) erreicht.
Inwieweit die Funktionstüchtigkeit des Katalysators über eine Betriebsstrecke von 80 000 km erhalten bleibt, hängt im Wesentlichen davon ab, ob der Katalysator starken Erschütterungen oder thermischen Überlastungen (Fehlzündungen) ausgesetzt wird. Hierdurch würde seine Effektivität herabgesetzt.
Die Regelung erfolgt über die Lambda-Sonde (λ-Sonde), die den Sauerstoff-Gehalt im Abgas vor dem Katalysator misst. Sie arbeitet wie ein Konzentrationselement. Sie misst die Potentialdifferenz, die sich durch den Konzentrationsunterschied des Sauerstoffs im Abgas und in der Luft an den Elektroden einstellt.
Dadurch kann eine Steuerung der Kraftstoff-Luft-Gemischbildung in einem sehr engen Bereich erfolgen. Unter diesen Bedingungen werden hohe Schadstoff-Umsätze im Katalysator erreicht (B 393.2.).

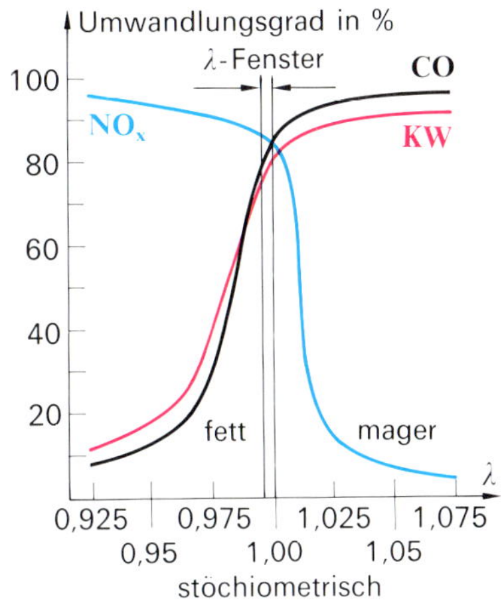

B 393.2. *Umwandlungsgrad der drei Hauptschadstoffe und λ-Fenster*

Entschwefelung und Entstickung von Rauchgasen

Die Emission von nitrosen Gasen durch Kraftwerke und Industriebetriebe ist in den letzten 20 Jahren nahezu konstant, während im Bereich Verkehr seit dem Jahr 1982 ein Anstieg der Emissionen feststellbar ist. Die Rauchgasentstickung von Kraftwerken und Industriebetrieben wird die Emission an nitrosen Gasen auf ca 35% reduzieren. Bei Schwefeldioxid ist bereits ein deutliches Absinken der Emissionen feststellbar (B 393.3.). Für diesen Rückgang sind die Verwendung schwefelärmerer Brennstoffe (z. B. durch Entschwefelung von Erdöl und Erdgas), die Nutzung der Kernkraft, Energie sparende Kraft-Wärme-Kopplung, umweltfreundlichere Technik (z. B. bei der Schwefelsäureproduktion) und verstärkt seit dem Jahr 1983 die Rauchgasentschwefelung verantwortlich. In der Großfeuerverordnung ist seit dem 1.7.1983 eine Entschwefelung für Anlagen vorgeschrieben, die eine größere Wärmeleistung als 300 MW haben.

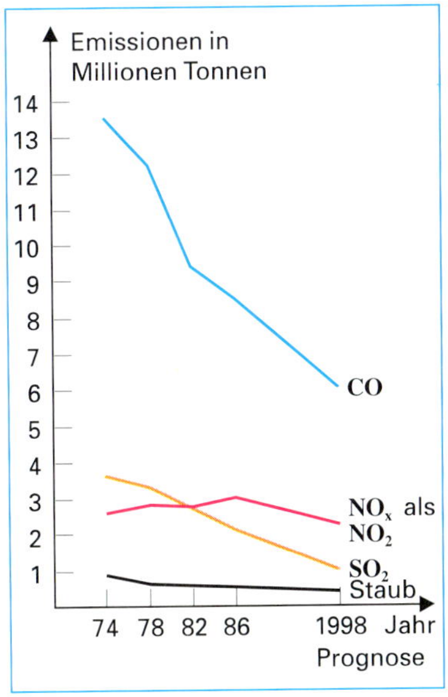

B 393.3. *Emissionsentwicklungen von Schwefeldioxid, Stickoxide, Staub und Kohlenstoffmonooxid*

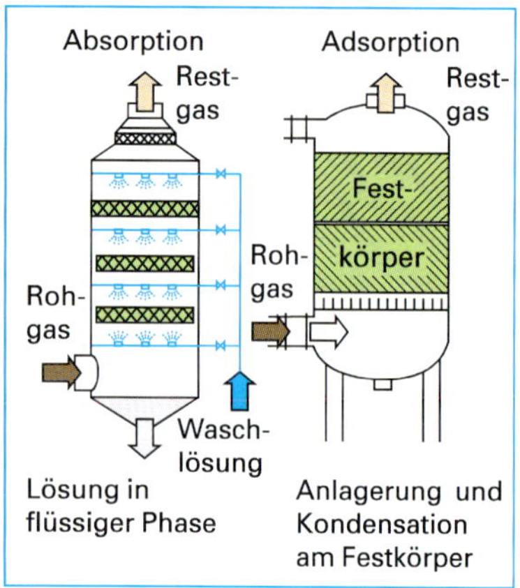

B 394.1. *Absorptions- und Adsorptionsverfahren zur Verminderung von Schadstoffen im Rauchgas*

Bis heute kennt man etwa 50 verschiedene Entschwefelungsverfahren, davon haben sich die Absorptionsverfahren mit einer Kalksteinsuspension (B 394.2.) oder mit Natronlauge als Wasch-Lösung durchgesetzt. Eine andere Variante, die Wirbelschichttechnik, bei der man zerkleinerte Kohle mit Kalksteinpulver in der Brennkammer zusammenführt, wird sich u. U. für kleinere Kraftwerke durchsetzen, da hier die Emissionen von nitrosen Gasen bei relativ niedrigen Verbrennungstemperaturen von 800 °C bis 950 °C auf Werte unter 200 mg pro m^3 Rauchgas abfallen.

Die nitrosen Gase, welche zu mehr als 90% aus Stickstoffmonooxid bestehen, können durch die *selektive katalytische Reduktion (SCR)* mit einem Ammoniak-Luft-Gemisch zu Stickstoff und Wasser bei Temperaturen von etwa 400 °C umgesetzt werden (B 394.2.).

Ein interessantes Verfahren, bei dem simultan Entschwefelung und Entstickung erfolgen, wurde in den Forschungslaboratorien des Kernforschungszentrums Karlsruhe entwickelt und erprobt. Hierbei werden durch Elektronenbestrahlung aus Wasserdampf freie Radikale ($\mathbf{O}$:, $\cdot\mathbf{OH}$ und $\mathbf{HO_2}\cdot$) erzeugt, die Schwefeldioxid und die nitrosen Gase mit Wasser zu Schwefelsäure und Salpetersäure umsetzen. Ammoniak-Zudosierung ergibt ein festes Endprodukt aus Ammoniumsulfat und Ammoniumnitrat, das als Kunstdünger verwertbar ist.

Rauchgasentschwefelung

mit Kalkstein-Suspension:

$$2CaCO_3 + 2SO_2 + O_2 \downarrow 2CaSO_4 + 2CO_2$$

(Gips)

mit Natronlauge:

$$4NaOH + 2SO_2 + O_2 \downarrow 2Na_2SO_4 + 2H_2O$$

Rauchgasentstickung

mit Ammoniak (SCR):

$$4NH_3 + 2NO_2 + O_2 \downarrow 3N_2 + 6H_2O$$

B 394.2. *Bruttoreaktionen bei der Rauchgasentschwefelung und -entstickung*

Schwefeldioxid	
Heizanlagen, Schwefelsäurefabriken, Hüttenwerke, Metall verarbeitende Betriebe, Papierfabriken	Reizungen der Augen und Schleimhäute, Lungenödeme, bei Pflanzen Schädigung des Stoffwechsels, Zerstörung der Oberfläche von Baustoffen und Metallen, Bildung von saurem Regen
Stickstoffoxide	
Kraftfahrzeuge, Heizanlagen	Entzündung der Atemwege, Lungenödeme, Bildung von saurem Regen, bei Einwirkung von Licht Bildung pflanzenschädigender Gase (Photooxidantien)
Kohlenstoffmonooxid	
Kraftfahrzeuge, Heizanlagen	Ermüdung, Konzentrationsschwäche, Verhinderung des Sauerstofftransportes im Blut, Kreislauferkrankungen
Kohlenwasserstoffe	
Industriebetriebe, Kraftfahrzeuge	Krebserkrankungen, Erkrankung der Atemwege
Feinstaub	
Industriebetriebe, Kraftfahrzeuge, Heizanlagen	Gifte für Menschen, Tiere und Pflanzen, Krebserkrankungen

Tab. 394.1. *Zusammenstellung einiger Schadstoffe, ihrer wichtigsten Emissionsquellen und der Wirkungen*

MAK-Werte

Maximale **A**rbeitsplatz-**K**onzentrationen sind höchst zulässige Konzentrationen von Arbeitsstoffen (Gasen oder Schwebstoffen) in der Luft am Arbeitsplatz, die nach dem gegenwärtigen Kenntnisstand auch bei wiederholter und langfristiger, i.d.R. täglich achtstündiger Einwirkung, jedoch bei Einhaltung einer durchschnittlichen Wochenarbeitszeit bis zu 45 Stunden im Allgemeinen die Gesundheit der Beschäftigten nicht beeinträchtigen und diese nicht unangemessen belästigen.

Die Liste dieser Stoffe wird von einer Kommission der *Deutschen Forschungsgemeinschaft (DFG)* jährlich aktualisiert.

Schadstoffe	MAK in cm^3/m^3
Quecksilberdampf	0,01
Arsenwasserstoff	0,05
Phosphorwasserstoff	0,1
Brom	0,1
Iod	0,1
Ozon	0,1
Chlor	0,5
Schwefeldioxid	2
Chlorwasserstoff	5
Stickstoffdioxid	5
Schwefelwasserstoff	10
Kohlenstoffmonooxid	23
Ammoniak	50
Ethanol	1000
Kohlenstoffdioxid	9000

Tab. 395.1. *MAK-Werte einiger für das Schullabor relevanter Stoffe*

Aufgaben

A 395.1. Erläutern Sie ausführlich, warum es sich bei den Reaktionen zur Entschwefelung und Entstickung aus B 394.2. um Redoxreaktionen handelt.

A 395.2. Warum kann man die Rauchgasentstickung als die Hauptaufgabe der 90er Jahre bei der Luftreinhaltung bezeichnen? (Hinweis: vgl. B 393.3. und Photosmog, S. 390.)

A 395.3. Zur vollständigen Verbrennung von 1 kg Benzin sind ca. 14 kg Luft notwendig. Dies ist das stöchiometrische Verhältnis

$$\lambda = 1; \quad \lambda = \frac{\text{zugeführte Luftmasse}}{\text{theoretischer Luftbedarf}}$$

Überprüfen Sie diese Zahlenangabe für die vollständige Verbrennung von Octan.

a) Formulieren Sie zuerst die Bruttoreaktionsgleichung.

b) Berechnen Sie die Masse des benötigten Sauerstoffs und die daraus resultierende Masse der benötigten Luft für die Verbrennung von 1 kg Octan auf zwei Stellen hinter dem Komma. Berücksichtigen Sie hierbei nur die Luftbestandteile Stickstoff, Sauerstoff und Argon.

c) Wie erklären Sie sich die Abweichung Ihres Ergebnisses vom oben angegebenen Zahlenwert?

A 395.4. In 0,400 m^3 Luft werden bei 20 °C und 995 hPa 0,34 g Schwefeldioxid nachgewiesen.
Wieviel ppm (Volumenanteil) sind in der Luft enthalten?
$M(\mathrm{S}) = 32{,}1$ g/mol; $M(\mathrm{O}) = 16{,}0$ g/mol;
$V_{mn}(\mathrm{SO_2}) = 21{,}83$ l/mol
V_{mn}: molares Volumen unter Normbedingungen (0 °C; 1013 hPa)

A 395.5. Wie viel g Schwefel dürfen verbrannt werden, damit in einem Klassenzimmer mit 50 m^2 Grundfläche und 3 m Höhe der MAK-Wert von Schwefeldioxid (2 ppm Volumenanteil) nicht überschritten wird? Hinweis: Die berechnete Konzentration hat nur für einen unbelüfteten Raum Gültigkeit.

Schadstoffe	MAK in cm^3/m^3
Aceton (Nagellackentferner)	1000
Chlorethan (Vereisungsmittel)	1000
Butan (Feuerzeuggas)	1000
Chloroform (Narkosemittel, früher)	10
Essigsäure	10
Essigsäureethylester (Lösemittel in Klebstoffen)	400
Formaldehyd	1
Naphthalin („Mottenkugeln", früher)	10
Tetrachlorethen (Fettfleckentferner)	50

Tab. 395.2. *MAK-Werte einiger alltagsrelevanter Stoffe*

Zusammenfassung

Anthropogene Emissionen belasten die Atmosphäre und damit unsere Umwelt. Der Verkehr und die Kraftwerke sind vorrangig für saure Niederschläge, das Waldsterben, den Smog, die Korrosion und mit Einschränkung für den Treibhauseffekt verantwortlich. Speziell die Fluorchlorkohlenwasserstoffe beeinträchtigen die Ozon-Sphäre. Umweltfreundlichere Technik (Umstellung auf emissionsarme Verfahren und drastische Einschränkung des Einsatzes fossiler Brennstoffe durch Energieeinsparungen und durch Erschließung neuer Energiequellen) sind erste Schritte, um die oben genannten Probleme zu verringern.

Neue Fachbegriffe

Ökosphäre, Troposphäre, anthropogene Emissionen, Immissionen, saure Niederschläge, Smog, Photooxidantien, Gesteinskorrosion, Ozon, Treibhauseffekt, Dreiwegkatalysator, Entschwefelung und Entstickung

B 396.1. *Weltraumfoto der Erde, die man wegen ihrer Meere als „blauen Planeten" bezeichnet.*

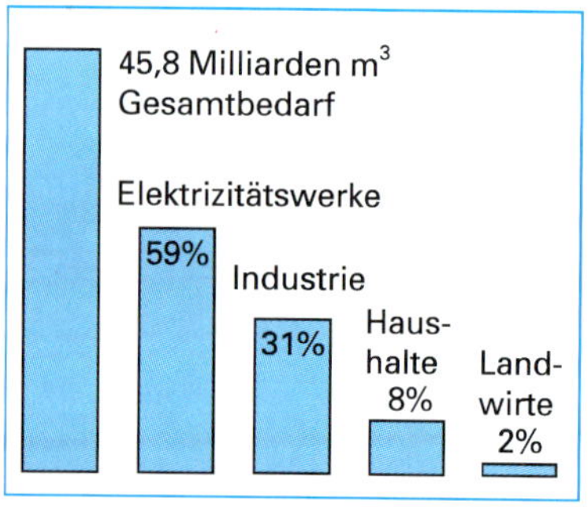

B 396.2. *Gesamtwasserbedarf in der Bundesrepublik Deutschland*

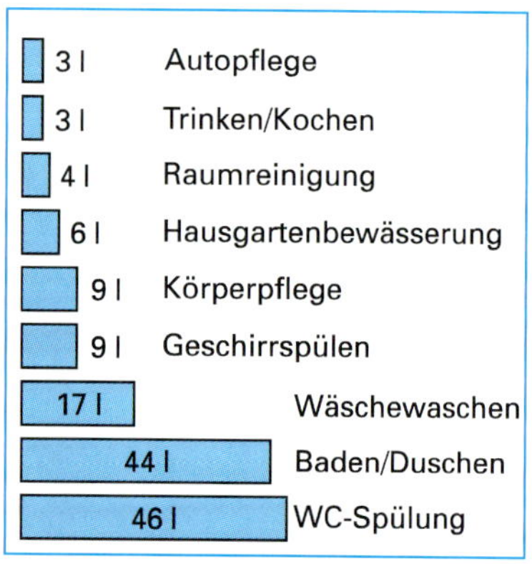

B 396.3. *Wasserverbrauch pro Tag einer Person in einem Haushalt*

16.2. Umweltbereich Wasser

Die Gesamtwasserbilanz der Erde umfasst Ozeane, Süßwasserseen und Flüsse, Gletscher und Polareis, Bodenfeuchte, Grundwasser und den Wasserdampf der Atmosphäre. Man schätzt die Wasservolumina der Erde auf ca. 1,38 Milliarden km^3 (B 238.4.). Von der Oberfläche des „blauen" Planeten Erde sind ca. 71% Ozeane und etwa 29% Festland. Durch Verdunsten über dem Festland gelangen ca. 70 000 km^3 und über dem Meer ca. 426 000 km^3 Wasser in die Atmosphäre. Bei den Niederschlägen kommt es zu einer deutlichen Verschiebung zugunsten des Festlandes (Niederschlag über dem Festland 111 000 km^3; Niederschlag über dem Meer 385 000 km^3).

Das Wasser in der Atmosphäre wird pro Jahr durchschnittlich 38-mal erneuert, d. h., die mittlere Verweilzeit des Wassers in der Atmosphäre beträgt etwa 10 Tage.

Die jährlichen Niederschläge in der Bundesrepublik Deutschland wurden im Jahr 1977 mit ca. 2,00 km^3 angegeben; davon verdunstet die Hälfte (1,06 km^3), 0,66 km^3 werden über Flüsse und Kanäle ins Meer geleitet und 0,28 km^3 gelangen ins Grundwasser.

Für die Trinkwassergewinnung können davon nur ca. 0,05 km^3 = 5 Milliarden m^3 genutzt werden. Diese stammen zu ca. 75% aus Grund- und Quellwasser, zu ca. 20% aus Oberflächenwasser und zu rund 5% aus Uferfiltrat.

Der Wasserbedarf in den alten Bundesländern der Bundesrepublik Deutschland beträgt jährlich 45,8 Kubikkilometer. Hiervon wird der größte Teil mit Wasser geringerer Qualität (z. B. mit zu reinigendem Flusswasser als Kühlwasser) gedeckt (B 396.2.).

Der Bundesbürger verbraucht heute täglich ca. 141 l Wasser von Trinkwasserqualität, wovon nur etwa 2% zum Trinken und Kochen benötigt werden (B 396.3.).

	Volumen in km^3	
Weltmeer	1 348 000 000	97,39 %
Polareis, Meereis, Gletscher	27 820 000	2,01 %
Grundwasser, Bodenfeuchte	8 062 000	0,58 %
Seen und Flüsse	225 000	0,02 %
Atmosphäre	13 000	0,001 %
Summe	1 384 020 000	100 %
davon Süßwasser	36 000 000 =	2,50 %
Süßwassermengen der Erde		
Polareis, Meereis, Gletscher		77,23 %
Grundwasser bis 800 Meter Tiefe		9,85 %
Grundwasser von 800 bis 4000 Meter Tiefe		12,35 %
Bodenfeuchte		0,17 %
Seen (süß)		0,35 %
Flüsse		0,003 %
hydrierte Erdmineralien		0,001 %
Pflanzen, Tiere, Mensch		0,003 %
Atmosphäre		0,04 %
Summe	36 000 000 km^3	100 %

B 396.4. *Wasservolumina der Erde*

Analytik von Schadstoffen im Wasser

Hinweise: Verwenden Sie für die Versuche unterschiedliche Wasserproben (Leitungs-, Brunnen-, Regen-, Fluss- und Bachwasser, Mineralwasser, Wasser aus Kiesgruben oder Seen).
Bitte beachten Sie, dass keine Proben in der Nähe von Abwassereinleitungen genommen werden dürfen, da hier die Infektionsgefahr zu groß ist.
Kennzeichnen Sie die Wasserprobenflaschen (1 l) mit Probestelle, Datum, Uhrzeit, Wasser- und Lufttemperatur, eventuell mit Farbe, Geruch, Sichttiefe – die mit einer weißen Scheibe aus Wasseruntersuchungskästen zu bestimmen ist – und Fließgeschwindigkeit (Papierschnitzelmethode).
In vielen Fällen bietet sich eine Analytik mit Testsätzen verschiedener Hersteller an, die Sie – falls vorhanden – bei der Wasseruntersuchung einsetzen können. Beachten Sie die Hinweise der Hersteller.
Versuche zur Wasseranalytik finden Sie auch auf den Seiten 156 und 158.

Versuche

PV 397.1. Bestimmen Sie die *p*H-Werte verschiedener Wasserproben mit dem *p*H-Meter oder mit Universalindikatorpapier.

PV 397.2. *Sauerstoffbestimmung in Gewässern nach* WINKLER *– Biochemischer Sauerstoffbedarf nach fünf Tagen BSB₅:*
Nehmen Sie eine Probe (ca. 250 ml Wasser) und sättigen Sie sie mit Luftsauerstoff, indem Sie über einen längeren Zeitraum Luft hindurchsaugen oder -leiten. Dann füllen Sie zwei 100-ml-Probeflaschen blasenfrei mit dieser Wasserprobe. Die eine Probeflasche untersuchen Sie sofort mit einem Testsatz „Sauerstoffbestimmung nach WINKLER"; die andere Probeflasche bewahren Sie verschlossen fünf Tage im Dunkeln bei Raumtemperatur auf. Danach wird mit dieser Probe die Gehaltsbestimmung wiederholt. Aus der Differenz der beiden Sauerstoffkonzentrationen **in mg/dm³** erhalten Sie den BSB_5-Wert.
Sie können auf diese Weise auch den Sauerstoffgehalt einer Wasserprobe direkt bestimmen. Achten Sie bei der Probennahme darauf, dass ein Eindringen von Luftblasen vermieden wird. Die Sauerstoffsättigung ist temperatur- und druckabhängig (B 398.1.).
Den Wasserzustand können Sie mit der Tab. 398.1. beurteilen. Achten Sie bei der Bestimmung genau auf die Beschreibung des Testsatzes, speziell auf das Probevolumen.
Die Reaktionsgleichungen zur WINKLER-Methode sind:

$$(1)\quad 4\,Mn^{2+} + O_2 + 8\,OH^- \rightarrow 4\,MnO(OH) + 2\,H_2O$$

$$(2)\quad 4\,Mn^{3+} + 4\,I^- \rightarrow 4\,Mn^{2+} + 2\,I_2$$

$$(3)\quad 2\,I_2 + 4\,S_2O_3^{2-} \rightarrow 4\,I^- + 2\,S_4O_6^{2-}$$

Auswertung

a) Beschreiben Sie die Beobachtungen.
b) Nennen Sie in jeder der drei Reaktionsgleichungen das Oxidationsmittel und das Reduktionsmittel und begründen Sie.

LV 397.3. *Chemischer Sauerstoffbedarf CSB; Bestimmung mit Kaliumdichromat:* In einem 250-ml-Kolben werden 20 ml einer Wasserprobe mit 10 ml Kaliumdichromat-Lösung* ($c = 0{,}025$ mol/l), 40 ml konzentrierter Schwefelsäure* und einer Spatelspitze Silbersulfat* (als Katalysator) versetzt und nach Hinzufügen einiger Siedesteinchen ca. zehn Minuten unter Rückfluss gekocht **(Vorsicht!)**. Nach dem Abkühlen werden der Lösung zwei Tropfen einer Ferroin-Lösung hinzugefügt und mit einer Ammoniumeisen(II)-sulfat-Lösung ($c = 0{,}15$ mol/l), auch MOHRsches Salz genannt, zurücktitriert.
MOHRsches Salz:
$$(NH_4)_2Fe(SO_4)_2 \cdot 6\,H_2O$$
Hierbei tritt ein Farbumschlag von Gelbgrün über Blaugrün nach Rötlichbraun auf, da der Redoxindikator Ferroin mit Eisen(II)-Ionen einen roten Komplex bildet.
Wenn 10 ml Eisensalz-Lösung verbraucht werden, ist sämtliches Kaliumdichromat umgesetzt worden. Der Verbrauch an Kaliumdichromat-Lösung ergibt sich aus der Differenz *V*(Kaliumdichromat-Lösung) – *V*(Eisensalz-Lösung).
1 ml Kaliumdichromat-Lösung entspricht einem Sauerstoffbedarf von 1,20 mg für 20 ml Wasserprobe. Dies entspricht einem Sauerstoffbedarf von 60,0 mg/l.
Bei zu niedrigem Verbrauch an Eisensalz-Lösung sollte man ein größeres Probevolumen (z. B. 50 ml), eine verdünnte Kaliumdichromat-Lösung ($c = 0{,}005$ mol/l) und eine verdünnte Eisensalz-Lösung ($c = 0{,}03$ mol/l) wählen.

Auswertung

a) Übertragen Sie folgende Reaktionsgleichungen in Ihr Heft und vervollständigen Sie sie:

$$(1):\ C_2H_5OH + Cr_2O_7^{2-} + H_3O^+ \rightarrow CO_2 + Cr^{3+} + \ldots\ldots\ldots\ldots$$

$$(2):\ Cr_2O_7^{2-} + Fe^{2+} + H_3O^+ \rightarrow \ldots\ldots\ldots\ldots$$

b) Weshalb sind gleiche Volumina beider Salz-Lösungen aus der beschriebenen CSB-Methode einander äquivalent?
c) *Knobelaufgabe:* Deuten Sie die oben gemachte Aussage „1 ml Kaliumdichromat-Lösung entspricht einem Sauerstoffbedarf von 1,20 mg".

PV 397.4. *Chloridbestimmung nach* MOHR:
Versetzen Sie 100 ml Mineralwasser, das Sie zuvor durch Aufkochen entgasen sollten, im 300-ml-Erlenmeyerkolben mit 1 ml Kaliumchromat-Lösung* ($w = 5\%$). Titrieren Sie dann mit Silbernitrat-Lösung* ($c = 0{,}1$ mol/l), bis sich bei ständigem Rühren mit einem Magnetrührer eine bleibende Rotfärbung einstellt.

Auswertung

a) Erklären Sie die Beobachtungen aus PV 397.4. mit Hilfe der Löslichkeitsprodukte (bei 25 °C) $K_L(AgCl) = 1{,}7 \cdot 10^{-10}\ mol^2/l^2$ und $K_L(Ag_2CrO_4) = 1{,}9 \cdot 10^{-12}\ mol^3/l^3$.

b) Berechnen Sie den Chloridgehalt des Mineralwassers aus PV 397.4. Vergleichen Sie diesen Wert mit der Angabe des Herstellers auf der Flasche.

PV 398.1. Untersuchen Sie mit Teststäbchen oder Testflüssigkeiten (kolorimetrisch oder titrimetrisch) verschiedene Wasserproben auf Phosphat-, Ammonium-, Nitrit-, Nitrat-, Blei-, Cadmium-, Chromat-, Chrom(III)-, Kupfer- und Nickel-Ionen. Moderne Umwelt-Koffer erlauben sogar photometrische Untersuchungen.

Erweiterung

Entwickeln Sie eine Versuchsvorschrift, die es ermöglicht, die Sulfat-Ionen in Wasserproben über eine Trübungsreihe mit salzsaurer Bariumchlorid-Lösung grobquantitativ nachzuweisen.

16.2.1. Schadstoffe im Wasser und ihre Auswirkungen

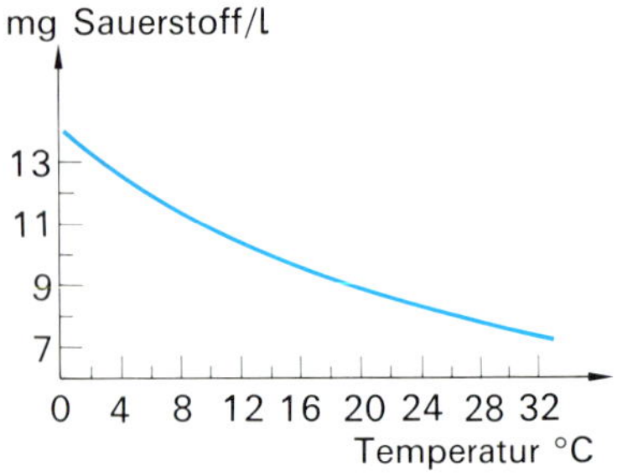

B 398.1. *Sauerstoffsättigungskurve. Abhängigkeit der Sauerstoffsättigungskonzentration von der Temperatur bei Normaldruck* (1013 hPa)

Die Belastung der Gewässer (Bäche, Seen und Flüsse) und des Grundwassers wird durch eine nahezu unübersehbare Anzahl von natürlichen und anthropogenen Schadstoffen hervorgerufen.

Organische Abfallstoffe stammen aus menschlichen und tierischen Ausscheidungen, aus nicht verwertetem pflanzlichen Material, aus Sickerwasser von Deponien und nicht zuletzt aus Industrie- und speziell aus Lebensmittelindustrie-Abwässern. Besonders belastet sind die Abwässer von Brauereien, Molkereien, Zellstoff-, Stärke- und Papierfabriken.

Hinzu kommen noch ausgelaufene und versickerte Kraftstoffe und Mineralöle.

Wenn diese Abfallstoffe ungereinigt in stehende oder fließende Gewässer eingeleitet werden, so beschleunigen sie das Wachstum von Bakterien, da diese die organische Fracht aerob (mit Hilfe von Sauerstoff) abbauen. Den höheren Lebewesen wird damit der lebensnotwendige Sauerstoff im Oberflächenwasser entzogen (B 399.1.). Die Selbstreinigungskraft des Gewässers wird gestört und es entsteht die Gefahr, dass in dem Gewässer Fäulnisprozesse überhand nehmen, wenn die Sauerstoffzufuhr aus der Luft – durch Turbulenzen wird sie gefördert – und aus chlorophyllhaltigen Pflanzen (durch die Photosynthese) nicht mehr ausreicht.

Der Sauerstoffbedarf ist abhängig von der Art und Konzentration der organischen Stoffe, vom Sauerstoff- und Nährstoffangebot, von der Art und Zahl der Mikroorganismen und von der Temperatur.

Der **biochemische Sauerstoffbedarf (BSB)** (PV 397.2.) ist ein wichtiges Maß für die Belastung des Gewässers. Hierunter versteht man den Verbrauch an gelöstem Sauerstoff in Milligramm, der von einem Kubikdezimeter Wasser beim biologischen Abbau unter Mitwirkung von Mikroorganismen z. B. nach fünf Tagen (BSB 5) eintritt.

Der **chemische Sauerstoffbedarf (CSB)** (LV 397.3.) dagegen wird prinzipiell mit starken Oxidationsmitteln bestimmt. Früher führte man die Oxidation mit Kaliumpermanganat durch. Hierdurch wurden allerdings nur ca. 25% des für den Abbau organischer Verbindungen benötigten Sauerstoffs erfasst, da eine Vielzahl von Verbindungen (Alkanone, Ether usw.) nicht oxidiert wurden.

Sauerstoffsättigung in %	Wasserzustand
100 bis 70	aerob, stabil
70 bis 50	aerob, instabil
50 bis 25	anaerob, instabil
25 bis 0	anaerob, stabil

Tab. 398.1. *Ermittlung des Wasserzustandes aus der Sauerstoffsättigung*

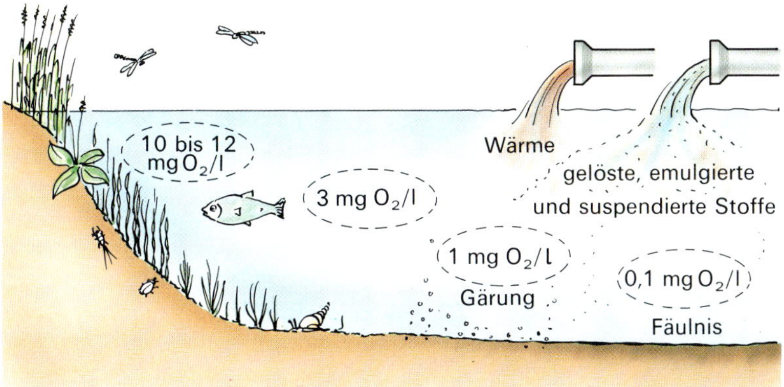

B 399.1. *Zusammenhang zwischen gelöstem Sauerstoff und dem Zustand des Gewässers*

Heute oxidiert man fast alle organischen Verbindungen (98%) in stark saurer Lösung mit Kaliumdichromat und Silbersulfat als Katalysator.

Anorganische Abfallstoffe gelangen hauptsächlich durch den Kalibergbau, die Landwirtschaft, die Haushalte, die Buntmetallhütten, die metallurgischen Betriebe und andere Industriezweige in die Gewässer und in das Grundwasser. Hinzu kommt die Versauerung von kalkarmen Seen, die durch den sauren Regen (s. S. 388) verursacht wird. Meistens gelangen die anorganischen Abfallstoffe in Form von Salzen in das Wasser.

Vor allem Grund- und Flusswasser werden zunehmend belastet mit Chloriden, Nitraten, Phosphaten und Ammoniumsalzen (PV 398.1.). Hierbei stammen die Chloride in den Flüssen hauptsächlich aus dem Kalibergbau im Elsass und in Thüringen und im Grundwasser aus der Versickerung von Streusalz.

Phosphate spielten in Waschmitteln als Komplexbildner eine wichtige Rolle (vgl. B 335.2.). Das Pentanatriumtriphosphat bindet Calcium-, Magnesium- und Schwermetall-Ionen. Dadurch wird die Waschlauge enthärtet. Nitrate, Sulfate und Ammoniumsalze gelangen aus dem Dung, z.B. aus intensiver Tierhaltung, und aus dem Mineraldünger ins Wasser.

Überdüngung und phosphathaltige Abwässer vor allem in stehenden oder langsam fließenden Gewässern führen zur Eutrophierung[1]. Auch stellen die leicht löslichen Nitrate eine große Bedrohung für das aus Grund- und Flusswasser gewonnene Trinkwasser dar.

Die **Eutrophierung** bedeutet zunächst ein üppiges Wachstum von Algen und Wasserpflanzen; damit verknüpft ist durch deren bakteriellen Abbau eine sehr starke Sauerstoffzehrung, die zum Umkippen des Gewässers führen kann, d.h. zum Absterben des Lebens infolge Sauerstoffmangels verbunden mit anaeroben Fäulnisprozessen (B 399.1.).

Nitrate und *Nitrite* im Trinkwasser und in Lebensmitteln, in Gemüse oder in gepökeltem Fleisch, können beim Menschen, besonders aber beim Säugling, gesundheitliche Schäden durch Bildung von carcinogenen Nitrosaminen[2] oder durch Bildung von Methämoglobin[3] (Blausucht bei Säuglingen) hervorrufen.

6%	Mineraldünger
12%	organischer Dünger (Gülle)
14%	natürliche Grundlast
18%	aus der Tierhaltung
23%	Haushaltabwässer
27%	Industrieabwässer

Tab. 399.1. *Herkunft der Nitratbelastung in Flüssen*

Bezeichnung	Grenzwert in mg/l
Arsen	0,01
Blei	0,04
Cadmium	0,005
Chlorid	200
Chrom	0,05
Cyanid	0,05
Fluorid	1,5
Nickel	0,05
Nitrat	50
Nitrit	0,1
Quecksilber	0,001
1,1,1-Trichlorethan	0,01
Tetrachlormethan	0,003

Tab. 399.2. *Grenzwerte im Trinkwasser. Auszug aus: Grenzwerte für chemische Stoffe in der Novelle/Entwurf vom 9. Februar 1990*

1955	1986
1,76 mg/l	4,20 mg/l
322 t/d	897 t/d

Tab. 399.3. *Anstieg der Nitratfracht im Rhein in* mg/l *und in Tagestonnen*

[1] von *eu* (griech.) = gut und von *tropho* (griech.) = Nahrung

[2] Nitrosamine: $R_2N{-}NO$ (R>N−NO)

[3] Methämoglobin ist ein Oxidationsprodukt des Hämoglobins und zur Sauerstoffübertragung nicht fähig.

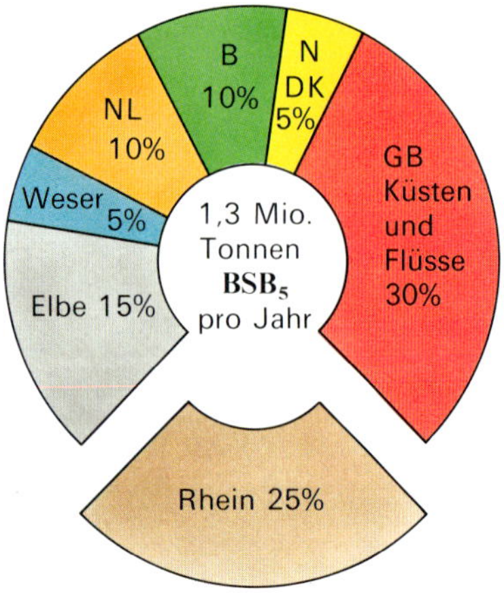

B 400.1. *Geschätzter Eintrag fäulnisfähiger organischer Substanz in die Nordsee (in Tonnen BSB_5) pro Jahr*

B 400.2. *Seevogel als Opfer der Ölpest*

Zustrom Kanal	3400 km^3/a
Zustrom Schottland Shetland	9000 km^3/a
Zustrom Norwegische Rinne	51 000 km^3/a
Ostseewasser	500 km^3/a
Flüsse	290 km^3/a
Niederschlag	380 km^3/a
Verdunstung	325 km^3/a

Tab. 400.1. *Zuflüsse zur Nordsee* (*Volumen* 43000 km^3)

Cadmium-, *Quecksilber-* und andere *Schwermetall-Verbindungen*, zumeist Salze, aus den verschiedensten Quellen, z. B. aus Batterien und Akkumulatoren im Sickerwasser von Deponien oder aus Abwässern von Industriebetrieben, stellen ebenfalls eine Bedrohung für den Menschen durch die Anreicherung in der Nahrungskette dar. Die Minamata-Krankheit im Jahr 1954 in Japan, ausgelöst durch Quecksilber-Verbindungen, die über die Abwässer einer Chemiefabrik in die Minamata-Bucht gelangten, die Itai-Itai-Krankheit, die ebenfalls in Japan als Folge einer Cadmium-Verbindung auftrat, und das Rindersterben in Nordenham und Stolberg, wo Blei und Cadmium wegen eines defekten Filters einer Blei- und Zinkhütte über die Luft in großen Mengen abgegeben wurden, dokumentieren den gelegentlich allzu sorglosen Umgang mit Schwermetall-Verbindungen (Nachweise in PV 398.1.).

Der *p*H-Wert von Fischgewässern sollte im Bereich von *p*H 6,5 bis *p*H 8,0 liegen. Durch Einleitung saurer Abwässer und durch den sauren Regen verschiebt sich besonders in kalkarmen Gewässern dieser für Fische lebenswichtige *p*H-Bereich zu kleineren Werten.

Auch viele andere Wasserorganismen können nur in einem eng umgrenzten *p*H-Bereich überleben.

Der *Schadstoffeintrag in die Nordsee* ist bemerkenswert, da die Flüsse vieler europäischer Staaten daran mit hohen Frachten beteiligt sind. Hinzu kommen als Quellen direkte Einleitungen, das Verklappen von Baggergut, Klärschlamm und Industrieabfällen wie Dünnsäure aus der Titandioxidproduktion bzw. das Verbrennen auf See sowie Niederschläge aus der Atmosphäre.

Auswirkungen dieser Schadstoffeinträge sind schon heute erkennbar, wenngleich es bisher nur in wenigen Fällen möglich war, biologische Schäden den Verursachern direkt zuzuordnen.

Erhöhte Missbildungsraten bei Fischen aller Arten sind wesentlich vom Ijsselmeer und nordwestlich von Helgoland (Elbmündungsbereich) im Jahr 1985 nachgewiesen worden. Das Verklappungsgebiet für Abfälle aus der Titandioxidproduktion lag in dieser Zeit nordwestlich von Helgoland, sodass ein Zusammenhang zwischen der Verklappung und der Missbildung vermutet werden kann.

Die Ölpest lässt Vögel, Meeressäuger, Schalentiere und Jungfische zugrunde gehen. Eine Eutrophierung des Wattenmeers droht, wenn

Schadstoff in t/a	Quelle Flüsse	Atmosphäre	Verklappen
Kupfer	1330	1600	1260
Blei	980	7400	2300
Zink	7370	11000	8670
Chrom	630	900	2890
Nickel	270	950	785
Cadmium	52	240	23
Quecksilber	21	30	18
Stickstoff	1000000	400000	unbekannt
Phosphor	76000	unbekannt	unbekannt

Tab. 400.2. *Jährlicher Schadstoffeintrag in die Nordsee*

nicht die einleitenden Kläranlagen mit einer zusätzlichen Reinigungsstufe, der Phosphatfällung, ausgestattet werden.
Gegenüber der Ostsee und dem Mittelmeer hat die Nordsee allerdings den wesentlichen Vorteil des Wasseraustausches mit dem Atlantik. Die Verweilzeit des Nordseewassers schätzt man je nach geographischer Lage auf sechs Monate bis drei Jahre.

16.2.2. Techniken zur Schadstoffbeseitigung und -vermeidung

Die kommunalen und industriellen Abwässer werden durch Kläranlagen gereinigt. Den deutlichen Erfolg dieser Abwasserreinigung zeigen die Wassergütekarten des Rheins von 1980, 1985 und 1990 (B 401.1.); für den Bau bzw. für die Modernisierung von Kläranlagen waren in den alten Bundesländern der Bundesrepublik Deutschland insgesamt ca. 20 Milliarden DM erforderlich. Um in den neuen Bundesländern das westdeutsche Niveau in der Abwässerreinigung bzw. bei der Abwasservermeidung zu erreichen, sind unter Einschluss der Sanierung der Kanalisation, der Erweiterung der Kläranlagen und der Verbesserung der Trinkwasserversorgung bis zum Jahr 2000 ca. 140 Milliarden DM erforderlich.

B 401.1. *Gewässergütekarten des Rheins. Der 1320 km lange Strom bildet für 8,5 Mio. Menschen das Trinkwasserreservoir. Gleichzeitig liefert er für viele Industrieansiedlungen Prozess- und Kühlwasser. Trotz steigender Industrialisierung konnte seit 1980 die Wasserqualität stets verbessert werden.*

Gewässergütestufen

I	unbelastet
I—II	gering belastet
II	mäßig belastet
II—III	kritisch belastet
III	stark verschmutzt
III—IV	sehr stark verschmutzt
IV	übermäßig verschmutzt

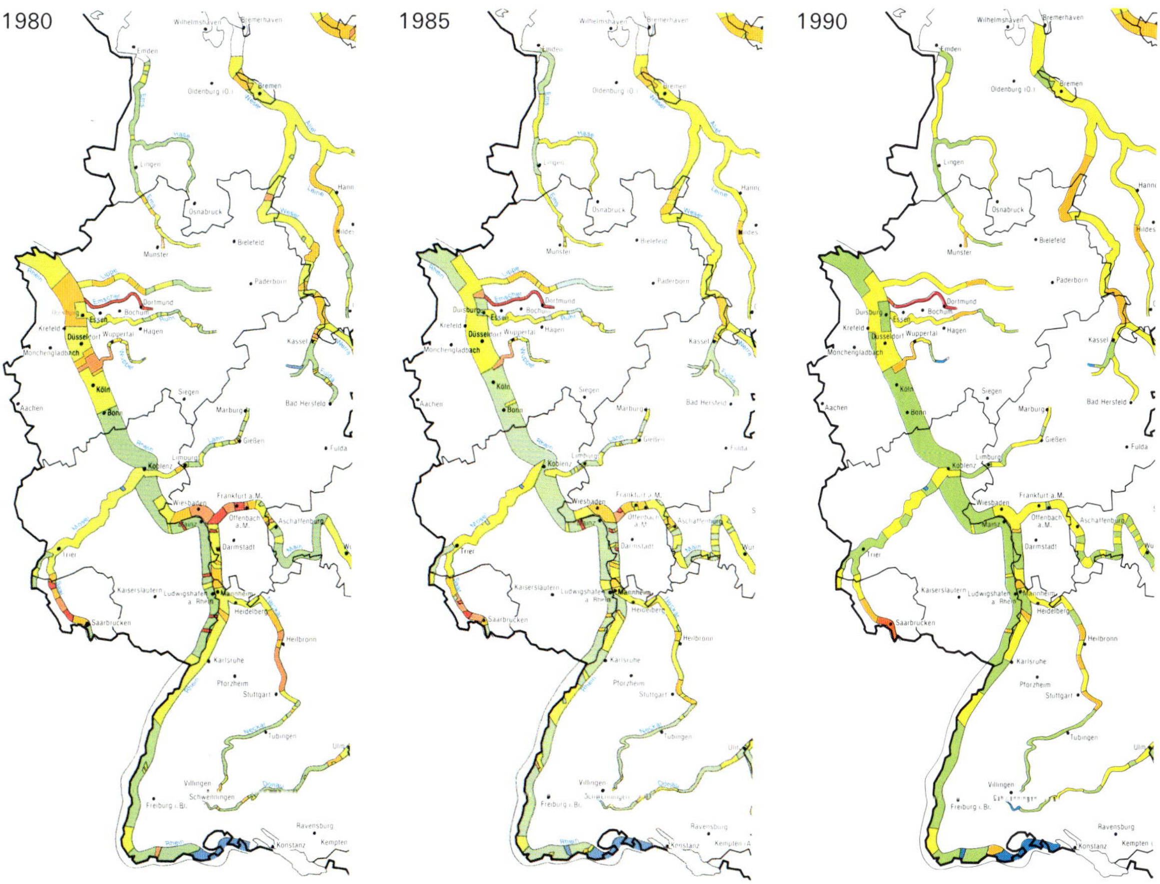

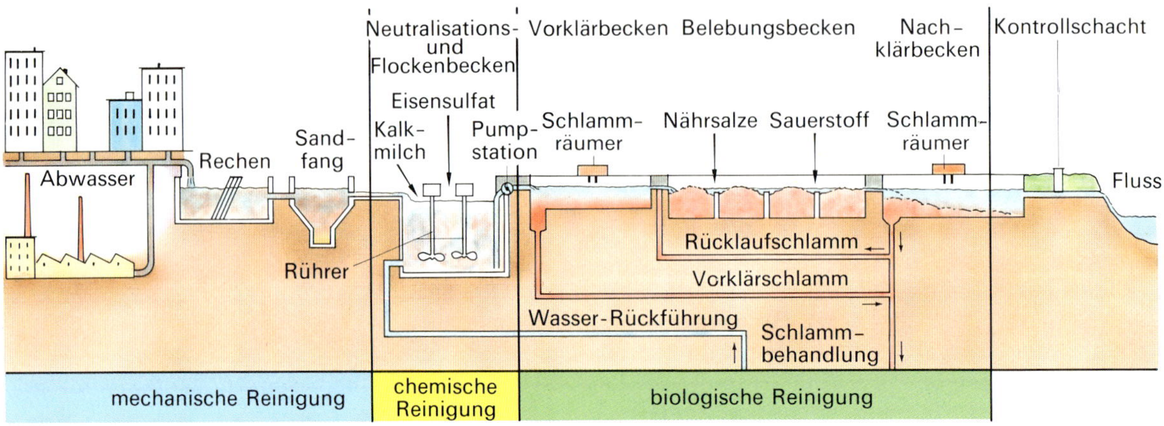

B 402.1. *Schema einer kommunalen Kläranlage mit mechanischer und biologischer Reinigung*

Prinzipiell arbeiten Kläranlagen (B 402.1.) in drei Reinigungsstufen:
1. Mechanische Reinigungsstufe
2. Chemische Reinigungsstufe
3. Biologische Reinigungsstufe

Je nach Abwasserart kann die Reihenfolge von biologischer und chemischer Klärstufe wechseln.

In der mechanischen Reinigungsstufe werden Grobmaterialien, Sand, Öle und Fette entfernt.

In der chemischen Reinigungsstufe werden Schwermetall-Ionen und Phosphate ausgefällt, Neutralisationen durchgeführt und industriespezifische Verunreinigungen wie z. B. Cyanid-Ionen oxidiert.

Bei der biologischen Reinigung in Belebungsbecken werden organische Stoffe durch Mikroorganismen bei guter Belüftung aerob (unter Sauerstoffverbrauch) abgebaut. In der anschließenden Schlammfaulung wird der Abbau nach dem Eindicken im so genannten Dickschlamm im Wesentlichen zu Methan und Kohlenstoffdioxid anaerob (ohne Sauerstoffzufuhr durch Belüftung) weitergeführt.

Nicht alle Kläranlagen arbeiten mit der Schlammfaulung. Hier wird der Schlamm durch Chemikalieneintrag (Eisen- und Aluminiumsalze) eingedickt und anschließend filtriert. Der mit der Filterpresse gewonnene Filterkuchen kann auch deponiert oder verbrannt werden.

Von entscheidender Bedeutung für die Verbesserung der Wasserqualität sind weiterhin *Recycling-Prozesse*. Bei diesen Verfahren können Schadstoffe, die zuvor in die Gewässer gelangten, nach der Aufarbeitung der Industrie als Roh- bzw. Grundstoffe zugeführt werden. 5 Millionen Tonnen Schwefelsäure ($w = 25\%$) aus der Titandioxidproduktion wurden bis zum Jahr 1989 in der Nordsee verklappt.

Diese Dünnsäure wird heute durch Aufkonzentrierung ($w = 65\%$) und durch anschließende Spaltung im Wirbelschichtofen bei 800 °C bis 1000 °C zu Schwefeldioxid, Sauerstoff und Wasser aufgearbeitet. Das Schwefeldioxid wird in einer Doppelkontakt-Anlage mit anschließender Absorption zu Schwefelsäure weiterverarbeitet. Diese Recycling-Säure kostet allerdings noch doppelt soviel wie die Schwefelsäure aus Primärprodukten.

Versuch

LV 402.1. *UV-Oxidation von organischen Chlorverbindungen in Abwässern:* Der UV-Tauchlampenreaktor (B 228.1.) wird mit ca. 450 ml Wasser gefüllt. Es werden 0,3 ml Tetrachlorethen* $Cl_2C{=}CCl_2$ und einige Körnchen Titandioxid* TiO_2, Anatas-Modifikation, zugesetzt. Die Wasserkühlung des Reaktors und die Magnetrührung werden angestellt (starke Rührung). Dann entnimmt man durch den unteren Hahn 10 ml des Gemisches und bewahrt es für später auf. Nun wird über eine Aquarien-Pumpe durch einen Polyethen-Schlauch und eine Fritte Luft in die Lösung geblasen und anschließend durch eine Gaswaschflasche mit Kalkwasser* geleitet. Man beginnt mit der Bestrahlung und beobachtet das Kalkwasser nach einigen min. In Abständen von jeweils 10 min entnimmt man je 12 ml des Reaktionsgemisches. Je 2 ml davon werden mit Silbernitrat*-Lösung versetzt. Beobachtung? Die restlichen 10 ml werden jeweils mit Wasser auf ca. 50 ml verdünnt und dann mit Natronlauge* ($c = 0{,}01$ mol/l) titriert (Indikator: Bromthymolblau). Auch die 10 ml der Anfangslösung werden titriert.

Chlorierte organische Verbindungen wie Chlorkohlenwasserstoffe, Desinfektionsmittel, Schädlingsbekämpfungsmittel (Pestizide), Unkrautvernichtungsmittel (Herbizide) u.a. belasten unser Wasser. Viele dieser Verbindungen reichern sich wegen ihrer Fettlöslichkeit in der Nahrungskette an.

Das *Seveso-Dioxin* entsteht ungewollt bei der Produktion von 2,4,5-Trichlorphenoxiethansäure, einem Herbizid, das während des Vietnamkrieges unter dem Namen *Agent Orange* zur Waldentlaubung eingesetzt wurde, bei der Produktion von Hexachlorophen, einem Desinfektionsmittel, und bei der Müllverbrennung.

Auch das Kleingewerbe trägt zur Belastung der Gewässer mit organischen Chlor-Verbindungen bei, z. B. durch das bei der chemischen Textilreinigung verwendete Perchlorethylen **PER** (Tetrachlorethen, B 225.1.).

Die Sanierung von **CKW**-Grundwasserschäden wird heute mit dem *Aktivkohleverfahren* versucht.

Hierbei wird Luft zunächst durch das belastete Wasser im Gegenstrom geblasen; die Luft reichert sich mit Chlorkohlenwasserstoffen, die leichtflüchtig sind, an. Sie muss anschließend mit Aktivkohle gereinigt werden. Das so vorgereinigte Wasser wird anschließend durch einen Kornkohlefilter geschickt. An der Oberfläche der Aktivkohle werden die Chlorkohlenwasserstoffe adsorbiert. Die Kohle kann nach der Trocknung bei 400 °C bis 900 °C von den Chlorkohlenwasserstoffen befreit werden; die freigesetzten Gase werden bei höherer Temperatur nachverbrannt. Bei der Belastung mit bestimmten Stoffklassen muss die Aktivkohle allerdings verbrannt werden. Einen vollständigen Abbau von Chlorkohlenwasserstoffen im Wasser kann man durch *UV-Oxidation* erreichen, wenn man das verschmutzte Wasser mit Sauerstoff begast und in Gegenwart von Titandioxid als Katalysator mit UV-Licht bestrahlt (LV 402.1. und B 403.1.).

Aufgaben

A 403.1. Informieren Sie sich über den Aufbau und die Wirkungsweise einer kommunalen Kläranlage in Ihrer Umgebung.

A 403.2. Begründen Sie an Reaktionsgleichungen, weshalb Sulfit-, Sulfid- und Eisen-Ionen die BSB_5- und die CSB-Bestimmung stören.

Neue Fachbegriffe

aerobe und anaerobe Atmung, BSB_5, CSB, Eutrophierung, Fäulnisprozesse, Verklappung, Kläranlagen, mechanische, chemische und biologische Reinigungsstufe, Trinkwasser, Aktivkohleverfahren, UV-Oxidation

Zusammenfassung

Organische Abfallstoffe führen vor allem in stehenden Gewässern zu einer Sauerstoffzehrung. Anaerobe Prozesse nehmen zu.

Anorganische Abfallstoffe erschweren im Besonderen die Aufbereitung von Grund- und Flusswasser zu Trinkwasser; speziell Phosphate führen in den Gewässern zu einer Eutrophierung. Die Schmutzfrachten, die in die Nordsee geleitet werden, verursachen – inzwischen nachweislich – biologische Schäden.

Speziell die Reduzierung der Schadstoffeinleitung in den Rhein und die Beendigung der Dünnsäureverklappung sind richtungweisend, wie man die Wasserqualität wieder verbessern kann.

Auswertung zu LV 402.1.

Im Reaktor wird das Tetrachlorethen nach der Gleichung (B 403.1.) vollständig mineralisiert.

a) Inwiefern wird in LV 402.1. jedes der Reaktionsprodukte nachgewiesen? Formulieren Sie die Reaktionsgleichungen der Nachweisreaktionen.

b) Berechnen Sie aus den Titrationsergebnissen, welcher Massenanteil in Prozent des eingesetzten Tetrachlorethens nach 30 min abgebaut wurden. Die Dichte von Tetrachlorethen beträgt $\varrho = 1{,}621\ g/cm^3$.

c) Mit diesem Verfahren können auch andere organische Chlorverbindungen, z. B. das Lösungsmittel 1,1,1-Trichlorethan und das Insektizid Lindan (Hexachlorcyclohexan, vgl. auch B 407.1.) abgebaut werden. Formulieren Sie die Reaktionsgleichungen.

allgemein:

$$C_nH_mO_zCl_y + xO_2 \xrightarrow[TiO_2]{h\cdot\nu} nCO_2 + yHCl + wH_2O$$

zu LV 402.1.:

$$Cl_2C{=}CCl_2 + O_2 + 2H_2O \xrightarrow[TiO_2]{h\cdot\nu} 2CO_2 + 4HCl(aq)$$

B 403.1. *Abbau von chlorierten organischen Verbindungen*

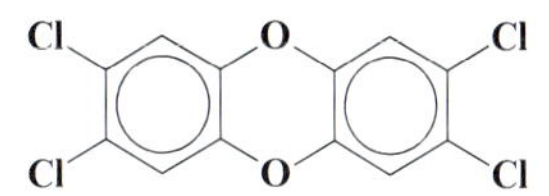

Dioxin oder Seveso-Dioxin, TCDD (2,3,7,8-Tetrachloridbenzo-p-dioxin)

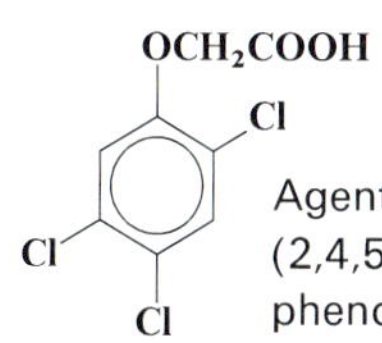

Agent-Orange (2,4,5-Trichlorphenoxiethansäure)

B 403.2. *Organische Chlorverbindungen*

16.3. Umweltbereich Boden

Der schalenförmige Aufbau der Erde ist in B 404.3. dargestellt. Die unterschiedlichen Dichtebereiche wurden in seismologischen[1] Untersuchungen ermittelt. Von der Lithosphäre, d. h. von der Erdkruste bis zu etwa 35 km Tiefe, wird hier nur die oberste Schicht, die Pedosphäre, betrachtet.

Im Grunde genommen kann man die Pedosphäre, d. h. den Boden, als eine Sphäre auffassen, in der sich die Atmosphäre, die Hydrosphäre und die Lithosphäre, durchdringen.

Der Erdboden entsteht durch physikalische, chemische und biologische Verwitterung von Gestein und Mineralien in Zusammenwirken mit Wasser, Kohlenstoffdioxid, Luftsauerstoff und aus Vegetationsrückständen, die durch die Mikroorganismen abgebaut werden.

16.3.1. Aufbau des Bodens

Vereinfacht kann man sich den Aufbau des Erdbodens, der im Mittel eine Tiefe von zwei Metern erreicht, durch Einteilung in verschiedene Schichten (Horizonte) vorstellen (B 404.1.).

Unter der Deckschicht aus kaum verrotteten Pflanzenteilen (Streu) befindet sich die biologisch aktivste Schicht, der Humus. Die darunter liegende Schicht enthält Tonmineralien, z. B. Kaolinit, Dickit, Illit u. a. Sie sind beim Kationenaustausch von Bedeutung. Die biologische Aktivität ist hier schon deutlich geringer und kommt in der unteren Schicht (Ausgangsgestein) fast zum Erliegen.

Der Boden enthält neben den genannten Bestandteilen noch Luft, die die Organismen und Pflanzenwurzeln benötigen, und Wasser, das mit den gelösten Stoffen, den Tonmineralien und Huminstoffen zur Hauptnahrungsquelle der Pflanzen wird.

Der Austausch von Kationen im Tonmineral und u. a. von Anionen in den Huminstoffen (B 404.2.) ist deutlich vom *p*H-Wert abhängig, wie die stark vereinfachten Gleichgewichte (B 409.2.) zeigen. Der günstigste *p*H-Bereich für die Assimilierung der Nährstoffe und Spurenstoffe von Pflanzen liegt zwischen *p*H 5,0 und *p*H 7,5.

B 404.1. *Bodenprofil*

[1] von *seismik* (griech.) = Erdbebenkunde

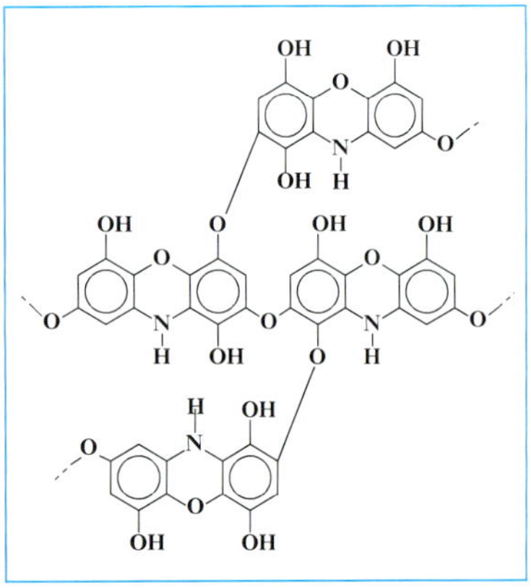

B 404.2. *Formelausschnitt der Huminsäure*

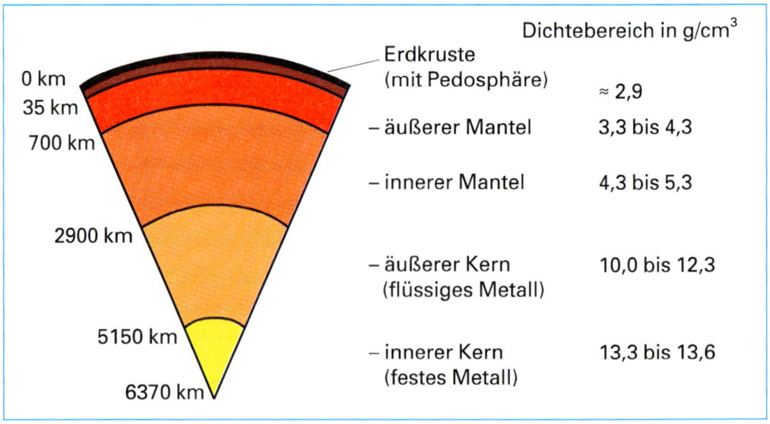

B 404.3. *Der schalenförmige Aufbau der Erde*

Bodenuntersuchungen

Versuche

PV 405.1. *Glühverlust als Maß für den Gehalt an organischen Verbindungen im Boden:*
Trocknen Sie Bodenproben bei 110 °C bis zur Konstanz der Masse im Trockenschrank. Hierzu müssen Sie zuvor die Masse des Tiegels mit Deckel und die Masse des Bodens bestimmen. Anschließend erwärmen Sie den Tiegel im Muffelofen oder in einem Sandbad auf ca. 500 °C. Diese Temperatur sollten Sie nicht wesentlich überschreiten, da ansonsten manche Carbonate Kohlenstoffdioxid abspalten. Wenn Sie nach 30 Minuten in der Probe noch schwarze Rückstände erkennen können, so geben Sie in den Tiegel 1 ml Ammoniumnitrat-Lösung* ($w = 10\%$), um auch den organischen Rest zu veraschen. Glühen Sie den Rückstand nochmals 30 Minuten bei 500 °C. Nach dem Abkühlen im Exsikkator bestimmen Sie die Masse erneut.

Auswertung

Bestimmen Sie den Gehalt an organischen Verbindungen im Boden nach untenstehender Formel.

PV 405.2. Wiegen Sie je 10 g getrockneten Boden (z.B. braunen Waldboden) in zwei Erlenmeyerkolben ein. Geben Sie zu der einen Probe 25 ml destilliertes Wasser und zu der anderen Probe 25 ml Kaliumchlorid-Lösung ($c = 1$ mol/l). Rühren Sie beide Proben ca. 20 min mit einem Magnetrührer. Filtrieren Sie beide Proben und bestimmen Sie den $p\mathrm{H}$-Wert mit einem $p\mathrm{H}$-Meter.
Hinweis: In sauren Böden ist der $p\mathrm{H}$-Wert des Kaliumchlorid-Auszugs niedriger, in neutralen und basischen Böden größer als der $p\mathrm{H}$-Wert des wässrigen Auszugs. Der Grund dafür ist der Austausch von Protonen aus den Bodenkolloiden durch die Kalium-Ionen.
Zusatzversuch: Untersuchen Sie den Einfluss der zugefügten Wasserportion auf den $p\mathrm{H}$-Wert des Auszugs.

PV 405.3. Die Schwermetall-Ionen-Nachweise (PV 398.1.) und die Bestimmung des chemischen Sauerstoffbedarfs CSB (LV 397.3.) können Sie auch mit einem Bodenauszug durchführen. Hierzu sollten Sie je 10 g Boden mit 25 ml destilliertem Wasser, mit 25 ml Natronlauge* ($c = 0{,}1$ mol/l) und mit 25 ml Salzsäure* ($c = 0{,}1$ mol/l) wie in PV 405.2. versetzen; die Proben werden nach dem Rühren filtriert und untersucht.
Beachten Sie die Hinweise der Hersteller zu den Testsätzen bezüglich der $p\mathrm{H}$-Werte. Unter Umständen ist vor dem Nachweis eine Neutralisation erforderlich.

Auswertung

Vergleichen Sie die Ergebnisse, die Sie aus den Analysen der unterschiedlichen Auszüge erhalten.

PV 405.4. Führen Sie die Anionen-Nachweise aus dem Wasserpraktikum (S. 397f.) mit den wässrigen Auszügen von Bodenproben durch.

PV 405.5. Geben Sie eine Bodenprobe von 2 g auf ein Uhrglas. Tropfen Sie daraus aus einer Pipette 2 ml verdünnte Salzsäure* ($w = 7\%$). Aus dem Aufbrausen kann grob auf den Kalkgehalt geschlossen werden.

Aufbrausen	Kalkgehalt in %
kein	<1
schwaches	1 bis 3
deutliches, aber kurzes	3 bis 5
anhaltendes	>5

PV 405.6. *Bestimmung der Stoffmenge an austauschbaren Kationen (z.B.* Ca^{2+}*-Ionen und zweiwertigen Schwermetall-Ionen) im Boden:*
Rühren Sie 25 g Erde ca. 30 min mit 100 ml Salzsäure* ($c = 0{,}1$ mol/l). Filtrieren Sie vom Bodensatz ab. 25 ml des Filtrats titrieren Sie mit Natronlauge* ($c = 0{,}1$ mol/l) unter Verwendung eines geeigneten Indikators.
Ermitteln Sie aus dem Verbrauch an Natronlauge die Stoffportion an zweiwertigen Kationen, die im Boden durch Protonen ersetzt wurden.

$$(\mathrm{Boden})^{2-}\mathrm{Me}^{2+} + 2\,\mathrm{HCl} \rightarrow (\mathrm{Boden})^{2-}(\mathrm{H}^+)_2 + \mathrm{Me}^{2+}(\mathrm{Cl}^-)_2$$

$$\text{Glühverlust} = \frac{m_{\text{getrockneter Boden}} - m_{\text{Glührückstand}}}{m_{\text{getrockneter Boden}}} \cdot 100\%$$

16.3.2. Belastung des Bodens – Auswirkungen und Reduktion der Belastung

Dem Boden werden durch jede Ernte Nährstoffe entzogen (B 406.1.). Dadurch kommt es zu einer Verarmung des Bodens, der nur durch Düngung entgegengewirkt werden kann.
Der saure Regen (s.a. S. 387f.) verstärkt die **Bodenversauerung**. Dadurch wird die Humifizierung, d.h. die Umsetzung von schwer zersetzbaren Fetten, Wachsen und Ligninen durch Mikroorganismen,

B 406.1. *Neben Licht, Wasser und Kohlenstoffdioxid benötigt die Pflanze auch sog. Makroelemente und Mikroelemente, die sie dem Boden in Form von gelösten Salzen entnimmt.*

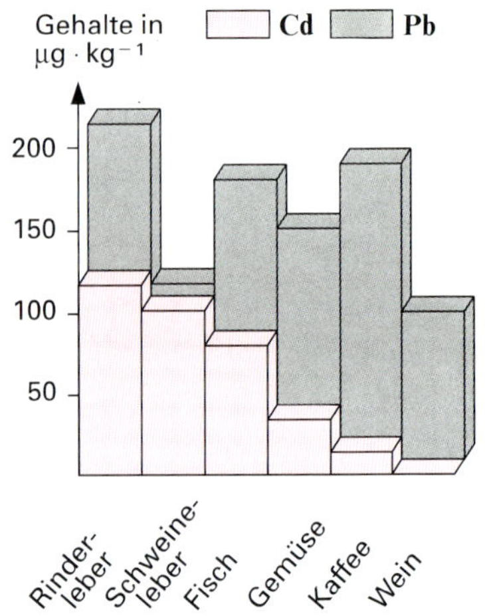

B 406.2. *Schwermetallbelastung einiger Lebensmittel*

und die Mineralisierung, d. h. der Abbau von organischen Stoffen zu anorganischen Stoffen durch Mikroorganismen, verringert. Das führt in besonders extremen Fällen zum Waldsterben.

Um das Waldsterben zu verlangsamen, müssen – dem jeweiligen Wald angepasst – bestimmte Konditionen bei der Walddüngung beachtet werden. Hierzu gehören: Bodenverhältnisse, klimatische Verhältnisse, Baumarten, Alter der Bäume, Dichte des Bestandes, Bodenlebewesen und anderes mehr.

Gedüngt werden sollte mit natürlichem Dünger wie Gesteinsmehl, Dolomit und Carbonat.

Selbstverständlich muss auch der *Nitrathaushalt* wieder ausgeglichen werden. Zu hohe Nitratgehalte im Boden führen nämlich zu erhöhten Nitratgehalten im Grundwasser, in den Pflanzen und damit auch in der Nahrung (vgl. zur Nitrat-Problematik auch S. 399).

Will man in allen drei Bereichen eine zu große Nitratbelastung verhindern, so gibt es eine Reihe von Maßnahmen. Gülle sollte möglichst nur kurz vor oder während der Vegetationsperiode ausgebracht werden. Dazu gehören auch eine Optimierung der mineralischen und der organischen Düngung und eine möglichst ganzjährige Vegetationsdecke durch Anbau von Zwischenfrüchten im Gemüsebau.

Die Belastung des Bodens durch *Schwermetalle* ist mannigfaltig. Über Lebensmittel (B 406.2.) gelangen z.B. Cadmium und Blei auch in den menschlichen Organismus. Die Schwermetalle stammen aus den Emissionen des Straßenverkehrs, den Müllverbrennungsanlagen, den Kraftwerken und den metallurgischen Betrieben. Direkt auf dem Boden verteilt wird z. B. das Cadmium durch Ausbringung von Klärschlämmen und durch Einsatz von Phosphatdüngern, die aus Rohphosphat hergestellt werden.

Ein großes Problem war bis vor wenigen Jahren die Bodenverseuchung mit Blei. Die Verwendung von bleifreiem Benzin ist eine gelungene Maßnahme, die Bleibelastung des Bodens und der Pflanzen in verkehrsreichen Regionen herabzusetzen. Inwieweit dadurch erhöhte Benzolgehalte im Benzin, die die Klopffestigkeit neben dem Additiv Methyl-tertiär-butylether erhöhen sollen, sich nicht negativer auf die Umwelt auswirken, bleibt abzuwarten.

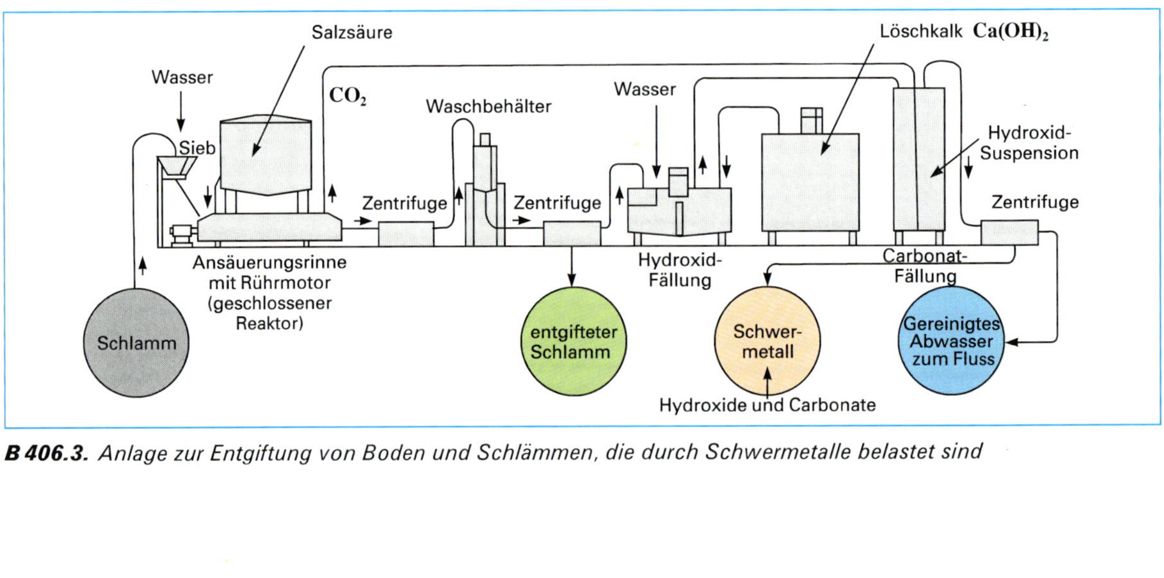

B 406.3. *Anlage zur Entgiftung von Boden und Schlämmen, die durch Schwermetalle belastet sind*

Ein Verfahren zur chemischen Dekontaminierung belasteter Schlämme wie Klärschlämme aus kommunalen und industriellen Kläranlagen, Schlamm und Geschiebe als Baggergut in Hafenbecken, belasteter Böden, Filterstäuben und Schlacken wurde vom Institut für Sedimentforschung in Heidelberg entwickelt. Dabei werden die Schwermetall-Ionen zunächst mit Salzsäure extrahiert, der entgiftete Schlamm wird zentrifugiert, die wässrige Lösung wird mit gelöschtem Kalk auf einen pH-Wert von 10 eingestellt. Das führt zur Ausfällung nahezu aller Schwermetalle in Form von Hydroxiden. Durch anschließende Kohlenstoffdioxid-Einleitung bis zu einem pH-Wert von 9 fällt man Calciumcarbonat aus, das restliche Spuren von Cadmium und anderen Schwermetallen (Tab. 407.1.) in sein Kristallgitter einbaut.
Der dekontaminierte Schlamm oder Boden kann dann z. B. als Rohstoff für Bausteine und Grobkeramik verwendet werden.

Schwermetall-Ionen	Ionenradien in nm
Ca^{2+}	0,099
Cu^{2+}	0,072
Co^{2+}	0,072
Cd^{2+}	0,097
Zn^{2+}	0,074
Ni^{2+}	0,069

Tab. 407.1. *Ionenradien von Schwermetall-Ionen, die Calcium-Ionen im Calcit-Gitter ersetzen können*

Erweiterung, Vertiefung, Anwendung

Wir und unsere Umwelt

Unsere Sensibilität in Sachen „Umwelt" und „gesunde Ernährung" hat in neuerer Zeit stark zugenommen. Das ist gut so. Auch die Medien tragen zur Aufdeckung von Umweltskandalen bei. Nicht selten wird aber durch die Darstellung halber Wahrheiten Unsicherheit und Angst beim Bürger erzeugt. Wenn z. B. vom Nachweis eines „Giftes" in der Luft, im Wasser, im Boden, in der Zahnpaste oder in der Muttermilch die Rede ist, muss differenziert werden.

Was ist überhaupt ein Gift?
PARACELSUS[1]: *„Alle Dinge sind Gift, und nichts ohne Gift; allein die Dosis macht, dass ein Ding ein Gift ist."*

Diese Aussage von PARACELSUS ist heute so wahr wie vor 500 Jahren und sie gilt für die Umwelt wie für den Menschen.
Alle Stoffe, die in B 407.1. angeführt sind, werden als Gifte bezeichnet. Zwischen der tödlichen Dosis an Botulinustoxin, das in verdorbenem Fleisch enthalten ist, und der eines Bleisalzes besteht aber der Faktor 1 : 3000000. Nicotin, das viele beim Genuss des Rauchens in Kauf nehmen, ist 6- bis 10-mal giftiger als das gefürchtete Insektengift E605.
Die Feststellung von Giften in Bereichen unserer Umwelt wurde erst durch die Entwicklung einer sehr empfindlichen *Spurenanalytik* möglich. Dioxine können durch Gaschromatographie noch in ppt-Anteilen (10^{-12}) und durch Laserfluoreszenzspektroskopie gar in ppq-Anteilen (10^{-15}) nachgewiesen werden. Mit modernen analytischen Methoden können also Gifte erkannt werden, bevor sie in gefährlicher Konzentration vorliegen.
Umweltschutz muss von jedem Einzelnen praktiziert werden und auch in der Industrie einen noch höheren Stellenwert bekommen.

20 g bis 30 g	lösliche Blei-Verbindungen
10 g bis 30 g	DDT (Insektengift, in Europa verboten)
10 g bis 11 g	Lindan (Hexachlorcyclohexan, Insektengift, in Europa verboten)
3 g	Iod (z. B. in Iodtinktur enthalten)
350 mg bis 800 mg	E 605 (Phosphorsäureester, Insektengift)
100 mg	Arsenik (Arsentrioxid, „klassisches" Gift)
100 mg	Cyankali (Kaliumcyanid, „klassisches" Gift)
60 mg	Nicotin
8 mg	„Dioxin" (Seveso-Gift)
3 mg bis 6 mg	Aconitin (Alkaloid des Eisenhuts)
0,01 mg	Botulinustoxin (in verdorbenem Fleisch)

B 407.1. *Tödliche Giftdosis für einen 70 kg schweren Menschen bei Aufnahme durch den Mund*

[1] THEOPHRASTUS BOMBASTUS VON HOHENHEIM, genannt PARACELSUS (1493 bis 1541), Arzt, Naturforscher und Philosoph. Seine erneuernden Ideen wurden lange Zeit verkannt.

Haushalte und Kleinverbraucher

- Isoliermaßnahmen beim Hausbau
- Niedertemperaturkessel beim Heizen
- Nutzung alternativer Energien beim Heizen (Sonne, Wind etc.)
- Umsteigen auf Energie sparende und emissionsarme Verkehrsmittel
- Schadstoffreduzierung bei Autoabgasen (Kat-Auto)
- Wassereinsparung (bei der WC-Spülung, beim Duschen etc.)
- Verpackungsmüll reduzieren (Pfandflaschen, Recycling-Papier verwenden etc.)
- Müll vorsortieren (Altglas, Altpapier, Altreifen, Altöl, Metalldosen, Batterien, Kunststoffe, organische Abfälle)
- Umweltfreundliche Produkte mit „blauem Umweltengel" verwenden (Farben, Waschmittel, Spülmittel etc.)

Industrie und Kommunen

- Energie sparende Technologien durch Einsatz von Katalysatoren und Prozessoptimierung mit Computern
- Emissionsminimierung durch Weiterverarbeitung der Nebenprodukte und durch prozessintegrierte Beseitigung Umwelt gefährdender Stoffe
- Deklarierung der chemischen Zusammensetzung von Alltagsprodukten, z. B. Kunststoffen (PE, PP, PVC, PS etc.)
- Bereitstellung umweltfreundlicher Nahverkehrsmittel (z. B. Straßenbahnen, Fahrradwege etc.)
- Müllsortierung und sachgerechte Verwertung bzw. Entsorgung:
  - durch Recycling;
  - durch Pyrolyse;
  - durch Müllverbrennung;
  - in Mülldeponien

B 408.1. *Maßnahmen für umweltgerechtes Handeln*

Ziel einer sinnvollen Umweltpolitik muss es sein, Gefahren für die Umwelt, die aus Produktionsprozessen und Verbraucherverhalten entstehen, im Voraus zu erkennen und daraus folgene Belastungen zu minimieren.

Wir alle sind gefordert, selbst umweltbewusster zu handeln und Missstände aufzuzeigen. Das umweltbewusstere Verhalten und Handeln muss schon zu Hause beginnen: Jeder kann dazu beitragen, die Belastung der Umwelt zu reduzieren.

Erste Erfolge des gesteigerten Umweltbewusstseins zeigen sich in der *getrennten Sammlung* von Altglas, Altpapier, Altreifen, Altöl, Konservendosen, Batterien und organischen Abfällen.

Energieeinsparungen durch Isoliermaßnahmen beim Hausbau, durch Niedertemperaturkessel beim Heizen und durch das Umsteigen auf umweltfreundlichere Verkehrsmittel – bisher allerdings noch nicht ausreichend verwirklicht – sind Möglichkeiten, auch im Energiebereich den Verbrauch an fossilen Brennstoffen zu senken.

Da ca. 75% des Wasserverbrauchs in Trinkwasserqualität für Duschen, Wäschewaschen und Wasserspülung im Haushalt verwendet werden, besteht die Möglichkeit und Notwendigkeit der Wassereinsparung. Über weitere Maßnahmen für umweltfreundliches Handeln informiert B 408.1.

In vielen **Kommunen** unternimmt man bereits enorme Anstrengungen, um der riesigen Müllberge Herr zu werden. In den ca. 450 geordneten Deponien wird z.T. versucht, den *Müll vorzusortieren*.

Das Volumen des Hausmülls hat sich vom Jahr 1950 bis zum Jahr 1990 ca. verfünffacht, die Masse hat sich dagegen nur verdoppelt (B 409.1.). Dabei kommt die überproportionale Zunahme der Kunststoffverpackung zum Tragen.

Weder *Mülldeponie* noch *Müllverbrennung* sind optimale Lösungen für die anfallenden Müllberge. Deponien, auf die wohl nie ganz verzichtet werden kann, bergen die Gefahr in sich, Luft und Grundwasser durch Zersetzungsprodukte der abgelagerten Stoffe zu kontaminieren. Bei der Müllverbrennung wird zwar Energie gewonnen und das Volumen des Mülls stark herabgesetzt, aber unter den Verbrennungsprodukten können Gifte auftreten. So entsteht z. B. bei der Verbrennung von chlorierten organischen Verbindungen bei Temperaturen von 800 °C bis 1000 °C das gefürchtete Seveso-Gift „Dioxin" (2,3,7,8-Tetrachlordibenzodioxin, vgl. B 403.2.).

Oberstes Prinzip für eine Bewältigung der Abfallberge muss die *Müllvermeidung* sein. Wesentliche Erfolge lassen sich auch mit der *Müllverwertung* durch *Recycling* und *Pyrolyse* erzielen. Metalle und Glas werden umgeschmolzen, einige Polymere durch Depolymerisation in ihre Monomeren zurückgeführt oder über das Granulat zu anderen Produkten gepresst, Altpapier zu Recycling-Papier verarbeitet und organische Abfälle kompostiert. Durch Pyrolyse, d. h. durch Erhitzen bei 450 °C bis 1200 °C unter Luftausschluss, werden Altreifen und andere makromolekulare Werkstoffe zersetzt. Dabei entstehen Kohlenwasserstoffe, die zur Energiegewinnung genutzt werden können. Statt PVC setzt man zunehmend chlorfreie Kunststoffe ein.

In der **Industrie**, in großen Produktionsanlagen, wird schon weitgehend *prozessintegrierter Umweltschutz* angewandt, d.h., die anfallenden Emissionen werden in der Anlage selbst so verarbeitet, dass sie die Umwelt nicht mehr belasten. Außerdem wird die Produktion zunehmend auf die *Minimierung* und die Weiterverarbeitung der *Nebenprodukte* umgestellt, und ebenso auf die *Minimierung des Energieverbrauchs* durch geeignete Maßnahmen.

Ökonomie und Ökologie, einst Gegensätze, müssen in der heutigen und zukünftigen Zivilisation zu Partnern werden. Eine Voraussetzung dafür ist, dass unsere Kenntnisse über die stofflichen Zusammenhänge in der Natur, der Technik und den Organismen ständig zunehmen und unser Urteilen und Handeln mitbestimmen.

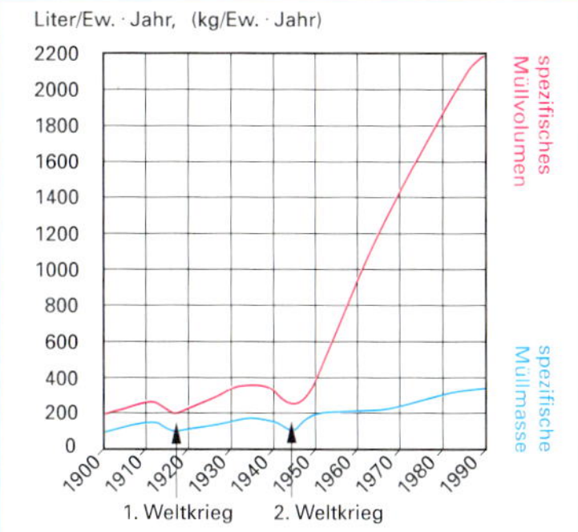

B 409.1. *Entwicklung der spezifischen Hausmüllmengen in Stuttgart*

Aufgaben

A 409.1. Informieren Sie sich in Erdkundebüchern über Bodenarten (physikalische Zusammensetzung) und über Bodentypen (Aufbau und Gliederung in Horizonte).

A 409.2. Deuten Sie die beiden folgenden Aussagen: Die Austauscherkapazität des Bodens für Kationen nimmt mit steigendem *p*H-Wert zu, die für Anionen nimmt mit steigendem *p*H-Wert ab (vgl. auch B 409.2.).

A 409.3. a) Wie ist eine Deponie aufgebaut? Informieren Sie sich in Ihrer Gemeinde, wie das Profil der Deponie aussieht. Fragen Sie auch nach der Abdichtung gegenüber dem Erdboden.
b) Welches Vorsortieren lässt sich hier beobachten? Was geschieht mit Kühlschränken, Batterien, Akkumulatoren, Sondermüll und Gartenabfällen?

A 409.4. a) Informieren Sie sich in der Schule und zu Hause über die Verwendung umweltgerechter Materialien (Recycling-Papier, lösungsmittelarme Kleber, ungiftige Farben und Farbstifte, verpackungsarme und schadstoffarme Produkte wie z.B. Taschenrechner mit Solarzellen, Pfandflaschen, Körperpflegemittel und Putzmittel u.a.m.). Achten Sie hierbei auf den „Umweltengel".
b) Überlegen Sie sich, welche Abfälle in der Schule getrennt gesammelt und entsorgt werden können.
c) Starten Sie, vielleicht in der Projektwoche, eine Aluminium-Aktion. Inhalte: Aluminium als Werkstoff, Eigenschaften, Rohstoffgewinnung und Herstellung, Rotschlamm bei der Herstellung, sachgerechtes Recycling (Sammlung in der Schule) und Aufstellen einer Energie-Bilanz durch Vergleich der Herstellung aus Bauxit und aus Alt-Aluminium.

$$M^{x+}(Ton)^{x-}(s) + xH^+(aq) \rightleftharpoons (H^+)_x(Ton)^{x-}(s) + M^{x+}(aq)$$

$$A^{y-}(H_yHum)^{y+}(s) + yOH^-(aq) \rightleftharpoons Hum(s) + yH_2O(l) + A^{y-}(aq)$$

$(H_yHum)^{y+}$: mehrfach protonierte Huminsäuren

B 409.2. *zu A 409.2.*

M^{x+}: NH_4^+, K^+, Ca^{2+}, Mg^{2+} und Spuren (Fe^{3+}, Fe^{2+}, Mn^{2+}, Mn^{4+}, Zn^{2+}, Cu^{2+}, Co^{2+}).
A^{y-}: HCO_3^-, CO_3^{2-}, NO_3^-, NO_2^-, HPO_4^{2-}, $H_2PO_4^-$, SO_3^{2-}, SO_4^{2-} und Spuren von BO_3^{2-}, $B_4O_7^{2-}$, MoO_4^{2-} und Cl^-.

B 409.3. *Hauptnährstoffe des Bodens in ihrer assimilierbaren Form*

Zusammenfassung

Der Aufbau des Bodens hängt stark von den Bodenarten und Bodentypen ab. Dem Humus und den Tonmineralien kommt eine wesentliche Bedeutung zu. Sie versorgen die Pflanzen und Organismen mit Nahrung.

Der saure Regen bedroht vor allem die Waldböden. Der unkontrollierte Einsatz von Gülle, Mineraldünger und schwer abbaubaren Pestiziden gefährden über die Pflanzen und das Grundwasser, Tier und Mensch. Emissionen von Schwermetall-Verbindungen und Dioxinen und damit verknüpfte Immissionen müssen reduziert werden. Die Komplexität der Pedosphäre macht es schwer, erst einmal belastete Böden zu entgiften.

Neue Fachbegriffe

Horizonte, Humus, Tonmineralien, Bodenversauerung, Humifizierung, Mineralisierung, Schwermetallbelastung, Klärschlämme, Müllvermeidung, Müllverwertung, Mülldeponie und Müllverbrennung, Recycling, Pyrolyse, prozessintegrierter Umweltschutz

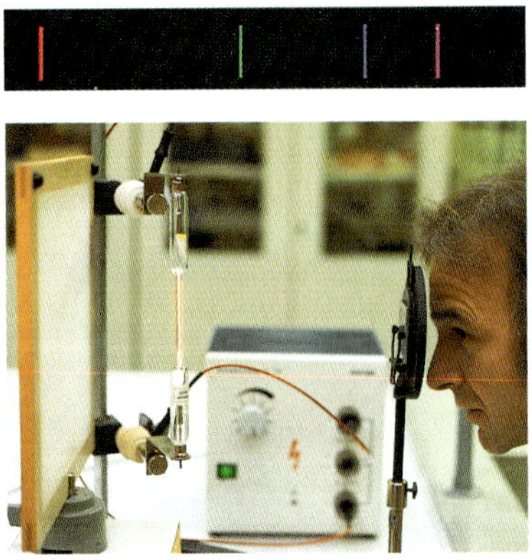

B 410.1. *Linienspektrum des Wasserstoffs und Versuchsaufbau zu seiner Erzeugung*

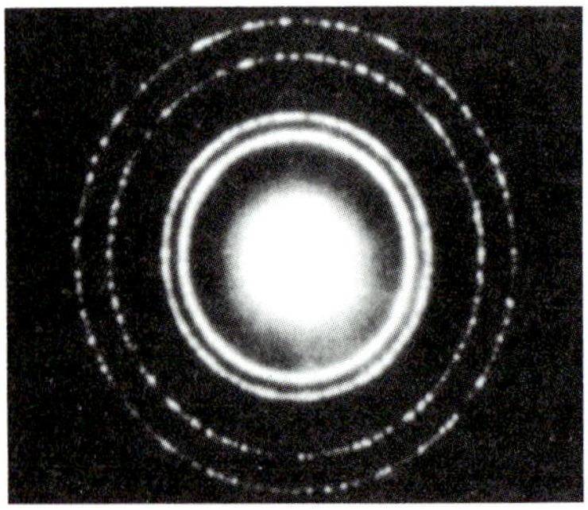

B 410.2. *Beugungsmuster eines Elektronenstrahls bei der Durchquerung einer dünnen Aluminiumfolie*

B 410.3. *Komplementarität in der Graphik (Reiter von* M.C. ESCHER)

I. Quantenmechanik und Quantenchemie

Quantifizierung
Teilchen-Welle Dualismus
Unschärferelation → Quantenmechanik → Quantenchemie

Das obige Schema zeigt die Wurzeln, die zur Quantenmechanik, einer sehr allgemeinen Theorie, geführt haben. Aus der Quantenmechanik wurde durch die Einführung vereinfachender Näherungen die Quantenchemie entwickelt, zu der auch das Orbital-Modell gehört.

Im Jahr 1900 erkannte der deutsche Physiker MAX PLANCK[1], dass die Energie eines rotglühenden Körpers in Form von winzigen Energiepaketen oder Quanten der Energie $E = h \cdot \nu$ ausgestrahlt wird. Die Vorstellung von der **Quantifizierung der Energie** ermöglichte es, zwei wichtige, bereits bekannte experimentelle Beobachtungen zu erklären: den photoelektrischen Effekt und die Linienspektren der Atome. Beim *photoelektrischen Effekt* schlagen Lichtquanten (Photonen) bestimmter Energien Elektronen aus Metall-Atomen heraus. Da die Energie der Photonen quantifiziert ist, kann es bereits bei schwachem Blaulicht zur Ionisierung von Metall-Atomen kommen, wähend selbst intensives Rotlicht keine Wirkung zeigt. ALBERT EINSTEIN[2] erhielt im Jahr 1921 für diese Deutung des photoelektrischen Effekts den Nobelpreis.
Der dänische Physiker NIELS BOHR[3] erklärte die *Linienspektren der Atome* (B 410.1.) dadurch, dass auch die Energie der Elektronen im Atom quantifiziert ist. Bei der Absorption von Energiequanten gehen Elektronen aus niedrigeren in höhere Energiezustände über; beim Rücksprung in die niedrigeren Energiezustände wird Energie in Form von Energiequanten ausgestrahlt. Da nur bestimmte Energiezustände erlaubt sind, werden auch nur Energiequanten bestimmter Wellenlängen absorbiert bzw. emittiert. Jeder Linie im Atomspektrum entsprechen Lichtquanten einer bestimmten Wellenlänge. BOHR entwickelte im Jahr 1913 ein Atom-Modell, wonach Elektronen einer bestimmten Energie auf einer exakt definierten Bahn um den Kern kreisen.
Elektronen verhalten sich bei bestimmten Experimenten wie ein Strahl aus Teilchen, z.B. dann, wenn sie sich in der Bildröhre des Fernsehers bewegen und auch dann, wenn sie auf dem Schirm aufprallend, dort Teilchen zum Leuchten bringen. In anderen Experimenten verhalten sich Elektronen dagegen ähnlich wie eine Folge von Wellen, so z.B., wenn sie am Atomgitter einer dünnen Metall-Folie gebeugt werden und sich danach wieder überlagern (B 410.2.). Man spricht vom **Teilchen-Welle-Dualismus**. Das Elektron ist aber weder Teilchen noch Welle. Es ist eine Erscheinungsform der Materie, die sich uns wie ein Teilchen oder wie Wellen darstellen kann, je nachdem, welches Experiment wir damit durchführen. Die Teilchen-Eigenschaft und die Wellen-Eigenschaft sind komplementäre, d.h. einander widersprechende Eigenschaften. Wir müssen beim Elektron diese komplementären Eigenschaften gleichwohl zulassen, weil wir es sonst nicht vollständig charakterisieren können (vgl. B 410.3.).
Die Ausstattung von Quantenobjekten mit komplementären Eigenschaften wird als **Komplementaritätsprinzip** bezeichnet und ist prägendes Merkmal der Denkweise in der Quantenmechanik. Die darauf aufbauende Logik hat mit der Logik, an die wir gewöhnt sind, wenig gemeinsam.
Dies wird noch deutlicher, wenn wir die im Jahr 1927 von WERNER HEISENBERG[4] aufgestellte **Unschärferelation** betrachten. Danach ist es prin-

[1] MAX PLANCK (1858 bis 1947), deutscher Physiker, Nobelpreisträger für Physik 1918
[2] ALBERT EINSTEIN (1879 bis 1955), deutscher Physiker jüdischer Abstammung, das Genie des 20. Jahrhunderts, Urheber der Formel $E = mc^2$, Nobelpreis für Physik 1921. EINSTEIN wurde in Ulm geboren und emigrierte im Jahr 1933 in die USA (vgl. auch B 376.1.).
[3] NIELS HENRIK DAVID BOHR (1885 bis 1962), dänischer Physiker, Nobelpreis für Physik 1922
[4] WERNER HEISENBERG (1901 bis 1976), deutscher Physiker, Nobelpreis für Physik 1932

zipiell nicht möglich, gleichzeitig den Ort und den Impuls $m \cdot v$ (m: Masse; v: Geschwindigkeit) eines Elektrons mit beliebiger Genauigkeit zu bestimmen, selbst wenn man über die dafür notwendige Apparatur verfügen würde. Gäbe es ein Supermikroskop, mit dem man Elektronen sichtbar machen könnte, so müsste man darin einen sehr kurzwelligen Lichtquant und das Elektron zum Zusammenstoß bringen. Beim Stoß würde das Elektron seinen Impuls ändern und wir könnten nicht beliebig genau sagen, welchen Impuls das „gesehene" Elektron beim Stoß hatte.
Die Konsequenz der Unschärferelation ist, dass auch eine genaue Festlegung der Bahn, auf der ein Elektron um den Kern kreist, gar nicht möglich ist. In der **Quantenmechanik** ist es auch unzulässig, ein Elektron als isoliert zu betrachten. Es hängt mit allen anderen Elementarteilchen aus dem ganzen Universum in irgendeiner Weise zusammen. Erst die Vernachlässigung vieler dieser Zusammenhänge macht es möglich, im Rahmen der **Quantenchemie** zu Modellen zu gelangen, die bei der Erklärung von Stoffeigenschaften und von Reaktionen nützlich sind.

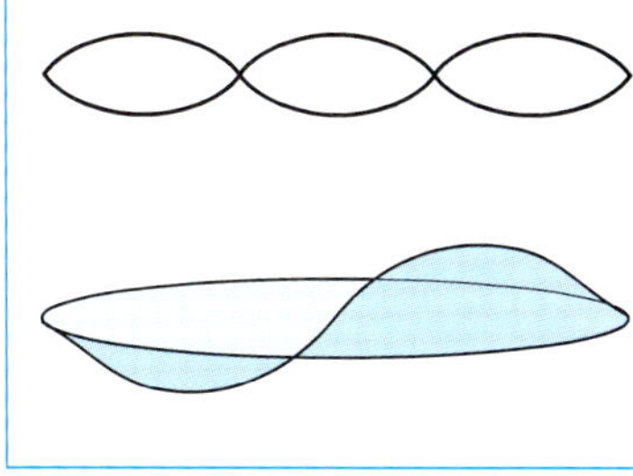

B 411.1. *Stehende eindimensionale und zweidimensionale Wellen*

II. Atom-Orbitale[1]

Betrachtet man ein Atom als isoliertes System, so kann man diejenigen räumlichen Bereiche im Atom berechnen, in denen sich ein Elektron bestimmter Energie sehr wahrscheinlich aufhält. Für solche Bereiche hat sich die Bezeichnung **Atom-Orbitale AO** durchgesetzt. Der Rechenansatz für die Berechnung der Orbitale ist die Beschreibung der Elektronenbewegung als Schwingung. Eine schwingende Saite (eindimensionales System) oder eine schwingende Seifenhaut (zweidimensionales System) werden durch gegebene Randbedingungen, z. B. die Länge der Saite bzw. die Form und die Größe des Rings, in dem die Seifenhaut hängt, so beeinflusst, dass nur bestimmte Schwingungsenergien möglich sind und es zur Ausbildung von stehenden Wellen kommt (B 411.1.). Das Elektron im Atom kommt einem dreidimensionalen schwingenden System gleich. Die Randbedingungen werden durch das elektrische Feld des Atomkerns vorgegeben.
Für das Wasserstoff-Atom hat der österreichische Physiker Erwin Schrödinger[2] im Jahr 1926 eine Gleichung aufgestellt und gelöst. Auch hierbei zeigte sich, dass Lösungen nur dann möglich sind, wenn die Energie des Elektrons, die in der Schrödinger-Gleichung als Parameter vorkommt, ganz bestimmte Werte annimmt. Bei dieser Beschreibung ergibt sich die Quantifizierung der Energie des Elektrons im Atom also als mathematische Bedingung für die Existenz von Lösungen der Wellengleichung.
Die Lösungen der Schrödinger-Gleichung sind Wellenfunktionen und haben keine reelle Bedeutung. Das Quadrat der Wellenfunktion an einer bestimmten Stelle im Atom gibt aber die **Aufenthaltswahrscheinlichkeit** des Elektrons an dieser Stelle an. Somit lassen sich mathematisch (durch Integration des Quadrats der Wellenfunktion über den gesamten Raum) räumliche Bereiche eingrenzen, in denen die Aufenthaltswahrscheinlichkeit des Elektrons groß ist, z. B. größer als 90%. Die erste Lösung der Schrödinger-Gleichung für das Wasserstoff-Atom, entsprechend dem niedrigsten Energiewert des Elektrons, ergibt das in B 411.2. dargestellte Orbital. Es wird als 1s-Orbital bezeichnet und ist kugelsymmetrisch. Die **Elektronendichte oder Aufenthaltswahrscheinlichkeit** des Elektrons ist innerhalb der dargestellten Kugelfläche groß (z. B. 90%), außerhalb nimmt sie sehr schnell ab.
Für den nächsthöheren Energiewert erhält man das 2s-Orbital (B 411.3.). Es ist auch kugelsymmetrisch, aber das Elektron, das diesen Energiewert hätte, hielte sich im Mittel in einer größeren Entfernung vom Kern auf. Dieses Orbital

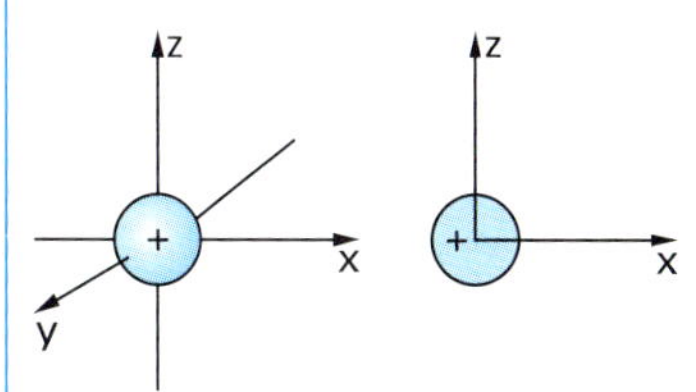

B 411.2. *1s-Orbital in räumlicher Darstellung und als zweidimensionaler Schnitt. Das Pluszeichen gibt das Vorzeichen der Wellenfunktion an und nicht eine Ladung.*

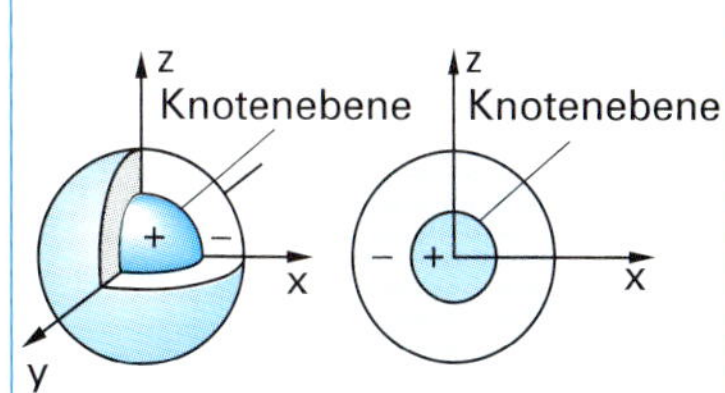

B 411.3. *2s-Orbital in räumlicher Darstellung und im zweidimensionalen Schnitt. An der Knotenebene wechselt die Wellenfunktion das Vorzeichen, die Aufenthaltswahrscheinlichkeit des Elektrons ist dort gleich Null.*

[1] *Orbital* bedeutet im Englischen Planetenumlaufbahn. In der Quantenmechanik ist ein Orbital eine mathematische Funktion, also ein abstrakter Begriff. Wir gehen hier aber auf die in der Chemie eingebürgerte Bedeutung des Orbital-Begriffs ein.

[2] Erwin Schrödinger (1887 bis 1961), österreichischer Physiker, Nobelpreis für Physik 1933

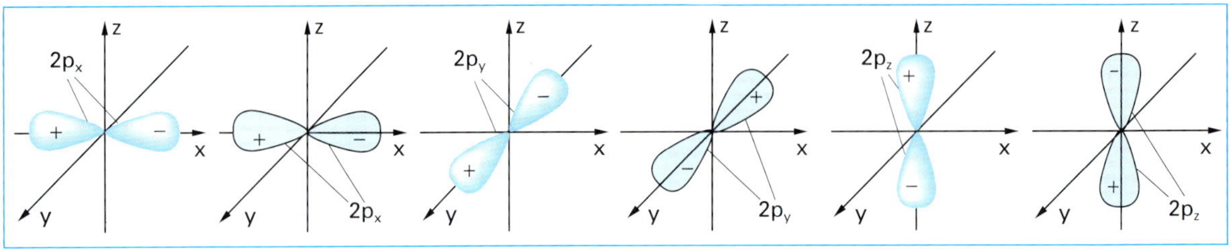

B 412.1. *$2p_x$-, $2p_y$- und $2p_z$-Orbital jeweils in räumlicher Darstellung und in zweidimensionalem Schnitt*

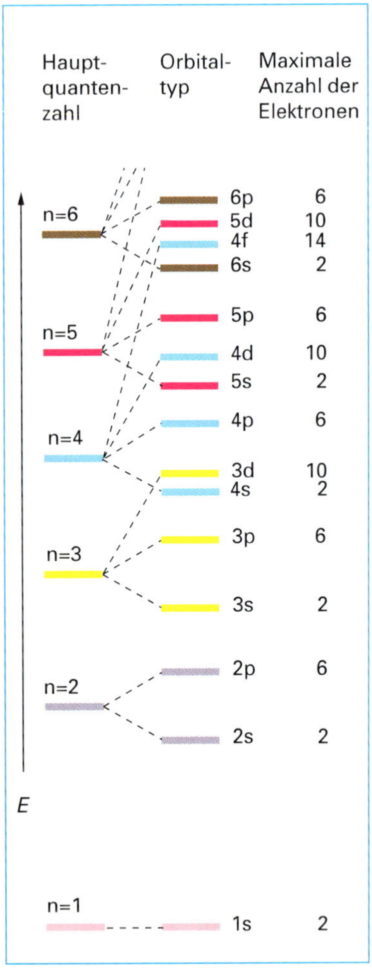

B 412.2. *Energetische Anordnung der Orbitale von 1s bis 6p (nicht maßstabsgetreu)*

hat zwei Teile, einen äußeren und einen inneren. Dazwischen ist eine so genannte **Knotenebene**, auf der die Aufenthaltswahrscheinlichkeit gleich Null ist. Zur Unterscheidung werden die beiden Orbital-Teile mit Vorzeichen belegt. Es ist gleich, ob das so geschieht wie in B 411.3. oder umgekehrt. Entscheidend ist, dass sich das Vorzeichen an der Knotenfläche umkehrt, weil die zugrunde liegende Wellenfunktion dort ihr Vorzeichen ändert. Alle folgenden Orbitale bestehen ebenfalls aus Teilen, die durch Knotenebenen getrennt und mit Vorzeichen belegt sind. Bei der Ausbildung von Molekül-Orbitalen aus Atom-Orbitalen sind diese Vorzeichen von Bedeutung.

Für den nächsthöheren Energiewert des Elektrons im Wasserstoff-Atom ergeben sich drei energiegleiche Orbitale, das $2p_x$-, das $2p_y$- und das $2p_z$-Orbital (B 412.1.). Sie sind nicht kugelsymmetrisch, sondern jeweils rotationssymmetrisch zur x-, y- bzw. z-Achse des Koordinatensystems. Sie bestehen jeweils aus zwei Orbitallappen. Auch hier unterscheidet man die durch die Knotenebene getrennten Orbital-Teile durch Vorzeichen.

III. Quantenzahlen und Periodensystem

Für höhere Energiewerte erhält man beim Wasserstoff-Atom außer s- und p-Orbitalen auch d- und f-Orbitale. Diese zeichnen sich durch noch mehr Knotenebenen und Orbitallappen als die p-Orbitale aus. Man kann jedes Orbital durch einen Satz aus drei so genannten Quantenzahlen kennzeichnen:

Die **Hauptquantenzahl n** gibt die Energieschale (von K bis Q) an und nimmt die Werte 1, 2, 3, ... an.

Die **Nebenquantenzahl l** untergliedert die Orbitale einer Schale in Klassen von Orbitalen verschiedener Energie und verschiedener Form. Für einen gegebenen Wert von n nimmt l alle Werte von 0 bis n − 1 an.

Die **magnetische Quantenzahl m** trägt dem Verhalten des Elektrons im magnetischen Feld Rechnung und nimmt für jedes l alle ganzzahligen Werte von −l bis +l, einschließlich den Wert 0 an. Auf diese Weise ergeben sich somit ein s-Orbital, drei p-Orbitale, fünf d-Orbitale und sieben f-Orbitale (Tab. 412.1.).

n	l	m	Bezeichnung
1	0	0	1s-Orbital
2	0	0	2s-Orbital
	1	−1; 0; +1	2p-Orbitale
3	0	0	3s-Orbital
	1	−1; 0; +1	3p-Orbitale
	2	−2; −1; 0; +1; +2	3d-Orbitale

Tab. 412.1. *Quantenzahlen und Orbitale (f-Orbitale treten erst für n = 4 und l = 3 auf; m nimmt dann die Werte −3, −2, −1, 0, 1, 2 und 3 an).*

Die in steigender Reihenfolge angeordneten erlaubten Energieniveaus und die dazugehörigen Orbitaltypen sind in B 412.2. angegeben. Sie wurden für das Wasserstoff-Atom berechnet, gelten aber in guter Näherung auch für die Atome anderer Elemente. Bei allen Systemen mit mehr als einem Elektron ist eine vierte Quantenzahl, die **Spinquantenzahl s** von Bedeutung. Sie nimmt nur die Werte +1/2 und −1/2 an und kennzeichnet den Spin des Elektrons[1]. Nach dem **PAULI-Verbot** (oder **PAULI-Prinzip**) dürfen in einem Atom keine Elektronen existieren, bei denen alle vier Quantenzahlen n, l, m und s gleich sind. Jedes Orbital ist also voll besetzt, wenn sich darin zwei Elektronen mit unterschiedlichem Spin befinden. Die Besetzung der Orbitale mit Elektronen erfolgt **von unten nach oben**, d. h. Orbitale mit niedriger Energie werden vor denen mit höherer Energie aufgefüllt. Die **HUNDsche Regel** legt fest, wie Orbitale gleicher Energie, z. B. die drei 2p-Orbitale, aufgefüllt werden: Zuerst wird jedes Orbital mit einem Elektron besetzt. Dann beginnt die Auffüllung mit einem zweiten Elektron entgegengesetzten Spins. Der Aufbau des Periodensystems der Elemente lässt sich mit Hilfe der energetischen Reihenfolge der Orbitale (B 412.2.) und der genannten Regeln beim Auffüllen der Orbitale mit Elektronen erklären.

Bei **Hauptgruppenelementen** werden s- und p-Orbitale aufgefüllt, bei **Übergangselementen** (oder **Nebengruppenelementen**) d-Orbitale und bei **inneren Übergangselementen** (bei **Lanthanoiden** und **Actinoiden**) f-Orbitale. Es gibt demnach immer 8 Hauptgruppenelemente pro Periode (Ausnahme: 1. Periode), ab der 4. Periode jeweils 10 Nebengruppenelemente, bei der 6. Periode 14 Lanthanoide und bei der 7. Periode 14 Actinoide. Dass die Nebengruppenelemente erst in der 4. Periode und die inneren Übergangselemente sogar erst in der 6. Periode auftreten, liegt an der energetischen Anordnung der entsprechenden d- bzw. f-Orbitale. Im Periodensystem beginnt immer dann eine neue Periode, wenn bei Orbitalen einer neuen Hauptquantenzahl n die Auffüllung mit Elektronen beginnt. Eine Periode schließt immer mit einem Edelgas ab, bei dessen Atomen die Elektronenkonfiguration ns^2np^6 lautet. In B 413.1. sind die **Elektronenkonfigurationen** für die ersten 10 Elemente angegeben. Dabei werden das Energieprinzip, das PAULI-Prinzip und die HUNDsche Regel bei der Auffüllung der Orbitale mit Elektronen verdeutlicht.

Elemente	Elektronenkonfiguration	Kästchenschema
H	$1s^1$	[↑]
He	$1s^2$	[↑↓]
Li	$1s^2\,2s^1$	[↑↓] [↑] [ ][ ][ ]
Be	$1s^2\,2s^2$	[↑↓] [↑↓] [ ][ ][ ]
B	$1s^2\,2s^2\,2p^1$	[↑↓] [↑↓] [↑][ ][ ]
C	$1s^2\,2s^2\,2p^2$	[↑↓] [↑↓] [↑][↑][ ]
N	$1s^2\,2s^2\,2p^3$	[↑↓] [↑↓] [↑][↑][↑]
O	$1s^2\,2s^2\,2p^4$	[↑↓] [↑↓] [↑↓][↑][↑]
F	$1s^2\,2s^2\,2p^5$	[↑↓] [↑↓] [↑↓][↑↓][↑]
Ne	$1s^2\,2s^2\,2p^6$	[↑↓] [↑↓] [↑↓][↑↓][↑↓]

***B 413.1.** Die ersten 10 Elemente des PSE und die Elektronenkonfiguration ihrer Atome*

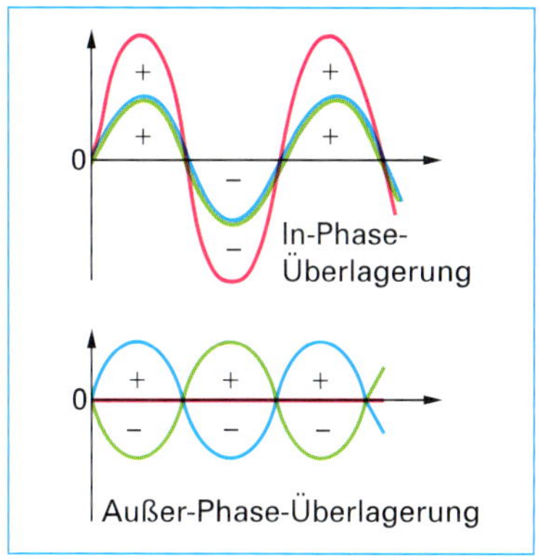

***B 413.2.** Überlagerung eindimensionaler Wellen. Die resultierende Welle ist jeweils rot gezeichnet.*

IV. Molekül-Orbitale

Bei der quantenchemischen Beschreibung von Molekülen geht man davon aus, dass die Elektronenbewegung getrennt von der Bewegung der Atomkerne betrachtet werden kann (*BORN-OPPENHEIMER-Näherung*). Weiterhin nimmt man an, dass einfach besetzte Atom-Orbitale der Valenzschalen der Atome zu einer Wechselwirkung kommen, deren Ergebnis die Ausbildung von Molekül-Orbitalen ist. Es gibt mathematische Verfahren, mit denen Molekül-Orbitale berechnet werden können.

Wir kommen zu einer stark vereinfachten, aber nützlichen Vorstellung über die Bildung von Molekül-Orbitalen, wenn wir uns die Überlagerung zweier eindimensionalen Wellen vor Auge führen (B 413.2.). Eine In-Phase-Überlagerung, bei der die beiden Wellen gleichzeitig eine positive bzw. negative Amplitude haben, ergibt eine Welle mit vergrößerter Amplitude. Die Außer-Phase-Überlagerung führt dagegen zu einer Auslöschung der Wellen, d. h. zur Amplitude Null.

Analog führt die Überlappung der beiden 1s-Orbitale zweier sich annähernder Wasserstoff-Atome zu einem **bindenden Molekül-Orbital** bzw. zu einem **antibindenden Molekül-Orbital**, je nachdem, ob die Überlappung In-Phase oder Außer-Phase erfolgt (B 414.1.).

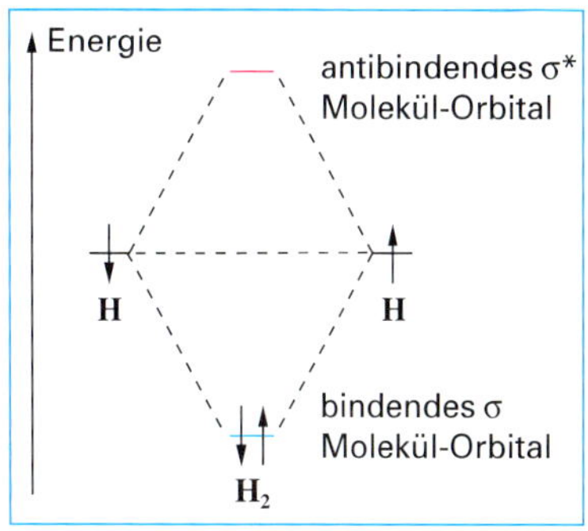

***B 413.3.** Relative Energien der Orbitale bei Wasserstoff-Atomen und beim Wasserstoff-Molekül und ihre Besetzung mit Elektronen*

[1] von *to spin* (engl.) = rotieren. Der Spin ist eine Eigenschaft des Elektrons (und anderer Elementarteilchen), die man durch die Eigendrehung um die eigene Achse, in die eine oder die andere Richtung, veranschaulichen kann.

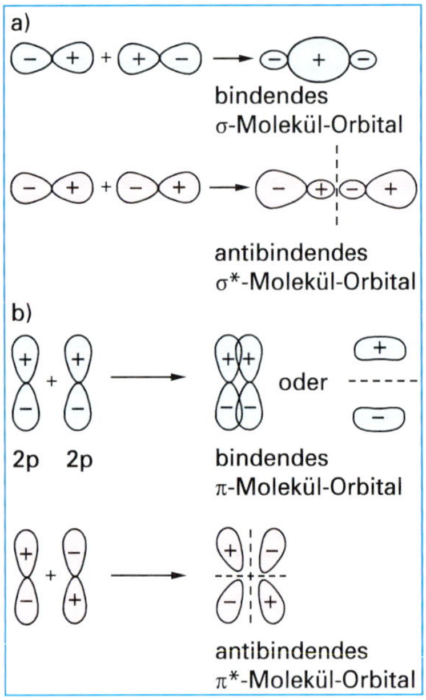

B 414.2. *In-Phase- und Außer-Phase-Überlappung zweier p-Orbitale. Die gestrichelten Linien stellen Knotenebenen dar.*
Erfolgt die Überlappung entlang der Symmetrieachse, bilden sich ein σ- und ein σ-MO a).*
Bei einer Überlappung wie in b) kommt es zu einem π- und zu einem π-MO.*

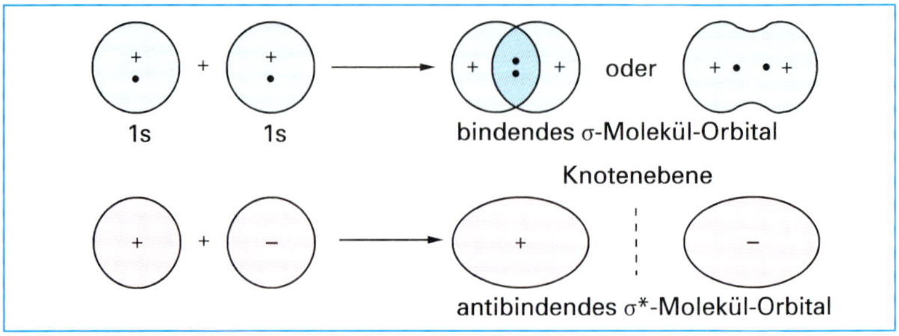

B 414.1. *In-Phase- (oben) und Außer-Phase-Überlappung (unten) zweier 1 s-Orbitale. Die Punkte stellen die Elektronen dar.*

Beim bindenden Molekül-Orbital wird die Amplitude der Wellenfunktion im Raum zwischen den Kernen verstärkt, die Aufenthaltswahrscheinlichkeit der Elektronen zwischen den Kernen entsprechend erhöht. Im oberen Teil aus B 414.1. wurde willkürlich das positive Vorzeichen benutzt; es hätte ebensogut mit negativen Vorzeichen verfahren werden können. Im unteren Teil müssen die Vorzeichen verschieden sein. Beim antibindenden Molekül-Orbital ist die Amplitude der Wellenfunktion zwischen den Kernen gleich Null, ebenso die Aufenthaltswahrscheinlichkeit für die Elektronen. Es gibt eine Knotenebene zwischen den Kernen.
Die Ausbildung von Molekül-Orbitalen aus Atom-Orbitalen wird oft als „Verschmelzung" der Atom-Orbitale zu Molekül-Orbitalen bezeichnet, wenngleich hier nicht zwei Orbitale zu einem verschmelzen, sondern sich vielmehr zu zwei neuen umbilden. Das bindende Molekül-Orbital ist energieärmer als die beiden verschmolzenen 1 s-Orbitale, das antibindende Molekül-Orbital ist energiereicher (B 413.3.). Die beiden Elektronen eines Wasserstoff-Moleküls befinden sich im bindenden Molekül-Orbital, weil das Molekül nur dann eine niedrigere Gesamtenergie als die beiden getrennten Atome hat.
Man könnte fragen, wozu das antibindende Molekül-Orbital überhaupt gut sein soll. Gibt es Hinweise, die diesem „Phantom" eine Existenzberechtigung geben? Es gibt sie. Trifft ein UV-Lichtquant, dessen Energie genau der Energiedifferenz zwischen dem antibindenden und dem bindenden Molekül-Orbital entspricht, auf ein Wasserstoff-Molekül, so kann er von diesem absorbiert werden und ein Elektron in das antibindende Molekül-Orbital anheben. Ein auf diese Weise angeregtes Wasserstoff-Molekül zerfällt in Atome, weil es jetzt keine energetische Begünstigung gegenüber getrennten Atomen hat.
Bei Molekülen mit Doppelbindungen kommt es auf die in B 414.2. angegebene Weise zur Überlappung von p-Orbitalen und zur Ausbildung von Molekül-Orbitalen, bei denen das bindende π-MO aus zwei und das antibindende π*-MO aus vier Teilen besteht. Moleküle mit einer oder mehreren Doppelbindungen erfahren bei der Absorption von Lichtquanten Anhebungen von Elektronen aus bindenden Molekül-Orbitalen in antibindende, ohne danach in Bruchstücke zu zerfallen. Sie können in diesen angeregten Zuständen eine bestimmte Zeit existieren und z. B. Umwandlungen unterliegen, die ohne die Besetzung der antibindenden Molekül-Orbitale nicht möglich wären.

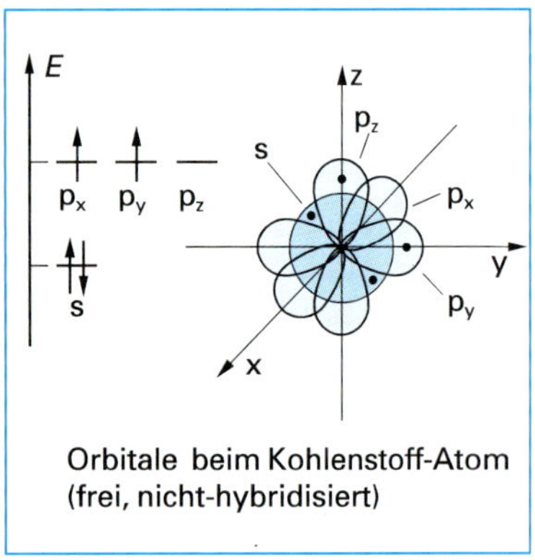

B 414.3. *Orbitale des Kohlenstoff-Atoms (frei, nicht hybridisiert)*

V. Molekül-Orbitale in Alkan-Molekülen und in Alken-Molekülen

Für die vier Valenzelektronen eines freien Kohlenstoff-Atoms lassen sich vier Atom-Orbitale berechnen: das kugelsymmetrische 2 s-Orbital und die drei hantelförmigen 2 p-Orbitale (B 411.3. und B 412.1.). In B 414.3. sind die Orbitale, ihre relativen Energien und ihre Besetzung mit Elektronen angegeben. Um die Bindungsverhältnisse in Molekülen zu erklären, nimmt man an, dass die Atom-Orbitale aus der Valenzschale der Kohlenstoff-Atome ihre Energien ganz oder teilweise angleichen. Dies kommt einer Wechselwirkung und

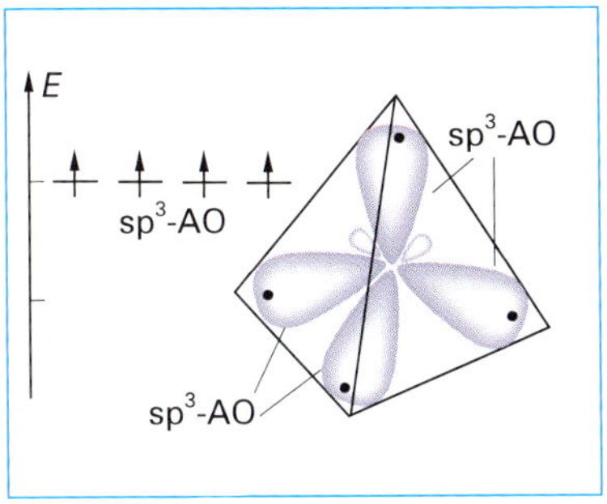

B 415.1. sp³-Hybridisierung beim Kohlenstoff-Atom

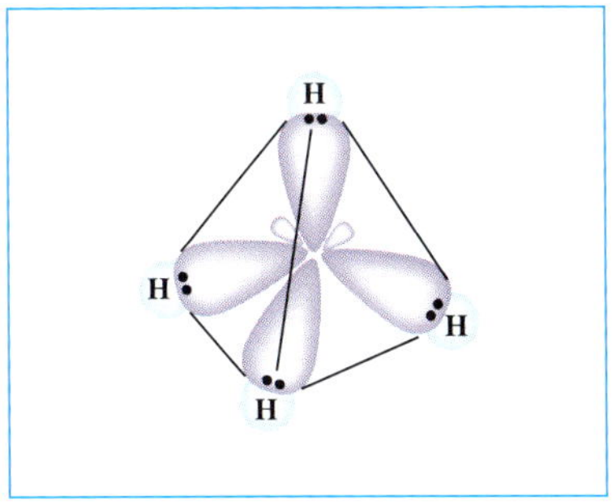

B 415.2. Überlappungen der Atom-Orbitale im Methan-Molekül

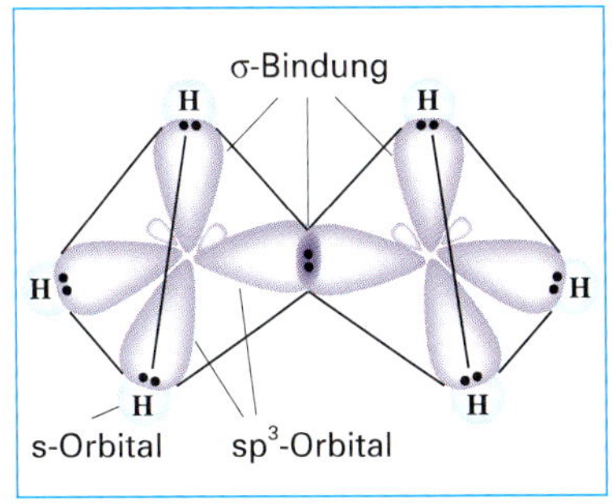

B 415.3. Überlappungen der Atom-Orbitale im Ethan-Molekül

Durchmischung der Orbitale ein- und desselben Atoms gleich. Man spricht von der **Hybridisierung** von Atom-Orbitalen.

Durch Anhebung eines Elektrons aus dem 2 s-Orbital in das noch freie p_z-Orbital und Wechselwirkung der jetzt jeweils einfach besetzten vier Orbitale werden vier energiegleiche sogenannte sp^3-Hybrid-Orbitale gebildet (B 415.1.). Jedes besteht aus zwei Orbitallappen, wobei der eine viel größer ist als der andere. Die sp^3-Hybrid-Orbitale sind tetraedrisch im Raum angeordnet, weil so die größtmögliche Entfernung zwischen ihnen zustande kommt und somit die Abstoßung zwischen den darin befindlichen Elektronen am geringsten ist. Alle Kohlenstoff-Atome in Alkan-Molekülen und alle Kohlenstoff-Atome, die nur an Einfachbindungen beteiligt sind, haben Molekül-Orbitale, an deren Bildung sp^3-Hybrid-Orbitale beteiligt waren.

Beim Methan-Molekül kommt es durch die Überlappung und Wechselwirkung der vier sp^3-Hybrid-Orbitale des Kohlenstoff-Atoms mit jeweils dem 1 s-Orbital der vier Wasserstoff-Atome (B 415.2.) zur Ausbildung von vier bindenden und vier antibindenden Molekül-Orbitalen. Ihre Form ist in B 415.2. nicht mehr dargestellt, aber ebenso wie bei den Molekül-Orbitalen des Wasserstoff-Moleküls ist bei jedem bindenden Molekül-Orbital die Aufenthaltswahrscheinlichkeit zwischen den Atomkernen erhöht, während beim antibindenden Molekül-Orbital eine Knotenebene zwischen den Kernen existiert. Im Methan-Molekül ist jedes der vier bindenden Molekül-Orbitale mit je zwei Elektronen besetzt, die antibindenden Molekül-Orbitale sind leer.

Beim Ethan-Molekül kommt es durch die in B 415.3. dargestellte Überlappung insgesamt zu 7 bindenden und 7 antibindenden Molekül-Orbitalen. Da das bindende Molekül-Orbital zwischen den beiden Kohlenstoff-Atomen rotationssymmetrisch[1] zur Kernverbindungsachse ist, kann sich die eine CH_3-Gruppe in Bezug auf die andere drehen.

Kohlenstoff-Atome, die an Doppelbindungen in Alken-Molekülen beteiligt sind, haben sp^2-Hybridisierung (B 415.4.). Hierbei hat der Energieausgleich nur zwischen dem s-Orbital und zwei der drei p-Orbitale stattgefunden. Die drei gebildeten sp^2-Hybrid-Orbitale sind in einer Ebene nach den Ecken eines gleichseitigen Dreiecks ausgerichtet, das verbleibende unhybridisierte p-Orbital steht senkrecht auf dieser Ebene (B 415.4.). Seine Energie ist etwas höher. Beim Ethen-Molekül führt die in B 415.5 angezeigte Überlappung der sp^2-Hybrid-Orbitale zu fünf bindenden und fünf antibindenden rotationssymmetrischen[1] Molekül-Orbitalen. Aber auch die nicht-hybridisierten p_z-Orbitale kommen entlang der gestrichelten Linie zur Wechselwirkung (vgl. auch B 235.1.). Dabei bildet sich ein nicht-rotationssymmetriches bindendes und das entsprechende antibindende Molekül-Orbital.

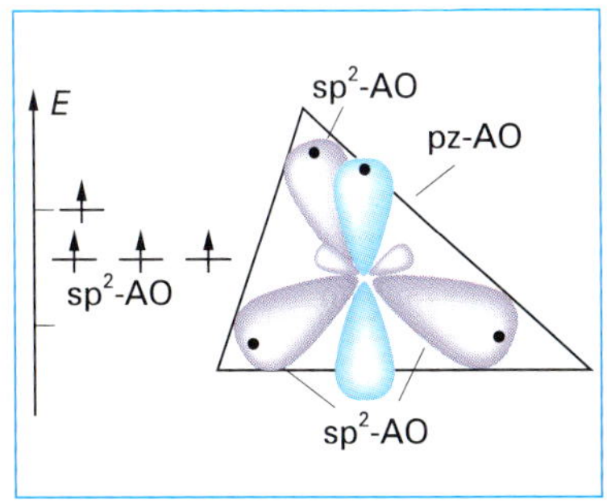

B 415.4. sp²-Hybridisierung beim Kohlenstoff-Atom

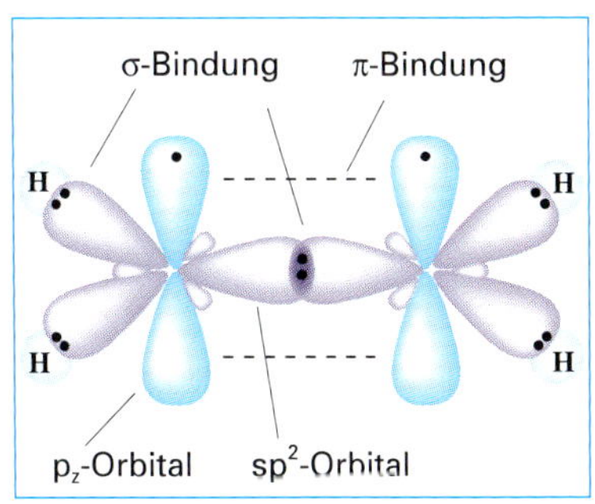

B 415.5. Überlappungen der Atom-Orbitale im Ethen-Molekül

[1] Ein Objekt ist rotationssymmetrisch zu einer Achse, wenn es bei jeder Drehung um diese Achse in sich selbst überführt wird. σ-Molekül-Orbitale sind rotationssymmetrisch, π-Molekül-Orbitale nicht.

Ergebnisse der Rechenaufgaben

A 13.2. $m(H_2O) = 0{,}0754$ g
A 13.3. C_2H_4O
a 13.4. C_5H_4
A 13.5. $C_4H_5N_2O$
a 13.6. C_2H_4; $\varrho_n = 1{,}24$ g/l
A 13.7. C_3H_8
A 13.8. $w(C) = 40\%$, $w(H) = 6{,}7\%$, $w(O) = 53{,}3\%$
a 16.2. $M = 83{,}0$ g/mol; C_6H_{12}
A 16.3. $M = 88{,}34$ g/mol; $C_4H_8O_2$
A 18.1. a) $K_s(\text{Aceton}) = 1{,}72\ \frac{\text{K}\cdot\text{kg}}{\text{mol}}$
b) $M(\text{Sorbit}) = 181{,}9$ g/mol; $C_6H_{14}O_6$
A 18.2. $C_8H_{10}N_4O_2$
A 18.4. $m(\text{Glykol}) = 500$ g; $\vartheta_b = 104{,}1°$ C
A 34.7. d) C_zH_{2z}
A 63.2 c) Iodzahl = 29,5 g I_2/100 g Fett
A 68.4. $\bar{v}_r = 1{,}21 \cdot 10^{-4}$ mol·s^{-1}
$\bar{v}_r = 1{,}78 \cdot 10^{-5}$ mol·s^{-1}
A 68.5. $t \approx 120$ s
A 79.2. $\Delta H_R^0 = -462{,}1$ kJ
A 79.3. $\Delta H_R^0(CH_4) = -35{,}84$ MJ·m^{-3}
$\Delta H_R^0(C_3H_8) = -91{,}31$ MJ·m^{-3}
A 85.4. 16666666 A_2 und B_2 Teilchen
A 98.1. $c(HI) = 1{,}57 \cdot 10^{-3}$ mol·l^{-1}
A 98.2. $K = 2{,}42 \cdot 10^{-3}$ l^2·mol^{-2}
A 98.4. b) 66,67%
c) $c_0(\text{Säure})/c_0(\text{Alkohol}) = 1/3$
A 102.1. $\Delta H_R^0 = -13{,}73$ kJ·mol^{-1}
A 102.2. $K = 49{,}2$
A 114.4. $\Delta H_R = -2036{,}7647$ MJ·t^{-1}
A 119.4. $m(AgCl) = 0{,}717$ g
A 119.5. $c(Cd^{2+}) = 5 \cdot 10^{-28}$ mol·l^{-1}
A 119.6. a) $c(Ca^{2+}) = 4{,}9 \cdot 10^{-3}$ mol·l^{-1}
b) $c(Ca^{2+}) = 2 \cdot 10^{-3}$ mol·l^{-1}
A 126.1. pH = 9,495
$c(OH^-) = 3{,}125 \cdot 10^{-5}$ mol·l^{-1}
A 126.2. $c(H_3O^+) = 3{,}162 \cdot 10^{-3}$ mol·l^{-1}
$c(OH^-) = 3{,}162 \cdot 10^{-12}$ mol·l^{-1}
A 126.3. a) Faktor: 10^{-4}
b) Faktor: 10^2
A 126.4. a) pH = 7,222
b) pH = 6,626
A 126.6. a) $N(H_3O^+) = 6{,}022 \cdot 10^{16}$ l^{-1}
b) $N(H_2O)/N(H_3O^+) = 5{,}5398 \cdot 10^8$
A 131.1. a) pH = 4,85
b) pH = 1
c) pH = 4,88
A 131.2. a) $c_0(HCl) = 3{,}16 \cdot 10^{-1}$ mol·l^{-1}
b) $c_0(C_6H_5COOH) = 1{,}58 \cdot 10^{-4}$ mol·l^{-1}
A 131.3. a) pH = 14
b) pH = 11,27
c) pH = 9,42
A 131.4. a) $c_0(KOH) = 3{,}16 \cdot 10^{-1}$ mol·l^{-1}
b) $c_0(NaHCO_3) = 3{,}02 \cdot 10^{-1}$ mol·l^{-1}
A 131.5. a) starke Säure
b) schwache Säure
c) mittelstarke Säure
A 131.6. pH = 0,4
A 131.7. pH = −0,3 und pH = 14,3
A 132.1. a) pH = 0,6
b) pH = 2,18
A 132.5. a) $\alpha = 0{,}0093$ b) $\alpha = 0{,}0291$ c) $\alpha = 0{,}089$

A 136.2. $c(NH_3)/c(NH_4^+) = 0{,}575$
A 136.3. b) $c(H_2CO_3)/c(HCO_3^-) = 0{,}1445$
A 136.4. $c(C_6H_5COOH)/c(C_6H_5COO^-) = 631$
A 138.4. $c(HInd)/c(Ind^-) = 0{,}25$
A 142.1. a) $c(NaOH) = 0{,}167$ mol·l^{-1}
b) $m(NaOH) = 0{,}2$ g
A 146.1. c) $c = 0{,}05$ mol·l^{-1}
A 146.3. a) $c(NH_4CH_3COO) = 0{,}05$ mol·l^{-1}
A 151.4. $E_c = -5{,}82\ \frac{e^2}{r}$
A 151.8. $\Delta H_G = -2235$ kJ·mol^{-1}
A 164.1. $\Delta H_L(NaCl) = +6$ kJ·mol^{-1}
$\Delta H_L(KCl) = +20$ kJ·mol^{-1}
A 165.1. $K_W = 5{,}3 \cdot 10^{-14}$ mol^2·l^{-2}
A 165.2. $K_L(AgCl) = 2{,}7 \cdot 10^{-10}$ mol^2·l^{-2}
A 168.1. $t = 53{,}2$ h
$V_n(Cl_2) = 2{,}22$ l
A 168.2. $I = 1{,}0$ A
A 168.3. $I = 9{,}5$ A
A 168.4. $t = 46{,}4$ min
A 168.5. $I = 12{,}2$ A
A 168.6. $t = 55{,}9$ min
A 174.1. $m(Zn) = 65{,}4$ mg
A 186.1. $E(Cu/Cu^{2+})(10^{-1}$ mol/l$) = 0{,}32$ V
$E(Cu/Cu^{2+})(10^{-3}$ mol/l$) = 0{,}26$ V
$E(Au/Au^{3+})(10^{-1}$ mol/l$) = 1{,}39$ V
$E(Au/Au^{3+})(10^{-3}$ mol/l$) = 1{,}35$ V
A 186.3. $c(Zn^{2+}) = 1{,}5 \cdot 10^{-11}$ mol·l^{-1}
A 188.1. $K = 1{,}8 \cdot 10^{15}$ l·mol^{-1}
A 191.2. $E(Cr^{3+}/Cr_2O_7^{2-}) = 0{,}91$ V
A 191.3. $U = 0{,}42$ V und $U = 1{,}22$ V
A 195.2. $m(Hg) = 26$ t
A 197.2. $E(Pb/Pb^{2+}) = -0{,}35$ V
$E(Pb^{2+}/PbO_2) = 1{,}68$ V
A 200.1. $E(H_2/2H_3O^+) = -0{,}42$ V
$E(H_2O/O_2) = 0{,}81$ V
A 207.1. $V_n(H_2) = 1{,}74$ ml
pH = 11,2
A 207.2. $m(Cl_2) = 12{,}2$ t
A 212.1. $m(Al) = 0{,}725$ t
A 212.2. $Q = 1{,}07 \cdot 10^{10}$ C
A 212.3. $W = 12\,000$ kWh
A 214.3. $c(As^{3+}) = 0{,}35$ mol·l^{-1}
A 214.4. $t = 50{,}6$ min
A 225.5. $\Delta H_R = +83$ kJ; $\Delta H_R = -189$ kJ
A 228.3. $\lambda = 338{,}7$ nm
A 269.4. $m(\text{Ester}) = 58{,}7$ g
A 273.2. 6 Möglichkeiten
A 289.3. $E(\text{Hydrochinon/Chinon}) = -0{,}127$ V
A 370.1. Impulsrate = 46 Impulse/min
A 373.1. $A = 1{,}59 \cdot 10^{11}$ Bq
A 373.2. a) $N(Ca) = 3{,}76 \cdot 10^{17}$
b) $m(Ca) = 28{,}1$ µg
A 373.3. $N(Ra) = 1 \cdot 10^{21}$
A 373.4. $m(Ra) = 0{,}1$ µg
A 376.1. a) $E = 5{,}12 \cdot 10^{32}$ eV
b) $m(\text{Steinkohle}) = 2{,}7 \cdot 10^6$ kg
A 382.1. $t = 17\,208$ a
A 392.1. 396 µg/m^3
A 395.3. b) $m(\text{Luft}) = 15{,}19$ kg
A 395.4. Volumenanteil$(SO_2) = 317$ ppm
A 395.5. $m(S) = 0{,}411$ g

Auswahl einiger Größen und ihre SI-Einheiten[1]

a) Basisgrößen

Größe	Symbol	mögliche Einheiten (unvollständig; SI-Basiseinheit an erster Stelle)
Länge	l	m, dm, cm, mm
Masse	m	kg, g, mg
Zeit	t	s, min, a
elektrische Stromstärke	I	A (Ampere)
Temperatur (thermodynamisch)	T	K (Kelvin)
Stoffmenge	n	mol
Lichtstärke	I_v	cd (Candela)

b) abgeleitete Größen und Einheiten

Größe	Symbol	Definitions- bzw. Größengleichung	mögliche Einheiten (unvollständig)
Dichte	ϱ	$\varrho = \frac{m}{V}$	$\frac{kg}{dm^3}, \frac{g}{cm^3}, \frac{g}{ml}$
Druck	p	$p = \frac{F}{A}$	1 Pa (Pascal) $= 1\,\frac{N}{m^2}$ 1 bar $= 10^5$ Pa
Elektrischer Leitwert	G	$G = \frac{1}{R}$	1 S (Siemens) $= \frac{1}{\Omega} = 1\,\frac{A}{V}$
Elektrische Ladung	Q	$Q = I \cdot t$	1 C (Coulomb) $= 1$ A · s
Energie	E, W		1 J = 1 Nm = 1 Ws
Geschwindigkeit	v	$v = \frac{s}{t}$	$\frac{m}{s}$
molare Masse	M	$M = \frac{m}{n}$	$\frac{kg}{mol}, \frac{g}{mol}$
molares Volumen	V_m	$V_m = \frac{V}{n}$	$\frac{l}{mol}$
Molalität	b	$b = \frac{n}{m_{LS}}$	$\frac{mol}{kg}$
Massenanteil	w	$w = \frac{m}{m_{LS}}$	1, %, ppm
Massenkonzentration	ϱ^*	$\varrho^* = \frac{m}{V_{LS}}$	$\frac{g}{l}, \frac{kg}{dm^3}$
molare Konzentration	c	$c = \frac{n}{V_{LS}}$	$\frac{mol}{l}$
Teilchenzahl	N		1
Transmissionsgrad	τ	$\tau = \frac{\Phi_{ex}}{\Phi_{in}}$	1, %
Strahlungsleistung	Φ	$\Phi = \frac{W}{t}$	W (Watt)

Angabe einer Größe

Zur genauen Angabe einer Größe schreibt man das **Produkt aus dem Zahlenwert und der Einheit** auf.
Beispiele:
m(Fe) 5 · 1 kg = 5 kg
n(NaOH) = 2 mol
c(HCl) = 0,01 mol/l

H–H	436
F–F	155
Cl–Cl	243
Br–Br	193
I–I	151
C–C	348
C=C	611
Pi-Bindung	264
C≡C	837
F–H	569
Cl–H	432
Br–H	366
I–H	299
O–H	465
C–O	360
C=O	746
C–N	306
C≡N	892
C–H	435
C–Cl	352
C–Br	293
C–I	234
C–F	456

Tab. 417.1. *Bindungsenthalpien (Bindungsenergien von Elektronenpaarbindungen) in* kJ/mol *(Mittelwerte)*

[1] Im Jahr 1960 ist man in Paris bei einer internationalen Konferenz für Maßeinheiten übereingekommen, ein internationales System von Maßeinheiten (SI-Einheiten) einzuführen. Damit sollte den Schwierigkeiten ein Ende gesetzt werden, die sich aufgrund verschiedener länderbezogener Maßeinheiten ergaben. Es wurden 6 Basisgrößen und ihre Einheiten festgelegt. Die Stoffmenge n kam erst später als Basisgröße dazu.

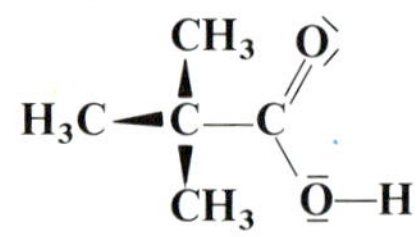

(+) I-Effekt beim Trimethylessigsäure-Molekül

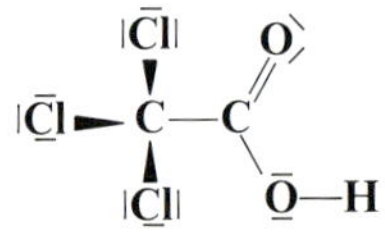

(−) I-Effekt beim Trichloressigsäure-Molekül

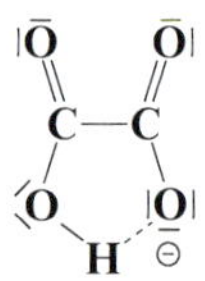

Wasserstoffbrückenbindung beim Hydrogenoxalat-Ion

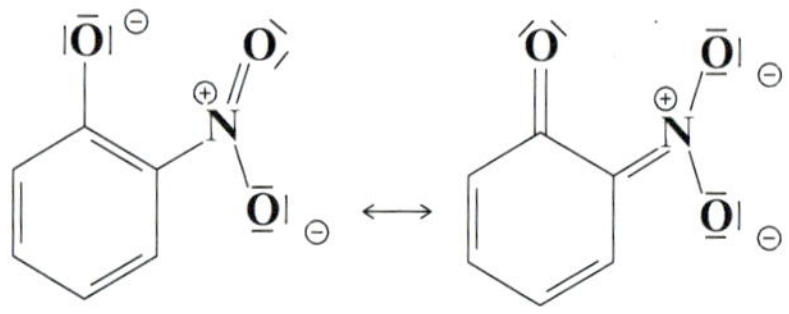

Mesomere Grenzformeln beim o-Nitrophenolat-Ion

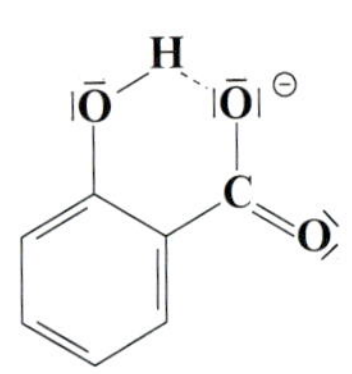

Wasserstoffbrückenbindung im Salicylat-Ion (o-Hydroxybenzoesäure-Ion)

Ameisensäure	$HCOOH$	3,77
Essigsäure	CH_3COOH	4,76
Buttersäure	C_3H_7COOH	4,82
Dimethylessigsäure	$(CH_3)_2CHCOOH$	4,85
Trimethylessigsäure	$(CH_3)_3CCOOH$	5,05
Milchsäure	$CH_3CH(OH)COOH$	3,87
(±) Weinsäure	$HOOC(CHOH)_2COOH$	2,96
Citronensäure	$(CH_2)_2C(OH)(COOH)_3$	3,13 (pK_{s_1}) 4,74 (pK_{s_2}) 5,39 (pK_{s_3})
Nitroessigsäure	O_2NCH_2COOH	1,68
Acrylsäure	$H_2C=CHCOOH$	4,26
Benzoesäure	C_6H_5COOH	4,22
o-Hydroxybenzoesäure	o-$C_6H_4(OH)COOH$	3,00
p-Hydroxybenzoesäure	p-$C_6H_4(OH)COOH$	4,54
o-Nitrobenzoesäure	o-$C_6H_4(NO_2)COOH$	2,16
p-Nitrobenzoesäure	p-$C_6H_4(NO_2)COOH$	3,41
Oxalsäure	$(COOH)_2$	1,46 (pK_{s_1}) 4,40 (pK_{s_2})
Malonsäure	$HOOCCH_2COOH$	2,7 (pK_{s_1}) 5,7 (pK_{s_2})
Bernsteinsäure	$HOOC-(CH_2)_2-COOH$	4,19 (pK_{s_1}) 5,5 (pK_{s_2})
Adipinsäure	$HOOC(CH_2)_4COOH$	4,4 (pK_{s_1}) 5,4 (pK_{s_2})
Phthalsäure	o-$C_6H_4(COOH)_2$	2,9 (pK_{s_1}) 5,4 (pK_{s_2})
Maleinsäure	cis-$HOOC(CH)_2COOH$	1,9 (pK_{s_1}) 6,5 (pK_{s_2})
Fumarsäure	trans-$HOOC(CH)_2COOH$	3,02 (pK_{s_1}) 4,6 (pK_{s_1})
Fluoressigsäure	FCH_2COOH	2,60
Chloressigsäure	$ClCH_2COOH$	2,86
Bromessigsäure	$BrCH_2COOH$	2,87
Iodessigsäure	ICH_2COOH	3,13
Dichloressigsäure	$Cl_2CHCOOH$	1,30
Trichloressigsäure	Cl_3CCOOH	0,64
Trifluoressigsäure	F_3CCOOH	0,23
α-Chlorpropansäure	$CH_3CHClCOOH$	2,8
β-Chlorpropansäure	$ClCH_2CH_2COOH$	4,1
Phenol	C_6H_5OH	10,0
o-Nitrophenol	$C_6H_4(NO_2)OH$	7,2
Pikrinsäure	$C_6H_2(NO_2)_3OH$	1,02
o-Aminophenol	o-$C_6H_4(NH_2)OH$	9,7
Hydrochinon	p-$C_6H_4(OH)_2$	10,0
Methanol	CH_3OH	~16

Tab. 418.1. *pK_s-Werte einiger organischer Säuren*

Ammoniak	NH_3	4,75
Methylamin	CH_3NH_2	3,36
Benzylamin	$C_6H_5CH_2NH_2$	4,64
Anilin	$C_6H_5NH_2$	9,42
p-Diaminobenzol	p-$C_6H_4(NH_2)_2$	7,96
Pyridin	C_5H_5N	8,77
Pyrrol	C_4H_5N	13,6

Tab. 418.2. *pK_b-Werte einiger organischer Basen*

Isomerie organischer Verbindungen

Isomerie — BERZELIUS 1830

Bei gleicher Summenformel (gleicher qualitativer und quantitativer Zusammensetzung) existieren verschiedene Verbindungen.

Konstitutionsisomerie (Struktur-Isomerie)

Unterschiedliche Verknüpfung der Atome bzw. unterschiedliche Reihenfolge (Sequenz) der Atome

Gerüstisomerie
(Skelettisomerie)

Isomerie der Grundkörper (Kohlenwasserstoffe). Unterschiedlicher Aufbau des Kohlenstoff-Gerüsts: unverzweigte bzw. verzweigte Ketten

Beispiele: Isomere Butane, Pentane, Hexane, isomere Butene

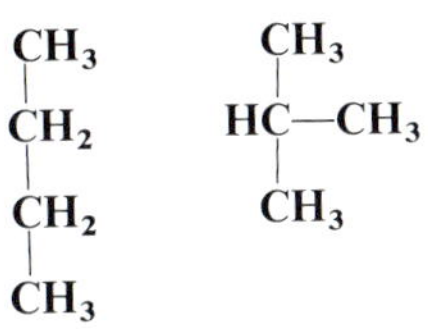

C_4H_{10}

Stellungsisomerie
(Ortsisomerie)

Unterschiedliche Stellung funktioneller Gruppen (Substituenten) an den Kohlenstoff-Atomen einer Kette oder eines Rings (Kernisomerie)

Beispiele: Isomere Dichlorethane; isomere Butanole; isomere Butanole; isomere Dihalogenbenzole

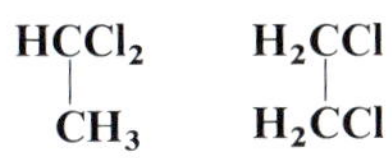

$C_2H_4Cl_2$

Funktionelle Isomerie

Isomere besitzen unterschiedliche funktionelle Gruppen.

Beispiele: Ethanol (Hydroxy-Gruppe) – Dimethylether (Sauerstoff-brücke); Propanal – Propanon

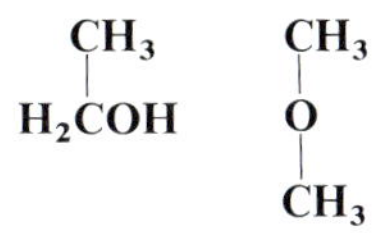

C_2H_6O

Bindungsisomerie
(Valenzisomerie)

Bei den Isomeren sind einzelne Bindungen verschoben, d.h. die gleichen Atome sind verschieden gebunden.

Beispiele: 1,3-Butadien-Cyclobuten

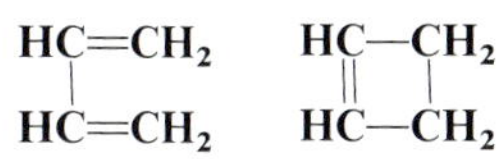

C_4H_6

Stereoisomerie (Raumisomerie)

Isomere unterscheiden sich nur in der Konfiguration, d.h. in der Anordnung der Atome im dreidimensionalen Raum.

Geometrische Isomerie
(cis-trans-Isomerie)

WISLICELIUS 1873

Verschiedene Anordnung von Substituenten an einer Doppelbindung oder einem nichtaromatischen Ring

Beispiele: Isomere 1,2-Dichlorethene; disubstituierte Cycloalkane

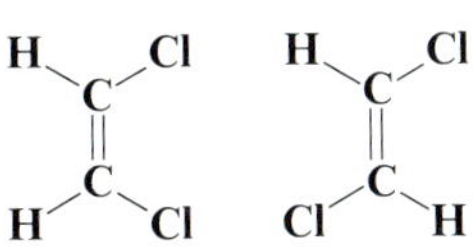

$C_2H_2Cl_2$

Spiegelbildisomerie
(optische Isomerie oder Enantiomerie)

PASTEUR 1860

Chiraler Molekülbau der Isomeren, Übereinstimmung in skalaren Größen (z.B. Energieinhalt, Löslichkeit, ϑ_m, ϑ_b u.a.). Unterschiede in vektoriellen Größen (Drehung der Polarisationsebene des linearpolarisierten Lichtes)

Beispiel: Enantiomere der Milchsäure

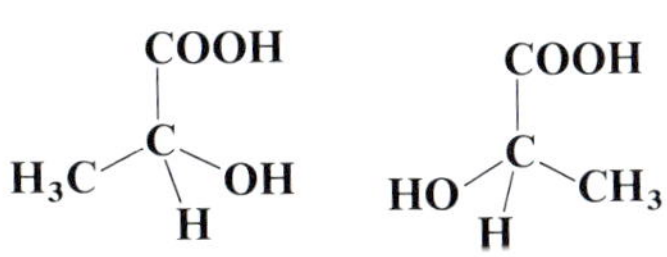

$C_3H_6O_3$

Konformationsisomerie

HAWORTH 1929

Aus der Rotationsmöglichkeit um die Einfachbindung bedingte unterschiedliche räumliche Lagerung von Atomen zueinander

Beispiel: Sessel- und Wannenform des Cyclohexans

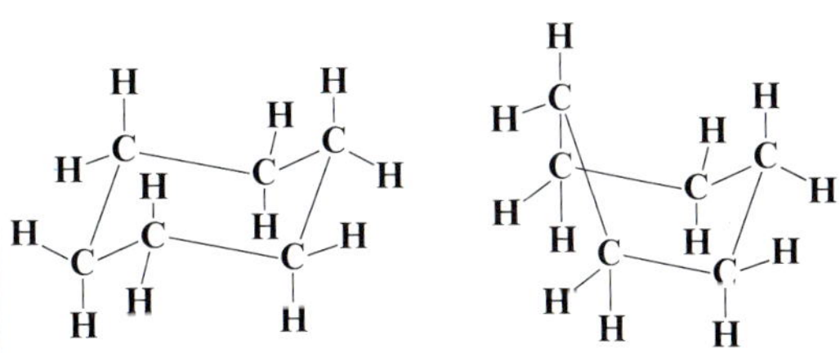

C_6H_{12}

Griechisches Alphabet (gekürzt)

Buchstabe klein	Buchstabe groß	Name	Buchstabe klein	Buchstabe groß	Name
α	Α	alpha	ν	Ν	nü
β	Β	beta	π	Π	pi
γ	Γ	gamma	ρ	Ρ	rho
δ	Δ	delta	σ	Σ	sigma
ε	Ε	epsilon	τ	Τ	tau
η	Η	eta	φ	Φ	phi
ϑ	Θ	theta	κ	Κ	kappa
λ	Λ	lambda	ψ	Ψ	psi
μ	Μ	mü	ω	Ω	omega

Grundkonstanten

Lichtgeschwindigkeit	$c = 2{,}99793 \cdot 10^8$ m·s^{-1}
Plancksches Wirkungsquantum	$h = 6{,}626 \cdot 10^{-34}$ J·s
Elementarladung	$e = -1{,}602 \cdot 10^{-19}$ C
Gaskonstante	$R = 8{,}314$ J·K^{-1}·mol^{-1}
Avogadro-Konstante	$N_A = 6{,}022 \cdot 10^{23}$ mol^{-1}
molares Normvolumen	$V_{mn} = 22{,}415$ l·mol^{-1}
absoluter Nullpunkt	$T = 0$ K oder $\vartheta = -273{,}15$ °C
Faraday-Konstante	$F = 96\,487$ C·mol^{-1}

Abkürzungen in der Analytik

% (Prozent)	entspricht $1:10^2$
‰ (Promille)	entspricht $1:10^3$
ppm (*parts per million*)	entspricht $1:10^6$
ppb (*parts per billion*)	entspricht $1:10^9$
ppt (*parts per trillion*)	entspricht $1:10^{12}$

Umrechnungsfaktoren

Energie	J	cal	eV
1 J	1	0,2390	$6{,}242 \cdot 10^{18}$
1 cal	4,184	1	$2{,}612 \cdot 10^{19}$
1 eV	$1{,}602 \cdot 10^{-19}$	$3{,}829 \cdot 10^{-20}$	1
1 J = 1 N·m = 1 W·s = 1 V·A·s			

Druck	Pa	atm	mm **Hg**	bar
1 Pa	1	$9{,}869 \cdot 10^{-6}$	$7{,}501 \cdot 10^{-3}$	10^{-5}
1 atm	$1{,}013 \cdot 10^5$	1	760,0	1,013
1 mm **Hg** (Torr)	133,3	$1{,}316 \cdot 10^{-3}$	1	$1{,}333 \cdot 10^{-3}$
1 bar	10^5	0,9869	750,1	1

Dezimale Teile/Vielfache

Potenz	Vorsilbe	Symbol	Potenz	Vorsilbe	Symbol
10^{-1}	Dezi	d	10	Deka	da
10^{-2}	Zenti	c	10^2	Hekto	h
10^{-3}	Milli	m	10^3	Kilo	k
10^{-6}	Mikro	μ	10^6	Mega	M
10^{-9}	Nano	n	10^9	Giga	G
10^{-12}	Piko	p	10^{12}	Tera	T
10^{-15}	Femto	f	10^{15}	Peta	P
10^{-18}	Atto	a	10^{18}	Exa	E

Ordnungszahlen, chemische Symbole und Namen der chemischen Elemente

1	**H**	= Wasserstoff	29	**Cu**	= Kupfer	57	**La**	= Lanthan	85	**At**	= Astat
2	**He**	= Helium	30	**Zn**	= Zink	58	**Ce**	= Cer	86	**Rn**	= Radon
3	**Li**	= Lithium	31	**Ga**	= Gallium	59	**Pr**	= Praseodym	87	**Fr**	= Francium
4	**Be**	= Beryllium	32	**Ge**	= Germanium	60	**Nd**	= Neodym	88	**Ra**	= Radium
5	**B**	= Bor	33	**As**	= Arsen	61	**Pm**	= Promethium	89	**Ac**	= Actinium
6	**C**	= Kohlenstoff	34	**Se**	= Selen	62	**Sm**	= Samarium	90	**Th**	= Thorium
7	**N**	= Stickstoff	35	**Br**	= Brom	63	**Eu**	= Europium	91	**Pa**	= Protactinium
8	**O**	= Sauerstoff	36	**Kr**	= Krypton	64	**Gd**	= Gadolinium	92	**U**	= Uran
9	**F**	= Fluor	37	**Rb**	= Rubidium	65	**Tb**	= Terbium	93	**Np**	= Neptunium
10	**Ne**	= Neon	38	**Sr**	= Strontium	66	**Dy**	= Dysprosium	94	**Pu**	= Plutonium
11	**Na**	= Natrium	39	**Y**	= Yttrium	67	**Ho**	= Holmium	95	**Am**	= Americium
12	**Mg**	= Magnesium	40	**Zr**	= Zirconium	68	**Er**	= Erbium	96	**Cm**	= Curium
13	**Al**	= Aluminium	41	**Nb**	= Niob	69	**Tm**	= Thulium	97	**Bk**	= Berkelium
14	**Si**	= Silicium	42	**Mo**	= Molybdän	70	**Yb**	= Ytterbium	98	**Cf**	= Californium
15	**P**	= Phosphor	43	**Tc**	= Technetium	71	**Lu**	= Lutetium	99	**Es**	= Einsteinium
16	**S**	= Schwefel	44	**Ru**	= Ruthenium	72	**Hf**	= Hafnium	100	**Fm**	= Fermium
17	**Cl**	= Chlor	45	**Rh**	= Rhodium	73	**Ta**	= Tantal	101	**Md**	= Mendelevium
18	**Ar**	= Argon	46	**Pd**	= Palladium	74	**W**	= Wolfram	102	**No**	= Nobelium
19	**K**	= Kalium	47	**Ag**	= Silber	75	**Re**	= Rhenium	103	**Lr**	= Lawrencium
20	**Ca**	= Calcium	48	**Cd**	= Cadmium	76	**Os**	= Osmium	104	**Rf**	= Rutherfordium
21	**Sc**	= Scandium	49	**In**	= Indium	77	**Ir**	= Iridium	105	**Db**	= Dubnium
22	**Ti**	= Titan	50	**Sn**	= Zinn	78	**Pt**	= Platin	106	**Sb**	= Seaborgium
23	**V**	= Vanadium	51	**Sb**	= Antimon	79	**Au**	= Gold	107	**Bh**	= Bohrium
24	**Cr**	= Chrom	52	**Te**	= Tellur	80	**Hg**	= Quecksilber	108	**Hs**	= Hassium
25	**Mn**	= Mangan	53	**I**	= Iod	81	**Tl**	= Thallium	109	**Mt**	= Meitnerium
26	**Fe**	= Eisen	54	**Xe**	= Xenon	82	**Pb**	= Blei			
27	**Co**	= Cobalt	55	**Cs**	= Caesium	83	**Bi**	= Bismut			
28	**Ni**	= Nickel	56	**Ba**	= Barium	84	**Po**	= Polonium			

Legende (Beispiel Fe):

55,8 Fe 1,8 26 III,II

- Atommasse in u (Nukleonenzahl des langlebigsten Isotops): 55,8
- Elementsymbol fest, flüssig, gasförmig: Fe
- Elektronegativität nach PAULING: 1,8
- Ordnungszahl (Protonenzahl): 26
- häufigste Oxidationszahl(en): III, II

Periode Schale	Haupt- I	Haupt- II	Neben- III	Neben- IV	Neben- V	Neben- VI	Neben- VII	Neben- VIII	Neben- VIII	Neben- VIII	Neben- I	Neben- II	-gruppen III	-gruppen IV	-gruppen V	-gruppen VI	-gruppen VII	-gruppen VIII
1 K	1,0 H 2,1 1 I,–I																	4,0 He – 2 –
2 L	6,9 Li 1,0 3 I	9,0 Be 1,5 4 II											10,8 B 2,0 5 III	12,0 C 2,5 6 IV	14,0 N 3,0 7 V,–III	16,0 O 3,5 8 –II	19,0 F 4,0 9 –I	20,2 Ne – 10 –
3 M	23,0 Na 0,9 11 I	24,3 Mg 1,2 12 II											27,0 Al 1,5 13 III	28,1 Si 1,8 14 IV	31,0 P 2,1 15 V,–III	32,1 S 2,5 16 –II,VI	35,5 Cl 3,0 17 –I,VII	39,9 Ar – 18 –
4 N	39,1 K 0,8 19 I	40,1 Ca 1,0 20 II	45,0 Sc 1,3 21 III	47,9 Ti 1,5 22 IV,II	50,9 V 1,6 23 V,II	52,0 Cr 1,6 24 III,VI	54,9 Mn 1,5 25 II,VII	55,8 Fe 1,8 26 III,II	58,9 Co 1,8 27 II,III	58,7 Ni 1,8 28 II,III	63,5 Cu 1,9 29 II,I	65,4 Zn 1,6 30 II	69,7 Ga 1,6 31 III	72,6 Ge 1,8 32 IV,II	74,9 As 2,0 33 III,V	79,0 Se 2,4 34 –II,VI	79,9 Br 2,8 35 –I	83,8 Kr – 36 –
5 O	85,5 Rb 0,8 37 I	87,6 Sr 1,0 38 II	88,9 Y 1,3 39 III	91,2 Zr 1,4 40 IV	92,9 Nb 1,6 41 V,II	95,9 Mo 1,8 42 VI,V	(97) Tc 1,9 43 VII	101,1 Ru 2,2 44 IV,III	102,9 Rh 2,2 45 III,II	106,4 Pd 2,2 46 II,IV	107,9 Ag 1,9 47 I	112,4 Cd 1,7 48 II	114,8 In 1,7 49 III	118,7 Sn 1,8 50 IV,II	121,8 Sb 1,9 51 III,V	127,6 Te 2,1 52 –II,VI	126,9 I 2,5 53 –I	131,3 Xe – 54 –
6 P	132,9 Cs 0,7 55 I	137,3 Ba 0,9 56 II	175,0 Lu 1,2 71 III	178,5 Hf 1,3 72 IV	180,9 Ta 1,5 73 V	183,9 W 1,6 74 VI,V	186,2 Re 1,9 75 VII	190,2 Os 2,2 76 IV,VIII	192,2 Ir 2,2 77 II,IV	195,1 Pt 2,2 78 IV,II	197,0 Au 2,4 79 III,I	200,6 Hg 1,9 80 II,I	204,4 Tl 1,8 81 I,III	207,2 Pb 1,8 82 II,IV	209,0 Bi 1,9 83 III,V	(209) Po 2,0 84 –II,VI	(210) At 2,2 85 I,III	(222) Rn – 86 –
7 Q	(223) Fr 0,7 87 I	226,0 Ra 0,9 88 II	(260) Lr 103 –	(261) Rf 104	Db 105	Sg 106	Bh 107	Hs 108	Mt 109									

Metalle sind grün, Halbmetalle orange und Nichtmetalle gelb unterlegt.

Lanthanoide	138,9 La 1,1 57 III	140,1 Ce 1,1 58 III,IV	140,9 Pr 1,1 59 III,IV	144,2 Nd 1,2 60 III	(145) Pm – 61 III	150,4 Sm 1,2 62 III,II	152,0 Eu – 63 III,II	157,3 Gd 1,1 64 III	158,9 Tb 1,2 65 III,IV	162,5 Dy 1,2 66 III	164,9 Ho 1,2 67 III	167,3 Er 1,2 68 III	168,9 Tm 1,2 69 III,II	173,0 Yb 1,1 70 III,II
Actinoide	227,0 Ac 1,1 89 III	232,0 Th 1,3 90 IV	231,0 Pa 1,5 91 III,IV	238,0 U 1,7 92 IV,V	237,0 Np 1,3 93 VI,V	(244) Pu 1,3 94 IV,VI	(243) Am – 95 III,II	(247) Cm 1,3 96 III	(247) Bk – 97 III,IV	(251) Cf – 98 III	(254) Es – 99 –	(257) Fm – 100 –	(258) Md – 101 –	(259) No – 102 –

Chemikalienliste zu den Versuchen

Gefahrenhinweise, R- und S-Sätze, Entsorgungsempfehlungen.

(Die hier nicht angegebenen Stoffe sind entweder so harmlos, dass für sie keine Gefahrensymbole und R- und S-Sätze vorgesehen sind oder werden in nur ganz winzigen Mengen benutzt, z.B. als Indikatoren).

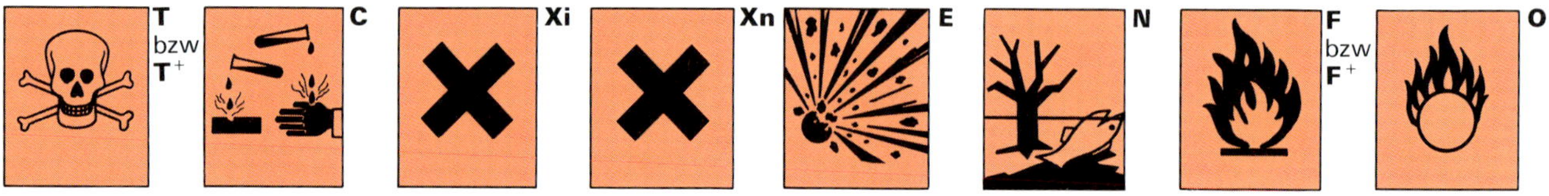

T = *toxical = giftig bzw. sehr giftig*
C = *corrosive = ätzend*
Xi = *irritant = reizend*
Xn = *nocuous = gesundheitsschädlich*
E = *explosiv*
N = *Umwelt gefährdend*
F = *brennbar, leicht bzw. hoch entzündlich*
O = *oxidant = oxidierend = Brand fördernd*

Acetessigsäureethylester $C_6H_{10}O_3$, **F**, Ents. 1
Aceton C_3H_6O, **F**, R: 11, S: 9–16–23–33, Ents. 1
Acrolein (Propenal), C_3H_4O, **T**, **F**, R: 11–23–36/37/38, S: 29–33–34, Ents. 9
Aluminiumchlorid, $AlCl_3$, **C**, R: 34, S: 7/8, – 28, Ents. 14
Amino-benzolsulfonsäure (Sulfanilsäure), $H_2NC_6H_4SO_3H$, **Xn**, R: 20/21/22, S: 25–28, Ents. 1
Ammoniak-Lösung (w = 25%) $NH_3(aq)$, **Xi**, R: 36/37/38, S: 2–26, Ents. 13
Ammoniumchlorid NH_4Cl, **Xn**, R: 22–36, S: 22, Ents. 14
Ammoniumeisen(II)-sulfat-Lösung, $(NH_4)2Fe(SO_4)2(aq)$, **C**, R: 35, S: 2–26–30, Ents. 14
Ammoniummolybdat, $H_{34}Mo_7O_{24}$, **Xn**, R: 22, Ents. 15
Ammoniumnitrat NH_4NO_3, **O**, R: 8–9, S: 15–16–41, Ents. 14
Ammoniumperoxodisulfat $(NH_4)_2S_2O_8$, **O**, **Xn**, R: 8–22–36/38–46, S: 24–36, Ents. 22
Ammoniumthiocyanat NH_4SCN, **Xn**, R: 20/21/22–32, S: 2–13, Ents. 14
Anilin, $C_6H_8NH_2$, **T**, R: 23/24/25–33–40, S: 28–36/37–44, Ents. 9

Bariumchlorid, $BaCl_2$, **Xn**, R: 20/22, S. 28, Ents. 15
Bariumhydroxid $Ba(OH)_2 \cdot 8H_2O$, **Xn**, R: 22/22, S: 28, Ents. 13
Benzin, **F**, R: 11, S: 9–29–33, Ents. 1
Benzoesäure, C_6H_5COOH, S: 22–24/25, Ents. 12
Benzol (Benzen), C_6H_6, **F**, **T**, **N**, **krebserregend**, R: 45–11–23/25–48, S: 53–16–29–44, Ents. 9
Benzylbromid, $C_6H_5CH_2Br$, **Xi**, R: 36/37/38–40, S: 39, Ents. 2
Blei Pb, **Xn**, R: 20/22–23, S: 13–20/21, Ents. 15
Bleiacetat, $(CH_3COO)_2Pb$, **Xn**, R: 20/22–33–47, S: 13–20/21, Ents. 15
Blei(II)-chlorid $PbCl_2$, **Xn**, R: 20/22–23, S: 13–20/21, Ents. 15
Bleinitrat $Pb(NO_3)_2$, **Xn**, R: 20/22–23, S: 13–20/21, Ents. 15
Blei(II)-oxid, PbO, **Xn**, R: 20/22–33–47, S: 13–20/21, Ents. 15
Blei(IV)-oxid PbO_2, **Xn**, R: 20/22–23, S: 13–20/21, Ents. 15
Braunstein – siehe Mangan(IV)-oxid
Brenzcatechin (1,2-Dihydroxybenzol), $C_6H_4(OH)_2$, **Xn**, R: 21/22–36/38, S: 22–26–37, Ents. 1
Brom, Br_2, **C**, **T**, R: 26–35, S: 7/9–26, Ents. 22
2-Brom-2-methylpropan (tertiär-Butylbromid), C_4H_9Br, **F**, R: 11, Ents. 2 (für das Hydrolyseprodukt Ents. 12)
Brombenzol, C_6H_5Br, **Xi**, R: 10–38, Ents. 2
Brombutane, C_4H_9Br, **F**, R: 11, Ents. 2
Bromheptan, $C_7H_{15}Br$, **Xi**, R: 36/37/38, Ents. 2
Bromisooctane, $C_8H_{17}Br$, **F**, R: 11, Ents. 2
Brompropan, C_3H_7Br, **F**, R: 11, Ents. 2
Bromtoluol, $BrC_6H_4CH_3$, **Xn**, R: 20/22–36/37/38, Ents. 2
Butan, C_4H_{10}, **F⁺**, R: 13, S: 9–16–33
Butandisäure (Bernsteinsäure), $C_4H_6O_4$, **Xi**, R: 36, S: 36, Ents. 12
Butanol, C_4H_9O, **Xn**, R: 10–20, S: 16, Ents. 1
Buttersäure (Butansäure), $C_4H_8O_2$, **C**, R: 34, S: 26–36, Ents. 12

Calciumchlorid, $CaCl$, **Xi**, R: 36, S: 24, Ents. 14
Calciumhydroxid, $Ca(OH)_2$, **C**, R: 34, S: 26–36, Ents. 13
Chlor, Cl_2, **T⁺**, R: 23–36/37/38, S: 7/9–44
2-Chlor-2-methylpropan (tertiär-Butylchlorid), $(CH_3)_3CCl$, **F**, R: 11, S: 9–16–29. Ents. 2 (für das Hydrolyseprodukt Ents. 12)
Chloral (Trichlorethanal), CCl_3OH, **T**, R: 25–36/38, S: 25–44, Ents. 2 (vorher mit Natriumhydrogensulfat versetzen)
Chloralhydrat, $CCl_3C(OH)_2$, **T**, R: 25–36/38, S: 25–44, Ents. 2 (vorher mit Natriumhydrogensulfat versetzen)
Chloroform (Trichlormethan), $CHCl_3$, **Xn**, R: 20–40, S: 2–24/25, Ents. 2
Chrom(III)-chlorid, $CrCl_3$, **Xn**, R: 22, Ents. 15
Cobalt(II)-chlorid, $CoCl_2 \cdot 6H_2O$, **Xn**, **krebserregend**, R: 22, Ents. 15
Cyclohexan, C_6H_{12}, **F**, R: 11, S: 9–16–33, Ents. 1
Cyclohexanol, $C_6H_{11}OH$, **Xn**, R: 20/22–37/38, S: 24/25, Ents. 1
Cyclohexen, C_6H_{10}, **F**, R: 11, S: 9–16–33, Ents. 1

Desmodur, **T** (Herstellerkennzeichnung beachten!)
Desmophen, **Xn** (Herstellerkennzeichnung beachten!)
Diaminohexan, $H_2N(CH_2)_6NH_2$, **T**, **C**, R: 21/22–34–43, S: 26–36/39, Ents. 1
Dibenzoylperoxid, $(C_6H_5COO)_2$, **O**, **Xi**, R: 3–36/37/38, S: 3/7/9–14–27–34–37/39, Ents. 22
1,2-Dibromcyclohexan, $C_6H_{10}Br_2$, **Xi**, R: 36/38, S: 26, Ents. 2
1,2-Dibromethan, $C_2H_4Br_2$, **T**, **krebserregend**, R: 45–23/24/25–36/37/38, S: 53–54, Ents. 9
1,2-Dibromhexan, $C_6H_{12}Br_2$, **Xi**, R: 36/38, S: 26, Ents. 2
Diethylether (Ether), $C_4H_{10}O$, **F⁺**, R: 12–19, S: 9–16–29–33, Ents. 1
Dimethylanilin, $C_6H_5N(CH_3)_2$, **T**, R: 10–23/24/25–33, S: 28–37–44, Ents. 9
Dimethylformamid, $HCON(CH_3)_2$, **Xn**, R: 20/21–36, S: 26–28–36, Ents. 1
Dimethylsulfoxid C_2H_6SO, S: 24/25, Ents. 1
Dioctylphthalat, $C_{24}H_{38}O_4$, Ents. 1

Eisen(III)-chlorid $FeCl_3 \cdot 6H_2O$, **Xn**, R: 22–41, S: 46, Ents. 15
Eisen(II)-sulfat $FeSO_4 \cdot 7H_2O$, **Xn**, R: 22–41, S: 26, Ents. 15
Essigsäureanhydrid, $C_4H_6O_3$, **C**, R: 10–34, S: 26, Ents. 12
Ethanal (Acetaldehyd), CH_3CHO, **Xn**, **F⁺**, R: 12–36/37–40, S: 9–16–29–33, Ents. 1 (vorher mit Natriumhydrogensulfat versetzen)

Ethandisäure (Oxalsäure), **HOOCCOOH**, **Xn**, R: 21/22, S: 2–24/25, Ents. 12
Ethanol, **C_2H_5OH**, **F**, R: 11, S: 7–16, Ents. 1
Ethansäure (Essigsäure), **CH_3COOH**, **C**, R: 10–35, S: 2–23–26, Ents. 12
Ethansäureethylester (Ethylacetat), **$CH_3COOC_2H_5$**, **F**, R: 11, S: 16–23–29–33, Ents. 1
Ethen (Ethylen), **C_2H_4**, **F^+**, R: 13, S: 9–16–33

Formalin, **CH_2O**, **T**, R: 23/24/25–34–40–43, S: 26–36/37–41–51, Ents. 1 (vorher mit Natriumhydrogensulfit-Lsg. versetzen)
Fumarsäure (trans-Butendisäure), **$C_4H_4O_4$**, **Xi**, R: 36, S: 26, Ents. 12

Heptan, **C_7H_{16}**, **F**, R: 11, S: 9–16–23–29–33, Ents. 1
Hexan, **C_6H_{14}**, **F**, **Xn**, R: 11–20/21–40, S: 9–16–23, Ents. 1
Hexandisäure (Adipinsäure), **$HOOC(CH_2)_4COOH$**, **Xi**, R: 36, S: 24–26, Ents. 12
Hexen, **C_4H_{12}**, **F**, R: 11, S: 9–16–23–29–33, Ents. 1
Hydrochinon (1,2-Dihydroxybenzol), **$C_6H_4(OH)_2$**, **Xn**, R: 22–36/38, S: 26, Ents. 1
Hydrogenchlorid, **HCl**, **C**, **T**, R: 35–37, S: 7/9–26–44
2-Hydroxypropansäure (Milchsäure), **$CH_3CH(OH)COOH$**, **C**, R: 34, S: 25, Ents. 12

Iod, **I_2**, **Xn**, R: 20/21, S: 23–25, Ents. 22

Kaliumcarbonat, **K_2CO_3**, **Xn**, R: 22, Ents. 14
Kaliumdichromat, **$K_2Cr_2O_7$**, **T**, **krebserregend**, R: 45–36/37/38–43, S: 53–22–28, Ents. 15 (vorher mit Natriumhydrogensulfit reduzieren)
Kaliumfluorid, **KF**, **T**, R: 23/24/25, S: 1/2–26–44, Ents. 14
Kaliumhydroxid, **KOH**, **C**, R: 35, S: 2–26–37/39, Ents. 13
Kaliumhydroxid-Lösung (Kalilauge), **KOH(aq)**, **C**, R: 35, S: 2–26–27–37/39, Ents. 13
Kaliumnitrat **KNO_3**, **O**, R: 8, S: 16–41, Ents. 14
Kaliumperchlorat **$KClO_4$**, **O**, **Xn**, R: 9–22, S: 2–13–22–27, Ents. 22
Kaliumpermanganat, **$KMnO_4$**, **O**, **Xn**, R: 8–22, S: 2, Ents. 22
Kaliumthiocyanat, **KSCN**, **Xn**, R: 20/21/22–32, S: 2–13, Ents. 14
Kalkwasser, **$Ca(OH)_2$**, **C**, R: 34, S: 26–36, Ents. 14
Kohlenstoffmonooxid, **CO**, **T^+**, **F**, **N**, R: 47–12–23, S: 53–7–16
Kristallviolett, **Xn**, R: 22
Kristallviolett-Lösung, **Xn**, R: 22
Kupfer(I)-chlorid **CuCl**, **Xn**, R: 22, Ents. 15 (bei dem Versuch mit Kupfer(I)-chlorid wird auch **UV**-Licht verwendet, das beim Hineinschauen Bindehautentzündung verursacht; der Tauchlampenreaktor ist daher mit Aluminiumfolie abzuschirmen)
Kupfer(II)-chlorid, **$CuCl_2 \cdot 2H_2O$**, **T**, R: 25–36, S: 44, Ents. 15
Kupfer(II)-nitrat, **$Cu(NO_3)_2$**, **Xn**, R: 22, Ents. 15
Kupfer(II)-oxid, **CuO**, Ents. 15 (kann wiederverwendet werden)
Kupfer(II)-sulfat, **$CuSO_4 \cdot 5H_2O$**, **Xn**, R: 22, Ents. 15

Lithiumchlorid, **LiCl**, **Xn**, R: 22, S: 24, Ents. 14

Magnesium Band **Mg**, R: 15–17, S: 26–36
Magnesium Pulver **Mg**, **F**, R: 15–17, S: 7/8–43
Magnesium-Späne, **Mg**, R: 15–17, S: 26–36
Maleinsäure (cis-Butendisäure), **$C_4H_4O_4$**, **Xi**, R: 22–36/37/38, S: 26–28–37, Ents. 12 (für verdünnte Lösungen)
Mangan(II)-chlorid **$MnCl_2 \cdot 2H_2O$**, **Xn**, R: 22, Ents. 15
Mangandioxid **MnO_2**, **Xn**, R: 20/22, S: 25, Ents. 15
Methan, **CH_4**, **F^+**, R: 12, S: 9–16–33
Methanol, **CH_3OH**, **F**, **T**, R: 11–23/25, S: 2–7–16–24, Ents. 1
Methansäure (Ameisensäure), **HCOOH**, **C**, R: 35, S: 2–23–26, Ents. 12
Methansäureethylester (Ethylformiat), **$C_3H_6O_2$**, **F**, R: 11, S: 9–16–33, Ents. 1
2-Methyl-2-propanol (tertiär-Butanol), **$(CH_3)_3COH$**, **Xn**, **F**, R: 11–20, S: 9–16, Ents. 1
Monochlorethansäure (Chloressigsäure), **$CH_2ClCOOH$**, **T**, R: 23/24/25–35, S: 22–36/37/39, Ents. 12

β-Naphthol, **C_1OH_7OH**, **Xn**, R: 20/22, S: 24/25, Ents. 1
N-(1-Naphthyl)-ethylendiamindihydrochlorid, **$C_{12}H_{16}Cl_2N_2$**, **Xn**, R: 22, S: 7–25, Ents. 2
Natrium, **Na**, **F**, **C**, R: 14/15–34, S: 5–8–43, Ents. 26
Natriumcarbonat, **$Na_2CO_3 \cdot 10H_2O$**, **Xi**, R: 36, S: 24–26, Ents. 14
Natriumdithionit-Lösung, **$Na_2S_2O_4(aq)$**, **Xn**, R: 7–22–31, S: 7/8–26–43, Ents. 14
Natriumfluorid, **NaF**, **T**, R: 23/24/25, S: 1/2–26–44, Ents. 14
Natriumhydroxid, **NaOH**, **C**, R: 35, S: 2–26–37/39, Ents. 13
Natriumnitrit, **$NaNO_2$**, **T**, R: 8–25, S: 44, Ents. 14
Natronlauge, **NaOH(aq)**, **C**, R: 35, S: 2–26–37/39, Ents. 13
Nickelsulfat, **$NiSO_4$**, **T**, R: 45–43, S: 53, Ents. 15

Octan, **C_8H_{18}**, **F**, R: 11, S: 9–16–29–33, Ents. 1
Oxalsäure (Ethandisäure), **HOOCCOOH**, **Xn**, R: 21/22, S: 2–24/25, Ents. 12

Palladium(II)-chlorid **$PdCl_2$**, **T**, R: 25–38, S: 44, Ents. 27
Pentan, **C_5H_{12}**, **F**, R: 11, S: 9–16–29–33, Ents. 1
Pentanol, **$CH_3CH_2CH_2CH_2CH_2OH$**, **Xn**, R: 10–20, S: 24/25, Ents. 1
Perchlorsäure **$HClO_4$**, **O**, **C**, R: 5–8–35, S: 23–26–36, Ents. 12
Petrolether, **F^+**, R: 11, S: 9–16–33, Ents. 1
Phenol, **C_6H_5OH**, **T**, R: 24/25–34, S: 2–28–44, Ents. 9
Phosphorsäure, **H_3PO_4** ($w = 85\%$), **C**, R: 35, S: 26, Ents. 12
Phthalsäureanhydrid, **$C_8H_4O_3$**, **Xi**, R: 36/37/38, Ents. 1
Propandisäure (Malonsäure), **$HOOCCH_2COOH$**, **Xn**, R: 22–36/38, Ents. 12
2-Propanol, **$CH_3CH(OH)CH_3$**, **F**, R: 11, S: 7–16, Ents. 1
1-Propanol, **$CH_3CH_2CH_2OH$**, **F**, R: 11, S: 7–16, Ents. 1
Propansäure (Propionsäure), **CH_3CH_2COOH**, **C**, R: 10–34, S: 2–23–26, Ents. 12

radioaktive Präparate (Uranminerale, Thoriumsalze u.a.): Herstellerkennzeichnungen beachten!
Resorcin (1,3-Dihydroxybenzol), **$C_6H_4(OH)_2$**, **Xn**, R: 22–36/38, S: 26, Ents. 1

Salpetersäure ($w = 65\%$), **$HNO_3(aq)$**, **C**, R: 35, S: 2–26–37/39, Ents. 12 (die Angaben gelten auch für geringere Konzentrationen)
Salzsäure rauchend ($w = 37\%$), **HCl(aq)**, **C**, R: 34–37, S: 2–26, Ents. 12 (die Angaben gelten auch für geringere Konzentrationen)
Sauerstoff **O_2**, **O**, R: 8, S: 17
Schwefeldioxid, **SO_2**, **T**, **N**, R: 23–36/37, S: 7/9–44
Schwefelsäure ($w = 98\%$), **H_2SO_4**, **C**, R: 35, S: 2–26–30, Ents. 12 (die Angaben gelten auch für geringe Konzentrationen)
Sebacinsäuredichlorid (Decansäuredichlorid), **$C_{10}H_{16}Cl_2O_2$**, **C**, R: 34, S: 26, Ents. 2 (vorher mit Methanol versetzen)
Silbernitrat-Lösung ($w = 2\%$), **$AgNO_3(aq)$**, **Xi**, R: 36/38, Ents. 27
Silbersulfat, **Ag_2SO_4**, Ents. 27
Stickstoffdioxid, **NO_2**, **T^+**, **N**, R: 26–37, S: 7/9–26–45
Stickstoffmonooxid, **NO**, **T^+**, **N**, R: 26/27, S: 45
Styrol, **$C_6H_5CHCH_2$**, **Xi**, R: 10–36/37, Ents. 1

Tetrachlorethen (Perchlorethylen), **C_2Cl_4**, **Xn**, **N**, R: 20/22–40, S: 2–25, Ents. 2

Tetrahydrofuran, C_4H_8O, **Xi**, **F**, R: 11–19–36/37, S: 16–29–33, Ents. 1
Tetrakis(dimethylamino)ethylen, $C_{10}H_{28}N_4$, **Xn**, R: 20/21/22, S: 36/39, Ents. 1
Toluol, $C_6H_5CH_3$, **F**, **Xn**, R: 11–20, S: 16–29–33, Ents. 1
Trichlorethan, CH_3CCl_3, **Xn**, R: 20/22, S: 2–25, Ents. 2
Trichlorethansäure (Trichloressigsäure), CCl_3COOH, **C**, R: 35, S: 24/25–26, Ents. 12
2,2,4-Trimethylpentan (Isooctan), $CH_3C(CH_3)_2CH_2CH(CH_3)CH_3$, **F**, R: 11, S: 9–16–29–33, Ents. 1

UV-Tauchlampenreaktor: UV-Licht verursacht beim Hineinschauen Bindehautentzündung; der Reaktor ist daher mit Aluminiumfolie abzuschirmen.

Violanthron (Dibenzanthron), $C_{24}H_{16}O_2$, **Xn**, R: 22/22, S: 24/25, Ents. 9 (auch als Chloroform-Lsg.)

Wasserstoff, H_2, F^+, R: 12, S: 7/9
Wasserstoffperoxid-Lösung (w=30%), $H_2O_2(aq)$, **O**, **C**, R: 34, S: 28/39, Ents. 22

Zink Pulver **Zn**, **F**, R: 15–17, S: 7/8–43, Ents. 15
Zinkchlorid, $ZnCl_2$, **C**, R: 34, S: 7/8–28, Ents. 14
Zinksulfat, $ZnSO_4 \cdot H_2O$, S: 25, Ents. 15

R-Sätze[1]

[1] von *risque* (franz.) = Risiko

R 1 In trockenem Zustand explosionsfähig.
R 2 Durch Schlag, Reibung, Feuer oder andere Zündquellen explosionsfähig.
R 3 Durch Schlag, Reibung, Feuer oder andere Zündquellen leicht explosionsfähig.
R 4 Bildet hochempfindliche explosionsfähige Metallverbindungen.
R 5 Beim Erwärmen explosionsfähig.
R 6 Mit und ohne Luft explosionsfähig.
R 7 Kann Brand verursachen.
R 8 Feuergefahr bei Berührung mit brennbaren Stoffen.
R 9 Explosionsgefahr bei Mischung mit brennbaren Stoffen.
R 10 Entzündlich.
R 11 Leicht entzündlich.
R 12 Hoch entzündlich.
R 13 Hoch entzündliches Flüssiggas.
R 14 Reagiert heftig mit Wasser.
R 15 Reagiert mit Wasser unter Bildung leicht entzündlicher Gase.
R 16 Explosionsfähig in Mischung mit Brand fördernden Stoffen.
R 17 Selbst entzündlich an der Luft.
R 18 Bei Gebrauch Bildung explosiver/leicht entzündlicher Dampf-Luftgemische möglich.
R 19 Kann explosionsfähige Peroxide bilden.
R 20 Gesundheitsschädlich beim Einatmen.
R 21 Gesundheitsschädlich bei Berührung mit der Haut.
R 22 Gesundheitsschädlich beim Verschlucken.
R 23 Giftig beim Einatmen.
R 24 Giftig bei Berührung mit der Haut.
R 25 Giftig beim Verschlucken.
R 26 Sehr giftig beim Einatmen.
R 27 Sehr giftig bei Berührung mit der Haut.
R 28 Sehr giftig beim Verschlucken.
R 29 Entwickelt bei Berührung mit Wasser giftige Gase.
R 30 Kann bei Gebrauch leicht entzündlich werden.
R 31 Entwickelt bei Berührung mit Säure giftige Gase.
R 32 Entwickelt bei Berührung mit Säure hoch giftige Gase.
R 33 Gefahr kumulativer Wirkungen.
R 34 Verursacht Verätzungen.
R 35 Verursacht schwere Verätzungen.
R 36 Reizt die Augen.
R 37 Reizt die Atmungsorgane.
R 38 Reizt die Haut.
R 39 Ernste Gefahr irreversiblen Schadens.
R 40 Irreversibler Schaden möglich.
R 41 Gefahr ernster Augenschäden.
R 42 Sensibilisierung durch Einatmen möglich.
R 43 Sensibilisierung durch Hautkontakt möglich.
R 44 Explosionsgefahr bei Erhitzen unter Einschluss.
R 45 Kann Krebs erzeugen.
R 46 Kann vererbbare Schäden verursachen.
R 47 Kann Missbildungen verursachen.
R 48 Gefahr ernster Gesundheitsschäden bei längerer Exposition.
R 49 Kann Krebs erzeugen beim Einatmen.
R 50 Sehr giftig für Wasserorganismen.
R 51 Giftig für Wasserorganismen.
R 52 Schädlich für Wasserorganismen.
R 53 Kann in Gewässern längerfristig schädliche Wirkungen haben.
R 54 Giftig für Pflanzen.
R 55 Giftig für Tiere.
R 56 Giftig für Bodenorganismen.
R 57 Giftig für Bienen.
R 58 Kann längerfristig schädliche Wirkungen auf die Umwelt haben.
R 59 Gefährlich für die Ozonschicht.
R 60 Kann die Fortpflanzungsfähigkeit beeinträchtigen.
R 61 Kann das Kind im Mutterleib schädigen.
R 62 Kann möglicherweise die Fortpflanzungsfähigkeit beeinträchtigen.
R 63 Kann möglicherweise das Kind im Mutterleib schädigen.
R 64 Kann Säuglinge über die Muttermilch schädigen.

R 14/15 Reagiert heftig mit Wasser unter Bildung leicht entzündlicher Gase.
R 15/29 Reagiert mit Wasser unter Bildung giftiger und leicht entzündlicher Gase.
R 20/21 Gesundheitsschädlich beim Einatmen und bei Berührung mit der Haut.
R 21/22 Gesundheitsschädlich bei Berührung mit der Haut und beim Verschlucken.
R 20/22 Gesundheitsschädlich beim Einatmen und Verschlucken.
R 20/21/22 Gesundheitsschädlich beim Einatmen, Verschlucken und Berührung mit der Haut.
R 23/24 Giftig beim Einatmen und bei Berührung mit der Haut.
R 24/25 Giftig bei Berührung mit der Haut und beim Verschlucken.
R 23/25 Giftig beim Einatmen und Verschlucken.
R 23/24/25 Giftig beim Einatmen, Verschlucken und Berührung mit der Haut.

R 26/27 Sehr giftig beim Einatmen und bei Berührung mit der Haut.
R 27/28 Sehr giftig bei Berührung mit der Haut und beim Verschlucken.
R 26/28 Sehr giftig beim Einatmen und Verschlucken.
R 26/27/28 Sehr giftig beim Einatmen, Verschlucken und Berührung mit der Haut.
R 36/37 Reizt die Augen und die Atmungsorgane.
R 37/38 Reizt die Atmungsorgane und die Haut.
R 36/38 Reizt die Augen und die Haut.
R 36/37/38 Reizt die Augen, Atmungsorgane und die Haut.
R 39/23 Giftig: ernste Gefahr irreversiblen Schadens durch Einatmen.
R 39/24 Giftig: ernste Gefahr irreversiblen Schadens bei Berührung mit der Haut.
R 39/25 Giftig: ernste Gefahr irreversiblen Schadens durch Verschlucken.
R 39/23/24 Giftig: ernste Gefahr irreversiblen Schadens durch Einatmen und bei Berührung mit der Haut.
R 39/23/25 Giftig: ernste Gefahr irreversiblen Schadens durch Einatmen und durch Verschlucken.
R 39/24/25 Giftig: ernste Gefahr irreversiblen Schadens bei Berührung mit der Haut und durch Verschlucken.
R 39/23/24/25 Giftig: ernste Gefahr irreversiblen Schadens durch Einatmen, bei Berührung mit der Haut und durch Verschlucken.
R 39/26 Sehr giftig: ernste Gefahr irreversiblen Schadens durch Einatmen.
R 39/27 Sehr giftig: ernste Gefahr irreversiblen Schadens bei Berührung mit der Haut.
R 39/28 Sehr giftig: ernste Gefahr irreversiblen Schadens durch Verschlucken.
R 39/26/27 Sehr giftig: ernste Gefahr irreversiblen Schadens durch Einatmen und bei Berührung mit der Haut.
R 39/26/28 Sehr giftig: ernste Gefahr irreversiblen Schadens durch Einatmen und durch Verschlucken.
R 39/27/28 Sehr giftig: ernste Gefahr irreversiblen Schadens bei Berührung mit der Haut und durch Verschlucken.
R 39/26/27/28 Sehr giftig: ernste Gefahr irreversiblen Schadens durch Einatmen, bei Berührung mit der Haut und durch Verschlucken.
R 40/20 Gesundheitsschädlich: Möglichkeit irreversiblen Schadens durch Einatmen.
R 40/21 Gesundheitsschädlich: Möglichkeit irreversiblen Schadens bei Berührung mit der Haut.
R 40/22 Gesundheitsschädlich: Möglichkeit irreversiblen Schadens durch Verschlucken.
R 40/20/21 Gesundheitsschädlich: Möglichkeit irreversiblen Schadens durch Einatmen und bei Berührung mit der Haut.
R 40/20/22 Gesundheitsschädlich: Möglichkeit irreversiblen Schadens durch Einatmen und durch Verschlucken.
R 40/21/22 Gesundheitsschädlich: Möglichkeit irreversiblen Schadens bei Berührung mit der Haut und durch Verschlucken.
R 40/20/21/22 Gesundheitsschädlich: Möglichkeit irreversiblen Schadens durch Einatmen, bei Berührung mit der Haut und durch Verschlucken.
R 42/43 Sensibilisierung durch Einatmen und Hautkontakt möglich.
R 48/20 Gesundheitsschädlich: Gefahr ernster Gesundheitsschäden bei längerer Exposition durch Einatmen.
R 48/21 Gesundheitsschädlich: Gefahr ernster Gesundheitsschäden bei längerer Exposition durch Berührung mit der Haut.
R 48/22 Gesundheitsschädlich: Gefahr ernster Gesundheitsschäden bei längerer Exposition durch Verschlucken.
R 48/20/21 Gesundheitsschädlich: Gefahr ernster Gesundheitsschäden bei längerer Exposition durch Einatmen und bei Berührung mit der Haut.
R 48/20/22 Gesundheitsschädlich: Gefahr ernster Gesundheitsschäden bei längerer Exposition durch Einatmen und durch Verschlucken.
R 48/21/22 Gesundheitsschädlich: Gefahr ernster Gesundheitsschäden bei längerer Exposition bei Berührung mit der Haut und durch Verschlucken.
R 48/20/21/22 Gesundheitsschädlich: Gefahr ernster Gesundheitsschäden bei längerer Exposition durch Einatmen, bei Berührung mit der Haut und durch Verschlucken.
R 48/23 Giftig: Gefahr ernster Gesundheitsschäden bei längerer Exposition durch Einatmen.
R 48/24 Giftig: Gefahr ernster Gesundheitsschäden bei längerer Exposition durch Berührung mit der Haut.
R 48/25 Giftig: Gefahr ernster Gesundheitsschäden bei längerer Exposition durch Verschlucken.
R 48/23/24 Giftig: Gefahr ernster Gesundheitsschäden bei längerer Exposition durch Einatmen und durch Berührung mit der Haut.
R 48/23/25 Giftig: Gefahr ernster Gesundheitsschäden bei längerer Exposition durch Einatmen und durch Verschlucken.
R 48/24/25 Giftig: Gefahr ernster Gesundheitsschäden bei längerer Exposition durch Berührung mit der Haut und durch Verschlucken.
R 48/23/24/25 Giftig: Gefahr ernster Gesundheitsschäden bei längerer Exposition durch Einatmen, Berührung mit der Haut und durch Verschlucken.
R 50/53 Sehr giftig für Wasserorganismen, kann in Gewässern längerfristig schädliche Wirkungen haben.
R 51/53 Giftig für Wasserorganismen, kann in Gewässern längerfristig schädliche Wirkungen haben.
R 52/53 Schädlich für Wasserorganismen, kann in Gewässern längerfristig schädliche Wirkungen haben.

S-Sätze[2]

[2] von *sécurité* (franz.) = Sicherheit

S1 Unter Verschluss aufbewahren.
S2 Darf nicht in die Hände von Kindern gelangen.
S3 Kühl aufbewahren.
S4 Von Wohnplätzen fernhalten.
S5 Unter ... aufbewahren (geeignete Flüssigkeit vom Hersteller anzugeben).
S6 Unter ... aufbewahren (inertes Gas vom Hersteller anzugeben).
S7 Behälter dicht geschlossen halten.
S8 Behälter trocken halten.
S9 Behälter an einem gut gelüfteten Ort aufbewahren.
S10 Inhalt feucht halten.
S11 Zutritt von Luft verhindern.
S12 Behälter nicht gasdicht verschließen.
S13 Von Nahrungsmitteln, Getränken und Futtermitteln fernhalten.
S14 Von ... fernhalten (inkompatible Substanzen sind vom Hersteller anzugeben).
S15 Vor Hitze schützen.
S16 Von Zündquellen fernhalten – Nicht rauchen.
S17 Von brennbaren Stoffen fernhalten.
S18 Behälter mit Vorsicht öffnen und handhaben.
S20 Bei der Arbeit nicht essen und trinken.
S21 Bei der Arbeit nicht rauchen.
S22 Staub nicht einatmen.
S23 Gas/Rauch/Dampf/Aerosol nicht einatmen.
S24 Berührung mit der Haut vermeiden.
S25 Berührung mit den Augen vermeiden.
S26 Bei Berührung mit den Augen gründlich mit Wasser spülen und Arzt konsultieren.
S27 Beschmutzte, getränkte Kleidung sofort ausziehen.
S28 Bei Berührung mit der Haut sofort abwaschen mit viel ... (vom Hersteller anzugeben).
S29 Nicht in die Kanalisation gelangen lassen.
S30 Niemals Wasser hinzugießen.
S31 Von explosionsfähigen Stoffen fernhalten.
S33 Maßnahmen gegen elektrostatische Aufladungen treffen.
S34 Schlag und Reibung vermeiden.
S35 Abfälle und Behälter müssen in gesicherter Weise beseitigt werden.
S36 Bei der Arbeit geeignete Schutzkleidung tragen.
S37 Geeignete Schutzhandschuhe tragen.
S38 Bei unzureichender Belüftung Atemschutzgerät anlegen.
S39 Schutzbrille/Gesichtsschutz tragen.
S40 Fußboden und verunreinigte Gegenstände mit ... reinigen (Material vom Hersteller anzugeben).
S41 Explosions- und Brandgase nicht einatmen.
S42 Bei Räuchern/Versprühen geeignetes Atemschutzgerät anlegen.
S43 Zum Löschen ... (vom Hersteller anzugeben) verwenden (wenn Wasser die Gefahr erhöht, anfügen: „Kein Wasser verwenden").
S44 Bei Unwohlsein ärztlichen Rat einholen (wenn möglich dieses Etikett vorzeigen).
S45 Bei Unfall oder Unwohlsein sofort Arzt hinzuziehen (wenn möglich dieses Etikett vorzeigen).
S46 Bei Verschlucken sofort ärztlichen Rat einholen und Verpackung oder Etikett vorzeigen.
S47 Nicht bei Temperaturen über ... °C aufbewahren (vom Hersteller anzugeben).
S48 Feucht halten mit ... (geeignetes Mittel vom Hersteller anzugeben).
S49 Nur im Originalbehälter aufbewahren.
S50 Nicht mischen mit ... (vom Hersteller anzugeben).
S51 Nur in gut gelüfteten Bereichen verwenden.
S52 Nicht großflächig in Wohn- und Aufenthaltsräumen zu verwenden.
S53 Exposition vermeiden – vor Gebrauch besondere Anweisungen einholen.
S56 Diesen Stoff und seinen Behälter der Problemabfallentsorgung zuführen.
S57 Zur Vermeidung einer Kontamination der Umwelt geeigneten Behälter verwenden.
S59 Information zur Wiederverwendung/Wiederverwertung beim Hersteller/Lieferanten erfragen.
S60 Dieser Stoff und sein Behälter sind als gefährlicher Abfall zu entsorgen.
S61 Freisetzung in der Umwelt vermeiden. Besondere Anweisungen einholen/Sicherheitsdatenblatt zu Rate ziehen.
S62 Bei Verschlucken kein Erbrechen herbeiführen. Sofort ärztlichen Rat einholen und Verpackung oder dieses Etikett vorzeigen.

S1/2 Unter Verschluss und für Kinder unzugänglich aufbewahren.
S3/7 Behälter dicht geschlossen halten und an einem kühlen Ort aufbewahren.
S3/7/9 Behälter dicht geschlossen halten und an einem kühlen, gut gelüfteten Ort aufbewahren.
S3/9 Behälter an einem kühlen, gut gelüfteten Ort aufbewahren.
S3/9/14 An einem kühlen, gut gelüfteten Ort entfernt von ... aufbewahren (die Stoffe, mit denen Kontakt vermieden werden muss, sind vom Hersteller anzugeben).
S3/9/14/49 Nur im Originalbehälter an einem kühlen, gut gelüfteten Ort, entfernt von ... aufbewahren (die Stoffe, mit denen Kontakt vermieden werden muss, sind vom Hersteller anzugeben).
S3/9/49 Nur im Originalbehälter an einem kühlen, gut gelüfteten Ort aufbewahren.
S3/14 An einem kühlen, von ... entfernten Ort aufbewahren (die Stoffe, mit denen Kontakt vermieden werden muss, sind vom Hersteller anzugeben).
S7/8 Behälter trocken und dicht geschlossen halten.
S7/9 Behälter dicht geschlossen an einem gut gelüfteten Ort aufbewahren.
S7/47 Behälter dicht geschlossen und nicht bei Temperaturen über ... °C aufbewahren (vom Hersteller anzugeben).
S20/21 Bei der Arbeit nicht essen, trinken, rauchen.
S24/25 Berührung mit den Augen und der Haut vermeiden.
S29/56 Nicht in die Kanalisation gelangen lassen.
S36/37 Bei der Arbeit geeignete Schutzhandschuhe und Schutzkleidung tragen.
S36/37/39 Bei der Arbeit geeignete Schutzkleidung, Schutzhandschuhe und Schutzbrille/Gesichtsschutz tragen.
S36/39 Bei der Arbeit geeignete Schutzkleidung und Schutzbrille/Gesichtsschutz tragen.
S37/39 Bei der Arbeit geeignete Schutzhandschuhe und Schutzbrille/Gesichtsschutz tragen.
S47/49 Nur im Originalbehälter bei einer Temperatur von nicht über ... °C aufbewahren (vom Hersteller anzugeben).

Entsorgungsempfehlungen

1: Organische halogenfreie Lösungsmittel werden in einem Sammelgefäß A gesammelt.

2: Organische halogenhaltige Lösungsmittel werden in einem Sammelgefäß B gesammelt.

9: Krebs erregende und giftige bzw. sehr giftige brennbare Verbindungen werden im Sammelgefäß C gesammelt.

12: Säuren und Säure-Lösungen werden mit viel Wasser verdünnt, mit Natronlauge neutralisiert und dann in den Abguss gegossen. Bei geringen Säure-Mengen wird nur stark verdünnt und in den Abguss gegossen.

13: Hydroxide werden in viel Wasser aufgelöst, Laugen werden mit viel Wasser verdünnt, gegebenenfalls mit verdünnter Schwefelsäure neutralisiert und in den Abguss gegossen.

14: Die Lösungen dieser Salze können stark verdünnt in den Abguss gegossen werden.

15: Schwermetallhaltige Lösungen und Feststoffe werden in einem Sammelgefäß D gesammelt. Ist das Gefäß voll, so kann man die Ionen mit Hydrogensulfid als Sulfide ausfällen, abfiltrieren und das Filtrat weggießen. Die festen Rückstände werden in einem Gefäß E gesammelt.

22: Peroxide, Brom und Iod werden mit Natriumthiosulfat-Lösung zu gefahrlosen Folgeprodukten reduziert, verdünnt und weggegossen.

26: Alkalimetall-Rückstände werden mit 2-Propanol zersetzt. Am nächsten Tag wird mit Wasser verdünnt. Die stark verdünnte Lösung wird weggegossen.

27: Wertvolle Metalle (in der Schule insbesonders Silber) sollten der Wiederverwertung zugeführt werden. Silberionenhaltige Lösungen werden also in einem Gefäß F gesammelt; wenn das Gefäß voll ist, kann Silberchlorid ausgefällt werden.

Stichwortverzeichnis